Dietmar Bleidick

Die Ruhrgas 1926 bis 2013

Schriftenreihe zur Zeitschrift für Unternehmensgeschichte

Herausgegeben im Auftrag der Gesellschaft für Unternehmensgeschichte von Jan-Otmar Hesse, Christian Kleinschmidt und Werner Plumpe

Band 30

Dietmar Bleidick

Die Ruhrgas 1926 bis 2013

Aufstieg und Ende eines Marktführers

DE GRUYTER
OLDENBOURG

ISBN 978-3-11-054007-9
e-ISBN (PDF) 978-3-11-054259-2
e-ISBN (EPUB) 978-3-11-054032-1
ISSN 2509-291X

Library of Congress Cataloging-in-Publication Data
A CIP catalog record for this book has been applied for at the Library of Congress.

Bibliografische Information der Deutsche Nationalbibliothek
Die Deutsche Nationalbibliothek verzeichnet diese Publikation in der Deutschen Nationalbibliografie; detaillierte bibliografische Daten sind im Internet über http://dnb.dnb.de abrufbar.

Titelbild: Unterzeichnung des vierten Liefervertrages mit der Sowjetunion im Jahre 1981: 1. Reihe (v.l.n.r.): Vardanjan (Gasministerium UdSSR), Juri Baranowski (Generaldirektor Sojusgazexport), Klaus Liesen (Vorstandsvorsitzender Ruhrgas), Burckhard Bergmann (Vorstandsmitglied Ruhrgas).
Satz: Meta Systems Publishing & Printservices GmbH, Wustermark
Druck und Bindung: CPI books GmbH, Leck
♾ Gedruckt auf säurefreiem Papier
Printed in Germany

www.degruyter.com

Vorwort

Die vorliegende Studie entstand in den Jahren 2013 bis 2016. Nachdem ich bereits 2001 anlässlich des 75. Gründungsjubiläums der Ruhrgas in deren Auftrag eine populärwissenschaftliche Darstellung der Unternehmensgeschichte erstellen konnte, die als Unternehmensbroschüre veröffentlicht wurde, liegt nun erstmals eine historisch-wissenschaftliche Untersuchung zu Europas größtem Gasversorger über den gesamten Zeitraum seiner Existenz vor. Gleichzeitig spiegelt die Geschichte der Ruhrgas einen wesentlichen Teil der Geschichte der deutschen Gaswirtschaft wider.

Mein besonders herzlicher Dank gilt dem im Frühjahr dieses Jahres verstorbenen Dr. Klaus Liesen. Er war Vorstandsvorsitzender der Ruhrgas AG zwischen 1976 und 1996, anschließend bis 2003 Aufsichtsratsvorsitzender und bis zur Auflösung der Ruhrgas als eigenständiges Unternehmen und Integration in die E.ON Global Commodities SE 2013 Ehrenvorsitzender des Aufsichtsrats. Er hatte wesentlichen Anteil am Zustandekommen dieser Studie, öffnete er doch den Zugang zu den entsprechenden Aktenbeständen bei der E.ON Global Commodities SE und stand mir im Rahmen von Interviews bei der Klärung manchen schwierigen Sachverhalts bei.

Danken möchte ich an dieser Stelle daher auch dem Vorstand der E.ON Global Commodities SE, der eine Akteneinsicht bis zum Ende des Untersuchungszeitraums genehmigte, sowie dem Vorstand der Alfred und Cläre Pott-Stiftung für seine Bereitschaft, das Projekt finanziell zu unterstützen.

Eine über mehrere Jahre entstehende Arbeit dieses Umfangs erfordert jedoch mehr als eine ausreichende Quellen- und Mittelgrundlage. Sie lebt und wächst nicht zuletzt durch wohlwollende Begleitung, fruchtbare Diskussionen und fachliche Kritik. Für die freundliche und kompetente Förderung in diesem Kontext gilt ein weiterer besonderer Dank Dr. Andrea Schneider-Braunberger, die als Geschäftsführerin der projekttragenden Gesellschaft für Unternehmensgeschichte e. V. stets ansprechbereit war und mit ihren Ideen maßgeblich zur Struktur und inhaltlichen Gewichtung der Arbeit beitrug. Aus denselben Gründen gilt meine besondere Verbundenheit Dr. Steffen Bruendel, der das Projekt zunächst als Leiter der internationalen Kultur- und Wissenschaftsförderung der E.ON Ruhrgas/E.ON Gobal Commodities und Beauftragter des Vorstandes der Alfred und Cläre Pott-Stiftung im Stifterverband für die Deutsche Wissenschaft begleitete und dies auch als Direktor des Forschungszentrums Historische Geisteswissenschaften der Goethe-Universität Frankfurt am Main fortführte.

Danken möchte ich weiterhin den Leitern und Mitarbeitern weiterer Archive für ihre intensive Beratung und ihre Bereitschaft zu unkomplizierten Nut-

https://doi.org/10.1515/9783110542592-202

zungsmodalitäten. Erwähnen möchte ich hier allen voran Hans-Georg Thomas MA vom Historischen Konzernarchiv RWE, Dr. Michael Farrenkopf und Brigitte Kikillus vom Montanhistorischen Dokumentationszentrum beim Deutschen Bergbau-Museum Bochum/Bergbau-Archiv sowie Prof. Dr. Manfred Rasch und Andreas Zilt MA vom ThyssenKrupp Konzernarchiv.

Last but not least danke ich Friedrich Späth, langjähriges Vorstandsmitglied der Ruhrgas AG mit Zuständigkeit für den Gasverkauf und zwischen 1996 und 2001 Vorstandsvorsitzender, sowie Dr. Günter Mans, langjähriger Hauptbereichsleiter Controlling der Ruhrgas, für ihre Bereitschaft, mir im Rahmen von Interviews Einblicke in gaswirtschaftliche und unternehmensinterne Abläufe und Funktionen zu vermitteln.

Meine besondere Verbundenheit für ihre unersetzliche Hilfe bei der Beschaffung und Bewertung des illustrierenden Fotomaterials gilt Irene Commeßmann, seit den 1970er Jahren Russisch-Dolmetscherin der Ruhrgas, Edeltraut Kik, der langjährigen Vorstandssekretärin, Olga Semidelikhina, bis heute bei E.ON verantwortlich für die Weiterbildungskooperation mit Gazprom, Reiner Hartmann, Leiter der Moskauer Unternehmensrepräsentanz, sowie Dr. Ulrich Unger, bis 2006 Leiter der internationalen Kultur- und Wissenschaftsförderung der Ruhrgas.

Alle ehemaligen Mitarbeiterinnen und Mitarbeiter der Ruhrgas, mit denen ich gesprochen habe, betrachteten sich stolz als „Ruhrgasianer“ und fühlen sich dem Unternehmen meist noch immer verbunden. Auch das gehört zur Geschichte der Ruhrgas.

Bochum, im Mai 2017 — Dietmar Bleidick

Inhalt

Abb. 1: Gaswerk, 1920er Jahre.

Einleitung

Die Ruhrgas AG war über rund acht Jahrzehnte der mit Abstand bedeutendste Gasversorger und damit eine zentrale Größe der Energiewirtschaft Deutschlands. 1926 als Aktiengesellschaft für Kohleverwertung (AGKV) gegründet und 1928 umbenannt, verfügte sie dauerhaft über einen mindestens 50prozentigen und über längere Phasen auch erheblich höheren Marktanteil. Angesichts dieser wirtschaftshistorisch einzigartigen Dominanz steht die Entwicklung der Ruhrgas synonym für die Entwicklung der deutschen Gaswirtschaft. Ihre Geschichte ist gleichzeitig die Geschichte der Branche – und in abgeschwächter Form gilt dies seit den 1960er Jahren auch in europäischer Perspektive, gab es doch nur wenige gaswirtschaftliche Projekte von grenzüberschreitender Dimension, an denen die Ruhrgas nicht zumindest im Planungs- oder Verhandlungsstadium beteiligt gewesen wäre. So steht das Unternehmen wie kein anderes für den Aufbau des an der Hauptprämisse der Versorgungssicherheit orientierten Erdgasversorgungssystems mit diversifizierten Bezugsstrukturen. Während langfristige Beschaffungsverträge insbesondere mit den Niederlanden, der Sowjetunion bzw. Russland und Norwegen angesichts der unzureichenden einheimischen Ressourcen die Grundlage der lange Zeit ungebremsten Mengenexpansion legten, bildete der parallele Ausbau des Pipelinenetzes ein frühes Beispiel europäischer Wirtschaftsintegration. Die Lieferverträge mit der Sowjetunion besaßen in Zeiten des Kalten Krieges unter dem Motto „Wandel durch Handel“ eine bedeutende außenpolitische Dimension. Deutschland wurde durch die Geschäftspolitik der Ruhrgas zur Drehscheibe des europäischen Erdgashandels. Hier treffen sich seit den 1970er Jahren die Erdgasströme der kapazitätsstarken Importleitungen aus dem Osten und Norden zur Weiterverteilung in ganz Westeuropa.

Dass diese besondere Position der Ruhrgas sich nicht in einer entsprechenden und dauerhaften öffentlichen Resonanz niederschlug, lag an ihrer besonderen Funktion, an ihrem Geschäftsmodell. Die Ruhrgas war bis in die 1990er Jahre kaum als Marke bekannt, sondern agierte nur auf den ersten Distributionsstufen als Import-, Transport- und Großhandelsunternehmen, trat aber nicht im Endkundengeschäft auf. Dieses übernahmen Regional- und Lokalversorger wie die zahlreichen Stadtwerke, die für das Produkt Erdgas warben, während der zentrale Ferngasversorger weitgehend im Hintergrund blieb. So war zwar ein Großteil der deutschen und westeuropäischen Gasverbraucher in irgendeiner Form Ruhrgas-Kunde – jedoch unwissentlich. Der Unterschied zu anderen, meist ebenfalls weitgehend unbekannten Roh- und Grundstoffproduzenten und -vertriebsgesellschaften lag dabei an der Dauerhaftigkeit der Ge-

https://doi.org/10.1515/9783110542592-001

schäftsbeziehungen und der herausragenden Bedeutung des Erdgases für die europäische Energieversorgung.

Seit Beginn der Industrialisierung im 19. Jahrhundert steht die Energiewirtschaft in einem deutlich höheren Maße im Licht der Öffentlichkeit als andere Wirtschaftszweige. Grund ist die von Beginn an herausragende und bis heute trotz des wachsenden Anteils erneuerbarer Energien weitgehend ungebrochene Bedeutung einer sicheren Produktion, Verteilung und Nutzung fossiler Primärenergieträger und der aus ihnen im Rahmen von Umwandlungsprozessen erzeugten Sekundärenergien als Basis moderner Industrie- und Dienstleistungsgesellschaften.[1] Dies gilt sowohl für das seit den 1950er Jahren auslaufende Jahrhundert der absoluten Kohledominanz als auch für das seit dieser Zeit nicht nur in europäischer, sondern auch in weltweiter Perspektive eine Führungsrolle entwickelnde Mineralöl. Im Zentrum des politischen, gesellschaftlichen und ökonomischen Diskurses befinden sich traditionell Aspekte der Versorgungssicherheit und des Preises, seit rund fünf Jahrzehnten auch des Umweltschutzes und seit etwa 25 Jahren zunehmend der Revision der nach dem Zweiten Weltkrieg etablierten Versorgungs- und Marktstrukturen im Rahmen der europäischen Liberalisierungspolitik. Dass dem Erdgas als neben der Elektrizität zweiter leitungsgebundenen Endenergie[2] heute eine nahezu ebenbürtige Aufmerksamkeit zukommt, liegt an der seit den ausgehenden 1960er Jahren stetig zunehmenden Relevanz des Energieträgers für die Energieversorgung Europas. Bis 2012 stieg der Anteil des Erdgases am Primärenergieverbrauch der Europäischen Union aus der Bedeutungslosigkeit auf 25 Prozent und damit an die zweite Stelle hinter dem Mineralöl, das nach einem ähnlich rasanten, jedoch früher begonnenen Wachstum und bei insgesamt leicht rückläufiger Tendenz noch rund 35 Prozent beisteuerte. Deutschland lag mit rund 23 Prozent Gas und 33 Prozent Öl nur knapp unter dem Durchschnitt.[3] Auch beim Endenergiegesamtverbrauch galt hier mit ähnlichen Werten diese Rangfolge, sodass Erdgas damit selbst den Strom überflügelte, der mit 21 Prozent erst auf dem dritten Platz folgte. Dieses Bild war das Ergebnis einer rund 25jährigen Entwicklung, nachdem der Erdgasverbrauch 1990 erstmals den Stromver-

---

1 Primärenergie bezeichnet ursprünglich vorkommende Energieformen wie alle fossilen Brennstoffe, Sonne, Wind und Kernbrennstoffe. Primärenergie kann unter Verlusten in Sekundärenergie wie Strom umgewandelt werden.

2 Endenergie bezeichnet den um Umwandlungs- und Übertragungsverluste bereinigten, beim Endverbraucher ankommenden Teil der Primärenergie. Liegt die Endenergie wie beim Erdgas als Primärenergie vor, entfällt der Umwandlungsaufwand in eine sekundäre Energieform wie etwa Strom.

3 *BP statistical review of world energy june 2013*, 40 f.

brauch überstiegen und danach proportional höhere Zuwächse verzeichnet hatte. Im Bereich der vom Wärmebedarf bestimmten privaten Haushaltsversorgung war das Erdgas dagegen schon länger der mit Abstand wichtigste Primärenergieträger und wird diese Position auch trotz des Ausbaus erneuerbarer Energien auf absehbare Zeit beibehalten.[4]

Dass die Gaswirtschaft heute, rund 200 Jahre nach ihren Anfängen, eine solche Bedeutung besitzen würde, hatte sich seit den 1960er Jahren abgezeichnet, als das Erdgas innerhalb kürzester Zeit nicht nur das Kohlengas verdrängte, sondern als vergleichsweise umwelt- und anwendungsfreundliche Edelenergie den privaten Wärmemarkt eroberte. Die Entwicklung der Branche lässt sich in vier Abschnitte von jeweils epochalem Charakter einteilen, darunter jeweils zwei im Kokereigas- und zwei im Erdgaszeitalter. Der erste, relativ exakt 100 Jahre andauernde Abschnitt umfasst die Etablierung des Kohlengases als Teil des Energieversorgungssystems und zugleich erstem industriell erzeugten Sekundärenergieträger, markiert aber zugleich dessen technisch und branchenstrukturell bedingte Grenzen. Nach dem Vorbild Englands waren in Deutschland mit rund 30jährigem Abstand ab 1826 die ersten Gaswerke entstanden, doch die Bedeutung der Branche war auch nach einer explosiven Vermehrung der Anlagen auf über 1.000 im Verlauf der Hochindustrialisierung insgesamt marginal geblieben. Die Produktion der vielfach in kommunalem Besitz befindlichen Gaswerke erfolgte auf Basis von Steinkohle dezentral, meist in nur geringen Mengen für den lokalen Verbrauch und damit äußerst kostenintensiv. Da das Stadtgas im Wärmemarkt nicht mit günstigeren Brennstoffen wie Kohle und Holz konkurrieren konnte und sich im Beleuchtungssektor als auch beim Antrieb von stationären Kraftmaschinen bereits im ausgehenden 19. Jahrhundert sukzessive die Nutzung von Elektrizität durchsetzte, fehlten bald jegliche Entwicklungsperspektiven. Dies galt umso mehr nach dem Ende des Ersten Weltkrieges, als diese erste Entwicklungsphase der deutschen Gaswirtschaft abrupt endete.

Ausschlaggebend war die Gründung der AGKV als Gemeinschaftsunternehmen des Ruhrbergbaus zum zentralen Vertrieb von Kokereigas auf maßgebliche Initiative von Alfred Pott und Albert Vögler. Dem bedeutenden Kohlechemiker und dem als Vorstandsvorsitzender der Vereinigte Stahlwerke AG wohl einflussreichsten Manager der Ruhrindustrie ging es um nicht weniger als den Aufbau einer reichsweiten Ferngasversorgung auf Grundlage des in den Bergbauregionen vorhandenen Überschussgases bzw. ausdrücklich zu diesem Zweck produzierter oder substituierter Mengen. Zwar hatten August Thys-

4 Arbeitsgemeinschaft Energiebilanzen e. V. (Hg.), *Auswertungstabellen zur Energiebilanz der Bundesrepublik Deutschland 1990 bis 2012*, Berlin 2013, Tabellen 1, 4 und 4.2.1.

sen und Hugo Stinnes schon vor 1914 im Ruhrgebiet und seinem Umland erste Ferngasversorgungskonzepte realisiert, doch blieben deren Potenziale angesichts des Konkurrenzverhaltens der Montankonzerne und der zwischen 1914 und 1918 kriegsbedingten Einschränkungen begrenzt. Die Ruhrgas bündelte nun die divergierenden Interessen des Ruhrbergbaus und schuf im Hinblick auf die nach Abschluss der bevorstehenden technischen Rationalisierung im Kokereisektor verfügbaren enormen Gasmengen einen Marktfaktor, der von Beginn an die bestehenden Strukturen zulasten der Kommunen in Adaption elektrizitätswirtschaftlicher Vorbilder infrage stellte. Die AGKV-Gründung beendete einerseits weitere Einzelprojekte der Zechengesellschaften und animierte andererseits die Entstehung von Gruppengasversorgungen als kommunale Gegenmaßnahme, nachdem die Zusammenfassung von Versorgungsgebieten und der Bau zentraler Großerzeugungsanlagen bei den etablierten Anbietern bis dahin im Diskussionsstadium verblieben war. Diese zweite Phase der deutschen Gaswirtschaft war schließlich strukturell durch einen Dualismus von kokereigasbasierter Ferngasversorgung und stadtgasbasierter Gruppengasversorgung bei einem gleichzeitigen Fortbestand zahlreicher dezentraler Versorgungseinheiten geprägt. Das wichtigste äußere Kennzeichnen bildeten jedoch die stetigen Versorgungsdefizite, die den wirtschaftlichen Rahmen der Branche als Resultat der Diskrepanz von Nachfrageboom und Kohlenmangel zwischen Nationalsozialismus und Wirtschaftswunder durchgängig bestimmten.

Einen weiteren Umbruch der Branche markierte dann in den 1960er Jahren der Verlust der traditionellen Erzeugungsbasis durch die Montan- und Kohlenkrise sowie die parallel dazu ansteigende Verfügbarkeit von Erdgas. Relativ schnell war absehbar, dass ein erneuter umfassender Systemwechsel bevorstand, es aber anders als seit den 1920er Jahren weder eine längere Übergangsphase noch ein Nebeneinander bestehender und neuer Strukturen in größerem Umfang geben würde. Zwar drängte wie zuvor die Ruhrgas nun mit der Mineralölindustrie ein neuer Anbieter mit potenziell unbegrenzten Mengen auf den Markt, doch war das Erdgas aufgrund der chemischen und physikalischen Unterschiede zum Kohlengas kein identisches oder komplementäres, sondern ein in allen Belangen überlegenes Konkurrenzprodukt, das nicht produziert, sondern gefördert wurde und dazu den doppelten Heizwert besaß. Vor diesem Hintergrund war es offenkundig, dass die Ruhrgas als Eigentümerin des Ferngasnetzes und Kokereigaslieferantin mit einer absehbar zunehmenden Mengenproblematik dieser Konkurrenz wenig entgegenzusetzen haben würde. Die Lösung bot schließlich die Kombination der beiderseitigen Vorteile durch die Öffnung der Anteilseignerstruktur der Ruhrgas für eine Beteiligung der Erdgasanbieter. Aufgrund der eng verbundenen Entstehungszusammenhänge von Erdgas und Mineralöl stammten diese ausschließlich aus der Mineralölwirtschaft. Ein ausgeklügeltes beteiligungsrechtliches Beziehungsgeflecht erzwang von nun an den Ausgleich der teilweise divergierenden Interessen von montanindustriellen Alt- und mineralölwirtschaftlichen Neuaktionären und schützte den Ferngasversorger zugleich vor Majorisierungsversuchen einer Gruppe.

In dieser dritten Phase stieg die Ruhrgas zum bedeutendsten deutschen und bald auch europäischen Erdgasunternehmen auf. Nachdem zunächst deutsches und niederländisches Erdgas die Versorgungsbasis gebildet hatte, kontrahierte die Ruhrgas im Verlauf der 1970er Jahre große Volumina und schuf damit die Grundlage für einen Erdgasboom mit jährlich bis zu zweistelligen Zuwachsraten. Ähnliche Entwicklungen unter teilweise identischen Vorzeichen zeigten sich in anderen westeuropäischen Ländern. Die Ruhrgas avancierte dabei durch eine umfassende und systematische Kooperationspolitik im Bereich von Bezugsverträgen und Leitungsprojekten zum zentralen Faktor der europäischen Gaswirtschaft. In Deutschland erhielt sie diese Rolle allein durch ihre Funktion als Alleinimporteurin sowjetischen und bald auch norwegischen Erdgases und Betreiberin des Ferngasnetzes, aber auch durch zahlreiche Beteiligungen an anderen Ferngasgesellschaften.

In den 1990er Jahren deutete sich dann ein weiterer grundlegender Wandel an, der um die Jahrtausendwende in die vierte Epoche der Gaswirtschaft mündete. Nachdem die zweite und dritte Epoche von der Ruhrgas ausgelöst bzw. maßgeblich geprägt worden war, verlor das Unternehmen nun zunächst an Dominanz, dann seine branchenprägende Kraft und schließlich seine Geschäftsgrundlage. Erste Anzeichen zeigten sich bereits im Rahmen der Wiedervereinigung, als die Ruhrgas in Ostdeutschland eine vergleichsweise geringere Marktposition hinnehmen musste und darüber hinaus das Importmonopol für russisches Gas fiel. Mit der BASF-Tochter Wintershall AG trat zudem erstmals ein bedeutender Konkurrent in Westdeutschland auf. Ausschlaggebend für die Entwicklung war jedoch die von der EU-Politik vorangetriebene und von den Mitgliedsstaaten umgesetzte Liberalisierung der Energiewirtschaft, die die bestehenden Strukturen zunehmend infrage stellte und schließlich vollständig beseitigte. Mit der Bindung von Netz und Vertrieb, der Gebietsdemarkation und langfristigen Lieferverträgen entfielen die klassischen Elemente des Ruhrgas-Geschäftes zugunsten eines weitgehend offenen Marktes für Mengen und Transportkapazitäten. Anstelle des u. a. mit der Versorgungssicherheit begründeten Monopolschutzes des Energiewirtschaftsgesetzes trat mit der Verheißung einer umfassenden Preissenkung als oberste Prämisse der neuen Regulierungspolitik die Wettbewerbsförderung.

Die Übernahme durch die E.ON AG markierte 2003 für die Ruhrgas im doppelten Sinne eine völlig neue Situation. Auf der einen Seite endete damit kurz nach ihrem 75. Firmenjubiläum ihre Eigenständigkeit und mit der Einbindung in die Konzernstrukturen ihr bewährtes Geschäftsführungskonzept. Auf der anderen Seite verband sich mit der energiepolitischen Entwicklung der Verlust des Geschäftsmodells auf der Absatzseite, während auf der Bezugsebene die langfristigen Importverträge fortbestanden. Da die Konditionen des Gaseinkaufs immer weniger mit denen des Gasverkaufs korrespondierten, geriet die E.ON Ruhrgas in eine Ertragskrise. Gleiches galt für die von der Marktliberalisierung ebenfalls betroffene Elektrizitätssparte des E.ON-Konzerns, der schließlich durch die Energiewende in elementare Schwierigkeiten geriet. 2013 wurde der traditionsreiche Gasversorger als eigenständiges Unternehmen im Rahmen von Umstrukturierungsmaßnahmen aufgelöst.

Vor diesem Hintergrund erscheint es überraschend, dass die Rolle der Ruhrgas für die Gaswirtschaft und innerhalb der deutschen Energieversorgung bislang weder im Rahmen von Detailstudien noch von eingehenderen historisch-wissenschaftlichen Untersuchungen thematisiert wurde. Insgesamt ist die Geschichte des Kokereigases wie des Erdgases seit dem Ersten Weltkrieg nicht nur als Desiderat, sondern als weißer Fleck der Wirtschaftsgeschichte zu bezeichnen. Damit stand die vorliegende Ausarbeitung zur Ruhrgas-Geschichte von Beginn an unter dem ungewöhnlichen Vorzeichen eines fehlenden Forschungsstandes. Diese Situation erwies sich auf der einen Seite als ‚Segen', bot sich doch die seltene Gelegenheit, bei der Erschließung eines wichtigen Themas in die Rolle des Pioniers schlüpfen zu können und gewissermaßen wissenschaftliches Neuland zu betreten. Auf der anderen Seite war sie zugleich aber auch ‚Fluch', denn die äußerst schmale historisch-wissenschaftliche Literaturbasis ließ sich nur durch eine grundlegende und umfangreiche Quellenauswertung sowie eine intensive Rezeption gaswirtschaftlicher Fachperiodika und Fachpublikationen kompensieren.

Im Vordergrund der Untersuchung stehen über den gesamten Untersuchungszeitraum mehrere Fragen- und Problemkreise. Dazu gehört zunächst grundsätzlich die Innenperspektive des Unternehmens wie seine betriebswirtschaftliche Entwicklung, die Motive und Handlungsstrategien der Unternehmensleitung, ihre Interaktion mit den Eigentümern sowie die Unternehmensfinanzierung und Unternehmensorganisation. Eine herausragende Bedeutung besitzen die sich stetig weiterentwickelten Mechanismen des Bezugs- und Distributionswesens als zentrale Geschäftsbasis eines Handels- und Transportunternehmens. Die Folie bilden die rechtlichen und politischen Rahmenbedingungen der Gaswirtschaft im deutschen und europäischen Maßstab sowie die Position der Ruhrgas innerhalb der nationalen und internationalen Gaswirtschaft bzw. zu Anbietern von Konkurrenzenergien sowie ihre unmittelbare wie mittelbare Einflussnahme auf diese. Zu nennen sind hier vordergründig Themen wie die Energieversorgungsstruktur, die grundsätzliche Marktentwicklung und Diversifizierungstendenzen, Bedarfsdeckungs- und Sicherungsstrategien. Neben der daraus ableitbaren volkswirtschaftlichen Bedeutung der Ruhrgas gehören dazu außerdem die Rolle des Unternehmens in der politischen Sphäre und die Verbindung von wirtschaftlichen oder wirtschaftspolitischen mit außenpolitischen Zielen.

Die Quellenlage ist im Vergleich zur Literaturlage insgesamt sehr gut. Über die zentrale Überlieferung für das Kokereigaszeitalter verfügt das Bochumer Bergbau-Archiv beim Deutschen Bergbau-Museum (BBA), wo zahlreiche Bestände der wichtigsten Ruhrgas-Aktionäre lagern. Von herausragender Bedeutung sind die Akten der Gelsenkirchener Bergwerks-AG (GBAG), die als Konzerngesellschaft der Vereinigte Stahlwerke AG (VSt) rund ein Viertel der Aktien hielt und als mit Abstand größte Aktionärin nicht nur einen regen Austausch mit dem Ruhrgas-Vorstand pflegte, sondern das Unternehmen intern quasi als Tochtergesellschaft betrachtete. Vorhanden sind hier in größerem Umfang Korrespondenzen und Sitzungsniederschriften zur allgemeinen Geschäftsentwicklung, zu technischen Fragen und insbesondere zur Vertragssituation. Nicht vorhanden sind im BBA dagegen Aufsichtsratsunterlagen, und dies gilt sowohl für die Vorkriegszeit und die Nachkriegszeit bis 1970 als auch für sämtliche Bestände. Bei zeitweise bis zu 50 Aktionären, deren Aktivitäten sich in vielfältiger Art und Weise in den Beständen des BBA niedergeschlagen haben, ist dies schon ein überraschender Befund. So bilden zwar die Bestände weiterer Großaktionäre wie der Bergbau-AG Concordia, der Rheinpreußen AG für Bergbau und Chemie, der Fried. Krupp Bergwerke AG und der Bergwerkgesellschaft Hibernia eine teilweise wertvolle Ergänzung zu den GBAG-Akten, ohne deren Inhalt aber thematisch grundlegend zu erweitern. Ihre Bedeutung liegt vor allem in den unterschiedlichen Blickwinkeln auf die Entwicklung der Ruhrgas. Dies gilt auch für die Überlieferung verschiedener Verbände und Vereinigungen wie des Rheinisch-Westfälischen Kohlen-Syndikats (RWKS) und des Unternehmensverbandes Ruhrbergbau (UVR), die eine Perspektive auf die Branche und übergeordnete politische Aspekte erlauben.

In der Gesamtbetrachtung vermitteln die Akten des BBA damit zwar tiefe Einblicke in die Gründungzusammenhänge und das Alltagsgeschäft der Ruhrgas, doch bleiben vielfach die Hintergründe und Motive des Vorstands als auch die Beziehungen des Unternehmens zu weiteren Aktionären unklar. Defizite zeigt die Überlieferung vor allem für die 1940er Jahre, und dies gilt sowohl für den Zweiten Weltkrieg als auch für die Phase des Wiederaufbaus und weiterführend der gesellschaftsrechtlichen Neuordnung der Montanindustrie. Zu diesem Zeitraum ist die Quellenlage sehr lückenhaft. Etwas Hilfe bietet hier der Aktenbestand zum Generalinspektor für Wasser und Energie im Bundesarchiv, der zwar keine Akten zur Ruhrgas beinhaltet, aber die Einbindung des Unternehmens in die nationalsozialistische Kriegswirtschaft über die Gremienbeteiligung von Vorstandsmitgliedern nachvollziehen lässt. Darüber hinaus vermittelt er interessante Aufschlüsse über die Branchenorganisation und die gaswirtschaftlichen Planungen des Reiches. Ähnliche Feststellungen betreffen das ThyssenKrupp Konzernarchiv (TKA) mit wichtigen Überlieferungen der August Thyssen-Hütte und der Hoesch AG zur Unternehmensneuordnung in den 1960er Jahren sowie das Historische Konzernarchiv RWE (HKR) mit Stärken in der Vorgründungs- und Aufbauphase der Ruhrgas.

Die dem Autor beim Rechtsnachfolger der Ruhrgas AG, der E.ON Global Commodities SE, vorgelegten Aktenbestände umfassen die Aufsichtsratsunterlagen der Ruhrgas zwischen 1955 und 2013, enthalten allerdings nur vergleichsweise wenig Einzelakten zu Kernthemen der Unternehmensgeschichte wie etwa dem ersten Liefervertrag mit Russland. Der Bestand ist weitgehend vollständig, eine Ausnahme bilden allein die fehlenden Akten zur Aufsichtsratssitzung im Frühjahr 2003 zum Übergang der Ruhrgas auf die E.ON. Vorhanden sind grundsätzlich die Niederschriften der Sitzungen. Dazu kommen zwischen den 1970er Jahren und 2007 die Sitzungsvorlagen und bis 2002 teilweise auch vorbereitende Unterlagen und Informationen einzelner Abteilungen für den Vorstand. In der Regel sind außerdem die Vortragsmanuskripte der Vorstandsvorsitzenden Herbert Schelberger, Klaus Liesen, Friedrich Späth und Burckhard Bergmann zwischen den ausgehenden 1960er Jahren und 2007 vorhanden. Dazu kommen Vorträge und Berichte weiterer Vorstandsmitglieder zu Jahresabschlüssen und genehmigungspflichtigen Projekten. In der Gesamtbetrachtung erlauben diese Akten eine lückenlose Nachvollziehung der Unternehmensentwicklung im Sinne eines Daten- und Faktengerüstes, nicht aber eine tiefergehende Analyse von Handlungskontexten und Motiven etwa in der Interaktion von Vorstand und Aufsichtsrat oder in den Beziehungen des Vorstandes zu anderen Unternehmen.

Dass sich hier Tendenzen und Entwicklungen zwar andeuten und deshalb einer schlüssigen Interpretation bedürfen, liegt an der Form der Sachverhalts- und Sitzungsdokumentation, die im Laufe der Zeit eine Genese vom Detailbericht zu eher allgemeinen Ausführungen bzw. zur reinen Erwähnung einzelner Aspekte durchlief. Dies betrifft insbesondere die letzten beiden Jahrzehnte der Ruhrgas unter dem Zeichen divergierender Aktionärsinteressen und unter dem Dach der E.ON sowie die allein für diesen letzten Zeitraum vorliegenden Niederschriften der Vorstandssitzungen. Diese erwähnen zwar die Erörterung von Themen, nicht aber Hintergründe und Zusammenhänge und sind daher weitgehend unbrauchbar. Gerade der Kontext von begleitender Korrespondenz oder ergänzenden Sammelakten fehlt für den Zeitraum ab 1970 jedoch fast vollständig.

Die detaillierte Quellenanalyse wurde zur Gewinnung eines Bildes über die Branchenentwicklung und allgemeine gaswirtschaftliche Trends durch eine umfassende Auswertung der gaswirtschaftlichen Fachperiodika ergänzt. Hier ist allen voran das zentrale Blatt der Branche, „Das Gas und Wasserfach" (GWF) in der Ausgabe Gas[5] zu nennen. Weitere wichtige Titel sind „Brennstoff, Wärme, Kraft" (BWK), „Erdöl und Kohle – Erdgas – Petrochemie" (EKEP) mit ihren Vorläuferinnen, die „Zeitschrift für öffentliche Wirtschaft", ebenfalls mit ihren Vorläuferinnen sowie die „Energiewirtschaftlichen Tagesfragen" (ET). Weitere rund 20 gas- und energiewirtschaftliche Zeitschriften wurden zielgerichtet zu konkreten Einzelfragen durchgesehen. Dazu kommt die gaswirtschaftliche Fachliteratur, deren Publikationsschwerpunkt jedoch zwischen ausgehendem Kaiserreich und der ersten Hälfte der 1930er Jahre liegt. Seit den 1950 Jahren stand die Gaswirtschaft dann in publizistischer Perspektive vollständig im Schatten der Elektrizitätswirtschaft und der Mineralölwirtschaft, sodass kaum noch eigenständige Titel erschienen. Für die Entwicklung der Ruhrgas waren schließlich die Unternehmenszeitschrift „gasette" und weitere Unternehmenspublikationen aufschlussreich. Das öffentliche Meinungsbild wiederum spiegelt die Berichterstattung führender deutschen Tages- und Wochenzeitungen wie „Der Spiegel", „Süddeutsche Zeitung", „Die Welt" und „Frankfurter Allgemeine Zeitung", während sich die Wertungen und Einschätzungen der Wirtschaftspresse insbesondere durch das „Handelsblatt" und die „Financial Times Deutschland" dokumentieren. Die Innenperspektive ergänzen im Kontrast dazu Interviews mit Klaus Liesen, Friedrich Späth und Günter Mans, langjähriger Hauptbereichsleiter Controlling der Ruhrgas.

In der Gesamtschau erscheint die Ruhrgas einzigartig in der deutschen Wirtschaftsgeschichte – auch weil das Unternehmen seine Branche über einen derart langen Zeitraum dominierte, insbesondere aber, weil es nach einem beispiellosen Niedergang vergleichsweise still aufgelöst wurde. Damit stellt sich die zentrale Frage nach den Gründen dieser Entwicklung. Gab der gewandelte energiepolitische Rahmen den Ausschlag, waren es davon unabhängige Marktveränderungen, Entscheidungen des Managements oder eine Kombination dieser Faktoren? Während die ersten vier Kapitel die Erfolgsgeschichte des Aufstiegs nachzeichnen, widmen sich die beiden abschließenden in Form einer Gegenüberstellung der Begründungen für die Notwendigkeit des Wandels bzw. der intendierten Ergebnisse mit der tatsächlichen Entwicklung vorrangig diesem Aspekt.

---

5 Die Zitation „GWF" bezieht sich im Folgenden immer auf diese Ausgabe. Daneben existiert über einen längeren Zeitraum eine Ausgabe „Wasser".

Abb. 2: Ruhrgas-Hauptverwaltung vor dem Zweiten Weltkrieg, Herwarthstraße, (ab 20. Mai 1964 Huttropstraße), Essen. In den 1950er Jahren um einen Anbau ergänzt, wurde das Gebäude mit Bezug des Neubaus der Ruhrgas-Zentrale 1976 abgerissen.

Gründung und Konsolidierung in schwierigem Umfeld. Die Anfänge der Ruhrgas 1926 bis 1934

Der Ruhrbergbau in der Umbruchsphase nach dem Ersten Weltkrieg

Die deutsche Montanindustrie befand sich nach dem Ersten Weltkrieg wirtschaftlich in einer äußerst schwierigen Lage, war sie doch ungleich härter von den Regelungen des Versailler Vertrags betroffen als andere Industriebranchen. Durch die Abtrennung Elsass-Lothringens, von Teilen Oberschlesiens mit der schwerindustriellen Kernregion und des Saargebiets bis 1922 sowie die Zwangsveräußerung ihres Besitzes in Luxemburg, Belgien und Frankreich hatte sie vier Fünftel ihrer Eisenerzlagerstätten, rund zwei Drittel ihrer Zinkerzlagerstätten und ein Viertel ihrer Steinkohlenlagerstätten verloren. Die Kapazitäten der Eisen- und Stahlerzeugung sowie des Steinkohlenbergbaus reduzierten sich damit um etwa 20 Prozent.[1] Bedeutsamer als die reinen Mengeneinbußen war allerdings der Bruch der sorgfältig aufeinander abgestimmten überbetrieblichen Produktionsstrukturen, die nun mühsam neu geordnet werden mussten. Damit wuchs die Rolle der Ruhrsteinkohlenförderung für die Energieversorgung des Deutschen Reiches elementar von 60 auf 75 Prozent.[2] Ein gravierender, durch die hohen Reparationsleistungen noch verschärfter Kohlenmangel, die sogenannte „Kohlennot", wurde zum folgenreichen Charakteristikum der ersten Nachkriegsjahre. Vor diesem Hintergrund erwies sich die veränderte sozial- und wirtschaftspolitische Situation als weitere einschneidende Belastung für die Unternehmen. Zwar war die Gefahr einer Sozialisierung der Grundstoffindustrien schon Mitte 1920 beseitigt, doch stellte die gemeinwirtschaftliche Organisation des Bergbaus unter Leitung staatlicher Stellen durch das Kohlenwirtschaftsgesetz ebenfalls einen gravierenden Eingriff dar. Nachdem im Rahmen der Kriegswirtschaft schon 1916 die Zwangsbewirtschaftung in Form eines Reichskohlenkommissars eingeführt worden war, stand die Branche nun unter Aufsicht des dem Reichswirtschaftsministerium unterstellten Reichskohlen-

1 Hans-Ulrich Wehler, *Deutsche Gesellschaftsgeschichte*, Bd. 4: Vom Beginn des Ersten Weltkriegs bis zur Gründung der beiden deutschen Staaten 1914–1949, München 2003, 241; Konrad Fuchs, *Wirtschaftsgeschichte Oberschlesiens 1871–1945*, Dortmund 1981, 175 f.

2 Alfred Baedeker, *Jahrbuch für den Oberbergamtsbezirk Dortmund* 22–24 (1922–1924), Essen 1925, 550, 553, sowie 29 (1929–1930), Essen 1930, 490; Emil Müssig, *Eisen- und Kohlenkonjunkturen seit 1870*, Augsburg 1925, 57.

https://doi.org/10.1515/9783110542592-002

rats. Dazu kamen mit dem Reichskohlenverband, in dem die deutschen Bergbausyndikate zusammengeschlossen worden waren, und dem fortbestehenden Reichskohlenkommissar weitere zentrale Lenkungsgremien.[3] Die zunächst unklare Zukunft des privatwirtschaftlichen Bergbaus beeinträchtigte die Investitionsfähigkeit und -bereitschaft der Bergbauunternehmen. Erst Ende 1923 normalisierte sich die Lage durch die weitgehende Aufhebung der Zwangswirtschaft und die erneute Übernahme des Absatzes durch die klassischen Vertriebsorganisationen: die Kohlensyndikate. Die Montanindustrie reagierte auf den Verlust ihres Auslandsbesitzes mit Konzentrationsbestrebungen und folgte damit einem weitverbreiteten Trend der deutschen Wirtschaft, über das Größenwachstum bedeutende Synergie-Effekte in den Bereichen Produktion, Absatzwirtschaft und Kapitalbeschaffung zu erreichen.[4]

Gleichzeitig erkannte der Staat die stabilisierende Funktion von Kartellen und Syndikaten uneingeschränkt an, betrieb eine interventionistische, positive Kartellpolitik und drohte in wirtschaftspolitisch wichtigen Bereichen bei einer fehlenden Einigungsbereitschaft von Unternehmen einer Branche sogar die Zwangskartellierung an. Davon betroffen war auch das Rheinisch-Westfälische Kohlen-Syndikat (RWKS), das als wohl einflussreichste Kartellinstitution im Deutschen Reich zwischen 1919 und 1924 eine Pflichtmitgliedschaft der Ruhrzechen einführte.[5] Mit der Stabilisierung der Wirtschaft ab Mitte der 1920er Jahre war ein solcher Druck nicht mehr notwendig. Kartelle galten nun nicht mehr als Mittel zur Vermeidung oder Reduzierung der Auswirkungen konjunktureller Abschwünge, sondern als strategische Instrumente der Unternehmensführung.[6] Auf der anderen Seite förderten Kartelle die Unternehmenskonzentration sowohl indirekt als auch direkt, und auch hier gilt das RWKS als herausragendes Beispiel. Die mit der Mitgliedschaft automatisch verbundene Absatzbeschränkung behinderte den Expansionsdrang der Zechengesellschaf-

---

3 Helmut Lüthgen, *Das Rheinisch-Westfälische Kohlensyndikat in der Vorkriegs-, Kriegs- und Nachkriegszeit und seine Hauptprobleme*, Leipzig 1926, 50 ff.

4 Arnold Troß, *Der Aufbau der Eisen- und eisenverarbeitenden Industrie-Konzerne Deutschlands. Ursachen, Formen und Wirkungen des Zusammenschlusses unter besonderer Berücksichtigung der Maschinen-Industrie*, Berlin 1923, 2 ff.

5 Walter Thoenes, *Die Zwangssyndikate im Kohlenbergbau und ihre Vorgeschichte*, Jena 1921. Neuerdings umfassend zum RWKS und seiner Funktion: Eva-Maria Roelevink, *Organisierte Intransparenz. Das Kohlensyndikat und der niederländische Markt, 1915–1932* (Schriftenreihe zur Zeitschrift für Unternehmensgeschichte, Bd. 26), München 2015, 40 ff.

6 Wehler, *Gesellschaftsgeschichte*, Bd. 4, 267 f.; Robert Liefmann, *Kartelle*, in: Handwörterbuch der Staatswissenschaften, Bd. 5, Jena [4]1926, 611–630; Jeffrey Fear, *Cartels*, in: Geoffrey Jones/ Jonathan Zeitlin (Hrsg.), The Oxford Handbook of Business History, Oxford 2007, 268–292, hier 275.

ten, denen zur Weiterentwicklung vor allem die Übernahme von Konkurrenten blieb.[7]

Neben solchen wirtschaftlichen und politischen Gründen war der Ruhrbergbau jedoch auch technisch kaum in der Lage, die an ihn gestellten Anforderungen zu erfüllen. Die Branche hatte durch die über vierjährige Kriegswirtschaft massive Substanzverluste erlitten, die nur über eine mehrjährige, erst Anfang 1924 abgeschlossene Rekonstruktionsphase kompensiert werden konnten.[8] Die vollständige Neuorganisation der untertägigen und teilweise übertägigen Grubenbereiche sollte sich in der zweiten Hälfte der 1920er Jahre auszahlen und als mit Abstand wichtigste Grundlage der Rationalisierungsmaßnahmen des Ruhrbergbaus erweisen. Mit der Maschinisierung und Mechanisierung von Abbau und Förderung war auch der Weg frei für Großschachtanlagen, die die bis dahin an zahlreichen Standorten vorgehaltene Förder- und Aufbereitungstechnik konzentrierten und ab 1926 zum äußeren Kennzeichen der Rationalisierung und Modernisierung des Ruhrbergbaus werden sollten.[9] Mit dem Maschineneinsatz fielen jedoch große Mengen schlecht absetzbarer Feinkohle an – ein Nachteil, der bei der Gründung und anfänglichen Entwicklung der Aktiengesellschaft für Kohleverwertung (AGKV) noch eine besondere Rolle spielen sollte.

Die nächste Krise, die schließlich die Initialzündung für die Gründung der AGKV brachte, ließ nicht lange auf sich warten. 1926 erreichte die Förderung im Ruhrgebiet den Vorkriegshöchstwert von 114 Mio. Tonnen. Der Ruhrbergbau konnte von dieser Entwicklung unter dem Einfluss des Weltmarktes und durch die sich wandelnden Bedingungen des deutschen Energiemarktes nicht wirklich profitieren. Die Braunkohle entwickelte sich beim Hausbrand und der Elektrizitätserzeugung zu einer nicht nur spürbaren, sondern zunehmend unangenehmen Konkurrenz, denn ihre Fördermengen wuchsen hier in der zweiten Hälfte der 1920er Jahre um mehr als 40 Prozent auf 200 Mio. Tonnen.[10] Es entstand eine wachsende Abhängigkeit von der konjunkturanfälligen Eisen-

---

7 Lüthgen, *RWKS*, 65 ff.

8 Dietmar Bleidick, *Bergtechnik im 20. Jahrhundert: Mechanisierung in Abbau und Förderung*, in: Klaus Tenfelde u. a. (Hrsg.), Geschichte des deutschen Bergbaus, Bd. 4: Rohstoffgewinnung im Strukturwandel. Der deutsche Bergbau im 20. Jahrhundert (hg. von Dieter Ziegler), Münster 2013, 355–411, hier 383 f.

9 Ebd., 384 ff.

10 Dieter Ziegler, *Kriegswirtschaft, Kriegsfolgenbewältigung, Kriegsvorbereitung. Der deutsche Bergbau im dauernden Ausnahmezustand (1914–1945)*, in: Tenfelde u. a. (Hrsg.), Geschichte des deutschen Bergbaus, Bd. 4, 15–182, hier 137 f.; Paul Farfsing, *Die Verminderung des deutschen Kohlenverbrauchs durch den technischen Fortschritt*, München 1929, 16 ff.

und Stahlindustrie, deren wärmetechnische Innovationen allerdings den Energiebedarf im Vergleich zu 1913 um etwa ein Drittel gesenkt hatten.[11]

Bereits im März 1924 konnte der Steinkohlenbergbau seine Förderung nicht mehr vollständig am deutschen Markt unterbringen. Ein Jahr später erreichte der Haldenbestand nicht abgesetzter Kohle mehr als neun Mio. Tonnen, was etwa einer Monatsförderung entsprach. Als besonders schwerwiegend erwies sich die Überproduktion beim Koks, die sukzessive auf über 200 Prozent der monatlichen Ausbringung anstieg. Im Frühjahr 1926 profitierte der Ruhrbergbau dann durch die vom mehrmonatigen englischen Bergarbeitergeneralstreik hervorgerufenen Produktionsausfälle und konnte innerhalb weniger Monate seine Lager durch Lieferungen in das bestrittene Gebiet räumen.[12] Dass die Absatzkrise weniger auf konjunkturelle als strukturelle Gründe zurückzuführen war, wurde schnell erkannt, denn im Vergleich zu Exportländern wie England und Polen lagen die Selbstkosten im Ruhrgebiet allein wegen der schlechteren geologischen Voraussetzungen erheblich höher. Die Situation führte zu einer Strukturbereinigung und setzte die zweite große Stilllegungswelle der Branche in Gang, die schon 1924 begann.[13] Zahlreiche Anlagen wurden unter Aufgabe ihrer Aufbereitungsanlagen zu Verbundbergwerken an einem Standort zusammengefasst, sodass sich die Anzahl der Zechen bis 1931 um ein Viertel auf 150 reduzierte.

Diese Maßnahmen waren auch die Folge der erneut aufflammenden Konzentrationsbestrebungen in der Montanindustrie. Markantestes Resultat war die Vereinigte Stahlwerke AG (VSt), die im Januar 1926 als Studiengesellschaft und im Mai dann mit einem aus zeitgenössischer Sicht exorbitanten Grundkapital von 800 Mio. Reichsmark entstand.[14] Unmittelbar nach der Gründung begann die VSt mit einer tiefgreifenden Neuorganisation aller Betriebsstrukturen, die im Bergbaubereich zur Verschmelzung der Gründungsgesellschaft Gelsen-

---

11 Verein deutscher Eisenhüttenleute (Hg.), *Gemeinfassliche Darstellung des Eisenhüttenwesens*, Düsseldorf [14]1937, 68. Spürbar war zudem die Umstellung der Kriegsmarine auf Ölfeuerung. Rainer Karlsch/Raymond G. Stokes, *„Faktor Öl“. Die Mineralölwirtschaft in Deutschland 1859–1974*, München 2003, 109.

12 Eindrückliche Schilderung der Lage in: Niederschriften der Mitgliederversammlungen des RWKS am 27. Februar 1926, 5 f., 29. März 1926, 7 f., 29. Mai 1926, 8 f. und 10. Juli 1926, 5 f., in: BBA/2251; Tabelle *„Lagerbestände an Ruhrkohle“*, in: Glückauf 63 (1927), 1.282.

13 Erich Wedekind, *Die Rationalisierung im Ruhrbergbau und ihre ökonomischen und sozialen Auswirkungen*, Diss. Köln 1930, Düren 1930, 21 ff; Joachim Huske, *Die Steinkohlenzechen im Ruhrrevier. Daten und Fakten von den Anfängen bis 2005*, Bochum [3]2005, 28.

14 Zur VSt-Gründung siehe Alfred Reckendrees, *Das „Stahltrust“-Projekt. Die Gründung der Vereinigte Stahlwerke AG und ihre Unternehmensentwicklung 1926–1933/34*, München 2000, 144 ff; Paul Ufermann, *Der deutsche Stahltrust*, Berlin 1927, 43 ff.

kirchener Bergwerks-AG (GBAG) auf die Muttergesellschaft und zur Zusammenfassung aller Konzernzechen in vier Bergbaugruppen führte. Unter ihrer Leitung reduzierte sich die Anzahl der Konzernzechen bis 1932 um 40 Prozent auf 25 selbständige Einheiten mit einer Leistungsfähigkeit von 112.000 Tonnen pro Tag, was einer potenziellen Steigerung der Förderung um 50 Prozent gegenüber 1926 entsprach.[15] Ähnliche Produktivitätssprünge verzeichneten die Zechen der anderen Ruhrkonzerne.[16] Im Hinblick auf die Gaswirtschaft von besonderer Bedeutung war die Rationalisierung auf dem Kokereisektor. Innerhalb weniger Jahre entstanden im Ruhrbergbau 32 neue Zentral- bzw. Großkokereien sowie Erweiterungen älterer Anlagen mit Kapazitäten von über 15 Mio. Tonnen oder annähernd der Hälfte des Stands von Anfang 1926.[17] Einen maßgeblichen Anteil daran hatte die VSt, die bis 1928 durch Modernisierungen und Neubauten die Anzahl der betriebenen Kokereien bei einem Kapazitätszuwachs von 40 Prozent auf 15 halbierte, die Dynamik ihrer Modernisierungsaktivitäten allerdings auch wie ein Großteil der Industrie über Auslandsanleihen bzw. Kredite und mit einer stetigen Überschuldungsgefahr bezahlte.[18]

Die Kokserzeugung des Ruhrgebiets wuchs zwischen 1926 und 1929 ebenfalls um etwa 40 Prozent auf 33 Mio. Tonnen, während sich zugleich die Ausbeute der im Kokereiprozess[19] anfallenden Nebenprodukte Kokereigas[20], Ammoniak, Benzol und Teer überproportional erhöhte. Ausschlaggebend dafür waren eine energiesparende Anlagentechnik sowie verbesserte Abscheide- und Reinigungsverfahren. Im Mittelpunkt des Interesses standen bei allen Unternehmen solche technischen Innovationen. Denn die Nebenprodukte besaßen

---

15 Gelsenkirchener Bergwerks-AG (Hg.), *10 Jahre Steinkohlenbergbau der Vereinigte Stahlwerke AG 1926–1936*, o. O., 1936, 27 ff.

16 Christian Kleinschmidt, *Rationalisierung als Unternehmensstrategie. Die Eisen- und Stahlindustrie des Ruhrgebiets zwischen Jahrhundertwende und Weltwirtschaftskrise*, Essen 1993, 197 ff.

17 Fritz Müller, *Kokerei und Schwelung*, in: Ernst Herbig/Ernst Jüngst (Hrsg.), *Bergwirtschaftliches Handbuch*, Berlin 1931, 399–421, hier 400 f.; Vereinigte Stahlwerke AG (Hg.), *Die Entwicklung der Kokerei- und Gaswirtschaft der Vereinigte Stahlwerke A.-G. 1926–1928*, o. O. 1928, passim.

18 Reckendrees, *Stahltrust*, 364 ff.; Wehler, *Gesellschaftsgeschichte*, Bd. 4, 253 f.

19 Umfassend: Franz Michael Ress, *Geschichte der Kokereitechnik*, Essen 1957; Michael Farrenkopf (Hg.), *Koks. Geschichte eines Wertstoffes* (Veröffentlichungen aus dem Deutschen Bergbau-Museum, Nr. 117), 2. Bde., Bochum 2003; Franz Freßen, *Die Entwicklung der Kokereigasversorgung im rheinisch-westfälischen Industriegebiet*, Diss. Münster 1922, 18 ff.

20 Kokereigas ist ein Starkgas mit einem Brennwert von 4.500–5.000 kcal/m^3, das zum überwiegenden Teil aus Wasserstoff (ca. 55 % H_2) und Methan (ca. 24 % CH_4) besteht und daneben vergleichsweise geringe Anteile an Stickoxiden (ca. 10 % N_2) sowie von Kohlendioxid, Kohlenmonoxid und Sauerstoff aufweist.

ein besonderes Marktpotenzial, das sich im Bereich der Kohlechemie und Kohleveredelung in Konkurrenz zur chemischen Industrie ausschöpfen ließ.[21] Eine Schlüsselrolle spielte dabei das Kokereigas als Träger der anderen Nebenprodukte, die seit dem ausgehenden 19. Jahrhunderts durch eigene Syndikate gemeinschaftlich vertrieben wurden. Das Kokereigas war seit Beginn der Industrialisierung bevorzugt zur Beheizung von Koksöfen sowie zur Unterfeuerung von Dampfkesseln und bei Wärmeprozessen in der Eisen- und Stahlindustrie verwendet worden. Überschüssige Mengen mussten dagegen vielfach abgefackelt werden, falls sie nicht wie im Ruhrgebiet bereits in geringem Maße als Stadtgas[22] Verwendung fanden, mit dem einzelne Zechen ihre Umgebung in Konkurrenz zu den kommunalen Gaswerken versorgten. In der Zechengaswirtschaft steckten folglich bedeutende Entwicklungsmöglichkeiten, die jedoch zunächst aufgrund des nur geringen Gasüberschusses der Kokereien sowie der hohen Kosten eines Verteilungssystems nicht hatten realisiert werden können. Das mit der Anlagenerneuerung steigende Gasangebot änderte nun bis Ende der 1920er Jahre die Situation grundlegend, erhöhte damit aber auch den Handlungsdruck in dieser Richtung.

---

21 Heinz Nedelmann, *Kohlechemie. Eine gemeinfassliche Darstellung der kohlechemischen Industrie*, Essen 1956; Heinrich Wegener, *Die Industrie der Kohleverwertung des Ruhrgebiets*, Diss. Köln 1934, Köln 1934, 17 ff.; Manfred Rasch, *Nebenproduktanlagen der Kokereien und Kohlechemie im rheinisch-westfälischen Industriegebiet bis zum Ende des Zweiten Weltkriegs*, in: Walter Buschmann (Hg.), Koks, Gas, Kohlechemie. Geschichte und gegenständliche Überlieferung der Kohleveredelung, Essen 1993, 31–52. Zur auch als Kohlechemie bezeichneten thermisch-chemischen Kohleveredelung zählen alle Verfahren, bei denen Kohle unter Wärmeeinsatz chemisch umgewandelt bzw. die dabei gewonnenen Erzeugnisse weiterverarbeitet werden. Dazu gehören als wichtigste die vier Pyrolyseprozesse Verkokung, Entgasung, Vergasung und Schwelung sowie die Hydrierung und die Extraktion. Im Gegensatz zu der Entgasung in Gaswerksanlagen erfolgt die Vergasung aller Arten fester Brennstoffe von Kohle bis Holz in „Generatoren“ durch die Zugabe eines Vergasungsmittels – meist Kohlensäure, Luft oder Wasserdampf – zum glühenden Brennstoff. Wichtigster Einsatzstoff im industriellen Sektor war Koks. Das dabei entstehende kohlenmonoxidreiche Generatorgas (ca. 30 % CO) wurde im Ruhrgebiet zur Beheizung von Industrieöfen und später von der Ruhrgas zur Heizwertreduzierung eingesetzt. Es wurde aufgrund seines aus dem hohen Stickoxidanteil (ca. 50 % N_2) resultierenden geringen Brennwertes von 900–1.600 kcal/m^3 wie das im Hochofen entstehende Gichtgas (ca. 30 % CO, ca. 60 % N_2) auch als Schwachgas bezeichnet. Eine zweite Form ist das auch als Wassergas bezeichnete Synthesegas aus Wasserstoff (ca. 50 % H_2) und Kohlenmonoxid (ca. 40 % CO) mit einem mittleren Brennwert von 2.600–2.800 kcal/m^3.

22 Als Stadtgas wurde das von Zechen und Gaswerken erzeugte und in die kommunalen Versorgungsnetze eingespeiste Gas bezeichnet. Stadtgas war meist ein Mischgas aus Starkgas und Wassergas, das aus Gründen der Brennwertreduzierung und -einstellung auf ein Niveau von 4.200–4.600 kcal/m^3 zugefügt wurde.

Alle Baumaßnahmen dienten dem Zweck einer effizienten montanindustriellen Energieverbundwirtschaft mit den Hauptkomponenten Gichtgas[23] und Kokereigas. Der Anlagenverbund brachte eine beliebige Austauschbarkeit der unterschiedlichen Gasarten und weitgehende Flexibilisierung ihrer Verwendung. Beispielhaft erscheint in diesem Kontext erneut die Entwicklung bei der VSt, die durch die systematische Umstellung der Ofenbeheizung auf Gichtgas bereits 1928 über enorme Kokereigasmengen verfügte und weitere Mengen durch den Einsatz von Schwachgas freisetzen wollte.[24] Das in Generatoren erzeugte Schwachgas spielte eine besondere Rolle, da mit seiner Erzeugung auch eine Linderung des sogenannten Sortenproblems verbunden war.[25] Der Ruhrbergbau erzeugte rund 50 Prozent schwer verkaufbarer Kohle, die in Form und Qualität nicht der Nachfrage der Märkte entsprach. Besonders die Fettkohle, die magere Feinkohle, die ansonsten nur zu Briketts weiterverarbeitet werden konnte, und der Koksabfall eigneten sich hervorragend zur Vergasung. Trotz der damit verbundenen Kosten versprachen sich die Unternehmen daher von einer solchen Veredlung der Kohle bedeutende Verbesserungen bei deren Verwendung.

---

23 Bei der Verhüttung von Eisenerzen, Kokskohle und Zuschlagstoffen im Hochofen entstehen pro Tonne Roheisen bis zu 4.500 m^3 Gichtgas, das Anfang des 20. Jahrhunderts zur energetischen Grundlage integrierter Hüttenwerke wurde. Neben der Erwärmung des Hochofenwindes diente es zur Befeuerung von Dampfkesseln und schließlich von Gasmotoren zur Erzeugung von Elektrizität. Gichtgas bildete damit eine bedeutsame Grundlage der betrieblichen Energiewirtschaft. Verein deutscher Eisenhüttenleute (Hg.), *Gemeinfassliche Darstellung*, 82 ff., 220 ff.

24 Alle Angaben nach Vereinigte Stahlwerke AG (Hg.), *Kokerei- und Gaswirtschaft*, 14 ff.; Heinrich Lent, *Die Ferngasversorgung der Hüttenwerke der Vereinigten Stahlwerke, A.-G.*, in: Stahl und Eisen 50 (1930), 349–360, 505–516; Heinrich Bansen, *Die Gaswirtschaft auf deutschen Hüttenwerken*, in: Verein deutscher Eisenhüttenleute (Hg.), Archiv für das Eisenhüttenwesen 2 (1928/29), 309–320. Zum Jahr 1926 vgl. Denkschrift zur Kokereiwirtschaft und Gaswirtschaft der Abteilung Bergbau der VSt, Stand 1. Januar 1927 bzw. Stand 1. Oktober 1926, in: BBA 55/1742.

25 Zum vieldiskutierten Sortenproblem vgl. Aktiengesellschaft für Kohleverwertung (Hg.), *Deutsche Gasversorgung. Denkschrift der Aktiengesellschaft für Kohleverwertung*, Essen 1927, 17 ff.; Otto Dellweg, *Die deutsche Gasversorgung unter besonderer Berücksichtigung der zentral organisierten Ferngasversorgung auf der Kohlenbasis*, Diss. Köln 1933, Wuppertal-Elberfeld 1934, 22 ff.; Erich Thurow, *Die Stellung der Gaswirtschaft in der Energiewirtschaft Deutschlands*, Diss. Breslau 1934, 8 ff.

Grundzüge der kommunalen Gasversorgung

Aus Steinkohle gewonnenes Gas gehörte Mitte der 1920er Jahre in Deutschland zu den etablierten Energieträgern. Die Gaswirtschaft konnte zu diesem Zeitpunkt auf eine exakt 100jährige Geschichte zurückblicken, in deren Verlauf sie sich von den Anfängen in einzelnen Residenzstädten zu einer Branche mit reichsweiter Verbreitung und Versorgungseinrichtungen in nahezu allen Kreisen und Kleinstädten mit mehr als 2.000 Einwohnern entwickelt hatte. Auch wenn Gas in der Gesamtenergiebilanz im Vergleich zu Steinkohle, Braunkohle und Holz eine unbedeutende Rolle spielte, hatte sich seine Verwendung in den Bereichen Beleuchtung, Heizung, Motorenbetrieb und Kochen im Verlauf der Zeit zunehmend durchgesetzt.[26] Konkurrenz erhielt das Gas auf dieser Ebene erst seit den 1880er Jahren, als mit der Elektrizität ein hinsichtlich des Anwendungsspektrums gleichwertiger Energieträger rasch an Beliebtheit gewann.[27] Im privaten Beleuchtungssektor blieb die Rolle des Gases ab etwa 1870 zudem durch kostengünstigere Mineralölprodukte wie Petroleum begrenzt.[28]

Vor diesem Hintergrund sind bei der Entwicklung der deutschen Gaswirtschaft innerhalb des ersten Jahrhunderts mehrere Phasen erkennbar, die sich unter Zugrundelegung organisatorischer, technischer und wirtschaftlicher Aspekte in Anfang, Höhepunkt und Ende unterscheiden, dabei jedoch grundsätzlich in bedeutenden Teilen überlagern.[29] Von besonderem Interesse sind die eigentumsrechtlichen Verhältnisse, denn die Branche durchlief wie kein anderer Zweig der Energiewirtschaft einen langfristigen und systematischen Verstaatlichungsprozess, an dessen Abschluss nach dem Ersten Weltkrieg neben der Verteilung auch die Erzeugung weitgehend unter kommunaler oder sonstiger öffentlicher Regie erfolgte.[30] Mitte der 1920er Jahre erreichte der Staatsanteil in Deutschland rund 90 Prozent. Mit der stetig wachsenden Position der Kommunen verband sich eine heterogene, dezentrale Struktur der Gaswirtschaft, die mit der Gründung der AGKV unvermittelt infrage gestellt und dem-

---

26 Johannes Körting, *Geschichte der deutschen Gaswirtschaft*, Essen 1963, 269 ff.

27 Hans-Joachim Braun, *Gas oder Elektrizität? Zur Konkurrenz zweier Beleuchtungssysteme 1880–1914*, in: Technikgeschichte (1980), 1–19; Wolfgang Zängl, *Deutschlands Strom. Die Politik der Elektrifizierung von 1866 bis heute*, Frankfurt a. M. 1989, 28 ff.

28 Karlsch/Stokes, *Faktor Öl*, 18 f.; Wolfgang Wehrmann, *Die Entwicklung der deutschen Gasversorgung von ihren Anfängen bis zum Ende des 19. Jahrhunderts*, Diss. Köln 1958, 57 ff.

29 Hans-Dieter Brunckhorst, *Kommunalisierung im 19. Jahrhundert, dargestellt am Beispiel der Gaswirtschaft in Deutschland*, München 1978, 15–35.

30 Gerold Ambrosius, *Der Staat als Unternehmer*, Göttingen 1984, 40–48, 71–76.

entsprechend heftig verteidigt wurde.[31] Als argumentatives Schwergewicht für die Beibehaltung des staatlichen Monopols diente zunächst die Versorgungssicherheit, die neben der Stabilität des Angebots auch die Sicherung der Qualität berücksichtigte. Dazu traten mit vielleicht noch größerer Bedeutung finanzielle Aspekte, denn neben der Senkung der vielfach als überhöht kritisierten Preise privater Anbieter und ihrer Verkaufsorganisationen erwiesen sich die Gewinne des Eigenbetriebs schnell als willkommene Unterstützung der kommunalen Haushalte, auch wenn das ungern zugegeben wurde und sich der Gedanke der Gemeinwirtschaft nur wenig mit dem Verlangen nach Rendite vereinen ließ.[32] In den Gaswerken bildete der neben dem Gas entstehende Gaskoks eine weitere Einnahmequelle und konnte zur kostengünstigen Versorgung der Bevölkerung mit Hausbrand genutzt werden.[33]

Die Anfänge der Gaswirtschaft liegen in England, wo sich im Rahmen der Industrialisierung des Montansektors nach der Wende zum 19. Jahrhundert innerhalb von knapp 20 Jahren eine umfangreiche Leuchtgasindustrie entwickelte. Die ersten deutschen Gaswerke entstanden Mitte der 1820er Jahre vielfach zur Befriedigung adeliger Repräsentationswünsche, wurde das Gas doch ausschließlich zur Beleuchtung zentraler Punkte in Residenzstädten eingesetzt.[34] 1826 ging in Hannover die erste öffentliche deutsche Gasversorgung in Betrieb, und damit in der Stadt, die ziemlich genau ein Jahrhundert später von der Ruhrgas als erster Kunde außerhalb des Ruhrgebiets gewonnen werden konnte.[35] Insgesamt verzeichnete die Gaswirtschaft in Deutschland nach dem

31 Wolfgang R. Krabbe, *Munizipalsozialismus und Interventionsstaat. Die Ausbreitung der städtischen Leistungsverwaltung im Kaiserreich*, in: Geschichte in Wissenschaft und Unterricht (1979), 265–290.

32 Michael Hühner, *Kommunalfinanzen, Kommunalunternehmen und Kommunalpolitik im deutschen Kaiserreich*, Münster 1998; Thorsten Franz, *Gewinnerzielung durch kommunale Daseinsvorsorge*, Tübingen 2005, 27 ff.; Ambrosius, *Staat*, 71 ff.

33 Wilhelm Weis, *Die Verwertung der Gasnebenprodukte in den städtischen Gasanstalten*, in: Carl Johannes Fuchs (Hg.), Gemeindebetriebe. Neuere Versuche und Erfahrungen über die Ausdehnung der kommunalen Tätigkeit in Deutschland und im Ausland, Leipzig 1908, 305–343; Johannes Neubauer, *Die Strukturveränderungen der deutschen Kraftwirtschaft seit dem Ende des vorigen Jahrhunderts*, Diss. Halle-Wittenberg 1934, Halle 1934, 9 ff.

34 N. K. Hill, *The History of the Imperial Continental Gas Association 1824–1900. A Study of British Economic Enterprise on the Continent of Europe in the Nineteenth Century*, London 1950, 13 f.

35 Hans-Werner Niemann, *Die Gasversorgung des Raumes Hannover*, in: Landeshauptstadt Hannover (Hg.), Hannoversche Geschichtsblätter, Bd. 30, 1–159, hier 22 ff.; Herbert Mundhenke/Theo Walter, *125 Jahre hannoversche Gasversorgung*, Hannover 1953, 40 ff.; G. F. Rudolf Blochmann, *Aus der Frühgeschichte der Gastechnik. Grundsätzlich verschiedene Formen der ersten Entwicklung der Gasbeleuchtung in England und in Deutschland*, München 1942, 17 ff.; Gottfried Klepel, *Die Gas- und Kokserzeugung aus Steinkohlen in Deutschland. Ein Rückblick auf 150 Jahre technische Entwicklung*, Berlin 1958, 35 ff.

euphorischen Beginn eine schleppende Entwicklung, da weitere Absatzmöglichkeiten für das Gas fehlten und die Amortisierung der hohen Anfangsinvestitionen fraglich erschien, Bedenken angesichts der noch unausgereiften Technik bestanden und der Transport der Einsatzkohle durch das noch lückenhafte Bahnnetz erschwert wurde.[36]

Bis 1850 entstanden in Deutschland dennoch 35 Gasanstalten, davon allein elf im Besitz der Londoner Imperial Continental Gas Association (ICGA) und anderer ausländischer Investoren und nur vier unter Verwaltung von Kommunen.[37] Erst im Zuge des ersten Industrialisierungsbooms beschleunigte sich ab 1856 die Gründungstätigkeit durch die überschäumende wirtschaftliche Euphorie. Nun wurden nach dem Vorbild der ICGA auch deutsche Unternehmen mit dem Ziel etabliert, die Gasversorgung von Städten zu übernehmen, in die andere noch nicht vorgedrungen waren.[38] Die Kommunen gingen nun verstärkt dazu über, selbst Werke zu errichten, nach Ablauf der Konzessionsverträge zu kommunalisieren und zu betreiben. Anfang 1862 befand sich bereits ein Viertel in ihrem Besitz und bis 1885 rund die Hälfte von nun 668 Gaswerken. In den 1890er Jahren setzte eine zweite Kommunalisierungswelle ein, sodass 1913 zwei Drittel von 1.700 Werken den Städten gehörten.[39] Daneben existierten private Großunternehmen mit zum Teil zahlreichen Produktionsstätten.

Auch im Ruhrgebiet entwickelte sich zunächst eine dezentrale Gasversorgung mit den typischen Organisationsstrukturen. In allen größeren Gemeinden entstanden in den 1850er bis 1870er Jahren auf private Initiative Gaswerke. Mit der Ausdehnung der Industrie und dem Anwachsen der Bevölkerung begannen seit den 1880er Jahren auch kleinere Gemeinden mit dem Bau von Gaswerken. Trotz aller Gemeinsamkeiten mit der Entwicklung in Deutschland zeigte die Gaswirtschaft des Ruhrgebiets aufgrund der räumlichen Nähe zur Montanindustrie mit ihrer Kohlenbasis, der direkten Nachbarschaft der Städte und des starken Einflusses der schwerindustriellen Eliten auf deren Entwicklung eine

---

36 Fritz Elsas, *Kommunalwirtschaft und Gas*, in: Willi Vollbrecht/Richard Sternberg-Raasch (Hrsg.), Das Gas in der deutschen Wirtschaft, Berlin 1929, 295–302, hier 296 f.

37 Brunckhorst, *Kommunalisierung*, 16.

38 Ein bedeutendes Beispiel ist die Deutsche Continental-Gas-Gesellschaft (DCGG), die nach ihrer Gründung 1855 innerhalb von nur drei Jahren in 13 bestehende Verträge eintrat oder neue abschloss. Gert von Klass, *100 Jahre Deutsche Continental-Gas-Gesellschaft*, Düsseldorf 1955, 24.

39 Brunckhorst, *Kommunalisierung*, 17 ff.; Nikolaus Heinrich Schilling, *Statistische Mittheilungen über die Gasanstalten Deutschlands, Österreich-Ungarns und der Schweiz*, München [5]1896, 325 ff.; Albert Erich Schnabel-Kühn, *Die Steinkohlengasindustrie in Deutschland in ihrer Bedeutung für die Volkswirtschaft und das moderne Städteleben*, München 1910, 48 f.; Friedrich Greineder, *Die Wirtschaft der deutschen Gaswerke*, München 1914, 3 ff.

Besonderheit: Anfang des 20. Jahrhunderts entstand hier der Gedanke größerer Strukturen und einer einheitlichen Versorgung der Region.[40] Am Horizont zeichnete sich damit eine Entwicklung ab, die von der Gaswirtschaft zunächst nur realisiert, bald aufmerksam, schließlich aber mit großer Sorge beobachtet wurde. Der Einbruch des Ruhrbergbaus mit großen Gasreserven in die kommunale Gasversorgung stand bevor, und damit war schnell deutlich, dass sich zumindest im näheren Umfeld des Ruhrgebiets einiges ändern würde.

Im Bereich des Stadtgases wurde diese Entwicklung vielfach als Gruppengasversorgung[41] bezeichnet, während sie im Ruhrgebiet meist unter den Begriffen Kokereigas- oder Zechengasversorgung firmierte.[42] Wenn in der Branche bereits erfolgreiche Großunternehmen existierten, die mit mehreren Gaswerken verschiedene autarke Versorgungssysteme betrieben, dann bestand prinzipiell auch die Möglichkeit, solche Erzeugungsstätten zusammenzuschließen und als Basis eines einheitlichen Versorgungsnetzes zu nutzen. Ungeachtet solcher zeitgenössischen Abgrenzungsversuche ist unter Gasfernversorgung jedoch prinzipiell der Gasvertrieb in einen über den örtlichen Standort der Anlage selbst hinausgehenden Raum bzw. in benachbarte Gemeinden ohne Eigenerzeugung zu verstehen.

Als Vorbild für die Ferngasversorgung in Europa dienten die USA, deren vielfach auf der Förderung einer einzelnen Erdgasquelle basierende Verteilungssysteme bereits Ende der 1890er Jahre nach diesem Prinzip arbeiteten, und nun bereits größere Strecken von teilweise mehr als 100 Kilometern überwanden.[43] Die erste Fernversorgung in Deutschland etablierte 1896 die Deut-

---

40 Alfred Pott, *Die bisherige Entwicklung der Gasversorgung im Ruhrgebiet*, in: TM 28 (1935), 267–272.

41 In der Regel bezog sich der Begriff auf die Versorgung mehrerer Gebietskörperschaften durch ein einzelnes Zentralgaswerk, mitunter aber auch auf eine Gemeinschaftsversorgung mehrerer Gaswerke. Richard Nübling, *Die Gruppengasversorgung*, in: Vollbrecht/Sternberg-Raasch (Hrsg.), Gas, 256–264; Markmann, *Mitteldeutsche Gruppengasversorgung*, in: ZÖW 2 (1935), 46–49.

42 Die privaten und kommunalen Gegner des Kokereigases diskreditierten grundsätzlich in den 1920er Jahren jede Form der Kokereigasversorgung als Ferngasversorgung, während sie die ebenfalls eindeutig Züge einer Ferngasversorgung aufweisende großräumliche Verteilung ihrer Gaswerksproduktion zur Herausstellung ihres positiven Charakters meist als Gruppengasversorgung bezeichneten. Diese wurde zudem von Beginn an mit den Attributen Ferngasversorgung oder Gasfernversorgung versehen, was nicht mehr meinte, als ein über das direkte Umfeld der Produktionsstätte hinausgehendes Vertriebsnetz. Eine konkrete Abgrenzung zwischen Nah- und Fernbereich existierte jedoch ebenso wenig wie eine feste Definition, sodass in der Literatur keine einheitliche Verwendung der Begriffe erkennbar ist. Willi Reh, *Absatzwandlungen in der deutschen Gasversorgung*, Diss. Berlin 1939, Berlin 1939, 25 f.

43 Max Petzold, *Die Gasfernleitung und ihre wirtschaftliche Bedeutung*, Darmstadt 1912, 45 ff.; Paul Damm, *Die Gewinnung und Verwendung der Erdgase*, in: ZaC (1922), 121–125.

sche Continental-Gas-Gesellschaft in München-Gladbach[44] zur Versorgung des benachbarten Ortes Rheydt.[45] Kurz darauf ging die erste Fernleitung[46] Deutschlands in Betrieb, über die das Großgaswerk Lübeck den 23 Kilometer entfernten Hafen von Travemünde kostengünstiger belieferte als ein örtliches Gaswerk.[47] Bis 1914 wurden je nach Zählung zwischen 100 und 200 Fernversorgungen in Deutschland aufgebaut.[48] Die größten befanden sich in Berlin, das zu diesem Zeitpunkt bereits durch vier kommunale und private Einzelnetze weitgehend erschlossen war.[49] Dass die Unternehmen des Ruhrbergbaus und anderer Steinkohlengebiete nicht schon früher und im größeren Umfang in die Belieferung der Städte eingestiegen waren, lag neben technischen Schwierigkeiten vor allem an fehlenden Mengen infolge der Verwendung des erzeugten Kokereigases für betriebliche Wärmeprozesse. Nach der Jahrhundertwende änderte sich diese Situation jedoch schlagartig durch die Einführung der ersten energiesparenden Regenerativöfen und Großgasmaschinen in der Montanindustrie, die erstmals eine energiesparende Verbundwirtschaft erlaubten.[50]

Als geistiger Vater des Kokereigasvertriebs im Ruhrgebiet und des späteren Übergangs zur Fernversorgung größerer Gebiete ist der Industrielle Hugo Stinnes anzusehen, der sich bereits Mitte der 1890er Jahre mit der Thematik befasste.[51] Während der einschneidenden Wirtschaftskrise der Jahrhundertwende initiierte Stinnes zusammen mit August Thyssen erfolgreich einen Umstrukturierungs- und Konzentrationsprozess in der Montanindustrie mit dem Ziel, ihren Einfluss in der Branche zu erhöhen und neue Geschäftsfelder zu erschließen.[52] 1902 übernahmen sie die Mehrheit am RWE, um die Elektrizitäts-

44 Seit 1960 Mönchen-Gladbach.

45 G. Kern, *Gasfernversorgung*, in: E. Schilling/H. Bunte (Hrsg.), Handbuch der Gastechnik, Bd. VI: Verteilung, Messung und Einrichtung des Gases, München 1917, 100–167, hier 102; E. Schilling, *Gasversorgung des Rheintales mittels Ferndruckleitung*, in: JGBW 46 (1903), 141–143.

46 Hase, *Über Versuche an den Lübecker Gasfernleitungen*, in: JGBW 50 (1907), 1.077–1.081.

47 Hase, *Die Erfolge der Ferngasleitung Lübeck-Travemünde*, in: JGBW 46 (1903), 985–988.

48 Aufstellung bei Petzold, *Gasfernleitung*, 10 ff.

49 Kern, *Gasfernversorgung*, 155 ff.; Pott, *Gasversorgung im Ruhrgebiet*, 269.

50 Gleichzeitig verbesserte sich die Gewinnungstechnologie für Nebenprodukte, die mit dem Ziel einer Abscheidung von Teer, Ammoniak und Benzol sowie der fraktionierten Destillation das Kokereigas erst für den Leitungstransport und die Verwendung in Gasbrennern vorbereitete.

51 Gerald D. Feldman, *Hugo Stinnes. Biographie eines Industriellen 1870–1924*, München 1998, 36 ff., 277 f.; Farrenkopf, *Koks*, Bd. 2, 111 f., 121 f.

52 Wilhelm Treue, *Die Feuer verlöschen nie. August Thyssen-Hütte 1890–1926*, Düsseldorf 1966, 56 ff.; Feldman, *Stinnes*, 46 ff.

versorgung des Ruhrgebietes zu monopolisieren.[53] Mit der Beteiligung von Kommunen am RWE begann nicht nur in größerem Umfang die Ära der gemischtwirtschaftlichen Unternehmen in der Gaswirtschaft, sondern der Energieversorger übernahm auch Gaswerke und schloss diverse Lieferverträge ab. Die Stadt Essen wurde ab 1905 als erste Großstadt des Ruhrgebiets in Ergänzung zur Erzeugung des Gaswerks mit Kokereigas von fünf zum Einflussbereich Stinnes' gehörenden Zechen beliefert und deckte etwa die Hälfte ihres Bedarfs auf diesem Weg.[54] Es begann die rund 20jährige Phase einer äußerst engen Bindung von Elektrizitäts- und Gasvertrieb im Ruhrgebiet, denn viele Gemeinden entschieden sich bald für eine Versorgung aus einer Hand und legten teilweise die Eigenerzeugung still. August Thyssen baute trotz seines Engagements beim RWE einen eigenen Kokereigasvertrieb im Raum Duisburg auf, der bald über Oberhausen und Dinslaken in den Raum Bocholt ausgedehnt wurde. Aus der Gasabteilung entstand 1921 unter Zusammenfassung aller Wasser- und Gasaktivitäten des Konzerns die Gasgesellschaft mbH, die spätere Thyssen'sche Gas- und Wasserwerke GmbH (Thyssengas).[55]

Als das RWE 1905 durch den Kauf von Anteilen an Elektrizitätswerken in den Besitz der Gaswerke der Städte Mettmann und Benrath gelangte, entstand schnell der Gedanke, eine auf Koksgas basierende Fernversorgung aufzubauen, die über das Ruhrgebiet hinaus bis ins Bergische Land und in den Düsseldorfer Raum reichen sollte, doch blieb die Großstadt wie andere beim Gas-

53 Hans Pohl, *Vom Stadtwerk zum Elektrizitätsgroßunternehmen. Gründung, Aufbau und Ausbau der „Rheinisch-Westfälischen Elektrizitätswerk AG" (RWE) 1898–1918*, Stuttgart 1992, 17 ff.; Ernst Schmelcher, *Das Rheinisch-Westfälische Elektrizitätswerk Aktiengesellschaft, Essen. Ein Beitrag zur Geschichte der Entwicklung der modernen Unternehmungsformen auf dem Gebiete der Elektrizitätswirtschaft und ihrer besonderen Bedeutung für die Frage der Sozialisierung der Elektrizität*, Diss. Freiburg i. Br. 1920, 66 ff.

54 Harold Classen, *Die Entwicklungsstufen der öffentlichen Gaswirtschaft im Raum Essen*, Diss. Köln 1957, Essen 1958, 60 f.

55 Seine Firma Thyssen & Co. betrieb in Mülheim-Styrum seit den 1890er Jahren eine werkseigene Wasser- und Gasversorgung, die aufgrund des stetigen Wachstums 1903 als selbstständiges Unternehmen, die Wasserwerk Thyssen & Cie. GmbH, ausgegliedert wurde. Das Unternehmen wurde mehrfach umbenannt bzw. umfirmiert. 1921: Gasgesellschaft mbH, 1927: Thyssen'sche Gas- und Wasserwerke GmbH, 1965: Thyssengas AG, 1971: Thyssengas GmbH. Zur Gründung und den Anfangsjahren von „Thyssengas" vgl. Wilhelm Acker, *Die Thyssen'schen Gas- und Wasserwerke GmbH. Ein Unternehmen der Energie- und Wasserwirtschaft*, [Duisburg 1960, unveröffentlichtes Manuskript], in: HKR, 16–30; Rudolf Stampfuß, *50 Jahre Thyssen'sche Energiewirtschaft*, Duisburg 1953 [unveröffentlichtes Manuskript], in: HKR, 8–21; Thomas Pawlowski-Grütz, *Aus den Gründertagen von Thyssengas*, in: Thyssengas intern. Informationen für die Mitarbeiter der Thyssengas GmbH, [ohne Nummerierung], Duisburg 1991, 3; Treue, *Feuer*, 99.

werksbetrieb.[56] 1907 beendeten die zunehmenden Meinungsverschiedenheiten der beiden Ruhrmagnaten über Zuständigkeiten, Lieferberechtigungen, die Abgrenzung der Versorgungsgebiete (Demarkation) und Preise die Zusammenarbeit.[57] Thyssen ging nun endgültig getrennte Wege und sicherte sich das Recht, die Hälfte des Mülheimer Bedarfs aus seinen Duisburger Kokereien zu liefern. Stinnes waren dagegen bis zum Ausbau seiner Kokereikapazitäten bis 1910 die Hände gebunden, denn die bedeutenden Lieferverpflichtungen in Essen verhinderten einen solchen Erfolg in seiner Heimatstadt.[58] Das RWE stellte vor diesem Hintergrund seine Ferngaspläne zunächst zurück und konzentrierte sich auf die Entwicklung seiner Elektrizitätsversorgungsstrukturen südlich des Ruhrgebiets.

Der Bruch mit Thyssen erwies sich als bedeutender, als zunächst von Stinnes vermutet. Das eigentliche Problem der Gasfernversorgung lag nicht mehr in der Erzeugung des Gases, sondern im Transport über größere Entfernungen. Dazu bedurfte es im Idealfall nicht nur eines zentral verwalteten Netzes, sondern einer konzertierten Aktion möglichst vieler Zechengesellschaften sowie der Bereitschaft der Städte, die Kokereigasverwendung zu fördern. Die Situation ähnelte der der Gaswerke, jedoch mit dem Unterschied, dass mit der Dimension des Projektes der Kapitalbedarf für den aufwendigen Leitungsbau erheblich anstieg und damit auch der Druck, große Gasmengen innerhalb möglichst kleiner Versorgungsgebiete abzusetzen. Dass solche ambitionierten Pläne im Ruhrgebiet zunächst überhaupt nicht und schließlich nur mit größeren Abstrichen realisiert werden konnten, lag vor allem am Separatismus der Unternehmen. Visionäre Ideen wie eine gemeinschaftliche Ferngasversorgung fielen dieser Haltung schnell zum Opfer, und so folgten zwischen 1908 und dem Beginn des Ersten Weltkriegs zehn weitere Bergbauunternehmen Thyssens Vorbild und bauten eigene, meist lokale Gasversorgungsstrukturen auf.[59]

Auch auf kommunaler Seite regte sich schnell Widerstand gegen die Expansionspolitik des RWE. Mit dem Elektrizitätswerk Westfalen (EWW) und der Elektrizitätswerk Mark AG entstanden im östlichen Ruhrgebiet kommunale Gegengewichte zum RWE.[60] Dieses gab 1908 seine Ziele einer ruhrgebietsweiten

56 RWE AG (Hg.), *Das RWE nach seinen Geschäftsberichten 1898–1948*, Essen 1948, 22; Wilhelm von Sternburg, *Das RWE im Kaiserreich 1898–1918*, in: Dieter Schweer/Wolf Thieme (Hrsg.), *„Der gläserne Riese". RWE – ein Konzern wird transparent*, Essen 1998, 17–60, hier 34 f.

57 Feldman, *Stinnes*, 278 f.

58 Ebd.

59 R. Witzeck, *Die Fernversorgung mit Koksofengas*, in: JGB 57 (1914), 361–368, 389–392, hier 366 f.; Freßen, *Kokereigasversorgung*, 63 ff.

60 Thyssensche Gas- und Wasserwerke GmbH, Duisburg/Stadtwerke Wuppertal (Hrsg.), *Eine Großstadt wird mit Ferngas versorgt. Thyssengas in Wuppertal 1910–1960. Denkschrift zum 50-jährigen Bestehen des Gaslieferungsvertrages*, Wuppertal 1960, 36.

Tätigkeit gezwungenermaßen auf, suchte die Verständigung und beteiligte sich an der Westfälisches Verbandselektrizitätswerk AG (WVE). 1925 fusionierten EWW und WVE zur Vereinigte Elektrizitätswerke Westfalen GmbH (VEW) in Dortmund.[61] Damit war diese Entwicklung auch aus gaswirtschaftlicher Sicht bedeutsam, denn sie zementierte bereits zu diesem frühen Zeitpunkt über die ersten im Ruhrgebiet abgeschlossenen Demarkationsverträge für beide Zweige der Energieversorgung die Marktstrukturen.[62]

Trotz dieser Rückschläge verfolgte Stinnes den Plan einer zentralisierten Ferngasversorgung weiter und versuchte zur Jahreswende 1909/10 letztmalig, die Bergbauunternehmen von der Notwendigkeit einer gemeinsamen Vertriebsgesellschaft zu überzeugen. Dazu stellte er das Projekt einer gemeinsam zu gründenden „Rheinisch-Westfälischen Gasgesellschaft mbH" vor, die zunächst die Grundlage für die Belieferung der Stadt Barmen bilden sollte.[63] Das Projekt scheiterte schließlich noch im Anfangsstadium an der Uneinigkeit der Montanindustrie sowie an den aus Sicht des RWE untragbaren Forderungen der Stadt, die um ihre Schlüsselfunktion für die Erschließung des Bergischen Landes wusste.[64] Thyssen akzeptierte dagegen die Barmer Forderungen nach Preisen und Lieferkonditionen und unterzeichnete den Vertrag.[65] In der Folge kam es zu Demarkationsverhandlungen zwischen den beiden Kontrahenten mit dem Ergebnis, dass Thyssen die Städte und Gemeinden entlang seiner rund 50 Kilometer langen Hauptleitung zwischen Hamborn und Barmen belieferte.[66] Das RWE versorgte durch eine Fernleitung an Barmen vorbei ab 1912 das südliche Umland.[67] Weiterhin erhielt es das übrige rheinische Gebiet südlich von Duisburg, Mülheim, Essen sowie Westfalen südlich der Ruhr und, von besonderer Bedeutung, Köln. In Mülheim, Duisburg und Essen standen beide Unterneh-

---

61 Theo Horstmann, *Die Vorläufergesellschaften der VEW*, in: VEW AG (Hg.), Mehr als Energie. Die Unternehmensgeschichte der VEW 1925–2000, Essen 2000, 12–69, hier 48 ff., 62 ff.; Sternburg, *RWE*, 36 f.

62 Josef Buderath, *Strom im Markt. Die Geschichte des Rheinisch-Westfälischen Elektrizitätswerks AG Essen 1898–1978*, Bd. 1, Essen 1978, 74 f.; RWE (Hg.), *RWE nach Geschäftsberichten*, 22.

63 Als Grundlage für die Belieferung der Stadt Barmen, heute Stadtteil von Wuppertal.

64 Beate Hobein, *Energiepolitischer Zündstoff im Bergischen Land: Barmens Übergang zur Kokereigasversorgung (1910)*, in: Holger F. Becker u. a. (Hrsg.), Neues Bergisches Jahrbuch. Beiträge und Materialien zur Lokal- und Regionalgeschichte des Bergischen Landes, Wuppertal 1985, 61–80; Karl-Hans Schmidt, *Gas, Strom und Wasser für Elberfeld-Barmen*, Wuppertal 1972; Petzold, *Gasfernleitung*, 92 ff.

65 Thyssensche Gas- und Wasserwerke GmbH, *Thyssengas in Wuppertal*, 29 f.

66 Buderath, *RWE*, Bd. 1, 95 ff.; Demarkationsvertrag RWE/Wasserwerk Thyssen & Cie. vom 25. Juli 1911, in: HKR C 1/319; Schmidt, *Elberfeld-Barmen*, 36 f.; Petzold, *Gasfernleitung*, 101 ff.

67 Schmidt, *Elberfeld-Barmen*, 36f.; Petzold, *Gasfernleitung*, 101 ff.

men in Konkurrenz zueinander. Auch dem RWE war damit nach Jahren der Rückschläge endlich der Aufstieg zum Ferngasunternehmen gelungen, doch litt die Rentabilität des Netzes an den hohen Anlage- und Betriebskosten.[68]

Am Vorabend des Ersten Weltkriegs wurden schließlich im Großraum des Ruhrgebiets 2,5 Mio. Einwohner in 50 Städten und Gemeinden mit insgesamt 150 Mio. Kubikmetern Kokereigas versorgt, was einem Anteil an der Gesamtproduktion von knapp 15 Prozent entsprach, während der Rest fast vollständig für betriebsinterne Heizzwecke Verwendung fand.[69] Schätzungsweise dürften etwa 250 Kilometer Gasleitungen verlegt worden sein.[70] In den anderen deutschen Steinkohlenrevieren steckte die Entwicklung dagegen noch in den Kinderschuhen, soweit sie überhaupt begonnen hatte. Damit hatte die Gaswirtschaft in Deutschland bereits vor dem Ersten Weltkrieg ihre grundlegende Entwicklung vorerst abgeschlossen, denn mit der lokalen städtischen Gasversorgung, der Gruppengasversorgung in privater Regie oder in Form kommunaler Zweckverbände und der Kokereigasversorgung, beide mit Fernversorgungscharakter, bestanden die drei Kohlengasvertriebssysteme, die erst mit Beginn des Erdgaszeitalters in den 1960er Jahren aufgegeben werden sollten.

Während des Ersten Weltkrieges blieben die organisatorischen Strukturen der kommunalen Gaswirtschaft weitgehend stabil. Als nicht kriegswichtige Branche hatte sie aufgrund der Kohlenbewirtschaftung, der insgesamt geringeren Nachfrage und schließlich staatlicher Rationierungsmaßnahmen ihre Produktion der neuen Situation angepasst. Nach dem Krieg standen Vorschläge zur gesellschafts- und verwaltungsrechtlichen Umformung der kommunalen Gaswirtschaft mit dem Ziel einer verbesserten Rentabilität im Mittelpunkt des Interesses. Alle Kooperationsvorhaben zur Bildung größerer Erzeuger- und Vertriebsstrukturen scheiterten jedoch schließlich an Finanzierungsfragen und wie zuvor in der Montanindustrie an der Uneinigkeit über Führungsrollen und Zielsetzungen.[71]

---

68 Mit einem Versorgungsradius von fast 100 Kilometern zwischen Dorsten im Norden und Opladen im Süden und einer Leitungslänge von 135 Kilometern besaß das Unternehmen zwar den größten Einzugsbereich, allerdings auch stark zersplitterte Gebietsstrukturen.

69 Verein für die bergbaulichen Interessen (Hg.), *Die Bergwerke und Salinen im niederrheinisch-westfälischen Bergbaubezirk 1926*, Essen 1927, 10 f.

70 R. Witzeck, *Steinkohlengas aus Kokereien*, in: E. Schilling/H. Bunte (Hrsg.), Handbuch der Gastechnik, Bd. IX: Steinkohlengas aus Kokereien; die Vergasung in Generatoren; die kohlenstoffreichen Leucht- und Heizgase, München 1919, 1–90, hier 66 f.

71 Gustav Weiberg, *Wirtschaftsformen kommunaler gewerblicher Unternehmungen unter besonderer Berücksichtigung von Gründungen und Umbildungen in neuerer Zeit*, in: WG 13 (1922/23), Sp. 484–520; Heinrich Ritzkopf, *Die neuere Entwicklung in den Rechtsformen der kommunalen Unternehmungen unter besonderer Berücksichtigung der Gas-, Wasser-, Elektrizitätswerke und Straßenbahnen*, Leipzig 1926; detaillierte Aufstellungen zu Unternehmen und Städten bei Chlebowski, *Die Verwaltungsformen der städtischen Gas-, Wasser- und Elektrizitätswerke und Stra-*

Beim RWE kam es in dieser Zeit zu ganz anderen Überlegungen. Bereits 1921 wurden hier erstmals in Deutschland anhand verschiedener Modelle detaillierte Szenarien zur Ferngasversorgung über längere Strecken durchgerechnet und dabei elementare Preisvorteile ermittelt.[72] Wenn es auch nicht explizit gesagt wurde, bedeutete dies nichts anderes als die Ankündigung eines absehbaren Todes der kommunalen Gaswirtschaft, deren Preise 1923 die Ferngaskalkulation des RWE um das Drei- bis Sechsfache übertrafen.[73] Solche Prognosen spalteten die Branche in die Bewahrer und die Modernisierer, die der Hälfte der 1924 rund 1.000 eigenständigen Versorgungsunternehmen keine Überlebenschancen gaben und folglich umfangreiche Modernisierungs- und Rationalisierungsmaßnahmen mit dem Ziel größerer Erzeugungs- und Verteilungssysteme propagierten.[74] Die Anfänge dieser Entwicklung lagen in Sachsen, dessen Ferngasversorgung als erste kommunale Großgasversorgung moderner Konzeption angesehen werden kann. 1922 wurden die Gasversorgung Ostsachsen AG mit Sitz in Dresden als gemischtwirtschaftliches Werk durch die Thüringer Gas-Gesellschaft und die staatliche AG Sächsische Werke gegründet. Das Unternehmen versorgte bereits 1923 in einem Umkreis von 45 Kilometern 82 Städte und Gemeinden mit einem Leitungsnetz von rund 200 Kilometern Länge.[75] Damit hatte sich die Idee durchgesetzt, und es folgte eine regelrechte Gründungswelle von durch Gemeindeverbände initiierten Ferngasprojekten in allen

---

ßenbahnen, in: WG 14 (1923/24), Sp. 553–567; Franz Herzberg, *Technische und wirtschaftliche Fragen der Ferngasversorgung*, in: GWF 64 (1921), 537–539.

72 Richard F. Starke, *Gaswirtschaft. Ein Beitrag zur Prüfung der Wirtschaftlichkeit der Nebenproduktgewinnung, des Gasbetriebes für Stahlwerke und Kraftwerke und der Gasfernversorgung*, Berlin 1921, 144 ff.; ders., *Großgasversorgung. Technik und Wirtschaft der Fernleitung der Gase unter hohem Druck als Grundlage für eine Großgasverwertung der Kohlenenergie in Deutschland mit zentraler Gaserzeugung in den Steinkohlen- und Braunkohlen-Revieren*, Leipzig 1924, 228 ff.

73 Trautmann, *Die Preispolitik der städtischen Gaswerke*, in: WG 15 (1924/25), Sp. 310–314; Ausschuß zur Untersuchung der Erzeugungs- und Absatzbedingungen der deutschen Wirtschaft (Hg.), *Die deutsche Kohlenwirtschaft. Verhandlungen und Berichte des Unterausschusses für Gewerbe, Industrie, Handel und Handwerk (III. Unterausschuß)*, Berlin 1929, 43.

74 Benno Schmidt, *Die Standorte der deutschen Elektrizitäts- und Gaswerke*, in: WG 15 (1924/25), Sp. 881–886; Westphal, *Der wirtschaftliche Zusammenschluss benachbarter Gaswerke durch Gasfernleitungen*, in: GWF 67 (1924), 25–28, 40–43, hier 26.

75 Ebd., 27; Rainer Karlsch, *Vom Licht zur Wärme. Geschichte der ostdeutschen Gaswirtschaft 1855–2008*, Berlin 2008, 54 ff.; *Gasversorgung Ostsachsen AG (Gosag) in Dresden*, in: WG 14 (1923/24), Sp. 430; *Der künftige Ausbau der Gasversorgung Sachsens*, in: GWF 68 (1925), 290–293; *Gasversorgung Ostsachsen AG (Gosag)*, in: WG 15 (1924/25), Sp. 516; Franz Herzberg, *Ferngasversorgung*, in: GWF 68 (1925), 447 f., hier 447. Etwa zur selben Zeit entstanden die Energie AG Leipzig und das Ferngaswerk Franken-Thüringen in Neustadt bei Coburg.

Teilen Deutschlands.[76] Im Ruhrgebiet war es die VEW, die Ende 1925 den Ausbau der Gasaktivitäten ihrer Gründungsgesellschaften einleitete und dazu umfangreiche Investitionsmittel bereitstellte. Im Herbst 1927 wurde die Gasverteilung aus dem Unternehmen ausgegliedert und in die neue Vereinigte Gaswerke Westfalen GmbH (VGW) eingebracht.[77]

Die Verlierer dieser Entwicklung waren die privaten Gaswerke und Gaswerksgesellschaften, deren Anteil an der Gesamtgaserzeugung des Deutschen Reiches von ursprünglich über zehn Prozent auf nur noch 3,5 Prozent sank. Die noch 78 gemischtwirtschaftlichen Organisationen kamen auf einen Anteil von zwölf Prozent, während der der kommunalen Einrichtungen fast 85 Prozent erreichte.[78] Die Gaswirtschaft war damit aus Sicht liberaler Kritiker ein typisches Beispiel für die als „kalte Sozialisierung“ geschmähte Zurückdrängung der Privatwirtschaft in zahlreichen Branchen, die vermeintlich eine sukzessive Überführung des Wirtschaftssystems hin zum Staatssozialismus bezweckte.[79] Dass der öffentlichen Gaswirtschaft eine gegenläufige Entwicklung, der Versuch eines Gegenmonopols durch den Ruhrbergbau über die Ruhrgas, bevorstehen sollte, ahnte Mitte der 1920er Jahre noch niemand, denn die Protagonisten auf diesem Gebiet, Thyssen und das RWE, verfolgten umfangreiche Planungen zum Netzausbau noch in Kooperation mit der Kommunalwirtschaft. So kündigte im Frühjahr 1923 Thyssens Gasgesellschaft mbH nach erfolgreichen Gesprächen mit der Stadtspitze an, die Gasversorgung des Rheinlandes mit dem Großraum Köln übernehmen zu wollen, und als zentrale Produktionsstätte eine am Rhein gelegene Großgasanstalt zu errichten.[80] Daraus entwickelte sich ein konkretes Ferngasversorgungsprojekt zur Erschlie-

---

76 Siehe GWF (1925), passim, insbesondere 109, 239, 315 f., 473, 506 f., 834 f.

77 Peter Döring, *Bewegte Jahre: Die VEW von 1925 bis 1948*, in: VEW AG (Hg.), Mehr als Energie. Die Unternehmensgeschichte der VEW 1925–2000, Essen 2000, 80–197, hier 110 f.; Walter Lipken, *Vereinigte Elektrizitätswerke AG*, Dortmund 1930, 141 ff.

78 Ausschlaggebend für diese Verschiebung war der Anstieg der Produktion um rund 30 % auf nun 3,7 Mrd. m^3/a, der fast ausschließlich aus der Vergrößerung der Kapazitäten pro Einheit infolge umfangreicher Neubaumaßnahmen auf kommunaler Ebene resultierte. So entfiel 1927 mit 650 Mio. m^3 fast ein Fünftel der Gesamtmenge auf die 21 größten Gaswerke. Ausschuß Absatzbedingungen (Hg.), *Kohlenwirtschaft*, 40 ff.

79 Dieter Rebentisch, *Städte und Monopol. Privatwirtschaftliches Ferngas oder kommunale Verbundwirtschaft in der Weimarer Republik*, in: Zeitschrift für Stadtgeschichte, Stadtsoziologie und Denkmalpflege 3 (1976), 38–80, hier 41 f.; Carl Böhret, *Aktionen gegen die „kalte Sozialisierung“*, 1926–1930. Ein Beitrag zum Wirken ökonomischer Einflußverbände in der Weimarer Republik, Berlin 1966.

80 Brief August Thyssen an seinen Sohn Heinrich vom 11. April 1923, in: Manfred Rasch (Hg.), *August Thyssen und Heinrich Thyssen-Bornemisza. Briefe einer Industriellenfamilie 1919–1926*, Essen 2010, 186 ff.; *Thyssens Ferngaswerk am Rhein*, in: WG 13 (1922/23), Sp. 891 f.

ßung der Rheinschiene bis nach Mannheim und Wiesbaden. Vor diesem Hintergrund entbrannten langwierige Diskussionen über die gemeinsame Vorgehensweise und die Abgrenzung der Interessensgebiete von RWE und Thyssen. Dabei wurden mit ständig wechselnden Szenarien, die nun auch Düsseldorf einbezogen und den Kreis der in einem Demarkations- bzw. Kooperationsabkommen zu berücksichtigenden Gemeinden stetig vergrößerten, zahlreiche Varianten durchgespielt, ohne dass es zu einer wirklichen Einigung gekommen wäre.[81]

Erschwerend wirkte sich aus, dass auch das RWE bereits ein Standbein im Rhein-Main-Gebiet in Form einer 40prozentigen Beteiligung an der Frankfurter Gas AG besaß.[82] Auf Vorschlag von Albert Vögler, seit dem Tod von Hugo Stinnes im April 1924 Aufsichtsratsvorsitzender des RWE, kam es im Verlauf eines Gipfelgesprächs mit August Thyssen, Thyssens Gas-Chef Franz Lenze und dem RWE-Vorstand im Oktober zu einem vorläufigen Einvernehmen: Während das RWE das alleinige Versorgungsrecht für München-Gladbach erhielt, wurde für Düsseldorf und Köln sowie die gesamte Rheinschiene, also auch für Frankfurt, Darmstadt und Mannheim, eine gemeinsame Vorgehensweise vereinbart.[83] Was wie ein Konsens aussah, kann allerdings auch als Anfang vom Ende aller Gemeinsamkeiten gedeutet werden, denn im folgenden Dreivierteljahr blieb es bei diesem Status quo, ohne dass irgendwelche Aktivitäten zu verzeichnen gewesen wären. Das RWE verlor in dieser Zeit zusehends das Interesse an der Gasfernversorgung.[84] In der zweiten Hälfte des Jahres 1925 versandete das gemeinsame Vorhaben zusehends, obwohl beide Seiten immer wieder ihr grundsätzliches Interesse bekundeten, jedoch letztlich nicht bereit waren, konkrete Schritte einzuleiten, sodass sich der Eindruck einer gegenseitigen

---

81 Aktennotiz Henke, RWE, über eine Besprechung am 25. Oktober 1924, 1–3, in: HKR C 1/319. Brief August Thyssen an die August Thyssen-Hütte, Gewerkschaft vom 26. Oktober 1924, in: Rasch (Hg.), *Briefe einer Industriellenfamilie*, 337 ff.

82 Rudolf H. Appel, *150 Jahre Frankfurter Gasversorgung*, in: Main-Gaswerke AG (Hg.), Urstoff – Urkraft – Gas, Frankfurt a. M. 1978, 47–110, hier 87 ff.; Niederschrift RWE AR am 6. Juni 1924, 4, in: HKR A 1–4.

83 Aktennotiz Henke, RWE, über eine Besprechung am 25. Oktober 1924 zur Gasdemarkation rheinaufwärts, 4 f., in: HKR C 1/319.

84 Der 1925 einsetzende forcierte Ausbau der Elektrizitätserzeugung und -verteilung erforderte hohe Investitionen, die in der zweiten Hälfte der 1920er Jahre nur durch mehrere Kapitalerhöhungen, die das Grundkapital auf 250 Mio. RM verdoppelten, sowie vier Dollar-Anleihen finanziert werden konnten und das Unternehmen stark belasteten. Camillo J. Asriel, *Das RWE. Rheinisch-Westfälisches Elektrizitätswerk AG. Ein Beitrag zur Erforschung der modernen Elektrizitätswirtschaft*, Zürich 1930, 171 ff.

Verhinderungsstrategie aufdrängt.[85] Mit dem Übergang der Anteilsmehrheit der Gasgesellschaft mbH an Heinrich Thyssen-Bornemisza[86] endeten schließlich Anfang 1926 die Verhandlungen über den gemeinsamen Aufbau einer Ferngasversorgung mit dem RWE.[87] Der Stromversorger sollte sich bis 1928 aus der Ferngasversorgung zurückziehen, der Stadt Frankfurt ein auch genutztes Vorkaufsrecht auf die Aktien der Frankfurter Gasgesellschaft einräumen und sein Netz an die Ruhrgas abgeben.[88]

Organisationsfragen und Vertriebskonzepte der Montanindustrie

Im Frühjahr 1926 deutete noch nichts darauf hin, dass sich die deutsche Gaswirtschaft in einem Schlüsseljahr befand, das den Anfang einer umfassenden Neuordnung der Geschäftsgrundlagen der Branche markieren sollte. Auf kommunaler Ebene kennzeichneten schwer überbrückbare Konflikte unter den Großstädten sowie zwischen diesen und kleineren Gemeinden des Umlandes, in die sich mitunter auch größere Gebietskörperschaften wie Provinzen und Länder mit eigenen Positionen einschalteten, das Bild. Dazu kamen innerhalb der Städte und Gemeinden richtungspolitische Auseinandersetzungen, die nicht selten zu doktrinären Machtspielen ausarteten. Als weitgehender Grundkonsens galt nur die Prämisse, gaswirtschaftliche Kooperationsprojekte mit dem Steinkohlenbergbau zurückhaltend zu prüfen, im Falle einer Zusammenarbeit in gemischtwirtschaftlichen Unternehmen aber eine möglichst beherrschende Stellung einzunehmen und die Modalitäten zu diktieren. Die Folge dieser Verhaltensweise war eine weitgehende Lähmung kommunaler Entscheidungsträger und -gremien, während private Projektpartner entnervt aufgaben.

Aber auch der Ruhrbergbau nahm das Scheitern der beiden größten Ferngasversorger RWE und Thyssengas nicht zum Anlass, die eigene Position zu überdenken, die Kräfte zu bündeln und neue Wege zu beschreiten, sondern verfolgte im Bereich des Gasvertriebs weiterhin die ausgetretenen Pfade des Partikularismus. Für die erste Hälfte des Jahres 1926 lassen sich allein drei größere Projekte der zum Haniel-Konzern gehörenden Gutehoffnungshütte

85 Aktennotiz Henke (RWE) über eine Besprechung am 22. August 1925, in: HKR C 1/319; Aktennotiz Koepchen, RWE, vom 13. November 1925, in: HKR C 1/319.

86 Brief Heinrich Thyssen-Bornemisza an August Thyssen vom 24. September 1925, in: Rasch (Hg.), *Briefe einer Industriellenfamilie*, 408 ff.

87 In den Akten sind keine weiteren Kontakte nachweisbar.

88 Buderath, *RWE*, Bd. 1, 97.

AG (GHH), der staatlichen Bergwerksgesellschaft Hibernia und der Zeche Westfalen mit vorrangigen Zielen im Rhein-Main-Gebiet nachweisen.[89] Jedenfalls bei der GHH, möglicherweise aber auch bei den anderen beiden Unternehmen, motivierte die Gründung der VSt Anfang 1926 die Bereitschaft zum raschen Einstieg in das Ferngasgeschäft, da die Befürchtung bestand, dass der Großkonzern nach Abschluss seiner Organisationsplanung seine Kapital- und Marktmacht auch in diesem Bereich ausspielen könnte.[90] Die Sorgen bezogen sich zunächst nur auf Beteiligungen des Konzerns an gemischtwirtschaftlichen Unternehmen und Kohlenlieferungen.[91] Erstaunlich ist in diesem Kontext, dass der Ruhrbergbau nach den langjährigen Erfahrungen mit der kommunalen Gasversorgung und den frühen Einigungsvorschlägen von Stinnes die Option einer verstärkten Gemeinschaftsarbeit in diesem Bereich als Beitrag zur Lösung der Absatzkrise noch nicht einmal diskutiert zu haben scheint.[92]

Der mühsame Einigungsprozess

Wann und auf wessen Initiative die Planungen, ein Gemeinschaftsunternehmen zum Aufbau einer zentralen Gasfernversorgung vom Ruhrgebiet aus zu

---

89 Niederschrift einer Besprechung am 17. Juni 1926 bei Haniel in Duisburg betreffend eine Kokereianlage für Rheinhessen, in: BBA 11/1800; Abschrift des Angebots der Bergwerksgesellschaft Hibernia mit Verwaltungs- und Gaslieferungsvertrag sowie Gründungsvertrag einer gemischtwirtschaftlichen Ferngaswerke GmbH, [blanko, o. D.], in: ebd. In den Akten der Hibernia lässt sich dieser Vorgang nicht nachweisen. Direktorenbesprechungen der Hibernia 1925/26, in: BBA 32/736; Kurt Jericho, *50 Jahre Steinkohlenförderung. Steinkohlenbergwerk Westfalen AG*, o. O., o. J., 63 f.

90 Niederschrift einer Besprechung am 17. Juni 1926 bei Haniel in Duisburg betreffend eine Kokereianlage für Rheinhessen, 2, in: BBA 11/1800.

91 So bestand zwar von Beginn an die Erkenntnis einer Unumgänglichkeit des Baus moderner Zentralkokereien, doch fiel die Entscheidung, mit konkreten Planungen zu beginnen, erst Ende Juli. Niederschrift der Kokereibesprechung der GBAG/VSt vom 28. Juli 1926, 5, in: BBA 55/1740.

92 Weder die Mitgliederversammlung noch der zuständige Koksausschuss des RWKS befassten sich in der ersten Jahreshälfte 1926 bei ihren monatlichen Sitzungen mit der Thematik. Niederschriften der Mitgliederversammlungen des RWKS am 27. Februar 1926, 29. März 1926, 29. Mai 1926 und 10. Juli 1926, in: BBA/2251; Niederschriften der Sitzungen des Koksausschusses des RWKS am 19. Januar 1926, in: BBA 33/99, 5. März 1926, in: BBA 33/100, 7. April 1926, in: BBA 33/101, 1. Mai 1926, in: BBA 33/102, 18. Juni 1926, in: BBA 33/103; Stefan Przigoda, *Unternehmensverbände im Ruhrbergbau. Zur Geschichte von Bergbau-Verein und Zechenverband 1858–1933*, Bochum 2002, 383 f.; Zur weitgehenden Negation bzw. Marginalisierung der Thematik durch den Bergbauverein siehe auch die entsprechend knappen Ausführungen in dessen Jahresberichten 1926, 83–86, in: BBA 16/63 und 1927, 60 f., in: BBA 16/64 sowie die Mitgliederrundschreiben der Zeit, in: BBA 16/172 und BBA 16/191.

gründen, entstanden, ist anhand der Quellenlage nicht eindeutig nachvollziehbar. Ausgangspunkt war jedenfalls das RWKS, dessen Geschäftsausschuss am 10. Juli 1926 „nach eingehender Erörterung der traurigen Absatzlage in Koks auf Anregung von Herrn Fickler“ beschloss, die Frage prüfen zu lassen, „nach welcher Richtung und mit welchen Maßnahmen eine Besserung des Koksabsatzes angestrebt werden kann“.[93] Die Mitglieder des zu diesem Zweck gebildeten Koksabsatzausschusses spiegelten die Bedeutung, die der Problematik beigemessen wurde, denn mit Vögler (VSt/GBAG)[94] und Erich Fickler (Harpener BAG) waren der Vorsitzende und der stellvertretende Vorsitzende des Aufsichtsrats des RWKS vertreten. Dazu kamen mit Fritz Winkhaus (Köln-Neuessener Bergwerksverein), Otto von Velsen (Hibernia), J. Kleynmans (Gewerkschaften Ewald und König Ludwig), Albert Hoppstaedter (Ver. Constantin der Große/ Fried. Krupp), Heinrich Pattberg (Gewerkschaft Rheinpreußen/Haniel) und Fritz Baum (Rheinische Stahlwerke) weitere führende Persönlichkeiten der Montanindustrie. Zusammen vertraten sie schätzungsweise zwei Drittel der Beteiligungsquote im Syndikat, und damit war bereits überdeutlich, dass die Vorschläge des Sonderausschusses ungeachtet ihres Inhalts eine überzeugende Basis besitzen sollten.

Vögler nahm nun umgehend Kontakt zu Alfred Pott auf, um mit ihm über Möglichkeiten der Gasfernversorgung und der Fernheizung zu sprechen.[95] Die Duzfreunde kannten sich durch ihre langjährige gemeinsame Tätigkeit für den Stinnes-Konzern, wo Pott nach Erfolgen bei der Einführung kohlechemischer und kokereitechnischer Neuerungen 1923 zum Generaldirektor des Bergbauzweiges aufgestiegen war.[96] Weitaus wichtiger als die persönliche Beziehung dürfte für Vöglers Personalentscheidung die Stellung Potts als einer der führenden Kohlechemiker des Ruhrbergbaus gewesen sein, denn er ergänzte den von Vögler repräsentierten wirtschaftlichen Einfluss ideal durch eine herausragen-

93 Niederschrift Geschäftsausschuss RWKS, 10. Juli 1926, TOP 4: Absatzfragen, 5, in: BBA 72/ 1051.

94 Manfred Rasch, *Albert Vögler. Manager mit technischem Sachverstand und volkswirtschaftlichem Verständnis. Versuch einer biografischen Skizze* (Westfälische Lebensbilder, Bd. 17), Münster 2005, 22 ff.; ders., *Albert Vögler und sein Verhältnis zur Politik*, in: Mitteilungsblatt des Instituts für soziale Bewegungen. Forschungen und Forschungsberichte 27 (2003), 127–156; Ulrike Kohl, *Die Präsidenten der Kaiser-Wilhelm-Gesellschaft im Nationalsozialismus. Max Planck, Carl Bosch und Albert Vögler zwischen Wissenschaft und Macht*, Stuttgart 2002.

95 Vögler an Pott, 22. Juli 1926, in: RR 104-04-11; auch in Ruhrgas AG (Hg.), *25 Jahre Ruhrgas*, 13.

96 Manfred Rasch, *Alfred Pott (1882–1951)*, in: Wolfhard Weber (Hg.), Ingenieure im Ruhrgebiet (Rheinisch-Westfälische Wirtschaftsbiografien, Bd. 17), Münster 1999, 275–317, hier 282 ff.; Baedeker, *Jahrbuch* 22–24, 45, 110, 145, 275.

de technische Expertise. Gleichzeitig verdeutlichte seine Berufung aber auch, dass bei der Diskussion von Maßnahmen gegen die Absatzkrise keine Denkverbote herrschen sollten und durchaus ungewöhnliche Vorschläge zu erwarten waren. Die kommunale Gaswirtschaft hatte dies für ihre Branche bereits auf der Tagung des Deutschen Vereins von Gas- und Wasserfachmännern e. V. (DVGW) Mitte Juni 1926 vorgelebt, wo das Leitreferat eine geradezu visionäre Aufgabenstellung als Vorbedingung einer erfolgreichen zukünftigen Entwicklung formuliert hatte.[97] Sie umfasste Maßnahmen zur restlosen Vergasung von Kohle, zur verstärkten Verwendung von Gas im Wärmemarkt und in der Industrie, zur Kombination der Elektrizitäts- und Gaserzeugung und zukünftig auch der Kohlenhydrierung in einheitlichen Erzeugungsanlagen sowie insgesamt zur Umstellung auf die Großgaserzeugung und die Gasfernversorgung.

Dass das Projekt durch Vögler und Pott in ungewöhnlicher Eile vorangetrieben wurde, lag an diversen eigenständigen Aktivitäten einzelner Bergbauunternehmen und Kommunen im Ferngassektor. Beide hatten wohl eher eine grundlegende Idee als ein eindeutiges Konzept.[98] Tatsächlich folgte das erste Tätigkeitskonzept der AGKV weitgehend den DVGW-Tagungsvorschlägen, sodass hier durchaus ein Vorbild oder gar ein Auslöser zu sehen ist.[99] Für Pott lag die Lösung des Problems in einem Gemeinschaftsunternehmen auf möglichst breiter Grundlage mit dem Hauptgeschäftszweck Ferngasversorgung. Als Ziel nannte er die Erschließung des süddeutschen Raumes mit einer Leitung von bis zu 500 Kilometern Länge, die zunächst Frankfurt und schließlich weitere Großstädte des Ballungsraumes mit dem Ruhrgebiet verbinde.[100] Pott war sich der Problematik eines massiven Widerstands von Seiten der Kommunen von Vornherein bewusst und propagierte als mögliche Lösung den Bau von Gaskokereien durch gemischtwirtschaftliche Unternehmen unter Beteiligung der betroffenen Städte.[101] Obwohl er Angaben zu betriebswirtschaftli-

97 Franz zur Nedden, *Die Gaswirtschaft als Teil der deutschen Energiewirtschaft*, in: GWF 69 (1926), 442–445, hier 445.

98 Vögler an Pott, 22. Juli 1926, in: RR 104-04-11.

99 Äußerst zweifelhaft und von hagiographischem Charakter ist vor diesem Hintergrund die in der Festschrift der Ruhrgas zum 25. Jubiläum vermittelte Ansicht, dass Pott und Vögler im Juli 1926 ihre „langgehegten Pläne" zur Ferngasversorgung dem RWKS vorstellten. Ruhrgas AG (Hg.), *25 Jahre Ruhrgas*, 12.

100 Redemanuskript Pott, 26. Juli 1926, in: RR 104-04-11. Siehe dazu auch die Darstellung in der Niederschrift einer Besprechung am 30. Juli 1926 in Darmstadt, Provinzialdirektion, zwischen Bungert, Haniet, und Regierungsrat Wolf, Darmstadt, zur Errichtung einer Kokereianlage in Rheinhessen, in: BBA 11/1800. Ein offizielles Protokoll der Sitzung ist in den Akten nicht enthalten.

101 Redemanuskript Pott, 26. Juli 1926, in: RR 104-04-11; Aktennotiz Pott, [o. D.], zu dem Gespräch mit Franz Tillmetz, Direktor der Frankfurter Gasgesellschaft, am 4. August 1926, in: RR 104-04-11.

chen Rahmendaten und insbesondere zum Investitionsbedarf, den er nur als hoch bezeichnete, schuldig geblieben war, hatten seine Ausführungen überzeugt. Ihm wurde der Vorsitz eines Arbeitsausschusses übertragen, dem neben einem Großteil der Mitglieder des Koksabsatzausschusses mit Emil Kirdorf (GBAG) auch der Nestor des Ruhrbergbaus sowie als Zeichen für die besondere Unterstützung durch das RWKS dessen Vorstandsmitglieder Arnold Cappenberg und Albert Janus angehörten. Dazu kamen mit Alfred Lutter (Hibernia) und Wilhelm Wollenweber (Harpener BAG) zwei weitere Vertreter der führenden Bergbaugesellschaften.[102] Bereits am 5. August 1926, eine Woche nach der Sitzung, empfahl der Arbeitsausschuss die sofortige Gründung einer rechtlich selbstständigen Gesellschaft mit Beitrittsmöglichkeit für alle Mitglieder. Als Gesellschaftszweck wurden neben der Ferngasversorgung und der Fernheizung alle mechanischen Kohleveredelungsverfahren erwogen, während Uneinigkeit über die Berücksichtigung des in seinem Umfang noch unbestimmten Gebiets der Kohlechemie herrschte.[103]

Pott warnte vor der frühzeitigen Bekanntgabe dieses Schritts aufgrund der Eigeninteressen mehrerer Bergbauunternehmen in diesem Sektor.[104] Die RWKS-Mitgliederversammlung entsprach dann aber am 10. August überraschenderweise ohne besondere Diskussion den Erwartungen. Mit überwältigender Mehrheit stimmte sie für die Stundung aller bestehenden eigenen Vorhaben und die Zurückstellung aller Verhandlungen im Bereich der Ferngasversorgung bis zum 25. September unter dem Vorbehalt, dass auch die vier auf der Sitzung nicht vertretenen Zechen – seltsamerweise fehlte die GBAG – und die noch zurückhaltenden Bergbaugesellschaften Rombacher Hütte, Dahlbusch, Westfalen und Mont Cenis ihr Einverständnis nachträglich erklärten.[105] Von besonderer Tragweite, auch im weiteren Verlauf und daher von vielen Zechen möglicherweise auch nicht umgesetzt, war die Verpflichtung, alle „Brennstofflieferungen von Werken außerhalb des Reviers“ einzustellen, also ein klares Verbot der Versorgung der kommunalen Gaswirtschaft, um auf dieser Seite einen Einigungsdruck zu erzielen. Pott hatte sein Ziel erreicht und die zur Klärung der zahlreichen offenen Fragen dringend benötigten sechs Wochen Zeit gewonnen.

Die größte Unsicherheit lag aus Sicht Potts in dem Beschluss des Arbeitsausschusses, zur Demonstration der Geschlossenheit und wohl auch zur Erzeu-

---

102 Ruhrgas AG (Hg.), *25 Jahre Ruhrgas*, 14.

103 Niederschrift der Sitzung des Arbeitsausschusses am 5. August 1926, [ohne Autor und Datum], in: RR 104-04-11. Auch diese Niederschrift ist in den Akten der Bergbauunternehmen im BBA nicht enthalten.

104 Niederschrift der Mitgliederversammlung des RWKS am 10. August 1926, in: BBA 55/2251.

105 Ebd.

gung eines Gruppenzwangs allen Mitgliedern des RWKS den Beitritt zu dem neuen Unternehmen zu gewähren, also statt der Gaslieferungsfähigkeit die aktuelle RWKS-Beteiligung in den Vordergrund zu stellen.[106] Dazu kam die Frage der Rechtsform des neuen Unternehmens. Auch wenn Pott sich schon Anfang August hierzu Gedanken gemacht hatte, sollte die endgültige Entscheidung vorerst offenbleiben. Er favorisierte anfangs die bewährte Organisation nach Vorbild des RWKS und des Benzol-Verbandes, also eine GbR als eigentliche Kartellvereinigung, die nach außen aus steuerrechtlichen Gründen durch eine Organgesellschaft in Form einer AG vertreten wurde, welche auch die Geschäfte führte. Aus seiner Sicht sollten eine GbR und eine GmbH mit gleichen Anteilen von jeweils 1.000 Reichsmark gegründet werden, die in die bestehenden Lieferverträge eintrat, alle weiteren Aufgaben nach eingespieltem Muster wahrnahm und Beteiligungsquoten vergab. Zwei Drittel der Beteiligungsziffer an der GbR ergaben sich nach diesen ersten Überlegungen aus der Förderquote der Mitgliedsunternehmen, ein Sechstel aus dem Anteil am Syndikatsabsatz des Jahres 1925 und ein weiteres Sechstel anhand der Belegschaftsstärke.[107]

Der vom Satzungsausschuss erarbeitete erste Satzungsentwurf vom 25. August 1926 sowie ein zur selben Zeit intern vorgelegter Denkschriftentwurf spiegelten diese gesellschaftsrechtlichen Grundgedanken wider.[108] Allerdings galt als Maßstab für das Beteiligungsverhältnis an der GbR nun allein die Kohlenverkaufsbeteiligung am RWKS. Beim Arbeitsprogramm wurden fünf zentrale Gebiete definiert, die neben der Gasfernversorgung, der Fernheizung, der Kohlenverschwelung und der Kohlenstaubfeuerung auch die Synthese von Stickstoffverbindungen und die Kohleverflüssigung umfasste.[109] Diese weit in die Kohlechemie reichende Zielsetzung schlug sich auch im hier erstmals erwähnten Namen „Gesellschaft für Kohleverwertung" nieder.[110] Gefragt war daher ein

---

106 Aktennotiz [ohne Autor, wahrscheinlich Pott] vom 9. August 1926, in: RR 104-04-11.

107 Aktennotiz Pott zur Rechtsform vom 4. August 1926, in: RR 104-04-11.

108 Satzungsentwurf vom 25. August 1926, in: RR 104-04-11; Denkschrift zur Gründung der Gesellschaft für Kohleverwertung, Essen, [hektografiertes Typoskript, o. D.], in: BBA 11/1800.

109 Ebd., 3.

110 Ebd., 6, in: BBA 11/1800. Zur Kohlechemie siehe Gottfried Plumpe, *Die I. G. Farbenindustrie AG – Wirtschaft, Technik und Politik 1904–1945*, Berlin 1990, 223 ff., 256 f.; Hans-Georg Thomas, *Ruhrbergbau und Chemie: Die Entwicklung der Gasverarbeitungsgesellschaft mbH Herne-Sodingen 1925–1931* [unveröffentlichte Magisterarbeit Bochum 1994], 49 ff.; Manfred Rasch, *Geschichte der Ruhrchemie*, [unveröffentlichtes Typoskript, o. D.], 14–28, in: ThyssenKrupp Konzernarchiv. Der Anhang der Denkschrift spiegelte die gesamte Komplexität der Syndikatsverträge, aber auch die weiterhin ungelöste Problematik der Ungleichbehandlung der gasliefernden und aller sonstigen Mitgliedsunternehmen wider. Anhang zur Gründungsdenkschrift der AGKV, [Typoskript, o. D.], 3, in: BBA 11/1800.

in der Geschichte der Montanindustrie des Ruhrgebiets bis dahin unbekanntes Unternehmen vollkommen neuen Typs, das zwar bei den Vertriebsstrukturen die Grundlagen des RWKS adaptierte, zugleich aber dessen hohen Organisationsgrad auf die Produktionsebene übertrug.

Mitte September 1926 legte der Satzungsausschuss eine neue, diese Gedanken berücksichtigende Denkschrift vor.[111] In dieser Beschlussvorlage zur Gründung der Aktiengesellschaft für Kohleverwertung (AGKV) fehlten die beiden Arbeitsgebiete Synthese von Stickstoffverbindungen und Kohleverflüssigung, sodass nun neben den unbedeutenderen Bereichen Fernheizung und Kohlverschwelung die Gasfernversorgung vollständig in den Vordergrund rückte.[112] Als Schlüssel zur Ermittlung des Beteiligungsverhältnisses an der AGKV diente die RWKS-Gesamtbeteiligung mit der Verkaufs- und der Verbrauchsbeteiligung, die den Brennstoffbedarf in eigenen Werksanlagen umfasste.[113] Die gasproduzierenden AGKV-Gesellschafter schlossen einen Liefervertrag sowohl mit dem neuen Unternehmen als auch untereinander und erhielten nach Vorbild des RWKS eine jährlich neu festzusetzende Beteiligungsquote, die sich nicht anhand der Kapazitäten aller Kokereien, sondern nur der tatsächlichen Liefermöglichkeit der jeweils an das Versorgungsnetz angeschlossenen Kokereien bemaß.[114] Der Gasgrundpreis ermittelte sich aus dem Äquivalent des Kohlenbrennwertes[115] und daraus folgend dem durch das RWKS dafür ausgeschütteten Jahresdurchschnittserlös.[116] Diese Kohlenpreisbindung war trotz unterschiedlicher Zielsetzung letztlich nichts anderes als die spätere Ölpreisbindung des Gases.

---

111 Denkschrift zur Gründung der Gesellschaft für Kohleverwertung, Essen [Druckversion], in: BBA 11/1800 und BBA 20/377; Anschreiben des RWKS an die Mitglieder vom 20. September 1926, in: RR 104-04-11.

112 Pott an Vögler, 4. September 1926 und 9. Oktober 1926, in: RR 104-04-11. Der Vorgang lässt sich anhand der Aktenlage nicht weiter verifizieren.

113 Anlage zur Gründungsdenkschrift [Druckversion], 3, in: BBA 11/1800 und BBA 20/377. Zu den Beteiligungsziffern Ende 1925 siehe Baedeker, *Jahrbuch*, 22–24, 512 ff.

114 Anlage zur Gründungsdenkschrift [Druckversion], 4, in: BBA 11/1800 und BBA 20/377.

115 Kohlenäquivalente wurden seit dem Kaiserreich auch zur Preisberechnung für andere Brennstoffe herangezogen. Der Gasgrundpreis ermittelte sich aus dem Äquivalent des Kohlenbrennwertes, das bei einem oberen Heizwert des Gases von 5.000 kcal/m^3 0,8 kg des Durchschnittswertes der RWKS-Notierung für Fettnusskohle Typ I–IV [unterschiedliche Korngrößen] entsprach. Witzek, *Fernversorgung*, 389.

116 Dieser lag 1926 bei 19,26 RM/t, sodass für den m^3 Gas 1,52 Pf veranschlagt wurden. Wert errechnet nach den Brennstoffverkaufspreisen des RWKS vom 1. April 1926, in: Glückauf 62 (1926), 513.

Abb. 3: Dr.-Ing. E. h. Alfred Pott (Vorstandsvorsitzender Ruhrgas), undatiert.

Vögler setzte sich nun „mit Begeisterung für den Plan der Gasfernversorgung“ ein und vertrat ihn auch „in der Öffentlichkeit auf das Energischste“.[117] Am 30. September 1926 stellte er die Grundzüge des Projekts zunächst dem Geschäftsausschuss vor, der die Vorschläge mit breiter Mehrheit akzeptierte und sich zur Bildung einer Studiengesellschaft bereiterklärte.[118] Mit dem positiven Votum zur Gründung der vorläufigen AGKV kooperierte der Ruhrbergbau in

117 Schreiben Kellermann (GHH) an Heinrich Pattberg (Rheinpreußen), Fickler und Winkhaus vom 1. Oktober 1927, in: BBA 11/1800.

118 Die Dauer der Studiengesellschaft und die geforderte Ausschließlichkeitsbindung wurden bis zum Jahresende 1926 befristet. Es galt die Annahme einer grundsätzlichen Zustimmung, sobald die Unternehmen innerhalb von zwei Wochen keinen Einspruch eingelegt hatten. Niederschrift der Verhandlung des Geschäftsausschusses des RWKS am 30. September 1926, TOP 4: Beschlussfassung über Vorschläge des Koksabsatzausschusses, 3 f., in: BBA 72/1051 und BBA 33/883.

vollkommen neuer Weise. Erstmals stand für die Montangesellschaften weniger ein Kapitalunternehmen, aus dem bei günstiger Entwicklung entsprechende Dividenden zu erwarten waren, im Mittelpunkt des Interesses, sondern eine Institution, die in Ergänzung der eigenen Absatzwirtschaft die Funktion übernehmen konnte, nicht absatzfähige Brennstoffe abzunehmen und in hochwertige absatzfähige zu verwandeln. Und hierin bestanden trotz aller ungeklärten Fragen die herausragenden Perspektiven für die gesamte Branche.

Am 11. Oktober 1926 erfolgte die offizielle Gründung der Aktiengesellschaft für Kohleverwertung mit einem Grundkapital von 162.900 Reichsmark durch fünf Bergbaugesellschaften: die Harpener Bergbau-AG mit 9.100 Reichsmark, die staatliche Bergwerksgesellschaft Hibernia mit 6.700 Reichsmark, den Köln-Neuessener Bergwerksverein mit 4.900 Reichsmark, die Gewerkschaft Constantin der Große mit 3.900 Reichsmark sowie die Essener Steinkohlenbergwerke AG mit dem Löwenanteil von 138.300 Reichsmark.[119] Während die kleineren Beträge[120] exakt dem Quotenäquivalent ihrer Einzahler entsprachen, trat die Essener Steinkohlenbergwerke AG als Treuhänderin der 44 anderen RWKS-Mitglieder auf.[121] Als alleiniger Vorstand fungierte Alfred Pott, der erste Aufsichtsrat bestand aus 14 Vertretern der größten Bergbaugesellschaften und Vögler als Vorsitzendem.[122]

Gegenstand des Unternehmens war im zeitgenössischen Duktus „die Errichtung und der Betrieb von Anlagen zur Umwandlung fester Brennstoffe (insbesondere solcher, die schwer verkäuflich sind) in andere Energiearten oder Stoffe, der Vertrieb derartig umgewandelter Brennstoffe, sei es aus eigenen oder fremden Anlagen, die Förderung aller Bestrebungen, neue Verfahren mit großem Brennstoffbedarf bis zur technischen und wirtschaftlichen Reife durchzuarbeiten und anzuwenden, sei es in eigenen Betrieben, sei es bei Dritten, der Erwerb von Verfahren und Schutzrechten, die das Arbeitsgebiet der

119 Gründungsprotokoll und Gesellschaftsvertrag der AGKV vom 11. Oktober 1926, in: BBA 11/1800 und BBA 20/377; Rundschreiben Nr. 1 der AGKV an die RWKS-Mitglieder vom 16. Oktober 1926, in: BBA 55/1766 und BBA 20/377.

120 Als Grundlage für die Ermittlung des Stammkapitals hatte die Gesamtbeteiligungsquote des RWKS in Höhe von 162,9 Mio. t nach einem Schlüssel von 100 Reichsmark auf 100.000 t Beteiligungsquote gedient. Zu den Beteiligungsziffern der einzelnen Unternehmen vgl. Verein für die bergbaulichen Interessen (Hg.), *Bergwerke und Salinen 1926*, 7 f.

121 Schreiben der AGKV an die Aktionäre vom 28. Oktober 1926, in: BBA 20/3112.

122 Mit der Eintragung ins Handelsregister am 29. Oktober war die Gründung der AGKV rechtsgültig, doch wertete Pott den 29. Juli 1926 als eigentliches Gründungsdatum, da sich an diesem Tag der Ruhrbergbau zum ersten Mal in seiner Geschichte zu einem gemeinsamen Vorgehen auf dem Gebiet der Ferngasversorgung bekannt habe. Ruhrgas AG (Hg.), *25 Jahre Ruhrgas*, 14. In den Akten ist dies nicht nachweisbar.

Gesellschaft berühren, die Gründung von Unternehmungen, die ähnlichen Zwecken dienen, oder die Beteiligung daran in jeder geeigneten Form. Insbesondere bezweckt die Gesellschaft, Anlagen für die Gasfernversorgung und Fernheizung zu errichten und zu betreiben, und die damit zusammenhängenden Lieferungs- und Konzessionsverträge abzuschließen."[123] Nur auf breitester Grundlage ließen sich aus Sicht von Pott und Vögler Sortenprobleme und konjunkturbedingte Absatzschwankungen kompensieren und der stetige Verbrauch der gesamten Förderung sicherstellen.

Dass sich die Hoffnung auf eine reibungslose Entwicklung als Trugschluss erweisen sollte, bekamen die Initiatoren der AGKV noch im Oktober 1926 zu spüren. Pott hatte umgehend nach der Gründung damit begonnen, das Aktienkapital der AGKV zu erhöhen, um diese in einen arbeitsfähigen Zustand zu bringen. Auch der stillschweigende Verzicht der Anteilseigner auf eigenständige Aktivitäten im Bereich der Geschäftsfelder der AGKV reichte ihm nicht aus, und so forderte er sie zur Abgabe einer entsprechenden Erklärung – zeitgenössisch „Revers" – auf.[124] Der zweite Schritt betraf die Ermittlung der bei den Kokereien zur Verfügung stehenden Gasmengen. Bereits Ende Oktober sollte zudem die Anteilseignerstruktur der Studiengesellschaft festgelegt werden durch die Abgabe der Treuhandaktien der Essener Steinkohlenbergwerke an die anderen Syndikatsmitglieder. Pott hatte den fünf Aktionären daher schon am Tag vor der Handelsregistereintragung die sofortige Einberufung einer Hauptversammlung mit diesem Zweck vorgeschlagen.[125]

Seine Eile war verständlich, denn die positive wirtschaftliche Entwicklung des Ruhrbergbaus drohte ihm das wichtigste Argument für die AGKV zu nehmen. Im Herbst 1926 war immer deutlicher geworden, dass die Absatzkrise des Ruhrbergbaus u. a. aufgrund der durch den englischen Bergarbeiterstreik hervorgerufenen Sonderkonjunktur rasch abflaute und für Dezember die Lagerbestände an Kohle und Koks wieder ein erträgliches Maß von fünf Prozent bzw. einem Drittel der Monatsproduktion erreichten.[126] Eine eigenständige Gesell-

---

123 Gesellschaftsvertrag der AGKV vom 11. Oktober 1926, § 3, in: BBA 11/1800 und BBA 20/377.

124 Vorgedrucktes Antwortschreiben Nr. 1 zum Rundschreiben Nr. 1 über die Verpflichtung der Gesellschafter gegenüber der AGKV, Blankoexemplare, in: BBA 20/377, ausgefüllte Exemplare in: BA 20/3112.

125 Schreiben der AGKV an die Aktionäre vom 28. Oktober 1926, in: BBA 20/3112; Entwurf des Protokolls einer außerordentlichen Generalversammlung der AGKV am 30. Oktober 1926, in: ebd. In welcher Form die Übertragung schließlich stattfand, lässt sich anhand der vorhandenen Unterlagen nicht nachvollziehen. Ende November 1926 verfügte die AGKV bei der entscheidenden Sitzung zur Kapitalerhöhung über 56 Aktionäre.

126 Tabelle „*Lagerbestände an Ruhrkohle*", in: Glückauf 63 (1927), 1282.

schaft zum Absatz schlecht verkäuflicher Mengen war damit aktuell nicht mehr notwendig.[127] Wahrscheinlich beabsichtigte Pott, den Aktionären ihre Entscheidung durch die Präsentation positiver Verhandlungsergebnisse auf kommunaler Ebene schmackhaft zu machen, denn er führte seit Oktober zahlreiche Gespräche mit potenziellen Kunden, darunter in Frankfurt, Hannover, Berlin und München. Als erfolgreich sollten sich vorerst nur die Bemühungen in Bochum erweisen, wo die AGKV 1927 gemeinsam mit der Stadt die Fernheizungs-Gesellschaft Bochum-Ehrenfeld gründete, die dann allerdings das einzige Engagement in diesem Geschäftsfeld blieb.

Auf einer Sondersitzung am 18. November erläuterte Vögler nochmals die Ziele des Unternehmens.[128] Erneut wies er auf die unbedingte Notwendigkeit der Kapitalisierung der AGKV hin, um sie endlich arbeits- und vertragsfähig zu machen.[129] Danach umriss Pott zunächst kurz die Sortenproblematik, um dann erstmals konkrete Zahlen über die Absatzmöglichkeiten für Kokereigas zu nennen. Er nahm an, dass von knapp acht Mrd. Kubikmetern, die im Ruhrbergbau 1926 zu innerbetrieblichen Heizzwecken verwendet worden waren, sofort bis zu einem Drittel für den Ferngasvertrieb freigemacht werden konnten.[130] Das Sortenproblem sah er bereits bei einem Kokereigasvertrieb in Höhe von drei Mrd. Kubikmetern pro Jahr gelöst; also in etwa der Menge, die 1926 die gesamte kommunale Gasversorgung in Deutschland erreichte. Dies entsprach rund 50 Kubikmetern pro Kopf der Bevölkerung. Pott postulierte nun eine problemlose Verdopplung dieses Verbrauchs durch eine entsprechende Preisgestaltung auf rund sechs Mrd. Kubikmeter und den Absatz des Restes im bis dahin nur unzureichend entwickelten Industriegasmarkt.[131] Pott stellte die Gretchenfrage, um sie sofort selbst zu beantworten: „Der Bau von zentralen

127 Die Zweifel vieler Unternehmen resultierten aber auch aus zahlreichen offenen Fragen, die von Pott und Vögler aus ihrer Sicht bislang unzureichend beantwortet oder in den Sitzungen überhaupt nicht thematisiert worden waren. Dazu gehörte – angesichts der herausragenden Bedeutung dieses Geschäftsfeldes für die spätere Entwicklung der Ruhrgas vollkommen unverständlich – die Nutzung des Leitungsnetzes zur Durchleitung von Kokereigas im Energieverbund der Montankonzerne. Anfang November sah Pott sich nach mehreren entsprechenden Anfragen genötigt, den Sachverhalt in einem Rundschreiben klarzustellen, dessen Formulierungen verdeutlichten, dass er sich dazu noch keinerlei konkrete Gedanken gemacht hatte, und das mit der Bitte um Meinungsäußerungen schloss. Rundschreiben Nr. 3 der AGKV an die Mitglieder des RWKS vom 3. November 1926, in: BBA 11/1800.

128 Ebd.

129 Aktennotiz über die Sitzung von Hermann Kellermann, Vorstandsmitglied GHH und Direktor des gesamten GHH-Bergbaus, vom 18. November 1926, 1, in: BBA 11/1800.

130 Ziele und Zwecke der A.-G. f. Kohleverwertung. Vortrag von Alfred Pott vor den Aktionären der AGKV am 18. November 1926, 3 f., in: BBA 20/3112.

131 Ebd., 5 f.

Großgasereien ist in vollem Gange. Die Bildung von Gaswirtschaftsprovinzen hat begonnen. Übernehmen wir nicht die Gasversorgung, werden es andere tun."[132] Im Folgenden entwarf er dann das technische Konzept einer reichsweiten Ferngasversorgung auf Basis eines Kokereigasverbundsystems unter Integration aller Reviere.[133] Dazu versprach er den Beteiligten hohe Gewinne.[134]

Potts Vortrag ließ auf dem Feld der Gasfernversorgung zahlreiche Fragen offen und vermittelt den Eindruck, die Aktionäre durch Vorspiegelung falscher Tatsachen bzw. Verschweigen wichtiger Aspekte auf seine Seite ziehen zu wollen. So erwähnte er mit keinem Wort seine bisherigen Verhandlungen mit den Städten und dass er bereits am 19. November zu einem Termin beim Reichskohlenrat reisen würde, um dort für die Gründung einer gemischtwirtschaftlichen Leitungsbaugesellschaft durch die AGKV und die Städte Berlin, Hannover und Magdeburg zu werben.[135] Pott war bewusst, seine Pläne ohne Kooperation mit den Kommunen nicht umsetzen zu können, doch dies teilte er den Vertretern des Ruhrbergbaus ebenso wenig mit wie die voranschreitende Planungen zum Aufbau von Gruppengasversorgungen.

Dass die Kapitalerhöhung der Studiengesellschaft AGKV keine Pro-forma-Angelegenheit war, sondern am seidenen Faden hing, zeigte sich in den folgenden Tagen. Bis zur Sitzung am 18. November 1926 waren die meisten Aktio-

132 Ebd., 6.

133 Entlang der Kanäle im Ruhrgebiet und der Emscher sollte in mehreren Abschnitten eine Kokereigassammelleitung errichtet werden, in die die Zechen das Rohgas abgaben. Die Kompression, Reinigung und Heizwerteinstellung des Gases erfolgte an den Endpunkten der Leitung, wo neben entsprechenden Anlagen auch Gasbehälter zu errichten waren. Für die erste Fernleitung sah Pott die Strecke über Hannover, Braunschweig und Magdeburg nach Berlin mit möglichen Abzweigungen nach Hamburg, Stettin und Zwickau vor. Insgesamt sollte das Leitungsnetz eine Länge von rund 3.000 Kilometern bei einem Investitionsvolumen von bis zu 300 Mio. RM erreichen. Vorgesehen waren neben der Berliner Leitung eine Verbindung nach Kiel und Lübeck über Bremen und Hamburg, die Erschließung von Thüringen und Sachsen über Kassel mit einem Anschluss an die oberschlesischen und niederschlesischen Bergbaureviere sowie eine Leitung am Rhein entlang nach Hessen, Baden, Württemberg und Bayern mit Anschluss von Karlsruhe, Stuttgart, Würzburg, Nürnberg und München, an die auch der Aachener Bergbau und der Saarbergbau angebunden werden sollten. Aktennotiz Kellermann vom 18. November 1926, 4, in: BBA 11/1800 sowie Aktennotiz von Wilhelm Wollenweber zur Sitzung, [o. D.], die er am 14. Dezember 1926 vertraulich an Wilhelm Roelen, Referent des VSt-Bereichsleiters Bergbau, Gustav Knepper, schickte, in: BBA 55/1767. Die Angaben sind in Potts Redemanuskript nicht enthalten, wurden aber von ihm im Februar 1927 veröffentlicht: Alfred Pott, *Die Aufgaben der Aktiengesellschaft für Kohleverwertung in Essen*, in Glückauf 8 (1927), 267–272, hier. 269.

134 So stand einem angenommenen Verkaufspreis von 5 Pf/m^3 unter Berücksichtigung von Betriebs- und Kapitalkosten ein Aufwand von 1,75 Pf/m^3 gegenüber.

135 Aktennotiz Pott über das Gespräch am 19. November 1926, in: RR 104-04-11.

näre offiziell nur über eine inhaltlich dürre Denkschrift informiert worden, und wer sich von Potts Rede näheren Aufschluss über die Ziele und Zwecke des Unternehmens erhofft hatte, blieb enttäuscht zurück. Nun überrumpelten Pott und Vögler die Aktionäre mit einer kurzfristigen Einladung zur Generalversammlung am 24. November.[136] Neben der Kapitalerhöhung und der entsprechenden Änderung des Gesellschaftsvertrages sah die Tagesordnung eine „Beschlussfassung über die Ausdehnung des Reverses bzw. Konkurrenzverbotes auf dem Gebiet der Gasfernversorgung und Fernheizung auf die Dauer der Aktionärseigenschaft" bei der AGKV vor.[137] Gerade für bereits im kommunalen Gasgeschäft tätige Unternehmen waren solch weitreichende Forderungen nicht akzeptabel. Pott sah sich daher genötigt, am Tag vor der Generalversammlung die Gemüter wieder in einer Sondersitzung zu beruhigen und machte hier nach Angaben eines Teilnehmers weitreichende Zusagen.[138] Schon bei der Generalversammlung am folgenden Tag erwiesen sich allerdings Teile dieser Aussagen als Lippenbekenntnisse. Pott und Vögler waren fest entschlossen, ihr Vorhaben ungeachtet aller Widerstände durchzusetzen und provozierten damit heftige Auseinandersetzungen, die nach Zeitungsangaben fast in einen Eklat gemündet wären.[139] Dennoch gelang es ihnen, ein einstimmiges Votum zur Erhöhung des Grundkapitals der AGKV auf 25 Mio. Reichsmark zu erlangen.[140] Ebenso einstimmig beschlossen die anwesenden Unternehmensvertreter die Ausgabe von Namensaktien, die nur mit Zustimmung der Generalversammlung bei einem Konsensquorum von 75 Prozent des Gesamtkapitals übertragbar waren.

Damit war allerdings wenig gewonnen, denn diese Entscheidungen standen unter einem gewaltigen Vorbehalt, der geeignet war, das Gemeinschaftsunternehmen zu beenden. Ausschlaggebend für die Gültigkeit dieser Voten war die Zustimmung zu dem Revers, der das dauerhafte Konkurrenzverbot zementieren sollte. 14 Unternehmen, die 23 Prozent der RWKS-Gesamtquote vertra-

---

136 Einladung der AGKV vom 19. November 1926 an die Aktionäre zur außerordentlichen Generalversammlung am 24. November 1926, in: BBA 20/377; Protestschreiben Henke (RWE) an Vögler vom 23. November 1926, in: HKR C 1/460. Die Einladung war nicht fristgerecht, da zu kurzfristig.

137 Niederschrift vom 24. November 1926 [Autor unbekannt, wahrscheinlich ein Vertreter der Krupp-Zeche Constantin], „über die Besprechung der Zechen, die bereits Gasverträge getätigt haben", am 23. November 1926, in: BBA 3112.

138 Dazu gehörten die Garantie des Altvertragsschutzes und die Option zur Vertragsverlängerung einschließlich einer entsprechenden Änderung des Reverses sowie eine absolute Freiheit beim Selbstverbrauchsrecht. Ebd.

139 „A.-G. für Kohleverwertung", in: Kölner Zeitung (25./26. 11. 1926), in: BBA 32/3582. Berichte von anwesenden Unternehmensvertretern über den Sitzungsverlauf liegen in den Akten nicht vor.

140 Außerordentliche GV AGKV, 24. November 1926, 1 f., in: BBA 20/377.

ten, verweigerten diese jedoch.[141] Damit hatten Pott und Vögler die von ihnen anvisierte Beteiligungsquote von mindestens 90 Prozent weit verfehlt.[142] Für die Aktionäre der AGKV, die für das Konkurrenzverbot gestimmt hatten, war eine derart hohe Außenseiterquote nicht akzeptabel. Sie kamen daher nach Abschluss der Generalversammlung zu einer Sondersitzung zusammen und machten ihr weiteres Einverständnis davon abhängig, dass mindestens die Hälfte der noch nicht gebundenen Syndikatsmitglieder dem Revers beitrat.[143] Im gegenteiligen Fall wäre mit dem Konkurrenzverbot die Existenzgrundlage der AGKV zum 1. Januar 1927 gefallen.

Bis Weihnachten 1926 entspannte sich die Situation. Mit Ausnahme der Zeche Westfalen, des Klöckner-Konzerns, der Bergbau-AG Lothringen, der Zeche Graf Bismarck, des Magdeburger Bergwerksvereins und des RWE erklärten die noch fehlenden Aktionäre ihr Einverständnis, sodass einschließlich einiger unbedeutender Zechen nun nur noch 9,2 Prozent der Gesamtbeteiligungsziffer des RWKS fehlten.[144] Der Aufsichtsrat der AGKV entschied daher Anfang Januar 1927, die Kapitalerhöhung durchzuführen und die Einzahlung von zunächst 25 Prozent bis Anfang Februar einzufordern.[145]

Wenn die Regelungen der AGKV die Gaswerke von der Kohlenversorgung des Ruhrgebiets abgeschnitten hätten, wären diese gezwungen gewesen, ihren Bedarf bei Außenseitern, in anderen Revieren oder im Ausland zu decken. Ähnliches galt für die Fernheizung und insbesondere die chemische Industrie bzw. die Chemieinteressen des Ruhrbergbaus, wo u. a. die Verfahren zur Wasserstoff- und Stickstoffgewinnung sowie die Hydrierung betroffen gewesen wären.[146] Zahlreiche Unternehmen, allen voran die Fried. Krupp AG über ihre Zeche Constantin der Große sowie die Gutehoffnungshütte, leisteten daher massiven Widerstand und setzten sich nach langwierigen Verhandlungen und zahlreichen Gegenvorschlägen durch.[147] Die schließlich im April 1927 vorgeleg-

141 Ebd., 2. Quoten errechnet nach dem Aktionärsverzeichnis, Anlage 1 zur Niederschrift. Zum Revers siehe Anlage 2. Eine Unterzeichnung abgelehnt hatten vor allem Unternehmen mit Interessen im Chemie- und Mineralölsektor sowie die RWE-Zechen.

142 AR AGKV, 9. November 1926, in: RR 104-04-11.

143 Außerordentliche GV AGKV, 24. November 1926, 4, in: BBA 20/377.

144 Rundschreiben AGKV an Aktionäre, 24. Dezember 1926, in: BBA 55/1767 und BBA 20/3112.

145 Rundschreiben AGKV an Aktionäre, 11. Januar 1927, zum Ergebnis der Aufsichtsratssitzung am 6. Januar 1927, in: BBA 20/377 und BBA 20/3112.

146 Aktenvermerk der Zeche Constantin vom 4. Januar 1927 zum Revers, in: BBA 20/3112.

147 Aktenvermerk der Zeche Constantin vom 14. Januar 1927 zu einer Besprechung bei der Fried. Krupp AG am 8. Januar 1927 mit Pott und dem AGKV-Notar Ewald Leveloh über den Revers, in: BBA 20/3112; Revers Nr. 3, Fassung vom 28. Januar 1927, in: BBA 11/1800; Gegenentwurf der GHH zu Revers Nr. 3, in: BBA 11/1800; Schreiben des Direktoriums der Fried. Krupp AG an die AGKV vom 18. März 1927 zur Ablehnung der Verpflichtung, in: BBA 20/3112.

te und von allen Scharfen befreite fünfte Version des Reverses entsprach nun nahezu vollständig der ersten und galt nur noch für fünf Jahre. Darin verpflichteten sich die Aktionäre, „keine brennbaren Gase an Dritte zu liefern, weder Werke zu betreiben, die brennbare Gase an Dritte abgeben noch [sich] daran in irgendeiner Form mittelbar oder unmittelbar zu beteiligen".[148] Die gleichen Einschränkungen galten für die Fernheizung. Dazu kam die Regelung des Selbstverbrauchsrechts nach Maßstab des RWKS-Vertrages. Ab 1932 wurde die Selbstverpflichtung, zunächst nach erneuten Widerständen und Streitigkeiten, schließlich aber quasi automatisch, bis Ende der 1940er Jahre jährlich durch Rundschreiben der Ruhrgas erneuert.[149]

Auf der ersten ordentlichen Generalversammlung der AGKV am 2. März 1927 war von den Zwistigkeiten des Winters dann nichts mehr zu spüren.[150] Der Beitritt weiterer Unternehmen hatte den Organisationsgrad auch entscheidend gestärkt. Mit einer Quote von weniger als fünf Prozent verblieben als Außenseiter nur noch der Klöckner-Konzern, die Zeche Westfalen und das RWE. Pott und Vögler war es in der situativen Abwägung von Vor- und Nachteilen und der damit verbundenen stetigen Revision von Entscheidungen gelungen, die Gegensätze zwischen Befürwortern und Gegnern soweit anzugleichen, dass das gemeinsame Ziel erreicht werden konnte. Offen blieb dagegen weiter die Thematik Kohlechemie. Ob deren Streichung aus dem Geschäftszweck daher als Mittel zum Zweck aufgefasst werden kann, sei dahingestellt, diente sie doch der Überzeugung der Mehrheit der kleineren, ausschließlich an der Lösung ihrer Absatzprobleme durch die Gasversorgung interessierten Unternehmen. Auf der anderen Seite standen dagegen die Großkonzerne der Montanindustrie mit ihrem umfangreichen Zechenbesitz, die mit Ausnahme der VSt bereits in irgendeiner Form in der Kohlechemie engagiert waren. Sie bildeten allerdings keine einheitliche Gruppe, sondern verfolgten durch unterschiedliche Verfahren im Bereich der Stickstofferzeugung[151] vorgezeichnete Wege. Dementsprechend unterschiedlich war auch ihre Position zur AGKV und folglich ihre

148 Revers der AGKV, Version Nr. 5, [o. D., April 1927], in: BBA 20/3112. Altverträge blieben unberührt, durften – und in diesem einzigen Punkt hatte sich die AGKV durchsetzen können – jedoch nicht erweitert werden.

149 Rundschreiben Krupp, 1932–1938, in: BBA 20/3112; Rundschreiben der Kriegszeit, GBAG, in: BBA 55/1752; Rundschreiben der Nachkriegszeit, Harpener BAG, in: HKR G 4/116.

150 Der bisherige, vorläufige Aufsichtsrat wurde nach Vorbild des RWKS durch einen 32köpfigen neuen Aufsichtsrat ersetzt. Dazu kam die Neufassung des Gesellschaftsvertrags. GV AGKV, 2. März 1927, in: BBA 11/1800, BBA 20/377 und BBA 55/1767; Gesellschaftsvertrags AGKV vom 2. März 1927, in: BBA 11/1800.

151 Zu allen Verfahren vgl. Rasch, *Ruhrchemie*, 10 ff.; Thomas, *Gasverarbeitungsgesellschaft*, 31 ff.

vollständige Einbindung unter dem Dach eines kohlechemischen Gemeinschaftsunternehmens des Ruhrbergbaus zum Scheitern verurteilt, wie sich 1927 endgültig herausstellen sollte.

Eigene Ziele verfolgten u. a. die Hibernia und die Gewerkschaft Mont Cenis mit der Gasverarbeitungsgesellschaft mbH Herne-Sodingen (Gaveg), die nach längerer Vorbereitung ungeachtet der Bemühungen um die Gründung der AGKV fast gleichzeitig im Oktober 1926 entstanden war.[152] Daneben bestand das an dem Erwerb einer Lizenz des Claude-Verfahrens interessierte „Rosterg-Klöckner-Konsortium" mit acht Unternehmen – darunter Krupp, Hoesch, Harpener BAG, GHH, Gewerkschaft Friedrich der Große, Concordia BAG, BAG König Ludwig und Essener Steinkohlenbergwerke AG. Der heftige Widerstand von Seiten Krupps und der GHH gegen den Revers der AGKV war auf eben diese Konstellation zurückzuführen. Für Unklarheit sorgte jedoch noch ein Patentstreit mit der IG-Farben, die eine Nähe des Claude-Verfahrens zu ihrem Haber-Bosch-Verfahren sah. Aus diesem Grund favorisierten Krupp, Harpener BAG und GHH eine parallele Vorgehensweise über die AGKV, die sich ab Anfang 1927 mit der Prüfung des italienischen „Casale-Verfahrens" befasste.[153] Da die Übernahme einer Exklusivlizenz durch die AGKV angesichts fortbestehender Differenzen unter ihren Anteilseignern nicht möglich war, vereinbarten die Unternehmen des „Rosterg-Klöckner-Konsortiums" einen treuhänderischen Ankauf und nannten sich fortan „Casale-Konsortium".[154] Damit war aber die Einigkeit der Befürworter der Kohlechemie auch schon erschöpft, denn es folgte umgehend ein Streit um die Standorte der Produktionsanlagen, die Quotenverteilung und Organisationsfragen. Schließlich entschied sich das Konsortium zu einem unabhängigen Vorgehen. Ende Oktober 1927 gründeten die Treuhänder, die Concordia BAG und der Köln-Neuessener Bergwerksverein mit einem Grundkapital von zunächst 500.000 Reichsmark die Kohlechemie AG zur „Förderung und Zusammenfassung der chemischen Interessen des Ruhrbergbaus"; später „Ruhrchemie AG".[155] Von dem ursprünglichen Bekenntnis, die Aktien des Unterneh-

---

152 Thomas, *Gasverarbeitungsgesellschaft*, 127 f.

153 Auch dieses war vom Haber-Bosch-Verfahren abhängig, wobei die Patente in Deutschland vor dem Auslaufen standen, sodass die IG Farben sich ebenfalls für einen Ankauf interessierte. Rasch, *Ruhrchemie*, 34; Manfred Rasch, *Kohlechemie im Ruhrgebiet. Wirtschaft, Technik und Patente. Zur Vor- und Gründungsgeschichte der Ruhrchemie AG 1926–1928*, in: ders./Dietmar Bleidick (Hrsg.), Technikgeschichte im Ruhrgebiet – Technikgeschichte für das Ruhrgebiet, Essen 2004, 785–815, hier 804 ff.

154 Rasch, *Ruhrchemie*, 35 f. Als Treuhänder des Ende Mai mit der Ammonia-Casale SA abgeschlossenen Vertrages fungierten Krupp, Harpener BAG und GHH.

155 Ebd., 38 ff. Völlig unbrauchbar in diesem Kontext: Ruhrchemie AG (Hg.), *Ruhrchemie 1927–1977*, Düsseldorf 1978 sowie Monika Elm, *Ruhrchemie. Werk und Belegschaft in Wort und Bild 1927–2010*, Essen 2013.

mens treuhänderisch für die AGKV zu halten und es nach einer „Einigung in der Stickstofffrage“ in diese zu integrieren, war längst nicht mehr die Rede.[156]

Für eine weitere Verkomplizierung des angesichts der Interessengegensätze des Ruhrbergbaus bereits komplexen Aushandlungsprozesses im Bereich der Stickstoffproduktion sorgte die IG Farben, die sich im Juni 1927 mit eigenen Vorschlägen in die Diskussion einbrachte.[157] Das Unternehmen hatte kurz zuvor in Leuna seine ersten Anlagen zur Erzeugung synthetischen Benzins aus Braunkohle nach dem Bergin-Verfahren[158] in Betrieb genommen und schlug dem Ruhrbergbau nun eine Zusammenarbeit bei der weiteren Entwicklung der Kohlehydrierung im Rahmen eines Gemeinschaftsunternehmens vor. IG Farben-Chef Carl Bosch war bereit, auf die Aktienmehrheit zu verzichten, und favorisierte aufgrund ihres hohen Organisationsgrades als Vertragspartner die AGKV, die als Lieferantin von Vorprodukten und eventuell gemeinsam mit dem Benzol-Verband (Aral) als Vertriebsgesellschaft fungieren sollte.[159] Schließlich kam es nur zu sporadischen Gesprächen, die im Frühjahr 1928 ergebnislos eingestellt wurden, nachdem sich die elementaren Unterschiede beider Seiten bei den Hauptarbeitsgebieten Stickstoffgewinnung und Kohleverflüssigung auf Steinkohlenbasis als unüberbrückbar erwiesen hatten.[160] Die IG Farben sah den Stickstoffsektor als Weltmarktführer mit einem Marktanteil von 550.000 Tonnen pro Jahr bzw. mehr als einem Drittel naturgemäß in einer ganz anderen, den regionalen Horizont des Ruhrbergbaus weit überschreitenden Dimension, die sich in internationalen Abkommen ausdrückte.[161] Der Ruhrbergbau aber musste fürchten, „mit Haut und Haaren verspeist“ zu werden, wie ein Kritiker feststellte.[162]

---

156 Rasch, *Ruhrchemie*, 54.

157 Plumpe, *IG Farben*, 223 ff., 255 ff. und Rasch, *Ruhrchemie*, erwähnen den Sachverhalt nicht.

158 Manfred Rasch, *Technische und chemische Probleme aus den ersten Dezennien des Bergin-Verfahrens zur Hydrierung von Kohlen, Teeren und Mineralölen*, in: Technikgeschichte (1986), 81–122.

159 Protokoll von Abel (IG Farben) zur Besprechung am 16. Juni 1927, 2, in: BBA 32/3528.

160 Protokoll von Pott zur Besprechung des Ruhrbergbaus mit der IG Farben am 3. Oktober 1927, 2, in: BBA 32/3528; Pott an von Velsen vom 28. Oktober 1927 mit Übersendung der Niederschrift über die dritte Besprechung am 26. und 27. Oktober 1927 mit der IG Farben, Version Nr. 1; dsgl. vom 1. November 1927 mit Niederschrift, Version Nr. 2; dsgl. vom 7. November 1927 mit Niederschrift, Version Nr. 3, in: BBA 32/3528; Aktennotiz von Adolf Spilker, Gesellschaft für Teerverwertung, über das Ergebnis der Sitzung der „Kommission zur Beratung über ein Zusammengehen des Bergbaus mit der IG Farbenindustrie auf den Gebieten der Stickstoffgewinnung und Kohleverflüssigung“ am 15. März 1928, 1, in: BBA 32/3528.

161 Plumpe, *IG Farben*, 231 ff.

162 Niederschrift über die Sitzung des Beirats der Gaveg am 4. November 1927, 3, in: BBA 32/3528.

Neben der Übereinkunft mit den beiden größten privaten Ferngasversorgern des Ruhrgebiets, RWE und Thyssengas, stellte die Finanzierung der AGKV die mit Abstand wichtigste Aufgabe, aber auch die größte Schwierigkeit dar. Angesichts der chronischen Illiquidität der Montanindustrie erwies sich die vollständige Einzahlung der im November 1926 beschlossenen Kapitalerhöhung als große Hürde, sodass bis zum Jahresende 1929 immer noch gut 20 Prozent der Gesamtsumme von 25 Mio. Reichsmark fehlten.[163] Hintergrund dieser Verzögerungen war auch das Verhalten der VSt, die rücksichtslos ihren Einfluss als größter Aktionär ausspielte und den Abschluss von Verträgen mit der AGKV im Sommer 1927 von der Gewährung eines Darlehens in Höhe von sieben Mio. Reichsmark zur Finanzierung der Kompressions- und Reinigungsanlagen auf ihren Zechen abhängig machte.[164] Die Forderung stieß auf heftige Kritik verschiedener Unternehmen, darunter allen voran der Gutehoffnungshütte, die die Meinung vertraten, dass es nicht Aufgabe der AGKV sei, aus eigenen Mitteln in Form einer Umlage Anlagen der Aktionäre zu finanzieren.[165] Sie sahen zudem eine erhebliche Benachteiligung, da die VSt auf diese Weise die Kosten ihrer Rationalisierungsmaßnahmen auf die Konkurrenz abwälze, was die Gefahr ähnlicher Begehrlichkeiten mit sich bringe, deren Erfüllung dann das Ende der AGKV bedeuteten.

Bei dieser Auseinandersetzung wurde mehr als deutlich, dass Vögler die AGKV quasi als Tochtergesellschaft der VSt betrachtete, denn von den vorgesehenen Netzausbauplänen profitierten zunächst in erster Linie konzerneigene Unternehmen in Südwestfalen und im Düsseldorfer Raum. Vögler ließ es jedoch darauf ankommen und VSt-Bergbauchef Gustav Knepper drohen, „dass die Gasversorgungspläne der Ver. Stahlwerke nicht zur Durchführung gelangen würden, wenn die K.V. die erforderlichen Mittel für die Umstellung nicht zur Verfügung“ stelle.[166] Die anderen Aktionäre akzeptierten widerwillig diese Erpressung, und die AGKV schloss Anfang 1928 den Darlehensvertrag zu einem Zinssatz von 7,5 Prozent vorbehaltlich eines entsprechenden Durchleitungsvertrages ab.[167] Wie befürchtet, konnte anderen Unternehmen diese Finanzie-

163 Rundschreiben AGKV an Aktionäre, 30. September 1927, in: BBA 20/377; Aufstellung des noch nicht eingeforderten Aktienkapitals mit Aufschlüsselung des Anteils der einzelnen Aktionäre, Stand 23. Dezember 1929, in: BBA 11/1801.

164 Niederschrift über die Verhandlungen zwischen AGKV und VSt am 21. Juli 1927 zu einem Durchleitungsvertrag, in: BBA 55/1767.

165 Schreiben Kellermann (GHH) an Pattberg (Rheinpreußen), Fickler und Winkhaus vom 1. Oktober 1927, in: BBA 11/1800.

166 Ebd.

167 Schreiben AGKV an VSt, Hauptverwaltung, 19. Dezember 1927, zum Darlehensvertrag [Abschrift], in: BBA 55/1769; Vorvertrag vom 26. Juli 1927, in: BBA 55/1769. Der Hauptvertrag fehlt.

rungsmöglichkeit nicht vorenthalten werden, sodass die AGKV gezwungen war, 1928 einen Darlehensfonds im Umfang von elf Mio. Reichsmark einzurichten, der mehr als die Hälfte des bis dahin eingezahlten Grundkapitals band.[168]

Angesichts dieser Situation war die 1926 als Finanzierungsoption neben einer weiteren Kapitalerhöhung erwogene Aufnahme einer Anleihe unumgänglich und weiterer Streit vorprogrammiert. Pott reiste Mitte Februar 1928 zu Verhandlungen für rund vier Wochen in die USA.[169] Bis Mai waren die zentralen Punkte mit den vermittelnden Bankhäusern Dillon Read & Co., New York, und Halsey Stuart Inc., Chicago, geklärt, sodass die Aktionäre auf der ordentlichen Generalversammlung Ende des Monats, auf der auch die Umbenennung des Unternehmens in „Ruhrgas AG" beschlossen wurde, nach langen Debatten zustimmten.[170] Am 1. Juni 1928 unterzeichnete die AGKV die Verträge zu einer Anleihe über zwölf Mio. US-Dollar, was real 44,4 Mio. Reichsmark entsprach.[171] Bis Anfang 1929 investierte die Ruhrgas rund 22,5 Mio. Reichsmark in den Netzausbau und den Ankauf der RWE-Gassparte.[172]

Zwischen Konkurrenz und Kooperation. Ruhrgas, RWE und Thyssengas

Nach Klärung der juristischen Fragen und der Beziehungen zwischen der AGKV und ihren Anteilseignern war das Unternehmen zwar im Frühjahr 1927 der Papierform nach arbeitsfähig, doch verfügte es weder über ein Leitungsnetz noch über Bezugs- oder Lieferverträge. Das Ruhrgebiet war verschlossen, denn hier galten weiterhin die Altverträge der Zechen mit Städten und Gemeinden und damit die angestammten Lieferstrukturen. Aber selbst das Umland wurde teilweise mit Kokereigas beliefert. Im östlichen Ruhrgebiet sowie in der gesamten Provinz Westfalen bis hin zur niederländischen Grenze begann mit der VEW ein kommunales Unternehmen den Markt zu dominieren, während der Süden, Südosten und Westen unter dem gemischtwirtschaftlichen RWE

168 Auszug AR Ruhrgas, 14. Januar 1929, in: BBA 11/1801. Die dritte Rate des Grundkapitals wurde im April 1928 eingefordert. Rundschreiben AGKV an Aktionäre vom 4. April 1928, in: BBA 11/1800.

169 Schreiben Spilker an von Velsen vom 7. Februar 1928, in: BBA 32/3528.

170 GV AGKV, 30. Mai 1928, § 6, in: BBA 8/92; Aktennotiz Meyer vom 4. Juni 1926 zur GV AGKV, 30. Mai 1926, 2, in: BBA 8/92.

171 Finanzbericht Ruhrgas an AR, Arbeits- und Finanzausschuss, 9. November 1929, 1, in: BBA 11/1801. Die Begebung der Anleihe erfolgte schließlich aufgrund der Verschlechterung des amerikanischen Anleihemarktes erst im Dezember. Rundschreiben Ruhrgas an Aktionäre, 1. August und 19. Oktober 1928, in: BBA 11/1801.

172 Auszug AR Ruhrgas, 14. Januar 1929, in: BBA 11/1801. Zum RWE-Geschäft siehe das folgende Kapitel.

und Thyssengas aufgeteilt war. Für den Einstieg in die Gasversorgung benötigte die AGKV folglich entweder eine enge Kooperation, oder besser noch, eine Integration bzw. Übernahme von Vertriebsnetzen, die zudem die Konkurrenzsituation massiv entspannt hätte. Pott und Vögler hatten eine solche Zielsetzung bereits auf der Generalversammlung der AGKV im November 1926 in Richtung von RWE und Thyssengas formuliert und kurz darauf ein erstes Gespräch anberaumt.[173]

Der Vorstand des RWE fühlte sich von dem Vorstoß seines Aufsichtsratsvorsitzenden regelrecht überfahren, denn dieser hatte es nicht für nötig gehalten, ihn vorab zu informieren.[174] Das Gremium verhandelte zu dieser Zeit gerade über die Verlängerung der wichtigsten Ferngasverträge, die 1927 abliefen, und es stellte sich nun die Frage, wie das dazu notwendige Gas weiter beschafft werden sollte, wenn auch die RWE-Zechen der AGKV beitraten. Auch das vorgesehene Konkurrenzverbot gefährdete die Position des RWE und erforderte daher die Klärung der zukünftigen Beziehungen beider Unternehmen. Der Vorstand dachte zu diesem Zeitpunkt jedoch überhaupt nicht an eine Aufgabe des Geschäftszweiges, sondern im Gegenteil an den Abschluss langfristiger Gasbezugsverträge.[175] Eine solche Option bestand allerdings zu diesem Zeitpunkt längst nicht mehr, und dem RWE-Vorstand wurde nun schnell klar, dass seine Gassparte vor dem Aus stehen könnte.[176]

Bei Thyssengas verfolgten Pott und Vögler angesichts der Eigentumsverhältnisse zwangsläufig eine andere Strategie, die auf die Einbindung ihres Geschäftsführers Franz Lenze zielte. Ob Lenze nur abgeworben und dadurch Thyssengas geschwächt oder mit der Abwerbung die gleichzeitige Übernahme verbunden werden sollte, ist unklar, zumal sich Lenze entschloss, „den mir angebotenen Posten als erstes Vorstandsmitglied der neuen Gesellschaft abzulehnen".[177] Dass sich die AGKV mit Lenze die Dienste des führenden Vertreters der Gaswirtschaft im Ruhrgebiet und Vordenkers der Ferngasversorgung zu sichern suchte, lag nahe, denn Pott war nicht gewillt, seine Position als Generaldirektor bei den Stinnes-Zechen gegen die Leitung der AGKV einzutauschen. Eine Doppelfunktion kam angesichts des Arbeitsaufwandes beim Aufbau des neuen Unternehmens nicht infrage, und so fungierte Pott bis zu seinem Über-

173 Schreiben Lenze, Thyssengas, an Thiel, RWE, 3. Dezember 1926, in: HKR C 1/319.
174 Schreiben Thiel, RWE, an Vögler, 23. November 1926, in: HKR C 1/460.
175 Ebd.
176 Aktennotiz Henke, RWE, 23. November 1926, zu einem Telefonat mit Pott über die am 24. November 1926 stattfindende Generalversammlung der AGKV, in: HKR C 1/460; Pott an Henke, 27. November 1926, in: HKR C 1/460.
177 Lenze an Thiel, RWE, 3. Dezember 1926, 2, in: HKR C 1/319.

tritt in den Aufsichtsrat 1935 zwar formell als erster Vorstandschef, überließ aber das Tagesgeschäft und selbst Verhandlungen und Abschlüsse von großer Relevanz – wie den Ankauf des RWE-Netzes – anderen Vorstandsmitgliedern.[178] Im Verlauf des Jahres 1927 ergänzten Fritz Baum von den Rheinischen Stahlwerken und Hermann Seippel, bis dahin Kämmerer der Stadt Essen, das Gremium. Dazu kamen bis 1932 Wilhelm Peterson und als Prokurist Fritz Gummert, der 1933 zum stellvertretenden Vorstandsmitglied aufstieg und 1937 nach Seippels Tod in den Vorstand nachrückte. Diese Personalentscheidungen waren äußerst geschickt, denn mit einem Bergassessor a. D. und einem langjährigen Kommunalpolitiker verfügte die AGKV von Beginn an über Vertreter mit dem entsprechenden Stallgeruch und den notwendigen Verbindungen auf den beiden zentralen Verhandlungsebenen.

Wohl auch aus der Sorge, dass die Gassparte des RWE von der AGKV übernommen werden könnte und Thyssengas dadurch ins Hintertreffen gelangte, gab Lenze Ende 1926 seine Opposition auf, die noch im Vorjahr zum Abbruch aller Gespräche mit dem RWE geführt hatte.[179] Er propagierte nun offen die Zusammenfassung aller bestehenden Vertriebsanlagen und Verträge des RWE und der Thyssengas in einer gemeinsam neu zu gründenden Gesellschaft.[180] Dieses Unternehmen könne sich dann an der „großen Gasfernversorgung" (der AGKV) beteiligen, falls sie denn zustande käme, und „die Sicherheit bietet, die wir füglich verlangen müssen". Gleichzeitig machte Lenze aber auch deutlich, dass dies für ihn die einzig denkbare Variante einer Beteiligung darstellte und Thyssengas andernfalls eigenständig bleiben würde. Außerdem dachte er in anderen Dimensionen als Pott und Vögler und favorisierte für die zentrale Gasfernversorgung Deutschlands ein kooperatives Modell, das mit den Kommunen alle potenziellen Beteiligten einbezog und die Interessensphären durch Demarkation abgrenzte.

Der Vorstand des RWE sympathisierte nun offen mit der Fusion der Gasinteressen von Thyssengas und RWE, schon um in den Verhandlungen mit der AGKV eine bessere Position zu erlangen. Über das frühe Planungsstadium kam ein entsprechendes Projekt jedoch nicht hinaus, denn während Lenze seinen Konfrontationskurs zur AGKV durch ein umfangreiches Paket an Vorschlägen

178 Dies belegen die zahlreichen Korrespondenzen und Verhandlungsprotokolle in den Akten des BBA und des HKR. Siehe exemplarisch BBA 55/1767: Allgemeiner Schriftwechsel zu Themen der Gaswirtschaft, Bd. 1, sowie Vereinbarung zwischen RWE und AGKV vom 20. März/ 24. März 1928 zur Übertragung des Gasfernversorgungsnetzes, in: HKR C 1/168.

179 Aktenvermerk des RWE, [ohne Autor], vom 8. Januar 1930, mit Aufstellung zur bisherigen Entwicklung der Beziehungen zwischen Thyssengas und RWE, 4 f., in: HKR 11085.

180 Lenze an Thiel, RWE, 3. Dezember 1926, 4, in: HKR C 1/319.

pflegte, betrieb der Vorstand des RWE wahrscheinlich schon jetzt parallel dazu Einigungsverhandlungen. Lenze stieß sich dagegen an der Ankündigung der AGKV, rechts- und linksrheinisch Leitungen nach Süden verlegen zu wollen und damit in Versorgungsgebiete einzubrechen, die nach dem Demarkationsabkommen zwischen RWE und Thyssengas aus dem Jahr 1911 eines der beiden Unternehmen für sich beanspruchte. Gegenüber Starke (RWE) kündigte er vollmundig an, „wenn diese den Kampf wünsche, könne sie ihn haben".[181] Lenze beanspruchte das gesamte Gebiet bis zum Oberrhein mit den zentralen Etappenpunkten Köln, Frankfurt und Darmstadt für Thyssengas und das RWE.[182]

Angesichts der zögerlichen Haltung des RWE scheint sich Lenze relativ rasch der Chancenlosigkeit seiner Bemühungen bewusst geworden zu sein und wechselte die Strategie erneut. Mitte März 1927 bekräftigte er gegenüber Pott nach einer eingehenden Besprechung seine Position, dass Thyssengas die Selbstständigkeit erst dann aufgeben werde, wenn dies auch die Aktionäre der AGKV im Bereich der Gasversorgung täten.[183] Im Frühjahr 1927 tasteten sich alle Beteiligten gegenseitig ab, bekundeten ihr Interesse und bestimmten ihre Position; jedoch ohne jegliche Zusage an die andere Seite. Der AGKV kam das sehr entgegen, war sie doch gerade mit dem Aufbau erster Verwaltungsstrukturen beschäftigt, verhandelte mit ihren Aktionären die Bereitstellungsverträge und diskutierte das Thema Kohlechemie. Außerdem bestanden im Aufsichtsrat und im Vorstand unterschiedliche Auffassungen zur Frage einer gemischtwirtschaftlichen Komponente bei der AGKV. Eine Ausnahme bildete die Übernahme der Gassparte des RWE, die zielstrebig vorangetrieben wurde und bereits im Juni 1927 dem Grundsatz nach feststand, auch wenn der RWE-Vorstand weiterhin eigene Planungen zur Erschließung des Rheinlandes verfolgte.[184] Die Verhandlungen der folgenden neun Monate zwischen der AGKV und dem RWE drehten sich in erster Linie um Vertragsmodalitäten und um die als exorbitant betrachteten Preisforderungen des RWE in Höhe von 16 Mio. Reichsmark, für die das Leitungsnetz auch hätte neu gebaut werden können.[185] In zähen Verhandlungen reduzierte das RWE bis Anfang Juni seine Vorstellungen auf zehn Mio. Reichsmark, zahlbar zur Hälfte in bar und in Aktien der AGKV,

181 Niederschrift Starkes über die Besprechung am 2. März 1927 zwischen Lenze und Starke, in: HKR C 1/319.

182 Ebd.

183 Gasgesellschaft mbH an AGKV vom 18. März 1927, 1, in: BBA 11/1800.

184 Konzept der RWE-Gasabteilung vom 6. Mai 1927 zur projektierten Gasfernversorgung des RWE im Regierungsbezirk Köln, in: HKR C 1/460. Das Konzept umfasst die Landkreise Köln und Bonn, Mülheim-Rhein und Siegburg sowie teilweise Neuss, Rheinbach, Bergheim und Ahrweiler.

185 Vorläufiger Arbeitsausschuss AGKV, 20. Juli 1927, 1 und 3, in: BBA 11/1800.

während diese fünf Mio. Reichsmark in bar und 3,5 Mio. Reichsmark in Aktien bot.[186] Da bei der AGKV die Bedenken über eine derartig hohe Beteiligung des RWE, das damit angesichts der noch geringen Kapitaleinzahlungsquote zum Hauptaktionär aufgestiegen wäre, wuchsen, wurde nun die Abgabe von Genussscheinen mit einer Verzinsung in Höhe der auf die Aktien gezahlten Dividende sowie ein Aktientausch erwogen.[187] Diese Elemente blieben, wenn auch leicht geändert, grundsätzlich erhalten. Im November 1927 waren die Verhandlungen so weit fortgeschritten, dass ein fast unterschriftsreifer Vertragsentwurf vorgelegt werden konnte.[188]

Im Zentrum der Diskussionen der beiden Unternehmen stand die Stadt Köln, der die AGKV die eigenständige Versorgung des Umlandes zugestehen wollte. Das RWE pochte im Rheinland wie in Westfalen dagegen auf das Recht, im Bereich seines Elektrizitätsversorgungsgebiets auf Kundenwunsch auch die Gasversorgung zu übernehmen.[189] Obwohl Ende Januar 1928 alle anderen Punkte geklärt waren, drohten die unterschiedlichen Auffassungen in diesem Bereich das gesamte Vorhaben scheitern zu lassen. Seippel regte sogar an, das RWE-Übernahmekonzept aufzugeben und zu überlegen, „ob nicht eine andere Art des Zusammengehens wünschenswerter oder möglich sei".[190] Noch im Februar 1928 gab der Vorstand des RWE nach Zugeständnissen der AGKV seinen Widerstand auf, und Anfang März genehmigte das Präsidium des RWE-Aufsichtsrats den Abschluss des Vertrages, der kurz darauf mit Wirkung vom 1. April 1928 unterzeichnet wurde.[191] Danach ging das gesamte RWE-Ferngasgeschäft mit sämtlichen technischen Einrichtungen, 48 Lieferverträgen mit Gemeinden und Großkunden sowie sechs Bezugsverträgen auf die AGKV

186 Vorläufiger Arbeitsausschuss AGKV, 10. Juni 1927, 6, in: BBA 11/1800.

187 Vorläufiger Arbeitsausschuss AGKV, 20. Juli 1927, 3, in: BBA 11/1800.

188 Entwurf eines Vertrages zwischen RWE und AGKV, [o. D., November 1927], zur Übertragung des Gasfernversorgungsnetzes des RWE auf die AGKV, in: HKR R 4/206; Aktennotiz von RWE-Vorstand Henke vom 24. November 1927 über seine Besprechung mit Seippel am 23. November 1927 zum Vertrag, in: HKR R 4/206; Vorläufiger Arbeitsausschuss AGKV, 20. Juli 1927, 3, in: BBA 11/1800.

189 Entwurf eines Vertrages zwischen RWE und AGKV zur Übertragung der Gasfernversorgung vom 3. Januar 1928, in: HKR R 4/206; Henke an Seippel, 3. Januar 1928, zur Übersendung des vom RWE nochmals überarbeiteten Vertrages der AGKV (Stand 29. Dezember 1927), in: HKR R 4/206; Köpchen an Seippel, 21. Januar 1928, in: HKR R 4/206.

190 Henke an Seippel, 21. Januar 1928, in: HKR R 4/206.

191 Rundschreiben AGKV an AR, 7. März 1928, zur Übernahme des RWE-Netzes, in: BBA 11/1800; Niederschrift AR RWE, 21. März 1928, in: HKR A 1/5; Vereinbarung zwischen RWE und AGKV, 20. März/24. März 1928, zur Übertragung des Gasfernversorgungsnetzes, in: HKR C 1/168.

über.[192] Von besonderer Bedeutung war die Rechtsnachfolge der AGKV bei den zwischen RWE und Thyssengas bestehenden Verträgen. Dafür erhielt das RWE einen eigenen Bezugsvertrag, bei Bedarf Durchleitungsrechte sowie die Zusage der AGKV, Vertragsverhandlungen im Elektrizitätsversorgungsgebiet des RWE nur einvernehmlich zu führen.[193] Der Kaufpreis betrug rund acht Mio. Reichsmark, davon 4,73 Mio. Reichsmark bar und der Rest durch Überlassung von einer Mio. Reichsmark in Aktien der AGKV.[194] Abschließend wurde ein Aktientausch von nominell 300.000 Reichsmark vereinbart.[195] Die Aktionäre der AGKV genehmigten den Vertrag auf der Generalversammlung Ende Mai 1928.[196]

Mit Thyssengas hatte die AGKV bereits Ende September 1927 einen Gemeinschaftsarbeitsvertrag zur Regelung der künftigen Geschäftsbeziehungen mit einer Laufzeit bis zum Jahr 2000 abgeschlossen.[197] Die Demarkation sah als alleiniges Interessengebiet der Thyssengas das aktuelle Versorgungsgebiet des Unternehmens vor.[198] Die AGKV sagte zu, hier Kokereigas weder unmittelbar noch mittelbar zu liefern, noch irgendwelche Verhandlungen zu führen, und erhielt im Gegenzug das Exklusivrecht zur Versorgung aller anderen Teile der Provinz Westfalen. Eine paritätische Vorgehensweise wurde auch für das Gebiet südlich von Köln, die sonstigen Teile der Rheinprovinz sowie für Hessen-

---

192 Das Netz erstreckte sich von den gasliefernden Essener Zechen über das Bergische Land bis in den Raum Leverkusen unmittelbar vor Köln-Mülheim mit einem Abzweig nach Osten bis nach Gevelsberg und einem Abzweig nach Westen bis in den Landkreis Düsseldorf sowie über Benrath und den Rhein bis nach Neuss. Dazu kamen Leitungen im Ruhrgebiet zur Versorgung der Gemeinden Horst-Emscher (heute Gelsenkirchen), Gladbeck, Dorsten, Sterkrade und Osterfeld (beide heute Oberhausen). Ebd., 2, Anlagen Nr. 2 und 3.

193 Ebd., 3–5, Anlage Nr. 5.

194 Dazu kam die jährliche Zahlung eines Dividendenäquivalents für nominell 2,5 Mio. Reichsmark AGKV-Aktien. Die AGKV war jederzeit zur Ablösung dieser Regelung gegen die Zahlung von 2,5 Mio. Reichsmark berechtigt und ab 1938 auf Verlangen des RWE verpflichtet. Ebd., 3 f. Die Vereinbarung lief jedoch bis zum vereinbarten Endtermin und wurde von der Ruhrgas nach Kündigung des RWE am 1. April 1938 in voller Höhe beglichen. Ruhrgas an RWE, 6. Januar 1938, in: HKR C 1/168.

195 Vereinbarung zwischen RWE und AGKV, 20. März/24. März 1928, zur Übertragung des Gasfernversorgungsnetzes, 3 f., in: HKR C 1/168.

196 GV AGKV, 30. Mai 1928, TOP 4, in: BBA 11/1800 und BBA 8/92.

197 Vertrag zwischen AGKV und Thyssengas zur gemeinsamen Verfolgung bzw. Abgrenzung der Interessen auf dem Gebiet der Zechengas-Fernversorgung, 27. September 1927, in: HKR C 1/319 und HKR G 2/3257.

198 Linksrheinisch nördlich der Zeche Rheinpreußen (Moers); Aachener Wirtschaftsraum mit Aachen, Jülich, Düren, Eschweiler und Stolberg; Region zwischen Aachen und Köln; Landkreise Borken, Ahaus, Steinfurt, Coesfeld, Münster und Recklinghausen in Westfalen (Versorgungsgebiet der VEW). Ebd., § 1.

Nassau, die bayerische Pfalz und den Freistaat Hessen vereinbart. Weitere Passagen befassten sich mit Baden und Württemberg sowie dem Saargebiet, das nach Rückfall an das Deutsche Reich in Kooperation mit dem dortigen Bergbau beliefert werden sollte. Außerdem sollten die Saarzechen die Erschließung weiterer Bereiche Süddeutschlands unterstützen. Dazu kam die Vereinbarung eines gegenseitigen Mitbenutzungsrechts am Leitungsnetz sowie von Aushilfslieferungen im Bedarfsfall. Selbst ein möglicher Kokereigasexport in die Niederlande wurde geregelt.[199]

Netzentwicklung und Aktionärsverträge

Zur Jahreswende 1927/28 begann die AGKV mit dem Bau der ersten eigenen Leitungen. Das Bauprogramm war in zwei Abschnitte unterteilt, die bis 1929 bzw. bis 1931 mit einem Umfang von 650 Kilometern fertiggestellt wurden, sodass das Netz zusammen mit den vom RWE übernommenen Anlagen nun eine Gesamtlänge von 933 Kilometern erreichte.[200] Von einer reichsweiten Ferngasversorgung vom Ruhrgebiet aus war aufgrund der unzureichenden Finanzierungsmöglichkeiten und der zahlreichen Widerstände von kommunaler Seite zu diesem Zeitpunkt schon längst nicht mehr die Rede. Den Ausgangspunkt des Netzes bildete die bereits Ende 1928 in Teilen und 1929 vollständig in Betrieb genommene Hauptsammelleitung zwischen Dortmund, Gelsenkirchen, Oberhausen und Duisburg. Dazu kamen die 180 Kilometer lange West-Ostleitung von Hamm über Bielefeld und Minden nach Hannover sowie die Süd- und die Westleitung, die das Versorgungsgebiet bis in das Siegerland ausdehnten.[201]

Die Ruhrgas betrat mit ihren Planungen Neuland, denn Ende der 1920er Jahre war außerhalb der USA noch kein Ferngasversorgungsnetz von einer solchen Dimension aufgebaut worden. Auch wenn die technischen Fragen des

---

199 Ebd., §§ 5–15.

200 Zu den Ausbaustufen und Realisationszeiträumen vgl. GB Ruhrgas, 1928, 3; dsgl. 1929, 3; dsgl. 1930, 3–5; dsgl. 1931, 3–5. Darstellung der Planungen nach Wilhelm Peterson, *Mitteilungen über die in Arbeit befindlichen Gasfernleitungen der A.-G. für Kohleverwertung*, in: GWF 71 (1928), 847–852, hier 848 f.; Fritz Baum, *Technische Fragen der Ferngasversorgung*, in: SE 48 (1928), 161–171, hier 164 f.

201 Zum ersten Bauabschnitt gehörten die Südleitung von Dortmund über Schwerte, Letmathe, Altena und Werdohl nach Plettenberg sowie die Westleitung von Gelsenkirchen über Mülheim und Duisburg nach Düsseldorf. Der zweite Bauabschnitt sorgte dann für die Bildung einer Ringleitung durch die Verbindung der beiden Teilstücke in einem großen südlichen Bogen von Plettenberg über Olpe, Siegen, Wissen und Köln zurück nach Düsseldorf, wurde jedoch in diesem letzten Abschnitt zunächst nicht fertiggestellt.

Leitungsbaus und des Netzbetriebs grundsätzlich geklärt waren, erwiesen sich die angestammten Verlegetechniken und die üblichen Wege des Materialtransportes zu den Baustellen als ungeeignet, um das ambitionierte Vorhaben innerhalb des vorgesehenen Zeitraums bis zum Jahresende 1930 umzusetzen.[202] Es mussten daher in beiden Bereichen neue Methoden entwickelt werden. Während das mittlerweile bis zu 20 Jahre alte RWE-Netz in Teilen noch aus Gussrohren bestand, verbaute die Ruhrgas ausschließlich nahtlos gezogene und bei den größten Durchmessern geschweißte Stahlrohre und Muffen, die nicht nur eine erheblich höhere Sicherheit gegen Brüche, sondern auch gegen Undichtigkeiten boten.[203]

Die Steuerung des Leitungsnetzes erfolgte über eine Messzentrale im Verwaltungsgebäude in Essen.[204] Beim Leitungsbau war oberhalb des Rohrstranges ein Telefonkabel verlegt worden, das die in regelmäßigen Abständen errichteten Überwachungsstellen untereinander und mit der Zentrale verband und die Ergebnisse der in festen Zeitabständen abgenommenen Messungen automatisch weiterleitete. So bestand in Essen jederzeit ein vollständiger Überblick über den Gasdruck, die Gasmenge und den Heizwert an Ein- und Ausspeisestellen. Dennoch blieben gewisse Unsicherheiten durch Leitungsbrüche, die insbesondere im Ruhrgebiet durch Bergsenkungen entstanden, und sonstige Betriebsstörungen, von denen die Ruhrgas nicht verschont bleiben sollte, ohne jedoch dadurch bis Ende des Zweiten Weltkriegs auch nur für einen Tag zu einem vorübergehenden Lieferstopp gezwungen zu werden.[205] 1931 waren 26 Kokereien an das Leitungsnetz angeschlossen, die knapp 800 Mio. Kubikmeter einspeisten.[206] Zur Qualitätssicherung hatte die Ruhrgas mit den Lieferanten Mindestanforderungen vereinbart, die teilweise den Vorgaben des Deutschen Vereins von Gas und Wasserfachmännern (DVGW) folgten, teils selbst festgelegt worden waren.[207]

---

202 Baum, *Technische Fragen*, 86 f.; Peterson, *Mitteilungen*, 850 f.

203 Dennoch waren Unfälle und Leitungsverluste von bis zu 6 % keine Seltenheit, diese konnten aber Mitte der 1930er Jahre auf die Hälfte reduziert werden. Fried. Krupp AG an Konzern-Zechen, 22. Mai 1937, zur Sitzung des Ruhrgas-Finanzausschusses am 21. Mai 1937, in: BBA 20/3112; Schreiben Ruhrgas an Mitglieder des Arbeitsausschusses, 29. Februar 1932, zum Gasverlust in Leitungen, in: BBA 11/1803.

204 Richtlinien der Mess- und Regeltechnik umfassend, in: BBA 32/3583.

205 Karl Oberste Brink, Gutachten, 11. August 1927, über Bergschäden an Gasleitungen, in: BBA 55/1769.

206 GB Ruhrgas, 1931, 4; Dellweg, *Gasversorgung*, 58 ff.

207 Dazu gehörten, wie oben erwähnt, ein oberer Heizwert von 4.300 kcal/m^3, die Freiheit von Teer, und Schwefelwasserstoff, strenge Grenzwerte für den Gehalt an Ammoniak, Naphtalin, Sauerstoff, das spezifische Gewicht und die Abgabetemperatur. Die Gasreinigung erfolgte

Der Leitungsbau war auch in politischer Hinsicht ein schwieriges Feld, denn er weckte bei den Inhabern von Wegerechten[208] umfangreiche Begehrlichkeiten. Den Anfang machte bereits im Sommer 1927 der Abwasserverband Emschergenossenschaft als größter Landbesitzer im Gebiet der projektierten Hauptleitungstrasse im Ruhrgebiet.[209] Der Ruhrbergbau setzte sich auf Bitten des Vorstandes der AGKV erfolgreich für eine Reduzierung der hohen Forderungen auf eine „Anerkennungsgebühr" ein, die noch im August 1927 vereinbart wurde und auf einem Niveau der städtischen Abgaben in Höhe von rund 100 Reichsmark pro Kilometer und Jahr lag.[210] Aber selbst die eigenen Aktionäre waren von solchen Gedanken nicht frei, wie das Beispiel der VSt zeigt, die ein ähnliches Vorgehen bei der Benutzung von Werksgelände sowie der dazugehörigen Bahnen, Brücken und Wege vorschlug.[211] Erst Ende der 1920er Jahre setzte sich das Prinzip weitgehend kostenfreier Gestattungsverträge durch. Bei den Kommunen erwies sich der Widerstand schließlich geringer, als zunächst befürchtet. Erst in den 1930er Jahren musste die Ruhrgas dann in Einzelfällen auf das Enteignungsrecht zurückgreifen.[212]

Als erbitterter Gegner erwies sich dagegen Reichsbahnchef Julius Dorpmüller, der zunächst unter Hinweis auf potenziell unkalkulierbare Gefahren die unumgängliche Kreuzung der Trassen verbot. Das Argument war jedoch nur vorgeschoben, denn das Staatsunternehmen befürchtete vielmehr enorme Verluste im Transportgeschäft, die es auf einen illusorischen Gegenwert von 50 Mio. Reichsmark jährlich durch den Ausfall von Kohlenlieferungen bezifferte.[213] Dorpmüller blockierte bis zum Frühjahr 1928 sämtliche Einigungsbestrebungen und forderte eine endgültige Entscheidung des Reichsbahnrats und der Reichsregierung.[214] Die AGKV befand sich in einer defensiven Position und

---

sowohl zentralisiert, als auch an Einzelstandorten bei Großabnehmern. Baum, *Ferngasversorgung*, 88; Qualitätsbedingungen laut Beschluss des technischen Ausschusses der AGKV in der Sitzung vom 19. Dezember 1927, in: BBA 11/1800.

208 Rieß, *Fortleitung des Ferngases vom wegerechtlichen Standpunkt aus*, in: GWF 70 (1927), 980 f.

209 Vorläufiger Arbeitsausschuss AGKV, 20. Juli 1927, 7 f., in: BBA 11/1800.

210 Aktenvermerk Roelen zur Wirtschaftlichkeitsrechnung der Ruhrgas, 13. Juli 1928, 2, in: BBA 55/1767; Aktenbericht GBAG, [ohne Autor], 30. August 1927, über die Befragung der Kokereien der Gruppe Hamborn zur Lieferfähigkeit, 3, in: BBA 55/1740.

211 Ebd., 3 f.

212 Tätigkeitsbericht Ruhrgas für das zweite Quartal 1936, August 1936, 3, in: 55/1854.

213 Vorläufiger Arbeitsausschuss AGKV, 20. Juli 1927, 9, in: BBA 11/1800. Zu den Berechnungsmustern der Reichsbahn siehe den legitimatorischen Versuch des Reichsbahnoberrates Kieckhoefer, *Ferngas und Eisenbahn*, in: Zeitung des Vereins deutscher Eisenbahnverwaltungen (1930), 1.224–1.227.

214 Aktenvermerk Roelen, 14. April 1928, über Verhandlungen der Kommission des Bergbau-Vereins mit Dorpmüller am 13. April 1928 in Berlin, in: BBA 55/1769.

Abb. 4: Schweißer bei Leitungsverlegung, 1920er Jahre.

hatte den fortlaufend ins Feld geführten „ungeheuren Summen" argumentativ wenig entgegenzusetzen, da sie sich aufgrund fehlenden Datenmaterials und der noch völlig ungeklärten Dimension der Ferngasversorgung, „trotzdem häufige starke Übertreibungen auf der Gegenseite offensichtlich sind", nicht in der Lage sah, die Behauptungen „schlagend zu widerlegen".[215] Die Reichsbahn gab kurz darauf aus nicht nachvollziehbaren Gründen ihre Position auf, verzichtete auf eine Durchleitungsgebühr von 0,1 Pfennigen pro Kubikmeter und Kreuzung, die den Gasvertrieb auf längeren Strecken mit bis zu einem Pfennig pro Kubikmeter belastet und völlig unwirtschaftlich gemacht hätte, und reduzierte auch die feste Kreuzungsgebühr.[216] Die Ruhrgas zahlte damit im Jahr 1928 gerade 22.500 Reichsmark und 1930 schließlich 26.000 Reichsmark.[217]

215 AGKV an VSt Hauptverwaltung, 19. April 1928, in: BBA 55/1767.

216 Kieckhoefer, *Ferngas und Eisenbahn*, 1.227; Rudolf Adrian, *Zechengas- und Gruppengasversorgung. Eine Darstellung und volkswirtschaftliche Untersuchung der zentralisierten und dezentralisierten Gasfernversorgung Deutschlands*, Diss. Würzburg 1932, 76 ff.

217 Ebd.; Aktenvermerk von Roelen zur Wirtschaftlichkeitsrechnung der Ruhrgas vom 13. Juli 1928, 2, in: BBA 55/1767. Die tatsächlichen Verluste der Reichsbahn lassen sich aufgrund ihrer Entfernungsabhängigkeit kaum taxieren.

Abb. 5: Leitungsbau, 1920er Jahre.

1930 erließ die Reichsbahn erstmals Vorschriften zur Zulassung von Ferngasleitungen auf Bahngrundstücken, die in Anlehnung an das Eisenbahngesetz neben Richtlinien zur Verlegung auch Fragen der Haftpflicht berücksichtigten.[218]

Die Ruhrgas war sowohl ein Transportunternehmen als auch ein Handelsunternehmen, unterschied sich hier jedoch vom Syndikat durch die Tatsache, dass das Produkt nicht im Auftrag verkauft, sondern zunächst erworben wurde, wobei erheblich geringere beiderseitige Verpflichtungen galten. Die geschäftlichen Beziehungen zwischen der Ruhrgas und ihren Aktionären basierten je nach deren Interesse auf zwei Vertragstypen. Während die unter dem Dach von Montankonzernen arbeitenden Zechengesellschaften in der Regel sowohl Gasbereitstellungs- als auch Durchleitungsverträge abschlossen, die die Einspeisung, den Transport und die Ausspeisung des Gases bei konzerneigenen Abnehmern regelten, schlossen die reinen Zechen ausschließlich Bereitstellungsverträge, die der Ruhrgas einen gewissen Bezugsrahmen garantierten. Be-

218 Hans Theißen, *Über den Einfluss der Ferngasversorgung auf den Arbeiter- und Nachbarschutz*, Diss. Aachen 1932, 36 ff.; Heinz Synkule, *Über die rechtliche Natur der Gasfernleitung*, Diss. Leipzig 1932, 20 ff.

reits im Sommer 1927 lag hierzu ein Entwurf vor, auf dessen Grundlage nach minimalen Änderungen noch in diesem Jahr von den ersten Unternehmen Verträge unterzeichnet wurden.[219] Diese galten für einen Zeitraum von 20 bis 30 Jahren oder sogar für die Dauer der Aktionärseigenschaft des Lieferanten, folgten einem Standardrahmen und unterschieden sich nur durch die Berücksichtigung örtlicher Besonderheiten. Typische Beispiele stellen die Sammelverträge des größten reinen Bergbauunternehmens, der Harpener BAG, für ihre zwölf Zechen und der Zeche Rheinpreußen sowie auf Konzernebene der Krupp-Zeche Constantin und der VSt für die GBAG-Zechen dar, die hier exemplarisch und zusammenfassend mit ihren wichtigsten Inhalten vorgestellt werden sollen.[220]

Der Lieferant verpflichtete sich zur Bereitstellung einer Mindestmenge, die sich an der Höhe der Kokserzeugung unter Berücksichtigung des Selbstverbrauchs und der durch Vorverträge aus der Zeit vor der Gründung der AGKV bestehenden Lieferverpflichtungen orientierte. Diese „Gasquote" konnte jeweils zum 1. Oktober eines Jahres auf Verlangen der Zechen neu festgelegt werden, wobei ein von der Generalversammlung gewählter Ausschuss die Berechtigung zur Nachprüfung der Angaben besaß. Für die Ruhrgas bestand dagegen keine Abnahmeverpflichtung. Vielmehr behielt sie sich das Recht vor, das Gas bei denjenigen Aktionären zu kaufen, bei denen es unter mengen-, absatz- und vertriebstechnischen Aspekten am günstigsten war. Ein Preisdumping bzw. ein Unterbietungswettbewerb der Zechen war nicht möglich, da eine Unterschreitung des Kohleäquivalentpreises einer Sondergenehmigung des Aufsichtsrates bedurfte. Diese Regelung besaß nur in den ersten Jahren eine gewisse Bedeutung, solange das Gasangebot die Absatzmöglichkeiten überschritt. Die festen Bedarfsanmeldungen der Ruhrgas erfolgten mit dreimonatigem Vorlauf und durften nur infolge besonderer wirtschaftlicher Zwänge oder aus Abnahmeverträgen resultierenden Gründen unterschritten werden. In einigen Bereitstellungsverträgen sagte die Ruhrgas zu, ihre Kunden gegebenenfalls durch Einschaltung von Gasbehältern zu einem möglichst gleichmäßigen Gasbezug anzuhalten, da die Lieferverpflichtung der Zechen auf ein tägliches Maximum

---

219 Bereitstellungsvertrag der AGKV [blanko, o. D., Juni 1927], in: BBA 20/377. Siehe zur inhaltlichen Entwicklung der Verträge auch Richtlinien der AGKV für einen Bereitstellungsvertrag, [Entwurf, o. D., wahrscheinlich März 1927], in: BBA 11/1800.

220 Entwurf zu einem Bereitstellungsvertrag zwischen der Harpener BAG und der AGKV vom 28. Mai 1927, in: BBA 11/1800; Vertrag vom 23. November 1927, in: HKR G 4/122; Siehe auch Vertrag der Steinkohlenbergwerke Rheinpreußen und Friedrich Heinrich vom 21. Oktober 1928, in: BBA 11/1801; Vertrag der Gewerkschaft Constantin der Große vom 20. Februar 1930, in: BBA 20/3113; Vertrag der VSt vom 4. Oktober 1927, in: BBA 55/1769.

von 1/250 der Jahresmenge und stündlich auf 1/20 dieser Höchsttagesmenge beschränkt wurde.[221] Weiterhin gewährte der Lieferant der Ruhrgas freies Durchleitungsrecht auf seinem Grundeigentum.

Bei der Preisgestaltung ergaben sich bereits 1927 gravierende Änderungen im Vergleich zu den Ankündigungen von Pott in der Gründungsphase der AGKV. So erreichte die Vergütung für das gelieferte Gas nicht garantiert das am durchschnittlichen Inlandsverkaufspreis des RWKS bemessene Kohlenäquivalent von 0,8 Kilogramm Nuss I–IV pro Kubikmeter, sondern lag aushandelbar in einer Spanne zwischen 0,6 Kilogramm und diesem Höchstwert. Für den Fall des Auseinanderbrechens des RWKS wurde als Referenz der Börsenpreis vereinbart. Die Zechen stellten ihre gelieferten Gasmengen der Ruhrgas monatlich mit einer Zahlungsfrist von zehn Tagen in Rechnung. Es folgten detaillierte Angaben zur Gasqualität und den Liefermodalitäten.

Über den Abschluss von Bereitstellungsverträgen herrschte zwischen der AGKV und ihren Aktionären meist schnell Einigkeit. Ausschlaggebend hierfür waren die enormen Zugeständnisse, die der Gasversorger seinen Lieferanten bei der Gasquote einräumte und die den Revers in Teilen relativierten. So machte die AGKV von Beginn an deutlich, dass kein „Mitglied der Kohleverwertung“ verpflichtet sei, überhaupt Gas zu liefern, und bei der Höhe seines Angebots völlig frei blieb.[222] Außerdem ging die VSt mit gutem Beispiel voran und unterzeichnete bereits Anfang Oktober 1927 den ersten, allerdings aufgrund des noch nicht vorhandenen Netzes nur symbolischen Bereitstellungsvertrag mit einem Volumen von 350 Mio. Kubikmetern innerhalb der folgenden neun Monate.[223] Tatsächlich sah die VSt in der AGKV weiterhin ausschließlich ein Instrument zur Verteilung ihrer enormen Gasmengen an die verarbeitenden Betriebe und baute in den Gesprächen zum Durchleitungsvertrag entsprechenden Druck auf.[224] Für die VSt war die Durchleitung von Gas angesichts ihrer vergleichsweise weit auseinanderliegenden Betriebe von erheblich größerer Bedeutung als für die anderen Montanunternehmen. Große Entfernungen bedeuteten hohe Kosten, sodass sie alle Verhandlungen unter der Prämisse einer Minimierungsstrategie führte.

---

221 Dies deutete bereits jetzt auf das später verstärkt auftretende und preislich kaum berücksichtigte Lastspitzenproblem, das in den 1950er Jahren zu einer umfangreichen Revision der Verträge führte, hier jedoch noch die Ausnahme bildete.

222 Anlage zum Bereitstellungsvertrag zwischen der Gewerkschaft Vereinigte Constantin der Große und der AGKV vom 13. September 1927, 1, in: BBA 20/377; AGKV an Constantin, 21. September 1927, zu den Modalitäten des Gasvertriebs, in: BBA 20/377.

223 VSt Hauptverwaltung an AGKV, 4. Oktober 1927, mit anliegendem Vertrag, in: BBA 55/1767.

224 AGKV an VSt Hauptverwaltung, 5. Mai 1927, in: BBA 55/1767.

Neben den Bau-, Verwaltungs- und Durchleitungskosten kritisierte die VSt den von der AGKV beanspruchten Gewinn. VSt-Gasfachmann Wilhelm Roelen stellte dazu in seinen vorab ausgearbeiteten Verhandlungsrichtlinien lapidar fest: „Der Gewinn liegt nicht im Interesse der Aktionäre, wenigstens nicht im Interesse der Aktionäre, die das Netz der KV für Durchleitungsmengen ausnutzen."[225] Vor diesem Hintergrund diktierte die VSt der AGKV im Juli 1927 den Entwurf eines Durchleitungsvertrages, der bereits die Grundzüge der 18 Monate später paraphierten Endversion beinhaltete.[226] Darin verpflichtete sich die AGKV, die VSt-Werke mit einem Volumen von mindestens 300 Mio. Kubikmetern pro Jahr und höchstens 700 Mio. Kubikmetern pro Jahr gegen eine feste Durchleitungsgebühr von 0,47 Pfennig pro Kubikmeter zu beliefern.[227] Der zur Jahreswende 1928/29 auf eine Dauer von 20 Jahren abgeschlossene Durchleitungsvertrag beinhaltete erstmals nicht nur die klassischen Mengenangaben in Kubikmetern, sondern sprach dazu von der Zuleitung einer „Wärmemenge in Gasform, welche die VSt zu diesem Zwecke auf ihren Gaserzeugungsanlagen zur Verfügung stellen".[228] Trotz diverser Zugeständnisse war die VSt weiter sorgsam auf die Wahrung der eigenen Interessen bedacht.[229]

225 Aktenvermerk vom 20. Juli 1927, wahrscheinlich Roelen, über den „3. Nachtrag zu den Richtlinien zu den Verhandlungen" zwischen VSt und AGKV, 1, in: BBA 55/1769.

226 Vertrag über die Durchleitung von Gas zwischen VSt und AGKV, 2. Entwurf vom 19. Juli 1927, in: BBA 55/1769. Die Endversion des Vorvertrags ist in den Akten nicht enthalten.

227 Die VSt war berechtigt, diese Mengenklauseln mit halbjährlicher Frist zu kündigen und neu festzusetzen sowie die Einspeisepunkte zu bestimmen. Bei der AGKV blieben dagegen die Risiken einer Liefergarantie auch über dieses Maximalvolumen hinaus, der Unverbindlichkeit der VSt-Ausspeisestellen und eventueller kommunaler Gebühren. Ebd., §§ 2–7; Niederschrift von Knepper und Roelen vom 21. Juli 1927 über die Verhandlungen am 21. Juli 1927 zwischen VSt und AGKV zum Durchleitungsvertrag, 1 f., in: BBA 55/1769.

228 Durchleitungsvertrag zwischen VSt und Ruhrgas, 21. Dezember 1928/15. Januar 1929, §§ 1 und 6, in: BBA 55/1744, HKR G 2/1584 und HKR G 2/3255.

229 Diese bestanden in der Verpflichtung der Ruhrgas zur bevorzugten Verlegung von Anschlussleitungen in Gebieten mit VSt-Werken sowie von Sonderleitungen, die ausschließlich oder überwiegend der Versorgung von VSt-Betrieben dienten, soweit die Wirtschaftlichkeit gegeben war und die finanzielle Lage der Ruhrgas den Bau zuließ. Gemeint war in allen Fällen der Bau bis an die Werksgrenze an eine von der VSt vorgegebene Stelle. Außerdem behielt sich die VSt das Recht vor, Eigenbetriebe durch eigene Leitungen zu versorgen. Ebd., §§ 3 f.

Staatswirtschaft versus Privatwirtschaft?

Wirtschaftsideologische Diskurse um die Ferngasversorgung

Die Gründung der AGKV im Herbst 1926 löste in der deutschen Gaswirtschaft ein regelrechtes Erdbeben aus. Nachdem die ersten Nachrichten zunächst keine besondere Resonanz erzeugt hatten, zog die Kapitalerhöhung, die unmissverständlich die Ernsthaftigkeit der Pläne des Ruhrbergbaus zur Etablierung einer reichsweiten Gasfernversorgung verdeutlichte, umgehend eine Welle der Empörung nach sich. Die Branche deutete sie als gewaltsame Usurpation eines ganzen Zweiges der deutschen Energiewirtschaft durch die Privatwirtschaft und inszenierte ihren Widerstand mit entsprechendem Engagement. In den folgenden zwölf Monaten tobte eine heftige publizistische Auseinandersetzung, die 1928 langsam abebbte und schließlich weitgehend zum Erliegen kam, als deutlich wurde, dass das Vorhaben allenfalls in Ansätzen umgesetzt werden würde. Dabei zeigte sich bald eine unübersichtliche Gemengelage unterschiedlichster Interessen, denn neben den in ideologischer Perspektive relativ eindeutig abgrenzbaren Positionen beider Gruppen bildete weder die kommunale Gaswirtschaft noch der Staatswirtschaftssektor eine feste Einheit. Bei der kommunalen Gaswirtschaft schieden sich die Geister entlang der Unternehmensgröße und den Absatzzahlen und damit eindeutig am Standort der Gaswerke in Großstädten oder auf dem flachen Land. Heterogen waren schließlich die zwischen Schlichtung und eindeutiger Parteinahme schwankenden, gemeinsam aber eindeutig gegen die Ruhrgas gerichteten Beiträge von Vertretern des DVGW, des Vereins für Kommunalwirtschaft und Kommunalpolitik e. V. sowie des Deutschen Städtetags, die den Meinungsverschiedenheiten zudem mit ihren Zeitschriften ein Podium boten. In die Diskussion mischten sich somit zu den vorherrschenden finanzpolitischen Positionskämpfen wirtschafts-, sozial-, innen- und interessenpolitische Aspekte allgemeiner Natur, mit deren Hilfe teilweise absurde Gegensätze konstruiert wurden.

Die Gegner orientierten sich an dem Maximalkonzept der AGKV-Gründungsdenkschrift und stammten seltsamerweise vor allem aus vom Ruhrgebiet weit entfernt liegenden Städten wie Hamburg und Stuttgart. Die Kommunen des Ruhrgebiets enthielten sich naturgemäß jeglicher Stellungnahme, die der Rheinschiene und die Provinzen beteiligten sich zurückhaltend und zeigten ihre Ablehnung eher durch Gegenkonzepte der Gruppengasversorgung.[230] Alle

230 Dieses konstruktive Verhalten folgte der Erkenntnis, dass der deutschen Gaswirtschaft auch ohne die Aktivitäten des Ruhrbergbaus ein gravierender Wandel bevorstand, den es mitzugestalten galt. Vgl. Walter Alexander, *Ferngasversorgung*, in: WG 17 (1926/27), Sp. 564–573, hier Sp. 572. Alexander war Mitglied des Vorstandes der Berliner Städtische Gaswerke AG. Weitere Vertreter der Branche wiesen rechnerisch nach, dass an einer Stilllegung unrentabler Gas-

einte die Sorge vor einer Entwicklung wie im Elektrizitätssektor, wo Preußen und das Reich zulasten der Kommunen von der Ausdehnung des Staatsanteils auf 90 Prozent profitierten.[231] Ein Großteil der insgesamt rund 1.000 und vorwiegend staatlichen Gaswerke in Deutschland befand sich in einem Dornröschenschlaf und agierte betriebswirtschaftlich in der zweiten Hälfte der 1920er Jahre noch in den Strukturen des Kaiserreichs mit ebenso alten Anlagen und stagnierender Produktion auf niedrigem Niveau. Sie beschränkten sich auf den Haushaltsabsatz und die Belieferung des Kleingewerbes in eng umgrenzten Absatzgebieten. Die Zukunft der Gaswirtschaft lag aber eindeutig im industriellen Sektor, wie die Aktivitäten der Ruhrgas bewiesen. Nur hier waren die Mengen absetzbar, die einen Ausbau des Netzes und die Ausdehnung der Lieferungen auf das flache Land durch Quersubventionen rentabel machten. Und nur hier sorgte der Leitungsbau für automatische Synergien durch die zwangsläufige Erschließung neuer Regionen.

Die Zurückhaltung der Kommunen mit kleineren Gaswerken war allerdings wenig verwunderlich, denn ihnen fehlten schlichtweg die finanziellen Möglichkeiten zur Änderung der Situation.[232] Als Teil der kommunalen Wirtschaftsbetriebe leisteten die Betriebsüberschüsse der Gaswerke mitunter einen nicht unbeträchtlichen Beitrag von bis zu zehn Prozent zu den kommunalen Haushalten.[233] Die Stadtgaspreise lagen 1927 laut einer Erhebung bei 850 Gaswerken in einer Spanne zwischen zehn Pfennig und 55 Pfennig pro Kubikmeter, wobei über 90 Prozent zwischen 16 und 25 Pfennig forderten und rund 50 Prozent zwischen 20 und 22 Pfennig.[234] Über die Preise der AGKV herrschte dagegen zunächst Rätselraten. Reaktionen zwischen Ungläubigkeit und Entsetzen lösten dann 1928 Nachrichten zum Liefervertrag der AGKV mit der Stadt Hannover aus, denn die Preisspanne zwischen drei und fünf Pfennig pro Kubikmeter frei

---

werke nichts vorbeiging. Elvers, *Billige Gasfernversorgung und dadurch bedingte Steigerung des Gasabsatzes*, in: GWF 70 (1927), 478–480.

231 Ambrosius, *Staat*, 71.

232 *Aussprache* zu den Vorträgen auf der Mitgliederversammlung des Vereins für Kommunalwirtschaft und Kommunalpolitik Ende Juni 1929 in Hamburg von Seippel und Mohrmann, in: ZKW 19 (1929), Sp. 806–823, hier Sp. 809–813: Wortmeldung von Generaldirektor Fischer von der VEW als Vertreter der VGW.

233 K. D. Reinhard, *Die deutsche Gasversorgung, ihre Fortschritte und Kritik*, in: WG 19 (1928/29), Sp. 10–30, hier Sp. 12; Statistisches Reichsamt (Bearb.), *Die kommunalen Betriebe im Rechnungsjahr 1927/28 (Ergebnisse der Reichsfinanzstatistik)*, Berlin 1930, 82 f. Zur Bedeutung der Gewinne der Gemeindebetriebe für die städtischen Etats vgl. *Die Überschüsse der Gemeindebetriebe*, in: WG 19 (1928/29), Sp. 1.105–1.107.

234 Permien, *Die Städte in der Gas- und Stromfernversorgung. Die Grenzen der Erträge der städtischen Betriebe und der Schutz der Interessen der Städte bei Fernversorgung mit Gas und Strom*, in: ZKW 17 (1927), Sp. 1.303–1.308, hier Sp. 1.303.

Gasbehälter lag jenseits aller Vorstellungen.[235] Der Widerstand vieler Kommunen gegen die Pläne der AGKV resultierte vor diesem Hintergrund weniger aus betriebswirtschaftlichen als aus ideologischen Gründen, denn der Umstieg auf einen Ferngasbezug hätte unzweifelhaft erhebliche positive Kosteneffekte mit sich gebracht. So folgte die von einigen Branchenvertretern ab November 1926 initiierte und anfangs durch die provozierenden Antworten des AGKV-Vorstandes noch befeuerte publizistische Schlammschlacht ähnlichen Beweggründen.[236]

Tatsächlich befanden sich Pott und Vögler seit August 1926 in Verhandlungen mit verschiedenen Kommunen und waren auch zu umfangreichen Kooperationsvorhaben in Form gemischtwirtschaftlicher Unternehmen bereit. Eine direkte Beteiligung von Städten an der AGKV nach Vorbild des RWE stand zwar außer Frage, ein gemeinsamer Bau und Betrieb des Fernleitungsnetzes über eine gemeinsame Transportgesellschaft galt dagegen auch Ende 1927 noch als möglich.[237] Pott versuchte der Branche über Vorträge und Zeitschriftenbeiträge die Vorteilhaftigkeit des AGKV-Konzepts zu erläutern. Er erzielte dabei jedoch einen gegenteiligen Effekt, denn sein Ausweichen in der Kernfrage der Preisgestaltung bot den Ferngasgegnern einen willkommenen Anlass für weitere Angriffe.[238] Mit Richard Nübling avancierte der Direktor der Stuttgarter Gaswerke bald zum Hauptgegner, stieg zum Sprachrohr und Meinungsführer der Branche auf und pflegte sein Feindbild schließlich bis in die 1930er Jahre hinein, indem er kategorisch alle Argumente der AGKV/Ruhrgas bestritt.[239] Pott widmete sich Nübling mit herablassender Überheblichkeit und beendete den Streit schließlich Ende Februar 1927 mit dem impliziten Hinweis, dass sich weitere Erörterungen angesichts der unzureichenden Verständnisfähigkeit Nüblings erübrig-

---

235 *Wirtschaftliche Umschau*, in: WG 17 (1926/27), Sp. 611–614, hier Sp. 614. Zu den frühen Spekulationen vgl. *Die großen Kokereiprojekte im Ruhrbergbau*, in: WG 17 (1926/27), Sp. 226; *Zum augenblicklichen Stand der Gasfernversorgung*, in: WG 17 (1926/27), Sp. 347–354.

236 Ernst Körting, *Gasfernversorgung (Zuschriften an die Schriftleitung)*, in: GWF 69 (1926), 1.052–1.054; *Zechen-Ferngasversorgung (Zuschriften an die Schriftleitung)*, in: GWF 69 (1926), 1.077–1.081.

237 AGKV an AR Arbeitsausschuss, 6. Dezember 1927, zur gemischtwirtschaftlichen Organisationen der Gasfernversorgung, 5, in: BBA 11/1800.

238 Alfred Pott, *Die Aufgaben der Aktiengesellschaft für Kohleverwertung*, Sonderdruck aus der Zeitschrift Brennstoff-Chemie 8 (1927) vom 15. Februar 1927; ders., *Die Aufgaben der Aktiengesellschaft für Kohleverwertung in Essen*, in: Glückauf 63 (1927), 267–272; *Der beim Reichskohlenrat bestehende technisch-wirtschaftliche Sonderausschuß für Brennstoffverwendung*, in: GWF 70 (1927), 108 f.

239 Richard Nübling, *Ist eine zentrale Gasversorgung Deutschlands von der Ruhr aus im allgemeinen Interesse erstrebenswert oder nicht?*, in: GWF 70 (1927), 37–40; Ernst Körting, *Zechen-Ferngasversorgung (Zuschriften an die Schriftleitung)*, in: GWF 70 (1927), 63–68.

ten.[240] Gleichzeitig beendete die AGKV damit auch weitgehend ihre Beteiligung am öffentlichen Fachdialog, der von nun an fast ausschließlich von Vertretern der kommunalen Gaswirtschaft geführt wurde. Der Ferngasversorger beschränkte sich auf vereinzelte Vorträge von Vorstandsmitgliedern vor Fachpublikum, die dann teilweise veröffentlicht wurden.[241]

Vor diesem Hintergrund stand der Deutsche Städtetag mit seinem bereits 1924 gefassten Grundsatzbeschluss, die Gaswirtschaft sei aufgrund ihrer maßgeblichen Rolle innerhalb der städtischen Grundversorgung ausschließlich unter Regie der Kommunen zu führen, auf verlorenem Posten.[242] Noch Ende Januar 1927 hatte der Technische Ausschuss des Städtetages für eine konsequent ablehnende Vorgehensweise gestimmt, dann aber seine Position überdacht und favorisierte ab Juni angesichts der an ihm vorbeilaufenden Entwicklungen nun als Alternativlösung die Gruppengasversorgung auf kommunaler Basis. Diese sollte selbst bei günstigeren Ferngasbezugsmöglichkeiten allein aus Gründen der Sicherung der kommunalen Selbstständigkeit einen absoluten Vorrang genießen und im Idealfalle eine Kapitalbeteiligung an einer zu einem gemischtwirtschaftlichen Unternehmen gewandelten AGKV umfassen.[243]

Am 15. Juni 1927 erschien pünktlich zur Eröffnung der VDGW-Jahrestagung die AGKV-Denkschrift „Deutsche Großgasversorgung".[244] Bereits in der Einleitung machte die AGKV deutlich, dass sie die Publikation als Beitrag zu einer baldigen Einigung auffasste: „Die geplante Gasfernversorgung soll nicht etwa die bestehende Gasversorgung in deutschen Gemeinden und Gemeindeverbänden von heute auf Morgen [sic] in revolutionärer Weise durch eine ausschließliche Gaslieferung von den Zechen des Ruhrgebiets aus ersetzen." Vielmehr sei eine Weiterentwicklung vorgesehen mit dem Ziel „einer technisch und wirtschaftlich rationellen Arbeitsverbindung aller auf höchster technischer Stufe stehenden Gaserzeugungsanlagen".[245] Die Kernaussage lautete kurz und knapp, dass die kommunalen Gaswerke nicht in der Lage seien, die volkswirt-

---

240 Alfred Pott, *Zechen-Ferngasversorgung (Zuschriften an die Schriftleitung)*, in: GWF 70 (1927), 68–71; Richard Nübling, *Zechen-Ferngasversorgung (Zuschriften an die Schriftleitung): Unstimmiges und Unbeantwortetes in den Antworten der A.-G. für Kohleverwertung auf meine Fragen betreffend Zechenferngasversorgung*, in: GWF 70 (1927), 91–93; *Aktiengesellschaft für Kohleverwertung: Zechen-Ferngasversorgung (Zuschriften an die Schriftleitung)*, in: GWF 70 (1927), 157.

241 Ebenso ist keine weitere Zusammenarbeit mit der Wirtschaftlichen Vereinigung deutscher Gaswerke AG oder sonstigen Branchenorganisationen nachweisbar.

242 Rebentisch, *Städte und Monopol*, 49.

243 Ebd., 59.

244 Aktiengesellschaft für Kohleverwertung (Hg.), *Deutsche Großgasversorgung*, Essen 1927.

245 Ebd., 7 f.

schaftlich dringend gebotene, elementare Ausweitung des Gasangebots zu bewerkstelligen. Der Hauptgrund sei in ihrer typischen Produktionsstruktur zu suchen, die keine beliebige Steigerung der Gaserzeugung erlaube, da diese prinzipiell von den Absatzmöglichkeiten des Gaskokses und dem dabei erzielbaren Preis limitiert werde. Für diesen Zustand kreierte die AGKV eigens den neuen Begriff der „Gas-Koks-Schere".[246] Keinerlei Rolle spielt in diesem Kontext die Braunkohle.[247] In der Gesamtbetrachtung vermittelte die Denkschrift geschickt, dass die Gasfernversorgung kein Projekt zur ausschließlichen Förderung des Steinkohlenbergbaus darstellte, sondern gleichermaßen den Interessen der Gaswerke wie auch der Allgemeinheit diente.

Eine Annäherung erfolgte angesichts der unvereinbaren Positionen auch in den folgenden Jahren nicht, obwohl die Kohlenwirtschaftsenquete des Reichswirtschaftsministeriums im Frühjahr 1928 eindeutig die wirtschaftliche Überlegenheit der Fernversorgung im Umfeld der Bergbaureviere bestätigte.[248] Letztlich ging der Debatte schon ab Herbst 1927 nach und nach die Luft aus, denn die Argumentationen drehten sich im Kreise und gewannen auch durch dauerhafte Wiederholungen und die Kommentare weiterer Gruppen nicht an Überzeugungskraft. Wie bereits angedeutet, beteiligten sich die Großstädte, Provinzen und Länder nicht an diesen Auseinandersetzungen, sondern arbeiteten an eigenen Konzepten. Diese umfassten grundsätzlich die Bildung integrierender übergeordneter Verwaltungsstrukturen in Form von Interessengemeinschaften, Zweckverbänden und Unternehmen zur Zusammenfassung größer Versorgungsgebiete und knüpften teilweise an ältere Überlegungen zur Etablie-

---

246 Ebd., 10. Die kommunale Gaswirtschaft ermittelte ihre Gaserzeugungskosten aus der Differenz der Betriebsausgaben und der Einnahmen aus dem Nebenproduktgeschäft. Bei Koksabsatzschwierigkeiten zeigte sich ein doppelter Nachteil. Wurden die Kokspreise zur Verkaufsförderung gesenkt, stiegen automatisch die Kosten im Bereich der Gaserzeugung. Als Ausweg wäre dann nur der Verzicht auf Gewinne geblieben. Gerade während der warmen Jahreszeit war aber der Gasabsatz am höchsten, denn der Verbrauchsschwerpunkt lag vielfach auf dem Kochgas. Da der weitaus überwiegende Teil der Privatkunden aber zur Raumheizung weiter auf den kostengünstigeren Küchenherd setzte, brach die Gasnachfrage in den Wintermonaten regelrecht zusammen, während die Koksnachfrage stieg. Zur Entwicklung der Verbrauchsstrukturen und des Verbraucherverhaltens in Abhängigkeit von der Preisgestaltung zwischen Mitte der 1920er Jahre und Mitte der 1930er Jahre vgl. Ludwig Winkler, *Wohin geht der Weg der deutschen Gaswirtschaft? Eine Untersuchung über Verlauf und Ursachen der Entwicklung des Gasabsatzes der letzten 10 Jahre in den deutschen Großstädten*, Berlin 1936.

247 Insgesamt blieb die Stadtgaserzeugung auf Braunkohlenbasis eine absolute Randerscheinung, während die Wassergaserzeugung in der zweiten Hälfte der 1930er Jahre eine besondere Bedeutung im Rahmen der synthetischen Treibstofferzeugung erlangte. DVGW (Hg.), *Die Gasversorgung*, Essen 1952, 87; Plumpe, *IG Farben*, 281 ff.

248 Ausschuß Absatzbedingungen (Hg.), *Kohlenwirtschaft*, 528 ff.

rung einer Gruppengasversorgung an. Am weitesten fortgeschritten waren solche Konzepte in Sachsen, wo unter Beteiligung des Staates und der Thüringer Gasgesellschaft bereits 1922 die Gasversorgung Ostsachsen AG (Gosag) gegründet worden war, die 1925 ein Leitungsnetz von 600 Kilometer Länge betrieb, jedoch mit ihrem Vorhaben einer landesweiten Gasversorgung am Widerstand der auf Eigenständigkeit bedachten Kommunen scheiterte.[249] Im Frühjahr 1928 gründete die Elektra AG als Tochtergesellschaft der AG Sächsische Werke mit der zum Gemeindeverband Leipzig-Land gehörenden Energie AG Markkleeberg die Landesgasversorgung Sachsen AG, die in der Folge zum bedeutendsten Anbieter mit zahlreichen Beteiligungen aufstieg, ohne jedoch das Ziel einer landesweiten Zusammenfassung der Branche zu erreichen.[250] Dennoch stellte Sachsen durch seinen absolut dominierenden Staatseinfluss in der Energiewirtschaft im Reichsmaßstab einen Sonderfall auch im Gassektor dar, zumal auch die Thüringer Gasgesellschaft nach und nach ihre dortigen Gaswerke in gemischtwirtschaftliche Unternehmen einbrachte.[251] Daneben existierten Ende der 1920er Jahre Ferngasversorgungssysteme unterschiedlicher Dimension und teilweise auf Basis von Kokereigas in Thüringen, Niederschlesien, der Pfalz, dem Saargebiet und Hessen.[252]

---

249 Gasversorgung Ostsachsen AG, Dresden [verantw. für die Red.], *Gasversorgung Ostsachsen AG, Dresden* (Industrie und Handel, Bd. 35), Berlin 1927; Müller, *Die Großgasversorgung Sachsens*, in: GWF 69 (1926), 989–994, 1.015–1.021, hier insbesondere 990.

250 Karlsch, *Vom Licht zur Wärme*, 57.

251 Anfang der 1930er Jahre bestanden in Sachsen neben zehn, größtenteils bereits vor 1926 gebildeten Zweckverbänden, 74 meist zu Gruppen zusammengefasste Gemeindebetriebe und nur noch zwei private Versorger. Helmut Clauß, *Die Konstruktion der Elektrizitäts- und Gasversorgung des Freistaates Sachsen*, Diss. Leipzig 1932, Borna-Leipzig 1932, 16 f., 62. Anders als der Titel vermuten lässt, beschränken sich die Ausführungen zur Gaswirtschaft auf wenige Zeilen.

252 Crimmann, *Die Gasfernversorgung Thüringen. Die Tätigkeit der thüringischen Landeskreise auf dem Gebiete der Gasfernversorgung*, in: WG 17 (1926/27), Sp. 1.157–1.161; *Kreis- und Landes-Gasversorgung Thüringen GmbH*, in: GWF 71 (1928), 23; Karlsch, *Vom Licht zur Wärme*, 58; Richard F. Starke, *Gutachten über die Gasfernversorgung Niederschlesiens, erstattet im Auftrage der Provinz Niederschlesien*, o. O. o. J. [Essen 1928], 28–31; *Ferngasversorgungspläne in Niederschlesien*, in: GWF 72 (1929), 357; Richard Prudix, *Technische und wirtschaftliche Probleme der Gasfernversorgung, besonders in Niederschlesien*, Diss. Breslau 1932; Adrian, *Zechen- oder Gruppengasversorgung*, 15 ff.; Dellweg, *Gasversorgung*, 71 ff.; Hans-Henning Krämer, *75 Jahre Saar Ferngas AG. Zur Geschichte der saarländischen Gasversorgung* (Veröffentlichungen der Kommission für Saarländische Landesgeschichte und Volksforschung, Bd. 38), Saarbrücken 2004, insbesondere 274 ff. und 321 ff.; *Ferngasversorgung im Saargebiet*, in: GWF 71 (1928), 599; Saarferngas AG (Hg.), *25 Jahre Saarferngas AG*, Saarbrücken 1954, 5 f.; Weiß, *Südwestdeutschlands Gasversorgung*, in: WG 19 (1928/29), Sp. 839–846, hier Sp. 841 ff. Zur hessischen Hekoga und zur Situation im Großraum Frankfurt siehe umfassend das folgende Kapitel.

Durchbruch im kommunalen Sektor: Die ersten Lieferverträge

Noch während die Spitzen der kommunalen Verbände und der DVGW um eine Positionsbestimmung rangen, Städte und Provinzen in den Gründungsvorbereitungen von Gruppengasgesellschaften steckten, erschütterten Anfang 1928 überraschende Nachrichten die Branche. Die AGKV hatte am 24. Januar einen Ferngasliefervertrag mit der Stadt Hannover abgeschlossen und damit nicht nur den mühsam aufrechterhaltenen Anschein der kommunalen Einheit durchbrochen, sondern auch bewiesen, dass sie im Umkreis von 200 Kilometer um das Ruhrgebiet attraktive Angebote vorlegen konnte. Der Vertrag unterschied sich maßgeblich von den Verträgen der Vorkriegszeit und setzte als erster seiner Art einen Referenzrahmen für das Ferngaszeitalter.[253] Die AGKV verpflichtete sich, über die Vertragsdauer von 30 Jahren den gesamten Gasbedarf des Stadtkreises Hannover und des Versorgungsgebietes der Gasanstalten Hannover und Linden zu liefern, während die Stadt zusagte, ihren Bedarf ausschließlich bei der AGKV zu beziehen. Das Gas stammte nicht nur aus dem Ruhrgebiet, sondern die AGKV hatte als Mitlieferant die Preussag gewonnen und damit den preußischen Staat ins Boot geholt.[254] Für die AGKV von besonderer Bedeutung war die Einräumung von kostenlosen Wegerechten auch für Durchgangsleitungen.[255] Den größten Zündstoff bargen die Gaspreise, die mit mengenabhängig drei bis fünf Pfennigen pro Kubikmeter erheblich unter den bisherigen Eigenerzeugungskosten lagen. Von besonderer Bedeutung war die Meistbegünstigungsklausel, denn sie nahm allen Kritikern den Wind aus den Segeln, die der AGKV eine Ausnutzung ihrer Machtstellung durch ein Preisdiktat unterstellt hatten.

Der Durchbruch in Hannover war für die AGKV neben der allgemeinen Signalwirkung in mehrerlei Hinsicht von herausragender Bedeutung.[256] Zunächst war es gelungen, einen Keil zwischen die Interessen einer Großstadt und der umliegenden Provinz zu treiben und zweitens, die private Konkurrenz

---

253 Dabei ist zu berücksichtigen, dass die Lieferverträge der Ferngaswirtschaft, anders als im Bereich der Elektrizitätsversorgung, wo Ende der 1920er Jahre längst Standardverträge dominierten, bis in die 1950er Jahre meist zahlreiche Sonderklauseln enthielten. Vgl. R. Deku, *Inhalt und Gestaltung der kommunalen Ferngasverträge*, in: ZKW 20 (1930), Sp. 1.269–1.274, hier Sp. 1.269 f.

254 *Hannover: Vertrag*, in: GWF 71 (1928), 470–473; Aktiengesellschaft für Kohleverwertung, in: WG 18 (1927/28), Sp. 888.

255 *Hannover: Vertrag*, in: GWF 71 (1928), 470–473., § 5.

256 *Richard Nübling, Hannover. Eine kritische Betrachtung*, in: GWF 71 (1928), 136–138; ders., *Nochmals Hannover*, in: GWF 71 (1928), 277 f.; Mohrmann, *Der Stand der Gasfernversorgung unter besonderer Berücksichtigung der Provinz Hannover*, in: GWF 72 (1929), 4–11, hier 9 f.; Christian Bolz, *Zur Kritik der Deutschen Gasfernversorgung*, in: WG 18 (1927/28), Sp. 801–810, hier Sp. 801 f.; Sacolowsky, *Hannover und die Gasfernversorgung*, in: WG 18 (1927/28), Sp. 810–812.

in die Schranken zu weisen, die in Form der Deutschen Continental-Gas-Gesellschaft ein ebenfalls günstiges Gegenangebot gemacht hatte.[257] Allerdings war auch der Ruhrgas-Preis unwirtschaftlich und allein von der Motivation bestimmt, den Gegner auszustechen. Dass der Ferngasvertrieb nach Hannover für die Ruhrgas ein dauerhaftes Verlustgeschäft darstellte, zeigte sich spätestens im Verlauf der wirtschaftlichen Stabilisierung Mitte der 1930er Jahre, als es um den Anschluss der Preussag-Kokerei in Barsinghausen zur Versorgung der Hannoverschen Maschinenbau AG (Hanomag) ging.[258] Letztlich war damit der Nachweis verbunden, dass die Mischkalkulation mit Gaslieferungen aus dem näheren Umland Hannovers im Hinblick auf die Kosten der Fernleitung nicht aufging.

Der dritte Vorteil der AGKV aus dem Vertrag mit Hannover bestand in der Trassenführung durch die Provinz Westfalen, wo durch den Leitungsbau automatisch ein weiteres Absatzgebiet erschlossen wurde. Allerdings bestand in der Region ein komplexes Interessengeflecht zwischen Großstädten, der Provinz und ihren wirtschaftlich vollkommen unterschiedlich strukturierten Regionen sowie der kommunalen VEW als vorherrschendem Elektrizitäts- und Gasversorger. Dazu kamen die Pläne der VSt zur Versorgung ihrer Konzernwerke mit Durchleitungsgas. Pott und Vögler waren sich dieser brisanten Situation durchaus bewusst, denn mit der VEW stand der AGKV ein einflussreicher Kontrahent mit eindeutigen kommunalwirtschaftlichen Vorstellungen gegenüber, der dazu ansetzte, mit einem Großteil der westfälischen Gemeinden Lieferverträge abzuschließen, und außerdem mit der Thyssengas bereits 1926 eine Weiterführung von dessen Nordleitung vereinbart hatte.[259] 1929 verfügte das Unternehmen mit seiner im Oktober 1927 verselbständigten Gassparte Vereinigte Gaswerke Westfalen GmbH (VGW) über 80 Lieferverträge, Gasfernleitungen im Umfang von 220 Kilometern und Verteilungsleitungen im Umfang von 800 Kilometern und damit über das reichsweit größte Versorgungsnetz.[260]

Die Führungsspitze der AGKV verhandelte ab Anfang 1927 zunächst mit dem Landeshauptmann der Provinz Westfalen, die ihren Einfluss im Bereich der Ferngasversorgung ausweiten wollte. Nach weiteren Vorgesprächen unter

---

257 Niemann, *Gasversorgung des Raumes Hannover*, 30 f.

258 Auszug aus der Aktennotiz von Balster (GBAG) über die Besprechung am 1. August 1935 zwischen der GBAG und der Ruhrgas über Gaslieferungen nach Hannover, in: BBA 55/1750.

259 Vereinigte Elektrizitätswerke Westfalen AG (Hg.), *Vereinigte Elektrizitätswerke Westfalen Aktiengesellschaft. Dortmund – Bochum – Münster – Arnsberg*, Dortmund 1930, 142.

260 Der vergleichsweise geringe Gesamtabsatz von 26,5 Mio. m^3/a verwies dabei auf die unzureichende Rentabilität, versprach aber auch erhebliches Steigerungspotenzial. Aufstellung der Lieferverträge bei Theodor Runte, *Die Gasversorgung der Provinz Westfalen unter besonderer Berücksichtigung der zentralorganisierten Zechengasfernversorgung, eine wirtschaftsgeschichtliche und organisatorische Studie*, Diss. Frankfurt a. M. 1931, Essen 1931, 26 ff.

Hinzuziehung von Städten und Landkreisen wurde im Mai ein gemeinsamer Arbeitsausschuss aller Beteiligten gebildet. Die AGKV erklärte sich auf Forderung der Kommunen umgehend bereit, das Fernleitungsnetz einer gemischtwirtschaftlichen Gesellschaft unter deren Führung zu übertragen.[261] Um eine einheitliche provinzweite Versorgung zu etablieren und ein Gegengewicht zur VGW zu schaffen, bestanden zahlreiche Gemeinden zudem auf eigenständigen regionalen Verteilungsgesellschaften.[262] Bereits Anfang August 1927 wurde die Ferngasversorgung Westfalen GmbH (Ferngas Westfalen) gegründet.[263] Gleichzeitig sollte die VEW mit der VGW ihr gesamtes Gasgeschäft in die Gesellschaft einbringen. Es ging also um nichts anderes als ein Gebietsmonopol unter einheitlicher Kontrolle, von dem nur die Städte Hamm und Münster sowie die Gemeinden des westfälischen Ruhrgebiets aufgrund bestehender langfristiger Lieferverträge ausgenommen bleiben sollten.

Im September wurde ein Mantelvertrag geschlossen, der der VGW untersagte, bestehende Kommunalgasverträge zu verlängern oder überzuerfüllen; Gaswerke der Kommunen konnte die VGW allerdings weiter betreiben.[264] Daneben beinhaltete er das für die AGKV mit Abstand wichtigste Recht, Konzernwerke direkt zu beliefern, das eine Beteiligung der Ferngas Westfalen nur in Form von Durchleitungsgebühren bei der Nutzung von deren Netz vorsah, sowie das Wegerecht an Provinzialstraßen.[265] Die Sonderstellung der Konzernwerke erregte starken Widerspruch von Seiten der westfälischen Industrie, die darin eine Wettbewerbsverzerrung erblickte und eine Gleichstellung der Großverbraucherpreise einforderte.[266] Die Lösung in dieser festgefahrenen Situation

---

261 73. Westfälischer Provinziallandtag 1928, Drucksache Nr. 3: *Vorlage des Provinzialausschusses betreffend Bewilligung außerordentlicher Mittel für 1928, Anlage III B: Gasfernversorgung Westfalen*, in: Westfälischer Provinziallandtag (Hg.), Verhandlungen des im Jahre 1928 abgehaltenen 73. Westfälischen Provinziallandtages, Münster 1928, 45–57, hier 48 f.

262 Zu weiteren Hintergründen vgl. Westfälische Ferngas Aktiengesellschaft (Hg.), *25 Jahre Westfälische Ferngas Aktiengesellschaft Dortmund*, Dortmund 1953, 11 ff.

263 Beteiligt waren die Provinz (20 %), die VEW (40 %) und verschiedene kommunale Spitzenverbände (40 %) mit der Perspektive, später Anteile an interessierte Kreise und Kommunen innerhalb und außerhalb des VEW-Versorgungsgebietes abzugeben. Döring, *Bewegte Jahre*, 111 ff.

264 Mantelvertrag zwischen der AGKV und der Ferngas Westfalen vom 28. Dezember 1927 zum an diesem Tag abgeschlossenen Gaslieferungsvertrag, §§ 1–4, in: HKR C 1/319.

265 Ebd., § 8.

266 Industrie- und Handelskammer zu Dortmund (Hg.), *Ferngasversorgung und gewerbliche Verbraucher. Eine Denkschrift der Industrie- und Handelskammern Altena, Arnsberg, Bielefeld, Bochum, Dortmund, Hagen, Iserlohn, Lüdenscheid, Minden, Münster, Siegen, der Handwerkskammern Arnsberg, Bielefeld, Dortmund, Münster sowie des Verbandes von Fabrikanten-Vereinen im Regierungsbezirk Arnsberg und in benachbarten Bezirken, e. V. in Iserlohn*, Dortmund 1928, insbesondere 17 ff.

brachte im Frühjahr 1928 die Entscheidung zur Aufteilung der Provinz Westfalen in einen von der VGW versorgten Nordsektor und einen von einer neu zu gründenden Gesellschaft zu bearbeitenden Südostteil. Allerdings blieb den Kreisen und Kommunen die freie Entscheidung über den Anschluss an eine der beiden Gesellschaften überlassen. Die Ferngas Westfalen sollte als eine Art Dachgesellschaft weiterbestehen.[267] Ende Juli 1928 entstand nun die Westfälische Ferngas AG (WFG).[268] Die Ruhrgas schloss mit der WFG Anfang Februar und mit der VGW im Mai 1929 zwei bis zum Jahr 1970 laufende Lieferverträge auf Grundlage des Ferngas Westfalen-Vertrages ab.[269] Die nun bedeutungslose Ferngas Westfalen wurde 1934 aufgelöst.

Die mit Abstand größte Herausforderung wartete auf die AGKV in Südwestdeutschland, wo die Stadt Frankfurt am Main Ambitionen im Gasgeschäft verfolgte und mit ihren Aktivitäten nicht nur die Entwicklungen in ihrem Großraum massiv beeinflusste, sondern auch in Köln und Düsseldorf. Angesichts der zahlreichen Interdependenzen sollte es rund zwei Jahre dauern, bis eine erste Lösung erzielt werden konnte. Eine ausschlaggebende Rolle spielte der Revers der AGKV, der dem Frankfurter Oberbürgermeister Ludwig Landmann im Juni 1927 als wichtiger argumentativer Baustein gegenüber der Stadtverordnetenversammlung für seine Fundamentalopposition gegen die AGKV diente, wertete er ihn doch als eindeutigen Beleg für deren zerstörerische monopolistische Intention.[270] Die Stadt wurde zum erbittertsten Gegner der Ferngasversorgung und zum heftigsten Befürworter einer eigenständigen kommunalen Gruppengaswirtschaft.

Die Frankfurter Gasgesellschaft gehörte zu den innovativsten Unternehmen der Branche und hatte bereits Anfang der 1920er Jahre Tochtergesellschaften im Kohlenhandel, im Anlagenbau und Installationssektor aufgebaut.[271] 1925 begannen in Frankfurt vor allen anderen Großstädten die Planungen zur Umsetzung einer umfassenden Modernisierungsstrategie, die Anfang 1926 in

---

267 Döring, *Bewegte Jahre*, 113.

268 Runte, *Gasversorgung der Provinz Westfalen*, 51. Hier auch Angaben zur Demarkation. Das Kapital betrug 4 Mio. Reichsmark, beteiligt waren die Provinz Westfalen (25 %), sämtliche süd- und ostwestfälischen Landkreise mit Ausnahme u. a. der Landkreise Bielefeld, Brilon und Meschede sowie nahezu alle Städte Südwestfalens und des Landes Lippe. Die vorgesehene Integration der Provinz Hannover scheiterte angesichts deren eigenständigen Weges, jedoch entschloss sich Oldenburg 1930 zu einem Beitritt.

269 Ebd., 52.

270 Dieter Rebentisch, *Ludwig Landmann. Frankfurter Oberbürgermeister der Weimarer Republik*, Wiesbaden 1975, 205.

271 Franz Tillmetz, *Neue Wege*, in: 100 Jahre Frankfurter Gas. Sonderdruck der Industrie-Bibliothek im Verlag M. Schröder, o. O. o. J. [1928], unpaginiert.

den Bau eines neuen Großgaswerkes mit einer Kapazität von 80 Mio. Kubikmetern pro Jahr mündeten, das als Basis einer Gruppengasversorgung des Raumes dienen sollte und Ende 1927 den Betrieb aufnahm. Als die Stadt Anfang April 1927 den Kauf der noch unerschlossenen, linksrheinisch zwischen Moers und Rheinberg gelegenen Rossenray-Grubenfelder in gleichberechtigter Kooperation mit der Stadt Köln aus dem Besitz der Rheinischen Stahlwerke bekanntgab, wurde die AGKV hiervon völlig überrascht.[272] Während die Frankfurter Presse das sensationelle Geschäft zunächst als gelungene Widerstandsaktion positiv bewertete,[273] erzeugt es überregional sofort eine verheerende Resonanz. Die Kommentatoren hielten den Kaufpreis von 16 Mio. Reichsmark für stark überhöht. Das vernichtende Urteil der Berliner Börsenzeitung sah ein „Musterbeispiel kommunaler Finanzmißwirtschaft", während die der Montanwirtschaft nahestehende Kölnische Zeitung ein „teures Lehrgeld für ungesund überspannten wirtschaftlichen Betätigungsdrang" befürchtete.[274]

Warum den Kölner Oberbürgermeister Adenauer solche Bedenken nicht störten und er sich relativ rasch – damit aber auch ohne besondere Prüfung – für ein Engagement entschied, ist nicht eindeutig belegbar. Es liegt jedoch nahe, dass er sich zusätzlich zu den weiterbestehenden Kontakten zu Thyssengas eine dritte Option eröffnen wollte.[275] Ab Mai 1927 machten dann tatsächlich Nachrichten die Runde, dass die AGKV der Stadt Köln einen Ferngasvertrag zu äußerst günstigen Konditionen angeboten hatte.[276] Die Frankfurter Gasgesellschaft nahm diese Nachricht umgehend, aber vergeblich zum Anlass, den Ruhrgas-Preis zu unterbieten und Köln mit dem Bau einer modernen Gaskokerei zu locken.[277] Trotz der wohl schon im Herbst 1927 absehbaren Tendenz zu einem Ferngasbezug aus dem Ruhrgebiet suchte die Kölner Stadtspitze nun

---

272 *Deutsche Kohlenfelder im Kommunalbesitz*, in: WG 17 (1926/27), Sp. 817–821; Gerhard Gebhardt, *Ruhrbergbau. Geschichte, Aufbau und Verflechtung seiner Gesellschaften und Organisationen*, Essen 1957, 141.

273 Ebd., 207 f.

274 *Wirtschaftliche Umschau*, in: WG 17 (1926/27), Sp. 965–970.

275 Dies wurde im Sommer 1929 in einer offiziellen Denkschrift der Stadt zur Ferngasversorgung dann auch indirekt zugegeben. Friedrich Spennrath, *Vorschläge für die zukünftige Gasversorgung der Stadt Köln*, Köln 1929, 7.

276 Tatsächlich waren solche Spekulationen Fantasieprodukte, denn der Anfang Oktober 1927 gemeinsam mit Thyssengas vorgelegte Vertragsentwurf entsprach in Aufbau, Inhalt und Preisgestaltung weitgehend den Verträgen von Hannover und Westfalen. Entwurf eines Gasliefervertrages vom 3. Oktober 1927 zwischen der AGKV, Thyssengas und der Stadt Köln, § 5, in: HKR C 1/319; *Aktiengesellschaft für Kohleverwertung*, in: WG 18 (1927/28), Sp. 888; Rebentisch, *Landmann*, 208 f. sowie ders., *Städte und Monopol*, 59 f. In den Akten des Bergbaus und der Thyssengas ist der gesamte Vorgang nicht nachweisbar.

277 Rebentisch, *Landmann*, 209; Spennrath, *Gasversorgung der Stadt Köln*, 23 f.

nach einer Lösung, die in irgendeiner Form die Frankfurter Interessen berücksichtigte. Im Januar 1928 trafen sich Vertreter der Städte Köln und Frankfurt mit Franz Lenze (Thyssengas) und entwarfen die Grundzüge eines Vorhabens, dessen Umsetzung die Entwicklung der deutschen Gaswirtschaft südlich des Ruhrgebiets in eine vollkommen andere Richtung gelenkt hätte.[278] Vorgesehen wurde nicht weniger als eine Maximallösung, die Gründung einer „Westdeutschen Gasfernversorgungsgesellschaft" durch die Städte Köln, Frankfurt und Mannheim sowie die „Kohle", AGKV, RWE und Thyssengas. Als Interessengebiet wurden das gesamte Rheinland südlich von Köln und des Siegerlandes sowie Hessen, Baden, Württemberg und Bayern genannt. Mit dieser Bereitschaftsbekundung endete das Vorhaben, möglicherweise weil Landmann der Sache ablehnend gegenüberstand und weiterhin eigene Pläne verfolgte.[279] Dazu gehörten etwa die zeitgleich erfolgte Bildung einer gaswirtschaftlichen Interessengemeinschaft mit der Stadt Mannheim und damit verbunden die Gründung der Südwestdeutschen Gas AG (Süwega), die zunächst eine Erschließung des zwischen den Städten gelegenen Raumes durch den Bau einer Verbindungsleitung bezweckte, zugleich aber Ansprüche auf die Erweiterung des Versorgungsgebietes auf ganz Südwestdeutschland anmeldete.[280] Der Nebeneffekt dieser Vorgehensweise war letztlich die Zersplitterung der Region in zahlreiche Interessensphären, denn sie motivierte u. a. die oben erwähnten Gründungen in der Pfalz und im Saargebiet. Eine direkte Reaktion stellte weiterhin die im Februar 1928 als Zusammenschluss der drei hessischen Provinzen und der Städte Darmstadt, Mainz, Worms und Gießen gebildete Hessische Kommunale Gasgesellschaft (Hekoga) dar, die den Frankfurter Zielen einen wirksamen Riegel vorschob, da der Staat Hessen die Gründung mit einem gesetzlichen Vorbehalt zum Leitungsbau flankierte.[281]

Vor diesem Hintergrund herrschte in Südwestdeutschland eine heftige Auseinandersetzung um die Vorherrschaft bei der Gruppengasversorgung, die

278 Niederschrift einer Besprechung am 21. Januar 1928 zur Ferngasfrage, in: HKR 11085; Niederschrift einer Besprechung am 28. Januar 1928 zur Ferngasfrage, 1, in: HKR 11085.

279 In den Akten sind keine weiteren Hinweise enthalten. Rebentisch erwähnt den Sachverhalt nicht.

280 *Südwestdeutsche Gas AG*, in: GWF 71 (1928), 94.

281 *Hessische Kommunale Gasversorgung*, in: WG 18 (1927/28), Sp. 784. Daneben existierte die bereits Ende 1926 auf Initiative der Stadt Darmstadt und der Provinz Starkenburg entstandene „Kommunale Gasversorgungsgesellschaft mit dem Sitz in Darmstadt", die jedoch Anfang 1928 noch keine Konzepte vorgelegt hatte, sowie die der ThGG nahestehende Hessen-Nassauische Gas-AG zu Frankfurt-Höchst, an der sich die Stadt Wiesbaden 1929 beteiligte. *Hessen-Nassauische Gas-AG*, in: GWF 72 (1929), 259. Weitere Projekte in Baden und Württemberg machten die Situation noch unübersichtlicher.

von zahlreichen Kooperationsangeboten bestimmt wurde, ohne dass eine Einigung näher rückte. Vielmehr nutzten die Parteien die Gelegenheit, sich gegeneinander auszuspielen.[282] Da jedoch nur die Frankfurter Gasgesellschaft und die AGKV über die für alle Vorhaben notwendigen Gasreserven verfügten, blieb den anderen Unternehmen entweder der Bau eigener Erzeugungsanlagen oder der Anschluss an einen der beiden Großversorger.[283] Besonders umworben war auf der anderen Seite die Hekoga aufgrund der Größe und Lage des hessischen Versorgungsgebietes, das nicht nur die Stadt Frankfurt einkreiste, sondern auch die AGKV auf dem Weg nach Süddeutschland hätte blockieren können.

Mitte März 1928 erneuerte die Stadt Frankfurt ihr Angebot gegenüber Köln, das umgehend von der AGKV und Thyssengas durch eine weitere Preissenkung gekontert wurde.[284] Die Unterzeichnung des Vertragspaketes erfolgte schließlich erst Anfang August 1929, da Frankfurt sich nun zunehmend auf eine aus dem Kohlenfelderwerb resultierende moralische Verpflichtung Kölns zu einer weiteren gemeinsamen Vorgehensweise berief und Adenauer statt eines radikalen Loyalitätsbruches die Strategie einer sukzessiven Zerrüttung verfolgte.[285] Zu dem Paket gehörten ein Gemeinschaftsvertrag zur Gründung der Kölner Gasgesellschaft mbH, ein seinem westfälischen Vorbild weitgehend folgender, zunächst bis 1940 laufender Liefervertrag, ein Gestattungsvertrag zur Wegenutzung sowie weitere Nebenabreden und gegenseitige Bestätigungen.[286] Damit schien Adenauer all seine Ziele erreicht zu haben, denn die Regelungen versprachen nicht nur eine starke Gruppengasversorgung zu günstigen Preisen unter städtischer Kontrolle und mit Integration des Ruhrbergbaus, sondern zugleich eine wirksame Zurückdrängung der von der Kommunalgaswirtschaft weiterhin befürchteten Monopolansprüche der Ruhrgas. Für diese stellte der Vertrag wiederum den Schlüssel zur zukünftigen Erschließung Süddeutschlands dar. Aufgrund der Weltwirtschaftskrise und Streitigkeiten mit dem

282 *Zur Gasfernversorgung (Wirtschaftliche Umschau)*, in: WG 18 (1927/28), Sp. 531–539, hier insbesondere Sp. 537 ff.

283 *Die weiteren Erörterungen der Gasfernversorgung (Wirtschaftliche Umschau)*, in: WG 19 (1928/29), Sp. 991–995, hier Sp. 991 f.

284 Spennrath, *Gasversorgung der Stadt Köln*, 24 ff. *Weitere Fortschritte in der Ferngasversorgung (Wirtschaftliche Umschau)*, in: WG 20 (1929/30), Sp. 877–880, hier Sp. 880.

285 Rebentisch, *Landmann*, 211 ff.

286 Gaslieferungsvertrag und Gestattungsvertrag zwischen der Ruhrgas und der Thyssengas sowie der Stadt Köln vom 10. August 1929, in: HKR G 2/1316. Der Gemeinschaftsvertrag liegt der Akte nicht bei. Bestätigungsschreiben Ruhrgas an Thyssengas vom 7. August 1929 sowie an die Stadt Köln vom 10. August 1929, in: HKR G 2/1316; Niederschrift über eine Besprechung zwischen der Stadt Köln, der Ruhrgas und Thyssengas im Rathaus der Stadt Köln am 10. August 1929 zum Vertragsabschluss, in: HKR G 2/1316.

RWKS, das der Ruhrgas das Selbstverbrauchsrecht für Kohlenlieferungen verweigerte, wurde die vorgesehene Gaskokerei jedoch niemals errichtet, sodass die Stadt Köln nach Stilllegung ihres Ehrenfelder Gaswerks im Herbst 1933 vollständig auf den im Mai 1931 begonnenen Ferngasbezug überging.[287]

Im Großraum Frankfurt war die Situation zu diesem Zeitpunkt längst von einer weitgehenden Lähmung geprägt. Obwohl das preußische Handelsministerium mehrfach intervenierte und Druck auf die Stadt und die Ruhrgas ausübte, endlich zu einer alle Interessen berücksichtigenden Einigung zu gelangen, blieb der Status quo erhalten. So hatten sich mittlerweile zwar die Städte Ludwigshafen, Karlsruhe, Pforzheim, Hanau und Wiesbaden sowie der Bezirksverband Wiesbaden an der Süwega beteiligt, doch gelang weder eine Übereinkunft mit dem Saargebiet noch mit der Hekoga.[288] Außerdem mehrten sich die kritischen Stimmen zu einer wirtschaftlichen Vormachtstellung der Stadt Frankfurt, die Ende 1930 den RWE-Anteil an der Frankfurter Gasgesellschaft übernahm, die Main-Gaswerke AG als rein kommunales Unternehmen gründete und die Gruppengaspläne auf die Süwega übertrug. Bereits im Mai 1930 war ein letzter Vermittlungsversuch der Ruhrgas gescheitert, die der Stadt Frankfurt eine Übernahme der Rossenray-Felder zum Kaufpreis unter der Bedingung einer Teilversorgung zu den Konditionen der Hekoga angeboten hatte.

Der Ruhrgas gelang dagegen nach zähen Verhandlungen im Februar 1931 der Abschluss eines an den Kölner Abkommen orientierten Vertragspakets mit der Hekoga, das die Pachtung des Mainzer Gaswerks als Grundlage der Stadtversorgung umfasste.[289] Die ergänzenden Stadtgas- und Industriegaslieferungen sollten über eine Fernleitung aus dem Ruhrgebiet, dem Saargebiet sowie von VSt-Werken im Siegerland bezogen werden, sobald die gesamtwirtschaftliche Situation und ein die Rentabilität sichernder Kundenstamm es zuließen.[290] Aufgrund der durch Eigenprojekte ihrer Anteilseigner unterminierten Handlungsfähigkeit der Hekoga, der gleichen Selbstverbrauchsproblematik wie in Köln und eigener finanzieller Schwierigkeiten verzichtete die Ruhrgas schließlich 1932 auf die Durchsetzung der Verträge und beendete vorerst ihren Vorstoß ins Rhein-Main Gebiet.[291]

---

287 Vereinbarung zwischen Ruhrgas, Thyssengas sowie der Stadt Köln vom 4. September 1933/12. September 1933, in: HKR G 2/1316.

288 Rebentisch, *Städte und Monopol*, 70 ff.

289 Vertrag zwischen Stadt Mainz und Ruhrgas, 14. Februar 1931, über die Anpachtung des Gaswerks, in: BBA 33/883.

290 *Ferngasverhandlungen Hekoga-Saar-Ruhr*, in: GWF 73 (1930), 94 f., 115–118 sowie GWF (1931), 259 f.

291 Aktenvermerk Roelen, mittlerweile Direktor der Thyssengas und der Zeche Walsum, vom 6. September 1930 zu einem Gespräch zwischen Ruhrgas und Thyssengas über offene Fragen, in: HKR G 2/1585; dsgl. vom 13. Mai 1931 und 13. Juli 1931, in: HKR G 2/1586.

Auch die Stadt Düsseldorf war sich ihrer Rolle für die Weiterentwicklung der Ferngasversorgung bewusst, die sowohl aus ihrer Lage, ihrer Funktion als Kunde und als Sitz zahlreicher Konzernwerke der VSt resultierte. Als die AGKV gemeinsam mit der VSt im Sommer 1927 in Vertragsverhandlungen einstieg, saß ihren Vertretern ein entsprechend selbstbewusster Düsseldorfer Beigeordneter Philipp Lenze, Bruder des Thyssengas-Direktors Franz Lenze, gegenüber und breitete ein umfangreiches Forderungspaket aus, das neben indiskutablen Preisvorstellungen auch kostenträchtige Durchleitungsgenehmigungen umfasste.[292] Angesichts der Bedeutung, die der Vorstand der AGKV zu diesem frühen Zeitpunkt einer Einigung mit Düsseldorf beimaß, legten die AGKV und Thyssengas kurz darauf den Entwurf eines Vertrages über die äußerst günstige Lieferung von maximal 80 Mio. Kubikmetern pro Jahr vor.[293] Die Stadt Düsseldorf blieb jedoch nicht nur hart, sondern erweiterte ihre Forderungen noch auf die Bildung einer gemischtwirtschaftlichen Gesellschaft für das Leitungsnetz, eine direkte Beteiligung an der AGKV und an eventuellen kohlechemischen Aktivitäten.[294] Die AGKV stellte der Stadt nach langwierigen Diskussionen schließlich Anfang Dezember 1927 ein Konzept über Durchleitungsgebühren für Konzerngas und sonstiges Durchleitungsgas vor.[295] Letztlich scheint das in der Entwicklung des Vertragswesens der AGKV singuläre Beispiel nicht durchsetzbar gewesen zu sein, sodass trotz der Intervention der Düsseldorfer Industrie bei der Stadt zunächst eine Eiszeit zwischen beiden Parteien anbrach.[296]

So wurden die Verhandlungen, auch aufgrund der Gespräche mit Köln, deren Ausgang zunächst abgewartet werden sollte, erst im Dezember 1929 wiederaufgenommen.[297] Düsseldorf beanspruchte weiterhin die eigenständige Belieferung der ortsansässigen Industrie außerhalb der Konzernbindungen und

292 Niederschrift über die Besprechung mit dem Düsseldorfer Beigeordneten Philipp Lenze zur Ferngasversorgung am 10. August 1927, in: BBA 55/1767.

293 Entwurf eines Vertrages, 15. August 1927, zwischen AGKV, Thyssengas und Stadt Düsseldorf über die Gasfernversorgung der Stadt Düsseldorf, §§ 1 und 6, in: HKR G 2/2445.

294 Niederschrift über die Besprechung zwischen der AGKV und der Stadt Düsseldorf zur Ferngasversorgung am 21. Oktober 1927, in: HKR G 2/2445.

295 Niederschrift über eine Sitzung am 7. Dezember 1927 im Düsseldorfer Rathaus von Vertretern der Stadt, der Ruhrgas und der Thyssengas zur Gasversorgung in Düsseldorf, Zusammenfassung, 1, in: HKR G 2/2445. Siehe dazu auch das 40-seitige Wortprotokoll sowie das ähnlich umfangreiche Wortprotokoll der Sitzung am 17. November 1927, in: HKR G 2/2445.

296 Niederschrift über die Vollversammlung der Industrie- und Handelskammer zu Düsseldorf vom 21. Februar 1928, Tagesordnungspunkt Fernversorgung mit Gas, in: HKR G 2/2445; Entwurf eines Vertrages vom 27. Juni 1928 zwischen AGKV, Thyssengas und Stadt Düsseldorf über die Gasfernversorgung der Stadt Düsseldorf, § 6, sowie Gestattungsvertrag, in: HKR G 2/2445.

297 Niederschrift über eine Besprechung zwischen Ruhrgas, Thyssengas und Stadt Düsseldorf am 6. Dezember 1929, 1 f., in: HKR G 2/2446.

dazu im Stadtgassektor einen Spitzengasbezug, den Ruhrgas und Thyssengas mit Ausnahme von Notfalllieferungen kategorisch ablehnten. Bei der Industrieversorgung zeigten sie sich jedoch entgegenkommend, zumal beide bereits in Duisburg mit einer ähnlichen Konstruktion arbeiteten. Nicht akzeptabel war dabei der erneute Versuch der Stadt, den Preis für Industriegas auf das Niveau des Selbstverrechnungspreises der Konzernwerke zu drücken.[298] Nachdem die weiteren Gespräche zwischenzeitlich von Pressemeldungen über Geheimverhandlungen der beiden Lieferanten mit der Düsseldorfer Industrie überschattet worden waren, schloss die Ruhrgas Ende 1930 mit Düsseldorf den vorerst letzten großen Kommunalvertrag[299] ab und räumte damit auch für den Leitungsbau nach Köln den letzten Stein aus dem Weg.[300] Im Rahmen von Ergänzungswahlen wurden 1930 erstmals Vertreter aus dem Kundenkreis in den Aufsichtsrat aufgenommen, darunter die Oberbürgermeister Adenauer (Köln), Bracht (Essen) und Lehr (Düsseldorf) sowie die Landeshauptmänner von Campe (Hannover), Dieckmann (Münster) und Horion (Düsseldorf).[301]

Die Ruhrgas während der Weltwirtschaftskrise

Die Weltwirtschaftskrise unterbrach die noch nicht abgeschlossene Rekonstruktionsperiode der deutschen Wirtschaft nach dem Ersten Weltkrieg, die nur geringe Widerstandskraft aufzubringen vermochte.[302] Schon der konjunkturelle Aufschwung der Jahre 1927 bis 1929 besaß gewisse Anzeichen einer gestörten Entwicklung, denn obwohl die wichtigsten Wirtschaftsindikatoren der Vorkriegszeit wieder erreicht werden konnten, blieb die Investitionsneigung auf-

---

298 Ebd., 2 ff.

299 Der Vertrag sah die Lieferung von Industriegas in einem Gesamtvolumen von bis zu 150 Mio. m^3/a zu einem Preis von 3,3 Pf/m^3 vor und folgte inhaltlich ebenfalls weitgehend seinen Vorgängern. Gaslieferungsvertrag zwischen der Ruhrgas, der Thyssengas und der Stadt Düsseldorf vom 31. Mai 1930, §§ 1 und 6, in: HKR G 2/1413.

300 Zu den Verhandlungen und ihren Grundlagen siehe u. a. Entwurf eines Vertrages vom 11. Dezember 1929 zwischen Ruhrgas, Thyssengas und Stadt Düsseldorf über die Gasfernversorgung der Stadt Düsseldorf, in: HKR G 2/2445; Entwurf eines Gestattungsvertrages der Stadtwerke Düsseldorf vom 23. Januar 1930 und eines Liefervertrages vom 31. Januar 1930 sowie Gegenentwürfe der Ruhrgas vom 7. Februar 1930 und 8. März 1930, in: HKR G 2/2446; Niederschrift über eine Besprechung am 31. Januar/1. Februar 1930 zur Fortsetzung der Besprechung der Gestattungsverträge sowie am 14. Februar und 24. Februar 1930 beider Verträge, in: HKR G 2/2446.

301 *Ruhrgas AG in Essen*, in: WG 20 (1929/30), Sp. 925–929, hier Sp. 926 f.; *GB Ruhrgas*, 1930, unpaginiert.

302 Wehler, *Deutsche Gesellschaftsgeschichte*, Bd. 4, 257 ff.

grund Kapitalmangels gesamt gesehen relativ gering bei gleichzeitiger Arbeitslosigkeit auf hohem Niveau. Als dann die Spekulationsblase der überhitzten amerikanischen Wirtschaft am Schwarzen Freitag im Oktober 1929 platzte, riss die neue Weltwirtschaftsmacht alle mittlerweile von ihrer Leitwährung abhängigen Industrienationen mit in die Rezession. Die Kombination von außen- und binnenwirtschaftlichen Auswirkungen, Strukturkrise und finanzieller Abhängigkeit vom Ausland ließen in Deutschland zwischenzeitlich den kompletten Zusammenbruch der Wirtschaft befürchten, sank doch der Produktionsindex zwischen 1928 und 1932 von 100 auf 46. Dem rapiden Preisverfall bei Konsumgütern folgten Tarifkonflikte mit einer massiven Senkung der Löhne bei einem Anstieg der Arbeitslosigkeit von 8,5 Prozent auf knapp 30 Prozent, was 1932 etwa 5,9 Mio. registrierten Arbeitslosen entsprach. Dazu kamen über 20 Prozent Kurzarbeiter. Die Reichsregierung versuchte, die Krise politisch zu instrumentalisieren und reagierte mit Notverordnungen, die den Mangel verwalteten, nicht aber mit von vielen Seiten geforderten Programmen zur Arbeitsbeschaffung und Konjunkturförderung. Das Ziel, die Alliierten durch Hinweis auf die Zahlungsunfähigkeit von ihren Reparationsforderungen abzubringen, um unter Aushöhlung der Reichsverfassung durch die Etablierung von quasiautokratischen Präsidialregierungen eine innenpolitische Stabilisierung herbeizuführen, schlug jedoch fehl. Der Umgang mit der Krise, die Radikalisierung des politischen Lebens und die Verelendung breiter Bevölkerungsschichten bereiteten schließlich den Boden für den Wechsel von der Demokratie zur Diktatur und die Machtübergabe an die Nationalsozialisten am 30. Januar 1933.

Auch für die Ruhrgas bedeutete die Weltwirtschaftskrise einen tiefen Einschnitt, doch blieben die Auswirkungen in gesamtwirtschaftlicher Perspektive vergleichsweise moderat. Nach Vollendung des ersten Bauabschnitts 1931 erreichte das Leitungsnetz mit einer Länge von 933 Kilometern fast den vorgesehenen Umfang. Zur Vervollständigung des Ringnetzes fehlte nur noch die Südverbindung zwischen Köln und Wissen, die allerdings wegen der Rückschläge im Rhein-Main-Gebiet zunächst nicht benötigt und zurückgestellt wurde.[303] Ähnliches galt für die Verbindung der Hauptsammelleitung mit der in Hamm beginnenden Hannover-Leitung. Die Anzahl der angeschlossenen Zechen war systematisch von acht im Jahr 1928 auf nun 26 angewachsen und mit ihnen der Absatz von 140 Mio. Kubikmetern auf nun fast 800 Mio. Kubikmeter.[304] Dies entsprach zwar nicht einmal annähernd der bei der Aufnahme der Dollar-Anleihen 1928 angegebenen Zielmenge von einer Mrd. Kubikmeter für

303 *Ruhrgas AG in Essen*, in: WG 20 (1929/30), Sp. 925–929, hier Sp. 925.
304 *GB Ruhrgas*, 1931, unpaginiert. Netzplan im Anhang Nr. 1.

1930, wurde aber angesichts der Wirtschaftskrise vom Vorstand zu Recht als Erfolg gefeiert.[305] Auch in der Folgezeit konnte die Ruhrgas ihren Absatz entgegen dem allgemeinen Trend ausdehnen und überschritt die symbolisch bedeutsame Menge mit nun 28 Lieferzechen bereits im Geschäftsjahr 1933, um dann 1934 nach einer Steigerung von rund 30 Prozent auf 1,4 Mrd. Kubikmeter der Langfristplanung von 1929 zu entsprechen.[306] Die Entwicklung resultierte allein aus dem Anschluss neuer Abnehmer, da der vorhandene Kundenkreis mit der Produktion auch den Gasbezug reduzierte. Gleichzeitig sollte die Erweiterung des Kundenkreises während der Krise den Grundstein für die rasante Expansion der Ruhrgas in der zweiten Hälfte der 1930er Jahre bilden. Außerdem vermittelte die nun vorhandene Kunden- und Absatzstruktur ein Bild der zukünftigen Entwicklung. Die Gesamtmenge teilte sich 1933 in 43 Prozent Durchleitungsgas der Konzernzechen und 57 Prozent Verkaufsgas, von denen jedoch mit etwa 160 Mio. Kubikmetern nur ein Viertel auf kommunale Abnehmer und damit die Verwendung in Haushalten entfiel. Der Rest ging an die Industrie und hier besonders in den Bereich der Eisen- und Stahlerzeugung und -verarbeitung sowie an die chemische Industrie.[307]

Die Entwicklung der Ruhrgas während der Weltwirtschaftskrise entsprach jedoch nicht dem von der nackten Leistungsbilanz signalisierten Bild eines weitgehend problemlosen Durchmarsches auf dem Gasmarkt. Die AGKV war mit dem Impuls gegründet worden, das Sortenproblem des Ruhrbergbaus zu lösen, indem das bei der Vergasung schlecht absetzbarer, minderwertiger Feinkohle anfallende Schwachgas im Rahmen einer Verbundwirtschaft das hochwertige Kokereigas ersetzte und für den Vertrieb freimachte. Ferngasleitungen sollten insbesondere in umstrittene Gebiete[308] vorstoßen, dort ausländische Kohlen verdrängen und auf diese Art und Weise auch den Absatz von Ruhrkohle verbessern. Ähnliches galt für den Kokereikoks, der die Stellung des Gaswerkskokses einnehmen sollte. Das Gas galt vor diesem Hintergrund letztlich als Kuppelprodukt der Kokserzeugung mit der Aufgabe, deren Rentabilität zu verbessern.

Als Gesamtfazit nach fünf Jahren musste die Branche schließlich feststellen, dass beide Ziele noch nicht einmal annähernd hatten umgesetzt werden

305 Unterlagen zur Aufsichtsratssitzung der Ruhrgas am 18. Dezember 1929, Anlage 1, in: BBA 11/1801.

306 Ebd.; GB Ruhrgas, 1935, 8. Damit war auch das in der vorhandenen Ausbaustufe auf eine Kapazität von rund 1,5 Mrd. m^3/a ausgelegte Netz weitgehend ausgelastet. *Ruhrgas AG in Essen*, in: WG 20 (1929/30), Sp. 925–929, hier Sp. 926.

307 GB Ruhrgas, 1933, 8 f.

308 Gebiete außerhalb des Ruhrgebiets mit Konkurrenz auf dem Kohlenmarkt.

können. Die Ruhrgas hatte das bestrittene Gebiet nur im Raum Hannover wirklich erreicht, hier jedoch zu Preisen, die nicht nur unrentabel waren, sondern darüber hinaus die Grundlage für alle weiteren Verhandlungen bildeten und damit ein insgesamt niedriges Preisniveau etablierten. Angesichts der geringen Liefermengen, die anfangs nur einen Bruchteil der vertraglichen Maximalmengen erreichten, war von einer Verdrängung englischer Kohle nichts zu erkennen, im Gegenteil bröckelten die Syndikatspreise in der Krise gerade durch das starke Auslandsangebot immer mehr ab.[309] Auch das Sortenproblem bestand unvermindert weiter, denn nach der Normalisierung der Märkte 1927 blieben die Feinkohlen- und Kokshalden auch ohne umfassende Vergasungsmaßnahmen zunächst auf geringem Niveau, um dann nach dem Konjunktureinbruch wieder anzuwachsen.[310] So wurde der positive Effekt der Schwachgaserzeugung rasch ins Gegenteil verkehrt, zumal die Absatzproblematik sich in immer stärkerem Ausmaß beim Koks bemerkbar machte, weil die Eisenhüttenprozesse immer weniger Wärme benötigten und die modernen Kokereien bereits an der Grenze ihrer technischen Drosselungsfähigkeit arbeiteten.

Dass das Sortenproblem durch die Ruhrgas auch weiterhin nicht lösbar war, hing mit der spezifischen Konstellation der Montanindustrie und den Auswirkungen der Rationalisierungsmaßnahmen während der Krise zusammen. Zwischen 1929 und 1931 sank die Steinkohlenförderung des Ruhrbergbaus um ein Drittel von rund 120 Mio. auf 80 Mio. Tonnen, während sich die Kokserzeugung von 32,5 Mio. auf 17,5 Mio. Tonnen fast halbierte (46 Prozent). Die Gesamtproduktion von Kokereigas reduzierte sich durch die Umstellung des Ofenbetriebs unterproportional nur von 10,4 Mrd. auf 6,3 Mrd. Kubikmeter (40 Prozent), die des Unterfeuerungsgases äquivalent von 5,6 Mrd. auf 3,0 Mrd. Kubikmeter (46 Prozent), sodass die freie Überschussgasmenge nur von 4,8 Mrd. auf 3,3 Mrd. Kubikmeter fiel (31 Prozent).[311]

Diese Diskrepanz resultierte vor allem aus der Stilllegung wärmeintensiver älterer Anlagen, war also als Rationalisierungserfolg zu werten. Da gleichzeitig der Eigenverbrauch in Kesselanlagen und Großgasmaschinen u. a. durch die Schwachgasfeuerung in stark überproportionalem Maße sank, blieben die für die Verwendung im Selbstverbrauch sowie den Absatz im Eigenvertrieb und

---

309 *Absatz der im RWKS vereinigten Zechen im August 1931*, in: Glückauf 67 (1931), 1.261–1.263.

310 Im Sommer 1931 auf durchschnittlich etwa 5 Mio. t. *Gewinnung und Belegschaft des Ruhrbergbaus im September 1931*, in: Glückauf 67 (1931), 1389. Heinrich Lent, *Auswirkungen der neuzeitlichen Gasverwertung auf den Kokerei- und Zechenbetrieb*, in: Glückauf 66 (1930), 1.709–1.720, hier 1.718.

311 Verein für die bergbaulichen Interessen (Hg.), *Bergwerke und Salinen 1931*, Essen 1932, 9 ff.

über die Ruhrgas freien Mengen von solchen erdrutschartigen Verwerfungen verschont. Sie verringerten sich nur um 9,5 Prozent von 2,1 Mrd. auf 1,9 Mrd. Kubikmeter.

Für die Ruhrgas war dies zunächst grundsätzlich positiv, denn sie verfügte über ausreichend Mengen, um ihre Verträge zu erfüllen und besaß theoretisch auch noch Spielräume zur Gewinnung weiterer Kunden.[312] Für die Zechen sah es jedoch anders aus. Auf der einen Seite profitierten sie zwar von den Aktivitäten der Ruhrgas im Bereich des Gasabsatzes.[313] Auf der anderen Seite verfügten sie aber anders als die Gaswerke, die traditionell ihr Nebenprodukt Koks in Teilen vergasten, nicht über diese Möglichkeit, da der Koks eben das gewinnträchtigere Hauptprodukt darstellte. In wirtschaftlicher Perspektive hätte die Vergasung teuren Kokses folglich aufgrund des großen Preisunterschieds keinerlei Alternative geboten.[314] Damit befand sich der Ruhrbergbau in einem Boot mit der Gaswirtschaft, denn die Situation war in Umkehrung derer Problematik nichts anderes als eine Koks-Gas-Schere. In Verbindung mit der ebenfalls zu berücksichtigenden Verdrängungsfrage wurde folglich die dringende Notwendigkeit einer Neuorientierung der Ruhrgas-Preiskalkulation gesehen.[315]

Dass die Ruhrgas nicht, wie in den 1920er Jahren von den Kommunen befürchtet, den Stadtgassektor überrollte, sondern sich auf Industriegaslieferungen konzentrierte, lag einerseits an den massiven Absatzeinbußen der kommunalen Gaswirtschaft aufgrund des Kaufkraftverlustes der Bevölkerung. Die Märkte brachen in diesem Bereich um teilweise bis zu 40 Prozent und durchschnittlich um 25 Prozent ein. Gleichzeitig zeigte die Weltwirtschaftskrise der Branche mit aller Härte ihre Defizite auf und erzeugte einen beispiellosen negativen Rationalisierungsdruck, dem rund ein Drittel aller Erzeugungsanlagen zum Opfer fiel. 1936 existierten nur noch rund 800 eigenständige Gas- bzw. Verteilerwerke.[316] Die Stilllegung von Kleinstanlagen vor allem im ländlichen und kleinstädtischen Bereich führte teilweise zur ersatzlosen Aufgabe der lokalen bzw. regionalen Gasversorgung. Selbst die großen Vertreter der Branche hatten diesem noch durch die wachsende Konkurrenz der Elektrizitätswirtschaft und elementare Finanzierungsschwierigkeiten beflügelten Niedergang wenig entgegenzusetzen.

---

312 Ruhrgas-Statistiken, 6, in: BBA 11/1801.

313 Lent, *Gasverwertung*, 1.718.

314 Ebd., 1.716 f.

315 VSt Abteilung Bergbaugruppe Bochum an VSt Hauptverwaltung, 16. Januar 1930, mit Beitrag von Lent über die Umstellung der Hüttenwerke auf Kokereigas [Typoskript, 56 S.], in: BBA 55/1747.

316 Winkler, *Weg der deutschen Gaswirtschaft*, 1 ff.

Der Existenzkampf der Gaswirtschaft resultierte nicht zuletzt aus dem faktischen Zusammenbruch des Marktes für Kommunalanleihen und dem 1931 zwischenzeitlich von der Reichsbank über die Städte verhängten vollständigen Kreditverbot, das diese mitunter zwang, Eigenbetriebe aufzugeben oder zu Schleuderpreisen zu verkaufen.[317] An eine Umsetzung der großen Gruppengasprojekte war vor diesem Hintergrund nicht zu denken. Nun machten sich die von den Kommunen immer noch heftig in ihrer Existenz bestrittene Gas-Koks-Schere und die antiquierte Kalkulationsmethodik äußerst negativ bemerkbar. Außerdem offenbarte sich die Selbstlüge der Gaswirtschaft, die noch Ende der 1920er Jahre die vor allem durch die hohen Nebenproduktpreise verursachte vermeintliche Senkung der Gaserzeugungskosten als Erfolg überzeugender Rationalisierungskonzepte verkauft hatte, umso deutlicher.[318] Damit war auch die von den Verbrauchern geforderte Weitergabe der gesunkenen Rohstoffkosten durch Preissenkungen nicht umsetzbar – mit entsprechenden Folgen für die Marktstellung des Stadtgases.[319] In der Gesamtbetrachtung hinterließ die Weltwirtschaftskrise in der deutschen kommunalen Gaswirtschaft nachhaltige Spuren, denn es gelang ihr in der zweiten Hälfte der 1930er Jahre nur mit Mühen, den Absatz wieder auf den Höchststand von 1929 mit rund 3,5 Mrd. Kubikmetern pro Jahr zu bringen. Dabei zeigten sich deutliche Parallelen zum Geschäft der Ruhrgas, denn auch hier gewannen größere gewerbliche Kunden zunehmend an Bedeutung, während der Absatz an Haushaltskunden weiterhin rückläufig war, zumal das Gas der Elektrifizierung der Haushalte und der kohlebefeuerten Zentralheizung wenig entgegenzusetzen hatte.[320] Andererseits folgte die Konzentration auf das Industriegas der wirtschaftlichen Situation der Ruhrgas, die keinerlei weitere Bautätigkeit im Ferngasnetz, sondern nur die Arrondierung des Kundenkreises im erschlossenen Gebiet durch den kostengünstigen Anschluss weiterer Großverbraucher erlaubte.[321]

Tatsächlich befand sich die Ruhrgas zwischen Ende 1929 und 1934 permanent in extremen finanziellen Schwierigkeiten, die aus der hohen Verschuldung, dem Mittelentzug durch Kredite an die Aktionäre, die verzögerte Einzahlung des Grundkapitals, hohe Abschreibungen und nicht zuletzt aus einer

---

317 Wilhelm Treue (Hg.), *Deutschland in der Weltwirtschaftskrise in Augenzeugenberichten*, Düsseldorf 1967, 207 ff.

318 Erich Robinson, *Preissenkungsbilanz bei den Gaswerken*, in: WG 21 (1930/31), Sp. 602–608, hier 603 ff.

319 Maximilian Meyer, *Grundsätzliches zur Gaspreisstatistik*, in: WG 21 (1930/31), Sp, 1.113–1.118, hier Sp. 1.117.

320 Winkler, *Weg der deutschen Gaswirtschaft*, 34 ff.

321 *Ruhrgas AG in Essen*, in: WG 20 (1929/30), Sp. 925–929, hier Sp. 926.

Erhöhung der Baukosten um rund zehn Mio. Reichsmark oder 20 Prozent gegenüber den Voranschlägen resultierten.[322] So reichten selbst die immer zwischen fünf und zehn Mio. Reichsmark liegenden Überschüsse aus dem trotz der niedrigen Preise durchaus gewinnträchtigen Gasgeschäft nicht aus, die stetig lauernde Gefahr einer Überschuldung mit anschließendem Bankrott abschließend zu beseitigen. Schon Ende 1929 hatte der Vorstand um Alfred Pott lange vor der Dramatisierung der Weltwirtschaftskrise die Bedrohlichkeit der Lage erkannt und die Aktionäre auf die Dringlichkeit von Gegenmaßnahmen hingewiesen. So forderte er im Einverständnis mit dem Aufsichtsrat nicht nur die umgehende Einziehung des noch nicht eingezahlten Grundkapitals in Höhe von 5,5 Mio. Reichsmark binnen Wochenfrist, sondern auch die Begebung der noch vorhandenen Treuhandaktien im Umfang von 1,7 Mio. Reichsmark an die Aktionäre im Verhältnis ihrer Beteiligung bis Anfang Februar 1930.[323] Dazu kam die Ankündigung, auf der kommenden Generalversammlung im Mai 1930 eine Erhöhung des Grundkapitals um zehn auf 35 Mio. Reichsmark zu beantragen.

Dieses letzte Vorhaben wurde jedoch aufgrund der Ablehnung zahlreicher Aktionäre nicht umgesetzt. Der Vorstand wechselte nun die Strategie und versuchte, die Mittel zur Fertigstellung des ersten Bauprogrammes über einen Kredit des Röhrenverbandes in Höhe von einer Mio. Reichsmark und eine Stundung der Rechnungen des Rohrlieferanten sowie einen Kredit der Aktionäre in Höhe von 5,6 Mio. Reichsmark zu beschaffen.[324] Diese waren jedoch neben den noch im Dezember 1929 beschlossenen Einzahlungsmaßnahmen nicht zu weiteren Zugeständnissen bereit, sodass die Ruhrgas schließlich im Frühjahr 1930 ihren Kapitalbedarf durch Dollar-Kredite des Röhrenverbandes im Gegenwert von fünf Mio. Reichsmark und einen der Darmstädter und Nationalbank (Danatbank) im Gegenwert von 7,5 Mio. Reichsmark deckte. Warum die Aktionäre ein stärkeres Engagement verweigerten, ist anhand der Aktenlage nicht zu klären und kaum zu interpretieren, denn die Fertigstellung des Leitungsnetzes bis spätestens Anfang 1931 war eine vertraglich festgeschriebene Vorausset-

322 Umfassend zur finanziellen Situation und den Perspektiven: Rundschreiben Ruhrgas an Arbeits- und Finanzausschuss, 9. November 1929, in: BBA 11/1801; Baukostenbericht AR Ruhrgas, 18. Dezember 1929, in: BBA 11/1801; *GB Ruhrgas*, 1930–1934, Gewinn- und Verlustrechnungen.

323 Rundschreiben Ruhrgas an Aktionäre, 22. Dezember 1929, zu den Beschlüssen der Aufsichtsratssitzung am 18. Dezember 1929, in: BBA 11/1801; Aufstellung des noch nicht eingeforderten Aktienkapitals, Stand 23. Dezember 1929, in: BBA 20/3112.

324 Ruhrgas an Aktionäre, 26. Februar 1930, zur weiteren Finanzierung, in: BBA 20/3112; Fried. Krupp AG an Zeche Constantin, 11. Februar 1930, zur Finanzierung der Ruhrgas, in: BBA 20/3112.

zung für den Fortbestand der Dollaranleihe. So wurde die chronische Unterkapitalisierung der Ruhrgas nicht dauerhaft behoben, sondern durch kurzfristige Verbindlichkeiten überbrückt.

Ob die Entscheidung der Montanindustrie aus der eigenen finanziellen Notlage resultierte oder sich schon zu diesem Zeitpunkt eine allgemeine Zurückhaltung gegenüber den Interessen der Ruhrgas entwickelte, sei dahingestellt, doch mehrten sich spätestens 1931 die Anzeichen für eine wachsende Bereitschaft, das Gemeinschaftsunternehmen fallenzulassen. Auslöser war der erneute Versuch des Ruhrgas-Vorstandes, eine volleingezahlte Kapitalerhöhung durchzusetzen, die schließlich nach langen Diskussionen und hinhaltendem Widerstand der Aktionäre mit starken Abstrichen auf der Generalversammlung im Mai 1931 beschlossen wurde.[325] Statt der beantragten vier Mio. Reichsmark wurde jedoch nur die Hälfte und eine Einzahlung in Höhe von 1,5 Mio. Reichsmark genehmigt. Unternehmen wie Krupp und Rheinstahl hatten ihre Ablehnung damit begründet, dass „die Gesellschaft bisher mit Verlusten gearbeitet hat und auch für die Folge voraussichtlich kaum mit Gewinn wird rechnen können" und man bereits seit 1929 gezwungen gewesen sei, die Bewertung der Ruhrgas-Aktien in den eigenen Büchern sukzessive zu halbieren.[326]

Im Frühjahr 1932 spitzte sich die Situation dann soweit zu, dass einzelne Aktionäre offen mit einem Ende der Ruhrgas liebäugelten und dabei erneut die berühmte Uneinigkeit des Ruhrbergbaus praktizierten. Die Ruhrgas arbeitete nun bei einem eingezahlten Kapital von knapp 26,5 Mio. Reichsmark mit fremden Mitteln von mehr als 65 Mio. Reichsmark oder einer für die Zeit geringen Eigenkapitalquote von gerade 28 Prozent. Den langfristigen Verbindlichkeiten in Höhe von rund 53 Mio. Reichsmark aus der Dollar-Anleihe und der 1938 fällig werdenden Abschlussrate für die Übernahme des RWE-Netzes standen die beiden Kurzfristkredite gegenüber, von denen der des Röhrenverbandes nun zur Rückzahlung anstand. Der Vorstand der Ruhrgas sah sich aufgrund der massiven Gefährdung der Liquidität mit einem drastischen Hinweis zur Einberufung einer Krisensitzung genötigt: „Da wir bei der heutigen Absatzlage aus eigener Kraft Rückzahlungen nicht mehr leisten können, bereitet uns die Fälligkeit des Röhrenverbandkredites ernste Schwierigkeiten."[327] Auf der Sit-

325 *GB Ruhrgas*, 1931, unpaginiert; Ruhrgas an Aktionäre, 8. April 1931, zur Kapitalerhöhung, in: BBA 20/3113; Einladung zur GV Ruhrgas am 4. Mai 1931, in: BBA 20/3112.

326 Fried. Krupp AG an Ruhrgas, 15. April 1931, zur Bewertung der Aktien, in: BBA 20/3113; Zeche Constantin an Ruhrgas, 17. April 1931, zur Ablehnung der Kapitalerhöhung, in: BBA 20/3112.

327 Rundschreiben Ruhrgas, 25. April 1932, an Aktionäre zur finanziellen Situation sowie zu Lösungsstrategien und Einladung zu einer Aktionärsversammlung am 29. April, in: BBA 20/3113 sowie BBA 11/1803.

zung Ende April 1932, an der bemerkenswerterweise weder Vögler noch Pott teilnahmen, verdeutlichte Seippel nochmals den Sachstand, denn tatsächlich ging es um erheblich mehr als ein oder zwei geplatzte Kredite. Ein Zahlungsverzug hätte nicht weniger als umfassende Rückzahlungsverpflichtungen aus der Dollaranleihe ausgelöst. Hier trat der Verzugsfall nämlich nicht nur bei nicht ordnungsgemäßer und rechtzeitiger Zahlung aller Zins- und Tilgungsraten ein, sondern automatisch auch im Falle einer generellen Zahlungsunfähigkeit der Ruhrgas und selbst bei einer Überschreitung von Fälligkeiten anderer Verbindlichkeiten.[328]

Auf die Bitte Seippels, einer sofortigen Kapitalerhöhung zuzustimmen, entbrannte eine hitzige Debatte, die sich vorrangig um die Zukunft des Unternehmens drehte. Gustav Dechamps (Concordia) sah auf lange Sicht für die Ruhrgas keinerlei Chance auf Rentabilität und wurde dabei von dem Vorstandsvorsitzenden der Essener Steinkohlenbergwerke AG, Ernst Tengelmann, unterstützt. Während Dechamps die Liquiditätsschwierigkeiten bei zu gering angesetzten Gaspreisen verortete und offen vorschlug, die Fälligkeit der US-Anleihe zu provozieren und nach der Rückzahlung Perspektiven und Finanzierung der Ruhrgas neu zu überdenken, favorisierte Tengelmann noch eine Stützung durch die Ermäßigung des Gaseinkaufspreises von 0,8 auf 0,7 Kilogramm Kohlenäquivalent und eine Erhöhung der Durchleitungsgebühren.[329] Mehrere Vertreter von Magerkohlenzechen bzw. von Anlagen ohne Gaserzeugungs- und Durchleitungsinteressen lehnten dies ab und verdeutlichten, dass sie der AGKV 1926 allein aus „Branchensolidarität“ beigetreten seien und nun keine weiteren Belastungen akzeptieren wollten. Folglich zeigte sich auch ein ambivalentes Bild zur Frage der Kapitalerhöhung, die einige strikt ablehnten, während mehr als die Hälfte ihre Zustimmung unter den Vorbehalt einer Beteiligung aller stellten und nur rund ein Viertel der Aktionäre eine direkte Zusage gab.[330] Auch wenn diese weit mehr als 50 Prozent des Grundkapitals auf sich vereinigten, war damit eine Lösung vertagt. Wie stark die Friktionen zu diesem Zeitpunkt waren, zeigen auch die offenen Überlegungen der GBAG, nach dem Ablauf des Reverses im Frühjahr 1932 eigenständig Gas zu verkaufen, die Streitigkeiten um Vorkaufsrechte und die Kündigung des Gasaustauschabkommens.[331] Tatsächlich war die Ruhrgas im Sommer 1932 durch den Rückgang

328 Niederschrift der Ruhrgas zur Aktionärsversammlung am 29. April 1932, 1 ff., in: BBA 20/3113.

329 Zur Debatte vgl. ebd., 5 ff.; Niederschrift der Aktionärsversammlung am 29. April 1932 von Paul Ostholt, Prokurist der Abteilung Bergbau der Fried. Krupp AG, 2 ff., in: BBA 20/3113.

330 Ebd., 4 bzw. 12 f.

331 Niederschrift einer Besprechung zwischen VSt und Ruhrgas am 24. Mai 1932, 2 f., in: BBA 55/1745; Niederschrift einer Besprechung zwischen VSt und Ruhrgas am 23. Juni 1932 über die Kündigung des Gasaustauschabkommens, in: BBA 55/1745.

bzw. die unzureichende Entwicklung des Gasverbrauchs nicht mehr in der Lage, ihre Abnahmeverpflichtungen gegenüber den gasliefernden Aktionären aufrechtzuerhalten und aufgrund von Netzungleichgewichten die Durchleitung der VSt-Mengen zu garantieren.[332]

Da auch die vom Vorstand favorisierte Kapitalerhöhung nicht durchsetzbar war, schlug der Vorstand nun als letztes Mittel zur Vermeidung der Liquidation einen Aktionärskredit in Höhe von 4,5 Mio. Reichsmark und die Einzahlung des noch fehlenden Aktienkapitals vor, nachdem er beim Röhrenverband noch eine Fristverlängerung erwirkt hatte.[333] Ende Mai 1932 bestätigte eine Aktionärsversammlung die Vereinbarung, nachdem Vögler die Ruhrgas umfassend verteidigt und die Problematik auf das in der Krise unzureichende Finanzierungskonzept geschoben hatte.[334] Dass zahlreiche Unternehmensvertreter ihre großen Schwierigkeiten mit dem Beschluss zu Protokoll gaben, ist als deutlicher Hinweis auf die diametralen Gegensätze im Vorfeld der Versammlung zu werten. So banden die Hibernia und die Bergwerksgesellschaft Recklinghausen nach „schwerwiegenden Bedenken" ihre Zusage an den Vorbehalt eines „durchgreifenden Sanierungsprogrammes".[335] Die Umsetzung eines solchen Programmes ist nicht nachweisbar. Es wurde jedoch auch nicht mehr benötigt, denn der Ruhrgas spielte 1933 die Dollarabwertung von 4,20 auf 2,49 Reichsmark in die Hände. Dadurch reduzierten sich die Lasten sowohl des bei der Danatbank laufenden Kredites als auch der US-Anleihe, deren Wert sich in der Bilanz auch durch die Umschuldung in Reichsschuldverschreibungen bis 1934 fast halbierte.[336] Mithilfe der außerordentlichen Erträge sanken die im Rahmen von Verlustfortschreibungen 1932 auf einen Höchststand von 9 Mio. Reichsmark angewachsenen Verluste auf nun 5,5 Mio. Reichsmark. Ende 1934 wurden dann auch diese durch eine Kapitalherabsetzung von 27 auf 20,25 Mio. Reichsmark beseitigt.[337]

---

332 Niederschrift der Besprechung zwischen VSt und Ruhrgas am 14. Juli 1932 zu technischen Schwierigkeiten, in: BBA 55/1745.

333 Rundschreiben Ruhrgas an Aktionäre, 6. Mai 1932 und 18. Mai 1932, zu den Finanzierungsmodalitäten, in: BBA 20/3113. Siehe auch Schreiben von Hibernia-Vorstand H. J. von Loebell vom 6. Mai 1932 an von Velsen zur Sitzung des Arbeits- und Finanzausschusses der Ruhrgas am selben Tag, in: BBA 32/3584.

334 Niederschrift Ruhrgas zur Aktionärsversammlung am 23. Mai 1932, 1 f., in: BBA 29/3113.

335 Ebd., 3 f.

336 Zur Umschuldung siehe Rundschreiben der Ruhrgas an die Mitglieder des Arbeits- und Finanzausschusses vom 23. November 1933 sowie Angebot der Ruhrgas zum Umtausch von Dollarbonds in Reichsmark-Schuldverschreibungen [gedruckt, blanko] vom Dezember 1933, in: BBA 32/3584.

337 *GB Ruhrgas*, 1933, 13 sowie 1934, 10. Siehe auch die Bilanzübersicht der Ruhrgas 1926–1936, in: BBA 20/3113.

Abb. 6: Ruhrgas-Hauptverwaltung mit neuem Anbau, 1950er Jahre.

Das Ende des offenen Hahnes. Mangelverwaltung unter staatlicher Direktive 1934 bis 1958

Die Ruhrgas im „Dritten Reich“

Kohlegas in der nationalsozialistischen Energiepolitik

Die Einführung der nationalsozialistischen Wirtschaftsordnung etablierte innerhalb kurzer Zeit eine zentrale Plan- bzw. Verwaltungswirtschaft, deren Lenkungsorgane von Beginn an den Ausbau der Rüstungsproduktion förderten. Im Zuge mehrerer Gesetze und Durchführungsverordnungen wurde die Wirtschaft bis 1935 „gleichgeschaltet“ und auf das „Führerprinzip“ umgestellt. Wichtigstes Ziel war die Schaffung einer strengen Weisungshierarchie, an deren Ende die Unternehmen standen. Dennoch lag der nationalsozialistischen Wirtschaftspolitik keine einheitliche Konzeption zugrunde.[1] Dass die Einführung der propagandistisch mit steter Regelmäßigkeit hervorgehobenen konsistenten Wirtschaftsordnung schließlich nicht gelingen konnte, lag in der grundsätzlichen Strukturlosigkeit des NS-Systems als Vorbedingung für das Funktionieren des Führerprinzips. Charakteristisches Kennzeichen war ein Wirrwarr miteinander konkurrierender Instanzen, unklarer Weisungsbefugnisse und sich überschneidender Zuständigkeiten von staatlichen Behörden und parteilichen Instanzen.[2] Diese „Polykratie der Ressorts“ wurde ausgelöst durch die Multiplikation von Ämtern bei gleichzeitigem Weiterbestand bislang zuständiger Instanzen.

Vor diesem Hintergrund bildet die Frage nach dem Verhältnis der privaten Wirtschaft zum nationalsozialistischen Regime den zentralen Schwerpunkt jeder unternehmenshistorischen Untersuchung, während die Frage nach den Ursachen und Motiven unternehmerischen Handelns zugleich eng mit den daraus ableitbaren Handlungsspielräumen verbunden ist. Weitere bedeutende Aspekte bilden die direkte Beteiligung von Unternehmen am nationalsozialistischen Unrechtssystem etwa durch Arisierungen und den Einsatz von Zwangs-

---

1 Dietmar Petzina, *Die deutsche Wirtschaft in der Zwischenkriegszeit*, Wiesbaden 1977, 108 ff.; Avraham Barkai, *Das Wirtschaftssystem des Nationalsozialismus*, Frankfurt a. M. 1988, 110 ff.; Albrecht Ritschl, *Die NS-Wirtschaftsideologie – Modernisierungsprogramm oder reaktionäre Utopie?*, in: Michael Prinz/Rainer Zitelmann (Hrsg.), Nationalsozialismus und Modernisierung, Darmstadt 1991, 48–70, hier 68 ff.

2 Wehler, *Gesellschaftsgeschichte*, Bd. 4, 623 ff.

https://doi.org/10.1515/9783110542592-003

arbeitern oder Kriegsgefangenen sowie die konkrete Rolle der Unternehmer und Manager.[3] Als durchgängiges Fazit der unternehmenshistorischen Forschung der vergangenen zwei Jahrzehnte lässt sich ein nur eingeschränktes Primat der Politik feststellen, welches die Unternehmen in der Form akzeptierten, dass sie sich in die neuen Strukturen einbinden bzw. sich instrumentalisieren ließen und mehr oder minder aktiv mitwirkten. Trotz aller ideologisch-politischen Bevormundung und der Verengung der Entscheidungsspielräume folgte ihre Geschäftstätigkeit andererseits aber weiterhin so weit wie möglich ökonomischen Kriterien. Und unter dieses kalte Kalkül fiel selbst der Profit aus den zutiefst unmoralischen und verbrecherischen Aktivitäten des Regimes gegen die Juden und der Ausbeutung besetzter Gebiete während des Krieges. Der Nationalsozialismus agierte insgesamt weniger mit direktem Zwang als durch die sukzessive Implementierung eines entsprechenden wirtschaftsrechtlichen Rahmens. Dieser beließ den Unternehmen eine gewisse und erst im Verlauf des Krieges stärker reduzierte Handlungsautonomie, wobei die unternehmerische Willfährigkeit gegenüber dem politischen Apparat gleichzeitig dazu diente, sich Vorteile und eine größtmögliche Freiheit zu sichern.[4] Trotz dieses eindeutigen Befundes zahlreicher Studien bleibt das Ausmaß der Handlungsspielräume umstritten.[5] Für die Ruhrgas lässt sich die Frage, inwieweit das Verhältnis zwischen Regime und Wirtschaft eher von Zwang oder eher durch

---

3 Ralf Banken, *Vom „Verschweigen" über die „Sonderkonjunktur" hin zur „Normalität"? Der Nationalsozialismus in der Unternehmensgeschichte der Bundesrepublik*, in: Zeitgeschichte-online (Dezember 2012), www.zeitgeschichte-online.de/thema/vom-verschweigen-ueber-die-sonderkonjunktur-hin-zur-normalitaet, 4 f. [letzter Zugriff 20.11.2015]. Hier auch Diskussion der bis 2012 erschienen Literatur mit umfangreichen Quellenangaben.

4 Ebd.; Werner Plumpe, *Unternehmen im Nationalsozialismus. Eine Zwischenbilanz*, in: Werner Abelshauser u. a. (Hrsg.), Wirtschaftsordnung, Staat und Unternehmen. Neue Forschungen zur Wirtschaftsgeschichte des Nationalsozialismus, Essen 2003, 243–266, hier insbesondere 255 ff.

5 Zur Kontroverse zwischen Peter Hayes, der die Zwänge und den Druck des Regimes betont, sowie Christoph Buchheim und Jonas Scherner, die gerade für die Vorkriegszeit eine nur geringe Einschränkung der Entscheidungsmöglichkeiten postulieren, vgl. Christoph Buchheim, *Unternehmen in Deutschland und NS-Regime 1933–1945. Versuch einer Synthese*, in: HZ 282 (2006), 351–390; Peter Hayes, *Corporate Freedom of Action in Nazi Germany*, in: Bulletin of the German Historical Institute 45 (2009), 29–42; Christoph Buchheim/Jonas Scherner, *Corporate Freedom of Action in Nazi Germany. A Response to Peter Hayes*, in: ebd., 43–50; Peter Hayes, *Rejoinder*, in: ebd., 52–55; Jonas Scherner, *Anreiz statt Zwang. Wirtschaftsordnung und Kriegswirtschaft im „Dritten Reich"*, in: Norbert Frei/Tim Schanetzky (Hrsg.), Unternehmen im Nationalsozialismus. Zur Historisierung einer Forschungskonjunktur, Weimar 2010, 140–155; Norbert Frei, *Die Wirtschaft des „Dritten Reiches". Überlegungen zu einem Perspektivwechsel*, in: ebd., 9–25, hier 16 ff.

eine weitgehende Autonomie und freiwillige Fügung geprägt war, angesichts der Quellenlage nur unzureichend beantworten.

Einen wichtigen Anhaltspunkt bieten hier die Biografien der Vorstandsmitglieder der Ruhrgas, ohne dass sich zu ihrer Haltung gegenüber dem Regime eindeutige Aussagen treffen ließen, denn gerade die Entnazifizierungsakten enthalten die bekannte Relativierungsrhetorik, einschließlich einer großen Anzahl an „Persilscheinen". Dabei bleibt festzuhalten, dass sich alle reibungslos in das nationalsozialistische Wirtschaftssystem integrierten und so als Beispiel für die in der Chemischen Industrie, der Stahlindustrie und dem Bergbau besonders hervortretende Verbindung von NS-Politik und Profit gelten können. Eine nicht unerhebliche Rolle dürfte in diesem Kontext die Teilverstaatlichung der GBAG und damit der VSt 1932 durch das Deutsche Reich gespielt haben, das nun die Kontrolle über den Hauptaktionär der Ruhrgas übernahm.[6] Mit Alfred Pott, Hermann Seippel und Fritz Baum nutzte der gesamte Vorstand die Gelegenheit, noch vor dem am 19. April 1933 erlassenen Aufnahmestopp die Mitgliedschaft in der NSDAP zu beantragen, in die sie zum 1. Mai aufgenommen wurden.[7] Gleichzeitig trat auch Fritz Gummert, der 1937 nach drei Jahren stellvertretender Tätigkeit und dem frühen Tod von Seippel zum Vorstandsmitglied aufstieg, in die Partei ein. Baum entschuldigte nach dem Krieg den Beitritt des Vorstands als von Vögler „nahegelegt".[8] Auch Pott rechtfertigte sich mit dem Druck der Gauleitung Essen auf die leitenden Mitarbeiter der Stinnes-Zechen.[9] Mit der Lockerung des Aufnahmestopps folgten rückwirkend zum 1. Mai 1937, trotz erst nach diesem Datum gestellten Anträgen, die Prokuristen

6 Adam Tooze, *Ökonomie der Zerstörung. Die Geschichte der Wirtschaft im Nationalsozialismus*, München 2007, 145 ff.; Alexander Donges, *Die Vereinigte Stahlwerke AG im Nationalsozialismus. Konzernpolitik zwischen Marktwirtschaft und Staatswirtschaft*, Paderborn 2014, 27 ff. Zum Verhältnis der Ruhrwirtschaft zum NS-Regime vgl. Gustav Luntowski, *Hitler und die Herren an der Ruhr. Wirtschaftsmacht und Staatsmacht im Dritten Reich*, Frankfurt a. M. 2000, insbesondere 13–88. So zeigte sich bei den aus dem Bergbau stammenden Aufsichtsratsmitgliedern eine durchgängige Kontinuität.

7 Mitgliedskarten von Pott, Seippel, Baum, Gummert, Wunsch, Traenckner und Schelberger, in: BA NSDAP-Zentralkartei/Gaukartei, Kartei des NSDBT; Dietmar Bleidick, *„Schelberger, Herbert"*, in: NDB 22 (2005), 641 f.; Verlag Hoppenstedt & Co. (Hg.), *Wer leitet? Die Männer der Wirtschaft der einschlägigen Verwaltung einschließlich Adreßbuch der Direktoren und Aufsichtsräte*, Jg. 1941/42, Berlin 1942, 39 (Baum), 317 (Gummert), 755 (Pott); Entnazifizierungsakten, in: LAV NRW R NW 1005-G24/2: Wunsch; NW 1005-G24/116: Gummert; NW 1005-G24/127: Traenckner; NW 1098/9488: Baum; NWO/49011: Schelberger; RW 58/15627: Pott sowie RW 58/44425: Pott.

8 Rechtsanwalt Etzel an Entnazifizierungsausschuss Hattingen zur Beantwortung des Fragebogens durch Baum, 12. Mai 1948, in: LAV NRW R NW 1098/9488.

9 Rasch, *Pott*, 314.

Walther Wunsch (Leitungsbau) und Kurt Traenckner (Gastechnik) sowie der neue Ruhrgas-Justiziar Herbert Schelberger, der in dieser Zeit seine Position als Arbeitsamtsdirektor in Münster zugunsten einer Industriekarriere aufgab. Als zweite Vorstandsgeneration der Ruhrgas bestimmten sie schließlich die Entwicklung des Unternehmens bis Anfang der 1960er und Schelberger bis in die 1970er Jahre.[10] Während für Baum und Gummert keine nominellen Funktionen innerhalb der nationalsozialistischen Staatsbürokratie nachweisbar sind, wurden Wunsch und Traenckner im Verlauf des Krieges zu Multifunktionären mit maßgeblichem Einfluss auf die wirtschaftspolitische Gestaltung der Gaswirtschaft. Alle gaben im Entnazifizierungsverfahren zudem an, Versammlungen der Partei oder mit sonstigem nationalsozialistischen Hintergrund soweit wie möglich gemieden zu haben. Pott wechselte 1935 in den Aufsichtsrat und verließ 1938 das Ruhrgebiet in Richtung Oberschlesien, wo er als Generalbevollmächtigter von Nikolaus Graf von Ballestrem in Gleiwitz dessen Firmenkonsortium leitete.[11]

Die Entnazifizierungsverfahren brachten folgendes Ergebnis: Wunsch wurde aufgrund zahlreicher Bestätigungen und nachweisbarer Auseinandersetzungen mit der Partei und nationalsozialistischen Organisationen, die 1944 in ein Ausschlussverfahren mündeten, vom Entnazifizierungsausschuss „als entschiedener Gegner des Nationalsozialismus“ und damit in Stufe 5 als unbelastet eingestuft.[12] In Wunschs Biografie erscheint eine tiefe Zerrissenheit

10 Alle waren zudem Mitglieder diverser u. a. für ihre Position typischer NS-Organisationen wie dem Bund Deutscher Technik (NSDBT), der NS-Volkswohlfahrt (NSV), der DAF sowie in mehreren Berufsverbänden. Mit Ausnahme von Pott und Schelberger gehörten alle der SA an, Traenckner auch der SS. Baum und Gummert werteten ihre SA- und NSDAP-Mitgliedschaften schließlich gar als misslungenen Widerstandsversuch, da diese in der Überzeugung und Hoffnung zustande gekommen seien, dass sich die Situation entschärfe, sobald „gute und anständige Menschen“ die Führung übernahmen. Rechtsanwalt Etzel an Entnazifizierungsausschuss Hattingen, 12. Mai 1948, in: LAV NRW R NW 1098/9488; Ergänzende Stellungnahme von Gummert zum Fragebogen vom 23. Oktober 1946, in: LAV NRW R NW 1005-G24/127. Gummert, Traenckner und Baum waren seit den 1920er Jahren Mitglied der Deutschen Volkspartei (DVP) und blieben dies auch ungeachtet des heftigen Rechtsrucks der Partei 1932 und ihrer Listenverbindung mit der DNVP bei den Reichstagswahlen im November. Baum wurde 1936 oder 1937 als dienstältestes Vorstandsmitglied zum „Wehrwirtschaftsführer“ ernannt, was jedenfalls den Charakter der Ruhrgas als rüstungswichtiges Unternehmen hervorhob. Die Erhebung zum NS-Musterbetrieb erfolgte jedoch nicht.

11 Hintergrund der Entscheidung waren möglicherweise Konflikte um die Besetzung des Aufsichtsratsvorsitzes der Bochumer Verbände wie der Benzol-Verband GmbH, bei der er Wilhelm Tengelmann unterlag. Der radikale Nationalsozialist Tengelmann mit dem Rang eines SS-Obersturmbannführers war 1935 zum Generaldirektor der staatlichen Hibernia aufgestiegen und ab 1936 einer der Meinungsführer im Aufsichtsrat der Ruhrgas. Rasch, *Pott*, 302 f.

12 Fragebogen – Work Sheet vom 30. November 1947, in: LAV NRW R NW 1005-G24/2.

zwischen willfähriger Mitwirkung als einer der wichtigsten „Gasmänner" des Reiches und Widerstand im Kleinen, etwa durch das Nichttragen des Parteiabzeichens und Verweigerung des „deutschen Grußes". Das Gegenstück bildete Traenckner, der „nach einstimmiger Auffassung des gesamten Ausschusses überzeugter Nationalsozialist" gewesen sei und seine SS-Mitgliedschaft durch Uniform und Abzeichen zur Schau gestellt habe. Gleichzeitig wurde ihm attestiert, aufgrund „seiner Veranlagung nicht zu Verbrechen gegen Recht und Menschlichkeit" fähig gewesen zu sein und keinen „politischen Druck in der Firma" ausgeübt zu haben, sodass eine Einstufung in die Gruppe IV „Mitläufer" ohne Vermögenssperre erfolgte.[13] Allein diese beiden Beispiele verdeutlichen die Grundproblematik der Entnazifizierung, die vielfach nicht auf die eigentlich relevante Tätigkeit der Betroffenen abhob, sondern sich an Attributen wie Organisationsmitgliedschaften abarbeitete. So erhielt auch Gummert trotz seiner zwischenzeitlichen Funktion als stellvertretender Leiter der Wirtschaftsgruppe Gas- und Wasserversorgung dieselbe Einstufung. Die Hintergründe sind hier aufgrund der Aktenlage nicht nachvollziehbar, doch erfolgte diese Kategorisierung erst nach Einspruch Gummerts, sodass er zuvor anscheinend als „Minderbelasteter" betrachtet worden war.[14] Baum wurde dagegen als unbelastet bewertet.[15] Auch Pott erreichte schließlich den Status eines Mitläufers, nachdem die Anklage aufgrund seiner oberschlesischen Tätigkeit zunächst eine Eingruppierung in Stufe II als „Belasteten" gefordert und ihn damit als schweren Fall angesehen hatte.[16] Tatsächlich war Pott für den Einsatz Tausender Kriegsgefangener und Militärinternierter mitverantwortlich.[17] Zu Schelberger liegen keine Informationen vor.[18]

Die nationalsozialistische Energiepolitik lässt sich grob in drei Zeitabschnitte unterteilen. Die erste Phase endete Ende 1935 mit Herausgabe des Ge-

---

13 Fragebogen – Work Sheet vom 21. Dezember 1946 sowie Case Summary des Entnazifizierungsausschusses vom 4. November 1947, in: LAV NRW R NW 1005-G24/127.

14 Case Summary vom 21. Dezember 1946 sowie Einreihungsbescheid (Kategorien III und IV) vom 20. Februar 1948, in: LAV NRW R NW 1005-G24/116.

15 Case Summary vom 20. Juli 1948, in: LAV NRW R NW 1098/9488.

16 Rasch, *Pott*, 315.

17 Hans-Christoph Seidel/Klaus Tenfelde (Hrsg.), *Zwangsarbeit im Bergwerk. Der Arbeitseinsatz im Kohlenbergbau des Deutschen Reiches und der besetzten Gebiete im Ersten und Zweiten Weltkrieg*, 2 Bde., Essen 2005, hier Bd. 2, 200, 224.

18 Fragebogen – Work Sheet vom 30. November 1947, in: LAV NRW R NW 1005-G24/117. Dass Karrieren auch ohne solche Viten möglich waren, belegt Friedrich Wilhelm Ziervogel, der nach Kriegsende in den Ruhrgas-Vorstand gelangte. Ziervogel war zwischen 1934 und 1936 Prokurist bei der Hibernia und dann 1945 Hauptgeschäftsführer der kriegswichtigen Wirtschaftsgruppe Kraftstoffindustrie, jedoch weder Mitglied der NSDAP noch der SA noch mit Ausnahme des NSV und des NSBDT sonstiger nationalsozialistischer Organisationen.

setzes zur Förderung der Energiewirtschaft (Energiewirtschaftsgesetz, EnWG), die zweite umfasste die von Vierjahresplan, Autarkiebestrebungen und Rüstungsvorbereitungen geprägten Jahre bis zum Kriegsbeginn und die dritte die Kriegsjahre mit der sukzessiven Anpassung der Vorgaben an die Kriegswirtschaft. Die Gaswirtschaft gelangte nun in eine gänzlich neue Situation, denn erstmals in ihrer Geschichte rückte sie ins Blickfeld der übergeordneten staatlichen Energiepolitik des Reiches.[19] Anfang 1935 fasste das Reichswirtschaftsministerium die Elektrizitätswirtschaft und die Gaswirtschaft in der Reichsgruppe „Energiewirtschaft" (RGE) zusammen, die in die Wirtschaftsgruppe Elektrizitätsversorgung (WEV) und die aus dem Reichsverband des Deutschen Gas- und Wasserfaches hervorgegangene Wirtschaftsgruppe Gas- und Wasserversorgung (WGW) aufgeteilt war.[20] Im Ministerium selbst entstand die neue Abteilung V mit Referaten für die beiden Branchen, aus denen 1938 die „Energieabteilung" gebildet wurde.[21]

Schon 1934 gab der „Führer der Energiewirtschaft" (ab 1935 Leiter der Reichsgruppe Energiewirtschaft) Carl Krecke[22] einen programmatischen Ausblick auf seine energiepolitischen Ziele in den folgenden Jahren, die zwar nur in Teilen umgesetzt wurden, jedoch zu diesem Zeitpunkt gerade aus Sicht der Ortsgaswirtschaft als Androhung äußerst nachteiliger Reformen aufgefasst werden mussten. Dazu gehörten etwa eine Vereinheitlichung der Tarife, Verträge und Lieferbedingungen, die Abschaffung der Konzessionsabgaben, der Finanzzuschläge und sonstiger öffentlicher Abgaben zur Senkung der Energiepreise und die Stilllegung unwirtschaftlicher Erzeugungsanlagen. Aber auch die Ruhrgas konnte nicht uneingeschränkt zufrieden sein, denn unter dem Stichwort Verbundwirtschaft verwies Krecke auf die Notwendigkeit einer leistungsfähigen, dezentralen Branchenstruktur und konnte sich in diesem Kon-

---

19 Zur Elektrizitätspolitik in Preußen und im Deutschen Reich siehe Bernhard Stier, *Staat und Strom. Die politische Steuerung des Elektrizitätssystems in Deutschland 1890–1950*, Ubstadt-Weiher 1999, 213 ff.; A. Friedrich, *Staat und Energiewirtschaft. Der Weg zum Energiewirtschaftsgesetz*, Berlin 1936, 44 ff.

20 Anerkennung der Wirtschaftsgruppen „Gas- und Wasserversorgung" und „Elektrizitätsversorgung", in: ZÖW 1 (1934), 415.

21 Stellungnahme des Hauptabteilungsleiters I im RWM, 25. März 1941, für RWM Funk zum „Entwurf eines Erlasses des Führers und Reichskanzlers über die Bestellung eines Generalinspektors für die Energie und Wasserwirtschaft", Anlage, 4, in: BA R 4604/2.

22 Krecke war kurz zuvor zum Vorstandsmitglied der Berliner Kraft- und Licht-AG (Bewag) berufen worden. Kurzbiografie in Hermann Teschemacher (Hg.), *Handbuch des Aufbaus der gewerblichen Wirtschaft*, Jahrgang 1935/1936, Bd. 1: Reichsgruppe Industrie, Reichsgruppe Energiewirtschaft, Reichsgruppe Banken, Reichsgruppe Versicherungen, Leipzig 1936, 208 f.; Carl Krecke, *Die Energiewirtschaft im nationalsozialistischen Staat*, Berlin 1937.

Abb. 7: Alfred Pott, undatiert.

text eines Seitenhiebes in Richtung der Ferngasversorgung nicht enthalten. „Wir brauchen eine gesunde Verbundwirtschaft, aber Verbundwirtschaft ist nicht gleichbedeutend mit Konzernwirtschaft."[23] Auf der anderen Seite beinhaltete die im Frühjahr 1935 vorgestellte neue Gemeindeordnung einschneidende und beschränkende Vorgaben zur wirtschaftlichen Betätigung von Gemeinden.[24] Auch wenn die Vorschriften an Konkretheit vermissen ließen und damit eine weitere Grundlage zur Untermauerung divergierender Positionen in späteren Verhandlungsprozessen zwischen Kommunen und Privatwirtschaft boten, setzten sie ein weiteres Zeichen für die grundsätzliche Richtung der nationalsozialistischen Energiepolitik und ihre immanente Förderung der Branchenkonzentration.

Das am 13. Dezember 1935 erlassene EnWG implementierte schließlich eine straffe, auf das Reichswirtschaftsministerium als oberste Instanz ausgerichtete Organisation der Energiewirtschaft.[25] Sein dichtes Paragraphenwerk sorgte für eine Durchregelung selbst von Detailfragen und hob dazu alle Ausnahmeregelungen auf. Von nun an besaßen sämtliche Unternehmen der Branche gegenüber dem Reichswirtschaftsministerium eine grundsätzliche Auskunftspflicht zu ihren wirtschaftlichen und technischen Verhältnissen und waren darüber hinaus in weiten Teilen der Unternehmensplanung von dessen expliziter Zustimmung abhängig. Ausgenommen blieb bis 1938 allein die industrielle Selbstversorgung und damit der überwiegende Teil des Ruhrgas-Geschäftes. Das EnWG galt zwar für die beiden leitungsgebundenen Edelenergien Elektrizität und Gas, war aber vor allem auf die Elektrizität ausgerichtet.[26] Spezifische Belange der Gaswirtschaft fanden daher im EnWG kaum Beachtung und orientierten sich dann allein an den Bedürfnissen der Ferngasversorgung, deren bevorzugter Ausbau zur reibungslosen Verteilung der großen Überschussmengen der Ruhrkokereien als ausschlaggebender Faktor für die Aufnahme in das Gesetz angesehen werden kann. Folglich war es auch wenig verwunderlich, dass Regelungen über das Zusammenspiel der beiden Konkurrenzenergien im zu dieser Zeit hart umkämpften kommunalen Sektor fehlten. Die Ruhrgas profitierte zusammen mit der Thyssengas erheblich von der Entwicklung, die in den

---

23 Friedrich, *Staat und Energiewirtschaft*, 68 ff., Zitat 77.

24 Ebd., 84; Auszug aus der Niederschrift über die gemeinsame Sitzung des Arbeits- und Finanzausschusses des Aufsichtsrats der Ruhrgas am 20. April 1935, 6, in: BBA 55/1750.

25 Gesetz zur Förderung der Energiewirtschaft vom 13. Dezember 1935, in: RGBl I, 1935, 1451–1456; Krecke, *Energiewirtschaft*, 83. Gesetz, amtliche Begründung sowie begleitende Erlasse, Erläuterungen diverser NS-Funktionäre und Pressekommentare, in: Friedrich, *Staat und Energiewirtschaft*, 98 ff.

26 Hans Dieter Hellige, *Entstehungsbedingungen und energietechnische Langzeitwirkungen des Energiewirtschaftsgesetzes von 1935*, in: TG 53 (1986), 123–155, hier 133.

folgenden Jahren den Weg in den Frankfurter Raum ebnen sollte. Dazu bleibt festzuhalten, dass die Energiewirtschaft zulasten der kommunalen Haushalte im Hinblick auf die energieintensive Erzeugung der Rüstungsindustrie und der Ersatzstoffbranchen[27] einseitig die Betreiber großer Versorgungsstrukturen bevorzugte, von denen eine unbegrenzte Bereitstellung kostengünstigster Energie erwartet wurde. Und dies galt im Gassektor aufgrund der herausragenden Rolle des Industrieabsatzes insbesondere für die Ruhrgas.

In der Zeit bis zum Kriegsbeginn wurde der durch das EnWG abgesteckte Rahmen nur geringfügig verändert. Die Maßnahmen für die Gaswirtschaft folgten dabei auf entsprechende Vorgaben für die Elektrizitätswirtschaft. Von besonderer Bedeutung waren vor allem die Maßnahmen des Vierjahresplans im Frühjahr 1936 als Oberste Reichsbehörde unter Hermann Göring[28] und die Umsetzung der angekündigten Tarifreform 1938/39. Im Vergleich zu den dominierenden Sektoren Mineralölproduktion, chemische Industrie sowie Wasserstraßen und Schiffbau besaß die Energiewirtschaft im Vierjahresplan jedoch nur eine untergeordnete Bedeutung; und der Gassektor eine mehr oder weniger marginale.[29] Ob die Ruhrgas direkt von Mittelzuweisungen profitierte und welche Summen tatsächlich an die Branche ausgeschüttet wurden, ist unklar, doch wurde ihr Bauprogramm bereits Anfang 1937 vom Amt für Roh- und Werkstoffe als Bestandteil des Vierjahresplans bestätigt.[30] Die Tarifreform erfolgte über den Reichskommissar für die Preisbildung.[31] Nachdem für die Elektrizitätswirtschaft bereits im Sommer 1938 eine Preiskontrolle eingeführt worden war, folgte die Gaswirtschaft mit knapp einjähriger Verspätung Mitte Mai 1939.[32] Anders als die kommunalen Gasversorger, die Umsatzeinbußen

27 Hauptsektoren: Kraftstoffe auf Kohlenbasis, Buna als Kautschuk-Substitut, synthetische Textilfasern.

28 RGBl I, 1936, 281.

29 Dieter Petzina, *Autarkiepolitik im Dritten Reich. Der nationalsozialistische Vierjahresplan*, Stuttgart 1968, 82 f., 89; Hellige, *Entstehungsbedingungen*, 133.

30 Ruhrgas an Mitglieder des Arbeits- und Finanzausschusses des AR, 24. Februar 1937, in: BBA 55/1750; Tätigkeitsbericht Ruhrgas, 4. Quartal 1936, 3, in: BBA 55/1854 sowie 55/1750.

31 Gesetz über die Bestellung eines Reichskommissars für die Preisbildung vom 29. Oktober 1936, in: RGBl I, 1936, 927; André Steiner, *Der Reichskommissar für die Preisbildung – „eine Art wirtschaftlicher Reichskanzler"?*, in: Rüdiger Hachtmann/Winfried Süß (Hrsg.), Hitlers Kommissare. Sondergewalten in der nationalsozialistischen Diktatur, Göttingen 2006, 93–114.

32 Verordnung über die Bildung der Tarifpreise für die Versorgung mit elektrischer Energie, in: RGBl I, 1938, 915; Verordnung über die Bildung allgemeiner Tarifpreise für die Versorgung mit Gas vom 15. Mai 1939, in: RGBl I, 1939, 925; Hoffmann, *Grundsätze und Formen neuer Tarifarten in der deutschen Gaswirtschaft*, in: ZÖW 4 (1937), 13–17; Theodor Lingens, *Tarifpolitik einst und jetzt*, in: DVNW 7 (1938), 1.266–1.268.

hinnehmen mussten, war die Ruhrgas aufgrund ihres fehlenden Endkundengeschäftes von diesen Regelungen nicht betroffen.[33]

Im Januar 1939 wurden einzelne Felder der Energiewirtschaft dem seit Anfang 1938 amtierenden, aber politisch einflusslosen Reichswirtschaftsminister Walther Funck entzogen und in die Reichsgruppe in Görings Vierjahresplanbehörde integriert. Damit verbunden war die Ernennung eines Generalbevollmächtigten für die deutsche Energiewirtschaft (GBEn), sodass nun auch in diesem Bereich ein Sonderbeauftragter mit weitreichenden Vollmachten und Befugnissen agierte und die Wirtschaftsgruppen stark an Bedeutung verloren. Das Amt übernahm in Personalunion der Essener Oberbürgermeister Just Dillgardt, ein langjähriger Vertrauensmann von Fritz Todt, dem nun ständig an Einfluss gewinnenden Leiter des Hauptamtes für Technik.[34] Die Folge war eine gegenseitige Blockade von Reichswirtschaftsministerium, Vierjahresplanbehörde, Innenministerium und Reichskommissar für die Preisbildung mit ihren jeweiligen Unterinstanzen. Diese Situation nutzten mit Unterstützung der Gauwirtschaftsberater und Gauamtsleiter für Technik die Gauleiter, die nun verstärkt versuchten, ihre bislang erfolglosen Konzepte zur Gründung eigener Gauwerke durchzusetzen.[35] So blieb die schlüssige Umsetzung des EnWG weiterhin im Streit partikularer ökonomischer und politischer Interessen gefangen, die die Ineffizienz, unzureichende Koordination und mangelnde Steuerungskraft des Systems noch weiter steigerten.[36]

Auch nach Beginn des Zweiten Weltkrieges sollte sich dieses Bild zunächst nicht ändern. Anfang September 1939 entstand beim Reichswirtschaftsministerium die Reichsstelle für die Elektrizitätswirtschaft, die zur Durchsetzung „aller Maßnahmen zur Sicherstellung der Elektrizitätsversorgung" ermächtigt war.[37]

---

33 Hermann Brügelmann, *Entwicklung und Stand der deutschen Gaswirtschaft. Ein statistischer Überblick*, in: ZÖW 6 (1939), 87–90, 127–130, hier 128 f.

34 Bernhard Stier, *Nationalsozialistische Sonderinstanzen für Energiewirtschaft. Der Generalinspektor für Wasser und Energie 1941–1945*, in: Hachtmann/Süß (Hrsg.), Hitlers Kommissare, 138–158, hier 141; Karl-Heinz Ludwig, *Technik und Ingenieure im Dritten Reich*, Königstein 1979, 180. Als Ruhrgebietspolitiker sowie Aufsichtsratsmitglied des RWE und der Ruhrgas war Dillgardt wie Todt ein Exponent großtechnischer Strukturen und Verfechter einer weitreichenden Unternehmenskonzentration. Just Dillgardt, *Zukünftige Aufgaben der deutschen Energiewirtschaft*, in: Elektrizitätswirtschaft 38 (1939), 79 f.

35 Horst Matzerath, *Nationalsozialismus und kommunale Selbstverwaltung*, Stuttgart 1970, 406 ff.

36 Hans Mommsen, *Nationalsozialismus als vorgetäuschte Modernisierung*, in: Walter H. Pehle (Hg.), Der historische Ort des Nationalsozialismus. Annäherungen, Frankfurt a. M. 1990, 31–46, hier 40 ff.

37 Verordnung zur Sicherstellung der Elektrizitätsversorgung vom 3. September 1939, in: RGBl I, 1939, 1607.

An der Spitze der Reichsstelle stand der Reichslastverteiler, der die Kapazitätssteuerung übernahm und bei Mangelsituationen die Minderbelieferung oder gar Abschaltung von Verbrauchern verfügen konnte.[38] Im Verlaufe des Krieges sollte der Lastverteilung als reiner Mangelverwaltung durch die sich nun rasch öffnende Schere zwischen Energiebedarf und -erzeugung eine stetig zunehmende Bedeutung zukommen. Für die Gaswirtschaft wurde angesichts des erheblich geringeren Regelungsbedarfs dagegen keine eigene Reichsstelle eingerichtet. Zuständig waren drei bei den Bezirkswirtschaftsämtern angesiedelte Bezirkslastverteiler, darunter ab September 1939 Ruhrgas-Vertreter Wunsch für das Gebiet des Bezirkswirtschaftsamtes Düsseldorf mit weiten Teilen Westdeutschlands.[39]

Die Lösung der gegenseitigen Behördenblockade war dann das eher zufällige Ergebnis einer an sich unbedeutenden lokalen Auseinandersetzung über den Ausbau der Elektrizitätsversorgung in Linz, die Dillgardt im Frühjahr 1941 das Amt des Generalbevollmächtigten kostete.[40] Hitler entschloss sich daraufhin zur Bildung einer neuen Superinstanz und ernannte Ende Juli 1941 Fritz Todt[41] zum Generalinspektor für Wasser und Energie (GIWE). Der Aufgabe „Führung, Neuordnung und Beaufsichtigung des Energieaufbaus und der Energie- und Wasserwirtschaft" entsprechend, erhielt der Generalinspektor den Rang eines Reichsministers und die neue Institution die einer Obersten Reichsbehörde.[42] Diese Machtakkumulation folgte dem Grundgedanken, die Energiewirtschaft des Reiches und der besetzten Gebiete durchgreifend auf die Zwecke der Kriegswirtschaft zu konzentrieren, auf Grundlage einer Gesamtplanung zu vereinheitlichen und dabei vor allem sämtliche Widerstände auf dem Weg zu einer Großraumverbundwirtschaft zu beseitigen. Folglich übernahm der Generalinspektor dazu zahlreiche Zuständigkeiten von anderen Ministerien. Zum Geschäftsbereich gehörten weiterhin die Reichsgruppe Energiewirt-

38 Fr. Sardemann, *Die deutsche Elektrizitätswirtschaft 1933–1948. Teil 2: Organisation und Steuerung der Energiewirtschaft bis Kriegsende*, in: Elektrizitätswirtschaft 48 (1949), 107–112, hier 108.

39 Verordnung zur Sicherstellung der Gasversorgung vom 20. September 1939, in: RGBl I, 1939, 1856; Tätigkeitsbericht Ruhrgas, 3. Quartal 1939, 4, in: BBA 55/1854; August Maaß, *Die Neuordnung der deutschen Energiewirtschaft (Ihre besondere Auswirkung auf die Gemeinden)*, Diss. Marburg 1941, 54 f.

40 Stier, *Sonderinstanzen*, 143.

41 Zu diesem Zeitpunkt war er bereits Reichsminister für Bewaffnung und Munition, Generalinspekteur für das deutsche Straßenwesen und Generalbevollmächtigter für die Regelung der Bauwirtschaft.

42 Erlass des Führers und Reichskanzlers über den Generalinspektor für Wasser und Energie vom 29. Juli 1941, in: RGBl I, 1941, 467 f.

schaft mit den beiden Wirtschaftsgruppen, die beiden Reichslastverteiler Elektrizität und Gas sowie diverse Unternehmen, die wie die Süddeutsche Ferngas AG und die Ferngas Schlesien AG mit einer Mehrheit des Reiches unter Beteiligung von Kommunen, Kommunalverbänden und Ländern gegründet wurden.[43] Die operative Leitung unter dem Generalinspektor übernahm Günther Schulze-Fielitz, als Staatssekretär beim Reichsministerium für Bewaffnung und Munition (RBM) Todts Stellvertreter und nun in ebensolcher Doppelfunktion tätig. Dies änderte sich auch nicht nach Todts überraschendem Tod Anfang Februar 1942 und der Übernahme beider Ämter durch Albert Speer.[44]

Die Energiepolitik erfuhr in den rund sechs Monaten unter Todts Regie keinen rigorosen Wandel, sodass die Gaswirtschaft ihre Nischenrolle beibehielt.[45] Ihr vergleichsweise geringer Stellenwert zeigte sich schon im Erlass zur Einführung des Generalinspektors für Wasser und Energie, der sie im Gegensatz zu anderen Aufgabenfeldern überhaupt nicht erwähnte. Auch die Aufgaben des im Herbst 1941 gebildeten „Fachausschusses Gasversorgung", dem auch Traenckner angehörte, reduzierten sich auf eine beratende Funktion im technischen Bereich. Dennoch galt den führenden Behörden die gesamte Ruhrgas-Spitze mit Gummert, Baum und Wunsch für solche Posten als „besonders geeignet".[46] Wie eingeschränkt die wirtschaftlichen Handlungsspielräume zu diesem Zeitpunkt bereits aus der Sicht des Generalinspektors waren, zeigte sich zum Jahresende: „Der Ausbau der Großraumgaswirtschaft muß sich unter den gegenwärtigen Verhältnissen auf das allernotwendigste beschränken, da die Schwierigkeiten des Arbeitseinsatzes, der Fertigung und Materialbereitstellung dazu zwingen".[47]

Nach den eher ressourcenorientierten Zielsetzungen Todts rückten unter Speer ordnungspolitische und betriebswirtschaftliche Aspekte der Energiewirt-

---

43 Zur Entwicklung des Erlasses und zu den zahlreichen Widerständen der betroffenen Ministerien gegen den Status des GIWE als Reichsbehörde siehe die zahlreichen Entwürfe und begleitenden Schriftwechsel, in: BA R 4604/2; Aufstellung der Landesgesellschaften, [o. D.], in: BA R 4604/289.

44 Bekanntmachung über die Ernennung des Generalbauinspektors für die Reichshauptstadt, Dipl.-Ing. Prof. Albert Speer, zum RBM, Generalinspektor für das deutsche Straßenwesen und Generalinspektor für Wasser und Energie vom 15. Februar 1942, in: RGBl I, 1942, 80.

45 Zu den Plänen siehe umfassend BA R 4604/4.

46 Aktenvermerk Buch (GIWE), 3. November 1941, über eine Besprechung zwischen Todt, Schulze-Fielitz und Behrens über die Bildung des Gasausschusses, in: BA R 4604/274; Niederschrift der konstituierenden Sitzung des Fachausschusses III Gasversorgung beim GIWE am 22. November 1941, in: BA R 4604/274.

47 Vortrag Ministerialrat Lohmann (GIWE) im Fachausschuss Gasversorgung am 18. Dezember 1941: „Der Stand der deutschen Großraumgaswirtschaft und die künftigen Aufbaupläne", in: BA R 4604/274.

schaft verstärkt in den Vordergrund. Doch auch Speer musste feststellen, dass das Kompetenzgerangel und der Interessenpartikularismus der Instanzen nicht zu überwinden waren und weiterhin die Bemühungen um die von ihm nun vorangetriebene Zentralisierung der Verbundwirtschaft konterkarierten. Mit dem dramatischen Energiemangel als wichtigstem Charakteristikum der letzten drei Kriegsjahre rückten schließlich mit der Niederlage bei Stalingrad Anfang 1943 und der Ausrufung des „Totalen Krieges" wieder Aspekte der Leistungssteigerung und der Bedarfsverteilung in den Vordergrund.[48] Gleichzeitig sorgte die immer engere Verknüpfung von Energiewirtschaft und Rüstungswirtschaft nicht für die beabsichtigte Vereinfachung, sondern für eine Bürokratisierungswelle, da organisatorische Veränderungen weiterhin mit der Bildung neuer Zuständigkeiten und entsprechenden Auseinandersetzungen verbunden waren.[49] So führte die Einrichtung einer Energiestelle beim Rüstungslieferungsamt im Reichsministerium Speer im August 1942 und der im Dezember folgenden Dienststelle Energieplanung zu einer ersten Erosion des Generalinspektors, die sich mit der Bildung des Amtes Energie im August 1943 noch verstärkte.[50] Dem Amt Energie wurden die beiden Reichslastverteiler Gas und Elektrizität sowie der im Juni berufene Sonderbeauftragte für die Energieeinsparung[51] unterstellt und die Reichsgruppe Energiewirtschaft mit ihren Wirtschaftsgruppen zugeordnet.

Die neue Dienststelle wie auch das Amt waren als Superbehörden hochrangig besetzt mit führenden Persönlichkeiten der NS-Wirtschaft und Politik wie IG Farben-Vorstandsmitglied Krauch, NS-Multifunktionär Paul Pleiger und eben Traenckner.[52] Umgehend begann die unvermeidliche Bildung von Ausschüssen und nachgegliederten Arbeitskreisen. Die Zuständigkeit für die Gaswirtschaft übernahm der Hauptausschuss Gaserzeugungsanlagen und Leitungsbau, dem wiederum zahlreiche Arbeitskreise angehörten.[53] Der Bedeu-

48 Rundschreiben Ministerialdirigent Barth (GIWE), 2. Januar 1943, in: BA R 4604/276.

49 Matzerath, *Nationalsozialismus*, 413 ff.

50 Erste Durchführungsanordnung zur Anordnung des RBM über vereinheitlichte Energieplanung und beschleunigten Energieausbau, 11. Dezember 1942, in: BA R 4604/276; Erlass des Führers über Kriegsmaßnahmen in der Elektrizitätswirtschaft, 8. August 1943, in: RGBl I, 1943, 479; Sardemann, *Elektrizitätswirtschaft*, 110 f.

51 Verordnung über die Einschränkung des Energieverbrauchs, 22. Juni 1943, in: RGBl I, 1943, 366.

52 Niederschrift der konstituierenden Sitzung der „Energieplanung" am 8. Januar 1943, in: BA R 4604/276.

53 Niederschrift der konstituierenden Sitzung des Hauptausschusses am 15. Januar 1943, in: BA R 4604/276; Niederschrift der konstituierenden Sitzung der „Energieplanung" am 8. Januar 1943, in: BA R 4604/276; Wilhelm Gumz, Tätigkeitsbericht des Arbeitskreises Vergasung und Gasverteilung vom 28. Dezember 1943, in: BA R 4604/276.

tung der Ruhrgas für die Gasversorgung im Krieg entsprach die durchgängige Beteiligung Traenckners sowie die Ernennung von Wunsch zum „Sonderbevollmächtigten des Reichsministers Speer für die westdeutsche Gaswirtschaft".[54] Ebenfalls im August 1943 entstand mit dem „Ruhrstab Speer" ein weiteres Sonderressort, dem Vertreter der Wehrmacht, des Rüstungsministeriums, der Organisation Todt, der DAF und der Wirtschaft angehörten. Sein Aufgabenfeld umfasste die Beseitigung von Kriegsschäden und die Aufrechterhaltung der Produktion in kriegswirtschaftlich bedeutenden Unternehmen im Ruhrgebiet.[55] Zuständig für die Gaswirtschaft war wiederum Ruhrgas-Mann Wunsch, der damit wohl endgültig zum einflussreichsten Gasmanager im nationalsozialistischen Behördengestrüpp aufstieg. Auch wenn gaswirtschaftliche Projekte angesichts der Kriegslage meist im Planungsstadium versandeten oder nur mit starken Einschränkungen umgesetzt werden konnten und Auseinandersetzungen um Zuständigkeiten für weiteren Sand im Getriebe sorgten, gelang es, die Gasversorgung bis 1944 weitgehend stabil zu halten.

Partikularinteressen und der Kampf um Marktanteile

Im Verlauf der Weltwirtschaftskrise verringerte sich der Index der deutschen Industrieproduktion um 42 Prozent. Erheblich stärker betroffen war aufgrund ihrer Abhängigkeit vom Investitionsklima die Montanindustrie des Ruhrgebiets, die zwischen 1929 und 1932 zwei Drittel ihrer Roheisen- und Rohstahlproduktion einbüßte. Die Kokserzeugung brach im selben Umfang auf 5,4 Mio. Tonnen zusammen, während die Förderung des Ruhrbergbaus um 44 Prozent von 123,5 auf 73 Mio. Tonnen zurückging. Die Gaserzeugung verzeichnete dagegen nur eine Reduzierung von 8,6 Mrd. auf 5,3 Mrd. Kubikmeter oder 38 Prozent.[56] Hintergrund dieser unterproportionalen Entwicklung war die Abschaltung älterer Kokereien und die Konzentration auf modernere Anlagen. Die Ruhrgas zeigte nur auf den ersten Blick eine gegensätzliche Entwicklung, denn

---

54 Schreiben Lohmann an Rüstungsministerium zur Ausstellung eines Hausausweises für Wunsch vom 19. Mai 1943, in: BA R 4604/276.

55 Wolfgang Stelbrink, *Provinz oder Gau? Die beiden westfälischen NS-Gaue auf dem beschwerlichen Weg zu regionalen Funktionsinstanzen des NS-Staates*, in: Jürgen John/Horst Möller (Hrsg.), Die NS-Gaue. Regionale Mittelinstanzen im zentralistischen „Führerstaat", München 2007, 294–317, hier 313; Manfred Rasch, *Walter Rohland zwischen Kaiserreich und Bundesrepublik. Eine biografische Skizze*, in: ders. (Hg.), Findbuch zum Nachlass Walter Rohland (1898 bis 1981) und zum Bestand Ruhr Consulting, Duisburg 2001, 3–62, hier 28 ff.

56 Verein für die bergbaulichen Interessen (Hg.), *Jahrbuch für den Ruhrkohlenbezirk* 34 (1936), Essen 1936, statistischer Anhang; Gustav Hempel, *Die deutsche Montanindustrie*, Essen 1969, 128.

Tab. 1: Gasabsatz der Ruhrgas AG 1928 bis 1945.[57]

Jahr	Menge (Mio. m^3)	Veränderung (%)	Verkaufsgas (Mio. m^3/%)	Durchleitungsgas (Mio. m^3/%)
1928	130,0			
1929	420,0	+323,0		
1930	718,0	+70,1		
1931	796,9	+11,0	454,1 (57,0)	342,8 (43,0)
1932	846,6	+6,2	469,1 (55,5)	377,5 (44,5)
1933	1.076,5	+27,2	581,5 (54,0)	495,0 (46,0)
1934	1.398,5	+30,0	766,1 (54,8)	632,6 (45,2)
1935	1.672,2	+19,6	798,1 (47,7)	874,1 (52,3)
1936	2.026,7	+21,2	961,6 (47,4)	1.065,1 (52,6)
1937	2.346,4	+15,8	1.144,2 (48,8)	1.202,2 (51,2)
1938	2.679,4	+14,2	1.314,3 (49,1)	1.365,1 (50,9)
1939	2.949,1	+10,1	1.555,3 (52,2)	1.393,8 (47,8)
1940	2.844,0	−3,7	1.522,0 (53,3)	1.322,0 (46,7)
1941	2.931,5	+3,1	1.430,0 (48,8)	1.501,5 (51,2)
1942	3.126,9	+6,7	1.622,4 (51,8)	1.504,5 (48,2)
1943	3.343,2	+6,9	1.731,3 (51,8)	1.611,9 (48,2)
1944	3.206,5	−4,2	1.622,9 (50,7)	1.583,6 (49,3)
1945	320,3	−90,0	224,3 (70,0)	96,0 (30,0)

sie konnte zwar ihren Absatz ununterbrochen auf nun 850 Mio. Kubikmeter bei nur kurzen monatlichen Einbrüchen steigern, doch resultierte dies allein aus der vollständigen Inbetriebnahme des Leitungsnetzes und dem Anschluss neuer Verbraucher.[58]

Schon 1933 war die wieder anziehende Konjunktur bei der Ruhrgas deutlich spürbar, und der Absatz übersprang erstmals die magische Grenze von einer Mrd. Kubikmeter. Die folgenden Friedensjahre waren von einem rasanten Wachstum mit regelmäßig zweistelligen Zuwächsen geprägt. Auch wenn mit dem Zweiten Weltkrieg eine Phase der relativen Stagnation begann, folgte 1943 ein neuer Absatzrekord von 3,35 Mrd. Kubikmetern, während bei einer insgesamt stagnierenden Kokserzeugung die Kokereigaserzeugung schon 1939 einen Höchststand von 15,2 Mrd. Kubikmetern erreichte, der mit leichten Abstrichen

57 Tätigkeitsberichte Ruhrgas, 1. Quartal 1932, 1 f.; 4. Quartal 1932, 1 f., in: BBA 11/1803; Absatzbericht Ruhrgas Juli 1932 für Finanzausschuss, 1. August 1932, in: BBA 11/1803; Auszug aus der Niederschrift der Aufsichtsratssitzung der Ruhrgas am 24. Mai 1933, 2 f., in: RR 101-11.

58 Alle Werte gerundet. Eigene Zusammenstellung und Berechnung auf Grundlage der Geschäftsberichte der Ruhrgas 1928–1953 sowie der Absatz- und Tätigkeitsberichte Ruhrgas 1932–1941, in: BBA 11/1803, BBA 55/1749, BBA 55/1750, BBA 55/1854.

bis 1943 gehalten wurde. Die Schwachgaserzeugung durch Generatoren und Bezüge von den ab 1935 errichteten Hydrierwerken lag 1943 bei einem Maximalwert von zusammen 2,1 Mrd. Kubikmetern.[59] Die Entkopplung der Mengenentwicklung des Nebenproduktes Gas vom Hauptprodukt Koks war das Ergebnis der in der zweiten Hälfte der 1930er Jahre als Standard etablierten modernen Kokereitechnik.[60] Nachdem 1929 im Ruhrgebiet noch 100 Kokereien in Betrieb gewesen waren, arbeiteten mit diesem Standard ab 1936 bis zum Kriegsende nur noch rund 80.

Vor diesem Hintergrund zeichnete sich bereits Mitte der 1930er Jahre eine Absatzstruktur der Ruhrgas ab, deren Charakteristik nur noch wenig mit den Vorstellungen der Gründungszeit übereinstimmte. Von besonderer Bedeutung war die aufgrund der Vertragsgestaltung zwar schon Ende der 1920er Jahre erkennbare, sich nun aber schnell verfestigende Parität zwischen Verkaufsgas und Durchleitungsgas, die bis zum Ende des Zweiten Weltkrieges nur in geringem Maße schwankte. Damit verfügte die Ruhrgas nur für etwa die Hälfte der von ihr vertriebenen Mengen über ein freies Dispositionsrecht, während der Rest dem von den Aktionären vorbestimmten Abnehmerkreis vorbehalten blieb.[61] Auch wenn keine statistischen Daten über die Gesamtleistungsfähigkeit der Konzernzechen und auch nicht für weitere Jahre verfügbar sind, lagen deren Abgabemengen mit Sicherheit dauerhaft und erheblich unter ihren Möglichkeiten, sodass ihr Verhalten schon fast als Verweigerung gegenüber der Ruhrgas interpretiert werden kann. So vertrieb die GBAG 1936 rund ein Viertel des VSt-Konzernverbrauchs eigenständig und bediente sich außerdem des Thyssengas-Netzes.[62] 1938 erreichte der Anteil der Ruhrgas am Gesamtgasabsatz des Ruhrbergbaus an Verbraucher außerhalb der Zechen in Höhe von 6,3 Mrd. Kubikmetern gerade 37 Prozent und war weit entfernt von den ursprünglichen Plänen Potts, der zwar keine konkreten Zahlen genannt hatte, aber von einem erheblich höheren Organisationsgrad ausgegangen war.

Ähnliches gilt für den Anteil des Kommunalgases am Gesamtabsatz der Ruhrgas. In diesem Bereich war die Ruhrgas von Beginn an mit der ambitionierten Ankündigung angetreten, innerhalb absehbarer Zeit einen Großteil der Ortsgaserzeugung im Bereich ihres Leitungsnetzes durch Ferngaslieferungen

---

59 Ebd.; Rudolf Regul, *Der Bergbau in der Bundesrepublik Deutschland*, in: Wilhelm de la Sauce u. a. (Hrsg.), Jahrbuch des deutschen Bergbaus, 42 (1950), Essen 1950, 11*–78*, hier 19*.

60 Ress, *Kokereitechnik*, 468 ff., 563 ff.; Farrenkopf, *Koks*, Bd. 2, 199 ff.

61 Aufstellung zur Aufteilung der Gasabgabe der Ruhrgas auf die gasliefernden Konzerne, 1937, in: BBA 55/1747.

62 Gelsenkirchener Bergwerks-AG (Hg.), *10 Jahre Steinkohlenbergbau der Vereinigte Stahlwerke AG 1926–1936*, o. O., o. J. [Essen 1936], 50 f.

Abb. 8: Vorstand und Technischer Ausschuss der Ruhrgas: Die Spitzenvertreter der deutschen Ferngaswirtschaft, 1935 (Abschiedssitzung des technischen Ausschusses der Ruhrgas auf Schloss Horst, Gelsenkirchen, anlässlich des Wechsels von Alfred Pott nach Oberschlesien, wo er als Generalbevollmächtigter von Nikolaus Graf von Ballestrem in Gleiwitz dessen Firmenkonsortium leitete).

Hinten v. l. n. r.: Manthey (Ruhrgas), Seebauer (Ruhrgas), Hermann Niggemann (Handlungsbevollmächtigter der Rheinische Stahlwerke AG; Leiter der Kokereien der Prosper-Zechen), Kammüller (Ruhrgas), Kurt Traenkner (Ruhrgas [Vorstand ab 1949]), Schemmann (Ruhrgas), Wehberg (Ruhrgas), Lüder Segelken (Ferngas Schlesien AG), Agte (Maschinendirektor der Gelsenkirchener Bergwerks-AG Gruppe Bochum), Walther Wunsch (Ruhrgas (Vorstand ab 1949)), Hans Broche (Vorstand der Gewerkschaft Matthias Stinnes und des Mülheimer Bergwerksvereins (Stinnes-Konzern) mit Zuständigkeit für die Kohleveredelungsbetriebe, entwickelte zusammen mit Pott das Pott-Broche-Verfahren (Kohlehydrierung)), F. Müller (Leitung der Steinkohlengruben innerhalb der Hauptverwaltung Bergbau der Fried. Krupp AG), Fritz Gummert (Ruhrgas-Vorstand).

Vorne v. l. n. r.: Otto Herz (Prokurist der Bergbau-AG Ewald/König Ludwig), Alfred Luther (Leiter des Stickstoffwerks Hibernia der Bergwerksgesellschaft Hibernia AG), Fritz Baum (Ruhrgas-Vorstand), Walter Tönnesmann (Technischer Direktor der Gewerkschaft Steinkohlenbergwerk Friedrich der Große), Alfred Pott (Ruhrgas-Vorstand 1926–1935), Wilhelm Wollenweber (Vorstandsmitglied der Harpener Bergbau AG), Heinrich Bruns (Oberingenieur und Handlungsbevollmächtigter der Rheinische Stahlwerke AG; Leiter der technischen Abteilungen der Prosper-Zechen)).

zu ersetzen. Nun zeigte es sich, dass die schweren Auseinandersetzungen mit der kommunalen Gaswirtschaft in der Rückschau überflüssig gewesen waren. Trotz der erfolgreichen Einführung des Ferngases in Teilen des Rheinlands und Westfalens stagnierte der von den kommunalen Vertriebsgesellschaften durchgeführte Absatz im Privatkundensektor zwischen 1935 und 1939 bei unter zehn Prozent, während das Mengenwachstum fast ausschließlich dem gewerblichen und industriellen Sektor über Direktlieferungen zugutekam. Der Gesellschafterstruktur der Ruhrgas entsprechend, wurden regelmäßig rund drei Viertel des Industriegases durch die eisenschaffende und die eisenverarbeitende Industrie verbraucht, während auf die chemische Industrie maximal zehn Prozent, die Metallverarbeitung noch fünf Prozent und der Rest auf die Bereiche Glas und Keramik sowie Steine und Erden entfielen.[63] Die Überlegenheit der Gaswärme bei zahlreichen metallurgischen Prozessen führte dann ab Mitte der 1930er Jahre in vielen Unternehmen zu einer sukzessiven Umstellung der Energiebasis von vorrangig qualitätsorientierten Erzeugungslinien.[64] Damit entsprach die Gasverwendung bevorzugt den Anforderungen der expandierenden Rüstungsproduktion, welche die Ruhrgas ebenso förderte, wie sie im Gegenzug von ihr profitierte. Ausschlaggebend war hier die Abhängigkeit hochwertiger Stahlerzeugnisse von einer mehrfachen Wärmebehandlung.[65]

Die Schwäche des Haushaltsgasgeschäftes der Ruhrgas war ein Spiegelbild der kommunalen Gaswirtschaft im Deutschen Reich. Die Branche hatte sich nicht nur als äußerst krisenempfindlich erwiesen, sondern überschritt ihre Vorkrisenproduktion mit 3,15 Mrd. Kubikmetern erst 1938. Der Absatz der Ruhrgas erreichte zu diesem Zeitpunkt bereits 85 Prozent der kommunalen Gesamtproduktion und überstieg diese schließlich ab 1942.[66] Ein aus Sicht der Gemeinden erheblich besseres Bild zeigte sich allein beim Kokereigasbezug der Gaswerke, der seit 1929 fast durchgängig anwuchs, sich reichsweit bis 1938 auf rund 900 Mio. Kubikmeter verdoppelte und seinen Anteil am Absatz der Kommunen von 13 Prozent auf fast 30 Prozent steigerte. Damit war implizit auch die These

---

63 Tätigkeitsberichte Ruhrgas, 1. Quartal 1935, 3; 4. Quartal 1936, 4; 4. Quartal 1937, 3; 4. Quartal 1938, 3 f., in: BBA 55/1854.

64 Aigner, *Gas- oder Elektrowärme in der metallverarbeitenden Industrie*, in: GWF 74 (1931), 814–816; Paul Rheinländer, *Zusammenfassender Überblick über die industrielle Koksofengas-Verwendung*, in: SE 55 (1935), 1.163 f.; Walter Rohland, *Anwendung von Koksofengas in Qualitätsstahlwerken*, in: SE 55 (1935), 1.158; H. Elvers, *Das Gas als Wärmequelle in Gewerbe und Industrie*, in: Vollbrecht/Sternberg-Raasch (Hrsg.), Gas, 220–228.

65 VDEh, *Gemeinfassliche Darstellung*, 14. Aufl., 108 ff., 152 ff., 197 ff.; Ludwig Winkler, *Volkswirtschaftliche Wärmebilanz*, in: ZÖW 2 (1935), 105–111, hier 107; Aigner, *Elektrowärme*, 814.

66 Winkler, *Weg der deutschen Gaswirtschaft*, 1 f.; Tätigkeitsbericht Ruhrgas, 4. Quartal 1938, 2, in: BBA 55/1854; Maaß, *Neuordnung*, 10.

Abb. 9: Ruhrgas-Werbung aus der Zeitschrift Gas, Heft 2 (1936).

der Ruhrgas belegt, dass die Ferngasversorgung sowohl der kommunalen Einzelversorgung als auch der Gruppengasversorgung überlegen war. Das schwache Abschneiden der kommunalen Gaswirtschaft resultierte erstens aus ihrer nur bedingten Fähigkeit zum Strukturwandel. Der Ausbau der Gruppengasversorgung und die Entstehung einiger Großgaswerke hatte den Trend zur Heterogenität der Branche derart gefördert, dass von einer Einheitlichkeit keine Rede mehr sein konnte. Auf der einen Seite standen knapp 50 Unternehmen in städtischen und industriellen Ballungsräumen, die rund 80 Prozent des Absatzes auf sich vereinigten. Der Rest entfiel auf über 1.000 Klein- und Kleinstbetriebe, die sich meist in Regionen befanden, in denen weder ein Kokereigasbezug noch die Bildung einer wirtschaftlich arbeitenden Gruppengasversorgung möglich war.[67] Dennoch gestand Ruhrgas-Vorstand Baum bereits 1934 vor dem Aufsichtsrat der Ruhrgas ein, nicht nur die Verdrängung fester Brennstoffe durch das Gas, sondern auch die Möglichkeiten des kommunalen Gasmarktes insgesamt überschätzt zu haben.[68]

Als Hauptbelastungsfaktor galt zweitens die nicht lösbare Verbindung einer potenziell defizitären, weil äußerst kostenintensiven Erzeugung mit dem Ziel der Gemeindefinanzierung aus den Überschüssen der Stadtwerke. Die daraus folgende Tendenz hoher Preise wurde noch verschärft durch die fortgeführte Erhebung sogenannter Finanzzuschläge, einer Art Sondersteuer auf den Gasabsatz, die nach dem Ersten Weltkrieg als kommunales Finanzierungsinstrument eingeführt worden war.[69] Auch die Gruppengasunternehmen und selbst die von der Ruhrgas belieferten Vertriebsgesellschaften und Stadtwerke bedienten sich dieses Mittels, wie der Vorstand wiederholt kritisierte.[70] Wenig Verständnis zeigten Baum, Gummert und Seippel auch für die starren Tarife sowie die systematische Behinderung des Ferngasvertriebs durch die verbreitete Praxis, Direktlieferungen an industrielle Großverbraucher von der Zustimmung der Gemeinden abhängig zu machen und diese mit aus ihrer Sicht überhöhten finanziellen Forderungen für die Einräumung von Wegerechten und Folgekosten für den Umbau von Straßen zu verbinden. Tatsächlich betrachteten viele Städte und Gemeinden angesichts der einbrechenden Haushaltsgasmengen das Industriegasgeschäft als einzige Chance zur Absatzsteigerung und

67 Ebd.; Winkler, *Weg der deutschen Gaswirtschaft*, 1; Paul Herrmann, *Die deutsche Gasversorgung*, in: Braune Wirtschafts-Post 3 (1935/36), 504–506, hier 505.

68 Ruhrgas AR am 5. März 1934, 3, in: RR 101-11.

69 Voigt, *Gastarife und Kommunalfinanzen*, in: Vollbrecht/Sternberg-Raasch (Hrsg.), Gas, 317–320; Heinrich Apfelstedt, *Energiepolitik und Finanzpolitik*, in: ZÖW 3 (1936), 243–247, insbesondere 244 f.; Gebhardt, *Ursachen des Rückganges im Gasabsatz*, in: Gas 5 (1933), 103–105.

70 Z. B. GB Ruhrgas, 1934, 8 f.; 1935, 9 f.; 1936, 15.

Abb. 10: Indugas Gesellschaft für industrielle Gasverwendung, Werbung aus der Zeitschrift Gas, Heft 5 (1936).

erreichten in diesem Bereich durch massive Preissenkungen schon 1934 das Niveau von 1929.[71] Da fast alle Altverträge des RWE nach 25 Jahren 1937 ausliefen, sah sich der Vorstand der Ruhrgas nun einem enormen Druck ausgesetzt, umfangreiche Konzessionen bei Verlängerungen und Neuverträgen einzuräumen, die noch bei der Neuordnung des Unternehmens nach dem Zweiten Weltkrieg nachhaltige Wirkungen zeigen sollten.[72]

Gleichzeitig befand sich die deutsche Gaswirtschaft – und dies galt gleichermaßen für Kommunalbetriebe wie Ferngasversorger – in den 1930er Jahren in einem massiven Substitutionswettbewerb mit der Elektrizitätswirtschaft. Symptomatisch und beispielhaft für das Deutsche Reich war hier die Geschäftspolitik des RWE, dessen Absatzgebiete und Interessensphären sich in weiten Teilen mit denen der Ruhrgas deckten. Der Elektrizitätsversorger versuchte nun mittels eines ruinösen Wettbewerbs, das Gas als Konkurrenzenergie aus den Haushalten zu verbannen und die Kosten über Monopolgewinne beim Lichtstrom auszugleichen.[73] Dass diese Schritte schon wenige Monate nach Abgabe des Gasnetzes an die Ruhrgas 1928 begannen, war für diese bitter, denn es war vereinbart worden, weiterhin auf dem Gebiet der Gasversorgung zu kooperieren, zumal das RWE noch zahlreiche Lieferverträge auf eigene Rechnung erfüllte. Das RWE wurde nun zum Wegbereiter der elektrischen Küche, die es ebenso förderte wie die elektrische Heizung und Warmwasserbereitung, und griff damit die letzte Domäne des Gases an.[74] Das Vorbild fand schnell Nachahmung in ganz Deutschland, wo dem Gas außerdem seine Position im Bereich von Handwerk und Gewerbe streitig gemacht wurde. Dazu kam der sukzessive Verlust des öffentlichen Beleuchtungssektors, der zunehmend auf Elektrizität umgestellt wurde.[75] Schon 1935 gab daher die Ruhrgas den Kampf gegen die übermächtige Konkurrenz auf. Nach dem „Elektrowärmetag" im Mai 1935 in Essen resümierte Baum ernüchtert: „Praktisch hat sich die Elektrizität durch technische und wirtschaftliche Überlegenheit die ganze Welt erobert".[76] Nachdem die Ruhrgas noch Anfang der 1930er Jahre mit der Gasverwendung im Haushalt geworben hatte, konzentrierte sie ihre Aktivitäten auf die Industrie und ließ neben Broschüren etwa den Anfang Oktober 1937 in der Essener Lichtburg ur-

71 Winkler, *Weg der deutschen Gaswirtschaft*, 17 ff.

72 Vertraulicher GB Ruhrgas, 1937, 8 ff., in: HKR C 1/461.

73 Günther Nimsch, *Der gegenwärtige Stand des Wettbewerbes zwischen Elektrizität und Gas mit besonderer Berücksichtigung der Verwendung im Haushalt*, Diss. Berlin 1935, Würzburg 1935, 10 f.

74 Zängl, *Deutschlands Strom*, 150 ff.

75 Winkler, *Weg der deutschen Gaswirtschaft*, 22 ff.

76 Ruhrgas AR am 26. Juni 1935, 6 f., in: RR 101-11; Herbert F. Mueller, *Elektrowärme in gasversorgten Städten*, in: ZÖW 2 (1935), 50–52.

aufgeführten Kulturfilm „Adern der Wirtschaft – Ferngasstraßen im Dritten Reich" produzieren.[77] Den Einstieg in das neue Geschäftsfeld gasbetriebener Kraftfahrzeuge verpasste die Ruhrgas schließlich, da sie den Markt falsch einschätzte und dieser schließlich von den Aktionären und dem Benzol-Verband bestimmt wurde.[78]

Vor diesem Hintergrund befand sich die Ruhrgas Mitte der 1930er Jahre im Spannungsfeld eines vielschichtigen Konkurrenzsystems. Neben den Aktivitäten der eigenen Aktionäre und der Konkurrenz der Elektrizitätswirtschaft trübte aber vor allem der ab 1934 wieder verstärkt aufkeimende Widerstand der Kommunalwirtschaft gegenüber dem Ferngas die Stimmung. Ausschlaggebend für die große Unsicherheit, welche die geschäftliche Entwicklung der Ruhrgas über mehrere Jahre begleiten sollte, war die für den Vorstand nur schwer einschätzbare Richtung der Energiepolitik. Auch wenn sich die grundsätzlichen Tendenzen des EnWG mit seiner Bevorzugung der Verbundwirtschaft und großtechnischer Strukturen bald abzeichneten, behinderte der teilweise Zerfall der marktwirtschaftlich orientierten und rechtlich bindenden Wirtschaftsordnung die strategische Unternehmenspolitik. Gerade im Bereich der lokalen und regionalen Gaswirtschaft sorgten die systembedingte Berücksichtigung von Partikularinteressen im Nationalsozialismus und die zunehmend enge Verbindung von staatlichen und parteilichen Funktionen für ein schwieriges Umfeld. Die rasch in Spitzenstellungen des politischen Apparates aufsteigenden Leiter der großen Stadtwerke und Gruppengasgesellschaften nutzten ihre neue Position umgehend zur Förderung ihrer Ziele. Dabei waren nicht nur die Protagonisten dieselben wie in den 1920er Jahren, sondern auch die Vorwürfe gegenüber der Ruhrgas. Die Auseinandersetzung besaß jedoch eine neue Qualität durch die Einbeziehung der Elektrizitätswirtschaft, sodass sich die Ruhrgas unvermittelt auf eine Ebene mit Unternehmen gestellt sah, die sie selbst als Konkurrenz betrachtete. Es ging der Ortsgaswirtschaft um nicht weniger als die Vermeidung einer großflächigen Energieverbundwirtschaft gleich welcher Ausprä-

---

77 Johannes Jehnigen, *Ferngas im Westen Deutschlands, seine Bedeutung für Industrie und Gewerbe*, Düsseldorf 1934; Ruhrgas an GBAG-Hauptverwaltung Essen, 20. September 1937, zum Kulturfilm „Adern der Wirtschaft – Ferngasstraßen im Dritten Reich", in: BBA 55/1752; Rundschreiben Ruhrgas an Aktionäre, 20. September 1937, in: BBA 29/3113.

78 NSDAP Gau Essen, Hauptabteilung Amt für Technik Gau Essen, 27. Mai 1935, an GBAG, in: BBA 55/1748; H. Gönningen, *Flüssiggase zum Antrieb von Kraftfahrzeugen*, in: JBG 15 (1934), 33–42; F. Martin, *Ruhrgasol*, in: JBG 15 (1934), 43–45; Ruhrgas an Vögler, 24. Mai 1935, in: BBA 55/1750; Ruhrgas AR am 26. Juni 1935, 4, in: RR 101-11; Aktennotiz GBAG, 19. Januar 1935, [ohne Autor], zur Umstellung von LKW auf gasförmige Treibstoffe, in: BBA 55/1750; Aktennotiz über die Geschäftsbesprechung zwischen GBAG und Ruhrgas am 7. Juli 1941, in: BBA 55/1746.

gung unter Ausschaltung kleinerer Erzeugungseinheiten und vor allem der kommunalen Einflussmöglichkeiten.[79]

Da das nationalsozialistische System eine ausgreifende Debatte um die Vor- und Nachteile der Ferngas- und Gruppengasversorgung nach Vorbild der 1920er Jahre unterband, avancierten Forderungen nach Wettbewerbssteuerung und Investitionslenkung bald zur Standarddialektik der kommunalen Gaswirtschaft. Inwieweit gegensätzliche Meinungen unterdrückt oder aber gar nicht erst geäußert wurden, lässt sich angesichts der inhaltlichen Gleichförmigkeit der vergleichsweise geringen Anzahl öffentlicher Beiträge allerdings nur schwer beurteilen.[80] Neben die in der Frühphase des Nationalsozialismus noch salonfähige antikapitalistische Haltung traten bald systemtypische Aspekte der Wehrwirtschaft und der Blut-und-Boden-Ideologie. Schon früh verwiesen die Vertreter der kommunalen Gaswirtschaft auf die Gefahren zentralisierter Strukturen im Kriegsfalle, die Bedeutung einer starken lokalen Energieversorgungsbasis für die Siedlungspolitik und ihre positiven Effekte auf die Arbeitsmarktentwicklung durch Gewerbe- und Industrieansiedlungen.[81] Dass die Auseinandersetzungen mit der kommunalen Gaswirtschaft mit harten Bandagen und folglich weiterhin mit teilweise unsachlichen oder längst widerlegten Aussagen geführt wurden, bekam die Ruhrgas schon früh zu spüren. Eingaben und Denkschriften von kommunaler Seite an Reichs- und Parteistellen behaupteten, dass die bisherigen Verluste des Unternehmens seine Unrentabilität bewiesen hätten und der Ruhrbergbau nur versuche, die Kosten der Ferngasversorgung auf die Öffentlichkeit abzuwälzen und Gewinne zu maximieren. Die lokale Presse machte die Ruhrgas für die Existenz von Kokshalden als Resultat einer vermeintlichen Überproduktion von Ferngas verantwortlich und bezichtigte sie, die Übernahme der deutschen Gaswirtschaft durch „Enteignung" kommunaler Werke zu betreiben.[82]

So schmerzlich diese öffentlichen Diskussionen aus Sicht der Ruhrgas auch waren – die wahre Gefahr lauerte hinter den Kulissen, denn die kommunale Gaswirtschaft propagierte nun eine grundlegende Neuordnung der Gaswirtschaft mit dem Ziel, Teile des innerdeutschen Koksmarktes zu überneh-

---

79 Richard Nübling, *Neuzeitliche Fragen der Energiewirtschaft*, in: GWF 78 (1934), 161–166, hier 161, 165 f.; ders., *Planvolle Energiewirtschaft*, in: AWD 15 (1934), 197–198.

80 Naunin, *Ferngasversorgung und Gemeinden im nationalsozialistischen Staate*, in: Die nationalsozialistische Gemeinde 1934, 83 f.; Gustav Nietzsche, *Die Zechengas-Fernversorgung Deutschlands*, in: ebd., 109 f.

81 Ludwig Winkler, *Gedanken zum Ferngasproblem*, in: ZÖW 1 (1934), 407–410; Karl Strölin, *Die Zukunft der gemeindlichen Elektrizitäts- und Gasversorgung*, in: ZÖW 2 (1935), 298–299; Heinz Behrens, *Aufgaben der Gaswirtschaft*, in: GWF 79 (1935), 661–663.

82 Ruhrgas AR am 26. Juni 1935, 3 ff., in: RR 101-11.

men. Das Vorhaben sah eine Verlagerung der Kokserzeugung von den Kokereien auf die Gaswerke in dem Maße vor, dass der Bergbau lediglich den Bedarf der Eisen- und Stahlindustrie und die Exportmengen erzeugte, während die Gaswerke neben ihrem bisherigen Absatz alle anderen Verbraucher belieferten und Importe überflüssig machten.[83] Dazu sollten die Gaswerke von „Gasfahrt“ auf „Koksfahrt“, die bevorzugte Erzeugung hochwertigen Kokses, umgestellt und die damit verbundene Mehrproduktion an Gas zum Ausbau der lokalen und regionalen Märkte genutzt werden. In der Debatte verbanden sich bald militärische und nationalpolitische Gesichtspunkte mit Autarkie-Utopien einer kommunalen Treibstoffgewinnung nach dem Fischer-Tropsch-Verfahren, sodass sich hier ein nicht unerhebliches Bedrohungsszenario abzeichnete, da wirtschaftliche Argumente nicht zogen.[84] Angesichts der Brisanz der Situation und der Unklarheit über die weitere Entwicklung deutete sich Ende 1935 sogar eine Überwindung der seit den 1920er Jahren latent schwelenden Interessengegensätze zwischen RWKS und Ruhrgas an. Ende 1935 herrschte Übereinstimmung, bei allen weiteren Erörterungen das Gesamtinteresse des Ruhrbergbaus in den Vordergrund zu stellen.[85] Dies war wenig verwunderlich, denn für die Ruhrgas ging es möglicherweise um die Existenz, sicherlich aber um die Eigenständigkeit als Ferngasversorger des Ruhrbergbaus, und für diesen um eine Koksmenge von rund fünf Mio. Tonnen sowie ein erneutes Sortenproblem und mit Sicherheit einen Preiskampf. Auf Anregung Potts wurde schließlich eine Eingabe an die Reichsregierung beschlossen, die den betriebswirtschaftlich obsoleten Charakter der Kalkulationen und die volkswirtschaftlich insgesamt negativen Folgen herausstellen sollte. „Die Pläne der Gasanstalten haben kein volkswirtschaftlich berechtigtes Ziel, sondern ihr innerer Grund ist nur der Kampf gegen das Ruhrgas“, so Pott.[86]

Gleichzeitig begannen das Kohlensyndikat und die Ruhrgas mit einer umfangreichen Lobbyarbeit, um wirtschaftspolitisch einflussreiche Persönlichkeiten, das Reichswirtschaftsministerium und das Reichsinnenministerium auf

---

83 Ernst Schumacher, Einseitige Beweggründe der Ferngasinteressenten, Denkschrift vom Oktober 1933. Auszüge, in: BBA 33/883; Aktennotiz Baum, 20. Januar 1936, 1 f., in: BBA 33/883.
84 Ernst Schumacher, *Gerade Wege – feste Ziele in der deutschen Gaswirtschaft*, in: ZÖW 2 (1935), 376–382; Klaus Schlie, Ferngas. Gutachten vom 1. März 1935. Auszüge, in: BBA 33/883; Aktennotiz Baum, 20. Januar 1936, 2 ff., in: BBA 33/883. Schlie war stellvertretender Gauwirtschaftsberater von Hessen-Nassau; Ludwig Winkler, *Die Probleme der Gaswirtschaft in der deutschen Energieversorgung*, in: GWF 79 (1935), 845–848, 876–880.
85 Niederschrift einer Besprechung zwischen dem Vorstand der Ruhrgas und der Geschäftsführung des RWKS am 30. Dezember 1935, 2, in: BBA 33/883.
86 Ebd., 5; Ausarbeitung des RWKS zur Umstellung der Gaswerke von Gasfahrt auf Koksfahrt, 17. Januar 1936, in: BBA 33/883.

ihre Seite zu ziehen.[87] Die Grundlage der Argumentation bildete der seit den 1920er Jahren bestehende Plan, die Kohlenreviere Westdeutschlands und geeignete „Gasstützpunkte" zu einem leistungsfähigen Verbundsystem zusammenzuführen. Dieses zeichne sich, so die Autoren, durch den kurz zuvor erfolgten Anschluss des Saargebietes an die Stadt Mannheim bereits ab, sodass nun nur noch die abschließende Verbindung der „drei großen Gas-Stränge im Rhein-Main Becken" fehle, um danach noch Stuttgart einzubinden.[88] Damit wurde bereits in der Einleitung die zweite Zielsetzung der Ruhrgas deutlich: die Vorbereitung des in dieser Zeit auch zur Abwehr der kommunalen Pläne eingeleiteten Vorstoßes nach Süden, die eindeutig an die nationalsozialistischen Vorstellungen einer Großraumversorgung anknüpften. Tatsächlich hatte der Vorstand der Ruhrgas eine solche bis dahin aber eher abgelehnt.[89] Den Abschluss bildete die zwar nur implizit formulierte, jedoch offen erkennbare und unverblümte Forderung nach einer weitgehenden Stilllegung der Ortsgaswirtschaft nach Vorbild der Stadt Köln. Mittel zum Zweck seien ein einheitlicher Plan der nationalen Energiewirtschaft auch im Gassektor, „der insbesondere die Situation entlang der Leitungstrassen berücksichtigt", und die Bildung von Gaswirtschaftsprovinzen.[90] Kurz darauf publizierte Seippel schließlich die Ruhrgas-Position, ohne dass sich daraus eine öffentliche Diskussion entwickelte, was darauf schließen lässt, dass diese unterbunden wurde, da sich im Verlauf des Frühjahrs 1936 auch für die Gasversorgung ein eindeutiges staatliches Bekenntnis zugunsten eines Großversorgungssystems im Rahmen des Vierjahresplans entwickelte.[91]

Die politische Festlegung auf den Vorrang der Gasfernversorgung sorgte nun schnell für die Übernahme der Meinungsführerschaft durch deren Prota-

---

87 Schreiben Kellermann (GHH) an Baum, 20. Januar 1936, in: BBA 33/883; Niederschrift einer Besprechung zwischen dem Vorstand der Ruhrgas und der Geschäftsführung des RWKS am 30. Dezember 1935, 8, in: BBA 33/883; Aktennotiz Herbig (RWKS), 3. Februar 1936 für Generaldirektor Janus (RWKS), in: BBA 33/883; Schreiben Roelen (Thyssengas) an Kellermann (GHH), 17. Februar 1936, in: BBA 33/883; Schreiben Lenze an Thyssen, 5. Februar 1936, in: BBA 33/883; Schreiben Kellermann an Thyssen, 11. Februar 1936, in: BBA 33/883.

88 Entgegnung des RWKS und der Ruhrgas „auf den von Seiten der kommunalen Gaswerke gebrachten Vorschlag, die Kokserzeugung für den Inlandsbedarf von den Zechen auf die Gaswerke zu verlegen" (Entwurf), 10. März 1936, in: BBA 33/883; „Ferngasverbundwirtschaft auf der Grundlage der Steinkohlenvorkommen an Ruhr, Wurm und Saar", Geheime Reichssache vom April 1936, 1, in: BA R 4604/279.

89 Ebd., 2 ff.

90 Ebd., 5.

91 Hermann Seippel, *Verlagerung der Kokserzeugung?*, in: Gas 8 (1936), 115–117; ders., *Aktuelle Fragen der Ferngasversorgung. Verlagerung der Kokserzeugung?*, in: Deutsche Bergwerkszeitung vom 27. Mai 1936, in: BBA 20/3112. In den Zeitschriften GWF und ZÖW erfolgte keinerlei Replik.

gonisten. Während sich der Vorstand der Ruhrgas weitgehend mit öffentlichen Äußerungen zurückhielt und sich allenfalls technischen Aspekten oder der Rekapitulation bekannter Tatsachen widmete,[92] avancierte mit Lüder Segelken die aufstrebende Persönlichkeit der oberschlesischen Gaswirtschaft zu ihrem publizistischen Motor.[93] Nachdem er als intimer Kenner der Gaswirtschaft des Großraums Frankfurt schon früh gegen die dortige Entwicklung angeschrieben hatte,[94] erschien 1937 unter dem Titel „Großraumwirtschaft in der deutschen Gasversorgung" das ideologisch-dogmatische Standardwerk der nationalsozialistischen Gaswirtschaft.[95] Darin stellte er in Adaption der älteren Entwürfe der AGKV und in Anlehnung an die Entwicklung der Elektrizitätswirtschaft einen neuen Plan vor, auf Basis der Bergbaureviere große Teile Deutschlands durch ein „Gasringnetz" zu erschließen, in das nur noch 17 kommunale Großgaswerke eingebunden sein sollten.[96] Auch wenn dieses Vorhaben nicht einmal in Ansätzen realisiert wurde, wirkten Segelkens Aussagen zur vergleichsweisen Unwirtschaftlichkeit selbst der Gruppengasversorgung und der Unsinnigkeit einer verstärkten Koksproduktion der Ortsgaswerke sowie seine Aufforderung an die Kommunen, sich der neuen Aufgabe zu stellen, mehr als „überzeugend".[97] Unterstützt und damit offiziell wurde diese Sicht durch Krecke und Georg Seebauer vom Amt für Technik.[98] Von nun an waren die Vertreter der Kommunalgaswirtschaft ideologisch „gleichgeschaltet" und lobten, soweit sie sich überhaupt noch äußerten, in eigenen Veröffentlichungen die Großraumgaswirtschaft.[99]

---

92 Kurt Traenckner, *Gasquellen der heutigen und künftigen Gasversorgung Deutschlands*, in: GWF 83 (1939), 590–595; Walther Wunsch, *Betriebstechnik großer Ferngasleitungen*, in: GWF 83 (1939), 673–678; ders., *Fortschritte in der Technik der Ferngasversorgung*, in: ZVDI 84 (1940), 2–10; Fritz Gummert, *Wirtschaftliche Fragen des deutschen Gasfaches*, in: GWF 85 (1942), 505–508.

93 Mit Kriegsbeginn wurde Segelken dann analog zu Wunsch in Westdeutschland Bezirkslastverteiler Schlesien und 1943 zum Sonderbeauftragten des Reichsministers Speer „zur Sicherstellung und Freimachung der erforderlichen Gasmengen in Oberschlesien".

94 Lüder Segelken, *Ferngasversorgungs-Wirtschaft als Eckpfeiler im Neubau der deutschen Energiewirtschaft*, in: Gas 7 (1935), 1–8; ders., *Die Kokereigasfrage im Gebiet des nordwesteuropäischen Kohlengürtels*, in: Gas 8 (1936), 124–130, 155–160; ders., *Gas-Verbundwirtschaft*, in: ZVDI 80 (1936), 1.050–1.054.

95 Ders., *Großraumwirtschaft in der deutschen Gasversorgung*, München 1937.

96 Ebd., 5, 17, 99 ff.

97 Ebd., 114 ff., 123 ff., 137 ff.

98 Krecke, *Energiewirtschaft*, 93 ff.; Georg Seebauer, *Gas-Verbundwirtschaft*, in: DVNW 6 (1937), 258 f.

99 Heinrich Apfelstedt, *Umrisse einer Reichsverbundwirtschaft*, in: ZÖW 4 (1937), 338–340; Ludwig Winkler, *Wo steht die deutsche Gaswirtschaft?*, in: ZÖW 5 (1938), 197–201; Gerdes, *Ein Wort zur Frage: Großraum-Gaswirtschaft*, in: DT 6 (1938), 113–115.

Bei der Ruhrgas entsprachen die Vollversorgungsversprechen der 1920er Jahre zu diesem Zeitpunkt aber längst nicht mehr der Realität. Tatsächlich verfügte der Gasversorger nicht mehr über geradezu unerschöpfliche Reserven, die nur auf ihre Verteilung warteten, sondern kämpfte mit einem Mengendefizit, das sich spätestens ab 1937 abgezeichnet hatte, ohne dass entsprechende Gegenmaßnahmen der Aktionäre oder der energiewirtschaftlichen NS-Lenkungsorgane erfolgt wären. Noch Ende 1935 hatte der Vorstand eindringlich davor gewarnt, weitere Zechen anzuschließen, und es zudem kategorisch abgelehnt, einen von vielen Aktionären geforderten Beteiligungsschlüssel für den Kaufgasabsatz vorzulegen.[100] Im Frühjahr 1936 war die Diskrepanz zwischen den Kaufgasabnahmeverpflichtungen der Ruhrgas und dem Absatz schließlich auf mehr als 25 Prozent angewachsen, während die Versuche, die Aktionäre zur Reduzierung ihres Lieferrechts zu bewegen, ergebnislos blieben.[101] Und auch in der ersten Hälfte 1937 hatte sich weitgehend das bekannte Bild gezeigt. Dennoch häuften sich bald die ersten Anzeichen einer Veränderung, denn zahlreiche Aktionäre der Ruhrgas hielten sich auffällig mit konkreten Angaben zu ihren Liefermengen für 1938 zurück, was auf eine bevorstehende Gasverknappung hindeutete. Der Umschwung erfolgte dann schneller als erwartet, denn bis November 1937 überstieg die Gasnachfrage die Voranmeldungen um täglich 500.000 Kubikmeter.[102] Diese rund 150 Mio. Kubikmeter pro Jahr konnte die Ruhrgas noch aus den freien Überschussmengen kompensieren. Der Vorstand zeigte sich auch im Sommer 1938 noch zuversichtlich, den erwarteten Bedarf der Jahre 1938 und 1939 durch den nun forcierten Neuanschluss von Kokereien mit prognostizierten jährlichen Zuwächsen von bis zu 250 Mio. Kubikmetern pro Jahr zu decken.[103] Interne Schätzungen der GBAG gingen allerdings gleichzeitig davon aus, dass im Winter 1938/39 mit einer großen Gasknappheit zu rechnen sei.[104] Worauf die Annahmen des Ruhrgas-Vorstandes beruhten, ist nicht nachvollziehbar, zumal es bereits zwischenzeitlich Lieferengpässe gegeben hatte.[105]

100 Arbeits- und Finanzausschuss AR Ruhrgas am 22. November 1935, 3 f., in: BBA 55/1750.

101 Arbeits- und Finanzausschuss AR Ruhrgas am 16. April 1936, 1 f., in: BBA 55/1750.

102 Aktennotiz zur Besprechung zwischen GBAG und Ruhrgas am 24. November 1937, in: BBA 55/1746.

103 Tätigkeitsbericht Ruhrgas, 4. Quartal 1937, 2, in: BBA 55/1854; Aktennotiz zur Besprechung zwischen GBAG und Ruhrgas am 23. Juni 1938, 1 f., in: BBA 55/1746.

104 Niederschrift über die Sitzung der Abteilung H der GBAG am 19. Juli 1938, 3, in: BBA 55/1746.

105 Aktennotiz zur Besprechung zwischen GBAG und Ruhrgas am 23. Juni 1938, 1, in: BBA 55/1746.

Schon Anfang 1939 bestätigten sich dann die Befürchtungen der GBAG eindrucksvoll, und es offenbarte sich das drastische Ausmaß der Verknappung. Obwohl die Ruhrgas Ende 1938 eine weitgehende Anschlusssperre für Neukunden und eine Mengenbegrenzung für Altkunden verhängt hatte, die bald darauf sogar auf Werke des Vierjahresplans wie die Chemische Werke Hüls AG (CWH) ausgedehnt werden musste, sorgte der stetig ansteigende Mengenabruf für schweren Verdruss auf allen Seiten.[106] Rüstungsunternehmen wie Krupp und Hoesch versuchten, ihren Vierjahresplan-Sonderstatus zur Durchsetzung erweiterter Gaslieferungen zu nutzen und drohten sogar, „dass sie unter Umständen die persönliche Entscheidung des Führers anrufen wollten".[107] Solche Drohungen waren jedoch wirkungslos, denn selbst Forderungen des Generalbevollmächtigten für die Wirtschaft, Reichswirtschaftsminister Funk, der große Mengen Kokereigas zur Synthesegasherstellung für die Benzinerzeugung angefordert hatte, konnten nicht erfüllt werden. Unvermittelt setzte sich die Einsicht durch, dass das seit 1926 immer wieder hervorgehobene Prinzip des „offenen Hahnes" endgültig beendet war, und daran konnte weder das Eingreifen des Generalbevollmächtigten für die deutsche Energiewirtschaft, Dillgardt, noch von Vögler, der vom Ruhrgas-Vorstand im April 1939 durch einen Brandbrief unterrichtet wurde, etwas ändern.[108]

Um welche Volumina es letztlich ging, ist aus den Akten nicht ersichtlich, doch waren die Fehlmengen so elementar, dass von der Industrie bereits einschneidende Produktionsausfälle beklagt wurden. Es verfestigte sich nun das Bild einer Mangelsituation, auch hervorgerufen durch die sich immer weiter öffnende Schere zwischen vertraglich zugesicherten, aber nicht bereitgestellten Kaufgasmengen der Aktionäre und einer die ursprünglichen Anforderungen teilweise um das Doppelte übersteigenden Mengenabfrage. Der Vorstand warnte im Hinblick auf einen bis Mitte 1940 erwarteten Mengenzuwachs von gerade 80 Mio. Kubikmetern oder rund 2,5 Prozent des Jahresgesamtvolumens eindringlich, dass „andere Maßnahmen getroffen werden müssen, wenn man nicht zulassen will, dass sich die Ferngasversorgung vollkommen festfährt".[109] Da selbst das Potenzial, weitere Kokereien auf Schwachgasfeuerung umzustellen, ausgeschöpft sei, komme man bereits im Winter 1939/40 nicht ohne umfassende Rationierungsmaßnahmen aus. Als Ausweg biete sich nur die „vorübergehende Einschaltung rheinischer Braunkohle durch das Lurgi-Druckverfahren"

---

106 Baum und Wunsch an Vögler, 13. April 1939, 2, in: BBA 55/1752.
107 Aktennotiz zur Besprechung zwischen GBAG und Ruhrgas am 16. Februar 1939, 5, in: BBA 55/1746.
108 Baum und Wunsch an Vögler, 13. April 1939, in: BBA 55/1752.
109 Ebd., 4 f.

oder die Weiterentwicklung der bislang unbefriedigenden, weil technisch noch nicht ausgereiften restlosen Steinkohlenvergasung an.[110] Alle anderen Vorschläge zur Freimachung von Kokereigas hätten dagegen Produktionseinschränkungen bei der Kohlehydrierung oder der Stickstofferzeugung nach sich gezogen.[111] GBAG-Chef Knepper unterstützte diese eindringliche Prognose, sah aber weiteres Potenzial in Höhe von rund zehn Prozent des aktuellen Ruhrgas-Absatzes durch die verstärkte Gewinnung von Generatorgas und die Errichtung weiterer Gasbehälter.[112] Der Ausbau der Zwischenspeicherkapazitäten war vor allem deswegen von besonderer Bedeutung, weil der kontinuierlichen Koks- und Gaserzeugung immer noch ein diskontinuierlicher Verbrauch durch die Produktionseinschränkungen der Industrie in der Nacht oder an Wochenenden gegenüberstand und Gas abgefackelt werden musste.[113] Dass der Ruhrgas keine größeren Mengen zur Verfügung standen, war auch ein direktes Ergebnis der unerfüllten Hoffnung, durch eine vollständige Umstellung der Ofenunterfeuerung auf Schwachgase möglichst die gesamte Kokereigasproduktion des Ruhrbergbaus für den Vertrieb freimachen zu können. Tatsächlich aber wurden in diesem Bereich im Verlauf der 1930er Jahre keinerlei Fortschritte erzielt, denn der Anteil des zur Unterfeuerung verwendeten Kokereigases blieb stabil bei rund 60 Prozent.[114]

Als bedeutendes Hindernis erwiesen sich in diesem Kontext zudem die anfangs hohen Überschussgasmengen bei vergleichsweise höheren Kosten der Gaserzeugung für den Selbstverbrauch im Rahmen eines Generatorbetriebs, ab Mitte des Jahrzehnts dann aber zunehmend Materialengpässe bei der Maschinenbau- und Zulieferindustrie sowie fehlende Vorrangigkeitsbestätigungen. So hatte 1934/35 insbesondere die GBAG zur Sicherung der Selbstversorgung noch eine größere Anzahl an Generatoren errichtet, während die meisten anderen Unternehmen sich grundsätzlich zurückhielten oder untätig blieben. Danach erstarb die Diskussion um die Schwachgaserzeugung für mehrere Jahre nahezu

110 Ebd., 7 f.

111 Aufstellung der Ruhrgas über Verwendung des Kokereigases zur Unterfeuerung und zum Selbstverbrauch 1938, 3 f., in: BA R 4604/293.

112 Knepper an Vögler, 21. April 1939, zum Ruhrgas-Schreiben vom 13. April 1939, in: BBA 55/1752.

113 Selbst im zweiten Kriegsjahr änderte sich dies nicht. Abteilung H der GBAG an Abteilung B, 25. Juli 1940, sowie dsgl., 18. September 1940, für Juli/August, in: BBA 55/1752.

114 Aufstellung der Ruhrgas, [o. D.], über den Kokereigasbedarf zur Unterfeuerung und zum Selbstverbrauch 1938, in: BA R 4604/293; Bericht von Heinrich Lent (VSt) über die gaswirtschaftliche Lage im rheinisch-westfälischen Industriegebiet, 20. Mai 1937 [Abschrift] mit Übersicht des Anlagenbestandes, in: BA R 4604/279; Otto Dünbier, Stellungnahme zur Frage der verfügbaren Gasreserven des Ruhrgebiets vom Juni 1935, in: BBA 55/1750; Knepper an Vögler, 21. April 1939, zum Ruhrgas-Schreiben vom 13. April 1939, in: BBA 55/1752.

vollständig, um erst jetzt, kurz vor Kriegsbeginn, wiederaufzuleben.[115] Vor diesem Hintergrund waren dem Vorstand der Ruhrgas in vielfältiger Hinsicht die Hände gebunden. Angesichts der unterschwellig weiterschwelenden Gegensätze der Ruhrgas-Aktionäre befanden sich Baum und Gummert in einer unangenehmen Situation. Die latenten Spannungen ergaben sich vor allem aus dem Verhältnis zwischen den kleineren Anteilseignern und dem Hauptaktionär VSt, der, gemessen an seiner Beteiligung und den Mengenrelationen, überproportional von der Tätigkeit der Ruhrgas profitierte. So war es ein offenes Geheimnis, dass Knepper weiterhin einen bestimmenden Einfluss auf die Geschäftspolitik des Gasversorgers nahm.[116] Daraus resultierte die verbreitete Unlust der anderen Aktionäre, für ein Projekt zu zahlen, das zwar in gesamtwirtschaftlicher Perspektive oder für die Branche von herausragender Bedeutung war, in der internen Kosten-Nutzen-Rechnung jedoch nicht mit anderen Investitionsvorhaben konkurrieren konnte, zumal es immer auch der VSt diente.

Geschäftliche Beziehungen oder gar Kooperationen mit den im Sommer 1937 gegründeten Reichswerken Hermann Göring, die ebenfalls bedeutende Kokereikapazitäten aufbauten, sind nicht nachweisbar.[117] Dafür bestand letztlich auch kaum Anlass. Nachdem 1940 die Ferngasgesellschaft mbH der Reichswerke Hermann Göring gegründet worden war, konnte erst 1942 die Leitung zwischen Hannover und dem Raum Braunschweig/Salzgitter fertiggestellt werden. Damit bestand zwar erstmals eine Verbindung zwischen dem Ruhrgebiet und Berlin, doch wurden u. a. durch den bereits 1940 erfolgten Anschluss der Reichshauptstadt an die Reichswerke deren Überschussgase ausschließlich im mitteldeutschen Raum vertrieben, während Ruhrgas-Kontingente ausschließlich im angestammten Liefergebiet verteilt wurden.[118]

---

115 Aktennotizen über die Besprechungen zwischen GBAG und Ruhrgas am 28. März 1933 und 18. November 1933 u. a. zur Generatorfrage, in: BBA 55/1745; Absatz- und Tätigkeitsberichte Ruhrgas 1932–1941, in: BBA 11/1803, BBA 55/1749, BBA 55/1750, BBA 55/1854.

116 Zu den regelmäßigen Besprechungen siehe u. a. BBA 55/1745, BBA 55/1746 und BBA 55/1750, zu den Quartalsberichten: BBA 11/1803, BBA 55/1749, BBA 55/1750, BBA 55/1854.

117 August Meyer, *Das Syndikat. Reichswerke „Hermann Göring"*, Braunschweig 1986; Gerd Wysocki, *Arbeit für den Krieg. Herrschaftsmechanismen in der Rüstungsindustrie des „Dritten Reiches"; Arbeitseinsatz, Sozialpolitik und staatspolizeiliche Repression bei den Reichswerken „Hermann Göring" im Salzgitter-Gebiet 1937/38 bis 1945*, Braunschweig 1992; Arbeits- und Finanzausschuss AR Ruhrgas am 6. August 1937, 5, in: BBA 20/3112. Zur Diskussion der Montankonzerne des Ruhrgebiets über das Verhalten gegenüber den Reichswerken vgl. Thomas Mollin, *Montankonzerne und „Drittes Reich". Der Gegensatz zwischen Monopolindustrie und Befehlswirtschaft in der deutschen Rüstung und Expansion 1936–1944*, Göttingen 1988, 148 ff.

118 Roelen an GIWE, 1. Februar 1942, 5, in: BA R 4604/417; Vortrag Lohmann im Fachausschuss Gasversorgung am 18. Dezember 1941: „Der gegenwärtige Stand der deutschen Großraumgaswirtschaft und die künftigen Aufbaupläne", 7 ff., in: BA R 4604/274.

Erst im Frühjahr 1939 schaltete sich schließlich das Reichswirtschaftsministerium in die Diskussion um den Gasmangel ein, um dann nach einer eigenen Umfrage unter den Ruhrkonzernen gutachterlich die Situation zu bestätigen.[119] In diesem Kontext wurde die Ruhrgas erstmals mit dem Vertrieb von Erdgas konfrontiert, denn das Ministerium regte an, die 1938 entdeckte Quelle bei Bentheim an das Ruhrgas-Netz anzuschließen. Der Vorstand zeigte sich zunächst reserviert gegenüber diesem Vorschlag, musste er doch offen eingestehen, über keinerlei Erfahrungen mit dem Naturprodukt zu verfügen. Baum sagte eine Beteiligung unter Voraussetzung der vollen Risikoübernahme und damit Finanzierung durch das Reich zu, sodass die erste Einspeisung von Erdgas schließlich 1944 begann.[120] Das Ministerium und Dillgardt stärkten nun die Position der Ruhrgas gegenüber ihren Aktionären, sodass das Unternehmen schon jetzt in den Status des erst im September 1939 institutionalisierten Lastverteilers rückte und in der Gaswirtschaft damit schon zu Friedenszeiten Vorformen der kriegswirtschaftlichen Organisation deutlich spürbar wurden. Sie „befürworteten" eine gewisse Flexibilitätsreserve, die der Vorstand mit bis zu 20 Prozent der Kaufgasmenge bezifferte, während Knepper zwischen zehn Prozent und 15 Prozent für ausreichend hielt.[121]

Unter diesem Druck verabschiedete der Arbeits- und Finanzausschuss des Aufsichtsrates der Ruhrgas im Mai 1939 auf Vorschlag des Vorstandes ein Grundsatzpapier mit einschneidenden Regelungen.[122] Die Aktionäre erkannten mit dessen Unterzeichnung das Recht der Ruhrgas an, die vertraglichen Lieferungen an ihre Unternehmen eigenständig zu rationieren und auch eine Minderbelieferung ihrer Zechen zu sanktionieren. Außerdem verpflichteten sie sich, die von ihren Werken benötigten Gasmengen eigenständig zu liefern und den Eigenbedarf notfalls durch selbst errichtete Anlagen wie Generatoren oder neue Kokereien sicherzustellen. Dies galt auch für die vertraglich festgeschriebenen Kaufgaslieferungen an die Ruhrgas, während der Kaufgasbezug denselben Einschränkungen unterlag, sobald die Absatzlage eine Rationierung des Gasverbrauchs erforderte. Gegebenenfalls war die Ruhrgas berechtigt, die Lieferungen eigenständig zu drosseln. Von einer Klassifizierung der Abnehmer

119 Ruhrgas an RWKS, 15. Mai 1939, mit Mitteilung über Verhandlungen mit dem RWM, in: BBA 33/883; Untersuchung des RWM über die Möglichkeit der Bereitstellung von Ferngas zu besonderem Zweck im Ruhrgebiet, 7, in: BA R 4604/293.

120 Aktennotiz Baum, 13. März 1939, über ein Gespräch beim RWM, in: BBA 55/1752.

121 Aktennotiz zur Besprechung zwischen GBAG und Ruhrgas am 31. Juli 1939, 2, in: BBA 55/1746.

122 Beschluss Arbeits- und Finanzausschuss AR Ruhrgas [Abschrift, o. D., Mai 1939], in: BBA 55/1752.

wurde noch Abstand genommen, auch um ein Eingreifen staatlicher Stellen in die Gasverteilung zu vermeiden.[123]

Vor diesem Hintergrund war die wirtschaftliche Entwicklung der Ruhrgas zwischen 1935 und 1944 für den Ruhrbergbau ein großer Erfolg, zumal in die Bewertung des Gemeinschaftsunternehmens neben der Ausschüttung von Überschüssen die in ihrem Umfang kaum zu beziffernden betriebswirtschaftlichen Vorteile des werksinternen Gasvertriebs einflossen. Als die Ruhrgas 1934 erstmals seit ihrem Bestehen einen Gewinn ausweisen konnte, lag dies weniger an der insgesamt mehr als zufriedenstellenden Umsatzentwicklung als an der geschickten Nutzung des Bilanzierungs- und Gesellschaftsrechts. Das Anlagevermögen von jetzt 80 Mio. Reichsmark spiegelte die enormen Investitionen der Ferngasversorgung wider, die sich nur langsam amortisieren ließen, zumal niedrige Gaspreise und Durchleitungsgebühren sowie die 1932 in Betrieb gegangene Anlage zur Schwefelgewinnung aus Gasreinigungsmasse das Betriebsergebnis drückten.[124] Die Anlage verarbeitete zwar in Gelsenkirchen-Horst zentral die Rückstände aller Vertragskokereien und produzierte mit 6.500 Jahrestonnen fast 20 Prozent der Gesamtschwefelmenge im Deutschen Reich, doch belasteten hier die Vorgaben des Weltmarktes die Erträge.[125] Das Gasverkaufsgeschäft war gesondert betrachtet äußerst profitabel, hätte aber zur Deckung des in den ersten Jahren angewachsenen Verlustvortrags von nun sechs Mio. Reichsmark verwendet werden müssen, anstatt eine Dividende auszahlen zu können. Um diesen gesetzlichen Zwang zu umgehen, entschieden sich die Verantwortlichen für eine Kapitalzusammenlegung im Verhältnis von vier zu drei bzw. von 27 auf nur noch 20,25 Mio. Reichsmark. In Verbindung mit geänderten Abschreibemodalitäten ergab dieser Schritt einen Buchgewinn in Höhe der Verluste; die Ruhrgas war damit schuldenfrei.[126]

Der dann 1934 ausgewiesene Jahresgewinn von 3,7 Mio. Reichsmark stammte nur zu etwa einem Viertel aus dem Gasgeschäft, den Rest bildeten Bilanzüberschüsse infolge der teilweisen Tilgung und Umschuldung der Dollaranleihe in Reichsmarkanleihen zur Verminderung weiter Wechselkursrisiken. Diese Währungsgewinne entstanden durch den massiven Kursverfall des Dollars in Deutschland seit April 1933 um rund 40 Prozent.[127] So konnte nicht

123 Ebd.

124 Zur finanziellen Entwicklung der Ruhrgas in den ersten zehn Geschäftsjahren siehe die Bilanzübersicht, in: BBA 20/3113.

125 GB Ruhrgas, 1934, 10.

126 Außerordentliche GV Ruhrgas zur Kapitalherabsetzung am 28. Dezember 1934, in: BBA 20/3113; Tätigkeitsbericht Ruhrgas, 4. Quartal 1934, 4 f., in: BBA 55/1854; GB Ruhrgas, 1934, 13.

127 Rundschreiben Ruhrgas an Arbeits- und Finanzausschuss AR, 23. November 1933, in: BBA 32/3584; Umtauschangebot der Ruhrgas, [gedruckt], vom Dezember 1933, in: BBA 32/3584.

nur die Schuld aus der Dollaranleihe auf rund 26 Mio. Reichsmark nahezu halbiert, sondern auch erstmals ein Reservefonds in Höhe von zehn Prozent des Aktienkapitals gebildet werden, dem weitere Einzahlungen und Sonderrücklagen sowie 1935 die erste Dividendenzahlung in Höhe von fünf Prozent folgten.[128] Dieser Wert konnte bis 1944 stabil gehalten werden, da die Ruhrgas aus dem äußerst profitablen Gasgeschäft und dem Schwefelverkauf regelmäßig extrem hohe Überschüsse erwirtschaftete. Diese stiegen von 1935 zwölf auf über 20 Mio. Reichsmark in den Jahren 1940 bis 1942, um bis 1944 nur geringfügig auf 18 Mio. Reichsmark zu sinken, und lagen damit in der Höhe des 1939 auf 21 Mio. Reichsmark erhöhten Grundkapitals. Trotz hoher Abschreibungen und Verbindlichkeiten, die 1939 nach Emission einer weiteren Teilschuldverschreibung im Volumen von 20 Mio. Reichsmark auf etwa 100 Mio. Reichsmark stiegen, erreichte die Kapitalrendite regelmäßig rund zwölf Prozent.[129]

Expansion in das Rhein-Main-Gebiet

Anfang 1936 nahm die Ruhrgas nach mehr als sechsjähriger Pause die Planungen zum Anschluss des Großraums Frankfurts wieder auf und konnte bereits im Frühjahr 1938 den Gasvertrieb beginnen. Dieser vergleichsweise kurze Zeitraum täuscht darüber hinweg, dass das Projekt erneut von massiven Auseinandersetzungen über die Rolle der kommunalen Gaswirtschaft begleitet war, nun aber innerhalb des politischen Staatsapparates.[130] Bereits im Frühjahr 1934 hatte es bei der Ruhrgas dazu erste Überlegungen gegeben, als die Erschließung neuer Absatzmöglichkeiten für das Überschussgas diskutiert wurden. Doch waren diese angesichts der noch auf die Ausnutzung des vorhandenen Leitungsnetzes orientierten Geschäftspolitik des Vorstandes eine Randnotiz geblieben. Schließlich hatten auch die negativen Erfahrungen der 1920er Jahre nicht unerheblich zu dieser Zurückhaltung beigetragen.[131] Selbst Ende 1935 arrondierte die Ruhrgas lieber ihr angestammtes Versorgungsgebiet durch den Bau zahlreicher Anschlussleitungen an neue industrielle Abnehmer und Parallelleitungen zur Kapazitätssteigerung bestehender Verbindungen, als sich auf ein erneutes Abenteuer einzulassen.[132]

---

128 GB Ruhrgas, 1935, 11 f.

129 Werte und Berechnungen nach den Bilanzen in den GB Ruhrgas, 1936–1947.

130 *Ein neuer Krieg in der Gaswirtschaft*, in: DVNW 5 (1936), 1.034.

131 Aktennotiz über die Besprechung zwischen GBAG und Ruhrgas am 9. April 1934, in: BBA 55/1745.

132 Arbeits- und Finanzausschuss AR Ruhrgas am 22. November 1935, 7, in: BBA 55/1750.

Für den abrupten Umschwung des Stimmungsbildes sorgten schließlich die Vorstöße der Kommunalgaswirtschaft zur Beschneidung der Ferngasgesellschaften und Umstellung ihrer Anlagen auf Koksfahrt. Da das Rhein-Main-Projekt als erstes der Gaswirtschaft nach Erlass des EnWG Pioniercharakter besaß, erhoffte sich der Vorstand zudem nicht zu Unrecht eine maßgebliche Unterstützung durch das Reichswirtschaftsministerium und die Reichsgruppe Energiewirtschaft. Die Ruhrgas konzentrierte sich auch hier direkt auf große Industriewerke, die eine spürbare Verbesserung des Kaufgasabsatzes versprachen.[133] Nachdem Umfragen Anfang 1936 in der Industrie einen teils umfangreichen sowie dringenden Bedarf an einer Umstellung der betrieblichen Energiewirtschaft auf Ferngas ergeben hatten, wurden umgehend Lieferverträge mit der Adam Opel AG in Rüsselsheim, der Vereinigte Deutsche Metallwerke AG für die Zweigniederlassung Hedernheimer Kupferwerke sowie den in Frankfurt ansässigen Unternehmen Deutsche Gold und Silberscheideanstalt AG (Degussa), Adlerwerke AG und Reichsbahndirektion Frankfurt für ihre Ausbesserungswerkstätten abgeschlossen.[134] Alle Verträge standen unter dem Vorbehalt der Baugenehmigung der geplanten Leitung vom Südpunkt des bestehenden Netzes in Niederschelden über Frankfurt nach Rüsselsheim einschließlich der erforderlichen Anschlussleitungen und der Enteignungsrechte laut EnWG. Zeitgleiche Verhandlungen mit den Main-Gaswerken blieben allerdings erneut ergebnislos, verdeutlichten die Vertragsabschlüsse doch eindrucksvoll deren begrenzte Perspektiven und Potenziale.[135] Dies wurde auch unumwunden zugegeben und führte sogar zu dem Angebot an die Ruhrgas, sich an der Frankfurter Gaskokerei zu beteiligen. Letztlich behinderten aus Sicht der Main-Gaswerke nun nicht mehr ideologische Gründe die Zusammenarbeit, sondern allein unvereinbare Preisvorstellungen.[136]

Das für die Genehmigung zuständige Reichswirtschaftsministerium holte nach Einreichung des Antrags durch die Ruhrgas Mitte Juni 1936 mehrere Gut-

133 Arbeits- und Finanzausschuss AR Ruhrgas am 16. April 1936, 3f., in: BBA 55/1750.

134 Zusammenfassende Stellungnahme der RGE, Krecke, für das RWM zur Bauanzeige der Ruhrgas für die Ferngasleitung Siegen–Frankfurt vom 3. Juli 1936 [Abschrift], 1, in: HKR C 1/464; Niederschrift Arbeits- und Finanzausschuss AR Ruhrgas am 16. April 1936, 4, in: BBA 55/1750; Niederschrift Arbeits- und Finanzausschuss AR Ruhrgas am 19. November 1937, 1, in: BBA 55/1749; Niederschrift Arbeits- und Finanzausschuss AR Ruhrgas am 16. April 1936, 6, in: BBA 55/1750; Tätigkeitsbericht Ruhrgas, 2. Quartal 1936, 2f., in: 55/1854. Die Verträge liegen nicht vor.

135 Tätigkeitsbericht Ruhrgas, 2. Quartal 1936, 2f., in: 55/1854.

136 Niederschrift Arbeits- und Finanzausschuss AR Ruhrgas am 16. April 1936, 6, in: BBA 55/1750.

achten und Stellungnahmen ein.[137] Krecke empfahl dem Reichswirtschaftsministerium die Freigabe des Baus unter der Auflage, den Weiterbestand der Großgaswerke zu garantieren.[138] In einer behördeninternen Stellungnahme war von derlei Rücksichtsnahmen allerdings nichts zu spüren, denn hier zeigte sich Krecke voll des Lobes für das Projekt, dem er nicht nur umfassende Vorteile für die Industrie, sondern auch für alle Gaswerkskategorien, die Siedlungspolitik, die Arbeitsbeschaffung und die Treibstoffgewinnung zusprach.[139] Auch die von Kommunalvertretern dominierte Wirtschaftsgruppe Gas- und Wasserversorgung zeigte sich nun äußerst linientreu und erkannte diplomatisch, dass durch die Beschränkung des Vorhabens auf Industriegaslieferungen „die Fortentwicklung der Ferngasversorgung ohne Verkürzung der berechtigten Interessen der Gaswerke möglich ist".[140] Dazu entwickelte die Wirtschaftsgruppe ein umfangreiches Konzept zur zukünftigen Kooperation zwischen Ferngasunternehmen und Ortsgaswirtschaft innerhalb eines Verbundsystems, das durch Preis- und Mengenregelungen deren Überleben sichern sollte.[141] Damit war die energiewirtschaftlich relevante Seite der Thematik weitgehend überstanden, wenn auch aus Sicht der Ruhrgas nicht völlig zufriedenstellend, denn im Hintergrund plante der Vorstand langfristig selbstverständlich die Stilllegung der gesamten südwestdeutschen Ortsgaswirtschaft außer den Großgaswerken in Frankfurt, Mannheim, Mainz und Stuttgart. Es gelte auch dafür zu sorgen, so Baum, dass diese Region nicht allmählich „der Elektrizität zum Opfer falle".[142]

Diametral entgegengesetzt äußerten sich verschiedene kommunale Stellen in Eingaben beim Reichsinnenministerium als oberster Gemeindebehörde. Fast erwartungsgemäß bestritten die NSDAP-Oberbürgermeister von Frankfurt und Mannheim, Friedrich Krebs und Carl Renninger, die Argumentation der Ruhrgas nach bewährtem Muster der 1920er Jahre, lehnten das Projekt rundweg ab und verlangten eine gemeinsame Aussprache mit Reichswirtschaftsminister

137 Aktenvermerk Henke (RWE), 15. August 1936, in: HKR C 1/464.

138 Zusammenfassende Stellungnahme der RGE, Krecke, für das RWM zur Bauanzeige der Ruhrgas für die Ferngasleitung Siegen–Frankfurt vom 3. Juli 1936 [Abschrift], 5, in: HKR C 1/464.

139 Interne Stellungnahme der RGE, Krecke, zur Ferngasleitung Siegen–Frankfurt [Abschrift, o. D.], in: HKR C 1/464.

140 Stellungnahme der WGW für das RWM zur Bauanzeige der Ruhrgas für die Ferngasleitung Siegen–Frankfurt, [ohne Autor, o. D., Abschrift], 1, in: HKR C 1/464.

141 Ebd., Anlage, 1 ff.

142 Niederschrift Arbeits- und Finanzausschuss AR Ruhrgas am 16. April 1936, 7 f., in: BBA 55/1750.

Hjalmar Schacht.[143] Krecke sah sich daraufhin zur Widerlegung der beiden Kommunalpolitiker veranlasst und legte eine minutiöse Korrektur der aus seiner Sicht zahlreichen Fehlannahmen vor.[144] Kurt Jeserich bezeichnete dagegen als Präsident des Deutschen Gemeindetags den Ferngasvertrieb willfährig als zwangsläufige und notwendige Entwicklung der Energiewirtschaft im nationalsozialistischen Staat und verwies nur auf die Vermeidung von Nachteilen für die Stadt durch das Enteignungsrecht.[145]

Keine zwei Monate nach Einreichung des Antrags genehmigte Schacht Anfang August 1936 nach einer „Chefbesprechung" der obersten Reichsbehörden das Ruhrgas-Bauvorhaben mit einem Investitionsvolumen von rund zehn Mio. Reichsmark.[146] Zentraler Bestandteil war der Mustervertrag der Ruhrgas zur „Regelung der Gemeinschaftsarbeit zwischen Gemeinden und Ruhrgas", den das Unternehmen mit Krecke und Vertretern des Reichsinnenministeriums ausgehandelt hatte.[147] Auch wenn der Ruhrgas-Vorstand regelmäßig hervorhob, diese „Auflage nur unter schwersten Bedenken" akzeptiert zu haben, waren mit dem reichsweit gültigen Vertrag nur geringe Einschränkungen der Handlungsfreiheit verbunden, denn er beschnitt das Recht der Gemeinden auf die Belieferung von Industriekunden oberhalb eines gewissen Jahresverbrauchs zu Gunsten des Ferngasversorgers. Die Gemeinden behielten zwar wie bisher das ausschließliche Recht zur Gasversorgung innerhalb ihrer Grenzen, doch sicherte die Neuregelung der Ruhrgas im Großraum ihres Leitungsnetzes die Möglichkeit, neue Großkunden zu gewinnen und damit überproportional an den prognostizierten Zuwachsraten im Gasmarkt zu partizipieren. Das gesamte Konzept zielte daher auf eine Schwächung der Ortsgaswirtschaft zu Gunsten der Ruhrgas; und dies insbesondere im Rhein-Main-Gebiet. Ärger erzeugte vor allem die Regelung in § 6, der die Gemeinden verpflichtete, die Industriegasverwendung „im Rahmen eines gesunden Wettbewerbs überall dort" zu fördern, wo „das Gas wirtschaftlich richtig verwendet werden kann", und sich

143 Eingabe der Oberbürgermeister an den Reichsinnenminister, 30. Juni 1936 [Abschrift], in: HKR C 1/464.

144 Stellungnahme Krecke, zur Eingabe Krebs/Renninger, 7. Juli 1936 [Abschrift], in: HKR C 1/464.

145 Stellungnahme Jeserich an Schacht zum Enteignungsantrag der Ruhrgas [Abschrift], in: HKR C 1/464.

146 Erlass des RWM IV 24 782/36, 6. August 1936, in: BA R 4604/428; Niederschrift, 11. August 1936, zur Chefbesprechung am 5. August 1936 unter Vorsitz von Schacht über die Genehmigung einer Ferngasleitung von Niederschelden nach Frankfurt am Main und Rüsselsheim durch die Ruhrgas, in: BA R 4604/425.

147 Mustervertrag [blanko], 6. August 1936, § 1, in: BA R 4604/428.

dabei von der Ruhrgas unterstützen zu lassen.[148] Auf die Stilllegung von Ortsgaswerken zielte auch die Bereiterklärung der Ruhrgas, Ortsgasnetze kostenlos an das Ferngasnetz anzuschließen, auch wenn die Gemeinden vorerst nicht zum Ferngasbezug übergingen.[149]

Im September 1936 begannen die Arbeiten am ersten Teilstück der rund 130 Kilometer langen Hauptleitung, die seitens des mit der Umsetzung beauftragten Amtes für deutsche Roh- und Werkstoffe im Rahmen des Vierjahresplanes für vordringlich erklärt wurde und daher rasche Baufortschritte zeigten.[150] Die Ruhrgas ging davon aus, dass das Projekt bis Herbst 1937 beendet sein und die Gaslieferungen plangemäß beginnen würden. Daran änderte auch nichts, dass Krebs den Mustervertrag für Frankfurt noch nicht unterzeichnet hatte und sich Mitte November 1936 bei Schacht über die Regelungen des § 6 beschwerte.[151] Krecke hatte bereits Anfang des Monats auf dem Deutschen Gemeindetag zur Zerstreuung der kommunalen Bedenken einen erläuternden Vortrag gehalten, sodass Schacht davon ausging, die Thematik mit dem Hinweis aus der Welt schaffen zu können, dass es sich bei Krebs' Bedenken um eine „Fehlinterpretation" handele und „bei loyaler Einstellung beider Parteien Schwierigkeiten bei der Anwendung des Mustervertrages kaum bestehen werden". Der nochmaligen Beschwörung des „Geistes des Vertrages" folgte die „dringende Bitte" um einen baldigen Abschluss.[152]

Mit dieser Hoffnung lag er jedoch falsch, denn im April 1937 nahm sich Reichsstatthalter und Gauleiter Jakob Sprenger, der seine eigenen Vorstellungen zur energiewirtschaftlichen Entwicklung der Region durchzusetzen versuchte, der Sache an.[153] Und als einer von nur zwei NS-Politikern mit dieser Doppelfunktion erwies er sich als unbequemer Gegner. Noch bevor die Genehmigung durch Schacht erteilt wurde, hatte sich Sprenger gegen das Vorhaben

148 Ebd., § 6. Falls die Gemeinden aus Kapazitäts- oder Kostengründen nicht in der Lage waren, den Industriegasbedarf aus Eigenerzeugung zu decken, waren sie verpflichtet, diesen zu einem Preis von 3 Pf/m³ von der Ruhrgas zu beziehen. Damit war der Streit vorprogrammiert, denn kleinere Industrie- und Handwerksbetriebe zahlten meist die hohen Ortsgastarife, die in der zweiten Hälfte der 1930er weiterhin nicht selten 15 Pf/m³ erreichten. Eugen Melchinger, *Die Gaspreisstatistik nach dem Stand vom 1. Januar 1936*, in: GWF 81 (1937), 132–139, hier 136 f.

149 Mustervertrag [blanko], 6. August 1936, § 7, in: BA R 4604/428.

150 Tätigkeitsberichte Ruhrgas, 3. und 4. Quartal 1936, jeweils 2, in: BBA 55/1854.

151 Krebs an Schacht, 14. November 1936, in: BA R 4604/428.

152 Stellungnahmen Krecke zum Mustervertrag, [o. D., Anfang November 1936], in: BA R 4604/428; RWM an Krebs, 26. November 1936, in: BA R 4604/428.

153 Adolf Steder (Bearb.), *Die Gasversorgung Hessens*, hg. von der Landesplanungsgruppe, Abteilung Arbeitsplanung, Darmstadt (5. Februar 1936), insbesondere 35 ff.

der Ruhrgas ausgesprochen. Am Beispiel der Stadt Hannover, deren Gaswerk infolge des Ferngasbezuges stillgelegt worden war, bestritt Sprenger nun den Willen und die Fähigkeit der Ruhrgas, die vom EnWG geforderte Förderung der Verbundwirtschaft und einer sicheren und billigen Versorgung zu garantieren.[154] Mit der Behauptung, die Ortsgaswirtschaft produziere billiger, begründete er die Ablehnung des Antrages, bis Ergebnisse einer eingehenden Prüfung solcher Fragen vorlägen. Zu berücksichtigen seien dabei auch die unseriösen Geschäftspraktiken der Ruhrgas, die „häufig mit wenig vornehmen Druckmitteln gearbeitet“ habe. Daran änderte auch der Hinweis Schachts nichts, dass er es begrüßen würde, „wenn sich Herr Reichsstatthalter Sprenger dem nationalwirtschaftlichen Problem nicht widersetzen und auf die notwendigen Kompensationen für die Gemeinden beschränken würde“.[155] Gerade an diesem Punkt schieden sich aber die Geister. Denn anders als Sprenger wollte Schacht den Gemeinden keine zusätzliche Einnahmequelle verschaffen, sondern nur eine Entschädigung für entgangene Einnahmen zahlen.

Anstatt an Schacht oder Krecke als eigentlich Zuständige wandte Sprenger sich im April 1937 an den nur indirekt als Beauftragten des Vierjahresplans involvierten Hermann Göring. Sprengers Kritik betraf die angeblich wehrpolitische Untragbarkeit des Vertrages, seine negativen finanziellen Auswirkungen auf die Gemeinden, die willkürliche Aufteilung der Abnehmerkreise sowie seine vermeintlich umständlichen und erläuterungsbedürftigen Formulierungen. Sie gipfelte in dem Vorwurf der Konkurrenzverhärtung und Förderung der Gasverschwendung durch die Verbraucher, die auf diesem Weg einen verbesserten Verbrauchsstatus zu erreichen suchten.[156] Göring ließ das Schreiben über seine Behörde nicht nur inhaltlich detailliert zurückweisen, sondern bemängelte auch Sprengers beigelegten Gegenentwurf zum Mustervertrag.[157] Dieser sei zwar zweifellos wesentlich einfacher abgefasst, doch völlig ungeeignet, weil wirtschaftlich nicht umsetzbar. Außerdem stelle er nichts anderes dar, als die „Paraphrase der energiewirtschaftlichen Planungen der Gauleitung Hessen-Nassau für das Rhein-Main-Gebiet“.[158] Diese zielten darauf ab, die Ortsgaswerke unter allen Umständen zu erhalten und ihre Versorgungshoheit zu sichern,

154 Niederschrift, 11. August 1936, zur Chefbesprechung am 5. August 1936 unter Vorsitz von Schacht über die Genehmigung einer Ferngasleitung von Niederschelden nach Frankfurt am Main und Rüsselsheim durch die Ruhrgas, 2, in: BA R 4604/425.

155 Ebd., 3.

156 Stellungnahme Sprenger an Göring, 20. April 1937, zum Mustervertrag, 3ff., in: BA R 4604/428.

157 Antwort der Vierjahresplan-Behörde, [Entwurf, o. D.], 2ff., in: BA R 4604/428.

158 Ebd., 7.

dazu neue Anlagen zu errichten und zu einer Gruppengasversorgung zusammenzufassen, während der Ferngasversorgung die Rolle eines Aushilfslieferanten zukommen sollte. Der Vorschlag verkenne, so Görings Behörde weiter, die Realität, da für eine Verbindung von Ortsgaswerken keinerlei Mittel vorhanden seien, letztlich die Ferngasleitung diese Aufgabe übernehme und die Ruhrgas das Projekt ohne Einflussmöglichkeiten auf die Absatzentwicklung und damit die Rentabilität nicht durchführen werde.[159]

Im Mai 1937 schaltete sich dann Reichsinnenminister Wilhelm Frick in die Debatte ein und unterstützte Sprengers Kritik an § 6, obwohl seine Behörde dem Vertragsentwurf 1936 noch zugestimmt hatte.[160] Außerdem behinderte Sprenger die Bauarbeiten durch amtliche Auflagen, Verhandlungsverbote an die Kommunen und die Gründung der Rhein-Mainischen Gas GmbH.[161] Die Auseinandersetzung gewann nun an Schärfe. Schacht belehrte Frick, der anscheinend keinerlei Ahnung von der Materie besaß, in Anknüpfung an Görings Ausführungen über die Hintergründe der Gaswirtschaft und sparte auch nicht mit Hinweisen über Zuständigkeiten und die Rechtslage.[162] Es folgte eine herbe Spitze gegen die Gauleitung: „Abschließend darf ich Ihre Aufmerksamkeit noch darauf lenken, dass die Staatsautorität einen Widerstand örtlicher Stellen gegen Entscheidungen der zuständigen Ministerien nicht länger verträgt."[163] Schacht bat Frick daher dringend, über die Kommunalaufsicht auf die Gemeinden einzuwirken, umgehend Verhandlungen aufzunehmen und den Widerstand gegen die Ferngasverbundwirtschaft aufzugeben. Abschließend drohte er, seine „Bemühungen um eine einvernehmliche Lösung auf Basis des Mustervertrages" aufzugeben, falls sich nicht rasch etwas ändere. Die Ruhrgas sei dann nicht mehr an einvernehmliche Lösungen gebunden und könne im Rhein-Main-Gebiet ohne Rücksicht auf Grenzmengen liefern.[164] Auch Krecke unterstützte diese Ansicht.[165]

Nachdem im August 1937 eine Einigung zwischen dem Reichswirtschaftsministerium, dem Innenministerium und dem Amt für deutsche Roh- und

---

159 Ebd., 8 f.

160 Schacht an Frick, Juni 1937, 1, in: BA R 4604/428.

161 Ebd. Die rechtsgültige Gründung des Unternehmens wurde von Schacht verhindert. Zu seinem Aufgabenfeld liegen keine Informationen vor, doch könnte es sich um ein neues Gruppengasunternehmen gehandelt haben. Aktenvermerk Albrecht Czimatis (ARW), über seine Besprechung mit Sprenger am 11. September 1937, in: BA R 4604/428; Tätigkeitsbericht Ruhrgas, 2. Quartal 1937, 2, in: BBA 55/1749.

162 Schacht an Frick, Juni 1937, [Entwurf, ohne exaktes Datum], 4, in: BA R 4604/428.

163 Ebd.

164 Ebd., 5.

165 Krecke an Schacht, 6. Juni 1937, in: BA R 4604/428.

Werkstoffe zugunsten der Linie Schachts erzielt worden war,[166] wandte sich dieser mit einer ausführlichen Stellungnahme an Sprenger, die der Argumentation gegenüber Frick folgte, jedoch bei Weitem nicht dessen Schärfe besaß.[167] Gleichzeitig erhöhte Göring den Druck auf Sprenger, beraumte ohne Wissen von Schacht eine Besprechung seines Vertreters beim Amt für deutsche Roh- und Werkstoffe, Albrecht Czimatis, mit Sprenger an und präsentierte Schacht kurz darauf das Ergebnis.[168] Sprenger war nun zurückgerudert und wollte die Hintergründe seines Verhaltens als von der Sorge um das Wohlergehen der rhein-mainischen Gaswirtschaft motiviert verstanden wissen.[169] Selbstverständlich stimme er in seinen wirtschaftspolitischen und wehrwirtschaftlichen Auffassungen ebenso mit der Ansicht der Reichsbehörden überein wie bei der Notwendigkeit einer großtechnischen Ausgestaltung der Gasverbundwirtschaft. Die Schuld an der Entwicklung sah der Gauleiter jedoch bei Schacht, der die Gründung der „Rhein-Main-Gasgesellschaft“ ohne Rücksprache mit ihm verhindert und die Modernisierung der Gaswerke in Mainz, Wiesbaden und Frankfurt verboten habe, ohne dass seine Sorge um den wirtschaftlichen Bestand der Gaswerke „gewürdigt bezw. entkräftet“ worden sei.[170]

Auch wenn Sprenger darauf beharrte, als letzte Instanz in Schiedsgerichtsverfahren zu fungieren, und darauf verwies, den Mustervertrag als „Anleitung und Verhandlungsgrundlage, nicht aber als bindend starre Form“ zu betrachten, war sein Widerstand damit gebrochen. Er gab nun die Verhandlungen zwischen den Kommunen und der Ruhrgas frei, die daraufhin bis Anfang 1938 alle Verträge abschließen konnte. Dass die Gaslieferungen in den Frankfurter Raum erst im April 1938 beginnen konnten, lag jedoch nicht an Sprenger, sondern an der seit Sommer 1937 zunehmend problematischeren Materialzuweisung.[171]

---

166 Aktenvermerk Ministerialdirektor Pohl (RWM), 13. August 1937, über eine Besprechung des RWM mit Vertretern des Innenministeriums und Czimatis über den Mustervertrag, in: BA R 4604/428; RWM an Czimatis, 7. Juni 1937, in: BA R 4604/428.

167 Schacht an Sprenger, 1. September 1937, in: BA R 4604/428.

168 Göring an Schacht, 14. September 1937, in: BA R 4604/428; Albrecht Czimatis, *Energiewirtschaft als Grundlage der Kriegswirtschaft*, Hamburg 1936.

169 Aktenvermerk Czimatis über seine Besprechung mit Sprenger am 11. September 1937, in: BA R 4604/428.

170 Ebd., 3.

171 Tätigkeitsberichte Ruhrgas, 4. Quartal 1937, 2; 3. Quartal 1937, 2 f.; 4. Quartal 1937, 2 und 1. Quartal 1938, 1, in: BBA 55/1749 und BBA 55/1854; Arbeits- und Finanzausschuss AR Ruhrgas am 6. August 1937, 5, in: BBA 20/3112.

Rüstungswirtschaft und Zentrallastverteilung: Der Zweite Weltkrieg

Der Beginn des Zweiten Weltkriegs Anfang September 1939 brachte für die wirtschaftlichen Perspektiven der Ruhrgas zunächst keine besonderen Änderungen, da der Gasmangel weiterhin fortbestand und es wichtigstes Ziel blieb, die für den Ferngasvertrieb verfügbaren Gasmengen zu steigern. Nachdem der Aufsichtsrat bereits im Mai 1939 ein umfassendes Rationierungsrecht des Vorstandes beschlossen hatte, sorgte die Berufung von Walther Wunsch zum Bezirkslastverteiler im September für die Ausdehnung seiner Befugnisse auf die Ortsgaswirtschaft. Auch wuchs der Einfluss rüstungswirtschaftlicher Anforderungen an die Ferngaswirtschaft weiter.

Zu diesem Zeitpunkt hatte nach Jahren ohne staatliche Eingriffe auch die nationalsozialistische Energiepolitik ihre Zuständigkeit für die Versorgungsproblematik der Gaswirtschaft entdeckt. Etwa gleichzeitig und ohne Absprache nahmen sich nun die Generalbevollmächtigten für die Energiewirtschaft, Dillgardt, und Chemie, Krauch, der Materie an und arbeiteten zunächst in NS-typischer Manier aneinander vorbei. So forderte Krauch im April beim Bergbau-Verein statistische Unterlagen an, um die Möglichkeiten eines Einsatzes von Kokereigas für die Treibstoffherstellung zu untersuchen. Nun erfuhr er, dass der Verband bereits in engerer Kooperation mit Dillgardt stand und dieser bereits sämtliche Zahlen erhalten hatte.[172] In ebenso typischer wie realitätsferner Haltung beanspruchte Krauch kurz darauf ohne Kenntnis des Sachstands die exorbitante Menge von jährlich zwei Mrd. Kubikmetern Kokereigas, um die Flugbenzinproduktion aufzubauen. Diese sollten, so seine Vorstellung, zunächst von der Ruhrgas bereitgestellt und von den Lieferungen der Reichswerke Hermann Göring in den mitteldeutschen Raum abgezweigt werden.[173] In der raschen Erkenntnis, dass diese Vorschläge wenig zuträglich waren, und aufgerüttelt durch die Mitteilung über die defizitäre Situation im Ruhrgebiet, versprach sich Krauch nun eine Lösung durch die Ruhrgas.

Innerhalb einer Woche beraumte er eine Sitzung in Essen an, an der neben führenden Vertretern des Reichswirtschaftsministeriums, der IG Farben, des Ruhrbergbaus, der Eisen- und Stahlindustrie und der Wehrwirtschaftsinspektion Münster von der Ruhrgas auch Baum und Wunsch teilnahmen. Die Dringlichkeit entsprach dem Anlass, denn Krauchs Stellvertreter Kranepuhl offenbarte den wahrscheinlich äußerst überraschten Teilnehmern der Ruhrwirt-

172 Krauch an Bergbau-Verein, 11. April 1939 und Antwort vom 3. Mai 1939, in: BA R 4604/293.

173 Niederschrift, 11. Mai 1939, der Besprechung zwischen Krauch und Dillgardt am 4. Mai 1939, in: BA R 4604/293.

schaft ein zentrales Versäumnis der NS-Autarkiepolitik als Grund für dessen Hektik. Während das „gegnerische Ausland" für den Kriegsfall über ausreichende Mengen an Flugbenzin verfüge, „werden von uns erst jetzt die Vorbereitungen für die Versorgung unserer Luftwaffe mit diesem Stoff getroffen".[174] Tatsächlich erreichte die Inlandserzeugung zu Kriegsbeginn gerade 20 Prozent des Bedarfs.[175] Vor diesem Hintergrund betonte Kranepuhl, dass spätestens bis Mitte 1941 eine erste Produktionsanlage und bis Mitte 1942 eine zweite im Ruhrgebiet fertiggestellt sein müsse. Der Gasbedarf der Werke von jeweils 300 bis 400 Mio. Kubikmetern pro Jahr sei nur durch Kokereigas zu decken, um nicht den umständlichen Weg über eine eigene Gaserzeugung gehen zu müssen. Die zentrale Frage sei nun nicht ob, sondern wie und wann die benötigten Mengen freigemacht und durch die Ruhrgas bereitgestellt werden könnten. Damit war der Forderungskatalog jedoch noch nicht abgeschlossen, denn Krauch beabsichtigte zudem eine Qualitätsverminderung der gesamten Kokereigaserzeugung durch die Isolierung von Äthylen.[176]

Das Ergebnis der Besprechung war aus Sicht der Staatsvertreter ernüchternd, denn der Ruhrbergbau verdeutliche ihnen eindringlich die Unmöglichkeit des Vorhabens. Knepper forderte im Gegenzug die bevorzugte Belieferung der Hüttenwerke als Rüstungsbetriebe und stellte mit Unterstützung der Vertreter von Krupp, Mannesmann und des Bochumer Vereins fest, dass die GBAG keine weiteren Mengen freimachen und die Rüstungsproduktion bereits wegen des Gasmangels ihre Kapazitäten nicht mehr auslasten könne.[177] Ein Ersatz für das Kokereigas sei nur durch die verstärkte Erzeugung von Generatorgas möglich, wofür aber wieder ebenfalls nicht vorhandene Steinkohle bereitgestellt werden müsse. Andere ergänzten, dass Generatorgas „untragbar teuer" sei.[178]

Baum fasste schließlich die Situation aus Sicht der Ruhrgas zusammen und stellte mit Hinweis auf die mittlerweile über einjährige Anschluss- und Verteilersperre fest, dass die von „Dr. Krauch geforderten Mengen ganz hoffnungslos sind".[179] Auch die Äthylenentziehung wurde aus technischen Gründen unisono abgelehnt.[180] Die beiden vorgesehenen Hydrieranlagen wurden

---

174 Niederschrift, Scherer, über die Besprechung zur Bereitstellung von Ferngas zu besonderem Zweck am 11. Mai 1939 im Essener Hotel Kaiserhof, 3, in: BA R 4604/293.

175 Wolfgang Birkenfeld, *Der synthetische Treibstoff 1933–1945*, Göttingen 1964, 143 ff.

176 Niederschrift, Scherer, über die Besprechung zur Bereitstellung von Ferngas zu besonderem Zweck am 11. Mai 1939 im Essener Hotel Kaiserhof, 4 f., in: BA R 4604/293.

177 Ebd., 6 f.

178 Ebd., 8 f.

179 Ebd., 9 f.

180 Ebd., 11 ff.

im Ruhrgebiet schließlich nie gebaut, auch weil Krauch sich später von der Ruhrgas über die technische wie wirtschaftliche Unsinnigkeit belehren lassen musste, mithilfe von Synthesegasen aus Kokereigas Flugbenzin zu erzeugen.[181] Schon im Verlauf der Sitzung waren damit die sich während des Krieges ständig intensivierenden Verteilungskämpfe um Energie und Rohstoffe deutlich erkennbar. Der Ruhrbergbau war wenig geneigt, der chemischen Industrie entgegenzukommen.[182] Die Möglichkeit, 930 Mio. Kubikmeter pro Jahr beim Unterfeuerungsgas und in der Kesselheizung frei zu machen, wurde zwar eingeräumt, aber an den nötigen Bau von Generatoren, Schwefelreinigungs- und Kompressoranlagen und entsprechende Maßnahmen an Kokereien und Hochöfen gebunden.[183]

Der Vorstand der Ruhrgas sah dagegen solche staatlichen Eingriffe mit Sorge. Die erwarteten Anforderungen dachte er durch die Schaffung einer sogenannten Flexibilitätsreserve von 20 Prozent des Kaufgasabsatzes, die weitgehend durch Generatoren freigemacht werden sollten, zu erreichen.[184] Zur Vorsicht bestand durchaus Anlass. Vertreter der Reichsgruppe Energiewirtschaft sowie Dillgardt hatten Baum, Wunsch und Gummert in Besprechungen unmissverständlich mitgeteilt, dass Planungen zur Neuordnung der Elektrizitätswirtschaft eine Zusammenfassung der Versorgung von Gemeinden unter 10.000 Einwohnern in regionalen Verbundgesellschaften vorsähen und ähnliche Überlegungen zur Gaswirtschaft zu befürchten seien.[185] Eine mögliche strikte Trennung der Elektrizitäts- und Gasversorgung könne die Entwicklung beschleunigen. In Hessen hatte Gauleiter Sprenger einen neuen Vorstoß zur Stärkung der regionalen Gaswirtschaft eingeleitet und nicht nur vorgesehen, die Gaswerke u. a. von Frankfurt, Mainz und Darmstadt auf eine Gaugesellschaft zu übertragen, sondern diese auch in die Industriegasverträge der Ruhrgas zwischenzuschalten.[186]

Letztlich erwiesen sich solche Verstaatlichungstendenzen noch als Strohfeuer, denn die Planungen wurden allesamt nicht umgesetzt. Doch verdeutlichten sie unmissverständlich, dass die nationalsozialistische Energiepolitik sich jederzeit und grundsätzlich wandeln konnte. Betroffen war von dem

---

181 Ruhrgas an RWM, 26. Oktober 1939, 7 ff., in: BA R 4604/293; Krauch an RWM, 7. November 1939, in: BA R 4604/293; Antwort Ruhrgas, 28. November 1939, in: BA R 4604/293.

182 Untersuchung des Reichswirtschaftsministeriums über die Möglichkeit der Bereitstellung von Ferngas zu besonderem Zweck im Ruhrgebiet, [o. D., Juni 1939], 1, in: BA R 4604/293.

183 Ebd., 7.

184 Aktennotiz über die Besprechung mit der Ruhrgas, 30. Juli 1939, 2, in: BBA 55/1746.

185 Schreiben Ruhrgas an Vögler, 24. Juli 1939, 1, in: HKR C 1/461.

186 Ebd., 2.

schon Mitte der 1930er Jahre unverkennbaren Drang zur „Flurbereinigung", wie die Durchsetzung großer, zentralisierter Strukturen gerne bezeichnet wurde,[187] zwangsläufig die Ortsgaswirtschaft. Doch weckte die Ruhrgas selbst gegen Kriegsende entsprechende Begehrlichkeiten.[188] Vielleicht verzögerte der Kriegsbeginn eine umfassende Neuordnung, denn in bislang vom Ferngas unerschlossenen oder unzureichend erschlossenen Regionen begann ab 1940 mit einem Höhepunkt 1941 die Überführung der Gaswirtschaft entweder in neu gegründete Staatsgesellschaften unter Regie des Reiches und Beteiligung der Länder oder durch Mehrheitsbeteiligung des Reiches an bestehenden Unternehmen; beide Formen jedoch im Stile von Gruppengasversorgungen.[189] Die Ruhrgas war von dieser Entwicklung nicht betroffen. Bei ihr erfolgte die direkte staatliche Kontrolle durch die Aufnahme Dillgardts in den Aufsichtsrat Ende Mai 1939.

Schon mit dem ersten Frosteinbruch zeigte sich im Dezember 1939 die Fragilität des Versorgungssystems. Die Schwierigkeiten bei der Deckung des Gasbedarfs resultierten sowohl aus dem typischen witterungsbedingten Verbrauchsanstieg und dem erhöhten Unterfeuerungsbedarf der Kokereien, waren zugleich aber bereits direkte Folge des Krieges. Neben Störungen der Kohlenlieferungen durch den akuten Mangel an Transportkapazitäten im Bahnsektor hatte die Umsetzung von Luftschutzmaßnahmen gravierende Auswirkungen. So führte die Außerbetriebnahme zahlreicher Gasbehälter zu einem weitgehenden Ausfall der u. a. zur Deckung des Spitzenbedarfs erforderlichen Speicherkapazitäten und schränkte die Dispositionsfähigkeit der Ruhrgas stark ein.[190]

Um den Ausgleich zwischen Erzeugung und Verbrauch wiederherzustellen, vereinbarte die Ruhrgas mit der Industrie zeitlich gestaffelte Abnahme-

187 *Ferngas Schlesien AG*, in: GWF 86 (1943), 45 f.

188 Siehe unten in diesem Kapitel.

189 Dazu gehörten etwa die Ferngasversorgung Provinz Sachsen-Thüringen AG, die Ferngas Sudetengau AG, die Landesgasversorgung Süd-Niedersachsen AG (Hannover), die Ferngasversorgung Weser-Ems GmbH (Bremen), die Süddeutsche Ferngasgesellschaft (Nürnberg), die Südwestdeutsche Ferngasgesellschaft (Stuttgart), die Südostdeutsche Ferngasgesellschaft (Wien), die Energieversorgung Oberschlesien AG (Kattowitz), die Ferngas Schlesien AG (Breslau), die Gasversorgung Südwartheland und die Energieversorgung Westpreußen AG (Danzig). Vortrag Lohmann (RWM/GIWE), im Fachausschuss Gasversorgung am 18. Dezember 1941, in: BA R 4604/274. Zu Beteiligungsverhältnissen und Gremien vgl. die Aufstellungen in: BA R 4604/289. Zur Ferngasversorgung Weser Ems vgl. BA R 4604/284, zur Ferngas Schlesien AG: BA R 4604/285 und 286 sowie zur Landesgasversorgung Süd-Niedersachsen AG: BA R 4604/339. Die Ferngas Sudetengau AG wurde bereits Ende 1939 durch den Mehrheitsaktionär ThGG gegründet.

190 Luftgaukommandos VI Münster an RP Düsseldorf, 26. November 1939, in: BA R 4604/411.

pläne, mit denen wiederum Produktionsverschiebungen verbunden waren. Dieses Konzept erwies sich jedoch von Beginn an als unzureichend, sodass Bezirkslastverteiler Wunsch es durch weitere Maßnahmen flankieren musste. Dazu gehörten noch im Dezember 1939 die Abschaltung der noch vorhandenen Gasstraßenbeleuchtung, die Anordnung der ersten „Gasspartage" für verschiedene Betriebe und schließlich ein Neuanschluss- und Mengenerhöhungsverbot für die kommunalen Verteilungsgesellschaften.[191] Obwohl Wunsch für den Fall der Nichteinhaltung seiner Anweisungen „Erzwingungsstrafen" androhte, ließ die „Disziplin der Gasabnehmer allerdings teilweise zu wünschen übrig", wie der Vorstand der Ruhrgas feststellte.[192] In diesem Kontext halfen auch die vom Preiskommissar bereits im Herbst genehmigten Aufpreisregelungen des Unternehmens wenig.[193] Damit konnten die Industriegaspreise theoretisch um mehr als 50 Prozent angehoben werden.[194]

Im Verlauf des Jahres 1940 traten dann die unter den Bedingungen des Ressourcenmangels, unklarer Zuständigkeiten und kriegsbedingter Hierarchien unvermeidbaren Verwerfungen und mitunter regelrecht paradoxen Entwicklungen offen zutage. Ein Beispiel ist die nun vom Oberkommando der Wehrmacht blockierte Wiederinbetriebnahme der Gasometer im Kokereigassektor. Obwohl das Reichswirtschaftsministerium schon Anfang des Jahres auf Betriebseinschränkungen bei Rüstungsbetrieben von bis zu 40 Prozent durch den Gasmangel und die Bedeutung des Speicherraums hinwies, kam es zu keinem Entgegenkommen gegenüber den Ruhrgas-Forderungen.[195] Daran änderte auch die mehrfache Versicherung der Ruhrgas und des Ruhrbergbaus als Eigentümer der Anlagen nichts, dass selbst bei direkten Bombentreffern keine Explosionsgefahren bestünden. Dies hatten sowohl Erfahrungen im besetzten Westeuropa als auch die Zerstörung der größten Anlage des Ruhrgebiets auf

---

191 RWE-Betriebsverwaltung Reisholz an RWE-Hauptverwaltung, Direktion, vom 7. Dezember 1939 zur Anordnung von Gasspartagen, in: HKR R 4/202; Bezirkswirtschaftsamt für den Wehrwirtschaftsbezirk VIb, Düsseldorf, (Wunsch) an RWE, Gasversorgung Reisholz, 16. Dezember 1939, in: HKR R 4/202.

192 Tätigkeitsbericht Ruhrgas, 4. Quartal 1939, 1, in: BBA 55/1854.

193 Tätigkeitsbericht Ruhrgas, 3. Quartal 1939, 3, in: BBA 55/1854. Die Ruhrgas stellte Mehrmengen über den durchschnittlichen Bezügen der letzten zwölf Monate vor Kriegsbeginn mit 0,9 Pf/m^3 in Rechnung und erhob Strafzuschläge von 0,5 Pf/m^3 bei Überschreitung der Vorgaben des Lastverteilers.

194 Schreiben RWE-Betriebsverwaltung Reisholz an RWE-Hauptverwaltung vom 21. Dezember 1939, in: HKR R 4/202, in dem die Versorgungsgesellschaft die Unmöglichkeit der geforderten Reduzierungen angesichts des Nachfragedrucks der Industrie und außerdem die Unverständlichkeit der Mehrverbrauchsreglungen beklagt.

195 Lohmann (RWM), an OKW, 10. Januar 1940 und 13. Januar 1940, in: BA R 4604/411.

der Gelsenkirchener Zeche Nordstern im Mai 1940 erwiesen.[196] Infolgedessen kam es auf der einen Seite zu Produktionsausfällen – sogar im Bereich rüstungswirtschaftlicher „Sonderstufen" und bei der Erzeugung des synthetischen Kautschuks „Buna" –, während zugleich die Kokereigaswirtschaft wieder in die Verhältnisse der 1920er Jahre zurückfiel und durchgängig Fackelverluste hinnehmen musste.[197] Das Oberkommando und das Reichsministerium für Bewaffnung und Munition unter Todt erzwangen daraufhin eine Sicherstellung der Gaslieferungen für solche Zwecke durch Sonderdringlichkeitsanordnungen und die weitere Verlagerung des Mangels auf weniger relevante Erzeugungsprogramme.[198]

Recht bald sollten sich auch sämtliche Debatten über Einsparungs-, Freimachungs- und Verbrauchsverlagerungen erübrigen, denn die Grundproblematik des Nachfrageüberhangs verfestigte sich durch eine stetig wachsende Diskrepanz zwischen der Lieferfähigkeit der Kokereien und den Anforderungen der Rüstungsindustrie. Zu dem ungelösten Kernproblem des fehlenden Behälterraums traten mittlerweile die Auswirkungen der ersten Luftangriffe, die zwar nicht das Leitungsnetz betrafen, aber zu vorsorglichen Betriebseinschränkungen bei den Kokereien führten.[199] Gleichzeitig zeigten sich erhebliche technische Schwierigkeiten. Schon jetzt machte sich bei zahlreichen Anlagen der nach unzureichenden Investitionen in den vergangenen Jahren wenig überraschende Instandhaltungsstau deutlich bemerkbar. Neben den Altanlagen waren gerade die zwischen 1926 und 1930 errichteten Zentralkokereien besonders betroffen, da die längst fällige Generalüberholung immer wieder aufgeschoben worden war. Ruhrgas-Chef Baum prognostizierte mit Blick auf die Materialengpässe und Produktionszwänge daher schon jetzt einen absehbaren Lieferrückgang von bis zu 50 Prozent.[200] Auch wenn er damit falsch liegen sollte, war

---

196 Niederschrift Besprechung zwischen Bezirkswirtschaftsamt Düsseldorf sowie Baum und Wunsch am 16. Oktober 1940, in: BA R 4604/411; Niederschrift Besprechung zwischen Bezirkswirtschaftsamt Düsseldorf sowie Vertretern der Montanindustrie und der Ruhrgas am 6. November 1940, in: BA R 4604/411.

197 Ebd.; Abteilung H der GBAG an Abteilung B, 25. Juli 1940, über kriegsbedingten Aufwand der Gaswirtschaft in den Monaten Mai und Juni 1940 sowie dsgl. für die Monate Juli und August, in: BBA 55/1752.

198 Schreiben RWM an RBM, 28. August 1940, in: BA R 4604/413; Schreiben OKW an RWM, 31. August 1940, in: BA R 4604/413.

199 Tätigkeitsbericht Ruhrgas, 2. Quartal 1940, 2, in: BBA 55/1854; Rundschreiben der Hauptverwaltung der VSt an Gruppen der GBAG, 4. Januar 1941, zu Einwirkungen feindlicher Fliegertätigkeit auf den Kokereibetrieb und die Ferngaswirtschaft in den Monaten September bis Dezember 1940, in: BBA 55/1752.

200 Niederschrift einer Besprechung zwischen Bezirkswirtschaftsamt Düsseldorf sowie Vertretern der Montanindustrie und der Ruhrgas am 6. November 1940, 2, in: BA R 4604/411.

der auf äußerste Kapazitätsauslastung orientierte Raubbau eine nicht zu leugnende Zukunftshypothek.

Dies galt ebenso für die Ruhrgas, deren Leitungsnetz in einigen älteren Abschnitten umfangreiche Korrosionsschäden durch Kondensatbildung aufwies, weil das Gas nur unzureichend getrocknet wurde.[201] Eine Instandsetzung erfolgte nicht, da die Mittel des Unternehmens vorwiegend durch den Leitungsausbau gebunden waren.[202] Allein die dreijährige Bauzeit der Leitung Richtung Frankfurt verweist auf den zunehmend zähen Verlauf der Arbeiten im Bereich des Leitungsnetzes, das vor allem durch den Anschluss des Rhein-Main-Gebietes zwischen 1934 und 1939 um rund 500 Kilometer auf nun 1.500 Kilometer erweitert worden war, während des Krieges aber nur noch um 200 Kilometer wuchs.[203] Erhebliche Kosten verursachte zudem die Errichtung einer zweiten Schwefelextraktionsanlage in Wanne-Eickel.[204] Mit dieser auf Anordnung des Reichsministeriums für Bewaffnung und Munition entstandenen Anlage avancierte die Ruhrgas zu einem der größten Schwefelerzeuger des Deutschen Reiches.

Zur Lösung der Versorgungsproblematik initiierte das Reichswirtschaftsministerium Anfang November 1940 die Gründung einer „Gas-Sparkommission“, die neben Ruhrgas-Direktor Wunsch vorrangig aus Vertretern wehrwirtschaftlicher Stellen und des 1937 in Essen unter Mitwirkung der Ruhrgas gegründeten Gaswärmeinstituts bestand und von dessen Direktor Georg Wagener geleitet wurde.[205] Das Gremium sollte die Möglichkeiten einer verträglichen Verbrauchssenkung der 20 größten Gasabnehmer im Versorgungsgebiet der Ruhrgas sondieren, die Frage der Wiederinbetriebnahme von Gasspeichern erörtern sowie Vorschläge zur Verdunklung von Kokereien und der grundsätzlichen Betriebsführung während Luftangriffen ausarbeiten.[206] Durch die Konzentration auf Großkunden wurden fast zwei Drittel des Ruhrgas-Gesamtabsat-

---

201 Tätigkeitsbericht Ruhrgas, 2. Quartal 1940, 4, in: BBA 55/1854.

202 Dazu gehörte der Bau der sogenannten Mittelleitung in Richtung Frankfurt zur dringend erforderlichen Entlastung der an ihre Kapazitäten stoßenden Ost- und der Westleitung, die 1941 fertiggestellt wurde und zugleich als Speicher diente. Ruhrgas an RGE, 8. Februar 1938, zur Begründung des Baus der Mittelleitung, in: BA R 4604/427; Genehmigungsschreiben RGE an RWM, 11. Februar 1938, in: BA R 4604/427.

203 Aktennotiz über die Besprechung zwischen GBAG und Ruhrgas am 24. Mai 1941, in: BBA 55/1746.

204 Aktennotiz GBAG über die Besprechung zwischen Knepper und Baum am 24. Juli 1940, in: BBA 55/1746; Tätigkeitsbericht Ruhrgas, 4. Quartal 1940, 5, in: BBA 55/1854.

205 RWM an Bezirkswirtschaftsamt Düsseldorf, 2. November 1940, in: BA R 4604/413.

206 Niederschrift der konstituierenden Sitzung der Gassparkommission am 12. November 1940 in Essen, Haus der Technik, 1 f., in: BA R 4604/413.

zes erfasst. Das bereits im Dezember vorliegende Ergebnis war mehr als ernüchternd. Die Kommission stellte fest, dass erstens auch unter günstigsten und ungestörten Arbeitsbedingungen der Kokereien der volle Bedarf der Werke nicht zu decken war und Mehranforderungen grundsätzlich zulasten anderer Verbraucher gingen; zweitens die vorhandene Gasmenge nicht ausreichte, um die Siemens-Martin-Stahlerzeugung und gleichzeitig Zusatzaufträge in der Weiterverarbeitung aufrechtzuerhalten; drittens bereits im ersten Kriegswinter die Potenziale einer Umstellung von Ferngas auf andere Wärmequellen wie Generatorgas, Hochofengas und Mischgase technisch ausgereizt worden und viertens durch die Optimierung der Anlageneffizienz auch in diesem Bereich kaum noch Effekte zu erzielen waren. Damit kam die Kommission zu dem Ergebnis, dass eine weitere Einschränkung des Gasverbrauchs nur noch auf Kosten der Erzeugungsmengen und Weiterverarbeitungsqualitäten möglich seien.[207] Was dies bedeuten würde, vermittelte die Feststellung des Fertigungsanteils der 20 Unternehmen im Bereich der rüstungswirtschaftlichen Sonderstufen, der mindestens 75 Prozent und im Durchschnitt rund 85 Prozent betrug.[208] Im „Einvernehmen" mit Wunsch definierte die Kommission nun die Grundlagen des mit diversen Änderungen und Erweiterungen während des gesamten Krieges gültigen Katalogs der „Gaslagen", die sich an den Auswirkungen der „Feindeinwirkungen" orientierten und Einschränkungen nach einem festgelegten Zuteilungsschema für jedes Unternehmen nach sich zogen.[209] In der Konsequenz verschärfte Wunsch nun gegenüber den Gasabnehmern den Ton, forderte die unbedingte Einhaltung seiner Anordnungen als Bezirkslastverteiler und drohte, dass „Betriebsführer" persönlich zur Verantwortung gezogen würden durch „Erzwingungsstrafen, deren Höchstmaß unbegrenzt ist".[210]

In den folgenden beiden Jahren stabilisierte sich die Situation vor dem Hintergrund der Mangelverwaltung. Der Ruhrgas gelang es, den Gasabsatz bis 1943 systematisch um rund zehn Prozent gegenüber der Vorkriegszeit auf 3,35 Mrd. Kubikmeter zu steigern und das Versorgungsniveau in etwa aufrecht zu erhalten. Diese Entspannung zeichnete sich bereits im Sommer 1941 ab, sodass die Ruhrgas etwa für den Winter 1941/42 eine erheblich günstigere Prog-

207 Bericht der vom RWM am 2. November 1940 eingesetzten Gaskommission (II En 43 242/40), 10. Dezember 1940, 2 f., in: BA R 4604/413.

208 Ebd., Anlage 1.

209 Ebd., 3 f. und Anlage 5. Niederschrift der konstituierenden Sitzung der Gassparkommission am 12. November 1940 in Essen, Haus der Technik, 2 f., in: BA R 4604/413; Schreiben Wagener an RWM, 22. November 1940, in: BA R 4604/413; Aktenvermerk RWM zum Kommissionsbericht, 21. Dezember 1940, in: BA R 4604/413.

210 Rundschreiben des Bezirkslastverteilers an die Industrieverbraucher, Dezember 1940, in: BA R 4604/413.

nose stellte, die sich umfassend bestätigte.[211] Ausschlaggebend dafür waren mehrere Faktoren. So hatte die Steinkohlenförderung im Bereich ihres Höchststandes von knapp 130 Mio. Tonnen pro Jahr gehalten werden können und die Kokserzeugung sich bei rund 90.000 Tonnen pro Tag eingependelt, während zugleich die 1940 noch im Bau befindlichen Generatoren und sonstigen Anlagen zur Freimachung von Kokereigas nach und nach in Betrieb gegangen waren. Durch die Konzentration der alliierten Luftangriffe auf den Transportsektor und zivile Ziele blieben die Produktionsstätten der Montanindustrie bis Sommer 1943 verschont.[212] Auch bei der Ruhrgas waren die Schäden bis Anfang 1943 „unbedeutender Natur", um dann langsam an Anzahl zuzunehmen, ohne jedoch dauerhafte Auswirkungen nach sich zu ziehen. Selbst die Sprengung der Möhnetalsperre, deren Flutwelle im Ruhrtal einen Teil der Leitungen davonriss, war aus Sicht des Unternehmens kaum erwähnenswert.[213] Ein ähnliches Bild brachte das Jahr 1944, in dem die Ruhrgas den Absatzrekord des Vorjahres nur knapp verfehlte. Die von Baum im Juni 1943 angekündigte Mengensteigerung um 500 Mio. Kubikmeter pro Jahr blieb damit allerdings ebenso aus wie das von Roelen und Wunsch propagierte Ziel, die auf eine Mrd. Kubikmeter bezifferte Unterdeckung 1944 durch das von Traenckner geleitete „Ruhrgas-Sofortprogramm" und ein „Kokereireparaturprogramm" zu beseitigen.[214]

Auch Speers Engagement, der sich seit Ende 1943 über den Ruhrstab verstärkt um die Gaswirtschaft kümmerte, persönlich bei der Ruhrgas informierte und Wunsch freie Hand für alle notwendigen Maßnahmen einräumte, blieb ohne erkennbare Folgen.[215] Soweit ersichtlich, waren alle Ruhrstabprojekte zur Gaswirtschaft Variationen oder Neuauflagen bekannter Standards und älterer

211 Aktennotiz GBAG zur Besprechung zwischen GBAG und Ruhrgas am 7. Juli 1941, 1 f., in: BBA 55/1746.

212 Werner Abelshauser, *Probleme des Wiederaufbaus der westdeutschen Wirtschaft 1945–1953*, in: Heinrich August Winkler (Hg.), Politische Weichenstellungen im Nachkriegsdeutschland 1945 bis 1953, Göttingen 1979, 208–253, hier 216; The United States Strategic Bombing Survey Overall Economic Effects Division (Hg.), *The Effects of Strategic Bombing on the German War Economy*, o. O. 31. Oktober 1945, 96 f.

213 Aktenvermerk, 24. Juli 1943, für Bergwerksdirektor Tönnesmann, GBAG, zum Vortrag von Baum auf der Hauptversammlung der Ruhrgas am 23. Juli 1943, 2, in: BBA 55/1854.

214 Bericht von Roelen und Wunsch über die Gasversorgungslage im Ruhrgebiet für den GIWE vom 1. Dezember 1943, 3, in: BA R 4604/414. Das Ruhrgas-Sofortprogramm umfasste alle Bauvorhaben und Beratungsmaßnahmen des Unternehmens, die die Gaseinsparung förderten und den Anlagenbetrieb sicherstellten.

215 Schriftwechsel, in: BA R 4604/414, insbesondere Speer an Behrens, 2. Dezember 1943, an Ruhrgas, 3. Dezember 1943, an Rohland (Ruhrstab Speer), 3. Dezember 1943 und an Wunsch, 15. Dezember 1943.

Vorhaben bzw. blieben im Planungsstadium.[216] Dazu gehörte etwa die Verbindung des niederländischen Gasfernversorgungsnetzes mit dem Netz der Thyssengas.[217] So ist es fraglich, ob das tatsächlich erzielte Ergebnis trotz des immer schneller in Trümmern versinkenden Ruhrgebiets als Erfolg gewertet wurde, auch wenn die Ruhrgas erst gegen Jahresende die Folgen der Luftangriffe nicht mehr kompensieren konnte.[218] Die dünne Quellenlage zu den letzten drei Kriegsjahren lässt zu dieser Frage allerdings ebenso wenig konkrete Aussagen zu wie zu den Auswirkungen der energiepolitischen Maßnahmen der zahlreichen staatlichen Lenkungsorgane. Ähnlich schwach sind die Hinweise auf ihr Verhältnis zur Ruhrgas-Leitungsebene. Im Hinblick auf die enge Einbindung von Wunsch und mit Abstrichen auch von Baum und Traenckner in den Behördenapparat und dessen Abhängigkeit vom mit Abstand wichtigsten Gasversorger ist grundsätzlich von guten Beziehungen auszugehen.[219]

Dennoch war die Situation nicht frei von Spannungen, die etwa aus dem kriegsbedingt immer substanzielleren Missverhältnis von Anspruch und Wirklichkeit entstanden.[220] Ein anderer Grund war die massive Bürokratisierung der Verwaltung durch die zahlreichen Kompetenzüberschneidungen und den Versuch, die während der Friedenswirtschaft verinnerlichten Verfahrensabläufe unter den Bedingungen des Krieges aufrechtzuerhalten.[221] Schon 1943 stieß das System derart an seine Grenzen, dass eine konstruktive Arbeit kaum möglich war.[222] Der Vorstand der Ruhrgas konstatierte Ende 1943 im Hinblick auf das Engagements Speers fast schon zynisch, dass die Gaswirtschaft funktioniere, „auch wenn man bedenkt, daß staatliche Stellen bis vor kurzem keinen Finger gerührt haben".[223]

216 Schulze-Fielitz an Wunsch, 11. Februar 1944, in: BA R 4604/414; Wunsch an Schulze-Fielitz, 14. Februar 1944, in: BA R 4604/414; Bericht von Wunsch an Ruhrstab, 6. April 1944, mit Schreiben Rohland an Speer, 27. April 1944, in: BA R 4604/415.

217 Erlass des GIWE vom 18. März 1944, in: BA R 4604/418.

218 Aktenvermerk, 24. Juli 1943, Autor unleserlich, für Bergwerksdirektor Tönnesmann (GBAG), 3, in: BBA 55/1854; Rundschreiben der Ruhrgas an Gaskunden, 9. November 1944, in: HKR C 1/461. Bericht von Wilhelm Roelen, 25. Oktober 1944, in: BA R 4604/419.

219 Darauf deuten u. a. die wenigen Beispiele persönlicher Korrespondenz. Schreiben Baum an Lohmann, 7. Juni 1943, in: BA R 4604/276.

220 Schreiben Lohmann an Wunsch, 19. Februar 1943, in: BA R 4604/425.

221 Landeswirtschaftsamt beim Oberpräsidenten der Provinz Posen an GIWE, 10. November 1942, in: BA R 4604/275; GIWE an WGW, 8. Dezember 1942, in: BA R 4604/275.

222 Niederschrift der Sitzung des Arbeitskreises „Vergasung" im Hauptarbeitskreis „Gaserzeugung und -leitungsbau" am 4. März 1943, 4, in: BA R 4604/276; Bezirksgruppe Steinkohlenbergbau Ruhr (Hg.), *Ferngasversorgung im Kriege. Vortragsveranstaltung der Bezirksgruppe am 15. November 1943*, o. O. o. J., insbesondere Walther Wunsch, *Die Gaswirtschaft Westdeutschlands im Kriege*, 5 ff.

223 AR Ruhrgas, 15. Dezember 1943, 1, in: RR 101-11.

Vor diesem Hintergrund konzentrierte der Apparat seine Arbeit angesichts des längst ausgereizten Maßnahmenkatalogs beim Industriegas jetzt bevorzugt auf die Ortsgaswirtschaft, an die unter der Prämisse der Gaseinsparung eine Fülle an Verordnungen erging. Nachdem das nationalsozialistische Regime das Haushaltsgas bis 1943 aus Gründen der „Wehrkrafterhaltung" der Bevölkerung vollständig unberücksichtigt gelassen hatte, kam es jetzt zu Mengenkürzungen um zunächst zehn Prozent und im Herbst 1944 schließlich um 30 Prozent. Teilweise absurde, weil nur mit erheblichem Kontrollaufwand umsetzbare Detailregelungen zeugten dabei von deutscher Behördengründlichkeit.[224] Ende 1944 griff Wunsch dann als Sonderbevollmächtigter für die westdeutsche Gaswirtschaft zum letzten Mittel und kündigte für den Bedarfsfall die Abschaltung ganzer Stadtbezirke an. Außerdem wurde zur Abflachung der Verbrauchsspitzen eine Verlegung des Gasbezugs in die Nachtstunden vorgesehen.[225] Ein absoluter Vorrang des Industriegases galt allerdings erst ab Mitte Dezember 1944.[226] Für diesen Sektor legte Wunsch Mitte Oktober 1944 zusammen mit Hans Kehrl,[227] Präsident des Rüstungsamtes beim Generalbevollmächtigten für Rüstungsaufgaben Albert Speer, den mit einer längst überholten Datenbasis operierenden und damit ebenso realitätsfernen wie überflüssigen „Schaltplan Ruhr" vor.[228]

Der Schaltplan sah elf Schaltstufen vor, die sich an den theoretischen Erzeugungskapazitäten des Bergbaus und der Ortsgaswerke in Höhe von 18,5 Mio. Kubikmetern pro Tag orientierten und eine Reduzierung um jeweils 500.000 Kubikmeter pro Tag mit entsprechender Umlegung auf die Abnehmer

---

224 Runderlass En 24/43 LWA des GIWE, 27. April 1943, an die Reichsstatthalter, Oberpräsidenten, Regierungspräsidenten und entsprechenden Behörden zur Haushaltsgaseinsparung, in: HKR R 4/202; Rundschreiben von Wunsch vom 23. Juni 1943 an die Gasversorger zum Verbot von Neuanschlüssen, in: HKR R 4/202; Rundschreiben En 50/44 LWA des Reichsministers für Rüstung und Kriegsproduktion, Chef des Amtes Energie, vom 26. September 1944 an die Reichsstatthalter, Oberpräsidenten, Regierungspräsidenten und entsprechenden Behörden zur Überwindung von Notständen in der Energieversorgung, in: HKR R 4/202; Runderlass En 65/44 LWA des GIWE an die Reichsstatthalter, Regierungspräsidenten, Oberpräsidenten und entsprechenden Behörden, vom 28. Oktober 1944 zu Einschränkungen im Gasverbrauch, in: HKR R 4/202.

225 Rundschreiben von Wunsch an Gasverbraucher und Gasversorger, 24. November 1944, in: HKR R 4/202; Wunsch an RWE-Betriebsverwaltung Reisholz, 25. November 1944 zur Umsetzung der Anordnung des GIWE über eine weitere Senkung des Gasheizwertes, in: HKR R 4/202.

226 Runderlass En 82/44 LWA des GIWE, 13. Dezember 1944, in: HKR R 4/202.

227 Rolf-Dieter Müller, *Hans Kehrl. Ein Parteibuch-Industrieller im „Dritten Reich"?*, in: Jahrbuch für Wirtschaftsgeschichte 2 (1999), 195–213.

228 „Schaltplan Ruhr" vom 12. Oktober 1944, in: BA R 4604/425.

vorsahen. In der ersten Schaltstufe waren eine Reihe von Branchen wie die Eisenhütten-, die eisenverarbeitende und die Elektroindustrie, die Leichtmetallverarbeitung und die Buna-, Stickstoff- und Treibstoffproduktion frei von Einschränkungen, während andere wie die Chemie sowie die Glas- und Keramikwerke und auch die Gemeinden von Vornherein über verringerte Maximalkontingente verfügten. Der Kriegswichtigkeit entsprechend, wurde in den folgenden Stufen für die meisten Wirtschaftszweige eine zunächst meist sukzessive, ab einer gewissen Mangelsituation dann teilweise sprunghafte Reduzierung vorgesehen. Über ein uneingeschränktes Bezugsrecht in allen Stufen verfügte allein die Treibstofferzeugung, auch weil deren Anforderungen durch die starken Kriegszerstörungen bei den Hydrierwerken nicht mehr zu ermitteln waren.[229] Der Schaltplan zielte auf die Sicherstellung der Gasversorgung der Rüstungswirtschaft durch die Vorrangstellung der Eisenerzeugung und -verarbeitung, auf die in allen Stufen rund 70 Prozent der Gesamtmenge entfielen, sowie der auf Steinkohle basierenden Chemieerzeugnisse. Zum Zeitpunkt seiner Festlegung besaß er jedoch angesichts der mittlerweile massiv zurückgehenden Gaserzeugung und der zahlreichen Betriebsausfälle nur noch hypothetischen Charakter. So entsprach der Bedarf der Eisen- und Stahlindustrie bereits im Sommer 1944 nur noch der Schaltstufe 5.[230]

Die sogenannte „Mehrmengenandienung" folgte einem Vorzugsplan, an dessen Spitze die ohnehin bereits favorisierten Branchen, gefolgt von der Chemie und der Rußerzeugung standen. Unklarheiten bestanden auch bei der drittgrößten Abnehmergruppe, den Gemeinden, da der Absatz über die Ortsgasnetze keine Trennung von Haushaltsgas und Gewerbegas erlaubte und die Einhaltung der Sparziele nur schlecht kontrolliert werden konnte.[231] Wunsch und Kehrl waren sich außerdem bewusst, dass in Kürze mit einem weiteren massiven Rückgang der Gaserzeugung zu rechnen war, und kündigten abschließend eine baldige Erweiterung des Schaltplans um weitere acht Stufen an, um „Katastrophenlagen ebenfalls zu erfassen".[232] Ebenso deutlich fiel der Ausblick für die Rüstungsindustrie aus, die sie auf harte Einschnitte vorbereite-

---

229 Ein ab Schaltstufe 2 stabiles Kontingent besaßen auch die Buna- und Stickstofferzeugung sowie die Schleifmittelproduktion, während den gemischten Hüttenwerken, der Elektroindustrie und der Lebensmittelindustrie erst ab Schaltstufe 10 leichtere Einschnitte bevorstanden. Alle anderen Sektoren hatten auf diesem Niveau gravierende Minderzuweisungen von mehr als 50 % oder sogar 80 % der Ursprungsmenge hinzunehmen, wie die Steine- und Erden-Industrie und die Glas- und Keramik-Industrie. Ebd., Mengentabellen.

230 Ebd., 2.

231 Ebd., Erläuterungen, 2 ff.

232 Ebd., 4.

ten, da „die übrigen Abnehmergruppen schon weitgehend bis an die Grenze des absolut erforderlichen eingeschränkt sind“.

Zur Aufrechterhaltung der Gasversorgung auf hohem Niveau setzte die Ruhrgas in einem anhand der Aktenlage nicht abschließend nachvollziehbaren Umfang Zwangsarbeiter und Kriegsgefangene ein. Offen bleibt vor diesem Hintergrund die allenfalls rechtshistorisch interessante, jedoch in ethischer und moralischer Perspektive wenig zielführende Frage nach der Verantwortlichkeit für den Arbeitseinsatz im Sinne des nationalsozialistischen Verwaltungssystems. Es ist weder feststellbar, inwieweit der Ruhrbergbau der Ruhrgas Zwangsarbeiter zur Verfügung stellte oder ob umgekehrt Belegschaften der Ruhrgas auf den Zechen aushalfen, noch wie sie untergebracht, verpflegt und behandelt wurden. Dies gilt auch für die Anforderungs- und Zuteilungspraxis im Rahmen rüstungswirtschaftlicher Sonderprogramme.[233] Die Dokumentation des nationalsozialistischen Lagersystems vermerkt für das Unternehmen ohne zeitliche Eingrenzung die Existenz von Zivilarbeiterlagern mit den Ortshinweisen Gelsenkirchen-Horst, Essen und Klüppelberg im Rheinisch-Bergischen Kreis zwischen Wipperfürth und Gummersbach mit insgesamt 800 Arbeitskräften.[234] Allein in Essen bestanden Lagerkapazitäten für 650 Zwangsarbeiter, in Gelsenkirchen-Horst für 50 und in Klüppelberg an zwei Standorten für insgesamt 100.[235] Es ist folglich davon auszugehen, dass die Gesamtzahl der von der Ruhrgas beschäftigten Kriegsgefangenen und Zwangsarbeiter diese Werte um ein Vielfaches überstieg.

Der Arbeitseinsatz begann ungewöhnlich früh – wahrscheinlich schon im ersten Kriegsmonat September 1939 – und konzentrierte sich zunächst auf den Leitungsbau und vielleicht auch auf die Errichtung von Versorgungseinrichtungen auf den Zechen. Ebenso bemerkenswert ist die Nonchalance und Nüchternheit, mit der der Ruhrgas-Vorstand die neue Situation nach Jahren des Arbeitskräftemangels quasi als Normalisierung der Verhältnisse begrüßte. So meldeten Baum und Gummert den Aktionären im Oktober 1939 erfreut die voraussichtlich termingerechte Fertigstellung eines Abschnittes der neuen Mittel-

233 Das zentrale Werk zur Thematik erwähnt die Ruhrgas nicht. Seidel/Tenfelde (Hrsg.), *Zwangsarbeit*. Dies gilt auch für Hans-Christoph Seidel, *„Ein buntes Völkergemisch hat eine Wanderung durch unsere Gruben gemacht“. Ausländereinsatz und Zwangsarbeit im Ruhrbergbau 1940–1945*, in: ebd., 75–160.

234 International Tracing Service Recording Branch (Hg.), *Catalogue of Camps and Prisons in Germany and German-Occupied Territories*, Arolsen 1949, 125 f., 406.

235 Im Stadtarchiv Essen sind keine Unterlagen vorhanden. Mitteilung des Hauses der Essener Geschichte/Stadtarchiv vom 5. September 2015. Über den Standort Klüppelberg konnten keinerlei Informationen ermittelt werden. Der Ort liegt einige Kilometer östlich der Hauptleitung nach Siegen und ist als Betriebsort der Ruhrgas weder vor noch nach dem Krieg bekannt.

leitung mit der Bemerkung, dass „die Zuteilung von polnischen Gefangenen die rechtzeitige Durchführung des Bauvorhabens zu erleichtern scheint".[236] Damit gehörte die Ruhrgas zu den Pionieren dieser Ausbeutungsmethode in der deutschen Industrie, denn die rund 200.000 polnischen Kriegsgefangenen, die im Oktober 1939 im Reich beschäftigt wurden, arbeiteten fast ausschließlich in der Landwirtschaft. Auch Anfang 1940 hatte sich die Relation unter den nun 300.000 Polen kaum verschoben, denn gerade fünf Prozent waren dem Bausektor zugewiesen worden und nur 0,8 Prozent dem Bergbau. Selbst im Januar 1941 waren im Ruhrbergbau erst 5,5 Prozent Ausländer eingesetzt.[237] Anfang 1940 konkretisierte der Ruhrgas-Vorstand befriedigt: „Die Schwierigkeiten beim Bau der Leitung Radevormwald-Remscheid wurden durch Zuteilung von ca. 220 polnischen Kriegsgefangenen beseitigt, sodass der Bau, allerdings nicht ganz planmäßig, vorangetrieben werden konnte."[238] Und auch ein Jahr später machte die Ruhrgas „gute Erfahrungen" mit 300 Kriegsgefangenen bei Erdarbeiten im Kölner Raum.[239]

Im Verlauf des Krieges wuchsen mit dem Bedarf an Zwangsarbeitern, die ab 1943 vermehrt zur Beseitigung von Kriegsschäden eingesetzt wurden, auch die Klagen über die unzureichende Verfügbarkeit und Schwierigkeiten mit den Zuteilungsbehörden. Gleichzeitig diente der Arbeitskräftemangel als Rechtfertigung für schleppende Fortschritte bei der Ausdehnung der Erzeugungskapazitäten durch den Bau von Generatoranlagen. Auf der Hauptversammlung der Ruhrgas im Mai 1943 sprach Baum den Sachverhalt offen an und begründete das Scheitern zahlreicher Projekte mit der elementaren Diskrepanz von 1.600 benötigten Zwangsarbeitern, denen bislang nur etwa 100 verfügbare gegenüberstünden.[240] Da die „Kolonnen" der Ruhrgas auch zur Durchführung von Reparatur- und Räumarbeiten nicht mehr ausreichten, habe der Vorstand „mit den infrage kommenden Zechen besondere Vereinbarungen wegen Unterstützung getroffen".

Dazu stellte er fest: „Trotz der vermehrten Aufgaben der Gesellschaft konnten im Übrigen bislang mit der um etwa ein Drittel gegenüber der Friedenszeit verminderten Belegschaft sämtliche Arbeiten bewältigt werden."[241] In den Gre-

236 Tätigkeitsbericht Ruhrgas, 3. Quartal 1939, 3, in: BBA 55/1854.

237 Ulrich Herbert, *Fremdarbeiter. Politik und Praxis des „Ausländer-Einsatzes" in der Kriegswirtschaft des Dritten Reiches*, Bonn 1999, 77 ff.; Seidel, *Ausländereinsatz*, 84.

238 Tätigkeitsbericht Ruhrgas, 4. Quartal 1939, 3, in: BBA 55/1854.

239 Tätigkeitsbericht Ruhrgas, 4. Quartal 1940, 4, in: BBA 55/1854.

240 Aktenvermerk GBAG, 24. Juli 1943, Autor unleserlich, zum Vortrag von Baum auf der Hauptversammlung der Ruhrgas am 23. Juli 1943 über Gasverwendung, 2, in: BBA 55/1854.

241 Ebd. Die Ruhrgas verfügte zu Kriegsbeginn über eine Belegschaft von 630 Personen, darunter etwa 400 Arbeiter. Tätigkeitsbericht Ruhrgas, 3. Quartal 1939, 1, in: BBA 55/1854. Zur Thyssengas vgl. Bericht Roelen, 25. Oktober 1944, über das Ausmaß der Zerstörungen im Be-

mien der Energielenkungsstellen kamen die Ruhrgas-Vertreter Traenckner und Wunsch zudem mit grundsätzlichen und übergeordneten Fragen der Zwangsarbeit in Berührung, die etwa die Organisation innerhalb des Ruhrstabes und der Arbeitsämter betrafen. Damit verbunden waren zwangläufig Kontakte mit dem Generalbevollmächtigten für den Arbeitseinsatz, Fritz Sauckel.[242]

Anfang 2000 beteiligte sich die Ruhrgas mit einem Beitrag von 15 Mio. D-Mark an der Finanzierung des Stiftungsfonds der deutschen Wirtschaft „Erinnerung, Verantwortung und Zukunft" zur Entschädigung von Zwangsarbeitern.[243]

Vor dem Hintergrund des „Totalen Krieges" mehrten sich ab 1943 die Anzeichen einer energiepolitischen Entwicklung, die für die Ruhrgas eine vollständige Umwälzung der bisherigen Organisationsstrukturen bedeutet hätte. Auch wenn Speers Verstaatlichungsinitiativen im Bereich der Elektrizitätswirtschaft durch Hitlers Veto bereits 1942 beendet worden waren, deutete sich nun eine schleichende Überführung in Staatsbesitz bzw. die Übernahme von Schlüsselfunktionen durch Staatsvertreter an. Ein erstes Zeichen war der Einstieg der Reichswerke in den Aktionärskreis durch die Übernahme von Aktien der Harpener BAG im Sommer des Jahres nach Gesprächen beider Unternehmen mit dem Gasversorger. Auch wenn der Anteil weniger als ein Prozent des Grundkapitals von 28 Mio. Reichsmark ausmachte, werteten die Verantwortlichen diesen Vorstoß als eindeutigen Beleg für die Interessen des Staatskonzerns. In der Folge verhandelte der Vorstand der Ruhrgas mit verschiedenen Zechen über den Verkauf ihrer auf deren Gelände, aber auf eigene Rechnung errichteten Reinigungs- und Kompressionsanlagen, denn für den Verstaatlichungsfall hielten es Baum und Gummert für vorteilhafter, nur das Leitungsnetz zu besitzen. Möglicherweise sollten dadurch die Zechengesellschaften geschützt werden.[244] Wie richtig ihre Vorahnung war, zeigte sich allerdings erst auf der Aufsichtsratssitzung am 15. September 1944, als das Bestreben von Vertretern der Reichswerke offenkundig wurde, mit Hilfe einiger Ruhrgas-Aktionäre eine Verschiebung der Kräfteverhältnisse herbeizuführen.[245]

---

reich der Thyssensche Gas- und Wasserwerke GmbH durch die Schwerstangriffe am 14. und 15. Oktober 1944, 4, in: BA R 4604/419.

242 Niederschrift zur Sitzung des Hauptausschusses Gaserzeugungsanlagen und -leitungsbau am 15. Januar 1943, in: BA R 4604/276, zur Schaffung „personeller Sonderreserven"; Schreiben Speer an Rohland, 3. Dezember 1943, in: BA R 4604/414; Aktennotizen des GIWE, 8. Dezember 1943, über die Sitzung der Energieplanung am 17. November 1943 und 15. Dezember 1943 über die weitere Entwicklung, in: BA R 4604/276.

243 Lagebericht des Ruhrgas-Vorstandsvorsitzenden Friedrich Späth zur AR Ruhrgas, 19. Mai 2000, 26, in: AEGC 01002155421.

244 AR Ruhrgas, 15. Dezember 1943, 2, in: RR 101-11.

245 AR Ruhrgas, 15. September 1944, in: BBA 55/1770.

Was sich in der zweiten Jahreshälfte 1944 abspielte, ist nicht eindeutig zu rekonstruieren und muss daher auch in der Zielsetzung offenbleiben. Es hat den Anschein, als ob Vögler und Pott zunächst zum Verzicht auf ihre Positionen als Vorsitzende des Aufsichtsrats gedrängt worden waren. Damit war der Weg frei für die gesellschaftsrechtliche Umgestaltung der Ruhrgas durch eine Gruppe um die Staatsunternehmen Reichswerke und Hibernia, zu der außerdem Krupp, Mannesmann und die Ewald-König Ludwig Bergbau AG gehörten. Mit Wilhelm Tengelmann, dem Generaldirektor der Hibernia, leitete ein Staatsbeamter die Vorbereitung, womit auch die Zielrichtung des Vorschlags deutlich war. Wie bei anderen Gemeinschaftsunternehmen sollte ein Aufsichtsratspräsidium als oberste Kontrollinstanz unter dem Vorsitzenden Otto Springorum von der GBAG installiert werden, der den Interimsvorsitzenden Ernst Buskühl von der Harpener BAG ablöste. Unterstützt wurde Tengelmann von Pleiger als Vorsitzendem der Reichsvereinigung Kohle sowie des Aufsichtsrats und des Vorstands der Reichswerke.[246] Beide hatten im Vorfeld eine Reihe von Gesprächen geführt, um sich der notwendigen Mehrheit zu versichern, zogen dann ihr Vorhaben im letzten Moment zurück, da sie „in Anbetracht der Zeitverhältnisse die damit verbundene Beunruhigung der beteiligten Kreise nicht glauben verantworten zu können". Sie behielten sich jedoch vor, „zu gegebener Zeit auf ihren Vorschlag zurückzukommen".[247] Im Verlauf der Sitzung stellte sich dann heraus, dass der nicht anwesende Tengelmann und Pleiger Buskühl nicht über ihr Vorhaben informiert und außerdem gegenüber zahlreichen Aufsichtsratsmitgliedern unterschiedliche Personalkonstellationen ins Spiel gebracht hatten, von denen jedoch keine mit dem schließlich vorgestellten Vorschlag übereinstimmte.[248] Die Struktur der Leitungsgremien blieb somit bestehen, nachdem die Vertreter der für einen Sitz im Präsidium vorgesehenen Unternehmen sich irritiert über das Vorgehen von Tengelmann und Pleiger gezeigt hatten und Buskühl in seinem Amt bestätigt wurde. Sein Stellvertreter Otto Springorum sollte die Ruhrgas in die 1950er Jahre führen.

246 Schreiben von Tengelmann zur Verlesung auf der Sitzung, in: BBA 55/1770.
247 Ebd.
248 Konstituierende AR Ruhrgas am 15. September 1944, 4 ff., in: BBA 55/1770.

Die Ruhrgas zwischen Wiederaufbau und Kohlenkrise 1945 bis 1958

Kontinuität unter alliierter Kontrolle

Nach Ende des Zweiten Weltkriegs bot sich im Ruhrbergbau ein ähnliches Bild wie in den Jahren nach 1918. Durch den kriegsbedingten Raubbau waren die Schachtanlagen in ihrer Leistungsfähigkeit stark eingeschränkt. Hinzu kamen nun die Zerstörungen der Tagesanlagen durch den Bombenkrieg, die allerdings entgegen ersten Befürchtungen in den meisten Fällen nicht gravierend waren und insgesamt hinter denen der übrigen Industrie zurückblieben.[249] Die gröbsten Schäden konnten vielfach relativ schnell behoben werden. Als größtes Hindernis bei der Steigerung der Förderung erwiesen sich der Mangel an Bergarbeitern und die durch Überalterung und unzureichende Qualifikation geprägten Belegschaftsstrukturen.[250] Angesichts der herausragenden Bedeutung der Steinkohle für die Energieversorgung profitierte der Ruhrbergbau schon bald von zahlreichen Maßnahmen zur Steigerung der Förderung. Seine Unternehmen blieben nach den alliierten Industrieplänen von Demontagen weitgehend verschont, erhielten schnell und unkompliziert die begehrten Betriebsgenehmigungen (Permits) und über staatlich finanzierte „Anspornmaßnahmen" bald auch einen verstärkten Zulauf an Arbeitskräften.[251]

Bis 1947 gelang es, die Förderung nach dem Tiefstand des letzten Kriegsjahres auf 66 Mio. Tonnen zu verdoppeln und bis 1949 auf annähernd 100 Mio. Tonnen zu verdreifachen. Alle Hoffnungen, dass die frühere Leistungsfähigkeit des Bergbaus kurzfristig würde wiederhergestellt oder sogar übertroffen werden können, sollten sich jedoch als verfehlt erweisen. In den folgenden Jahren zeigte es sich, wie hinderlich die Erblasten des „Dritten Reiches" wirklich waren und dass der Bergbau aus produktionsspezifischen und insbesondere aus politischen Gründen nicht in der Lage war, die ihm zugedachte Rolle einzuneh-

---

249 United States Strategic Bombing Survey Overall Economic Effects Division (Hg.), *Effects of Strategic Bombing*, 96 ff.

250 Heinrich Bäumer, *Der Kohlenbergbau in der Nordzone nach dem Kriege*, in: Glückauf 84 (1948), 268–271.

251 Die Demontage im Bergbau beschränkte sich weitgehend auf die Zulieferindustrie. G. W. Harmsen, *Reparationen – Sozialprodukt – Lebensstandard*, Bremen 1948, H. 1, 27 ff., H. 4, 100 ff.; Michael Farrenkopf, *Wiederaufstieg und Niedergang des Bergbaus in der Bundesrepublik*, in: Tenfelde u. a. (Hrsg.), Geschichte des deutschen Bergbaus, Bd. 4, 183–302, hier 198 ff.; Hermann Ringel, *Die Demontageliste für das Land Nordrhein-Westfalen und ihre wirtschaftlichen und sozialen Auswirkungen*, Düsseldorf 1947, 62 ff.

men.[252] Die Zuwachsraten flachten stark ab, sodass der Ruhrbergbau 1956 trotz eines Nachkriegsmaximums von 124,5 Mio. Tonnen nicht nur die Rekordförderung von 1939 mit 130,1 Mio. Tonnen deutlich verfehlte, sondern auch hinter den Werten der Jahre 1937 bis 1943 zurückblieb.[253] So war Steinkohle bis zum Beginn der Kohlenkrise 1957/58 in der Regel nicht nur knapp, sondern zeitweise sogar ein ausgesprochenes Mangelprodukt.

Wie die Schachtanlagen hatten auch die Anlagen der Ruhrgas erst gegen Kriegsende stärker unter den Bombardements gelitten. Nachdem bis Oktober 1944 der Gasabsatz stabil bei über zehn Mio. Kubikmetern pro Tag, also im Bereich des Höchstwertes der Vorjahre gehalten worden war, kam es im folgenden Winter und Frühjahr zu massiven Schäden an Netz, Behältern, Verdichtern und Reinigungsanlagen sowie umfangreichen Ausfällen bei den Kokereien. Zu Kriegsende arbeiteten nur noch drei Kokereien und eine Verdichterstation. Das Essener Verwaltungsgebäude und andere Betriebsgebäude der Ruhrgas waren schwer getroffen, Fernmelde-, Regel- und Messanlagen zerstört, sodass die Ruhrgas kurzfristig die Kontrolle über das Verteilungssystem verlor. Durch 371 Großschäden am Netz und vor allem an den Rohrbrücken kam es im März 1945 trotz der vielen Ausweichmöglichkeiten durch die weitverzweigten Leitungsverbindungen zum zwischenzeitlichen Zusammenbruch der Gasversorgung. Nur die Belieferung des Raums Hannover war durchgehend gewährleistet.[254]

Im Sommer 1945 begann der Wiederaufbau, erschwert durch Beschlagnahmen, Aufenthaltsverbote, Verpflegungsprobleme, Verkehrsbehinderungen zwischen den Besatzungszonen und Problemen bei der Materialbeschaffung. Doch wie bei den Zechen stellte sich auch bei der Ruhrgas bald heraus, dass die Probleme weitaus geringer waren als zunächst erwartet.[255] In enger Zusammenarbeit mit Kokereien und Zechen konnten bis zum Jahresende zwei Drittel der Schwefelreinigungsanlagen, drei Viertel der Kompressoren und fast 90 Prozent des Leitungsnetzes wieder betriebsbereit gemacht werden. Bis Ende 1946 waren schließlich mit Ausnahme der für die geringen Lieferumfänge noch nicht benötigten Gasbehälter alle Betriebsanlagen wieder einsatzfähig.[256] Die Gasverluste im Leitungsnetz, die noch 1944 bei ca. vier Prozent auf normalem

252 Bleidick, *Bergtechnik*, 355 f.

253 Huske, *Steinkohlenzechen*, 29.

254 GB Ruhrgas, 1. Januar 1948 bis 20. Juni 1948 und Eröffnungsbilanz zum 21. Juni 1948, 6 f. Dieser Bericht stellt zugleich die einzige vorhandene zusammenfassende Quelle zur Nachkriegssituation der Ruhrgas dar.

255 Erich Krahmer, *Erfahrungen beim Wiederaufbau zerstörter Gasnetze*, in: GWF 88 (1947), 10–15; Carl Schemmann, *Aufbau und heutige Gestalt der Ruhrgas*, in: GWF 88 (1947), 101–105, hier 104.

256 GB Ruhrgas, 1. Januar 1948 bis 20. Juni 1948 und Eröffnungsbilanz zum 21. Juni 1948, 6 f.

Abb. 11: Ruhrgas-Hauptverwaltung, 1946.

Stand gelegen, 1945 dann aber fast ein Sechstel der Gesamtliefermenge ausgemacht hatten, konnten so auf ein erträgliches Maß von 6,7 Prozent reduziert werden. Der 1945 erreichte Absatz von nur noch 320 Mio. Kubikmetern oder zehn Prozent des Kriegshöchststandes überstieg so bereits 1946 die Grenze von einer Mrd. Kubikmeter und lag damit etwa auf dem Niveau von 1933. Nachdem zum ersten Mal seit Bestehen der Ruhrgas der Kommunalabsatz mit einem Anteil von über 30 Prozent zum größten Einzelposten der Verkaufsstatistik aufgestiegen war, näherte sich seit Mitte 1946 die Industrieabnahmestruktur der Ruhrgas allmählich wieder angestammten Verhältnissen.[257]

Diese Entwicklung begleitete ein umfangreicher, durch regelmäßige organisatorische Änderungen geprägter alliierter Behördenapparat, der sich neben dem Ziel der Produktionssteigerung vor allem den im Potsdamer Vertrag formulierten Prämissen verpflichtet sah. Dazu gehörte neben der Demokratisierung und Entmilitarisierung Deutschlands vor allem die Entnazifizierung und im Bereich der Wirtschaft die Dezentralisation der Großindustrie. Bei der Energieaufsicht gingen die Alliierten im Bereich ihrer Besatzungszonen anfangs un-

257 Eine Ausnahme bildete die eisenschaffende Industrie, deren Anteil von fast einem Drittel 1944 auf nur noch 8 % im Jahr 1948 sank. Ebd., 7 f.; Harmsen, *Reparationen*, H. 1, 88 ff.; Ringel, *Demontageliste*, 11 ff.

Abb. 12: Auch das von der Ruhrgas-Verwaltung genutzte „Rote Haus" an der Ecke Ruhrallee/ Herwarthstraße wurde 1942 durch Bomben zerstört.

terschiedliche Wege. In der amerikanischen Zone übernahmen die Wirtschafts- bzw. Innenminister aufgrund der staatlichen Selbstständigkeit der Länder die Befugnisse des Reichswirtschaftsministeriums und des Generalinspektors für Wasser und Energie, während in der britischen Zone das Zentralamt für Wirtschaft in Minden die Energieaufsicht über das gesamte Gebiet erhielt. Rechtsgrundlage in allen westlichen Besatzungszonen war weiterhin das EnWG aus dem Jahre 1935 mit seinen Durchführungsverordnungen in unveränderter Gestalt.[258] Im Ruhrbergbau kam es zu einer umfassenden Kontrolle durch Organisationen der Militärregierung wie die Combined Coal Control Group, die durch diverse deutsche Institutionen unterstützt wurden, während das RWKS aufgelöst wurde.[259]

258 Jörg Bauser, *Die Rechtsformen der gemeindlichen Gaswirtschaft und die staatliche Energieaufsicht*, Diss. Tübingen 1953, 59 ff.

259 Benno Natzel, *Die Neuordnung des deutschen Steinkohlenbergbaus. Ein Beitrag zur Geschichte des Ruhrbergbaus*, in: Glückauf 93 (1957), 789–797, hier 790; Werner Milert, *Die verschenkte Kontrolle. Bestimmungsgründe und Grundzüge der britischen Kohlenpolitik im Ruhrbergbau 1945–1948*, in: Dietmar Petzina/Walter Euchner (Hrsg.), Wirtschaftspolitik im britischen Besatzungsgebiet 1945–1949, Düsseldorf 1984, 105–120, hier 107 ff.

Bald war es unverkennbar, dass die neuen Strukturen und die unklare Regelung der Eigentumsverhältnisse die Anstrengungen der Besatzungsmächte zur Entwicklung des Bergbaus merklich behinderten. Im Herbst 1947 befürworteten daher die Amerikaner, die in der Bizone nun auch die Führungsrolle in der Besatzungspolitik und der alliierten Wirtschaftsverwaltung in Westdeutschland übernahmen, die Reorganisation der Bergbauverwaltung. Vorgesehen war nicht weniger als die Übertragung des Bergwerkseigentums, der Verantwortung für die Unternehmensführung und der Produktionsplanung für zunächst fünf Jahre an einen deutschen Treuhänder.[260] Das Produkt dieser Überlegungen war die Deutsche Kohlenbergbau-Leitung, deren allein verantwortlicher Generaldirektor Heinrich Kost nach Richtlinien und Weisungen der Alliierten die Leitung des Ruhrbergbaus übernahm. Es entstand eine zentrale Verwaltungsorganisation, die Produktion, Wareneinkauf, Kohlenabsatz sowie alle personalen und sozialen Fragen einheitlich regelte.

Dass die Wiederaufbauarbeiten bei der Ruhrgas derart schnell voranschritten, lag möglicherweise am Einfluss Kosts, der nach dem Tod Ernst Buskühls im Oktober 1945 als Aufsichtsratsvorsitzender der Ruhrgas fungierte.[261] Seine guten Kontakte zu alliierten Stellen dürften für den Gasversorger ebenso positiv gewesen sein wie seine spätere Funktion bei der Deutschen Kohlenbergbau-Leitung. Vordergründig war dieser Erfolg jedenfalls das Ergebnis der auch durch die enge Bindung an den Ruhrbergbau bevorzugten Zuteilung von Baumaterialien und Permits der alliierten Lenkungsstellen an gesamtwirtschaftlich wichtige Betriebe, zu denen das Unternehmen von Beginn an zählte. Die Ruhrgas musste auch keine direkten Demontagen befürchten, galt sie doch schon nach dem ersten Industrieplan als Unternehmen der „Klasse 4", zu der alle Betriebe gehörten, die entweder exportierten oder im Besitz von Aufträgen der Militärregierung waren.[262] Ihre Anlagen fanden sich daher nicht auf den Demontagelisten.[263] Ob die Aufnahme von Gaslieferungen in die Niederlande in Kooperation mit Thyssengas seit Ende 1946 – und damit der erste Schritt ins internationale Geschäft – aus weiser Voraussicht, äußeren Zwängen oder aufgrund gezielter Informationen erfolgte, ist nicht nachvollziehbar; doch schuf

---

260 Werner Abelshauser, *Der Ruhrkohlenbergbau seit 1945*, München 1984, 50 f.; Natzel, *Neuordnung*, 790.

261 Die Hintergründe dieser Entscheidung müssen aufgrund der Aktenlage offenbleiben. Immerhin war Kost bereits im Herbst 1944 zwischenzeitlich für diese Funktion im Gespräch. Konstituierende AR Ruhrgas am 15. September 1944, 4, in: BBA 55/1770.

262 Harmsen, *Reparationen*, H. 1, 21.

263 Ruhrgas an Wirtschaftsministerium NRW, 17. Juli 1947, zu Gasversorgungsanlagen in den auf der Reparationsliste stehenden Werken und Antwort des Ministeriums vom 16. August 1947, in: BBA 55/1752.

die Ruhrgas damit eine weitere wertvolle Basis für diese Einstufung im folgenden Jahr.[264]

Die Unterstellung der Ruhrgas unter Aufsicht alliierter Stellen und schließlich der Deutschen Kohlenbergbau-Leitung sowie die auf die Internierung zahlreicher Vorstände folgenden Entnazifizierungsmaßnahmen machten sich auch in den Leitungsgremien bemerkbar. Da im Aufsichtsrat traditionell die Leiter der größten Zechengesellschaften und Stahlunternehmen saßen, waren mit Ausnahme Kosts, der zwei Monate festgehalten wurde, zunächst wahrscheinlich alle Aufsichtsratsmitglieder mindestens bis 1946 oder 1947 interniert.[265] Nominell bestand das Gremium zwar weiterhin aus den auf der letzten Sitzung am 15. September 1944 gewählten Personen, doch waren auf der einzigen Sitzung zwischen 1944 und 1951 Anfang Januar 1947 neben Kost mit Fritz Müller (Krupp) und Wilhelm Nebelung (Gutenhoffnungshütte) nur zwei weitere Vertreter anwesend. Kost wurde Ende 1947 mit Beginn seiner Arbeit bei der Deutschen Kohlenbergbau-Leitung wieder einfaches Aufsichtsratsmitglied der Ruhrgas und übergab, wiederum ohne entsprechenden Sitzungsbeschluss, den Vorsitz an Otto Springorum (GBAG), der 1944 zum stellvertretenden Vorsitzenden gewählt worden war. Dieser Schritt war ein Zeichen für die langsame Normalisierung der Verhältnisse, denn von Beginn an hielt ein Vertreter des größten Anteilseigners den Aufsichtsratsvorsitz bei der Ruhrgas. Bis weit in das Erdgaszeitalter hinein sollte die Ruhrgas an der Tradition festhalten, einen Vertreter des Bergbaus bzw. der Montanindustrie an die Spitze des Aufsichtsrats zu setzen. Auch im Vorstand zeigte sich nach einer gewissen Übergangszeit die typische Kontinuität. Im Oktober 1945 war Fritz Baum aufgrund seiner Tätigkeit als Wehrwirtschaftsführer und Vorstandsmitglied des Bergbauvereins interniert und von der Ruhrgas in den „Ruhestand“ versetzt worden.[266] Neben Fritz Gummert fungierte nun als zweites Vorstandsmitglied Friedrich Wilhelm Ziervogel.[267] Walther Wunsch und Kurt Traenckner stiegen erst mit einer gewissen Karenzzeit 1947 bzw. 1949 zusammen mit Herbert Schelberger zu stellvertretenden Vorstandsmitgliedern auf.

---

264 Vertrag zwischen Ruhrgas, Thyssengas und Königlich Niederländischer Regierung (Energievoorziening), 12. Oktober 1948, in: HKR G 2/1378 sowie dsgl. mit den Staatsmijnen, in: HKR G 2/1405.

265 Farrenkopf, *Wiederaufstieg*, 200; Abelshauser, *Ruhrkohlenbergbau*, 20 f.; Aktennotiz Kost zur Besprechung von Aufsichtsratsmitgliedern der Ruhrgas am 8. Oktober 1945, in: RR 101-11.

266 Walther Wunsch, *Nachruf Fritz Baum*, in: GWF 96 (1955), 656; GB Ruhrgas Januar 1948 bis Juni 1948, 4.

267 Rundschreiben Ruhrgas an Aktionäre, 5. November 1945, in: HKR C 1/461; Todesanzeige Ziervogel, in: BBA 8/94.

Dagegen blieb die Eigentumsfrage der Ruhrwirtschaft noch über einige Jahre ungelöst. Mit dem „Gesetz Nr. 75“ wurde eine Regelung dieser Thematik im November 1948 zwar angedeutet, jedoch gleichzeitig weiter aufgeschoben, um alle Kräfte auf die Steigerung der Produktion zu richten und eine weitere Stabilisierung der Verhältnisse zu erzielen.[268] Außerdem sollte die endgültige Entscheidung einer aus „freien Wahlen hervorgegangenen deutschen Regierung“ übertragen werden. Nach verschiedenen Neuordnungsplänen und -konzepten steckte die „Alliierte Hohe Kommission“ im Mai 1950 mit dem „Gesetz Nr. 27“ dann endgültig den Rahmen für die Entflechtungsmaßnahmen ab.[269] Das Gesetz kategorisierte die Montanunternehmen in fünf Gruppen – A: Konzerne wie die Vereinigte Stahlwerke AG (VSt), Krupp, Hoesch, Mannesmann, Flick und die Reichswerke, B: Kohlenhandelsgesellschaften und Syndikate wie das RWKS und Regionalorganisationen, C: sonstige Unternehmen, darunter alle nicht zur Kategorie A gehörenden Gesellschaften, D: Unternehmen mit Werksbenutzungsverträgen und E: mit noch unklarer Einstufung, darunter der Stinnes-Komplex, der Thyssen-Bornemisza-Komplex und die Ilseder Hütte. Während für die Unternehmen der Gruppen A und B die Auflösung vorgesehen war, zielte das Konzept auf die Bildung von identischen Einheitsgesellschaften mit Mustersatzungen durch die Zusammenfassung der aus den Konzernbereichen herausgelösten Bergbaugesellschaften mit solchen der Gruppen C und E. Als wichtigste Richtlinie galt die weitgehende Vermeidung vertikaler Verbindungen von Bergbau und Stahlindustrie.

So akzeptierte die Combined Coal Control Group einen Verbund von Kohle und Eisen im Umfang von maximal 15 Prozent der Gesamtförderung, während jedes Hüttenwerk höchstens drei Viertel seines Kohlenbedarfs aus eigenen Bergwerken decken durfte.[270] Mit diesen Beschränkungen wurde die erste Neuordnungsphase bis 1953 weitgehend abgeschlossen. Sie erfasste allerdings nur noch Unternehmen der Kategorie A, aus denen 23 Einheitsgesellschaften entstanden, während die Anzahl der Bergwerksgesellschaften gleichzeitig von 54 auf 80 wuchs.[271] Die Deutsche Kohlenbergbau-Leitung sah in der neuen Kon-

268 Gesetz Nr. 75, betreffend die Umgestaltung des deutschen Kohlenbergbaus und der deutschen Eisen- und Stahlindustrie vom 10. November 1948, in: Amtsblatt der Militärregierung Deutschland, britisches Kontrollgebiet, 1948, 1.025 f.

269 Gesetz Nr. 27, betreffend die Umgestaltung des deutschen Kohlenbergbaus und der deutschen Eisen- und Stahlindustrie vom 16. Mai 1950, in: Amtsblatt der Alliierten Hohen Kommission, 1950, 299–316.

270 Heinrich Kost, *Die Tätigkeit der deutschen Kohlenbergbauleitung*, in: Glückauf 90 (1954), 89–106, hier 99; Farrenkopf, *Wiederaufstieg*, 207.

271 Stahltreuhändervereinigung (Hg.), *Die Neuordnung der Eisen- und Stahlindustrie im Gebiet der Bundesrepublik Deutschland*, München 1954, 261 ff.

stellation eine Trennung organisch gewachsener Einheiten zugunsten künstlicher gesellschaftsrechtlicher Konstruktionen von zweifelhafter ökonomischer Logik.[272] Dieser Zustand sollte daher nicht allzu lange Bestand haben, und in den folgenden Jahren setzte eine Rückgliederungswelle ein. Bereits 1953 wurde die Deutsche Kohlenbergbau-Leitung aufgelöst, nachdem im Vorjahr der Unternehmensverband Ruhrbergbau im Ruhrgebiet die Position des Bergbau-Vereins eingenommen hatte. Gleichzeitig endete auch die Tätigkeit des Deutschen Kohlenverkaufs als RWKS-Nachfolger, an dessen Stelle sechs eigenständige Verkaufsgruppen traten.[273]

Vor diesem Hintergrund verfügte die Ruhrgas nach Kriegsende über eine besondere Stellung, denn sie entzog sich aufgrund ihres einzigartigen Charakters in gewisser Weise sämtlichen Regelungen bzw. passte nicht in die standardisierten Schubladen der alliierten Planungen. Selbst zu den wenigen Gemeinschaftsunternehmen des Ruhrbergbaus wie dem Benzol-Verband, der Gesellschaft für Teerverwertung oder der Steinkohlen-Elektrizität AG (Steag) bestanden keine direkten Parallelen, da die Ruhrgas weder zu den nun verbotenen Syndikaten noch zu den produzierenden und weiterverarbeitenden Unternehmen oder den kartellähnlich organisierten Kohlenwertstoffverbänden zählte, obwohl sie eigentlich in diese Kategorie gehörte. Als Handelsgesellschaft für das zwangsläufig bei der Verkokung anfallende Überschussgas schien sie in geringerem Maße von den zahlreichen alliierten Anordnungen betroffen, zumal die gesellschaftsrechtliche Ebene zunächst unangetastet blieb und sie anders als die Nebenprodukteverbände nicht in die 1945 gegründete Aktiengesellschaft der Kohlenwertstoffverbände integriert wurde. So wurde der Ruhrgas trotz der nicht von der Hand zu weisenden Ähnlichkeiten ihrer geschäftlichen Konzepte auch keine bedenkliche Konzentration unterstellt, sodass sie nicht in der Liste der zu entflechtenden Unternehmen der Gesetze Nr. 75 und Nr. 27 auftauchte.[274]

Die Sonderstellung der Ruhrgas beruhte vor allem auf zwei Aspekten. Auf der einen Seite schützte sie trotz der potenziell wettbewerbskritischen Vertragslage mit den Lieferanten ihre Funktion als öffentliches Versorgungsunternehmen, die wie die Stadtwerke grundsätzlich als berechtigte Ausnahmen von den

---

272 Theobald Keyser, *Die Bildung von „Einheitsgesellschaften" im Ruhrbergbau nach dem Gesetz Nr. 27*, in: De la Sauce u. a. (Hrsg.), Jahrbuch des deutschen Bergbaus 44 (1952), 1–13, hier 9 ff.; Abelshauser, *Ruhrkohlenbergbau*, 56.

273 Farrenkopf, *Wiederaufstieg*, 208; Rudolf Regul, *Die Europäische Gemeinschaft für Kohle und Stahl*, in: De la Sauce u. a. (Hrsg.), Jahrbuch des deutschen Bergbaus 45 (1953), *17–*41.

274 Gesetz Nr. 27, Anhänge A–E.

Konzentrationsverboten betrachtet wurden.[275] Auf der anderen Seite basierte ein großer Teil der westdeutschen Gaswirtschaft auf der durch die Ruhrgas seit den 1920er Jahren etablierten, ausgeprägten Verbundwirtschaft zwischen Kohle und Eisen. Das Unternehmen fungierte als zentrale Klammer des Systems, dessen Funktionsfähigkeit wiederum vom Fortbestand der gesellschaftsrechtlichen Konstruktion der Ruhrgas abhing. Ein Eingriff auf dieser Ebene erschien daher äußerst unwahrscheinlich. Doch stellte sich ab 1948 die immer drängendere Frage, in welcher Form sich die angekündigten Entflechtungs- und Neuordnungsmaßnahmen der Alliierten auf die Unternehmensstrukturen der Ruhrgas-Aktionäre und damit nicht nur auf die rechtlichen Beziehungen zum Gemeinschaftsunternehmen Ruhrgas, sondern auch auf das Versorgungskonzept auswirken würden. Immerhin verfügten die in Gruppe A des Gesetzes Nr. 27 zusammengefassten Konzerne über 56 Prozent der Ruhrgas-Aktien, allen voran die VSt/GBAG mit rund 25 Prozent und der Flick-Konzern u. a. über die Harpener BAG und die Essener Steinkohle über 13,2 Prozent.[276] Dazu war die Eisen- und Stahlindustrie der größte und regelmäßigste Abnehmer von Ferngas, der 50 Prozent seines Bedarfs an Durchleitungs- und Kaufgas von der Ruhrgas bezog, was in etwa 60 Prozent deren Gesamtabsatzes entsprach. Die Trennung von Kohle und Stahl erschien daher geeignet, die Geschäftsgrundlagen der Ruhrgas zu ihrem 25. Gründungsjubiläum auf eine neue Basis zu stellen.

Das eindeutige Bekenntnis des Ruhrgas-Vorstandes zugunsten des Bergbaus folgte der Gründungsintention und wurde auch durch die Deutsche Kohlenbergbau-Leitung unterstützt, die sich von Beginn an dafür einsetzte, Ruhrgas-Anteile neben reinen Steinkohlenbergbauunternehmen nur solchen zukommen zu lassen, die als Tochtergesellschaften von Hüttengesellschaften vorgesehen oder bereits mit Hüttengesellschaften durch eine geschäftsführende Obergesellschaft verbunden waren.[277] Dabei war die Situation der Ruhrgas zum Jahresende 1949, als die Deutsche Kohlenbergbau-Leitung und die für die Stahlseite zuständige Stahltreuhändervereinigung begannen, sich intensiver mit der Zukunft der Gemeinschaftsunternehmen zu beschäftigen, mehr als unklar und sollte es über rund zwei Jahre auch bleiben. Dies galt vor allem für

275 Fragenkatalog der Ruhrgas im Zusammenhang mit Gesetz Nr. 75 vom 16. Februar 1949, 2, in: BBA 76/50; Aktenvermerk Ruhrgas, 11. März 1950, 1, in: BBA 55/1797.

276 Stahltreuhändervereinigung (Hg.), *Neuordnung*, 12 f.

277 Aktenvermerk DKBL, 29. Oktober 1949, zur Entflechtung der Ruhrgas, 2, in: BBA 12/1001; Niederschrift des Vorsitzenden Friedrich Springorum über die vierte Sitzung des Ausschusses 6b – Allgemeiner Ausschuss für Verbände und Gemeinschaftsunternehmen – der DKBL am 17. November 1949, 3, in: BBA 12/1001; Niederschrift Gummert, 18. November 1949, zur Ausschusssitzung, 3, in: BBA 12/1001.

die völlig offene Vertragssituation nach einer Aufspaltung der Konzerne.[278] Im schlimmsten Falle drohte eine vollständige Lähmung der Ruhrgas durch langwierige Streitigkeiten über Beteiligungsverhältnisse, die Verteilung der alten Anleihegarantien, die Klärung der Besitz- und Verfügungsrechte von Gasverteilungsanlagen auf Zechengeländen und Verhandlungen um Vertragsneuabschlüsse. Nachdem sich bis Anfang 1951 nichts bewegt hatte, ging der Vorstand der Ruhrgas schließlich in die Offensive. Gegenüber der Deutschen Kohlenbergbau-Leitung forderte er mit Verweis auf die eigenen langfristigen Verpflichtungen gegenüber den Kommunen und der Industrie, dass die Bindungen der Aktionäre gegenüber der Ruhrgas in vollem Umfang bestehen bleiben müssten.[279] Als oberster Grundsatz für die Neuregelung des Beteiligungsverhältnisses, so die klare Feststellung von Gummert, sei die „Bewahrung des heutigen Besitzstandes der Ruhrgas bzw. des aktuellen Status quo" anzusehen.[280] Anders als Springorum, der wohl auch im Hinblick auf die schwebende Liquidation der VSt weiterhin den Standpunkt vertrat, die Aktionärsstruktur der Ruhrgas auf den Steinkohlenbergbau zu beschränken, befürwortete der Vorstand nun aus pragmatischen Gründen eine Einbindung der Stahlindustrie. Springorum betrachtete die Schwesterbranche dagegen ausschließlich in ihrer Eigenschaft als Kundin im Rahmen von Handelsgeschäften und Transportdienstleistungen.[281]

Das 1953 schließlich vorliegende Ergebnis der Entflechtung und Neuordnung entsprach zwar nicht vollständig Springorums Vorstellungen, kam ihnen aber doch sehr nahe. Dies war durchaus bemerkenswert, denn für die Verteilung der Anteile der Ruhrgas auf die Nachfolger der Ruhrkonzerne existierte weder ein fester Plan noch basierte sie auf einer gesonderten Verordnung. Sie war vielmehr das Ergebnis eines komplexen Aushandlungsprozesses, der in ständig wechselnden Variationen die Belange und Interessen der Bergbauunternehmen berücksichtigte.[282] Letztlich war dieser Aspekt für die Ruhrgas auch von untergeordneter Bedeutung, denn die Arbeitsfähigkeit des Vorstandes hing eben nicht von einer exakt austarierten Kräftekonstellation der Anteilseigner ab, sondern von deren Interesse, das Gemeinschaftsunternehmen in bewährter Art und Weise fortzuführen. Und dieses Bekenntnis war Ende der 1940er, An-

---

278 Aktenvermerk DKBL, 29. Oktober 1949, zur Entflechtung der Ruhrgas, 3, in: BBA 12/1001.

279 Ruhrgas an DKBL, 30. Januar 1951, zur Regelung des Gesetzes Nr. 27, 1 f., in: BBA 12/1001.

280 Ebd., 2–4 und Anlage 2.

281 Ebd., 3; Otto Springorum an Wolfgang Linz, Liquidator der VSt i.L., 21. Februar 1951, in: BBA 55/1770.

282 Stahltreuhändervereinigung (Hg.), *Neuordnung*; K. H. Herchenröder u. a., *Die Nachfolger der Ruhrkonzerne. Die Neuordnung der Montanindustrie*, Düsseldorf 1953; Natzel, *Neuordnung*, 795 f.

fang der 1950er Jahre anscheinend in Form einer stillschweigenden Übereinkunft gegeben – anders lässt sich die völlige Negation der Thematik auf den Hauptversammlungen und Aufsichtsratssitzungen der Ruhrgas kaum interpretieren.[283]

Angesichts der zahlreichen „Alltagsprobleme" des Ruhrbergbaus in dieser Zeit scheint eine Diskussion um Aktienanteile im Promillebereich außerhalb des Interesses gelegen zu haben. Viel wichtiger war vor diesem Hintergrund die Zurückdrängung der Stahlindustrie, für die die Stahltreuhändervereinigung eine Gesamtbeteiligung an der Ruhrgas von 25 Prozent empfohlen hatte. Nach langwierigen Verhandlungen reduzierte sich der Anteil auf rund 7,5 Prozent, die auf fünf mit der Eisenseite verbundene Bergbaugesellschaften entfielen.[284] Die Nachfolgegesellschaften der VSt im Raum Gelsenkirchen, Bochum, Dortmund und Duisburg wurden dagegen nicht berücksichtigt, sodass ihre Gesamtbeteiligung auf die Rheinelbe Bergbau AG, eine GBAG-Tochtergesellschaft, überging, in der auch die Ruhrgas-Anteile der anderen GBAG-Töchter gebündelt waren. Die GBAG-Beteiligung überstieg mit 27,37 Prozent den ehemaligen Höchstwert der VSt von rund 25,04 Prozent, sodass die Ruhrgas auch weiterhin über einen überaus starken Einzelaktionär verfügte. Als nächstgrößte Aktionäre folgten die Essener Steinkohle mit 8,58 Prozent, die Arenberg Bergbau-Gesellschaft mbH mit 5,36 Prozent und die Hibernia mit 4,34 Prozent. Der Hauptteil der Aktien befand sich mit Durchschnittsvolumina von 0,5 bis zwei Prozent bei bis zu 36 anderen Unternehmen, sodass auch hier trotz insgesamt leichter Verschiebungen das Bild der Vorkriegszeit im Großen und Ganzen gewahrt blieb.[285] Dem entsprach auch die Reservierung von bis zu drei Aufsichtsratssitzen für Vertreter der Stahlindustrie. Mit dieser Entscheidung waren die Deutsche Kohlenbergbau-Leitung und die Combined Coal Control Group im weitesten Sinne den Forderungen der Ruhrgas gefolgt und hatten die Stabilität des Gasversorgers allen anderen Kriterien vorangestellt. Von allergrößter Bedeutung war jedoch die auch von den Unternehmen weitgehend akzeptierte Weiterführung des Vertragssystems, das mitunter selbst in Fällen weggefallener Grundlagen in informeller Geltung Durchleitungen regelte.[286]

283 Niederschriften und Vorträge der Hauptversammlungen der Jahre 1951–1953, in: BBA 55/1770 und AEGC 01002155378.

284 Stahltreuhändervereinigung (Hg.), *Neuordnung*, 204.

285 Zur Entwicklung der Kapitalbeteiligung siehe Anwesenheitsliste zur HV Ruhrgas am 28. Juni 1951, in: BBA 55/1770 und AEGC 01002155378; Listen der Aktionäre, Stand 11. November 1952 und 24. November 1955, in: BBA 55/3116.

286 Aktennotiz DKBL, [ohne Autor], 31. Mai 1951, in: BBA 12/1001; Aktenvermerk Schwertfeger (DKBL) über eine Besprechung mit Gummert und Schelberger am 23. November 1951, in: BBA 12/1001; Niederschrift DKBL, [ohne Autor], über die Sitzung am 27. November 1951 bei der Ruhr-

Das Jahr 1949 markiert in gewisser Beziehung einen Wendepunkt für die weitere Entwicklung der Ruhrgas. Mit enormen Zuwachsraten um fast ein Drittel auf 2,15 Mrd. Kubikmeter zwischen 1947 und 1948 und um nochmals 20 Prozent auf nun 2,63 Mrd. Kubikmeter war das Absatzniveau von 1938 erheblich schneller erreicht als in anderen Industriezweigen, und der hohe Industriegasanteil von nun etwa 80 Prozent versprach angesichts der Expansion besonders der Eisen- und Stahlindustrie eine goldene Zukunft.[287] Durch die Wiederaufnahme der Lieferungen in den linksrheinischen Raum war 1948 das angestammte Versorgungsgebiet wieder vollständig angeschlossen.[288] Nach Anfangsverlusten infolge der umfassenden Aufbauarbeiten in Höhe von sieben Mio. Reichsmark erzielte die Ruhrgas endlich wieder Gewinne, die teilweise aus dem Betrieb der Schwefelreinigungsanlage Herten stammten, welche im Frühjahr 1948 wieder von der jetzt liquidierten „Arbeitsgemeinschaft zum Entzug von Schwefel aus Gasreinigungsmasse" übernommen worden war. Allein der Überschuss aus dem Gasgeschäft in Höhe von 9,1 Mio. Reichsmark deckte sämtliche Verlustvorträge der ersten Nachkriegsjahre und konnte noch zur Ergänzung der Rücklagen verwendet werden.[289]

Gerade die Bildung neuer Rücklagen war besonders wichtig, denn 1948 begann die Umstellung auf marktwirtschaftliche Verhältnisse. Im Zuge der Währungsreform hatten alle Unternehmen bis zum 30. Juni 1951 eine D-Mark-Eröffnungsbilanz vorzulegen, die nach bestimmten Regeln die Kapitalverhältnisse neu festlegte und damit die übliche Bilanzkontinuität durchbrach. Die Ruhrgas erreichte mit einer Neubewertung von Anlagen und Betriebskapital eine Erhöhung ihres Anlagevermögens um 58 Prozent gegenüber der Reichsmark-Schlussbilanz auf nun 205 Mio. D-Mark.[290] Der durch diesen Schritt festgestellte Bilanzüberschuss betrug fast 52 Mio. D-Mark, die u. a. zur Beibehaltung des Kapitals in Höhe von jetzt 28 Mio. D-Mark und Erhöhung der Rücklagen um 16. Mio. D-Mark auf 24 Mio. D-Mark verwendet wurde. Ange-

gas mit Teilnehmern von GBAG, GHH, Klöckner, Krupp, Mannesmann, Ruhrgas und DKBL, in: BBA 12/1001; Aktenvermerk Schwertfeger, 3. Dezember 1951, über eine Besprechung am 30. November 1951 zu den Ruhrgas-Verträgen, in: BBA 12/1001; Ruhrgas an DKBL, 7. März 1952, zu den Regelungen für die Eisenseite, in: BBA 55/1797; Aktenvermerk Rohland, 26. April 1952, zur Entflechtung, in: BBA 55/1770; Aktenvermerk Linz zu einer Besprechung mit dem GBAG-Vorstand zur Beteiligung an der Ruhrgas am 21. Mai 1952, in: BBA 55/1770.

287 Tätigkeitsberichte Ruhrgas, 2. Quartal 1948, 1; 3. Quartal 1948, 1; 4. Quartal 1948, 1, in: BBA 20/198; 4. Quartal 1949, 1 f., in: BBA 8/94.

288 Tätigkeitsbericht Ruhrgas, 3. Quartal 1948, 3, in: BBA 20/198; GB Ruhrgas Januar bis Juni 1948, 6.

289 Ebd., 10 f.

290 Bericht über die Eröffnungsbilanz in Deutscher Mark zum 21. Juni 1948, 16 ff.

sichts der zu diesem Zeitpunkt noch unklaren Regelung des Lastenausgleichs,[291] der zu einer nachträglichen besseren Verteilung der Kriegslasten führen sollte, verzögerte die Ruhrgas die Aufstellung der Bilanz bis zum letztmöglichen Termin. Unternehmen aus kapitalintensiven Branchen wie der Energiewirtschaft sahen den Abgaben, die auf Vermögen, Hypotheken- und Kreditgewinne abzuführen waren, mit großer Sorge entgegen, beeinträchtigten sie doch die Investitionsfähigkeit.[292] Besonders betroffen war hier die Gaswirtschaft, die im Vergleich zur Elektrizitätswirtschaft relativ wenig von den Mitteln des European Recovery Programs (Marshallplan) profitierte. So flossen bis 1954 rund eine Mrd. D-Mark an die Konkurrenzbranche, jedoch nur 62 Mio. D-Mark an die Gasversorger.[293] Dazu kam die unklare Situation der Einstufung des Kokereigases, da von der Lastenausgleichsabgabe nur „der Teil des der öffentlichen Energieversorgung gewidmeten Vermögens" befreit war, der den Lieferungen im Rahmen der Anschluss- und Versorgungspflicht laut EnWG entsprach. Diese Menge konnte aber selbst die Ruhrgas nicht exakt einschätzen, sodass hier eine dauerhafte Unklarheit bestand.[294] Mit einem Industriegasanteil von rund drei Vierteln fiel jedoch der größere Teil des Ruhrgas-Absatzes unter den Lastenausgleich, der in den folgenden Jahren jeweils rund 1,5 Mio. D-Mark erreichen sollte.[295]

Für eine äußerst schlechte Stimmung sorgte die Aufrechterhaltung der Kontingentierung und Preisbindung in der Energiewirtschaft. Während anderen Branchen nach und nach die Erhebung marktwirtschaftlich ermittelter Preise zugestanden wurden, fühlte sich der Steinkohlenbergbau als Verlierer der Marktwirtschaft. Hier galten weiterhin Regeln der staatlichen Lenkung und Sonderbewirtschaftung, die sich bald negativ auf die Branche und damit auch auf die Kokereigaswirtschaft auswirken sollten. Während zahlreiche Branchen zunehmend in die Lage versetzt wurden, sich aus Gewinnen zu finanzieren, trugen die volkswirtschaftlich bedeutenden Grundstoffindustrien mit ihren niedrigen Preisen zur allgemeinen Stabilisierung bei und subventionierten damit faktisch den Aufschwung auf Kosten der eigenen Investitionsfähigkeit. Dies galt insbesondere für den Steinkohlenbergbau, der seit 1932 quasi mit einem unveränderten Preisniveau arbeitete, vollständig die Bindung zum Markt verloren hatte und nicht mehr die Fähigkeit besaß, für den Ausgleich von An-

291 Gesetz über den Lastenausgleich, 14. August 1952, in: BGBl I, 1952, 446–533.

292 Fritz Burgbacher, *Gaswirtschaftliche Tagesfragen im Blickpunkt der allgemeinen Wirtschaftspolitik*, in: ET 2 (1952/53), 202–208, hier 202 f.

293 Auszug des Referats Wunsch auf der Beiratssitzung der Ruhrgas am 9. Februar 1954, in: AEGC 01002155378.

294 Ruhrgas an GBAG zum Lastenausgleich, 7. September 1952, in: BBA 55/1752.

295 GB Ruhrgas, 1953, 17, und 1954, 20.

Abb. 13: Großkokerei Nordstern am Rhein-Herne-Kanal in Gelsenkirchen, Mitte der 1950er Jahre.

gebot und Nachfrage zu sorgen.[296] Besonders spürbar war diese Entwicklung im Kokereisektor, den 1949 weiterhin der schon während des Krieges beklagte eklatante Instandhaltungsstau belastete. Hier arbeiteten gerade 50 Prozent der vorhandenen Öfen, jedoch vielfach mit herabgesetzter Betriebstemperatur und Garungszeit und entsprechend reduzierter Leistungsfähigkeit.[297] Eine vergleichbare Situation bestand in der kommunalen Gaswirtschaft, die ebenfalls zwei Jahrzehnte von der Substanz gelebt hatte und bis an die Grenze der Versorgungssicherheit belastet war, wie zahlreiche Kritiker bemängelten.[298] Diese

---

296 Rudolf Regul, *Die Problematik des Kohlenpreises und seine funktionellen Zusammenhänge mit den Energiepreisen*, in: Energiewirtschaftliches Institut der Universität Köln (Hg.), Preis- und Tariffragen der Energieversorgung, München 1950, 231–247, hier 235 ff.; Willi Döhrmann, *Die Entwicklung der deutschen Steinkohlenpreise nach dem Zweiten Weltkrieg*, in: Glückauf 89 (1953), 597–602; BA Z 4/55: Preise für Gas und Elektrizität, 1947–1949; BA Z 13/984 und 988: Preisänderungen Gas, 1948–1949.

297 Verwaltung für Wirtschaft des Vereinigten Wirtschaftsgebietes (Hg.), *Gutachten über die Kosten- und Ertragslage des westdeutschen Steinkohlenbergbaus*, Essen 1949, 9 f.

298 Hellmut Nicklisch, *Preispolitische Forderungen aus der Gas-Enquete*, in: Der Volkswirt (Hg.), Deutsche Wirtschaft im Querschnitt, Folge 22: Gaswirtschaft, [o. O.] 1953, 12–14; Fritz Burgbacher, *Die gegenwärtige wirtschaftliche Lage der Gas- und Wasserwirtschaft*, in: GWF 92 (1951), 97–101, 259, hier 98 f., 259.

Erkenntnis gewann dann auch die Bunderegierung, die 1950/51 eine Enquete zur Gaswirtschaft initiierte, deren Ergebnisse bei Veröffentlichung 1953 jedoch bereits veraltet waren und keine nachweisbare Reaktion erzeugten.[299] Zur Verwunderung der Ferngasunternehmen beschränkte sich die Enquete außerdem auf die Untersuchung von 23 ausgewählten Ortsgaswerken und ließ die Kokereigaswirtschaft völlig unberücksichtigt.[300]

Dieser Zustand bestand auch weiterhin unter sich zunehmend verändernden Vorzeichen für die Ferngas- und die Stadtgaswirtschaft und dann bereits abgeschwächt bis zur Preisfreigabe für Kohle am 1. April 1956. Den Ausgangspunkt bildeten das 1948 in Fortführung der gesetzlichen Regelungen der 1930er Jahre erlassene und dann teilweise mehrfach pro Jahr angepasste Preisgesetz, auf dessen Grundlage bis 1952 sechs Kohlenpreiserhöhungen genehmigt wurden.[301] Die Gaspreise waren allerdings von dieser Entwicklung abgekoppelt und folgten auch nicht den Kokspreisen, sondern wurden gesondert nach kaum nachvollziehbaren Kriterien in Verbindung mit Höchstpreisanordnungen festgelegt. So verdoppelten sich 1948 die Preise für Kohle und Koks, während der Ferngaspreis gerade um ein Drittel zulegte. Dieser auch an den Strompreisen orientierte Wert reichte vielfach noch nicht einmal zur Deckung der Betriebskosten der Gaswerke.[302] Im Vergleich zur zweiten Hälfte der 1930er Jahre beklagte die kommunale Gaswirtschaft nun bei etwa identischen Absatzpreisen einen Anstieg der Kohlenkosten um bis zu 110 Prozent, der Frachtkosten, der Anlagen- und Baukosten um bis zu 140 Prozent und der Lohnkosten um 50 bis 70 Prozent.[303] Letztere galten auch für die Kokereigaswirtschaft, bei der die elementare Verschiebung der Preisrelation zwischen Gas und Koks weitere Schwierigkeiten hervorrief. Statt eines Erlösverhältnisses von eins zu fünf erreichten viele Kokereien nur noch einen Wert von eins zu sieben, der unter Berücksichtigung der spezifischen Situation der betrieblichen Energiewirtschaft eine Unwirtschaftlichkeit des Ferngasvertriebs bedeuten konnte, wenn

---

299 Hellmut Nicklisch/Karl Schwantag, *Kosten und Erträge in der Gaswirtschaft 1950/51*, Frankfurt a. M. 1953; Finter, *Die Gas-Enquete*, in: ET 2 (1952/53), 239–243; Heinrich Kaun, *Die bleibende Bedeutung der Gas-Enquete*, in: GWF 94 (1953), 227–229.

300 *Die Bedeutung der Enquete für die deutsche Gaswirtschaft. Ein Gespräch am runden Tisch*, in: GWF 93 (1952), 552–557, hier 555.

301 Hans Fischerhof, *Gedanken zum Energiepreisrecht*, in: Energiewirtschaftliches Institut der Universität Köln (Hg.), Preis- und Tariffragen, 201–211, hier 204 f.; Übergangsgesetz über Preisbildung und Preisüberwachung vom 10. April 1948, in: WiGBl 1948, 27 f.

302 Hans Karl Schneider, *Das Prinzip der Preisbildung in der Ferngasversorgung*, in: Energiewirtschaftliches Institut (Hg.), Preis- und Tariffragen, 71–101, Diskussion 102–107, hier 103.

303 Karl Morgenthaler, *Aktuelle Fragen der deutschen Gaswirtschaft*, in: Energiewirtschaftliches Institut (Hg.), Preis- und Tariffragen, 213–226, hier 215 f.

etwa die Verfeuerung von Kokereigas auf einmal günstiger war als die Verwendung von Kohle oder Schwachgasen.[304]

Im Hinblick auf die Abhängigkeit der Kokserzeugung von der Nachfrage der Eisen- und Stahlindustrie und die bevorstehende Entflechtung der Montankonzerne hieß dies nicht weniger, als dass sich ein gewichtiges Argument für eine Weiterentwicklung der Kokereigaswirtschaft und ein Gemeinschaftsunternehmen wie die Ruhrgas abschwächte. Und bis 1952, als im Bereich der Energiewirtschaft die sukzessive Freigabe der Preise begann, sollte diese Situation einer nachlaufenden Preisentwicklung im Kokereigasbereich fortbestehen.[305] Die neue Energiepreisverordnung beseitigte allerdings nicht das Eingriffsrecht der Preisbildungsbehörden, die auch in den folgenden Jahren eine restriktive Genehmigungspolitik betrieben, von nun an aber eine parallele Steigerung von Koks- und Gaspreisen akzeptierten. Die Verluste der ersten Nachkriegsjahre konnte die Ruhrgas jedoch nicht mehr kompensieren. Einen gewissen Ausgleich bot 1952 das Investitionshilfegesetz, mit dem über eine einmalige öffentlich-rechtliche Abgabe aller Gewerbebetriebe eine Mrd. D-Mark zur Investitionsförderung in der Grundstoffindustrie aufgebracht wurde. Davon flossen 120 Mio. D-Mark in die Gaswirtschaft, jedoch aufgrund der Eigenfinanzierungsregeln vorrangig in den kommunalen Sektor.[306] Die Ruhrgas profitierte dagegen eher von den erweiterten steuerfreiten Sonderabschreibungsmöglichkeiten nach § 36, die über einen Zeitraum von fünf Jahren bis 1956 gewährt wurden. Mit Sätzen von 30 Prozent auf Immobilien und 50 Prozent auf „mobile Anlagen", zu denen der zeitgenössischen Rechtsprechung folgend auch Energieversorgungsnetze zählten, gelang es, Liquidität und Kapitalbildung deutlich zu verbessern. Auf der anderen Seite waren diese Abschreibungen nicht weniger als eine erhebliche Hypothek auf die Zukunft und daher als Grund für Auseinandersetzungen unter den Aktionären der Ruhrgas herausragend geeignet.

Vor diesem Hintergrund befand sich die junge Bundesrepublik nach den ersten Stabilisierungserfolgen bei Wirtschaft und Währung bereits in ihrem Gründungsjahr in einer erneuten Gasmangelsituation, zu deren Kontrolle und Regulierung sich schon der Wirtschaftsrat der vereinigten Besatzungsgebiete

---

304 Regul, *Problematik*, 244 f.

305 H. Fischerhof/H. J. Gentzke, *Die neue Energiepreisverordnung*, in: ET 1 (1951/52), 229–234; Karl Schwantag, *Probleme der aktuellen Energiepreispolitik in der Bundesrepublik Deutschland*, in: Energiewirtschaftliches Institut (Hg.), Entwicklungsprobleme in der Energiewirtschaft. Vorträge und Diskussionsberichte der 5. Arbeitstagung am 18. und 19. April 1952 in der Universität Köln (Tagungsberichte des Energiewirtschaftlichen Instituts, Heft 5) München 1952, 123–137, hier 124 ff.

306 Gesetz über die Investitionshilfe der gewerblichen Wirtschaft vom 7. Januar 1952, in: BGBl I, 1952, 7–14; Burgbacher, *Tagesfragen*, 203.

bewährter Mechanismen bedient hatte. Im November 1947 erließ er für die Bereiche Elektrizität und Gas das „Zentrallastverteilungsgesetz“,[307] das im Juni 1949 durch das „Energienotgesetz“ ersetzt wurde.[308] Beide bestimmten in Fortführung der 1939 eingeführten Regelungen Hauptgasverteiler für die einzelnen Länder oder Landesbezirke und ihnen übergeordnet einen Zentralgasverteiler, deren Eingriffsrechte denen der Kriegszeit ähnelten. Das Energienotgesetz galt zunächst nur bis März 1950 und wurde wegen der unzureichenden Besserung der Lage in den folgenden zwei Jahren um jeweils ein Jahr, 1953 um zwei Jahre bis Ende März 1955 und dann noch einmal abschließend bis zum März 1956 verlängert.[309] Schon die letzte Verlängerung war eigentlich aus Sicht der Elektrizitätswirtschaft nicht mehr notwendig, aber gerade von der Ruhrgas massiv gefordert worden, da sie weiterhin die Aufrechterhaltung von Eingriffsmöglichkeiten bei Versorgungsproblemen befürwortete.[310]

Nachdem Gasbezugsbeschränkungen im Winter 1948/49 noch die Ausnahme gebildet hatten, verzeichnete die Ruhrgas bereits im folgenden Jahr eine schwierige Versorgungslage mit Lieferbegrenzungen von durchschnittlich 1,5 Mio. Kubikmetern pro Tag oder rund 15 Prozent.[311] Auch in den folgenden Jahren musste sie ein teilweise dramatisches Missverhältnis bei den monatlichen Gasabrufen tolerieren. Während in den Sommermonaten prinzipiell ausreichende Mengen zur Verfügung standen, erforderte der Winterverbrauch Kontingentierungen von bis zu 20 Prozent, die durch die Lastverteiler 1951 bereits im Herbst für alle Industrieverbraucher pauschal festgelegt und teilweise mit der Ankündigung stufenweiser Totalabschaltungen ergänzt wurden.[312] Die Ruhrgas befand sich in einer unangenehmen, weil paradoxen Situation. Viele Kunden machten sie für den Mangel verantwortlich und pochten zugleich auf die Einhaltung ihrer Bezugsverträge, die vielfach noch aus der Gründungsphase der AGKV stammten und einen elementaren Mangel aufwiesen: Sie besaßen keinerlei Regelungen zur Verbrauchslenkung, sondern wiesen nur die jährlichen Maximalabnahmemengen auf, während die Lieferverträge ebenfalls äußerst flexible Regelungen zugunsten der Zechen enthielten. Gleichbleibende

307 Gesetz über Notmaßnahmen auf dem Gebiet der Elektrizitäts- und Ferngasversorgung, 21. November 1947, in: WiGBl 1948, 1.

308 Dsgl., 10. Juni 1949, in: WiGBl. 1949, 87 f.

309 Gesetze zur Verlängerung der Geltungsdauer des Energienotgesetzes, 7. Juni 1950, in: BGBl I, 1950, 204; 29. März 1951, in: BGBl I, 1951, 224; 5. April 1952, in: BGBl I, 1952, 227; 28. März 1953, in: BGBl I, 1953, 89; 23. April 1955, in: BGBl I, 1955, 181.

310 AR Ruhrgas am 15. Mai 1956, 2, in: AEGC 01002155378.

311 Tätigkeitsbericht Ruhrgas, 4. Quartal 1948, 2, in: BBA 20/198; Tätigkeitsberichte Ruhrgas, 4. Quartal 1949, 2, und 1. Quartal 1950, 2, in: BBA 8/94.

312 Tätigkeitsbericht Ruhrgas, 3. Quartal 1951, 2, in: BBA 55/1854.

Abb. 14: Waschtürme zur Entfernung von Ammoniak und Benzol aus dem Kokereigas, Mitte der 1950er Jahre.

Angebotsmengen standen daher regelmäßig und zwangsläufig im Kontrast zur Nachfragelage, was etwa an Wochenenden sichtbar wurde, wenn aufgrund des unzureichenden Speicherraums weiterhin Gas abgefackelt werden musste.[313]

313 Tätigkeitsbericht Ruhrgas, 2. Quartal 1955, 3, in: BBA 20/3116.

Auf der anderen Seite war die Ruhrgas aufgrund ihrer Abhängigkeit von der Kokserzeugung und damit der Eisen- und Stahlkonjunktur nur bedingt in der Lage, Marktschwankungen und Verbrauchsspitzen zu kompensieren. Immer noch erreichte der Anteil des Unterfeuerungsgases und der Selbstverbrauchsmengen rund 50 Prozent der Gesamtmenge, sodass die Montanindustrie sich weiterhin unverändert weit von der Gründungsintention der Ruhrgas befand, diese Mengen der Ferngasversorgung verfügbar zu machen.[314] Allerdings lagen die Zuwachsraten in der Gasdarbietung erheblich unterhalb der Zuwachsraten beim Absatz der Ruhrgas, was auf die umfangreiche Erzeugung von Generatorgas zurückzuführen war. Nun aber erreichten die Mengendifferenzen zwischen dem Sommer- und dem Winterverbrauch Werte von über 30 Prozent, die nicht mehr kompensierbar waren.[315] Gleichzeitig stieß die Ruhrgas an ihre finanziellen Grenzen. Trotz der hohen Absatzsteigerungen Anfang der 1950er Jahre um jährlich regelmäßig etwa 20 Prozent und eines rasant wachsenden Überschusses aus dem Gasgeschäft, der von 32 Mio. D-Mark im Jahr 1951 auf 45 Mio. D-Mark im Folgejahr und 56 Mio. D-Mark in 1954 stieg, reichten die Mittel nicht aus, um das auch im Leitungssektor an seine Kapazitätsgrenzen stoßende System der Ruhrgas in ausreichendem Maße auszubauen.[316]

Der Großteil der Investitionen erfolgte im Bereich des Leitungsnetzes, das in der Nachkriegszeit um rund 500 Kilometer wuchs und 1954 schließlich 2.250 Kilometer umfasste. Weitere Mittel flossen in den dringend notwendigen Speicherbau, denn der Behälterraum in Niederdruckspeichern hatte 1952 erst 75 Prozent des Vorkriegsstandes erreicht, obwohl der Absatz der Ruhrgas mit jetzt vier Mrd. Kubikmetern doppelt so hoch lag wie noch 15 Jahre zuvor.[317] Als langfristige Lösung des Spitzenproblems wurde nun weltweit erstmals die unterirdische Speicherung von Kokereigas in Betracht gezogen. Bei Engelbostel zwischen Braunschweig und Lüneburg fanden sich 1952 passende Gesteinsformationen, und 1954 nahm der erste Untergrundspeicher der Ruhrgas seinen Betrieb auf.[318] Damit stand die Ruhrgas an einem bedeutenden Wendepunkt, denn die anfangs angenommene Kapazität lag mit 20 Mio. Kubikmetern fast

---

314 Tabellen „Gas-, Kohlenwertstoffgewinnung sowie Gasdarbietung der Zechen- und Hüttenkokereien im Bundesgebiet" sowie „Gasgewinnung und Selbstverbrauch im Steinkohlenbergbau der Bundesrepublik Deutschland", in: Glückauf 93 (1957), 986, 1.234.

315 Tätigkeitsbericht Ruhrgas, 4. Quartal 1953, 3, in: BBA 20/3116. Schreiben der Ruhrgas an die gasliefernden Zechen, 20. Juli 1954, in: BBA 20/3116.

316 Gewinn- und Verlustrechnungen 1951–1954, in: GB Ruhrgas, 1951–1954, [o. P.].

317 GB Ruhrgas, 1952, 7 f.

318 Hans Just, *Die Untergrundspeicherung von Gas in USA und die Möglichkeiten ihrer Anwendung in Europa*, in: GWF 94 (1953), 2–7, hier 4; *Ruhrgas, Essen, nimmt die erste Versuchsanlage zur Untertagespeicherung Engelbostel (Hannover) in Betrieb*, in: GWF 95 (1954), 635.

fünfmal so hoch wie bei allen vorhandenen Gasbehältern in Deutschland, allerdings mit der für unterirdische Speicher typischen Einschränkung, nicht die gesamte Speichermenge entnehmen zu können.[319] Neben den Investitionen und Eigenerzeugungskosten fraßen insbesondere die hohen Abschreibungen die Gewinne auf, sodass Springorum schon 1951 auf dem Höhepunkt der ersten bundesdeutschen Energiekrise resümierte, die finanzielle Lage sei „wie bei einer Fabrik, die zu über 100 Prozent ausgelastet ist und keine Reserven mehr hat".[320] In den folgenden Jahren beschleunigte sich der Kapitalumschlag der Ruhrgas weiter auf einen Wert von neun Monaten, nachdem in den 1930er Jahren noch zwei Jahre üblich gewesen waren.[321] Trotz einer weitgehenden Zurückzahlung aller Vorkriegsschulden und einer Kapitalerhöhung um 22 Mio. D-Mark auf 50 Mio. D-Mark im Jahr 1952 stiegen die Verbindlichkeiten der Ruhrgas bis 1956 auf 135 Mio. D-Mark. Seit der D-Mark-Eröffnungsbilanz waren 185 Mio. D-Mark investiert und 120 Mio. D-Mark abgeschrieben worden. Der Umfang der Wertberichtigungen erreichte 244 Mio. D-Mark oder 62 Prozent.[322]

Mit diesem Aufwand sollte es gelingen, die Versorgungsproblematik zu entschärfen, wenn auch nicht vollständig zu beseitigen. Zuvor hatte der Vorstand der Ruhrgas noch eine neue Erfahrung zu verkraften. 1953 sank der Gasabsatz erstmals nach dem Zweiten Weltkrieg um rund vier Prozent, bezogen auf den Durchschnitt der vorausgegangenen drei Monate sogar um acht Prozent. Ursache war die erste Stahlkrise der Nachkriegszeit mit einem Rückgang der Roheisenerzeugung um rund zehn Prozent. Konsterniert musste der Vorstand der Ruhrgas feststellen, dass sich „erstmalig seit Bestehen unseres Unternehmens [...] eine Gegenläufigkeit im Koks- und Gasabsatz" abgezeichnet und die „Koks-Gas-Schere weit geöffnet" hatte.[323] Bislang hatte die Gaswirtschaft als Koppelwirtschaft der Montanindustrie deren Absatztrends immer mitvollzogen, doch nun zeigte sich eine gänzlich unerwartete Situation, die die Ruhrgas unter umgekehrten Vorzeichen vor die Grundproblematik der Ortsgaswirtschaft stellte.[324] Hatten bereits vor der Korea-Krise mit ihren konjunkturbelebenden

---

319 AR Ruhrgas, 19. Januar 1960, 11, in: AEGC 559. Die Speicherkapazitäten wurden im Kontext zum Leitungsnetz bis nach der Jahrtausendwende systematisch ausgebaut.

320 HV Ruhrgas, 11. Oktober 1951, 4, in: RR 101-11.

321 Vortrag von Gummert zur HV Ruhrgas am 1. Oktober 1953, 6, in: AEGC 01002155378.

322 Vortrag zur finanziellen Lage von Gummert zur AR Ruhrgas am 19. Juli 1954, in: AEGC 01002155378; dgl. zur HV Ruhrgas am 12. Juli 1956, 1–3, in: RR 101-11. Übersicht zu den langfristigen Fremdmitteln der Ruhrgas 1926–1953, in: BBA 20/3116.

323 Tätigkeitsbericht Ruhrgas, 4. Quartal 1953, 1 f., in: BBA 20/3116. Helmut Laurien/Lüder Segelken, *Die Entwicklung der Gaswirtschaft im Bundesgebiet 1953*, in: GWF 95 (1954), 741–755, insbesondere 743 ff.; dsgl. 1954, in: GWF 96 (1955), 693–714, insbesondere 695 ff.

324 Kurt Traenckner, *Gas ohne Koks*, in: Der Volkswirt (Hg.), Deutsche Wirtschaft im Querschnitt, Folge 22: Gaswirtschaft, o. O. 1953, 21 f.

Auswirkungen auf die Montanindustrie die westeuropäischen Gaswerke erneut Schwierigkeiten beim Koksabsatz verzeichnet, erreichten die Schwierigkeiten nun auch den Steinkohlenbergbau. Erstmals seit Mitte der 1920er Jahre entstanden in zahlreichen westeuropäischen Steinkohlerevieren Kokshalden.[325]

Damit befand sich die Branche in einer Lage, die fast 30 Jahre zuvor den Gründungsimpuls der Ruhrgas geliefert hatte, ohne dass eine der Grundideen, die restlose Vergasung von Koks und minderwertigen Brennstoffen, hatte aus wirtschaftlichen Gründen umgesetzt werden müssen. Nun aber stieß das System Ruhrgas angesichts seiner wegbrechenden Grundlagen endgültig an seine Grenzen und erforderte eine vollständige Neuausrichtung. Dies bedeutete nicht weniger als die Notwendigkeit, die Gaserzeugung von der Koksproduktion teilweise zu entkoppeln, und damit in die Eigenerzeugung einzusteigen sowie das Vertragssystem zu überarbeiten, also einer Neugestaltung der Beziehungen zwischen dem Gemeinschaftsunternehmen und seinen Aktionären. Ein eindrucksvolles Zeichen in diese Richtung setzte im November 1953 der Zusammenbruch der Ferngasversorgung, „wie er sich in der Geschichte der Ruhrgas – auch während des Krieges – nicht ereignet hat", und eine ähnlich dramatische Situation Anfang Februar 1954.[326] Im Frühjahr 1954 musste der Vorstand der Ruhrgas ein erschreckendes Fazit ziehen. Als besonders schmerzlich erwiesen sich erste Rückgänge in der Nachfrage einiger Verbrauchergruppen, als regelrecht alarmierend dagegen erste Tendenzen, Abnehmer an das Mineralöl zu verlieren.[327] Auch wenn direkte Zusammenhänge mit der Versorgungskrise nicht nachweisbar sind, deutete sich hier erstmals ein weiteres Problemfeld an, das die Ruhrgas von nun an zunehmend beschäftigen sollte. Der Weg ins Zeitalter des Wirtschaftswunders glich für die Ruhrgas einem Hindernisparcours ohne Verschnaufpausen. Zu den Zwängen, sich neu zu orientieren, kamen in der zweiten Hälfte der 1950er Jahre die marktverändernden Einflüsse der Konkurrenzenergie Heizöl sowie eine gänzlich unklare Entwicklung der Absatzseite.[328]

---

325 *Haldenbestände und Kohlenbestände bei den Verbrauchern im Bundesgebiet*, in: Glückauf 93 (1957), 505.

326 Ruhrgas an Aktionäre, 26. November 1953, zur Situation der Gasversorgung, in: BBA 20/3116; Wunsch: Bericht, 23. März 1956, über die Kokereigasversorgung im Februar 1956, in: BBA 55/1805.

327 Tätigkeitsbericht Ruhrgas, 4. Quartal 1953, in: BBA 20/3116.

328 AR Ruhrgas am 10. Februar 1954, 2, in: RR 101-11.

Tab. 2: Gaserzeugung und -vertrieb des Ruhrbergbaus 1945 bis 1959.[329]

Jahr	Gasabgabe Mio. m^3[330]	Veränderung Mio. m^3	Veränderung % (gerundet)	Gaserzeugung Ruhrgebiet Mio. m^3			Gasverwendung Mio. m^3 [331]		Anteil Ruhrgas %
				Kokereigas	Sonstige[332]	Gesamt	Selbstverbrauch[333]	Absatz	
1945	320			2.082	288	2.370	1.487	756	42,0
1946	1.080	778	243,1	3.523	636	4.159	2.011	2.041	52,9
1947	1.658	578	53,5	5.284	895	6.179	2.896	3.150	52,6
1948	2.158	500	30,1	7.573	1.063	8.636	4.268	4.209	51,2
1949	2.626	468	21,7	9.510	1.197	10.707	5.230	5.286	49,6
1950	3.098	472	18,0	10.631	1.589	12.320	5.690	6.414	48,3
1951	3.695	598	19,3	13.015	1.792	14.807	6.887	7.229	51,1
1952	4.016	320	8,7	13.758	1.773	15.531	7.647	7.951	50,5
1953	3.858	−157	−3,9	14.252	1.599	15.851	7.588	8.069	47,8
1954	4.289	430	11,1	13.599	2.077	15.676	6.855	8.638	49,6
1955	4.576	286	6,7	15.851	2.370	18.221	8.108	9.892	46,2
1956	4.802	226	4,7	16.901	2.551	19.452	8.772	10.414	46,1
1957	4.851	49	1,0	17.629	2.258	19.887	9.260	10.400	46,6
1958	4.877	26	0,6	16.927	2.147	19.074	7.948	9.977	48,8
1959	4.958	81	1,7	14.888	2.597	17.485	7.545	9.811	50,5

329 Quelle: Zusammenstellung und eigene Berechnung nach Geschäftsberichten der Ruhrgas, 1952–1966; Eugen Melchinger, *Die Entwicklung der westdeutschen Gaswirtschaft seit 1948*, in: ET 3 (1953/54), 103–110; Statistik der Kohlenwirtschaft e. V. (Hg.), *Zahlen zur Kohlenwirtschaft*, Oktober 1954, Essen 1954, 32 f.; dsgl., Februar 1963, Essen 1963, 42 f. Alle Werte in WE 4.300.

330 Der Anteil des Erdgases und Raffineriegases an den Lieferungen der Ruhrgas ist nicht zu ermitteln. Geschäftsberichte und sonstige verfügbare Statistiken schweigen sich ebenso darüber aus, wie die Niederschriften der Gremiensitzungen der Ruhrgas. Der Wert dürfte im niedrigen einstelligen Prozentbereich gelegen haben.

331 Ohne Verluste.

332 Schwach-, Hochofen, Hydriergase sowie Grubenmethan.

333 Unterfeuerung und sonstiger Selbstverbrauch.

Emanzipation vom Ruhrbergbau

Schon Anfang der 1950er Jahre hatte der Vorstand begonnen, die Emanzipation der Ruhrgas von den traditionellen Kokereigasversorgungskonzepten des Ruhrbergbaus einzuleiten. Gummert, Wunsch, Traenckner und Schelberger hatten früh erkannt, dass das Gemeinschaftsunternehmen als Handelshaus ohne eigenes Profil und die Perspektive zur Durchsetzung gaswirtschaftlich relevanter Schritte über kurz oder lang seine Position auf dem Gasmarkt verlieren könnte. Im Verlauf des Jahrzehnts entstand sukzessive eine Zweckgemeinschaft gleichberechtigter Partner. Die Unternehmen des Ruhrbergbaus waren einerseits auf die Einnahmen aus dem Gasabsatz angewiesen, mussten aber andererseits auch erkennen, dass ihre verfügbaren Mengen niemals ausreichen würden, um angesichts der Abhängigkeit von den Konjunkturen der Eisen- und Stahlindustrie den stetig steigenden Bedarf von Industrie und Haushalten zu decken. Die logische Schlussfolgerung konnte nur heißen, sich von den Zwängen des Kuppelproduktes zu trennen und in die Eigenerzeugung von Kohlengas einzusteigen bzw. Erdgas ins Angebot aufzunehmen. Nur widerwillig akzeptierten die Zechengesellschaften die Entstehung einer aus ihrer Sicht neuen Konkurrenz, die sie zudem noch mit eigenen Mitteln finanzieren sollten. Die damit verbundene Entwicklung war folglich von zahlreichen Friktionen begleitet, die als reinigende Gewitter mitunter auch den Charakter eines Katalysators besaßen und den Übergang zu neuen Wegen erst ermöglichten. Schlüsseljahr der Anpassung an die veränderte Marktsituation war 1954, als die Ruhrgas zwar nicht wie Anfang der 1930er Jahre von ihren Aktionären offen infrage gestellt wurde, aber bei einem Fortbestand der elementaren Schwierigkeiten in die Gefahr einer vergleichbaren Lage hätte kommen können.

1954 lagen bei zahlreichen Aktionären der Ruhrgas die Nerven blank. Der Netzzusammenbruch und die massiven Versorgungsschwierigkeiten des Winters hatten in Verbindung mit der Haldenproblematik und der Koks-Gas-Schere unmissverständlich verdeutlicht, dass das Unternehmen sich in einer ernsten Krise befand. Angesichts der eigenen Probleme, der schon jetzt angesichts wachsender Raffineriekapazitäten argwöhnisch betrachteten Expansion der Mineralölwirtschaft, der perspektivisch ebenso bedrohlichen Entwicklungen bei der Braunkohlenverstromung und aus Sicht der Gaswirtschaft erneutem wettbewerbsrechtlich bedenklichem Verhalten der Elektrizitätswirtschaft[334] sahen zahlreiche Zechenvertreter in der Ruhrgas nur noch eine teure Last.

334 Herbert Schelberger, *Wettbewerb und Wettbewerbsrecht in der Energiewirtschaft*, in: GWF 96 (1955), 409–419.

Abb. 15: Ruhrgas-Anleihe 1.000 US-Dollar, 1953.

Dies war kaum verwunderlich, denn wie bereits in seinem ersten Jahrzehnt hatte der Gasversorger seit Kriegsende keine Dividende gezahlt, sondern nur Kosten verursacht und würde zweifellos, so die Meinung vieler, auch weiterhin ein Zuschussgeschäft bleiben. Eine weitere Parallele zu den 1930er Jahren bildete die weiterhin unzureichende Akzeptanz der Rolle der Ruhrgas als zentrale Absatzstelle des Kokereigases, die sich ab diesem Jahr in einer sich weiter abschwächenden Neigung der Bergbauunternehmen zeigte, ihre wachsenden Kokereigasmengen in entsprechender oder gar überproportionaler Menge gemeinschaftlich zu vertreiben. Die Ruhrgas konnte die schwachen Zuwachsraten der folgenden Jahre im niedrigen einstelligen Prozentbereich nur noch durch die Integration von Erdgas und den Beginn der Eigenerzeugung bei der Steinkohlengas AG in Dorsten erzielen und hätte ohne diese Mengen mit einer Vergrößerung der Lücke zwischen Angebot und Nachfrage zurechtkommen müssen. Damit standen jedoch einer sinkenden Rentabilität steigende Betriebskosten und ein wachsender Investitionsbedarf mit einem teuren Fremdfinanzierungsanteil gegenüber. Die guten Erlöse aus dem Gasgeschäft konnten nicht darüber hinwegtäuschen, dass die Phase der selbstlaufenden stetigen Expansion beendet war und dies zu einem Zeitpunkt, als das sogenannte Wirtschaftswunder die Wachstumsraten anderer Branchen in den Himmel steigen ließ.

Nachdem der Vorstand der Ruhrgas angesichts der Mangelsituation bereits seit Anfang der 1950er Jahre im Kundensektor eine eingeschränkte Neuanschlusspolitik betrieben hatte, blieb 1954 nur noch ein äußerst zurückhaltender Marktauftritt mit regelrecht absurder, weil das eigentliche Unternehmensziel konterkarierender und die Perspektiven des Gases unterlaufender Ausrichtung. Nachdem es der Gaswirtschaft in den vergangenen beiden Jahrzehnten gelungen war, die Erzeugung, gemessen am Energiewert, auf oder sogar über dem Niveau der Elektrizitätswirtschaft zu halten,[335] drohte jetzt aus systemimmanenten Gründen der Rückfall. Walther Wunsch stellte dazu im Sommer 1954 vor dem Aufsichtsrat fest: „Das ist der Kampf der Ruhrgas gegenüber den städtischen Versorgungsunternehmen und der Geräteindustrie. Insbesondere darf keine Propaganda gemacht werden für Zentralheizungen, die mit Gas betrieben werden sollen. In Zentralheizungen gehört Koks hinein."[336]

Nachdem die Ruhrgas sich in den 1930er Jahren mit umfangreichen Werbemaßnahmen auf diesem Feld Marktanteile erkämpft hatte, wäre ein solcher endgültiger Schritt eine Bankrotterklärung gegenüber dem Heizöl und der Elektrowärme gewesen und hätte möglicherweise das Ende der Heizgas-

335 Traenckner, *Gas ohne Koks*, 21.

336 AR Ruhrgas am 19. Juli 1954, 4, in: RR 101-11.

nutzung in Industrie und Haushalten überhaupt bedeuten können. Die Ortsgaswirtschaft sah jedoch hier eine gute Gelegenheit zur Schwächung des Konkurrenten durch entsprechende Werbemaßnahmen der Stadtwerke, in dem Wissen, dass der Ruhrbergbau und die Ruhrgas die Absatzsteigerung durch ihre Lieferungen garantieren würden.[337] Damit befand sich die Ruhrgas in doppelter Hinsicht in einer Zwangslage, hatte sie doch über zwei Jahrzehnte ein Mangelprodukt vertrieben, wodurch die Kundenbindung und -pflege in gewisser Weise überflüssig gewesen war. Industrieabnehmer hatten sich regelmäßig mit eingeschränkten Lieferungen begnügen müssen, während die Ortsgaswirtschaft als Verteilerorganisation mit teilweise lästiger Eigenerzeugung angesehen und entsprechend behandelt worden war. Daher mussten die Leitungsgremien der Ruhrgas davon ausgehen, dass die Schwierigkeiten des Großversorgers auf der Kundenebene nicht nur eine geringe Akzeptanz und schon gar kein Mitleid erzeugten, sondern möglicherweise auch den Drang zur Umorientierung hin zu anderen Energieträgern beförderten.

Solche Überlegungen begleiteten im Verlauf des Jahres 1954 die mitunter heftigen Auseinandersetzungen um die Zukunft der Ruhrgas, die unterschwellig die Differenzen der Aktionäre widerspiegelten und sich vordergründig an Vorwürfen gegenüber dem Vorstand entzündeten. Dieser befand sich zum wiederholten Male in der unangenehmen Situation, für die strukturbedingten Probleme der Kokereigaswirtschaft zur Verantwortung gezogen zu werden. Er hatte jedoch nur eingeschränkte Möglichkeiten zu deren Änderung, mussten doch alle Vorschläge grundsätzlich an den Beziehungen zwischen Gemeinschaftsunternehmen und Mutterbranche rütteln. Die eng damit zusammenhängende heikle Finanzierungsfrage verlieh den Aufsichtsratssitzungen in dieser Zeit zusätzlich den Charakter von Krisensitzungen, zumal der Vorstand hier keine besonders gute Figur machte. Bereits im Februar wurden anlässlich der Diskussion um das Versorgungsdesaster des Winters Vorwürfe laut, der Vorstand verschleiere den Investitionsbedarf und die Kosten intendierter Projekte, sodass selbst Springorum zugab: „Ich habe einen Schrecken bekommen über die ganze Finanzlage bei Ruhrgas."[338] Regelrecht dramatisch wurden dann die Vorhaltungen im Verlauf der vor der Jahreshauptversammlung im September stattfindenden Aufsichtsratssitzung, auf der mehrere Zechenkonzerne Fundamentalkritik an den Zuständen bei der Ruhrgas übten.[339]

Im Zentrum stand die Finanz- und Abschreibungspolitik, die angeblich auf Kosten der Gaslieferanten erfolge. Während die Zechen nicht einmal die nor-

337 Ebd.
338 AR Ruhrgas am 10. Februar 1954, 8 ff. in: RR 101-11.
339 AR Ruhrgas am 22. September 1954, 8, in: RR 101-11.

malen Sätze verdienten, betriebe die Ruhrgas durch Sonderabschreibungen Vermögensbildung auf Kosten der Anteilseigner, da sie vorsätzlich die Dividende „töte“. Dazu kam der Vorwurf der gezielten Desinformation. Man habe den Eindruck, dass der Vorstand „verschiedene Dinge schnell über die Bühne bringen will, ohne daß den einzelnen Gesellschaften Gelegenheit geboten worden ist, die Dinge zu überprüfen“.[340] Die Ruhrgas sei kein Selbstzweck, sondern eine Verkaufsorganisation für Überschussgas, und ihre aktuelle Politik nicht mehr mit den Interessen der Zechen und ihrer Gründungsintention vereinbar. Erheblich schwerwiegender war jedoch der Vorwurf der „unsauberen Bilanzierung“ bzw. dass die „Bilanz nicht den Vorgaben des Aktiengesetzes“ entspreche. Gummert musste hier gestehen, nicht über die Gesetzeslage im Bilde zu sein. Drohungen, die Bilanz nicht zu billigen, wurden nur deswegen nicht realisiert, „um keinen Eklat zu machen“.[341]

Der bedeutendste Schritt auf dem Weg zur Flexibilisierung, Mengensicherung und Spitzendeckung und damit zur Emanzipation der Ruhrgas von den Aktionären war neben der Untertagespeicherung von Gas das Vorhaben des Vorstandes, selbst in größerem Umfang mit der „Umwandlung von Steinkohle in Gas“ zu beginnen. Die Gründung der Steinkohlengas AG in Dorsten am 2. Oktober 1953[342] markierte diesen Meilenstein, denn die neue Gesellschaft wurde auf einem Arbeitsfeld tätig, das schon bei Ruhrgas-Gründung in den Statuten enthalten gewesen war und seinerzeit u. a. aus denselben Gründen nicht umgesetzt wurde, aus denen es nun in der Kritik stand. Die Ruhrgas stieg in den Kreis der Produzenten auf und befand sich von nun an im direkten Konkurrenzverhältnis zu den eigenen Aktionären. Vom Vorstand war dieser Schritt durch eine systematische interne und externe Überzeugungsarbeit vorbereitet worden, die in erster Linie die problemlose technische Umsetzbarkeit als Ergebnis der in den 1930er Jahren u. a. in Kooperation mit der Ruhrchemie und der Lurgi begonnenen Forschungsarbeiten herausstellte.[343]

---

340 Ebd.

341 Ebd., 9 f.

342 Zur Gründung des Unternehmens liegen in den Akten keinerlei Hinweise vor.

343 Kurt Traenckner, *Wirtschaftliche und technische Voraussetzungen einer zusätzlichen Gaserzeugung*, in: Arbeitsgemeinschaft der Verbände der Deutschen Gas- und Wasserwerke (Hg.), Gaswirtschaft auf neuen Wegen, Frankfurt a. M. 1950/51, 51–70; ders., *Gas aus nicht verkokungswürdigen Kohlen*, in: GWF 93 (1952), 537–547; ders., *Entwicklungstendenzen der Gaserzeugung*, Köln 1953; Friedrich Wilhelm Ziervogel, *Aufgaben und Aussichten der Kohle in der Gaswirtschaft*, in: Glückauf 89 (1953), 915–923, hier 919 ff.; Friedrich Plenz, *Die Verfahren der Kohleveredelung in ihrer Bedeutung für die Gasversorgung*, in: GWF 90 (1949), 441–447; Hans Just, *Ferngaserzeugung durch Vergasung von Steinkohlen nach dem Lurgi-Druckverfahren*, in: EK 7 (1954), 14–20, hier 14 f.

Ende 1952 hatte der Aufsichtsrat den Bau der Vergasungsanlage nach lebhaften und kontroversen Diskussionen bei diversen Gegenstimmen grundsätzlich genehmigt, jedoch zuvor die regelrecht utopischen Vorstellungen des Vorstandes reduziert.[344] Diese waren von einem Investitionsvolumen von 75 Mio. D-Mark ausgegangen, das zu zwei Dritteln aus erhofften staatlichen Zuschüssen sowie durch Eigenmittel und durch die Einbehaltung von Gaspreisgutschriften der Aktionäre finanziert werden sollte.[345] Der Aufbau einer Gaseigenerzeugung in größerem Maßstab wurde von den Bergbauunternehmen von Beginn an als Bedrohung ihrer Gasgeneratoren aufgefasst, die mit hohem Aufwand seit den 1930er Jahren auf den Schachtanlagen errichtet worden waren. Auch die Ruhrgas betrieb vereinzelt solche Generatoren, die angesichts der politisch niedrig gehaltenen Gaspreise und hoher Betriebskosten nicht rentabel arbeiteten. Während der Vorstand daher regelmäßig eine Senkung der Vergütung für Generatorgasbezüge ins Gespräch brachte, befürworteten zahlreiche Zechengesellschaften eine Ausweitung des Betriebs auf Zeiten außerhalb der Spitzenlastphasen, um die Auslastung zu verbessern. Außerdem behaupteten sie, dass der Betrieb von Generatoren günstiger als der einer Vergasungsanlage sei – eine Aussage, die sich aufgrund fehlender Vergleichswerte in den Akten nicht verifizieren lässt.[346]

Ab 1953 folgte als zentrales Argument die Milderung der Koks-Gas-Schere. Es entstanden zahlreiche neue Anlagen, und die Unternehmen forderten ungeniert die Abnahme des Gases durch die Ruhrgas zu den bisherigen Preisen, sodass die Kostenexplosion beim Generatorgas für die Ruhrgas ein immer grösseres Problem darstellte. 1954 erreichte der Verlust in diesem Geschäftsfeld bereits zwölf Mio. D-Mark, die sich die „Ruhrgas jedenfalls ans Bein binden" müsse, wie Springorum auf der Beiratssitzung im Februar unmissverständlich klarmachte.[347] Dabei korrigierte er Wunschs Hinweis auf die Möglichkeit, zur Erhöhung des Gasanfalls in Erzeugungsanlagen auch Heizöl zuzusetzen. „Nehmen Sie nicht den Eindruck mit nach Hause, als ob Ruhrgas sich umstellen würde auf neue Gaserzeuger." Die Ruhrgas sei eine „Tochter des Kohlenbergbaus" mit der ausschließlichen Pflicht, „den Wünschen der Mutter zu entsprechen, d. h. dem Bergbau zu helfen. Und ich sehe die Hilfe darin, daß wir daran gehen, die Kokshaufen zu beseitigen."[348] Auf der nachfolgenden Aufsichtsrats-

---

344 AR Ruhrgas am 17. November 1952, 2 f., in: RR 101-11.

345 Aktenvermerk Fried. Krupp Bergwerke Essen, Fritz Wilhelm Hardach, 6. Januar 1952, über eine nicht datierte Sitzung des AR zu den Investitionsplanungen der Ruhrgas, in: BBA 20/198.

346 AR Ruhrgas, 30. Mai 1952, 6 f., in: RR 101-11.

347 Beirat Ruhrgas am 9. Februar 1954, 8, in: RR 101-11.

348 Ebd.; Werner Wustrow/Helmut Kratz, *Ölvergasung mit Hilfe fester Wärmeträger*, in: Ruhrgas AG (Hg.), Gesammelte Berichte aus Betrieb und Forschung der Ruhrgas Aktiengesellschaft, Berichtsheft 4, o. O. o. J. [Essen 1954], 17–20.

sitzung fing sich Wunsch im selben Kontext dann eine scharfe Rüge von Springorum ein, hatte er doch nicht nur ein weiteres Mal das bergbauliche Deutungsgebot gebrochen, sondern dazu auch das Refugium der GBAG in Frage gestellt, die neben der Hibernia als einziges großes Bergbauunternehmen an der Ruhr umfangreiche Mineralölinteressen besaß.[349]

Vor diesem Hintergrund hatte der Vorstand der Ruhrgas sich im Frühjahr 1954 auch nicht mit seinem Vorschlag durchsetzen können, das Gasdefizit durch eine Koksmehrerzeugung zu reduzieren und die zusätzlichen Gasmengen mit einem Aufpreis von fünf Pfennigen pro Kubikmeter zu vergüten, zumal Verhandlungen mit dem Bundeswirtschaftsministerium zur gleichzeitigen Stundung von Lastenausgleichzahlungen als Produktionsbonus fehlschlugen.[350] Diese Verhandlungen sind auch die ersten eingehenderen Kontakte zwischen Kokereigaswirtschaft und Bundesregierung, die bis dahin kein nachweisbares Interesse an den Versorgungsschwierigkeiten gezeigt zu haben scheint.[351]

Bei den Auseinandersetzungen innerhalb der Ruhrgas zeigte sich deutlich die Diskrepanz zwischen Anspruch, Wirklichkeit und Information, denn trotz solch anderslautenden Aussagen gab es kein Zurück mehr auf dem einmal beschrittenen Weg. Das war auch gar nicht beabsichtigt, aber aus Gründen der Branchenraison und des öffentlichen Meinungsspektrums noch nicht offen auszusprechen. Die bedeutenden Raffineriekapazitäten der GBAG und ihr intern zugemessener Stellenwert wiesen genauso deutlich auf die ersten Auflösungserscheinungen der nur noch vermeintlich starren Haltung des Bergbaus hin wie die Zielsetzungen der Ruhrgas. Dem Bild entsprach die Zurückhaltung,

349 AR Ruhrgas, 10. Februar 1954, 11, in: RR 101-11. Die GBAG besaß über die Gelsenberg Benzin AG die Raffinerie mit der größten Rohöldurchsatzkapazität, die Hibernia bei der Scholven Chemie AG eine der größten Raffinerien. Noch bildete das Ruhrgebiet den stärksten Raffineriestandort Deutschlands. Karl-Heinrich von Thümen, *Die deutsche Mineralölwirtschaft. Eine zusammenfassende Darstellung der wirtschaftlichen, rechtlichen und organisatorischen Verhältnisse*, Hamburg 1956, 107 f., 688.

350 Siehe dazu umfassend die Materialien in: BBA 55/1805.

351 Nun kam es erstmals zu einer dezidierten Erhebung im Kokereigassektor, der bis dahin vom BWM auch statistisch kaum berücksichtigt worden war. Vgl. die beiden jeweils in den folgenden Jahren erschienenen Rückblicke: Laurien/Segelken, *Gaswirtschaft 1952* und Laurien/Segelken, *Gaswirtschaft 1953*. Erhebungsbogen des BWM über „Gaslieferverpflichtungen und Gasbezugsbindungen der Zechengesellschaften und Hüttengesellschaften zum Zwecke der Feststellung der Vertragsbilanz und Gasbilanz“ 1954/55, ausgefüllt von der GBAG, in: BBA 55/1752; Bericht über die Sitzung „Ferngasversorgung“ am 9. März 1954 in Bonn beim BWM unter Teilnahme der Ruhrgas und der Thyssengas, in: BBA 55/1752; Aktenvermerk, 28. April 1954, zur Sitzung des neu gebildeten Gasbeirats beim BWM am 12. April 1954, in: BBA 55/1752. Mitglied war u. a. Wunsch. Aktivitäten dieses Beirats sind nicht erkennbar.

mit der die weltweit erste Steinkohlenvergasungsanlage dieser Dimension behandelt wurde. Auf dem Steinkohlentag im September 1954, der zentralen Veranstaltung des Steinkohlenbergbauvereins, erwähnte Hauptreferent Springorum trotz des thematisch passenden Beitrags die Gaswirtschaft nur in wenigen Zeilen.[352] Und schließlich scheint es wenig verwunderlich, dass die offizielle Eröffnung der Anlage in der wichtigsten Bergbau-Zeitschrift „Glückauf" keinerlei Erwähnung fand und die zur Veranstaltung gehaltenen Vorträge schließlich im zentralen gaswirtschaftlichen Fachblatt „Das Gas- und Wasserfach" erschienen.[353] Dass selbst innerhalb der Ruhrgas-Gremien mit verdeckten Karten gespielt wurde, gehörte zu diesem Entwicklungsprozess, wurde doch anfangs auch den nicht im Aufsichtsrat vertretenen Zechengesellschaften der Eindruck vermittelt, dass die Dorstener Vergasungsanlage in erster Linie zu Forschungszwecken entstehen würde.

Die neue Spitzengasanlage erforderte Investitionen in Höhe von 42 Mio. D-Mark, von denen 28 Mio. D-Mark durch Investitionshilfekredite gedeckt waren. Das seit über 20 Jahren aus dem Braunkohlensektor bekannte Druckvergasungsverfahren der Firma Lurgi verarbeitete nach umfangreichen Forschungsarbeiten und Modifikationen der Technischen Abteilung der Ruhrgas, die zwischen 1950 und 1953 zur Großbetriebsreife führten, vor allem schwer verkäufliche Gasflammkohle.[354] Diese ließ sich aufgrund ihres geringen Backvermögens nicht im Verkokungsprozess verwenden, wies aber einen besonders hohen Anteil an flüchtigen Bestandteilen auf. Von besonderer Bedeutung war zudem, dass die Einsatzkohle restlos verwertet wurde und kein Gaskoks anfiel. Die Verarbeitung einer Tonne Gasflammkohle ergab eine Gasausbeute von annähernd 1.400 Kubikmetern mit einem oberen Heizwert von 3.900 Kilokalorien pro Kubikmeter.[355] Die Anlage entstand auf der Zeche Fürst Leopold-

352 Otto Springorum, *Vor welchen Aufgaben steht unser Steinkohlenbergbau?*, in: Glückauf 90 (1954), 1.380–1.386, hier 1.383 f. Auch der zweite Redner, Hibernia-Vorstand Emil Stein, unterschlug als stellvertretender Vorsitzender des Ruhrgas-Aufsichtsrats trotz umfangreicher Ausführungen zu den „technischen Möglichkeiten der Kohlenveredelung zur Sicherung des Absatzes" die Ruhrgas-Aktivitäten vollständig. Emil Stein, *Die technische Entwicklung im Steinkohlenbergbau*, in: Glückauf 90 (1954), 1.386–1.396, hier 1.394 ff.

353 *Zur Einweihung der Steinkohlen-Druckvergasungsanlage Dorsten*, in: GWF 97 (1956), 264–271.

354 *Ansprache von Friedrich Wilhelm Ziervogel, Aufsichtsratsvorsitzender der Steinkohlengas AG, zur Einweihung der Steinkohlen-Druckvergasungsanlage Dorsten*, in: GWF 97 (1956), 265–268, hier 267.

355 Zur Erhöhung des Heizwertes auf die bei Kokereigas üblichen 4.300 bis 4.600 kcal/m^3 erfolgte die höherkalorische Beimischung durch das rund doppelt so energiereiche Erdgas. Franz Bieger, *Die Druckvergasung von Steinkohle*, in: Ruhrgas AG (Hg.), Gesammelte Berichte aus Betrieb und Forschung der Ruhrgas Aktiengesellschaft, Berichtsheft 8, Essen 1959, 13–19, hier 13 f.

Baldur der Hoesch AG in Dorsten. Nur wenige Kilometer östlich endete die Bentheimer Erdgasleitung der Chemischen Werke Hüls.[356]

Noch weitere Gründe sprachen für die Zeche. Schon 1951 hatte die Ruhrgas im Zuge der Entflechtung zusammen mit der Gelsenberg Benzin und der Steinkohlen-Elektrizität AG (Steag) die Kohleverwertungsgesellschaft mbH mit einem Stammkapital von 36 Mio. D-Mark paritätisch gegründet. Zweck der Gesellschaft mit Sitz im Essener Ruhrgas-Gebäude war laut Statut, „die Interessen des Steinkohlenbergbaus auf dem Gebiet der Veredelung seiner Rohstoffe auf chemischen und anderen Wegen wahrzunehmen".[357] Letztlich zielte die Gründung aber vor allem auf die Übernahme eines Viertels der Aktien der Chemischen Werke Hüls aus dem Besitz der IG Farben, um dem Ruhrbergbau gemeinsam mit der Hibernia eine 50prozentige Beteiligung zu sichern, denn andere Aktivitäten sind nicht nachweisbar.[358] Aus welchen Gründen die Ruhrgas auf diesem Wege zur Aktionärin des größten Chemie-Unternehmens im Ruhrgebiet aufstieg, ist nicht eindeutig nachvollziehbar. Wahrscheinlich diente sie wie die Steag allein zur Poolung der Bergbauinteressen, denn einen Einfluss auf die seit 1944 von den Chemischen Werken Hüls bezogenen Erdgasmengen aus Bentheim, aber auch die dortigen Gasverarbeitungsanlagen hätte sie auch auf anderem Wege erhalten können.[359] Außerdem ist fraglich, ob hierzu überhaupt eine Notwendigkeit bestand, da die Ruhrgas sich die Flexibilität hinsichtlich der Beimischungen auf anderem Wege verschafft hatte. Bereits 1954 hatte der Vorstand die ersten Erdgaslieferverträge überhaupt mit dem im Emsland tätigen Viererkonsortium – Wintershall, Deilmann, Preussag und Gewerkschaft Elwerath[360] – im Umfang von 100.000 bis 600.000 Kubikmetern pro Tag abgeschlossen und außerdem eine Vereinbarung über die spätere Nutzung der Felder als Speicher getroffen.[361]

---

356 Franz Bieger, *Erinnerungen an die Steinkohlengas AG* [Broschüre der Ruhrgas], Essen 1971, 3.

357 Gesellschaftsvertrag der Kohleverwertungsgesellschaft mbH, Fassung vom 25. März 1957, in: BBA 55/2192.

358 Aktenvermerk Zeche Constantin, Knickmeyer, 6. Oktober 1953, über die HV Ruhrgas am 1. Oktober 1953, in: BBA 20/3116; Paul Kränzlein, *Chemie im Revier*, Düsseldorf 1980, 101 ff.

359 Bernhard Lorentz/Paul Erker, *Chemie und Politik. Die Geschichte der Chemischen Werke Hüls 1938–1979. Eine Studie zum Problem der Corporate Governance*, München 2003, 156 ff. Letztlich handelte es sich später vor allem um eine „Finanzbeteiligung". AR Ruhrgas am 10. Oktober 1962, 13 f., in: AEGC 01002155378.

360 Die vier Unternehmen waren vorrangig im Ölgeschäft tätig: Wintershall AG, C. Deilmann Bergbau GmbH, Preussag Zweigniederlassung Erdöl und Bohrverwaltung sowie Gewerkschaft Elwerath. BEB Erdgas und Erdöl GmbH (Hg.), *Die Gewerkschaft Elwerath. Chronik eines Erdölunternehmens, 1866–1969*, Hannover 1987, 51.

361 AR Ruhrgas am 30. September 1953, 2 f., in: RR 101-11.

Die Chemischen Werke Hüls spielten eine besondere Rolle für das technische Konzept[362] der Druckvergasung in Dorsten, denn nach Wiederaufnahme der Ölverarbeitung in den zunächst von den Alliierten stillgelegten Hydrierwerken und Syntheseanlagen des Ruhrgebiets im Jahresverlauf 1951 reduzierten sie ihre Erdgasbezüge zugunsten der jetzt vermehrt anfallenden Raffineriegase.[363] Angesichts von potenziell bis zu 500.000 Kubikmeter pro Tag auf den Markt drängenden Erdgasmengen, die bisher von den Chemischen Werke Hüls als einzigem größeren Erdgasverarbeiter in Deutschland abgenommen worden waren, besaßen die zu erwartenden Nachteile für den Absatz des Kokereigases trotz des allgemeinen Gasmangels ein nicht zu unterschätzendes Drohpotenzial. Das Wirtschaftlichkeitsgutachten der Anlage enthielt daher auch den Hinweis auf ihre Bedeutung für diese aus Sicht des Ruhrbergbaus wirtschaftlich sinnvollste Verwendung der Konkurrenzenergie.[364] Auf der anderen Seite fürchteten auch die Unternehmen des Viererkonsortiums um ihren Absatz, hatten sie doch kurz zuvor im Emsland zwei neue ergiebige Felder erschlossen, und daher befürworteten beide Seiten eine Option des größten deutschen Gasversorgungsunternehmens auf alle jetzigen und künftig in den bekannten Fördergebieten aufgefundenen Mengen.[365]

Nach 18 Monaten Bauzeit nahm die Anlage der Steinkohlengas AG in Dorsten im September 1955 den Versuchsbetrieb mit sechs Druckgasreaktoren und einer Kapazität von 600 Mio. Kubikmetern pro Jahr auf und wurde am 19. Dezember offiziell eingeweiht.[366] Trotz zahlreicher Betriebsstörungen und unzureichender Auslastung erwies sich der Bau der Anlage ab 1956 im Hinblick auf die Versorgungssicherheit als richtige Entscheidung. Mit einer Abgabe von gesamt 254 Mio. Kubikmetern war die Druckvergasungsanlage zu etwa fünf Prozent am Absatz der Ruhrgas beteiligt, der 1956 auf 4,8 Mrd. Kubikmeter

---

362 Zwischen der Dorstener Anlage und den Chemischen Werken Hüls ergaben sich bedeutende Synergien. Da das Druckgas einen hohen Wasserstoffanteil besaß, konnte es bei den Chemischen Werken, die bisher Kokereigas für verschiedene Zwecke verarbeiteten, als Ersatz verwendet werden, sodass sowohl weitere Kokereigasmengen als auch andere Restgase mit hohem Heizwert neben dem Wasserstoff frei wurden. *Ansprache von Friedrich Wilhelm Ziervogel*, in: GWF 97 (1956), 265–268, hier 267; Bieger, *Druckvergasung*, 14 f.; ders., *Zwei Jahre Betriebserfahrungen im Ferngaswerk Dorsten der Steinkohlengas AG*, in: Ruhrgas AG (Hg.), Gesammelte Berichte aus Betrieb und Forschung der Ruhrgas Aktiengesellschaft, Berichtsheft 7, Essen 1958, 21–26, hier 22 ff.

363 Karlsch/Stokes, *Faktor Öl*, 288 f.

364 Bieger, *Erinnerungen*, 2 f.

365 AR Ruhrgas am 30. September 1953, 2 f., in: RR 101-11; BEB (Hg.), Elwerath, 69.

366 AR Ruhrgas am 15. Mai 1956, 6 f., in: AEGC 01002155381; Bieger, *Betriebserfahrungen*, 22; GB Ruhrgas, 1956, 10 f.

anstieg. Auch wenn sie nur eine Auslastung von rund 40 Prozent erreichte, war die Ruhrgas nun in der Lage, sämtliche Bedarfsspitzen abzufedern. In wirtschaftlicher Perspektive sah das Ergebnis jedoch anders aus. Auch wenn sich zur Rentabilität der Druckvergasung über einen längeren Zeitraum keine abschließenden Aussagen treffen lassen, ist davon auszugehen, dass die Anlage, die letztlich rund 51 Mio. D-Mark kosten sollte, ein Zuschussgeschäft darstellte. Die auslastungsabhängigen Erzeugungskosten lagen in den ersten Betriebsjahren zwischen neun und elf Pfennigen pro Kubikmeter in 1957 und übertrafen damit sowohl die durchschnittlichen Verkaufspreise als auch die Kosten der Generatorgaserzeugung erheblich.[367]

In der Dorstener Druckvergasung wurde die Verfahrenstechnik der Produktions- und Reinigungsanlagen stetig weiterentwickelt. 1959 begann die Produktion von flüssiger Kohlensäure und von Trockeneis aus dem bei der Konditionierung des Gases ausgewaschenen Kohlendioxid in einer der größten Anlagen ihrer Art in der Bundesrepublik.[368] 1961 wurde die weltweit erste sogenannte katalytische Rohgaskonvertierung in Betrieb genommen, die den hohen Gehalt des Rohgases von 22 Prozent an giftigem Kohlenmonoxid auf unter vier Prozent reduzierte.[369] Mit der zunehmenden Integration des Erdgases in den deutschen Gasmarkt im Verlauf der 1960er Jahre wurde die Steinkohlendruckvergasung nicht nur immer unwirtschaftlicher, sondern letztlich auch weitgehend überflüssig, sodass 1967 die Stilllegung folgte. Drei der Reaktoren wurden auf die Spaltung von Leichtbenzin zu Starkgas von Kokereigasqualität zur Spitzenlastdeckung im Kokereigasnetz umgerüstet.[370] In den 1970er Jahren folgte die Umstellung auf die katalytische Spaltung von Erdgas durch partielle Oxidation, bis zur endgültigen Stilllegung Anfang 1980.[371] Gleichzeitig endete auch der Betrieb der letzten als Spitzengasreserve bereitgehaltenen Schwachgasgeneratoren auf der Dortmunder Kokerei Hansa.[372] Energietechnisch war es zwar ab-

---

367 Vortrag Wunsch zur Steinkohlengas AG auf der Aufsichtsratssitzung der Ruhrgas AG am 22. Januar 1958, in: AEGC 01002155378.

368 Bieger, *Erinnerungen*, 10; *In Dorsten wird's jetzt wärmer*, in: gasette 8 (Juni/Juli 1981), 16.

369 Rudolf Pasternak, *Fortschritte in der Ferngasversorgung durch Druckvergasung von Steinkohle*, in: EKE 15 (1962), 435–438; Franz Bieger, *Die Konvertierung der bei der Steinkohlengas AG in Dorsten hergestellten Druckgase*, in: Ruhrgas AG (Hg.), Gesammelte Berichte aus Betrieb und Forschung der Ruhrgas Aktiengesellschaft, Berichtsheft 12, Essen 1963, 19–23; ders./Ludwig Gscheidmeyer, *Benzol-Raffinationsanlage der Steinkohlengas AG in Dorsten*, in: Ruhrgas AG (Hg.), Gesammelte Berichte aus Betrieb und Forschung der Ruhrgas Aktiengesellschaft, Berichtsheft 11, Essen 1962, 21–29.

370 Franz Bieger, *Umstellung der Druckgaserzeuger in Dorsten von Kohle auf Leichtbenzin und Erdgas*, in: GWF 108 (1967), 341–346.

371 GB Ruhrgas, 1980, 28.

372 *In Dortmund geht eine Ära zu Ende*, in: gasette 6 (April 1979), 4 f.

Abb. 16: Beginn der eigenen Gasproduktion mit der Ruhrgas-Tochter Steinkohlengas AG, Dorsten, um 1956.

surd, aus hochkalorigem Erdgas mittelkaloriges Stadtgas herzustellen, doch bildete diese Maßnahme die Grundlage des Weiterbetriebs der immer noch zahlreichen, auf diesen Brennstoff eingestellten Anlagen in Industrie und Haushalten.

Der zweite große Schritt zur Emanzipation der Ruhrgas war die Neuordnung des Vertragssystems, das angesichts der zahlreichen Zugeständnisse der Gründungsphase umfassend die Interessen von Lieferanten und Kunden berücksichtigte, aber nun in seiner Gesamtkonzeption für das Vertriebsunternehmen nur noch eine Belastung darstellte. So spiegelten die Vertragsdauer von mitunter mehr als 30 Jahren und die Vertragsregelungen Aspekte der Versorgungssicherheit der Kunden ebenso wie Absatzgarantien der Kokereigas-Lieferanten und vor allem die enormen Investitionen, die zum Auf- und Ausbau des Leitungsnetzes mit allen Nebenanlagen ständig erforderlich waren. In Zeiten enormer Überschussgasmengen abgeschlossen, beinhalteten die Verträge in der Regel jedoch keine Klauseln über konkrete Liefer- oder Abnahmezeiten und -mengen, sondern nur allgemeine Verfügungen über die im Verlauf längerer Zeiträume garantierten Mindest- und Maximalvolumina. Die Ruhrgas trug damit das komplette Risiko der jahres-, wochen- und tageszeitlichen Bedarfsschwankungen, was nur unter der Bedingung einer entsprechenden Gasdarbietung mit ausreichenden Kapazitätsreserven im Netz funktionierte. Durch die Festschreibung der Lieferverpflichtungen in Jahresmengen erhielten die Lieferanten die Möglichkeit, vorab eigene Direktabnehmer wie Vorvertragspartner und Durchleitungsabnehmer mit Gas zu versorgen und der Ruhrgas nur den Rest bereitzustellen. In Phasen des Gasmangels nutzten die Kokereien dieses Prinzip jedoch vorbehaltlos aus, indem sie zugesagte Mengen zu Zeiten eines niedrigen Grundverbrauches etwa im Sommer oder an Wochenenden bereitstellten, um dann im Winter mit Verweis auf erfüllte Kontingente die Lieferungen zu reduzieren. Die Kunden verhielten sich dabei bedarfsbedingt in entgegengesetzter Weise. Für die Ruhrgas war dieses System nicht mehr tragbar, und sie begann daher Mitte der 1950er Jahre, zunächst die Zechenverträge umzustellen, um danach die nun vermehrt auslaufenden Kundenverträge den neuen Anforderungen anzupassen. Damit verbunden war die Entwicklung neuer Methoden zur Absatzprognose, welche die Ruhrgas zudem erstmals mit umfassenden Untersuchungen über witterungsbedingte Auswirkungen auf den Gasabsatz ergänzte.[373]

Im Sommer 1954 hatte Herbert Schelberger den Aktionären und Beiräten der Ruhrgas erstmals umfassend die grundsätzlichen Überlegungen des Vorstandes vorgestellt und war dabei auf erhebliche Skepsis gestoßen, die sich nach der Zusendung konkreter Vorschläge Anfang 1955 noch verstärkte.[374] Die Verhandlungen über die komplizierten Vertragswerke zogen sich entgegen anfänglicher Hoffnungen dann nicht über zwei, sondern über fünf Jahre hin, da ständig veränderte Nachrichten über die Lage auf den Energiemärkten und die regelmäßigen Forderungen nach Ausnahmegenehmigungen und Berücksichtigung von Sonderwünschen eine schnelle Einigung verhinderten. Erschwerend wirkten zudem die latent fortbestehenden Vorwürfe diverser Aktionäre einer Ungleichbehandlung, die von eifersüchtigem Neid auf vermeintliche Vorteile anderer begleitet wurden.[375] Im Frühjahr 1956 war die Stimmung derart vergiftet, dass eine Einigung in weite Ferne zu rücken schien und damit, wenn es auch nicht direkt Eingang in die Sitzungsniederschriften der Zeit fand, der dauerhafte Fortbestand der Ruhrgas einmal mehr infrage stand. Die Kritik kon-

373 Walther Wunsch/Fritz Tuppeck, *Ein Beitrag zur Methodik der Bestimmung der monatlichen Absatzentwicklung in der Gaswirtschaft*, in: GWF 97 (1956), 633–636; dies., *Untersuchungen über die Zusammenhänge zwischen Witterung und Gasverbrauch*, in: GWF 97 (1956), 978–981.

374 Vortrag Schelberger zu Punkt 3 der TAO AR Ruhrgas am 19. Juli 1954: „Überlegungen zu einem Umbau von Einkaufs- und Verkaufsverträgen", in: BBA 55/1818; AR Ruhrgas am 19. Juli 1954, 8 ff., in: RR 101-11; Ruhrgas an alle Lieferzechen, 31. Januar 1955, in: BBA 55/1818.

375 AR Ruhrgas am 15. Mai 1956, 8, in: AEGC 01002155381.

zentrierte sich nun erneut auf den Vorstand, dem zahlreiche Zechenvertreter vorwarfen, mit der Neuordnung der Verträge nur die eigenen Interessen zu verfolgen, Parallelen zu dem weiter ungeliebten Projekt der Druckvergasung aufwarfen und das Ganze mit erneuten Vorwürfen eines unzureichenden Versorgungsmanagements im vorangegangenen Winter krönten.[376] Folglich beantworteten sie alle Vorschläge des Vorstandes mit Gegenvorschlägen, die erst durch langwierige Diskussionen in einer Flut von Sitzungen in diversen Unterausschüssen des Aufsichtsrats unter Beteiligung der dort nicht vertretenen Aktionäre soweit kanalisiert werden konnten, dass eine Einigung möglich wurde. Die Auseinandersetzungen führten sogar zu zwischenzeitlichen, schließlich aber recht bald begrabenen Überlegungen, die Ruhrgas in die Rechtsform eines Syndikats zu überführen.[377] Neben möglichen steuerrechtlichen Vorteilen versprachen sich die Initiatoren eine bessere Berücksichtigung ihrer Interessen gemäß ihres Aktienanteils und eröffneten damit ein weiteres Mal die Neuordnungsdebatte.

Die Forderungen folgten dem Grundgedanken einer Besserstellung der Kaufgaslieferanten gegenüber den Durchleitungsinteressenten, die weiterhin über eine Mehrheit der Aktien verfügten, aber am Gesamtvolumen der Gaslieferungen mittlerweile nur noch unterproportional beteiligt waren. Damit ging es eindeutig gegen die GBAG, die nun fast ein Drittel der Ruhrgas-Aktien kontrollierte, beim Durchleitungsgas einen Anteil von 55 Prozent erreichte, um bei den Kaufgaslieferungen mit 22 Prozent aber erheblich zurückzubleiben.[378] Nach Ansicht der Kaufgaslieferanten hätten innerhalb eines Kartells ihre spezifischen Interessen besser berücksichtigt und eine Majorisierung vermieden werden können.[379] Angesichts der laufenden Vorbereitungen zum Gesetz gegen Wettbewerbsbeschränkungen wäre eine solche Umgründung jedoch wahrscheinlich nicht genehmigt worden, zumal bereits der Bereitstellungsvertrag der Ruhrgas nichts anderes als einen Kartellvertrag darstellte, der nur mit einer

376 Siebener-Ausschuss AR Ruhrgas am 23. März 1956, 1ff., 10f., in: BBA 55/1818; AR Ruhrgas am 15. Mai 1956, 9, in: AEGC 01002155381.

377 Niederschriften, 19. Mai 1956 und 8. Juni 1956, über die Sitzungen des Syndikatsausschusses des erweiterten Siebener-Ausschusses AR Ruhrgas am 14. Mai 1956 und 6. Juni 1956, in: BBA 55/1797; Niederschrift vom 29. Mai 1956 über die Sitzung der Steuersachverständigen des Syndikatsausschusses des erweiterten Siebener-Ausschusses AR Ruhrgas am 28. Mai 1956, in: BBA 55/1797.

378 Aufstellung der Gaslieferungen der Ruhrgas im Jahr 1955, in: BBA 55/1818.

379 Vortrag Gummert AR Ruhrgas am 9. Mai 1956 über die Beratung der neuen Gaseinkaufsverträge, 7, in: AEGC 560. Niederschrift einer internen Konferenz der Hibernia am 24. Januar 1956 zur Besprechung der Vorschläge zur Verlängerung der Zecheneinkaufsverträge, in: BBA 32/3591.

Ausnahmeregelung von den Bestimmungen befreit war.[380] Ein Durchbruch deutete sich erst im Sommer 1956 an, nachdem der Vorstand nachdrücklich auf die Folgen einer weiteren Verweigerungshaltung hingewiesen, den alten Gemeinschaftsgedanken der Ruhrgas beschworen und die eindringliche Bitte an den Aufsichtsrat gerichtet hatte, die Ausschüsse anzuweisen, die Beratungen möglichst bald abzuschließen, „damit der Vorstand sich wieder vermehrt seiner eigentlichen Aufgabe zuwenden kann, das Ferngas bestmöglich zu verwerten".[381] Dies sah der neue Aufsichtsratsvorsitzende Hans Dütting von der GBAG ähnlich und forcierte den Einigungsdruck.[382]

Den Anfang machte die Ruhrgas bei den Zecheneinkaufsverträgen, es folgten die Bereitstellungsverträge und schließlich die Durchleitungsverträge. Zunächst passte man die Zecheneinkaufsverträge, die die prinzipielle Lieferverpflichtung festschrieben, an, da hier der erwartete Gegenwind vermeintlich geringer war. Außerdem musste in diesem Bereich vorrangig Klarheit zu den verfügbaren Mengen geschaffen werden, da zum Jahr 1960 die Verlängerung bedeutender Lieferverträge mit den großen Vertriebsgesellschaften wie der VEW sowie zahlreichen Städten wie Köln und Hannover bevorstand und die Verhandlungen in absehbarer Zeit beginnen sollten.[383] Hier stand die Ruhrgas vor großen Problemen, denn entgegen aller offiziellen Verlautbarungen über das gute Verhältnis zu den kommunalen Kunden war dieses eher durch erhebliche Spannungen geprägt. Sie beschwerten sich u. a. über die vollständige Umlegung der Kohlepreiserhöhungen auf die Gaspreise, die von der Elektrizitätswirtschaft in erheblich geringerem Maße realisiert worden war.[384]

Ende August/Anfang September 1956 genehmigten schließlich die zuständigen Gremien den neuen Standard-Einkaufsvertrag der Ruhrgas.[385] Die Zechengesellschaften akzeptierten von nun an die Aufteilung des Kaufgases in unbedingte und bedingte Festmengen sowie Gelegenheitsmengen.[386] Die Regelung

---

380 Ruhrgas an Bundeskartellamt, 19. Juni 1958, zur Anmeldung des Bereitstellungsvertrags, in: BBA 32/3592.

381 So Wunsch, AR Ruhrgas am 15. Mai 1956, 4, in: AEGC 01002155381; AR Ruhrgas am 9. Mai 1956, 8 f., in: AEGC 560.

382 AR Ruhrgas am 12. Juli 1956, 5, in: AEGC 01002155381 sowie AEGC 559.

383 Ruhrgas an die gasliefernden Zechen, hier GBAG, 15. Januar 1955, in: BBA 55/1818.

384 Aktennotiz Schelberger zur AR Ruhrgas am 15. Mai 1956 mit Stimmungsbild der Branche, in: AEGC 560.

385 Niederschrift, 31. August 1956, über die Sitzung des erweiterten Siebener-Ausschusses AR Ruhrgas am 31. August 1956, 9, in: BBA 55/1797; Niederschrift der Sitzung des erweiterten Siebener-Ausschusses AR Ruhrgas am 9. September 1955, in: BBA 55/1818. Zur Entwicklung der Diskussion siehe die umfangreichen Unterlagen in: BBA 55/1818.

386 Standard-Zechenliefervertrag mit allgemeinen Vertragsbedingungen [gedruckt, blanko], in: BBA 55/1818.

bot ihnen eine größere Flexibilität, denn bei einer sicheren Versorgung von bis zu 80 Prozent auch im Krisenfalle ermöglichte sie die Verschiebung von Volumina von einer auf die andere Zeche. Die Gelegenheitsmenge erlaubte den Kokereien, kurzfristig anfallende Überschüsse oder sonstige Reserven abzusetzen, die aufgrund des Bereitstellungsvertrages der Ruhrgas angeboten werden mussten.[387] Das Ziel war nun ein „Ruhrgas-Gesamtdurchschnittspreis" von 0,86 Kilogramm pro Kubikmeter.[388] Das klassische Kohlenäquivalent von 1 : 1, mit dem 1926 die Bergbaugesellschaften zur Teilnahme am Ruhrgas-Projekt animiert worden waren, hatte sich damit jedoch noch nicht überlebt, sondern bildete weiter in Form des arithmetischen Mittels der Fettkohlenpreise die Referenz. Allerdings wurde die Parität nun im Rahmen von Sonderzahlungen erreicht, sodass sich der Streit für die Ruhrgas zunächst nur bedingt auszahlte.[389]

Erhebliches Konfliktpotential besaß auch die neue Stundenabrechnung, die darauf abzielte, die Lieferungen gleichmäßig zu gestalten, und aus denselben Gründen auch für die Durchleitungsverträge galt. Es musste unbedingt unterbunden werden, dass Unternehmen in Mangelzeiten weniger durchleiteten, als ihre Konzernwerke benötigten, und in Zeiten von Gasüberschuss dies dann ausglichen. Sie wurde jedoch zunächst nicht in die Kaufgasverträge aufgenommen, sondern durch Beschluss des Aufsichtsrats ab Februar 1958 in Kraft gesetzt und einer dreijährigen Überprüfungsphase untergeordnet.[390] Schelberger machte deutlich, dass jeder Lieferant die von seinem Abnehmer verursachten Spitzen selbst tragen müsse. „Das komplexe Netz ist nicht mit einer Dorfstraße zu vergleichen, auf der jeder spazieren kann. Es muß jemand Signale und Weichenstellen setzen. Die Spielregeln stellt die Ruhrgas."[391] Dies war besonders wichtig für die Betriebsplanung, denn die Ruhrgas konnte nun erstmals exakt die in ihren Leitungen verkehrenden Mengen für längere Zeiträume vorausberechnen, das Netz noch besser als Speicher nutzen und Belastungsspitzen der Konzernwerke auffangen. Außerdem wurde damit ein wichtiger Schritt getan, um die unterschiedlichen Durchleitungsgebühren gleichmäßig zu gestalten. Nach der Einigung im Herbst 1956 entspannte sich die Situation

---

387 Ebd., § 1

388 Ebd., § 4.

389 Ruhrgas an Lieferzechen, 31. Januar 1955, in: BBA 55/1818; Vortrag Gummert AR Ruhrgas am 9. Mai 1956 über die Beratung der neuen Gaseinkaufsverträge, 1 f., in: AEGC 560; Vortrag Gummert AR Ruhrgas am 19. Januar 1960, 1, in: AEGC 01002155378.

390 Vortrag Ernst Achim von Winterfeld AR Ruhrgas am 12. Juli 1956, 3, in: AEGC 01002155381; Vortrag Schelberger zur „Umstellung der Ein- und Verkaufsverträge" AR Ruhrgas am 12. Juli 1956, 3–5, in: AEGC 01002155381; Ruhrgas an Aktionäre zur stundenweisen Abrechnung, in: AEGC 01002155378.

391 Vortrag Schelberger AR Ruhrgas am 11. Juni 1959, 7, in: AEGC 01002155378.

bei der Ruhrgas dann spürbar. Zahlreiche Aktionäre traten im Zuge der Vertragsunterzeichnung[392] Vorverträge mit Gemeinden des Ruhrgebiets an die Ruhrgas ab und beauftragten diese wie Hoesch und Klöckner – und dies war ein absolutes Novum – sogar mit der Belieferung ihrer Durchleitungsgasabnehmer. Im Gegenzug erhielten sie das Recht, nach der Entflechtung nicht mehr zu einem früheren Unternehmensverbund gehörende Werke weiterhin auf eigene Rechnung mit Durchleitungsgas zu versorgen.[393] Dies war besonders relevant bei der GBAG als Lieferantin der zahlreichen Nachfolger der VSt im Eisen- und Stahlsektor.[394]

Nach den desaströsen Erfahrungen mit den Zecheneinkaufsverträgen wurde der Aushandlungsprozess um die Ausarbeitung eines neuen Bereitstellungsvertrages systematisch vorbereitet. Von Beginn an arbeitete ein eigener Unterausschuss des Aufsichtsrates, der wiederum drei Arbeitskreise für „Konzernfragen", zur Regelung des Ausschusswesens und für „Raffineriegasfragen" bildete. Diese Herangehensweise entsprach der erwartet schwierigen Aufgabe, da eine völlig neue Konzeption für den Vertrag gefunden werden musste. Während der alte Bereitstellungsvertrag lediglich eine Verpflichtung zur Andienung von Überschussgas vorsah, sollte nun ein umfassendes Vertragswerk geschaffen werden, das dem Wandel der Ruhrgas vom Energieverteiler zum Energieversorger Rechnung trug.[395] Dazu war bei allen Beteiligten die Erkenntnis gereift, dass feste Regularien für die Zusammenarbeit der Aktionäre in den verschiedenen Gremien und Ausschüssen der Ruhrgas notwendig waren. In Zukunft sollte eine rasche Koordination der gaswirtschaftlichen Interessen der Aktionäre über einen weiteren Ausschuss sichergestellt werden.[396] Der Vorstand formulierte zudem als Ziel, der Ruhrgas „keine Konkurrenz durch Ferngas-Gesellschaften auf der Basis von Sondergasen oder Erdgas entstehen zu lassen", das nur dann erreicht werden könne, „wenn auch die Gemeinschaft der Aktionäre im Rahmen des Bereitstellungsvertrages diese Anstrengung unterstützt".[397]

---

392 Gaslieferungsvertrag Hibernia-Ruhrgas, 19. Juni 1957, in: BBA 32/3590 sowie Korrespondenz, in: BBA 32/3591; Gaslieferungsvertrag Emscher Lippe Bergbau AG–Ruhrgas vom 29. Juni 1957, in: BBA 35/131.

393 Vortrag Schelberger „zur Vertragssituation" HV Ruhrgas am 11. Juli 1957, 2f., in: AEGC 01002155378.

394 Aktennotiz GBAG, 27. August 1962, über das Gaslieferungsverhältnis zwischen der GBAG und den Werken der Gasbezugsgemeinschaft, in: BBA 55/1801.

395 Grundsätze für die Neugestaltung des Vertragswerks der Ruhrgas, 5. Mai 1956, in: BBA 55/1812.

396 Niederschrift, 19. Juni 1959, über die Sitzung des erweiterten Siebener-Ausschusses AR Ruhrgas am 26. Mai 1959, 4, in: BBA 55/2157.

397 Ebd., 5.

Nachdem bereits im Verlauf des Jahres 1956 vom Vorstand der Ruhrgas mehrere Entwürfe des neuen Bereitstellungsvertrages vorgelegt und anhand von Kommentaren der Aktionäre überarbeitet worden waren, begann der „Unterausschuss Bereitstellungsvertrag" im Sommer 1957 mit der eigentlichen Arbeit. Ende Mai 1959 genehmigte dieser nach zehn Sitzungen den abschließenden Entwurf, der nach Zustimmung des Aufsichtsrates bis 1960 mit allen Aktionären für einen Zeitraum von 30 Jahren, also einer erstmaligen Kündigung zum 31. Dezember 1989 abgeschlossen wurde.[398] Prinzipielle Streitpunkte waren die zukünftige Position der Ruhrgas und die Rechte ihres Vorstands gegenüber den Aktionären sowie die bekannten zahlreichen Sonderansprüche, mitunter aber auch nur Formulierungsfragen. Als besonders belastend, weil in weiten Teilen nur hypothetisch zu diskutieren, wirkte die Ausdehnung des Vertrages auf die neuen Gasarten Erdgas und Raffineriegas.[399] Diese in § 2 verankerte Erweiterung des Begriffes „Gas" auf „andere in normalem Zustand gasförmige Energieträger" markierte die wichtigste Neuerung des Vertrages, zumal sie sich auf eine Vielzahl anderer Vorschriften wie das Konkurrenzverbot und die Bezugseinschränkung auswirkte. Dazu kam als Vertragsgrundlage in § 1 die dezidierte Feststellung der Ruhrgas als Gemeinschaftsunternehmen, das die Interessen der Aktionäre nach dem Grundsatz einer Gleichberechtigung aller einhalte, während diese auf der anderen Seite die Pflicht anerkannten, die Ruhrgas bei der „Erfüllung ihrer Aufgaben zu fördern".[400] Dabei hielten alle Beteiligten im Sommer 1959 nicht das Erdgas, sondern immer noch „Mineralölgase" für das zukünftige Hauptproblem der Kokereigaswirtschaft.[401] So wurde der Begriff „Erdgas" systematisch vermieden und auch die Anbietungspflicht nominell auf Gase aus „Erzeugungsanlagen" beschränkt, sodass das Erdgas streng genommen von dieser wichtigen Regel ausgenommen war.[402] Dem An-

398 Vertragsentwürfe 1956–1959 sowie der beschlossene Vertrag in der Fassung vom 1. Juni 1959, in: BBA 55/1809. Sitzungsniederschriften 1957–1959, in: BBA 55/1810; Vertrag mit der Hibernia, 2. November 1960/19. Januar 1961, in: BBA 32/3593.

399 Aktenvermerk Korsch (GBAG) für Hans Dütting, 7. Mai 1958, in: BBA 55/1811. Zur Entwicklung siehe außerdem die Korrespondenz hier sowie in: BBA 55/1812; Bereitstellungsvertrag in der Fassung vom 1. Juni 1959, § 2, in: BBA 55/1809.

400 Bereitstellungsvertrag, § 1.

401 Erläuterungen Schelberger zum Bereitstellungsvertrag, § 2, in: Niederschrift, 19. Juni 1959, über die Sitzung des erweiterten Siebener-Ausschusses AR Ruhrgas am 26. Mai 1959, in: BBA 55/2157.

402 Bereitstellungsvertrag, § 3; Schelberger erwähnte in seinen Erläuterungen ebenfalls nur Raffineriegase. Möglicherweise wurde stillschweigend davon ausgegangen, dass kein Aktionär der Ruhrgas in die Situation eines Erdgaslieferanten gelangen könnte, denn auch im Verlauf der Sitzungen zur Vertragsreform war Erdgas kein Thema.

spruch einer umfassenden Erneuerung der Ruhrgas entsprachen die Regelungen zu den Vorverträgen der Zechengesellschaften, die anerkennen mussten, ihre Lieferverhältnisse auf die nun von der Ruhrgas propagierten Leistungspreistarife umzustellen.[403] Schließlich enthielt der Bereitstellungsvertrag ein Konkurrenzverbot, das mit der allgemeinen Anbietungspflicht korrespondierte und die wesentlichen Bestimmungen des alten „Reverses“ von 1926 berücksichtigte.[404]

Den Abschluss des Reformpaketes machten die Durchleitungsverträge, die nach rund zweijährigen Erörterungen Ende 1961 in neuer Form vorlagen.[405] Wichtigste Neuerungen waren hier die Festlegung von Einspeise- und Entnahmehöchstmengen, die Einführung einer detaillierten, kleinteiligen Abrechnungsstruktur sowie die Verpflichtung der Aktionäre zur Voranmeldung ihres Durchleitungsbedarfes spätestens am Vortag.[406] Die Vorschläge des Vorstandes der Ruhrgas zur Neuordnung der Durchleitung waren von Beginn an auf einen Ausgleich der beiden Interessengruppen ausgerichtet. Um den Hauptstreitpunkt zu beseitigen, dass die Durchleitung auf Kosten der Kaufgaslieferanten oder umgekehrt das Kaufgasgeschäft zulasten der Durchleiter betrieben werde, galt von nun an für die Spitzenlastabdeckung das Verursacherprinzip.[407] Nachdem schon 1960 die Durchleitungsmengen nur noch 28 Prozent des Ruhrgas-Absatzes ausgemacht hatten, sollte das Thema im Verlauf der 1960er Jahre durch die Erdgasintegration und die zunehmende Abtrennung des Kokereigasnetzes nach und nach an Bedeutung verlieren.

Der Vorstand der Ruhrgas stand in dieser Umbruchsphase vor der Schwierigkeit, auch noch die angestammten Beziehungen zu den kommunalen Abnehmern auf eine neue Grundlage stellen zu müssen. Die Verhandlungen zur Verlängerung der Lieferverträge wurden mit Großstädten und den großen Verteilergesellschaften individuell und für die Vielzahl kleinerer Ortschaften zentral mit dem Verband kommunaler Unternehmen geführt.[408] Dabei erwies sich das größte Problem, die Tarifumstellung auf das Leistungspreisprinzip, überraschend als nur geringe Hürde. Die Lieferverträge der 1920er und 1930er Jahre beinhalteten in der Regel ein Staffelpreisprinzip, das unabhängig von der Jah-

403 Ebd., § 6.

404 Ebd., § 12.

405 Niederschriften der Sitzungen des „Unterausschusses Durchleitungsvertrag“ 1960/61, in: BBA 55/1816.

406 Durchleitungsvertrag der Ruhrgas, 17. Januar 1962 [blanko], §§ 1 f., in: BBA 55/1816.

407 Niederschrift, 1. Februar 1960, über die 1. Sitzung des „Unterausschusses Durchleitungsvertrag“ am 25. Januar 1960, 1 f., in: BBA 55/1816.

408 Zu den Verträgen siehe umfassend HKR G 2/3242 und 3257.

res- oder Tageszeit jeden Mehrbezug verbilligte, sodass die Ruhrgas für die Bereitstellung des hohen Winterbedarfs und damit die höchste Leistung die geringsten Durchschnittserlöse erhielt. Während die Elektrizitätswirtschaft diese für sie nachteilige Absatzmethodik bereits mehr als zwei Jahrzehnte zuvor durch die Einführung von Leistungspreistarifen beseitigt hatte, wirkten bei der Ruhrgas die Zugeständnisse der Gründungsphase fort. Wohl auch weil ihnen die Grundsätze des Preissystems bekannt waren, akzeptierten die Verhandlungspartner nun aber recht schnell diese Anpassung.[409] Mit langwierigen Rechenoperationen verbunden war die Fixierung eines Nutzungsverhältnisses, das die Preisgleichheit zu bisherigen Verträgen bei gleicher Abnahme gewährleistete. Die Ruhrgas musste angesichts der zunehmenden Diskussion um die Konkurrenzenergien Mineralöl, Erdgas und Strom eine höhere Gesamtbelastung der kommunalen Kunden ausschließen, um von Vornherein den Raum für unkontrollierbare Differenzen über Preise und die damit verbundenen Drohungen eines Umstiegs zu minimieren.[410]

Entscheidende Schwierigkeiten ergaben sich dagegen aus der nun auf der Kundenseite wachsenden Tendenz, sich von den zahlreichen Einschränkungen der Altverträge zu befreien und sich damit vom Lieferanten zu emanzipieren. Betroffen war die strittige Frage, welche schon die Auseinandersetzungen 1936/37 im Frankfurter Raum dominiert hatte, ob die Ruhrgas das Recht zur exklusiven Belieferung der auf Gemeindegebiet liegenden Industriebetriebe oberhalb einer gewissen Verbrauchsgrenze habe. Diese Frage wurde nun ergänzt um den Aspekt der Konzernwerksbelieferung.[411] Den zweiten neuralgischen Punkt bildete die Ausschließlichkeit des Ferngasbezuges über die Ruhrgas; eine Klausel, die in den 1920er Jahren angesichts fehlender Konkurrenz kaum mehr als eine Formalie gewesen war, jetzt aber kritisiert wurde. Einerseits verlangten die Kommunen im Hinblick auf die Mangelerfahrungen die grundsätzliche Möglichkeit, Nachfragesteigerungen, die durch die Ruhrgas nicht abzudecken waren, potenziell über andere Lieferanten abzudecken, und andererseits das Recht, andere Energieträger einzubinden.[412]

Die gerade im Hinblick auf die Kohlenkrise unklaren Perspektiven auf den Energiemärkten erzeugten schließlich in Verbindung mit der Notwendigkeit, eine rechtssichere Regelung für die durchgängige Weiterführung der Gasversorgung nach Ablauf der Altverträge zu schaffen, auf beiden Seiten den nöti-

409 Vortrag Schelberger AR Ruhrgas am 11. Juni 1959, 4, in: AEGC 01002155378.

410 Ebd., 8 f.; AR Ruhrgas am 11. Juni 1959, 9–12, in: AEGC 01002155378; Vortrag Gummert AR Ruhrgas am 19. Januar 1960, 5, in: AEGC 01002155378.

411 Vortrag Schelberger AR Ruhrgas am 11. Juni 1959, 4 f., in: AEGC 01002155378.

412 Ebd.

gen Druck für einvernehmliche Lösungen. Die Ruhrgas verdeutlichte erfolgreich ihre Position, nicht die Rolle eines Lückenbüßers zu akzeptieren, der zunächst in schwierigen Zeiten für Versorgungssicherheit einstehe, um dann beim Markteintritt billigerer Energieträger die Vertragskündigung der Kunden entgegenzunehmen. Im Gegenzug gestand sie durch Generalklauseln in den Verträgen für Fälle wesentlicher Veränderungen des allgemeinen Gaspreisniveaus durch den Import ausländischen Erdgases Preisanpassungen zu, die zwar keinen vollständigen Ausgleich bieten, aber die Differenz reduzieren sollten.[413] Gleichzeitig behielt die Ruhrgas sich vor, Verträge gegebenenfalls innerhalb einer bestimmten Frist zu kündigen.

Eine zweite Variante sah die angemessene Beteiligung der Abnehmer an einer wesentlichen Reduzierung der Gaseinstandspreise durch die Integration von Erdgas vor. Der Verband kommunaler Unternehmen billigte solche Vorschläge sowie die preisliche Bevorzugung der örtlichen Wirtschaft und empfahl seinen Mitgliedern die Unterzeichnung der Verträge, sodass sich Ende 1960 ein Großteil der Kommunen zugunsten des bekannten und bewährten Gasbezugs über die Ruhrgas entschieden hatte.[414] Unterstützend wirkten auch die Diskussion um die 1960 vorerst befristet eingeführte Mineralölsteuer sowie die Ernüchterung der Euphorie in Zusammenhang mit dem „Saharagas".[415] Bei einigen Großstädten und der VEW sollten die Verhandlungen etwas länger dauern, doch war auch hier 1962 die Entwicklung fast vollständig abgeschlossen. Dazu gelang es, zahlreiche Neuverträge abzuschließen. Darunter als prominenteste Beispiele die Großstädte Osnabrück und Bremen. Die Folge war ein weiterer Höhepunkt der Stilllegungswelle von Ortsgaswerken. Damit war die Gesamtzahl der Gaswerke in der Bundesrepublik zwischen 1950 und 1960 von 330 auf 250 gefallen, nachdem bereits nach dem Krieg eine nicht zu ermittelnde, aber auf ungefähr 200 zu schätzende Anzahl den Betrieb nicht wiederaufgenommen hatte.[416]

Grenzen der Kokereigaswirtschaft

Als im Februar 1958 im Ruhrgebiet die ersten Feierschichten gefahren werden mussten, war unübersehbar, dass es sich bei der aufziehenden Kohlenkrise nicht wie bisher um eine kurzfristige konjunkturelle Erscheinung, sondern um

413 Vortrag Schelberger AR Ruhrgas am 1. September 1960, 10 f., in: AEGC 01002155378.
414 Ebd., 12.
415 Siehe Kapitel „Perspektiven und Utopien".
416 Helmut Laurien/Lüder Segelken, *Die Entwicklung der Gaswirtschaft in der Bundesrepublik Deutschland (BRD) 1960*, in: GWF 102 (1961), 1.225–1.239, hier 1.229.

ein langfristiges strukturelles Problem des Ruhrbergbaus handelte.[417] Die Ursachen dieser Entwicklung waren vielfältig, lagen aber vordergründig in der zunehmenden Verfügbarkeit alternativer Energieträger zu teilweise konkurrenzlos günstigen Preisen. Zu nennen sind als wichtigster Faktor schon im Verlauf der 1950er Jahre das Mineralöl mit seinem vielfältigen Produktspektrum, während sich in den folgenden beiden Jahrzehnten der Verdrängungswettbewerb durch das Aufkommen des Erdgases, günstige Elektrizität aus Braunkohlen- und Kernkraftwerken sowie billige Importkohle weiter verschärfte. Die Bergbauvertreter waren weder konzeptionell noch finanziell auf die Wende am deutschen Energiemarkt vorbereitet. Anders als die Gewerkschaften verschlossen sie längere Zeit die Augen vor der Entwicklung und sollten durch ihr Verhalten im Verlauf der 1960er Jahre adäquate Lösungen nicht unerheblich behindern. Das Ergebnis war ein dilatorisches Krisenmanagement und eine konzeptlose Rationalisierung.[418] Die Energiepolitik der Bundesrepublik stand dagegen vor dem Dilemma, aus verschiedenen Gründen im Ruhrbergbau mit massiven Eingriffen ein relativ hohes Förderniveau stabilisieren zu wollen, zugleich aber im Energiemarkt Methoden liberaler Ordnungspolitik zu bevorzugen.[419]

Nach Jahren der Kohlenknappheit war es bereits 1957 zu einer entscheidenden Wende auf den Weltenergiemärkten gekommen. Die Hochkonjunktur des Vorjahres hatte dem deutschen Steinkohlenbergbau die höchste Nachkriegsförderung beschert, die Halden waren abgebaut und alle Verantwortlichen sonnten sich in dem Gefühl, dass die Kohle endlich wieder ihren ursprünglichen Stellenwert erlangt habe, der ihr jetzt nicht mehr zu nehmen sei. Nach der Freigabe der Preise sahen die Zechengesellschaften die Möglichkeit, endlich marktgerechtere, also höhere Preise, zu fordern.[420] In vollkommener Fehleinschätzung der Lage kündigten sie Mitte September 1957, einen Tag nach der Bundestagswahl, eine starke Steigerung zum 1. Oktober an und provozierten damit den Zorn von Bundeswirtschaftsminister Ludwig Erhard, der sich vom Bergbau verraten fühlte, hatte er doch im Wahlkampf mit stabilen Rahmenbedingungen der Wirtschaft geworben. Auf die Leitungsgremien des Ruhrbergbaus machten Drohungen erneuter Eingriffe jedoch wenig Eindruck, denn sie

---

417 Christoph Nonn, *Die Ruhrbergbaukrise. Entindustrialisierung und Politik 1958–1969*, Göttingen 2001; Farrenkopf, *Wiederaufstieg*, 215 ff.; Abelshauser, *Ruhrkohlenbergbau*, 87 ff.

418 Ebd., 87.

419 Manfred Horn, *Die Energiepolitik der Bundesregierung von 1958 bis 1972. Zur Bedeutung der Penetration ausländischer Ölkonzerne in die Energiewirtschaft der BRD für die Abhängigkeit interner Strukturen und Entwicklungen*, Berlin 1977, 260 ff.

420 Abelshauser, *Ruhrkohlenbergbau*, 87 f.; Farrenkopf, *Wiederaufstieg*, 220 ff.

glaubten vermeintlich, am längeren Hebel zu sitzen. Zudem schienen staatliche Erleichterungen zur Stärkung der Wettbewerbsposition von Energieimporten und Konkurrenzenergien gegenüber der heimischen Kohle nicht allzu bedrohlich, konnte doch der Bergbau den wachsenden Bedarf nicht alleine decken. Auch bei der Ruhrgas waren sich die Verantwortlichen zunächst sicher, dass sie vor kontrollierbaren Marktveränderungen standen. So warnten Ende 1958 Vertreter der führenden Aktionäre davor, „von einem Strukturwandel in der Kohlenwirtschaft zu sprechen“ und propagierten die Beanspruchung von Staatshilfe.[421] Im Sommer 1959 beruhigte Walther Wunsch die Anwesenden der Hauptversammlung trotz der Verwendung des Unwortes: „Der fortschreitende Strukturwandel der deutschen Energiebilanz durch das Oel wird die Präponderanz der Kohle niemals beseitigen können.“[422] Und ebenso irrte er mit der Feststellung, dass das Erdgas angesichts begrenzter verfügbarer Mengen „wegen seiner andersartigen Eigenschaften weniger das Kokereigas als unmittelbar die Kohle konkurrieren wird“.[423]

Dabei bestand zu einer solchen Sicherheit bereits zu diesem Zeitpunkt keinerlei Anlass mehr, denn die grundlegenden Entwicklungen beim Mineralöl in den vergangenen Jahren waren in Verbindung mit den unvermindert weiterbestehenden Grundproblemen der Ruhrgas als Alarmsignale für eine kritischere Haltung mehr als geeignet gewesen. Tatsächlich besaß die Bundesrepublik noch Mitte der 1950er Jahre den mit Abstand geringsten Prokopfverbrauch an Mineralölprodukten in ganz Europa und hatte diesen Rückstand Ende des Jahrzehnts noch nicht aufgeholt.[424] Damit bestand in Deutschland zweifellos ein erheblicher Nachholbedarf, dessen Deckung ebenso zweifelsfrei vor allem zulasten der Steinkohle, aber auch der Gaswirtschaft gehen würde, wie die Verbrauchsstrukturen des Auslands zeigten. Außerdem förderte die Bundesregierung systematisch den Ausgleich aus Gründen der Deviseneinsparung, der Weiterentwicklung der einheimischen Mineralölindustrie und des Steueraufkommens. Seit der Novellierung des Mineralölsteuergesetzes von 1953 sorgte ein kompliziertes System für Vergünstigungen bei verschiedenen Erzeugnissen, darunter beim aus Sicht des Bergbaus besonders wichtigen Heizöl. Zollermäßigungen und Verlängerungen der Kontraktfrist für Öl- und Kohlenimporte von 18 auf 36 Monate beflügelten ab 1956 das Geschäft.[425] Schon zuvor hatten

421 AR Ruhrgas am 5. November 1958, 8, in: AEGC 01002155381.
422 Vortrag Wunsch HV Ruhrgas am 30. Juni 1959, 15 f., in: AEGC 010021553379.
423 Ebd., 16.
424 Helmut Laurien/Lüder Segelken, *Die Entwicklung der Gaswirtschaft im Bundesgebiet 1954*, in: GWF 96 (1955), 693–714, hier 699, Bild 13.
425 Karlsch/Stokes, *Faktor Öl*, 286 ff.; Abelshauser, *Ruhrkohlenbergbau*, 89.

deutsche Großverbraucher die Mangellage durch langfristige Kohlenlieferverträge mit amerikanischen Unternehmen kompensiert und ihren Bedarf durch teurere Auslandskohle gedeckt. Durch die Preiserhöhungen öffnete sich nun auf einmal die Preisschere zugunsten von Mineralöl und Importkohle, die nach Ende der Suez-Krise 1957 einschließlich Fracht frei Duisburg erheblich billiger war als Ruhrkohle.[426] Allein der im Frühjahr 1959 eingeführte Zoll, der das Preisniveau von Importkohle dem der Ruhrkohle in etwa anglich, verhinderte weitere Schwierigkeiten des Ruhrbergbaus.

Eine dramatische Entwicklung zeichnete sich dagegen beim Heizöl ab, dessen Preis bei den für die Industrie relevanten schweren Sorten innerhalb von drei Jahren von 140 D-Mark pro Tonne auf 60 D-Mark fiel und damit bei einem 1,5fachen Heizwert ebenso viel kostete wie Kohle. Das im Privatsektor verwendete leichte Heizöl reduzierte sich im selben Zeitraum um 50 Prozent auf 125 D-Mark, während der Bergbau seine Kohlenpreise jährlich um bis zu acht Prozent nach oben anpasste. Vor diesem Hintergrund stieg der Mineralölverbrauch in Deutschland zwischen 1952 und 1958 von sieben Mio. auf 21 Mio. und bis 1962 auf 49 Mio. Tonnen, was einem jährlichen durchschnittlichen Zuwachs von 21,5 Prozent entsprach.[427] Auslöser dieser kometenhaften Entwicklung war in erster Linie der rasante Produktionsanstieg in den seit 1960 in der OPEC zusammengefassten ölexportierenden Ländern, die sich damit gegen den Einfluss der von den US-amerikanischen und europäischen Erdölkonzernen und deren Preispolitik wandten. Infolge der bei fallenden Preisen weiterwachsenden Förderung strömten nun ständig steigende Mengen nach Westeuropa, wo sie auf eine gierige Nachfrage stießen. Innerhalb von zehn Jahren wuchs die Einfuhr um 250 Prozent auf knapp 130 Mio. Tonnen, sodass das Mineralöl in der bundesdeutschen Energiebilanz bereits 1966 die Steinkohle einholte, um 1968 auch die Gesamtkohlenerzeugung einschließlich der Braunkohle zu überflügeln. Hatte die Steinkohle 1957 noch 68 Prozent und die Braunkohle 15 Prozent des Primärenergiebedarfs in Deutschland gedeckt, waren es 1969 zusammen noch 41 Prozent oder weniger als die Hälfte, wobei die Steinkohle überproportional auf 32 Prozent zurückgegangen war. Im Gegenzug stieg der Anteil des Mineralöls von zwölf Prozent auf 52 Prozent.[428]

So spürte die Ruhrgas die Auswirkungen des Mineralölbooms bereits vor Beginn der Kohlenkrise. Die Kohlenpreiserhöhungen wirkten sich mit geringer

---

426 Karlsch/Stokes, *Faktor Öl*, 297 ff.

427 The British Petroleum Company Ltd. (Hg.), *Statistical Review of the World Oil Industry 1962*, London 1963, 20.

428 Heinz Reintges u. a. (Hrsg.), *Jahrbuch für Bergbau, Energie, Mineralöl und Chemie* 62 (1969), Essen 1969, 810; Hans-Helmut Kuhnke, *Ruhrkohle in der Marktwirtschaft*, in: Glückauf 106 (1970), 799–805, hier 800.

Verzögerung auch auf die an die Kohle gebundenen Gaspreise aus, sodass die Steigerung vom Herbst 1957 das Kokereigas exakt bei Ausbruch der Kohlenkrise verteuerte, was den Unmut der Verbraucher noch verstärkte. Erhard hatte die Anpassung zunächst zwar untersagt, um eine „Preiswoge" zu verhindern, doch hatte sich der Ruhrbergbau schließlich durchsetzen können.[429] Der Vorstand der Ruhrgas betrachtete die Preisentwicklung mit großer Sorge, denn er befürchtete einen Verlust von Marktanteilen an das Öl gerade im Bereich der Industrieversorgung, die über 80 Prozent des Gesamtabsatzes ausmachte. Abzüglich der Durchleitungsmengen zu Konzernwerken der Zechen war davon etwa die Hälfte der Gaslieferungen betroffen. Eine Tendenz zur Umstellung war bei verschiedenen Branchen bereits zu bemerken und bedrohte die vor dem Krieg aufgebaute Position der Ruhrgas.[430] Heizöl besaß gegenüber Gas den Vorteil einer höheren Flammenstrahlung, was sich besonders bei Schmelzöfen im Wärmeverbrauch niederschlug. Mit steigenden Arbeitstemperaturen wuchs dieser Vorteil, der sich insgesamt auf bis zu 50 Prozent summieren konnte. Niedrige Ölpreise forcierten daher die Anstrengungen, die technische Entwicklung im Ofenbau an den neuen Wärmeträger anzupassen. Schon 1957 hatte die Ruhrgas bereits mit 300 Mio. Kubikmetern einen nicht unerheblichen Anteil des Kokereigasabsatzes an das Öl verloren und der Vorstand ging davon aus, innerhalb von Jahresfrist nochmals dieselbe Menge einzubüßen.[431] Da Angebot und Nachfrage sich ausgeglichen hatten, rechnete man mit einem Erlösausfall von 26 Mio. D-Mark bei der Ruhrgas und den Lieferzechen, da nicht absetzbares Gas in Kesselhäusern verbrannt wurde. Schelberger stellte zur Hauptversammlung der Ruhrgas 1958 ernüchtert fest: „Man muss sich schon beinahe wundern, daß der Einbruch des Heizöls in den Kokereigassektor nicht noch größer ist."[432]

Um konkurrenzfähig zu bleiben, musste die Ruhrgas den Zwang zu Preissenkungen auf allen Ebenen akzeptieren, denn der anlegbare Preis gegenüber dem Heizöl lag mit vier Pfennig pro Kubikmeter sogar noch unter den Kesselgaspreisen, die in etwa den Selbstkosten der Zechen entsprachen. Eine solche Reduktion stand jedoch außer Frage, denn unter diesen Umständen wäre es für Zechen nicht mehr interessant gewesen, Gas an die Ruhrgas abzugeben. Außerdem hätten Verluste im Hinblick auf die hohe Investitionstätigkeit innerhalb kürzester Zeit zu elementaren finanziellen Schwierigkeiten geführt. Bei Zecheneinkaufspreisen von etwa 6,5 Pfennigen lag der Gewinn der Ruhrgas

429 Abelshauser, *Ruhrkohlenbergbau*, 87 f.
430 Vortrag Wunsch AR Ruhrgas am 22. Januar 1958, 2 f., in: RR 101-11.
431 Ebd., 3 f.
432 Wortprotokoll zur HV Ruhrgas am 24. Juni 1958, 8, in: AEGC 561.

aus dem Gasgeschäft durchschnittlich gerade bei 1,5 Pfennig pro Kubikmeter.[433] Selbst der Verzicht auf diese Marge oder die Verringerung auf die reinen Selbstkosten hätte keine bedeutende Besserung erbracht, sondern allein die Aushöhlung ihrer finanziellen Basis beschleunigt. Außerdem lagen die effektiven Produktionskosten der im Jahresdurchschnitt nur zur Hälfte ausgelasteten Dorstener Druckvergasungsanlage einschließlich Kapitalkosten bei über zehn Pfennigen. Die Ruhrgas subventionierte faktisch den Absatz des Ruhrbergbaus, der auch hier Marktpreise verlangte, und insgesamt den teuren Spitzenbedarf.

Der Ruhrbergbau zeigte sich auch später nur ungern bereit, seine Forderungen zu reduzieren. Die Ruhrgas blieb selbst unter vollkommen veränderten wirtschaftlichen Rahmenbedingungen zunächst eine Bergbautochter mit der schon bei der Gründung zugewiesenen Aufgabe, das Betriebsergebnis der Zechen über den Gasverkauf zu heben. Unberührt von Investitionszwängen, hohen Abschreibungen und Marktlage erneuerten die Bergbauvertreter daher anlässlich der Jahresbilanz ihre stetige Kritik an ausbleibenden Dividendenzahlungen. Außerdem drängten sie regelmäßig auf die Beibehaltung des Kohlenäquivalents, während der Vorstand der Ruhrgas ebenso regelmäßig wie prophylaktisch auf das bevorstehende Ende dieser Regelung verwies.[434] Erst Anfang der 1960er Jahre gaben die Bergwerksunternehmen diese Haltung auf und nahmen hin, dass selbst Kohlenpreiserhöhungen entweder nicht mehr oder nicht im vollen Umfang auf den Gaspreis umgelegt werden konnten. Die Diskussionen der Zeit offenbaren aber auch, wie schwer sich die Zechenvorstände damit taten, die Konkurrenzenergie ins Boot zu holen, obwohl bald eine breite Übereinstimmung herrschte, dass ohne die massive Einbindung von Erdgas das Kokereigasgeschäft nicht zu halten war.[435]

Der Druck war allerdings auch von den Aktionären der Anteilseigner aufgebaut worden. So stand auf der Hauptversammlung der GBAG im Frühjahr 1962 die „Beteiligung eines Unternehmens, dem es schlecht geht, an der Ruhrgas AG, die keine Dividende zahlt“ massiv in der Kritik.[436] Solche Stimmen übersahen jedoch, dass das stabile Kohlenäquivalent durch den Dividendenverzicht erkauft war und die Gewinnausschüttung in einer anderen, steuerlich

433 AR Ruhrgas am 18. Dezember 1956, 2 f., in: RR 101-11; Tätigkeitsbericht Ruhrgas, 4. Quartal 1958, 2, in: BBA 8/94; Bericht Gummert HV Ruhrgas am 27. Juli 1956, 2 f., in: AEGC 561.

434 Vortrag Schelberger HV Ruhrgas am 24. Juni 1958, 4, in: AEGC 561; Vortrag Gummert AR Ruhrgas am 19. Januar 1960, 1, in: AEGC 01002155378.

435 Ergebnisniederschrift zur Sitzung des Koordinierungsausschusses Ruhrgas am 27. Oktober 1960, 5 ff., in: AEGC 01002155378.

436 Aktenvermerk Schiffbauer, 31. Juli 1962, zur HV GBAG, in: AEGC 01002155378.

für die Aktionäre erheblich günstigeren Art und Weise erfolgte. Außerdem hatte die Ruhrgas ihre Zecheneinkaufspreise innerhalb von zwei Jahrzehnten seit 1938 um 480 Prozent und damit im Vergleich zu den Kohlenpreisen, die nur um 380 Prozent zugelegt hatten, überproportional erhöht.[437] Ab 1964 kam es dann unter dem Konkurrenzdruck von Heizöl und Erdgas zu einem regelrechten Preisverfall beim Kokereigaseinkauf auf 4,3 Pfennig pro Kubikmeter.[438] Dass selbst dieser Wert bald nicht mehr der Marktentwicklung entsprach, zeigte dann der regelrechte Zusammenbruch der Verbraucherpreise um fast 50 Prozent innerhalb nur eines Jahrzehnts. Vor der Öffentlichkeit wurden solche Zusammenhänge systematisch verborgen, um nicht den Eindruck entstehen zu lassen, dass eine Preisermäßigung im Geschäft mit den Kommunen oder gar im Endkundengeschäft bevorstehe. So bildete der Einstandspreis der Ruhrgas stets ein sorgsam gehütetes Geheimnis und dies sollte sich auch in den folgenden Jahrzehnten nicht ändern.[439] Und ebenso ungern äußerte sich der Vorstand zu dem wachsenden Konkurrenzdruck der Elektrizität, deren Preise seit 1938 um rund 200 Prozent angestiegen waren, während die Gaswirtschaft im gleichen Zeitraum eine Zunahme von 370 Prozent zu verzeichnen hatte.[440] Solche Zuwächse waren am Markt nicht einmal annähernd realisierbar. Und die Problematik sollte sich perspektivisch noch verschlimmern, da zahlreiche Neubausiedlungen keinen Gasanschluss mehr erhielten, sondern von Vornherein auf die ausschließliche Nutzung von Elektrizität oder Heizöl konzipiert wurden.[441]

Insgesamt war die Förderung des Ruhrsteinkohlenbergbaus bis 1964 durch die massive staatliche Subventionierung mit 117 Mio. Tonnen zunächst weitgehend stabil im Bereich des Nachkriegshöchststands gehalten worden, sackte dann aber auf 102 Mio. Tonnen 1966, verlor schon im Folgejahr weitere zehn Prozent und unterschritt dann 1973 die Marke von 80 Mio. Tonnen.[442] Für die Perspektiven der Ruhrgas hatte die Entwicklung jedoch nur eine untergeordnete Bedeutung, denn der Vertrieb des Kuppelprodukts Kokereigas hing vor allem an der Kokserzeugung. Und hier zeigte sich nach dem Höchststand von 1957 mit knapp 40 Mio. Tonnen innerhalb von zwei Jahren ein Einbruch von rund 20 Prozent, von dem sich die Branche nicht wieder erholen sollte. Wenn Aufsichtsratschef Dütting Ende 1958 konstatierte: „Die Situation der Ruhrgas

437 Vortrag Gummert HV Ruhrgas am 22. September 1960, 3, in: AEGC 01002155378.
438 AR Ruhrgas am 1. Juli 1965, 5, in: AEGC 01002155378.
439 Vortrag Gummert HV Ruhrgas am 22. September 1960, 2, in: AEGC 01002155378.
440 Ebd., 3.
441 Referat Wunsch AR Ruhrgas am 19. Januar 1960, 11, in: AEGC 01002155378.
442 Statistik der Kohlenwirtschaft e. V. (Hg.), *Zahlen zur Kohlenwirtschaft* (März 1975), 6.

ist durchaus nicht so schwarz zu sehen, wie man vielleicht gelegentlich geneigt sei", dann entsprach dies schon zu diesem Zeitpunkt mehr den Hoffnungen als der Realität.[443] Zwar konnten bis 1966 Werte von rund 33 Mio. Tonnen gehalten werden, doch unterschritt die Produktion 1967 die Marke von 30 Mio. Tonnen, um dann bis 1973 auf 23 Mio. Tonnen abzufallen.[444] Gleichzeitig schob der Ruhrbergbau ab 1958 mit wechselnder Dimension die bekannte Haldenproblematik vor sich her. Die Entwicklung der Kokereigasgewinnung blieb infolge technischer Umstellungen hinter diesen Ergebnissen nochmals leicht zurück, sodass sie sich nach dem Höchststand von 1957 mit 17,6 Mrd. Kubikmetern bis 1965 im Bereich von 15 Mrd. Kubikmetern einpendelte, um danach einen entsprechenden Verlauf zu nehmen.[445]

Vor diesem Hintergrund blieb das Kohle-Öl-Kartell, eine vom Bundeswirtschaftsministerium Anfang 1959 geförderte Vereinbarung zwischen Unternehmen des Bergbaus und der Mineralölindustrie zur Ordnung des Wettbewerbs im Markt für das Kuppelprodukt schweres Heizöl, eine Episode. Die aufstrebenden deutschen Ölgesellschaften hatten die Vereinbarung schlichtweg nicht nötig, ließen sie bereits nach einem halben Jahr platzen und düpierten damit den ersten staatlichen Versuch eines regulierenden Eingriffs.[446] Trotz erheblicher Proteste konnten sie auch den zweiten gut verschmerzen, denn die darauf eingeführte Verbrauchsteuer auf Heizöl zeigte aufgrund der geringen Sätze keine besonderen Effekte oder gar eine Abmilderung des Verbrauchsanstiegs.[447] Noch vor den Privatverbrauchern hatte die Industrie, und hier allen voran die chemische Industrie, die Potenziale des Mineralöls erkannt und entweder alleine oder zusammen mit internationalen Ölkonzernen bzw. deren deutschen Töchtern im Rahmen von Joint Ventures Tochtergesellschaften gegründet. Innerhalb kürzester Zeit kam es zu einem völligen Umbruch der Branche, denn der Anteil der auf Basis von Kohle erzeugten Chemikalien sank von 75 Prozent im Jahr 1957 auf rund 50 Prozent drei Jahre später und noch 37 Prozent in 1963.[448]

---

443 AR Ruhrgas am 5. November 1958, 8, in: AEGC 01002155381.

444 Statistik der Kohlenwirtschaft e. V. (Hg.), *Zahlen zur Kohlenwirtschaft* (März 1975), 8 f.

445 Ebd., 42 f.

446 *Die Kündigung des Kohle-Öl-Kartells*, in: Glückauf 95 (1959), 1.211 f.

447 *Die Heizölsteuer*, in: Glückauf 95 (1959), 1404–1406; Nonn, *Ruhrbergbaukrise*, 138 f.

448 Karlsch/Stokes, *Faktor Öl*, 316 f. Vorreiter waren die beiden großen IG Farben-Nachfolger BASF und Bayer.

Tab. 3: Gaserzeugung und -vertrieb des Ruhrbergbaus/deutschen Steinkohlenbergbaus 1959 bis 1970.[449]

Jahr	Gasabgabe Ruhrgas AG[450]	Veränderung/ Veränderung in % (gerundet)	Anteil Erdgas in %[451]	Gaserzeugung			Gasverwendung[452]		Anteil Ruhrgas AG %[453]
				Kokereigas	Sonstige[454]	Gesamt	Selbstverbrauch[455]	Absatz	
1959	4.958	81/1,7	k. A.	14.888	2.597	17.485	7.545	9.811	50,5
1960	5.325	367/7,4	k. A.	15.464	2.541	18.005	6.817	10.138	52,5
1961	5.358	33/0,6	k. A.	15.478	2.234	17.712	7.834	9.828	54,5
1962	5.690	332/6,0	k. A.	15.007	2.198	17.205	8.450	9.720	58,5
1963	5.758	68/1,2	k. A.	14.548	2.285	16.833	7.084	9.710	59,3
1964	6.453	699/12,1	k. A. [ca. 5,0][456]	15.506	1.854	17.351	7.760	9.548	67,5
1965	7.395	942/14,6	k. A. [ca. 10,0]	15.802	1.484	17.286	8.042	9.168	80,6
1966	7.527	132/1,8	14,0	14.507	1.703	16.210	7.357	8.759	85,9
1967	8.419	892/11,8	30,0	12.574	1.802	14.376	6.387	7.948	–
1968	11.236	2.817/33,5	48,0	14.619	2.400	17.019	7.846	9.110	–
1969	14.304	3.069/27,3	59,0	15.192	1.749	16.941	8.003	8.844	–
1970	18.668	4.364/30,5	69,5	14.225	1.572	15.797	7.517	8.212	–

449 Zusammenstellung und Berechnung nach GB Ruhrgas, 1960–1971; Statistik der Kohlenwirtschaft e. V. (Hg.), *Zahlen zur Kohlenwirtschaft* (Februar 1963), 42 f.; dsgl. (Februar 1972), 47 f.; dsgl. (März 1975), 45. Alle Werte in Mio. m^3/4.300 WE. Ab 1968 sind keine separaten Angaben mehr zum Ruhrgebiet verfügbar, sondern nur noch zum bundesdeutschen Steinkohlenbergbau. Reintges u. a. (Hrsg.), *Jahrbuch* 61 (1968), 838.

450 Der Anteil des Erdgases an den Lieferungen der Ruhrgas ist bis 1965 nicht zu ermitteln. GB und sonstige verfügbare Statistiken schweigen sich ebenso darüber aus, wie die Niederschriften der Gremiensitzungen.

451 Werte laut GB Ruhrgas, 1966–1970. Angaben zu den Vorjahren waren nicht zu ermitteln. Zum Anteil des Raffineriegases liegen überhaupt keine Informationen vor. Werte umgerechnet in 4.300 WE.

452 Ohne Verluste.

453 Ab 1966 keine Angabe, da durch den nun verstärkten Erdgasbezug und ab 1967 die fehlende Referenz zum Ruhrbergbau eine Berechnung nicht möglich ist.

454 Schwach-, Hochofen-, Hydriergase sowie Grubenmethan.

455 Unterfeuerung und sonstiger Selbstverbrauch.

456 Wert geschätzt.

457 Wert geschätzt.

Den großen Bedarf an Grundstoffen deckten die zahlreichen, in Deutschland seit Mitte der 1950er Jahre errichteten Raffinerien, deren perspektivische Gesamtkapazität durch die mehrjährige Spanne zwischen Bauankündigung und Inbetriebnahme ein herausragendes Barometer für die erwartete Marktentwicklung darstellte. So verdreifachte sich die Kapazität zwischen 1950 und 1955 auf 15 Mio. Tonnen, verdoppelte sich bis 1960 auf 30 Mio., bis 1963 nochmals auf 63 Mio. und bis 1970 ein weiteres Mal auf 121 Mio. Tonnen.[458] Gerade der Sprung Anfang der 1960er Jahre war bereits 1958 absehbar, doch betrachtete der Vorstand der Ruhrgas die Entwicklung vor allem durch die Brille des „Gasmannes" und wertete das Raffineriegas allenfalls als „psychologisches Moment", da es beim Kunden die verfehlte Hoffnung auf eine den Ruhrkokereien vergleichbare Gasquelle wecke, obwohl der absolut größte Teil der Produktion durch den Raffinerieselbstverbrauch aufgefressen werde.[459] Diese Wertung war zwar nicht falsch, berücksichtigte aber nur unzureichend die Gesamtentwicklung und übersah dazu die den Varianten des Gaswerksbetriebs ähnelnde technische Möglichkeit, den Raffineriebetrieb neben der Heizölerzeugung auch auf eine möglichst hohe Gasausbeute auszurichten. Schon 1962 musste Schelberger konstatieren, dass die Erzeugung selbst ohne diesen Schritt bis 1964 innerhalb von nur vier Jahren rasant von 2,8 auf 6,5 Mrd. Kubikmeter ansteigen würde, wovon rund 2,5 Mrd. sicher auf den Markt gelangen würden. Bei Gasfahrt der Raffinerien befürchtete er bis 1966 sogar Mengen von sechs Mrd. Kubikmetern.[460] Zusammen mit Raffineriespaltgasen entsprach das Absatzvolumen der Mineralölwirtschaft schließlich Mitte der 1960er Jahre der Hälfte des Ruhrgas-Gesamtabsatzes.

Diese bedeutende Konkurrenz verschärfte sich noch durch die Verlagerung des Rohölverarbeitungszentrums vom norddeutschen Raum zunächst in Richtung Rhein-Ruhrgebiet und schließlich in das Rhein-Main-Gebiet, sodass bis in diese Zeit fast alle Neubauten im unbestrittenen Gebiet der Ruhrgas entstanden. Dabei war der Gasversorger über seine Leitungsbauabteilung nicht unerheblich am Aufbau der modernen deutschen Mineralölwirtschaft beteiligt. Nachdem bereits Anfang der 1950er Jahre Mineralölpipelines im Ruhrgebiet verlegt worden waren, avancierte die Ruhrgas 1957 zum bedeutendsten deutschen Anbieter auf diesem Sektor, erhielt sie doch von der Nordwest-Oelleitung GmbH den Auftrag zur Planung, Konstruktion und Bauaufsicht für das bundes-

---

458 Thümen, *Mineralölwirtschaft*, 688; Reintges u. a. (Hrsg.), *Jahrbuch* 62 (1969), 825 und 64 (1971), 808.

459 Vortrag Schelberger AR Ruhrgas am 11. Juni 1959, 8, in: AEGC 01002155378.

460 Angaben umgerechnet auf den Kokereigasheizwert. Vortrag Schelberger HV Ruhrgas am 30. Oktober 1962, in: AEGC 01002155378.

Abb. 17: Verlegung der Nord-West Oel-Pipeline unter Beteiligung des Ruhrgas Pipeline-Engineering, 1958.

weit bis dahin mit Abstand größte Projekt seiner Art, die 370 Kilometer lange Verbindung zwischen Wilhelmshaven und dem Kölner Raum.[461] 1960 institutionalisierte die Ruhrgas dann dieses mittlerweile auf die Kontrolle fremder Leitungen ausgedehnte Geschäftsfeld durch die Gründung der „Pipeline Engineering Gesellschaft für Planung, Bau- und Betriebsüberwachung von Fernleitungen mbH".[462] Damit schuf sie zwar die Basis für den späteren Ausbau des Erdgasnetzes, sorgte aber zuvor für die Vertriebsinfrastruktur des wichtigsten Wettbewerbers durch den Anschluss der Küstenraffinerien an die Hauptverbraucherzentren und großer deutscher und ausländischer Häfen an inländische Raffinerien sowie die Schaffung einer Transportbasis für petrochemische Fertigprodukte zwischen Raffinerie und Industrie. Eine ähnliche Interessenkollision bestand bei den Aktionären, die wie die GBAG und die Hibernia erhebli-

461 HV Ruhrgas am 24. Juni 1957, 3 f., in: RR 101-11; Tätigkeitsbericht Ruhrgas, 3. Quartal 1958, 3, in: BBA 8/94; H. Piens, *Pipelines für die Ölversorgung Europas*, in: Glückauf 95 (1959), 902–904.

462 GB Ruhrgas 1960, 16.

che Aktivitäten im Mineralölsektor zeigten, u. a. in den ehemaligen Hydrierwerken über bedeutende Raffineriekapazitäten verfügten und diese in den 1960er Jahren noch ausbauen sollten.[463] In den Ruhrgasgremien wurde diese Problematik jedoch niemals thematisiert bzw. fand keinen Eingang in die Protokolle.

Eine ähnliche, wenn auch erheblich weniger absehbare Dynamik zeigte sich im Bereich des Erdgases. Auch hier hatte es zwischen 1954 und 1958 in den OEEC-Staaten einen Zuwachs der Förderung um rund 80 Prozent auf 16,5 Mrd. Kubikmeter[464] gegeben, und regelmäßige Neufunde sorgten für verheißungsvolle Perspektiven. Italien deckte nach einer kurzfristigen und starken Ausdehnung der Gewinnung schon 1956 rund zehn Prozent seines gesamten Energiebedarfs auf Erdgasbasis und galt damit als beneidetes Vorbild in Europa, dem die Prognosen bis Mitte der 1960er Jahre eine Vervierfachung der verfügbaren Mengen versprachen.[465] Dies wäre noch kein Dammbruch gewesen, doch sollten sich kurz darauf die Nachrichten über Funde mit wahrhaft sensationellen Dimensionen überschlagen. Schelberger konstatierte daher schon im Sommer 1959 in Aufweichung der bisherigen Sprachregelung: „Die Auseinandersetzung mit dem Erdgas zeichnet sich in Westeuropa und Deutschland bereits ab."[466]

Anders als beim Mineralöl widersprachen beim Erdgas zahlreiche Faktoren einer ähnlich sprunghaften Marktentwicklung, da noch keine Vertriebsinfrastruktur existierte. Von der erfolgreichen Lagerstättenerkundung über den Mengenaufbau bis zur Erlangung eines stabilen Förderniveaus dauerte es meist ebenso mehrere Jahre wie bis zur Inbetriebnahme eines Leitungsnetzes. An einen Transport im internationalen bzw. europäischen oder sogar interkontinentalen Maßstab war aufgrund unzureichender technischer Möglichkeiten oder zu hoher Kosten vorerst nicht zu denken. So blieb die Entwicklung der Gaswirtschaft Anfang der 1960er Jahre weitgehend im Bereich der Spekulation. Selbst die Bundesregierung und die Wirtschaftsforschungsinstitute tappten noch 1961 völlig im Dunklen. Eine Studie zur Entwicklung der Energiewirtschaft schätzte das Potenzial der Gaswirtschaft für 1975 vorsichtig auf mindestens 25 Mrd. Kubikmeter und damit gerade auf das Doppelte des seinerzeitigen

---

463 Franz Broich, *Die Petrochemie des Rhein-Ruhr-Gebiet*, Essen 1968, 11 ff.; *Gesellschaftsbericht zur GBAG*, in: Glückauf 96 (1960), 960–963, hier 961; Joachim Rummert, *Besitz- und Beteiligungsverhältnisse in der Mineralölwirtschaft der Bundesrepublik*, in: Glückauf 100 (1964), 1.520–1.527.

464 Umgerechnet auf den Energiegehalt von Kokereigas.

465 Fl. Leichter, *Gas im Wettbewerb*, in: Glückauf 96 (1960), 1.085–1.091; *Die Gaswirtschaft West- und Osteuropas*, in: Glückauf 95 (1959), 779 f.; J. Brix, *Die Gewinnung von Primärenergieträgern in der Welt*, in: Glückauf 96 (1960), 956–959.

466 AR Ruhrgas am 30. Juni 1959, 6, in: AEGC 01002155379.

Wertes.[467] Vor diesem Hintergrund war es auch wenig verwunderlich, dass die Bundesregierung im Verlauf der 1960er Jahre für das Erdgas keinerlei Perspektivplanung, geschweige denn Detailkonzepte entwickelte. Das Kokereigas wiederum fand allenfalls in Verbindung mit den Maßnahmen zum Steinkohlenbergbau Erwähnung.[468]

Es war überaus deutlich, dass die Branche vor tiefgreifenden technischen und wirtschaftlichen Strukturveränderungen stand, ohne dass deren Auswirkungen auch nur annähernd hätten übersehen werden können.[469] Einigkeit herrschte in der Annahme, dass die Umstellung auf eine andere Rohstoffbasis bzw. neue Energieträger die produktive Dezentralität der deutschen Gaswirtschaft beseitigen und der Konzentrationsprozess das Ende der traditionellen Ortsgasversorgung bedeuten würde. Aber auch die großen Ferngasversorger sollten nicht automatisch von dem Niedergang der Konkurrenz profitieren, da bestenfalls mit einer Stagnation der Steinkohlengaserzeugung zu rechnen war. Der Markteintritt von Erdgas und Raffineriegas bedeutete aber nicht nur neue Marktteilnehmer, sondern verhieß allein dadurch einen heftigen Wettbewerb, dass beide sich in der Hand multinationaler Ölkonzerne befanden. Der zu erwartende Preis- und Mengendruck wurde beim Raffineriegas noch durch dessen Status als Kuppelprodukt befördert, und was dies bedeuten konnte, hatte die Ruhrgas unter umgekehrten Vorzeichen knapp vier Jahrzehnte zuvor an der Ortsgaswirtschaft vorgemacht. So blieb nur die Hoffnung auf eine möglichst langsame Entwicklung, und tatsächlich sollte das Erdgas seinen Anteil am bundesdeutschen Primärenergieverbrauch von 0,3 Prozent im Jahr 1957 auf gerade vier Prozent in 1969 steigern.[470]

Auf der anderen Seite stand der Vorstand vor der Aufgabe, die Entwicklung aktiv mitzugestalten und die Weichen für eine erfolgreiche Anpassung der Geschäftsgrundlagen der Ruhrgas an die Anforderungen und Bedürfnisse des Marktes zu stellen. Letztlich bestanden für das Unternehmen drei Möglichkeiten: Entweder gelang dieser Schritt und mit ihm der eigenständige Weg in die

---

467 Arbeitsgemeinschaft Deutscher Wirtschaftswissenschaftlicher Forschungsinstitute (Hg.), *Untersuchung über die Entwicklung der gegenwärtigen Struktur von Angebot und Nachfrage in der Energiewirtschaft der Bundesrepublik unter besonderer Berücksichtigung des Steinkohlenbergbaus*, Berlin 1962, 229.

468 Ebd., 219 ff.; Horn, *Energiepolitik*, 174 ff.; Georg Haider, *Die Ergebnisse der Energie-Enquete aus der Sicht der öffentlichen Gaswirtschaft*, in: Energiewirtschaftliches Institut der Universität Köln (Hg.), Die Energie-Enquete. Ergebnisse und wirtschaftspolitische Konsequenzen, München 1962, 81 ff.

469 Arbeitsgemeinschaft Deutscher Wirtschaftswissenschaftlicher Forschungsinstitute (Hg.), *Untersuchung*, 229.

470 Kuhnke, *Ruhrkohle*, 800.

Zukunft oder es wurde aufgrund des Leitungsnetzes und der Kompetenz seiner Mitarbeiter zum Übernahmekandidaten. Nicht auszuschließen war zudem, dass der Ruhrgas nur die Rolle einer Abwicklungsgesellschaft für Kokereigas blieb. Und es war davon auszugehen, dass die Bergbauunternehmen alles für die Realisierung der ersten Variante tun würden. Schließlich hatten ihre Vertreter trotz aller Streitigkeiten schon früh den Handlungsbedarf akzeptiert und sich relativ aufgeschlossen gegenüber allen Maßnahmen zur Einbindung der neuen Energieträger gezeigt. So hatte der Aufsichtsrat dem Vorstand 1955 die Genehmigung zum Ankauf von Braunkohlenfeldern erteilt, um der Ruhrgas die Möglichkeit zur Braunkohlenvergasung offenzuhalten, und schließlich die Möglichkeit kombinierter Gas-Öl-Lieferverträge ebenso wenig grundsätzlich abgelehnt wie die Frage eines Einstiegs in die „Kleinverteilung", also das Endkundengeschäft.[471] Dem Vorstand der Ruhrgas bot sich gleichzeitig ein weiteres Mal die Gelegenheit, über den Gasvertrieb auch die Rolle des Bergbaus neu zu definieren.

471 AR Ruhrgas am 15. Mai 1956, 10 ff., in: AEGC 560. Die Felder „Freier Rhein" wurden 1962 an das RWE veräußert. Aktennotiz Schelberger über ein Gespräch mit Dütting am 19. März 1962, 3, in: AEGC 01002155378.

Abb. 18: Ruhrgas-Hauptverwaltung, bezogen 1976.

Vom Kokereigas zum Erdgas. Die Ruhrgas und der Strukturbruch der deutschen Gaswirtschaft in den 1960er Jahren

Im Verlauf der 1960er Jahre änderten sich die Geschäftsgrundlagen der Ruhrgas in einer von allen Beteiligten kaum für möglich gehaltenen Art und Weise. Das Ergebnis war ein umfassender, zweiter Strukturbruch der Branche, der dem Wandel der 1920er Jahre in nichts nachstand.[1] Der Ruhrbergbau konnte bald nicht mehr darüber hinwegsehen, dass nur die umfassende Einbindung des Erdgases in das Geschäft der Ruhrgas das Überleben des Gemeinschaftsunternehmens sichern würde, ein Beharren auf überkommenen Positionen des Branchenschutzes aber mit großer Wahrscheinlichkeit den sicheren Untergang bedeutete. Mit der Neugestaltung des Vertragswesens war ein wichtiger Schritt zur Stabilisierung und Flexibilisierung des klassischen Geschäftes getan worden, doch musste nun sorgfältig darauf geachtet werden, dass die Ruhrgas im Widerstreit der Interessen „nicht unter die Räder geriet", wie Herbert Schelberger schon früh warnte.[2] Nun galt es, sich einen Platz in einem völlig neuen Markt mit einem neuen Produkt und ebenso neuen Konkurrenten aus dem In- und Ausland, von Erdgas- und Erdölproduzenten sowie Raffineriegaserzeugern zu sichern. Anders als die Ruhrgas besaßen diese die von ihnen vertriebenen Energieressourcen, und gerade hier lag die Gefahr für das Handels- und Transportunternehmen, das von Beginn an in weitgehender Abhängigkeit von seinen Lieferanten gearbeitet hatte. In gewisser Beziehung stand die Ruhrgas nach 35 Jahren vor einem völligen Neuanfang. Allerdings konnte sie dabei nicht mehr von Vornherein auf die Unterstützung der Gasanbieter bauen, sondern musste sich deren Kooperationsbereitschaft mühevoll erkämpfen. Erstmals waren ihre Lieferanten keine Aktionäre mehr, sondern fremde Anbieter mit eigenen Interessen. Aber auch diese – die jungen Erdgasunternehmen und die etablierten internationalen Mineralölkonzerne, die allein 70 Prozent des deutschen Erdgases kontrollierten – standen vor einer gänzlich neuen Situati-

1 Walther Wunsch, *Die Kohlenwasserstoffe in der Gaswirtschaft – gestern, heute, morgen*, in: Gaswärme 10 (1961), 1–7; *Wende in der Gaswirtschaft*, in: Gaswärme 10 (1961), 286–287; *Strukturwandel in der deutschen Gaswirtschaft – Ruhrgas 1962*, in: Gaswärme 12 (1963), 328–329; Heinrich Kaun, *Gaswirtschaft im Umbruch*, in: ÖW 17 (1968), 75–78; VGW, *Jahresberichte* 1961, 31; 1962, 12 f.; 1963, 19 f.; 1964, 9 f.; 1965, 15 f.

2 Vortrag Schelberger zur Neuordnung des Geschäftes AR Ruhrgas am 19. Januar 1960, 7, in: AEGC 01002155378.

https://doi.org/10.1515/9783110542592-004

on und der zentralen Frage, wie das Gas am besten an den Verbraucher zu bringen war. Die kommunalen Versorger wiederum wollten sich sowohl vom Liefermonopol der Ruhrgas und der Thyssengas im Ferngassektor als auch von der teuren Eigenerzeugung befreien. Dass sich schließlich sämtliche Prognosen über Zuschnitt und Qualität dieses Marktes als falsch erweisen sollten, war Anfang der 1960er Jahre noch nicht einmal in Ansätzen erkennbar. Sicher schien nur ein weiterer Konzentrationsprozess sowohl hinsichtlich der Anzahl als auch des Vertriebsvolumens der Ortsgasversorger. Damit befand sich die Branche über mehrere Jahre in einer unklaren Situation.[3]

Die Ruhrgas war jedoch nicht chancenlos, besaß sie doch neben langjährigen Erfahrungen und Kontakten das mit Abstand größte Versorgungsnetz und konnte mit diesem Pfund wuchern. Im Hinblick auf die enormen Investitionen, die der Aufbau eines neuen Netzes verschlang, war sie nur schwer zu übergehen. Angesichts des kaum zu erahnenden Marktpotenzials des Erdgases zeichnete sich jedoch gerade durch die sich rasch ankündigende Erschließung großer Teile des Bundesgebietes und damit auch des Versorgungsgebietes der Ruhrgas die elementare Gefahr günstiger Konkurrenzangebote ab. Erdgas war in der Förderung bzw. Erzeugung erheblich günstiger als Kokereigas und selbst als Mineralöl. Aus diesem Grund orientierten sich in den USA als mit Abstand größtem Förderland die Energiepreise zu dieser Zeit am Naturgas und nicht am Mineralöl.[4] Dazu kam im Gegensatz zum Kuppelprodukt Kokereigas die erheblich größere Flexibilität der Förderung, die das elementare Problem der Bedarfsschwankungen und der Spitzendeckung linderte. Die Ruhrgas nutzte diese Vorteile von Beginn an und vereinbarte schon in den ersten Erdgasverträgen der 1950er Jahre Abnahmeverpflichtungen mit einer Tagesmengenspanne zwischen 25 Prozent im Sommer und 150 Prozent im Winter. Der dritte Vorteil bestand in dem hohen Energiegehalt des Erdgases, der das Unternehmen zwar vor bedeutende technische Herausforderungen stellte, zugleich aber eine Verdoppelung aller Kapazitäten bedeutete. Der Vorstand der Ruhrgas musste also aktiv die Grundlagen dafür gestalten, tatsächlich nicht übergangen werden zu können und den Vorsprung des Unternehmens zu nutzen.

Dass der Weg ins Erdgaszeitalter von einem veränderten Vorstand beschritten wurde, war Zufall, angesichts der neuen Aufgabe aber bedeutsam. Nach

---

3 Herbert Schelberger, *Die öffentliche Gaswirtschaft heute und morgen*, in: Wolfgang Raack u. a. (Hrsg.), Jahrbuch des deutschen Bergbaus 56 (1963), 11–51, hier 11 ff.

4 Niederschrift AR Ruhrgas am 19. Januar 1960, 6, in: AEGC 01002155381; Helmut Raack/Gerhard Wedekind, *Das Erdgas, die drittgrößte Energieversorgungsquelle der Erde. Ein Bericht über Entwicklung und Stand der Erdgaswirtschaft in den erdgasfördernden Staaten*, in: EKEP 14 (1961), 141–148, 221–228, 308–313, hier 142 ff.

Abb. 19: Herbert Schelberger (Vorstandsvorsitzender Ruhrgas 1961–1976).

dem Tod Ziervogels 1957 war dessen Position zunächst nicht mehr besetzt worden. Seine Arbeitsgebiete im Bereich der Verwaltung, des Personalwesens, der Wirtschaftsabteilung und der Öffentlichkeitsarbeit hatte Herbert Schelberger übernommen. Damit wurde deutlich, wer in Nachfolge Fritz Gummerts dessen zugleich geschaffene Funktion des Vorstandssprechers besetzen würde.[5] Gummert vollendete im Sommer 1960 sein 65. Lebensjahr, arbeitete auf Wunsch des Aufsichtsrates bis zum Jahresende weiter und übergab Anfang 1961 die Leitung an Schelberger, der diesen Posten in den folgenden 15 Jahren bekleiden sollte.[6] Für den 1959 verstorbenen Kurt Traenckner wurde 1961 Christoph Brecht zunächst als stellvertretendes Mitglied in den Vorstand aufgenommen, dem er zwischen 1966 und 1986 als ordentliches Mitglied angehörte. Mit dem Ausscheiden von Hermann Knuth – seit Ende der 1920er Jahre bei der Ruhrgas und seit 1955 stellvertretendes Mitglied im Vorstand – und dem Eintritt von Peter-Josef Deckers 1963 (ab 1964 bis 1974 als ordentliches Vorstandsmitglied) sowie dem Abschied von Walther Wunsch 1965 und dem Einstieg von Kurt Schiffauer, der zuvor bei der Deutschen Shell AG tätig gewesen war, lagen die Aufgaben in den Händen einer neuen Führungsriege.[7] Dazu kamen ebenfalls schon früh mit Leitungsaufgaben Herbert Schelbergers Assistent und Kronprinz Jürgen Weise, der Anfang 1969 als stellvertretendes Mitglied in den Vorstand aufstieg, jedoch im November des Jahres bei einem Autounfall verstarb,[8] und Klaus Liesen, der in Nachfolge Schelbergers ab 1976 den Vorstandsvorsitz übernehmen sollte. Liesen war am 1. März 1963 zur Ruhrgas gekommen, und leitete neben seiner Zuständigkeit für Gaseinkauf und Gastransport Ende der 1960er Jahre als Prokurist die Rechtsabteilung und das Ressort Information und Volkswirtschaft, bevor er zum Jahresbeginn 1970 als stellvertretendes und im Juli 1971 als ordentliches Mitglied in den Vorstand aufgenommen wurde.[9]

Erdgas ist ein brennbares, farb- und in der Regel geruchloses Gas mit einer Zündtemperatur von rund 600 Grad Celsius und einer geringeren Dichte als Luft, das seinen typischen Gasgeruch erst durch die zur Wahrnehmung von

---

5 AR Ruhrgas am 22. Januar 1958, 2, in: AEGC 01002155378.

6 AR Ruhrgas am 27. Juli 1960, 14, in: AEGC 01002155381.

7 AR Ruhrgas am 24. Juli 1962, 9; 2. Juli 1964, 9, in: AEGC 01002155378.

8 *Dr. Jürgen Weise†*, in: Handelsblatt (1. 12. 1969).

9 Liesen war nach einem Jurastudium zunächst im Rahmen eines Trainee-Programmes für Unilever in Hamburg und in der Grundsatzabteilung des BWM tätig, von wo er zu Ruhrgas wechselte. Pressemeldung der Ruhrgas vom 30. Dezember 1969, in: BBA 55/1852; Nina Grunenberg, *Klar, geradlinig, weitblickend. Klaus Liesen, Ruhrgas. Zur richtigen Zeit war er immer am richtigen Ort*, in: Die Zeit (17. 11. 1989).

Leitungsschäden notwendige Odorierung erhält.[10] Anders als Kokereigas ist es in gereinigter Form ungiftig. Erdgas tritt grundsätzlich als Gasgemisch mit lagerstättenabhängig stark schwankender chemischer Zusammensetzung auf.[11] Dementsprechend unterschiedlich sind die physikalischen Eigenschaften des Erdgases bzw. des als direkter Begleiter von Mineralölvorkommen auftretenden Erdölgases.[12] Beide werden im Folgenden nicht unterschieden, sondern grundsätzlich unter dem Einheitsbegriff Erdgas[13] zusammengefasst, da eine Trennung aufgrund der bevorzugten Sammelangaben statistisch nicht immer eindeutig nachvollziehbar ist.[14] Bei Mengenvergleichen kann für die 1960er Jahre

---

10 Klaus Peter Harms, *Das Buch vom Erdöl*, Hamburg ^{5}1989, 13 ff.; Wilhelm Kehrer, *Entstehung des Erdgases und der Erdgas-Lagerstätten*, in: Helmut Laurien (Hg.), Taschenbuch Erdgas, München ^{2}1970, 1–68, hier 1 ff. Erdgas und Erdöl entstanden unter vergleichbaren Bedingungen und finden sich daher nicht selten in derselben Lagerstätte. In der älteren Literatur spiegelt sich dieser Zusammenhang in der Bezeichnung „NM-Gase" (Natur- und Mineralölgase), die auch in zahlreichen Statistiken zusammengefasst wurden, obwohl gewisse Unterschiede bestehen. Zur Odorierung vgl. Günther Herbst, *Die Gasodorierung*, in: Ruhrgas AG (Hg.), Gesammelte Berichte aus Betrieb und Forschung der Ruhrgas AG, H. 17 (1969), 69–72.

11 Walter Bulian, *Chemie und Physik der Erdgase*, in: Laurien (Hg.), Taschenbuch, 69–104.

12 Neben dem Hauptbestandteil Methan (CH_4) (75–99 %), enthält es meist gewisse Anteile an Ethan (1–15 %), Propan (1–10 %), Butan und Ethen. Erdgas mit einem hohen Anteil dieser unter Druck leicht zu verflüssigenden Bestandteile wird auch als „nasses Erdgas" (Natural Gas Liquids, NGL) bezeichnet. Weitere aus Sicht der Verwertung relevante Bestandteile sind Stickstoff (bis zu 20 %), Kohlenstoffdioxid (bis zu 10 %), Schwefelwasserstoff (bis zu 30 %) und Wasser. Während Stickstoff den Brennwert reduziert, müssen die anderen Begleiter wie Schwefel und Quecksilber aufgrund ihrer Giftigkeit und Schädlichkeit für das Transportsystem abgetrennt werden. Heliumanteile von bis zu 7 % bilden dagegen die Grundlage der Heliumproduktion. Dem Energiegehalt entsprechend, wird Erdgas in H-Gas (high calorific gas, Methangehalt 87 bis 99 %) und L-Gas (low calorific gas, Methangehalt 80 bis 87 %) unterschieden. Während das H-Gas aus der Sowjetunion bzw. ihren Nachfolgestaaten neben 98 % Methan nur 1 % an Inertgasen enthält, besteht H-Gas aus der Nordsee aus circa 89 % Methan, 8 % weiteren Alkanen (Ethan, Propan, Butan, Pentan) und 3 % Inertgasen. In Norddeutschland und den Niederlanden fällt dagegen L-Gas mit nur rund etwa 85 % Methan, 4 % weiteren Alkanen und 11 % Inertgasen an.

13 Die Dichte schwankt zwischen 0,7 und 0,84 kg/m^3, der Brennwert/Gewicht zwischen 10 und 15 kWh/kg (36–54 MJ/kg), der Brennwert/Volumen zwischen 8,2 und 11,1 kWh/m^3 (30–40 MJ/m^3), wobei der Heizwert etwa 10 % darunter liegt. Beim deutschen und niederländischen Erdgas liegt er in der Regel zwischen 8,2 und 9 kWh/m^3 (30–32 MJ/m^3), beim russischen Erdgas bei annähernd 10 kWh/m^3 (36 MJ/m^3). Vergleiche verschiedener Vorkommen bei Christoph Brecht/Hans-Wolf von Gratkowski, *Erdgas – Rohstoff oder Brennstoff? – Einige Probleme der zukünftigen Erdgasnutzung in Europa*, in: GWI 16 (1967), 289–298, hier 292.

14 Nach der internationalen Deklaration wird Gas erst dann als Erdgas bezeichnet, wenn es eigenständig gewonnen wird (non associated gas) bzw. der Gasanteil einer kombinierten Förderung von Gas und Öl (associated gas) auf ein Verhältnis von > 2000 : 1 ansteigt. Hartmut Roennecke, *Wirtschaftliche Ergiebigkeit und Wert der Erdgasvorkommen*, in: Laurien (Hg.), Taschenbuch, 301–309.

trotz leicht variierender Brennwerte aus Vereinfachungsgründen ein ungefähres Verhältnis von Kokereigas zu Erdgas von 2 : 1 angenommen werden.[15]

Anders als Propan und Butan kann Erdgas nicht allein durch die Anwendung von Druck verflüssigt werden, sondern es muss dazu stark auf den kritischen Punkt von −82,5 Grad Celsius abgekühlt werden. Aus Gründen der Wirtschaftlichkeit und Sicherheit setzte sich jedoch schon mit Beginn der Entwicklungsarbeiten zur Erzeugung von Flüssigerdgas – *Liquefied Natural Gas* (LNG) – Ende der 1950er Jahre eine Tiefkühlung unter den Siedepunkt von 161,5 Grad Celsius durch, bei dem Lagerung und Transport des Erdgases drucklos erfolgen können.[16]

15 Nach dem „Gesetz über die Einheiten im Messwesen" vom 2. Juli 1969 galt ab dem 1. Januar 1978 verbindlich das „Internationale System von Einheiten" (SI-System). Seitdem soll für alle Energiearten in Thermik, Mechanik, Elektrizität usw. statt der bis dahin genutzten unterschiedlichen Maßeinheiten wie z. B. Kilowattstunden (kWh), Steinkohleeinheiten (SKE) und kcal/Mcal (Megakalorie) die Standardeinheit „Joule" verwendet werden. Die Kalorie und davon abgeleitete Einheiten wie SKE und Rohöleinheiten (RÖE) sollten nach einer Übergangszeit auslaufen. In der Praxis hat sich diese Regelung jedoch bis heute nicht durchsetzen können, sodass die Verwendung der Einheit „Joule" als gemeinsamer Standard für verschiedene Energiearten immer noch eine Ausnahme darstellt. Dies wird insbesondere auch in der Gaswirtschaft deutlich. Die Ruhrgas AG verwendete ab 1977 die in der Energiewirtschaft seit dieser Zeit übliche Maßeinheit kWh und rechnete bis dahin auch sämtliche Mengenangaben zum Erdgas auf das angestammte Kokereigasstandardmaß von 4,3 Mcal/m^3 um. Die seit den 1920er Jahren verwendete Standardeinheit WE für Wärmeeinheiten = Kilokalorien verschwand ebenfalls erst in den 1970er Jahren nach und nach. Vgl. GB Ruhrgas, 1978, 7. Angaben zum Primärenergieverbrauch erfolgten dagegen vielfach in SKE bzw. toe (tons of oil equivalent), während die Mineralölwirtschaft zur Vergleichbarkeit die Einheit auch für Erdgas verwendete. Um Erdgas- und Erdölreserven sowie Fördermengen zusammenfassen zu können, wird weiterhin die Einheit boe (barrels of oil equivalent) verwendet. Ein boe entspricht einem Barrel Erdöl von ca. 159 l oder 6.000 Kubikfuß (1 Kubikfuß = 0,0283 m^3) Erdgas. Für die Umrechnung der Maßeinheiten ergibt sich folgendes Schema (Werte gerundet):

	kcal	kWh	kJ	kg SKE	kg RÖE
kcal/WE	1	0,001163	4,186	0,00015	0,0001
kWh	860	1	3.600	0,123	0,086
kJ	4.186	0,000278	1	0,0000341	0,0000239
kg SKE	7.000	8,141	29,307	1	0,7
kg RÖE	10.000	11,63	41,87	1,429	1

16 Matthias Heymann, *Ingenieure, Märkte und Visionen. Die wechselvolle Geschichte der Erdgasverflüssigung*, München 2006; Hans A. Jungell, *Fragen der Transportsicherheit von verflüssigtem Erdgas*, in: EKEP 15 (1962), 921 f.

Perspektiven und Utopien

Bis zum Beginn der Erdgasimporte aus den Niederlanden 1966 wurde in der Bundesrepublik Deutschland nahezu ausschließlich einheimisches Erdgas in vergleichsweise geringerem Umfang verwendet.[17] Die langsame Entwicklung entsprach dabei der schleppenden Entdeckung neuer Vorräte, die 1960 gerade ein Gesamtvolumen von rund 25 Mrd. Kubikmetern erreichten und erst mit der nun einsetzenden verstärkten Exploration und der wachsenden bundesdeutschen Ölförderung auf 300 Mrd. Kubikmeter gegen Ende des Jahrzehnts anwuchsen. Anfang der 1960er Jahre zeichnete es sich schon deutlich ab, dass deutsches Erdgas bei rückläufigen Kokereigasmengen allenfalls eine ergänzende, niemals aber eine vorherrschende Rolle bei der Gasversorgung spielen würde. Wenige Jahre später bestätigte sich dieser Verdacht, zumal es sich im internationalen Maßstab nur um Kleinmengen handelte. In westeuropäischer Perspektive lag Deutschland Ende der 1950er Jahre an dritter Stelle hinter Italien mit der fünffachen und Frankreich mit der zweieinhalbfachen Förderung.[18] Der Schwerpunkt der Förderung lag in Norddeutschland, woher 1962 mehr als die Hälfte des deutschen Gesamtaufkommens von rund zwei Mrd. Kubikmetern stammte.[19]

---

17 Das erste Vorkommen wurde 1910 bei Neuengamme, südlich von Hamburg zufällig aufgefunden und zur Stadtgasversorgung genutzt. Es setzte jedoch keine systematische Explorationstätigkeit ein, und so war der zweite bedeutende Fund 1938 bei Bentheim ebenso zufällig ein Nebenprodukt der Mineralölsuche. Nachdem während des Zweiten Weltkriegs erstmals Bentheimer Gas in nennenswertem Umfang durch die Chemischen Werke Hüls verwendet worden war, verharrte die industrielle Nutzung von Erdgas – der private Konsum blieb weiter dem Kokereigas vorbehalten – im Verlauf der 1950er Jahre auf einem äußerst geringen Niveau. 1960 erreichte es gerade 2,5 % des Gesamtgasangebots, um bis 1965 auf knapp oder 10 % anzusteigen. Gerhard Richter-Bernburg, *Entwicklungsmöglichkeiten der für die deutsche Wirtschaft bedeutsamen Erdgas-Lagerstätten*, in: EKEP 17 (1964), 977–984; Laurin/Wedekind, *Erdgas*, 221; C. Deilmann AG (Hg.), *Hundert Jahre Deilmann*, Bad Bentheim 1988, 82 ff.; Laurin (Hg.), *Taschenbuch*, 1069 f., Tabelle 13.44. Alle Angaben zu Vorräten berücksichtigten ausschließlich sichere Vorräte. Roennecke, *Erdgasvorkommen*, 306 f. Zu den Explorationsgebieten der Zeit siehe Heinz Boigk, *Die westdeutsche Erdöl- und Erdgasexploration im Jahre 1961*, in: EKEP 15 (1962), 245–254.

18 Laurin/Wedekind, *Erdgas*, 223 ff.; Fritz Gummert, *Gas in Europa*, in: BWK 10 (1958), 305–313, hier 307, 310 f.; Körting, *Gasindustrie*, 586.

19 Hier lagen die drei großen Fördergebiete im Emsland zwischen Bentheim und Nordhorn, in der Gegend zwischen Weser und Ems zwischen Nienburg, Vechta und Diepholz sowie im Bereich bei Gifhorn und Großburgwedel zwischen Elbe und Weser. Ein Drittel des deutschen Erdgases wurde im Alpenvorland gefördert, und ein kleineres Vorkommen lag im Oberrheintal bei Darmstadt. Zu den frühen Verbrauchern gehörten aufgrund der Nähe zu diesen Vorkommen u. a. die BASF in Ludwigshafen, die Farbwerke Hoechst AG im Raum Frankfurt a. M. sowie die Georgsmarienhütte im Osnabrücker Land.

Die Ruhrgas verwendete einheimisches Erdgas bereits seit Mitte der 1950er Jahre zur Anreicherung des bei der Steinkohlengas AG in Dorsten produzierten Spitzengases. Dazu hatte das Unternehmen 1954 Lieferverträge mit dem sogenannten Viererkonsortium aus Preussag AG, C. Deilmann Bergbau GmbH, Gewerkschaft Elwerath und Wintershall AG über das bei deren Ölförderung anfallende Gas im Volumen von 325.000 Kubikmetern pro Tag abgeschlossen und damit zum Lieferbeginn 1955 rund ein Drittel der bundesdeutschen Förderung kontrahiert.[20] Auch wenn dies nur eine Momentaufnahme und zudem kaum mehr als eine Maßnahme zur Linderung der massiven Versorgungsengpässe beim Kokereigas darstellte, war dieser Schritt von Bedeutung für die weitere Entwicklung, da das Unternehmen nicht nur Kontakte zu den Produzenten aufbaute, sondern erstmals auch Erfahrungen mit dem neuen Produkt erwarb. Noch allerdings pflegte der Vorstand der Ruhrgas erheblich Vorbehalte gegenüber dem Erdgas, mit dessen Förderbedingungen er eine unzureichende Versorgungssicherheit verband.

1959 wurde diese Perspektive erschüttert, als das „Saharagas" die Gaswirtschaft in ganz Europa elektrisierte. 1956 waren in Algerien am Südrand des Atlas-Gebirges bei Hassi R'Mel in der Sahara Erdöl- und Erdgasvorkommen aufgefunden worden. Schon bald überschlugen sich die Nachrichten über die verfügbaren Volumina, bis 1958 gesicherte Reserven von rund 1.000 Mrd. Kubikmetern und wahrscheinliche in ähnlicher Größenordnung feststanden.[21] Und ebenso schnell wuchsen die Begehrlichkeiten bei Gasversorgern und -verbrauchern in ganz Europa, die trotz des Algerienkrieges Spekulationen über billigste Lieferungen aus der französischen Kolonie anheizten. Auch zahlreiche deutsche Kommunen rechneten mit nahezu unbegrenzten Mengen zu äußerst niedrigen Preisen, die sie endlich wieder in die Lage versetzen würden, das Gasgeschäft selbst zu kontrollieren und sich zugleich eine gute Einnahmequelle zu erschließen.[22] Tatsächlich bot die Situation auf den ersten Blick genügend Anlass für Träumereien. Die Gesamtmenge der algerischen Funde entsprach einem Energieäquivalent von 20 Jahresförderungen des Ruhrkohlenbergbaus

20 1956 wurde der Lieferumfang auf 475.000 m³/d gesteigert. Der Vertrag liegt in den Aktenbeständen nicht vor. Niederschrift AR Ruhrgas am 30. September 1953, 2 f., in: AEGV 01002155381; Vortrag Schelberger AR Ruhrgas am 19. Januar 1960, zur Neuordnung des Ruhrgas-Geschäftes, 7, in: AEGC 01002155378. Vortrag Herbert Schelberger AR Ruhrgas am 6. Mai 1958, über „Erdgasverhandlungen", 1, in: AEGC 560. Das Erdgasgeschäft der Preussag wird leider nicht thematisiert bei Bernhard Stier/Johannes Laufer, *Von der Preussag zur TUI. Wege und Wandlungen eines Unternehmens 1923–2003*, Essen 2005.

21 *Umsturz in der Energieversorgung. Das Saharagas ante portas*, in: ET 9 (1959/60), 205 f.; Jungell, *Transportsicherheit*, 921.

22 Vortrag Gummert AR Ruhrgas am 19. Januar 1960, 5, in: AEGC 01002155378.

und verhieß einen enormen Gasüberschuss in Süd- und Mitteleuropa. Die Ende 1959 unter Beteiligung der Gaz de France S.A. (GdF) als europäische Handelsgesellschaft für Saharagas gegründete Société Commerciale du Méthane Saharien (Comes) beflügelte die Hoffnungen mit einer entsprechenden Informationspolitik.[23] Vor diesem Hintergrund stand das algerische Gas ab Sommer 1959 für rund zwei Jahre nicht nur im Mittelpunkt der gaswirtschaftlichen Diskussionen, sondern leitete auch den zweiten Umbruch der deutschen Gaswirtschaft ein.

Der Vorstand der Ruhrgas hielt zwar von Beginn an die Chancen für einen Import von Saharagas nach Deutschland für äußerst gering, betrachtete aber den durch den „Sahararausch", den „Saharawahn" bzw. die „Saharapsychose" – wie die Hoffnungen in der deutschen Kommunalpolitik intern gerne bezeichnet wurden – hervorgerufenen Stimmungswandel mit Sorge.[24] Auch das Engagement zahlreicher deutscher Mineralöl- und Erdgasproduzenten in der Region, zum Teil über eigene Tochtergesellschaften, diente nicht zur Beruhigung.[25] Das Hauptproblem des Saharagasimports nach Europa lag in der Transportfrage und den damit verbundenen hohen Kosten. Im Unterschied zu den später aufgefundenen Vorkommen in den Niederlanden mussten nicht nur gewaltige Entfernungen, sondern auch das Mittelmeer überwunden werden. Eine Verstromung vor Ort war wegen den zu erwartenden Transportverlusten ebenso ausgeschlossen wie der technisch noch nicht umsetzbare Pipelinebau, und so blieb allein der Transport per Schiff.[26] In Algerien entstand zwischen 1960 und 1962 die notwendige Infrastruktur mit einer neuen Pipeline von den Fördergebieten nach Arzew bei Oran, wo die Verladung in einer im selben Zeitraum fertiggestellten Verflüssigungsanlage erfolgte. Im Herbst 1961 schlossen schließlich die Comes und der britische Gas Council einen ersten Liefervertrag im Umfang von jährlich einer Mrd. Kubikmeter ab.[27]

---

23 Ebd., 6; Siehe dazu die regelmäßigen Nachrichten in: GWF, z. B. *Wirtschaftliche Umschau*, in: GWF 100 (1959), 442 und GWF 101 (1960), 952 f. sowie die *Kurznachrichten* in: EKEP 12 (1959), 203, 281, 780 sowie EKEP 13 (1960), 61, 138, 529, 999; J. Degott, *Sahara-Erdgas aus Hassi R'Mel in der europäischen Energieversorgung*, in: EKEP 15 (1962), 879; M. Pierot./H. Ruelland, *Das Sammelnetz von Hassi R'Mel*, in: GWF 104 (1963), 177–180.

24 Kurzvortrag Gummert zum Saharagas AR Ruhrgas am 11. Juni 1959, 1, in: AEGC 560; Vortrag Gummert vor dem Koordinierungsausschuss der Ruhrgas am 27. Oktober 1960 zum Saharagas, 3 und 7, in: AEGC 561.

25 *Kurznachrichten*, in: EKEP 13 (1960), 61, 374 f., 809 und EKEP 14 (1961), 235.

26 Vortrag Gummert AR Ruhrgas am 19. Januar 1960, 6, in: AEGC 01002155378; Degott, *Sahara-Erdgas*, 879.

27 Vortrag Schelberger AR Ruhrgas am 1. September 1960, 4, in: AEGC 01002155381; Heymann, *Erdgasverflüssigung*, 55–60; Lagebericht Schelberger AR Ruhrgas am 9. Juli 1963, 8, in: AEGC 01002155378.

Vor diesem Hintergrund vertrat der Vorstand der Ruhrgas als Antwort auf die sich abzeichnende Internationalisierung der Gaswirtschaft von nun an eine Doppelstrategie. Das Unternehmen musste an allen fremden Projekten in irgendeiner Form beteiligt sein, entweder um sie zu verhindern oder sie zu kontrollieren. Schon Anfang 1960 fällte Schelberger das Gesamturteil: „Ein Import von Saharagas findet auf absehbare Zeit nicht statt".[28] Diese Wertung spiegelte noch vor dem Bekanntwerden der niederländischen Erdgasfunde[29] zugleich die Position des Ruhrbergbaus als auch der deutschen Erdgasproduzenten wieder, die beide eine Beeinträchtigung ihrer Interessen sahen und zu diesem Zeitpunkt die Vorgehensweise der Ruhrgas bereits aktiv unterstützten. Kurz zuvor hatte die Situation noch anders ausgesehen, als die Aktionäre eine vom Vorstand gewünschte enge Zusammenarbeit mit den Erdgasproduzenten auch wegen der erstmals geforderten Beteiligung an der Ruhrgas ablehnten. Diese äußerten wiederum die Sorge, „man könne von dem übermächtigen Monopolunternehmen Ruhrgas mit Haut und Haaren verspeist werden".[30] Die Zeit war noch nicht reif für solch weitreichende Schritte, doch deutete sich hier erstmals eine Entwicklung an, die der Vorstand Mitte der 1960er Jahre nur zu gern fördern sollte. Zunächst gründete aber im August 1959 das Viererkonsortium die Erdgas-Verkaufs-Gesellschaft mbH (EVG) mit Sitz in Münster zur Bündelung ihrer Interessen und Stärkung ihrer Verhandlungsposition, der später noch die Mobil Oil AG und die Deutsche Schachtbau- und Tiefbohrgesellschaft mbH beitraten.[31] Gegenstand des Unternehmens war der gemeinsame Vertrieb von Erdgas und Erdölgas über eigene und Gemeinschaftsleitungen.[32] Ende 1959 endeten die mehrmonatigen, zähen Verhandlungen zur Erhöhung der Ruhrgas-Bezüge von 475.000 Kubikmetern pro Tag auf 1,25 Mio. Kubikmeter pro Tag mit einem umfangreichen Kompromiss.

Bedeutsamer als diese Menge, die der Vorstand zwar noch nicht am Markt unterzubringen wusste, sondern allein aus Gründen der Marktbereinigung kontrahiert hatte, waren die zahlreichen Grundsatzklauseln, die er durchsetzte und die den Vertrag zu einer Art Präzedenzfall für das weitere Erdgasgeschäft machten. So lag der Preis nicht unerheblich unter dem von Kokereigas, allerdings noch nicht wie in den USA unter dem von schwerem Heizöl. Entsprechende Preisanpassungsklauseln stellten sicher, dass das Erdgas jederzeit mit Erdöl und Saharagas konkurrieren konnte. Dazu kamen eine Konkurrenzaus-

28 Vortrag Schelberger AR Ruhrgas am 19. Januar 1960, 14, in: AEGC 01002155378.
29 Siehe das folgende Kapitel.
30 Vortrag Schelberger AR Ruhrgas am 19. Januar 1960, 9, in: AEGC 01002155378.
31 *Geschäftsnachrichten*, in: EK 12 (1959), 872.
32 Vortrag Schelberger AR Ruhrgas am 19. Januar 1960, 7, in: AEGC 01002155378.

schlussklausel bzw. ein Kundenabwerbeverbot, eine Mehrmengenoption zu Vertragspreisen und eine Kooperationspflicht der Erdgas-Verkaufs-Gesellschaft bei Verhandlungen außerhalb des Ruhrgas-Stammgebietes. Mit einer siebenjährigen Anlauffrist zur langsamen Eingliederung des Erdgases ohne größere Nachteile für das Kokereigas, einer im Vergleich zum Raffineriegas sehr flexiblen Abnahmemenge zwischen 25 und 145 Prozent der vereinbarten Tagesgrundmenge und dem gemeinsamen Bau einer zweiten parallelen Leitung von Bentheim nach Dorsten sicherte sich die Ruhrgas eine den Marktverhältnissen angepasste Erdgasversorgung.[33] Ein ähnliches Abkommen zur geordneten Integration von Raffineriegas scheiterte dagegen schon im Ansatz an der mangelnden Verhandlungsbereitschaft der großen Mineralölgesellschaften und wurde von der Ruhrgas dann auch nicht mehr verfolgt.[34] Etwa gleichzeitig kam es angesichts kongruenter Interessen zu einer umfassenden Absprache der Ruhrgas mit den anderen großen Kokereigasversorgern Thyssengas, Salzgitter Ferngas GmbH und Saarferngas über gleichen Zugang zu allen Lieferungen unter Berücksichtigung der bestehenden Demarkation und gegenseitige Lieferungen zum Selbstkostenpreis. Schelberger stellte befriedigt fest, dass durch die „geschlossene Front der Ferngas-Gesellschaften allen Anreizen zu eventuellen Alleingängen vorgebeugt“ sei.[35] Und auch dieser Teil der Marktsicherungsstrategie sollte sich bald auszahlen. Als weiteren Schutz vor einer Ausgrenzung erwarb die Ruhrgas die während des Zweiten Weltkriegs vom Deutschen Reich erbaute sogenannte „Reichsleitung“ zwischen Rüsselsheim und Mannheim mit der Perspektive, sie bis zum entstehenden süddeutschen Raffineriezentrum in Karlsruhe zu verlängern.[36]

Die Kooperationsbereitschaft der Erdgasproduzenten untereinander und der Erdgas-Verkaufs-Gesellschaft mit der Ruhrgas war das Ergebnis der Entwicklungen um das Saharagas und der dadurch motivierten Aktivitäten im In- und Ausland. Die kommunale Gaswirtschaft war dagegen bei der Beantwortung der Frage, wie mit dem Saharagas umzugehen sei, mehr als gespalten. Vor allem Schelberger warb seit Ende 1959 intensiv für eine umfassende Einigung mit den Kommunen, hatte jedoch nur bedingt Erfolg, da „ein kleiner Club von Revoluzzern“ – wie Köln, Düsseldorf, Duisburg, Krefeld und Bielefeld – die Interessengemeinschaft Erdgas e. V. mit dem Ziel eines gemeinsamen Einkaufs gründeten.[37] „Zahlreiche Kunden“ der Ruhrgas forderten dagegen eine gemein-

33 Ebd., 7 f.

34 Vortrag Schelberger HV Ruhrgas am 30. Juni 1959, 11 f., in: AEGC 01002155379.

35 Vortrag Schelberger AR Ruhrgas am 19. Januar 1960, 10, in: AEGC 01002155378.

36 Ebd.

37 Vortrag Gummert AR Ruhrgas am 19. Januar 1960, 10, in: AEGC 01002155378.

same Saharagas-Importgesellschaft in Form einer auf genossenschaftlicher Basis arbeitenden Dachgesellschaft mit mehreren Regionalgesellschaften, die nicht nur für den Vertrieb von Saharagas, sondern für alle Gassorten zuständig sein sollte.[38] Auch wenn diese Forderungen dem Vorstand der Ruhrgas erheblich zu weit gingen, erklärte er sich, u. a. um Zugang zu aktuellen Informationen über die Entwicklungen im Ortsgassektor zu erhalten, wie die anderen deutschen Ferngasgesellschaften unter gewissen Bedingungen zur Mitarbeit an einem gemeinsamen Projekt bereit.[39] Ende Juli 1960 begannen erste Gespräche mit Vertretern der algerischen Exportgesellschaft Comes. Deren Forderung nach einem finanziellen Engagement der Abnehmer an den Investitionen in Algerien und einer Beteiligung an Vertrieb und Gewinn der Importgesellschaft sorgten jedoch in Verbindung mit überzogenen Preisvorstellungen für eine rasche Ernüchterung „unserer kommunalen Freunde“, wie Schelberger schon kurz darauf erfreut feststellte.[40]

Um den Abkopplungsversuchen der kommunalen Gaswirtschaft entgegenzuwirken, versuchte der Vorstand der Ruhrgas gleichzeitig, in den perspektivisch wichtigsten Regionen den Wandel mitzugestalten. Er favorisierte daher die Gründung einer süddeutschen Regionalgesellschaft, an der neben der Thyssengas und der Saarferngas u. a. die Städte Frankfurt, Mainz, Wiesbaden, Mannheim und Stuttgart beteiligt sein sollten.[41] Dass die Mineralölindustrie zudem in Richtung des Großunternehmens Ruhrgas tendierte, bewies sie in dieser Zeit mehrfach.[42] Die süddeutschen Städte konnten sich jedoch nicht zu einer Zusammenarbeit entschließen, obwohl andernfalls mit der Ruhrgas und der Saarferngas zwei mächtige Konkurrenten unmittelbar in ihrem Einzugsbereich zu arbeiten drohten. Sie zogen es vor, einen eigenständigen Weg auf Grundlage der bei Karlsruhe entstehenden Raffinerien sowie des bayerischen und oberrheinischen Erdgases zu gehen und eventuell Saharagas zu importieren, auch wenn dieses sich mittlerweile durch seinen indiskutablen Preis diskreditiert hatte.[43]

---

38 Ebd., 12 f.

39 Vortrag Schelberger AR Ruhrgas am 1. September 1960, 6 und 9, in: AEGC 01002155381.

40 Ebd., 7.

41 Ebd., 9; *Ruhrgas empfiehlt Gasverbund für das ganze Bundesgebiet*, in: EKEP 14 (1961), 982.

42 Von entscheidender Bedeutung für den süddeutschen Raum waren die Karlsruher Ölraffinerien der Deutschen Esso AG und der DEA, mit denen die Ruhrgas bereits 1961 erste Verträge zur Einbindung des Raffineriegases abschloss. Vortrag Schelberger AR Ruhrgas am 15. November 1961, 4, 8, in: AEGC 01002155378.

43 Carl Deilmann, *Erdöl und Erdgas in der Bundesrepublik. Sonderdruck aus dem Jahrbuch des deutschen Bergbaus 1964*, Essen 1964, 42; Emil Kratzmüller, *Die Mineralölwirtschaft in der Bundesrepublik Deutschland. Strukturveränderungen in zwei Jahrzehnten*, Essen 1971, 25 ff.

So entstanden in Süddeutschland in direkter Reaktion auf die Ruhrgas-Pläne innerhalb eines Jahres drei neue Versorgungsgesellschaften. Im März 1961 schlossen sich zunächst unter Führung von Stuttgart und Mannheim mehrere baden-württembergische Städte zur Gasversorgung Süddeutschland GmbH (GVS) mit Sitz in Stuttgart zusammen.[44] Im Oktober 1961 folgte nach ihrem Vorbild die Gründung der „Schwestergesellschaft" Gas-Union GmbH (GU) durch die hessischen Städte Frankfurt, Kassel, Offenbach und Wiesbaden mit einem Grundkapital von ebenfalls 40 Mio. D-Mark. Gleichzeitig gingen alle angeschlossenen hessischen Städte im Grundlastbereich auf Ferngasbezug über und legten in den folgenden Jahren auf Grundlage von Raffineriegasbezügen ihre Eigenerzeugung still.[45] Die dritte Regionalgesellschaft war im Januar 1962 die von den Städten München (50 Prozent), Augsburg (38 Prozent) und Regensburg (zwölf Prozent) ins Leben gerufene Bayerische Ferngas GmbH (Bayerngas), die im südbayerischen Raum auf Grundlage der dort 1956 aufgefundenen Erdgasvorkommen tätig wurde.[46] Innerhalb weniger Jahre erschlossen die Gasversorgung Süddeutschland und die Gas-Union dem Ferngasvertrieb im süddeutschen Raum ein Versorgungsgebiet mit einer Nord-Süd-Ausdehnung von 250 Kilometern und einer Ost-West-Ausdehnung von 180 Kilometern.[47] Ein Verbundvertrag mit der Bayerngas, die eine ähnliche Fläche versorgte, garantierte dazu den potenziellen Zusammenschluss mit der Erdgasversorgung des Freistaates.[48]

Der Vorstand der Ruhrgas betrachtete das Vorgehen der Kommunen als offenen Affront, zielte es doch nicht nur auf die grundlegende Veränderung der klassischen Beziehungen zwischen Ortsgaswirtschaft und Ferngaswirtschaft, sondern auf den dauerhaften Entzug absatzträchtiger Regionen aus dem Einflussbereich des Großgasversorgers. Die Heftigkeit der Auseinandersetzung war folglich für den Vorstand der Ruhrgas eine Überlebensfrage, zumal in

---

44 Günter Stock-Rother, *Gasverbund in Süddeutschland*, in: EKEP 15 (1962), 660–663; *Gasversorgung Süddeutschland GmbH*, in: GWF 102 (1961), 405–406; *Süddeutsche Gasverbundwirtschaft*, in: EKEP 14 (1961), 318.

45 Gas-Union GmbH, in: EKEP 14 (1961), 982. Albert Gasch, *Der kommunale Gasverbund – Entstehung, Aufgaben, Ziele*, in: ÖW 14 (1965), 97–100, hier 98; *Gas-Union GmbH bereitet süddeutschen Ferngasverbund vor*, in: GWF 103 (1962), 1.218.

46 Oskar Vetter, *Aufbau des Gasverbunds in Bayern*, in: ÖW 13 (1964), 130–134, hier 130 f.; Stock-Rother, *Gasverbund*, 662 f.; *Gründung der Bayerische Ferngas AG*, in: ET 12 (1962), 12; *Bayerische Ferngas GmbH (Bayerngas), München*, in: GWF 103 (1962), 222; Gasch, *Gasverbund*, 98.

47 *Kommunaler Ferngasring*, in: ET 10 (1960/61), 365; Knauf, *Ferngaswirtschaft*, 395 f.

48 Heinrich Kaun, *Gas- und Wasserwirtschaft in Baden-Württemberg – ein Beispiel kommunalen Wirtschaftens*, in: ÖW 12 (1963), 171–173.

Nordrhein-Westfalen weitere Nachahmer auf den Plan traten, deren Aktivitäten jedoch später bedeutungslos bleiben sollten.[49]

Von den Beteiligten zu diesem Zeitpunkt noch nicht bemerkt, deutete sich eine für die deutsche Gaswirtschaft ungünstige Situation einer weitgehenden Zersplitterung an. Im Blickpunkt der süddeutschen Kommunen stand weniger das ausländische Erdgas, sondern eine umfassende Reorganisation des Gasmarktes durch ihren Markteintritt als eigenständige Großversorger auf Basis der Raffineriegaserzeugung. Dem Erfolg mehrerer, auf vergleichsweise kleinem Gebiet parallel nebeneinander agierender Unternehmen widersprach jedoch die historische Entwicklung sowohl der deutschen als auch der weltweiten Energiewirtschaft, die in allen Bereichen von Beginn an umfassende Tendenzen zur Konzentration aufgewiesen hatte. Mit den großen internationalen Mineralölkonzernen konnte jedoch kein einziges deutsches Unternehmen konkurrieren, und dies galt auch für die GBAG als einzige unabhängig in der internationalen Mineralöl- und Erdgaswirtschaft tätige Gesellschaft. Im Hinblick auf die noch frischen Erfahrungen beim Mineralöl schien die Gefahr mehr als begründet, dass im Falle von Gasimporten die deutschen Versorger und Produzenten nicht nur gegeneinander ausgespielt, sondern von den ausländischen Lieferkonzernen umgehend vom Markt gedrängt werden würden. 1962 aber deutete sich der Import großer Mengen niederländischen Erdgases bereits an, während die Ruhrgas und die Kommunen sich mit der Austragung ihres, von der Presse im zeitgenössisch militant-übertriebenen Duktus als „Süddeutscher Gaskrieg“ betitelten, radikalen Verdrängungswettbewerbs beschäftigten.[50] Aber gerade mit dem Anschluss der beiden Karlsruher Raffinerien, die 1963 und 1964 ihre Lieferungen aufnahmen, und der Verlängerung des Ruhrgas-Netzes über den bislang südlichsten Punkt in Mannheim hinaus wurde nicht nur das Versorgungsgebiet arrondiert und endlich der Verbund mit dem Saarland hergestellt, sondern auch das Sprungbrett für eine weitere Ausdehnung in Richtung Bayern geschaffen.

Mit der Anbindung Bayerns gelang der Ruhrgas ein entscheidender und in seinen weitreichenden Folgen zu diesem Zeitpunkt noch nicht annähernd absehbarer Schritt, denn die Positionierung des Unternehmens an den Grenzen des „Eisernen Vorhangs“ sollte nur wenige Jahre später den Weg zu den Importen russischen Erdgases ebnen. Im September 1962 gründeten die Ruhrgas (40 Prozent), die Saarferngas (40 Prozent) und die Amberger Luitpoldhütte AG (20 Prozent), ebenfalls eine Tochter der über die Salzgitter Ferngas bereits im

49 Aktenvermerk Liesen, 6. August 1964, zur Erdgasbelieferung von Köln, in: BBA 138/1397.
50 *Kohl kocht*, in: Der Spiegel 10 (1962), 48–49; Wilhelm Throm, *„Das große Gasangebot wird kommen“*, in: FAZ (27. 11. 1963); *Gas-Druck*, in: Die Welt (15. 11. 1963).

Gasgeschäft tätigen Salzgitter AG, die Ferngas Nordbayern GmbH.[51] In zeitgenössischer Wahrnehmung verfolgte die Gründung ein doppeltes Ziel: Aus Sicht der Ruhrgas war sie sowohl der Keil im Interessengebiet der Gasversorgung Süddeutschland und der Gas-Union[52] als auch die Möglichkeit, Vorteile aus dem energiepolitischen Aushandlungsprozess zwischen Bund und Ländern zu ziehen, und angesichts umfangreicher öffentlicher Zuschüsse nicht zuletzt eine profitable Angelegenheit. In diesem Punkt unterschied sich die Ruhrgas nicht von den später heftig kritisierten Kommunen.[53]

Für das bayerische Wirtschaftsministerium bot sich dagegen die einmalige Gelegenheit, nicht nur den strukturschwachen Norden des Landes durch eine möglichst günstige Energieversorgung zu fördern, sondern auch den Ertrag aus einem politischen Kungelgeschäft erster Güte einzufahren. Schon früh hatte Wirtschaftsminister Otto Schedl das entsprechende Potenzial des sich in Süddeutschland anbahnenden Interessenkonflikts zwischen Kokereigas und NM-Gasen erkannt und einen Plan entwickelt, diesen zugunsten Bayerns zu nutzen. Seine Grundforderung lautete, in Bayern eine Ferngasversorgung mit dem im Ruhrgebiet und im Saarland üblichen Preisniveau zu etablieren, was zwar angesichts der erheblich höheren Transportkosten nicht möglich, aber in Form einer umfassenden Subventionierung hervorragend verhandelbar war.[54] Das von Schedl eingeschaltete Bundeswirtschaftsministerium stimmte recht schnell einer Unterstützung aus Mitteln der Heizölsteuer zu, die aufgrund der gesetzlichen Bestimmungen als Anpassungsbeihilfen für die Steinkohle verwendet werden konnten.[55] Es forderte noch im Sommer 1961 die drei Kokereigasversorger auf, eine Ferngasleitung von Darmstadt über Aschaffenburg, Würzburg, Bamberg und Bayreuth in den Raum Hof zu planen, die dort eine Verbindung mit dem in Amberg bereits bestehenden Kokereigasnetz erhalten sollte.[56] Die Bundesregierung stellte ein Darlehen zu Konditionen zur Verfügung, die im Vergleich zu den üblichen Forderungen der Banken sagenhaft günstig waren.[57]

---

51 Lagebericht Schelberger HV Ruhrgas am 30. Oktober 1962, 14, in: AEGC 01002155378; Stock-Rother, *Gasverbund*, 662; *Die Ferngasversorgung in Nordbayern*, in: ET 12 (1962), 161 f.; Vetter, *Gasverbund*, 131 f.

52 Zur Reaktion von GVS-Geschäftsführer Otto Kohl siehe *Kohl kocht*, in: Der Spiegel 10 (1962), 48–49.

53 Siehe unten in diesem Kapitel.

54 Vortrag Schelberger AR Ruhrgas am 15. November 1961, 8 f., in: AEGC 01002155378.

55 *Durchhöcherlt*, in: Der Spiegel 10 (1960), 20–22. Lagebericht Schelberger HV Ruhrgas am 30. Oktober 1962, 19, in: AEGC 01002155378.

56 Vortrag Schelberger AR Ruhrgas am 15. November 1961, 8 f., in: AEGC 01002155378.

57 Lagebericht Schelberger HV Ruhrgas am 30. Oktober 1962, 14 f., in: AEGC 01002155378.

Trotz ähnlich schwerer Bedenken wie schon bei den Raffineriegasverträgen genehmigte der Aufsichtsrat der Ruhrgas das Projekt angesichts seiner politischen Dimension.[58] Erstmals im Verlauf der Kohlenkrise konnte die Ruhrgas von einer direkten Unterstützung aus Bonn profitieren. Nicht zu unterschätzen war weiterhin die räumliche Annäherung an das entstehende bayerische Raffineriezentrum in Ingolstadt, von wo allerdings letztlich keine Einspeisung erfolgen sollte, sowie das Versorgungsgebiet der Bayerngas. Und außerdem waren die Gasversorgung Süddeutschland und die Gas-Union ausgestochen worden. Allerdings war das Nordbayernprojekt nicht mehr und nicht weniger als ein Etappensieg, der die Ruhrgas hinsichtlich der zukunftsträchtigen Erdgasfrage nicht entscheidend weiterbrachte. Umso mehr lautete die Prämisse des Vorstandes, Erdgas und Raffineriegas möglichst vollständig oder sogar „restlos in die Hand zu bekommen“ und dazu eine intensive Lobbyarbeit zu betreiben, wie Schelberger forderte.[59]

Dies war aus seiner Perspektive bitter notwendig, denn im Frühjahr 1963 verdichteten sich nicht nur die Nachrichten eines Erdgasimports aus den Niederlanden, sondern auch die Befürchtungen, dass die beteiligten Unternehmen nicht beabsichtigen, das Gas frei Grenze zu liefern. Im Gegenteil planten sie den Aufbau eines eigenen Vertriebssystems in Deutschland.[60] Die gemeinsame Bedrohung veränderte das Verhältnis zwischen Ruhrgas, Gasversorgung Süddeutschland und Gas-Union schlagartig, waren doch alle Seiten vereint in ihrer Ablehnung eines fremden Erdgasleitungsnetzes auf Grundlage ungeahnter Mengen. Wie blank die Nerven bei den Ruhrgas-Aktionären im Sommer 1963 lagen, zeigte die Aufsichtsratssitzung im Juni, die einer Krisensitzung glich. Das Treffen begann mit einer Brandrede des Vorsitzenden Dütting, der angesichts der in der Öffentlichkeit kolportierten Mengen im Umfang von bis zu 40 Mrd. Kubikmetern niederländischen Erdgases pro Jahr nach einer Zusammenfassung der Entwicklung der vergangenen Jahre konstatierte: „Wenn Ruhrgas sich nicht eisern darum kümmert, dann wird es ganz sicher sein, dass diese Mengen auch ohne Ruhrgas auf den Markt kommen, das steht mit Sicherheit fest, und Sie werden das nicht bezweifeln, dass dann die Städte gern gemeinsame Sache machen werden. Wir müssen alles tun, um dazwischen zu kommen.“[61] Aber selbst bei der erfolgreichen Einbindung des Erdgases, und dies war den Bergbauvertretern mittlerweile überaus bewusst, hätte sich allein die Lage der Ruhrgas, aber nicht die des Kokereigases verbessert. Endgültig konnte

58 AR Ruhrgas am 24. Juli 1962, 2 f., 7 f., in: AEGC 01002155378.

59 Lagebericht Schelberger AR Ruhrgas am 10. Oktober 1962, 13 ff., in: AEGC 01002155281.

60 Lagebericht Schelberger AR Ruhrgas am 6. Juni 1963, 4, in: AEGC 01002155381.

61 AR Ruhrgas am 6. Juni 1963, 3, in: AEGC 01002155381.

niemand mehr die Augen davor verschließen, dass das Gemeinschaftsunternehmen potenziell vor einer Teilung in zwei Geschäftsbereiche stand, zumal Walther Wunsch diese Option im Verlauf der Sitzung anscheinend erstmals als Ziel des Ruhrgas-Vorstand angedeutet hatte.[62]

Angesichts einer sinkenden Kokereigasproduktion, rückläufiger Preise und Renditen, Enttäuschung über die Politik der Bundesregierung, enormer Skepsis über die Chancen der Ruhrgas im Erdgasgeschäft und wachsender Sorge um einen Alleingang der Thyssengas entstand eine depressive Grundstimmung, die der Krisenzeit der frühen 1930er Jahre entsprach. GBAG-Vorstand Friedrich Funcke verdeutlichte unmissverständlich, dass er Schelbergers optimistische Lagebeurteilung nicht teilte: „Ich glaube, die Einschleusung von Hollandgas ist für uns alle von großer Bedeutung, aber im Interesse des Bergbaus liegt das nicht, denn die Einschleusung von Gas aus Holland ist für die Kokereien schlicht gesagt einfach tödlich."[63] Und Ernst-Achim von Winterfeld (Hibernia) brachte gar die Ultima ratio ins Spiel: „Wir müssen das Netz so lange verkaufen, wie es etwas wert ist. Wenn das andere [das niederländische] erst liegt, ist unseres wertlos. Darin liegt die Gefahr, wenn es genehmigt wird, dass ein separates Netz gebaut wird, dann geht unser Netz ein."[64] Dass der Ruhrbergbau sich nicht so einfach aus dem Geschäft drängen lassen wollte und schon wenig später hinter dem Rücken des Ruhrgas-Vorstandes ganz eigene Pläne zur Erhaltung der eigenen Position verfolgte, sollte sich bald zeigen. Vor diesem Hintergrund beendeten die Ruhrgas, die Gasversorgung Süddeutschland und die Gas-Union im Oktober 1963 trotz weiterschwelender Differenzen ihre Auseinandersetzungen, indem sie eine umfassende gaswirtschaftliche Zusammenarbeit vereinbarten, die neben dem gemeinsamen Einkauf von Erdgas frei deutscher Grenze die Demarkation der Ruhrgas-Absatzgebiete, einen Erdgasverbund der beteiligten Unternehmen, gegenseitige Lieferungen, eine Koordination des Leitungsbaus und eine Kooperation bei der Belieferung von Großverbrauchern vorsah. Über Lieferverträge wurde zudem die Saarferngas eingebunden.[65] Aber auch diese Lösung sollte sich angesichts der rasanten Marktveränderungen schon kurz darauf als wenig zukunftsfähig erweisen.

---

62 Ebd., 9; *Ruhrgas spart die Umstellungsphase*, in: Handelsblatt (28.7.1964).

63 AR Ruhrgas am 6. Juni 1963, 6 f., in: AEGC 01002155381.

64 Ebd., 6.

65 Lagebericht Schelberger AR Ruhrgas am 6. Juni 1963, 8, in: AEGC 01002155381; Lagebericht Schelberger HV Ruhrgas am 9. Juli 1963, 10, in: AEGC 01002155378; Vertrag zwischen Ruhrgas, GVS und GU über eine gaswirtschaftliche Zusammenarbeit, 4./15. Oktober 1963, in: BBA 138/1397. AR Ruhrgas am 12. Dezember 1963, 3, in: AEGC 01002155378; Presse-Information Ruhrgas, 14. November 1963; Gasch, *Gasverbund*, 100. Unbrauchbar in diesem Kontext: Krämer, *Saar Ferngas*, 403 ff.

Falls die Zwischenerfolge der Jahre 1962 und 1963 dem Ruhrgas-Vorstand eine gewisse Sicherheit vorgespiegelt haben sollten, war diese eine trügerische.

Erdgas aus den Niederlanden

Streit um die Branchenstruktur

In den 1950er Jahren waren im Nordosten der Niederlande in der Provinz Drenthe mehrere kleinere Lagerstätten aufgefunden worden, die die Grundlage eines Erdgasfernversorgungsnetzes bildeten, das sich 1962 über den ganzen Norden des Landes und die Provinz Utrecht erstreckte. 1960 entdeckte die 1947 als Gemeinschaftsunternehmen der N. V. De Bataafsche Petroleum Maatschappij (Royal Dutch-Shell-Gruppe) und der Standard Oil Comp. (New Jersey) (Esso) gegründete N. V. Nederlandse Aardolie Maatschappij (NAM) bei Slochteren in der niederländischen Provinz Groningen weitere Vorkommen, die zunächst nur auf 60, Mitte 1963 aber bereits auf 1.100 Mrd. Kubikmeter geschätzt wurden. 1965 beliefen sich die sicheren Vorräte auf 1.900 und die Annahmen auf bis zu 4.000 Mrd. Kubikmeter, was einer Steigerung um das 60fache innerhalb von fünf Jahren entsprach.[66] Wie das deutsche zeichnete sich auch das niederländische Erdgas durch eine weitgehende Schwefelfreiheit aus, besaß aber mit 15 Prozent einen relativ hohen Anteil von nicht brennbarem Stickstoff, was seinen Heizwert auf rund 8.000 Kilokalorien reduzierte.[67]

In Deutschland riefen die ersten Slochteren-Funde nach der Aufregung um das Saharagas anfangs noch keine besonderen Reaktionen hervor. Dazu bestand auch kein Anlass, denn die Mengen waren geringer als zunächst angenommen.[68] Außerdem schien die allgemeine Situation verbessert, denn Gummert und Schelberger hielten weder die in Südfrankreich bei Lacq erschlossenen Vorkommen, noch die in dieser Zeit ständig neuen Nachrichten über Funde in Italien und Russland für beachtenswert, da ein Import ausgeschlossen schien.[69] Schelberger resümierte in Umkehrung seiner noch kurz zu-

---

66 NAM (Hg.), *Veertig jaar NAM. De geschiedenis van de Nederlandse Aardolie Maatschappij*, Assen 1998, 52 ff.; NAM (Hg.), *Energie aus der Tiefe*, o. O. 1966, 57 ff., 73; Johannes Körting, *Viel Gas, viele Sorgen*, in: GWF 103 (1962), 754–758, hier 754 ff.; *Einzelnachrichten*, in: GWF 103 (1962), 754, 1395 sowie 104 (1963), 319.

67 A. van der Linden, *Das Erdgas in der niederländischen Gaswirtschaft*, in: Gaswärme 12 (1963), 227–233; H. J. Steinkamp, *Erdgas in den Niederlanden*, in: Gaswärme 13 (1964), 328–329.

68 Vortrag Gummert AR Ruhrgas am 3. Mai 1960, 4, in: AEGC 01002155378.

69 Schon 1958 verfügte die Sowjetunion hinter den USA, gemessen am Energiegehalt, über die weltweit zweitgrößte Gaswirtschaft. A. Mirtsching, *Erdgaslagerstätten der Sowjetunion*, in: Osteuropa 10 (1960), 43–47; Juri Semjonow, *Erdöl aus dem Osten. Die Geschichte der Erdöl- und Erdgasindustrie in der Sowjetunion*, Düsseldorf 1973, 257 ff.; J. D. Davis, *Blue Gold. The Political*

vor geäußerten Haltung Anfang September 1960: „Wir meinen, dass im Augenblick – abgesehen von dem deutschen Erdgas – nur das Saharagas eine ernstere und vordringliche Behandlung erfordert.“ Er setzte auf die „guten Beziehungen“ zur niederländischen Regierung, die seit 1948 über ihre Gasverwaltungsgesellschaft Nederlandse Staatsgasbedrijf (SGB) eine mehrfach erweiterte Option auf Kokereigaslieferungen der Ruhrgas und der Thyssengas besaß, und hielt es auch Ende 1961 noch für „zweifelhaft, dass größere Mengen nach Deutschland kommen werden“.[70]

Bereits im folgenden Jahr sollte sich die Situation grundlegend ändern. Im Hinblick auf die nun genannten sicheren Vorkommen war deutlich, dass die Niederlande als vergleichsweise gering industrialisiertes Land solche Mengen selbst über einen längerfristigen Zeitraum kaum verwenden konnten.[71] Der sich damit abzeichnende Export fand in allen Nachbarstaaten schnell große Aufmerksamkeit, zumal die räumliche Nähe geringe Transportkosten erwarten ließ. Für den Verkauf ins Ausland kamen neben Deutschland in erster Linie Belgien, Frankreich und Großbritannien in Betracht.[72] Da in letzteren die Energiewirtschaft verstaatlicht und folglich eigenständige Aktivitäten ohne Beteiligung von Gaz de France und Gas Council undenkbar waren, während Belgien gleichzeitig ansetzte, sich auf gesetzlichem Wege zu schützen, musste das erheblich restriktionsfreiere und energiehungrige Westdeutschland zwangsläufig bevorzugtes Ziel aller Exportpläne werden.[73] Gegen eine Kooperation mit den Bezugsländern sprach allerdings das bereits im Herbst 1962 in den Niederlanden feststehende Konzept, den Vertrieb im In- und Ausland über ein Konsortium aus NAM-Eigentümern und niederländischem Staat zu organisieren.[74] Es ist kaum anzunehmen, dass der Vorstand der Ruhrgas die potenzielle Brisanz der Lage nicht erkannte, sondern im Aufsichtsrat schlicht verschwieg. Schelberger beruhigte die Zechenvertreter noch im Herbst 1962 mit dem erneuten

---

Economy of Natural Gas, London 1984, 123 ff.; Carlo Padovani, *Die Entwicklung der Erdgasindustrie in Italien*, in: Gaswärme 12 (1963), 90–98; *Neue französische Industrie durch Lacq-Gas*, in: GWF 104 (1963), 782–783. Siehe auch umfassend die Ländermaterialien, in: BBA 138/1400.

70 Vortrag Schelberger AR Ruhrgas am 1. September 1960, 3, in: AEGC 01002155381; Vortrag Schelberger AR Ruhrgas am 15. November 1961, 5, in: AEGC 01002155378.

71 Lagebericht Schelberger AR Ruhrgas am 10. Oktober 1962, 16, in: AEGC 01002155381.

72 Edmund Bickel, *Wissenswertes über die Erdgasvorkommen in Holland*, in: GWF 104 (1963), 70–72; Ländermaterialien, in: BBA 138/1399.

73 Lagebericht Schelberger AR Ruhrgas am 6. Juni 1963, 5, in: AEGC 01002155381; Raoul H. Touwaide, *Die Gasindustrie in Belgien*, in: GWF 103 (1962), 863–866, hier 864; Walter T. K. Braunholtz, *Die Gasindustrie in Großbritannien*, in: GWF 103 (1962), 1.265–1.270. Ländermaterialien, in: BBA 138/1400.

74 Lagebericht Schelberger AR Ruhrgas am 10. Oktober 1962, 16, in: AEGC 01002155381.

Hinweis auf die herausragenden Geschäftskontakte in die Niederlande, auf deren Grundlage der Vorstand erfolgreich den Eindruck habe vermitteln können, „dass es unzweckmäßig ist, das holländische Erdgas in Konkurrenz zum deutschen Kokereigas zu verkaufen", und die NAM sich durch die Nutzung des Ruhrgas-Netzes den Aufbau einer eigenen Vertriebsorganisation erspare.[75]

Eine Beteiligung von Esso und Shell an der Ruhrgas entsprach zu diesem Zeitpunkt wohl eher seiner Hoffnung als einer realistischen Option, denn warum hätten die Konzerne beim Erdgas andere Geschäftspraktiken zeigen sollen als beim Mineralöl?[76] Anders als die kleinen deutschen Erdgasgesellschaften waren die im Ölboom rasant expandierenden, finanzstarken und multinational agierenden Unternehmen ein ernsthafter Gegner auf den neuzuordnenden Energiemärkten, die sich diese Chance zur eigenen Markterschließung nicht entgehen lassen würden. Und im Gegenteil schienen die Niederländer schon bei Beginn konkreter Planungen zum Erdgasvertrieb in der Bundesrepublik im Winter 1962/63 nicht gewillt, sich auf Kooperationen einzulassen, und planten keine Lieferung frei Grenze, sondern beabsichtigten die Eroberung des deutschen Marktes durch eine eigene Vertriebsorganisation. Dass die beiden Konzerne sich wenig um die vorhandenen Kräfteverhältnisse auf dem deutschen Markt Gedanken machen würden, hatte sich bereits Anfang 1962 angedeutet, als die Deutsche Shell AG und die Esso AG die schon seit 1932 teilweise in niederländischem Besitz befindlichen Kuxe der Gewerkschaft Brigitta vollständig übernahmen.[77]

Die Maßnahme bezweckte eindeutig den Aufbau einer starken Marktposition, denn die Brigitta verfügte über rund die Hälfte der sicheren deutschen Erdgasvorräte, die sie in Konkurrenz zur Erdgas-Verkaufs-Gesellschaft entwickelte. Dieser war sie ausdrücklich nicht beigetreten, um eine von außen unbeeinflusste Geschäftspolitik betreiben zu können. Die beiden Konzerne besaßen außerdem über ihre deutschen Töchter jeweils 20 Prozent der an der Erdgas-Verkaufs-Gesellschaft beteiligten Gewerkschaft Elwerath und somit mittelbar Lieferverträge mit der Ruhrgas. Vor diesem Hintergrund existierte in Norddeutschland also schon Ende der 1950er Jahre ein gewisser Wettbewerb zwischen Kokereigas und Erdgas. Die Gewerkschaft Brigitta wiederum hatte bereits 1956 und 1959 ergebnislose Gespräche über eine Zusammenarbeit mit der Ruhrgas geführt und 1959 mit der Stadt Oldenburg den ersten rein kommunalen Erdgasliefervertrag Deutschlands abgeschlossen.[78] Dies hatte für die Ruhr-

---

75 Ebd., 13.
76 Ebd., 14.
77 Alfred Mayer-Gürr, *Erinnerungen an die Gewerkschaft Brigitta*, Marburg 1994, 22 ff.
78 Ebd., 154 f.

gas zwar noch keine besondere Bedeutung, aber 1960 folgte dann ein Abkommen mit Hannover, dem ersten Ferngaskunden des Essener Unternehmens, sowie 1962 die Abwerbung weiterer Städte wie Bielefeld.[79] Außerdem schloss die Nederlandse Staatsgasbedrijf 1962 einen Vertrag mit der Gasversorgung Weser-Ems AG ab. Obwohl die Menge äußerst gering war, setzte sie doch aus Sicht der Ruhrgas ein negatives Zeichen für die Erosion der Märkte.[80] Der Ruhrgas gelang es im Gegenzug, mit den ebenfalls von der Gewerkschaft Brigitta umworbenen Städten Bremen und Delmenhorst einen Vertrag über den Bau einer Ferngasleitung von Bielefeld nach Bremen und die Belieferung der Städte mit Kokerei- und Raffineriegas abzuschließen, das von der Bremer Raffinerie der Mobil Oil stammte.[81] Bei stagnierenden Kokereigasmengen war die Ausdehnung des Ruhrgas-Netzes nach Norden eine mutige Entscheidung, aber die Leitung verlief quer durch die Versorgungsgebiete der Erdgas-Verkaufs-Gesellschaft und der Brigitta und sorgte nun auch hier für eine gewisse Konkurrenz.[82]

Im Frühjahr 1963 traten Esso und Shell mit ihren Plänen über eine Belieferung Deutschlands mit niederländischem Erdgas an die Versorgungsunternehmen heran. Die Erschließung der Groninger Vorkommen war in vollem Gange und der Bau der Förderanlagen und Inlandsleitungen soweit fortgeschritten, dass bei einer verzögerungsfreien Fortsetzung der Arbeiten in Deutschland ab 1966 mit einem Export gerechnet werden konnte. Transport und Absatz im Inland lagen bei der im Frühjahr 1963 gegründeten N. V. Nederlandse Gasunie, an der Shell und Esso zu je einem Viertel, der staatliche Bergbau mit den Staatsmijnen zu 40 Prozent und der Staat selbst zu zehn Prozent beteiligt waren. Die Ausfuhr übernahm die NAM Gas-Export, wie die Brigitta eine gemeinsame Tochter von Esso und Shell.[83] Damit war allen Beteiligten klar, dass der bisherige Wandel im Zuge der sich nun endgültig abzeichnenden Europäisierung der Gaswirtschaft zu einem nahezu bedeutungslosen Vorspiel verblassen würde. Das Vertriebsgebiet der Ruhrgas drohte nun von zwei Seiten angegriffen zu werden. Und schon bei den ersten Verhandlungen zwischen NAM, Ruhrgas und Thyssengas im Mai 1963 musste der Ruhrgas-Vorstand feststellen, dass die „Vorstellungen zur Durchführung des Exports nicht übereinstimmen“, wie Schelberger euphemistisch dem Aufsichtsrat verkündete.[84]

---

79 Ebd., 159.

80 *Niederländisches Erdgas für Ostfriesland*, in: EKEP 15 (1962), 399.

81 Vortrag Schelberger AR Ruhrgas am 1. September 1960, 2, in: AEGC 01002155381.

82 Vortrag Schelberger AR Ruhrgas am 15. November 1961, 9 f., in: AEGC 01002155378.

83 Bickel, *Erdgasvorkommen*, 71; NAM (Hg.), *Energie*, 60; *Gründung der Nederlandse Gasunie*, in: GWF 104 (1963), 1135 f.; NAM (Hg.), *Veertig jaar*, 58 f.

84 Lagebericht Schelberger AR Ruhrgas am 6. Juni 1963, 4, in: AEGC 01002155381.

Offensiv vertraten beide Konzerne im Bewusstsein eigener Stärke eine Haltung, die alle Befürchtungen bestätigte. Unverblümt forderten sie nicht nur das alleinige Eigentum an der von ihnen geplanten Hauptleitung von der deutschen Grenze über Düsseldorf, Frankfurt und Stuttgart bis nach Österreich für die NAM, sondern darüber hinaus eine paritätische Beteiligung am regionalen Verteilungsgeschäft. Für die deutschen Gasgesellschaften – gleich ob Produzent oder Versorger – zeichnete sich damit ein gravierender Eingriff in ihre Belange ab, mussten sie doch Auseinandersetzungen um Mengen und Preise sowie die Gefahr eines ruinösen Wettbewerbs befürchten. Gehörte der „Große Brummer", wie Schelberger die neue Hauptleitung bezeichnete,[85] Esso und Shell, so war eine umfassende Abhängigkeit abzusehen, die durch die direkte Einflussnahme der Niederländer auf die Verteilung noch vergrößert wurde. Im Blickpunkt stand aus Sicht des Ruhrgas-Vorstandes besonders das Industriekundengeschäft, das hohe Umsätze ohne umfangreiche Leitungsnetze ermöglichte und für den Gasversorger auch weiterhin die Umsatzbasis darstellte.[86]

Schelberger bemühte sich im Sommer 1963 weiter intensiv darum, die sich anbahnende Krisensituation der Ruhrgas herunterzureden und vor allem die negative Stimmung der Aktionäre zu heben. Auf der Hauptversammlung im Juli zeigte er sich weiterhin betont gelassen und konstatierte: „Wir glauben – offen gestanden – nicht recht an diese Absatzpläne, halten sie vielmehr für eine Verniedlichung, die uns und vor allem den Bergbau über die Gefährlichkeit des holländischen Erdgases eine falsche Vorstellung gewinnen lassen soll. Wir sehen die Dinge anders."[87] Auch in der Öffentlichkeit präsentierte er sich 1963 siegesgewiss und kündigte den Bezug niederländischen Erdgases durch die Ruhrgas ab 1964 an.[88] Die Pressemeldung basierte auf einem Schachzug, mit dem die NAM praktisch zu einer Kooperation gezwungen werden sollte, denn die Ruhrgas hatte zusammen mit Thyssengas, Gasversorgung Süddeutschland, Gas-Union und Bayerngas beim nordrhein-westfälischen Wirtschaftsministerium den gemeinsamen Bau einer rechtsrheinischen Erdgashauptimportleitung von der niederländischen Grenze bis zur hessischen Grenze angezeigt.[89] Ein solcher Zweckoptimismus überspielte jedoch die Tatsa-

85 *Lange Leitung*, in: Der Spiegel 25 (1965), 38–40.

86 Zur Situation Mitte der 1960er Jahre: Lüder Segelken, *Bedeutung und Entwicklungstendenzen des Industriegases in der modernen Gaswirtschaft*, in: Gaswärme 13 (1964), 303–309.

87 Lagebericht Schelberger HV Ruhrgas am 9. Juli 1963, 7, in: AEGC 01002155378.

88 Rede Schelberger auf der Pressekonferenz nach der HV Ruhrgas am 9. Juli 1963, in: AEGC 01002155378; Niederländisches Erdgas für die Ruhrgas, in: EKEP 16 (1963), 823.

89 Anzeige der Ruhrgas an das nordrhein-westfälische Wirtschaftsministerium vom 5. Juli 1963 zum Bau einer westdeutschen Erdgassammelleitung, in: BBA 138/1397; Friedrich Spiegelburg, *Energiemarkt im Wandel. 10 Jahre Kohlenkrise*, Baden-Baden 1970, 48 f.

che, dass die Ruhrgas sich damit in einen gewissen Gegensatz zu den in Deutschland laufenden Entwicklungen bei den einheimischen Produzenten setzte, die mit großen Hoffnungen die Gasexploration in der Nordsee begonnen hatten.[90] Dass die Aktivitäten der deutschen Unternehmen für die Ruhrgas ein nicht unerhebliches Bedrohungsszenario darstellten, lag auch an der Beteiligung der GBAG, denn im Hinblick auf die sonstigen Aktivitäten ihres größten Aktionärs im Mineralölsektor war fraglich, für welche Seite sie sich im Falle eines großen Explorationserfolges entscheiden würde.[91]

In der Gesamtbetrachtung sorgten die Beteiligungsstrukturen innerhalb der Branche schon früh für eine äußerst heterogene Interessenkonstellation mit kaum kalkulierbaren Entwicklungen. So stand der Vorstand der Ruhrgas vor dem Dilemma, eine Synthese zwischen allen Ansprüchen finden zu müssen und etwa angesichts der Lieferverträge mit der Erdgas-Verkaufs-Gesellschaft bei den Verhandlungen um den Import niederländischen Erdgases einerseits die Stammlieferanten zu schützen, ohne andererseits zur Wahrung von Zukunftschancen Esso und Shell zu stark zu beeinträchtigen. Das Ergebnis waren im September 1963 Überlegungen zu einer Kooperation der Ruhrgas mit den deutschen Erdgaserzeugern, die jedoch von den Ruhrgas-Aktionären weitestgehend abgelehnt und nur von der Gelsenkirchener Bergwerks-AG als bedenkenswert eingestuft wurden.[92] Weitere Reaktionen auf diese Vorschläge sind nicht nachweisbar. Die Situation änderte sich grundlegend im Winter 1963/64, nachdem die Gewerkschaft Brigitta neue Erdgasvorkommen in Norddeutschland erschlossen hatte und daraufhin bekannt gab, im Verlauf der nächsten 20 Jahre mindestens drei Mrd. Kubikmeter pro Jahr liefern zu können, nachdem ihr Absatzpotenzial bislang nur zehn Prozent davon betragen hatte.[93] Vom Heizwert lag die Menge über dem gesamten Ruhrgas-Absatz, verdoppelte perspektivisch die deutsche Förderung, entsprach der Hälfte des für 1975 prognostizierten bundesdeutschen Gesamtverbrauchs[94] und verschob damit nochmals

---

90 Im April 1963 hatte ein „Nordsee-Klub" genanntes Firmenkonsortium mit zehn Mitgliedern unter Führung der Preussag im Festlandsockel der deutschen Nordsee die Gasexploration aufgenommen. Die Arbeiten blieben jedoch ergebnislos. Nordfriesland-Konsortium, in: BBA 157/634; BBA 138/1402; Hans-Jürgen Witthöft, *Energie aus der Nordsee*, Herford 1979, 20 ff.

91 Hans Baumann, *Männer und Mächte an Rhein und Ruhr*, München 1973, 228 ff.; Heiner Radzio, *Unternehmen mit Energie. Aus der Geschichte der Veba*, aktualisierte Neuauflage, Düsseldorf 1990, 195 ff.

92 Aktenvermerk Ruhrgas, 11. September 1963, zur Zusammenarbeit zwischen Kokereigas und Erdgas, in: BBA 55/1833.

93 Vortrag Schelberger AR Ruhrgas am 12. Dezember 1963, 2, in: AEGC 01002155378; Mayer-Gürr, *Brigitta*, 144 f.

94 Günther Christian Fuchs, *Untersuchungen über die jetzige und zukünftige Stellung des Erdgasmarktes in der Energiewirtschaft der Bundesrepublik Deutschland*, Diss. Aachen 1965, 10 ff.

die Kräfteverhältnisse auf dem deutschen Gasmarkt zugunsten der niederländischen Eigentümer. Damit bot sich Esso und Shell, die im Hinblick auf die noch laufende Entwicklung ihrer Vertriebsstrukturen bis dahin eine eher abwartende Verhandlungsstrategie verfolgt hatten, endgültig eine breite Skala von Alternativen zur Kontrolle des zukünftigen deutschen Gasmarktes unter Berücksichtigung oder Ausschaltung der Ruhrgas wie anderer Unternehmen. Es begann eine rund 18monatige Phase, in der das Karussell der Sondierungen, Positionsbestimmungen und Konzeptentwicklungen immer weiter an Fahrt aufnahm, bis am Ende die Grundlagen der Neuordnung der deutschen Gaswirtschaft feststanden.

Noch im September 1963 hatte die NAM in direkter Erwiderung der Ruhrgas-Pläne die Gründung einer paritätischen Tochtergesellschaft von NAM Gas-Export und Ruhrgas zur Belieferung von Industrieabnehmern ins Spiel gebracht und dieser für den Fall einer solchen Kooperation den Fortbestand ihres Liefermonopols bei Kommunen und Verteilergesellschaften zugesichert.[95] Schon kurz darauf regte sie dann die Gründung einer Erdgas-Absatzgesellschaft für die Bundesrepublik mit einer Drittelbeteiligung der NAM, der deutschen Erdgasproduzenten und der Ruhrgas an. Eine solche gesellschaftsrechtliche Trennung von Kokereigas und Erdgas konnte der Ruhrgas-Vorstand allein im Hinblick auf die Aktionäre nicht akzeptieren, da sie die Situation des Kokereigases und seiner Vertriebsgesellschaften massiv erschwert hätte und das Unternehmen durch die vorgesehene deutschlandweite Lösung überfordert worden wäre.[96] Im Gegenzug schlug Schelberger vor, individuelle Teillösungen für einzelne Versorgungsgebiete anzustreben. Für den Ruhrgas-Sektor präferierte er eine „Innengesellschaft“, an der die Ruhrgas mit 50 Prozent sowie die NAM und die deutsche Erdgasseite mit jeweils einem Viertel beteiligt sein sollten. Letztlich bevorzugte er aber bereits jetzt einen Interessenausgleich über ein unmittelbares Engagement der Erdgasseite bei der Ruhrgas und stellte durch die maßgeblich von Jürgen Weise entwickelte Verbindung beider Varianten schon früh eine Lösung vor, die der späteren Entscheidung sehr nahe kam.[97]

Dabei sollten die holländischen und deutschen Erdgasproduzenten sowie die Steinkohlengesellschaften aller Reviere über Trägergesellschaften zur Poo-

95 Aktenvermerk Weise, 26. Februar 1964, über das Gespräch zwischen NAM und Ruhrgas am 25. Februar 1964, in: BBA 138/1397; Aktennotiz von Gerhard Ott (UVR), vom 3. März 1964, 4, in: BBA 138/1397.

96 Vortrag Schelberger AR Ruhrgas am 12. Dezember 1963, 2 ff., in: AEGC 01002155378; Lagebericht Schelberger AR Ruhrgas am 24. Februar 1964, 2 f., in: AEGC 01002155378.

97 Ebd., 2 ff.

lung ihrer Anteile gleichberechtigt eine Dachgesellschaft bilden und sich über diese wiederum zu jeweils einem Drittel an einer neu zu gründenden Erdgasabsatzgesellschaft beteiligen. Das Vertriebsunternehmen hätte dann sämtliche Mengen der Gesellschafter übernommen, diese an die bestehenden Ferngasgesellschaften und eventuell kommunale Versorgungsunternehmen sowie Industrieabnehmer verkauft und das überregionale Leitungsnetz entwickelt. Die Einbindung der Ruhrgas sollte durch die Übertragung der technischen und wirtschaftlichen Betriebsführung erfolgen, die damit neben dem Kokereigas ein qualitativ gleichwertiges zweites Standbein erhalten hätte.[98] Beim Unternehmensverband Ruhrbergbau (UVR) wurde das Konzept durchaus anerkannt, jedoch mit einem gravierenden Unterschied, die Rolle der Ruhrgas betreffend. Dem Verband erschien zumindest intern eine Vertretung des Bergbaus durch die Ruhrgas aufgrund der Befürchtung „nicht opportun“, dass bei ihrer Beteiligung auch alle anderen Ferngasgesellschaften und insbesondere die kommunalen süddeutschen eine gleichberechtigte Behandlung hätten fordern können.[99] Mit dieser völlig gegensätzlichen, am Endkundengeschäft und an der Kommunalfinanzierung orientierten Interessenlage wäre das Projekt möglicherweise schon im Anfangsstadium gescheitert.

Auch diese Feststellung sollte sich später im Neuordnungspaket der Ruhrgas niederschlagen, war jedoch zu diesem Zeitpunkt eine äußerst heikle Angelegenheit, denn die Ausschaltung der Ferngasgesellschaften versprach ungeachtet ihrer Trägerschaft erhebliche und eventuell unüberwindbare politische Schwierigkeiten. Ein Szenario ohne die süddeutschen Unternehmen hätte weitere kommunale Zusammenschlüsse provozieren und zur niederländischen Situation mit zwei Machtblöcken der Gasproduzenten und der Gasabnehmer führen können, deren Verhältnis möglicherweise nur durch eine massive Einflussnahme des Staates auf Bundesebene zu regeln gewesen wäre. Vergleichsweise einfach schien den UVR-Strategen dagegen eine Beschränkung der Ruhrgas auf den technischen Sektor und das Kokereigas zu begründen.[100] Dennoch stellte sich UVR-Chef Helmuth Burckhardt Anfang Februar 1964 auf Seiten des Ruhrgas-Konzepts, während das Bundeswirtschaftsministerium für das Erdgas ein deutsches „Gasringnetz“ mit einer Drittelbeteiligung von Erdgasproduzenten, Erdgasverteilern und Erdgasverbrauchern anregte.[101] Die NAM offerierte schließlich Ende des Monats ein Gemeinschaftsunternehmen unter Beteiligung

98 Aktennotiz Gerhard Ott (UVR), 3. März 1964, zum Thema Erdgas, 4, in: BBA 138/1397.
99 Aktenvermerk Ott, 31. Januar 1964, zur Zusammenarbeit der drei Gruppen, 3 f., in: BBA 138/1397.
100 Ebd., 7.
101 Ebd., 5; Konzept von Friedrich Neef vom 7. Februar 1964, in: BBA 138/1397.

der deutschen Erdgasversorger und der Ruhrgas, wobei die Ruhrgas als Vertreterin des Bergbaus „keine sehr große Beteiligung“ von maximal einem Drittel erhalten sollte. Der NAM-Vorschlag war für den Ruhrgas-Vorstand inakzeptabel. Er bot nun unter Favorisierung seines ursprünglichen Vorschlags als weitere Lösung auf dessen Basis eine hälftige Beteiligung der Erdgasseite an einem neuen Industrieerdgasversorger für das Ruhrgasversorgungsgebiet und Norddeutschland – unter Ausklammerung der Süddeutschland-Problematik – mit Zuständigkeit für den überregionalen und regionalen Leitungsbau an. Die Ruhrgas sollte auch hier die Belieferung der Verteilungsgesellschaften, der Kommunen und Konzernwerke unter einem „angemessenen Schutz des Kokereigases“ übernehmen.[102] Parallel zum Austausch mit Esso und Shell bemühte sich der Ruhrgas-Vorstand darum, zunächst ein einheitliches Konzept auf der deutschen Seite herzustellen, um erst danach die niederländischen Erdgasproduzenten einzubinden.[103]

Diese Bemühungen waren jedoch von Beginn an erfolglos, da die in der Erdgas-Verkaufs-Gesellschaft vereinigten deutschen Erdgasproduzenten umgehend auf die sich abzeichnende Annäherung zwischen der Ruhrgas und der NAM reagierten und Esso und Shell bereits Anfang 1964 ohne Kenntnis ihres Vertragspartners ihrerseits eine enge Zusammenarbeit angeboten hatten.[104] Die Verhandlungen mündeten im Februar in Pläne, über eine neue Gesellschaft gemeinsam deutsches und niederländisches Erdgas zunächst in Nord- und Westdeutschland zu vermarkten. Das Unternehmen sollte über die Gewerkschaft Brigitta je zur Hälfte von Esso und Shell sowie den deutschen Produzenten getragen werden und inklusive des Leitungsbaus alle für ein Ferngasunternehmen wichtigen Funktionen übernehmen, wie der Ruhrgas-Vorstand Ende Februar überraschend feststellen musste. Als Erklärung diente der lapidare Hinweis, dass „die Zeit weitergegangen“ sei und Esso und Shell auch ihre Mineralölinteressen im Blick behalten müssten.[105]

Mit dieser eindeutigen Kampfansage an den deutschen Steinkohlenbergbau beendete die NAM daraufhin die Verhandlungen mit der Ruhrgas. Aber auch das Gemeinschaftsunternehmen mit der Erdgas-Verkaufs-Gesellschaft

---

102 Aktenvermerk Weise vom 27. Februar 1964 über ein Gespräch zwischen Vertretern der NAM und der Ruhrgas AG am 25. Februar 1964, in: BBA 138/1397.

103 Aktenvermerk Weise vom 16. März 1964 über ein Gespräch von Vertretern der Ruhrgas und des UVR beim BWM am 15. März 1964, 3, in: BBA 138/1397.

104 Ebd.

105 Lagebericht Schelberger zur Erdgaslage AR Ruhrgas am 24. Februar 1964, 4 f., in: AEGC 01002155378; Aktenvermerk Weise vom 27. Februar 1964 über ein Gespräch zwischen Vertretern der NAM und der Ruhrgas am 25. Februar 1964, 2, in: BBA 138/1397.

sollte nicht zustande kommen, da die NAM nun die deutschen Erdgasversorger düpierte, indem sie parallel Verhandlungen mit der Thyssengas aufnahm. Deren enge Kontakte zur niederländischen Wirtschaft[106] ebneten den Weg für Esso und Shell ins deutsche Gasgeschäft, vermeintlich ohne besondere Rücksicht auf weitere Interessen nehmen zu müssen. Im September 1964 schlossen die NAM und Thyssengas eine Grundsatzvereinbarung über die Ausgliederung des Wassergeschäfts, einen Erdgasbezugsvertrag mit einer Mengenentwicklung auf vier Mrd. Kubikmeter pro Jahr bis 1975 und eine jeweils 25prozentige Beteiligung der Ölkonzerne an der Thyssengas für insgesamt 55 Mio. D-Mark, der die Umwandlung in eine Aktiengesellschaft folgte.[107] Außerdem gründeten Esso und Shell die Deutsche Erdgastransport GmbH (DETG) zum Bau und Betrieb des geplanten Importnetzes. Für den Vorstand der Ruhrgas war dies eine weitere unangenehme Entwicklung, bestand doch seit den 1920er Jahren ein bis zur Jahrtausendwende geltender Kooperationsvertrag mit Thyssengas, der sich allerdings nur auf das engere Rhein-Ruhr-Gebiet bezog. Nun erhielt der einstige Partner als erstes deutsches Ferngasunternehmen einen größeren Importvertrag seitens der Niederländer und machte nicht nur die im Vorjahr über das gemeinsame Leitungsprojekt vereinbarte Blockade obsolet, sondern ermöglichte der NAM noch Zugriff auf die zahlreichen Gemeinschaftsleitungen, darunter so wichtige Verbindungen wie zwischen Duisburg und Köln.

Trotz dieser Entwicklung war das Rennen um den Vertrieb niederländischen Erdgases in Deutschland längst nicht entschieden. Die NAM hatte im Herbst 1964 nur einen vermeintlichen Vorsprung gewonnen, während Esso und Shell weiterhin vollmundig ihre ursprünglichen Pläne bekräftigten, kein Gas frei Grenze an andere Unternehmen zu verkaufen.[108] Der Unternehmensverband Ruhrbergbau und der Vorstand der Ruhrgas reagierten schon früh auf die sich anbahnende neue Konstellation und schalteten nun die Politik ein, wobei beim Unternehmensverband weiterhin eine gewisse Unsicherheit über die Interessenkongruenz zwischen Altaktionären und Ferngasgesellschaft bestand. Ansonsten deckten sich die grundlegenden Ziele einer harmonischen Einbindung des Erdgases mit dem richtigen, vom Bergbau gesteuerten „Timing“ unter Vermeidung einer „zweiten Heizölschwemme“, eines bestimmenden Einflusses auf den Erdgasabsatz und der Sicherung der bergbaunahen Ferngasgesell-

106 Das Unternehmen gehörte zu 60 % Baron Hans-Heinrich Thyssen-Bornemisza und zu 40 % der Bank voor Handel en Scheepvaart in Rotterdam, ebenfalls eine Gesellschaft der Bornemisza-Gruppe.

107 Thyssengas (Hg.), *Chronik*, 9 f.; *Beteiligung von Esso und Shell an Thyssengas*, in: EKEP 17 (1964), 781.

108 *Kein Gasverkauf an der Grenze*, in: WAZ (20.10.1964).

schaften.[109] Das alleinige Argument des Unternehmensverbandes gegenüber der Landes- und Bundespolitik richtete sich daraus folgend auf den Schutz der Steinkohle, da die Ruhrgas aufgrund der unbequemen Frage einer Gleichbehandlung aller Unternehmen der Verteilungsstufe sowie ihres begrenzten Absatzgebietes schlecht für die UVR-Ziele einer bundesweit geltenden Regelung herhalten konnte.[110]

Dabei war die Ausgangslage einer drohenden umfassenden Majorisierung des Gasmarktes durch niederländische und deutsche Produzenten ebenso offenkundig wie ihre Unvereinbarkeit mit den energiepolitischen Zielsetzungen der Bundesregierung. Mit Blick auf den starken Staatseinfluss innerhalb der niederländischen Energiewirtschaft vertrat der Unternehmensverband Ruhrbergbau nun ein von Weise entwickeltes Konzept, das diesen Gedanken folgte.[111] Die gemeinsame Transport- und Vertriebsgesellschaft sollte paritätisch vom deutschen Steinkohlenbergbau, von den beiden Gruppen der Erdgasproduzenten und der Bundesrepublik als „Koordinator" gegründet werden.[112] Diese „Erdgasbereitstellungsgesellschaft" hätte dann in den angestammten Ferngasregionen Tochtergesellschaften beliefert, die dort von ihr und den vorhandenen Ferngasgesellschaften gegründet worden wären, während die dem Bergbau nahestehenden Ferngasgesellschaften den Kokereigasvertrieb auf die Erzeugungskerngebiete zurückführten. Das nun eingeschaltete Bundeswirtschaftsministerium machte sich diesen politisch geschickt formulierten Vorschlag rasch zu eigen und erwog eine zehnprozentige Beteiligung einer neutralen Gesellschaft unter Bundeseinfluss wie der Veba AG.

Mittlerweile kursierten Gerüchte über die bevorstehende Gründung einer gemeinsamen Vertriebsgesellschaft für deutsches und niederländisches Erdgas nördlich der Mainlinie durch die NAM und die einheimischen Erdgasunternehmen. Die NAM sollte die Möglichkeit besitzen, Anteile bis zur Hälfte ihrer vorgesehenen Zweidrittelmehrheit an dem neuen Unternehmen an andere Gruppen, also etwa die Ruhrgas oder Regionalgasgesellschaften, abzugeben.[113] Die Refe-

109 Aktenvermerke Ott, 6. März 1964, sowie o. D. zur Interessenlage des deutschen Steinkohlenbergbaus beim Erdgas, 2 f. bzw. 1 f., in: BBA 138/1397.

110 Ebd., beide 3.

111 Aktenvermerk Weise, 11. März 1964, zur gaswirtschaftlichen Zusammenarbeit des Steinkohlenbergbaus, der deutschen Erdgasproduzenten und der NAM, 2 ff., in: BBA 138/1397; Aktenvermerk Ott (UVR), 19. März 1964, zur Eingliederung des Erdgases in die deutsche Energiewirtschaft, 7 ff., in: BBA 138/1397.

112 Erörtert wurden auch eine Drittelparität sowie ein zehnprozentiger Bundesanteil bei gleichstarken anderen Partnern.

113 Aktenvermerk Katner (BWM), für Neef, 3. April 1964, zur Eingliederung des deutschen und holländischen Erdgases in den Energiemarkt der Bundesrepublik, 1 f., 4 f., in: BBA 138/1397.

renten des Bundeswirtschaftsministeriums befürchteten vor diesem Hintergrund, dass die Ruhrgas bei einer Realisierung des Vorhabens „ihren Einfluss auf dem Gasmarkt in der Bundesrepublik weitgehend einbüßen" würde und empfahlen: „Die Bundesregierung muss eine Lösung finden, die im Interesse der Wettbewerbsfähigkeit der deutschen Wirtschaft sowohl dem Erdgas Marktchancen eröffnet, als auf die Interessen der deutschen Ferngasgesellschaften und des Steinkohlenbergbaus Rücksicht nimmt".[114] Etwa zeitgleich hatte sich auch der nordrhein-westfälische Wirtschaftsminister Gerhard Kienbaum in die verfahrene Situation eingeschaltet und eine maßgebliche Beteiligung des Steinkohlenbergbaus am Erdgasgeschäft als unabdingbaren Sanierungsbeitrag für die Branche eingefordert.

Die Einigungsbereitschaft der deutschen Erdgasproduzenten der Erdgas-Verkaufs-Gesellschaft resultierte schließlich aus mehreren Faktoren. Neben dem Druck Kienbaums bewirkten nicht zuletzt die Entwicklungen um die Thyssengas und ihren bevorstehenden Importvertrag, dass sie die Reißleine zogen und sich von der NAM abwandten.[115] Dazu kamen zahlreiche Aktivitäten von Bundeswirtschaftsminister Kurt Schmücker, der sich zwar grundsätzlich für einen liberalen Energiemarkt aussprach, zugleich aber die Fehler, die beim Aufkommen des Erdöls unterlaufen waren, beim Erdgas vermeiden wollte. Die deutsche Mineralölwirtschaft stand vor der endgültigen Übernahme durch ausländische Konzerne, und wenigstens beim Erdgas sollte die Position deutscher Unternehmen verteidigt werden.[116] In Gesprächen mit der niedersächsischen Landesregierung sowie Vertretern des Unternehmensverbandes und der Erdgas-Verkaufs-Gesellschaft vermittelte er seinen Wunsch, den Bergbau nach den unzureichenden Erfolgen im Mineralölsektor weiter aus der Eingleisigkeit einer Nur-Kohlestrategie herauszuführen und dazu die sich hier bietende Gelegenheit zu nutzen.[117] Er wusste um die Position des Staates, standen doch vor jedem Import immer noch die Hürden der Baugenehmigung einer Hauptleitung seitens der Wirtschaftsministerien der Bundesländer, mit denen Schmücker ein stillschweigendes Abkommen getroffen hatte, nur nach Absprache mit ihm zu handeln.[118] Und diese Genehmigung, so war schnell deutlich, würde Kienbaum

114 Ebd., 1.

115 UVR-Chef Burckhardt an Schmücker, 30. Juli 1964, in: BBA 138/1397.

116 Horn, *Energiepolitik*, 269 ff.

117 Aktennotiz Neef für Schmücker, 14. Juli 1964, in: BBA 138/1397.

118 Aktenvermerk Reintges, 16. September 1964, über eine Besprechung des Steinkohlenbergbaus und der Erdgasseite über Erdgasfragen mit Schmücker und Neef, in: BBA 138/1397; Aktennotiz Liesen, 17. April 1964, über ein Gespräch mit Vertretern des nordrhein-westfälischen Wirtschaftsministeriums sowie Schreiben Schelberger an Reintges vom selben Tag, in: BBA 138/1397.

nur einer Gruppe erteilen, die auch über die entsprechenden Vertriebsmengen verfügte und den Leitungsbau nicht ausschließlich als Verhandlungsmasse nutzte.[119]

Ende Juli 1964 besiegelten dann der Bergbau und die Mitglieder der Erdgas-Verkaufs-Gesellschaft mit der Gründung der Deutschen Gesellschaft für Gastransport mbH (DGGT) ein Kooperationsvorhaben, um der NAM auf Augenhöhe gegenübertreten und bei der Vergabe der Baugenehmigung für den „großen Brummer" ein gewichtiges Wort mitreden zu können.[120] Das Ziel des Gemeinschaftsunternehmens war hochgesteckt. Mit dem Aufbau eines von Esso und Shell unabhängigen Leitungsnetzes im Versorgungsbereich der Ruhrgas sowie der Saarferngas und der Verteilung deutschen und an der Grenze eingekauften niederländischen Erdgases sollte eine rein deutsche Lösung die Probleme beseitigen und die Gefahr einer niederländischen Dominanz abwenden. Zentrale Aspekte bildeten die Vermeidung „überstürzter Entwicklungen und unwirtschaftlicher Kampfinvestitionen" sowie die „Erhaltung der angestammten Liefergebiete".[121] Tatsächlich war die DGGT aber eine Notgeburt in Reaktion auf Kienbaums Vorgaben. Ihr Zweck beschränkte sich zunächst auf den Bau überregionaler Leitungen und den Gastransport, um im Interesse der Gesamtkonzeption schnell einen Rechtsträger für Leitungsbauten zu erhalten, da die Rahmenbedingungen der eigentlich geplanten Einkaufs- und Transportgesellschaft kurzfristig nicht zu regeln waren.[122] Noch am Gründungstag meldete die DGGT den Bau einer rechtsrheinischen Hauptleitung von der niederländischen Grenze bis nach Süddeutschland an und zwang den Vorstand der Ruhrgas zum Rückzug des eigenen Antrags aus dem Jahr 1963. Kienbaum weigerte sich jedoch, die neue Anzeige wieder über die Ruhrgas anzunehmen.[123] Die NAM und Thyssengas konterten ebenfalls mit einem neuen Antrag auf eine linksrheinische Trasse, und sofort zog die DGGT mit einem gleichlautenden Konzept nach. Die Thyssengas sah das Vorgehen der DGGT zu Recht als reine Vermeidungs-

119 Aktenvermerk Reintges, 2. Juli 1965, über die Verhandlungen der GVS mit der NAM, 4, in: BBA 138/1402.

120 Gesellschaftsvertrag DGGT, 30. Juli 1964, in: BBA 138/1402; Spiegelburg, *Energiemarkt*, 49; *Deutsche Gesellschaft für Gastransport mbH gegründet*, in: EKEP 17 (1964), 682.

121 Dütting an GVS, Oberbürgermeister Arnulf Klett, Stuttgart, 17. September 1964, 2, in: BBA 138/1402.

122 Aktenvermerk Liesen, 30. September 1964, zur Gaseinkaufsgesellschaft, in: BBA 138/1402.

123 Aktennotiz Schelberger, 24. Juli 1964, über seine Besprechung bei Kienbaum mit Vertretern des UVR und der DEA, in: BBA 138/1397; Anzeige der DGGT beim Wirtschaftsministerium vom 30. Juli 1964 zum Bau einer Erdgassammelleitung von Emmerich bis zur hessischen Landesgrenze, in: BBA 138/1402; Ruhrgas an Wirtschaftsministerium, 7. August 1964, zum Rückzug der Anzeige, in: BBA 138/1402.

strategie, da diese nicht über ausreichende Erdgasmengen für ein solches Projekt verfügte. Eine Leitungsgenehmigung besaßen jedoch vorerst beide nicht – einer Seite fehlte das Gas, der anderen der politische Rückhalt.[124]

Die Gründung der DGGT bildete den ersten Teil eines Gesamtkonzeptes, auf das sich der Steinkohlenbergbau, vertreten durch den Unternehmensverband Ruhrbergbau und die GBAG, und die deutschen Erdgasproduzenten unter Beteiligung der Ferngas Salzgitter am 1. Juli 1964 geeinigt hatten. Die nach dem Ort der entscheidenden Sitzung als „Hannover-Konzept" oder „Hannover-Papier" bezeichnete Konstruktion sah die Bildung einer Gaseinkaufsgemeinschaft mit paritätischer Beteiligung des deutschen Erdgases und des Steinkohlenbergbaus vor, in der sich später im Umfang von bis zu 30 Prozent die Verteilergesellschaften Ferngas Salzgitter, Thyssengas, Saarferngas, Gas-Union, Gasversorgung Süddeutschland und Bayerngas engagieren sollten. Zweck war der „Erdgaseinkauf von der NAM nur ab Grenze" unter Berücksichtigung der Interessen der heimischen Energieträger, die Bindung freier deutscher Mengen, die Netzentwicklung in Deutschland sowie der Vertrieb aller Mengen über „geeignete Trägergesellschaften".[125] Die Rolle der zentralen Einkaufs- und Vertriebsgesellschaft war exakt die Aufgabe, die der Vorstand für die Ruhrgas beanspruchte. Nun aber wurde das Unternehmen bei den Verhandlungen übergangen, da die Sitzungsteilnehmer die Ruhrgas für eine andere Funktion vorgesehen hatten. Unter Aufteilung in zwei Unternehmen sollte sich die „neue" Ruhrgas nach einer paritätischen Beteiligung der deutschen Erdgasunternehmen um den Erdgasvertrieb kümmern, während die „alte" Ruhrgas unter dem neuen Namen „Deutsche Ferngas-Gesellschaft" zum Nachlassverwalter des zukunftslosen Kokereigases degradiert worden wäre. An diesen beiden Unternehmen wollten sich der Steinkohlenbergbau und die Erdgasunternehmen ebenfalls mit jeweils 50 Prozent beteiligen.[126]

Ausgelöst wurde diese vollkommene Neuorientierung durch einen von der Öffentlichkeit unbemerkten, weil angesichts seiner Brisanz und der Sorge um Gegenreaktionen von Esso, Shell, NAM und Brigitta geheim gehaltenen Sinneswandel.[127] Einflussreiche Teile des Ruhrbergbaus hatten sich im Frühsommer

124 Spiegelburg, *Energiemarkt*, 49 f.; *Kostspieliger Bau der Erdgasleitung*, in: Handelsblatt (20. 1. 1965); *Ministerien einigen sich über Sammelleitung*, in: Handelsblatt (8. 2. 1965); Norbert Plesser/Rudolf Pohl, *Die Entwicklung der Gaswirtschaft in der Bundesrepublik Deutschland im Jahre 1964*, in: GWF 106 (1965), 1.121–1.139, hier 1.121, 1.125.

125 Strategiepapier, Hannover, 1. Juli 1964, über die Kooperation des deutschen Steinkohlenbergbaus und der deutschen Erdgasindustrie, 1 f., in: BBA 55/1828 sowie BBA 138/1402.

126 Ebd., 3 f.

127 In den einschlägigen Fachzeitschriften sowie in der Wirtschaftspresse finden sich keine entsprechenden Nachrichten.

1964 entschieden, die Funktion der Ruhrgas nach und nach auf eine neue Gesellschaft zu übertragen, um die Niederländer zu einer Zusammenarbeit zu zwingen. Neben GBAG-internen Gründen waren branchenstrukturelle und politische Aspekte ausschlaggebend für die Ausgrenzung der Ruhrgas.[128] Zu erwähnen ist hier einerseits die Doppelrolle der Bergbaugesellschaften als deren Aktionäre und zugleich eigenständige Vertriebsgesellschaften mit Sonderinteressen im Kokereigassektor, die bei einer direkten Beteiligung der Ruhrgas zu einer weiteren Verkomplizierung der Lage hätte führen können. Auf der anderen Seite bevorzugte auch Schmücker eine bundesweite Lösung unter Integration der süddeutschen Gasgesellschaften.[129] Noch im Juli 1964 kam es zwischen dem vermeintlichen bzw. erzwungenen „Burgfrieden" und der Gründung der DGGT zu zahlreichen Gesprächen zwischen den Oberbürgermeistern der süddeutschen Städte, darunter von besonderer Bedeutung der Stuttgarter Arnulf Klett als Präsident des Deutschen Städtetages, und hochrangigen Vertretern des Bundeswirtschaftsministeriums, der Erdgas-Verkaufs-Gesellschaft sowie Burckhardt und Dütting auf Seiten des Bergbaus.[130] Das dabei erörterte Konzept sah als „große Lösung" die Gründung einer gemeinsamen Gasgesellschaft unter Beteiligung möglichst aller im Bundesgebiet tätigen Erdgasproduzenten, Kokereigasproduzenten und Ferngasgesellschaften einschließlich der deutschen Tochtergesellschaften von Esso und Shell vor, mit alleiniger Zuständigkeit für den Leitungsbau und den Erdgasimport.[131] Die „Belastungen des Verhältnisses zwischen der süddeutschen Gruppe und dem Bergbau aus der Vergangenheit" ließen die Pläne aber letztlich scheitern, wie der Geschäftsfüh-

128 Es ist anzunehmen, dass Düttings Motive auch aus dem übergeordneten Interesse der GBAG resultierten, die langjährigen Versuche, den äußerst ungünstigen Mineralöllieferverttrag mit der Mobil Oil abzulösen, zu einem erfolgreichen Ende zu bringen sowie die Mobil-Interessen bei der Neuordnung der Aral AG zu berücksichtigen, von der auch die Hibernia profitieren sollte. Aktenvermerk Trapmann (Hibernia), 6. August 1963, über ein Vier-Augen-Gespräch mit Friedrich Funcke, in: BBA 32/656. Funcke erwartete von der Hibernia Unterstützung bei dem „unbeschreiblich harten Ringen mit Mobil Oil" bei Aral. Hans Hudde, *Die Geschichte der Aral Aktiengesellschaft*, in: Aral AG (Hg.), Erlebte Geschichte – Hundert Jahre Aral, Bochum 1998, 14–27, 23 f.; Baumann, *Männer*, 228 ff.; *Verstärkung der Socony Mobil-Beteiligung bei Aral?*, in: EKEP 17 (1964), 855; Radzio, *Veba*, 195 ff.

129 Zur Position der Länder gegenüber der neuen Situation auf dem Erdgasmarkt siehe: Aktenvermerke Liesen, 9. November 1964, und UVR, 11. Februar 1965, zum im Juli 1964 abgeschlossenen Bericht des Arbeitskreises Gaswirtschaft der Länder, in: BBA 138/1404.

130 Aktenvermerk Ott vom 20. Juli 1964 für Reintges zur Vorbereitung von dessen Gespräch mit Burckhardt über Erdgas, in: BBA 138/1397.

131 Dütting an Klett, 17. September 1964, mit Zusammenfassung der Ergebnisse ihrer Besprechung am 10. September 1964, 1 f., in: BBA 138/1402.

rer der Gasversorgung Süddeutschland, Otto Kohl, bemerkte. Und damit war vor allem die Ruhrgas gemeint.[132]

Die Umorientierung der Bergbauunternehmen und das klare Zeichen der politischen Entscheidungsträger leitete bei Esso und Shell sofort eine Änderung ihrer Strategie ein. Ein eigenständiger Vertrieb des Erdgases in Deutschland oder zumindest eine ausreichende Beteiligung war unter diesen Umständen plötzlich kaum noch zu erreichen. Der Weg der direkten Konfrontation hatte in eine Sackgasse geführt. Daher musste unbedingt ein weiterer deutscher Partner neben der Brigitta gefunden werden, der die niederländischen Interessen stützte und für eine Harmonisierung der Beziehungen sorgte. In Frage kam dabei nur die Ruhrgas, deren Vorstand als weiterer Verlierer der Entwicklung für jedes Entgegenkommen aufgeschlossen war. Über die Gewerkschaft Brigitta kam es zu einer ersten Annäherung. Bis zur Gründung der DGGT hatte die Brigitta der Ruhrgas in ihren angestammten ostwestfälischen Liefergebieten zunehmend Konkurrenz gemacht und Kunden abgeworben. Jetzt erklärte sie sich auf einmal zu einer Übereinkunft bereit und lockte mit der bisher verweigerten Bereitstellung von jährlich 300 Mio. Kubikmetern deutschen Erdgases zur Lieferung an die dortigen kommunalen Kunden. Schelberger erkannte die sich hier bietende Gelegenheit und forderte unverhohlen vom Aufsichtsrat die Genehmigung, Verhandlungen mit der Gewerkschaft Brigitta sowie mit Esso und Shell aufnehmen zu dürfen.[133] Nach fast 40 Jahren einer trotz diverser Auseinandersetzungen weitgehenden Einigkeit und Rücksichtnahme drohte ein irreparabler Riss die Verbindungen zwischen dem Ruhrbergbau und seiner Tochter zu beenden. Die Vertreter des Bergbaus mussten sich nun endgültig entscheiden, ob sie mit ihrer bewährten Basis oder zusammen mit den jungen Erdgasgesellschaften die Herausforderung bestehen wollten.

Auf der einen Seite standen die nur begrenzten deutschen Erdgasressourcen und damit die Gewähr, auch weiterhin Absatzmöglichkeiten für das Kokereigas zu erhalten, auf der anderen Seite aber nahezu unbegrenzte Vorräte, deren Einbindung die Zukunft der Kohle aber weiter beeinträchtigte. Im Aufsichtsrat hatte Schelberger daher erregte Diskussionen zu überstehen, die sich allerdings zu seinen Gunsten wendeten, als er für den Fall einer Umsetzung der DGGT-Pläne und Ausgrenzung der Ruhrgas erklärte, sein Amt zur Verfügung zu stellen. Unterstützung fand er nun vor allem in Funcke, der sich gegen

132 Aktenvermerk Reintges über seine Besprechungen mit Kohl am 11. und 26. November 1964 sowie 15. Januar 1965 in Bonn, 4, in: BBA 138/1402.

133 Aktenvermerk Ruhrgas „Bemühungen der Ruhrgas um den Bezug von Erdgas“, [ohne Autor, o. D.], 15, in: RR 104-04-11. Dieser Vorgang wird in den Aufsichtsratsunterlagen der Ruhrgas und der GBAG nicht thematisiert.

Dütting stellte und zusammen mit Josef Fischer vom Großaktionär Harpener BAG und anderen dafür eintrat, die Situation zu akzeptieren und der Ruhrgas den Weg zur Integration des niederländischen Erdgases zu öffnen.[134] Die Mehrheit des Aufsichtsrates ließ sich schließlich von dieser Lösung überzeugen und auch Dütting revidierte seine Entscheidung.

Die folgenden Verhandlungen liefen nun auf zwei Ebenen, zumal Schmücker von Beginn an Druck auf die verhandelnden Parteien zur Umsetzung des Hannover-Papiers machte.[135] Auf der einen Seite diskutierte ein von Dütting und Klett initiierter „Expertenkreis" des Unternehmensverbandes Ruhrbergbau, des Bundeswirtschaftsministeriums, der Erdgas-Verkaufs-Gesellschaft und der Gasversorgung Süddeutschland/Gas-Union weiter die Neuorganisation der Gaswirtschaft im Rahmen einer deutschen Lösung unter Einbindung der bestehenden Strukturen und Schaffung eines gerechten Ausgleichs zwischen Erzeugung, Gewinnung, Transport und Verteilung.[136] Dazu wurde zunächst die Funktion der DGGT durch eine Satzungsänderung auf die einer Transport-, Vertriebs- und Beteiligungsgesellschaft erweitert.[137] Die Arbeitsgruppe des Bergbaus begleitete den Vorgang mit eigenen Konzepten, die auf der im Hannover-Papier vereinbarten Einzelunternehmenslösung basierten, und sah ein komplexes Beteiligungsgerüst vor, das dem Ruhrbergbau unter Berücksichtigung einer Aufspaltung, aber gleichzeitiger Integration der Ruhrgas einen entsprechenden Einfluss über Kreuzbeteiligungen von zwei Trägergesellschaften sicherte.[138] Während diese Lösung aufgrund ihrer Kompliziertheit sogar von Teilen des deutschen Bergbaus abgelehnt wurde, sicherten auf der anderen Seite der Unternehmensverband und das Bundeswirtschaftsministerium der Gasversorgung Süddeutschland aus taktischen, möglicherweise aber auch aus übergeordneten branchenpolitischen Gründen weiter eine alleinige Beteiligung des

134 Ebd., 16. Auch dieser Vorgang wird in den Aufsichtsratsunterlagen nicht angesprochen.

135 Aktenvermerk Reintges, 12. August 1964, über eine Besprechung zu Erdgasfragen beim BWM in Bonn am 11. August 1964 zwischen Vertretern des UVR und Staatssekretär Neef, in: BBA 138/1397; Aktenvermerk Reintges, 16. September 1964, über eine Besprechung des Steinkohlenbergbaus und der deutschen Erdgasseite mit Schmücker und Neef, in: BBA 138/1397.

136 Reintges, Kohl sowie Laurien in Personalunion für EVG und BWM.

137 Punktation über die Ergänzung und Änderung des Gesellschaftsvertrages der DGGT, 29. September 1964, in: BBA 138/1402; Geänderter Gesellschaftsvertrag der DGGT, [Entwurf, o. D.], in: BBA 138/1402.

138 Aktenvermerk Weise, 28. September 1964, über die zentralen Eckpunkte des Konzepts, in: BBA 138/1403; Aktenvermerk Liesen, 6. Oktober 1964, über eine Besprechung am 1. Oktober 1964 über die „Trägergesellschaft des Bergbaus für die gemeinsame Einkaufs- und Transportgesellschaft", in: BBA 138/1402; Aktenvermerk Liesen, 8. Oktober 1964, über die erste Besprechung der „Arbeitsgruppe Ruhrgas" am 6. Oktober 1964, in: BBA 138/1403; Bericht des Arbeitskreises „Trägergesellschaft Bergbau", 25. November 1964, in: BBA 138/1402.

Bergbaus unter Ausschluss der Ruhrgas zu.[139] Der Vorstand der Ruhrgas befürchtete daher noch Anfang 1965 zu Recht, bei der Bildung einer Holdinggesellschaft ausgegrenzt zu werden und forderte einen „Minderheitsanteil“ an der Gruppe der Ferngasgesellschaften, die zu einem Drittel an dieser beteiligt werden sollten, sowie bestenfalls die Trägerschaft des Bergbauanteils des Bergbaus an der Holding.[140]

Diese Sorge war nicht unberechtigt. Mitte November 1964 beendete zwar eine klare Aussage von Kurt Schmücker im Bundestag auf eine Große Anfrage der SPD zur „Energiepolitik und Lage des Steinkohlenbergbaus“ die Ungewissheit und umriss den Rahmen für die wirtschaftlichen Beziehungen und Verhaltensweisen: „Bei der Eingliederung des Erdgases in den Markt wird die Bundesregierung darauf achten, dass sich keine überstürzten Entwicklungen ergeben. [...] Wir erwarten, daß sich auch die internationalen Gesellschaften zu einer Lösung bereitfinden, die auf die berechtigten Interessen der deutschen Erdgasgesellschaften, des Steinkohlenbergbaus und der Ferngasgesellschaften Rücksicht nimmt.“[141] Es folgte die unverhohlene Drohung der Prüfung „gesetzgeberischer Maßnahmen“. Und NRW-Ministerpräsident Franz Meyers (CDU) assistierte drei Wochen später anlässlich einer Debatte zum selben Thema mit der Warnung vor Restriktionen beim Leitungsbau: „Wenn sich eine Ordnung des Energiemarktes aufgrund freiwilliger Vereinbarungen nicht erzielen lässt, muß der Staat wirtschaftspolitische Maßnahmen ergreifen.“[142] Damit war je-

---

139 Liesen an Ott, 20. Januar 1965, mit Weiterleitung einer Stellungnahme des Saarbergbaus zur Trägergesellschaft Bergbau, in: BBA 138/1402; Aktenvermerk Kohl über seine Besprechungen mit Reintges am 11. und 26. November 1964 in Bonn, in: BBA 138/1402.

140 Aktenvermerk Ott, 14. Januar 1965, über ein Gespräch mit Liesen am 13. Januar 1965, in: BBA 138/1402.

141 Protokolle der Plenarsitzungen des Deutschen Bundestages, 4. Wahlperiode, 147. Sitzung am 13. November 1964, 7253.

142 Protokolle der Plenarsitzungen des Landtags Nordrhein-Westfalen, 5. Wahlperiode, 44. Sitzung am 1. Dezember 1964, 1587. Die Grundziele der bundesdeutschen Energiepolitik betonten am folgenden Tag im Bundestag auch noch einmal der CDU-Abgeordnete Fritz Burgbacher und der SPD-Abgeordnete Georg Kurlbaum: Protokolle der Plenarsitzungen des Deutschen Bundestages, 4. Wahlperiode, 147. Sitzung am 13. November 1964, 7280, 7286. Gerhard Kienbaum machte seinerseits Druck auf die DGGT-Eigentümer, in dem er dem Leitungsbau im Februar 1965 einen Freigabebescheid nur unter Auflage einer umfangreichen Informationspflicht über alle vertraglichen Entwicklungen erteilte, wogegen die DGGT erfolglos klagte. Vermerk von Helmut Laurin vom 17. Dezember 1964 über Verhandlungen zwischen dem nordrhein-westfälischen Wirtschaftsministerium und der DGGT am 16. Dezember 1964 in Düsseldorf zum Bauvorhaben einer Sammelleitung, in: BBA 138/1402; Freigabebescheid für die Sammelleitung vom 18. Februar 1965, in: BBA 138/1402; Aktenvermerk Ott, 25. Februar 1965, über die DGGT, in: BBA 138/1402.

Tab. 4: Erdgasaufkommen in der Bundesrepublik Deutschland 1950 bis 1972.[143]

Jahr	Gewinnung		Erdgasimport	Aufkommen in 4.300 kcal/m³
	Erdgas	Erdölgas		
	natürlicher Brennwert			
1950	51	22		157
1951	57	24		174
1952	57	34		199
1953	58	41		219
1954	87	54		309
1955	240	69		652
1956	367	94		969
1957	357	107		981
1958	344	126		1.003
1959	388	161		1.207
1960	448	195		1.400
1961	481	255		1.632
1962	616	310		2.082
1963	915	380	3	2.742
1964	1.454	499	10	4.200
1965	2.221	557	37	5.850
1966	2.815	573	64	7.126
1967	3.714	624	344	9.557
1968	5.787	700	1.540	15.984
1969	8.187	725	2.665	22.684
1970	11.977	680	3.746	32.516
1971	14.789	576	6.519	43.239
1972	17.161	527	10.467	55.750

doch noch nicht abschließend sicher, dass die Landes- und die Bundespolitik nur eine aus Sicht des Ruhrgas-Vorstandes verträgliche Lösung akzeptieren würden. Nach einer fast vierjährigen Phase wirtschaftlicher Auseinandersetzungen, stetig wechselnder Koalitionen, geplatzter Verträge und gegenseitiger Übervorteilungsversuche wurde damit allerdings der Grundstein für eine ausgeglichene, wenn auch letztlich weitgehend konkurrenzlose Struktur der Branche gelegt.

143 Zusammengestellt nach VGW (Hg.), *VGW 1948–1973*, Frankfurt a. M. 1973, 208. Alle Werte in Mio. m³.

Die Neuordnung der Ruhrgas-Gesellschafterstruktur 1965 bis 1969

Die Auseinandersetzungen um die Neuordnung der deutschen Gaswirtschaft gerieten Anfang 1965 in eine Situation, die erhebliche Ähnlichkeiten zu den Entwicklungen ein Jahr zuvor aufwies, denn erneut kam es zu parallelen Verhandlungen ohne Kenntnis der jeweiligen Gesprächspartner. Nach einer etwa einjährigen Pause schaltete sich nun wieder die NAM in das Geschehen ein, da ihre bisherige Strategie, den deutschen Markt über die Thyssengas zu erobern, zu scheitern drohte. Während das Bundeswirtschaftsministerium und der Unternehmensverband Ruhrbergbau weiterhin mit der Gasversorgung Süddeutschland und der Gas-Union über die Integration der süddeutschen Ferngaswirtschaft stritten, orientierte sich der Ruhrbergbau nun wieder in Richtung einer eigenständigen Lösung, die die Belange der Ruhrgas stärker berücksichtigte und dem Ferngasversorger eine zentralere Position zuwies. Diese Wendung folgte jedoch nicht einem umfassenden Sinneswandel, sondern in erster Linie einem Vorschlag der Erdgas-Verkaufs-Gesellschaft, deren Unternehmen angesichts der durch die süddeutsche Blockadehaltung festgefahrenen Verhandlungen um die zukünftige Rolle der Deutschen Gesellschaft für Gastransport und der politischen Vorbehalte zum Leitungsbau die Einschaltung der Ruhrgas als praktikable Lösung betrachteten.[144]

Damit rückte die Ruhrgas nun auch beim Erdgas endlich in die angestammte Rolle des Marktführers. Nachdem der Aufsichtsrat der Ruhrgas Mitte Januar 1965 eine „Aktionärskommission“ aus Vertretern der Großaktionäre mit Funcke an der Spitze sowie unter Beteiligung von Schelberger mit der Führung der Verhandlungen beauftragt hatte, kam es Anfang Februar in Frankfurt zu einer ersten Sitzung mit programmatischem Charakter.[145] Unter dem Decknamen „Firma Deckers“ – nach Ruhrgas-Finanzvorstand Peter-Josef Deckers – einigten sich Vertreter des Ruhrbergbaus, der Ruhrgas, von Shell, Esso und der Gewerkschaft Brigitta auf eine umfassende Zusammenarbeit. Mit dem Grundsatz „einer harmonischen Eingliederung des deutschen und ausländischen Erdgases in die deutsche Energiewirtschaft“ wurde eine Beteiligung der Brigitta an der Ruhrgas beschlossen, die im Gegenzug zum Bezug von deutschem und niederländischem Erdgas sowie zur Mitwirkung am Bau des „Großen Brummers“ berechtigt sein sollte. Gleichzeitig zeigte sich der Ruhrbergbau damit einverstanden, den Kokereigasvertrieb der Ruhrgas von zu diesem Zeitpunkt etwa sechs Mrd. Kubikmetern pro Jahr stufenweise auf das engere Ruhr-

144 Aktenvermerk Reintges, 2. Juli 1965, über die Verhandlungen der GVS mit der NAM, 4 f., in: BBA 138/1402.

145 Ebd., 1 f.; AR Ruhrgas am 28. April 1965, 3, 8, in: AEGC 01002155381.

gebiet zurückzuführen.[146] Die Gasversorgung Süddeutschland hatte dagegen das Angebot einer Beteiligung an den Verhandlungen abgelehnt, und schon kurz darauf sollten sich die Gründe für diese Entscheidung zeigen.[147]

Bei den ersten offiziellen Verhandlungen mit der Ruhrgas Ende März 1965 verpflichtete sich die NAM Gas-Export zwar, die Lieferungen nach Deutschland zunächst auf maximal neun Mrd. und später 13 Mrd. Kubikmeter pro Jahr zu beschränken – eine aus Sicht des Bergbaus gerade noch erträgliche Menge. Zugleich wurde aber deutlich, dass Esso und Shell weiterhin nicht ohne weiteres bereit waren, ihre Dominanz im deutschen Markt komplett aufzugeben. So forderten sie als Gegenleistung für ihr Entgegenkommen erneut die alleinige Verantwortung für den Bau und Betrieb der Hauptleitung über die Thyssengas. Der Vorstand der Ruhrgas beharrte dagegen auf der Grundsatzvereinbarung vom Februar, die die Ansprüche des Unternehmens auf eine direkte Beteiligung festschrieb.[148] Zu seiner großen Überraschung erklärten die NAM-Vertreter jedoch in diesem Kontext, dass seit Jahresbeginn auch Verhandlungen mit der Gasversorgung Süddeutschland und der Gas-Union liefen und der Abschluss eines Importvertrages über eine Plateaumenge von sechs Mrd. Kubikmetern pro Jahr bevorstehe. Dies war ein klarer Bruch des Gemeinschaftsabkommens zwischen den süddeutschen Gesellschaften und der Ruhrgas von 1963. Im Spitzengespräch Anfang April 1965 beendeten die Gasversorgung Süddeutschland und die Gas-Union dann sämtliche Kooperationspläne mit dem Hinweis auf die Durchsetzung ihrer ursprünglichen Ziele, eines Erdgaseinkaufes durch die Ferngasgesellschaften unabhängig von den deutschen Produzenten und dem deutschen Steinkohlenbergbau.[149]

Damit war eine deutschlandweite Lösung der Marktneuordnung vorerst nicht mehr erreichbar. Die NAM Gas-Export hatte mit dieser Volte jedoch erneut nur einen Teilerfolg erreichen können und musste sich schon kurz darauf dem von Kienbaum über den Leitungsbau erzeugten Einigungsdruck beugen. Im Mai 1965 unterzeichneten die NAM Gas-Export und die Ruhrgas einen Vorvertrag über den Einkauf von 3,5 Mrd. Kubikmetern niederländischen Erdgases pro Jahr mit einer Mengenaufbauphase von neun Jahren, einer Option über

---

146 Ebd., 3 ff.

147 Aktenvermerk Reintges über seine Besprechung mit Kohl und Laurin am 9. Februar 1965 in Bonn, in: BBA 138/1402.

148 AR Ruhrgas am 14. September 1965, 2, in: AEGC 01002155381; Tätigkeitsbericht Ruhrgas, 2. Quartal 1965, 4, in: BBA 32/3596.

149 Aktenvermerk Reintges, 31. März 1965, in: BBA 138/1402; Entwurf eines Aktenvermerkes Laurins zur Stuttgarter Besprechung, in: BBA 138/1402; Aktenvermerk Reintges, 2. Juli 1965, über Verhandlungen der GVS/GU sowie der Ruhrgas mit der NAM, in: BBA 138/1402.

weitere vier Mrd. Kubikmeter pro Jahr mit einer Geltungsdauer bis 1990 sowie einer extremen Flexibilität durch Intervalllieferungen in einem Korridor zwischen 3.500 und 8.760 Stunden pro Jahr bei einer Mindestabnahme von 70 Prozent der kontrahierten Jahresmenge (Take-or-pay-Klausel).[150] Der Vertrag enthielt darüber hinaus eine Revisionsklausel zur Preisanpassung bei veränderteren wirtschaftlichen Verhältnissen und einen Vorbehalt des niederländischen Wirtschaftsministeriums. Die bislang in den Ruhrgas-Verträgen übliche harte Demarkation der Absatzgebiete scheiterte am Widerstand von Esso und Shell und der Skepsis, ob eine solche nicht gegen den EWG-Vertrag verstieß, wie Schelberger bemerkte.[151] Für die Ruhrgas war das eine völlig neue Situation, denn damit verfügte sie erstmals in ihrer Geschichte über kein sicheres Absatzgebiet mehr, sondern musste die Möglichkeit eines Direktvertriebs durch die NAM Gas-Export tolerieren.[152] Mitte Juli 1965 folgte der Abschluss des Liefervertrages mit der NAM Gas-Export, der der Ruhrgas auch eine 50prozentige Beteiligung an dem jetzt freigegebenen ersten Abschnitts der von Thyssengas beantragten Hauptimportleitung von der niederländischen Grenze in den Kölner Raum einräumte. Die Deutsche Gesellschaft für Gastransport wurde damit bedeutungslos und im Frühjahr 1968 aufgelöst.

Die Hauptleitung wurde in drei Streckenabschnitte gegliedert und der Bau und Betrieb drei 1967 neugegründeten Gastransportgesellschaften übertragen. Der erste Teil führte von Zevenaar/Emmerich mit Abzweigungen nach Duisburg, Düsseldorf, Wuppertal, Mönchengladbach und Aachen linksrheinisch in den Kölner Raum, überquerte dort den Rhein und endete bei Bergisch-Gladbach. An der zuständigen Nordrheinischen Erdgastransport GmbH (NETG) waren die Ruhrgas und Thyssengas zu jeweils 50 Prozent beteiligt,[153] an der für den Weiterverlauf bis Rüsselsheim verantwortlichen Mittelrheinischen Erdgastransport GmbH (METG), die Ruhrgas mit zwei Dritteln sowie Esso und Shell zu je einem Sechstel. Bei der Süddeutschen Erdgastransport GmbH (SETG), die

150 Entwurf des Liefervertrages, [o. D., Mai 1965], in: BBA 138/1402.

151 Das Bundeskartellamt stellte dagegen noch 1965 Demarkationsabreden ausdrücklich vom gesetzlichen Kartellverbot frei, um den weiteren Übergang von der Orts- zur Ferngaswirtschaft und den Aufbau eines auf Erdgas basierenden Verbundsystems nicht zu behindern. Umfassend zum Themenkomplex EWG und Energierecht: BBA 138/1404.

152 Tätigkeitsbericht Ruhrgas, 2. Quartal 1965, 2 f., in: BBA 32/3596; Aktenvermerke Schelberger und Deckers sowie Münstermann (GBAG) über die Besprechung am 26. Juli 1965 zwischen Vertretern von Esso und Shell sowie von Vertretern der Ruhrgas-Aktionäre und des deutschen Steinkohlenbergbaus über gaswirtschaftliche Fragen, in: BBA 55/1828 und BBA 55/1833. Zur Leitungsplanung siehe: HKR G 2/659 und HKR G 2/660.

153 Schon Mitte 1968 übernahm die Ruhrgas die Thyssengas-Anteile an der NETG. Kauf- und Abtretungsvertrag vom 16. Mai 1968, in: HKR G 2/3248.

den vorläufigen Abschluss bis Mannheim betreute, kam es zu einer paritätischen Gesellschafterstruktur der Ruhrgas, den beiden bei der Schwestergesellschaft engagierten Konzerntöchtern sowie der Gas-Union als Regionalverteiler.[154] Anfang Oktober 1968 wurde das Pipelinesystem vollständig in Betrieb genommen.[155]

Im Herbst 1965 wurden dann die Modalitäten zur Beteiligung der Erdgasproduzenten an der Ruhrgas entwickelt, die nicht nur das Außenverhältnis zu den neuen Aktionären, sondern gerade das Innenverhältnis der Altaktionäre betrafen, wo diverse Sonderinteressen zu berücksichtigen waren. Ähnliches galt für das komplexe Beziehungsgeflecht unter den Erdgasgesellschaften. Der Vorstand der Ruhrgas führte daher parallel Verhandlungen mit der Brigitta, der Erdgas-Verkaufs-Gesellschaft und den Bergbauunternehmen.[156] Esso und Shell legten im November ein verbindliches Angebot zum Engagement der Brigitta vor, das im Rahmen einer gesonderten Konsortialabmachung zwei der wichtigsten Forderungen der Ruhrgas bzw. des Ruhrbergbaus akzeptierte und damit auch die Regelungen des NAM-Liefervertrags revidierte: den Verzicht auf eigenständige Aktivitäten im angestammten Ruhrgas-Versorgungsgebiet und die Zusage eines 50prozentigen Stimmanteils des Ruhrbergbaus für den Fall, dass die Branche bei weiteren Veränderungen der Anteilseignerstruktur nicht mehr über die Hälfte der Ruhrgas Aktien verfügte.[157]

Das Konzept sah somit eine grundsätzliche paritätische Beteiligung des Ruhrbergbaus und der Erdgasseite an der Ruhrgas vor. Über eine schrittweise Kapitalerhöhung der Ruhrgas von insgesamt bis zu 50 Mio. D-Mark auf dann

---

154 Noch 1968 übernahm die Ruhrgas fast alle Anteile der Gas-Union und erreichte so eine Beteiligung von 49,875 % am süddeutschen Erdgastransport. AR Ruhrgas am 13. März 1968 zu Verhandlungen über Erdgaslieferungen nach Süddeutschland, 2, in: AEGC 01002155381; AR Ruhrgas am 10. Dezember 1968, 10, in: AEGC 01002155383; Fritz Tuppeck, *Ferngastransport in der Bundesrepublik heute und morgen*, in: GWF 108 (1967), 67–69; Hans-Albert Kraeft, *Die Fortschritte des deutschen Erdgas-Importsystems*, in: ET 17 (1967), 105–106; *Beteiligungen an westdeutschen Erdgastransportgesellschaften*, in: GWF 110 (1969), 631–632; HKR G 2/622.

155 Kurt Schiffauer, *Die Nord-Süd-Erdgas-Pipelines in Westdeutschland*, in: Ruhrgas AG (Hg.), Gesammelte Berichte aus Betrieb und Forschung der Ruhrgas Aktiengesellschaft, H. 17 (1969), 21–29.

156 AR Ruhrgas am 14. September 1965, 4, in: AEGC 01002155381; Aktenvermerk der Rechtsabteilung der Hütten- und Bergwerke Rheinhausen AG zu den Neuordnungsplänen, 7. Oktober 1965, in: BBA 20/381.

157 Dsgl., 9. und 22. November 1965, über Sitzungen der Aktionärsvorstände und des Koordinierungsausschusses der Ruhrgas am 8. und 20. November 1965 zur Neuordnung, in: BBA 20/381; Niederschrift zur Sitzung des Koordinierungsausschusses und der Aktionärsvorstände der Ruhrgas am 20. November 1965, 2 f., in: TKA Hoe/9771; Niederschriften zu den Sitzungen am 6. Oktober 1965, 22. Oktober 1965 und 23. Oktober 1965, in: BBA 55/1842.

maximal 150 Mio. D-Mark im Jahre 1970 und die Abgabe von 25 Prozent der Bergbau-Altaktien sollten die Gewerkschaft Brigitta und die Erdgas-Verkaufs-Gesellschaft oder gegebenenfalls ein Ersatzkonsortium verschiedener deutscher Erdgasproduzenten jeweils ein Viertel der Ruhrgas-Anteile im Gesamtnominalwert von 75 Mio. D-Mark übernehmen. Da die Beteiligung der anderen deutschen Gesellschaften im Gegensatz zum sicheren Entschluss der Gewerkschaft Brigitta zu diesem Zeitpunkt noch nicht feststand, wurde ihr Anteil zunächst nur reserviert und der Verkauf der Altaktien beschränkt, um den 25prozentigen Anteil der Brigitta zu garantieren.[158] Anfang Januar 1966 verpflichtete sich die Brigitta gegenüber der Ruhrgas in einem Beteiligungsvertrag zur Übernahme von nominell 25 Mio. D-Mark neuer Aktien und 12,5 Mio. D-Mark alter Aktien zum Gesamtpreis von 75 Mio. D-Mark bzw. 37,5 Mio. D-Mark in fünf Teilschritten bis Oktober 1969. Unabhängig von der Höhe der nominellen Beteiligung erhielt die Brigitta weiterhin für alle Gremien von Beginn an das volle Stimmrecht für die Zielquote von 25 Prozent und die der Bergbauseite ähnelnde Zusicherung, auch bei einer nicht die Hälfte erreichenden Gesamtbeteiligung der Erdgasseite nicht majorisiert zu werden.[159] Den bis Ende 1989 geltenden Vertrag schloss eine Meistbegünstigungsklausel für alle weiteren Regelungen zur Erdgas-Verkaufs-Gesellschaft ab. Gleichzeitig vereinbarten beide Seiten die Bereitstellung von jährlich 2,6 Mrd. Kubikmetern Erdgas mit einem Lieferziel von sieben Jahren, eine Angebotspflicht für neu aufgefundene Mengen und eine gewisse Abnahmepflicht. Eine außerordentliche Hauptversammlung der Ruhrgas genehmigte bereits Ende November 1965 diese bis dahin wohl größte Umwälzung in der Geschichte des Unternehmens.[160]

Die Neuordnung der Anteilseignerstruktur der Ruhrgas bedingte sowohl eine vollständige Neuregelung der Beziehungen der Altaktionäre untereinan-

---

158 Der Kurs der Neuaktien betrug 300 %, der der alten 332 %, um einen Ausgleich für den Gegenwert der beim Beteiligungsprozess nicht berücksichtigten, weil von den Erdgasunternehmen aufgrund des Preiserhöhungseffekts nicht gewünschten und folglich mit dem Buchwert aus der Ruhrgas herausgelösten Beteiligung an der Kohleverwertungsgesellschaft mbH mit ihrem Aktienpaket der Chemischen Werke Hüls zu schaffen. Die Ruhrgas war an der Kohleverwertung mit einem Drittel und diese mit 25 % an den Chemischen Werken Hüls beteiligt. Weitere Aktionäre der Kohleverwertungsgesellschaft waren die Gelsenberg Benzin AG und die Steag. AR Ruhrgas am 6. Juni 1963, 2, in: AEGC 01002155378; AR Ruhrgas am 14. September 1965, 5, in: AEGC 01002155381.

159 Beteiligungsvertrag zwischen Gewerkschaft Brigitta und Ruhrgas, 7. Januar 1966 [Abschrift], 5 f., in: TKA Hoe/9773.

160 Niederschrift der außerordentlichen HV Ruhrgas am 26. November 1965, in: BBA 20/381; Aktenvermerke der Rechtsabteilung der Hüttenwerk Oberhausen AG (HOAG) vom 19. November 1965 und 8. Dezember 1965 über die außerordentliche HV Ruhrgas, in: TKA A/25550; Leitfaden, 24. November 1965, zur außerordentlichen HV Ruhrgas, in: TKA Hoe/9771.

der als auch zur Ruhrgas, deren Vorstand hier zwei Ziele verfolgte. Auf der einen Seite schien es nach den Erfahrungen der Vergangenheit dringend geboten, zur Wahrung der Interessen der Kokereigaswirtschaft des Ruhrbergbaus und Absicherung der Ruhrgasorganisation ein einheitliches Vorgehen des 50prozentigen Bergbau-Anteils bei allen zukünftigen Entscheidungen sicherzustellen. Nur eine straffe Poolung machte eine Veräußerung von Aktien unmöglich und verhinderte dauerhaft eine ungewollte Mehrheit der Erdgasproduzenten. Auf der anderen Seite mussten die Belange des größten Einzelaktionärs, der GBAG, berücksichtigt werden, die weiterhin die Aufrechterhaltung ihrer Schachtelbeteiligung an der Ruhrgas beanspruchte und zudem die vollständige Übernahme der Kohleverwertungsgesellschaft zur Gewinnung einer Schachtel an den Chemischen Werken Hüls anstrebte.[161] Schon früh waren sich die Ruhrgas-Aktionäre darin einig, die Aktien des Bergbaus zu diesem Zweck in einer Trägergesellschaft zusammenzufassen und alle bisher mit der Ruhrgas bestehenden Verträge im Hinblick auf die Beteiligung der Erdgasseite zu überprüfen.[162] Die Anteile der Kohleverwertungsgesellschaft sollte eine zweite Trägergesellschaft übernehmen. Beide Unternehmen wurden ebenfalls parallel zur Hauptversammlung der Ruhrgas Ende November 1965 gegründet.

Die zunächst auch als „Ruhrgas-Beteiligungsgesellschaft" bezeichnete „Trägergesellschaft 1" erhielt aus steuerrechtlichen Gründen und da keine sonstigen Aspekte zugunsten einer anderen Konstruktion überwogen die Rechtsform einer Personengesellschaft.[163] Hier bot sich die Kommanditgesellschaft (KG) trotz der Problematik an, dass diese eine natürliche Person als Komplementär benötigte, deren Name im Namen der KG enthalten sein musste, und zahlreiche Fragen zu Stimmrechten, Gewinnbeteiligung und Haftungsbefreiung des Komplementärs zu klären waren. Die Wahl fiel auf Karl Bergemann, Vorstandsmitglied der Rheinpreußen AG. Die Ruhrgas-Altaktionäre brachten nach der Gründung der Bergemann KG ihre gesamten, nicht zur Abgabe an die Erdgasunternehmen vorgesehenen Aktien als Haftungseinlagen in das neue Unternehmen ein und erhielten im Gegenzug als Kommanditisten einen entsprechenden Anteil. Zweck der Bergemann KG waren „Geschäfte jeder Art" und Unternehmensbeteiligungen sowie „insbesondere der Verkauf

161 Niederschrift der Aufsichtsratssitzung der Ruhrgas am 14. September 1965, 5, in: AEGC 01002155381.

162 Ebd.

163 Niederschrift über die Sitzung des Vertragsausschusses der Ruhrgas am 22. Oktober 1965, 2, in: TKA Hoe/9771; Niederschrift der Sitzungen am 15. Juli 1965, 27. Juli 1965, 15. September 1965, 27. September 1965, 5. Oktober 1965 und 22. Oktober 1965, in: BBA 55/1843.

von Gasgeräten und die Beteiligung an der Ruhrgas in Essen".[164] Als Geschäftsführer des bis zum Jahr 2000 unkündbaren Unternehmens fungierte Bergemann, der von einem Beirat kontrolliert wurde. Die Gesellschafter verfügten über ein Vorkaufsrecht sowohl von Anteilen der Bergemann KG als auch der Ruhrgas. Die Vorrechte der GBAG zur Sicherung des Schachtelprivilegs regelte ein eigener Satzungsabschnitt.[165]

Die Beteiligung der Ruhrgas an der Kohleverwertungsgesellschaft wurde an die „Trägergesellschaft 2" verkauft, an der alle Altaktionäre in Relation ihres Ruhrgas-Anteils partizipierten.[166] Im Januar 1966 wurde die Übertragung abgeschlossen. Bereits 1967 gab die GBAG ihre Anteile an der Kohleverwertungsgesellschaft samt ihren Chemische Werke Hüls-Aktien über die Hibernia an die Farbenfabriken Bayer AG ab. Das komplexe Vertragswerk zur Neuordnung der Ruhrgas umfasste damit die Gründungsverträge der Trägergesellschaften, die Verträge der Kommanditisten der Bergemann KG mit dem persönlich haftenden Gesellschafter Karl Bergemann, den Vertrag zwischen der Bergemann KG und der GBAG, deren Erklärung der Legitimationsübertragung auf die Bergemann KG und abschließend den Beteiligungsvertrag zwischen der Gewerkschaft Brigitta und der Ruhrgas sowie deren Altaktionären. Dieser war inhaltlich weitgehend identisch mit dem Vertrag zwischen der Ruhrgas und der Brigitta.[167]

Vor diesem Hintergrund belastete die noch nicht erfolgte Einbindung der süddeutschen Gaswirtschaft in die Neuordnung der Branche die Beziehungen und damit auch die Situation der Ruhrgas. Von der Presse in Adaption ihrer älteren Berichterstattung als „Zweiter Süddeutscher Gaskrieg" tituliert, entwickelte sich hier erneut – wenn auch unter veränderten Vorzeichen und mit weiteren Teilnehmern – eine Lage, die der von der Ruhrgas gerade überwundenen nicht unähnlich schien. Nachdem Anfang der 1960er Jahre darum gestritten worden war, ob im süddeutschen Raum eigene, kommunale Ferngasgesellschaften die Versorgung übernehmen sollten, drehte es sich nun vorrangig um

---

164 KG-Vertrag der Trägergesellschaft 1 (Fassung vom 26. November 1965), §§ 2–4, in: TKA Hoe/9399 und BBA 20/381.

165 Ebd., §§ 33 f.; Niederschrift 61. AR GBAG am 1. Dezember 1965, TOP 9: Neuordnung der Ruhrgas, in: BBA 55/910; Aktenvermerk Frensemeyer (ATH) für den ATH-Vorstandsvorsitzenden Hans-Günter Sohl, 18. November 1965, über die Neuregelung der Ruhrgas zur Aufsichtsratssitzung am 1. Dezember 1965, 3–5, in: TKA A/25501.

166 Ebd.; Aktenvermerk der Rechtsabteilung der HOAG vom 8. Dezember 1965 über die Neuordnung der Ruhrgas und die Trägergesellschaft 2, in: TKA A/25550.

167 TKA Hoe/9402; BBA 20/381, darunter insbesondere der Gründungsvertrag der Kohleverwertungs-Beteiligungsgesellschaft mbH, 26. November 1965, und das notarielle Protokoll des Geschäftsanteilskauf- und Abtretungsvertrages vom 12. Januar 1966; Radzio, *Veba*, 205 ff.

die Frage, wer in Zukunft den Erdgasbedarf in Süddeutschland deckte.[168] Die Ruhrgas befand sich dabei in einer guten Ausgangsposition, denn sie besaß seit Herbst 1963 das prophylaktische Abkommen mit der Gas-Union und der Gasversorgung Süddeutschland, das unter anderem den gemeinsamen Einkauf ausländischen Erdgases vorsah. Dies brachte eine gewisse Kontrolle über die Aktivitäten von Esso und Shell, gerade auch im Zusammenhang mit dem jetzt erneut diskutierten Pipelineimport von algerischem Gas. Und dies schien bald auch notwendig. Als sich im norddeutschen Raum 1964 der Widerstand der einheimischen Produzenten gegen Shell und Esso abzeichnete, begannen sie, ihre Aktivitäten auf Süddeutschland auszudehnen und boten den beiden Regionalversorgern im Oktober über die NAM einen Vertrag über die Lieferung von jährlich bis zu 5,9 Mrd. Kubikmetern Erdgas.[169] Eine solche, auf dem Niveau des Ruhrgas-Jahresabsatzes liegende Menge war zwar auf dem Markt selbst bei zuversichtlichsten Prognosen in absehbarer Zeit nicht abzusetzen, aber die Verantwortlichen bei der Gasversorgung Süddeutschland und der Gas-Union ersuchten nun den Vorstand der Ruhrgas, sie aus der vertraglichen Bindung zu entlassen, was dieser auch akzeptierte. Infolge einer völligen Fehleinschätzung über den Gasbedarf und die wirtschaftliche Leistungsfähigkeit ihrer süddeutschen Geschäftspartner erreichte die NAM mit der überzogenen Abnahmeverpflichtung, dem Zwang zum Einkauf zusätzlicher Mengen und nicht tragbaren Preisvorstellungen allerdings exakt das Gegenteil ihrer Absicht.

Die beiden Regionalversorger unterzeichneten nun im Frühjahr 1965 einen Vorvertrag nach Maßgabe des Angebots, allerdings wuchsen bald bei einigen Gesellschaftern der Gasversorgung Süddeutschland die Unsicherheit und Zurückhaltung angesichts der hohen Kosten für die eigenen Leitungsnetze. Die Erosion der Beziehungen animierte andere Anteilseigner wie die Rhein-Neckar AG zur Aufnahme eigener Verhandlungen mit der NAM.[170] Während die Gasversorgung Süddeutschland sich schließlich gegen jede Verbindung entschied, nutzte die Gas-Union im September 1966 die Gelegenheit, 1,1 Mrd. Kubikmeter pro Jahr zu kontrahieren, auch wenn mit diesem Schritt unausweichlich die Auflösung der engen Kooperation mit der Schwestergesellschaft verbunden war.[171] Außerdem vereinbarte sie mit Esso und Shell die gemeinsame Verlänge-

---

168 Herbert Schelberger, *Die öffentliche Gaswirtschaft steht vor einer neuen Epoche*, in: Industriekurier, Sonderbeilage Energie (Oktober 1965), III.

169 Aktenvermerk Ruhrgas „Ferngasversorgung in Süddeutschland", [o. D.], 6 f., in: RR 104-04-11.

170 Ebd., 7 f.

171 *Differenzen um Erdgasliefervertrag NAM-GVS*, in: EKEP 19 (1966), 463; *Vertrag NAM-GU rechtskräftig*, in: EKEP 20 (1967), 53; Ruhrgas an AR, 2. Juni 1966, in: AEGC 01002155378.

rung der Haupttransportleitung vom bisherigen Endpunkt in Rüsselsheim bis nach Mannheim im Rahmen der Süddeutschen Erdgas-Transportleitung. Das abschließende Tauziehen um den süddeutschen Gasmarkt begann im Herbst 1967 mit der Fertigstellung der Hauptleitung zwischen der niederländischen Grenze und Hessen.

Die Bemühungen von Esso und Shell richteten sich auch nach der Einigung mit der Erdgas-Verkaufs-Gesellschaft und der indirekten Beteiligung an der Ruhrgas auf ein Quasimonopol in der deutschen Gaswirtschaft über den Umweg Süddeutschland. Dies war wenig verwunderlich, kontrollierten sie mit den Gewerkschaften Elwerath, bei der sie im Juni 1967 Wintershall herausgekauft hatten,[172] und Brigitta mittlerweile doch bereits drei Viertel der deutschen Erdgasförderung, über die NAM Gas-Export die niederländischen Exportmengen und über ihr Engagement bei der Thyssengas bedeutende Teile des deutschen Vertriebsnetzes.[173] Nun offerierten sie der Gas-Union, der Gasversorgung Süddeutschland, der Bayerngas und der Saar Ferngas in einem zweiten Anlauf die gemeinsame Gründung einer „Süddeutschen Erdgasgesellschaft", in der die vier Unternehmen verschmolzen und mit einem aufgestockten Liefervertrag von jährlich 7,7 Mrd. Kubikmetern versorgt werden sollten.[174] Der Plan sah eine 50prozentige Beteiligung der Konzerne und jeweils ein Achtel für die kommunalen Gesellschafter vor. Während diese ihre Sacheinlagen eingebracht hätten, wollten Esso und Shell das Grundkapital durch eigene Bareinlagen verdoppeln und damit die wirtschaftliche Konsolidierung der äußerst heterogenen Partner garantieren. Und gerade hinter dieser Unterschiedlichkeit verbarg sich neben der Mengenproblematik der Anfang vom Ende des Konzepts. Während Bayerngas und Saarferngas finanziell gesund waren, arbeiteten die Gas-Union und vor allem die Gasversorgung Süddeutschland am Rande der Insolvenz, sodass hier schon 1966 Überlegungen zu einer Rettung durch das Land Baden-Württemberg aufgekommen waren.[175] Der süddeutsche Raum besaß weiterhin die Schlüsselfunktion im Kampf um Marktanteile, denn im Falle einer erfolgreichen Umsetzung wäre der Konkurrenz hier durch die völlige Abhängigkeit der vier Bundesländer von Esso und Shell keinerlei Spielraum mehr geblieben. Un-

---

172 *Änderung der Besitzverhältnisse bei Elwerath*, in: EKEP 20 (1967), 130.

173 Schon nach Unterzeichnung des Vorvertrags war dieses Ziel klar gewesen. *Thyssengas plant schnellen Erdgasfeldzug*, in: Industriekurier (31. 7. 1965).

174 *Ein Erdgasmonopol am süddeutschen Markt?*, in: Industriekurier (13. 2. 1968), in: BBA 32/1455; *Tauziehen um den süddeutschen Erdgasmarkt. Erringen Esso und Shell eine Monopolstellung?*", in: Handelsblatt (30. 11. 1967).

175 *Gasversorgung Süd in finanziellen Schwierigkeiten*, in: Stuttgarter Zeitung (17. 8. 1966), in: BBA 138/1402; *Landesbeteiligung an Gas Süddeutschland?*, in: Industriekurier (29. 11. 1966), in: BBA 32/1455.

übersehbar waren auch die weitreichenden Folgen. Mit einem dann wohl mehr als 80prozentigen Anteil am in Deutschland angebotenen Erdgas und einer rund 60prozentigen Beteiligung am Vertrieb hätte die Marktmacht von Esso und Shell ausgereicht, die deutschen Produzenten nach und nach zu verdrängen und auch den gesamten bundesdeutschen Markt vor potenziellen anderen ausländischen Lieferanten wie Algerien und Russland abzuschotten.

Für die Ruhrgas, die Mobil Oil und die Wintershall, die nun gemeinschaftlich handelten, war ein solches Szenario beunruhigend, aber letztlich noch nicht gefährlich. Die sich schon über Jahre hinschleppenden Verhandlungen, die starre Haltung der Niederländer und ihre eigene schwache Verhandlungsposition machte die süddeutschen Gesellschaften nicht aufgeschlossener gegenüber dem revolutionierenden Angebot. Außerdem entsprach es nicht den Vorstellungen des bayerischen Wirtschaftsministers Schedl, der schon eigene Projekte zum Bezug algerischen und russischen Gases verfolgte und daher kein besonderes Interesse an einer Beteiligung der Bayerngas zeigte.[176] In einer diplomatischen Politik der kleinen Schritte traten die drei Unternehmen nun an die regionalen Anbieter heran und entzogen damit dem Vorhaben von Esso und Shell sukzessive den Boden. Die Grundlage bildete der Vorschlag der Ruhrgas, dass jede der vier Ferngasgesellschaften individuelle Einkaufsverträge mit Anbietern ihrer Wahl abschloss und nur die tatsächlich benötigten Mengen einkaufte.[177] Die schon länger mit der Ruhrgas vertraglich verbundene Saar Ferngas verabschiedete sich daraufhin Ende 1967 als erste aus dem von den Konzernen umworbenen Kreis.[178] Schon zuvor hatten Gespräche der Ruhrgas mit der Gas-Union auch hier die Bereitschaft für eine Annäherung ergeben, sodass ein weiterer Stein aus dem Konzept der Konzerne herauszubrechen drohte.

Die Ruhrgas bot ihr die Übernahme des kaum zu erfüllenden Liefervertrags über 1,1 Mrd. Kubikmeter pro Jahr an, eine Belieferung ohne feste Mindestabnahmepflichten zu wettbewerbsfähigen, also niedrig kalkulierten Preisen sowie abschließend eine 25prozentige Beteiligung, um das Grundkapital zu erhöhen und die finanzielle Schieflage zu beseitigen. Ein ähnliches Angebot erhielt

---

176 Per Högselius, *Red Gas. Russia and the Origins of European Energy Dependence*, New York 2013, 70 ff.; *Bis 1970 soll das erste Erdgas fließen*, in: FAZ (20. 9. 1966); *Erdgas-Konsortium nimmt Gestalt an. Bayern hofft auf billige Lieferungen aus Algier und Libyen*, in: Die Welt (20. 9. 1966).
177 AR Ruhrgas am 13. März 1968 zu Erdgaslieferungen nach Süddeutschland, 2, in: AEGC 01002155381.
178 Im Dezember 1967 nach Unterzeichnung eines Erdgasliefervertrages mit der Ruhrgas im Volumen von 600 Mio. m³/a und einer Option von 300 Mio. m³/a. Krämer, *Saar Ferngas*, 407.

die Gasversorgung Süddeutschland in Kooperation der Ruhrgas mit Wintershall. Neben Lieferungen von jährlich 1,2 Mrd. Kubikmetern zu ebenso weichen Konditionen galt es auch hier, das Unternehmen mittels einer von beiden zu übernehmenden stillen Beteiligung in Höhe von 25 Prozent unter der Bedingung zu konsolidieren, dass auch das Land Baden-Württemberg den gleichen Anteil übernahm. Für die Bayerngas sah das Konzept in Zusammenarbeit mit der Mobil Oil vor, nach der absehbaren Erschöpfung der einheimischen Lagerstätten jährlich zwei Mrd. Kubikmeter nach München zu liefern.[179] Diesen umfassenden Zugeständnissen und verlockenden Angeboten konnten Esso, Shell und die NAM wenig entgegensetzen.

Um sich nicht aus Süddeutschland zurückziehen zu müssen, blieb ihnen kaum mehr, als an der Gründung einer gemeinsamen Ferngasgesellschaft – gleich in welcher Form – festzuhalten. Längst kursierten Nachrichten über eine weitere Ausdehnung der sicheren Reserven in den Niederlanden, die das dortige Gasmonopol der NAM gefährdeten und von der deutschen Konkurrenz als Grund für die Eile der Ölkonzerne im Herbst 1967 nach bis dahin verhaltener Verhandlungspolitik gewertet wurden.[180] Auch die GBAG war bei ihrer Explorationstätigkeit in den Niederlanden fündig geworden, besaß aber noch keine Förderkonzession. Folglich wurde vermutet, dass Esso und Shell möglichst schnell noch ihre Mengen in den Markt drücken wollten, bevor andere Anbieter auftraten. Auch dem Vorstand der Ruhrgas konnte an der Zunahme der gasliefernden Konkurrenz nicht gelegen sein, doch lehnte er das Angebot einer Beteiligung an der projektierten „Süddeutschen Erdgasgesellschaft" mit der Absicht ab, die neue Gesprächsbereitschaft zur Durchsetzung eigener Vorstellungen zu nutzen. Es war klar, dass an der Ruhrgas nun nichts mehr vorbeiführen würde.[181] Die Situation sollte sich schon bald auszahlen, denn noch im Februar 1968 beendete eine Reihe von Gesprächen zwischen Vertretern der Ruhrgas und der NAM endgültig alle Alleingänge.[182] Diese hatte erkannt, dass ihre weitreichenden Pläne weder wirtschaftlich noch politisch durchsetzbar waren und nur eine enge Kooperation mit der Ruhrgas die Sicherheit dafür bot, auch weiterhin steigende Gasmengen in Deutschland absetzen zu können. Unterstützend wirkte dabei für den Vorstand der Ruhrgas die aktuelle Entwick-

---

179 *Erdgasversorgung des bayerischen Raumes von Norddeutschland aus?*, in: EKEP 20 (1967), 694.

180 *Die Erdgasreserven von Slochteren*, in: EKEP 20 (1967), 384.

181 AR Ruhrgas am 13. März 1968 zu Verhandlungen über Erdgaslieferungen nach Süddeutschland, 2, in: AEGC 01002155381.

182 Ebd.; *Die Zukunft des süddeutschen Erdgasmarktes. Ruhrgas steigt in die Preise der NAM ein – Anzeichen für Einigungsversuche*, in: Handelsblatt (24.1.1968).

lung auf den internationalen Gasmärkten, denn die Unterzeichnung der Verträge zwischen Österreich und der Sowjetunion über den Bezug von jährlich bis zu 1,5 Mrd. Kubikmetern Erdgas stand unmittelbar bevor; und damit der erste Erdgasexport von Ost- nach Westeuropa überhaupt.[183] Für die NAM zeichnete sich mit dieser neuen Konstellation das Ende ihrer herausragenden Position in Deutschland ab – und dies zu einem Zeitpunkt, als der einheimische, niederländische Markt erste Sättigungserscheinungen zeigte.

Das Ergebnis war eine ungeahnte Kompromissbereitschaft, die rasch zu einer Grundsatzvereinbarung über eine umfassende Kooperation führte. Diese beinhaltete das Recht, eigene oder gemeinsame Lieferverträge für Süddeutschland abzuschließen, „die langfristig jede Gesellschaft gleichberechtigt im süddeutschen Markt partizipieren und diesen auch für Erdgasangebote aus anderen Quellen offen lassen" sollten.[184] Dazu respektierte die NAM die zwischen der Ruhrgas, der Saarferngas und der Gasversorgung Süddeutschland vereinbarten Gaslieferungen, den Eintritt der Ruhrgas in den Liefervertrag zwischen der Gas-Union und der NAM, der nun auf eine Zielmenge von 2,5 Mrd. Kubikmetern pro Jahr ab 1980 aufgestockt wurde, sowie die Übernahme des dazugehörenden Transportvertrags von der niederländischen Grenze nach Rüsselsheim. Weiterhin akzeptierte sie die Konsolidierung der Gas-Union durch eine Beteiligung der Ruhrgas im Umfang von 25 Prozent, während die Ruhrgas im Gegenzug das Angebot einer stillen Beteiligung an der Gasversorgung Süddeutschland zurückzog und so Platz für ein Engagement von Esso und Shell freimachte. Mit dem Land Baden-Württemberg, das ein Viertel des auf 100 Mio. D-Mark aufgestockten Kapitals übernahm, und der treuhänderisch für ihre Gesellschafter eine stille Einlage von 30 Mio. D-Mark haltenden Gewerkschaft Brigitta gewann die Gasversorgung Süddeutschland jetzt ihrerseits potente Partner.[185]

Dass die Ruhrgas die Mitglieder der Erdgas-Verkaufs-Gesellschaft nicht wie vorgesehen zur Jahreswende 1965/66 zusammen mit der Gewerkschaft Brigitta in den Kreis der Aktionäre hatte integrieren können, lag vor allem an deren Verärgerung über die aus ihrer Sicht wechselhafte Haltung des Ruhrbergbaus.

---

183 *Österreich erhält ab Oktober Erdgas aus der Sowjetunion*, in: Handelsblatt (4.6.1968).

184 AR Ruhrgas am 13. März 1968 zu Verhandlungen über Erdgaslieferungen nach Süddeutschland, 2, in: AEGC 01002155381; *Versorgung des süddeutschen Raumes mit Erdgas*, in: EKEP 21 (1968), 184.

185 AR Ruhrgas am 13. März 1968 zu Verhandlungen über Erdgaslieferungen nach Süddeutschland, 3 f., in: AEGC 01002155381; AR Ruhrgas am 10. Dezember 1968, 8, in: AEGC 01002155381; *Erdgas für Südwestdeutschland*, in: EKEP 21 (1968), 372; *Auf solider Finanzbasis in die Erdgasphase*, in: Industriekurier (3.10.1968), in: BBA 32/1455.

Dabei hatten die Erörterungen mit den EVG-Mitgliedern etwa zeitgleich zu den Verhandlungen mit Esso und Shell begonnen. Noch Anfang Februar 1965 formulierten beide Seiten in einer Erklärung das gemeinsame Ziel, alle deutschen Erdgasproduzenten mit 50 Prozent an der Ruhrgas zu beteiligen.[186] Und selbst als die Brigitta erklärte, eine Beteiligung nicht über eine gemeinsame Trägergesellschaft, sondern direkt anzustreben, war die Erdgas-Verkaufs-Gesellschaft bereit, diesem Weg zu folgen. Die eigenständigen Verhandlungen der Brigitta und die Einigung über die Erdgasimporte aus den Niederlanden hintertrieben nun aber zusehends die mit dem Hannover-Konzept und der Gründung der Deutschen Gesellschaft für Gastransport verbundenen Hoffnungen der anderen deutschen Produzenten auf eine bedeutende oder gar bestimmende Funktion innerhalb der neuen deutschen Gaswirtschaft. Trotz eines entsprechenden Angebotes der Ruhrgas zeigten sich die Unternehmen daher im Verlauf des Jahres 1965 nicht mehr zu Spitzengesprächen bereit.[187] Der Ruhrgas-Vorstand sah die Situation angesichts der sichtbaren Fortschritte bei der Einigung mit den Mineralölkonzernen zunehmend gelassen, denn die vergleichsweise geringe Lieferpotenz der EVG-Mitglieder machte eine Beteiligung nicht unbedingt notwendig. Auf der anderen Seite hielt Schelberger diese aber allein aus „marktpolitischen Gründen" für wünschenswert. In umgekehrter Perspektive galt das aber auch für die Erdgas-Verkaufs-Gesellschaft, und so erkannte der Ruhrgas-Chef schon im Herbst 1965 erste Anzeichen einer Annäherung und die Bereitschaft „in Zukunft konstruktiver verhandeln" zu wollen.[188]

Anfang 1966 begannen erneut Spitzengespräche, bei denen die Mitglieder der Erdgas-Verkaufs-Gesellschaft ihr Interesse an einem Beitritt zur Ruhrgas bestätigten und sich gleichzeitig bereiterklärten, eine Einigung unabhängig von früheren energiepolitischen Überlegungen wie dem Hannover-Papier anzustreben. Aufgrund der beschränkten Liefermöglichkeiten, begrenzter Mittel und aus Sorge, zukünftige größere deutsche Vorkommen aufgrund anderweitiger Verträge der Ruhrgas nicht über diese absetzen zu können, überwogen bei der Erdgas-Verkaufs-Gesellschaft jedoch schon bald wieder die Zweifel, sodass die Verhandlungen kaum vorankamen.[189] Im Oktober 1966 schied die Wintershall AG dann auch mit der Begründung aus dem Interessentenkreis aus, dass sich bei ihrem absehbaren Förderpotenzial eine solche Investition zu einem Aktien-Preis von 300 Prozent nicht rentiere.[190] Der wirkliche Hintergrund war

186 Interner Aktenvermerk der Ruhrgas „Bemühungen der Ruhrgas um den Bezug von Erdgas", o. D., 17, in: RR 104-04-11.

187 Ebd., 17 f.

188 AR Ruhrgas am 14. September 1965, 4, in: AEGC 01002155381.

189 AR Ruhrgas am 6. Juni 1966, 5, in: AEGC 01002155381.

190 Vertragsausschuss Ruhrgas am 15. Juli 1967, 2, in: TKA Hoe/9773.

jedoch eine interne Umorientierung, die 1968 zur Übernahme des Unternehmens durch die BASF führte.[191] Nach dieser Entscheidung und im Hinblick auf die im Vergleich zur Brigitta ebenfalls unsichere Einschätzung der künftigen gaswirtschaftlichen Möglichkeiten sprachen sich die verbliebenen EVG-Mitglieder Mobil Oil, Deilmann, Elwerath, Deutsche Schachtbau und Preussag für eine auf 15 Prozent reduzierte Beteiligungsquote aus.[192] Auch der Vorstand der GBAG musste dies akzeptieren, obwohl er seinen Teil zu den zähen Verhandlungen beigetragen und schon im Frühjahr 1966 klargestellt hatte, dass er eine unter 25 Prozent liegende Beteiligung nicht tolerieren und über die Sperrminorität der GBAG bei der Ruhrgas verhindern würde. Der Hintergrund dieser Entscheidung ist nicht nachvollziehbar, doch waren wohl wie auch immer geartete Überlegungen bei der GBAG ausschlaggebend, „die Verwertung der Ruhrgasbeteiligung erneut zu überdenken".[193]

Der Abschied von Wintershall bedeutete eine höhere Einzelbelastung und vor allem die umständliche Neuordnung der Verhältnisse innerhalb der weiterbestehenden Erdgas-Verkaufs-Gesellschaft. Nach dieser Grundsatzentscheidung wurde der Ruhrgas-Beteiligungsvertrag nach Vorbild des Brigitta-Vertrages verhandelt und als Entwurf fertig gestellt.[194] Bald herrschte eine grundsätzliche Einigkeit über die wichtigsten Vertragsbestimmungen. Als Vertragspartner wurden die Ruhrgas, die Bergemann KG, die Altaktionäre, die Brigitta, die beitrittswilligen Gesellschaften sowie die Schubert KG als vorgesehener Zusammenschluss dieser Unternehmen vorgesehen.[195] Schwierigkeiten bereiteten dagegen diverse Sonderwünsche der Mobil Oil sowie die Klärung des Innenverhältnisses der Schubert KG – Aspekte, auf die der Vorstand der Ruhrgas teilweise nur geringen Einfluss hatte.[196] Im März 1968 konnten endlich die Verträge unterzeichnet und von einer außerordentlichen Hauptversammlung der Ruhrgas genehmigt werden.[197] Das Vertragswerk bestand aus

---

191 Helmut Ernst, *Wie Wintershall zu BASF kam*, Kassel 2001; *BASF übernimmt Wintershall*, in: EKEP 21 (1968), 748.

192 Vertragsausschuss Ruhrgas am 15. Juli 1967, 2, in: TKA Hoe/9773.

193 Aktennotiz Münstermann (GBAG), 4. August 1966, zur Ruhrgasbeteiligung als Vorbereitung für die anstehenden Gespräche zur Beteiligung der EVG, in: BBA 55/1829.

194 Die Diskussionen drehten sich vor allem um Fragen der technischen und wirtschaftlichen Anpassung aller Lieferverträge und Preise sowie die Regelung von Durchleitungsrechten. Vertragsausschuss Ruhrgas am 15. Juli 1967, 2 f., in: TKA Hoe/9773; Vertragsausschuss Ruhrgas am 20. Juli 1967, 2 ff., in: TKA Hoe/9773.

195 Als Komplementär fungierte der Hannoveraner Rechtsanwalt Otto Schubert. Vertragsausschuss Ruhrgas am 15. Juli 1967, 3, in: TKA Hoe/9773.

196 Ruhrgas an Vertragsausschuss, 19. Januar 1968, in: TKA Hoe/9773.

197 AR Ruhrgas am 15. Februar 1968, 2, in: AEGC 01002155381.

dem Beteiligungsvertrag zwischen der Ruhrgas und ihren Aktionären auf der einen Seite sowie der Schubert KG und ihren fünf Kommanditisten auf der anderen Seite. Dazu kamen zwischen der Ruhrgas und jedem Schubert-Gesellschafter abzuschließende gaswirtschaftliche Vereinbarungen.[198] Wie bei der Gewerkschaft Brigitta enthielt das Paket einen Liefervertrag mit einem Ziel von 1,6 Mrd. Kubikmetern pro Jahr nach einer siebenjährigen Aufbauphase und entsprechenden Vereinbarungen über die Abrechnungsgrundlage sowie ein Demarkationsabkommen, das Wintershall jedoch ausnahm und ihr als einzigem, nicht der Ruhrgas beigetretenen Mitglied die rechtliche Möglichkeit einräumte, Lieferungen in das Ruhrgas-Versorgungsgebiet vorzunehmen. Die Preise orientierten sich an den Vorgaben der NAM.[199] Nachdem im Herbst 1968 endlich alle offenen Details mit Wintershall geklärt worden waren, entfielen auch die letzten Vorbehalte.[200] Esso und Shell waren nun sowohl über die Brigitta als auch über die Gewerkschaft Elwerath bei der Ruhrgas engagiert und verfügten somit über einen umfassenden Einblick in die Entwicklungen auf der Erdgasseite. Im April 1969 wurden die Gewerkschaften Brigitta und Elwerath unter dem Dach der BEB Gewerkschaften Brigitta und Elwerath Betriebsführungsgesellschaft mbH (50 Prozent Deutsche Shell AG und 50 Prozent Esso AG) vereinigt.

Die Neuordnung der Ruhrgas war nach Ablauf aller Fristen aus den Gründungsverträgen der Bergemann KG und der Schubert KG, Durchführung der meisten Aktienübertragungen und Volleinzahlung des Grundkapitals von nun 145 Mio. D-Mark am 1. Januar 1971 weitgehend abgeschlossen. Am Grundkapital beteiligt waren nun die Gewerkschaft Brigitta zu 25 Prozent, die Schubert KG zu 15 Prozent, die Bergemann KG, einschließlich der Schachtelbeteiligung der GBAG, zu 56,06 Prozent[201] und drei nicht über die Bergemann KG, sondern unmittelbar engagierte Altaktionäre zu 3,94 Prozent.[202] Aus Sicht des Ruhrbergbaus konnte diese Entwicklung als Erfolg bezeichnet werden, da er statt

198 Ebd., 2 f.; Beteiligungsvertrag zwischen Schubert KG, ihren Kommanditisten und Ruhrgas sowie deren Aktionären, der Bergemann KG und der Gewerkschaft Brigitta, 23./28. März 1968 [blanko], in: TKA Hoe/9773, BBA 55/1827 und BBA 55/1830; Entwürfe, in: BBA 55/1831 (Stand 10. 1. 1968) und BBA 55/1832 (Stand 1967).

199 AR Ruhrgas am 15. Februar 1968, 2 f., in: AEGC 01002155381; Vertragsausschuss Ruhrgas am 15. Juli 1967, 4, in: TKA Hoe/9773.

200 Lagebericht Schelberger AR Ruhrgas am 10. Dezember 1968, 12, in: AEGC 01002155381.

201 GBAG direkt 25 % oder 36,25 Mio. D-Mark und Bergemann KG 31,06 % oder 45,0417 Mio. D-Mark.

202 Aktenvermerk Rechtsabteilung HOAG, 13. Dezember 1968, zur Beteiligung an der Ruhrgas, in: TKA A/25550. Gewerkschaft Auguste Victoria (BASF), Heinrich Bergbau AG und Steinkohlenbergwerke Matthias Stinnes AG.

einer paritätischen Beteiligung der Erdgasunternehmen weiterhin über eine Mehrheit von 60 Prozent verfügte, die er zwar nicht zu deren Majorisierung einsetzen durfte, ihn aber überproportional von den Gewinnen der Ruhrgas profitieren ließ. Für den Vorstand der Ruhrgas war mit der Neuordnung nicht nur eine weitere Emanzipation vom Ruhrbergbau verbunden, sondern insgesamt auch eine größere Flexibilität bei der Durchsetzung von Entscheidungen, da im Aufsichtsrat nun vier Gruppen mit unterschiedlichen Interessen saßen, die sich in eigenen Aushandlungsprozessen befanden. Noch viel wichtiger erschien es jedoch, dass mit Ausnahme der Wintershall nun alle deutschen Erdgasunternehmen über komplexe Verträge fest mit der Ruhrgas verbunden waren. Auch die Deutsche BP, die erst ab 1969 eine eigene Erdgasbasis in Deutschland aufbaute, verfügte nun nach zähen Verhandlungen über eine nachträglich erworbene geringe Beteiligung.[203] 1978/79 sollte BP dann zu einem der maßgeblichen Ruhrgas-Aktionäre aufsteigen.

Auch die sich bereits 1966 abzeichnende Gründung der Ruhrkohle AG als Einheitsgesellschaft des Ruhrbergbaus Ende November 1968 erleichterte den Abschluss der Ruhrgas-Neuordnung nicht, herrschte doch weitgehende Unklarheit über die Beteiligungsstrukturen.[204] Die neue Gesellschaft sollte eine 50prozentige Beteiligung der Bergemann KG erwerben, saß aber noch bis Ende 1970 auf verschiedenen, nicht ausgeübten Optionen diverser Zechengesellschaften, während andere Kommanditisten aufgrund der Aufgabe des Bergbaus eine Kooperation kategorisch ablehnten.[205] Dazu kamen Außenseiter wie die Contigas als ehemalige Eigentümerin der Zeche Westfalen. Von Beginn an zeigte sich, dass die Montanunternehmen wie bereits bei der Verteilung der sonstigen Vermögenswerte auch im Falle der Ruhrgas keinesfalls geneigt waren, ihre Position aufzugeben. Ungeniert pokerten sie erfolgreich um die Höhe der in die Ruhrkohle einzubringenden Ruhrgas-Anteile, indem sie geschickt zwischen dem Besitz der Bergbautöchter und der Stahltöchter trennten, den sie nicht abzugeben beabsichtigten. So drehten sich die Diskussionen vor allem um den Verzicht auf das in den Bergemann-Verträgen verankerte Angebotsverfahren, die damit zusammenhängende Änderung des Gesellschaftsvertrages und die im November 1969 schließlich erfolgreiche Durchsetzung des

203 Ruhrgas an Aktionäre, 20. August 1970, zur BP-Beteiligung, in: TKA Hoe/9772. Bei der Ruhrgas erreichte der Vorgang noch nicht einmal den Aufsichtsrat.

204 Farrenkopf, *Wiederaufstieg*, 226 ff.; Nonn, *Ruhrbergbaukrise*, 347 ff.; Hans-Helmut Kuhnke, *Die Ruhrkohle AG im Rahmen der Neuordnung des Steinkohlenbergbaus*, in: Reintges u. a. (Hrsg.), Jahrbuch 62 (1969), 13–55, hier 32 ff.

205 Aufstellung der Kommanditisten der Bergemann KG und ihrer Anteilseinbringung in die Ruhrgas AG, Stand 20. Dezember 1971, in: AEGC 01002155387.

Ruhrkohle-Anspruches auf ein paritätisches Stimmrecht in den Gremien ungeachtet ihrer Beteiligung.[206]

Der Vorstand der Ruhrgas hatte auf der anderen Seite ein großes Interesse daran, dass die Altgesellschaften jeweils einen kleinen Teil ihres Bergemann-Kapitals hielten, um das Recht zur unmittelbaren Belieferung von Aktionären und Konzernwerken zu erhalten. Mit dem Übergang der Zechen und Verarbeitungsanlagen auf die Ruhrkohle musste zudem das umfangreiche Vertragswerk der Ruhrgas angepasst werden. Die Ruhrkohle übernahm zwar in Rechtsnachfolge die Lieferverträge, besaß aber zunächst noch keinen Bereitstellungsvertrag.[207] Dazu erreichte ihr Anteil an der Bergemann KG zunächst nur knapp 40 Prozent bei einem starken Bedeutungszuwachs der Stahlindustrie.[208] Es entstand ein regelrechtes Beteiligungskarussell mit zwischenzeitlich kaum noch zu überblickenden Strukturen.[209] In den 1970er Jahren kam es schließlich zu weiteren Verschiebungen im Kräfteverhältnis der Anteilseigner der Bergemann KG, die 1984 in eine GmbH umgewandelt wurde.[210]

Weitgehend unbeantwortet blieb zunächst die Klärung unterschiedlicher Auffassungen zu den Abrechnungsmodalitäten der Ruhrgas und zum Organschaftsverhältnis aller Beteiligten. Bei der Ruhrgas existierten zu den Kokereigaslieferungen, den Lieferungen der Erdgasaktionäre, den Erdgasfremd-

---

206 Ergebnis-Niederschrift über die gemeinsame Sitzung des Beirates und der Gesellschafterversammlung der Bergemann KG am 5. November 1969, in: TKA A/25550 sowie BBA 55/1837; Vereinbarung zwischen der Ruhrkohle AG und „den diesen Vertrag unterzeichnenden Gesellschaftern“ der Bergemann KG, 5. November 1969, in: TKA A/25550; Außerordentliche Gesellschafterversammlung der Bergemann KG am 18. Dezember 1969 zur Änderung des Gesellschaftsvertrages der Bergemann KG, in: TKA A/25550 und BBA 55/1837.

207 Lagebericht Schelberger AR Ruhrgas am 10. Dezember 1968, 11, in: AEGC 01002155383.

208 Liste der Gesellschafter der Bergemann KG, Stand 30. August 1972, in: TKA A/23289: Ruhrkohle AG 39,7 %, Mannesmann AG 16,0 %, Hoesch Werke AG 12,8 %, Deutsche Texaco AG 11,3 %, ATH 7,9 %, Veba AG 4,8 %, Fried. Krupp Hüttenwerke AG 4,1 %, dazu rund 20 weitere Kommanditisten mit jeweils weniger als 1 %.

209 Verkauf und Übertragung von Anteilen der Bergemann KG zwischen 1966 und 1984, in: TKA Hoe/7243 und Hoe/7244 sowie TKA A/29672; AR Ruhrgas am 10. Dezember 1968, 8. Dezember 1969, 21. April 1970, 10. Juli 1970, 27. August 1970 und 16. Dezember 1970, jeweils 1, in: AEGC 01002155383.

210 Zur Verschiebung von Anteilen an der Bergemann KG unter den Anteilseignern, Erhöhung der Kommanditeinlage aufgrund von Kapitalerhöhungen der Ruhrgas und aus diesen Gründen seit 1975 laufenden Umfirmierungsüberlegungen siehe: TKA A/29672; Vorlage zur gemeinsamen Sitzung des Beirates und der Gesellschafterversammlung der Bergemann KG am 5. September 1975, in: TKA A/23289. Zur Eignerstruktur vgl. Entwurf zum Gesellschaftsvertrag der Bergemann GmbH, [o. D., 1984], Anlagen 1 und 1a [in Klammern: realer Ruhrgas-Anteil]: Ruhrkohle AG 51,8 % (17,4 %), Mannesmann AG 23,5 % (8,2 %), Hoesch Werke AG 13,3 % (4,6 %), Deutsche Texaco AG 10,1 % (3,5 %), Rest unter 1 %.

lieferungen und zur sonstigen Geschäftstätigkeit vier verschiedene Abrechnungskreise, die zahlreiche Grundsatzfragen zur Aktionärsvergütung, Dividendenpolitik, einer gemeinsamen oder getrennten Abrechnung von Erdgas und Kokereigas sowie den Kokereigas-Präferenzen aufwarfen.[211] Das Hauptziel der Erdgasaktionäre war ein möglichst hoher Erdgaslieferpreis, hinter denen das Interesse einer Dividende stark zurücktrat. Die Altaktionäre nahmen aber nach der Gründung der Ruhrkohle AG keine eigenständigen Gaslieferungen an die Ruhrgas mehr vor und waren folglich allein von einer guten Eigenkapitalverzinsung über eine möglichst hohe Dividendenausschüttung abhängig. Dies ließ sich jedoch nur dann erreichen, wenn der Aktionärserdgaspreis in etwa den Fremdlieferantenpreisen, also den marktüblichen Werten entsprachen. Zugleich sorgte die Gefahr einer steuer- oder sogar strafrechtlich relevanten verdeckten Gewinnausschüttung dafür, dass kein unangemessenes Verhältnis zwischen den beiden Preisen eintrat.[212] Im November 1969 schlug die Brigitta vor, das System grundlegend zu ändern und die Möglichkeit eines Ergebnisabführungsvertrages zwischen den Ruhrgas-Aktionären und der Ruhrgas zu diskutieren.[213] Der Widerstand des Ruhrgas-Vorstands und der Bergemann KG gegen diese, bald auch von der Schubert KG unterstützte Forderung avancierte 1971 zum sogenannten „Gewinnverwendungsstreit", an dessen Ende 1973 nach langwierigen Diskussionen eine Gleichstellung aller Gasmengen stand. Deren Grundregel bot dann bis in dieses Jahrtausend Anlass zu regelmäßiger öffentlicher Kritik an der Preispolitik der Ruhrgas: die Umstellung des Anlegbarkeitsprinzips auf das Mineralöl durch die „Heizölklausel" bzw. „Ölpreisbindung".[214]

---

211 Aktennotiz Kraus (GBAG), 30. Oktober 1969, über die Sitzung der Geschäftsführung der Bergemann KG am 30. Oktober 1969 zu den Abrechnungsmodalitäten bei der Ruhrgas, in: BBA 55/1840; Memorandum der Ruhrgas vom 20. Januar 1970 zur Jahresabrechnung 1968, in: BBA 55/1840.

212 Aktenvermerk Deckers zur Organschaft zwischen Ruhrgas-Aktionären und Ruhrgas vom 19. Januar 1970, in: BBA 55/1840.

213 Brigitta an Ruhrgas-Aktionäre vom 14. November 1969, in: TKA Hoe/7034.

214 Heinrich Machowski, *Die Heizölklausel gewährleistet den Wettbewerb zwischen Heizöl und Erdgas*, in: GWI 19 (1970), 486–487; Wolfgang Stannek, *Die Anwendung des § 315 BGB auf Gaslieferverträge*, Paderborn 2008, 31 f.; Kurt Heseler, *Erdgaspreise auf expandierenden Wettbewerbsmärkten*, in: Energiewirtschaftliches Institut der Universität Köln (Hg.), Preisbildung in der Energiewirtschaft. Vorträge und Diskussionsberichte der 19. Arbeitstagung am 13. und 14. Oktober 1976 in der Universität Köln, München 1977, 158–184, hier 169 ff. Schon 1976 bemängelte die Monopolkommission in ihrem ersten Hauptgutachten die Verhinderung einer Marktpreisbildung unter Wettbewerbsbedingungen durch die Ölpreisbindung. Monopolkommission (Hg.), *Hauptgutachten 1973/75: Mehr Wettbewerb ist möglich*, Baden-Baden 1976, 345 f.

Die Vereinbarungen markierten den Abschluss des Wandels der Ruhrgas von einem weitgehend profitlosen Vertriebskartell des Ruhrbergbaus zu einem auf Gewinnerzielung ausgerichteten Wirtschaftsunternehmen, das nicht mehr von Sonderinteressen einzelner Aktionäre abhängig war. Der Vorstand konnte sich von nun an auf die Optimierung des Geschäftes konzentrieren, ohne dabei den Einsatz bestimmter Gasarten oder deren Herkunft berücksichtigen zu müssen. Insbesondere wurde die Einschleusung neuer Erdgasmengen, die sich in Preisniveau, Lieferkonditionen und Qualität von dem bisher vertriebenen Gas unterschieden, wirtschaftlich und technisch enorm erleichtert. Aus Sicht des Vorstands der wichtigste Aspekt war allerdings die vollständige Bindung des weiteren Mengenpreises an das Niveau der Hauptkonkurrenzenergie schweres Heizöl. Dies stellte sicher, dass sich die Wettbewerbsfähigkeit des eingekauften deutschen Erdgases auch bei wesentlichen Veränderungen des Heizölpreisniveaus nicht verschlechterte.[215] Das war auf der anderen Seite auch ein wichtiger Grund für die Mineralölkonzerne zur Zustimmung zum neuen System, denn sie profitierten ihrerseits von diesem Schutzmechanismus, der eine Preisschere vermied und Verbraucher vom Umstieg auf günstigeres Erdgas aus anderen Quellen abhielt. Die Ölbindung traf aber auch auf das Interesse der Industriekunden, denn bei der Industrieversorgung wären langfristige, relativ starre Lieferverträge nach Vorbild der großen Ruhrgas-Bezugsverträge nicht durchzusetzen gewesen. Mit der Orientierung an der hinsichtlich des Anbieterspektrums und des Transports erheblich flexibleren Konkurrenzenergie gewann auch das Erdgas gewissermaßen die Flexibilität, um überhaupt ein brauchbares Marktpotenzial zu entfalten. Eher unbeabsichtigt und durch den Zufall der geografischen Lage bedingt, bot die Entwicklung schließlich die Grundlage dafür, dass Deutschland über die Ruhrgas zum Zentrum des entstehenden europäischen Ferngasverbundes werden konnte. Fast zwangsläufig führten die umfassenden und vielseitigen Kooperationen aller Produktions- und Vertriebsgesellschaften aber auch zu einer enormen Konzentration in der Gaswirtschaft mit entsprechenden wettbewerbsabschwächenden Strukturen.[216]

An der Spitze der Verflechtungen stand die Ruhrgas, die unmittelbar oder mittelbar mit allen relevanten Akteuren der Branche entweder durch Beteili-

---

215 Vorlage zu TOP 3 AR Ruhrgas am 28. August 1973: Zustimmung der Aktionäre zu den Vereinbarungen und Niederschrift der Sitzung, 5–7, in: AEGC 01002155390; Hans Karl Schneider/Walter Schulz, *Die Gaspreisbildung nach dem Anlegbarkeitsprinzip*, München 1977.

216 Monopolkommission (Hg.), *Hauptgutachten 1973/75*, 330 ff.; Hans Michaelis, *Die deutsche Gaswirtschaft im ersten Zweijahres-Gutachten der Monopolkommission*, in: ET 27 (1977), 139–145; Walter Mönig u. a., *Konzentration und Wettbewerb in der Energiewirtschaft*, München 1977, 570 ff.

gungen oder durch Lieferverträge verbunden war und den Mittelpunkt des Branchenoligopols bildete. Damit war das Mitte der 1960er Jahre formulierte politische Ziel, im Erdgassektor die Entwicklung der Mineralölwirtschaft zu vermeiden und deutschen Unternehmen eine gewisse Mindestposition zu sichern, jedoch nicht vollständig erreicht worden. Von den zwölf Mrd. Kubikmetern Erdgas, die 1970 in Deutschland vertrieben wurden, stammten zwar 3,8 Mrd. oder 32 Prozent aus deutscher Förderung, doch waren davon gerade ein Fünftel oder insgesamt sechs Prozent von Unternehmen in deutschem Besitz produziert worden.[217] Bei den Vertriebsgesellschaften sah die Situation anders aus. Während der Regionalvertrieb weitgehend in Händen der Länder und Kommunen lag, war der Fernvertrieb in etwa gleich stark zwischen deutschem und ausländischem Besitz aufgeteilt. Das starke Engagement der Ruhrgas im Leitungssektor tendierte hier jedoch in Richtung eines technischen Monopols. Das gilt auch für den Marktanteil der Ruhrgas, der über zwei Jahrzehnte stabil bei rund einem Drittel des in der Bundesrepublik abgesetzten Gases gelegen hatte und mit der Aufnahme des Erdgasvertriebs bis 1970 auf rund 40 und 1972 auf 45 Prozent stieg, um bald die 50-Prozent-Marke zu überschreiten. Der Anteil ausländischer Unternehmen bzw. ihrer deutschen Tochtergesellschaften an der Ruhrgas erreichte rund 35 Prozent.[218] Und gerade in dieser Perspektive relativierte sich der Aspekt der Marktbeherrschung, denn die Ruhrgas benötigte eine gewisse Größe, um ihre Konkurrenzfähigkeit als Käufer auf dem internationalen Markt zu sichern und gegenüber den die Anbieterseite dominierenden Staats- und Mineralölkonzernen überhaupt eine entsprechende Verhandlungsposition zu erlangen.[219] Damit kann die Marktmacht der Ruhrgas auch als politisch gewollte Kompensation für die deutsche Position auf dem Energiemarkt angesehen werden.

---

217 Übersicht der wichtigsten Erdgaslieferverträge in der Bundesrepublik, Ende 1969, bei Norbert Sandner, *Die Bedeutung des Erdgases für die Energiewirtschaft der Bundesrepublik Deutschland*, in: Glückauf 105 (1969), 1.184–1.199, hier 1.194.

218 Brigitta 25,0 %, Elwerath 3,75 %, Mobil Oil 3,75 %, Deutsche Texaco 2,8 %.

219 U. Dolinski, *Fragen der Gaspreisbildung als Folge der Interdependenzen zwischen internationalem Erdgasbeschaffungsmarkt und Erdgasabsatzmarkt in der Bundesrepublik Deutschland*, in: BWK 29 (1977), 435–439.

Tab. 5: Eigentumsverhältnisse der Unternehmen der bundesdeutschen Erdgaswirtschaft, Stand Ende 1969.[220]

Unternehmen/Sitz	Kapital Mio. D-Mark/ Kuxe	Anteilseigner (Anteil in Prozent)[221]
Bayerische Ferngas GmbH (Bayerngas), München	2,35	Stadt München (50,0) Stadt Augsburg (34,0) Stadt Regensburg (10,5) Stadt Landshut (5,5)
Bergemann KG, Essen	45,04	Ruhrkohle AG (41,4) Mannesmann AG (16,0) Hoesch-Werke AG (12,8) Deutsche Texaco AG (11,2) August Thyssen-Hütte AG (7,9) Veba AG (4,8) Concordia AG (2,7) Div. Unternehmen des Bergbaus (Rest)
Deutsche Erdgas Transport Gesellschaft mbH (DETG), Frankfurt	0,1	Ruhrgas AG, Essen (50,0) Deutsche Shell AG, Hamburg (25,0) Esso Erdgas GmbH, Hamburg (25,0)
Energieversorgung Weser-Ems GmbH (EWE), Oldenburg	48,0	Landeselektrizitätsverband Oldenburg (74,0) Preußische Elektrizitäts-Aktiengesellschaft, Hannover (26,0)
Erdgas-Verkaufs-Gesellschaft mbH (EVG), Münster	6,0	C. Deilmann AG, Bentheim (10,0) Deutsche Schachtbau- und Tiefbohrgesellschaft mbH, Lingen (5,0) Gewerkschaft Elwerath, Hannover (25,0) Mobil Oil AG in Deutschland, Hamburg (25,0) Preussag AG, Hannover (10,0) Wintershall AG, Celle/Kassel (25,0)
Ferngas Nordbayern GmbH (FGN), Bamberg	10,0	Ruhrgas AG, Essen (40,0) Saar-Ferngas AG, Saarbrücken (40,0) Freistaat Bayern (20,0)

220 Eigene Zusammenstellung aus den Akten; Sandner, *Bedeutung*, 1192; Commerzbank AG (Hg.), *Wer gehört zu wem?*, Düsseldorf [17]1970; Horn, *Energiepolitik*, 66 f.; Monopolkommission (Hg.), *Hauptgutachten 1973/75*, 337 ff.; Horst Siegmund, *Die Ferngasgesellschaften der Bundesrepublik Deutschland. Eine statistische Analyse*, in: ET 15 (1965), 19–25.
221 Werte teilweise gerundet.

Tab. 5 (fortgesetzt)

Unternehmen/Sitz	Kapital Mio. D-Mark/ Kuxe	Anteilseigner (Anteil in Prozent)[221]
Gas-Union GmbH (GU), Frankfurt	59,4	Main-Gaswerke AG, Frankfurt (37,7) Ruhrgas AG, Essen (25,9) Städtische Werke AG, Kassel (10,10) Stadt Göttingen (6,7) Kraftwerke Mainz-Wiesbaden AG, Mainz (6,7) Stadt Mainz (5,4) Stadtwerke Wiesbaden AG, Wiesbaden (5,4) Stadtwerke Fulda (2,0)
Gasversorgung Süddeutschland GmbH (GVS), Stuttgart	80,0	Technische Werke der Stadt Stuttgart AG, Stuttgart (25,4) Land Baden-Württemberg (25,0) Gewerkschaft Brigitta (25,0) Energie- und Wasserwerke Rhein-Neckar AG, Mannheim (17,5) Stadt Baden-Baden Stadt Freiburg Stadt Göppingen Stadt Pforzheim Stadt Reutlingen Stadt Ulm Südwestgas GmbH, Stuttgart (gemeinsam 7,1)
Gewerkschaft Brigitta, Hannover	100 Kuxe	Esso AG, Hamburg (50,0) Deutsche Shell AG, Hamburg (50,0)[222]
Gewerkschaft Elwerath, Hannover	100 Kuxe	Esso AG, Hamburg (50,0) Deutsche Shell AG, Hamburg (50,0)[223]
Mittelrheinische Erdgastransport GmbH (METG), Essen	30,0	Ruhrgas AG, Essen (66 ⅔) Shell Petroleum N.V., Den Haag (16 ⅔) Standard Oil Company (New Jersey), New York (16 ⅔)
Nordrheinische Erdgastransport GmbH (NETG), Duisburg-Hamborn/Essen	46,0	Ruhrgas AG, Essen (50,0) Thyssengas AG, Duisburg-Hamborn (50,0)

222 Über die BEB.
223 Über die BEB.

Tab. 5 (fortgesetzt)

Unternehmen/Sitz	Kapital Mio. D-Mark/ Kuxe	Anteilseigner (Anteil in Prozent)[221]
Ruhrgas AG, Essen[224]	131,667	Gelsenberg AG, Essen (27,8)[225] Weitere Bergwerksgesellschaften (4,7) Bergemann KG, Essen (27,5) Gewerkschaft Brigitta, Hannover (25,0) Schubert KG, Münster (15,0)
Saar-Ferngas Aktiengesellschaft (Saarferngas), Saarbrücken	30,0	Saarbergwerke AG (21,0) Land Rheinland-Pfalz (15,2) Stadt Saarbrücken (15,6) Gaz de France, Paris (10,0) Hüttenwerke des Saarlandes (21,0) Städte und Landkreise des Saarlandes (15,7) Städte der Pfalz (1,6)
Salzgitter Ferngas GmbH, Salzgitter	20,0	Salzgitter Hüttenwerke AG (100,0)
Schubert KG, Hannover	19,75	C. Deilmann AG, Bentheim (10,0) Deutsche Schachtbau- und Tiefbohrgesellschaft mbH, Lingen (5,0) Gewerkschaft Elwerath, Hannover (25,0) Mobil Oil AG in Deutschland, Hamburg (25,0) Preussag AG, Hannover (10,0)
Süddeutsche Erdgas Transport Gesellschaft mbH (SETG), Frankfurt	6,0	Ruhrgas AG, Essen (49,875) Gas-Union GmbH, Frankfurt (0,125) Shell Petroleum N. V., Den Haag (25,0) Standard Oil Company (New Jersey), New York (25,0)
Thyssengas AG, Duisburg-Hamborn	52,0	Stichting Administratiekantoor Thyssengas AG, Rotterdam (50,0) Standard Oil Company (New Jersey), New York (25,0) Shell Petroleum N. V., Den Haag (24,0) N. V. Nederlandse Internationale Industrie- en Handel Maatschappij, Den Haag (1,0)

224 Nach Abschluss der Neuordnung Anfang 1971 bei einem voll eingezahlten Grundkapital von 145 Mio. D-Mark: Gelsenberg AG 25,0 %, weitere Bergbaugesellschaften 3,94 %, Bergemann KG 31,06 %, Brigitta 25,0 %, Schubert KG 15,0 %.

225 25 % nach Stimmrechtsübertragung durch die Bergemann KG vertreten.

Tab. 5 (fortgesetzt)

Unternehmen/Sitz	Kapital Mio. D-Mark/ Kuxe	Anteilseigner (Anteil in Prozent)[221]
Westfälische Ferngas AG (WFG), Dortmund	22,75	Landschaftsverband Westfalen-Lippe, Münster (39,3) Landesverband Lippe (4,9) 14 Landkreise (41,7) 24 Städte und Gemeinden (14,1)
Wintershall AG, Kassel	176,00	BASF (100,0)

Die Erdgasumstellung

Zur Eingliederung des Erdgases in das Ruhrgas-Vertriebsnetz bestanden grundsätzlich vier Möglichkeiten, von denen mit der Beimischung zur Heizwertaufbesserung und der Erdgasspaltung bei der Steinkohlengas AG zwei bereits 1960 Anwendung fanden, während der Direktvertrieb und die Erdgaskonvertierung erst in den folgenden Jahren entwickelt wurden.[226] Mit den zusätzlichen Erdgasmengen konnte die Dorstener Steinkohlendruckvergasung der Ruhrgas nun bei gleichbleibendem Kohlenverbrauch auf eine Kapazität von drei Mio. Kubikmetern pro Tag und damit auf die doppelte Leistung ausgebaut werden.[227] Damit erzeugte das Werk der Ruhrgas in Dorsten Anfang der 1960er Jahre nicht nur die Hälfte des deutschen Haushaltsverbrauchs, sondern wurde als mit Abstand größtes Gaswerk zur zentralen Drehscheibe des entstehenden Kokereigas-Erdgas-Verbundes. Obwohl der teure Betrieb bald im Hinblick auf die enormen Erdgasmengen – die Ruhrgas hatte 1967 für Mitte der 1970er Jahre 21 Mrd. Kubikmeter pro Jahr kontrahiert – immer unrentabler wurde, musste er zur Deckung des Kokereigasspitzenbedarfs weiter aufrechterhalten werden. Die in Dorsten schon länger betriebene Erdgasspaltung trat ebenfalls aus wirtschaftlichen Gründen zunächst dahinter zurück und erlebte erst in den 1970er Jahren

226 Vortrag Wunsch zur wirtschaftlichen Lage auf den Gasmärkten AR Ruhrgas am 27. Juli 1960, 3 f., in: AEGC 01002155378; K. Sigmund, *Umstellung einer Gasversorgung von Stadtgas auf Mischmethan (Erdgas-Luft-Gemisch)*, in: Gaswärme 8 (1959), 139–150.

227 In der umgehend errichteten und 1961 in Betrieb genommenen Anlage zur Konvertierung des Steinkohlengases wurde das im Gas enthaltene Kohlenoxyd mit Wasserdampf in Kohlensäure und Wasserstoff umgewandelt und dabei entgiftet. Dem so von Kohlensäure befreiten und konvertierten Gas konnte mehr Erdgas und Stickstoff aus der Luftzerlegungsanlage beigemischt werden. Das Mischgas entsprach der Ferngasnorm.

eine gewisse Renaissance.[228] Angesichts der latenten Unwirtschaftlichkeit der Steinkohlengas AG setzten Wunsch und Schelberger jedoch von Beginn an darauf, die Anlage zu umgehen.

Der bevorzugte Weg zur Einbindung des Erdgases in das Vertriebsnetz der Ruhrgas bestand im Direktanschluss von Großverbrauchern, insbesondere aus der Chemieindustrie und der Eisenhüttenindustrie. Die anfängliche Beschränkung auf solche Großkunden resultierte aus dem Zwang zum Leitungsbau und der brennwertinduzierten Umstellung von Heizanlagen und Öfen, die sich ohne größere Schwierigkeiten und Kosten nur hier realisieren ließ. Die Ruhrgas verlegte ab 1962 eine solche Erdgashauptleitung zwischen Duisburg und Dortmund, die später die Grundlage des deutschen Erdgasversorgungsnetzes bildete. Für die zweite Variante, die direkte Einspeisung in das Kokereigasnetz, testete die Ruhrgas in Zusammenarbeit mit dem Essener Gaswärmeinstitut das optimale Mischungsverhältnis, um die etablierten Gerätetypen verwenden zu können.[229] Ein Gemisch von 70 Prozent Koksgas, 16 Prozent Erdgas und 14 Prozent Luft besaß danach etwa dieselbe Eigenschaften wie Koksgas und war daher problemlos einsetzbar.[230] An den Schnittpunkten der Kokereigas- und Erdgasleitungen in Castrop-Rauxel und Bottrop wurden schließlich 1963 zwei Mischstationen errichtet, deren Betrieb das Gasgemisch allerdings gegenüber der reinen Erdgaslieferung verteuerte. Dennoch galt das unter dem Namen „Spinne" metaphorisch auf die potenzielle Entstehung eines neuen Leitungsnetzes hinweisende Projekt im Hinblick auf die rasche technische Umsetzbarkeit und mit vergleichsweise geringen Kosten von 20 Mio. D-Mark als vorrangiger Weg zur Einbindung des Erdgases.[231]

Die Neuordnung der Gesellschafterstruktur und der Lieferbeginn des niederländischen Erdgases im November 1966 über den ersten fertiggestellten Teil des „Großen Brummers" erforderten bei der Ruhrgas erhebliche organisatorische, technische und finanzielle Vorbereitungen. Mit der Zusammenfassung

228 Technische Grundlagen bei H. Hiller, *Spaltung von Methan unter Druck*, in: Gaswärme 8 (1959), 151–153.

229 Walther Wunsch, *Kokereigas und Erdgas in der öffentlichen Gasversorgung*, in: Gaswärme 13 (1964), 257–265, hier 263 f.

230 Fritz Herning, *Zur Fortleitung heterogener Gemische in Rohrleitungen*, in: Ruhrgas AG (Hg.), Gesammelte Berichte aus Betrieb und Forschung der Ruhrgas, Berichtsheft 9 (1960), 13–16; Christoph Brecht, *Reichgas als Mittel zur Einbeziehung des Kokereigases in eine Erdgaswirtschaft*, in: Ruhrgas AG (Hg.), Gesammelte Berichte aus Betrieb und Forschung der Ruhrgas, Berichtsheft 13 (1964), 7–12; Vortrag Wunsch zur wirtschaftlichen Lage auf den Gasmärkten AR Ruhrgas am 27. Juli 1960, 3 ff., in: AEGC 01002155378.

231 Vortrag Schelberger zur finanziellen Situation AR Ruhrgas am 27. Juli 1960, 2, in: AEGC 01002155381.

der bisher eigenständigen Verkaufsbereiche Kommunalgas, Industriegas und Gasverkauf an Aktionäre in einer Hauptabteilung Gasverkauf, die auch das Marketing übernahm, wurde diesen Anforderungen Rechnung getragen.[232] Da der Brennwert von Erdgas etwa doppelt so hoch wie der des klassischen Stadtgases und Ferngases war und sich zudem die Verbrennungseigenschaften unterschieden, mussten beim Übergang auf die Erdgasversorgung alle Gasgeräte in Industrie, Gewerbebetrieben und Haushalten umgestellt werden. Eine besondere Herausforderung bildete die Umstellung des Haushaltssektors angesichts der großen Anzahl an Geräten. Allein im Versorgungsgebiet der Ruhrgas waren rund 3,5 Mio. Geräte in zwei Mio. Haushalten betroffen, darunter vor allem Gasherde und -öfen, da bei der Raumbeheizung noch die Kohlefeuerung dominierte.[233] Die technischen Abteilungen des Unternehmens gingen anfangs davon aus, dass die Umstellung einer Stadt von 100.000 Einwohnern rund ein Jahr und das Gesamtprojekt mindestens zehn Jahre erfordern würden; ein Wert, der sich später stark verbesserte, sodass sich der benötigte Zeitraum erheblich verkürzte.[234] Bereits Anfang der 1970er Jahre bestanden nur noch in den Bergbaurevieren Kokereigasnetze, jedoch fast ausschließlich für Industriegaslieferungen, und selbst die Eisen- und Stahlindustrie begann schon früh, ihre Verbundwirtschaft auf die Integration von Erdgas einzurichten.[235] Die Ruhrgas verhandelte schon früh mit den Unternehmen der Branche und unterstützte die Eingliederung auch durch Vertragsanpassungen.[236] Von besonderer Bedeutung war die Umstellung der Kommunen, die eine Schlüsselstellung im Netz hatten, darunter Düsseldorf, Frankfurt und Hannover.

---

232 AR Ruhrgas am 16. Juni 1966, 2, in: AEGC 01002155381.

233 Christoph Brecht, *Erfahrungen bei der Umstellung von Stadtgas auf Erdgas auf Herden, Kühlschränken und Straßenbeleuchtungen*, in: GWF 108 (1967), 110–113.

234 Die Ruhrgas begann 1964 mit den Planungen, nahm 1966 die Umstellarbeiten in den äußeren Netzabschnitten auf, um die Kokereigasversorgung sukzessive auf die Kernregion Ruhrgebiet zurückzuführen, konnte schon 1968 mit dem Netz der FGN den letzten großen Fernleitungsabschnitt angehen und Anfang der 1970er Jahre das Projekt auch bei den Untertagespeichern weitgehend beenden. AR Ruhrgas am 2. Juli 1964, 5 f., in: AEGC 01002155378. AR Ruhrgas am 16. Juni 1966, 2, in: AEGC 01002155381; AR Ruhrgas am 10. Dezember 1968, 3, in: AEGC 01002155383.

235 Horst Wiedemann, *Die Erdgasumstellung von Industriebetrieben*, in: Ruhrgas AG (Hg.), Gesammelte Berichte aus Betrieb und Forschung der Ruhrgas, H. 17 (1969), 81–84; Walther Wunsch, *Möglichkeiten der Anpassung der Verbundwirtschaft der deutschen Hüttenwerke an die veränderten Grundlagen der Gasversorgung*, Düsseldorf 1967.

236 Siehe z. B. den Schriftwechsel der Ruhrgas mit der Gasbezugsgemeinschaft zum Vertragsabschluss, 1962–1966, zur Umstellung von Werken auf Erdgas bzw. zum Auslaufen des Kokereigasvertriebs sowie insbesondere die Niederschrift einer Besprechung zwischen der GBAG und der Schwerter Profil Eisenwalzwerke am 2. Juli 1965 zur Frage der Erdgasumstellung, in: BBA 55/1803.

Einen erheblichen Aufwand bildete im Vorfeld der Umstellung zunächst die Erfassung der Geräte durch systematische Zählung, Typisierung und Lokalisierung. Danach wurden Umstellungsbezirke gebildet, in denen dann die einzelnen Umstellungsschritte in möglichst kurzer Zeit umgesetzt wurden, um die Versorgungsausfälle auf das absolut notwendige Maß zu reduzieren. Es folgte die Beschaffung der erforderlichen Austauschmaterialien wie Brenner und Düsen, die Terminplanung und Information der Kunden und schließlich der eigentliche Austausch. Nach Abstellung der Versorgung wurden die Leitungen mit Erdgas gespült, die Geräte ausgebaut, vor Ort oder in mobilen technischen Zentralen umgebaut und schließlich nach einer technischen Prüfung wieder eingesetzt.[237] Diese Tätigkeiten übernahmen in der Regel beauftragte Dienstleister und Ingenieurdienste, u. a. auch die von der Ruhrgas zu diesem Zweck gründete diga GmbH.[238] Das Hauptproblem lag in der gleichzeitigen Versorgung mit Erdgas und Kokereigas innerhalb eines Gebietes. Angesichts stark verzweigter Netzabschnitte entwickelte die Ruhrgas daher schon 1964 ein patentiertes Verfahren, das diese Problematik löste.[239] Dabei wurde das Stadtgas in transportablen und leistungselastischen Anlagen am Ort der Umstellung in ein „Reichgas“ mit dem Erdgas vergleichbaren Verbrennungseigenschaften umgewandelt, was einen nahtlosen Übergang auf die Erdgaslieferung ermöglichte.[240] Insgesamt prognostizierte die Ruhrgas einen Kostenrahmen von etwa einer Mrd. D-Mark allein für die bundesweite Umstellung bei einem Gesamtinvestitionsbedarf der Gaswirtschaft von vier Mrd. D-Mark bis Anfang der 1970er Jahre.[241]

---

237 Georg Högenauer, *Probleme bei der Umstellung eines Stadtgasrohrnetzes auf Erdgas*, in: GWF 105 (1964), 1.005–1.011; Alfred Herrhausen, *Betriebswirtschaftliche Überlegungen, die bei der Umstellung auf Erdgas zu berücksichtigen sind*, in: GWF 107 (1966), 641–646.

238 Hasso Döring, *Über die Aufgaben des Ingenieurdienstes bei der Umstellung auf Erdgas*, in: Ruhrgas AG (Hg.), Gesammelte Berichte aus Betrieb und Forschung der Ruhrgas, H. 16 (1968), 1–6.

239 Presse-Information Ruhrgas, 28. Juli 1964, in: BBA 32/1455.

240 Harald Kremmer u. a., *Erdgaseinsatz in der öffentlichen Gasversorgung*, in: Laurien (Hg.), Taschenbuch, 756–809, hier 778 ff.

241 Peter-Josef Deckers, *Aktuelle Finanzierungsfragen in der öffentlichen Gaswirtschaft*, in: Energiewirtschaftliches Institut der Universität Köln (Hg.), Investitions- und Finanzierungsprobleme in der Energiewirtschaft, München 1968, 81–94, hier 93.

Abb. 20: Ruhrgas-Hauptverwaltung, 1980er Jahre.

Die Ruhrgas: Drehscheibe des europäischen Erdgasverbundes

Nach dem Mineralölboom der ersten beiden Nachkriegsjahrzehnte stand die westeuropäische Energiewirtschaft in den 1970er Jahren ganz im Zeichen des Kernkraft- und Erdgasbooms. Ausschlaggebend für die massive Mengenexpansion des Erdgases war die Erschließung neuer Vorkommen und die Gewinnung neuer Lieferanten. Neben die Niederlande traten Norwegen und vor allem die Sowjetunion, deren enorme Vorkommen bald zur Grundlage der bundesdeutschen Versorgung wurden. Was heute längst als Normalität angesehen wird, war aus zeitgenössischer Perspektive eine Sensation, markierten 1969 die Erdgas-Röhren-Verträge mit der Sowjetunion doch nicht weniger als das finanziell umfangreichste Ost-West-Geschäft der Nachkriegszeit. Sie waren zugleich Ausdruck des neuen politischen Stils, den Willy Brandt bereits als Außenminister eingeleitet hatte und nach seiner unerwarteten Wahl zum Bundeskanzler im Herbst 1969 konsequent umsetzte. Neben dem innenpolitischen Motto „Wir wollen mehr Demokratie wagen" richteten sich seine Bemühungen nach der jahrelangen deutschland- und ostpolitischen Stagnation vor allem auf eine Verbesserung der Beziehungen zur Sowjetunion und den anderen Staaten des Warschauer Paktes. Der „Wandel durch Annäherung" deckte sich dabei prinzipiell mit den Bemühungen der USA, wo der ab 1969 amtierende Präsident Richard Nixon ebenfalls eine gewisse Tauwetterpolitik verfolgte. Da zugleich die sowjetische Führung Bereitschaft zur Kooperation signalisierte, entstand eine historisch günstige Konstellation, die im Sommer 1970 den Moskauer Vertrag ermöglichte. Die Anerkennung des politisch-territorialen Status' in Europa und der allgemeine Gewaltverzicht bildeten als bahnbrechende Errungenschaften auch die Basis für den Grundlagenvertrag mit der DDR 1972. Die Regierung Brandt machte mit ihrer von heftigen Kontroversen begleiteten „Neuen Ostpolitik" den Weg für eine dauerhafte europäische Friedensordnung frei. Die nicht zuletzt über die Erdgaslieferverträge gepflegten wirtschaftlichen Beziehungen trugen dazu bei.

Ab 1970 befanden sich alle westeuropäischen Staaten in einem regelrechten Erdgasfieber, das innerhalb weniger Jahre einen grundlegenden Strukturwandel der Primärenergieversorgung einleitete. In der Bundesrepublik Deutschland hatte sich der Anteil des Erdgases am Gesamtenergieverbrauch durch den forcierten Ausbau der Inlandsförderung und den rasch anwachsenden Import aus den Niederlanden innerhalb von fünf Jahren fast verfünffacht, um sich bis 1973 auf dann zehn Prozent zu verdoppeln. Ab Ende der 1970er Jahre erreichte es das dann langjährig gehaltene Mittel von etwa 16 Prozent am

https://doi.org/10.1515/9783110542592-005

Primärenergieverbrauch. Das schon 1970 deutlich erkennbare Problem einer ausreichenden Mengenverfügbarkeit war das Ergebnis gravierender Veränderungen beim Konkurrenzenergieträger Erdöl. Dort zeichneten sich eine sukzessive Wende vom Käufer- zum Verkäufermarkt und eine Emanzipation der Erdölförderländer vom Einfluss der internationalen Ölkonzerne ab.[1] Die Verstaatlichung der Mineralölwirtschaft in Ländern wie Algerien, Libyen, Saudi-Arabien und Irak verfehlte ihre Wirkung nicht, verunsicherte sie doch die von Ölimporten abhängigen Industrienationen zutiefst. Bei weiter wachsendem Primärenergiebedarf erhöhte sich die Bereitschaft der Verbraucher, das von nun an mit dem Makel der unzureichenden Versorgungssicherheit behaftete Mineralöl durch Erdgas zu ersetzen. Den absoluten Wendepunkt im Verhältnis zwischen Fördernationen und Mineralölkonzernen markierten schließlich die beiden Ölkrisen von 1973 und 1979 mit signifikanten und dauerhaften Absatzeinbußen.[2] Die Ruhrgas wurde in den 1980er Jahren erstmals seit dem Zweiten Weltkrieg über einen längeren Zeitraum mit rückläufigen Absatzzahlen konfrontiert, verzeichnete nach einer rund fünfjährigen Stagnation ab Mitte der 1980er Jahre aufgrund der zunehmenden Bedeutung des Erdgases als bald wichtigste Substitutionsenergie auf dem Wärmemarkt jedoch wieder stabile und hohe Zuwachsraten.[3]

Die Herausforderung zwischen dem wachsenden Bedarf, der mittel- und langfristigen Sicherung der Lieferungen durch eine möglichst breite Diversifikation beim Einkauf des Gases bedeutete zunehmend neue Verhandlungspartner und die permanente Prüfung und Entwicklung aller möglichen Optionen. Auf diesem globaler werdenden Parkett bewegten sich die jeweiligen Vorstandsvorsitzenden, Herbert Schelberger und noch viel stärker Klaus Liesen, mit großem Geschick. Zwischen Binnenmarkt, internationalen Märkten, Aktionären und Politik galt es, die wesentlichen Strategien zu entwickeln und durchzusetzen. So spielte Liesen dann auch bei der Ausgestaltung und der Etablierung des europäischen und internationalen Netzwerks im Gasbereich eine entscheidende Rolle.

---

1 Ingrid Hielle, *Die OPEC: Ursprung und Geschichte eines Gegenkartells*, in: Hellmuth Buddenberg (Hg.), Umbrüche – Neue Strukturen in Wirtschaft und Gesellschaft, Herford 1987, 172–245, hier 191. Lagebericht Schelberger AR Ruhrgas am 6. Juli 1971, 3 f., in: AEGC 01002156225.

2 Heino Elfert/Heinz Jürgen Schürmann (Hrsg.), *60 Jahre Energie Informationsdienst*, Oktober 2007, 58; Karlsch/Stokes, *Faktor Öl*, 376 f.

3 Paul H. Suding, *Erdgas und Fernwärme – Wettbewerber mit ungleichen Voraussetzungen und Substitutionserfolgen im Wärmemarkt*, in: Dieter Schmitt (Hg.), Der Energiemarkt im Wandel. Zehn Jahre nach der Ölkrise, München 1984, 86–129.

Tab. 6: Gasaufkommen in der Bundesrepublik Deutschland 1965 bis 1990.[4]

Jahr	Inlandsförderung von Erdgas und Erdölgas	Erdgasimport	Gesamtaufkommen NM-Gase	Anteil Importe am Gesamtaufkommen in Prozent	Kohlengas	Sonstige Gase	Gesamtaufkommen[5]	Anteil NM-Gase in Prozent
1965	28,9	0,4	29,3	1,3	110,2	26,7	166,0	17,7
1970	126,0	36,6	162,6	22,5	95,2	30,8	287,9	56,4
1971	152,5	63,7	216,2	29,5	91,4	27,2	334,6	64,6
1972	176,6	102,6	279,4	36,7	82,0	25,2	386,0	72,4
1973	194,8	156,3	351,1	44,5	80,4	21,2	452,4	77,6
1974	202,4	223,6	426,0	52,5	83,0	17,6	525,7	81,0
1975	183,8	262,7	446,5	58,8	81,8	15,1	540,0	82,7
1976	187,7	281,7	469,4	60,0	74,5	17,3	558,8	84,0
1977	191,3	310,3	501,6	61,9	63,4	14,1	574,8	87,3
1978	204,2	339,9	544,1	62,5	59,5	15,2	616,9	88,2
1979	205,8	397,2	603,0	65,0	62,1	16,8	671,9	89,7
1980	181,5	421,0	602,5	69,9	66,1	18,0	683,4	88,2
1981	183,8	386,5	570,3	67,8	63,8	17,1	645,2	88,4
1982	158,0	356,9	514,9	69,3	60,0	15,3	588,7	87,5
1983	168,0	358,2	526,2	68,1	55,8	10,3	587,6	89,6
1984	175,7	367,6	543,3	67,7	54,9	11,1	609,6	89,5
1985	162,3	395,9	558,2	71,0	52,3	10,3	608,7	91,7
1986	139,1	399,9	539,0	74,2	52,6	9,5	601,4	92,8
1987	165,3	442,9	608,2	72,3	46,1	9,8	659,3	92,2
1988	153,0	429,1	582,1	73,8	45,5	9,5	641,8	90,7
1989	147,7	471,0	618,7	76,1	45,5	8,7	665,3	93,0
1990	151,0	486,7	637,7	76,3	43,3	8,4	686,9	92,8

Für die bundesdeutsche Gaswirtschaft brachte die Entwicklung in den 1970er Jahren ein zunehmend schwieriges Marktumfeld. Das Hauptproblem blieb eine permanente Marktunterversorgung trotz ständig zunehmender Angebotsmengen. Nachdem sich die Versorgungssituation in der zweiten Hälfte der 1960er

4 Zusammenstellung und eigene Berechnung nach BGW (Hg.), *Gasstatistik Bundesrepublik Deutschland, Berichtsjahr 1990*, Bonn 1991, 72. Alle Werte in Mrd. kWh. Da die Gaswirtschaft ab 1978 die Umstellung auf SI-Einheiten vornahm, sind seit diesem Jahr keine Kubikmeter-Angaben mehr verfügbar. 10 kWh entsprechen 8.600 kcal/WE und damit in etwa 1 m³ L-Gas, während für H-Gas ein ungefährer Faktor von 11,5 kWh pro m³ angesetzt werden kann.

5 Abzüglich Speichersaldo.

Jahre stabilisiert hatte und Ende des Jahrzehnts zwischenzeitlich gar die Gefahr eines Überangebots diskutiert worden war, rückten damit erneut Aspekte der Mangelverwaltung in den Mittelpunkt auch der Unternehmenspolitik der Ruhrgas. Liesen warnte als einer der ersten schon Anfang der 1970er Jahre regelmäßig vor potenziellen Schwierigkeiten und erläuterte die Strategien der Ruhrgas, eine Unterversorgung zu vermeiden.[6] Angesichts des beschränkten Umfanges der bundesdeutschen Erdgasvorräte richtete sich der Blick der Ruhrgas zwangsläufig auf die Vorkommen im europäischen Umfeld: auf die Sowjetunion, die Nordsee, nach Nordafrika und den Nahen Osten. Zum zweiten Mal stand die Gaswirtschaft vor einem Strukturwandel.[7] An dessen Ende besaß die Ruhrgas ein völlig neues, internationalisiertes Gesicht, aber auch eine zunehmende politische Bedeutung. Denn es zeichnete sich nicht nur eine ähnlich starke Importabhängigkeit wie beim Mineralöl ab, sondern dazu eine weltpolitische Dimension durch die weitere Annäherung an den Ostblock. Innerhalb weniger Jahre wurden die ersten Grundzüge des europäischen Erdgasverbundes erkennbar – mit der Bundesrepublik Deutschland und damit dem Versorgungsgebiet der Ruhrgas als zentraler Verteilerdrehscheibe.

Ausschlaggebend für diese Entwicklung waren mehrere Aspekte. Die Divergenz von Erdgasnachfrage und Inlandserzeugung in allen westeuropäischen Staaten sorgte für einen regelrechten *Run* auf potenzielle Anbieter.[8] Dies führte zwangsläufig zu einer verstärkten Kooperation, da die Dimension der nun erörterten Projekte gerade beim Leitungsbau die Leistungsfähigkeit der einzelnen Interessenten bei Weitem überstieg. Folglich entstanden internationale Kundenkonsortien, die das Erdgas mittels langfristiger Verträge kontrahierten und sowohl den Import als auch die Weiterverteilung in ihre Heimatstaaten organisierten. Die eigene Verhandlungsposition bestimmte die Größe der Absatzmärkte. Über eine gute Basis verfügten zwar die monopolistischen staatlichen oder halbstaatlichen Energiekonzerne in zahlreichen westeuropäischen Ländern, nicht aber die auf der Ferngasebene privatwirtschaftlich organisierte bundesdeutsche Gaswirtschaft.[9] Hier musste sich die Ruhrgas den Sta-

---

6 Siehe z. B. Klaus Liesen, *Langfristige Planung und Versorgungssicherheit in der deutschen Erdgaswirtschaft*, in: Glückauf 107 (1971), 73–76.

7 Horst Siegmund, *Die deutsche Gaswirtschaft im energiewirtschaftlichen Strukturwandel des Jahres 1974*, in: GWF 116 (1975), 274–279.

8 Gerhard Schnürch, *Zukünftiger Erdgasbedarf und Möglichkeiten seiner Deckung*, in: SE 93 (1973), 892–895; Gerhardt Gebhardt, *Ruhrgas. Der Erdgasboom hält an*, in: Glückauf 109 (1973), 927–928.

9 Zu den Grundlagen der Gaseinkaufspolitik der Ruhrgas siehe Klaus Liesen, *Zukunft der Gaswirtschaft in der Bundesrepublik Deutschland*, in: GWI 23 (1974), 423–430, hier 425 ff.; Eberhard Posner, *Investitionen in der Gaswirtschaft der ECE-Länder und ihre Finanzierung 1970 bis 1980*, in: Glückauf 112 (1976), 511–514.

tus als Verhandlungsführer und Hauptimporteur erst noch mühsam erarbeiten. Wie bedeutsam das vom Ruhrgas-Vorstand seit Anfang der 1970er Jahre mit gestaltete Gegengewicht aus bundesdeutscher Perspektive war, zeigte sich schließlich eindrücklich im Rahmen der zahlreichen Vertragsverhandlungen des Jahrzehnts.

Eine Grundvoraussetzung des europäischen Gasgeschäfts bildete der von der Ruhrgas quasi erfundene und schnell von allen Seiten akzeptierte Preisautomatismus in Form der Ölpreisbindung. Nur auf diesem Wege konnten die völlig unterschiedlichen Marktbedingungen für Erdgas und Mineralöl so weit angepasst werden, dass eine Konkurrenzfähigkeit erreicht wurde. Der Mineralölmarkt war durch eine große Flexibilität gekennzeichnet. Es existierte eine potenziell unüberschaubare Anzahl von Anbietern und Händlern. Über Pipelines, den Übersee- und Binnenschiffsverkehr und schließlich den Straßen- und Schienentransport waren an beliebigen Verbrauchspunkten beliebige Mengen verfügbar. Für Erdgas galt angesichts der Leitungsbindung und der aus Gründen der Investitionsrefinanzierung typischen Langfristverträge mit großen Volumina und fest terminierten Nachverhandlungsrunden das Gegenteil. Es bestand damit überhaupt nicht die Möglichkeit zur Herausbildung eines Marktpreises für Gas. Die Ölpreisbindung erzeugte nun zunächst über anlegbare Äquivalenzpreise im Industriegassektor vergleichbare Absatzstrukturen für Öl und Gas, denn sie erlaubte den Kunden eine Gegenüberstellung der Kosten und damit die Möglichkeit eines Vergleichs. Dieses Junktim überzeugte von Beginn an auch die Liefernationen und internationalen Mineralölkonzerne, sodass dieses stabilisierende und Marktverwerfungen verhindernde Element umgehend von den Produzenten übernommen wurde. Internationale Erdgaslieferverträge berücksichtigten sogar die Heizölpreise des Statistischen Bundesamtes.[10] Die Ölpreisbindung löste die ursprünglich relativ feste Relation von Mengenwachstum und Umsatzerlösentwicklung auf und ließ die Gasanbieter mitunter von verzögerten Preisanpassungen profitieren. Sie stand aus diesem Grund lange Zeit in der öffentlichen Kritik, doch wurde diese – auch von der Monopolkommission gerne geäußerte Meinung – als empirisch unhaltbar von wissenschaftlicher Seite regelmäßig widerlegt.[11] Dies gilt neuerdings jedoch auch im umgekehrten Sinne angesichts stabiler oder sogar steigender Erdgaspreise bei sinkenden Ölpreisen nach weitgehender Abschaffung der Ölpreisbindung 2010. Diese Entwicklung dürfte die über den gesamten Zeitraum insgesamt positiven Effekte dieser Selbstregulierungsmaßnahme im Nachhinein eindeutig bestätigen.

10 Interview Mans am 2. September 2016.

11 Beispiele in *Intensive Substitutionskonkurrenz*, in: Handelsblatt (5. 7. 1988).

Vor diesem Hintergrund festigte die Ruhrgas schon früh ihre Position als führender bundesdeutscher Gasversorger. Seit Mitte der 1970er Jahre lag der Anteil des Erdgases am Gesamtabsatz der Ruhrgas bei über 90 Prozent, während der Anteil an den in der Bundesrepublik verfügbaren Erdgasmengen im Bereich des Ferngases, also der überregional vertriebenen Mengen, erstmals 50 Prozent erreichte und in den folgenden Jahren systematisch anstieg. Auf dem bundesdeutschen Energiemarkt war das Erdgas Anfang der 1980er Jahre dank der Aktivitäten der Ruhrgas endgültig etabliert. 15 Jahre nach der Markteinführung bildete es mit einem Anteil von 16,3 Prozent hinter Erdöl und Kohle das dritte Standbein der Primärenergieversorgung und hatte damit die hochgesteckten Erwartungen erfüllt. Kennzeichnend war die dominierende Stellung westeuropäischer Quellen, aus denen 83 Prozent des Gesamtaufkommens stammten. Davon entfielen 37 Prozent auf die Niederlande, 30 Prozent auf die einheimische Förderung und 16 Prozent auf Norwegen. Sowjetische Exporte deckten 17 Prozent des Bedarfs. Bis 1990 sollte sich diese Relation jedoch stark zugunsten des sowjetischen/russischen Erdgases wandeln, das seinen Anteil bei einer insgesamt stabilen Inlandsproduktion und ebenfalls gleichbleibenden niederländischen Importen auf rund ein Drittel erhöhte und dieses Niveau auch weiterhin hielt.

1990 verfügte die Ruhrgas über eine starke Stellung innerhalb der bundesdeutschen Energiewirtschaft, da aufgrund gemeinschaftlicher Importverträge nun drei Viertel des deutschen Gasgesamtaufkommens über sie liefen, was etwa 13 Prozent des bundesdeutschen Primärenergiebedarfs entsprach. Befördert wurde diese Entwicklung durch eine Umkehrung der Absatzstruktur, da das klassische Industriedirektgeschäft mit ursprünglichen Anteilen von rund 80 Prozent am Gesamtgeschäft rapide an Bedeutung verlor, während sich der Haushaltssektor bis 1980 zum Hauptabnehmer mit vergleichbaren Quoten entwickelte.[12] Auch hier zeigten sich aus Perspektive des Erdgases die positiven Effekte der Ölpreisbindung, denn die Entscheidung für die eine oder andere Heizenergie war im Hinblick auf das erforderliche Investitionsvolumen immer eine Langfristentscheidung. Und die Wahl des Erdgases stellte nun nach der Industrie auch für den Privatkunden kein Kostenrisiko mehr dar, sondern war ungeachtet aller Erwägungen um mögliche Preisentwicklungen eine einfache Entscheidung zugunsten des emissionsärmsten Energieträgers. Seine Marktposition war damit eindeutig das Ergebnis des erfolgreichen Wettbewerbs im privaten Wärmesektor mit den Konkurrenzenergien leichtes Heizöl und Heiz-

12 Detlef Altemark (Hg.), *Erdgas in der Industrie*, Essen 1994.

strom, wie Liesen immer wieder verdeutlichte.[13] Nachdem die Nachtspeicherheizungen bereits im Verlauf der 1970er Jahre zusehends an Beliebtheit verloren, wurde im folgenden Jahrzehnt auch das Heizöl vor allem im Neubausektor zwar noch nicht bedeutungslos, musste aber einen massiven Nachfragerückgang hinnehmen. Diese Entwicklung war jedoch kein Selbstläufer, sondern das Ergebnis eines langwierigen und schwierigen Wettbewerbsprozesses. Denn die Ruhrgas begann in den 1960er Jahren im Haushaltssektor quasi auf dem Nullpunkt und reüssierte im Wärmemarkt allein aus eigener Kraft. Bei der Industrieversorgung konzentrierte sich die Gasverwendung stärker auf technische Prozesse mit gasspezifischen Vorteilen, während sie im Bereich der Elektrizitätserzeugung zwar eine gewisse Rolle erreichte, jedoch mit einem Anteil von rund zehn Prozent weit hinter den weiterhin dominierenden Energieträgern Stein- und Braunkohle sowie Kernbrennstoffen zurückblieb. Im Mobilitätssektor sollte das Erdgas bis heute nicht über den Status einer Nischenlösung hinauskommen.

Auf das Geschäftsergebnis der Ruhrgas hatte die Verschiebung des Geschäfts vom Industrie- zum Privatsektor keinerlei negative Auswirkungen. Im Gegenteil: die Ruhrgas investierte schon Anfang der 1970er Jahre jährlich über 200 Mio. D-Mark in den Ausbau der Transport-, Betriebs- und Speicherinfrastruktur, und in den 1980er Jahren regelmäßig Summen zwischen 300 und 500 Mio. D-Mark.[14] Mit dem Boom stieg auch die Rentabilität der Ruhrgas deutlich an. Ein Großteil der Mittel wurde dabei durch das Gasgeschäft selbst erwirtschaftet, dessen Erträge neben den hohen Investitionen nicht nur regelmäßig gute Dividenden, sondern bis Mitte der 1980er Jahre auch jährliche Rücklagen für weitere Investitionen erlaubten. Zwar entsprachen die in den 1970er Jahren regelmäßig gezahlten Dividenden von 16 Prozent einem gewissen Standard der Energiewirtschaft, den z. B. auch das RWE erreichte, doch lagen Werte im Bereich von 25 Prozent in der zweiten Hälfte der 1980er Jahre oberhalb der wirtschaftlichen Rentabilität anderer Branchen. Selbst aus den krisengeschüttelten Branchen Mineralöl, Steinkohle und Stahlindustrie stam-

13 Interview Liesen am 7. Juni 2016; siehe auch Klaus Liesen, *Fragen der Erdgaswirtschaft der Bundesrepublik Deutschland aus nationaler und internationaler Sicht*, in: BWK 28 (1976), 368–371, hier 369 f.

14 Bis 1990 folgten neue Kapazitäten im Umfang von 15 Mrd. kWh in nun elf Speichern und weitere 3.000 Kilometer Fernleitungen. Christoph Brecht, *Gasspeicherung in Poren- und Kavernenspeichern. Erfahrungen und Probleme*, in: Ruhrgas AG (Hg.), Gesammelte Berichte aus Betrieb und Forschung der Ruhrgas, Berichtsheft 24 (1976), 37–42; Erich Diekmann/Joachim Hollinderbäumer, *Einige Aspekte zur Speicherung von Gas*, in: EEZ 92 (1976), 367–375; Eberhart Schindewolf, *Untertagespeicherung – Bindeglied zwischen Erdgasbezug und Erdgasmarkt*, in: GWF 121 (1980), 455–462.

mend, vereinbarten die Aktionäre eine besondere Kombination von Ausschüttung und Eigenkapitalstärkung: eine in Höhe der Dividenden der Vorjahre zunächst vorgesehene Dividende wurde um eine Zusatzdividende deutlich angehoben. Nach dem „Schütt aus-Hol zurück-Prinzip“ floss diese Zusatzdividende komplett zurück an die Ruhrgas, ergänzt um eine nennenswerte Kapitaleinzahlung durch die Aktionäre zur Stärkung des Eigenkapitals für weitere Investitionen.[15] Die Renditeentwicklung war jedoch nicht auf überhöhte Gewinnmargen der Gaswirtschaft zurückzuführen, sondern vor allem auf die explosive Mengenentwicklung in Kombination mit den Wettbewerbspreisen der Substitutionsenergien. Lagen die Margen der Ruhrgas in den 1980er Jahren mitunter bei rund acht Prozent und damit auf einem international üblichen Niveau der Gaswirtschaft, reduzierten sie sich in den 1990er Jahren auf bis zu fünf Prozent.[16] Zweitens ist festzustellen, dass es anders als heute durch die Ölpreisbindung zwischenzeitlich zu elementaren Preissenkungen beim Erdgas kam – so etwa 1987, als die Preise auf nur noch 40 Prozent des Niveaus von 1985 fielen.[17] Die Gewinne resultierten also aus den Mengen, nicht aus den Margen.

Das Unternehmen rückte als Protagonist der deutschen wie der europäischen Gaswirtschaft schnell in den Mittelpunkt der energiewirtschaftlichen Diskussionen. Liesen stand im Blickfeld von Politik, Wirtschaft und Presse. Seine Kompetenz und sein Verhandlungsgeschick machten ihn wie sein sachlicher, konzilianter und diplomatischer Stil zu einer gefragten Persönlichkeit auch in anderen Wirtschaftszweigen. So übernahm er 1987 den Vorsitz des VW-Aufsichtsrats, den er bis 2002 innehatte. Ins breite Licht der Öffentlichkeit trat Liesen zuletzt durch die dank seiner Vermittlung friedliche Beilegung der sogenannten Lopez-Affäre Mitte der 1990er Jahre, ausgelöst durch die dem Automobilmanager von seinem früheren Arbeitgeber General Motors unterstellte Industriespionage.[18] Zwischen 1996 und 2003 führte er in Nachfolge Wolfgang Schierens den Aufsichtsrat der Allianz, dem er seit 1983 angehört hatte. Außerdem war er u. a. Mitglied der Aufsichtsratspräsidien der Veba und der Preussag sowie der Aufsichtsräte von Mannesmann und Gelsenwasser. Mit Gründung der E.ON AG im Jahr 2000 rückte Liesen auch hier an die Spitze des Aufsichtsrats, die er 2003 an Konzerngründer Ulrich Hartmann abgab. Auch bei der

15 Aktenvermerk der Ruhrgas, 29. Juli 1987, über das Aktionärsgespräch Ruhrgas am 21. Mai 1987, 2 ff., in: AEGC 01002155448.

16 *„Höheres Niveau“*, in: Wirtschaftswoche 15 (1993); *Ruhrgas fürchtet Konkurrenz der Stromgiganten nicht*, in: Handelsblatt (20. 5. 1999); EnergieComment (Hg.), *Kurzstudie Gaspreise 2015 & 2016*, passim (www.energiecomment.de) [letzter Aufruf am 4. 1. 2016].

17 *Gas um 60 % billiger*, in: Handelsblatt (8. 12. 1986).

18 Interview Liesen am 7. Juni 2016.

Tab. 7: Erdgasaufkommen und Marktanteil der Ruhrgas AG 1965 bis 1990.[19]

Jahr	Gasabsatz in Mrd. kWh	Veränderung in Prozent	Anteil Erdgas in Prozent	Marktanteil am Gasgesamtaufkommen in der BRD in Prozent	Marktanteil am Primärenergieaufkommen in der BRD in Prozent
1965	37,0	–	(10)	22,3	0,03
1970	93,3	30,5	70	32,4	1,2
1971	126,3	35,4	80	37,8	2,1
1972	160,1	26,8	81	41,5	2,9
1973	204,2	27,5	85	45,1	3,8
1974	260,5	27,6	88	49,5	5,5
1975	265,4	1,9	90	49,1	6,2
1976	288,7	8,8	91	51,7	6,5
1977	305,8	5,9	92	53,2	7,3
1978	350,6	14,7	94	56,8	7,7
1979	408,0	16,4	95	60,8	9,2
1980	424,6	4,1	95	62,1	9,6
1981	396,8	-6,5	95	61,5	9,3
1982	370,7	-6,6	96	63,0	9,1
1983	362,9	-2,1	96	61,8	9,1
1984	396,8	9,3	96	65,1	9,7
1985	406,9	2,5	96	66,8	9,9
1986	409,2	0,6	96	68,0	10,0
1987	459,4	12,3	98	69,7	11,5
1988	442,4	-3,7	99	68,9	11,1
1989	475,5	7,5	99	71,5	12,2
1990	510,7	7,4	100	74,3	13,2

Ruhrgas bekleidete er zwischen 1996 und 2003 die Funktion des Chefkontrolleurs.

Bei der Ruhrgas ließ sich die rasante Expansion der frühen 1970er Jahre bald auch am äußeren Erscheinungsbild ablesen. Nachdem die alte Hauptverwaltung mit dem Anbau aus der Nachkriegszeit längst nicht mehr den räumli-

19 Zusammenstellung und eigene Berechnung nach: BGW (Hg.), *Gasstatistik* 1990, 72, sowie Geschäftsberichten und Aufsichtsratsniederschriften der Ruhrgas 1970–1990. Alle Werte gerundet, Werte in Klammern geschätzt, da nicht zu ermitteln. Weder die Geschäfts- bzw. Jahresberichte der Ruhrgas noch des BGW und des WEG weisen die Importrelationen aus, sondern geben nur Gesamtwerte an. Selbst im Ruhrgas-Aufsichtsrat wurden sie laut Protokoll nicht thematisiert.

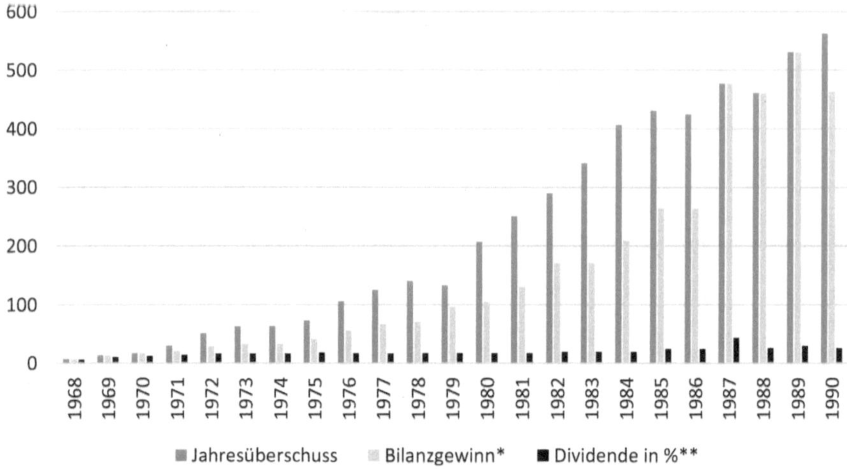

Grafik 1: Geschäftsergebnis der Ruhrgas AG 1968 bis 1990[20] in Mio. D-Mark. * Die Differenz zum Jahresüberschuss wurde in der Regel vollständig den freien Rücklagen zugeführt. ** 1968: Erste Dividendenzahlung der Nachkriegszeit. 1975: Darin enthalten 2 % Bonus zum 50. Firmenjubiläum 1976.

chen Anforderungen entsprach, erlaubte das 1976 bezogene neue Verwaltungsgebäude an der Essener Huttropstraße die Zusammenfassung der auf 1.500 Mitarbeiter angewachsenen Belegschaft im Verwaltungssektor.[21] Insgesamt beschäftigte das Unternehmen zu diesem Zeitpunkt 3.200 Mitarbeiter. Das Aufgabenspektrum machte zudem eine Erweiterung des Vorstands um zwei Mitglieder notwendig. 1974 war Peter-Josef Deckers nach elfjähriger Tätigkeit ausgeschieden und Friedrich Späth zum stellvertretenden Vorstandsmitglied ernannt worden. Späth war nach einem Studium der Rechtswissenschaften und einer Tätigkeit als Rechtsanwalt in Siegen 1965 zur Ruhrgas gekommen, wo er in der Rechtsabteilung zunächst die Neuordnung des Unternehmens begleitete. Mit der Übernahme des Gasverkaufs durch den Leiter der Rechtsabteilung, Jürgen Weise, wechselte Späth 1967 die Abteilung. 1970 stieg er zum Direktor und Leiter des gesamten Gasverkaufs auf. 1996 folgte er Liesen als Vorstandsvorsitzender.[22] Gleichzeitig wurden bereits 1974 Aufgaben

20 Zusammenstellung und eigene Berechnung nach den Geschäftsberichten der Ruhrgas AG, 1971–1990. Werte gerundet in Mio. D-Mark, bezogen auf das Gasgeschäft der AG ohne den Konzernkonsolidierungskreis.

21 Bericht Schelberger zum Unternehmensjubiläum, AR Ruhrgas am 28. Oktober 1975, 2, in: AEGC 01002155399; GB Ruhrgas, 1976, 30 f.

22 Interview Späth am 1. Juli 2016; Vorlage der Rechtsabteilung der Ruhrgas zur Sitzung des Sonderausschusses am 10. Juli 1974, 1 f., in: AEGC 01002155393.

Schelbergers sukzessive auf Liesen übertragen, der damit bereits zu diesem Zeitpunkt de facto für die Unternehmenspolitik verantwortlich war.

Erdgas in der bundesdeutschen Energiepolitik der 1970er und 1980er Jahre

Bis in die 1970er Jahre hinein existierte in der Bundesrepublik Deutschland keine strukturierte und an langfristigen Zielen orientierte Energiepolitik. Dies lag sowohl an unterschiedlichen ministeriellen Zuständigkeiten als auch an der fortgesetzten Politik zugunsten der Kohle. Im Gegenzug eroberte das Mineralöl stürmisch den Markt. Eine gewisse politische Ausnahme bildete allein die Kernenergie, die vom Beginn an einem eigenen „Atomministerium" und darüber hinaus der internationalen Aufsicht der Euratom unterstand.[23] Alle anderen Sektoren der Energiewirtschaft – wie der Braunkohlenbergbau, die konventionelle Elektrizitätserzeugung und auch die Gaswirtschaft – wurden, sobald sie überhaupt in den Blick gesonderter Strategien fielen, in den Kontext der Hauptzielsetzung, nämlich die Kohle zu fördern, gestellt. Zum Mitte der 1960er Jahre rasch an Bedeutung gewinnenden Erdgas lässt sich überhaupt kein politisches Konzept oder auch nur eine Grundidee nachweisen.[24]

1973 legte die Bundesregierung schließlich kurz vor Beginn der Ölkrise erstmals ein Energieprogramm vor, das mit einer Verdoppelung des Primärenergieverbrauchs zwischen 1970 und 1985 auf 610 Mio. Tonnen/SKE rechnete.[25] Es wurde eine Verdoppelung des Marktanteils von Erdgas auf rund 17,5 Prozent bis 1980 angestrebt, die mit dann 16,3 Prozent auch annähernd erreicht wurde.[26] Alle anderen Annahmen sollten sich dagegen als Makulatur erweisen, denn der Gesamtenergieverbrauch stieg in diesem Zeitraum gerade um zehn Prozent auf 385 Mio. Tonnen/SKE an. Die Bundesregierung verzichtete in ihrem Programm auf die Formulierung konkreter staatlicher Maßnahmen

23 Falk Illing, *Energiepolitik in Deutschland. Die energiepolitischen Maßnahmen der Bundesregierung 1949–2013*, Baden-Baden 2012, 64 ff. Leider sind die Aussagen zur Gaswirtschaft zu den 1950er und 1960er Jahren (98–100) äußerst knapp.

24 Martin Meyer-Renschhausen, *Energiepolitik in der BRD von 1950 bis heute*, Köln 1977, 65 ff.

25 BWM (Hg.), *Das Energieprogramm der Bundesregierung vom 26. September 1973*, Bonn 1973, 2; Martin Meyer-Renschhausen, *Das Energieprogramm der Bundesregierung. Ursachen und Probleme staatlicher Planung im Energiesektor der BRD*, Frankfurt a. M. 1981, 37 f.

26 BWM (Hg.), *Energieprogramm 1973*, 20.

für die Gaswirtschaft, sondern sagte zu, Unterstützung „nach den Erfordernissen des Einzelfalles" zu gewähren, um das bestehende „System wirksamer Kooperation" zu fördern. Dies hieß nicht weniger als dass die Ruhrgas und die beteiligten Unternehmen der Stahlindustrie und des Bankensektors bei der Kontrahierung neuer Mengen aus der Sowjetunion, der Nordsee und aus Algerien ohne politische Restriktionen agieren konnten. Das Ruhrgas-Konzept entsprach wohl ebenso den wirtschaftspolitischen Zielsetzungen, sodass aus dieser Perspektive kein Lenkungsbedarf bestand.

Ähnlich offen formuliert war auch die erste Fortschreibung des Programms von 1974, die allerdings zugleich die Ambivalenz zwischen den wirtschaftspolitischen Idealen und den energiepolitischen Zwängen der sozialliberalen Koalition verdeutlichte. Auf der einen Seite wurden „angesichts der hohen Risiken und der außerordentlichen finanziellen Beanspruchung bei großen Gasgeschäften" die „bestehende gaswirtschaftliche Gruppierung" für verbesserungsbedürftig gehalten.[27] Das war nicht weniger als eine verklausulierte Aufforderung zur Branchenkonzentration, die das Bundeswirtschaftsministerium etwa durch eine „effiziente Form enger Zusammenarbeit" der süddeutschen Ferngasgesellschaften für angebracht hielt. Außerdem wurde offen die Ausdehnung der länderübergreifenden Kooperation gefordert.[28] Und gerade dies entsprach den Zielsetzungen der Unternehmenspolitik der Ruhrgas. Während die bundesdeutsche Politik also die Konzentration forderte, kritisierte die 1973 gegründete Monopolkommission auf der anderen Seite gerade den hohen Konzentrationsgrad der Gaswirtschaft.[29]

Zusammen mit dem „Energiesicherungsgesetz"[30] von 1974 waren dies die Grundlagen des energiepolitischen Ordnungsrahmens, nachdem sich der erste Ölpreisschock gelegt und die Marktsituation stabilisiert hatten. Eine europäische Perspektive war aber noch nicht erkennbar.[31] Wenige Jahre später deute-

---

27 BWM (Hg.), *Erste Fortschreibung des Energieprogramms der Bundesregierung*, Bonn 1974, 31 f.; A. Jaumann, *Die Rolle des Erdgases im Rahmen der Energiepolitik der Bundesrepublik Deutschland*, in: BWK 28 (1976), 365–368.

28 BWM (Hg.), *Erste Fortschreibung*, 19 f.

29 Monopolkommission (Hg.), *Hauptgutachten 1973/75*, 330–347; Michaelis, *Gaswirtschaft*, 140 ff.; BGW (Hg.), *Jahresbericht 1975*, Berlin 1976, 15.

30 Im Zuge der Wiedereinführung des Notstandsrechts in der Energiewirtschaft kam es im Rahmen der „Gasverteilungs-Verordnung" zur erneuten Bestellung von Lastverteilern. Ulrich Büdenbender, *Rechtsfragen der Energieversorgung in Krisenzeiten. Zur Verordnung über die Sicherstellung der Elektrizitätsversorgung (Elektrizitätslastverteilungs-Verordnung) und der Gasversorgung (Gaslastverteilungs-Verordnung)*, in: ET 27 (1977), 51 ff., 146 ff., 216 ff.

31 Kommission der Europäischen Gemeinschaften (Hg.), *Die Energiepolitik der Gemeinschaft. Rechtsvorschriften*, Brüssel 1976, 25 f., 91 f., 183 f.; Detlev Samland, *Gemeinschaftliche Energiepolitik aus der Sicht des Europäischen Parlaments*, in: Knut Ipsen (Hg.), Energiepolitik der Europäischen Gemeinschaften und ihr gemeinschaftlicher Rahmen, Stuttgart 1992, 25–44, hier 25 ff.

Abb. 21: Veranstaltung im Munch Museum 1987 aus Anlass des zehnjährigen Lieferjubiläums mit Norwegen. Kronprinz Harald, Prinzessin Sonja und Klaus Liesen vor dem Gemälde „Solen" (Sonne) von Edvard Munch.

te sich nun als Fördermaßnahme für den Bergbau unter der Prämisse einer umweltfreundlichen Nutzung fossiler Energieträger erstmals eine Renaissance des Steinkohlengases an, da das Bundeswirtschaftsministerium ankündigte, die Entwicklung neuer Vergasungsverfahren zu fördern.[32] Gleichzeitig erzeugte die Vorlage des Gutachtens der Monopolkommission, die eine ihrer Gründungsintention entsprechende spezifische Meinung vertrat, 1976 neue Diskussionen um die Notwendigkeit einer stärkeren staatlichen Regulierung der Energiewirtschaft durch eine Novellierung des EnWG und des Kartellgesetzes.[33] Die Position des Ruhrgas-Vorstandes gegenüber solchen Vorschlägen war eindeutig. Ihm ging es erstens darum, das System der Gaspreisbildung auf Basis individueller und ausgehandelter Wettbewerbspreise zu erhalten. Zweitens sah er keinerlei Gründe für eine ausgedehnte Kontrolle der Gaswirtschaft durch das

32 BWM (Hg.), *Zweite Fortschreibung*, 27.
33 BGW (Hg.), *Jahresbericht 1979*, 9 f.

Bundeskartellamt, und drittens sollten im Hinblick auf die Verlängerung des Verstromungsgesetzes Interventionen auf dem Kraftwerksgassektor limitiert werden.[34] Schließlich blieb das EnWG unangetastet, während die vierte Novelle des Gesetzes gegen Wettbewerbsbeschränkungen 1980 den in § 103 verankerten Ausnahmebereich der Versorgungswirtschaft kaum beschnitt.

In den 1980er Jahren blieben die energiepolitischen Rahmenbedingungen für die Gaswirtschaft weitgehend stabil, wie die Branche mit Befriedigung bemerkte.[35] Die Ende 1981 vorgelegte dritte und vorerst letzte Fortschreibung des Energieprogramms der Bundesregierung führte die angestammte Politik weiter, indem sie die Daueraufgabe Energieeinsparung betonte. Während konkrete Prognosen für das Jahr 1995 vermieden wurden, behielt der Erdgasanteil am Primärenergieverbrauch rund 16 Prozent. Für die Ruhrgas bedeutend und vor dem Hintergrund des kurz zuvor abgeschlossenen vierten Vertrages über den Bezug von Erdgas aus der Sowjetunion zu sehen war die Feststellung, dass „selbst eine Verdoppelung der Lieferungen aus der UdSSR angesichts des bestehenden Sicherheitsnetzes nicht zu einseitigen, unvertretbaren Energieabhängigkeiten führt".[36] Auch der im September 1986 veröffentlichte Energiebericht der Bundesregierung war voller Eigenlob, zog eine positive Bilanz der Energiepolitik und sah daher keinen Anlass für eine Änderung der energiepolitischen Schwerpunkte.[37]

Erst Ende der 1980er Jahre änderte sich schließlich die Situation: Die Bundesregierung beschloss 1988 zur Haushaltskonsolidierung neben der Erhöhung der Mineralölsteuer die EG-weit erste Einführung einer Erdgassteuer. Für den Endverbraucher waren damit Preissteigerungen von bis zu acht Prozent verbunden, während die Industrie durch Kopplungseffekte Belastungen von bis zu 20 Prozent und weitere Wettbewerbsnachteile gegenüber der schon zuvor von geringeren Preisen profitierenden Konkurrenz im benachbarten Ausland befürchtete.[38] Die Ruhrgas intervenierte erfolglos gegen diese im Vergleich zu

---

34 Lagebericht Liesen AR Ruhrgas am 2. Dezember 1976, 8 f., in AEGC 0102155402; Klaus Liesen, *Der Beitrag des Erdgases in der Energieversorgung*, in: Friedrich-Ebert-Stiftung (Hg.), Zukunftsorientierte Energie- und Rohstoffpolitik, Bonn-Bad Godesberg 1976, 85–96, hier 94 ff.; ders., *Der Beitrag des Erdgases in der Energieversorgung der Bundesrepublik Deutschland*, in: Glückauf 112 (1976), 136–142, hier 140 ff.

35 BGW (Hg.), *Jahresbericht 1985*, 10; *1986*, 12.

36 BWM (Hg.), *Dritte Fortschreibung des Energieprogramms der Bundesregierung vom 4. November 1981*, Bonn 1982, 13 ff., 56 ff.

37 Der Energiebericht der Bundesregierung vom 24. September 1986. Deutscher Bundestag, 10. Wahlperiode, Drucksache 10/6073, 23 und Anlage 7.

38 *Folgenreiche Wende*, in: Handelsblatt (5. 7. 1988); *Die Erdgassteuer treibt die Kosten in die Höhe*, in: Handelsblatt (29./30. 10. 1988).

den Sätzen konkurrierender Energieträger übermäßige Belastung des umweltfreundlichsten Brennstoffes.[39] Auch von Seiten der EG erhielt die Branche Gegenwind, als die Kommission dem Rat und dem Parlament Mitte 1989 auf Basis der zwei Jahre zuvor vorgelegten Einheitlichen Europäischen Akte erstmals Rahmenbedingungen für die Schaffung eines einheitlichen Binnenmarktes für Energie vorstellte. Auch für diese sich hier erstmals andeutenden Regulierungsmaßnahme sah Liesen keinerlei Notwendigkeit, denn anders als die auf nationale Märkte beschränkte Elektrizitätswirtschaft agierte die Gaswirtschaft seit den 1960er Jahren bereits grundsätzlich grenzüberschreitend im Rahmen internationaler Kooperationen.[40]

Neben den wirtschafts- und energiepolitisch intendierten Aspekten der Versorgungssicherheit, der Energieträgerdiversifizierung und der Reduzierung des Mineralölanteils am Primärenergieverbrauch spielte seit den frühen 1970er Jahren der Umweltschutz eine zunehmend bedeutsame Rolle für die rasante Ausdehnung des Erdgasverbrauchs. Auch die Bundesregierung erkannte schon Anfang der 1970er Jahre in ihrem erstmals vorgestellten Umweltprogramm eine „besorgniserregende“ Umweltsituation.[41] Im Brennpunkt der Diskussionen standen von Beginn an die Energiewirtschaft und der Energieverbrauch, die durch den Einsatz fossiler Energieträger die Grundlage des volkswirtschaftlichen Wachstums bildeten, zugleich aber maßgeblich zur Luftverschmutzung beitrugen. Die Kohlevorrangpolitik war aufgrund des schlechten Wirkungsgrades der Kohlekraftwerke in doppelter Hinsicht widersprüchlich, denn sie stand sowohl im Konflikt zu den umweltpolitischen Zielen als auch zum energiepolitischen Postulat der Energieeinsparung. Folglich orientierte sich die Umweltpolitik in allen Bereichen zunächst zwangsläufig an Reinhaltemaßnahmen durch Immissionsvermeidung und Schadstoffreduzierung.[42] Dem Erdgas kam dabei aufgrund seiner insgesamt äußerst schadstoffarmen Verbrennung gegenüber anderen fossilen Primärenergieträgern eine besondere Rolle zu.[43]

---

39 *Liesen: ‚Marktziele nicht aggressiv' – Gegen Einführung einer Erdgassteuer*, in: Handelsblatt (28.11.1984); Lothar Scholz, *Probleme der Einführung einer Erdgassteuer*, in: EKEP 41 (1988), 278–281; Gérard Bökenkamp, *Das Ende des Wirtschaftswunders. Geschichte der Sozial-, Wirtschafts- und Finanzpolitik in der Bundesrepublik 1969–1998*, Stuttgart 2010, 298; Franz-Bernhard Bramkamp/Hans-Georg Richter, Die energie- und gaswirtschaftliche *Entwicklung im Jahre 1990*, in: GWF 132 (1991), 378–431, hier 381 f.

40 Lagebericht von Klaus Liesen auf der Aufsichtsratssitzung der Ruhrgas am 30. November 1987, 15 ff., in: AEGC 01002155446; BGW (Hg.), *Jahresbericht 1985*, 16 ff.

41 Bundesministerium des Innern (Hg.), *Umweltprogramm der Bundesregierung*, Bonn 1971, 7.

42 Bundesministerium des Innern (Hg.), *Umweltprogramm*, Bonn ³1976, 126 ff.

43 Dies gilt u. a. für die Bildung des für den anthropogenen Treibhauseffekt verantwortlichen CO_2 beim Verbrennungsvorgang, dessen Menge die Rangfolge der Klimaverträglichkeit der Energieträger bestimmt. Erdgas erreicht einen Wert von 0,2 kg CO_2/kWh und liegt damit erheblich unter dem leichten Heizöl mit 0,26, der Steinkohle mit 0,33 und der Braunkohle mit

Während durch die weit verbreitete Praxis der Demarkationen ein Wettbewerb der Gasanbieter auf der mittleren und unteren Verteilungsebene unterbunden wurde, stand das Erdgas in einem Substitutionswettbewerb mit dem Mineralöl und hier vor allem wegen seiner spezifischen Eigenschaften mit dem leichten Heizöl im Wärmemarkt, wo es zudem mit der Fernwärme und der Elektrowärme konkurrierte.[44] Die Wettbewerbsfähigkeit der Preise zum Ölpreis und staatliche Fördermaßnahmen für energieeffiziente Heizungen sorgten im Kontext der Ölkrisen für eine weitere Umbruchstimmung der Verbraucher, nachdem sich schon im Verlauf der 1970er Jahre die Anzahl der mit Erdgas beheizten Wohnungen auf fünf Mio. verfünffacht hatte. Vor diesem Hintergrund verstärkte der Vorstand der Ruhrgas ab Ende des Jahrzehnts nochmals seine Bemühungen um den Wärmemarkt mit dem anspruchsvollen Ziel, bis 1990 die Anzahl der erdgasversorgten Haushalte auf acht Mio. oder etwa 30 Prozent aller deutschen Haushalte zu erhöhen; ein Wert der schließlich sogar knapp übertroffen wurde. Um gleichzeitig Energiesparmaßnahmen zu fördern, intensivierte die Ruhrgas die Kundenberatung und die Forschungstätigkeit zur Optimierung gasbetriebener Produktions- und Heizanlagen über spezialisierte Tochtergesellschaften.[45] Regional- und Lokalverteiler setzten auf das Ruhrgas-Know-how und verließen sich auf das von dem Unternehmen als Lieferantenservice bereitgestellte Daten- und Informationsmaterial.[46]

Der Vorstand der Ruhrgas nutzte aufgrund des Mengendilemmas erst in der zweiten Hälfte der 1970er Jahre das umweltpolitische Potenzial des Erdgases zur Vertriebsförderung. Allerdings betrachtete Ruhrgas-Chef Herbert Schelberger die Entwicklung anfangs mit ambivalenten Gefühlen und bedauerte sie, ganz in der Tradition des klassischen Gasgeschäftes verhaftet, noch 1973 in Sorge vor umweltpolitisch intendierten staatlichen Eingriffen in die Branche. Mit Bezug auf das erste Energieprogramm der Bundesregierung stellte er noch vor der Ölkrise in liberaler Marktauffassung fest: „Das Problem krisenhafter Entwicklungen auf dem Energiemarkt reduziert sich nach meiner Überzeugung auf den Zielkonflikt zwischen Umweltschutz und Versorgungssicherheit."

0,40 kg CO_2/kWh. Christian P. Beckervordersandforth, *Erdgas und Umwelt – aus Sicht der Technik*, in: GWF 127 (1986), 515–528; Bulian, *Chemie*, 68–81; Ruhrgas (Hg.), *Grundzüge der Erdgaswirtschaft*, Essen November 1997, 14 ff.

44 Peter Rammer/Hans-Dieter Karl, *Das Erdgas im Substitutionswettbewerb auf dem Wärmemarkt*, München 1982; Lutz Eckert, *Gas im Wärmemarkt*, in: Ruhrgas AG (Hg.), Gesammelte Berichte aus Betrieb und Forschung der Ruhrgas, Berichtsheft 29 (1981), 31–39.

45 Interview Späth am 1. Juni 2016; Jürgen Pohle u. a., *Gaswärmepumpen – Entwicklungen und Erfahrungen*, in: Ruhrgas AG (Hg.), Gesammelte Berichte aus Betrieb und Forschung der Ruhrgas, Berichtsheft 26 (1978), 37–44.

46 Interview Mans am 2. September 2016.

Wenn der Markt funktionsfähig bleibe „und wenn die Forderungen der Umweltschützer auf ein angemessenes Maß zurückgeschraubt werden“, bewältige die Energiewirtschaft den Strukturwandel automatisch.[47] Und ein funktionsfähiger Markt war für Schelberger wie für seinen Nachfolger Liesen prinzipiell ein Markt ohne regulative Staatseinflüsse in allen Bereichen, basierend auf marktwirtschaftlichen Prinzipien. Liesen setzte wie die Branche auf die positiven Diversifizierungseffekte aufgrund der Zunahme des Erdgasanteils am Gesamtenergieverbrauch und verstärkte Forschungs- und Entwicklungstätigkeiten im Bereich der Feuerungstechnik, um Emissionen zu senken.[48]

Konzernbildung und Internationalisierung unter weltpolitischen Vorzeichen

Entspannung im Ost-West-Konflikt: Die Erdgas-Röhren-Verträge mit der Sowjetunion 1969 bis 1981

Am 1. Februar 1970 unterzeichnete der Vorstand der Ruhrgas in Essen den ersten Erdgasliefervertrag eines deutschen Unternehmens mit der Sowjetunion, dessen besondere Tragweite sich erst später herausstellen sollte. Was Mitte 1969 noch als ein politisch intendiertes Geschäft mit hohen wirtschaftlichen Risiken und nicht unerheblichem Streitpotential ausgesehen hatte, entpuppte sich schon bald als wichtiger Schritt auf allen Ebenen. Der Vertrag leitete die endgültige Wiederaufnahme der engen wirtschaftlichen Beziehungen zwischen Deutschland und Russland ein, die bis nach Beginn des Zweiten Weltkriegs auch im Bereich der Energiewirtschaft bestanden hatten,[49] und legte einen

---

47 Lageberichte Schelberger AR Ruhrgas am 9. Juli 1971, 2 f. und 26. Juli 1973, 4 f., in: AEGC 010021556227; Energiewirtschaftliches Institut der Universität Köln (Hg.), *Energiewirtschaft und Umwelt. Vorträge und Diskussionsberichte der 16. Arbeitstagung am 23. und 24. September 1972 in der Universität Köln* München 1972; Herbert Schelberger, *Die Situation des Erdgases in der Bundesrepublik*, in: GWI 18 (1969), 324–330, hier 328 f.

48 Herbert Schelberger, *Angebot und Nachfrage nach Erdgas in der Bundesrepublik Deutschland*, in: Ruhrgas AG (Hg.), Gesammelte Berichte aus Betrieb und Forschung der Ruhrgas, Berichtsheft 20, Essen 1972, 7–12, hier 10 f.; Klaus Liesen, *Der Beitrag des Erdgases zur Energieversorgung und zum Umweltschutz*, in: Ruhrgas AG (Hg.), Gesammelte Berichte aus Betrieb und Forschung der Ruhrgas, Berichtsheft 32, Essen 1984, 7–11, hier 11; Beiträge der Berichtshefte 24 (1976), 25 (1977) und 26 (1978).

49 Werner Beitel/Jürgen Nötzold, *Deutsch-sowjetische Wirtschaftsbeziehungen in der Zeit der Weimarer Republik. Eine Bilanz im Hinblick auf gegenwärtige Probleme*, Baden-Baden 1979, 65 f.; Angela Stent, *Rivalen des Jahrhunderts. Deutschland und Rußland im neuen Europa*, Berlin 2000, 19 ff.

wichtigen Grundstein für die weitere Entwicklung der westdeutschen Gaswirtschaft. Als ebenso relevant erwies sich die politische Wirkung, denn die wirtschaftliche Einigung animierte eine neue Tauwetterperiode in den Beziehungen zwischen Ost und West und ebnete den Weg zum Moskauer Vertrag vom August 1970, in dem die Bundesrepublik Deutschland und die Sowjetunion gegenseitig einen unbedingten Gewaltverzicht bekundeten und alle europäischen Grenzen, einschließlich der Oder-Neiße-Linie und der Grenze zur DDR anerkannten.[50]

Im Verlauf der 1970er Jahre setzte im Zuge der Entspannungspolitik schließlich eine regelrechte Osthandelseuphorie ein, deren Einfluss auf das gegenseitige Verhältnis zwar nur schwer einzuschätzen ist, aber sicherlich eine spannungsdämpfende Wirkung entfaltete.[51] Die Bedeutung des Vertrages ist in dieser Hinsicht kaum zu unterschätzen, denn er war die Generalprobe für die Bereitschaft, eine beide Seiten zufriedenstellende Vereinbarung unter Zurückstellung aller grundsätzlichen Vorbehalte zu erreichen. Dass der erfolgreiche Abschluss des bis dahin größten Ost-Westgeschäfts der Nachkriegszeit bereits nach rund einem halben Jahr intensiver Verhandlungen der Ruhrgasdelegation um Schelberger, Weise und Liesen verbucht werden konnte, war das herausragende Zeichen.[52] Als beschleunigender Faktor ist zwar der Regierungswechsel von der Großen zur sozialliberalen Koalition unter Willy Brandt Ende September 1969 zu betrachten, der zu Beginn der Verhandlungen um das Erdgas-Röhren-Geschäft nicht absehbar war und den politischen Druck auf den Einigungsprozess elementar erhöhte. Aus Perspektive der Ruhrgas blieb allerdings die Wirtschaftlichkeit des Geschäfts weiterhin die zentrale Entscheidungsprämisse, sodass dem Verhandlungsgeschick der Unternehmensvertreter ein besonderer Stellenwert zukam.[53] Und dies umso mehr, als dass das Unternehmen unvermittelt ins Zentrum der nationalen und erstmals auch der internationalen öffentlichen Aufmerksamkeit rückte.

Nach dem Zweiten Weltkrieg hatten der Kalte Krieg und die Blockbildung zunächst eine Wiederaufnahme des vor 1939 intensiven Mineralölhandels zwischen der Sowjetunion und Deutschland ebenso verhindert wie die weitgehend

---

50 Margarethe Müller-Marsall (Red.), *Archiv der Gegenwart. Deutschland 1949–1999*, Bd. 6: April 1970–November 1973, St. Augustin 2000, 5.219–5.237.

51 Jürgen Nötzold, *Der Beitrag der Wirtschaftsbeziehungen zur Stabilisierung der Entspannungspolitik*, in: Horst Ehmke u. a. (Hrsg.), Zwanzig Jahre Ostpolitik. Bilanz und Perspektiven, Bonn 1986, 267–276; Karsten Rudolph, *Wirtschaftsdiplomatie im Kalten Krieg. Die Ostpolitik der westdeutschen Großindustrie 1945–1991*, Frankfurt a. M. 2004, 352 ff.

52 Ebd., 287 f.

53 Interview Liesen am 7. Juni 2016.

zerstörte und angesichts der Versorgungsaufgaben im Inland exportunfähige sowjetische Mineralölindustrie. Schon 1955 begann die Sowjetunion erneut mit Ölexporten nach Westeuropa.[54] Auf beiden Seiten wurde von Beginn an der immense Vorteil der angesichts der unzureichenden Konvertierbarkeit der Währungen bald üblichen Kompensationsgeschäfte gesehen, denn der Tausch von Industrieerzeugnissen gegen Energierohstoffe sparte in Westeuropa Devisen und kurbelte die Wirtschaft an, während die Sowjetunion dringend benötigte Produkte zum Ausbau ihrer Energieinfrastruktur erhielt. Als Prestigeprojekt des ab 1959 geltenden Siebenjahresplanes hatte der sowjetische Staatschef Nikita Chruschtschow den Bau einer fast 6.000 Kilometer langen Leitung zwischen den Ölfeldern am Ural, Westrussland, Ungarn, der Tschechoslowakei und der DDR (Druschba/Freundschaft) ins Auge gefasst, die später nach Westeuropa weitergeführt werden sollte.[55] Die dazu benötigten Großrohre stammten wegen fehlender Produktionsanlagen hauptsächlich aus Deutschland.[56] Zwischen 1959 und 1962 lieferten Mannesmann und Thyssen 660.000 Tonnen Großrohre über die staatliche Einfuhrgesellschaft V/O Promsyrioimport.[57] Weitere Geschäfte verhinderte die US-amerikanische Embargopolitik nach der Zuspitzung durch die Kuba-Krise, jedoch ohne Effekt, da die Sowjetunion die „Freundschaftsleitung" mit nur geringer Verzögerung eigenständig fertigstellte.[58] Erst 1967 kam es nach der auf bundesdeutsche Initiative erfolgten Aufhebung des Embargos im Zuge der nun einsetzenden Annäherungspolitik zwischen beiden Großmächten zur Wiederbelegung der geschäftlichen Beziehungen der deutschen Stahlwirtschaft mit der Sowjetunion. Der mit dem Röhrenembargo verbundene Vertrauensverlust der Sowjetunion gegenüber der deutschen Industrie wirkte jedoch noch länger nach, zumal die Kanzlerschaft Kurt Georg Kiesingers die Moskauer Führung angesichts seiner nationalsozia-

54 Angela Stent, *Wandel durch Handel? Die politisch-wirtschaftlichen Beziehungen zwischen der Bundesrepublik Deutschland und der Sowjetunion*, Köln 1983, 38 ff.

55 Kurt Tudyka, *Das Röhrenembargo*, in: Ernst-Otto Czempiel (Hg.), Die anachronistische Souveränität. Zum Verhältnis von Innen- und Außenpolitik, Köln 1969, 205–223, hier 208 f.; Klaus Marquart, *Die Erdölwirtschaft der UdSSR in der Expansion*, in: Industriekurier, Sonderbeilage „Handelspartner UdSSR" (1961) 3 f.

56 Claudia Wörmann, *Osthandel als Problem der Atlantischen Allianz. Erfahrungen aus dem Erdgas-Röhren-Geschäft mit der UdSSR* (Arbeitspapiere zur internationalen Politik, Bd. 38), Bonn 1986, 15–22.

57 Horst A. Wessel, *Kontinuität im Wandel. Hundert Jahre Mannesmann 1890–1990*, Gütersloh 1990, 302 f.

58 Stent, *Wandel durch Handel?*, 89 ff., 118 ff.; Albert Feller, *Erdöl und Erdgas in der sowjetischen Machtpolitik. Ein Diskussionsbeitrag über die Bedeutung und Folgen westlicher Lieferungen für das östliche Pipelinesystem*, Bonn 1965, 4 ff.; Wörmann, *Osthandel*, 26 ff.

listischen Vergangenheit zu neuen politischen Angriffen animierte. Die Beziehungen wurden nun bis 1968 von dem regelmäßigen Vorwurf strapaziert, Kiesingers Wahl habe die Herrschaft revanchistischer und militaristischer Monopolkapitalisten in der Bundesrepublik belegt.[59] Vor diesem Hintergrund betrieb Außenminister Willy Brandt ab 1966 seine „Politik der Versöhnung" mittels eines „Wandels durch Annäherung".[60] Dazu gehörte auch die bereits 1964 geäußerte Vorstellung, dass gesamteuropäische Großprojekte auf dem Energiesektor das „Bewusstsein europäischer Zusammengehörigkeit und Gesamtverantwortung" förderten.[61]

Dennoch standen die Chancen für eine Annäherung vor allem aufgrund der unterschiedlichen Auffassung zur deutsch-deutschen Frage auf politischer Ebene zunächst eher schlecht. Auf der anderen Seite mehrten sich aus Gründen der Versorgungssicherheit nach der gerade überwundenen ersten kleineren Ölkrise nach dem Sechstagekrieg 1967 durchaus die Zeichen für eine Reaktivierung der Kooperation im energiewirtschaftlichen Bereich.[62] Außerdem hatte sich die Abhängigkeit der Sowjetunion von Großrohrimporten noch verstärkt, die sich aufgrund verschiedener Agrarkrisen und einer dauerhaft defizitären Industrieproduktion endgültig als Schlüsselprodukte für die gesamte wirtschaftliche Entwicklung erwiesen. Nur mit ihnen ließen sich die im Verlauf der 1960er Jahre in Westsibirien aufgefundenen zahlreichen neuen Erdöl- und Erdgasfelder erschließen, da die einheimische Industrie trotz der einseitigen Ausrichtung der sowjetischen Wirtschaft die notwendigen Produkte nicht in ausreichendem Maße zur Verfügung stellen konnte.[63] Allein die Ausfuhr von Primärenergie als einzigem werthaltigem und potenziell im Übermaß vorhandenen Produkt des Landes bot die Gelegenheit zur Erwirtschaftung der dafür erforderlichen Devisen und der Finanzierung der fehlenden Verteilungstechnik über Kompensationsverträge nach bewährtem Muster. Die Vorteile eines Erdgas-Röhren-Geschäftes lagen folglich für beide Seiten auf der Hand. Bereits im Sommer 1966 hatte die sowjetische Regierung erstmals offen ihr Interesse

---

59 Stent, *Wandel durch Handel?*, 116; Philipp Gassert, *Kurt Georg Kiesinger 1904–1988. Kanzler zwischen den Zeiten*, München 2006, 480 ff., 631 ff.

60 Andrea Gebhardt, *Struktur und Wandel der Ostpolitik Willy Brandts*, München 2007, 5.

61 Boris Meissner (Hg.), *Die deutsche Ostpolitik 1961–1970*, Köln 1970, 85 ff.

62 Karlsch/Stokes, *Faktor Öl*, 355.

63 Sie ergänzten die bekannten Lagerstätten westlich des Urals und erhöhten die sicheren Gasreserven des Landes auf rund 16.000 Mrd. m^3. Dies entsprach nicht nur dem Achtfachen der niederländischen Vorräte, sondern war nach berechtigter Ansicht vieler nur ein vorläufiger Wert. Hans-Hermann Höhmann, *Sowjetunion*, in: ders. (Hg.), Die Wirtschaft Osteuropas zu Beginn der 70er Jahre, Stuttgart 1972, 9–51, hier 14 ff.; Alois K. Fischer, *Die sowjetische Erdgasindustrie (1960–1985)*, in: GWF 123 (1982), 425–431, hier 426.

bekundet, Erdgas nach Westeuropa zu liefern. Aufgrund der besonderen außenpolitischen Problematik richtete sich der Blick zunächst nicht auf die Bundesrepublik, sondern nach Italien und bald auch nach Österreich, die damit quasi die Rolle eines Sprungbretts für den weiteren Weg erhielten.[64] Wie wenig schließlich politische oder gar ideologische Differenzen auf die Bereitschaft zur wirtschaftlichen Zusammenarbeit einwirkten, zeigte der Anfang Juni 1968 abgeschlossene Erdgasliefervertrag der Sowjetunion mit der staatlichen Österreichischen Mineralölverwaltung AG (ÖMV). Obwohl gerade sechs Wochen danach die sich abzeichnende militärische Intervention der Sowjetunion gewaltsam den „Prager Frühling" beendete, beeinträchtigte dieses Verhalten in keiner Weise die Verfolgung gemeinsamer Interessen. Im Gegenteil bestätigten sie eher die allgemeine Auffassung und Akzeptanz der grundsätzlichen Risiken von Energieimporten.[65]

Das erste Ost-West-Abkommen seiner Art besaß eine Laufzeit bis 1990 und sah ein in mehreren Stufen bis 1972 auf das Plateau von 1,5 Mrd. Kubikmetern pro Jahr ansteigendes Volumen vor.[66] Die Vereinigte Österreichische Stahlwerke AG (VÖEST) unterzeichnete gleichzeitig einen Liefervertrag über 520.000 Tonnen Großrohre, die sie mangels eigener Fertigungsanlagen selbst überhaupt nicht produzieren konnte, sodass Mannesmann und Thyssen die gesamte Endfertigung und die Weiterverarbeitung der Hälfte der Grobbleche übernahmen. Dies erhöhte angesichts des massiven Handelsbilanzdefizits gegenüber Russland und des seit 1962 um rund 40 Prozent eingebrochenen Ostgeschäftes den Druck der Wirtschaft auf die Bundesregierung, endlich eine Annäherung zu suchen.[67] Parallel zu den Österreichern verhandelte die italienische Società Nazionale Metanodotti S.p.A. (SNAM) als Erdgastochter der halbstaatlichen Erdölgesellschaft Ente Nazionale Indrocarburi S.p.A. (ENI) mit der Sowjetunion über den Bezug von jährlich sechs Mrd. Kubikmetern, die ebenfalls über den tschechoslowakisch-österreichischen Grenzort Baumgarten ins Land kommen sollten. Da die Finanzierungsfrage allerdings zunächst nicht gelöst werden konnte, blieb das Projekt offen.[68]

---

64 Högselius, *Red Gas*, 50 ff.

65 Ebd., 55 ff.

66 Mit einem für sieben Jahre garantierten Preis von 0,61 Pfennigen pro Megakalorie frei Grenze war der Kontrakt um rund ein Drittel billiger als entsprechende Angebote der NAM. *Sowjetische Erdgaslieferungen*, in: EKEP 21 (1968), 120 f.; *Österreich-sowjetisches Generalabkommen*, in: ebd., 503.

67 Ebd.; Högselius, *Red Gas*, 58 ff.; Andreas Schmitt, *Osthandel auf neuen Wegen*, Hamburg 1968, 77 ff.

68 Högselius, *Red Gas*, 58.

Diese Aktivitäten und die Perspektive, dass möglicherweise bald große Erdgasmengen in direkter Nachbarschaft Bayerns verfügbar sein würden, riefen dort Wirtschaftsminister Otto Schedl auf den Plan. Nachdem er sich bereits 1966 in algerisch-tschechoslowakische Verhandlungen zum LNG-Bezug eingeschaltet hatte, bemühte er sich Ende des Jahres bei der VÖEST um eine Beteiligung an den österreichischen Importplänen.[69] Die Bundesregierung, die von Schedls Aktivitäten anfangs nur über informelle Umwege erfuhr, war wenig angetan von den Aktivitäten des Ministers, die nicht nur ihre Bevorzugung der Kohle konterkartierte, sondern geeignet schienen, die Grundlagen der bundesdeutschen Außenpolitik zu gefährden. Der Kreml bewertete den unsanktionierten Vorstoß ähnlich. Im Frühjahr 1967 zeigte sich Bundeswirtschaftsminister Karl Schiller schließlich nach einem Besuch von VÖEST-Vertretern in Bonn bereit, den Import von jährlich einer Mrd. Kubikmeter in Erwägung zu ziehen und stieß damit auf heftige Kritik der deutschen Stahlindustrie, welche die von Schedl anvisierten drei Mrd. Kubikmeter als notwendiges Minimum eines rentablen Gasinfrastrukturprojekts darstellten.[70] Dissonanzen um die im Herbst 1967 von der Sowjetunion anlässlich des 50. Jahrestages der Oktoberrevolution erneut ins Spiel gebrachte bedingungslose Anerkennung der DDR und die Niederschlagung des Prager Frühlings im August 1968 beendeten schließlich bis zum Frühjahr 1969 alle Konsultationen über Erdgas-Geschäfte.[71]

Der Vorstand der Ruhrgas war über die grundsätzlichen Entwicklungen zwar nicht im Detail im Bilde, jedoch im Ansatz über seine engen Verbindungen auf Verbandsebene und Tagungsbesuche.[72] Angesichts der Prämisse, jedenfalls Einfluss auf alle verfügbaren Erdgasmengen in Deutschland zu erlangen, hätte er sich im Falle konkreter Aussichten auf den Import sowjetischen Erdgases umgehend mit der Thematik befasst, zumal das Bundeswirtschaftsministerium angesichts seiner kohlepolitischen Ziele keine Projekte ohne den größten und zudem bergbaunahen deutschen Ferngasversorger durchführte. Der noch laufende diffizile Neuordnungsprozess des Unternehmens, Rücksichtnahmen auf die Erdgasaktionäre und die noch unzureichende Aufnahmefähigkeit des Marktes für weitere Erdgasmengen ließen jedoch ein Eingreifen des Vorstands weder erforderlich noch ratsam erscheinen.[73] Dies sollte sich im

---

69 Ebd., 50 f., 71 ff.

70 Ebd., 78 ff.

71 Aufzeichnung des Bundesministers Brandt vom 21. Juni 1968 über ein Gespräch mit Botschafter Abrassimov am 18. Juni 1968 in Ostberlin, in: Hans-Peter Schwarz (Hg.), *Akten zur Auswärtigen Politik der Bunderepublik Deutschland 1968*, München 1999, Dok. 200, hier 760.

72 Kreile, *Osthandel*, 124 ff.; EKEP 19 (1966) bis 21 (1968).

73 Auf den Aufsichtsratssitzungen der Ruhrgas wurde das Thema sowjetisches Erdgas zumindest laut Protokoll nicht besprochen. AR Ruhrgas, in: AEGC 01002155381.

Frühjahr 1969 ändern. Nachdem die sowjetische Regierung vergeblich auf das erhoffte offizielle Zeichen aus Deutschland gewartet hatte, suchten ihre Vertreter erneut verstärkt Kontakt zu Politik und Gaswirtschaft.[74] Die Bundesregierung machte nun keinen Hehl mehr daraus, dass sie sich von einem langfristigen Erdgasabkommen mit der Sowjetunion neben einer Verbesserung des politischen Klimas zugleich positive Auswirkungen auf die Energieversorgung versprach. Auf der Hannover-Messe Ende April 1969 traf dann mit Karl Schiller erstmals seit dem Tauwetterjahr 1958 ein deutsches Kabinettsmitglied einen sowjetischen Kollegen. Schiller begründete die von Brandt Anfang des Monats ausgesprochene Einladung des Moskauer Ministers für Außenhandel, Nicolai Semjonowitsch Patolitschew, in der Öffentlichkeit: „Wenn kein anderer den Kopf raussteckt, dann müssen wir es eben tun."[75] Angesichts der Bedeutung dieses Kontaktes war das schwer untertrieben, denn auch mit der DDR wurden gleichzeitig nach fast einjähriger Pause wieder Gespräche auf Regierungsebene aufgenommen. Patolitschew bekundete in Hannover nicht nur die Bereitschaft, im Zuge eines Kompensationsgeschäfts größere Erdöl- und Erdgasmengen auch nach Norddeutschland zu liefern, sondern lockte in diesem Zusammenhang noch mit dem Versprechen, damit keinerlei politische Vorbehalte zu verbinden, also auf die offizielle Anerkennung der DDR zu verzichten.[76]

Die sowjetische Politik verfolgte dabei eine Doppelstrategie, um sich mehrere Optionen offen zu halten. Bereits Anfang April fand in Wien eine Besprechung zwischen Vertretern der russischen Handelsvertretung und ihren österreichischen Vertragspartnern statt, an der auf Einladung des ÖMV-Vorstandsvorsitzenden Ludwig Bauer mit Hans Heitzer auch ein Vertreter des bayerischen Wirtschaftsministeriums teilnahm.[77] Hier bekannten die sowjetischen Unterhändler unter Betonung strikter Geheimhaltung offen ihr Interesse an einem Erdgas-Röhren-Geschäft mit der Bundesrepublik, das die Möglichkeit einer Ablösung des niederländischen Liefermonopols biete. Bauer, der die Position Österreichs als Transitland bedroht sah, gab unumwunden zu, mithilfe von Durchleitungserlösen die eigene Kostensituation verbessern zu wollen, und fa-

74 Högselius, *Red Gas*, 107 f.; Gespräch des Staatsekretärs Duckwitz mit dem sowjetischen Botschafter Zarapkin am 8. April 1969, in: Schwarz (Hg.), *AAP 1969*, Bd. 1, München 2000, Dok. 117, hier 454 f.

75 *Öl auf Bonn*, in: Der Spiegel 19 (1969), 32–34, hier 32; Högselius, *Red Gas*, 109.

76 *Osthandel soll zunehmen. Sowjets bieten Erdgas an*, in: Münchner Merkur (3./4. 5. 1969), in: AEGC Ordner „Russland – Russengas, Teil I".

77 Aktenvermerk Heitzer, 8. April 1969, in: AEGC Ordner „Russland – Russengas, Teil I". Ministerialdirektor Heitzer war Otto Schedls Energieexperte und übernahm 1976 den Vorstandsvorsitz der Bayernwerke.

vorisierte eine Erschließung des deutschen Marktes über Bayern.[78] Und auch die sowjetische Delegationsleitung beabsichtigte, das bayerische Wirtschaftsministerium für ihre Zwecke zu instrumentalisieren, erwartete sie doch mit dem Hinweis, dass mehrere Trassenverläufe diskutiert worden seien, direkte „Hilfe und eine Vermittlerfunktion bei weiteren Verhandlungen".[79]

In gewisser Verkennung der Situation und Überschätzung der eigenen Möglichkeiten verfolgte Schedl weiter seinen eigenen Weg. Er ging zwar zurecht davon aus, dass die Pipeline in die Bundesrepublik keinesfalls über die DDR, sondern entweder über Österreich oder die Tschechoslowakei und damit zwangsläufig über bayrisches Gebiet führen würde, schloss aber daraus – quasi automatisch – zusammen mit der Bayerngas die Führung bei den Verhandlungen für den Import von Erdgas nach Deutschland übernehmen zu können. Kurz vor der Hannover-Messe informierte er die Bayerngas über sein Vorhaben und wies Heitzer an, die Verhandlungen unter strikter Vertraulichkeit ohne Information des Bundeswirtschaftsministeriums weiterzuführen.[80] Und selbst nach der Bestätigung der Hannoveraner Gesprächsergebnisse durch Schiller und Benachrichtigung von Kanzler Kurt Georg Kiesinger führte Schedl seine Strategie unbeirrt weiter.[81] Mitte Mai 1969 fanden mehrere Gespräche in unterschiedlichen Konstellationen statt.[82] Etwa gleichzeitig schaltete sich Ruhrgas-Chef Schelberger in die Diskussion ein, was das Bundeswirtschaftsministerium ausdrücklich begrüßte, da es die Bayerngas für wirtschaftlich zu unbedeutend, kapitalschwach und unerfahrenen bei Verhandlungen der nun anstehenden Dimension hielt. Auf der anderen Seite schätzten die Ministerialvertreter aber die Funktion von Schedl und der Bayerngas als gewisses Gegengewicht zur Ruhrgas, da das Bundeswirtschaftsministerium nicht beabsichtigte, sich direkt an den Verhandlungen zu beteiligen. Schedl akzeptierte nur widerwillig die Zurückhaltung des Ministeriums und die sich damit abzeichnende Führungsrolle der Ruhrgas, deren Vorstand wiederum wenig Interesse an einer Beteiligung der Bayerngas zeigte.[83]

---

78 Ebd., 2 ff.

79 Ebd., 6 f.

80 Aktenvermerke Heitzer, 25 April 1969 und 7. Mai 1969, in: AEGC Ordner „Russland – Russengas, Teil I".

81 Aktenvermerk Heitzer, 8. Mai 1969, in: AEGC Ordner „Russland – Russengas, Teil I".

82 Aktenvermerk Heitzer, 19. Mai 1969, für Schedl, in: AEGC Ordner „Russland – Russengas, Teil I"; Aktennotiz Bayerngas, [ohne Autor], 22. Mai 1969, in: AEGC Ordner „Russland – Russengas, Teil I".

83 Aktenvermerk Heitzer, 21. Mai 1969, in: AEGC Ordner „Russland – Russengas, Teil I".); Högselius, *Red Gas*, 111 f.

Schelberger führte mittlerweile eigenständig ergebnisoffene Gespräche mit dem Handelsrat der UdSSR in der Bundesrepublik, Stanislaw Woltschkow, über die von Patolitschew geforderte und nun von Klaus von Dohnanyi, Staatssekretär im Bundeswirtschaftsministerium, als wirtschaftspolitisch vertretbar akzeptierte Wunschmenge von jährlich bis zu fünf Mrd. Kubikmetern.[84] Von Dohnanyi befürwortete eine Einbindung aller an einem Importgeschäft interessierten Parteien und regte gegenüber Schedl die Bildung eines Konsortiums aus möglichst allen größeren deutschen Erdgasversorgern, Thyssen, Mannesmann und der petrochemischen Industrie an.[85] Der bayerische Wirtschaftsminister lehnte dies ab und war sich in diesem Punkt ebenso einig mit Schelberger wie beim grundsätzlichen Ausschluss der DDR als Transitland. Damit endeten aber auch schon die Gemeinsamkeiten, wie Schedl Anfang Juni 1969 bei seinem ersten Gespräch mit dem Ruhrgas-Chef feststellen musste.[86] Schon zu diesem frühen Zeitpunkt verfügte Schelberger über relativ konkrete Vorstellungen zur Position der Ruhrgas, die sich auch in den folgenden Monaten nicht grundlegend ändern sollten. Den Dreh- und Angelpunkt aller Überlegungen bildete, da es aktuell keinerlei Bedarf an weiteren Importen gab, die Preisfrage.[87]

Der Vorstand der Ruhrgas stand vor einer komplexen Situation. Die politischen Erwartungen des Bundeswirtschaftsministeriums verlangten nach einer Beteiligung ebenso wie das Geschäftsprinzip des Unternehmens, jede grundsätzliche Marktentwicklung aktiv mitzugestalten und folglich den österreichischen und bayerischen Ambitionen entgegenzutreten. Nachdem der Vorstand der Ruhrgas auf die seit 1968 von sowjetischer Seite gesuchten Kontakte zunächst ausweichend reagiert hatte, war nun eine Mitwirkung quasi unumgänglich.[88] Auf der anderen Seite mussten die Interessen der eigenen Aktionäre berücksichtigt werden, die wenig geneigt waren, die neue Konkurrenz in Form von russischem Erdgas zu akzeptieren. Die einzige Chance, diese Quadratur des Kreises zu bewältigen, lag in der Forderung eines erheblich unter dem nie-

---

84 Die Verhandlungen sollten, so seine Vorstellung, zwischen einer von ihm angeführten Ruhrgas-Delegation und einer sowjetischen Delegation unter Leitung Woltschkows zunächst ohne und erst später unter Hinzuziehung Bayerns geführt werden. Ebd.

85 Aktenvermerk Heitzer, 4. Juni 1969, in: AEGC Ordner „Russland – Russengas, Teil I".

86 Ebd.

87 Aktenvermerke Windfeder (Ruhrgas), für Liesen zur Erdgasmarktentwicklung, 7. Juli und 25. Juli 1969, in: AEGC Ordner „Sowjetisches Erdgas – interne Vermerke".

88 Vortrag Schelberger Beirat Ruhrgas am 10. Mai 1969, 12, in: AEGC 01002156225. Lagebericht Schelberger Koordinierungsausschuss Ruhrgas am 22. Mai 1969, 5 f., in: AEGC 01002156225; Aktenvermerk der GBAG, 15. Oktober 1969, zum Import russischen Erdgases, in: BBA 55/1840.

derländischen Niveau liegenden Einkaufspreises.[89] Allein marktwirtschaftliche Argumente schienen geeignet, der Bundesregierung für den Fall gescheiterter Gespräche eine hinreichende Begründung zu liefern, konnte das Bundeswirtschaftsministerium von der Ruhrgas doch nur einen marktkonformen, rentabilitätssichernden Vertragsabschluss erwarten. Und dessen Bewertung lag allein bei der Ruhrgas, die als einziger deutscher Ferngasversorger in der Lage war, die zur Amortisierung der hohen Vertriebsstrukturinvestitionen notwendige Menge von fünf Mrd. Kubikmetern unterzubringen. Ein Kontrakt zu äußerst günstigen Konditionen – so der Grundgedanke – bot die Möglichkeit, neue Kundengruppen und Märkte zu erschließen, und beraubte trotz des dadurch initiierten Substitutionswettbewerbs zum Mineralöl in der Ergebnisabwägung auch Esso und Shell jeglicher Gegenargumente. Schelberger verfolgte mit dieser Strategie nicht nur das Ziel, die Ruhrgas von den Mineralölkonzernen zu emanzipieren, sondern darüber hinaus die überhöhten niederländischen Erdgaspreise durch eine erweiterte Ölpreisbindung und den potenziellen Preisdruck sowjetischer Importe zu senken.[90] Als weitere Faktoren mussten schließlich die Interessen der ebenfalls an der Ruhrgas beteiligten Röhrenproduzenten Thyssen und Mannesmann berücksichtigt werden.

Anfang Juni 1969 bedeutete Schelbergers Grundbedingung zunächst das umgehende Aus für eine Beteiligung Österreichs, denn der von der ÖMV mit der Sowjetunion vereinbarte Preis lag erheblich über dem, den die Ruhrgas frei Grenze an die NAM überwies. Es war undenkbar, dass die sowjetische Verhandlungsführung die erforderliche Preisanpassung in Österreich toleriert hätte, die im Falle einer Einigung mit der Ruhrgas durch eine Einbindung der ÖMV aufgrund der vertragsüblichen Meistbegünstigungsklausel entstanden wäre.[91] Schelberger favorisierte daher als Markteintrittsort das bayerische Marktredwitz und eine Versorgung Südbayerns über die Ferngas Nordbayern, sodass allein die Trassenführung über die Tschechoslowakei blieb.[92] Für Schedl wie

89 Aktenvermerk Heitzer, 4. Juni 1969, 2, in: AEGC Ordner „Russland – Russengas, Teil I".

90 Lagebericht Schelberger AR Ruhrgas am 10. Dezember 1968, 4 ff., in: AEGC 01002155383; Vortrag Deckers zum Jahresabschluss 1969 AR Ruhrgas am 10. Juli 1970, 5 f., in: AEGC 01002155384.

91 Aktenvermerk Liesen, 26. September 1969, in: AEGC Ordner „Sowjetisches Erdgas – interne Vermerke"; Aktenvermerk Bertermann (Ruhrgas), 10. November 1969, 3, in: AEGC Ordner „Sowjetisches Erdgas – interne Vermerke".

92 Aktenvermerk Heitzer, 4. Juni 1969, 3, in: AEGC Ordner „Russland – Russengas, Teil I". Schedl hatte Heitzer schon zuvor angewiesen: „Die Frage der Zuführung von Gas über die CSSR ist positiv zu prüfen." Ebd.

auch für das Bundeswirtschaftsministerium überraschend, kündigte Schelberger an, völlig eigenständig und auch unabhängig von Kompensationslieferungen verhandeln zu wollen. Da Schedl aus innerbayerischen politischen Gründen auf eine Beteiligung des Freistaates an den Verhandlungen nicht verzichten konnte, einigten sich beide auf getrennte Verhandlungen bei gegenseitiger Koordination. Schelberger behielt sich jedoch vor, bei seinen Planungen auch Südbayern zu berücksichtigen.[93]

Als am 20. Juni 1969 in Wien die auf sieben Tage anberaumten Verhandlungen der deutschen und der russischen Delegation begannen, war der Ruhrgas-Vorstand zwar offiziell ebenso wenig vertreten wie das Bundeswirtschaftsministerium, führte aber dennoch zahlreiche Einzelgespräche mit allen beteiligten Gruppen.[94] Die ÖMV hatte es im Hinblick auf ihre Chancenlosigkeit vorgezogen, der Veranstaltung überhaupt fernzubleiben.[95] Welchen Stellenwert Nikolai G. Ossipow, der als stellvertretender Außenhandelsminister die Delegation der Sowjetunion anführte, der Ruhrgas beimaß, zeigte sich schon am ersten Tag. Schelberger, Weise und Liesen erhielten vor allen anderen und noch vor Beginn der offiziellen Gespräche die Gelegenheit, die eigene Position abzustecken.[96] Die Taktik war klar: die Ruhrgas-Vertreter forderte einen von Ossipow dann auch strikt abgelehnten Preis, rund 15 Prozent unter dem ÖMV-Niveau.[97] Einigkeit herrschte dagegen über einen Lieferbeginn zum 1. Oktober 1972 und eine fünfjährige Mengenaufbauphase. Weitere Ergebnisse brachte das Treffen für die Ruhrgas nicht. Allerdings nutzte Schelberger die Gelegenheit und drohte Schedl mit dem Ausstieg aus den Verhandlungen, falls die Bayerngas weiterhin beteiligt würde. Der bayerische Wirtschaftsminister gestand der Ruhrgas daraufhin die alleinige Verhandlungsführung zu und schlug die Verschmelzung aller bayerischen Ferngasversorger in einer gemeinsamen Gesellschaft vor, die den Bezugsvertrag aushandeln sollte.[98] Auf dieser Grundlage entstand der sogenannte „Schelberger-Schedl-Plan“, der unter Voraussetzung eines Ruhrgas-Importvertrages die Bildung eines gesamtbayerischen Ferngas-

---

93 Aktenvermerk Heitzer, 4. Juni 1969, 5 f.; Schelberger an Schedl vom 10. Juni 1969, in: AEGC Ordner „Russland – Russengas, Teil I“.

94 Teilnehmerlisten und Einladungsschreiben; Aktenvermerk Heitzer, 3. Juli 1969, 1 f., in: AEGC Ordner „Russland – Russengas, Teil I“; Högselius, *Red Gas*, 114.

95 Aktenvermerk Heitzer, 13. Juni 1969, in: AEGC Ordner „Russland – Russengas, Teil I“.

96 Aktenvermerk Heitzer, 3. Juli 1969, 4 f., in: AEGC Ordner „Russland – Russengas, Teil I“; Aktenvermerk Liesen, 7. Juli 1969, 1, in: AEGC Ordner „Sowjetisches Erdgas – interne Vermerke“.

97 Ebd.

98 Aktenvermerk Heitzer, 3. Juli 1969, 10 f., in: AEGC Ordner „Russland – Russengas, Teil I“.

versorgers und den Aufbau eines überregionalen Ferngasnetzes durch die Ruhrgas vorsah.[99]

Bei der Ruhrgas selbst standen die Zeichen Anfang Juli 1969 allerdings zunächst auf Verhinderung. Zwar erhielt der Vorstand vom Aufsichtsrat das Mandat zu Verhandlungen mit der sowjetischen Delegation unter der Prämisse, keinerlei rechtswirksame Angebote abzugeben.[100] Diese sollten aber nach Ansicht des Aufsichtsratspräsidiums durch eine „hinhaltende Linie" nur die Bereitschaft zur Kooperation vortäuschen, denn die eigentliche Strategie verfolgte einen entgegengesetzten Zweck.[101] Vorgesehen wurde erstens die möglichst starke Reduzierung des Importvolumens bis hin zur Unrentabilität durch die Belieferung der Bayerngas mit jährlich 1,8 Mrd. Kubikmetern eigenen Gases unter entsprechender Anpassung an eventuelle Preiszugeständnisse der Sowjetunion. Einen direkten Importvertrag der Bayerngas sollte außerdem die Drohung verhindern, im Falle von Lieferschwierigkeiten keinesfalls mit Aushilfslieferungen einzuspringen. Die Bayerngas unterstützte indirekt dieses Ziel und unterzeichnete einen ersten Ruhrgas-Liefervertrag über 600 Mio. Kubikmeter pro Jahr. Dazu kam zweitens mit gleicher Stoßrichtung, aber vordergründig auf die Interessen der Röhrenindustrie zielend, der Vorschlag eines verstärkten Imports sowjetischen Rohöls als Gegenleistung für die Reduzierung der Erdgasbezüge. Den dritten Teil bildete die Entfaltung einer umfangreichen politischen Lobbytätigkeit der Mineralölunternehmen gegen den Import sowjetischen Erdgases in die Bundesrepublik und damit ein Konfrontationskurs gegenüber der Bundesregierung.

Dies war gewagt, denn schon vor den Wiener Gesprächen hatte das Bundeswirtschaftsministerium die deutsche Shell nach einem entsprechenden Vorstoß offen vor einem solchen Verhalten gewarnt.[102] Spätestens nach der Vorgabe von Brandt Anfang Juli 1969 musste dann endgültig deutlich gewesen sein, wohin der Weg gehen würde: „Ich glaube, daß ein positives Ergebnis der Besprechungen – zunächst im kommerziellen Bereich, dann auf Regierungsebene – für die deutsch-sowjetischen Beziehungen von großer Bedeutung ist."[103]

---

99 Aktenvermerk Liesen, 21. Juli 1969, 2, in: AEGC Ordner „Sowjetisches Erdgas – interne Vermerke"; Aktenvermerk Lücke (Ruhrgas), 16. Oktober 1969, in: AEGC Ordner „Russland allgemein". Vortrag Schelberger Präsidium AR Ruhrgas am 18. November 1970, 1, in: AEGC 01002156225.

100 Aktenvermerk Liesen, 7. Juli 1969, 4; Aktenvermerk Liesen, 19. Juli 1969, 1, in: AEGC Ordner „Sowjetisches Erdgas – interne Vermerke".

101 Ebd; Aktenvermerk Liesen, 23. Juli 1969, 5 f., in: AEGC Ordner „Sowjetisches Erdgas – interne Vermerke".

102 Högselius, *Red Gas*, 123.

103 *Auf kleiner Flamme*, in: Der Spiegel 33 (1969), 27.

Diese Position unterstrich auch der sowjetische Ministerpräsident Alexei Kossygin, der kurz darauf gegenüber dem deutschen Botschafter in Moskau erklärte, das Außenhandelsministerium angewiesen zu haben, „die Verhandlungen über die Lieferung von Erdgas nach Möglichkeit abzuschließen".[104] Und auch von Dohnanyi hatte im Wissen um potenzielle Störfaktoren mit Emil Kratzmüller und Dirk de Bruijne die Vorstandsvorsitzenden von Esso und Shell in Deutschland zu einem Gespräch gebeten und den beiden stellvertretenden Ruhrgas-Aufsichtsratsvorsitzenden unmissverständlich erklärt, „daß ein beträchtlicher Abschluss in unserem nationalen Interesse liegt".[105] Tatsächlich besaßen fünf Mrd. Kubikmeter einen Wert von rund 250 Mio. D-Mark, was etwa 20 Prozent der bisherigen sowjetischen Exporte in die Bundesrepublik entsprach.[106] Gleichzeitig stand die Unterzeichnung des Röhrenabkommens im Juli 1969 bereits so gut wie fest.[107] Von solchen Einwänden unbeirrt, gaben die beiden Mineralölmanager bald jegliche Zurückhaltung auf und drohten von Dohnanyi unverhohlen, den deutschen Markt mit Mineralöl zu fluten, um damit sowohl das russische Gas als auch die deutsche Steinkohle anzugreifen. Später untermauerte der Mineralölwirtschaftsverband diese Konfliktlinie mit umfangreichen und von Medienkampagnen begleiteten Untersuchungen zur Gefährdung der Explorations- und Fördertätigkeit in der Bundesrepublik, die eine sichere Energieversorgung bis in die 1980er Jahre garantiere.[108]

Schelberger distanzierte sich dagegen unter Verweis auf das Interesse der Ruhrgas an dem Importgeschäft bei seinen eigenen Gesprächen mit Vertretern des Bundeswirtschaftsministeriums von solchen Positionen. Von Dohnanyi war voller Hochachtung vor dem lösungsorientierten Pragmatismus des Ruhrgas-Chefs.[109] Nicht eindeutig beantworten lässt sich die Frage, ob Schelberger von Beginn an diese Haltung vertrat oder erst im Juli 1969 begann, sich von der Position der Aktionäre abzukoppeln. Mitte des Monats warnte der Ruhrgas-Vorstand erstmals nachweislich vor einer Ausgrenzung des Unternehmens, falls man sich weiterhin weigerte und die Sowjetunion und „ein süddeutsches

104 Botschafter Allard, Moskau, an das Auswärtige Amt, 25. Juli 1969, in: Schwarz (Hg.), *AAP 1969*, Bd. 2, Dok. 244, hier 854.

105 *Auf kleiner Flamme*, in: Der Spiegel 33 (1969), 27; Aktenvermerk Weise, 19. Oktober 1969, 1, in: AEGC Ordner „Russland allgemein"; Aufzeichnungen des Ministerialdirektors Herbst vom 27. Juni 1969, in: Schwarz (Hg.), *AAP 1969*, Bd. 2, Dok. 213, hier 742.

106 Aufzeichnungen des Ministerialdirektors Herbst vom 27. Juni 1969, in: Schwarz (Hg.), *AAP 1969*, Bd. 2, Dok. 213, hier 742.

107 Aufzeichnungen des Ministerialdirektors Bahr vom 25. Juli 1969 über ein Gespräch mit Ernst Wolf Mommsen, in: Schwarz (Hg.), *AAP 1969*, Bd. 2, Dok. 246, hier 857 f.

108 Sandner, *Bedeutung*, 1.195 f.; Högselius, *Red Gas*, 124 f.

109 Högselius, *Red Gas*, 124.

Konsortium" einen Vertrag abschlössen. Außerdem warb er für die Unterzeichnung eines von der sowjetischen Delegation vorgeschlagenen „Aidc mémoire", das die Bereitschaft beider Seiten zur Umsetzung des Projektes gemeinsam mit der Ruhrgas dokumentierte und nicht abgelehnt werden könne, „ohne Ruhrgas unglaubwürdig zu machen". Auch die Mineralölunternehmen mussten daher akzeptieren, dass eine Absichtserklärung zwingend war, denn auch sie wollten natürlich nicht die Glaubwürdigkeit der Ruhrgas aufs Spiel setzen.[110]

Im zweiten Halbjahr 1969 entspann sich ein regelrechter Verhandlungsmarathon mit mehreren Spitzen- und Expertengesprächen in Deutschland und Moskau. Zunächst weitgehend ausgeklammert blieben mit dem Preis, den Preisänderungsklauseln, der Menge und der Demarkation für das Absatzgebiet sowjetischen Erdgases in Deutschland die vier zentralen Punkte.[111] Bereits Mitte September waren die technischen Fragen des Vertrages und des dazugehörenden umfangreichen Betriebsabkommens weitgehend geklärt, während sich zugleich die rechtlichen Aspekte als gewisse Hürde erwiesen. Die Diskussionen drehten sich u. a. um die Berücksichtigung höherer Gewalt wie Revolution, Aufruhr, Streik und Aussperrung, wobei das Problem der in einer Staatswirtschaft naheliegenden Regelung „öffentlich-rechtlicher Eingriffe" Schwierigkeiten bereitete und „die Russen sich mit Händen und Füßen dagegen" wehrten.[112] Dazu kamen Schiedsgerichts- und Prozessfragen, für die eine Regelung nach schweizerischem oder schwedischen Recht erwogen wurde.[113]

Zugleich riefen die im Sommer 1969 wieder aufgenommenen Verhandlungen der Sowjetunion mit Italien auch Frankreich auf den Plan.[114] Im ursprünglichen italienischen Vertrag von 1967 waren drei Mrd. Kubikmeter pro Jahr für Frankreich vorgesehen, sodass sich nun erneut die Gelegenheit andeutete, an dem Projekt zu partizipieren und die Bezugsbasis nochmals zu erweitern.[115] Noch im September 1969 verhandelte Ossipow in Paris, und kurz darauf fand

110 Aktenvermerk Liesen, 21. Juli 1969, 2 f., in: AEGC Ordner „Sowjetisches Erdgas – interne Vermerke".

111 Aktenvermerk Liesen, 5. Oktober 1969, in: AEGC Ordner „Russland allgemein".

112 Aktenvermerk Liesen, 10. Oktober 1969, in: AEGC Ordner „Russland allgemein", Zitat, 1.

113 Aktenvermerk Liesen, 15. September 1969, 1 f., in: AEGC Ordner „Sowjetisches Erdgas – interne Vermerke".

114 Frankreich hatte bislang 1976 als frühesten Bezugstermin für kleinere Mengen sowjetischen Erdgases genannt und schien neben der eigenen Förderung durch 1967 angelaufene Bezugsverträge mit der NAM im Umfang von bis zu 5 Mrd. m^3/a sowie 1965 angelaufene und 1967 erweiterte LNG-Lieferungen der algerischen Sonatrach von bis zu 3,5 Mrd. m^3/a ausreichend versorgt. Wilfried Czerniejewitz, *Die Entwicklung der französischen Gaswirtschaft – Aufkommen, Transport und Verbrauch*, in: GWI 17 (1968), 427–431, hier 428; André des Royeries, *La situation du Gaz de France en 1969*, in: GWI 19 (1969), 176–178.

115 Aktennotiz Brecht, 22. September 1969, in: AEGC Ordner „Russland allgemein".

eine „große französisch-sowjetische Aussprache" in Moskau statt. Auch wenn die französische Regierung die Gespräche als reinen Meinungsaustausch bezeichnete, erzeugten sie beim Bundeswirtschafsministerium und bei der Ruhrgas eine gewisse Unruhe. Eine Einigung hätte das Konzept eines zentralen Imports über Bayern erschüttert, da die ENI und die SNAM bislang einen Trassenverlauf über Italien und die Schweiz vorgesehen hatten. Frankreich griff nun die Idee einer bereits im Juli auch vom Bundeswirtschafsministerium erwogenen Kooperation mit der Bundesrepublik und Italien auf, um der Sowjetunion einen starken Käuferblock gegenüberzustellen.[116] Dazu kam der Vorschlag einer gemeinschaftlichen Behandlung der Erdgasbezüge als energiepolitische Maßnahmen der EG. Dies lehnte das Bundeswirtschaftsministerium mit Hinweis auf die nicht zu koordinierenden Interessen der sechs Mitgliedsstaaten und die Sonderposition der Niederlande als etablierter Exporteuer als unerreichbar ab, während der Vorstand der Ruhrgas in einer solchen Bezugsgemeinschaft nur Vorteile für Frankreich erblicken konnte.[117] Er war grundsätzlich gegen eine französische Beteiligung, denn der Bau einer gemeinsamen Transitleitung quer durch Deutschland hätte auch Baden-Württemberg mit der Gasversorgung Süddeutschland wieder ins Rennen gebracht und damit der Bayerngas die Gelegenheit geboten, mit diesem Partner das für einen eigenen Vertrag notwendige Gesamtabnahmevolumen zu erlangen. Das Bundeswirtschaftsministerium favorisierte zwischenzeitlich sogar mit bundesweiter Perspektive eine solche Variante, die sich jedoch schon kurz darauf erübrigte, da die Gaz de France nun ihre ursprünglichen Bezugspläne weitgehend bestätigte und nach einem Lieferbeginn 1977 drei Jahre später ein Plateau von 2,5 Mrd. Kubikmetern erreichen wollte.[118]

Bei der Gasversorgung Süddeutschland sorgte diese Entwicklung für massiven Ärger. Vor allem die beiden Hauptgesellschafter Mannheim und Stuttgart übten heftige Kritik an der Geschäftsführung, dass die Verhandlungen erneut an ihr vorbeiliefen, und drohten, sich selbst einzuschalten, um ein „Importmonopol der Ruhrgas AG zu verhindern".[119] Die daraufhin begonnenen Gespräche erreichten jedoch nicht den Status von Verhandlungen, u. a. weil der südwest-

---

116 Fernschreiben des AA an das BWM vom 23. September 1969 über die französisch-sowjetischen Verhandlungen, in: AEGC Ordner „Russland allgemein" [o. S.].

117 Aktennotiz Lantzke (BWM), für Schiller vom 30. September 1969, 2, in: AEGC Ordner „Russland allgemein" [o. S.]; Aktenvermerk Liesen zu einem Anruf von Plesser, BWM, 25. September 1969, 3, in: AEGC Ordner „Russland allgemein" [o. S.]. Plesser hatte Liesen den Vermerk von Lantzke vertraulich übergeben. Högselius, *Red Gas*, 126 f.

118 Aktenvermerk Liesen, 13. Oktober 1969, 2, in: AEGC Ordner „Russland allgemein".

119 Aktenvermerk Weise, 22. September 1969, in: AEGC Ordner „Russland allgemein" [o. S.].

deutsche Gasbedarf durch die vorhandenen Lieferverträge noch für etwa acht Jahre gedeckt war. Allerdings erzielte die nun einsetzende, ihre eigenen Planungen sichernde dauerhafte Warnung der Gasversorgung Süddeutschland vor einer Marktübermacht der Ruhrgas die beabsichtigte Wirkung. Im Mittelpunkt der Vorwürfe stand die potenzielle Ausnutzung der sich in Abhängigkeit von Transportstrecken, Lieferanten und Ausschließlichkeitsbindungen abzeichnenden unterschiedlichen Gaspreise durch die Ruhrgas mit dem Ziel einer Gewinnmaximierung. Der Ferngasversorger akzeptierte daher Ende Januar 1970 endgültig ein annähernd einheitliches Erdgaspreisniveau in der gesamten Bundesrepublik.[120] Dies war jedoch zu diesem Zeitpunkt kaum mehr als eine Beschwichtigungsstrategie, denn tatsächlich verfolgte der Ruhrgas-Vorstand weiterhin das Ziel, Schedl von eigenständigen Aktivitäten fernzuhalten.[121]

Etwa gleichzeitig kam die sowjetische Verhandlungsbasis erheblich ins Schwanken, denn Ende September überraschte die ÖMV den Vorstand der Ruhrgas mit der Nachricht, dass es in Österreich im Jahresverlauf 1969 acht Mal zu Lieferausfällen gekommen war; darunter sechs unvorhergesehene.[122] Ein Vertrauensverlust, der die Verhandlungen nicht unerheblich belastete. Nach den Fortschritten der vergangenen Monate drohte nun ein Stillstand. Gegenüber von Dohnanyi stellte Schelberger schon Mitte Oktober fest, dass es „bei Würdigung der neuen Gesamtlage durchaus fraglich erscheint, ob der russische Vertrag wirklich ein Geschäft“ sei.[123] Und auch auf russischer Seite wuchs die Kritik an der Ruhrgas und ihrer harten Verhandlungsführung. Alexej Sorokin, stellvertretender Minister für die sowjetische Gasindustrie, beschwerte sich bei Mannesmann über den spürbaren Stimmungswandel bei der Ruhrgas, der bei der sowjetischen Delegation Unsicherheit darüber habe aufkommen lassen, ob sie wirklich einen Abschluss beabsichtige“. „Ruhrgas ist Meisterin im Fragenstellen; wenn Ruhrgas an einem Tag 20 Fragen stelle, von denen die Russen 17 ausgeräumten, so blieben drei Fragen übrig; am nächsten

---

120 Zeitungsartikel, in: AEGC Ordner „Sowjetisches Erdgas – interne Vermerke“ u. a. *Verstimmung im Südwesten wegen Russen-Vertrag. ‚Jetzt hat die Ruhrgas ein Monopol‘*, in: Handelsblatt (28.1.1970); *Die Ruhrgas wird ihr Monopol nicht mißbrauchen*, in: Industriekurier (29.1.1970); Schelberger an Schwarz, 14. Oktober 1969, in: AEGC Ordner „Russland allgemein“.

121 Aktenvermerk Liesen, 13. Oktober 1969, in: AEGC Ordner „Russland allgemein“; Heitzer an Ruhrgas, 8. Oktober 1969, in: AEGC Ordner „Russland allgemein“.

122 Aktennotiz Tuppeck (Ruhrgas), 29. September 1969, 9 f., in: AEGC Ordner „Sowjetisches Erdgas – interne Vermerke“; Aktennotiz Cipa (Veba), 17. Oktober 1969, 2, in: BBA 55/1840; Aktenvermerk Liesen, 13. Oktober 1969, 1, in: AEGC Ordner „Russland allgemein“. Bis 1971 sollten die Probleme weiterbestehen und in Österreich zu reduzierten Liefermengen führen. Högselius, *Red Gas*, 94, 101 ff., 120.

123 Aktenvermerk Weise, 19. Oktober 1969, 3, in: AEGC Ordner „Russland allgemein“.

Tag käme die Ruhrgas dann mit 20 weiteren Fragen, so daß insgesamt 23 Fragen zu lösen seien."[124]

Tatsächlich hatte der Vorstand von Beginn an akzeptiert, dass bandförmig ohne Schwankungen und Unterbrechungen mit jährlich mindestens 7.000 Nutzungsstunden („Loadfactor" 85 Prozent von 8.760) geliefert wurde. Zwar orientierten sich auch die Verträge mit der NAM an diesem Wert, doch waren sie enorm flexibel.[125] Dazu akzeptierten die Niederländer eine Jahresmindestabnahme zwischen 66 und 100 Prozent der Vertragsmenge, während die Sowjetunion nur Abweichungen um fünf Prozent tolerieren wollte. Schon unter Berücksichtigung der täglichen Bedarfsschwankungen in Deutschland war die Ruhrgas damit gezwungen, mit weiterem Aufwand für zusätzliche technische Anlagen wie Untertagespeicher zu kalkulieren.[126] Und hierin lag auch ein zentraler Aspekt für die Bevorzugung der Ruhrgas durch die Bundesregierung und die Chancenlosigkeit der Einzelaktivitäten der süddeutschen Gesellschaften. Von Dohnanyi sagte nun umfangreiche Unterstützungsmaßnahmen zu. Dazu gehörte eine politische Initiative unter Einschaltung des Außenministeriums, um nach der Klärung der Randthemen „in den entscheidenden kommerziellen Fragen eine konstruktive Haltung der russischen Seite zu bewirken", sowie ein von der Sowjetunion gefordertes Schreiben der Bundesregierung, dass sie „keine störenden Eingriffe in den Vertrag vornehmen werde".[127] Der Ruhrgas-Chef garantierte im Gegenzug eine Weiterführung der bisherigen „konstruktiven und flexiblen" Verhandlungslinie. Im Aufsichtsrat warb er: „Meine Herren, wir glauben, daß wir uns für den Abschluß des Liefervertrages mit den Russen einsetzen sollten. [...] Die Erfahrungen in der Geschichte der Ruhrgas haben gezeigt, daß bei Verträgen, die zunächst an der Grenze des Vertretbaren lagen, im Laufe der Jahre stets eine Verbesserung der Bedingungen herbeigeführt wer-

124 Aktenvermerk Liesen, 6. November 1969, in: AEGC Ordner „Russland allgemein" [o. S.]; Aktenvermerk Liesen, 11. November 1969, in: AEGC Ordner „Russland allgemein" [o. S.].

125 Durch eine Reduzierung bis auf 3.500 Stunden bei einer leichten Preiserhöhung, während sich ein Durchschnitt von 6.000 Stunden eingependelt hatte. Gegenüberstellung der NAM-Verträge und Aktenvermerk Bertermann (Ruhrgas), 10. November 1969, 3, in: AEGC Ordner „Sowjetisches Erdgas – interne Vermerke".

126 Das sowjetische H-Gas machte zudem aus Sicht des Jahres 1969 den Bau besonderer Konditionierungsstellen notwendig, um es an den durch niederländische Qualitäten bestimmten westeuropäischen Standard des L-Gases anzupassen. Dieses Konzept wurde schließlich nicht umgesetzt, und es existierten parallel zueinander ein H-Gas-Netz und ein L-Gas-Netz.

127 Aktenvermerk Weise, 19. Oktober 1969, 4 ff., in: AEGC Ordner „Russland allgemein". Nur eine Woche später sprach Willy Brandt seinen Ministerkollegen Andrei Gromyko auf die Situation an, doch erwähnt der Gesprächsvermerk nur die reine Tatsache. Gespräch am 22. September 1969, in: Schwarz (Hg.), *AAP 1969*, Bd. 2, Dok. 297, hier 1.057 f.

den konnte."[128] Diese Prognose sollte sich bereits wenige Monate später bewahrheiten.

Und auch bei den Verhandlungen zahlte sich diese Linie umgehend aus, sodass innerhalb weniger Wochen eine weitgehende Einigung erzielt wurden.[129] Am 29. November 1969 paraphierten die Ruhrgas und die sowjetische Außenhandelsorganisation V/O Sojuznefteexport (SNE) in der sowjetischen Handelsvertretung in Köln den Erdgasliefervertrag. Die Vereinbarung umfasste die Lieferung von jährlich drei Mrd. Kubikmetern Erdgas über einen Zeitraum von 20 Jahren, beginnend mit dem 1. Oktober 1973 und einer sechsjährigen Mengenaufbauphase.[130] Beim Preis frei Grenze und 7.000 Benutzungsstunden war die Ruhrgas der Sojuznefteexport bis auf rund 5,2 Pfennige pro Kubikmeter entgegengekommen.[131] Die Preisanpassungsklauseln orientierten sich an den bewährten Regelungen, berücksichtigen Veränderungen der allgemeinen Wirtschaftslage sowie des Erdgaspreisniveaus in der Bundesrepublik und wurden erstmals nach dreijähriger Vertragsdauer wirksam.[132] Die Sojuznefteexport akzeptierte eine umfassende Haftungsregelung.[133] Die Demarkation war im eigentlichen Vertrag nicht berücksichtigt, sondern Teil eines Nebenabkommens. Hier hatte die Ruhrgas gewisse Abstriche machen müssen, da zwar Bayern und Baden-Württemberg für sieben Jahre vollständig geschützt waren, alle Gebiete nördlich der Mainlinie aber nur durch das „Recht der ersten Hand".[134] Zu-

128 Vortrag Schelberger, Aufsichtsratspräsidium Ruhrgas am 18. November 1969, 8, in: AEGC 01002156225; Ähnliches Zitat, in: Aktenvermerk Bertermann, 10. November 1969, 8, in: AEGC Ordner „Sowjetisches Erdgas – interne Vermerke" [o. S.].

129 Dazu wurde der sowjetischen Delegation ein umfangreiches Rahmenprogramm mit dem Besuch von Unternehmen, Oper, Sportveranstaltungen sowie Einladungen in die Privathäuser von Vorstandsmitgliedern geboten. „Programm Russenbesuch 19.11.–28.11.1969", Vermerk, [ohne Autor], 17. November 1969, in: AEGC Ordner „Russland allgemein" [o. S.].

130 Liefervertrag zwischen SNE und Ruhrgas, [Entwurf, o. D., Ende November 1969], § 2, in: AEGC Ordner „Russland allgemein"; Aktenvermerk Liesen, 23. November 1969, in: ebd. Die Menge entsprach 3,29 Mrd. m^3/8.400.

131 Fälle höherer Gewalt, zu denen Überschwemmung, Erdbeben, Krieg sowie Feuer und Explosionen durch externe Ereignisse, aber nicht mehr der heiß diskutierte Aspekt eines Staatseingriffes zählten, entbanden beide Seiten von ihren Verpflichtungen. Liefervertrag, § 6, in: AEGC Ordner „Russland allgemein".

132 Ebd., § 7.

133 Die Sowjetunion listete detailliert alle nicht in den Bereich der höheren Gewalt fallenden Lieferausfälle mit exakten Angaben zu Mengen und Qualitäten auf und berücksichtigte einen verspäteten Lieferbeginn. Die Ruhrgas stand dagegen für die Abnahme der Mindestmengen ein. Ebd., § 10.

134 Hier besaß die Ruhrgas folglich ein Vorkaufsrecht für alle weiteren angebotenen Mengen, die die Sojuznefteexport nach einer Nichtkontrahierung durch die Ruhrgas zu gleichen Konditionen an „interessierte westdeutsche Firmen" abgeben konnte. Ruhrgas an SNE, [Entwurf, o. D.], 2–4, in: AEGC Ordner „Russland allgemein".

Abb. 22: Unterzeichnung des Vertrages zum ersten Erdgas-Röhren-Geschäft im Hotel Kaiserhof, Essen, 1. Februar 1970.

1. Reihe (v. l. n. r.): Klaus Liesen, Herbert Schelberger (Vorstandsvorsitzender Ruhrgas), Hans Günther Sohl (Vorstandsvorsitzender August Thyssen-Hütte AG), Jos van Beveren (Vorstandsvorsitzender Mannesmann-Export), Juri Breschnew (Präsident Röhrenimporteur Promsyrioimport (PSI) / Sohn von Generalsekretär Leonid Breschnew), Kiselev (PSI), Juri Baranowski (Gasministerium, später Generaldirektor Sojusgazexport), Dolmetscher, Vardanjan (Gasministerium).

2. Reihe (v. l. n. r.) Eberhard Kranz, Gesicht aus der 3. Reihe: Heinz Hufnagel (Export-Vorstand Mannesmann AG), Dieter Spethmann (Vorstandsvorsitzender Thyssen AG), Friedrich Wilhelm Christians (Vorstandsvorsitzender Deutsche Bank AG), Egon Overbeck (Vorstandsvorsitzender Mannesmann AG), Gesicht aus der 3. Reihe: n. n., Nikolai Patolitschew (Außenhandelsminister der UdSSR), Sabit Orudschew (Sowjetischer Minister für Gasindustrie), Nikolai Ossipow (stv. Außenhandelsminister der UdSSR), Tikhomirow (PSI), n. n. (Mitglied der russischen Delegation).

kunftsorientiert waren die Regelungen zur automatischen Verlängerung der Demarkation auf bis zu 20 Jahre, falls die Ruhrgas vor Erreichen des ersten Plateaujahres des Vertragsvolumens auf bis zu fünf Mrd. Kubikmeter pro Jahr aufstockte.

Nach dieser entscheidenden Einigung begannen Anfang Dezember 1969 die letzten Verhandlungen zur Lösung der noch offenen Punkte. Umgehend einigten sich die Mannesmann Export und die sowjetischen Einfuhrorganisation V/O Promsyrioimport auf ein Abkommen zur Lieferung von 1,2 Mio. Tonnen Großrohren zwischen Juli 1970 und Dezember 1972.[135] Zur Finanzierung hatte sich bereits seit dem Sommer 1969 ein Konsortium von 17 Banken unter Führung der Deutsche Bank AG zusammengefunden, das die Kredite in Höhe von 1,2 Mrd. D-Mark zu einem beispiellos günstigen Zinssatz übernahm. Das Geld floss analog zu den Röhrenlieferungen in Etappen, und die Sowjetunion tilgte über einen Zeitraum von zehn Jahren.[136] Am 1. Februar 1970 wurden die drei Erdgas-Röhren-Verträge im Essener Hotel Kaiserhof unter Beteiligung von Schiller und des sowjetischen Außenhandelsministers Patolitschew unterzeichnet.[137] Die Bundesregierung begrüßte in einem offiziellen Schreiben den Vertragsabschluss, der aber nicht die von der Ruhrgas vorgeschlagene Begrenzung der sowjetischen Erdgasimporte für gewisse Zeiträume und Absatzvarianten zur Absicherung der harmonischen Eingliederung sowjetischen Erdgases auf dem bundesdeutschen Markt beinhaltete.[138] Die Bayerngas unterzeichnete schließlich Anfang Juli 1970 einen Ruhrgas-Liefervertrag über jährlich zwei Mrd. Kubikmeter sowjetischen Gases zur Übernahme im Raum Ingolstadt und beendete damit die Konkurrenz in Süddeutschland.

Wie wenig absehbar die Entwicklung auf dem deutschen Gasmarkt Anfang der 1970er Jahre letztlich war, zeigte der Zeitraum bis zum zweiten Erdgasvertrag mit der Sojuznefteexport, den die Ruhrgas bereits im Juli 1972 abschloss. Waren die Verhandlungen 1969 noch unter dem Aspekt der ungeklärten Absatzsicherheit gelaufen, warf eine stürmische Nachfrageentwicklung zum Jahresbeginn 1970 sämtliche Marktprognosen über den Haufen. Innerhalb kürzester Zeit wurde deutlich, dass die kontrahierten drei Mrd. Kubikmeter pro Jahr kein Überangebot darstellten, sondern allenfalls geeignet schienen, den

---

135 Wessel, *Mannesmann*, 414 ff. Thyssen war nicht beteiligt, da sich Thyssen und Mannesmann 1969 auf eine Arbeitsteilung geeinigt hatten, bei der Thyssen die Flachstahl- und Mannesmann durch die Mannesmannröhren-Werke die Röhrenproduktion übernahm.

136 Manfred Pohl, *Geschäft und Politik. Deutsch-russische/sowjetische Wirtschaftsbeziehungen 1850–1988*, Mainz 1988, 150 ff.

137 Vermerk zum Stand der organisatorischen Vorbereitungen zur Vertragsunterzeichnung vom 29. Januar 1970; Presseerklärung von Herbert Schelberger vom 1. Februar 1970, in: AEGC Ordner „Russland 1970". Fotos, in: Ruhrgas (Hg.), Der Import von Erdgas aus der UdSSR. Dokumentation anläßlich des Beginns der sowjetischen Erdgaslieferungen in die Bundesrepublik Deutschland, Waidhaus, am 1. Oktober 1973, Essen 1973, 3 ff.

138 Entwurf der Ruhrgas für das Schreiben von Schiller an die Ruhrgas, 27. Januar 1970, in: AEGC Ordner „Russland 1970"; Ruhrgas an Aktionäre, hier Cipa, 2. Januar 1970, in: BBA 55/1840; (Vorab?)-Entwurf eines Vermerks der Ruhrgas, ohne Autor, o. D., zum Gespräch mit Schiller, 2–4, in: BBA 55/1840.

vorläufigen Bedarf zu decken. Nachdem der Ruhrgas-Vorstand erfolgreich um die Verschiebung des ursprünglich von Ossipow geforderten Lieferbeginns von Herbst 1972 auf Herbst 1973 gekämpft hatte, sah er sich nun gezwungen, der Sojuznefteexport noch im Januar 1970 die Rückkehr zum ursprünglichen Termin sowie einen beschleunigten Mengenaufbau vorzuschlagen.[139] Anfang Juli 1970 wurde nach entsprechenden Gesprächen von Liesen in Moskau klar, dass sich allein aus technischen Gründen beide Wünsche nicht würden erfüllen lassen.[140]

Auch das bayerische Wirtschaftsministerium erwies sich im Frühjahr 1970 nicht zimperlich bei der Wahl seiner Mittel zur Durchsetzung eigener Interessen. Um neben Preissenkungen im Liefergebiet der Ferngas Nordbayern den Bau einer bis dahin nicht vorgesehenen Pipeline zwischen Würzburg und Nürnberg durch die Ruhrgas zu erzwingen, bezogen sich die Ministerialvertreter bei einer Besprechung auf entsprechende Regelungen des EnWG zur Versorgungssicherheit. Mit Verweis auf die Berücksichtigung „wegerechtlicher Fragen" sollte die Ruhrgas zu einem „freiwilligen" Leitungsbau gebracht werden. „Wenn Sie ein politisches Risiko nicht abzudecken brauchen", so die Drohung von Regierungsdirektor Sauer, „dann werden wir Ihnen eben nachweisen, daß eine Unterbrechung auch aus technischen Gründen drei Wochen dauern kann; [...] Dann haben wir Sie so weit, wie wir sie haben wollen."[141] Um diesen Machtkampf nicht weiter eskalieren zu lassen, errichtete die Ruhrgas die Leitung schließlich.[142]

---

139 Ruhrgas an SNE, 18. Januar 1970, in: AEGC Ordner „Russland 1970".

140 Schelberger an Sorokin, 26. Mai 1970, in: AEGC Ordner „Russland 1970"; Aktenvermerk Liesen, 15. Juni 1970, 2 ff., in: AEGC Ordner „Russland 1970".

141 Aktenvermerk Liesen, 4. Mai 1970, über ein Gespräch mit Heitzer und weiteren Vertretern des bayerischen Wirtschaftsministeriums am 30. April 1970, 2 f., in: AEGC Ordner „Russland 1970".

142 Ob Schedl vor diesem Hintergrund das Verdienst des erfolgreichen Pioniers und alleinigen Wegbereiters sowjetischer Erdgasexporte nach Deutschland zukommt, als der er häufig dargestellt wird, oder ob es sich bei solchen Wertungen eher um verklärende hagiografische Tendenzen handelt, sei der Wertung des Lesers überlassen. Högselius, *Red Gas*, 87 f.; Dirk Götschmann, *Wirtschaftsgeschichte Bayerns*, Regensburg 2010, 478 f.; Stephan Deutinger, *Eine „Lebensfrage für die bayerische Industrie". Energiepolitik und regionale Energieversorgung 1945–1980*, in: Thomas Schlemmer/Hans Woller (Hrsg.), Bayern im Bund, Bd. 1: Die Erschließung des Landes 1949–1973, München 2001, 33–118, hier 74. „Der Spiegel" hofierte Schedl noch im Sommer 1969 mit einer Homestory, die seinen Ideenreichtum und sein Verhandlungsgeschick pries, um ihn bei der weiteren Berichterstattung über die Verhandlungen und den Vertragsabschluss noch nicht einmal namentlich zu erwähnen. *Schmal und hoch*, in: Der Spiegel 29 (1969), 42; *Auf kleiner Flamme*, in: Der Spiegel 33 (1969), 27; *Salto am Trapez*, in: Der Spiegel 7 (1970), 34.

Im Sommer 1970 entspannte sich die Liefersituation der Ruhrgas aufgrund weiterer Lieferzusagen und eines beschleunigten Mengenaufbaus.[143] Angesichts einer weiterhin stürmischen Nachfrage und einem Erdgasmehrabsatz der Ruhrgas 1970 von rund 30 Prozent gegenüber dem Vorjahr blieb die Versorgungslage jedoch insgesamt kritisch. Treiber war die weitere Verknappung billigen Heizöls sowie die Zurückstellung verschiedener Kernenergieprojekte. Der Vorstand sah sich nun gar zu einer Nachfragedrosselung über Preiserhöhungen und die Einstellung des Erdgasmarketings bis Mitte der 1970er Jahre gezwungen.[144] Gleichzeitig begann die Ruhrgas schon früh, sich nach Alternativen umzusehen, und prüfte alle Möglichkeiten zur Erweiterung und Diversifizierung der Lieferkette. Neben dem Nordseegas bemühte sie sich um LNG-Lieferungen aus Algerien und aus dem Iran. Allerdings waren die Prognosen zum Aufbau solcher Geschäftsbeziehungen und insbesondere zum Bezug von Nordseegas auch 1971 eher verhalten.[145] Im Vordergrund des Ruhrgas-Interesses stand eine Ausdehnung der Lieferungen aus der Sowjetunion. Da die Transport-Kapazitäten jedoch mit den neuen Mengen an ihre Grenzen stießen, deutete sich ein weiteres Erdgas-Röhren-Kredit-Geschäft an. Das zweite Lieferabkommen der Ruhrgas mit der Sojuznefteexport war dann in wirtschaftlicher Hinsicht ein Spiegelbild des ersten Vertrages und begleitete die weiteren Fortschritte des ost-westlichen Annäherungsprozesses.[146]

Karl Schiller würdigte die Vorbereitungen zum sowjetisch-deutschen Handelsvertrag dann auch mit dem Hinweis: „Wir können in den Beziehungen zu den Staatshandelsländern nicht das Prinzip verfolgen, dass die politische Verständigung dem Handel und der wirtschaftlichen Zusammenarbeit folgt."[147] Allerdings hatten sich die Ruhrgas und die Ferngas Salzgitter mit der Sojuznefteexport schon im April 1971 nach nur zehntägigen Gesprächen über die Ausdehnung des Bezugsvolumens geeinigt.[148] Dabei hatten die beiden

143 AR Ruhrgas am 10. Juli 1970, 3, 8, in: AEGC 01002155383; Vortrag Liesen AR Ruhrgas am 10. Juli 1970, 2 f., sowie Vorlage zu TOP 4, 3, in: AEGC 01002155384.

144 Lagebericht Schelberger AR Ruhrgas am 21. Dezember 1970, 2 f., in: AEGC 01002156225; dsgl. am 26. Juni 1975, 3, in: AEGC 01002155397.

145 Klaus Liesen, *Langfristige Planung und Versorgungssicherheit in der deutschen Erdgaswirtschaft*, in: Glückauf 107 (1971), 73–76, hier 75 f.

146 Helmut Kistler, *Die Bundesrepublik Deutschland. Vorgeschichte und Geschichte 1945–1983*, Bonn 1985, 293 ff.

147 Zitiert nach Otto Wolff von Amerongen, *Der Weg nach Osten. Vierzig Jahre Brückenbau für die deutsche Wirtschaft*, München 1992, 114. Die Darstellung Wolffs zu den Erdgas-Röhren-Verträgen ist äußerst knapp und stellt neben den Röhrenlieferungen und den Kreditverträgen die Rolle seiner eigenen Unternehmen im Osthandel heraus. Ebd., 220 ff.

148 Lagebericht Schelberger AR Ruhrgas am 21. Dezember 1970, 7 f., in: AEGC 01002156225; Memorandum vom 25. Mai 1971 zu einem Gespräch zwischen Salzgitter Ferngas, Ruhrgas und

deutschen Unternehmen zunächst eine Mindestabnahmeverpflichtung von acht Mrd. Kubikmetern pro Jahr ab 1980/81 genannt und die Absicht bekundet, die Mengen nicht mehr über die Tschechoslowakei, sondern über die DDR im Raum Helmstedt zu beziehen.[149] Dass sich der offizielle Beginn der Verhandlungen zum zweiten Liefervertrag um rund zehn Monate verzögern sollte, lag an den unterschiedlichen Auffassungen zwischen der Sojuznefteexport und dem erneut von der Deutschen Bank und anderen Großinstituten geführten Bankenkonsortium über die Kreditkonditionen.[150] Einen Tag nach der Unterzeichnung des deutsch-sowjetischen Handelsvertrages folgte schließlich Anfang Juli 1972 die Ausweitung der Liefer- und Kreditvereinbarungen vom Februar 1970.[151] Die Lieferung von weiteren 1,2 Mio. Tonnen Röhren schloss direkt an den im November 1972 auslaufenden ersten Vertrag an und reichte bis 1975.[152]

Nachdem am 1. Oktober 1973 das erste sowjetische Erdgas die deutsche Grenze bei Waidhaus erreicht hatte, erhöhte die Ruhrgas 13 Monate später ihren Bezugsrahmen nochmals um 2,5 Mrd. Kubikmeter, lieferbar nach drei Mengenaufbaujahren zwischen 1980 und 2000, und erreichte damit ein Gesamtvolumen sowjetischen Erdgases von 9,5 Mrd. Kubikmetern pro Jahr. Vertragspartner war nun nicht mehr die Sojuznefteexport, sondern die im Zuge der Umstrukturierung der sowjetischen Wirtschaftsverwaltung neu gegründete V/O Sojuzgasexport (SGE).[153] Auch der Drittvertrag basierte auf der bewährten

---

SNE am 15. April 1971, in: AEGC Ordner „Sowjetisches Erdgas Schriftwechsel"; Georg Düwel, *Erdgas für Norddeutschland*, in: GWF 113 (1972), 8–15.

149 Aktenvermerk Kranz, 3. Juli 1973, 2, in: AEGC Ordner „Russland 2. Halbjahr 1973".

150 Aktennotiz Tuppeck, 29. Februar 1972, in: AEGC Ordner „Russengas allgemein 1972"; Vereinbarung zwischen Ruhrgas und Mannesmann über die Beteiligung der Ruhrgas am Zinszuschuss für den Röhrenkredit vom 28. Dezember 1972, in: AEGC Ordner „Russland 1. Halbjahr 1973".

151 Die Ruhrgas kontrahierte über einen nur fünfseitigen Vertrag, der in weiten Teilen seinem Vorgänger glich, jährlich weitere 4 Mrd. m^3, sodass nach einer sechsjährigen Mengenaufbauphase ab Ende der 1970er Jahre pro Jahr 7 Mrd. m^3 sowjetischen Erdgases in der Bundesrepublik zur Verfügung standen.

152 Ein erneuter Kredit in Höhe von 1,2 Mrd. D-Mark zum gewünschten Zinssatz von 6 % und wie zuvor mit einer 50prozentigen Hermes-Deckung rundete das Geschäft ab. Erdgasliefervertrag zwischen SNE und Ruhrgas AG, 6. Juli 1972, in: AEGC Ordner „Russengas allgemein 1972"; Stenografisches Protokoll zur Unterzeichnung der neuen Verträge über Erdgas- und Röhrenlieferungen sowie des neuen Kreditabkommens am 6. Juli 1972, in: AEGC Ordner „Russengas allgemein 1972"; Pohl, *Geschäft*, 155 f.; Aktenvermerke Kranz, 7. April 1972 und Späth, 14. April 1972, in: AEGC Ordner „Russengas allgemein 1972".

153 Deutsche Botschaft Moskau an AA, 26. Oktober 1973, mit Statuten der SGE, in: AEGC Ordner „Russland 2. Halbjahr 1973"; Bestätigungsschreiben Ruhrgas an SGE, 25. Oktober 1973, in: ebd.

Kombination mit Röhren- und Kreditgeschäften.[154] Dazu kam eine Änderung der Preisanpassungsklauseln.[155]

Als der Vorstand der Ruhrgas am 20. November 1981 den vierten Erdgasbezugsvertrag mit der Sojuzgasexport unterzeichnete, hatte das Unternehmen zwar eine größere Herausforderung bestanden als beim Erstvertrag, wie Klaus Liesen später resümierte, musste zugleich aber noch um das Geschäft bangen, das wie niemals zuvor von politischen Aspekten überlagert wurde.[156] Seit 1979 war der Gashandel zwischen Ost und West in bislang beispielloser Weise in den Mittelpunkt der weltpolitischen Auseinandersetzungen gerückt, die das Verhältnis der beiden Großmächte Sowjetunion und USA nach Jahren der Ausgeglichenheit erschütterten. Dieser Entwicklung konnten sich die westeuropäischen Nato-Partner nicht entziehen, zumal sich auch ihre Rolle im internationalen Beziehungsgeflecht auf dem Prüfstand befand. Wie schon bei den früheren Erdgas-Röhren-Abkommen, nun aber im weltpolitischen Kontext, stellte sich erneut die Frage nach der Gewichtung der eigenen Interessen im Hinblick auf Bündnistreue, Friedenssicherung, Wirtschaftswachstum und Energieversorgung. Die Zusammenführung dieser angesichts der Situation nicht nur auf den ersten Blick vollkommen unterschiedlichen Aspekte erwies sich als fast unlösbare Aufgabe, verhinderten doch die völlig verhärteten ideologischen und politischen Standpunkte der beiden großen Kontrahenten eine Annäherung.[157] Ein Kompromiss schien daher nahezu ausgeschlossen, und so mussten die europäischen Staaten sich für einen eigenen Weg entscheiden. Gleichzeitig bot sich ihnen damit aber die Gelegenheit, die eigene weltpolitische Rolle zu überdenken, neu zu definieren und möglicherweise an Gewicht zu gewinnen. Dass der Erdgasexport zum Spielball und Symbol der Auseinandersetzung wurde, lag an seiner weitreichenden Bedeutung für die sowjetische Wirtschaft, der Langfristigkeit und dem Umfang der Vereinbarungen.

Angesichts der schließlich nicht realisierbaren Vorhaben der Ruhrgas, die bundesdeutsche Erdgasversorgung durch Einfuhren aus Algerien und dem Iran zu verbessern, orientierten sich die Aktivitäten der Ruhrgas 1980 er-

---

154 Außerordentliche AR Ruhrgas am 24. Oktober 1974, 5, in: AEGC 01002155394.

155 Hatten die beiden nun ebenfalls an die neuen Regelungen angepassten Vorläuferverträge noch einen nach gewissen Zeiträumen anpassbaren Festpreis enthalten, sah der Drittvertrag eine in mehreren Jahresstufen ansteigende Bindung eines Teils der Gasmengen an die Preisentwicklung für schweres Heizöl in der Bundesrepublik vor, jedoch ohne eine vollständige Anpassung zu erreichen. Ebd.

156 Interview Liesen am 7. Juni 2016; Rede Liesen anlässlich der Unterzeichnung des SGE IV-Vertrages am 20. November 1981, 1 f., in: AEGC Ordner „SGE IV".

157 Werner Link, *Außen- und Deutschlandpolitik in der Ära Schmidt*, in: Wolfgang Jäger/Werner Link, Republik im Wandel 1974–1982, Stuttgart 1987, 275–432, hier 310 ff.

neut in Richtung Sowjetunion, wo nach den forcierten Explorationsarbeiten der 1970er Jahre weitere große Vorkommen auf den Förderbeginn warteten.[158] Die westeuropäische Gaswirtschaft stand an einem Scheideweg, der auf der einen Seite in Richtung eines erhöhten Imports wies und auf der anderen bei einer gegenteiligen Entscheidung auf eine absehbare Stagnation oder sogar Rückläufigkeit der verfügbaren Mengen hindeutete.[159] Ähnliches galt für die politische Ebene, die angesichts eines Primärenergieimportbedarfs von teils über 70 Prozent zwangsläufig Abhängigkeiten verwaltete und nun unter Berücksichtigung des angespannten internationalen Beziehungsgeflechts über deren adäquate Aufteilung entscheiden musste. Für die Gaswirtschaft schien die Antwort eindeutig, denn nach dem Beginn der Bezüge aus der norwegischen Nordsee wurde das Angebot auf dem deutschen Markt von drei westeuropäischen Produzenten getragen, sodass eine Ausdehnung des sowjetischen Exportvolumens der Ruhrgas als einzig praktikabler und auch unter Sicherheitsaspekten vertretbarer Weg zur Verhinderung einer Mangelsituation erschien.[160] Immerhin bildete der Bezug aus OPEC-Staaten die einzige Alternative, deren politische Unsicherheit sich aber soeben erneut in mehrfacher Hinsicht bewiesen hatte.

Ähnlich wie der Ruhrgas-Vorstand dachten auch die Spitzen zahlreicher Unternehmen der Gaswirtschaft im benachbarten Ausland. Die Hoffnung, sich auf Basis der bestehenden Verträge rasch zu einigen, zerschlug sich jedoch aufgrund der verhärteten weltpolitischen Lage sehr bald. Ende 1979 waren zahlreiche internationale Krisen eskaliert und hatten in den USA eine rapide Abkehr von der bis dahin betriebenen Entspannungspolitik eingeleitet. Die Gründe und Einflussfaktoren waren vielfältig und lagen vor allem an der konfrontativen Außenpolitik der Sowjetunion.[161] Die US-Regierung reagierte u. a. mit der Verhängung von wirtschaftlichen Maßnahmen gegen die Sowjetunion. Die westeuropäischen Staaten lehnten die neue Embargopolitik jedoch ab und unterliefen die amerikanischen Bemühungen, indem sie ihrer Industrie nicht

---

158 Wilfried Czerniejewicz, *Europäische Projekte der Gaswirtschaft*, in: GWF 115 (1974), 195–200, hier 196, 198; Urs Dolinski, *Wachsende Erdgas-Importe. Die Situation der deutschen Gaswirtschaft im internationalen Raum*, in: OEL 13 (1975), 76–79, hier 77 f.; Fischer, *Erdgasindustrie*, 425 f.; Alois K. Fischer, *Die Mineralöl- und Erdgasabhängigkeit der RGW-Länder von der Sowjetunion*, in: EEZ 94 (1978), 248–251.

159 Interview Liesen am 7. Juni 2016.

160 Günther Dach, *Perspektiven der deutschen und westeuropäischen Erdgasentwicklung in Abhängigkeit von der Entwicklung des Welterdgasmarktes*, in: Glückauf 116 (1980), 606–620.

161 Link, *Außen- und Deutschlandpolitik*, 332 ff.; Kistler, *Bundesrepublik*, 376 ff.; Michael Bellers, *Afghanistan-Konflikt*, in: Wichard Woyke, Handwörterbuch Internationale Politik, Bonn [4]1990, 56–60.

grundsätzlich verboten, Lieferausfälle durch eigene Produkte zu ersetzen und damit indirekt zu profitieren. Wie inkonsequent und damit wirkungslos die US-Politik zu diesem Zeitpunkt war, zeigte sich auch dadurch, dass zwar der Export von Anlagentechnik zur Ölförderung verboten wurde, nicht aber die Beteiligung von Spezialfirmen an Arbeiten in der Sowjetunion.[162]

Das galt gleichermaßen für die Haltung des Bonner Kabinetts, das seine Bündnistreue zwar durch eine bundesdeutsche Teilnahme am US-amerikanischen Boykott der Olympiade in Moskau bewies, auf der anderen Seite aber das angestrebte Erdgas-Röhren-Geschäft vorbehaltlos unterstützte. Die Aufstockung des sowjetischen Anteils am deutschen Erdgasmarkt auf 30 Prozent bis 1990 wurde nicht als energiepolitisches Risiko gesehen. Die Bundesregierung hatte sich bereits 1978 prinzipiell aufgeschlossen gegenüber einer weiteren Ausdehnung der Importe gezeigt, nachdem die Ruhrgas-Vertreter in Moskau bei Sondierungsgesprächen mit Patolitschew und Ossipow entsprechende Signale erhalten hatten.[163] Zum positiven Votum trug vor allem die immense wirtschaftspolitische Bedeutung des Vorhabens bei, hoffte man doch, den mit der zweiten Ölkrise endenden zarten Aufschwung wieder ankurbeln zu können.[164] Der sowjetische Auftrag versprach nun Linderung nicht nur für die unausgelastete Montanwirtschaft, sondern gerade für die infolge der starken japanischen Konkurrenz notleidende Elektroindustrie. Ende Juni 1980 reisten Bundeskanzler Helmut Schmidt und Außenminister Hans-Dietrich Genscher nach Moskau, um neben Gesprächen über den Afghanistan-Konflikt und Abrüstungsfragen auch auf höchster Ebene das unbedingte deutsche Interesse an einem Abschluss herauszustellen. Das Ergebnis war ein gemeinsames Kommuniqué, in dem beide Seiten für die Vertiefung der bilateralen Kooperation im Energiesektor eintraten und sich mit der Aufnahme offizieller Vertragsverhandlungen einverstanden erklärten.[165]

Schon Anfang 1979 hatte sich der Ruhrgas-Vorstand mit den Spitzen der Gaz de France, der Gasunie und der Distrigaz über ein grundsätzliches gemeinsames Konzept für den Ankauf und Transit weiterer Importmengen aus der Sowjetunion geeinigt.[166] Nach dem Moskauer Startschuss begannen im Juli

---

162 Stent, *Wandel durch Handel?*, 199 ff.

163 Högselius, *Red Gas*, 179 ff. Der Vorgang ist anhand der Aufsichtsratsakten der Ruhrgas nicht nachvollziehbar.

164 Bökenkamp, *Ende des Wirtschaftswunders*, 200 ff.

165 Pohl, *Geschäft*, 166; Müller-Marsall, *Archiv der Gegenwart*, Bd. 8: Juni 1979–Dezember 1985, 7.362–7.367; Stent, *Wandel durch Handel?*, 201; *Diskret geklärt*, in: Der Spiegel 26 (1980), 29.

166 Interview Liesen am 7. Juni 2016; Lagebericht Liesen AR Ruhrgas am 25. November 1980, 7 ff., in: AEGC 01002155422; Aktenvermerk Pfaff, 15. September 1980, 2 ff., in: AEGC Ordner „SGE IV".

1980 umgehend die Gespräche, die auf Wunsch der Sowjetunion jedoch nicht wie bisher im Rahmen eines internationalen Konsortiums, sondern nach Staaten getrennt stattfanden. Liesen verhandelte im Namen der deutschen Käufergruppe, zu der zunächst die BEB, die Salzgitter Ferngas und Thyssengas gehörten.[167] Die abschließende politische Entscheidung folgte schließlich erst Anfang 1981, nachdem sich die Vorbereitungen zum neuen Fünfjahresplan 1981/85 konkretisiert hatten.[168]

Die Planungen der Sojuzgasexport sahen die Lieferung von jährlich bis zu 40 Mrd. Kubikmetern westsibirischen Erdgases aus dem in Höhe des Polarkreises liegenden Urengoi-Feld vor, der mit sicheren Reserven von 6.200 Mrd. Kubikmetern weltweit größten Lagerstätte. Ab 1984 sollten nach sowjetischen Vorstellungen die Mengen über eine neu zu bauende 5.000 Kilometer lange Pipeline nach Westeuropa strömen, was Liesen noch 1980 zu Recht als zeitlich nicht realisierbar bezeichnete.[169] Für die Ruhrgas wurde ein Anteil von jährlich zwölf bis 15 Mrd. Kubikmetern vorgesehen, der ihre Einfuhren aus der Sowjetunion mehr als verdoppelt hätte, während die Gaz de France zehn Mrd. Kubikmeter pro Jahr erhalten und der Rest an die Gasunie, die Distrigaz, die ÖMV sowie die SNAM gehen sollte. Die Sojuzgasexport erhielt durch ein Bankenkonsortium einen Kredit über zehn Mrd. D-Mark, dessen Zinssatz von 7,75 Prozent erneut um etwa ein Drittel unter dem marktüblichen Durchschnitt lag.[170] Um den ambitionierten Liefertermin einhalten zu können, wurde erwogen, dass Mannesmann nicht wie bisher nur die Bereitstellung der Röhren, sondern auch die Planung und Montage der Leitung übernahm. Allein Mannesmann verfügte über die Kapazitäten und das Know-how für einen Auftrag dieser Größenordnung; hatten doch selbst die ebenfalls angefragten japanischen Stahlkonzerne passen müssen.[171]

Mehrere Ereignisse verhinderten jedoch im Frühjahr 1981 nicht nur den endgültigen Abschluss, sondern machten die weiteren Verhandlungen für alle Beteiligten zu einer enormen Belastungsprobe. Anfang November 1980 war Ronald Reagan mit einem Erdrutschsieg zum neuen US-amerikanischen Präsidenten gewählt worden und hatte schon kurz darauf einen grundsätzlichen Wan-

---

167 Im Herbst akzeptierte auch die Gelsenberg, die zuvor im Namen der Deutsche BP noch eigenständig aufgetreten war, die Führung der Ruhrgas.

168 Lagebericht Liesen AR Ruhrgas am 20. Mai 1981, 6, in: AEGC 01002155423.

169 Lagebericht Liesen AR Ruhrgas am 25. November 1980, 7, in: AEGC 01002155422.

170 Pohl, *Geschäft*, 166 f.; Thane Gustafson, *Soviet Negotiating Strategy. The East-West Gas Pipeline Deal 1980–1984*, Santa Monica 1985, 17 ff.; *Schnell festgezurrt*, in: Der Spiegel 47 (1980), 129.

171 *Diskret geklärt*, in: Der Spiegel 26 (1980), 29.

del der Außenpolitik angekündigt. Der republikanische Wahlkampf war von Sicherheitsthemen bestimmt gewesen, und nun mussten die Vorgaben eingelöst werden. Schon im Januar 1981 verschafften sich das Pentagon und der Kongress in Europa einen detaillierten Überblick über das Vorhaben und verschärften kurz darauf die Kritik an den bundesdeutschen Zielen, die zugleich eine Generalabrechnung mit der Ostpolitik der 1970er Jahre darstellte.[172] Der Osthandel habe, so der US-amerikanische Vorwurf, nicht nach Lesart der Bundesregierung gegenseitige Abhängigkeiten als wirksames Mittel zur Vermeidung von Krisen und zur Reduzierung der Konfliktgefahren geschaffen, sondern im Gegenteil der Sowjetunion zu Devisen und westlicher Technologie verholfen. Damit habe insbesondere die Bundesrepublik in unverantwortlicher Weise dem Land ein Machtmittel in die Hand gespielt, Westeuropas übermäßige Abhängigkeit von Gasimporten ausnutzen und diese als Druckmittel einfach einstellen zu können.[173]

Gleichzeitig lieferte die Sojuzgasexport den Gegnern des Geschäftes einen willkommenen Anlass für solche Szenarien, denn sie kündigte Anfang 1981 eine technisch bedingte Exportreduzierung an.[174] Außerdem musste der Ruhrgas-Vorstand öffentlich einräumen, dass seit 1978 elementare Lieferschwierigkeiten bestanden und im Winter 1979/80 in Waidhaus gerade zwei Drittel der vereinbarten Mengen die Grenze passiert hatten. Auch der Ruhrgas-Vorstand zeigte sich zunehmend besorgt, denn Mengendefizite waren nach den Erfahrungen der vergangenen Jahre zwar keine Besonderheit, da die extreme Kälte im Winter auch nach den Startschwierigkeiten im Herbst 1973 regelmäßig technische Probleme und Versorgungsengpässe verursacht hatte.[175] Nun aber erreichte die Problematik ein ungekanntes Niveau, denn angesichts innersowjetischer Transportschwierigkeiten musste die Sojuzgasexport zur Sicherstellung selbst der reduzierten Exportmengen auf Erdgas aus anderen, eigentlich für den Verbrauch in RGW-Ländern und im Inland vorgesehenen Vorkommen zurückgreifen. Liesen sah sich genötigt, umfangreich Stellung zu den wirtschaftlichen und technischen Risiken zu nehmen und das vierte Gasgeschäft mit der Sowjetunion zu verteidigen. Die sicherheitspolitischen Vorwürfe einer über-

---

172 Link, *Außen- und Deutschlandpolitik*, 332 ff.; *Ungeheuer treu*, in: Der Spiegel 4 (1981), 34–39.

173 *Könnte Moskau zudrehen?*, in: Handelsblatt (18. 11. 1980).

174 *Ungeheuer treu*, in: Der Spiegel 4 (1981), 34 ff.

175 Aktenvermerke Kranz, 5. November 1973, 1–4 und 17. Dezember 1973, 10–14, in: AEGC Ordner „Russland 2. Halbjahr 1973" [o. S.]; Aktenvermerk Pfaff, 18. Juni 1979, 5 f., dsgl. 10. November 1980, 1 f. sowie Gesprächsvermerk Liesen, 27. Juni 1979, 2, in: AEGC Ordner „SGE IV" [o. S.]. Siehe außerdem die detaillierten Aufstellungen, in: AEGC Ordner „Sowjetische Erdgaslieferreduzierung." [o. S.].

mäßigen Erdgasabhängigkeit von der Sowjetunion kommentierte er dabei zurückhaltend.[176] Weiteren Gegenwind erzeugte die Preisexplosion beim Erdgas infolge der zweiten Ölkrise, die die Kunden Anfang 1980 mit zusätzlichen Forderungen von bis zu 80 Prozent regelrecht schockiert hatte. Es folgte ein Mengeneinbruch.[177] Auf politischer Ebene nahmen Zweifel zu, genährt von der Idee, das westliche Bündnis nicht über Gebühr zu strapazieren und den sichtbaren Zerfall des Wirtschaftssystems der Ostblockstaaten zu verlangsamen.[178] Tatsächlich wuchs in der Sowjetunion der Druck, den einzigen im Überfluss vorhandenen Exportschlager zu vermarkten, um nach drei Missernten in Folge die lebenswichtigen Getreideimporte bezahlen zu können.[179] Gegen einen potenziellen Einsatz der „Erdgaswaffe" sprach zudem die Gefahr, durch eine Unterbrechung der Lieferungen eine vollständige Einstellung aller Westexporte mit entsprechenden Folgen für die Sowjetunion und alle Comecon-Länder zu provozieren.

Trotz aller Bedenken standen die Westeuropäischen Staaten hinter dem Projekt und ließen die Verhandlungen nach gescheiterten Überzeugungsversuchen eben ohne Einwilligung der US-Regierung weiterlaufen.[180] Der Anstieg des Zinsniveaus auf den internationalen Kreditmärkten verzögerte jedoch nicht nur den Abschluss der Finanzierungsvereinbarung, sondern halbierte auch den Maximalbetrag auf fünf Mrd. D-Mark.[181] Auf eine veränderte Situation deuteten auch die Schwierigkeiten hin, zu einer Einigung über den Gaspreis bzw. dessen Bestimmungsmechanismen zu gelangen.[182] Die Sojuzgasexport sah nicht nur das unbedingte Verlangen der deutschen Wirtschaft nach einem Abschluss, sondern auch die Gelegenheit, die Uneinigkeit zwischen Europäern und Amerikanern zum eigenen Vorteil zu nutzen. So forderte sie in den Verhandlungen eine Preisformel, die bisher noch von keinem Großkunden akzeptiert worden war, da sie die bewährte Methodik zur Sicherung der Konkurrenz-

---

176 *Ein neuer Russengas-Vertrag ist Ende dieses Jahres möglich*, in: Handelsblatt (28.8.1980); *‚Das Russengas ist sicher'*, in: Der Spiegel 4 (1981), 38.

177 *Auch für Gasverbraucher kommt das dicke Ende noch*, in: Handelsblatt (23.7.1979); *Wird voll abgewälzt*, in: Der Spiegel 8 (1980), 32.

178 Högselius, *Red Gas*, 190 ff.; *Ungeheuer treu*, in: Der Spiegel 4 (1981), 34 ff.

179 Hans-Hermann Höhmann/Gertraud Seidenstecher, *Sowjetunion*, in: Hans-Hermann Höhmann (Hg.), Die Wirtschaft Osteuropas und der VR China 1970–1980, Stuttgart 1978, 9–58, hier 38 ff.

180 *Später wäre besser*, in: Der Spiegel 13 (1981), 22 f.

181 Lagebericht Liesen AR Ruhrgas am 20. Mai 1981, 7 f., in: AEGC 01002155423; Pohl, *Geschäft*, 167; Gustafson, *Soviet Negotiating Strategy*, 17 ff.

182 Lagebericht Liesen AR Ruhrgas am 20. Mai 1981, 6, in: AEGC 01002155423; Gustafson, *Soviet Negotiating Strategy*, 27 ff.

fähigkeit des Erdgases gegenüber dem Heizöl beeinträchtigte. Nachdem die Festpreise des Erstvertrages in den weiteren Verträgen durch verzögerte ölpreisorientierte Änderungsklauseln ersetzt worden waren, sahen die Vorstellungen nun eine dem Rohöläquivalenzpreis und damit voll der Importpreisentwicklung entsprechende Regelung vor.[183] Da mit einer solchen Rohölparität eine bis zu 120prozentige Preissteigerung verbunden und das vor allem mit leichtem Heizöl konkurrierende Erdgas nicht mehr marktfähig gewesen wäre, war für die Ruhrgas die Bewahrung des bewährten Systems ebenso eine Grundvoraussetzung wie die Orientierung an den Konditionen des Nordseegases.

Das Selbstbewusstsein der sowjetischen Verhandlungsführer, die zähen Fortschritte und das aus ihrer Sicht mangelhafte Entgegenkommen der deutschen Seite schufen im Herbst 1981 erneut eine andere Sachlage. Die Sowjetunion drängte nun mit Blick auf den kommenden Fünfjahresplan auf eine Entscheidung, um das Geschäft vor dem Deutschlandbesuch des sowjetischen Staatschefs Leonid Breschnew Ende November zum Abschluss zu bringen.[184] Der Kreml sah sich durch die dauernden Verzögerungen nun auf einmal in der Lage, selbst aktiv die Bedingungen für das Erdgas-Röhren-Geschäft zu bestimmen. Anders als noch in den 1970er Jahren konnte die Sowjetunion nun das breite Interesse aller westlichen Industrienationen für sich nutzen, um mit einer völlig neuen Verhandlungsstrategie die Preise zu drücken und den Konkurrenzkampf unter den Materiallieferanten zu eigenen Gunsten anzuheizen. Die deutsche Industrie musste dabei eine große Enttäuschung verkraften, da der größte Teil der Förder- und Transportausrüstung bei anderen Produzenten bestellt wurde und der erhoffte Auftragssegen ausblieb. Von den Gesamtinvestitionen in Höhe von fünf Mrd. D-Mark verblieben gerade 700 Mio. D-Mark bei deutschen Anbietern. Der Rest wurde bei japanischen, italienischen und französischen Unternehmen platziert. Auch Mannesmann musste die Aufträge mit Konkurrenten aus diesen Ländern sowie der Hoesch AG und der Salzgitter AG teilen. Nachverhandelbare Teilverträge und der verstärkte Einsatz eigener Produkte und Bauleistungen ließen das deutsche Kreditvolumen in den schließlich im Juli 1982 angeschlossenen Verträgen auf gerade 2,2 Mrd. D-Mark mit einer Option auf bis zu vier Mrd. D-Mark sinken.[185]

Nach langwierigen und zähen Verhandlungen gelangten Liesen und die Verhandlungsführer der Sojuzgasexport im November 1981 schließlich zu einer Einigung über den Gashandel. Der Vertrag sah die Lieferung von jährlich

---

183 Aktenvermerk Kranz, 27. Juni 1980, 1 f., in: AEGC Ordner „SGE IV“.

184 Kistler, *Bundesrepublik*, 402 f.; *Auf neutralem Boden*, in: Der Spiegel 28 (1981), 65.

185 Pohl, *Geschäft*, 167 f.; *Lange Gesichter*, in: Der Spiegel 40 (1981), 74–77; *Verbissen gefeilscht*, in: Der Spiegel 48 (1981), 134–136.

Abb. 23: Inbetriebnahme der Berliner Erdgasleitung im Rahmen des vierten Liefervertrages mit der Sowjetunion im Herbst 1985. Klaus Liesen, Eberhard Diepgen (Regierender Bürgermeister von West-Berlin), n. n. (Gasag).

10,5 Mrd. Kubikmetern Erdgas nach Deutschland nach einer dreijährigen Aufbauphase mit einer Gesamtlaufzeit zwischen 1984 und 2009 vor.[186] Davon sollten die Ruhrgas 4,95 Mrd. Kubikmeter pro Jahr, die BEB 2,6, Thyssengas 1,25 und Gelsenberg 1,1 Mrd. Kubikmeter erhalten.[187] Für die Öffentlichkeit überraschend enthielt die Vereinbarung zudem das von der Ruhrgas zur Entspannung der Situation vorgeschlagene und von der Sowjetunion begrüßte Junktim, Berlin mit bis zu 750 Mio. Kubikmetern pro Jahr über eine neu zu bauende Leitung aus der Tschechoslowakei über die DDR im Rahmen noch abzuschließender Vereinbarungen zu versorgen.[188] Die Verhandlungen zur Umsetzung dieses politisch weiterhin heiklen Vorhabens führte Liesen dann in enger Abstimmung

186 Vorlage TOP 2 AR Ruhrgas am 9. Dezember 1981 zum Vertrag, 2, in: AEGC 01002155424.

187 Ebd., 5 f.; Entwurf Lagebericht Liesen AR Ruhrgas am 27. Mai 1982, 2, in: AEGC 01002155425.

188 Interview Liesen, 7. Juni 2016; Vorlage TOP 2 AR Ruhrgas am 9. Dezember 1981 zum Vertrag, 6, 12, in: AEGC 01002155424.

mit der Bundesregierung und dem Berliner Senat. Sie mündeten, nachdem die DDR-Führung bereits im Frühjahr 1982 ihre Zustimmung zu dem Projekt gegeben hatte, im März 1983 in die Paraphierung des Vertragswerks mit der Sojuzgasexport und der VE Kombinat Verbundnetze Energie (KVE). Diese übernahm den Bau der Leitung, die von der Hauptleitung in der Tschechoslowakei abzweigte, und den Transport über das Gebiet der DDR. Die Ruhrgas erstattete der KVE die Baukosten parallel zum Baufortschritt, bekam diese jedoch durch die GASAG erstattet. Dies galt ebenso für die an die KVE überwiesenen Transitkosten. Die Ruhrgas kaufte das Gas von der Sojuzgasexport frei Grenze Tschechoslowakei/DDR, übergab es dort an die KVE, die es an der Berliner Grenze wiederum der Ruhrgas zurückgab, wo es dann der GASAG übereignet wurde. Die Bezüge wurden schließlich im Herbst 1985 aufgenommen und erreichten 1990 das Plateau von 650 Mio. Kubikmetern.[189]

Das Preissystem wurde in drei Grundelemente aufgegliedert. Es berücksichtigte den von der Ruhrgas geforderten „Marktpreis", der sich in Anlehnung an die bestehenden Verträge an den Veränderungen des Preisniveaus für leichtes und schweres Heizöl in Deutschland orientierte, und einen „Mindestpreis", der die Vorstellungen der Sojuzgasexport aufnahm und ihr die Wirtschaftlichkeit des in größerem Umfang eigenständig finanzierten Projektes garantierte. Der Mindestpreis lag zunächst über dem aktuellen Marktpreisniveau, sollte aber nach Auffassung der Ruhrgas im Rahmen des erwarteten Anstiegs darunterfallen, wobei bei einer elementar gegenläufigen Entwicklung Nachverhandlungen vorgesehen waren.[190] Beide Teile waren absichtlich nicht miteinander verbunden, um die ihnen zugrundeliegenden unterschiedlichen Intentionen nicht zu beeinträchtigen. Durch eine Wiederverhandlungsklausel verfügten die Partner schließlich über die Möglichkeit, periodisch über grundsätzliche Preisanpassungen zu sprechen. Damit war die Rohölparität vom Tisch. Die Hoffnung der Sowjetunion, nach diesem Pilotvertrag umgehend auch einen Abschluss mit der Gaz de France, der SNAM, der Distrigaz, der ÖMV, der Swissgas und der Gasunie zu erreichen, zerschlug sich jedoch bereits kurz darauf, denn nun wirkten die negativen Auswirkungen ihrer konfrontativen Außenpolitik schlagartig auf die Ebene der Wirtschaft zurück.

Die Zuspitzung der innenpolitischen Lage in Polen Ende 1981 und die Verhängung des Kriegsrechts als Antwort der kommunistischen Regierung auf die Demokratisierungstendenzen wurde vom Westen als Einflussnahme der

---

189 AR Ruhrgas am 27. Mai 1982, 3, in: AEGC 01002155425; Aktenvermerk Kranz, 9. Mai 1983, in: AEGC 01002155428; Vorlage TOP 5 AR Ruhrgas am 19. Mai 1983 zum Transitvertrag, in: AEGC 01002155428.

190 Ebd., 7 f. Zu den tatsächlichen Preisen liegen in den Unterlagen keine Informationen vor.

Sowjetunion interpretiert, die mit anderen Mitteln ähnliche Ziele wie zuvor in Afghanistan zu erreichen suchte.[191] Nun spielte sich der Ost-West-Konflikt erstmals nach dem Prager Frühling wieder in Europa ab und gab damit Anlass zu größter Sorge. Andererseits wurde die offenkundige Zurückhaltung der Sowjetunion in Polen aber auch als Ergebnis der engen wirtschaftlichen Kooperation gesehen, die es dem Land nicht mehr ermöglichte, ohne weitreichende ökonomische Konsequenzen seine angestammte, auf militärischer Gewalt basierende Krisenbewältigungspolitik einzusetzen. Eine weitere Politisierung des Gasgeschäfts war damit unvermeidlich. Die USA reagierten umgehend mit Wirtschaftssanktionen, die im Verlauf des Jahres 1982 noch durch Strafmaßnahmen gegen die Sowjetunion ergänzt wurden. Unter Ausklammerung der Getreideexporte als Kern des US-amerikanischen Osthandels betrafen die Embargolisten faktisch alle Materiallieferungen für das Gasleitungssystem. Da sich zahlreiche europäische Unternehmen jedoch mit Unterstützung ihrer Regierungen über das Verbot und die damit verbundene Drohung eines Wirtschaftskrieges hinwegsetzten und die Sowjetunion die Entwicklung eigener Technologien vorantrieb, erzeugte die Maßnahme zwar erhebliche Unsicherheiten, blieb letztlich aber wirkungslos.[192]

Dieses Verhalten verdeutlichte den USA unmissverständlich die Eigenständigkeit Europas. Die EG unterstützte zwar die US-amerikanische Kritik an den Vorgängen in Polen und ordnete auch einige demonstrative Ausfuhrverbote an, blieb aber im Bereich des Erdgas-Geschäftes bei ihrer Position. Bereits Ende Januar 1982 unterzeichnete auch die Gaz de France einen Bezugsvertrag über jährlich acht Mrd. Kubikmeter, der den Anteil sowjetischen Erdgases in Frankreich zusammen mit den früher kontrahierten Mengen wie in Deutschland auf knapp 30 Prozent steigen lassen sollte.[193] Nach Deutschland rückte damit Frankreich ins Zentrum der US-amerikanischen Vorwürfe. Die Bundesregierung entschloss sich daraufhin Mitte Februar, die nach dem Außenwirtschafts-

---

191 Wlodzimierz Borodziej, *Geschichte Polens im 20. Jahrhundert*, München 2010, 367 ff.

192 Johanna Roos, *Sibirien zwischen Ökonomie und Politik. Zur Erschließung der Energieträger Erdöl und Erdgas*, Köln 1984, 170 ff.; Angela Stent, *Soviet Energy and Western Europe*, Washington 1982, 78 ff.; *Die Herzstücke aus New York und Florida*, in: Der Spiegel 1 (1982), 20; Högselius, *Red Gas*, 188 ff; *Verbissen gefeilscht*, in: Der Spiegel 48 (1981), 134–136; *‚Jedes Land heuchelt manchmal'. Spiegel-Interview mit dem amerikanischen Kongressabgeordneten Henry S. Reuss über das Erdgasgeschäft*, in: Der Spiegel 11 (1982), 23; *Der unverzichtbare Strang nach Osten*, in: Der Spiegel 12 (1982), 32–41; *Reagan rüstet für den Wirtschaftskrieg*, in: Der Spiegel 26 (1982), 15–18; *Moralischer Druck*, in: Der Spiegel 35 (1982), 91–92; *Hieb ins Leere*, in: Der Spiegel 41 (1982), 130.

193 Entwurf Lagebericht Liesen AR Ruhrgas am 27. Mai 1982, 2, in: AEGC 01002155425.

gesetz noch ausstehende Genehmigung des Erdgas-Vertrages zu erteilen.[194] Sie nutzte so den letztmöglichen Termin, denn die Vereinbarung zwischen der Ruhrgas und der Sojuzgasexport stand unter diesem Vorbehalt. Eine besondere Rolle spielte bei dieser Entscheidung die beabsichtigte Belieferung Berlins, die noch von der Zustimmung der Westalliierten abhing und die politische Dimension des Gasgeschäfts auch im Hinblick auf die deutsch-deutschen Beziehungen widerspiegelte. Entgegen ihrer sonstigen Politik blockierten die USA dieses Vorhaben jedoch nicht.[195] Die Unternehmen der anderen beteiligten Staaten erwiesen sich aus verschiedenen Gründen als erheblich zögerlicher, sodass die Sojuzgasexport ihr intendiertes Gesamtvolumen von jährlich 40 Mrd. Kubikmetern schließlich nur zur Hälfte erreichte.[196]

Die Einsicht, dass die US-Sanktionen zwar den Bau der Pipeline verzögern, aber niemals verhindern konnten, da in Europa genügend Lieferanten bereitstanden, die nach entsprechender Entwicklungsarbeit gleichwertigen Ersatz zu produzieren vermochten, leitete auch die Wende in den USA ein. Angesichts der zunehmenden Bedeutung des Außenhandels in den 1980er Jahren und der wirtschaftlichen Verflechtung der Welt schien es nicht ratsam, Verbündete und Handelspartner über eine extraterritoriale Kontrolle ihrer wirtschaftlichen Aktivitäten nach amerikanischem Recht an Geschäften zu hindern und damit eine Verschlechterung der eigenen Beziehungen zu riskieren. Da es aussichtslos schien, auf eine Änderung der europäischen Haltung zu warten, andererseits aber der Eindruck einer Kapitulation aufgrund äußerer Zwänge vermieden werden musste, wurde im Sommer und Herbst 1982 eine Lösung entwickelt, zu der alle durch Zugeständnisse beitrugen. Auch die neue Bundesregierung unter Helmut Kohl und dem weiter amtierenden Außenminister Hans-Dietrich Genscher ließ keinen Zweifel an einer Kontinuität der deutschen Haltung im Erdgas-Röhren-Geschäft aufkommen. Mitte November 1982 verkündete Reagan die Aufhebung der Sanktionen gegen die Pipeline.[197] Die Sowjetunion begann wie

---

194 Ebd., 1 f.

195 Ebd., 4 f.; *Das lästige Ding versichern lassen*, in: Der Spiegel 31 (1982), 19–22.

196 Bis 1983 kontrahierten ansonsten nur noch die ÖMV 1,5 Mrd. m^3/a mit einer Aufstockungsoption sowie die Swissgas 0,38 Mrd. m^3. Noch zurückhaltender zeigten sich die Distrigaz und die Gasunie, die jährlich zusammen 9 Mrd. m^3 hatten beziehen wollen, aber bei der Auftragsvergabe leer ausgegangen waren, ihre Beteiligung bis auf weiteres zurückstellten, um schließlich aufgrund einer ausreichenden Versorgung durch westeuropäische und algerische Mengen keine Verträge abzuschließen. Auch die SNAM zögerte zunächst, sich ihren Anteil von 8 Mrd. m^3/a zu sichern, u. a. da die Gasleitung aus Algerien fast fertiggestellt war, und entschied sich schließlich gegen das Projekt. Aktenvermerk, 9. Mai 1983, in: AEGC 01002155428.

197 Entwurf Lagebericht Liesen AR Ruhrgas am 27. Mai 1982, 2, in: AEGC 01002155425; Roos, *Sibirien*, 184 ff.

geplant 1984 mit den ersten Lieferungen aus dem vierten Vertrag. 1990 war der sukzessive Mengenaufbau abgeschlossen und eine Plateaumenge von dann acht Mrd. Kubikmetern pro Jahr erreicht. Der Ruhrgas-Vorstand hatte auf die veränderte Marktlage, aber vor allem auf das unbefriedigende Ergebnis der vorherigen Preisanpassungsgespräche mit der Sojuzgasexport reagiert und sich Mitte 1985 nach Rücksprache mit dem bundesdeutschen Bezugskonsortium für die vertraglich vorgesehene 20prozentige Reduzierung seines Bezugsrahmens entschieden.[198] Ende dieses Jahres wurden dann die bis zum Jahr 2000 laufenden ersten drei SGE-Verträge mit einem Bezugsvolumen von 9,5 Mrd. Kubikmetern pro Jahr bis 2008 verlängert, sodass die Ruhrgas jährlich nun rund 17,9 Mrd. Kubikmeter sowjetischen Erdgases kontrahiert hatte, von denen im Innenverhältnis rund 4,5 Mrd. Kubikmeter an Aktionäre und Beteiligungsgesellschaften gingen.[199]

Algerisches und iranisches Erdgas für Westeuropa?

Obwohl die Bemühungen der Ruhrgas und anderer deutscher Ferngasgesellschaften, algerisches Erdgas zu beziehen, aufgrund politischer Schwierigkeiten und unzureichender Wirtschaftlichkeit ergebnislos blieben, beflügelte Anfang der 1970er Jahre das Verlangen fast aller süd- und westeuropäischen Staaten, ihr Lieferspektrum durch Bezüge aus Nordafrika zu diversifizieren, die Entstehung des europäischen Erdgasverbundsystems.[200] Algerien besaß mit fast 3.000 Mrd. Kubikmetern nach der Sowjetunion, dem Iran und den USA nicht nur die viertgrößten sicheren Erdgasreserven innerhalb eines Landes,[201] sondern war auch durch seine geographische Lage und die Tatsache, dass seit Mitte der 1960er Jahre eine funktionierende Gasindustrie bestand, ein willkommener Verhandlungspartner. Die Ende 1963 gegründete staatliche Sonatrach[202] hatte Exploration, Transport und Vertrieb der einheimischen Ressourcen über-

198 AR Ruhrgas am 14. Mai 1985, 5, in: AEGC 01002155432.

199 AR Ruhrgas am 28. November 1985, 6 f. und Vorlage zu TOP 4: Verlängerung der Erdgasbezugsverträge I–III mit der SGE, in: AEGC 01002155433.

200 *Der westeuropäische Erdgasverbund*, in: GWI 29 (1980), 344–346; Klaus Steinmann, *Die westeuropäische Erdgasversorgung und das Pipelinesystem*, in: EE 101 (1985), 264–269; Hans-Georg Fasold, *Transport, Speicherung und Verteilung von Erdgas heute – von Wasserstoff morgen*, in: EEK 104 (1988), 165–171; H. Lübben/K. M. Reinicke, *Transport von Erdgas*, in: GWI 39 (1990), 422–427.

201 Czerniejewicz, *Europäische Projekte*, 196.

202 Société Nationale pour la Recherche, la Production, le Transport, la Transformation et la Commercialisation des Hydrocarbures.

nommen und lieferte bereits geringe, aber vergleichsweise teure Mengen per Tanker nach Frankreich und England. Die Ruhrgas hatte u. a. aus diesem Grund und wegen der politischen Instabilität des Landes zunächst von einem Import abgesehen. Jetzt aber rückte Algerien mit dem zunehmenden innerdeutschen Bedarf und der europaweit rasant anwachsenden Erdgasnachfrage auch mangels anderer Alternativen erneut in den Mittelpunkt des Interesses, wobei ähnliche Ambitionen US-amerikanischer Unternehmen dem Erdgasmarkt erstmals eine globale Dimension verschafften.[203] Wie bereits zehn Jahre zuvor entfachte algerisches LNG einen zweiten „Saharawahn",[204] der sich aus bundesdeutscher Perspektive allerdings ebenso rasch abkühlen sollte wie sein Vorläufer. Die Sonatrach versuchte, die Lieferkonditionen zulasten der potenziellen Kunden auszureizen. Diese reagierten dann in teilweiser Kongruenz der Beteiligten mit der Bildung mehrerer Bezugskonsortien, die unter Berücksichtigung des Mengenvertriebs aus den Niederlanden, der Sowjetunion und der Nordsee wiederum mehrere, ebenfalls aufeinander abgestimmte Importkonzepte entwickelten.

Wegen seiner Nähe zur nordafrikanischen Küste kam Italien von vornherein eine besondere Rolle in den Plänen der europäischen Gaswirtschaft zu. Wie Spanien bezog das Land seit 1970 über Esso und die SNAM libysches Tanker-LNG.[205] Um die hochgesteckten Ziele der Energiepolitik zu erreichen, die bis Ende der 1970er Jahre einen Erdgasanteil am Primärenergiebedarf je nach Region von bis zu einem Drittel vorsahen, hatte die ENI sich neben den sowjetischen Exporten im Umfang von sechs Mrd. Kubikmetern weitere 6,5 Mrd. Kubikmeter niederländisches Erdgas pro Jahr gesichert. Da die Ruhrgas ihr sowjetisches Gas nicht wie die SNAM über Österreich, sondern direkt über die bundesdeutsche Grenze zur Tschechoslowakei erhielt, war der ursprünglich vorgesehene gemeinsame Transit gegenstandslos geworden und die SNAM auf die zwischen 1970 und 1975 entstandene Erweiterung der Trans-Austria-Gasleitung (TAG) zwischen Baumgarten und Cremona angewiesen.[206] Für die nieder-

---

203 Mark H. Hayes, *The Transmed and Maghreb Projects: Gas to Europe from North Africa*, in: David G. Victor u. a. (Hrsg.), Natural Gas and Geopolitics, New York 2006, 49–90.

204 *Weltmarkt für Flüssig-Erdgas?*, in: OEL 10 (1972), 60–67; René Boudet, *Die Aussichten des Weltmarktes für Flüssigerdgas*, in: GWW 25 (1972), 225–230; Kommission der Europäischen Gemeinschaften (Hg.), *Mittelfristige Vorausschau*, 44 ff.; Malcolm W. H. Peebles, *Flüssigerdgas-Handel in der Welt*, in: GWF 116 (1975), 259–262; Erich Salinger, *Bedeutung und langfristige Entwicklung des Welt-LNG-Handels und die damit verbundenen Transportprobleme*, in: GWF 121 (1980), 213–220.

205 Vortrag Brecht AR Ruhrgas am 21. Dezember 1970 zum LNG-Markt, 7, in: AEGC 01002155383.

206 Ferdinand Mayer, *Weltatlas Erdöl und Erdgas*, Braunschweig [2]1976, 24 f.

ländischen Lieferungen wäre prinzipiell der Weg über Belgien und Frankreich in Frage gekommen, die seit den 1960er Jahren ebenfalls größere Mengen von der NAM Export abnahmen und über ein ausreichendes Ferngasnetz verfügten. Das für Italien bestimmte Gas stammte jedoch nicht aus den Groninger Feldern, sondern aus der Provinz Drenthe, und war aufgrund seines höheren Energiegehalts nicht ohne weiteres über die bestehenden Leitungen zu verschicken. Der Ruhrgas-Vorstand erkannte früh die potenziellen Probleme eines Leitungsbaus durch die Distrigaz und die Gaz de France entlang der deutschen Grenze, da sich dem süddeutschen Raum mit der Saarferngas und der Gasversorgung Süddeutschland sowie möglicherweise der Bayerngas nach den gerade überwundenen Schwierigkeiten mit den sowjetischen Importen erneut die Möglichkeit zum Aufbau eines konkurrierenden Gasmarktes geboten hätte.[207] Bei der Ruhrgas entstand daraufhin das Konzept, den direkten und erheblich kürzeren Weg über Deutschland zu wählen und damit auch der Schweiz erstmals einen Anschluss an den europäischen Gasverbund zu ermöglichen. Die SNAM entschied sich bereits nach den ersten Gesprächen von Schelberger und Liesen in Mailand umgehend für den Ruhrgas-Vorschlag und stoppte das kurz vor dem Abschluss stehende Projekt mit der Gaz de France.[208]

Die erste große Nord-Süd-Verbindung innerhalb Westdeutschlands und zugleich größte Pipeline Westeuropas versprach auch mit Blick auf die Perspektive des Nordseegases eine bessere Erschließung des west- und süddeutschen Raumes, da der in den 1960er Jahren entstandene „Große Brummer" an seine Kapazitätsgrenzen zu stoßen drohte und die Ruhrgas schon jetzt über umfangreiche parallele Erweiterungen nachdachte, während die Nordrheinische Erdgastransportleitung (NETG) bereits seit 1970 an dem ersten Teilstück zwischen Emmerich und Köln arbeitete. Nach kurzen und im Gegensatz zu allen bisherigen Erfahrungen völlig problemlosen Verhandlungen unterzeichneten die Ruhrgas und die SNAM den entsprechenden Vertrag. Im August 1971 gründeten beide mit einem Grundkapital von 15 Mio. D-Mark die Trans Europa Naturgas Pipeline GmbH (TENP), die zur wirtschaftlichen Grundlage der deutsch-italienischen Zusammenarbeit wurde und federführend den Bau sowie den späteren Betrieb der im April 1974 fertiggestellten 500 Kilometer langen Leitung zwischen Aachen und Schwörstadt bei Rheinfelden an der Schweizer Grenze übernahm.[209] Kurz zuvor hatten mehrere regionale Schweizer Gasgesellschaften die Swissgas, Schweizerische Aktiengesellschaft für Erdgas, gegründet, um für den

207 Interview Liesen am 7. Juni 2016; Lagebericht Schelberger AR Ruhrgas am 21. Dezember 1970, 5, in: AEGC 01002156225.

208 Interview Liesen am 7. Juni 2016.

209 Lagebericht Schelberger AR Ruhrgas am 16. Dezember 1971, 6, in: AEGC 01002156226.

Vertrieb zu sorgen. Die zeitgleich als gemeinsame Tochter von Swissgas und SNAM gegründete Transitgas AG setzte den Leitungsbau bis zur italienischen Grenze fort, wo ein Anschluss an das italienische Netz erfolgte.[210] 1975 nahm die Ruhrgas die Belieferung der Schweiz auf. Bis heute ist die TENP nach mehreren Ausbaustufen die bedeutendste Nord-Süd-Achse des europäischen Erdgas-Verbundsystems.[211]

Auch die regionalen süddeutschen Ferngasgesellschaften zeigten mit ähnlicher Intention wie in den 1960er Jahren ein starkes Interesse an den Entwicklungen im Mittelmeerraum. Die süddeutschen Gasmärkte litten weiter an den entfernungsbedingt hohen Transportkosten für niederländische Lieferungen, und so verbanden die Gasversorgung Süddeutschland, die Bayerngas und die Saarferngas mit einem LNG-Bezug die Hoffnung, durch eine Preispoolung eine spürbare Senkung des Preisniveaus und vor allem eine Emanzipation von der Ruhrgas zu erreichen. Ohne Hilfe potenter Partner, so viel hatten die Verhandlungen mit der Sowjetunion gezeigt, waren aber alle Projekte zum Scheitern verurteilt. Die Lösung fand sich vermeintlich durch eine Kooperation mit der Distrigaz und der Gaz de France, die bereits seit Mitte der 1960er Jahre algerisches Erdgas über Le Havre bezog.[212] Im Mai 1972 unterzeichneten die Unternehmen, die zuvor als Einkaufskonsortium die Société d'Achat de Gaz Algérien pour l'Europe SA (Sagape) mit Sitz in Luxemburg gegründet hatte, in Algier mit der Sonatrach ein vorläufiges Abkommen über den Bezug von jährlich zehn bis 13 Mrd. Kubikmetern, das noch keine konkreten Inhalte festschrieb, sondern vor allem von der Absicht getragen war, den Wettlauf um verfügbare Mengen nicht als Verlierer zu beenden.[213] Etwa zeitgleich drängte mit der US-amerikanischen El Paso Natural Gas Corp. ein mächtiger Konkurrent ins Geschäft, der die Sonatrach mit hohen Abnahmemengen, ebensolchen Preisen und anders als die Europäer mit günstigen Krediten lockte. Schon im Frühjahr 1973 vereinbarten beide schließlich die Abnahme von knapp elf Mrd. Kubikmetern pro Jahr ab 1978, die über eigene Pipelines und Verflüssigungsanlagen liefen.[214]

---

210 Aktenvermerk Ruhrgas, 11. Oktober 1974, zum Erwerb einer 3prozentigen Beteiligung an der Transitgas AG, in: AEGC 01002155394.

211 Scholz, *Erdgastransportsysteme*, 405 f.

212 Vortrag Brecht AR Ruhrgas, in: BBA 55/1841.

213 Vorlage TAO 3 AR Ruhrgas am 12. März 1973: Monfalcone-Projekt, 2, in: AEGC 01002155390; Wolfgang-Dietrich Zöllner, *Algerisches Erdgas für Westeuropa*, in: OEL 11 (1973), 342–347.

214 Vortrag Deckers zum Monfalcone-Projekt AR Ruhrgas am 12. März 1973, 5, in: AEGC 01002155388.

Angesichts dieses Drucks waren die Mitglieder der Sagape zu raschen Zugeständnissen bereit, die sie später vor elementare Schwierigkeiten stellen sollten. Mitte Dezember 1972 unterzeichneten sie einen Grundsatzvertrag über einen LNG-Bezug durch zwei eigene und zwei gecharterte Tanker, „free on board" eines noch festzulegenden algerischen Hafens mit einem Lieferbeginn Ende 1976 und einem späterem Plateau von 15,5 Mrd. Kubikmetern pro Jahr über einen Zeitraum von 22 Jahren.[215] Kurz darauf traten die Swissgas und die Austria Ferngas GmbH dem Konsortium bei.[216] Elementare Fragen wie die Finanzierung blieben allerdings zunächst offen und wurden zur Klärung der Sagape überlassen. Als europäischen Anlandehafen hatte das Konsortium Fos-sur-Mer nahe Marseille vorgesehen, von wo das Gas über eine neue Leitung nach Norden in den Raum Nancy und von dort weiter nach Paris sowie über eine östliche Abzweigung nach Deutschland transportiert werden sollte.

Diese Entwicklung passte weder der ENI noch der Ruhrgas, an deren Einflussbereichen das Konzept schon geografisch vorbeilief. Der Ruhrgas-Vorstand betrachtete jedoch wie der Aufsichtsrat die ambitionierten Projekte rund um das LNG schon 1970 mit einer erheblichen Skepsis, die auch die weitere Unternehmenspolitik in diesem Bereich kennzeichnen sollte.[217] Ein Bezug unter eigener Regie schien angesichts der Kosten indiskutabel, denn vorläufige Kalkulationen hatten bereits für den Transport und die Wiederverdampfung einen über den Einkaufspreisen der Sojuzgasexport liegenden Wert ergeben.[218] So blieb nach dem Grundsatzprinzip der Kontrolle und Vermeidung unerwünschter Szenarien nur ein Engagement an Gemeinschaftsprojekten mit der Perspektive eines direkten Einstiegs auch in den LNG-Markt im Falle einer günstigen Gelegenheit. Der Vorstand der Ruhrgas verfolgte die Entwicklung daher abwartend, zumal er die Aussichten angesichts des weiter schwelenden Nahost-Konflikts, unüberschaubarer Kosten und ungewisser Perspektiven auch 1972 bei Weitem nicht so optimistisch beurteilte wie die Mitglieder der Sagape.[219] Seine Aktivitäten beschränkten sich daher auf die paritätische Gründung der Deutsche Flüssigerdgas Terminal Gesellschaft mbH (DFTG) in Wilhelmshaven im

215 Davon jeweils zwei Mrd. m^3/a für die Bayerngas und die GVS sowie drei Mrd. m^3/a für die Saarferngas.

216 Vorlage TAO 3 AR Ruhrgas am 12. März 1973: Monfalcone-Projekt, 1 f., in: AEGC 01002155390; Wolfgang-Dietrich Zöllner, *Algerisches Erdgas für Westeuropa*, in: OEL 11 (1973), 342–347, hier 345.

217 AR Ruhrgas am 21. Dezember 1970, 4 ff., in: AEGC 01002155383; Vortrag Brecht AR Ruhrgas am 21. Dezember 1970 zum LNG-Markt, 7, in: AEGC 01002155383.

218 Ebd., 8.

219 Interview Liesen am 7. Juni 2016.

September 1972 zusammen mit der Gelsenberg.[220] In dieser Situation bereicherte die ENI das Gerangel um die LNG-Importinfrastruktur um eine weitere Variante, die aus Sicht der süddeutschen Interessenten besondere Vorzüge besaß, verkürzte doch die vorgeschlagene Anlandung im italienischen Monfalcone bei Triest an der oberen Adria die Länge einer nach Deutschland führenden Pipeline bedeutend. Trotz des erheblich längeren Seeweges im Vergleich zu Fos-sur-Mer hätten sich damit die Kosten stark reduzieren lassen, und die Ferngasgesellschaften wären ihrem Ziel ein Stück nähergekommen.[221] Die Distrigaz und die Gaz de France beurteilten den Sachverhalt zwangsläufig aus einem anderen Blickwinkel, benachteiligte der Vorschlag sie doch elementar. Da beide rund die Hälfte der von der Sagape vereinbarten Mengen abnehmen wollten, blieb bei einer deutschen Entscheidung für Monfalcone faktisch nur, sich auf diese Lösung zu einigen oder das gemeinsame Algerien-Projekt aufzugeben.

Im Winter 1972/73 kam Bewegung in die Angelegenheit. Im Hinblick auf die Ziele der Konkurrenz mussten sich Aktionäre und Vorstand der Ruhrgas relativ schnell für ein Engagement entscheiden, um nicht den Anschluss zu verpassen und die Diversifikationsstrategie zu erweitern. Einerseits war das Angebot der SNAM durchaus reizvoll, da es herausragende Perspektiven eröffnete und somit eine Teilnahme fast erzwang, andererseits konkretisierten sich aber etwa zeitgleich die Verhandlungen über den Bezug von Offshore-Gas aus der Nordsee zu ersten Verträgen, sodass algerisches LNG nun allenfalls eine weitere, zweitrangige Option darstellte. Klaus Liesen propagierte daher eine Strategie, die unter der Prämisse eines möglichst geringen Kapitaleinsatzes und ohne Übernahme des Marktrisikos für die von den deutschen Sagape-Mitgliedern eingekauften Mengen alle Vorteile offenhielt.[222] Erstens sicherte die Mitwirkung den starken Status des Unternehmens im süddeutschen Markt, der insbesondere dann verloren zu gehen drohte, falls außerdem die sowjetischen Bezüge der Gaz de France quer durch diesen Raum transportiert wurden und eine Erdgastransportschiene ohne Mitwirkung der Ruhrgas entstand. Daraus folgte zweitens die Sicherung der Vorrangstellung der Ruhrgas als Importeur für sowjetisches Erdgas. Drittens galt es, eine Solidarisierung der drei großen Gasgesellschaften ENI, Gaz de France und ÖMV mit den deutschen Regionalunternehmen zu vermeiden und stattdessen selbst enge Geschäftsbeziehungen

220 Lagebericht Schelberger AR Ruhrgas am 14. Dezember 1972, 8, in: AEGC 01002155388.

221 Vorlage TAO 3 AR Ruhrgas am 12. März 1973: Monfalcone-Projekt, 3, in: AEGC 01002155390.

222 Vortrag Liesen zum Monfalcone-Projekt AR Ruhrgas am 12. März 1973, in: AEGC 01002155388.

aufzubauen. Viertens zeichnete sich durch die Mitbenutzung des für den LNG-Transport vorgesehenen Leitungsnetzes eine erhebliche Stärkung des Ruhrgas-Verbundes ab. Abschließend erhielt die Ruhrgas Zugriff auf einen LNG-Hafen im Mittelmeer als Basis späterer Eigenbezüge.

Dass die ÖMV, die Bayerngas und die Gasversorgung Süddeutschland eine weitere Erschließung des Alpenraumes befürworteten, war naheliegend, denn Monfalcone liegt nur etwa 50 Kilometer südlich der Trans-Austria-Gasleitung und rückte aufgrund der beabsichtigten Verbindung sowjetischer und algerischer Lieferungen in eine Schlüsselfunktion für die weiteren Planungen. Dieses Junktim beseitigte die Möglichkeit eines Switch-Geschäftes, stellte die Gaz de France somit vor vollendete Tatsachen und erzwang eine Teilnahme am Monfalcone-Projekt, obwohl das Unternehmen wie die Distrigaz und jetzt auch die Saarferngas am Anlandehafen Fos-sur-Mer festhielten.[223] Schelberger bezeichnete das Konzept als „Meilenstein" internationaler Kooperation, da es einen zentraleuropäischen Verbund hochkalorigen Erdgases entstehen lassen sollte, der die Trans-Europa-Naturgas-Pipeline und die Importleitung zwischen Waidhaus und München miteinander verband. Dieses Netz bestand neben dem L-Gas-Netz, über das das Groninger Gas vertrieben wurde.[224] Im Februar 1973 schlossen die Ruhrgas, die SNAM, die ÖMV und die Gaz de France ein vorläufiges Abkommen über den gemeinsamen Bau des Erdgasterminals und der Transportgasleitung von Monfalcone nach Deutschland und bekräftigten die Entscheidung für die italienische Stadt zwei Monate später durch einen abschließenden Vertrag. Die Bayerngas und die Gasversorgung Süddeutschland waren nicht beteiligt, sagten jedoch einen Transit ihrer Sonatrach-Mengen auf diesem Weg zu.[225] Das auf ein Investitionsvolumen von 800 Mio. D-Mark veranschlagte Projekt sah die Bildung von vier Bau- und Betriebsgesellschaften vor.[226]

Bei den nun auch vom Ruhrgas-Vorstand aufgenommenen Verhandlungen um einen Bezugsvertrag bestätigten sich die früheren Vorbehalte eindrücklich. Das Kernproblem bildete die Finanzierung, die sich bei der Ruhrgas bislang nur auf die direkten Inlandsinvestitionen zur Umsetzung der Lieferverträge beschränkt hatte. Da die Sonatrach-Kontrakte der 1960er Jahre jedoch eine Betei-

---

223 Vorlage TAO 3 AR Ruhrgas am 12. März 1973: Monfalcone-Projekt, 2, in: AEGC 01002155390.

224 Scholz, *Erdgastransportsysteme*, 405; AR Ruhrgas am 12. März 1973, 4, in: AEGC 01002155390.

225 Vorlage TAO 3 AR Ruhrgas am 12. März 1973: Monfalcone-Projekt, 3; Vortrag Deckers, 3, in: AEGC 01002155390.

226 Vorlage TAO 3 AR Ruhrgas am 12. März 1973: Monfalcone-Projekt, 4 ff., in: AEGC 01002155390; Vortrag Liesen AR Ruhrgas am 12. März 1973, 2 f.

ligung der Kunden an den Kosten für die auf algerischem Boden zu bauenden Anlagen und einen Teil der Tankerkapazitäten vorsahen und die drei süddeutschen Gasversorger durch die Anerkennung dieser Forderung ein weiteres Präjudiz geschaffen hatten, sah sich nun auch der Ruhrgas-Vorstand mit diesem Problem konfrontiert. Die algerische Verhandlungstaktik orientierte sich dabei unter Ausnutzung der hohen Nachfrage nicht an realistischen Werten, sondern an einseitig günstigen Konditionen, die weit unterhalb der marktüblichen Bedingungen der Finanzmärkte lagen und sämtliche Rentabilitätsgrundsätze erschütterten.[227] Zudem bestanden schon jetzt Zweifel, ob das Land jemals die benötigten Mengen zur Verfügung würde stellen können.[228]

Trotzdem unterzeichnete der Ruhrgas-Vorstand Ende September 1973 in einem Konsortium mit der niederländischen Gasunie einen Vorvertrag mit der Sonatrach über den Einkauf von bis zu zwölf Mrd. Kubikmetern pro Jahr, um ein Zeichen für die Präsenz des Unternehmens auf dem LNG-Markt zu setzen.[229] Die Klärung aller weiteren Details sollte einem endgültigen Kontrakt vorbehalten bleiben. Doch wurde kurz darauf auch dieses Projekt durch weltpolitische Spannungen belastet. Der Anfang Oktober 1973 ausbrechende vierte israelisch-arabische Krieg fachte den Nahost-Konflikt erneut an und offenbarte den westlichen Industrienationen ein weiteres Mal ihre Abhängigkeit von der krisengeschüttelten Region. Mit dem folgenden Ölembargo wurden zunehmend Stimmen laut, die vor einem vergleichbaren Szenario beim Erdgas warnten. Dies hinderte die SNAM und die Sonatrach nicht, noch nach Kriegsbeginn und trotz der Aufnahme Italiens in die Boykottliste der OPEC ebenfalls die Lieferung von elf Mrd. Kubikmetern pro Jahr für einen Zeitraum von 25 Jahren zu vereinbaren. Die Menge entsprach fast drei Vierteln des seinerzeitigen italienischen Verbrauchs und übertraf im Gesamtvolumen die sowjetischen Importe der Ruhrgas bei Weitem. Die Sonatrach unterzeichnete den Ruhrgas-/Gasunie-Vorvertrag ebenfalls erst nach Kriegsbeginn.[230]

Von einem Tankertransport nach Monfalcone wurde angesichts der Größenordnung aus Kostengründen abgesehen, und die SNAM überraschte ihre Partner nun mit der Ankündigung, eine 2.500 Kilometer lange Leitung von Hassi R'Mel über Tunesien und Sizilien auf die Halbinsel zu bauen, über die

227 Vortrag Deckers AR Ruhrgas am 16. April 1974, 1 f., in: AEGC 01002155389.

228 Bis 1976 schloss die Sonatrach langfristige Lieferverträge mit vier europäischen und fünf US-amerikanischen Unternehmen im Volumen von 70 Mrd. m^3/a. „Flüssigerdgasprojekt Sonatrach", 2 [Interne Informationsbroschüre vom 15. Juli 1977 zur AR Ruhrgas am 23. August 1977], in: AEGC 01002155405.

229 AR Ruhrgas am 18. Dezember 1973, 5 f., in: AEGC 010021555390.

230 Ebd.

die gesamte Einfuhr abgewickelt werden sollte.[231] Mit dem Ausstieg des mengenmäßig größten Partners aus dem Monfalcone-Projekt schwanden deren Chancen ebenso wie durch den massiven Preisauftrieb im Verlauf der Ölkrise. Da die Sonatrach zwar teilweise von ihren Finanzierungsvorstellungen abrückte, aber bei der Preisfrage nicht nur hart blieb, sondern auch noch die veränderte Marktsituation in ihre Forderungen einfließen ließ, war für die Sagape-Mitglieder algerisches Erdgas endgültig nicht mehr wettbewerbsfähig. Im Sommer 1975 beendeten sie daher mit Ausnahme der Gaz de France und der Distrigaz ihre geschäftlichen Kontakte zu Algerien.[232]

Schon zuvor hatten auch die deutschen Partner realisiert, dass die algerischen Finanzierungsforderungen sie elementar überforderten und auch die Anfang des Jahres projektierte Gründung einer „Südgas" als gemeinsamer Import- und Vertriebsgesellschaft keinerlei Lösung darstellte. Der Vorstand der Ruhrgas reagierte bereits im November 1973 auf die veränderte Situation und vereinbarte über die Terminalgesellschaft DFTG mit dem Land Niedersachsen die Bereitstellung eines 80 Hektar großen Baugrundstücks in Wilhelmshaven an den Ufern der Jade, um jederzeit mit der Errichtung einer eigenen LNG-Anlage beginnen zu können und um über eine Alternative zu den vorhandenen oder geplanten Terminals in Fos, Le Havre, Zeebrügge, Rotterdam, Eemshaven und Dünkirchen oder dem Leitungstransport zu verfügen.[233] Während die Gasunie ihr Engagement vorerst zurückstellte, liefen die Ruhrgas-Verhandlungen ab Januar 1974 aus verschiedenen Gründen weiter, obwohl die Sonatrach sich auch hier bei den Konditionen unnachgiebig zeigte.[234] Dennoch unterzeichnete der Vorstand der Ruhrgas im Juni 1974 schließlich einen neuen Vorvertrag über jetzt sieben Mrd. Kubikmeter LNG pro Jahr, die ab 1979 für einen Zeitraum von 20 Jahren zur Verfügung stehen sollten. Wie bei der Sagape blieben jedoch auch dies reine Absichtserklärungen, und ab Mitte 1975 lag nach zahlreichen ergebnislosen Preisverhandlungen das Vorhaben vorerst auf Eis, sodass die

---

231 Hayes, *Transmed*, 57 ff.; Scholz, *Erdgastransportsysteme*, 407; Mayer, *Weltatlas*, 26 ff.; Mayer, *Petro-Atlas*, 36 f.

232 Lagebericht Schelberger AR Ruhrgas am 5. September 1975, 3 f., in: AEGC 01002155396; *Verhandlungen mit Sonatrach werden fortgeführt*, in: GWF 116 (1975), 451.

233 AR Ruhrgas am 18. Dezember 1973, 9 f., in: AEGC 010021555390.

234 So forderte sie weiter einen Basispreis mit fixer Eskalation, der zum Ausgleich von Wechselkursschwankungen an einen Währungscocktail gebunden sein sollte, und eine hälftige Beteiligung der Kunden am Transport sowie Finanzierungshilfen für die Anlagen in Algerien. Der Ruhrgas-Vorstand hätte damit ein Finanzierungsvolumen von 800 Mio. US-Dollar aufbringen bzw. vermitteln müssen. Vorlage AR Ruhrgas am 16. April 1974 über den Abschluss eines LNG-Liefervertrages mit der Sonatrach, 2, in: AEGC 01002155390; Vortrag Deckers AR Ruhrgas am 16. April 1974, 2 f., in: AEGC 01002155389.

Abb. 24: Erdgasverflüssigungsanlage in der Hafenstadt Arzew (Algerien), 1970er Jahre.

Partner sich einvernehmlich dazu entschlossen, die Vereinbarung einfach auslaufen zu lassen.[235]

Die Ruhrgas gab die Bemühungen um den Bezug algerischen Flüssiggases jedoch nicht auf, sondern betrieb weiter die Vorbereitungen zum Aufbau einer Importinfrastruktur. Im Juli 1976 paraphierten das Land Niedersachsen und die DFTG einen Vertrag, der für den Fall eines LNG-Einkaufsvertrages den Ankauf des Wilhelmshavener Geländes und die Inbetriebnahme eines Terminals mit einer Kapazität von jährlich sechs Mrd. Kubikmetern in einer ersten Ausbaustufe ab 1983 vorsah. Dieser Schritt entsprach der allgemeinen europäischen Entwicklung, denn alle Küstenstaaten mit LNG-Verträgen hatten sich mittlerweile zu einer Anlandung im Inland entschlossen, sodass von dem ursprünglichen europäischen Gedanken nichts mehr blieb.[236] 1977 kam erneut Bewegung in die Sonatrach-Verhandlungen der Ruhrgas, die Ende Juni in Kooperation mit

235 Außerordentliche AR Ruhrgas am 24. Oktober 1974, 3, in: AEGC 01002155394; Lagebericht Schelberger AR Ruhrgas am 17. Dezember 1974, 6, in: AEGC 01002156227; dsgl. am 26. Juni 1975, 3 f., in: AEGC 01002155397; dsgl. am 28. November 1975, 3, in: AEGC 01002155397.

236 Vorlage TOP 3 AR Ruhrgas am 29. Juni 1976: DFTG-Ansiedlungsvertrag, 2 ff., in: AEGC 01002155400.

der Gasunie in ein drittes Projekt über nun jährlich neun Mrd. Kubikmeter LNG frei algerischer Küste mündeten.[237] Neben den unveränderten Grundprämissen war für den Ruhrgas-Vorstand die Tatsache entscheidend, durch eine weitere Verschiebung des Pionierprojektes alle Chancen auf dem europäischen Flüssigerdgasmarkt zu verspielen, wie Liesen vor dem Aufsichtsrat ausführte, der sich nun einstimmig zu dem Projekt bekannte.[238] Die für Deutschland bestimmten Lieferungen im Umfang von vier Mrd. Kubikmetern sollten mit einer siebenjährigen Vorlaufzeit in der zweiten Jahreshälfte 1984 beginnen und bis 2005 über vier Tanker in Wilhelmshaven angelandet werden.[239] Das Preissystem berücksichtigte nun die Interessen beider Seiten. Es folgte der Ruhrgas-Forderung eines heizölgebundenen Marktpreises als auch den Sonatrach-Vorstellungen eines an den algerischen Produktions- und Betriebskosten orientierten, auf Grundlage eines Währungscocktails veränderlichen Mindestpreises. Allerdings hatte die Ruhrgas in den Verhandlungen erhebliche Kompromisse eingehen müssen, da der Preis zu diesem Zeitpunkt noch nicht marktfähig war und damit eine gewaltige Zukunftshypothek darstellte und auch die Preiseskalationsarithmetik in Verbindung mit einer weiten Fassung der Wiederverhandlungsoptionen keine abschließende Sicherheit bot.[240] Die Versorgungssicherheit war jedoch entscheidender als die einzugehenden Kompromisse.

In den beiden folgenden Jahren deutete alles auf eine erfolgreiche Umsetzung des Projektes hin. Anfang 1979 waren die Planungen zum Bau der neuen Verflüssigungsanlage an der algerischen Küste in Arzew abgeschlossen, die Finanzierungsvorbehalte ausgeräumt, und die Tanker standen vor der Ausschreibung. Im März 1979 erhöhten die Partner dann die gemeinsame Plateaumenge auf 11,25 Mrd. Kubikmeter jährlich und zogen den Lieferbeginn um 18 Monate auf das erste Quartal 1983 vor.[241] Gleichzeitig setzte in Algerien nach dem Tod von Präsident Houari Boumedienne, der auf Grundlage der verstaatlichten Energierohstoffe des Landes eine Sonderform des islamischen Sozialismus vorangetrieben hatte, und unter dem Eindruck der iranischen Revolution eine Neuorientierungsphase ein, an deren Ende eine Abkehr von der einseiti-

237 Aktenvermerk Bergmann, 12. August 1977; Sonatrach-Projekt, in: AEGC 01002155405; „Flüssigerdgasprojekt Sonatrach“, in: AEGC 01002155405.

238 Vortrag Liesen TOP 4 AR Ruhrgas am 23. August 1977: LNG-Sonatrach-Vertrag, 6 f., in: AEGC 01002155405. AR Ruhrgas am 23. August 1977, 5, in: AEGC 01002155405; Aktenvermerk Bergmann, 22. Juni 1977, in: AEGC 01002155405.

239 „Flüssigerdgasprojekt Sonatrach“, 6 f., in: AEGC 01002155405.

240 Ebd., 9 f., 12 ff.

241 Aktenvermerk Middelschulte zur Vorbereitung des Lageberichts Liesen AR Ruhrgas am 8. Mai 1979, 4 f., in: AEGC 01002155413; Aufsichtsratsvorlage Ruhrgas zum schriftlichen Beschlussverfahren: Flüssigerdgas-Projekt Sonatrach vom 6. März 1979, in: AEGC 01002340122.

gen Exportorientierung zugunsten eines pragmatischeren Kurses in der Wirtschaftspolitik stand. Schon Ende 1979 befürchtete Liesen angesichts der zunehmenden Lähmung der Sonatrach und fehlender Aussagen zur Weiterführung, dass das kapitalintensive Projekt scheitern würde; und er sollte mit dieser Einschätzung Recht behalten.[242] Nach der Einstellung aller Investitionen auf beiden Seiten scheiterte das Geschäft 1980 nach fast zehn Jahren an der nun endgültig zurückhaltenden Exportpolitik der algerischen Regierung, die für den neuen Fünfjahresplan keine weiteren LNG-Anlagen mehr vorsah.[243] Im Verlauf der 1980er Jahre kam es zwar sporadisch zu weiteren Orientierungsgesprächen mit der Sonatrach, doch blieben diese ergebnislos.[244]

Zur Kompensation der vor dem Aus stehenden Projekte mit Algerien und dem Iran plante die Ruhrgas, die Bezugsoptionen anderweitig zu erweitern. Im Februar 1980 beteiligte sich das Unternehmen an einer Grundsatzvereinbarung mehrerer europäischer Gasgesellschaften[245] mit der nigerianischen Bonny LNG Ltd., einem Konsortium internationaler Mineralölkonzerne bzw. ihrer Gastöchter,[246] das zusammen mit der staatlichen Nigerian National Oil Comp. in dem westafrikanischen Staat den Erdgasexport vorantrieb.[247] Wie in den meisten Erdölförderländern üblich, wurden auch in Nigeria mangels Verwendungsmöglichkeiten jährlich große Mengen assoziierten Gases im Umfang von rund 20 Mrd. Kubikmetern pro Jahr abgefackelt. Für Deutschland waren jährlich acht Mrd. Kubikmeter vorgesehen, davon zwei Drittel für die Ruhrgas mit einer Option auf eine Verdoppelung. Schließlich scheiterte jedoch auch dieses Vorhaben an schleppenden politischen Entscheidungsprozessen in Nigeria und dem Ausstieg einzelner Bonny-Aktionäre, sodass sich die Bonny LNG Anfang 1982 auflöste und alle Vereinbarungen ausliefen.[248] Versuche der Regierung, ein eigenständiges Projekt aufzustellen, schlugen jedoch ebenso fehl wie vergleichbare Pläne in Kamerun.

---

242 Entwurf Lagebericht Liesen AR Ruhrgas am 29. November 1979, 6 f., in: AEGC 01002155414.

243 Lagebericht Liesen AR Ruhrgas am 24. Oktober 1980, 12, in: AEGC 01002155422.

244 Aktenvermerke Ruhrgas, 25. November 1985 und 12. Mai 1986, zur Situation in Algerien, in: AEGC 01002155433 und AEGC 01002155434; Lagebericht Liesen AR Ruhrgas am 30. November 1987, 10 ff., in: AEGC 01002155446.

245 GdF, SNAM, Gasunie, Distrigaz, Enagas SA (Spanien), Brigitta, Thyssengas.

246 Darunter Shell, BP, Phillips, Elf Aquitaine und Agip.

247 Vorlage AR Ruhrgas am 6. Mai 1980 zum LNG-Einkauf in Nigeria, 2 f., in: AEGC 01002155421.

248 Lagebericht Liesen AR Ruhrgas am 25. November 1980, 10, in: AEGC 01002155422; Lagebericht Liesen AR Ruhrgas am 20. Mai 1981, 7 f., in: AEGC 01002155423; Aktenvermerk Ruhrgas, 4. Dezember 1981, zum Nigeria-Projekt, in: AEGC 01002155424; Vorbereitende Unterlagen Lagebericht Liesen AR Ruhrgas am 30. November 1982, in: AEGC 01002155427.

Abb. 25: (v. l. n. r.) Jos van Beveren (Vorstand Mannesmann Export) und Peter-Josef Deckers (Vorstand Ruhrgas) mit Nikolai Ossipow (Stellvertretender Außenhandelsminister der UdSSR) in einer Verhandlungspause im Iran, 1973/74.

Hier und in Ägypten war die Ruhrgas bis in die zweite Hälfte der 1980er Jahre zudem mit bescheidenem Ergebnis im Bereich der Exploration tätig.[249] Daneben wurde die Ruhrgas 1982 in Kanada aktiv, wo gemeinsam mit Gelsenberg, der PetroCanada und der TransCanada Pipelines unter deren Federführung ein LNG-Projekt in der kanadischen Arktis entstand, das Lieferungen im Umfang von jährlich bis zu fünf Mrd. Kubikmetern für die Bundesrepublik Deutschland ab Anfang der 1990er Jahre vorsah.[250] Angesichts des hohen technischen Aufwands und der damit verbundenen Risiken ließ sich das Vorhaben nicht umsetzen. Vor diesem Hintergrund favorisierte der Ruhrgas-Vorstand 1987 das

249 Vorbereitende Unterlagen Lagebericht Liesen Finanzkommission Ruhrgas am 21. Oktober 1983, in: AEGC 01002155429; Aktenvermerk Ruhrgas, [ohne Autor], 15. November 1985, in: AEGC 01002155433; AR Ruhrgas am 21. Mai 1986, 4, in: AEGC 01002155435; Materialien zum Thema Exploration für den Lagebericht Liesen AR Ruhrgas am 20. Mai 1987, in: AEGC 01002155445.

250 Vorbereitende Unterlagen Lagebericht Liesen AR Ruhrgas am 27. Mai 1982, in: AEGC 01002155425.

zwar schlussendlich ebenfalls nicht ungesetzte Vorhaben, den Seiteneinstieg in das Flüssigerdgasgeschäft über eine siebenprozentige Beteiligung an der Distrigaz und damit erstmals an einem ausländischen Gasversorger zu realisieren. Das belgische Unternehmen war zwar weiterhin nicht profitabel, besaß jedoch eine erhebliche strategische Bedeutung in Westeuropa, da es über die Mehrheit am soeben fertiggestellten LNG-Terminal Zeebrügge verfügte, wo zudem die im Rahmen des Troll-Projektes entstehende, neben Emden zweite Haupterdgasleitung von den Nordseefeldern auf den Kontinent enden sollte.[251] In der deutschen Erdgasversorgung spielte Flüssigerdgas seither keine weitere Rolle mehr, zumal bis heute kein Terminal errichtet wurde. Dies hätte möglicherweise anders ausgesehen, wenn die bis in die 1990er Jahre hinein immer wieder diskutierten Lieferprojekte aus Algerien und Nigeria realisiert worden wären, doch scheiterten alle Vorhaben trotz veränderter politischer Rahmenbedingungen in den Erzeugerländern und gewissen Fortschritten an den typischen Schwierigkeiten ihrer Vorgänger. Dies galt auch für ein 1990 aufgelegtes Kooperationsprojekt mit der Gaz de France, der spanischen Enagas und der Gas de Portugal, das den Leitungstransport über Marokko und die Meerenge von Gibraltar untersuchte, sowie ein daran anschließendes Vorhaben zur Erschließung des portugiesischen Marktes als Teil einer möglichen Internationalisierungsstrategie der Ruhrgas in Kooperation mit der Gaz de France und mehreren portugiesischen Gesellschaften sowie in Konkurrenz zu einem Konsortium aus Enagas und SNAM.[252]

Bereits kurz nach Beginn der Bemühungen um den Import von Flüssiggas aus Algerien und die Integration der in Erschließung stehenden Erdgasvorkommen der Nordsee in die bundesdeutsche Gasversorgung richtete sich der Blick des Ruhrgas-Vorstandes 1973 in den Iran. Hier hatte der seit 1941 regierende Schah Mohammed Reza Pahlavi Anfang der 1960er Jahre, gestützt auf die Einnahmen aus den ständig wachsenden Erdölexporten, die „Weiße Revolution" ausgerufen, eine radikale Modernisierungspolitik mit demokratisierenden Elementen, die das Agrarland innerhalb kurzer Zeit in einen modernen Industriestaat wandeln sollte. Außenpolitisch suchte er eine Anlehnung an die USA und die westliche Staatenwelt, mit der sich seit Ende der 1960er Jahre eine stetige Intensivierung der wirtschaftlichen Beziehungen verband.[253] Auch die Ölkrise

251 Lagebericht Liesen AR Ruhrgas am 30. November 1987, 14 f., in: AEGC 01002155446.

252 Lagebericht Liesen AR Ruhrgas am 2. Dezember 1987, 10 ff., in: AEGC 01002155446; dsgl. am 9. Mai 1989, 11, in: AEGC 01002155453; dsgl. am 6. Dezember 1989, 8 ff., in: AEGC 01002155455; dsgl. am 6. Dezember 1990, 7 f., in: AEGC 01002155461; dsgl. am 8. Mai 1991, 15 ff., in: AEGC 01002155462; dsgl. am 4. Dezember 1991, 11, in: AEGC 01002155466.

253 Wolfgang Ritter, *Der Iran unter der Diktatur des Schah-Regimes*, Frankfurt a. M. 1979, 48 ff.

Abb. 26: Verhandlung des Iran-Vertrags 1973/74, stehend Herbert Schelberger (Vorstandsvorsitzender Ruhrgas).

konnte das gute Verhältnis nicht gravierend beeinträchtigen, obwohl die National Iranian Oil Comp. (NIOC) und die National Iranian Gas Comp. (NIGC) in deren Verlauf nach der bereits 1953 erfolgten nominellen Verstaatlichung der Branche endgültig die vollständige Verfügungsgewalt über die einheimischen Erdöl- und Erdgasressourcen übernahmen.[254] Aus bundesdeutscher Sicht belegte dies eindrucksvoll die deutsch-iranische Investitionskonferenz vom Frühjahr 1974 und die folgende Übernahme von 25,04 Prozent des Stammkapitals der Fried. Krupp Hüttenwerke AG, der größten Krupp-Konzerntochter, durch den iranischen Staat.[255]

Der Versuch, den Bezug zu diversifizieren und auszudehnen, war aus Sicht von Klaus Liesen, der das Projekt maßgeblich vorantrieb, nicht nur vor diesem Hintergrund konsequent. Der Iran stand als ältestes und traditionsreichstes

---

254 Financial Times (Hg.), *Walter Skinner's Oil and Gas International Year Book 1977/78*, London 1977, 414 ff.

255 Siehe dazu umfassend die Spiegel-Titelgeschichte *Da ist Musik drin*, in: Der Spiegel 30 (1974), 17–22 sowie zur Gesamtsituation aus bundesdeutscher Sicht: Deutsche Bank (Hg.), *Iran*, Frankfurt a. M. 1975.

Ölland des Nahen Ostens Anfang der 1970er Jahre in der Förderstatistik hinter der Sowjetunion, den USA und Saudi-Arabien an vierter Stelle in der Welt und war nach der forcierten Explorationstätigkeit der 1960er Jahre auch im Erdgassektor mit 15 Prozent der bekannten Weltreserven und sicheren Reserven von rund 10.000 Mrd. Kubikmetern nach der Sowjetunion auf die zweite Position aufgestiegen.[256] Daneben pflegte der Iran im Erdgassektor seit längerem Kontakte zur UdSSR und hatte bereits 1966 mit dem nördlichen Nachbarn einen ersten Liefervertrag über bis zu zehn Mrd. Kubikmeter pro Jahr abgeschlossen, sodass vier Jahre später der Export aufgenommen werden konnte. Dazu kam seit 1967 afghanisches Erdgas mit einem vorgesehenen Volumen von jährlich vier Mrd. Kubikmetern.[257] Die Sowjetunion war aufgrund der oben skizzierten wirtschaftlichen Probleme trotz ihrer immensen Erdgasvorkommen auf diesen Import angewiesen, da die massiven Infrastrukturdefizite eine eigenständige Versorgung ihrer südlichen Teilrepubliken verhinderten, unterschritt jedoch im Verlauf der 1970er Jahre die geplanten Mengen teilweise erheblich.[258] Die iranischen Lieferungen erfolgten über die neu errichtete Iranian Gas Trunkline (IGAT), die die großen südwestlichen Ölfelder am Persischen Golf über eine Strecke von rund 1.700 Kilometern mit dem Grenzübertrittsort Astara am Westufer des Kaspischen Meeres verband.[259] Neben dem Vorteil einer existierenden Trasse, die problemlos durch weitere Leitungen ergänzt werden konnte, spornte ein weiterer gewichtiger Aspekt die bald bei allen größeren westeuropäischen Gasversorgern aufkommenden Importpläne an. Mangels eigener oder anderer Nutzungsmöglichkeiten wurde auch im Iran das vorrangig in assoziierter Form vorkommende und damit bei der Mineralölförderung freiwerdende Gas im Umfang des gesamten bundesdeutschen Jahresbedarfs abgefackelt.

Liesen führte im April 1973 im Rahmen des Besuchs einer Industriedelegation in Teheran erste Gespräche mit der NIOC und der NIGC, um die grundsätzlichen Möglichkeiten eines Erdgasbezugs zu sondieren.[260] Der Kontakt war auf

256 Mayer, *Weltatlas*, 46 ff.; H. Lübben/K. M. Reinicke, *Betrachtungen zur Reichweite der Erdgasvorkommen der Welt*, in: EEK 105 (1989), 21–25, hier 22; Christoph Brecht, *Gas auch für künftige Generationen*, in: GWI 31 (1982), 7–12, hier 8 f.; *BP Statistical Review of World Oil Industry 1976*, 6.

257 Jonathan P. Stern, *Soviet Natural Gas Development to 1990. The Implications for the CMEA and the West*, Lexington 1980, 96 f.

258 Fischer, *Erdgasindustrie*, 428; Aman R. Khan, *Die sowjetische Erdgaswirtschaft in den 70er Jahren*, in: GWF 114 (1973), 577–584, hier 578.

259 Stern, *Soviet Natural Gas*, 95 f., 131 ff.; Mayer, *Weltatlas*, 49.

260 Vorangegangen waren sowohl Anfragen deutscher und ausländischer Unternehmen wie der NIGC als auch einzelne knappe Erörterungen mit der SGE anlässlich der regelmäßigen Treffen zum ersten Importvertrag. Aktenvermerk Tuppeck, 12. Februar 1972, in: AEGC Ordner „Russland 1. Halbjahr 1973“.

Initiative der iranischen Regierung zustande gekommen, die über einen Agenten an den Ruhrgas-Vorstand herangetreten war. Für den Gastransport standen prinzipiell mehrere Möglichkeiten zur Verfügung: erstens ein Gasaustausch durch die Lieferung iranischen Gases in die Sowjetunion, die im Gegenzug eigene Mengen frei deutscher Grenze zur Verfügung stellte, sodass der kostspielige und technisch aufwändige Leitungsbau entfiel; zweitens ein Pipelinetransit durch die UdSSR; drittens eine Leitung unter Umgehung der Sowjetunion durch die Türkei, Griechenland, Jugoslawien, Italien und Österreich in die Bundesrepublik; viertens ein Leitungstransfer in die Türkei, dortige Verflüssigung und anschließende Tankerfracht; sowie fünftens eine LNG-Erzeugung direkt im Iran und Tankertransport durch den Suez-Kanal.[261]

Da sich neben der Ruhrgas schon früh auch andere Gasversorger für Importprojekte interessierten, die Sowjetunion sowohl Liefer- als auch Bezugswünsche vertrat und mit dem Iran erstmals ein Staat des Nahen Ostens eine maßgebliche Rolle bei der westeuropäischen Gasversorgung spielen sollte, erreichte das Projekt von Beginn an eine Komplexität neuer Dimension. Erstmals im internationalen Energiehandel deutete sich ein Dreiecksgeschäft von Partnern unterschiedlichster politischer Systeme in einer solchen Konstellation an, deren Präferenzen es unter Berücksichtigung eines nicht ungetrübten Verhältnisses zwischen der Sowjetunion und dem Iran zu kanalisieren galt. Schon das erste Geschäft mit der Sowjetunion hatte einen Eindruck der potenziell zu erwartenden Aufgaben vermittelt, doch nun überschatteten auch noch deren schwelende Streitigkeiten über die Auslegung des IGAT-Vertrages, der einzigartig günstige Lieferkonditionen enthielt, die Situation. Beide Staaten führten parallel zu den Neuverhandlungen Gespräche über die vom Iran geforderten Gaspreiserhöhungen, die Kreditabkommen und den von der Sowjetunion betriebenen Bau eines Stahlwerks in Isfahan.[262] Für Liesen als Verhandlungsführer der Ruhrgas – und bald aller weiteren europäischen Interessenten – waren somit die Verhandlungsspielräume erschwert, musste er sich doch angesichts der bevorstehenden Aufnahme der Lieferungen in Waidhaus und laufender Verhandlungen über die Erweiterung der Volumina mit der Sojuzgasexport in erster Linie an den Vorstellungen des Partners orientieren. Und diese waren alles andere als klar.

Die NIGC favorisierte anfangs ein Austauschgeschäft. Im Frühjahr 1973 kursierten Gerüchte, dass diese Variante bereits Ende 1972 auf höchster Ebene zwischen dem Schah und dem sowjetischen Ministerpräsidenten Kossygin vereinbart worden war. Während von sowjetischer Seite zunächst keine Äußerun-

---

261 Lagebericht Schelberger AR Ruhrgas am 26. Juli 1973, 6 f., in: AEGC 01002156227.
262 Lagebericht Schelberger AR Ruhrgas am 10. Juli 1974, 8 f., in: AEGC 01002156227.

gen zu erhalten waren und die zuständige Sojuznefteexport eine Kenntnis des Vorgangs abstritt, konkretisierte die NIGC ihrerseits ihre Vorstellungen einer Lieferung von bis zu zwölf Mrd. Kubikmetern pro Jahr, von denen die Hälfte die Ruhrgas erhalten sollte.[263] Das Finanzierungskonzept für das auf 600 Mio. US-Dollar veranschlagte Investitionsvolumen ähnelten den Vorstellungen der Sonatrach, sah es doch eine vollständige Deckung durch von den Kunden beschaffte Mittel vor, darunter zwei Drittel durch die Ruhrgas. Ab Anfang 1978 sollten die Mengen dann für einen Zeitraum von 20 Jahren zur Verfügung stehen.[264] Erst Anfang August 1973 konkretisierte sich das Bild nach ersten Gesprächen in Moskau. Anders als von der NIGC behauptet, zeigte sich der stellvertretende Außenhandelsminister Ossipow jedoch mit Hinweis auf die zu geringe Menge, die nicht zur Finanzierung der in der Sowjetunion notwendigen Leitungsbauten ausgereicht hätte, nicht an einem solchen Geschäft interessiert. Die Sojuznefteexport untersuchte zu diesem Zeitpunkt die Möglichkeit einer Lieferung von bis zu 30 Mrd. Kubikmetern pro Jahr, wovon die Hälfte für Westeuropa vorgesehen wurde, um auf diesem Weg eine eigene Pipeline durchzusetzen und von der Verbesserung der inländischen Versorgungsinfrastruktur zu profitieren.

Der Vorstand der Ruhrgas vertrat eine ähnliche Position und sagte der Sowjetunion unter explizitem Verweis auf die guten Beziehungen beider Seiten sowie die Ostverträge seine Unterstützung zu, eine solche Leitungsführung durchzusetzen.[265] Tatsächlich war diese Variante die einzige, die das gewünschte Mengenziel mit einem direkten Transit in das Ruhrgasnetz verband. Auch die NIGC stand einer Ausweitung des Projektes auf bis zu 40 Mrd. Kubikmeter pro Jahr positiv gegenüber, dachte aber zugleich über eine Südtrasse mit Verlauf über den Irak, die Türkei und den Balkan nach und beauftragte die SNAM mit der Ausarbeitung einer Studie.[266] Hintergrund war, eine weitere Option zu prüfen und ein wirksames Gegengewicht gegen eine starke Partnerschaft zwischen der Sowjetunion und der Ruhrgas zu schaffen. Die Ruhrgas hatte nämlich das Mandat erhalten, eine der SNAM vergleichbare Funktion für die Nordtrasse zu übernehmen und zur Realisierung des Projekts weitere Partner hinzuzuziehen. Gleichzeitig wurde der Ruhrgas-Vorstand von der NIGC und der SNAM aufgefordert, sich auch an den Arbeiten des Südtrassenprojekts zu

263 Schelberger an Ossipow, 2. Mai 1973, in: AEGC Ordner „Russland 1. Halbjahr 1973"; Aktenvermerk Kranz, 20. Juni 1973, 2 ff., in: AEGC Ordner „Russland 1. Halbjahr 1973".
264 Aktenvermerk Kranz, 7. August 1973, 2 ff., in: AEGC Ordner „Russland 2. Halbjahr 1973".
265 Aktenvermerk Kranz, 10. August 1973, 2 ff., in: AEGC Ordner „Russland 2. Halbjahr 1973".
266 Ebd.

beteiligen, was die Sowjetunion wohl aus Gründen der Beziehungspflege vorbehaltslos genehmigte.[267]

Diese komfortable Situation konnte nun von der Ruhrgas dazu genutzt werden, die eigenen Vorstellungen gegenüber der NIGC in den Vordergrund zu stellen. Anfang September 1973 schlug Liesen dem iranischen Unternehmen ein Projekt vor, das 30 Mrd. Kubikmeter pro Jahr für Westeuropa sowie zehn Mrd. für die Sowjetunion vorsah und damit die Grenzen der zu dieser Zeit üblichen Bezugskontrakte nicht nur bei Weitem übertraf, sondern selbst in weltweiter Perspektive neue Dimensionen erreichte. Außerdem erklärte er die Bereitschaft der Ruhrgas, „jede vom Iran angebotene Menge" im Umfang von jährlich bis zu 30 Mrd. Kubikmetern zu marktgerechten Bedingungen für 30 Lieferjahre zu kaufen. Dieses Volumen war sowohl im Hinblick auf die üblichen Abhängigkeitsdebatten als auch fehlende Möglichkeiten zur Marktintegration eher utopisch und diente wahrscheinlich allein dazu, der NIGC das unmissverständliche Interesse der Ruhrgas an einem großen Vertragsabschluss und einer Lieferung über die UdSSR zu verdeutlichen.[268] Bis zum Jahresende 1973 entwickelte der Ruhrgas-Vorstand das Grundkonzept eines Liefervertrages, auf dessen Basis beide Seiten bereits im Januar 1974 in einem „Letter of Understanding" die Bereitschaft zu einem gemeinsamen Erdgasvertrieb über die UdSSR bekundeten. Die Sowjetunion hatte zuvor schriftlich mitgeteilt, dass sie dem Projekt positiv gegenüberstand, zugleich jedoch erneut ihre Position zu Detailfragen völlig offengehalten.[269]

Im Verlauf von mehreren bilateralen Gesprächen zwischen der Ruhrgas und der NIGC sowie der Ruhrgas und der Sojuzgasexport konkretisierte sich im Verlauf des Jahres 1974 die Umsetzung des von der NIGC von Beginn an vorgeschlagenen und favorisierten Gasaustausch-Geschäftes auf geringerer Mengenbasis.[270] Zwischenzeitlich war das Südtrassenprojekt von der ENI zugunsten eines LNG-Projekts aufgegeben worden, das in Verbindung mit den Plänen zum Bezug algerischen Flüssiggases über Monfalcone stand und die Anlieferung über die türkische Hafenstadt Iskenderun an der syrischen Grenze vorsah. Der Ruhrgas-Vorstand wertete dieses Projekt als taktisches Geplänkel, verhinderte doch ungeachtet der problematischen Einbindung der möglichen Transitstaaten Irak und Syrien allein das höhere Investitionsvolumen und die

---

267 Ebd.; Aktenvermerk Tuppeck, 16. August 1973, in: AEGC Ordner „Russland 2. Halbjahr 1973".

268 Aktenvermerk Kranz, 25. September 1973, 3, in: AEGC Ordner „Russland 2. Halbjahr 1973".

269 Lagebericht Schelberger AR Ruhrgas am 16. April 1974, 7 f., in: AEGC 010021556227; Aktenvermerk Kranz, 17. Dezember 1973, 2 ff., in: AEGC Ordner „Russland 2. Halbjahr 1973".

270 Zu den Verhandlungen in dieser Zeit liegen keine Unterlagen vor.

längere Vorbereitungsphase eine Durchführung.[271] Nachdem schon die ersten trilateralen Verhandlungen im Mai 1974 in Teheran verdeutlicht hatten, dass alle Seiten ein gemeinsames Projekt optimistisch beurteilten und eine Realisierung befürworteten, brachte schon das zweite Treffen dieser Art im Dezember in Düsseldorf den Durchbruch. Bis auf die vorerst zurückgestellte Preisfrage herrschte eine weitgehende Übereinstimmung hinsichtlich der Grundelemente des Projektes wie der Vertragsmenge, der Laufzeit, des Lieferbeginns und der angesichts des Dreiecksvertrages sehr schwierigen grundsätzlichen Regelungen des Lieferausfalls bei höherer Gewalt, die nach „üblicher internationaler Praxis" definiert werden sollten.[272] Die Andeutung des Iran, auch weiterhin das türkische LNG-Projekt zu verfolgen, diente wohl vor allem als Druckmittel für die Preisverhandlungen.[273] Tatsächlich wurde das Vorhaben Anfang 1975 eingefroren, nachdem die NIGC einen Vorvertrag mit der US-amerikanischen El Paso abgeschlossen hatte, die neben ihren Kontakten zur Sonatrach in Kooperation mit der Gaz des France und der Distrigaz seit Herbst 1974 auch das konkurrierende Suez-Projekt betrieb.[274] Dieses sah die Lieferung von zehn Mrd. Kubikmetern pro Jahr vorrangig in die USA vor und fiel Ende 1976 einer Entscheidung des Schahs zum Opfer, der alle Vorhaben von unzureichender Ertragskraft gestoppt hatte.[275]

Schon im Februar 1975 folgte auch die Einigung in der Preisfrage, sodass Anfang April im Rahmen der dritten trilateralen Verhandlungsrunde ein Memorandum[276] unterzeichnet werden konnte, das die Grundlage des schließlich am 30. November 1975 in Teheran mit nur leichten Änderungen abgeschlossenen Vertragswerks bildete.[277] Vorangegangen waren intensive Diskussionen um die zahlreichen ineinandergreifenden Einzelverträge und deren konkrete Inhalte

271 Lagebericht Schelberger AR Ruhrgas am 16. April 1974, 8, in: AEGC 010021556227.

272 Niederschrift der Gespräche der Delegationen der Sowjetunion, der NIGC, der Ruhrgas sowie der Arbeitsgruppe Mannesmann/Thyssen vom 3. bis 6. Dezember 1974 in Düsseldorf zum Iran-Projekt (deutsche Übersetzung der Ruhrgas), in: AEGC 0102155394.

273 Lagebericht Schelberger AR Ruhrgas am 17. Dezember 1974, 6 f., in: AEGC 01002156227. Lagebericht Liesen AR Ruhrgas am 2. Dezember 1976, 5, in AEGC 01002155402.

274 Außerordentliche AR Ruhrgas am 24. Oktober 1974, 3, in: AEGC 01002155394; Lagebericht Schelberger außerordentliche AR Ruhrgas am 3. April 1975, 3 f., in: AEGC 01002155396; Högselius, *Red Gas*, 175.

275 Lagebericht Liesen AR Ruhrgas am 2. Dezember 1976, 5, in AEGC 01002155402.

276 Das am 10. April 1975 unterzeichnete Memorandum ist in den Akten nicht enthalten. Zu den Inhalten siehe Vorlage zur außerordentlichen AR Ruhrgas am 3. April 1975, in: AEGC 01002155396.

277 AR Ruhrgas am 28. November 1975, 5, in: AEGC 01002155396; Bericht Liesen Präsidium AR Ruhrgas am 28. Oktober 1975, in: AEGC 01002155399; Aktenvermerk Liesen, 6. November 1975, in: AEGC 0102155397.

innerhalb von Arbeitsgruppen, die einem trilateralen „Coordinating Committee“ berichteten, in dem Liesen die Käuferseite vertrat.[278] Neben der Ruhrgas hatten sich auch die Gaz de France und die ÖMV für eine Beteiligung entschieden, während die SNAM angesichts der schlechten wirtschaftlichen Situation Italiens, Querelen um die künftige Führung der ENI und die staatliche Reglementierung der Gasverbrauchspreise im Mai aus dem Käuferkonsortium ausgestiegen war.[279] Beide Unternehmen fungierten als Vertragspartner, nachdem die Sojuzgasexport und die NIGC zunächst versucht hatten, nur mit der Ruhrgas abzuschließen und diese in die Verantwortung für die Gesamtmenge zu nehmen.[280]

Die wichtigste Änderung betraf den Lieferweg, denn statt des beschriebenen Tauschgeschäftes hatten sich die Projektpartner nun doch für eine rund 4.000 Kilometer lange Pipeline quer durch die Sowjetunion über den Kaukasus und die Ukraine bis zu den westeuropäischen Lieferpunkten entschieden.[281] Die NIGC beabsichtigte weiterhin den Bau der IGAT II parallel zur IGAT nach Astara, den die Mannesmann Export in Kooperation mit der Thyssen Rheinstahl Technik als Generalkontraktoren übernehmen sollten.[282] Die Bezugsvereinbarung sah die Lieferung von jährlich 13,4 Mrd. Kubikmetern Erdgas nach einer 1981 anlaufenden dreijährigen Mengenaufbauphase über einen Plateauzeitraum von 20 Jahren bis 2003 vor, was nach Abzug der enorm hohen Treibgasmengen einem Nettoimport von rund elf Mrd. Kubikmetern entsprach. Die Ruhrgas sollte die Hälfte, die Gaz de France ein Drittel und die ÖMV ein Sechstel dieser Menge erhalten.[283] Während die ÖMV ihr Gas über die Trans-Austria-Gasleitung an der österreichisch-tschechoslowakischen Grenze bei Baumgarten beziehen wollte, sollten die für Frankreich und Deutschland bestimmten Mengen über die bestehende Station im bayerischen Waidhaus angeliefert wer-

278 Interner Bericht der Ruhrgas zum Erdgasprojekt, Stand 17. Oktober 1975, 3 f., in: AEGC 01002155397; Lagebericht Schelberger AR Ruhrgas am 5. September 1975, 2 f., in: AEGC 01002155396.

279 Lagebericht Schelberger AR Ruhrgas am 26. Juni 1975, 4 f., in: AEGC 01002155397.

280 Vorlage zur außerordentlichen AR Ruhrgas am 3. April 1975 über den Stand des Erdgasprojektes Iran/UdSSR/Ruhrgas, 7, in: AEGC 01002155396.

281 Die Hintergründe dieser Entscheidung lassen sich in den Akten nicht nachvollziehen. Die Leitung sollte von Astara über Grosny, Stavropol, Rostov und Kiew in die Tschechoslowakei führen.

282 Anlage 1 zur Niederschrift der Gespräche der Delegationen der Sowjetunion, der NIGC, der Ruhrgas sowie der Arbeitsgruppe Mannesmann/Thyssen vom 3. bis 6. Dezember 1974 in Düsseldorf zum Iran-Projekt (deutsche Übersetzung der Ruhrgas), in: AEGC 0102155394.

283 Natural Gas Purchase and Sales Contract between NIGC and Ruhrgas AG, GdF, ÖMV, 30. November 1975, 16 ff., 27, in: AEGC Ordner „Iran 1975–1980“. Falls verfügbar, werden im Folgenden grundsätzlich die deutschen Versionen zitiert.

den. Die Take-or-Pay-Regelung berücksichtigte einen Ladefaktor von 90 Prozent der Jahresleistung, enthielt jedoch wie bei den anderen Ruhrgas-Verträgen keine Tagesmindestabnahmeverpflichtung.

Der Borderpreis frei Astara berücksichtigte eine Minimumregelung sowie eine Ölpreisbindung auf Basis der Preisentwicklung des schweren Heizöls in der Bundesrepublik Deutschland.[284] Mit einem Importpreis von rund 16 Pfennigen pro Kubikmeter Erdgas mit einem Brennwert von 9.500 Kilokalorien war aus Sicht des Vorstandes die Konkurrenzfähigkeit des iranischen Erdgases gegeben, solange das Heizölpreisniveau in Deutschland nicht wesentlich über oder unter dem Orientierungswert lag. Dies galt ebenso im Vergleich zu anderen Beschaffungsprojekten und insbesondere zur Perspektive im LNG-Sektor, wo Projekte mit einem günstigeren Minimumpreis kaum denkbar erschienen.[285] Der Preis entsprach 1975 der aktuellen Höhe der Industriegaspreise, lag aber erheblich unter denen für Tarifkunden, die in dieser Zeit die Grenze von 40 Pfennig pro Kubikmeter überschritten hatten.[286] Außerdem verfolgte der Ruhrgas-Vorstand schon im Verlauf des Jahres 1975 erfolgreich das Konzept, das Gas zu Bedingungen anzubieten, die die Chancen und Risiken des Preissystems weitgehend unverändert auf die Käufer übertrugen. So hatten bereits im Sommer Großkunden wie die Saarferngas und die Gas-Union in neuen Verträgen ebenso die Übernahme des Mindestpreisrisikos toleriert, während zugleich der erste Erdgasexportvertrag der Ruhrgas überhaupt mit der Swissgas zustande kam.[287] Damit war die kontrahierte Menge größtenteils vor Vertragsabschluss am Markt platziert worden. Das Kostenrisiko hielt sich ebenfalls in überschaubaren Grenzen, denn anders als beim Sonatrach-Projekt mussten weder eigene Auslandsinvestitionen oder Finanzierungsverpflichtungen für ausländische Investitionen noch ein Währungsrisiko getragen werden, da die Vertragswährung die D-Mark war und die innerdeutschen Marktpreise den Bezugsrahmen aller Preisklauseln bildeten.[288]

---

284 Ebd., 35 ff.: Memorandum on the Price Negotiations in the Iran – USSR – West Germany Gas Project, 15. Februar 1974, 2–7, in: AEGC Ordner „Transit Iran-UdSSR-Deutschland"; Interner Bericht der Ruhrgas zum Erdgasprojekt Iran/UdSSR/Westeuropa, Stand 17. Oktober 1975, 9, in: AEGC 01002155397.

285 Vortrag Liesen außerordentliche AR Ruhrgas am 3. April 1975, in: AEGC 01002155396.

286 Norbert Plesser/Gerhard Göpner, *Die Entwicklung der Gaswirtschaft in der Bundesrepublik Deutschland im Jahre 1975*, in: GWF 117 (1976), 322–346, hier 330 f.

287 Vorlage außerordentliche AR Ruhrgas am 3. April 1975 über den Stand des Erdgasprojektes Iran/UdSSR/Ruhrgas AG, 10, in: AEGC 01002155396; Lagebericht Schelberger AR Ruhrgas am 26. Juni 1975, 3 ff., in: AEGC 01002155396.

288 Natural Gas Purchase and Sales Contract between NIGC and Ruhrgas AG, GdF, ÖMV, 30. November 1975, 35–40, in: AEGC Ordner „Iran 1975–1980" [o. S.].

Neben der Preisfrage erschwerte angesichts der zahlreichen denkbaren Fälle höherer Gewalt (Force Majeure) vor allem die Klärung des umfangreichen Haftungsproblems die Verhandlungen. Hier war nach Auffassung der Ruhrgas ein ausreichendes Sicherheitsinstrumentarium geschaffen worden, das alle Eventualitäten berücksichtigte. Die Regelungen unterschieden sich nach den Gründen einer Nichterfüllung des Vertrages. So entband ein Force-Majeure-Fall auf der Käuferseite alle Importeure von den Verpflichtungen sowohl gegenüber dem Iran als auch gegenüber der Sowjetunion, während gleichzeitig die NIGC und die Sojuzgasexport als Lieferant bzw. Transporteur von gegenseitigen Forderungen oder Ansprüchen der Kunden freigestellt wurden. Damit trug bei Lieferstörungen im Falle höherer Gewalt jeder Partner allein seinen eigenen Schaden. Unter den Begriff der höheren Gewalt fielen alle Umstände, die außerhalb des Einflusses der Vertragspartner lagen, darunter alle denkbaren Naturkatastrophen, Kriege, Terrorismus, Sabotage, Streiks und Arbeitskämpfe sowie – im Hinblick auf die spätere Entwicklung von herausragender Bedeutung – Eingriffe des Staates („acts of parliament or any other public authority").[289] Ein verschuldeter Lieferausfall führte dagegen zu Schadensersatzleistungen, wobei die Zahlungen der NIGC und der Sojuzgasexport jeweils den vollständigen Betrag der anderen Seite deckten, bei den westeuropäischen Kunden jedoch auf einen gewissen Anteil begrenzt waren. Das Grundkonzept folgte hier dem Vorbild des ersten sowjetischen Liefervertrages. Während das Schiedsgerichtsverfahren für inneriranische Fälle die Anwendung iranischen Rechts vorsah, richtete sich die Regelung von Differenzen zu Vorkommnissen in der Sowjetunion oder in den Bezugsstaaten nach neutralem/internationalem Recht. Bei unterschiedlichen Auffassungen zur Bewertung von Vorfällen und deren Einstufung in eine der beiden Kategorien wurde die Anrufung eines neutralen Schiedsgerichts vorgesehen.[290] Der Liefervertrag wurde von rund 25 weiteren Verträgen und Nebenabkommen flankiert, darunter der Transitvertrag zwischen der Sojuzgasexport sowie der Ruhrgas, der Gaz de France und der ÖMV, der vor allem den technischen Rahmen, die Transitgebühren, Abrechnungsmodalitäten und in Anlehnung an den Kaufvertrag die Frage der höheren Gewalt regelte.[291] Von besonderer Bedeutung waren die von den Regierun-

289 Ebd., 58 ff.; Bericht Liesen AR Ruhrgas am 28. November 1975, 2 f., in: AEGC 01002155397; Aktenvermerk, [ohne Autor], 28. Oktober 1975, 3–5, in: AEGC 01002155397.

290 Ebd.; Dreierschiedsvereinbarung zwischen der NIGC, der SGE sowie der Ruhrgas AG, der GdF und der ÖMV vom 30. November 1975, in: AEGC Ordner „Transit Iran-UdSSR-Deutschland" [o. S.].

291 Transitvertrag, 30. November 1975, sowie u. a. zwei gemeinsame „Side Agreements" zu Zahlungsrisiken, Telekommunikation und Abrechnung potenzieller Strafzahlungen sowie zwei Bestätigungsschreiben der Kunden vom selben Tag zu Force-Majeure-Fällen und Wiederver-

gen der fünf beteiligten Länder unterzeichneten „Erklärungen“, in denen sie ihre „Genugtuung“ über den Vertragsabschluss ausdrückten und die hohe „Bedeutung“ des Projekts würdigten.[292]

Den finanziellen Hauptaufwand der Ruhrgas bildete der Aufbau des innerdeutschen Transportsystems zwischen Waidhaus und der französischen Grenze gemeinsam mit der Gaz de France. Zur Bewältigung dieser Aufgabe, die einen Investitionsaufwand von knapp einer Mrd. D-Mark in der ersten Ausbaustufe erforderte, gründeten beide Unternehmen im Juni 1976 die Mitteleuropäische Gasleitungsgesellschaft mbH (MEGAL) mit Sitz in Essen, einem Ruhrgas-Anteil von 51 Prozent und einem in mehreren Stufen auf 100 Mio. D-Mark ansteigenden Grundkapital.[293] Beide Unternehmen verbanden mit dem Projekt zahlreiche Interessen. Die Ruhrgas verfügte mittlerweile über Bezugsverträge mit der Sojuzgasexport im Umfang von jährlich 9,5 Mrd. Kubikmetern, sodass nach seinerzeitigem Stand in den 1980er Jahren unter Berücksichtigung von fast sechs Mrd. Kubikmetern iranischen Gases und der Sonatrach-Importe über Bayern annähernd 20 Mrd. Kubikmeter Erdgas pro Jahr nach Deutschland kommen würden. Die Gaz de France hatte ebenfalls zwischenzeitlich ihren Bezugsrahmen aus der Sowjetunion erweitert und benötigte allein hierfür ab 1980 eine Transitkapazität von vier Mrd. Kubikmetern pro Jahr. Dazu kamen auch hier NIGC-Mengen im selben Umfang sowie Flüssiggasbezüge über Monfalcone. Bislang führte die Ruhrgas ihre Lieferungen aus dem ersten Vertrag mit der Sowjetunion von Waidhaus nach Gernsheim in die Region zwischen Mannheim und Darmstadt, wo sich auch die beiden großen Untertagespeicher Hähnlein und Pfungstadt befanden, doch waren diese nicht annähernd auf solche Mengen ausgelegt.[294]

Hier sollte nun nach Liesens Auffassung durch den Bau der MEGAL als erster Ost-West-Schiene und zugleich größtes Erdgastransportsystem Westeuropas das zentrale H-Gas-Drehkreuz entstehen und das entstehende Erdgasverbundnetz komplettieren.[295] So schloss die MEGAL nicht nur an die Trans-

handlungsmodalitäten; Side Agreement zwischen SGE und ÖMV zur Regelung der Baumgarten-Transitgebühr vom 30. November 1975; Minutes of Meeting zu Kompensationslieferungen an die Tschechoslowakei als Transitgegenleistung vom 1. Dezember 1975, in: AEGC Ordner „Transit Iran-UdSSR-Deutschland“.

292 Gemeinsame Erklärung sowie fünf Einzelerklärungen, in: AEGC Ordner „Iran 1975–1980“.

293 Bericht an die Baukommission des Aufsichtsrates vom 27. September 1976, in: AEGC 01002155402; Vorlage TOP 3 AR Ruhrgas am 5. September 1975: MEGAL, 5 f., in: AEGC 01002155396.

294 Ebd., 3 f.; Bericht Liesen AR Ruhrgas am 5. September 1975 zur MEGAL, in: AEGC 01002155396.

295 Ebd., 1; Theodor Holle, *Erfahrungen, Probleme und Lösungsmöglichkeiten beim Einsatz von Erdgas der Gruppe H*, in: GWF 122 (1981), 106–110.

Europa-Naturgas-Pipeline und das ETG-System[296] an, über die niederländisches Erdgas nach Süddeutschland transportiert wurde, sondern auch an die aus Emden kommende Nordseegasleitung.[297] Daneben wäre bei einer Umsetzung des Monfalcone-Projekts neben der Leitung über die Schweiz eine zweite Verbindung nach Italien geschaffen worden. Die besondere energiewirtschaftliche Bedeutung der MEGAL lag in der Verbindung aller kontinentaleuropäischen Einfuhr- und Ausfuhrländer, die auf diesem Weg die Gelegenheit erhielten, Erdgas auch über weitere Entfernungen zu beziehen. Sie schuf erstmals umfassend die Möglichkeit, den Ausfall eines Lieferlandes zu kompensieren und wurde damit zum Garanten der Versorgungssicherheit in Europa. Die von der Ruhrgas und der Gaz de France durch die MEGAL vorangetriebene Europäisierung der Erdgasversorgung besaß damit einen kaum zu unterschätzenden Stellenwert im Hinblick auf die Weiterentwicklung und Integration des gemeinsamen Gaswirtschaftsraums.

Schelberger lobte das Vorhaben vor dem Aufsichtsrat dann auch in den höchsten Tönen als „Spitze unserer bisherigen Vertragsarbeit", denn neben solchen Allgemeininteressen zementierte die MEGAL abschließend die starke Position der Ruhrgas im Transportsektor. Zeitgleich ergänzte der Ruhrgas-Vorstand diese Strategie durch erneute Überlegungen zu einer Beteiligung an der Thyssengas. Der nach fünf Jahren zweite Versuch, einen 50prozentigen Anteil von der Thyssen-Bornemisza-Gruppe zu kaufen, scheiterte schließlich u. a. am hohen Kaufpreis, verbunden mit der Sorge um eine Intervention des Bundeskartellamts.[298] Erfolgreich war dagegen trotz zwischenzeitlicher Kritik des Bundeskartellamtes der Erwerb einer 16prozentigen Beteiligung an der Saarferngas. Ausgangspunkt waren hier Initiativen der Wirtschaftsminister des Saarlandes und des Landes Rheinland-Pfalz, die sich von einer solchen Kooperation die Lösung der grundsätzlichen gaswirtschaftlichen Probleme des Saarlandes und des linksrheinischen Teiles von Rheinland-Pfalz sowie eine Linderung der wirtschaftlichen Schwierigkeiten der Saarferngas versprachen. Diese resultierten aus dem Desaster um die Sagape und der Stagnation der Bemühungen der süddeutschen Länder bei der Bildung der gemeinschaftlichen „Südgas".

296 Nordrheinische, Mittelrheinische und Süddeutsche Transportpipelines (NETG, METG, SETG).

297 Folkert Mindermann, *MEGAL. Die Ost-West-Schiene im Europäischen Erdgasverbund*, in: OEL 16 (1978), 92–95; Mayer, *Petro-Atlas*, 28 ff.; Scholz, *Erdgastransportsysteme*, 404 ff.; *Der europäische Erdgasverbund*, in: GWI 29 (1980), 344–346.

298 AR Ruhrgas am 30. Juni 1975, 8, in: AEGC 01002155397; Vortrag Schelberger AR Ruhrgas am 30. Juni 1975, in: AEGC 01002155397; Lagebericht Schelberger AR Ruhrgas am 5. September 1975, 4 f., in: AEGC 01002155396; AR Ruhrgas am 29. Juni 1976, 3, in: AEGC 01002155400.

Außerdem war die Ruhrgas nun mit drei Lieferverträgen über insgesamt 2,5 Mrd. Kubikmeter pro Jahr der einzige Erdgaslieferant der Saarferngas.[299] Die Überzeugungsarbeit von Liesen und Schelberger zur MEGAL war durchaus notwendig, denn der Aufsichtsrat befürchtete, durch eine Zustimmung im Herbst 1975 den NIGC-Vertrag zu präjudizieren und beschloss daher zunächst eine weitere Prüfung.[300] Die einstimmige Genehmigung erfolgte schließlich im Rahmen eines schriftlichen Beschlussverfahrens noch vor der abschließenden Erörterung des NIGC-Projektes Ende November.[301]

Der Bau der 630 Kilometer langen MEGAL begann im Frühjahr 1976, nachdem das Bundeskartellamt der Kooperation mit der Gaz de France zugestimmt hatte.[302] Der Hauptstrang verlief parallel zur vorhandenen Strecke Waidhaus-Gernsheim und von dort weiter durch die Pfalz zur deutsch-französischen Grenze bei Medelsheim im Saarland. Ein Abzweig nach Süden erreichte die deutsch-österreichische Grenze bei Oberkappel in der Nähe von Passau, wo der Anschluss an das österreichische Gasnetz und zur Trans-Austria-Gasleitung hergestellt wurde. Dazu errichtete die ÖMV als Verbindungsstück die West-Austria-Gasleitung von Oberkappel nach Baumgarten.[303] 1981 konnte das gesamte System nach einer Bauzeit von knapp fünf Jahren in Betrieb genommen werden.

Wie richtig der Ruhrgas-Vorstand mit seiner auf eine breite Diversifikation ausgerichteten Einkaufsstrategie lag, zeigte sich Anfang der 1980er Jahre nicht nur durch das gescheiterte Algerien-Projekt, denn etwa zeitgleich zerschlugen sich endgültig auch die Hoffnungen auf die Iran-Importe. Die islamische Revo-

299 Lagebericht Schelberger AR Ruhrgas am 5. September 1975, 5 f., in: AEGC 01002155396; Lagebericht Schelberger AR Ruhrgas am 28. November 1975, 6 f., in: AEGC 01002155397; Vorlage TOP 2 AR Ruhrgas am 29. Juni 1976, in: AEGC 01002155400; Lagebericht Liesen AR Ruhrgas am 2. Dezember 1976, 6 f., in: AEGC 0102155402; Lagebericht Liesen AR Ruhrgas am 13. August 1977, 5, in: AEGC 0102155405; Lagebericht Liesen AR Ruhrgas am 8. Dezember 1977, 5, in: AEGC 0102155406. Völlig unbrauchbar in diesem Kontext ist die Darstellung von Krämer, *Saar Ferngas*, 411 f., der auf Grundlage von Zeitungsmeldungen eine direkte Erpressung der Saarferngas und damit der beteiligten Bundesländer als deren Aktionäre durch die Ruhrgas konstruiert, indem diese die Beteiligung als Gegenleistung für einen weiteren Liefervertrag gefordert habe. Damit habe die Ruhrgas AG die Gründung der „Südgas" verhindert.

300 Schreiben Schelberger an von Bennigsen-Foerder, 25. August 1975, in: AEGC 01002155396; AR Ruhrgas am 5. September 1975, 9, in: AEGC 01002155396.

301 Lagebericht Schelberger AR Ruhrgas am 28. November 1975, 8 f., in: AEGC 01002155397.

302 Lagebericht Liesen AR Ruhrgas am 2. Dezember 1976, 7, in: AEGC 0102155402; Karl-Albrecht Delvendahl/Rolf Beysel, *Technische Entwicklung beim Bau von Ferngasleitungen*, in: Ruhrgas AG (Hg.), Gesammelte Berichte aus Betrieb und Forschung der Ruhrgas, Berichtsheft 24 (1976), 59–64.

303 Mayer, *Petro-Atlas*, 31 f.

lution Ajatollah Chomeinis beseitigte Anfang 1979 die Monarchie, stürzte das Land ins Chaos und leitete ab Sommer die Islamisierung der Wirtschaft ein, die zudem durch umfangreiche Verstaatlichungen sozialistische Züge erhielt.[304] Liesen hatte sich noch Ende 1978 – zumindest gegenüber den Aktionären – optimistisch gezeigt, dass die Unruhen im Iran vorübergehen bzw. keinen negativen Einfluss auf das Importprojekt haben würden.[305] Allerdings hatte der letzte Projektbericht die Ruhrgas ein Jahr zuvor erreicht. Und auch die spärlichen Nachrichten aus der Sowjetunion deuteten auf erhebliche Verzögerungen beim Leitungsbau hin.[306] Anfang 1979 folgte zwar nicht die Stornierung sämtlicher Erdgaslieferträge, aber ein vollständiger Baustopp für das IGAT-II-System. Die Maßnahme entsprach dem Bild im gesamten Energiesektor des Iran, wo ein Großteil der laufenden internationalen Infrastruktur- und Erschließungsmaßnahmen aufgegeben wurde und schließlich nur eine erheblich reduzierte Mineralölwirtschaft übrigbleiben sollte. Eine Ausnahme bildeten beim Erdgas die IGAT-I-Verträge, die zwar ebenfalls nicht vollständig erfüllt, aber immerhin in nur leicht verringertem Umfang erhalten blieben. Die Sowjetunion war auf diese Lieferungen angewiesen und zeigte sich auch deswegen relativ konziliant gegenüber dem Mullah-Regime.[307] Dies verhinderte eine gemeinsame Linie der anderen Vertragspartner. Das Hauptproblem aus Sicht der westeuropäischen Käufer lag allerdings im Hinblick auf die sich bald abzeichnende wirtschaftspolitische Grundposition der neuen iranischen Regierung in ihrer vollständigen Unzugänglichkeit für marktwirtschaftliche Argumente. Das Land war nur noch an unbedingt benötigten Devisen interessiert, die angesichts des durch die Abschottung vom Ausland reduzierten Bedarfs durch Mineralölexporte eingenommen werden konnten. Außerdem waren die Zuständigkeiten unklar, nachdem die bisherigen Leitungsgremien der NIGC regimetreu, aber fachfremd abgelöst worden waren und die NIOC die vollständige Kontrolle über diese übernommen hatte.[308]

304 Friedrich-Ebert-Stiftung (Hg.), *Die Islamische Republik Iran: Probleme und Perspektiven. Symposium Bonn vom 19. bis 21. März 1980. Kurzfassung der wesentlichen Ergebnisse*, Bonn 1980, 18 ff.

305 Lagebericht Liesen Finanzkommission Ruhrgas am 8. November 1978, 6 f., in: AEGC 01002155412. Zwischen Mitte 1976 und Mitte 1978 wurde das Iran-Projekt im Aufsichtsrat der Ruhrgas kaum erwähnt. Da auch Sonderakten fehlen, ist eine Darstellung dieses Zeitraums nicht möglich.

306 Aktenvermerk Kranz, 23. Februar 1979, 1 ff., in: AEGC 01002155412.

307 Stern, *Soviet Natural Gas*, 133 ff.

308 Aktenvermerk Kranz für Liesen, [o. D., April 1979] mit Auflistung der Gründe für und gegen das Projekt, 1 f., in: AEGC 01002155412; Aktenvermerk Middelschulte für Liesen zur Vorbereitung der AR Ruhrgas am 8. Mai 1979, 2 f., in: AEGC 01002155413.

Erst Anfang Oktober 1979 fand schließlich das erste Gespräch nach dem Umsturz zwischen der NIGC, der Gaz de France, der ÖMV und der Ruhrgas statt. Dabei teilte die NIGC mit, von der Regierung keinerlei Autorisierung zur Weiterführung der Bauarbeiten erhalten zu haben und meldete unter Verweis auf die Revolution und die entsprechenden Regelungen des Einkaufsvertrages zu staatlichen Eingriffen offiziell Force Majeure an. Dies wurde auf Nachfrage des Käufer-Verhandlungsführers Burckhard Bergmann schlicht mit der Tatsache begründet, dass die neue Regierung eine andere Philosophie als ihre Vorgängerin vertrete und das Projekt zum Nachteil des Iran sei.[309] Anstelle der Erdgasexportprojekte wolle der Iran seine Erdgasvorkommen in Zukunft selbst nutzen zum Ausbau einer inländischen Versorgungsstruktur und zur Reinjektion in die Ölfelder. Zu diesem Zweck werde die IGAT-II-Pipeline nur bis zum Anschluss an die IGAT-I-Leitung gebaut.[310] Abschließend eröffnete die NIGC noch eine Preisdiskussion, die, von den Transportkosten ausgehend, in die Generalforderung einer Rohölparität mündete und damit jeglichen Export nach Westeuropa wirtschaftlich indiskutabel machte.[311] Die Vertreter der drei Importunternehmen äußerten dagegen die Auffassung, dass die Verträge voll wirksam seien und schlugen eine von der Gegenseite akzeptierte Vertagung des Hauptstreitpunktes auf Anfang Dezember 1979 im Rahmen eines Juristengespräches vor.[312] Dieses sollte zunächst jedoch ebenso wenig stattfinden wie weitere Spitzengespräche. Die Käufer vertraten zwar weiterhin den Standpunkt, dass die Revolution allenfalls einen vorübergehenden Force Majeure-Fall ausgelöst hatte, diskutierten die rechtliche Problematik der Identität von NIGC und iranischer Regierung und bereiteten sich auf weitere Preisdiskussionen vor, doch blieb der Status quo zementiert.[313] Erst Anfang März 1980 folgte ein zweites Spitzengespräch, das zur Grundsatzfrage ergebnislos blieb.[314] Nur wenige Tage später akzeptierten die Ruhrgas, die Gaz de France und die ÖMV einvernehmlich mit der Sowjetunion die Situation, bestätigten sich gegenseitig den Force-Majeure-Fall und vereinbarten einen sofortigen Investitionsstopp.[315]

309 Aktenvermerk Schulz, 9. Oktober 1979, 1 f., in: AEGC Ordner „Iranprojekt“. Bergmann war seit 1978 neben Liesen Leiter des Gaseinkaufs, bis er 1980 zum Vorstand Gaseinkauf berufen wurde. Von 2001 bis 2008 war er Vorstandsvorsitzender der Ruhrgas bzw. E.ON Ruhrgas.

310 Ebd., 5 ff.

311 Ebd., 8 ff.

312 Ebd., 2 ff.; Lagebericht Liesen AR Ruhrgas am 29. November 1979, 4 f., in: AEGC 01002155414.

313 Aktenvermerk Schulz, 4. Oktober 1979, in: AEGC Ordner „Iranprojekt“.

314 Aktenvermerk Pfaff, 21. März 1980, in: AEGC Ordner „Iranprojekt“.

315 Minutes of Meeting zu Verhandlungen zwischen der SGE und der Ruhrgas, auch namens der GdF und der ÖMV handelnd, vom 9. März 1980, in: AEGC Ordner „Transit Iran-UdSSR-Deutschland“.

Damit war das Iran-Projekt beendet.[316] In den Vordergrund trat nun verstärkt Erdgas aus der Nordsee, das in den 1970er Jahren zum vierten Standbein der Ruhrgas neben deutschen, niederländischen und sowjetischen Lieferungen wurde, sodass der Ausfall von zwei weiteren potenziellen Exporteuren durchaus zu verschmerzen war. Bei näherer Betrachtung besaß die neue Lage sogar gewisse Vorteile, entspannte sie doch die Diskussion um Importabhängigkeiten und die Versorgungssicherheit.

Offshore-Gas aus der norwegischen und britischen Nordsee 1973 bis 1998

1959 war in der niederländischen Provinz Groningen eines der bis dahin weltweit größten Erdgasfelder aufgefunden worden. Weitergehende geologische Auswertungen zeigten Parallelen zu den Schichtenstrukturen der englischen Ostküste, welche die Hoffnung aufkommen ließen, dass sich die Erdgaslagerstätten auch unterhalb der Nordsee erstreckten. Bereits Anfang der 1960er Jahre begannen mehrere internationale Ölkonzerne zwischen den Niederlanden und der britischen Insel mit systematischen Sucharbeiten. Als 1965 und 1966 britische Bohrgesellschaften am Eingang des Ärmelkanals vier Gasfelder mit geschätzten Reserven von jeweils bis zu 300 Mrd. Kubikmetern erschlossen, setzte ein regelrechter Run ein. Zahlreiche Unternehmen erwarben nun Explorations- und Entwicklungslizenzen und dehnten ihre Untersuchungstätigkeit bis in die 1970er Jahre auf den gesamten Nordseeraum unterhalb des 62. Breitengrades aus.[317] Die Nordseeanreiner einigten sich bei der Aufteilung der Verfügungshoheit über den Festlandsockel der Nordsee auf die uneingeschränkte Anwendung des Äquidistanzprinzips, das bei mehreren Anspruchsberechtigten die Grenzlinie im gleichen Abstand zu den Küsten zieht. Nach Abtretungen von den Niederlanden und Dänemark an Deutschland ragte das aufgrund seiner sich verjüngenden Form als „Entenschnabel" bezeichnete deutsche Schelfgebiet bis zur Mitte der Nordsee, wo es an den Teil Großbritanniens stößt, das aufgrund der exponierten Lage der Shetland-Inseln vor Norwegen den mit Abstand größten Teil des Kuchens abbekam.

Mit der Exploration in der Nordsee begann eine neue Epoche der Mineralöl- und Erdgasindustrie, denn mit ihr verband sich ein regelrechter Quanten-

---

316 In den Niederschriften der Aufsichtsratssitzungen der Ruhrgas findet sich für das Jahr 1980 keine Erwähnung.

317 Heinz Bodo Wilke, *Die Verträge über die Abgrenzung des Festlandsockels der Nordsee; ihre Bedeutung für den Abbau grenzüberschreitender Lagerstätten*, Diss. Göttingen 1980, Essen 1980, 15 ff.; Witthöft, *Nordsee*, 14 ff.

sprung in der Offshore-Technik. Bislang stammte der mit Abstand größte Teil der Förderung aus Festlandquellen, während die seit den 1950er Jahren verstärkt aufgekommene Offshore-Förderung vor Kalifornien und Venezuela, im Golf von Mexiko und im Persischen Golf in küstennahen Flachwasserregionen erfolgte. Nun wagte sich die Branche in eine Schlechtwetterregion mit heftigen Stürmen und Wassertiefen, die im Bereich der Felder bereits Anfang der 1970er Jahre vielfach mehr als 120 Meter betrugen und damit die herkömmliche Technik der Bohrinseln überforderten. Ähnliches galt für den Leitungsbau, der auch im Hinblick auf die großen Entfernungen zur Küste neuartige Verlegungskonzepte und Materialentwicklungen benötigte, die die Freispülung verhinderten und eine entsprechende Stabilität garantierten. Die systematische Untersuchung der Nordsee und der Aufbau von Förder- und Transportstrukturen erforderte einen langen Atem, waren doch laufend Fehlschläge zu verkraften und ergiebige Funde eher die Ausnahme als die Regel. Einen derart gigantischen Aufwand konnten selbst die großen internationalen Mineralölkonzerne nicht verkraften, und betrieben das Nordseegeschäft daher fast ausschließlich im Rahmen breit aufgestellter Konsortien.[318] Hier übernahmen sie die Federführung für teilweise mehr als zehn Mitgliedsunternehmen, die zum Teil aus der Zuliefererindustrie stammten oder sich als Spezialgesellschaften um einzelne Projektabschnitte kümmerten. Zwischen 1964 und 1976 wurden insgesamt mehr als 800 Bohrungen mit einem Investitionsvolumen von über 50 Mrd. D-Mark durchgeführt. Der Aufwand für Bohr- und Förderplattformen, Lagertanks und -inseln, Unterwasserpipelines sowie die notwendigen Anlagen an Land belief sich bis 1980 auf mehr als 100 Mrd. D-Mark.[319]

Im Verlauf der Explorationsarbeiten stellte sich heraus, dass viele Felder bei Weitem nicht die anfangs prognostizierte Ergiebigkeit besaßen, dafür aber eine große Anzahl an Einzelfeldern vorlag, was den Aufwand für die Anlagentechnik nochmals erhöhte. Außerdem wurde deutlich, dass sich in der südlichen Nordsee vor allem reine Erdgasfelder befinden, während im mittleren und nördlichen Bereich bevorzugt Ölfelder vorhanden sind und das Gas in assoziierter Form vorliegt. Dabei überwiegen im britischen und dänischen Sektor die Mineralölvorkommen, im norwegischen kombinierte Öl- und Gasfelder und im

318 Zu den Unternehmen und konkreten Beteiligungsziffern an maßgeblichen Feldern siehe Schweizerische Bankgesellschaft (Hg.), *Erdöl und Erdgas aus der Nordsee*, Zürich 1973, 10 ff., 17 ff.; Commerzbank AG (Hg.), *Erdöl und Erdgas aus der Nordsee*, Frankfurt a. M. 1977, 18 ff.

319 Christoph Brecht, *Technische Probleme der zukünftigen Gasversorgung*, in: GWF 113 (1972), 489–498, hier 493 f.; Brecht, *Gasversorgung in der Bundesrepublik Deutschland*, 655 f.; Czerniejewicz, *Europäische Projekte*, 195; Witthöft, *Nordsee*, 16 f.; Harms, *Buch vom Erdöl*, [4]1978, 68 ff.; Mayer, *Petro-Atlas*, 22 ff.

niederländischen die Gasfelder. Allein der deutsche Sektor erwies sich als nahezu frei von Lagerstätten.[320] Nach den Anfangserfolgen lagen auch die nächsten Erdgasfunde 1968 im britischen Schelfgebiet, wo 1972 nochmals zwei Vorkommen erschlossen werden konnten, ansonsten jedoch nur reine Ölfelder entdeckt wurden. Anfang der 1980er Jahre beliefen sich hier die wahrscheinlichen und sicheren Reserven auf bis zu 850 Mrd. Kubikmeter. In den Niederlanden ergab die Exploration dagegen ein ernüchterndes Ergebnis, denn zwischen 1968 und 1974 wurden zwar regelmäßig weitere Erdgasfelder entdeckt, doch blieben diese mit einem prognostizierten Gesamtvolumen von bis zu 540 Mrd. Kubikmetern erheblich hinter dem Groninger Slochteren-Feld zurück. Während sich die britische Situation bis Ende der 1980er Jahre nicht nur bestätigte, sondern auf 1,35 Mrd. Kubikmeter erheblich verbesserte, mussten die Niederlande eine annähernde Halbierung auf nur noch 300 Mrd. Kubikmeter hinnehmen. Und auch die ab 1969 entdeckten norwegischen Vorkommen schienen zunächst auf dem britischen und niederländischen Niveau zu liegen, bis im Herbst 1979 das Troll-Feld aufgefunden wurde, das die Vorräte auf rund 3.000 Mrd. Kubikmeter verdreifachte. Damit stieg Norwegen nicht nur perspektivisch zur langfristig dominierenden Förderernation Europas auf, sondern rückte auch weltweit in den Kreis der großen Erdgasländer auf.[321]

Die Erschließung der Nordsee erfolgte in mehreren Wellen, zunächst relativ kontinuierlich und mit der zunehmenden Verfügbarkeit der Ausrüstung ansteigend, um im Verlauf der ersten Ölkrise in einen ersten Boom zu münden. Nach einem ebenso rapiden Einbruch setzte ab 1976 erneut ein gewisser Aufschwung ein, der dann bis zum Ende des Jahrzehnts auslief, als sich die Befürchtungen bestätigten, dass alle wesentlichen Vorkommen ermittelt worden waren.[322] Eine abschwächende Wirkung zeigten außerdem die im Zuge der Preisexplosion im Mineralölmarkt entstandenen Begehrlichkeiten der niederländischen, britischen und norwegischen Regierungen, finanziell von der Entwicklung zu profitieren. Zur Entlastung der Zahlungsbilanz schöpften alle Länder über Sonderabgaben und Steuern bis zu 80 Prozent der Gewinne der Fördergesellschaften ab, beschränkten die Absetzbarkeit von Investitionen

---

320 Alle Angaben nach Klaus Harms, *Nordsee 82*, in: OEL 20 (1982), 256–269, 284–296, hier 289; Christoph Brecht u. a. (Hrsg.), *Jahrbuch Bergbau, Öl und Gas, Elektrizität, Chemie* 95 (1987/88), Essen 1987, 1158; Eberhard Meller u. a. (Hrsg.), *Jahrbuch der europäischen Energie- und Rohstoffwirtschaft* 116 (2009), Essen 2009, 957.

321 Das norwegische Nordseegas entspricht als H-Gas mit bis zu zehn kWh/m³ den russischen Qualitäten.

322 Klaus Harms, *Nordsee 75*, in: OEL 13 (1975), 302–310, hier 302; ders., *Nordsee 76*, in: OEL 14 (1976), 270–279, hier 272 ff.; ders., *Nordsee 77*, in: OEL 15 (1977), 272–281, hier 272 ff.; ders., *Nordsee 79*, in: OEL 17 (1979), 238–250, hier 244 f.

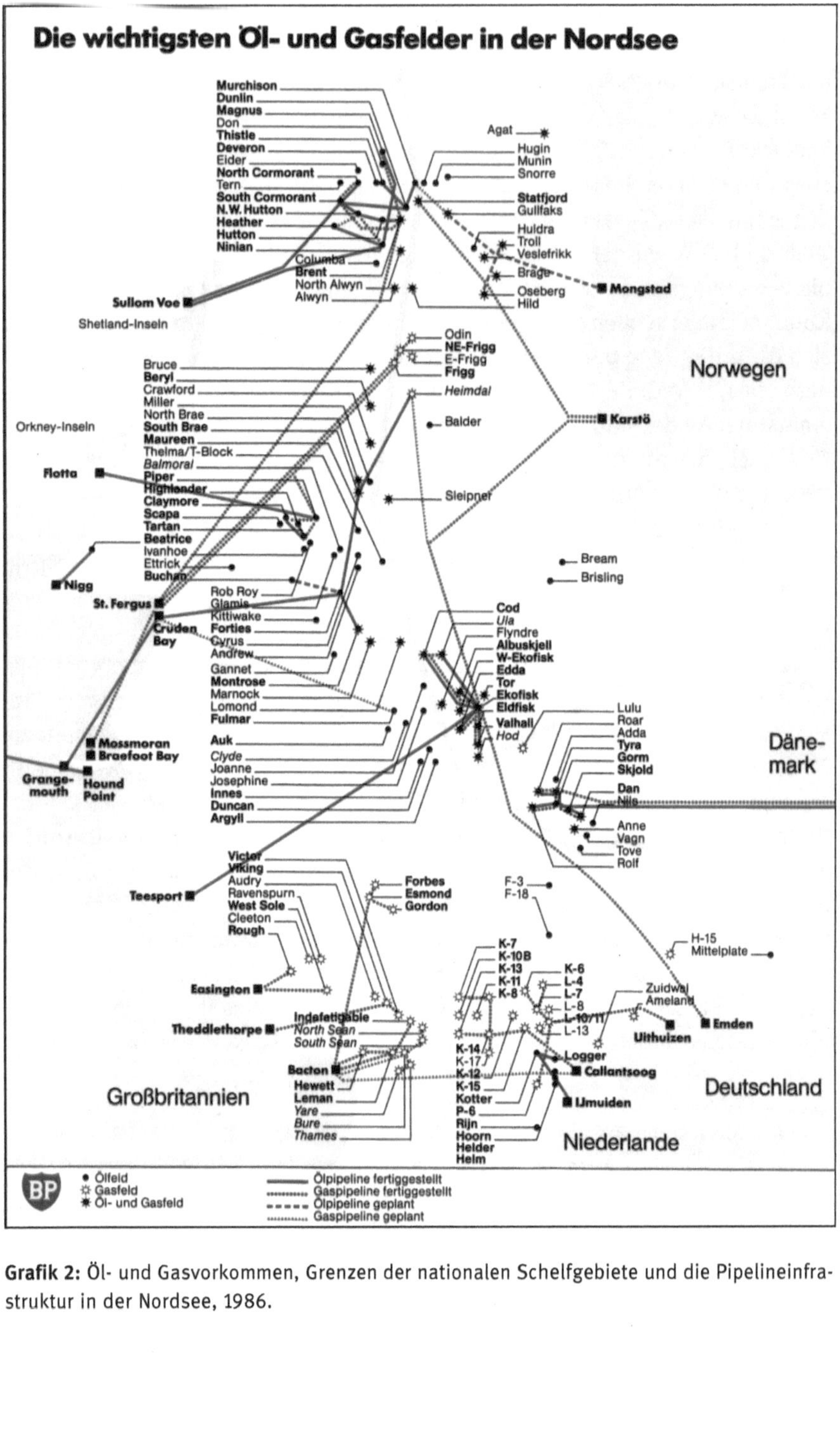

Grafik 2: Öl- und Gasvorkommen, Grenzen der nationalen Schelfgebiete und die Pipelineinfrastruktur in der Nordsee, 1986.

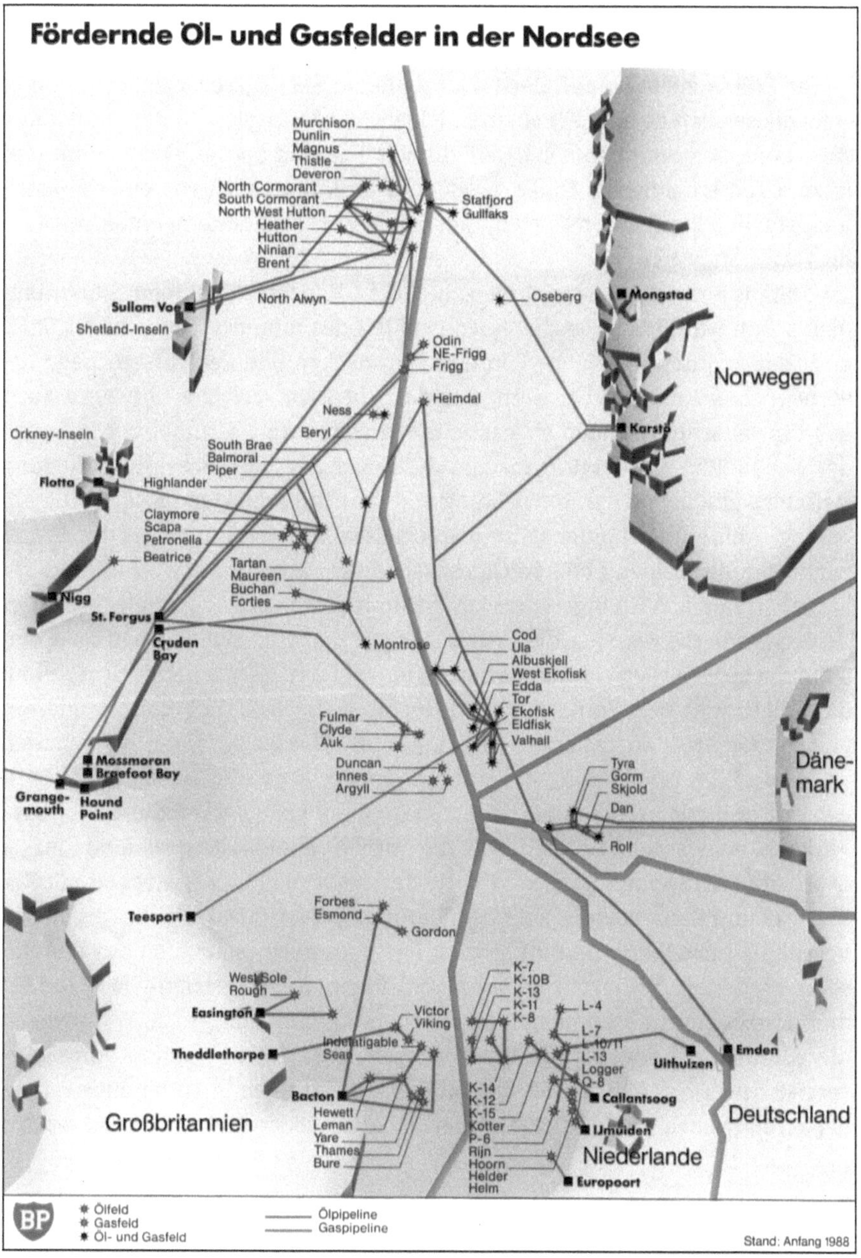

Grafik 3: Fördernde Öl- und Gasfelder und die Pipelineinfrastruktur in der Nordsee, 1988.

und gewährten nur teilweise Verlustverrechnungen.[323] Gleichzeitig wurde die Vergabe von Konzessionen zunehmend restriktiv gehandhabt. Auch die norwegische Politik zielte darauf, der 1972 gebildeten Staatsgesellschaft Den norske stats oljeselskap as (Statoil) einen möglichst großen Anteil an den Aktivitäten zu sichern. Das Unternehmen beteiligte sich nicht nur an zahlreichen Projekten in zum Teil erheblichem Umfang, sondern profitierte auch von einer Freistellung von den Explorationskosten, die andere Konsortialunternehmen vollständig tragen mussten.[324]

Daraus entwickelten sich unterschiedliche Konzepte. Während Großbritannien schon früh darauf setzte, einen Großteil des Inlandsverbrauchs an Erdöl und Erdgas durch die eigene Förderung zu decken und dementsprechend die vorhandenen Reserven hemmungslos auszubeuten, verfolgte Norwegen auch aus Umweltschutzgründen eher eine langfristige Strategie unter der Prämisse der Nachhaltigkeit. Ab 1978 machte die Regierung die Konzessionserteilung zwischenzeitlich von der Entwicklung von Industrieprojekten in Norwegen abhängig. Anfang der 1980er Jahre wurde schließlich die Dominanz der Statoil zugunsten der beiden anderen Ölgesellschaften, der Norsk Hydro AS und der Saga Petroleum AS, eingeschränkt.[325] Damit zeichnete sich schon Mitte der 1970er Jahre ab, wie sich die Erdgasmengen der unterschiedlichen Sektoren auf den europäischen Gasmärkten verteilen würden. Es war damit zu rechnen, dass die British Gas Corp. (BGC) als Nachfolgerin des Gas Council weiterhin alle verfügbaren Mengen der einheimischen Energiewirtschaft vorbehalten würde und das bevölkerungs- und industriearme Norwegen allein aus finanziellen Gründen exportieren könnte. Wenige Jahre später sollte diese Prognose Wirklichkeit werden. Ähnlich wie die Bundesrepublik Deutschland deckte Großbritannien seinen Gasbedarf Mitte der 1960er Jahre überwiegend mit Kokereigas und Raffineriegas, aber bereits Anfang der 1970er Jahre hatte sich das Verhältnis umgekehrt, und 90 Prozent des Verbrauchs stammten aus der Offshore-Förderung.[326] Durch die Verbrauchsorientierung avancierte das Land für drei Jahrzehnte zur führenden europäischen Fördernation, bis 2005 Norwegen diese Rolle nach einer signifikanten Mengensteigerung übernahm. Norwegens vergleichsweise verhaltene Förderpolitik sorgte dagegen in Verbindung mit einer erfolgreichen Explorationstätigkeit in den 1980er und 1990er Jahren für

323 Konkrete Werte zur Zahlungsbilanz, in: Commerzbank (Hg.), *Nordsee*, 30, 40.

324 Harms; *Nordsee 75*, 302 f.; ders., *Nordsee 76*, 270 ff.; ders., *Nordsee 77*, 272 ff.; ders., *Nordsee 78*, 266 ff.

325 Ebd.; Harms, *Nordsee 82*, 240 ff.

326 Hans-Wilhelm Schiffer, *Öl und Gas in der britischen Nordsee*, in: Glückauf 122 (1986), 174–185, hier 174 f.; Czerniejewicz, *Europäische Projekte*, 197.

eine Stabilisierung der sicheren Reserven auf dem Niveau der ausgehenden 1970er Jahre. Seit dieser Zeit decken die Einnahmen aus dem Mineralöl- und Erdgasexport nicht nur einen bedeutenden Teil des Staatshaushalts, sondern dienen in Form von Rücklagen auch der Zukunftssicherung. Aus niederländischer Perspektive war das Nordseegas eine willkommene Ergänzung der Festlandvorräte, während die relativ geringen Vorräte Dänemarks fast ausschließlich dem Inlandsverbrauch vorbehalten blieben.[327]

Den Durchbruch in der norwegischen Nordsee brachten die unter Führung der Phillips Petroleum Comp. in der südwestlichen Ecke des norwegischen Schelfbereichs direkt an der Grenze des britischen Sektors zwischen 1968 und 1972 aufgefundenen Felder des Ekofisk-Komplexes, denn diese verfügten neben wahrscheinlichen und sicheren Erdgasreserven im Umfang von 250 Mrd. Kubikmetern erstmals auch über erhebliche Mengen Öl.[328] Auf der anderen Seite verdeutlichte Ekofisk schon früh die Herausforderungen einer Erschließung und Ausbeutung, verteilen sich die sieben relevanten Einzelfelder Ekofisk, West-Ekofisk, Eldfisk, Edda, Tor, Valhall und Albuskjell doch auf einer Fläche von rund 2.500 Quadratkilometern mit Abständen von bis zu 60 Kilometern, während sich das Feld Cod noch weiter außerhalb befindet. Die Mineralölförderung begann 1971 zunächst mittels Tankertransport, bis 1975 die Pipeline ins englische Teesside in Betrieb genommen wurde. Die bei der Förderung anfallenden enormen Erdgasmengen wurden in dieser Zeit entweder reinjiziert oder in großem Umfang abgefackelt. Schon 1971 wurden rund 800 Kilometer oberhalb der deutschen Küste auf der Grenze des norwegischen und britischen Festlandsockels die Frigg-Felder mit Reserven von 230 Mrd. Kubikmetern entdeckt und unter beiden Ländern aufgeteilt. Kurz darauf ergänzten die benachbarten Felder Heimdal und 1974 Odin den Frigg-Komplex, der damit zum mehrere Jahre weltweit größten Offshore-Erdgasfeld aufstieg. Ab 1980 liefen die Fördermengen über zwei Pipelines ins schottische St. Fergus. Es folgten 1974, erstmals nördlich des 61. Breitengrades, nordöstlich der Shetland-Inseln und in einer Entfernung von knapp 1.000 Kilometern zu Deutschland das Statfjord-Feld sowie als Nachzügler und in solitärer Lage auf halber Strecke zwischen Ekofisk und Frigg als vorläufig letzter großer Aufschluss das mit 250 Mrd. Kubikmetern ebenfalls bedeutende Sleipner-Feld. Den Abschluss bildete nach mehrjähriger Pause 1979 das alle anderen Vorkommen mit einem Volumen von 2.000 Mrd. Kubikmetern übertreffende Troll-Feld. Aus all diesen Feldern sollte

327 Einhard Kulle, *Energieversorgung Westeuropas aus norwegischen Öl- und Gasvorkommen. Entwicklungen und Aussichten*, in: ZfE 12 (1988), 181–189, hier 182 f.; Brecht u. a. (Hrsg.), *Jahrbuch 1987/88*, 1.158; Meller u. a. (Hrsg.), *Jahrbuch 116 (2009)*, 957.

328 Brecht u. a. (Hrsg.), *Jahrbuch 1987/88*, 484 ff.; Harms, *Nordsee*, div. Jg.

die Ruhrgas später Erdgas kontrahieren. Dazu entstand bis 1977 die Norpipe bzw. Nordleitung zwischen dem Ekofisk-Komplex und Emden, die unter dem Namen Statpipe bis Mitte der 1980er Jahre zum Heimdal-Feld und bis Mitte der 1990er Jahre nach Statfjord und Troll verlängert wurde.

Der Vorstand der Ruhrgas befasste sich erstmals 1970 eingehend mit der Möglichkeit eines Erdgasbezugs aus der Nordsee, vertrat jedoch angesichts der vielfach ungeklärten technischen Aspekte, der unüberschaubaren wirtschaftlichen Anforderungen und der unverkennbaren politischen Aufladung der Thematik zunächst eine zurückhaltende, prüfende Position.[329] Immerhin galt es, sehr große Mengen zu kontrahieren, die bei der Preisbildung durch noch unbekannte Förderkosten, einen in dieser Form bislang nicht realisierten langen Unterseeleitungstransport und eine aus der Abhängigkeit von der Mineralölförderung resultierende bandförmige, unterbrechungsfreie Lieferung belastet wurden. Gegen eine schnelle Entscheidung sprach auch die aktuelle Lage des Unternehmens. Gerade war der erste Vertrag mit der Sowjetunion abgeschlossen worden, und bei einer Bilanzsumme von noch nicht einmal einer Mrd. D-Mark und bereits jetzt gewaltigen Investitionszwängen fehlten der Ruhrgas die Spielräume zu konstruktiven, abschlussorientierten Verhandlungen. Dennoch erklärte der Vorstand gegenüber dem Bundeswirtschaftsministerium und Phillips sofort das grundsätzliche Interesse und auch die Fähigkeit des Unternehmens, sich um norwegisches Erdgas zu bemühen.[330]

Ausschlaggebend waren Überlegungen zur Versorgungssicherheit und Bezugsdiversifizierung, aber auch zur politischen Beziehungspflege mit Blick auf das Nordseeöl.[331] Der angesichts der Gasübernachfrage der frühen 1970er Jahre heftige Käuferwettbewerb zwang zu einem umgehenden Engagement, zumal Bezugsalternativen fehlten. Die NAM stand am Rande einer Überverkaufsproblematik, die deutschen Quellen ließen keine Fördersteigerungen zu, die Sojuzgasexport hatte eine Bezugsausweitung abgelehnt und algerisches Flüssigerdgas war noch keine reale Option. Damit konzentrierten sich die Interessen aller relevanten Akteure auf die neuen nordeuropäischen Vorkommen.[332] Auf inter-

329 AR Ruhrgas am 27. August 1970, 8, in: AEGC 01002155384. Anders als zu den sonstigen Auslandsaktivitäten der Ruhrgas liegen zum Thema Nordseegas keine Sonderakten und nur vereinzelt dezidiertere Berichte vor, sodass eine detaillierte Nachzeichnung der Entwicklungen nicht möglich ist.

330 AR Ruhrgas am 21. Dezember 1970, 6, in: AEGC 01002155386; Lagebericht Schelberger AR Ruhrgas am 6. Juli 1971, 7, in: AEGC 01002156226.

331 M. Grathwohl, *Die Energieversorgung der Bundesrepublik Deutschland und Westeuropas unter besonderer Berücksichtigung des Öl- und Gaspotentials der Nordsee*, in: BWK 29 (1977), 233–238.

332 Vortrag Schelberger TOP 4 AR Ruhrgas am 14. Dezember 1972: Erdgaslieferverträge mit Phillips und Placid, 4, in: AEGC 01002155388.

nationaler Ebene waren dies neben der Ruhrgas die übliche Konkurrenz von Gaz de France, Distrigaz und Gasunie sowie British Gas und verschiedene dänische, norwegische und US-amerikanische Gesellschaften, die einen LNG-Bezug prüften. In Deutschland formierten sich nicht nur bei den süddeutschen Gasgesellschaften und diversen Unternehmen der Chemieindustrie Bestrebungen nach einem Direktbezug, sondern auch bei der VEW und der in Niedersachsen tätigen Energieversorgung Weser-Ems AG (EWE), was bei der Ruhrgas mit Aufmerksamkeit beobachtet wurde.[333]

Der Ruhrgas-Vorstand sah sich vor diesem Hintergrund bald einem besonderen Druck ausgesetzt. Im Frühjahr 1971 wurden die ersten Gespräche mit der Gasunie, der Distrigaz und der Gaz de France zur Bildung eines Einkaufskonsortiums aufgenommen, doch gelang es im Gegensatz zu den Bemühungen um sowjetisches und algerisches Erdgas nicht, die unterschiedlichen Auffassungen zu einer gemeinsamen Position zusammenzuführen. Als unüberwindbares Hindernis erwies sich die Frage des Pipelineanlandepunkts.[334] Während die drei Kontrahenten den Import über die niederländische Küste favorisierten, blieb Klaus Liesen und mit ihm der Vorstand unnachgiebig in der Forderung, Emden durchzusetzen, um einen Verlauf im Ausland entlang der deutschen Grenze zu vermeiden. Die Gründe dieser Entscheidung waren damit dieselben wie bei der Trans-Europa-Naturgas-Pipeline, deren Bau- und Betriebsgesellschaft etwa zeitgleich gegründet wurde. Im Spätsommer 1971 trennten sich die Wege der kontinentalen Interessenten zunächst, und die Gasunie, die Distrigaz und die Gaz de France verfolgten ihr Ziel nun eigenständig.[335] Daneben positionierte sich die British Gas, die ihre Marktmacht über die British National Oil auszuspielen versuchte, indem sie auf die teilweise auch auf dem britischen Festlandsockel aktiven Ekofisk-Konsorten einwirkte. Auch wenn es schließlich mangels Verträgen weder zum Bau einer Gaspipeline parallel zur Ölpipeline nach Teesside noch zu einem LNG-Transport kam, spielte die Einmischung der British Gas eine zwischenzeitliche Rolle bei in den Überlegungen des Phillips-Konsortiums. Im Verlauf der weiteren Gespräche mit der Anbietergruppe zeichnete sich dann nach und nach eine deutliche Tendenz zugunsten der Ruhrgas ab. Aus Sicht der Phillips-Führung resultierten ihre Vorteile vor allem aus der spezifischen Situation der bundesdeutschen Gaswirtschaft und ihrem wirtschaftspolitischen Rahmen.[336]

333 AR Ruhrgas am 16. Dezember 1971, 7, in: AEGC 01002155383; AR Ruhrgas am 27. Juli 1972, 3 f., in: AEGC 01002155387; Lagebericht Schelberger AR Ruhrgas am 27. Juli 1972, 6 f., in: AEGC 01002156226.

334 Interview Liesen am 7. Juni 2016.

335 Lagebericht Schelberger AR Ruhrgas am 16. Dezember 1971, 7, in: AEGC 01002155226.

336 Lagebericht Schelberger AR Ruhrgas am 27. Juli 1972, 6, in: AEGC 01002156226.

Tatsächlich war die Situation einzigartig in Europa, denn es fehlte in der Bundesrepublik die umfassende Staatskontrolle als wichtigstes Charakteristikum der übrigen europäischen Energiewirtschaft. Somit entwickelte sich hier die Gaswirtschaft Anfang der 1970er Jahre nach marktwirtschaftlichen Kriterien mit dem bemerkenswerten Ergebnis, dass das Preisniveau z. T. erheblich unter das der Nachbarstaaten zurückfiel. Und gerade in der Berücksichtigung solcher Aspekte lag der Unterschied des Ekofisk-Geschäfts, denn der Ruhrgas-Vorstand verhandelte anders als bei allen anderen größeren Bezugsvorhaben nicht mit Regierungsvertretern oder Staatsgesellschaften, sondern mit Unternehmen, die wie die Ruhrgas streng privatwirtschaftlich ausgerichtet waren. Die Mehrheit der Aspekte sprach für Deutschland als Tor für das Nordseegas, zumal die deutschen Interessen nochmals mehr Gewicht erhielten, nachdem sich die VEW und die EWE auch im Hinblick auf die Verhandlungsführung und die Finanzierungsfrage hinter die Ruhrgas gestellt hatten. Unter diesen Umständen näherten sich Gaz de France, Distrigaz und Gasunie wieder an, was der Ruhrgas-Vorstand nach längerem Zögern akzeptierte. Im April 1972 begannen in Brüssel die ersten konkreten Vertragsverhandlungen des „Nordseekonsortiums" mit Phillips im Rahmen eines neuen Viererkonsortiums.[337]

Anders als bei den Verträgen aus den großen Festlandlagerstätten boten die Nordseegas-Angebote die Besonderheit, dass die Konzessionsinhaber in der Regel keine festen Mengen, sondern jeweils ein gesamtes Vorkommen offerierten, dessen Volumen meist noch nicht vollständig abzusehen war. Durch diese neuartigen „Depletion-type-Contracts" wurde das Spektrum der Bezugsmöglichkeiten um eine weitere Variante, aber auch einen erheblichen Unsicherheitsfaktor bereichert. Auch die unterschiedlichen Rechtsverhältnisse der einzelnen Abnehmerstaaten sowie auf der Käufer- und Verkäuferseite machten Abschlüsse nicht einfacher. Überschattet wurden die Ekofisk-Gespräche im Winter 1972/73 zudem durch einen ernsten Konflikt mit der niederländischen Regierung. Ende 1972 untersagte das niederländische Wirtschaftsministerium einen Einkaufsvertrag eines Konsortiums aus Ruhrgas, VEW und EWE mit der Placid International Oil Ltd. mit der Begründung, die Mengen im Inland zu benötigen, worauf die Bundesregierung mit Verweis auf das Exportmengenbeschränkungsverbot des EWG-Vertrags intervenierte, während die Ruhrgas und ihre Partner in den Niederlanden klagten. Erst im Mai 1973 einigten sich die Beteiligten schließlich auf einen Übergang des Vertrages auf die Gasunie, die der bundesdeutschen Käufergruppe eine Option auf eine 50prozentige Beteiligung einräumte.[338]

---

337 Ebd., 7 f.

338 Gesamtmenge von 134 Mrd. m^3/9.400, Plateaumenge von 6,5 Mrd. m^3/a mit einem Lastfaktor von 6.300 Stunden über einen Zeitraum von 19 Jahren nach einer fünfjährigen Aufbauphase ab 1980, davon jeweils 42,5 % für die Ruhrgas AG und die VEW und 15 % für die EWE.

Abb. 27: Vertragsunterzeichnung zur Gaslieferung aus dem Statfjord-Gasfeld im September 1983. Klaus Liesen und Arve Johansen (Vorstandsvorsitzender Statoil).

Den Fortgang der Ekofisk-Verhandlungen beeinträchtigte die Auseinandersetzung allerdings nicht. Nach insgesamt 18 Verhandlungsrunden wurde noch im Januar 1973 der Vertrag unterzeichnet, der eine vorläufige Gesamtliefermenge von 164 Mrd. Kubikmetern vorsah, die sich bei einer größeren Ergiebigkeit der Felder auf 192 Mrd. Kubikmeter erhöhen konnte. Für die Ruhrgas wurde eine jährliche Menge von fünf Mrd. Kubikmetern vorgesehen.[339] Während die Ruhrgas den Aufbau der Transportinfrastruktur ab Emden mit 330 Mio. D-Mark

---

Vorlage TOP 4 AR Ruhrgas am 14. Dezember 1972: Placid-Vertrag, in: AEGC 01002155388; Vortrag Schelberger TOP 4 AR Ruhrgas am 14. Dezember 1972, in: AEGC 01002155388. Lagebericht Schelberger AR Ruhrgas am 26. Juli 1973, 8, in: AEGC 010021556227; *Holland will den Erdgashahn zudrehen*, in: Handelsblatt (4. 1. 1973); *Ruhrgas klagt gegen Hollands Regierung*, in: Handelsblatt (20. 1. 1973); *Einig über Placid-Gas*, in: Handelsblatt (21. 5. 1973).

339 Im Oktober 1975 beginnend, sollten nach einer dreijährigen Anlaufphase über einen Zeitraum von zehn Jahren bis zu 10 Mrd. m^3/a Erdgas fließen, wovon die Hälfte auf die Ruhrgas entfiel. Vorlage TOP 4 AR Ruhrgas am 14. Dezember 1972: Vertrag Phillips-Ruhrgas, 2 f., in: AEGC 01002155388.

finanzierte, bis 1975 die Nordleitung nach Duisburg errichtete und für die Umsetzung des Placid-Vertrages nochmals 90 Mio. D-Mark investierte, übernahm die Phillips-Gruppe den kompletten Bau der Norpipe und des bis dahin weltweit größten Erdgas-Terminals.[340] Superlative boten auch alle anderen Bereiche des Ekofisk-Projekts, dessen Lieferbeginn sich aufgrund haltloser Prognosen zum Baufortschritt, technischer Schwierigkeiten, Streiks und verzögerter Genehmigungsverfahren um zwei Jahre bis September 1977 hinausschob.[341]

Da die auf eine jährliche Kapazität von 22 Mrd. Kubikmetern Erdgas ausgelegte Ekofisk-Pipeline mit dem bestehenden Liefervertrag noch freie Volumina bot, folgten 1975 und 1976 drei weitere Verträge des Nordseekonsortiums über Lieferungen aus den Feldern Eldfisk, Albuskjell und Tor.[342] Bis Ende 1978 wurden die Lieferungen aus allen Feldern aufgenommen, sodass der Anteil norwegischer Mengen an der bundesdeutschen Erdgasversorgung 1980 16 Prozent erreichte. Liesen hatte eine etwas höhere Quote vorgesehen, doch verhinderte eine teilweise geringere Produktivität der Felder ein besseres Ergebnis. Insgesamt verfügte die Ruhrgas Ende der 1970er Jahre über jährlich 9,7 Mrd. Kubikmeter sichere Nordseegasbezüge, von denen rund 2,5 Mrd. Kubikmeter auf die BEB, die EVG und die Thyssengas entfielen.[343]

Aufgrund der Querelen um die Lieferverträge mit der NIGC und der Sonatrach und die Politisierung des vierten Kontrakts mit der Sojuzgasexport wurden die Bemühungen des Vorstandes der Ruhrgas Ende der 1970er Jahre, weiteres Nordseegas zu kontrahieren und gleichzeitig Dänemark und Schweden in das europäische Ferngasnetz einzubinden, in der Öffentlichkeit kaum wahrgenommen. Dänemark entschloss sich erst Ende der 1970er Jahre als letzter Nordseeanrainer mit größeren Ressourcen zur Umsetzung eines umfassenden Erdgasprojekts, sodass Mitte der 1980er Jahre mit Ausnahme Griechenlands alle Mitglieder der EG den Edelenergieträger zur Deckung ihres Primärenergiebedarfs verwendeten. Die Erdgas- und Erdölfelder in der dänischen Nordsee lie-

340 Ebd., 6 f.

341 Rolf Köhler, *Pipelineverlegung im Wattenmeer*, in: TM 68 (1975), 374–380; Kurt Schiffauer, *Pipeline-Verlegung in Offshore-Gebieten*, in: Ruhrgas AG (Hg.), Gesammelte Berichte aus Betrieb und Forschung der Ruhrgas, Berichtsheft 24 (1976), 43–49; Berichte, in: gasette 4 (April 1977), 30–35; gasette 8 (August/September 1981), 14–25.

342 Lagebericht Schelberger AR Ruhrgas am 17. Dezember 1974, 7, in: AEGC 01002156227; dsgl. außerordentliche AR Ruhrgas am 3. April 1975, 4 f., in: AEGC 01002155396. Vorlage TOP 2 AR Ruhrgas am 26. Juni 1975: Liefervertrag Shell AG, 1 ff., in: AEGC 01002155397; Vortrag Liesen TOP 2 AR Ruhrgas am 26. Juni 1975: Albuskjell-Vereinbarung Shell, 3 f., in: AEGC 01002155397.

343 Einschließlich der nicht realisierten Optionsmengen hätte der Gesamtimport 13,5 Mrd. m^3/a erreichen können. Lagebericht Liesen AR Ruhrgas am 17. Mai 1978, 3 f., in: AEGC 0102155408.

gen südöstlich der Ekofisk-Felder im Grenzgebiet zu den deutschen, niederländischen und norwegischen Schelfregionen. Zwischen 1968 und 1977 entdeckt, bot der um die Felder Dan, Roar, Gorm und Tyra gruppierte Komplex mit 150 Mrd. Kubikmetern ausreichende Reserven für eine langfristige Liefersicherheit und den Spielraum für Exporte zur Unterstützung der Finanzierung.[344] Ende 1984 begannen die Lieferungen aus den nun vollständig vom Dansk Undergrund Consortium (DUK)[345] erschlossenen Feldern auf Grundlage eines bis 2009 laufenden Bezugsvertrages mit einem Gesamtvolumen von 55 Mrd. Kubikmetern. Nach kurzen Verhandlungen im Winter 1978/79 einigten sich die Ruhrgas und die Staatsgesellschaft Dansk Olie & Naturgas A/S (DONG) Mitte Februar 1979 auf ein Kooperationsabkommen, das Dänemark den Übergang ins Erdgaszeitalter erleichtern sollte.[346] Der Anschluss an das Ruhrgas-Netz bot beiden Seiten mehrere Vorteile. Dänemark wurde in das europäische Versorgungsystem integriert und schuf damit die Voraussetzung für spätere Importe nach der Erschöpfung der eigenen Lagerstätten. Dazu lieferte die Ruhrgas zwischen 1982 und 1984 als Starthilfe eine Maximalmenge von 1,2 Mrd. Kubikmetern und garantierte weiterhin Aushilfsmengen.[347] Anfang Oktober 1982 war der Brückenschlag nach Skandinavien fertiggestellt, und pünktlich zum vorgesehenen Termin konnten die Lieferungen aufgenommen werden.[348] Zwei Jahre später wurde der Lieferweg umgekehrt, sodass die Ruhrgas und die BEB über einen zunächst bis 2003 reichenden Vertrag jährlich 400 Mio. Kubikmeter Erdgas zur Verwendung in Norddeutschland bezogen.[349]

---

344 Harms, *Nordsee 80*, in: OEL 17 (1979), 226–234, 256–266, hier 234.

345 Anteilseigner waren neben der dänischen Mineralölgesellschaft A. P. Møller Shell, Texaco und Gulf Oil.

346 Lagebericht Liesen Finanzkommission AR Ruhrgas am 8. November 1978, 8, in: AEGC 01002155412; dsgl. AR Ruhrgas am 27. Februar 1979, 7 f., in: AEGC 01002155412; Aufsichtsratsvorlage zum schriftlichen Beschlussverfahren: Einkauf von Erdgas aus Dänemark vom 9. Juni 1983, 2, in: AEGC 01002340123.

347 Lagebericht Liesen AR Ruhrgas am 27. Februar 1979, 7 f., in: AEGC 01002155412; *Schwedisch-dänisches Erdgasabkommen unterzeichnet*, in: GWF 121 (1980), 176. Außerdem konnte über diesen Umweg im Herbst 1980 doch noch ein kleinerer Abschluss mit der Swedegas erreicht werden. Lagebericht Liesen AR Ruhrgas am 25. November 1980, 12 f., in: AEGC 01002155422.

348 Der Transport nach Dänemark erfolgte über eine 64 km lange Leitung, die durch ihren Verlauf vom bis dahin nördlichsten Punkt des bundesdeutschen Erdgasnetzes in Rendsburg bis zur dänischen Grenze zugleich den Ausbau der regionalen Erdgasversorgung in Schleswig-Holstein animierte. Zum Bau und Betrieb gründeten Ende 1980 die Ruhrgas, die BEB und die Dangas GmbH, eine Tochter der DONG, die Deutsch-Dänische-Erdgasgesellschaft mbH (DEUDAN) mit Sitz in Kiel. Ebd.

349 Aufsichtsratsvorlage der Ruhrgas zum schriftlichen Beschlussverfahren: Vereinbarung über den Einkauf von Erdgas aus Dänemark vom 9. Juni 1983, 3 f., in: AEGC 01002340123.

Zur Erhöhung der Versorgungssicherheit und Minderung des 1980 in Politik und Öffentlichkeit so negativ behafteten Gewichts sowjetischen Erdgases verstärkte der Ruhrgas-Vorstand gleichzeitig seine Anstrengungen, die Bezüge aus der norwegischen Nordsee zu erweitern. Dort hatten sich die bekannten Reserven innerhalb von nur 18 Monaten infolge intensiver Exploration vor allem durch das Troll-Feld nahezu verdoppelt. Da das Fördervolumen der seit 1977 angeschlossenen Ekofisk-Felder nicht mehr auszudehnen war, richtete sich nun der Blick auf den Statfjord-Komplex mit den Feldern Statfjord, 34/10 und dem dazwischenliegenden Heimdal-Feld. Das Statfjord-Projekt markierte einen weiteren Quantensprung in der Entwicklung des Nordseegases, denn neben der erheblich größeren Entfernung zum Kontinent bedingten auch die meerestopographische Situation und die schwierigeren klimatischen Bedingungen einen nochmals gesteigerten technischen Aufwand. Außerdem bildete es quasi den Türöffner für die späteren Vereinbarungen über Bezüge aus dem Troll-Feld und kann daher in seiner Bedeutung kaum hoch genug eingeschätzt werden. Der Statfjord-Komplex befand sich im Besitz mehrerer Konsortien, was die Verhandlungen ebenso erschwerte, wie der geographische Vorteil der British Gas, die zudem nicht nur über das Pipelinesystem der Frigg-Felder, sondern auch über eine Leitung zu dem auf dem britischen Festlandsockel liegenden Teil der Feldergruppe verfügte.[350] Vor diesem Hintergrund entstand eine unüberschaubare Vielfalt an Gewinnungs- und Vertriebskonzepten, die neben diversen Pipelinetrassen erneut auch die von Liesen kategorisch abgelehnten Flüssigerdgastransporte zur Diskussion brachten.[351]

Ende November 1980 schloss die Ruhrgas als Mitglied des nun um die BEB, Thyssengas und Gelsenberg erweiterten Nordseekonsortiums eine Grundsatzvereinbarung mit der Statoil ab, in dem sich der Staatskonzern dazu verpflichtete, Teile der auf ihn entfallenden Gasmengen im Umfang von 1,6 Mrd. Kubikmetern pro Jahr zu verkaufen, wovon 340 Mio. Kubikmeter auf die Ruhrgas entfielen.[352] Im Verlauf des Jahres 1981 wurden schließlich nahezu alle freien Mengen der drei Felder kontrahiert, doch erreichte das Bezugsvolumen nicht ganz den erhofften Rahmen. Anders als bei den Ekofisk-Verträgen erforderte die komplexe Lage den Abschluss separater Verträge zwischen den Konzessionsinhabern und den einzelnen Kunden.[353] Aus Sicht Liesens diente der

350 Mayer, *Petro-Atlas*, 24 f.

351 Entwurf Lagebericht Liesen AR Ruhrgas am 25. November 1980, 11, in: AEGC 01002155422.

352 Das Konsortium verband mit diesem Pilotabkommen eine Vorbildfunktion für die anderen Konzessionsträger und Chancen auf insgesamt 7 Mrd. m^3/a, davon bis zu 1,5 Mrd. für die Ruhrgas. Aufsichtsratsvorlage der Ruhrgas zum schriftlichen Beschlussverfahren: Einkauf von Erdgas aus Norwegen – Statfjord-Erdgasprojekt vom 3. Dezember 1980, 2 ff., in: AEGC 01002340122.

353 Entwurf Lagebericht Liesen AR Ruhrgas am 20. Mai 1981, 4 f., in: AEGC 01002155423.

Statfjord-Vertrag nicht zur Volumenerweiterung oder gar als Ersatz für die gescheiterten Geschäfte in Algerien und im Iran, sondern allein zur Kompensation der angesichts unerfüllter Prognosen ausgebliebenen Optionsmengen der ersten vier Nordseegasverträge. Folglich erforderte der Import keine weiteren Investitionen bei der Ruhrgas.[354]

Im Oktober 1986 waren die umfangreichen Arbeiten an der Vertriebsinfrastruktur beendet, sodass die Lieferung von jährlich fünf Mrd. Kubikmetern Erdgas, davon zwei Mrd. für die Ruhrgas und der Rest für die Gasunie, die Distrigaz und die Gaz de France, nach Emden aufgenommen werden konnte.[355] Der weitere Ausbau der langfristigen Erdgasversorgung aus der norwegischen Nordsee begann jedoch schon im September 1983 durch den Lieferbeginn aus dem Valhall-Feld, südöstlich des Ekofisk-Komplexes. Die Phillips Norway-Gruppe bot hier mit einer Laufzeit bis 1999 insgesamt 16 Mrd. Kubikmeter an, die den leichten Förderrückgang von Ekofisk und Eldfisk kompensierten und an die dort verbundenen Partner gingen.[356] Nach dem Anschluss von Statfjord folgte im Sommer 1987 Gullfaks als erstes Feld unter ausschließlich norwegischer Entwicklung, das kurz darauf die Maßstäbe nochmals erhöhte, als 1989 mit der Plattform Gullfaks C das weltweit größte Offshore-Bauwerk überhaupt in Betrieb ging.[357]

Mitte der 1980er Jahre hatte die Ruhrgas durch die Arrondierung des Bezugsrahmens um norwegisches Gas die Grundlage für ein ausreichendes bundesdeutsches Gasangebot bis zum Ende des Jahrhunderts geschaffen. Noch fehlten allerdings Projekte, die nicht nur große Mengen, sondern auch längere Perspektiven boten, wie der bis 2008 gültige vierte Vertrag über sowjetisches Erdgas. Im Vordergrund der Bemühungen stand naturgemäß die Verlängerung der nun auslaufenden Erstverträge der 1960er Jahre mit den eigenen Aktionären, mit den niederländischen Anbietern und der Sojuzgasexport. Zwischen 1984 und 1986 erreichte die Ruhrgas hier nicht nur eine Fortführung der Lieferbeziehungen, sondern in einigen Fällen auch eine Mengenerweiterung, teilwei-

354 Ebd., 7 f.

355 Vorbereitende Materialien zum Thema Nordseegas für den Lagebericht Liesen AR Ruhrgas am 28. November 1986, 2 f., in: AEGC 01002155433; dsgl. Finanzkommission Ruhrgas am 21. Oktober 1983, 2, in: AEGC 01002155429; *Statfjord B: das achte Weltwunder*, in: gasette 8 (August/September 1981), 23–26; *Einweihung der Statpipe*, in: gasette 13 (Oktober/November 1986), 12 f.

356 Vorlage TAO 6 AR Ruhrgas am 19. Mai 1983: Einkauf von norwegischem Erdgas aus dem Valhall-Feld, 1 ff., in: AEGC 01002155428; Vorbereitende Materialien zum Thema Nordseegas für den Lagebericht Liesen Finanzkommission Ruhrgas am 21. Oktober 1983, 1 f., in: AEGC 01002155429.

357 *Gullfaks C. Begegnung mit einer neuen Wirklichkeit*, in: gasette 16 (Februar/März 1989), 11–15.

se bis 2010.[358] Die Unterzeichnung des Vertrages über Erdgaslieferungen aus dem Troll-Feld Anfang Juni 1986 markierte dann den vorerst letzten großen Schritt in dieser Richtung, denn der über das Jahr 2020 hinauslaufende Zeitrahmen überschritt die Dauer der bestehenden Vereinbarungen über mehr als ein Jahrzehnt und garantierte mit einer für Deutschland vorgesehenen Menge von rund acht Mrd. Kubikmetern pro Jahr schon jetzt eine gewisse Versorgungssicherheit.[359] Die Verhandlungen folgten grundsätzlich dem Muster der bisherigen Nordseeprojekte, unterschieden sich jedoch erneut deutlich im Ergebnis, denn im Bereich der Preisbildung und beim Transport wurden von Vornherein individuelle Lösungen angestrebt.[360]

Das Gesamtvolumen erreichte ein Plateau von 20 Mrd. Kubikmetern pro Jahr, darunter 4,8 Mrd. Kubikmeter für die Ruhrgas, 2,4 Mrd. für die BEB und 1,06 Mrd. für Thyssengas sowie acht Mrd. für Gaz des France und jeweils zwei Mrd. Kubikmeter für Distrigaz und Gasunie. Als Lieferbeginn war 1993 vorgesehen, wobei die für die deutschen Käufer bestimmten Plateaumengen zum 1. Oktober 2002 erreicht werden sollten. Auf die 16jährige Plateauphase folgte eine achtjährige Abbauphase, sodass die Verträge der deutschen Unternehmen bis 2026 liefen.[361] Die Preisbildung orientierte sich allein an den Wettbewerbsverhältnissen im bundesdeutschen Markt und entsprach bei den sonstigen Regelungen weitestgehend den Preisformeln der anderen großen Importprojekte.[362] Noch im Herbst 1986 sicherte sich die Ruhrgas einen zusätzlichen Mengenspielraum von 30 Prozent der Vertragsplateaumenge oder rund 1,5 Mrd. Kubikmetern pro Jahr sowie kurz darauf in einem Nachtrag zum Troll-

358 Vorbereitende Materialien zum Thema Niederlande für den Lagebericht Liesen Finanzkommission Ruhrgas am 3. April 1984, in: AEGC 01002155430; dsgl. AR Ruhrgas am 8. November 1984, in: AEGC 01002155430; dsgl. AR Ruhrgas am 14. Mai 1985, in: AEGC 01002155432; dsgl. für deutsches Erdgas AR Ruhrgas am 28. November 1985, in: AEGC 01002155433; AR Ruhrgas am 8. November 1984, 3, in: AEGC 01002155431; Vorlage TAO 4 AR Ruhrgas am 28. November 1985: Verlängerung der Erdgasbezugsverträge I–III mit Sojuzgasexport, in: AEGC 01002155433.

359 Gerhard Enseling, *Troll – der norwegische Gasriese*, in: GWF 134 (1993), 473–478; Aufsichtsratsvorlage der Ruhrgas zum schriftlichen Beschlussverfahren: Einkauf von norwegischem Erdgas im Rahmen des Troll-Projektes vom Juli 1986, 2 f., in: AEGC 01002155442 und AEGC 01002340125.

360 Ebd., 7; Dietrich Fischer, *Das Trollfeld. Erdgasförderung und die vertraglichen Aspekte*, in: Energie 39 (12/1987), 46–53, hier 48 ff.

361 Enseling, *Troll*, 476 f.; Aufsichtsratsvorlage der Ruhrgas zum schriftlichen Beschlussverfahren: Einkauf von norwegischem Erdgas im Rahmen des Troll-Projektes vom Juli 1986, 8 f., in: AEGC 01002155442.

362 Ebd., 11; Vortrag Bergmann zum Troll-Projekt AR Ruhrgas am 8. Juli 1986, in: AEGC 01002155436; Ruhrgas an AR vom 2. Juni 1986, in: AEGC 01002155442.

Vertrag nochmals jährlich 1,2 Mrd. Kubikmeter. Auch wenn sich bereits Anfang der 1990er Jahre abzeichnete, dass sich der vorgesehene Lieferbeginn aus dem Troll-Feld auf 1996 verzögern würde, kamen diese Mehrmengen dem Unternehmen nach dem Mauerfall sehr gelegen, sodass nach Ziehung aller Optionen nun weitere vier Mrd. Kubikmeter pro Jahr zur Verfügung standen.[363] Bis 1995 wurden in mehreren Schritten auch alle weiteren Bezugsmöglichkeiten ausgeschöpft, wodurch sich die Nordsee-Plateaumengen auf jährlich 13,6 Mrd. Kubikmeter erhöhten.[364]

Die Erschließung des Troll-Feldes übertraf nicht nur zum wiederholten Mal die bisherigen Nordseeprojekte in technischer und wirtschaftlicher Hinsicht, sondern leitete endgültig eine neue Ära in den wirtschaftlichen Beziehungen zwischen Norwegen und Kontinentaleuropa ein. Das Land konnte sich nun endgültig als dritter großer Erdgaslieferant auf den europäischen Märkten neben der Sowjetunion bzw. Russland und den Niederlanden etablieren.[365] Während der Transport des für Deutschland bestimmten Erdgases über einen neuen, relativ kurzen Anschluss zum Heimdalfeld und von dort über die Statpipe und die Norpipe bzw. die 1995 fertiggestellte parallele Erweiterung Europipe I nach Emden lief, hatten sich Gasunie, Distrigaz und Gaz de France endgültig für eigene Wege entschieden.[366]

Für das deutsche Leitungssystem bedeuteten die von den beiden Unternehmen gebauten Zeepipe und Franpipe eine große Entlastung, denn erstmals seit Errichtung des europäischen Erdgasverbundes mussten aus dem Osten oder Norden stammende Mengen nicht über diese zentrale Drehscheibe geleitet werden. Fast hätte die Ruhrgas auch beim Bau der Europipe I das Nachsehen gehabt, denn der ursprünglich von der Statoil vorgesehene Anlandeort in den Niederlanden wurde nur aufgrund des Mauerfalls, der die Perspektiven auf den ostdeutschen und osteuropäischen Markt eröffnete, zugunsten Emdens aufgegeben.[367] Die im Herbst 1999 fertiggestellte 660 Kilometer lange Europipe II ergänzte schließlich die knappen Kapazitäten der deutschen Versorgungswege und schuf eine direkte Verbindung zwischen der Küste bei Dornum und Karstö

363 Vorlage TAO 6.1 AR Ruhrgas am 17. Mai 1990: Einkauf Troll-Projekt, 2 ff., in: AEGC 01002155457.

364 Vorlage TAO 7 AR Ruhrgas am 2. Mai 1995: Einkauf Norwegen, in: AEGC 01002155482.

365 Snorre W. Jensen, *Präsentation des Troll-Projekts*, in: GWW 47 (1993), 211–216.

366 Bernhard Bramkamp/Einhard Kulle, *Europipe. Die neue Erdgasleitung aus der norwegischen Nordsee nach Deutschland*, in: GWF 134 (1993), 479–481.

367 Lagebericht Liesen AR Ruhrgas am 6. Dezember 1990, 4 f., in: AEGC 01002155461; Burckhard Bergmann, *Die Architektur der europäischen Erdgasversorgung – Quantensprung für Nordseegas*, in: GWF 131 (1990), 527–535, hier 530 ff.

als wichtiger Vertriebsstelle in Norwegen, über die von nun an der Hauptteil der Lieferungen fließen sollte.

In den 1990er Jahren folgte mit dem Anschluss Großbritanniens der letzte große Schritt auf dem Weg zum europäischen Erdgasverbund. Bereits zu Beginn des Jahrzehnts setzte der Vorstand der Ruhrgas auf die Möglichkeit, die Bezugsstruktur langfristig durch den Einkauf britischen Nordseegases weiter zu diversifizieren, denn es zeichnete sich eine Abkehr von der rigiden Selbstverbrauchspolitik der Regierung ab.[368] Hintergrund dieser Neujustierung waren nicht etwa Liberalisierungsbestrebungen, sondern der Versuch, über eine beschleunigte Produktion höhere Einnahmen zu erzielen, die Versorgungsbilanz durch Importe auszugleichen und sich durch eine Marktöffnung langfristige Bezugsrechte, insbesondere aus Norwegen zu sichern. Im Frühjahr 1991 schlossen die Ruhrgas, die BEB und die Thyssengas mit einem Konsortium unter Führung von Phillips[369] einen Vertrag über den Bezug von bis zu 22 Mrd. Kubikmetern Erdgas über einen Zeitraum von 15 Jahren ab 1995 aus den rund 50 Kilometer westlich des Ekofisk-Komplexes liegenden „J-Block-Feldern" (Judy und Joanne), wovon zwei Drittel auf die Ruhrgas entfielen.[370]

Nach mehrjähriger Pause konkretisierten sich schließlich 1994 Pläne zur Integration des britischen Erdgasverbundsystems in den gesamteuropäischen Rahmen. Den Kern des von sechs in der britischen Nordsee aktiven Unternehmen[371] in Kooperation mit der Distrigaz und der britischen Regierung vorangetriebenen Projekts bildete der Bau des „Interconnectors", einer 235 Kilometer langen Verbindungsleitung zwischen der englischen Hafenstadt Bacton und Zeebrügge.[372] Das Konsortium hatte rund 25 europäische Gasgesellschaften zur Beteiligung aufgefordert, mit der sich in entsprechender prozentualer Höhe die Buchung von langfristigen Transportkapazitäten verband. Dem Ruhrgas-Vorstand war es jedoch trotz zahlreicher Gespräche mit fast allen Erzeugern im britischen Schelfgebiet zuvor nicht gelungen, verbindliche Lieferangebote zu erhalten, sodass er nun vor der Problematik stand, erstmals in der Geschichte des Unternehmens über ein Leitungsprojekt ohne vereinbarten Gasbezug zu

368 Lagebericht Liesen AR Ruhrgas am 6. Dezember 1990, 4 f., in: AEGC 01002155461.

369 Außerdem Agip UK Ltd., Chevron UK Ltd. und Gas Council Exploration Ltd.

370 Beschlussvorlage TAO 7 AR Ruhrgas am 8. Mai 1991: Einkauf von Erdgas aus den J-Blöcken in der britischen Nordsee, in: AEGC 01002155463; Beschlussverfahren, in: AEGC 01002340130; AR Ruhrgas am 8. Mai 1991, 13 f., in: AEGC 01002155462.

371 British Gas plc., BP plc., Conoco UK plc., Statoil, Norsk Hydro, Elf Petroleum UK plc.

372 AR Ruhrgas am 1. Dezember 1994, 13 ff., in: AEGC 01002155480; Beschlussvorlage TAO 9 AR Ruhrgas am 1. Dezember 1994: Beteiligung am Interconnector UK Ltd., 1 f., in: AEGC 01002155480.

entscheiden.[373] Auf der anderen Seite schien eine Beteiligung als sogenannter „Erstbesteller“ unabdingbar, war doch ein späterer Zutritt zu einem geschlossenen Gesellschafterkreis mit absehbaren Schwierigkeiten verbunden. Liesen favorisierte den Mindestwert für einen Sitz im Board der zu gründenden Interconnector UK Ltd. – eine Bestellung in Höhe von fünf Prozent der dortigen Kapazitäten. Welchen konkreten Umfang diese Menge später erreichen würde und welche Kosten letztlich daraus resultierten, blieb zunächst ebenfalls noch offen. Außerdem war das Finanzierungskonzept noch nicht abschließend geklärt. Bei einem prognostizierten Investitionsvolumen von 1,5 Mrd. D-Mark entfielen auf die Ruhrgas rund 75 Mio. D-Mark.[374] Die vom Aufsichtsrat mit der Gegenstimme des Esso-Vertreters gestützte Entscheidung zugunsten des Projekts folgte damit allein strategischen Gesichtspunkten im Hinblick auf sich wandelnde Märkte. Dafür sprach auch die für alle Beteiligten überraschende Beteiligung der 1989 aus dem Ministerium für Erdöl- und Gaswirtschaft der Sowjetunion entstandenen russischen Staatsgesellschaft OAO Gazprom als weltweit größtem Förderunternehmen. Auffällig war zudem, dass mit Esso, Shell, Amoco und ARCO entscheidende Größen der britischen Erdgaswirtschaft fehlten.[375]

Im Oktober 1998 ging der Interconnector mit einer Kapazität von 20 Mrd. Kubikmetern pro Jahr in Richtung Zeebrügge in Betrieb.[376] Da der britische Gasüberschuss überschätzt worden war, hatte sich schon früh ein faktischer Importbedarf abgezeichnet, sodass in umgekehrter Richtung jährlich bis zu 8,5 Mrd. Kubikmeter durch einen weiteren Leitungsstrang fließen konnten. Dies spiegelte sich auch in der Anteilseignerstruktur von jetzt noch neun Unternehmen wieder, darunter British Gas mit 40 Prozent, Gazprom mit zehn Prozent und die Ruhrgas mit fünf Prozent. Mittlerweile verfügte die Ruhrgas auch über die notwendigen Erdgasmengen: Anfang 1997 war ein Bezugsvertrag mit der BP Gas Marketing Ltd. über insgesamt 15 Mrd. Kubikmeter abgeschlossen worden. Außerdem hatte die neu gegründete englische Tochtergesellschaft Ruhrgas UK Exploration and Production Ltd. Beteiligungen am Franklin-Feld, am Elgin-Feld sowie an Konzessionsblöcken in der britischen Nordsee erworben. Das erste erfolgreiche Upstream-Engagement in der Unternehmensgeschichte nach dem gescheiterten Nigeria-Projekt wurde durch einen Anteil an der Shearwater Elgin Area Line (SEAL) ergänzt, welche die beiden Felder mit

373 Ebd., 6 f.

374 Ebd., 3 f.

375 AR Ruhrgas am 1. Dezember 1994, 13 ff., in: AEGC 01002155480; Vortrag Bergmann zum Projekt AR Ruhrgas am 1. Dezember 1994, 3, in: AEGC 01002155480.

376 *Großbritannien schreibt wieder Gasgeschichte*, in: gasette 26 (6/1998), 20–23.

Bacton verbindet. 80 Prozent der Franklin-/Elgin-Mengen gingen an die Gaz de France. Mit der belgischen Distrigaz vereinbarte die Ruhrgas außerdem den Transit von Erdgas durch Belgien bis zur Trans-Europa-Naturgas-Pipeline, sodass sich das Pipelinenetz um die Nordsee in einem weitläufigen Kreis schloss und die Ruhrgas mit sechs Liefernationen über die breiteste Versorgungsbasis aller europäischen Gasversorger verfügte.[377] Dass das Erdgaspotenzial der Nordsee bei Weitem noch nicht erschöpft war, belegten die stetigen Neufunde dieser Zeit. Norwegen erschloss in der zweiten Hälfte der 1990er Jahre weitere Erdgasfelder bis zum 71. Breitengrad und damit im Bereich des Polarkreises.

Der BP-Vertrag 1978

Im Verlauf der 1970er Jahre war die Struktur der Anteilseigner der Ruhrgas weitgehend stabil geblieben. Zehn Jahre nach Abschluss der Neuordnung geriet nun allerdings das mühsam austarierte Interessengeflecht aus dem Gleichgewicht, als das Unternehmen erneut in den Mittelpunkt bundesdeutscher energiepolitischer Weichenstellungen geriet. Auslöser der Entwicklung waren die gravierenden Umwälzungen auf den Energiemärkten und die Maßnahmen der Bundesregierung, die Versorgungssicherheit beim Mineralöl durch die Bildung eines auch im internationalen Rahmen konkurrenzfähigen Energiekonzerns zu sichern. Der Versuch der Bundesregierung, mit der Veba AG dieses Ziel zu erreichen, scheiterte jedoch umfassend, und am Ende hatte sich die Kapitalmehrheit der Ruhrgas-Altaktionäre in eine Minderheit zugunsten der großen Ölkonzerne gewandelt.

Nachdem die DEA 1966 überraschend von der Texaco AG übernommen worden war, drohte 1968 auch die Gelsenberg als letztes nennenswertes deutsches Mineralölunternehmen unter ausländischen Einfluss zu geraten, als die Dresdner Bank und die Deutsche Bank, die gemeinsam rund 38 Prozent des Aktienkapitals hielten, beabsichtigten, ihr Paket an die Compagnie Française des Pétroles zu verkaufen. Die Transaktion scheiterte jedoch vor allem am Widerstand der Bundesregierung. Anfang 1969 ging dann der mittlerweile auf 43 Prozent aufgestockte Bankenbesitz zu einem Preis von rund 500 Mio. D-Mark an das RWE, das neben gewissen Mineralölinteressen vor allem eine

377 Lagebericht Späth AR Ruhrgas am 6. Dezember 1996, 28 ff., in: AEGC 01002155496; dsgl. am 30. April 1997, 23 f., in: AEGC 01002155497; AR Ruhrgas am 30. April 1997, 3 f., in: AEGC 01002155497; Lagebericht Späth AR Ruhrgas am 29. April 1998, 19 f., in: AEGC 01002155403; dsgl. am 3. Dezember 1998, 8 ff., in: AEGC 01002155508.

Anlagemöglichkeit für seine hohe Liquidität suchte.[378] Damit war der Elektrizitätskonzern – wie bereits in der Vorkriegszeit – an der Ruhrgas beteiligt.

Als sich Mitte 1973 die Pläne der Bundesregierung zur Schaffung eines Energiekonzerns konkretisierten und nach Beginn des Jom-Kippur-Krieges beschleunigten, veräußerte das RWE die mittlerweile auf 48 Prozent erweiterte Beteiligung für fast 650 Mio. D-Mark an den Staat, der nun nach weiteren Zukäufen 51,3 Prozent an der Gelsenberg sowie 40,2 Prozent an der Veba hielt.[379] Das Bundeskartellamt sah in dieser Konstellation eine beherrschende Stellung des Bundes in wichtigen Bereichen des Energiemarktes und untersagte eine Verschmelzung. Nur kurz nach der Aufnahme der Fusionskontrolle in das Kartellgesetz 1973 musste Bundeswirtschaftsministerium Hans Friderichs erstmals zum Mittel der Ministererlaubnis greifen, um das Vorhaben zu retten. Durch die Erweiterung des Gelsenberg-Paketes auf 96 Prozent im Rahmen eines Übernahmeangebots an die weiteren Aktionäre und den Zusammenschluss der beiden Gesellschaften stieg die Veba 1975 sowohl beim Umsatz als auch bei der Börsenkapitalisierung zum führenden deutschen Unternehmen auf dem Energiesektor auf.[380] Dies galt auch für die Gaswirtschaft, denn die Veba verfügte bei der Ruhrgas neben der Gelsenberg-Schachtel auch noch über den ehemaligen Hibernia-Anteil in Höhe von 5,2 Prozent. Damit erreichte sie innerhalb der Bergemann KG[381] eine maßgebliche Position, die allerdings bei der Bewertung von Bundeskartellamt und Monopolkommission keine besondere Rolle gespielt hatte. Die Existenz eines neuen Großaktionärs wurde bei der Ruhrgas jedoch bald spürbar, denn den Wechsel im Vorstand von Herbert Schelberger auf Klaus Liesen begleitete 1976 die Abgabe des Aufsichtsratsvorsitzes durch Friedrich Funcke an Veba-Chef Rudolf von Bennigsen-Foerder. Damit blieb die seit Gründung der Ruhrgas aufrechterhaltene Tradition, dem Hauptanteilseigner die Besetzung dieser Position zu übertragen, vorerst noch unangetastet.

Bei der Veba häuften sich jedoch in der zweiten Hälfte der 1970er Jahre die Probleme. Die Preisexplosion am Mineralölmarkt und der Absatzrückgang an Endprodukten in der Bundesrepublik relativierten in Verbindung mit Überkapazitäten im Raffinerie- und Transportsektor recht bald die Marktposition. Ihrer Mineralöltochter Veba-Chemie AG (ab 1978 Veba Oel AG) fehlte das in der

378 Radzio, *Veba*, 241 ff.; Baumann, *Männer*, 233 ff.

379 Radzio, *Veba*, 244 ff.; Buderath, *RWE*, Bd. 3, 912 ff., 946 f.; Heinz-Günter Kemmer, *Oelspuren. 50 Jahre Veba-Oel*, Düsseldorf 1985, 41.

380 Monopolkommission (Hg.), *Wettbewerbliche und strukturelle Aspekte einer Zusammenfassung von Unternehmen im Energiebereich (VEBA, Gelsenberg)*, Baden-Baden 1975; Monopolkommission (Hg.), *Hauptgutachten 1973/75*, 476 ff.

381 Zur Bergemann KG siehe das Kapitel „Die Neuordnung der Ruhrgas-Gesellschafterstruktur 1965 bis 1969".

Krise potenziert gewinnträchtige Upstream-Geschäft, sodass der Geschäftszweig nach dauerhaft massiven Verlusten zusehends in eine besorgniserregende Lage abglitt, die den gesamten Konzern erschütterte.[382] Die Lösung fand sich in einem der aufsehenerregendsten Geschäfte der Nachkriegszeit. Schon seit Ende der 1960er Jahre hatte die Deutsche BP versucht, auf dem deutschen Erdgasmarkt stärker Fuß zu fassen, doch hatte ihr das Anteilseigner-Oligopol der in der Schubert KG zusammengefassten bundesdeutschen Gasgesellschaften 1970 nur eine Beteiligung an der Ruhrgas im Umfang von 3,3 Prozent eingeräumt. Nun eröffnete sich nicht nur die Gelegenheit, diese Quote zu erhöhen, sondern direkt eine Schachtelbeteiligung zu erwerben. Bereits seit 1976 hatten BP-Chef Hellmuth Buddenberg und Bennigsen-Foerder intensiv über eine teilweise Rückabwicklung des Veba-Gelsenberg-Vertrages diskutiert. Im Juni 1978 präsentierten sie dann der überraschten Öffentlichkeit und Politik das Ergebnis: Mit Wirkung vom 1. Januar 1979 erwarb die Deutsche BP von der Veba alle Anteile der mittlerweile umstrukturierten Gelsenberg AG, wesentliche Geschäftsbereiche der im Mineralölhandels- und Transportgeschäft tätigen Stinnes-Stromeyer-Gruppe, Raffineriebeteiligungen sowie eine Option auf die Tankstellenorganisation der Stinnes-Fanal-Gruppe.[383]

Mit einem auf 600 Mio. D-Mark taxierten Wert entfielen drei Viertel des auf ein Gesamtvolumen von 800 Mio. D-Mark angestrebten Geschäfts auf den Gasbereich, darunter die Ruhrgas-Schachtel und eine weitere Beteiligung an der Bergemann KG im Umfang von 0,172 Prozent, die durchgerechnet einem Anteil von 25,05 Prozent entsprachen, sowie 31 Prozent an der Deutsche Flüssigerdgas Terminal GmbH.[384] Neben dem Kaufpreis bot die Deutsche BP der Veba den Abschluss eines 21jährigen Mineralölliefervertrages bis zum Jahr 2000 über den Bezug von bis zu drei Mio. Tonnen pro Jahr zu wettbewerbsgerechten Konditionen an, mit der das Unternehmen nach seinerzeitigem Stand etwa 20 Prozent seines Bedarfs decken konnte.[385] Die Veba opferte damit die lukrative Ruhrgas-Beteiligung zugunsten einer Sanierung ihres maroden Mineralölgeschäfts und einer Erhöhung ihrer Versorgungssicherheit in diesem Bereich.

---

382 Monopolkommission (Hg.), *Hauptgutachten 1973/75*, 42 f.; Radzio, *Veba*, 259 ff.

383 Monopolkommission (Hg.), *Zusammenschlußvorhaben der Deutschen BP AG und der Veba AG (Sondergutachten, Bd. 8)*, Baden-Baden 1979, 25 f. Die Veba gab hier einen bedeutenden Teil ihrer defizitären Kapazitäten auf und behielt nur noch die Stammanlage in Gelsenkirchen-Horst und die Beteiligung an der Raffinerie Neustadt.

384 Den bei der Veba verbleibenden Anteil an der Deutsche Flüssigerdgas Terminal GmbH von 19 % verwaltete die Deutsche BP treuhänderisch.

385 Monopolkommission (Hg.), *Zusammenschlußvorhaben (Sondergutachten, Bd. 8)*, 25 f.; Kemmer, *Oelspuren*, 44 f.

Wie üblich stand der Vertrag unter dem Vorbehalt des Bundeskartellamts, das Ende September 1978 das sich schon früh andeutende Verbot aussprach, dem dann umgehend der schon vorbereitete Antrag auf eine Ministererlaubnis der beiden Unternehmen folgte.[386] Und wie sein Vorgänger Friderichs musste nun Bundeswirtschaftsminister Otto Graf Lambsdorff als Staatsvertreter Stellung zur Entscheidung einer staatlichen Behörde über die Aktivitäten eines halbstaatlichen Konzerns nehmen, die außerdem die Staatssekretäre im Bundeswirtschaftsministerium Detlev Karsten Rohwedder und Manfred Lahnstein im Veba-Aufsichtsrat mitgetragen hatten. Da das Bundeskartellamt die Übertragung der Mineralölaktivitäten als wettbewerbsneutral einstufte, begründete sich seine Haltung allein aus der „überragenden Marktstellung" der Ruhrgas im Gassektor. Es nahm in seinem Gutachten jedoch keine Stellung zur Frage einer marktbeherrschenden Position im Sinne des Gesetzes gegen Wettbewerbsbeschränkungen oder der Verhinderung eines Substitutionswettbewerbs anderer Energieträger, sondern leitete diese allein aus der Tatsache ab, dass das Unternehmen auf allen drei Handelsstufen, beim Vertriebsgeschäft mit Ortsgasgesellschaften und Ferngasgesellschaften sowie im Einkaufsgeschäft tätig war.[387] Tatsächlich wickelte die Ruhrgas zwei Drittel der Importe und die Hälfte der bundesdeutschen Inlandsförderung auf Basis langfristiger Verträge ab, deckte bei sieben der elf Ferngasunternehmen zwischen 80 Prozent und 100 Prozent des Bedarfs und kontrollierte das Hochdrucknetz. Konkreter wurde die Monopolkommission, nach deren Auffassung für ein Verbot des Vorhabens drei Aspekte sprachen, von denen jeder einzeln die Untersagung getragen hätte. So fiel aus ihrer Sicht die Deutsche BP als potenzieller Wettbewerber aus, während die Ruhrgas zugleich Zugang zu den Ressourcen der weltweit agierenden BP-Gruppe erhielt und es drittens zu einer weiteren Abschwächung des Substitutionswettbewerbs zwischen Heizöl und Erdgas kommen sollte.[388]

Mit Blick auf die Kapitalverhältnisse bei der Ruhrgas und ohne Berücksichtigung der Stimmrechtsbindungen befürchtete die Monopolkommission zudem eine Majorisierung der Ruhrgas durch die Deutsche BP. Ihr Kapitalanteil von 25,05 Prozent an der Ruhrgas entsprach einem Stimmenanteil von 44,7 Prozent bei der Bergemann KG. Da diese wiederum 56,1 Prozent der Ruhrgas-Stimmen poolte, bestand die Möglichkeit, durch die Kooperation mit der Deutschen Texaco, die 6,2 Prozent der Stimmanteile auf sich vereinigte, Mehrheitsent-

386 *Optische Täuschung*, in: Der Spiegel 35 (1978), 71 f.; *Alles beim alten*, in: Der Spiegel 40 (1978), 60–65.

387 Monopolkommission (Hg.), Zusammenschlußvorhaben (*Sondergutachten, Bd. 8)*, 27 ff.

388 Ebd., 31 ff.

scheidungen bei der Bergemann KG herbeizuführen.[389] Um die Gesamtproblematik zu entschärfen und den Status der Altaktionäre zu schützen, die einschließlich der Gelsenberg-Schachtel noch über rund 60 Prozent des Aktienkapitals verfügten, schlug die Monopolkommission vor, der Deutschen BP die Übernahme von neun Prozent der Ruhrgas-Aktien vorbehaltlos zu genehmigen.[390] Damit wäre eine relativ ausgewogene Beteiligungsstruktur unter den Ölaktionären geschaffen worden, da Esso und Shell über Brigitta, Elwerath und Schubert KG jeweils 14,75 Prozent hielten, die Mobil Oil auf 7,4 Prozent über die Schubert KG kam und die Texaco 3,5 Prozent über die Bergemann KG erreichte. Die Veba und die Deutsche BP hatten die zu erwartenden Annahmen der Monopolkommission bereits in ihren Anträgen umfassend zurückgewiesen und hierzu mit gesamtwirtschaftlichen Vorteilen wie der langfristigen Sicherung der bundesdeutschen Energieversorgung, der Dekonzentration der Veba, einer strukturellen Verbesserung des Mineralölvertriebs und der Arbeitsplatzsicherung argumentiert. Dazu kam der mehrfache Hinweis auf die Umsetzung der wirtschaftspolitischen Zielsetzungen der Bundesregierung. Außerdem sah Buddenberg im Gegensatz zur Monopolkommission eine Belebung des Wettbewerbs im Gasmarkt, da ein Marktzutritt für die Deutsche BP nur auf diesem Wege möglich sei.[391]

Bis zur Ministerentscheidung enthielten sich dann beide Unternehmen jeglicher öffentlichen Stellungnahme, doch war klar, dass die Deutsche BP den Verlust des steuerrechtlichen Schachtelprivilegs nicht akzeptieren konnte und das Geschäft entweder in der vorgeschlagenen Form oder überhaupt nicht stattfinden würde.[392] Hinter verschlossenen Türen drohten von Bennigsen-Foerder und Buddenberg daher auch unverhohlen mit den nachteiligen Folgen eines Scheiterns. Gleichzeitig suchte Buddenberg weitere Verbündete und fand sie in Person von Karlheinz Bund, dem Vorstandsvorsitzenden der Ruhrkohle. Ende Dezember 1978 vereinbarten beide Unternehmen eine Absichtserklärung zu einer gemeinsamen Vorgehensweise bei der Ruhrgas, worauf das Bundeskartellamt, das von unbekannter Seite Kenntnis von der Angelegenheit erhalten hatte, ein Fusionskontrollverfahren einleitete. Bund und Buddenberg stellten die Kooperation später als Schutzmaßnahme für den Steinkohlenbergbau und als Beleg dafür dar, dass die Deutsche BP keinerlei Majorisierungsabsichten verfolgte.[393] In welcher Form der Einfluss von 40 Prozent des Ruhrgas-

389 Ebd., 56 ff.
390 Ebd., 81 ff.
391 Ebd., 35 ff.; Fren Förster, *Geschichte der Deutschen BP 1904–1979*, Hamburg 1979, 396 ff.
392 *Schmerzgrenze 25*, in: Der Spiegel 51 (1978), 44–46.
393 *Heimliche Ehe*, in: Der Spiegel 6 (1979), 66–70; Förster, *BP*, 403.

Kapitals bzw. der Mehrheit innerhalb der Bergemann KG tatsächlich genutzt werden sollte, ist unklar, doch unterminierte Bunds Vorgehen die Einheit der Ruhrgas-Aktionäre, die das Ziel der Deutschen BP wahrscheinlich von Beginn an grundsätzlich ablehnten. Auch wenn ihre Position anhand der Akten nicht nachvollziehbar ist, sprechen mehrere Aspekte für diese These, denn die Vereinbarungen der Jahre 1965/66 und 1968 hatten eine solche Situation sowohl durch eine gegenseitige Angebotspflicht im Falle einer Anteilsveräußerung als auch durch die Begrenzung der Stimmrechte der Erdöl-/Erdgasseite auf maximal 50 Prozent vermeiden sollen.

Dies drückte sich auch in der Besetzung des Ruhrgas-Aufsichtsrats aus, dem auf Seite der Anteilseigner fünf Vertreter der Altaktionäre und drei Erdgasaktionäre angehörten. 1978 besetzten diese Positionen jeweils doppelt die Veba und die Brigitta (Esso und Shell) sowie die Ruhrkohle, Mannesmann, Hoesch und die Schubert KG (Texaco bzw. Mobil Oil). Veba und BP hatten jedoch nicht direkt die Ruhrgas-Aktien, sondern mit der Gelsenberg nur das besitzende Unternehmen erworben. Da diese Möglichkeit in den Verträgen nicht explizit erwähnt war, konnte der Transaktion offiziell zugestimmt werden.[394] Anfang Februar 1979 gab Graf Lambsdorff also grünes Licht für das Veba-BP-Geschäft, jedoch mit zahlreichen Auflagen. So genehmigte er zwar die Übertragung der Ruhrgas-Schachtel an BP, forderte aber von der Veba, ihre Beteiligung an dem Ferngasversorger anderweitig zu verkaufen. Damit unterlief er das ursprüngliche Konzept der beiden Unternehmen und verhinderte eine Mehrheit der Unternehmen mit Mineralöl- und Erdgasinteressen innerhalb der Bergemann KG. Außerdem schränkte der Bundeswirtschaftsminister die Verfügungsrechte der BP an den Aktien ein, indem er sie verpflichtete, ihre Beteiligung im Falle einer Auflösung der Bergemann KG auf maximal neun Prozent zu reduzieren, um eine direkte Einwirkung auf die Ruhrgas zu verhindern. So konnten die Anteile an sonstige Unternehmen mit Primärenergieinteressen nicht veräußert sowie Demarkationsvereinbarungen mit der Ruhrgas nicht aufrechterhalten oder neu abgeschlossen werden.[395]

Die Aktionäre der Ruhrgas standen nun vor der schwierigen Aufgabe, den Aufsichtsrat neu zu besetzen.[396] Von Bennigsen-Foerder hatte einen Rückzug der beiden Veba-Vertreter vor Ablauf ihrer eigentlichen Amtszeit angekündigt, um den Weg für eine realistische Abbildung der neuen Kapitalstruktur freizumachen. Eigentlich hätten die beiden Veba-Sitze der Deutsche BP zufallen

394 Kemmer, *Oelspuren*, 47; Radzio, *Veba*, 275.

395 Ebd.

396 Aktenvermerk Ruhrgas, 23. März 1979, zu den Auswirkungen des BP-Beitritts auf die Ruhrgas- und Bergemann-Gremien, 1 ff., in: AEGC 01002155413.

müssen, doch regte sich gegen eine solche Lösung ebenso Widerstand auf Seiten der Erdgasaktionäre wie gegen eine Berufung von Buddenberg zum Aufsichtsratsvorsitzenden. Erschwert wurde die Situation noch durch die Vakanz eines weiteren Sitzes, da Ende November 1978 der Hoesch-Vertreter Josef Fischer verstorben war. Denn die Ruhrkohle AG hätte, gemessen an ihrem Anteil, ebenfalls einen zweiten Posten für sich beanspruchen können. Esso-Chef Wolfgang Oehme kündigte Anfang Mai 1979 dann offen an, Mannesmann-Chef Egon Overbeck den Vorsitz zu übertragen, und es ist anzunehmen, dass eine solche Lösung nicht nur zugleich der Position der Deutschen Shell entsprach, sondern auch mit anderen Aktionären abgesprochen war. Overbeck und Oehme waren sogar bereit, zur Durchsetzung ihrer Ziele gegebenenfalls eine Kampfabstimmung in Kauf zu nehmen, wie Liesen erfreut vermerkte.[397] Buddenberg zog es vor, trotz Einladung weder an der Vorbesprechung noch an der entscheidenden Aufsichtsratssitzung Anfang Mai teilzunehmen, während von Bennigsen-Foerder zur Stabilisierung der Situation bis zur Hauptversammlung im Juni seinen Posten behielt. Am 20. Juni 1979 wurde Overbeck zum neuen Aufsichtsratsvorsitzenden gewählt und damit zwar der Vorrang der Montanindustrie bestätigt, aber erstmals mit dem Majoritätsvorrang des größten Aktionärs gebrochen. Außerdem erhielt die Deutsche BP nur einen Sitz für Buddenberg, da von nun an die vier Unternehmen der Montanseite – Hoesch, Mannesmann, Ruhrkohle und Thyssen – und die vier Unternehmen der Erdöl-/Erdgasseite – BP, Esso, Mobil Oil und Shell – ungeachtet der Höhe ihrer Beteiligung mit jeweils einem Sitz im Aufsichtsrat der Ruhrgas vertreten waren, obwohl der Anteil der Mineralölindustrie an der Ruhrgas jetzt bei rund zwei Dritteln lag.[398] Auch 1988 wurde dieses neue Prinzip beibehalten, als Thyssen-Chef Dieter Spethmann die Nachfolge Overbecks antrat.

Der gescheiterte Versuch der Deutschen BP, sich über die Ruhrgas eine strategische Vorrangposition in der deutschen Gaswirtschaft zu sichern, ließ Buddenberg versuchen, sein Ziel auf anderem Weg zu erreichen. In Konkurrenz zur Ruhrgas trat er trotz eines fehlenden Ferngasnetzes oder Kundenstammes ab 1980 auf den internationalen Gasmärkten als Kaufinteressent auf, um bei der Ruhrgas auf diesem Wege eigene Gasmengen unterzubringen. Dabei erzeugte er ohne Rücksicht auf branchenübliche Verhaltensweisen durch haltlose Preiszusagen elementare Marktverwerfungen und diskreditierte sich in kurzer Zeit sowohl in der gesamten europäischen Ferngaswirtschaft als auch

397 Aktenvermerke Liesen vom 7. Mai 1979 und 8. Mai 1979, in: AEGC 01002155413.
398 GB Ruhrgas, 1979, 4. In den vorhandenen Akten fehlen die Sitzungsniederschriften der Aufsichtsratssitzung und der Hauptversammlung sowie mit Ausnahme der oben zitierten Dokumente sonstige Unterlagen zu diesem Thema.

bei den Lieferländern.[399] Bei der Ruhrgas erzeugten diese Aktivitäten, die sich – wie etwa im Falle des nigerianischen LNG-Projekts – direkt gegen ihre Interessen richteten, heftige Auseinandersetzung mit dem eigenen Aufsichtsratsmitglied, was Liesen sogar zu einer Intervention bei Graf Lambsdorff veranlasste. Buddenberg sei schließlich allein aufgrund seiner Funktion gezwungen, für das Ruhrgas-Vorhaben zu votieren.[400] Die zweite Ölkrise beendete Buddenbergs Aktionismus schließlich recht bald, denn angesichts von Verlusten in Höhe von zusammen 1,4 Mrd. D-Mark in den Jahren 1981 und 1982 verschwanden zahlreiche vollmundig angekündigten Großprojekte der Deutschen BP im Mineralöl-, Gas-, Chemie und Kohlebereich in der Schublade. Gleichzeitig erwies sich nun das Veba-BP-Geschäft als massive Belastung, denn zwischen 1980 und 1989 halbierte die Mineralölwirtschaft ihre Raffineriekapazität von 150 Mio. auf 78 Mio. Tonnen pro Jahr durch eine Stilllegungswelle, die auch die Deutsche BP voll erfasste. Während der Raffineriedurchsatz um ein Viertel sank, musste das Unternehmen im selben Zeitraum sein Tankstellennetz im Stammsektor halbieren und schloss zugleich fast 90 Prozent der Fanal-Stationen.[401] Zur Linderung der desaströsen Finanzlage suchte Buddenberg 1983 trotz der Auflagen der Bundesregierung einen Käufer für die Ruhrgas-Schachtel und verhandelte zu diesem Zweck sowohl in den USA als auch mit dem französischen Mineralölkonzern Elf Aquitaine. Die erhofften Einnahmen von 650 Mio. D-Mark hätten sicherlich eine kurzfristige Erleichterung dargestellt. Bis Ende der 1990er Jahre sollten dann die Dividenden-Zahlungen der Ruhrgas bei der Deutschen BP jedoch eine enorme Bedeutung für das Geschäftsergebnis besitzen.

Renaissance des Steinkohlengases?

Die Ruhrgas hatte Mitte der 1960er Jahre mit Aufnahme des Erdgas-Imports aus den Niederlanden begonnen, das Leitungsnetz und die Geräte der angeschlossenen Verbraucher vom klassischen Stadtgas auf Erdgas umzustellen. 1972 wurde mit 500.000 Geräten ein absoluter Höhepunkt erreicht und Ende der 1970er Jahre war die Umstellung auch im engeren Ruhrgebiet weitgehend abgeschlossen. Essen und Dortmund gehörten zu den letzten Kommunen in Deutschland, die aufgrund der Infrastruktur des Kokereiwesens noch auf den

399 *Käuferandrang treibt Preise nach oben*, in: Handelsblatt (20./21. 12. 1980); *Beste Preise*, in: Der Spiegel 21 (1980), 119–125; *Perle mit Haken*, in: Der Spiegel 30 (1983), 34–35.
400 AR Ruhrgas am 6. Mai 1980, 13, in: AEGC 01002155421.
401 EID (Hg.), *60 Jahre*, 57, 62, 70.

traditionsreichen Brennstoff in der öffentlichen Versorgung angewiesen waren. Von nun an wurde Kohlengas mit Ausnahme der Städte Hamburg, Berlin und Gelsenkirchen, die erst 1988 endgültig umstiegen, sowie mit geringen Teilen des Saarlandes im Wesentlichen zur Verwendung in der Industrie und in Kraftwerken abgegeben. Parallel zu dieser Entwicklung schrumpfte die Ausdehnung des Kokereigasnetzes bis 1980 auf den Stand der Gründungszeit der Ruhrgas Ende der 1920er Jahre. Den Hauptteil der noch 330 Kilometer langen Kokereigasader bildete nun die alte „Hauptleitung" zwischen Duisburg bzw. Bottrop und Dortmund mit ihren Verzweigungen. 1994 kam es schließlich zur Trennung dieser Verbindung, da mit Prosper in Bottrop und Kaiserstuhl in Dortmund nur noch zwei Großkokereien ins Netz einspeisten. Anfang des neuen Jahrtausends sank der Kokereigasanteil bei der Ruhrgas nach der Stilllegung der Kokerei Kaiserstuhl auf einen verschwindend geringen Promilleanteil.[402]

Ab Mitte der 1970er Jahre gerieten jedoch Steinkohle und Braunkohle als Rohstoffe zur Gasgewinnung zwischenzeitlich wieder verstärkt in die Diskussion, nachdem die erste Ölkrise in weiten Kreisen der Energiewirtschaft wie auch bei der Bundesregierung die Rückbesinnung auf einheimische Primärenergieressourcen eingeleitet hatte. Innerhalb kurzer Zeit erfasste diese Bewegung alle Industrienationen, galt doch ein verstärkter Einsatz von Kohle als probates Mittel zur Vermeidung künftiger Versorgungsengpässe beim Öl und Linderung der Preiseskalation.[403] Wenn auch der verstärkte Ausbau der Kernenergie zunächst die vorherrschende Rolle in den neuen energiepolitischen Versorgungskonzepten der 1970er Jahre spielte, verband die Bundesregierung mit der Entwicklung neuer Verfahren zur Steinkohlenverwendung eine wirksame Unterstützung der Kohlenvorrangpolitik. Neben den üblichen Fördermaßnahmen im Bereich der Verstromung erweiterten die politischen Vorschläge im Bereich der Kohle das Spektrum erneut um die Kohleveredelung und hier mit der Gewinnung von Kohlengas auf einen Bereich, in dem die Ruhrgas über ihre Tochter Steinkohlengas AG in den 1950er und 1960er Jahren umfangreiche Erfahrungen gesammelt hatte.

Ab 1974 griffen in der Bundesrepublik Deutschland verschiedene vom Bundesministerium für Forschung und Technologie (BMFT) geförderte Programme, die in ihrer Ausrichtung teilweise an die Bemühungen der Vorkriegszeit erinnerten. Unter anderem ging es um die Gewinnung von Synthesegasen zur

---

402 *Dortmund stellt auf Erdgas um*, in: gasette 5 (Februar/März 1978), 16; *In Dortmund ging ein Stück Industriegeschichte zu Ende*, in: gasette 6 (April 1979), 4–5; *Erdgas jetzt auch in der Erdgas-Zentrale*, in: ebd., 6 f.

403 Dieter Schmitt/Walter Schulz, *Renaissance der Kohle?*, in: Dieter Schmitt (Hg.), Der Energiemarkt im Wandel. Zehn Jahre nach der Ölkrise, München 1984, 156–203.

Herstellung von Treibstoffen mittels des Fischer-Tropsch-Verfahrens und von anderen Kohlenwertstoffen durch Druckhydrierung sowie den relativ modern anmutenden Gedanken des Einsatzes von Wasserstoff als Brenngas.[404] Auch die Energieprogramme der Bundesregierung trugen dieser Zielsetzung Rechnung. Nachdem die zweite Fortschreibung 1977 noch relativ allgemein gehalten war, konkretisierte die dritte Fortschreibung von 1981 die Thematik, indem das Anfang 1980 beschlossene Kohlenveredelungsprogramm nun explizit um die Förderung „großtechnischer Anlagen zur Demonstration moderner und besonders aussichtsreicher Verfahren der Kohlenvergasung" erweitert wurde.[405] Eine Rückkehr zum Koppelprodukt Kokereigas kam dabei in der Bundesrepublik allerdings ebenso wenig in Frage wie die direkte Verwendung zu Heizzwecken oder in der verarbeitenden Wirtschaft, fehlte hier doch neben der Vertriebsinfrastruktur längst die entsprechende Anlagentechnik. Alle Maßnahmen zielten daher vorrangig auf einen Einsatz zur Elektrizitätserzeugung.

Innerhalb kurzer Zeit entstanden zahlreiche Projekte und Versuchsanlagen, die schnellstens die Umsetzung der Vergasungsverfahren in marktreife großtechnische Maßstäbe erlauben sollten und in Anlehnung an die allgemeinen energiewirtschaftlichen Tendenzen auf die Nutzung nuklearer Prozesswärme setzten. Neben der Verstromung stand die vollständige Vergasung von Kohle mit nachfolgender Methanisierung zu hochkalorigem Heizgas, dem Synthetic Natural Gas (SNG), im Vordergrund. Gegenüber den herkömmlichen Verfahren bot eine solche Kombination aufgrund der Wirkungsgradverbesserung erhebliche energetische Vorteile, eine erhöhte Gasausbeute und damit insgesamt eine Verbilligung der Erzeugung.

In diesem Bereich arbeitete die brancheneigene Bergbau-Forschung GmbH bereits seit 1969 in Kooperation mit der Kernforschungsanlage Jülich GmbH und der RWE-Tochter Rheinische Braunkohlenwerke AG zusammen. Anfang 1974 gründeten diese unter Beteiligung weiterer Stahlunternehmen und Reaktorbauer die „Arbeitsgemeinschaft Nukleare Prozesswärme" (ANP), denn zunächst musste die energietechnische Grundlage geschaffen werden. Und diese sollte in der Entwicklung eines Hochtemperaturreaktors (HTR) bestehen, dessen Temperatur von bis zu 750 Grad Celsius die der klassischen Siede- und

---

404 BMFT (Hg.), *Auf dem Wege zu neuen Energiesystemen, Teil II: Veredelte fossile Energieträger; Teil III: Wasserstoff und andere nichtfossile Energieträger*, Bonn 1975; Fritz Burgbacher, *Bericht über die Notwendigkeit und die Möglichkeiten einer Politik der Gemeinschaft zur Förderung der Gaserzeugung aus Kohle*, in: BWG (Hg.), Energiewirtschaftliche Bedeutung der Kohlevergasung, Frankfurt a. M. 1975, 7–40.

405 BWM (Hg.), *Zweite Fortschreibung*, 26 f.; ders. (Hg.), *Dritte Fortschreibung*, 37 f.

Druckwasserreaktoren um mehr als das Doppelte übertraf.[406] So liefen ab 1975 mit finanzieller Unterstützung des Bundesministeriums für Forschung und Technik Planungen zum Bau einer Prototypanlage, die ab 1985 zum Einsatz kommen sollte. Der dafür vorgesehene Kugelhaufen-Reaktor in Hamm-Uentrop ging schließlich erst vier Jahre später als vorgesehen 1983 in den Versuchsbetrieb und avancierte aufgrund seiner schlecht handhabbaren und störanfälligen Technologie zu einer der größten Investitionsruinen des bundesdeutschen Kernenergiesektors überhaupt.[407] Solche Szenarien beeinträchtigten die techniceuphorische Stimmung allerdings selbst nach dem Unfall 1979 im US-Kernkraftwerk Three-Mile-Island in Harrisburg kaum. Die direkte Koppelung von Kernenergie- und Gaserzeugung bildete von nun an weltweit den Ausgangspunkt zahlreicher Forschungsvorhaben, während zugleich die Prüfung konventioneller Verfahren boomte. Allein in der Bundesrepublik entstanden bis 1980 insgesamt 13 Projekte, die die drei traditionellen Vergasungstechnologien weiterentwickelten oder neue Ansätze verfolgten, darunter zwei auf Kernenergiebasis.[408]

Die RWE-Rheinbraun-Tochter Union Rheinische Braunkohlenkraftstoff AG in Wesseling errichtete eine halbtechnische Anlage zur Vergasung von Rohbraunkohle, da durch die verstärkte Verlagerung der Stromerzeugung auf Kernenergie große Mengen Braunkohle zur Verfügung stehen würden und ab 1985 Braunkohlengas in Konkurrenz zum Erdgas zu verkaufen sei.[409] Dieses angesichts des niedrigen Brennwertes doch sehr utopisch anmutende Vorhaben fand eine gewisse Parallele in den nicht einmal ansatzweise umgesetzten Plänen der VEW, die selbst ein großes Ferngasnetz im westfälischen Raum betrieb. Dazu gehörte der Bau eines gigantischen Kraftwerks auf Steinkohlenbasis mit einer Leistung von 4.800 Megawatt, in dem ein Thorium-HTR die

406 H. Jüntgen, *Gründung der „Arbeitsgemeinschaft Nukleare Prozesswärme"*, in: Glückauf 110 (1974), 290–291; K. H. van Heek u. a., *Stand der Gaserzeugung aus Kohle durch Wasserdampfvergasung unter Nutzung von Hochtemperatur-Kernreaktorwärme*, in: EKEP 26 (1973), 701–703; H. Teggers, *Hydrierende Vergasung von Kohle*, in: GWF 115 (1974), 532–537.

407 Hans Michaelis/Carsten Salander (Hrsg.), *Handbuch Kernenergie*, Frankfurt a. M. [4]1995, 85 ff.

408 Christoph Brecht/Günther Hoffmann, *Vergasung von Kohle – Eine tabellarische Übersicht der in- und ausländischen Entwicklungen sowie der großtechnisch eingesetzten Verfahren*, in: Ruhrgas AG (Hg.), Gesammelte Berichte aus Betrieb und Forschung der Ruhrgas, Berichtsheft 31 (1983), 7–24; Walter Theimer, *Öl und Gas aus Kohle. Technologie und Politik am Ende des 20. Jahrhunderts*, München 1980.

409 Rudolf Schulten u. a., *Nukleare Prozesswärme für die Kohlenvergasung*, in: Glückauf 112 (1976), 14–19.

Prozesswärme zur Erzeugung von jährlich zusätzlich 15 Mrd. Kubikmetern Steinkohlengas bereitstellen sollte.[410]

Bei der Ruhrgas wurde die sich abzeichnende Renaissance der Kohle angesichts der zwangsläufigen Einbindung des Unternehmens schon früh aufgegriffen, wenn auch wenig euphorisch. Der Vorstand wollte sich dem Trend nicht entziehen, blieb aber in seinen Zukunftsprognosen erheblich moderater als die Politik und die Elektrizitätswirtschaft und beurteilte das wirtschaftliche Potenzial der Kohlenvergasung in der Bundesrepublik vor allem mit Blick auf das Preisniveau der Ruhrkohle sowie die Investitions- und späteren Erzeugungskosten äußerst skeptisch. Das galt insbesondere für den Einsatz von Kernreaktoren. Folglich beteiligte sich das Unternehmen zunächst nur verhalten, auf politischen Druck und mit Unterstützung von Bundesmitteln.[411] Bereits 1973 hatte die Ruhrgas mit der Steag und der Ruhrkohle die Arbeitsgemeinschaft „Druckvergasung" gebildet, um die technische Weiterentwicklung des bei der Steinkohlengas AG in Dorsten seit Mitte der 1950er Jahre angewandten Lurgi- bzw. Lurgi-Ruhrgas-Verfahrens zu prüfen. Als weltweit einziges Unternehmen verfügte die Lurgi Kohle und Mineralöl GmbH dank ihrer seit den 1920er Jahren ununterbrochenen Tätigkeit auf diesem Gebiet über verschiedene kommerziell erprobte und stetig modernisierte Verfahren zur Erzeugung verschiedener Gase auf Kohlenbasis.[412]

In den folgenden Jahren blieb es jedoch bei Versuchs- und Planungsarbeiten. Erst 1978 begannen unter Leitung von Technikvorstand Christoph Brecht die Vorbereitungen der Arbeitsgemeinschaft zum Bau der Versuchsanlage „Ruhr 100" zur Vergasung nicht- oder schwachbackender Ruhrkohle bei Betriebsdrücken von bis zu 100 bar neben der alten Vergasungsanlage auf der Zeche Fürst Leopold in Dorsten.[413] Zwischen Sommer 1979 und 1983 lief der Versuchsbetrieb mit dem Ziel, nach einem modifizierten Verfahren mit dem weltweit höchsten Betriebsdruck Kohle restlos zu vergasen und die Grundlagen

---

410 Manfred Schwarz, *Zwischen Wiederaufbau und Wiedervereinigung: Die VEW von 1948–1989*, in: VEW AG (Hg.), Mehr als Energie. Die Unternehmensgeschichte der VEW 1925–2000, Essen 2000, 198–278, hier 242.

411 AR Ruhrgas am 17. Dezember 1974, 5, in: AEGC 01002155394; Vortrag Brecht AR Ruhrgas am 17. Dezember 1974 zur Kohlevergasung, 4 f., in: AEGC 01002155394; Franz Bieger, *Ist eine Weiterentwicklung der Kohlevergasung zur Zeit notwendig?*, in: GWF 115 (1974), 529–531.

412 Hasso Döring u. a., *Gasförmige und flüssige Brennstoffe aus Kohle. Gas-, Teer- und Ölgewinnung von Kraftwerkskohle – Lurgi-Ruhrgas-Verfahren*, in: EKEP 28 (1975), 225–232; Hans-Wolf von Gratkowski, *Stand und technische Möglichkeit der Kohlevergasung*, in: Ruhrgas AG (Hg.), Gesammelte Berichte aus Betrieb und Forschung der Ruhrgas, Berichtsheft 23 (1975), 53–59.

413 Harald P. Peyrer, *Ruhr 100 – eine Weiterentwicklung der Lurgi-Druckvergasung*, in: EEZ 94 (1978), 362–367.

dafür zu schaffen, das Produkt nach weiterer Behandlung für das Stadtgasnetz bzw. in SNG-Qualität bereitstellen zu können. Dem Forschungscharakter entsprechend fehlte jedoch eine Methanisierungsstufe, die Kohlenmonoxyd und Wasserstoff in Methan umbildete. Auf diesem Feld engagierten sich andere Unternehmen. Dem hohen Druck kam dabei eine besondere Rolle zu, denn die klassischen Verfahren arbeiteten mit gerade 25 bar, wodurch sich der Methangehalt des erzeugten Gases stark verringerte, während gleichzeitig die Ausbringung der unerwünschten Nebenprodukte Teer, Öl, Schwefelsäure und Benzol unverhältnismäßig hoch war. Im Herbst 1981 erreichte die „Ruhr 100" nach über 3.000 Betriebsstunden erstmals einen regelmäßigen Betriebsdruck von 95 bar und bewies mit der erstrebten Verdoppelung der Durchsatzleistung ihre Funktionsfähigkeit.[414] Schon jetzt bewahrheitete sich jedoch die anfängliche Skepsis, denn die Betriebserfahrungen hatten auch die unzureichende Wettbewerbsfähigkeit der Produktion von Kohlengas in einer bundesdeutschen Großanlage gegenüber dem Erdgas aufgezeigt. Zwar hatten sich die Hoffnungen auf technischer Ebene durchaus erfüllt, doch überstiegen die Kosten das Niveau der Marktpreise um mehr als 200 Prozent. Bei der VEW als wohl ambitioniertester Befürworterin der Kohlevergasung als Basis der Stromerzeugung endeten die Versuche erst 1991.[415]

Die „Ruhr 100" wurde nach Abschluss umfangreicher Versuche mit verschiedenen Kohlensorten Ende 1983 stillgelegt und 1985 abgerissen. Ausschlaggebend war die bereits 1980 aufgrund der prekären Haushaltslage des Bundes nicht mehr vollständig erfüllte Förderungszusage und die unzureichende Mittelbereitstellung für die zweite Betriebsphase.[416] Damit starb auch ein weiteres, auf Veranlassung der Bundes- und Landespolitik initiiertes Projekt noch im Erörterungsstadium. Im September 1979 hatte der Vorstand der Ruhrgas eine Absichtserklärung mit der Ruhrkohle mit dem Ziel abgeschlossen, die sogenannte „Industrieanlage Ruhr" gemeinsam zu planen, zu errichten und zu betreiben.[417] Das Konzept entsprach einer Synthese der vorhande-

---

414 Claus Lohmann/Gerhard Röbke, *Das Kohlenvergasungsprojekt Dorsten, Lurgi – Ruhr 100 – Bisherige Betriebserfahrungen*, in: Ruhrgas AG (Hg.), Gesammelte Berichte aus Betrieb und Forschung der Ruhrgas, Berichtsheft 28 (1980), 35–39; Claus Lohmann, *Kohlevergasung – Erfahrungen mit der Versuchsanlage Dorsten (LURGI-RUHR 100)*, in: Ruhrgas AG (Hg.), Gesammelte Berichte aus Betrieb und Forschung der Ruhrgas, Berichtsheft 30 (1982), 31–40.

415 Dietmar Bleidick, 100 Jahre Gersteinwerk. Von der Überlandzentrale zum Großkraftwerk, Essen 2017, 68–70.

416 Lagebericht Liesen AR Ruhrgas am 25. November 1980, 13 f., in: AEGC 01002155422; dsgl. am 9. Dezember 1981, 5f, in: AEGC 01002155422, Materialien Lagebericht Liesen AR Ruhrgas am 25. November 1980, in: AEGC 01002155425; *In Dorsten ging das Feuer aus*, in: gasette 10 (1983), 9.

417 Lagebericht Liesen AR Ruhrgas am 29. November 1979, 11 ff., in: AEGC 0102155414.

nen Projekte und sah den dreistufigen Bau einer Kohlevergasungseinheit mit einer Endkapazität von drei Mio. Tonnen SKE Steinkohleeinsatz pro Jahr vor. Die Anlage sollte mit einem 700-Megawatt-Steinkohlenkraftwerk kombiniert werden, um auf diesem Weg Synergien durch die direkte Verstromung des im Lurgi-Vergaser nicht einsetzbaren Feinkohlenanteils zu erzielen. Weitere Perspektiven bot die optionale Ergänzung eines HTR. Nach diesem rund zehnjährigen Ausflug in ein längst aufgegebenes Geschäftsfeld beendete die Ruhrgas die Aktivitäten im Bereich der Kohlevergasung endgültig und widmete sich nur noch dem Erdgas.[418] Die Ruhrchemie AG und die Ruhrkohle Öl und Gas GmbH ließen sich von diesem Ergebnis nicht abschrecken und errichteten ab 1984 nach ebenso erfolgreichen Versuchen mit einem Texaco-Verfahren in Oberhausen-Holten die „Syntheseanlage Ruhr“ mit einer Kapazität von 250.000 Tonnen Kohle pro Jahr. Aus wirtschaftlichen Gründen wurde der Betrieb im Winter 1991/92 jedoch auf Öl umgestellt.[419]

Anders als in der Bundesrepublik sah der Ruhrgas-Vorstand angesichts der von allen Prognosen bestätigten langfristig steigenden Bedeutung der Kohle für die Weltenergieversorgung in internationaler Perspektive erhebliche Chancen für die Kohlevergasung. Dies galt allgemein für alle Veredelungsprozesse, die den Rohstoff sowohl technisch als auch hinsichtlich seiner Umweltverträglichkeit marktgerechter machten. Mitte 1978 vereinbarte die Ruhrgas ein Kooperationsprojekt mit der El Paso Corp., der führenden US-amerikanischen Erdgasgesellschaft. Ziel war die Produktion von SNG. Da das dortige Regulierungssystem die Preise für inländisches Erdgas auf dem Verordnungswege künstlich niedrig hielt, gingen beide Unternehmen davon aus, durch eine Mischkalkulation marktfähige Preise erzielen zu können. Gleichzeitig liefen Verhandlungen zum Erwerb einer Beteiligung an Steinkohlevorkommen in den USA. Liesen verband mit diesen Maßnahmen eine spätere Markteinführung von SNG auch in der Bundesrepublik und die Gewinnung von Know-how bei Planung, Bau und Betrieb von Kohlevergasungsanlagen in kommerziellen Dimensionen. Das ambitionierte Vorhaben endete 1980 angesichts schleppender Genehmigungsverfahren und der Tatsache, dass der von El Paso vorgese-

418 Das Gelände der Steinkohlengas AG in Dorsten wurde einer kompletten Neuordnung unterzogen. Bis Ende der 1980er Jahre errichtete die Ruhrgas ein neues Zentrallager, sanierte Infrastruktur, Gebäude und Böden und investierte hohe Summen in die Zusammenfassung der technischen Dienste sowie den Ausbau des Technikums. *Neues Technikum jetzt voll in Betrieb*, in: gasette 3 (April 1976), 13; *Forschungs- und Entwicklungszentrum Dorsten*, in: gasette 11 (August 1984), 6–7; *Letzte Erinnerung an die Steinkohlengas AG*, in: gasette 12 (Juni/Juli 1985), 17 f.; *Von der Gasfabrik zum Entwicklungszentrum*, in: gasette 20 (3/1993), 18–21.

419 W. Amthor, *Ein Fortschritt auf dem Wege zum Synthesegas aus Steinkohle bei der Ruhrchemie AG*, in: Glückauf 114 (1978), 442–443.

hene perfekte Standort in einem Indianerreservat lag und nicht freigegeben wurde.[420]

Eine erneute kurzfristige Beachtung erlangte die Kohle als Gaslieferant bei der Ruhrgas unter wiederum veränderten Vorzeichen nochmals Anfang der 1990er Jahre. Heute durch die Entwicklungen in den USA im Mittelpunkt energie- und umweltpolitischer Diskussionen, zu dieser Zeit jedoch von der Öffentlichkeit weitgehend unbemerkt, sollte die natürliche Methan-Ausgasung der Steinkohle mithilfe des Hydraulic Fracturing, kurz Fracking, für die Gasgewinnung nutzbar gemacht werden.[421] Die Anfänge der Methodik liegen in den USA und der Sowjetunion, wo sie um 1950er erstmals zur Lagerstättenstimulation u. a. durch Wasserinjektionen genutzt wurde. Doch kam es auch in Deutschland seit den frühen 1960er Jahren zu vereinzelten Einsätzen. Das vom Ruhrgas-Vorstand ins Auge gefasste Projekt betraf dagegen ausschließlich Steinkohlenlagerstätten. Der Bereich der sogenannten „Untertagevergasung" von Steinkohle war parallel zu den Maßnahmen im Mineralöl- und Erdgassektor entwickelt worden und gewann im Verlauf der ersten Ölkrise einen gewissen Aufschwung. Vor allem in den beiden Fracking-Mutterländern entstanden zahlreiche konkrete Projekte, während es in der Bundesrepublik bei einzelnen, durch das BMFT geförderten und in Kooperation mit Belgien durchgeführten Forschungsvorhaben ohne kommerzielle großtechnische Umsetzung blieb. Schon um 1980 bestanden hier neben Zweifeln an der Wirtschaftlichkeit gewisse Bedenken hinsichtlich der Umweltverträglichkeit bei oberflächennahen Vorkommen.[422]

---

420 Bericht Liesen zum TOP 5 AR Ruhrgas am 17. Mai 1978: El Paso-Projekt, 1 f., in: AEGC 01002155408; Aktenvermerk Ruhrgas, [ohne Autor], 11. Mai 1978, 1–4, in: AEGC 01002155408; Lagebericht Liesen AR Ruhrgas am 29. November 1979, 10, in: AEGC 0102155414.

421 Beim Fracking wird über Bohrungen unter hohem Druck eine Mischung aus Wasser, meist diversen chemischen Zusätzen und Sand als Stützmittel, das „Fracfluid", in die geologischen Horizonte gepresst. Ziel ist die Erzeugung, Ausweitung und Stabilisierung von Rissen im Gestein einer Lagerstätte, um die Gasdurchlässigkeit des Gesteins zu erhöhen. Während das Fracking ursprünglich vor allem zur Produktionserhöhung im Verlauf der abschließenden Förderphase in konventionellen Mineralöl- und Erdgaslagerstätten diente, basiert der sich seit Anfang des neuen Jahrtausends beschleunigende Frackingboom in den USA auf der Ausbeutung unkonventioneller Lagerstätten wie Ölschieferformationen, sodass das gewonnene Gas auch als „unkonventionelles Erdgas" bezeichnet wird. Christiane Habrich-Böcker u. a., *Fracking – Die neue Produktionsgeografie*, Wiesbaden 2014.

422 Jan Stuffken/Frans J. Wetzels, *Die Untertagevergasung von Steinkohle*, in: Glückauf 110 (1974), 485–488; Friedrich H. Franke/Christian P. Beckervordersandforth, *Neue Ansätze zur Untertagevergasung von Kohle*, in: Glückauf 114 (1978), 246–251; Pierre Ledent u. a., *Wirtschaftliche Aspekte der In-situ-Vergasung von Kohle*, in: Glückauf 117 (1981), 24–27.

Nach zweijährigen Vorbereitungsarbeiten begann 1992 ein Konsortium aus der Ruhrgas (15 Prozent), der Conoco Mineralöl GmbH (65 Prozent) und der Ruhrkohle (20 Prozent) ein Projekt zur Aufsuchung von Kohlengas im Gebiet „Sigillaria", das sich auf rund 2.400 Quadratkilometern zwischen den Städten Hamm, Werne, Gütersloh, Ibbenbüren, Münster und Haltern nördlich der durch den Steinkohlenbergbau erschlossenen Region des Ruhrgebiets erstreckt. Die Partner brachten in das Unternehmen unterschiedliches, sich ergänzendes Know-how ein: Conoco verfügte über die Betriebserfahrungen ihrer Mutter Conoco Inc. in den USA, wo zu dieser Zeit bereits 16 Mrd. Kubikmeter Kohlengas pro Jahr gewonnen wurden, die Ruhrkohle AG über die Lagerstättenkenntnisse und die Ruhrgas über die Kompetenz zur Verteilung und Vermarktung. Fünf Probebohrungen sollten Aufschluss über Gasmengen, Fließgeschwindigkeiten und die Durchlässigkeit der Schichten vermitteln. Die allein in die Pilotphase investierten 100 Mio. D-Mark rentierten sich jedoch nicht, denn die große Teufe der deutschen Kohlenvorkommen und die schwierigen geologischen Formationen mit zahlreichen Verwerfungen boten völlig andere Voraussetzungen als die Verhältnisse in den USA. Eine Gasgewinnung wäre zwar möglich gewesen, aber nur unter unwirtschaftlichen Bedingungen, sodass das Projekt die Produktionsphase nicht erreichte.[423]

Wissenschafts- und Kulturförderung der Ruhrgas

Mitte der 1980er Jahre begann bei der Ruhrgas eine fast drei Jahrzehnte andauernde Phase der Wissenschafts- und Kulturförderung. Ausschlaggebend für den Einstieg in diese seit dem ausgehenden 19. Jahrhundert auch im Ruhrgebiet etablierte Form eines gesellschaftlichen Engagements der Wirtschaft[424] waren Überlegungen im Vorstand, die langfristig angelegten energiewirtschaftlichen Beziehungen zu den Lieferländern auf dieser Ebene zu begleiten. Klaus Liesen, der zwischen 1980 und 1993 zugleich ehrenamtlicher Vorsitzender des

423 Vorlage TAO 6b AR Ruhrgas am 3. Dezember 1992: Einkauf von Coalbed Methane, in: AEGC 01002155469; Lagebericht Späth AR Ruhrgas am 6. Dezember 1996, 57, in: AEGC 01002155494.

424 Siehe allgemein Klaus Daweke/Michael Schneider, *Die Mission des Mäzen. Zur öffentlichen und privaten Förderung der Künste*, Opladen 1986; Karla Fohrbeck, *Renaissance der Mäzene? Interessenvielfalt in der privaten Kulturfinanzierung*, Köln 1989; Dietmar Bleidick, *Kunst für alle oder für wenige? Zur Geschichte des Verhältnisses von öffentlicher und privater Kunstförderung*, in: Ute Canaris/Jörn Rüsen (Hrsg.), Kultur in Nordrhein-Westfalen. Zwischen Kirchturm, Förderturm und Fernsehturm, Stuttgart 2001, 205–213.

Abb. 28: Jahresversammlung 1988 des Stifterverbandes in Hamburg. V. r. n. l.: Klaus Liesen, Bundeskanzler Helmut Kohl, Peter Graf von Kielmansegg (Festredner). Klaus Liesen war Vorsitzender des Stifterverbandes von 1980 bis 1993.

Stifterverbandes für die Deutsche Wissenschaft war und für seine besonderen Verdienste um die Förderung der Wissenschaft und Forschung am Ende seiner Amtszeit mit dem Großen Verdienstkreuz mit Stern des Verdienstordens der Bundesrepublik Deutschlands geehrt wurde, formulierte Anfang der 1980er Jahre die Idee, ein von der Ruhrgas finanziertes internationales wissenschaftliches Förderprogramm aufzulegen.[425] Die Wahl fiel auf Norwegen als jüngstem, perspektivisch jedoch in seiner Bedeutung zunehmenden Partner. Hierfür wurde 1983 eine gemeinnützige Stiftung im Stifterverband eingerichtet: der Stipendienfonds Ruhrgas.[426] Die Stiftung wurde nicht mit eigenem Kapital ausgestattet, sondern erhielt in regelmäßigen Abständen Mittelzuweisungen des Unternehmens, über deren Höhe der Vorstand der Ruhrgas beschloss. Durch die Etablierung einer sogenannten Verzehrstiftung wollte das Unternehmen sicher-

425 Interview Liesen am 7. Juni 2016.

426 Stipendienfonds E.ON Ruhrgas (Hg.), *Bericht. Die ersten 25 Jahre*, Essen 2009, 1–3. In den Quellen wird bis 2006 konsequent von den Ruhrgas-Programmen gesprochen, weil das Unternehmen lange Zeit unmittelbar als Förderer wahrgenommen werden wollte. Erst seit 2006 wurde die Stiftung als Akteur kommuniziert, weil Ruhrgas als Marke etabliert war und nun auch im Dritten Sektor präsent sein wollte. Interview Bruendel am 28. Juni 2016.

Abb. 29: Sitzung des Deutsch-Norwegischer Beirats des Stipendienfonds Ruhrgas 1987 im Munch Museum, Oslo. Der Beirat tagte i. d. R. alle zwei Jahre. Ihm gehörten Persönlichkeiten aus Wissenschaft, Wirtschaft und öffentlichem Leben beider Länder an.

Zu sehen sind (v. l. n. r.): Ulrich Unger (Bereichsleiter Kultur- und Wissenschaftsförderung, Ruhrgas AG), Herbert Giersch (Präsident des Instituts für Weltwirtschaft, Universität Kiel), Lars Roar Langslet (ehem. norwegischer Minister für Kultur und Wissenschaft, Mitglied des Storting), Klaus Liesen (Vorstandsvorsitzender, Ruhrgas), Finn Lied (ehem. Industrieminister und ehem. Aufsichtsratsvorsitzender der Statoil a. s.), Jarle Simensen (Vorsitzender der Auswahlkommission für das Programm Geschichtswissenschaften, Professor für Geschichte der Universität Trondheim), N. N. (Vorsitzender der Auswahlkommission für das Programm Wirtschaftswissenschaften), Reimar Lüst (ehem. Präsident der Max-Planck Gesellschaft; Generaldirektor der Europäischen Weltraumorganisation ESA), Hermod Skanland (Präsident der Norwegischen Zentralbank), Horst Niemeyer (Generalsekretär des Stifterverbandes für die Deutsche Wissenschaft).

stellen, die Förderprogramme gegebenenfalls auch auslaufen lassen zu können. Die Stiftungsgremien wurden paritätisch mit Vertretern der Ruhrgas beziehungsweise des Stifterverbandes besetzt; den Vorsitz des Stiftungsvorstandes übernahm in Personalunion der Finanzvorstand der Ruhrgas; den Vorsitz des Beirats wiederum der Vorstandsvorsitzende der Ruhrgas.[427]

---

427 Stipendienfonds E.ON Ruhrgas (Hg.), *Bericht. Die ersten 25 Jahre*, 41. Rund zwei Jahrzehnte bildeten Finanzvorstand Friedrich Janssen (Vorsitz) und Heinz-Rudi Spiegel vom Stifterverband den Stiftungsvorstand. *Jubiläum in Essen. Seit 25 Jahren fördert der Stipendienfonds E.ON*

Abb. 30: Stipendiatentreffen 2013: Axel Berg (Deutscher Botschafter, 7. von rechts) und Steffen Bruendel (Bereichsleiter Kultur- und Wissenschaftsförderung, E.ON Ruhrgas, 2. von links) mit Stipendiaten im Garten der Osloer Residenz des Botschafters.

Als erste Maßnahme der Stiftung wurde 1984 das Deutsch-Norwegische Stipendienprogramm für Wirtschaftswissenschaften mit einer Laufzeit von zunächst sechs Jahren ins Leben gerufen. Die nötigen Mittel von insgesamt 3,5 Mio. D-Mark wurden von der Ruhrgas und der unternehmensnahen Alfred und Cläre-Pott-Stiftung zur Verfügung gestellt. Partner des Programmes auf norwegischer Seite waren entsprechende Fachinstitute der Universitäten Oslo und Bergen sowie der Norwegische Allgemeinwissenschaftliche Forschungsrat (NAVF). Der Stifterverband und der Forschungsrat beriefen das wissenschaftliche Komitee für die Auswahl der Stipendiaten. Der Bereichsleiter Kultur- und Wissenschaftsförderung der Ruhrgas war in Personalunion auch für die operative Arbeit der Stiftung zuständig, die von einem prominent besetzten deutsch-norwegischen Beirat unterstützt wurde. Finanziert wurden zunächst Forschungsaufenthalte norwegischer Hochschullehrer und Studenten in Deutsch-

---

Ruhrgas den wissenschaftlichen Austausch mit Norwegen, in: DNF-Magazin. Eine Zeitschrift der Deutsch-Norwegischen Freundschaftsgesellschaft e. V., Ausgabe 4 (2008), 1 f.

land; erst später wurde das wirtschaftswissenschaftliche Programm – wie alle folgenden – auch für Deutsche geöffnet, die ihre akademische Ausbildung durch einen Norwegen-Aufenthalt bereichern wollten.[428]

1985, in dem Jahr, in dem Bundespräsident Richard von Weizsäcker seine viel beachtete Rede zum Jahrestag der Beendigung des Zweiten Weltkrieges am 8. Mai hielt, wurde entschieden, das Förderspektrum des Ruhrgas-Stipendienfonds auf die Geschichtswissenschaften auszudehnen, sodass im folgenden Jahr das zweite Ruhrgas-Stipendienprogramm eingerichtet wurde. Angesichts der jüngsten Vergangenheit war diese Wahl durchaus ein Wagnis, denn das Unternehmen setzte damit „trotz einiger Bedenken [...] etwas in Gang, was mehr Konflikte als Versöhnung produzieren konnte. Es gab sozusagen keine Beziehungen von norwegischen zu deutschen Historikern“,[429] so Liesen rückblickend. Dass sich das Programm als Erfolg erweisen sollte, lag auch an den beiden renommierten Kommissionsvorsitzenden: dem norwegischen Historiker Jarle Simensen und seinem deutschen Kollegen Christian Meier.[430]

1995 folgte das Stipendienprogramm Rechtswissenschaften mit dem Schwerpunkt Europarecht und im Jahre 2003 das Programm für Politikwissenschaften, welches die Förderung der Historiker ersetzte. In allen Disziplinen wurden bi- oder internationale Konferenzen abgehalten und die Forschungsergebnisse veröffentlicht.[431] 2014 wurde das Programmportfolio der – nunmehr als E.ON Stipendienfonds firmierenden – Stiftung umgestellt und auf das Thema Energie ausgerichtet, also erstmals in seiner Geschichte dem Geschäftsfeld des Unternehmens angenähert. Aus Sicht der deutsch-norwegischen Wissenschaftsbeziehungen war es aber erfreulich, dass der E.ON-Konzern nach der

428 Deutsch-Norwegisches Stipendienprogramm, in: gasette 11 (Februar 1984), 4–6; Stipendienfonds E.ON Ruhrgas, *Bericht. Die ersten 25 Jahre*, 20–22, 40 f.

429 Zit. nach Stipendienfonds E.ON Ruhrgas, *Bericht. Die ersten 25 Jahre*, 24. Siehe auch Aktenvermerk Unger, 12. Oktober 1983, zum Norwegen-Stipendium, in: AEGC 01002155429; Aktenvermerk Ruhrgas, 25. November 1985, zur Vorbereitung der Aufsichtsratssitzung am 28. November 1985, 6, in: AEGC 01002155433.

430 Stipendienfonds E.ON Ruhrgas, *Bericht. Die ersten 25 Jahre*, 23–25; Steffen Bruendel, *Preface. Historical Research and the Impact of Transnational Academic Cooperation – Norway and Germany*, in: Arnd Bauerkämper u. a. (Hg.), From Patriotic Memory to a Universalistic Narrative? Shifts in Norwegian Memory Culture after 1945 in Comparative Perspective, Essen 2014, 9–17, hier 10 f.

431 *Ruhrgas-Stipendium jetzt auch für Geschichte*, in: gasette 12 (Oktober 1985), 10 f.; *Eine ‚Pipeline‘ für Akademiker. Zehn Jahre Deutsch-Norwegisches Stipendienprogramm*, in: gasette 21 (2/1994), 4 f.; Ruhrgas AG (Hg.), *Ruhrgas-Stipendien*, Essen o. J. [ca. 1998], 6–19; Stipendienfonds E.ON Ruhrgas (Hg.), *Entdecke Norwegen! ... mit E.ON Ruhrgas-Stipendien für Studium und Forschung*, Essen 2008, 2 f.; Stipendienfonds E.ON Ruhrgas (Hg.), *Bericht. Die ersten 25 Jahre*, 26–30; Bruendel, *Preface*, 10 f.

Übernahme der Ruhrgas die Stiftung weiterhin finanzierte. Bis 2014 wurden insgesamt rund 2.000 Personen vor allem durch Studien- und Forschungsstipendien gefördert und über 50 Fachkonferenzen durchgeführt. Dafür hatten die Ruhrgas und ihre Rechtsnachfolger dem Stipendienfonds insgesamt rund 13 Mio. Euro zur Verfügung gestellt.[432]

Mit Blick auf die unternehmerische Wissenschaftsförderung ist im Vergleich zu anderen Unternehmen zweierlei hervorzuheben: zum einen die strategische Ausrichtung der Förderpolitik und zum anderen ihre organisatorische Integration durch Schaffung einer Stabsstelle „Internationale Kultur- und Wissenschaftsförderung", die viele Jahre am Hauptbereich Energiepolitik angebunden war und 2010 dem Zentralen Vorstandsbüro zugeordnet wurde. Ein Kultur- und Wissenschaftsmanager sollte mittels einer systematischen Förderung des kulturellen und wissenschaftlichen Austausches ein positives Geschäftsumfeld im Lieferland schaffen.[433] „Mehr als bloße Lieferbeziehungen"[434] sollten es sein, und das bedeutete, Projekte zu unterstützen, welche den kulturellen bzw. wissenschaftlichen Austausch zwischen der Bundesrepublik Deutschland und den verschiedenen Lieferländern förderten und insofern auch (außen-)politische Bedeutung genossen. Damit wurde unternehmerische Verantwortung für die Gesellschaft übernommen, lange bevor der Begriff ‚Corporate Social Responsibility' geprägt und auch von Ruhrgas verwendet wurde.[435]

Auch der kurz nach Auslobung des Stipendienprogramms erfolgte Anstoß zu intensiven kulturellen Aktivitäten der Ruhrgas resultierte aus der engen wirtschaftlichen Verbundenheit mit ihren internationalen Partnern im Erdgasgeschäft. Auch hier lag es im Interesse des Unternehmens, dass die langjährigen Vereinbarungen mit Erdgasexportländern nicht auf die wirtschaftliche Ebene beschränkt blieben, sondern durch kulturelle Verbindungen die Dauerhaftigkeit und Verlässlichkeit der Geschäftsbeziehung unterstützt wurde.[436] Einen hervorragenden Ansatzpunkt für den Brückenschlag zu einem Partnerland

432 E.ON Stipendienfonds (Hg.), *30 Jahre. Wegmarken des Stipendienfonds*, Essen 2014, 76 f., 80–87.

433 Bis 2006 war dies Ulrich Unger, der zuvor bei der Max-Planck-Gesellschaft zur Förderung der Wissenschaften tätig gewesen war und bis 2014 Steffen Bruendel, der 2006 von der Gemeinnützigen Hertie-Stiftung zur E.ON Ruhrgas gewechselt war.

434 *„Mehr als bloße Lieferbeziehungen." E.ON Ruhrgas fördert Kultur und Wissenschaft. Besondere strategische Bedeutung haben dabei internationale Programme*, in: E.ON Ruhrgas [Mitarbeiterzeitung], Januar 2007, 11; *„Wir fördern nicht nur Gas." Der Stipendienfonds E.ON Ruhrgas fördert den akademischen Austausch zwischen Norwegen und Deutschland*, in: Stiftungen. Eine Sonderveröffentlichung der ZEIT (27. 9. 2007), 54.

435 Interview Bruendel am 28. Juni 2016.

436 Interview Liesen am 7. Juni 2016.

Abb. 31: Friedrich G. Einhoff (1901–1988), „Kampfbahn auf Schalke", ca. 1936. Aus der Ruhrgas-Kunstsammlung, die rund 400 Werke der klassischen Moderne mit motivischem Bezug zur Gaswirtschaft umfasste.

boten dabei die Jubiläen historischer Ereignisse oder der Vertragsabschlüsse, deren Feierstimmung durch Kunstausstellungen in die Öffentlichkeit getragen werden konnte. Den Anfang machte auch hier Norwegen. Anlässlich des zehnten Jahrestages des Lieferbeginns von Nordseegas initiierte die Ruhrgas 1987 eine Ausstellung mit Bildern des norwegischen Malers Edvard Munch. Munch symbolisierte im besonderen Maße die Vertiefung der gegenseitigen Beziehungen, verbrachte er doch wesentliche Perioden seines Schaffens in Deutschland, wo er die Malerei des 20. Jahrhunderts maßgeblich beeinflusste. Die Idee wurde durch Ruhrgas-Personalvorstand Achim Middelschulte[437] und den Direktor des Osloer Munch-Museums entwickelt. In diesem Museum waren die Verträge zum ersten Programm des Stipendienfonds unterzeichnet worden, dessen Beirat seit 1984 alle zwei Jahre dort tagte. Diese Sitzungen waren mit größeren Empfängen verbunden, auf denen prominente deutsche oder norwegische Politiker Reden hielten.[438]

---

437 Achim Middelschulte leitete ab 1976 das Ruhrgas-Vorstandsbüro und übernahm ab 1985 als zunächst stellvertretendes, ab 1987 als ordentliches Vorstandsmitglied das Personalressort.

438 Stipendienfonds E.ON Ruhrgas (Hg.), *Bericht*, 18 f. Schon 1985 hatte die Ruhrgas eine eigene Ausstellung mit Bildern des norwegischen Künstlers Victor Sparre initiiert und sich im

Middelschulte wandte sich mit der Idee, Ausstellungen zu sponsern, auch an das Essener Museum Folkwang, dem die Ruhrgas schon länger als Mitglied des Museumsvereins freundschaftlich verbunden war. Überdies wurde es von der in Essen ansässigen Alfred und Cläre Pott-Stiftung gefördert, die über Jahrzehnte wichtige Anschaffungen ermöglichte.[439] Die Ausstellungseröffnungen sollten jeweils mit einem Empfang für Kunden und Vertragspartner aus der Region verknüpft werden. Der mit 230.000 Besuchern in sieben Wochen völlig unerwartete Erfolg der Munch-Ausstellung im Jahre 1987, so Liesen, bildete dann den Auftakt zu einer Reihe von Folgeausstellungen.[440] Dass die Ruhrgas von nun an regelmäßig Kunstausstellungen förderte, war zu diesem Zeitpunkt noch nicht abzusehen.[441]

Drei Jahre später veranstaltete die Ruhrgas zum 25jährigen Jubiläum des ersten Importvertrages mit den Niederlanden die Ausstellung „Vincent van Gogh und die Moderne“, die nach dem Folkwang-Museum auch im Amsterdamer van Gogh-Museum zu sehen war. Das Konzept unterschied sich grundlegend von anderen Retrospektiven, verdeutlichte die Ausstellung doch erstmals den Einfluss van Goghs auf die europäische Malerei in den Jahren zwischen 1890 und 1914, der bis dahin in einer solchen Breite noch nicht dokumentiert worden war und nun erstmals einer größeren Öffentlichkeit verdeutlicht werden konnte. Sie zeigte daher nicht nur einen Querschnitt von rund 50 exemplarischen Werken Van Goghs, sondern kontrastierte diese mit 120 Werken der europäischen Avantgarde.[442] Das Ergebnis war eine Bilanz von 500.000 Besuchern. Im Rahmen der Jubiläumsfeierlichkeiten wurde Klaus Liesen für seine Verdienste um die Niederlande durch Königin Beatrix zum Kommandeur des Orde van Oranje-Nassau (Orden von Oranien-Nassau) ernannt.[443]

---

selben Jahr an einer auch von Mannesmann und der Deutschen Bank unterstützten Ausstellung „Russische und sowjetische Kunst – Tradition und Gegenwart“ beteiligt.

439 Museum Folkwang (Hg.), *Erwerbungen der Alfred und Cläre Pott-Stiftung für das Museum Folkwang 1967–2012*, Göttingen 2012; 50 Jahre Alfred und Kläre Pott-Stiftung, Essen 2016, 9 ff.

440 Interview Liesen am 7. Juni 2016; Lagebericht Liesen AR Ruhrgas am 30. November 1987, 7, in: AEGC 0102155446; *Seit zehn Jahren strömt Erdgas aus Norwegen zum Kontinent*, in: gasette 14 (Oktober/November 1987), 3–7. Zu allen Ausstellungen erschienen Kataloge, die hier nicht gesondert zitiert werden.

441 *Interview Middelschulte*, in: Julia-Katharina Mundt, Kulturkooperationen im Ruhrgebiet: Ziele – Projekte – Erträge. Dissertation über die Formen der Zusammenarbeit von öffentlicher Hand und Wirtschaft bei kulturellen Projekten im Ruhrgebiet, Diss. Münster 2007, Norderstedt 2008, 67.

442 *Vincent van Gogh und die Moderne*, in: gasette 17 (April/Mai 1990), 21 f.; *Am Gaslicht kam der Künstler nicht vorbei*, in: gasette 26 (August/September 1999) 17 f.; *Ein Mann für viele Nachfahren*, in: Die Zeit (17. 8. 1990).

443 Interview Liesen am 7. Juni 2016.

Abb. 32: Vermutlich Feier anlässlich des 70. Geburtstags von Klaus Liesen im April 2001 im Museum Folkwang. Bundeskanzler Gerhard Schröder und Klaus Liesen.

1993 folgte mit dem Beginn der sowjetischen Erdgaslieferungen 20 Jahre zuvor ein weiteres Jubiläumsjahr. Bereits 1991 begannen daher die Planungen zu einer Ausstellung französischer Malerei der klassischen Moderne aus russischen Beständen. Die Bilder gehörten zu den 1918 verstaatlichten Beständen der beiden russischen Unternehmer und Kunstsammler Iwan Morosow und Sergej Schtschukin, die im Moskau der Jahrhundertwende Werke französischer Impressionisten zusammengetragen hatten. Als Leihgeber fungierten das Puschkin-Museum in Moskau und die St. Petersburger Eremitage. Bis auf wenige Ausnahmen waren die zahlreichen Arbeiten von Monet, Matisse, Picasso und anderen bis dahin noch nicht in Deutschland zu sehen gewesen. Die Ausstellung „Monet bis Picasso“ war nochmals erfolgreicher als ihre Vorgängerin und verzeichnete mit 580.000 Besuchern damals einen Rekord für Kunstausstellungen in Deutschland.[444]

---

444 Lagebericht Liesen AR Ruhrgas am 5. Mai 1993, 23 f., in: AEGC 01002155471; *Historisches Ereignis für die Kunstwelt. Französische Malerei der klassischen Moderne aus Russland 1993 in Essen zu sehen*, in: gasette 18 (Dezember 1991), 23–25; *Zwei russische Sammler im Blickfeld der Kunstszene*, in: gasette 20 (April 1993), 19–22; Mundt, *Kulturkooperationen*, 68.

Diese beiden etwas eingehender behandelten Beispiele verdeutlichen den hohen Anspruch, den die Ruhrgas mit ihrer Kulturförderung am Standort verband. Bis 2014 folgten weitere Ausstellungen, jedoch nun teilweise auch ohne direkten Bezug zu Geschäftsereignissen. 1998 zeigte das Museum Folkwang anlässlich des 150. Geburtstages des Künstlers die Ausstellung „Paul Gauguin – Das verlorene Paradies“ mit 341.000 Besuchern. Zum 75. Gründungsjubiläum der Ruhrgas 2001 und zugleich 150. Todestag von William Turner sahen 276.000 Besucher die Ausstellung „Turner – Licht und Farbe“ als gleichzeitig erste große Turner-Ausstellung in Deutschland. Zur Jahreswende 2004/05 unterstützte die E.ON Ruhrgas die Ausstellung „Cézanne – Aufbruch in die Moderne“ mit 380.000 Besuchern und 2006 unter Schirmherrschaft der schwedischen Königin die Ausstellung“ Caspar David Friedrich – die Erfindung der Romantik“ mit 300.000 Besuchern.[445] Im Kulturhauptstadtjahr „Ruhr 2010“ ermöglichte E.ON Ruhrgas schließlich zwei Ausstellungen, die ebenfalls großen Anklang fanden. Die erste führte unter dem Titel „Das schönste Museum der Welt“ alle noch erhältlichen Werke zusammen, die das Museum Folkwang bis 1933 sein Eigen nannte, die zweite präsentierte unter dem Titel „Bilder einer Metropole“ Meisterwerke des französischen Impressionismus und der Fotografie aus den wichtigsten Museen der Welt. Die letzte – schon unter E.ON-Logo gesponserte – Großausstellung im Museum Folkwang widmete sich 2014 unter dem Titel „Inspiration Japan“ dem Einfluss japanischer Kunst in Frankreich zwischen 1860 und 1910.[446]

Für ihr Kultursponsoring wählte die Ruhrgas ein in der Wirtschaft eher unübliches Modell, denn das Unternehmen unterstützte die Ausstellungen nur soweit sie sich nicht durch Einnahmen aus Eintrittskarten, Katalogen und Werbemittelverkäufen selbst trugen. Die Projekte wurden daher quasi in Form eines zinslosen Darlehens bzw. eines Ausfallkredits vollständig vorfinanziert. Das Museum Folkwang zahlte die gewährten Mittel somit risikolos nur im Umfang der tatsächlich eingenommenen Summen zurück, während die Ruhrgas alle Defizite trug. Außerdem stellte das Unternehmen die Mittel für die umfang-

445 Lagebericht Späth AR Ruhrgas am 19. April 1998, 41 f., in: AEGC 01002155503; *Ausstellung weckt königliche Neugier. Ruhrgas serviert Kunstliebhabern zwei kulturelle Leckerbissen*, in: gasette 24 (2/1997), 11 f.; *Das verlorene Paradies. Paul Gauguin im Museum Folkwang*, in: gasette 25 (3/1998), 26–29; *Wo aus Licht Farbe wird*, in: gasette 28 (3/2001), 86 f.; *Museum Folkwang und Ruhrgas bereiten große Cézanne-Ausstellung für Essen vor*, in: gasette 30 (2/2003), 58 f.; *Cézanne in Essen: sinnlich und lehrreich – eine Nachlese*, in: gasette 32 (1/2005), 52–57; *Die Kunst der Ausstellung. Caspar-David-Friedrich-Ausstellung im Museum Folkwang*, in: gasette 33 (1/2006), 46–49; Mundt, *Kulturkooperationen*, 68.

446 *Rund 340.000 sahen „Das schönste Museum der Welt“*, in: Focus (26. 7. 2010); *Und sie hängen wirklich in Essen?*, in: FAZ (4. 11. 2010); *Japan verinnerlicht*, in: NZZ (8. 12. 2014).

reichen Werbekampagnen zur Verfügung. Da die meisten Ausstellungen ihre Wirtschaftlichkeitsgrenze im Ergebnis deutlich überschritten, war diese Form der Kulturförderung für beide Seiten eine höchst profitable Angelegenheit, wie Liesen auch zurückblickend hervorhebt.[447]

Dass es sich bei den Aktivitäten nicht allein um Freundschaftsbeweise gegenüber den Lieferländern, sondern um „eine äußerst wirksame PR-Maßnahme zu einem äußerst niedrigen Preis" handelte, verdeutlichte Liesen den Aktionären schon 1990 am Beispiel der Van-Gogh-Ausstellung, die rund ein Viertel mehr Interessenten anzog, als für eine ausgeglichene Bilanz nötig gewesen wäre.[448] Eine weitere Besonderheit dieser Partnerschaft war die aktive Rolle der Ruhrgas bei der Ausstellungskonzeption, kam sie doch mit der Ausstellungsidee und dem Finanzierungsangebot auf das Museum Folkwang zu und begleitete auch intensiv die Realisierungsphase. So waren etwa die engen Kontakte der Ruhrgas nach Russland ein bedeutender Faktor bei der Umsetzung der Morosow-Schtschukin-Ausstellung.[449] Definitionsgemäß ist Sponsoring eine unternehmerische Kommunikationsmaßnahme, weshalb das Kulturengagement der Ruhrgas bzw. der E.ON Ruhrgas immer auch der Pflege der Geschäftsbeziehungen und des Images diente. Als Middelschulte als Kulturbeauftragter der E.ON allerdings seine marketingorientierte Vorstellung von Kultursponsoring zwischen 2006 und 2008 öffentlich kommunizierte, warf dies in der Öffentlichkeit einen Schatten auf das eigentlich positive Engagement.[450] Ganz der Pflege der deutsch-russischen Beziehungen gewidmet war die Finanzierung der Rekonstruktion des Bernsteinzimmers zwischen 1999 und 2003 durch die Ruhrgas als exklusiver Sponsor.[451] Dieses anlässlich des 75. Unternehmensjubiläums 2001 mit einem Beitrag von 3,5 Mio. US-Dollar umgesetzte Kulturprojekt von internationaler Relevanz nutzte ein Kunstwerk, das wohl wie kaum ein anderes gleichermaßen als Legende und Symbol für den Verlust von

---

447 Interview Liesen am 7. Juni 2016; Helga Brandi, *Kein anstrengendes Bildungsangebot, sondern ein Ort des vergnüglichen Lernens. Von den Nöten und Hoffnungen des Essener Museumsleiters Hubertus Gaßner*, in: Regionalverband Ruhr (Hg.), Standorte. Jahrbuch Ruhrgebiet 2003/2004, Essen 2004, 449–457, hier 455 f.

448 Lagebericht Liesen AR Ruhrgas am 17. Mai 1990, 15 f., in: AEGC 01002155456.

449 Mundt, *Kulturkooperationen*, 69 ff., 76 ff.

450 *E.ON arbeitet an Lieferbedingungen für Gedankenblitze*, in: Welt online (13.10.2006); *Ein Abend ohne Illusionen*, in: Hamburger Abendblatt (13.10.2016); *Ex-Museumschef Martin rechnet ab*, in: RP online (24.7.2008); *Verlassen von allen Geistern der Moderne*, in: FAZ.net (1.11.2008). Vgl. auch Mundt, *Kulturkooperationen*, 73 f.

451 *Das Bernsteinzimmer. Comeback für das achte Weltwunder. Sagenumwobenes Kunstwerk im Katharinenpalast rekonstruiert*, in: gasette 26 (5/1999), 26–29; *Ein Traum aus warm leuchtendem Bernstein mit goldenem Glanz*, in: gasette 30 (3/2003), 11–16.

Abb. 33: Übergabe des „Florentiner Mosaiks" im Rahmen der Rekonstruktion des Bernsteinzimmers im Mai 2000 in St. Petersburg.

1. Reihe (v. l. n. r.): Michail Schwydkoi (Kulturminster Russische Föderation), Wladimir Putin (Präsident Russische Föderation), Henning Scherf (Bürgermeister der Hansestadt Bremen), Michael Naumann (Kulturstaatsminister).

2. Reihe (v. l. n. r.): n. n., n. n., Iwan Sautow (Direktor Zarskoje Selo), Achim Middelschulte (Vorstandsmitglied Ruhrgas).

Kunstgegenständen steht, den Russland während des Zweiten Weltkrieges erlitt. Gleichzeitig war es aber auch ein herausragendes Zeichen der Freundschaft zwischen Preußen beziehungsweise Deutschland und Russland und damit für die wechselvolle Geschichte des Verhältnisses zwischen beiden Staaten. Eine Geschichte, die auf lange Perioden einer engen politischen, kulturellen und nachbarschaftlichen Bindung zurückblicken konnte, im 20. Jahrhundert jedoch auch von zwei Weltkriegen und dem Kalten Krieg überschattet war.

Das Bernsteinzimmer war ein Anfang des 18. Jahrhunderts durch den preußischen König Friedrich I. beauftragtes und vom Architekten und Bildhauer Andreas Schlüter umgesetztes Raumkonzept mit Wandverkleidungen und Möbeln aus Bernsteinelementen. Es war ursprünglich im Berliner Stadtschloss eingebaut, jedoch von Friedrich Wilhelm I. 1716 im Rahmen eines Bündnisses gegen Schweden im Austausch gegen Soldaten dem russischen Zaren Peter der Große überlassen worden. Das Zimmer wurde in Russland erweitert, zunächst

Abb. 34: Begutachtung des Rekonstruktionsfortschritts des Bernsteinzimmers im Mai 2000. (Mitte): Wladimir Putin (Präsident Russische Föderation), Henning Scherf (Bürgermeister der Hansestadt Bremen), Iwan Sautow (Direktor Zarskoje Selo).

in den Winterpalast und schließlich in den Katharinenpalast in Zarskoje Selo bei Sankt Petersburg installiert, wo es sich rund zwei Jahrhunderte lang befand. Nach dem deutschen Einmarsch in die Sowjetunion 1941 wurde das Bernsteinzimmer von deutschen Soldaten demontiert und nach Königsberg transportiert, wo es im Schloss ausgestellt wurde. Seit 1945 ist das Bernsteinzimmer verschollen. Seitdem existiert eine unüberschaubare Fülle an Vermutungen und Spekulationen zu seinem Verbleib, die mit vielfach mythologisierender Intention eine ebensolche Flut an Publikationen animierte.[452]

1976 begann im Katharinenpalast die Rekonstruktion des Bernsteinzimmers aufgrund der vorhandenen Schwarz-Weiß-Fotografien sowie eines einzelnen Farbfotos. Zweieinhalb Jahrzehnte später ermöglichte die Unterstützung der Ruhrgas die Wiederaufnahme der zwischenzeitlich aus finanziellen Gründen unterbrochenen Arbeiten sowie die Fertigstellung des neuen Bernsteinzimmers. Es wurde 2003 im Rahmen des 300jährigen Stadtjubiläums von Sankt Petersburg in einem Festakt durch Bundeskanzler Gerhard Schröder und den russischen Präsidenten Wladimir Putin der Öffentlichkeit übergeben. Im renommierten Dumont-Verlag erschien unter dem Titel „Ein Weltwunder kehrt zurück“ eine von der Ruhrgas ermöglichte, mit Grußworten von Putin, Schröder und dem damaligen Vorstandsvorsitzenden, Burckhard Bergmann, versehene Dokumentation der aufwändigen Rekonstruktion.[453] Bei der Ruhrgas wurde die breite Medienpräsenz als voller Erfolg gewertet, wobei das Unternehmen bei der Außendarstellung seines Sponsoring – auch auf Wunsch der Bundesregierung – strikt darauf achtete, dass die Unterstützung nicht als Beitrag zur Wiedergutmachung wahrgenommen wurde.[454] 2011 folgte der symbolpolitische Schlussakt, und zwar durch die Übergabe sämtlicher Ruhrgas-Akten zum Bernsteinzimmer-Projekt an das deutsche Bundesarchiv durch Klaus Schäfer, seit 2010 Vorstandsvorsitzender der E.ON Ruhrgas. Die Rekonstruktion, so Schäfer beim Festakt im russischen Generalkonsulat am 30. März 2011 in Bonn, sei nicht weniger gewesen als „die Wiedergeburt eines Mythos“.[455]

---

452 Peter Bruhn, *Bibliografie Bernsteinzimmer*, Berlin ²2004. Der Band nennt auf fast 500 Seiten mehrere tausend Titel.

453 Maurice Philip Remy, *Mythos Bernsteinzimmer*, München 2003; Natalja Semjonowa/Alexander Minin, *Das Bernsteinzimmer. Ein Weltwunder kehrt zurück*, Köln 2003, 10–13.

454 Vorstandssitzung der Ruhrgas am 19. Mai 2003, TOP 6, in: AEGC A 37. Zum Thema „Beutekunst“ siehe: Peter Bruhn, *Beutekunst. Bibliographie des internationalen Schrifttums über das Schicksal des im Zweiten Weltkrieg von der Roten Armee in Deutschland erbeuteten Kulturgutes (Museums-, Archiv- und Bibliotheksbestände)*, 2 Bände, München ⁴2003; Wilfried Fiedler, *Die Verhandlungen zwischen Deutschland und Russland über die Rückführung der während und nach dem 2. Weltkrieg verlagerten Kulturgüter*, in: Jahrbuch des Öffentlichen Rechts der Gegenwart N. F. 56 (2008), 217–227.

455 *Bernsteinzimmer für immer und ewig*, in: Global Gas Pressespiegel (5. 4. 2011).

Abb. 35: Verleihung des Deutschen Architekturpreises 2003, Burckhard Bergmann (Vorstandsvorsitzender Ruhrgas).

Im Rahmen des „Russlandjahres“ in Deutschland und des parallelen „Deutschlandjahres“ in Russland 2012/13 sponserten E.ON und E.ON Ruhrgas gemeinsam die große Ausstellung „Russen & Deutsche. 1000 Jahre Kunst, Geschichte und Kultur“, die vom Ministerium für Kultur der Russischen Föderation, dem Staatlichen Historischen Museum in Moskau und der Stiftung Preußischer Kulturbesitz unter Federführung des Museums für Vor- und Frühgeschichte der Staatlichen Museen zu Berlin entwickelt und zuerst in Moskau und dann in Berlin gezeigt wurde. Während die Wiederherstellung des Bernsteinzimmers auf ein positives Echo in der Öffentlichkeit gestoßen war, wurden das Konzept und die angeblich unkritische Ausrichtung der Ausstellung in einigen Medien moniert. Dies spiegelte auch die im Vergleich zum Jahre 2003 inzwischen angespannten deutsch-russischen Beziehungen. So gelang es trotz aller Bemühungen nicht, Bundeskanzlerin Angela Merkel zur Teilnahme an der Eröffnung in Moskau zu bewegen. Mit dieser Ausstellung endete 2013 die aktive Rolle der E.ON Ruhrgas in der internationalen Kulturförderung.[456]

Die Anfänge des Ruhrgassponsorings in den frühen 1970er Jahren waren noch nicht von jenen weitreichenden Motiven geprägt, welche später ihre kulturpolitische Standortpflege kennzeichnen sollte, sondern resultierten aus Überlegungen, wie dem noch jungen Energieträger Erdgas auf dem Wärmemarkt zu besonderer Aufmerksamkeit verholfen werden konnte. Bereits 1970 entstand so auch die Idee, durch die Stiftung eines Architekturpreises einen Beitrag zur Entwicklung der Baukultur zu leisten. Die Ruhrgas folgte hier dem Ziel, angesichts noch nicht vorhandener staatlicher Förderungswege neue Maßstäbe durch eine privatwirtschaftliche Initiative zu setzen. Angesichts des absehbar wachsenden Interesses an der Nutzung von Erdgas als Heizenergie war es naheliegend, herausragende Beispiele modernen Bauens zu würdigen, die sich sowohl durch ihre architektonische Qualität als auch sparsame Energieverwendung und Umweltfreundlichkeit auszeichneten. Zu einer Zeit, als die später so drängenden Fragen von Umweltschutz und Versorgungssicherheit noch nicht ins Bewusstsein der Öffentlichkeit gedrungen waren, bestanden zwar berechtigte Zweifel, ob dieser völlig neue Gedanke tragfähig sein könnte, so Liesen.[457] Innerhalb weniger Jahre zeigte sich jedoch, dass die Bedenken unbegründet gewesen waren, da die Bedeutung ökologisch orientierter Bauplanung bald nicht mehr hinterfragt wurde. Aus dem zwischen 1971 und 1975 drei-

456 Interview Bruendel am 28. Juni 2016; *Eine muffige Angelegenheit*, in: Art (28.11.2012); *Diese Ausstellung gehört eingemottet!*, in: FR (6.10.2012); *Deutsche und Russen – Vergesst Hitler und Stalin*, in: Die Welt (8.10.2012).

457 Interview Liesen am 7. Juni 2016.

Abb. 36: Festveranstaltung anlässlich des 30. Jubiläums der Erdgaslieferungen von Norwegen nach Deutschland 2007 mit einem Jazz-Konzert von Klaus Doldinger im großen Saal des Munch-Museums, Oslo.

mal vergebenen Ruhrgas-Architekturpreis entstand 1977 der zentrale Preis für architektonische Leistungen in Deutschland, der Deutsche Architekturpreis.[458]

Die Ruhrgas hatte sich dazu bereit erklärt, zugunsten einer umfassenderen und neutraleren Bezeichnung zurückzutreten, ohne ihr Engagement zu mindern. Bis 2007 lobte sie im zweijährigen Turnus unter Schirmherrschaft der Bundesarchitektenkammer die Vergabe durch unabhängige und jeweils unterschiedlich besetzte Jurorengremien aus. Die Gründe für den hohen Stellenwert des Preises sind vielfältig. Anders als bei vielen anderen Preisen gab es bei der Zulassung keine Beschränkung durch eine Vorauswahl, um allen Architekten die Möglichkeit zu geben, Projekte einzubringen. Die Zahl der Teilnehmer wuchs im Laufe der Zeit von knapp 50 bei der ersten Ausschreibung auf über 400 in den ausgehenden 1990er Jahren. Die Vielfältigkeit der prämierten Objekte spiegelte zudem die breite Ausrichtung der Vergabekriterien wider.[459]

---

458 *Die Ruhrgas AG stiftete den Deutschen Architekturpreis*, in: gasette 4 (1977), 4–5; *Deutscher Architekturpreis zum ersten Mal vergeben*, in: gasette 4 (1977), 6–7.

459 Anlässlich der Preisvergaben erschienen durchgängig Dokumentationen. Ruhrgas AG (Hg.), *Ruhrgas Architekturpreis 1971. Dokumentation*, Stuttgart 1971; Ruhrgas AG/Jürgen Joedicke (Hrsg.), *Architektur in Deutschland '81. Deutscher Architekturpreis 1981*, Stuttgart 1982;

Von Beginn an sollte der Preis nicht nur vorbildliche bauliche oder städtebauliche Beispiele honorieren, sondern ebenso Altbausanierungen und die Umgestaltung innerstädtischer Bereiche. Später selbstverständliche Themen der Architektur wie die Umnutzung alter Gebäude, Bauen im historischen Kontext, sparsamer Einsatz von Energie und die Verwendung umweltschonender Energieträger wurden durch den Architekturpreis von Beginn an gefördert. Zur charakteristischen Ausprägung des Preises gehörte daher der Versuch, Akzente zu setzen und nicht nur aktuelle Trends zu verfolgen. Dies mag nicht immer gelungen sein, doch blieb diese Absicht als Leitmotiv unter Berücksichtigung des zeitlichen Kontextes durchgängig erkennbar. Nach dem Rückzug der E.ON Ruhrgas im Zuge konzerninterner Sparprogramme und dem Ausfall der Preisverleihung 2009 loben seit 2011 das Bundesbauministerium und die Bundesarchitektenkammer den Deutschen Architekturpreis gemeinsam aus, der seither als offizieller Architekturpreis der Bundesregierung vergeben wird.

Werner Durth/Ruhrgas AG (Hrsg.), *Architektur in Deutschland '97. Deutscher Architekturpreis 1997*, Stuttgart 1998. Zitiert wurden Beispiele aller relevanten Herausgeber.

Abb. 37: Hauptverwaltung der E.ON-Ruhrgas, um 2005.

Die Ruhrgas und die Gaswirtschaft im zusammenwachsenden Europa

Die VNG Verbundnetz Gas und der Markteintritt in den neuen Bundesländern 1990

1986 leitete Michael Gorbatschow als neuer Generalsekretär des Zentralkomitees der KPdSU unter den Schlagworten Glasnost (Offenheit) und Perestroika (Umgestaltung) schrittweise Reformen zur Modernisierung und Veränderung des gesellschaftlichen, politischen und wirtschaftlichen Systems der Sowjetunion ein, ohne damit die gravierenden Probleme des Landes in den Griff zu bekommen. In Gegenteil beschleunigte sich der Zerfall des Staatsapparates u. a. durch zahlreiche ethnische und nationalistische Konflikte, an deren Ende 1991 die Abspaltung einzelner Staaten und die Auflösung der Sowjetunion standen. Ähnlich wirkte die Entwicklung in der DDR, wo die SED und das Politbüro 1989 nicht mehr über die dramatischen ökonomischen Schwierigkeiten hinwegtäuschen konnten, denn das Land stand selbst unter sozialistischen Maßstäben am Rande des Bankrotts.[1] Die drohende Zahlungsunfähigkeit gegenüber westlichen Gläubigern, ein enormer Investitionsrückstau, die versteckte Binnenüberschuldung und überzogene Subventionspraktiken zur Sicherung niedriger Endverbraucherpreise belasteten die Planwirtschaft derart, dass faktisch kein Handlungsspielraum mehr bestand. Für die Bevölkerung war dieser Niedergang längst allgegenwärtig, doch gelang es der DDR-Führung nun endlich nicht mehr, Proteste durch die Staatssicherheit schon im Keim zu ersticken und die Aussichtslosigkeit solcher Bemühungen mittels massiver Repressalien zu verdeutlichen. Angesichts der Massenflucht in den Westen erhielt die Oppositionsbewegung Aufwind, formierte sich in neuen Gruppen und bereitete auf den berühmten Montagsdemonstrationen mit breiter Unterstützung der Bevölkerung das Ende der DDR als sozialistischer Staat vor. Nach Öffnung der Grenze am 9. November 1989 beschleunigte sich der politische und ökonomische Zerfall der DDR rapide, woraufhin die Bundesregierung ihre Pläne zur Wiedervereinigung vorzog. Eine wichtige Vorstufe war die Wirtschafts- und Währungsunion zum 1. Juli 1990. Gleichzeitig wurde in den 2-plus-4-Gesprächen die historische Gelegenheit genutzt, die Einheit mit Zustimmung aller Siegermächte des Zweiten Weltkriegs zu verwirklichen. Am 3. Oktober endete nach

1 Umfassend dazu Hans Joas/Martin Kohli (Hrsg.), *Der Zusammenbruch der DDR*, Frankfurt a. M. 1993.

https://doi.org/10.1515/9783110542592-006

45 Jahren die staatliche Teilung Deutschlands mit dem Beitritt der fünf neuen Länder zur Bundesrepublik.

Angesichts des Zusammenbruchs der alten DDR und des Mauerfalls im November 1989 stand die Ruhrgas vor der unvermittelten Aufgabe, den Markteintritt in die DDR zu organisieren. Eine erhebliche Unsicherheit bot vor dem Hintergrund der Wandlungsprozesse in der Sowjetunion auch die Frage nach dem Fortbestand der Lieferverträge. Immerhin erreichte der Anteil des sowjetischen Gases an der bundesdeutschen Versorgung knapp 30 Prozent und machte die Bundesrepublik zugleich zum wichtigsten europäischen Geschäftspartner der wankenden Großmacht, die nach weiteren Explorationserfolgen nun über 56 Prozent der weltweiten Erdgasreserven verfügte. Auf der einen Seite war der Erdgas-Export eine wesentliche Stütze des Außenhandels und wichtiger Devisenbringer – was auf eine Erfüllung der Verträge hoffen ließ – auf der anderen standen jedoch berechtigte Befürchtungen vor einem technischen und institutionellen Kollaps der sowjetischen Energiewirtschaft, wie Ruhrgas-Chef Klaus Liesen dem Aufsichtsrat verdeutlichte.[2]

Die Gasversorgung auf dem Gebiet der DDR besaß vor dem Zweiten Weltkrieg das dichteste Leitungsnetz im Deutschen Reich.[3] Nach 1949 wurde das System auf Braunkohlengas umgestellt.[4] Wie in Westeuropa begann auch in der DDR Mitte der 1960er Jahre das Erdgaszeitalter auf Basis eigener Quellen, allerdings ohne dass der neue Energieträger eine besondere Rolle hätte übernehmen können.[5] Nicht zuletzt die Aktivitäten der Ruhrgas trugen schließlich indirekt dazu bei, dass die Wirtschaft der DDR ab 1973 erstmals über sowjetisches Erdgas verfügen konnte, denn die Anfang des Jahrzehnts kontrahierten Mengen flossen über einen durch die ČSSR verlaufenden Abzweig der neuen, nach Waidhaus in Bayern führenden Hauptleitung zur Belieferung der Bundesrepublik.[6] Bis 1989 wuchs das Netz der Hochdruck-Ferngasleitungen auf über

2 Lagebericht Liesen AR Ruhrgas am 6. Dezember 1989, 5 f., in: AEGC 01002155454; dsgl. am 17. Mai 1990, 7, in: AEGC 01002155456.

3 Walter Altmann, *Das System der öffentlichen Gasversorgung der DDR*, in: GWF 131 (1990), 542–547, hier 542 f.; Klaus-Ewald Holst/Walter Altmann, *Stand und Ausbau der Gasversorgung Ostdeutschlands*, in: 3R international 30 (1991), 328–334, hier 328; Rainer Karlsch, Vom Licht zur Wärme. Geschichte der ostdeutschen Gaswirtschaft 1855–2008, Berlin 2008, 47 ff.

4 Klaus-Dieter Giese, *Die Gasindustrie in der Deutschen Demokratischen Republik*, in: GWA 69 (1989), 318–321, hier 318; Altmann, *Gasversorgung*, 543 f.; Holst/Altmann, *Gasversorgung Ostdeutschlands*, 328 f.

5 Grundlage war eine Lagerstätte an der deutsch-deutschen Grenze bei Salzwedel und Peckensen in Sachsen-Anhalt. Karlsch, *Ostdeutsche Gaswirtschaft*, 144 ff.

6 Giese, *Gasindustrie*, 318; Altmann, *Gasversorgung*, 543 f.; Holst/Altmann, *Gasversorgung Ostdeutschlands*, 328 f.; Walter Altmann/Werner Hauenherm, *Die öffentliche Gasversorgung in der ehemaligen DDR*, in: GWW 44 (1990), 409–413, 409 f.

9.000 Kilometer in allen Teilen des Landes.[7] Am 1. Januar 1969 wurde die VEB Verbundnetz Gas (VNG) als Unternehmen des VEB Gaskombinats Schwarze Pumpe gegründet, in der nun alle Belange der überregionalen Hauptverteilung zentralisiert wurden. Die Flächenversorgung übernahmen regionale Gaskombinate in den 15 Bezirken der DDR. 1989 erreichte die Braunkohle einen Anteil von 73 Prozent an der Primärenergiebilanz der DDR, gefolgt von Mineralöl mit 13 Prozent und Erdgas mit 9,3 Prozent, während hier die Bundespublik fast einen doppelten Wert von 17 Prozent und Westeuropa von 18 Prozent erzielte.[8]

Die Ruhrgas besaß seit Mitte der 1980er Jahre Geschäftsbeziehungen zur Verbundnetz Gas, über die der Transit sowjetischen Erdgases von der tschechoslowakischen Grenze nach West-Berlin lief. Umgehend nach dem Mauerfall intensivierten Liesen und Verkaufsvorstand Friedrich Späth die Kontakte, um die Stellung der Verbundnetz Gas durch eine maßgebliche Beteiligung der Ruhrgas zu stärken und damit den Fortbestand der arbeitsteiligen, dreistufigen gaswirtschaftlichen Organisation der DDR zu erhalten.[9] Allein die Konzentration auf das Filetstück der DDR-Gaswirtschaft bot ein zukunftsfähiges Geschäft, denn der Zusammenbruch der regionalen Versorgungskombinate schien ebenso sicher wie das Ende der Erdgasquellen. Beide Bereiche versprachen daher vor allem Probleme, während die Zukunft der Kommunalversorgung durch die Adaption des westdeutschen Stadtwerkesystems in gewisser Weise vorgezeichnet war.

Im Winter 1989/90 war allerdings vor allem Eile geboten, um die unübersichtliche Situation zu nutzen, potenzielle Mitbewerber hinter sich zu lassen und den Markteintritt in die DDR noch vor dem sich abzeichnenden politischen Wandel möglichst weit voranzutreiben. Bereits Anfang Dezember unterzeichneten die Ruhrgas und der VEB Schwarze Pumpe eine Willenserklärung über eine gaswirtschaftliche Kooperation. Anfang April 1990 gründete die Ruhrgas dann in paritätischer Beteiligung mit der Verbundnetz Gas als eines der ersten deutsch-deutschen Joint-Ventures die Erdgasversorgungsgesellschaft mbH.[10] Das Gemeinschaftsunternehmen sollte die Funktion einer Ferngasgesellschaft

---

7 Aufstellung der Anlagen bei Klaus-Ewald Holst u. a., *Der Ausbau der Erdgasversorgung in den neuen Bundesländern*, in: Bergbau (8/1992), 354–357; Holst/Altmann, *Gasversorgung Ostdeutschlands*, 330 ff.

8 Einhard Kulle, *Die Gaswirtschaft in den neuen Bundesländern*, in: BWK 43 (1991), 257–260, hier 257 f.; Wolfgang Harms, *Zwischen Privatisierung, Wettbewerb und Kommunalisierung. Zur Umgestaltung des Energiesektors in den neuen Bundesländern*, Köln 1992, 26 ff.; Altmann/Hauenherm, *Öffentliche Gasversorgung*, 411.

9 Interview Liesen am 7. Juni 2016. *In der DDR nur Minderheitsbeteiligung von 35 Prozent auf Ferngasstufe geplant*, in: Handelsblatt (8. 8. 1990).

10 AR Ruhrgas am 17. Mai 1990, 12, in: AEGC 01002155456. Zur Finanzplanung siehe umfassend: Aktenvermerk Pelka (Ruhrgas), 9. April 1990, in: AEGC 01002155457.

Abb. 38: Als Dank für die Unterstützung im Rahmen der Wiedervereinigung schenkte die Leipziger Verbundnetz Gas (VNG) der Ruhrgas einen Trabant P 601 und übergab das mit einer großen Schleife verzierte Geschenk am 29. Oktober 1990 in Essen. Klaus-Ewald Holst (Vorstandsvorsitzender VNG) mit Klaus Liesen (Vorstandsvorsitzender Ruhrgas) bei der Übergabe 1990 persönlich in Essen.

für Thüringen und Sachsen übernehmen und dort vor allem das Industriegeschäft erschließen.[11] Weiterhin unterstützte die Ruhrgas die Verbundnetz Gas mit ihrer umfassenden gaswirtschaftlichen Expertise und in der Anfangsphase auch mit Fahrzeugen. Am 3. Oktober 1990 erhielt die Ruhrgas als Gegengeschenk für die Lieferung gebrauchter Westfahrzeuge einen Trabant P 601, der zuvor im Bereich des technischen Dienstes eingesetzt worden war. Verbundnetz Gas-Vorstand Klaus-Ewald Holst überführte das Fahrzeug persönlich nach Essen und überreichte es Liesen am Tag der Deutschen Einheit. Die E.ON Ruhrgas AG schenkte den Trabi 2010 dem Berliner DDR-Museum.[12]

11 Vorlage TOP 5 AR Ruhrgas am 17. Mai 1990: Versorgung der DDR mit Erdgas, 1 ff., in: AEGC 01002155457; Vortrag Späth zum Thema, in: AEGC 01002155456; *Essener Ruhrgas gründet Joint-Venture in Leipzig*, in: Die Welt (11. 4. 1990); *Die größte Herausforderung ist die Finanzierung der neuen Pipeline*, in: Handelsblatt (17. 4. 1990).

12 Interview Bruendel am 28. Juni 2016. Vgl. auch die Webseite des DDR Museums, http://www.ddr-museum.de/de/blog/sammlungen/ein-geschenk-der-besonderen-art... [letzter Aufruf am 15. 8. 2016].

Abb. 39: Am 15. Januar 2010 schenkte E.ON Ruhrgas den Trabant dem Berliner DDR-Museum. Die Übergabe wurde gemeinsam mit der VNG zelebriert. (vorne, v. l. n. r.): Robert Rückel (Geschäftsführer DDR Museum), Bernhard Reutersberg (Vorstandsvorsitzender E.ON Ruhrgas), Klaus Liesen (Ehrenvorsitzender des Aufsichtsrats E.ON Ruhrgas), Klaus-Ewald Holst (Vorstandsvorsitzender VNG). Mit den abgebildeten Schuhen war Holst das erste Mal bei der Ruhrgas in Essen gewesen und hatte dort um Unterstützung gebeten.

Ende Juni 1990 hatte der Ruhrgas-Vorstand sein wichtigstes Ziel erreicht, denn das nun vorliegende und schließlich umgesetzte Konzept zur Neuordnung der DDR-Gaswirtschaft entsprach weitgehend seinen Vorstellungen. Das Mitte des Monats in Ausführung des ersten Staatsvertrages mit der Bundesrepublik verabschiedete Treuhandgesetz ordnete die Umwandlung aller volkseigenen Betriebe an. Aus dem Kombinat Erdöl-Erdgas Gommern wurde die Erdöl Erdgas Gommern GmbH, aus dem bislang für den Import zuständigen Außenhandelsbetrieb Kohle und Energie die später abgewickelte Kohle-Energie Export und Import GmbH (KEI) und aus dem VEB Verbundnetz Gas die Verbundnetz Gas AG. Daran angelehnt war die Auflösung des Querverbunds der Bezirkskombinate durch die Herauslösung der Gasversorgung und Neugründung von letztlich 24 Regionalversorgungsunternehmen.[13] Noch bevor die Treuhandanstalt

13 Cara Funk u. a., *Wettbewerbsfragen in der deutschen Gaswirtschaft*, München 1995, 14 f. sowie Liste der neuen Unternehmen im Anhang a.

Abb. 40: Im Kontext der Wiedervereinigung treffen sich Hilmar Kopper (Deutsche Bank), DDR-Ministerpräsident Lothar de Maizière, Friedhelm Gieske (Vorstandsvorsitzender RWE), Klaus Liesen.

ihre Arbeit aufnehmen konnte, sorgte das Ministerium für Umwelt, Naturschutz, Energie und Reaktorsicherheit der DDR für eine Vorentscheidung im Bereich der Gaswirtschaft, denn es schloss am 29. Juni 1990 mit der Ruhrgas einen Vertrag über den Erwerb einer 35prozentigen Beteiligung an der Verbundnetz Gas AG.[14]

Die Ruhrgas erhielt nicht nur das übliche Recht, bei der neuen Verbundnetz Gas eine anteilsgemäße Anzahl an Aufsichtsratsmitgliedern, sondern auch ein Vorstandsmitglied zu stellen. Darüber hinaus garantierte die DDR, dass die Verbundnetz Gas alleiniger Eigentümer des Leitungsnetzes und sonstigen Betriebsvermögens einschließlich von Grund und Boden wurde. Weiterhin wurde eine Verpflichtung der sonstigen Aktionäre, also zunächst der Treuhandanstalt und später der vorgesehenen privaten Aktionäre, zur grundsätz-

14 Im gleichen Vertrag wurde eine Beteiligung der Brigitta Erdgas und Erdöl GmbH in Höhe von 10 % vereinbart, sodass sich der Ruhrgas-Interessenkreis annähernd die Hälfte der Aktien sicherte. Vertrag zwischen der DDR sowie der Ruhrgas und der BEB vom 29. Juni 1990, in: AEGC Ordner „Sowjetisches Erdgas für DDR" [o. S.].

lichen Unterstützung des gaswirtschaftlichen Konzepts einschließlich aller notwendigen Kapitalbeschaffungsmaßnahmen der Verbundnetz Gas festgeschrieben.[15] Und dieses Konzept sah vor, dass die Verbundnetz Gas in Zukunft sowohl die Importfunktion und damit den Gaseinkauf in der Sowjetunion übernahm als auch die Vermarktung des Stadtgases, das dann in den folgenden Jahren durch Erdgas ersetzt werden sollte. Eine Demarkation existierte dagegen nicht. Für die Ruhrgas ergab sich aus dieser Regelung der unschätzbare Vorteil, dass der zwischenzeitlich eigentlich vorgesehene klare zweistufige Aufbau der Gaswirtschaft in den neuen Bundesländern in eine Ferngas- und eine Regionalstufe an Trennschärfe verlor, da die Verbundnetz Gas zumindest in allen größeren Städten unmittelbar leitungspräsent war und damit grundsätzlich auch Lieferverträge abschließen konnte.[16]

Mitte August 1990 schlossen die Ruhrgas, die Brigitta und die Treuhandanstalt den Kauf der VNG-Anteile rechtsverbindlich ab,[17] obwohl sowohl in der Volkskammer als auch behördenintern Bedenken gegen diese Vorgehensweise erhoben worden waren. Das Bundeskartellamt forderte die Beteiligung unabhängiger privater Konkurrenten an der Verbundnetz Gas in einer Höhe, die unternehmerischen Einfluss gewährleistete, um eine einseitige Ausrichtung auf die Interessen der Ruhrgas zu verhindern. Dazu kam der diskriminierungsfreie Zugang zum Leitungsnetz. Das Bundeskartellamt verlangte jedoch keine vertragliche Festlegung dieser Zusagen und setzte auf deren Einhaltung durch die Treuhandanstalt als staatlicher Instanz.[18]

Tatsächlich hatten die Aktivitäten der Ruhrgas neben der Wintershall AG nahezu sämtliche Platzhirsche der europäischen Gaswirtschaft auf den Plan gelockt, die sich nun um die verbleibenden 55 Prozent der Aktien der Verbundnetz Gas bewarben: die Gazprom als neue Zentralkraft der russischen Gaswirt-

15 Vorlage AR Ruhrgas am 26. Juli 1990: Erwerb einer Beteiligung an der Verbundnetz Gas AG, 2 f., in: AEGC 01002155459.

16 Ebd., 1 f.; Hans-Peter Gundermann, *Die Neuordnung der Energiewirtschaft in den fünf östlichen Bundesländern und ihre Probleme*, in: Wolfgang Harms (Hg.), Neuordnung der Energiewirtschaft in den ostdeutschen Ländern. Vorträge und Diskussionen des Energierechts-Gesprächs am 21. März 1991, Köln 1991, 3–26, hier 13 f. Gundermann war Generalbevollmächtigter für die Energiewirtschaft bei der Treuhandanstalt.

17 Vorlage AR Ruhrgas, 21. August 1990, schriftliches Beschlussverfahren: 35prozentige Beteiligung an der VNG, in: AEGC 01002340128; *DDR-Start in eine bessere Umwelt*, in: SZ (18.8.1990).

18 Karlsch, *Ostdeutsche Gaswirtschaft*, 198; *Brüssel prüft DDR-Einstieg*, in: Handelsblatt (9.7.1990); Gerd Maichel, *Probleme beim Umbau der Gaswirtschaft – aus Sicht der Wintershall AG*, in: Harms (Hg.), Neuordnung der Energiewirtschaft, 85–102, hier 96.

schaft,[19] die beiden norwegischen Produzenten Statoil und Norsk Hydro, die British Gas, Gaz de France und Elf Aquitaine sowie die italienische SNAM. Von der Marktöffnung profitieren wollten auch die Thyssengas sowie die Erdöl-Erdgas Gommern und eine Gruppe einheimischer Kommunen.[20] Das Ruhrgas-Konzept, den Aufbau einer flächendeckenden Erdgasversorgung mit der Lösung der Stadtgasfrage zu kombinieren, besaß aus Perspektive der DDR-Politik eine große Attraktivität, verfolgte es doch einen ganzheitlichen Ansatz zur Lösung der Gesamtproblematik. Gerade bei den Kommunen, die zwischen Mai und Juli 1990 durch mehrere Gesetze die Selbstverwaltung wiedererlangt hatten, stieß daher der früh von der Verbundnetz Gas ins Gespräch gebrachte und von Ruhrgas-Vertretern regelmäßig öffentlich wiederholte Vorschlag, den Ländern und Kommunen 30 Prozent der Anteile zukommen zu lassen, auf großes Interesse.[21]

Bei der Vergabe der weiteren VNG-Anteile nach Inkrafttreten des Einheitsvertrages hatte die Ruhrgas das Bundeswirtschaftsministerium und die Treuhandanstalt auf ihrer Seite. Die große Anzahl an Bewerbern ermöglichte eine gleichmäßigere Verteilung in kleineren Tranchen unter Garantie eines Bestandsschutzes für die Ruhrgas und die Brigitta. Während die abgeschlossenen Verträge Gültigkeit behielten, sollten die Kommunen nun noch 15 Prozent weniger eine Aktie und die Wintershall als dritte deutsche Gesellschaft 15 Prozent plus eine Aktie an der Verbundnetz Gas erhalten. Da die Aufgaben der Verbundnetz Gas aus bundespolitischer Sicht nicht in einer Vertriebsorganisation von Erdgasexporteuren, sondern in der Repräsentation der Belange des Importmarktes bestanden, wurden den vier ausländischen Unternehmen British Gas, Elf, Statoil und Gazprom ebenso wie der Erdöl-Erdgas Gommern ein Anteil von jeweils fünf Prozent zugeschlagen. Diese quittierten das mit Unverständnis,[22] und daher ist davon auszugehen, dass das VNG-Geschäft die Beziehungen zwi-

---

19 Zu Gazprom vgl. Jonathan P. Stern, *The Future of Russian Gas and Gazprom*, Oxford 2005; Andrey Vavilow (Hg.), *Gazprom. An Energy Giant and its Challenges in Europe*, London 2015. Weiterhin existiert vor allem populärwissenschaftliche Literatur mit vielfach investigativem Duktus und dem Anspruch, die Machenschaften eines kriminellen Industriegiganten zu enttarnen: Jürgen Roth, *Gazprom – Das unheimliche Imperium. Wie wir Verbraucher betrogen und Staaten erpresst werden*, Frankfurt a. M. 2012; Waleri Panjuschkin/Michail Sygar, *Gazprom. Das Geschäft mit der Macht*, München 2008.

20 Lagebericht Liesen AR Ruhrgas am 6. Dezember 1990, 9, in: AEGC 01002155461.

21 Außerordentliche AR Ruhrgas am 26. Juli 1990, 2, in: AEGC 01002155459; *In der DDR nur Minderheitsbeteiligung von 35 Prozent auf Ferngasstufe geplant*, in: Handelsblatt (8. 8. 1990); *Ruhrgas: Es ist höchste Zeit*, in: Die Welt (28. 12. 1990); *Zu viel gemauschelt*, in: Der Spiegel 43 (1990), 153–156, hier 153.

22 So hatte die Wintershall darauf gepocht, gemeinsam mit ihrem neuen Partner Gazprom ebenfalls 45 % zu übernehmen, um damit der Ruhrgas und der Brigitta in Augenhöhe gegenübertreten zu können. *Mit Gold gefüllt*, in: Der Spiegel 51 (1990), 95 f.

schen der Ruhrgas und den Exporteuren nicht unerheblich belastete.[23] Das Verkaufsverfahren wurde erst Ende September 1991 abgeschlossen und brachte einen Gesamterlös von 1,55 Mrd. D-Mark.[24] Ausschlaggebend für diese Verzögerung war der Streit um die kommunale Endversorgung und die Bildung von Stadtwerken im Herbst 1990. Bei den Regionalversorgern engagierte sich neben der Gaz de France und der British Gas ein breites Spektrum westdeutscher Ferngas- und Elektrizitätsversorger. Damit war in den neuen Bundesländern doch noch eine dritte gaswirtschaftliche Stufe entstanden, die enge Verflechtungen mit der Regionalstufe besaß, aber wie diese – mit Ausnahme der Beteiligungen der beiden ausländischen Konzerne – relativ scharf von der Ferngasstufe abgetrennt war. Folglich besaßen weder Wintershall noch die Ruhrgas Anteile in diesem Bereich.[25]

Auch diese Lösung entsprach nahezu vollständig den Vorstellungen Liesens, der der Bundesregierung und der Treuhandanstalt im Herbst 1990 entsprechende Empfehlungen gegeben hatte. So sollten bei einer Beteiligung der Gazprom als Gegengewicht auch die norwegischen Produzenten in gleichem Maße berücksichtigt, der British Gas die Gaz de France gegenübergestellt und jedenfalls die Kommunen einbezogen werden. Die wichtigste Prämisse der Ruhrgas-Lobbytätigkeit war jedoch die Reduzierung der Einflussmöglichkeiten für Wintershall und Gazprom. Im Winter 1990 resümierte Liesen daher: „Unsere Gegner werden voraussichtlich nicht die Aktienbeteiligung erreichen, die für eine Behinderung der Geschäftspolitik der Verbundnetz Gas notwendig wäre."[26] Der Plan der Wintershall hatte dagegen zunächst die Zerschlagung der VNG und den gleichmäßigen Verkauf der Anteile an die großen westdeutschen Ferngasgesellschaften und dann alternativ die Implementierung eines weitreichenden Third Party Access für Erdgas vorgesehen.[27]

Wintershall und ihre Mutter BASF wählten nun einen dritten Weg, der einen Vorgeschmack auf die weitere Entwicklung der deutschen Gaswirtschaft vermittelte und als Katalysator die Neuordnung der DDR-Gaswirtschaft nutzte. Die BASF war als mit jährlich zwei Mrd. Kubikmetern Deutschlands größter Erdgaseinzelverbraucher bereits in den 1980er Jahren zunehmend unzufrieden

---

23 Anteilseigner waren die deutschen Tochtergesellschaften British Gas Deutschland GmbH, Elf Netzgas GmbH, Zarubezgaz-Erdgashandel GmbH. *Treuhand verprellt Ausländer*, in: Der Spiegel 36 (1990), 62.

24 Karlsch, *Ostdeutsche Gaswirtschaft*, 199.

25 Funk u. a., *Wettbewerbsfragen*, Anhang a; Klaus-Ewald Holst, *Entwicklung der Gaswirtschaft in Ostdeutschland*, in: Gas 2 (1993), 7–10, hier 7.

26 Lagebericht Liesen AR Ruhrgas am 6. Dezember 1990, 9, 12, in: AEGC 01002155461.

27 Ebd., 10; Lagebericht Liesen AR Ruhrgas am 8. Mai 1991, 7, in: AEGC 01002155462; Karlsch, *Ostdeutsche Gaswirtschaft*, 196 f.

mit der Marktsituation unter Vorherrschaft der Ruhrgas. Im Herbst 1988 kündigte sie den Hauptliefervertrag u. a. mit der Saar Ferngas, und bezog seither den größten Teil der in der Düngemittelproduktion genutzten Mengen ohne vertragliche Grundlage. Im Winter 1988/89 eskalierte der Streit vor dem Hintergrund witterungsbedingter Liefereinschränkungen unter Einschaltung des Bundeskartellamts und mündete erst im November 1990 in einen weiteren Liefervertrag unter weitgehender Beibehaltung des früheren Angebotsniveaus.[28]

Anfang November 1989 überraschte die Wintershall die Branche mit der Ankündigung des Baus der 580 Kilometer langen Mitte-Deutschland-Anbindungs-Leitung (MIDAL) bis 1993, die durch sechs Bundesländer von Rysum bei Emden bis Bad Hersfeld und von dort weiter zum BASF-Hauptstandort Ludwigshafen in Rheinland-Pfalz lief. Das Projekt stand im Kontext der ersten Binnenmarktvorschläge der EG-Kommission und argumentierte im Genehmigungsantrag dann auch offen mit dem Ziel, mit dem ersten Leitungsbauvorhaben ohne Beteiligung der Ruhrgas seit Jahrzehnten den Gas-zu-Gas-Wettbewerb in der Bundesrepublik eröffnen zu wollen.[29] Als Basis dienten die nach der Brigitta und Mobil drittgrößte Förderung in der Bundesrepublik, eigene Gasreserven der Wintershall in der Nordsee sowie perspektivisch der Abschluss eigener Bezugsverträge.

Die Ruhrgas akzeptierte die unerwartete Konkurrenz notgedrungen und verzichtete auf ein politisches Lobbying, denn der Leitungsbau bestätigte letztlich die vom Ruhrgas-Vorstand seit den 1960er Jahren und nun wiederholt im Zuge der anlaufenden Binnenmarktdiskussion vorgetragene These, dass politische Eingriffe in die bundesdeutsche Gaswirtschaft unnötig seien, da jeder Interessent eigenständig Leitungen bauen und Importverträge abschließen könne.[30] Auch wenn die Bewegungsfreiheit des Ruhrgas-Vorstandes auf politischer Ebene eingeschränkt war, hieß dies nicht, dass dieser den Frontalangriff auf das etablierte Ruhrgas-System widerstandslos tolerierte. In den folgenden Jahren war das Verhältnis zur Wintershall von heftiger Abneigung geprägt, die sich auch durchaus in publizistischen Schlammschlachten ausdrückte, in denen die unvereinbaren Positionen regelmäßig kollidierten.[31]

28 Lagebericht Liesen AR Ruhrgas am 6. Dezember 1990, 2 ff., in: AEGC 01002155461; *Neue Pokerrunde zwischen BASF und Ruhrgas*, in: SZ (22. 11. 1990).

29 *Pipeline der Wintershall sorgt für Aufregung in der Gaswirtschaft*, in: Die Welt (1. 11. 1989); *Überregionale Pipeline*, in: Handelsblatt (1. 11. 1989).

30 Lagebericht Liesen AR Ruhrgas am 6. Dezember 1989, 11 f., in: AEGC 01002155455.

31 *Das A und O*, in: Der Spiegel 48 (1989), 141–145; *Laute Schüsse aus der Gaspistole*, in: Mannheimer Morgen (16. 11. 1990); *Handfester Krach am Erdgasmarkt*, in: Börsen-Zeitung (21. 11. 1990).

Parallel zu den Versuchen, eine maßgebliche Beteiligung an der Verbundnetz Gas durchzusetzen, und wahrscheinlich bereits mit dem Verdacht, dass dieses Ziel zu scheitern drohte, verfolgte die Wintershall bald eine Ersatzstrategie, die alle Beteiligten überraschte. Im Sommer 1990 gewann sie mit der Gazprom einen einflussreichen Partner, der seinerseits in der Entwicklung die Gelegenheit erblickte, sich von der Ruhrgas als Alleinimporteuer zu emanzipieren und als Produzent in den Direktvertrieb in Deutschland einzusteigen.[32] Ende September vereinbarten beide eine umfassende Kooperation, die erstens die gemeinsame Vermarktung von Erdgas aus Russland und anderen Lieferländern in Ostdeutschland, zweitens den gemeinsamen Vertrieb von Erdgas in Westeuropa und hier insbesondere in Westdeutschland und drittens die Planung, den Bau und Betrieb neuer Ferngasleitungen und Verteilungsnetze umfasste. Zur Umsetzung der ostdeutschen Aktivitäten wurde zusammen mit der Gazprom-Tochter Zarubezhgaz die Wintershall Erdgas Handelshaus GmbH (WIEH) gegründet, über die ab Jahresbeginn 1991 der ostdeutsche Gesamtbezug aus der Sowjetunion mit einem Volumen von acht Mrd. Kubikmetern vertrieben werden sollte.[33] Die Anteile an der Wintershall Erdgas Handelshaus waren zwar paritätisch verteilt, doch verfügte die Gazprom über eine Gewinnbeteiligung von 85 Prozent. Zu dem Konzept gehörte, das Leitungsprojekt der Erdgasversorgungsgesellschaft mbH kopierend, der Bau der Sachsen-Thüringen-Erdgas-Leitung (STEGAL) über Eisenach, Erfurt, Gera, Zwickau und Chemnitz mit Anschlüssen an die MIDAL bei Bad Hersfeld und die Brastvo-Pipeline aus der Sowjetunion südlich von Sayda. Damit konnte die Wintershall Erdgas Handelshaus nach der Inbetriebnahme der Leitungen 1993 wie die Ruhrgas sowohl russisches als auch westeuropäisches Gas in den neuen Bundesländern anbieten, kontrollierte aber bis dahin aus ihrer Sicht alle Bezüge aus Russland. Dem widersprachen jedoch sowohl die Ruhrgas und die Verbundnetz Gas als auch das Bundeswirtschaftsministerium.

Der Erdgashandel der neuen Bundesländer basierte 1991 auf drei rechtlich unterschiedlich abgesicherten Mengen. Die sowjetischen Lieferungen erfolgten bis 1990 ausschließlich aufgrund von Regierungsabkommen, dem Orenburg- und dem Jamburg-Abkommen, mit der DDR im Rahmen von Kompensationsgeschäften mit Waren und Baudienstleistungen, die noch bis zum Jahr 1998 liefen. Im Herbst 1990 übertrug das Bundeswirtschaftsministerium der Verbund-

32 Eine ähnliche Strategie verfolgte das Unternehmen in den meisten west- und osteuropäischen Staaten. Stern, *Gazprom*, 111 ff.; Andrey Vavilow/Georgy Trofimov, *A Phantom Energy Empire: The Failure of Gazprom's Downstream Integration*, in: Andrey Vavilow (Hg.), Gazprom. An Energy Giant and its Challenges in Europe, London 2015, 72–104, hier 77 f.

33 Maichel, *Umbau der Gaswirtschaft*, 91; Funk u. a., *Wettbewerbsfragen*, 25 f.

netz Gas die Abwicklung der gaswirtschaftlichen Teile der nun auf die Bundesrepublik übergegangenen beiden Regierungsabkommen. Die Bundesregierung bestätigte allerdings kurz darauf im Wirtschaftsvertrag mit der Sowjetunion den grundsätzlichen Vertrauensschutz für solche Vereinbarungen.[34] Die Gazprom hatte jedoch ihren direkten Markteintritt quasi erzwungen und mit der Wintershall Erdgas Handelshaus einen Zwischenhändler in den Markt gebracht, der zusammen mit ihr dieselben Mengen Erdgas lieferte wie zuvor die Sojusgazexport; allerdings ohne eine besondere gaswirtschaftliche Leistung zu erbringen. Damit bestand Ende 1990 aus Sicht der Ruhrgas das Problem, dass die Verbundnetz Gas zwar das Leitungsnetz und die Vertriebsorganisation, aber noch keine neuen Bezugsverträge mit der Wintershall Erdgas Handelshaus besaß, die bei den Preis- und Mengenverhandlungen am längeren Hebel saß. Und gerade die unvereinbaren Positionen zur Preisfrage sollten einen mehrjährigen Konflikt provozieren.

So lieferte die Wintershall Erdgas Handelshaus der Verbundnetz Gas grundsätzlich das vom Markt benötigte Erdgas, obwohl diese regelmäßig die Rechnungen kürzte. Bis Ende September 1991 erreichte der Zahlungsverzug nach Angaben des Lieferanten einen Umfang von mehr als 100 Mio. D-Mark. Die Ruhrgas und die Verbundnetz Gas unterstellten der BASF und der Wintershall einen ruinösen Preiskampf mit dem Ziel einer Schwächung der Verbundnetz Gas und warfen ihnen vor, den Aufschwung in Ostdeutschland zu gefährden. Die Gegenseite bescheinigte ihren Forderungen dagegen eine marktwirtschaftliche Kalkulationsgrundlage, zumal die Ruhrgas für die neuen Bundesländer selbst Preiserhöhungen und damit ein höheres Preisniveau als im Westen angekündigt habe.[35]

Im Oktober 1991 begann die Wintershall Erdgas Handelshaus, ihre Lieferungen nach und nach zu reduzieren und zwang die Verbundnetz Gas damit, noch vor Beginn der Heizperiode ihre gespeicherten Reserven anzugreifen. Die Ruhrgas hatte bereits im Sommer 1991 die ersten Lieferungen nach Thüringen aufgenommen, unterstützte die Verbundnetz Gas jetzt mit Notmengen von täglich fünf Mio. Kubikmetern und sicherte so den dortigen täglichen Grundbedarf von ca. 15 Mio. Kubikmetern.[36] Auch das Bundeswirtschaftsministerium inter-

34 Gerhard Ritzmann, *Der Umbau der Gaswirtschaft – Statement aus Sicht des Bundeswirtschaftsministeriums*, in: Harms (Hg.), Neuordnung der Energiewirtschaft, 113–116, hier 114 f.

35 Lagebericht Liesen AR Ruhrgas am 4. Dezember 1991, 7 f., in: AEGC 01002155466; dsgl. am 19. Mai 1992, 5 f., in: AEGC 01002155467; *Machtkampf der Monopole*, in: Die Zeit (1.11.1991); *Doller Coup*, in: Der Spiegel 42 (1991), 158–159; *Bis zum letzten Blutstropfen. Wintershall-Chef Herbert Detharding über den Kampf um den deutschen Erdgasmarkt*, in: Der Spiegel 3 (1992), 89–96.

36 Lagebericht Liesen AR Ruhrgas am 4. Dezember 1991, 8, in: AEGC 01002155466; Aktenvermerk Ruhrgas, 29. November 1991, zur gaswirtschaftlichen Situation in Ostdeutschland; Pressemeldung der Ruhrgas vom 2. Dezember 1991, in: AEGC 01002155465.

venierte bei der Regierung in Moskau, die weiter die Versorgungssicherheit garantierte. Angesichts der sich in dieser Zeit zuspitzenden Staatskrise in der Sowjetunion und der Gründung der Gemeinschaft Unabhängiger Staaten (GUS) im Dezember erschien diese Zusage jedoch wenig verlässlich. Für die Ruhrgas und andere westliche Kunden bedeuteten die unüberschaubare Entwicklung und die latenten Spannungen innerhalb des jungen Bundes Anlass zur Sorge, zumal die russische Presse den Vorwurf erhob, dass die Sowjetunion dem Westen das wertvolle Erdgas quasi geschenkt habe und folglich eine umfassende Revision der Verträge notwendig sei. Liesen warnte im Aufsichtsrat vor den unabsehbaren Folgen einer solchen Entwicklung.[37] Dazu bestand die Gefahr, dass die Streitigkeiten zwischen der Ukraine und Russland um die Umstellung der Gaspreise auf Weltmarktniveau sich auch in den ehemaligen Teilrepubliken direkt auf den Transport nach Europa auswirkten, zumal die Ukraine schon mehrfach die durch ihr Gebiet laufende Hauptleitung illegal angezapft hatte.[38] Auch in den folgenden zwei Jahrzehnten beherrschte dieser weiterschwelende Konflikt regelmäßig die Debatten um die Versorgungssicherheit durch russisches Erdgas in Westeuropa.[39]

In dieser Situation kündigte die Wintershall Erdgas Handelshaus Ende November 1991 an, ab Jahresbeginn 1992 die Lieferung der Orenburg-Mengen nach Ostdeutschland einzustellen, da die Außenstände sich bis zum Jahresende auf 150 Mio. D-Mark beliefen und man nun zu diesem Schritt gezwungen sei.[40] Bereits Anfang des Monats hatte die Wintershall Erdgas Handelshaus GmbH ihr ostdeutsches Liefermonopol durch den Abschluss eines Liefervertrages mit der Gazprom über Jahresmengen von 13,5 Mrd. Kubikmetern über 20 Jahre mit einem Plateau ab 1997 gefestigt. Dieses über den ostdeutschen Bedarf hinausgehende Volumen deutete darauf hin, dass die Gazprom einen Vertrieb in Westdeutschland und damit auch dort einen Gas-zu-Gas-Wettbewerb mit den eigenen Mengen akzeptierte. Nachdem zunächst eine nach Weihnachten 1991 erlassene einstweilige gerichtliche Verfügung die Wintershall Erdgas Handelshaus GmbH von diesem Vorhaben abgehalten hatte, entspannte sich die Lage im Februar 1992 vorläufig, zumal die Bundesregierung allen Beteiligten ihren Wunsch nach einer schnellen Befriedung mehrfach unmissverständlich verdeutlicht hatte. Am Rande der Tagung der deutsch-russischen

37 Lagebericht Liesen AR Ruhrgas am 4. Dezember 1991, 14 f., in: AEGC 01002155466; Aktenvermerk Pfaff, Ruhrgas, 21. November 1991, zur Situation des sowjetischen Erdgases, in: AEGC 01002155466.

38 Lagebericht Liesen AR Ruhrgas am 19. Mai 1992, 11 f., in: AEGC 01002155467; dsgl. am 5. Mai 1993, 11, in: AEGC 01002155471.

39 Lagebericht Liesen AR Ruhrgas am 6. Dezember 1993, 10 f. in: AEGC 01002155474.

40 Pressemeldung WIEH, 29. November 1991, in: AEGC 01002155465; AR Ruhrgas am 1. Dezember 1994, 5, in: AEGC 01002155480.

Abb. 41: Unternehmenszeitschrift Gasette anläßlich der Stabübergabe, Heft 3/4 (1996). Klaus Liesen (Aufsichtsratsvorsitzender Ruhrgas) und Friedrich Späth (Vorstandsvorsitzender Ruhrgas).

Wirtschaftskommission auf dem Petersberg einigten sich Liesen und Gazprom-Chef Viktor Tschernomyrdin auf einen Kompromiss, der sowohl eine teilweise Begleichung der Außenstände durch die Verbundnetz Gas als auch die Aufnahme neuer Verhandlungen über die Lieferkonditionen vorsah. Der nun bis Ende des Jahres geltende sogenannte Petersberg-Preis entsprach zwar nicht den Forderungen der Wintershall Erdgas Handelshaus, lag aber erheblich über dem westeuropäischen Preisniveau.[41] Ende 1992 verständigten sich beide Seiten auf eine Verlängerung des Petersberg-Abkommens für ein weiteres Jahr.[42] Die Auseinandersetzung endete dauerhaft erst Anfang 1994, als die Verbundnetz Gas und die Wintershall Erdgas Handelshaus GmbH einen 20jährigen Bezugsvertrag unterzeichneten.[43]

Die Bereitschaft, eine dauerhafte Lösung zu finden, lag auch an der veränderten gaswirtschaftlichen Situation in den neuen Bundesländern. Im September 1992 hatte die Inbetriebnahme der ersten großdimensionierten Verbindungsleitung zwischen dem Ruhrgas-Netz und dem Netz der Verbundnetz Gas die Abhängigkeit der neuen Bundesländer von den Lieferungen der Wintershall Erdgas Handelshaus GmbH gelockert. Bereits 1991 hatte die Erdgasversorgungsgesellschaft mbH wie geplant das mehr als 300 Kilometer lange Leitungssystem von der hessisch-thüringischen Grenze bei Vitzeroda nach Zwickau nebst Anschlussleitungen als Ergänzung zum VNG-Netz fertiggestellt, an das nun die neue Leitung anschloss. 1993 bezog die Verbundnetz Gas nur noch 63 Prozent ihres Erdgases aus Russland, der Rest stammte aus einheimischen Quellen und Westdeutschland.[44] Nachdem das Ziel einer weitreichenden Erdgasversorgung Sachsens und Thüringens damit einen großen Schritt nähergerückt war, konnten bis 1995 auch die Arbeiten in Norddeutschland beendet werden. Hier wurde mit dem Troll-Projekt ein Gesamtkonzept realisiert, das die Verteilung norwegischen Erdgases in ganz Ostdeutschland erleichterte und auch die Belieferung Berlins verbesserte. Die Ruhrgas baute hier zusammen mit der Brigitta, der Statoil sowie der Norsk Hydro die 292 Kilometer lange Norddeutsche Erdgas-Transversale (NETRA) von Etzel/Wilhelmshaven über Wardenburg/Oldenburg nach Salzwedel an der Grenze Sachsen-Anhalts. Über

41 Konkrete Angaben zur Höhe des Preises waren nicht zu ermitteln. Lagebericht Liesen AR Ruhrgas am 19. Mai 1992, 5 f., in: AEGC 01002155467; Karlsch, *Ostdeutsche Gaswirtschaft*, 207.

42 Lagebericht Liesen AR Ruhrgas am 5. Mai 1993, 6 f., in: AEGC 01002155471.

43 Er sah zwischen 1994 und 1998 die Lieferung von jährlich jeweils 3,5 Mrd. m³ und ab 1999 von 7 Mrd. m³ vor. Lagebericht Liesen AR Ruhrgas am 3. Mai 1994, 6, in: AEGC 01002155476; Karlsch, *Ostdeutsche Gaswirtschaft*, 209; Funk u. a., *Wettbewerbsfragen*, 31 f. Zum Preis liegen keine Informationen vor.

44 Lagebericht Liesen AR Ruhrgas am 6. Dezember 1993, 12 f., in: AEGC 01002155474.

eine weitere Leitung nach Emden wurde die NETRA an den Anlandepunkt des norwegischen Erdgases an der deutschen Nordseeküste angeschlossen. Zuvor hatten die Ruhrgas und die Verbundnetz Gas bereits den 180 Kilometer langen Streckenabschnitt zwischen Salzwedel und Bernau, nördlich von Berlin, fertiggestellt, wo das Gas in das um die Stadt verlaufende Ringsystem eingespeist wird.[45]

Den Ausschlag für das Einlenken der Wintershall Erdgas Handelshaus GmbH dürften die Bezugsverträge der Verbundnetz Gas mit westlichen Lieferanten gewesen sein. Im Dezember 1993 gelang ein besonderer Coup, der die Verbundnetz Gas in den Kreis der deutschen Importeure hob und zugleich als bedeutender Beleg für die Stabilität des etablierten Bezugssystems der Ruhrgas in Westeuropa angesehen werden kann. Das Unternehmen schloss mit dem zentralen norwegischen Gasverhandlungskomitee GFU[46] einen Vertrag über den jährlichen Bezug von vier Mrd. Kubikmetern ab 1996, der ausreichende Mengen auch für Sachsen-Anhalt und Brandenburg vermittelte.[47] Zu diesem Zeitpunkt war auch die technische Nordintegration der Ruhrgas beendet. Innerhalb von vier Jahren war ein über 1.000 Kilometer langes Pipelinesystem entstanden, über das von nun an die wachsenden Mengen norwegischen Erdgases nach West-, Süd- und Norddeutschland transportiert wurden. Bis Ende 1994 wurde auch die Umstellung der neuen Bundesländer von Stadtgas auf Erdgas weitgehend abgeschlossen, nachdem bereits im Frühjahr 90 Prozent der Haushalte an die Versorgung angeschlossen worden waren.[48]

Das Verhältnis zwischen der Wintershall Erdgas Handelshaus GmbH und der 1993 als Leitungs- und Vertriebsgesellschaft gegründeten Wintershall Gas GmbH (Wingas)[49] auf der einen Seite sowie der Verbundnetz Gas und der Ruhrgas auf der anderen war weiter angespannt. Die Ruhrgas akzeptierte den neuen Gas-zu-Gas-Wettbewerb und führte einen intensiven Preiskampf gegen die Wintershall-Gesellschaften mit dem Ziel, den eigenen Kundenstamm zu erhalten.[50] So gewann Wintershall in den neuen Bundesländern bis Ende 1993 gera-

---

45 Lagebericht Liesen AR Ruhrgas am 5. Mai 1993, 17 f., in: AEGC 01002155471; Bericht Beyer AR Ruhrgas am 6. Dezember 1993, 2–5, in: AEGC 01002155473.

46 Beteiligte: Statoil, Norsk Hydro, Saga Petroleum.

47 Funk u. a., *Wettbewerbsfragen*, 29; Karlsch, *Ostdeutsche Gaswirtschaft*, 208; Lagebericht Liesen AR Ruhrgas am 6. Dezember 1993, 12, in: AEGC 01002155474.

48 Lagebericht Liesen AR Ruhrgas am 3. Dezember 1992, 6 f., in: AEGC 01002155470; dsgl. am 3. Mai 1994, 5, in: AEGC 01002155476; Werner Hauenherm/Dietrich Holze, *Erdgas für Ostdeutschland*, in: GWF 137 (1996), 56–59, hier 58.

49 Anteilseigner: 65 % Wintershall AG, 35 % Gazprom.

50 Lagebericht Liesen AR Ruhrgas am 6. Dezember 1993, 5, in: AEGC 01002155474. Nach Presseberichten auf Basis von Wintershall-Angaben sollen sich die Preiszugeständnisse der Ruhrgas bei westdeutschen Kunden auf rund 300 Mio. D-Mark und in den neuen Bundesländern auf fast 550 Mio. D-Mark belaufen haben, während die Ruhrgas nur einen niedrigen zweistelli-

de neun kleinere Stadtwerke und in Westdeutschland sieben Kommunen. Der Gas-zu-Gas-Wettbewerb hatte sich damit nach Westdeutschland in den Einzugsbereich der MIDAL verschoben. Dazu kam mit den EU-Binnenmarktplänen und der bevorstehenden Novellierung des Energiewirtschaftsgesetzes ein Rechtsstreit zwischen der Verbundnetz Gas und der Wintershall Erdgas Handelshaus um die Verweigerung eines Durchleitungsgesuches, der Ende 1994 erst vom Bundesgerichtshof zugunsten der Verbundnetz Gas entschieden wurde.[51]

Auch 1994 setzten Liesen und Späth ihre „strategische Linie" fort, „auslaufende Absatzverträge durch Eingehen auf diesen Wettbewerb zu verlängern", zeigten sich aber gleichzeitig bereit, „bei Vorliegen akzeptabler Randbedingungen bestimmte Gebiete durch mittelbare Vereinbarungen zu befrieden".[52] Bestes Zeichen für die Normalisierung der Beziehungen war der langfristige Liefervertrag zwischen der Wintershall Erdgas Handelshaus GmbH und der Verbundnetz Gas.[53] 1996 erreichten die Verbundnetz Gas und die mittlerweile in Erdgasversorgungsgesellschaft Thüringen-Sachsen mbH umbenannte Erdgasversorgungsgesellschaft mbH erstmals ein positives Jahresergebnis.[54] Die Ruhrgas war zu diesem Zeitpunkt in den neuen Bundesländern außerdem mit einer 1991 erworbenen 19,5prozentigen Beteiligung an der Dresden Gas GmbH sowie einer 1994 im Zuge der Teilprivatisierung erworbenen Beteiligung von 11,95 Prozent an der Westberliner GASAG Berliner Gaswerke AG engagiert.[55] Den seit Anfang der 1990er Jahre spürbaren Trend zu einem Engagement bei

---

gen Millionenbetrag einräumte. *Raushalten, fertigmachen*, in: Der Spiegel 4 (1994), 84; *Wintershall ist auch für den Notfall gerüstet*, in: SZ (19.7.1994); *Ruhrgas: Kein Geld an Kommunen gezahlt ... aber ‚andere Leistungen' gewährt*, in: Neue Ruhr-Zeitung (15.7.1994).

51 Stefan Langer, *Durchleitung von Energie gemäß § 103 Abs. 5 GWB. Zum Beschluss des Bundesgerichtshofs im Falle „VNG/WIEH"*, in: ET 45 (1995), 394–400; Niederschrift der Aufsichtsratssitzung der Ruhrgas am 1. Dezember 1994, 3, in: AEGC 01002155480.

52 Lagebericht Liesen AR Ruhrgas am 3. Mai 1994, 4 f., in: AEGC 01002155476.

53 Lagebericht Liesen AR Ruhrgas am 4. Dezember 1994, 7 f., in: AEGC 01002155480; Funk u. a., *Wettbewerbsfragen*, 29 f.; Lagebericht Liesen AR Ruhrgas am 13. Mai 1992, 6, in: AEGC 01002155467.

54 Lagebericht Späth AR Ruhrgas am 6. Dezember 1996, 17 f., in: AEGC 01002155494. Zur Situation in Ostdeutschland: Klaus-Ewald Holst, *Ostdeutsche Gaswirtschaft in Europa integriert*, in: ET 47 (1997), 436–440.

55 Vorlage AR Ruhrgas, 18. Januar 1991, schriftliches Beschlussverfahren, in: AEGC 01002340128; Lagebericht Liesen AR Ruhrgas am 8. Mai 1991, 12, in: AEGC 01002155462; Vorlage TOP 2 AR Ruhrgas am 14. März 1994: Erwerb einer Beteiligung an der GASAG Berliner Gaswerke AG, in: AEGC 01002155475; Vortrag Späth AR Ruhrgas am 14. März 1994, in: AEGC 01002155475.

einem Regionalversorger begleitete die Ruhrgas dagegen nicht.[56] 1997 veräußerte die British Gas ihre deutsche Tochtergesellschaft, die neben weiteren Beteiligungen in Ostdeutschland auch fünf Prozent an der Verbundnetz Gas hielt, an diese. Die Verbundnetz Gas gab diese Aktien pro rata an die anderen Aktionäre weiter, sodass die Ruhrgas ihren Anteil auf 36,84 Prozent ausdehnte.[57]

Strukturwandel: Die Gaswirtschaft in den 1990er Jahren

Im Verlauf der 1990er Jahre gerieten die etablierten Strukturen der Gaswirtschaft unter Druck. Ausschlaggebend für den dritten Umbruch der Branche nach der Einführung der Ferngasversorgung in den 1920er Jahren und dem Markteintritt des Erdgases in den 1960er Jahren war neben dem Zusammenbruch des Ostblocks vor allem die von der EG eingeleitete Liberalisierung der europäischen Märkte. Auch wenn sich die Auswirkungen dieser Reformpolitik erst im Verlauf des neuen Jahrtausends voll entfalten sollten, bot bereits die Neuordnung der Gaswirtschaft in den neuen Bundesländern einen Vorgeschmack auf die Zukunft. Recht bald zeigten sich hier grundsätzliche Tendenzen, die von allen Unternehmen eine Anpassung ihrer Geschäftspolitik erforderten. Auf den sich langsam gerade durch ausländische Konkurrenten intensivierenden brancheninternen und mit Blick auf die Elektrizitätswirtschaft und ihre Querverbundaktivitäten branchenübergreifenden Wettbewerb hin wurden zahlreiche Gesellschaften kooperationsbereiter. Die Ruhrgas begann, sich von einer Handels-, Import- und Transportgesellschaft mit ergänzenden technologischen Bereichen zu einem differenzierten Gaskonzern zu entwickeln. Sie erschloss neue Geschäftsfelder im Downstreambereich, stieg also in die verbrauchernahe Ebene der Regional- und Lokalverteilung ein. Gleichzeitig blickte der deutsche Marktführer in Richtung Osteuropa und beteiligte sich an den dort entstehenden neuen Gasversorgern und dem Aufbau von Lieferbeziehungen, da die westeuropäischen Auslandsmärkte aufgrund ihrer von Staatsgesellschaften dominierten Struktur weitgehend abgeschottet waren.

In der ersten Hälfte der 1990er Jahre verzeichnete die deutsche Gaswirtschaft ein sprunghaftes Absatzwachstum, das sich bald auf hohem Niveau stabilisierte und Anfang des neuen Jahrtausends nochmals anstieg. Obwohl der Primärenergiegesamtverbrauch insgesamt stagnierte, stieg der Erdgasabsatz

56 Zur Beteiligungsstruktur 1993 siehe: Funk u. a., *Wettbewerbsfragen*, Tabelle I.1, Anhang, a–b.

57 Vorlage TOP 5b AR Ruhrgas am 4. Dezember 1997: Erhöhung der RGE-Beteiligung an der VNG, in: AEGC 01002155501.

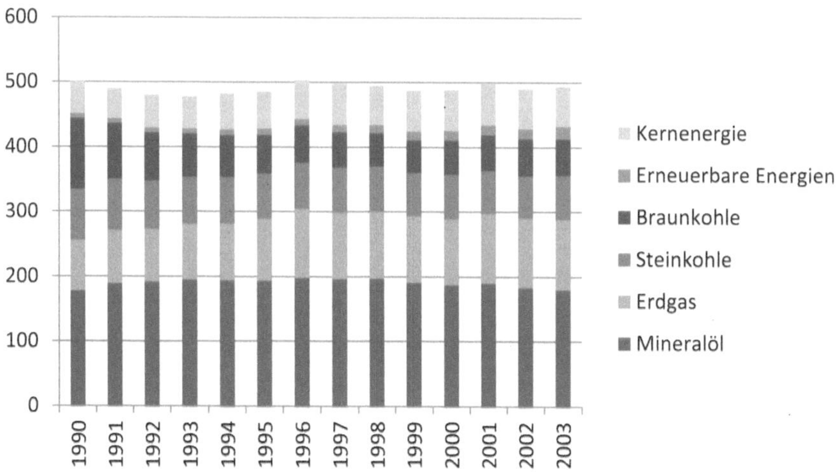

Grafik 4: Primärenergieverbrauch in der Bundesrepublik Deutschland 1990 bis 2003.[58]
* Zu „Erneuerbare Energien": Für 1990 bis 1993 ist keine exakte Angabe möglich, da erneuerbare Energien statistisch unter „Sonstige" ausgewiesen wurden. Ein Schätzwert von ca. sieben Mio. Tonnen SKE wurde für diesen Zeitraum angenommen.

um annähernd 40 Prozent und erreichte damit einen Anteil von fast 22 Prozent. Vor allem die Umstellung der Gasversorgung der neuen Bundesländer vom kohlebasierten Stadtgas auf Erdgas, die Modernisierung der dortigen Wohnungsheizung und schließlich der auch in Westdeutschland unverminderte Trend zur Erdgasheizung waren ursächlich hierfür. Lag 1989 der Anteil gasbeheizter Wohnungen in den alten Bundesländern bei 31,6 Prozent, so wuchs er bis Ende des Jahrzehnts auf 43,4 Prozent. Bei den Neubauwohnungen stieg der Anteil auf rund drei Viertel, sodass die Erdgasheizung 1994 erstmals die Ölheizung von ihrer langjährigen Führungsposition verdrängte.[59] Folglich ging die rasante Entwicklung vor allem zulasten der Mineralölwirtschaft und der Braunkohlenindustrie. Beim Erdgasaufkommen wuchs damit aber die Importabhängigkeit trotz einer um rund ein Viertel gesteigerten Inlandsförderung weiter an und überschritt im Jahr 2000 erstmals die Marke von 80 Prozent. Mit

---

58 Zusammenstellung und eigene Berechnung nach Reintges u. a. (Hrsg.), *Jahrbuch für Bergbau, Energie, Mineralöl, Chemie*, Jg. 1991–2000 sowie Arbeitsgemeinschaft Energiebilanzen e. V. (Hg.), *Auswertungstabellen zur Energiebilanz für die Bundesrepublik Deutschland 1990–2012*, Berlin 2013, hier Tabellen 1 und 3. Werte gerundet und in Mio. t SKE. Angaben in Primärenergiebilanzen aus Gründen der Vergleichbarkeit in SKE (1 kg SKE entspricht 7.000 kcal bzw. 8,141 kWh; 1 t SKE entspricht 833 m³ L-Gas bzw. 715 m³ H-Gas).
59 GB Ruhrgas 1995, 21; 1999, 52 f.

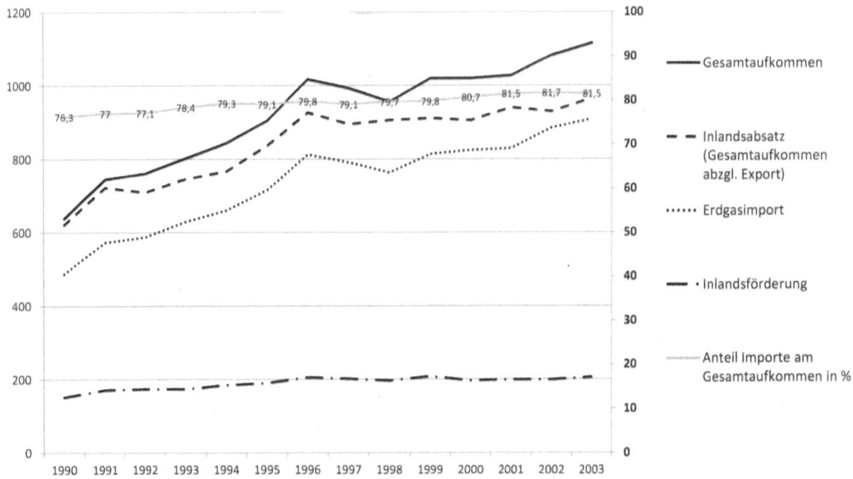

Grafik 5: Erdgasaufkommen in der Bundesrepublik Deutschland 1990 bis 2003.[60]

einem Anteil von durchschnittlich über einem Drittel bildeten die russischen Lieferungen weiterhin die Basis der deutschen Erdgasversorgung. Neben den einheimischen Lieferanten verloren vor allem die Niederlande elementar an Bedeutung. In die Rolle des zweitwichtigsten Exporteurs rückte Norwegen, das seinen Marktanteil zwischen 1992 und 2002 verdoppelte. Dänemark und ab 1998 Großbritannien ergänzten die Lieferantenliste, sodass die Bundesrepublik im europäischen Maßstab über eine besonders breit differenzierte Importstruktur verfügte. Die Situation bei der Ruhrgas entsprach weitgehend diesem Gesamtbild.

Bei der Ruhrgas machte sich der zunehmende Wettbewerb bald bemerkbar. Der Marktanteil sank sukzessive von 75 Prozent auf dauerhaft unter 60 Prozent, was auch dem Gas-zu-Gas-Wettbewerb in den neuen Bundesländern geschuldet war. Der Vorstand sah sich ab 1993 durch die Konkurrenzsituation zu Preisanpassungen genötigt, die wiederum nicht durch eine entsprechende Reduzierung der Bezugspreise ausgeglichen werden konnten.[61] Vielmehr verweigerten zahlreiche Lieferanten wie die Gasunie oder die deut-

60 Zusammenstellung und eigene Berechnung nach Hans-Wilhelm Schiffer, *Energiemarkt Deutschland Jahrbuch 2014, Daten und Fakten zu konventionellen und erneuerbaren Energien*, Köln 2014, 179. Alle Werte gerundet in Mrd. kWh. Werte für 1990 ohne DDR/neue Bundesländer, Werte ab 1991 einschließlich neuer Bundesländer.

61 Lagebericht Liesen AR Ruhrgas am 6. Dezember 1993, 4 f., in: AEGC 01002155474; dsgl. am 1. Dezember 1994, 3 f., in: AEGC 01002155480; *Druck auf die Marge bereitet Sorge*, in: Handelsblatt (14. 6. 1994). Der Ertragsstandard der Ruhrgas für Beteiligungsinvestitionen lag 1993 bei 11,5 %. Lagebericht Liesen AR Ruhrgas am 6. Dezember 1993, 13 f., in: AEGC 01002155474.

schen Produzenten der Ruhrgas bei den regelmäßig anstehenden Einkaufspreisverhandlungen entsprechende Zugeständnisse.[62] Der Rohertrag in Cent pro Kilowattstunde sank infolgedessen zwischen 1991 und 2000 kontinuierlich von 0,214 auf 0,120 und halbierte sich damit annähernd.[63] Teilweise wurde der Margenrückgang durch gegenläufige Effekte durch das 1994 gestarteten Kostenoptimierungsprogramm und Effizienzverbesserungsprogramm ESPRit,[64] verschiedene Reorganisationsmaßnahmen und eine veränderte Investitionsstrategie abgeschwächt, doch änderte dies an der Grundtendenz nichts, wie Liesen und Späth regelmäßig warnten.[65] In der zweiten Hälfte der 1990er Jahre erreichte so das Investitionsvolumen der Ruhrgas – zahlreiche Ausbauprojekte zum Anschluss der neuen Bundesländer und zur Implementierung zusätzlichen Nordseegases waren fertiggestellt – nach jährlich zwischen 0,7 und 1,2 Mrd. D-Mark in den Vorjahren nur noch zwischen 130 und 400 Mio. D-Mark.[66]

Die sinkenden Margen schlugen sich jedoch nicht im Gewinn und in der Ausschüttungspraxis der Ruhrgas nieder.[67] Die Dividende blieb bis 1994 mit durchschnittlich 25 Prozent auf dem hohen Stand der ausgehenden 1980er Jahre. In der zweiten Hälfte der 1990er Jahre reduzierte sich das Dividendenniveau dann leicht. Die Ruhrgas zahlte allerdings zwischen 1994 und 2000 den Aktionären im Rahmen des „Schütt-aus-Hol-zurück-Verfahrens“ Sonderausschüttungen mit anschließender teilweiser oder vollständiger Wiedereinlage, und schöpfte damit Steuervorteile aus. Die insgesamt herausragende finanzielle Situation führte u. a. dazu, dass die Ruhrgas innerhalb von zehn Jahren bis 1995 ihr Grundkapital ohne direkte Einzahlungen der Aktionäre auf 2,2 Mrd. D-Mark verdoppelte.[68] Daher war das Unternehmen kaum auf langfristige Fremdmittel

---

62 Lagebericht Liesen AR Ruhrgas am 1. Dezember 1994, 7, in: AEGC 01002155480.

63 Vortrag Janssen zum TOP 3 AR Ruhrgas am 25. April 2002: Jahresabschluss 2001, 3 f. und Chart 4, in: AEGC 01002155542.

64 Effizienz-Steigerungs-Programm Ruhrgas intern (ESPRit).

65 Lagebericht Liesen AR Ruhrgas am 1. Dezember 1994, 3 f., in: AEGC 01002155480; dsgl. am 13. Dezember 1995, 3 f., in: AEGC 01002155486; dsgl. am 29. April 1996, 3, in: AEGC 01002155489; Lagebericht Späth AR Ruhrgas am 6. Dezember 1996, 8 ff., in: AEGC 01002155494. Bis 2000 führte das Programm zu Kosteneinsparungen im Umfang von 20 %. Interview Mans am 2. September 2016.

66 Bericht Beyer AR Ruhrgas am 4. Dezember 1997, 4 f. sowie Anlagen, in: AEGC 01002155501.

67 Aufstellungen zu Kennzahlen, in: AEGC 01002156486. Zwischen 1996 und 2001 lag der ROACE dann zwischen 18,8 und 23,3 %. Vortrag Janssen zum TOP 3 AR Ruhrgas am 25. April 2002: Jahresabschluss 2001, Chart 12, in: AEGC 01002155542.

68 *Druck auf die Marge bereitet Sorge*, in: Handelsblatt (14. 6. 1994); *Langsamer Abschied vom Monopolisten*, in: Handelsblatt (26. 5. 1995); *Erdgas plus zur Kundenpflege*, in: Handelsblatt (12. 6. 1996). Die Geschäftsberichte vermerkten dazu: „Der Kapitalbedarf der Ruhrgas wie auch des gesamten Konzerns konnte aus Innenfinanzierungsquellen und der verfügbaren Liquidität gedeckt werden.“ GB Ruhrgas, 1992, 43; 1994, 37; 1996, 25.

angewiesen. Gleichzeitig zeigten sich die Aktionäre zunehmend unzufrieden mit der etablierten Geschäftspolitik des Vorstandes. Gerade die vier Hamburger Mineralölgesellschaften Mobil Oil AG, Esso AG, Deutsche Shell AG und Deutsche BP Holding AG sahen eine Überliquidität der Ruhrgas. Es entwickelte sich eine Grundsatzdebatte über die zukünftige Struktur des Unternehmens, und die Frage, wie ein größtmöglicher Profit erzielt werden könnte.

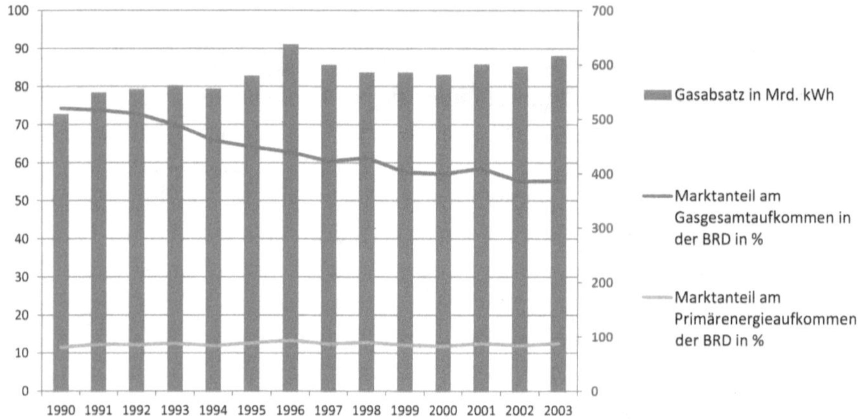

Grafik 6: Erdgasabsatz und Marktanteil der Ruhrgas AG 1990 bis 2003.[69]

69 Zusammenstellung und eigene Berechnung nach Hans-Wilhelm Schiffer, *Deutscher Energiemarkt 2000*, in: ET 51 (2001), 106–120, hier 115; *2001*, in: ET 52 (2002), 160–174, hier 169; *2002*, in: ET 53 (2003), 168–183, hier 173; Geschäftsberichte, Jahresberichte und Aufsichtsratsniederschriften der Ruhrgas 1990–2003. Alle Werte gerundet. Importrelationen teilweise für BRD, teilweise für Ruhrgas.

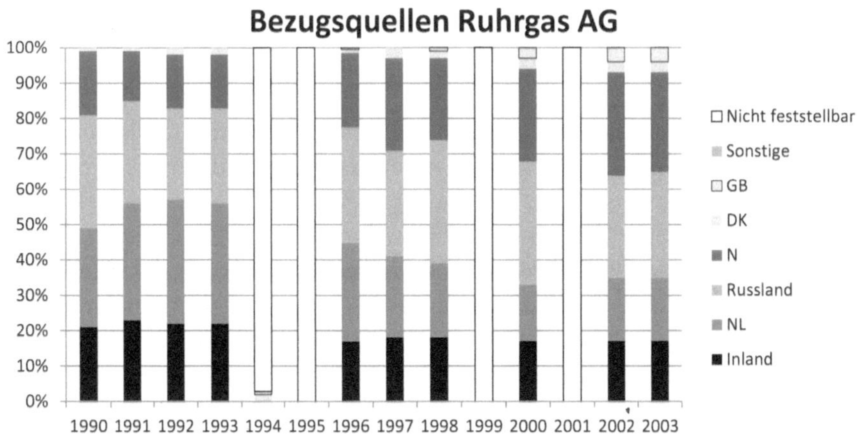

Grafik 7: Bezugsquellen der Ruhrgas AG 1990 bis 2003.[70]

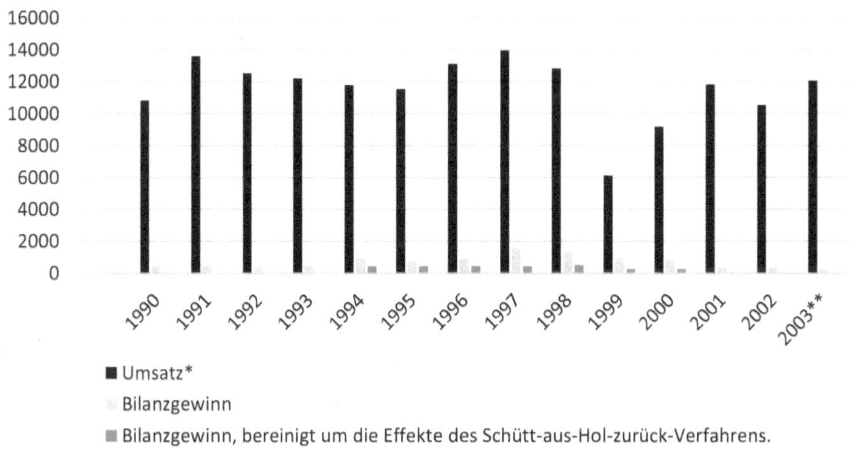

Grafik 8: Geschäftsergebnis der Ruhrgas AG 1990 bis 2003.[71]

---

70 Zusammenstellung und eigene Berechnung nach Hans-Wilhelm Schiffer, Deutscher Energiemarkt 2000, in: ET 51 (2001) 106–120, hier 115; 2001, in: ET 52 (2002), 160–174, hier 169; 2002, in: ET 53 (2003), 168–183, hier 173; Geschäftsberichten, Jahresberichten und Aufsichtsratsniederschriften der Ruhrgas AG 1990–2003. Alle Werte gerundet, fehlende Angaben nicht zu ermitteln. Die Geschäfts- bzw. Jahresberichte der Ruhrgas AG weisen die Importrelationen teilweise für das Unternehmen, teilweise für die Bundesrepublik aus.

71 Zusammenstellung und eigene Berechnung nach den Geschäftsberichten der Ruhrgas, 1990–2003, passim. Werte gerundet, in Mio. D-Mark, ab 1999 in Mio. EUR, bezogen auf das Gasgeschäft der AG ohne den Konzernkonsolidierungskreis.

Energiepolitik: Vom Erdgasverbund zum liberalisierten Binnenmarkt

Den ordnungspolitischen Rahmen der deutschen Gaswirtschaft bildeten Ende der 1980er Jahre noch immer das Energiewirtschaftsgesetz von 1935 mit den Prämissen Versorgungspflicht, Versorgungssicherheit und Preisgünstigkeit sowie das Gesetz gegen Wettbewerbsbeschränkungen von 1958. Dieses genehmigte der Energiewirtschaft ansonsten kartellrechtlich untersagte Vereinbarungen über die in den §§ 103 und 103a verankerten Sonderregelungen. Dazu regelte die ebenfalls 1958 erlassene Bundestarifordnung Gas die Grundlagen der Tarifgestaltung, ohne damit jedoch in die Preisbildung einzugreifen. Auf Ebene der EG orientierte sich die gemeinschaftliche Energiepolitik mit ihrer Konzentration auf Kohle und Kernenergie weiterhin an den europäischen Gründungsimpulsen der Montanindustrie der 1950er Jahre.[72] Allerdings mehrten sich die Anzeichen für einen grundlegenden Wandel, denn der Rat der Energieminister forderte im Herbst 1986 erstmals einen Binnenmarkt für Energie und formulierte dabei den Abbau von Handelshemmnissen, die Erhöhung der Versorgungssicherheit und eine Kostenreduktion als bis 1995 erreichbares Ziel. Es folgte eine Grundkonzeption, die einen grenzenlosen Energiebinnenmarkt in drei Schritten realisieren wollte. Erstens sollte der grenzüberschreitende Energieaustausch durch eine verbesserte Markttransparenz erleichtert werden, zweitens durch ein freies Spiel der Kräfte die Liberalisierung vorantreiben und drittens auf Grundlage der dabei gewonnenen Erfahrungen alle Wettbewerbsverzerrungen beseitigt werden.[73] Im Vordergrund der Überlegungen stand dabei zunächst die Deregulierung und Europäisierung der Elektrizitätswirtschaft. Der Gaswirtschaft attestierte die Kommission zwar eine erfolgreiche Zusammenarbeit beim Aufbau des Bezugs- und Verteilungssystems in Europa und verwies in diesem Kontext auf die Notwendigkeit einer Fortsetzung der Aktivitäten insbesondere zur weiteren Integration des Netzes.[74] Allerdings stellte sie auch hier zahlreiche „mögliche Hemmnisse“ für eine stärkere Integration der Erdgasmärkte fest, die den Erkenntnissen aus der Untersuchung der Elektrizitätswirtschaft ähnelten und schließlich trotz der elementaren Un-

---

72 Erwin Häckel, *Energiepolitik*, in: Werner Weidenfeld/Wolfgang Wessels (Hrsg.), Europa von A–Z. Taschenbuch der europäischen Integration, Bonn 1991, 110–117, hier 116.

73 Christine Nill-Theobald/Christian Theobald, *Grundzüge des Energiewirtschaftsrechts. Die Liberalisierung der Strom- und Gaswirtschaft*, München 2001, 38; Kommission der Europäischen Gemeinschaften – Generaldirektion Energie (Hg.), *Energie in Europa. Der Binnenmarkt für Energie*, Luxemburg 1988, 8 ff.

74 Ebd., 43 f.

terschiede eine im Kern identische und zeitlich koordinierte Politik für beide Sektoren nach sich zogen.[75]

Die drei Richtlinienvorschläge von 1988 betrafen den verstärkten Austausch von Strom und Gas zwischen den Mitgliedsstaaten, eine stärkere Preistransparenz sowie eine Meldepflicht zur Koordination und Planung von Kosten und Investitionen. Außerdem verlangte die Kommission eine Durchleitungspflicht bzw. ein Durchleitungsrecht nach dem Prinzip des „common-carriage" (gemeinsamer Transport) bzw. des „Third Party Access" (Netzzugang eines Dritten).[76] Damit war der Ball im Spiel, und es begann ein langjähriger intensiver Diskurs zwischen der EG-Kommission, dem EG-Ministerrat, dem europäischen Parlament, den nationalen Regierungen und Parlamenten sowie den betroffenen Unternehmen. Angesichts der höchst unterschiedlichen Rahmenbedingungen zwischen den einzelnen Mitgliedstaaten entwickelten sich wechselnde Interessenkonstellationen, denen hier nicht im Einzelnen nachgegangen werden kann. Festzustellen bleibt, dass alle späteren Schritte keine Mehrheiten fanden, die Binnenmarktpolitik im Energiesektor aber nach zahlreichen Widerständen im Verlauf der 1990er Jahre Zustimmung fand und schließlich mit den wichtigsten Grundelementen umgesetzt wurde. Die Unternehmen der europäischen Energiewirtschaft lehnten eine Verwirklichung der Pläne zunächst unisono ab, um schließlich im Falle der Staatsgesellschaften nach und nach zwangsläufig auf die von Parlamenten und Regierungen vorgegebene Linie einzuschwenken. Eine Ausnahme bildete die Gaz de France. In Deutschland verfestigte sich dagegen bei allen Branchenverbänden und Unternehmen mit Ausnahme der zur BASF gehörenden Wintershall, die mittlerweile in Konkurrenz zur Ruhrgas eigenständig auf dem Gasmarkt auftrat, der Widerstand.

Beim Vorstand der Ruhrgas herrschte schon früh Alarmstimmung, bedrohten die Binnenmarktkonzepte doch die bewährte Doppelfunktion des Geschäftsmodells, das auf der einen Seite feste Margen garantierte, auf der anderen aber zugleich für eine sichere und wirtschaftliche Erdgasversorgung als erfolgreiches Ergebnis der bundesdeutschen Energiepolitik stand. Klaus Liesen bewertete die EG-Pläne als überflüssig, da eindeutig von der Situation in der französischen Stromwirtschaft motiviert und grundsätzlich ungeeignet für die Gaswirtschaft mit ihrer seit zwei Jahrzehnten internationalisierten Beschaffung und Preisbildung.[77] Außerdem verwies er schon früh auf die Probleme einer

75 Rupert Scholz/Stefan Langer, *Europäischer Binnenmarkt und Energiepolitik* (Schriften zum europäischen Recht, Bd. 13), Berlin 1992, 14.

76 EU-Kommission (Hg.), *Binnenmarkt*, 47.

77 Klaus Liesen, *Strategien der Gaswirtschaft*, in: ET 40 (1990), 542–547.

wachsenden EG-Bürokratie.[78] Diese Bedenken vertrat in einigen Aspekten auch die Bundesregierung, doch musste der Ruhrgas-Vorstand im Verlauf der 1990er Jahre bald feststellen, dass der mittlerweile über drei Jahrzehnte stabile energiepolitische Konsens im Bereich der Gaswirtschaft erste Auflösungserscheinungen zeigte. Außerdem war das Bundeswirtschaftsministerium durchaus aufgeschlossen gegenüber einigen Kommissionsforderungen und plante zudem eine Novellierung des Gesetzes gegen Wettbewerbsbeschränkungen, die die in § 103 zugestandenen Sonderregelungen zur Durchleitung aufweichte.[79] Weiterhin zeigte sich ebenso bald, dass der in der Bundesrepublik so erfolgreichen Lobbyarbeit auf europäischer Ebene engere Grenzen gesteckt waren. Und dies obwohl die Ruhrgas im April 1990 ein eigenes Büro in Brüssel eröffnet hatte und die Cometec[80] als bislang loser Verbund der europäischen Gaswirtschaft zum straff organisierten Lobby-Verband Eurogas mit eigenem Generalsekretär umgewandelt worden war.[81]

Für die etablierten Erdgasversorger der Bundesrepublik Deutschland bot sich Ende der 1980er Jahre folgende Perspektive, die mit Hinweis auf die Einzigartigkeit der Situation im europäischen Vergleich auch von Wirtschaftsforschungsinstituten, Consulting-Gesellschaften und Wissenschaftlern unterstützt wurde:[82] Kaum zu unterschätzen waren zunächst vor allem die Auswirkungen der Durchleitungspflicht und der Beseitigung der Demarkation auf die Drehscheibe des europäischen Gasverbundes, wo sich die internationalen Erdgasströme konzentrierten und potenziell sofort enorme Mengen zum Aufbau konkurrierender Marktpositionen bereitstanden. Und dies vor allem im Hinblick auf die fallenden Grenzen Osteuropas.[83] Angesichts der schon jetzt nach marktwirtschaftlichen Prinzipien organisierten offenen Strukturen befanden sich bundesdeutsche Gesellschaften darüber hinaus gegenüber den Staatsunternehmen der Nachbarländer von vornherein in einem strategischen Nachteil, da sie auf den dortigen abgeschotteten Märkten ohne differenzierte Verteiler-

---

78 *Liesen: Binnenmarkt für Energie ist nur über Kompromisse zu realisieren*, in: Handelsblatt (22.11.1988).

79 Ulrich Engelmann, *EG-Binnenmarkt für Energie. Aktueller Stand und Probleme*, in: ET 39 (1989), 182–184.

80 Committee for Economic Studies of the Gas Industry.

81 Lagebericht Liesen AR Ruhrgas am 9. Mai 1989, 16 f., in: AEGC 01002155453; Lagebericht Liesen AR Ruhrgas am 17. Mai 1990, 12 f., in: AEGC 01002155456; Materialien zum Thema Energiepolitik für den Lagebericht Liesen AR Ruhrgas am 17. Mai 1990; Lagebericht Liesen AR Ruhrgas am 6. Dezember 1990 [Auszug], 13 f., in: AEGC 01002155461.

82 Jörg Christiansen, *Durchleitungspflicht für Erdgas in der EG. Harmonisierung mit marktkonformen Mitteln?*, in: ET 40 (1990), 176–181.

83 Liesen, *Strategien*, 542.

struktur keine gleichwertige Chance erhielten. Hier fehlte etwa die in Deutschland vorhandene Organisation, die einen Marktzugang und damit eine Reziprozität gewährleistete. Durch eine solche Wettbewerbsverzerrung wäre den Leitungseigentümern nicht nur ein Marktpotenzial entzogen worden, das nicht zu kompensieren war, sondern darüber hinaus noch das eigene Geschäft elementar beeinträchtigt worden, da die Netze auf den eigenen Transportbedarf zugeschnitten waren und Durchleitungskontingente möglicherweise die Take-or-pay-Verpflichtungen ausgelöst hätten.

Als zweiter gewichtiger Aspekt sprach die Preistransparenz aus bundesdeutscher Sicht gegen die Liberalisierung der Märkte, da das vorgesehene Meldesystem mit dem Prinzip des individuellen anlegbaren Preises kollidierte und die in marktwirtschaftlichen Strukturen übliche freie Preisbildung aushöhlte. Außerdem hätte eine Offenlegung von Vertragspreisen nicht nur ein unkalkulierbares Streitpotenzial mit sich gebracht, sondern darüber hinaus außerhalb der EU liegenden Lieferanten wie Norwegen und der Sowjetunion einen unschätzbaren Vorteil verschafft, da sie in Kombination mit einem Third Party Access umgehend in die Lage versetzt worden wären, die EU-Märkte durch eine entsprechende Angebotsstrategie zu erobern. Beim Ruhrgas-Vorstand sorgte vor allem die Politisierung der Thematik für großes Unbehagen, während sich das Gefühl der unzureichenden Berücksichtigung von Sachargumenten mit der Auffassung verband, vor einer kalten Enteignung von Unternehmensbesitz zu stehen.[84] Diese Position war in der Branche weit verbreitet.[85]

Angesichts der heftigen Kritik aus zahlreichen Mitgliedsstaaten relativierte die EG-Kommission recht bald ihre Position und wählte zur Verringerung des Widerstands eine Politik der kleinen Schritte. Im Sommer 1989 ersetzte der Ministerrat das Open-Access-Prinzip in einem ersten konkreten Richtlinienvorschlag für Strom und Gas durch ein Transitprinzip im Bereich der Hochdrucknetze und beschloss im Oktober dann auch ohne besondere Schwierigkeiten dessen Umsetzung, zumal die neue Variante einen breiten Interpretationsspielraum ließ und die endgültige Verabschiedung und die Umsetzung in nationales Recht noch diverse Verhandlungen erforderten.[86] Die erstmalige dezidierte Erwähnung eines „Gas-zu-Gas-Wettbewerbs" rüttelte da-

84 Lagebericht Liesen AR Ruhrgas am 17. Mai 1990, 12 f., in: AEGC 01002155456.

85 Siehe z. B. *Am Ende steht eine europäische Superbehörde*, in: Handelsblatt (28. 9. 1989).

86 Siehe auch den „Gemeinsamen Standpunkt des Rates im Hinblick auf die Annahme der Richtlinie über den Transit von Erdgas über große Netze", in: Uwe Hüffer u. a., *Die Transitrichtlinien für Gas und Elektrizität – eine Studie zu den rechtlichen Schranken bei der Verwirklichung des Binnenmarktes für Energie* (Bochumer Beiträge zum Berg- und Energierecht, Bd. 14), Stuttgart 1991, 360–365.

bei an den tradierten Argumentationsmustern der Branche, die dieses Defizit bislang immer mit der heftigen und in dieser Konsequenz ausreichenden Konkurrenz des leichten Heizöls auf dem Wärmemarkt begründet hatte. Mit diesem Selbstverständnis wertete die deutsche Gaswirtschaft sämtliche Ansätze auch nicht als Liberalisierung, sondern als Regulierung, sodass der Konflikt auch durch eine sprachliche Barriere deutlich wurde.[87] Die Bundesregierung und der Bundesrat akzeptierten die Vorlage beim Strom, stimmten aber beim Gas – wie die Regierungen der Niederlande und Dänemarks – gegen diese Entscheidung, denn sie sahen in der Richtlinie in Übereinstimmung mit Unternehmen und Verbänden – und wie sich später zeigen sollte, zurecht – nicht mehr als einen Verschleierungsversuch sowie die Vorstufe einer allgemeinen Durchleitungspflicht.[88] Schließlich sollte sich der Entscheidungsprozess zur Gastransitrichtlinie auf EG-Ebene zwei Jahre lang hinziehen.[89] Erst im Mai 1991 lag die kombinierte Transparenzrichtlinie für Industriestrom- und Industriegaspreise vor, die als zweites Element die erste Liberalisierungsstufe auf legislativer Ebene abschloss.[90]

Anfang 1992 sollten sich dann jedoch alle Befürchtungen bewahrheiten, als die weitreichenden Inhalte des Vorschlags zur zweiten, zwischen 1993 und Ende 1995 umzusetzenden Liberalisierungsphase endgültig die Grundlagen des deutschen Marktsystems erschütterten.[91] Schwerpunkte des Konzepts waren erstens die Abschaffung jeglicher Exklusivrechte durch die Schaffung eines transparenten und nichtdiskriminierenden Systems der Genehmigungserteilung im Bereich des Baus und Betriebs von Energieanlagen. Hinzu kam eine gemeinsame Vorschrift zur Lizenzvergabe für den Transport, die Speicherung und die Verteilung von Erdgas sowie das Verbundnetz. Das zweite Ziel umfasste die „Entbündelung" („Unbundling") vertikal integrierter Versorgungsgesellschaften durch die Trennung von Management und Rechnungsführung in den vier Zentralbereichen Erzeugung, Transport, Speicherung und Verteilung. Das Unbundling diente zur Einführung des Common-Carriage-Systems, das öffentliche Transportunternehmern („common carriers") dazu verpflichten sollte, ihr

87 Siehe z. B. die Ausführungen des Hauptgeschäftsführers des BGW Wolf Pluge, *Der EG-Richtlinienvorschlag für Erdgas aus der Sicht der deutschen Gaswirtschaft*, in: ET 42 (1992), 674–677, hier 674 f.

88 Hüffer u. a., *Transitrichtlinien*, 49–59; Lagebericht Liesen AR Ruhrgas am 6. Dezember 1990 [Auszug], 13 f., in: AEGC 01002155461.

89 Richtlinie 91/296/EWG des Rates vom 31. Mai 1991, in: ABlEG 1991, L 147/37.

90 Richtlinie 90/377/EWG des Rates vom 29. Juni 1990, in: ABlEG 1990, L 185/16.

91 Lagebericht Liesen AR Ruhrgas am 8. Mai 1991, 19 f., in: AEGC 01002155462; Vorschlag für eine Richtlinie des Rates vom 14. März 1992, in: ABlEG 1992, C 65/14; Scholz/Langer, *Binnenmarkt*, 15 ff.

Leitungsnetz prinzipiell allen Interessenten zu angemessenen Bedingungen zur Verfügung zu stellen.[92]

Das dritte Ziel betraf die Einführung des Third Party Access, wodurch Leitungsbetreiber unter dem Vorbehalt verfügbarer Kapazitäten verpflichtet werden sollten, Dritten einen Netzzugang gegen angemessene Vergütung einzuräumen. Auf diesem Weg sollten dann Interessenten problemlos eine Nutzung von Leitungen, Speichern oder LNG-Anlagen beantragen können, während eine Ablehnung durch die Eigentümer den Nachweis einer daraus resultierenden Nichterfüllung eigener vertraglicher Verpflichtungen bedingte. Auch wenn es nicht direkt angesprochen wurde, verwies das gesamte Konzept auf die Bildung einer europäischen Superkontrollbehörde nach Vorbild des britischen Office for Gas Supply (Ofgas) und schien die frühen Befürchtungen Liesens damit eindrucksvoll zu bestätigen. Für den Ruhrgas-Chef ging der „vorgezeichnete Weg nach unserem Verständnis in eine völlig andere – verkehrte – Gas-Welt" mit „allen negativen Elementen: Durchleitungspflicht, Unbundling, Kostenpreise, Eingriffe in das Eigentum, umfassende Regulierung".[93] Der Bundesverband der deutschen Gas- und Wasserwirtschaft attestierte den Kommissionsplänen umgehend nicht nur eine völlig verfehlte Zielsetzung, sondern darüber hinaus eine konträre Wirkung mit steigenden Preisen, einer sinkenden Versorgungssicherheit sowie der Gefahr einer ausschweifenden Reglementierung und Bürokratisierung. Wenn unbedingt zur Vollendung des Binnenmarktes eine Harmonisierung des ordnungspolitischen Rahmens notwendig sei, so seine Forderung, sollte auch der Liberalisierungsstand der anderen Mitgliedstaaten auf das deutsche Niveau gehoben werden, um auf der Grundlage der Subsidiarität Chancengleichheit zu schaffen.[94] Unterstützung erfuhr diese ablehnende Haltung durch namhafte Juristen, Wirtschaftswissenschaftler und selbst durch den Vorsitzenden der Monopolkommission, Carl Christian von Weizsäcker.[95]

---

92 Ebd.

93 Lagebericht Liesen AR Ruhrgas am 19. Mai 1992, 17, in: AEGC 01002155467. Vgl. Klaus Liesen, *Erdgas im neuen energiewirtschaftlichen Umfeld. Verstärkte Nachfrage Zentraleuropas – großer Kapitalbedarf für neue Projekte*, in: Börsen-Zeitung (7. 3. 1992).

94 Pluge, *EG-Richtlinienvorschlag*, 675 ff. Scholz/Langer, *Binnenmarkt*, 294 ff. Vgl. Rupert Scholz/Stefan Langer, *Rechtsfragen eines europäischen Binnenmarktes für Energie. Zum Richtlinienentwurf der EG-Kommission für die Gasdurchleitung*, in: ET 42 (1992), 851–857; Carl Christian von Weizsäcker u. a. (Hrsg.), *Erdgas im europäischen Binnenmarkt* (Schriften des Energiewirtschaftlichen Instituts, Bd. 38), München 1990, hier 171 f.

95 Scholz/Langer, *Binnenmarkt*, 294–304. Siehe auch zusammenfassend Scholz/Langer, *Rechtsfragen*; Weizsäcker u. a. (Hrsg.), *Binnenmarkt*, passim, insbesondere 171 f.; Gerd Winter, *Deutsche und europäische Energiepolitik: Wachstum ohne Grenzen?*, in: ET 42 (1992), 456–461.

Abb. 42: Friedrich Späth (Vorstandsvorsitzender Ruhrgas), 1996.

Insgesamt waren die Kritikpunkte so vielfältig, dass die Umsetzung des Energiebinnenmarktes für mehrere Jahre in einer scheinbar endlosen Diskussionsspirale versank. Für die Unternehmen bedeutete dies eine Phase der Unsicherheit. Die europäische Gaswirtschaft konzentrierte ihre Aktivitäten darauf, mit dem Third Party Access und dem Unbundling die Grundelemente der Liberalisierung zu Fall zu bringen, während in den EU-Mitgliedsstaaten eifersüchtig bestehende Systeme und Einzelinteressen verteidigt wurden.[96] Trotz rund 200 Änderungen an den Entwürfen blieben die Kommissionsvorschläge mit den zentralen Punkten Monopolbeseitigung, erleichterter Netzzugang und Unbundling erhalten.[97] Im Bereich der ebenfalls strittigen Umweltpolitik, die die Kommission um einen Richtlinienvorschlag zu einer EU-weiten CO_2- bzw. Energiesteuer bereicherte, blieb es zunächst bei nationalstaatlichen Aktivitäten.[98] Der Vorstand der Ruhrgas betrachtete die Vorschläge aufgrund seiner grundlegenden Ablehnung gegenüber staatlichen Eingriffen in das Marktsystem mit großer Skepsis und sah in der Steuer eine Schlechterstellung des Erdgases gegenüber anderen Energieträgern.[99] Ende 1994 beschloss der Energieministerrat dann unter deutscher Ratspräsidentschaft, das Thema Erdgasbinnenmarkt zunächst zurückzustellen, da eine Einigung im Bereich der Elektrizität erheblich leichter erreichbar schien und man sich von einer solchen eine Vorbildfunktion erhoffte.

Als nach Vorlage der Binnenmarktrichtlinie Strom Ende Juli 1996 die Beratungen wiederaufgenommen wurden, herrschte relativ schnell Einvernehmen darüber, dass für das Gas eine spezielle Lösung gefunden werden musste.[100] Das Moratorium konnte die Stimmung des Ruhrgas-Vorstands nicht bessern. Zwar war die Rückstellung zunächst als gewisser Erfolg verbucht worden, doch wich diese Einschätzung bald der Besorgnis, dass die Stromrichtlinie ein Präju-

---

96 Lagebericht Liesen AR Ruhrgas am 5. Mai 1993, 19, in: AEGC 01002155471; Rolf Linkohr, *Die Liberalisierung des EG-Binnenmarktes für Energie. Zwischen Markt und öffentlichem Dienst*, in: ET 43 (1993), 444–451, hier 445 ff.

97 Franz Bernhard Bramkamp/Hans-Georg Richter, *Die Entwicklung der Gaswirtschaft in der Bundesrepublik Deutschland im Jahre 1992*, in: GWF 134 (1993), 414–467, hier 421 f.; dies., *Gaswirtschaft 1993*, in: GWF 135 (1994), 437–489, hier 444 f.; Hans Michaelis, *Der Weg zu einem europäischen Binnenmarkt für Energie*, in: ET 46 (1996), 214–217, hier 215.

98 Bramkamp/Richter, *Gaswirtschaft 1992*, 422 f.; dies., *Gaswirtschaft 1993*, 447 f.

99 Lagebericht Liesen AR Ruhrgas am 5. Mai 1993, 20 f., in: AEGC 01002155471; Heinz Riemer, *Transeuropäische Netze. Eine Initiative der Europäischen Union zum Auf- und Ausbau einer europäischen Energieinfrastruktur*, in: GWF 135 (1994), 401–403; Bramkamp/Richter, *Gaswirtschaft 1993*, 445; Franz Bernhard Bramkamp u. a., *Gaswirtschaft 1994*, in: GWF 136 (1995), 369–427, hier 378.

100 Gerrit Arnd Riemer, *Erdgas: Eine europäische Energie. Der Gasrichtlinienvorschlag der Europäischen Kommission in der Diskussion*, in: GWF 138 (1997), 392–398, hier 393; Franz Bernhard Bramkamp u. a., *Gaswirtschaft 1995*, in: GWF 137 (1996), 439–495, hier 448.

diz darstellen würde, das die Gasrichtlinie unvermeidbar werden ließ, wie Liesen resümierte.[101] Zudem zeichnete sich seit Anfang 1994 in Deutschland eine unerwartete Entwicklung ab: denn trotz der Ablehnung zahlreicher EU-Vorhaben versuchte Bundeswirtschaftsminister Günter Rexrodt (FDP) verschiedene Elemente der Richtlinienvorschläge auf nationaler Ebene durch eine Reform des Energiewirtschaftsgesetzes und des Kartellrechts im „Hau-Ruck-Verfahren" durchzusetzen.[102] Rexrodt versprach sich im Rahmen der zu dieser Zeit hitzig geführten „Standortdebatte Deutschland" von einer Abschaffung freiwilliger Demarkationsverträge und gebietsbezogener Konzessionsverträge sowie der Einführung einer Zwangsdurchleitung im nationalen Alleingang einen verbesserten Wettbewerb mit niedrigeren Strom und Gaspreisen.[103]

Einen Vorgeschmack auf die noch kommende Situation bot das 1994 vom Bundeskartellamt gegen die Ruhrgas und die Thyssengas anberaumte und 1997 gegen sie entschiedene Verwaltungsverfahren, das unter Verweis auf den EG-Vertrag darauf abzielte, den seit den 1920er Jahren bestehenden Demarkationsvertrag zwischen beiden Unternehmen zu Fall zu bringen und durch diesen Präzedenzfall eine neue Rechtslage herbeizuführen. Liesen betrachtete die Situation mittlerweile mit einem ernüchternden Realismus, bezeichnete sie als „nicht wirklich bedrohlich" und teilte dem Aufsichtsrat mit, dass die weitere Unternehmensstrategie dann eben „ohne das Instrument der Demarkationsverträge auskommen" müsse.[104] Zu weiteren Einschnitten war der Ruhrgas-Chef allerdings nicht bereit.[105] Dies betraf etwa die Durchleitungsfrage, die der Bundesgerichtshof bereits im November 1994 durchgesetzt, dabei aber die beiderseitigen Interessen und Zumutbarkeiten von Netzbetreibern und Transportunternehmen berücksichtigt hatte.[106]

Die deutsche Gaswirtschaft befand sich damit endgültig in der Defensive. Auch die Koalitionsvereinbarung der christliberalen Regierung unter Bundeskanzler Helmut Kohl nach der Bundestagswahl 1994 hatte die Energiekonsensgespräche wiederaufgenommen, um einen verbesserten brancheninternen Wettbewerb bei Strom und Gas durch die Novellierung der beiden branchenrelevanten Hauptgesetze zu erreichen. Damit standen die rechtlichen Rahmenbedingungen der deutschen Energiewirtschaft vor einem elementaren Umbruch. Die gaswirtschaftlichen Unternehmen und Verbände konnten den Wandel

101 Lagebericht Liesen AR Ruhrgas am 13. Dezember 1995, 16 f., in: AEGC 01002155486.
102 Aktenvermerk Czernie, 11. März 1994, in: AEGC 01002155475.
103 Lagebericht Liesen AR Ruhrgas am 3. Mai 1994, 13 f., in: AEGC 01002155476.
104 Lagebericht Liesen AR Ruhrgas am 2. Mai 1995, 17, in: AEGC 01002155481.
105 Interview Liesen am 7. Juni 2016.
106 Lagebericht Liesen AR Ruhrgas am 3. Mai 1994, 13 f., in: AEGC 01002155476.

nicht mehr aufhalten, sondern nur noch eine Schadensbegrenzung versuchen. Auf EU-Ebene hieß dies Anerkennung der Unterschiede von Strom und Gas und Durchsetzung einer vollständigen Reziprozität bei der Marktöffnung. In Deutschland dienten der Substitutionswettbewerb auf dem Wärmemarkt und der mittlerweile stärkere Gas-zu-Gas-Wettbewerb vor allem in den neuen Bundesländern als Beleg gegen die Notwendigkeit eines gesetzgeberischen Eingriffs.[107]

Aber alle Versuche, die Auswirkungen zu begrenzen, schlugen fehl. 1996 setzte sich Bundeswirtschaftsminister Rexrodt nicht nur mit seinen Plänen durch, sondern überholte auch den Politikbetrieb der EU, indem er die Bundesrepublik losgelöst von europäischen Entscheidungen zum Musterstaat des Marktöffnungsgedankens der Energiebinnenmarktpolitik machte.[108] Ende April 1998 trat das Energieneuregelungsgesetz in Kraft.[109] Der gesamte Energiesektor wurde damit dem Anwendungsbereich des Gesetzes gegen Wettbewerbsbeschränkungen unterstellt, dessen Novelle zum Jahresbeginn 1999 Rechtsgültigkeit erlangte und im Nachgang alle bisherigen Sonderregelungen der §§ 103 und 103a aufhob. Dazu kam die Beseitigung der Investitionsaufsicht, die Berücksichtigung des Umweltschutzes als zentrale Zweckbestimmung und die Aufhebung der Demarkation und ausschließlicher Wegerechte bei der Leitungsverlegung.[110] Damit war der deutsche Energiemarkt vollständig geöffnet und zwar auch für Gas, obwohl die entsprechende Binnenmarktrichtlinie erst Ende Juni 1998 verabschiedet wurde und im August in Kraft trat.[111]

Im Gasbereich waren auf EU-Ebene die Verhandlungen erst nach der Vorlage des gemeinsamen Elektrizitätsstandpunktes im Sommer 1996 wiederaufgenommen worden. Es bestand zwar ein grundsätzliches Einvernehmen darüber, dass Einzelfragen ähnlicher Konstellation in Anlehnung an die Strombinnen-

107 Lagebericht Liesen AR Ruhrgas am 1. Dezember 1994, 20, in: AEGC 01002155480; dsgl. am 2. Mai 1995, 16 f., in: AEGC 01002155481.

108 Achim-Rüdiger Börner, *Der Energiemarkt und die geschlossenen Versorgungsgebiete der Strom- und Gaswirtschaft im Übergang zum Wettbewerb*, Baden-Baden 1996, 39 ff.

109 Richtlinie 96/92/EG des Europäischen Parlaments und des Rates vom 19. Dezember 1996, in: ABlEG 1997, L 27/20; Energieneuregelungsgesetz, Bundestagsdrucksache 13/10002 vom 2. März 1998; Nill-Theobald/Theobald, *Energiewirtschaftsrecht*, 51 f., 62 ff.; Moritz Püstow, *Die Liberalisierung der deutschen und französischen Gaswirtschaft. Die Umsetzung der Richtlinie 98/30/EG*, Frankfurt a. M. 2004, 33 f.

110 Ebd.; Sarah Sorge, *Take-or-Pay-Klauseln in der Gaswirtschaft. Eine ökonomisch-juristische Analyse*, Baden-Baden 2012, 28 f.

111 Danach blieben den Mitgliedstaaten zwei Jahre zur Umsetzung in nationales Recht. Richtlinie 98/30/EG des Europäischen Parlaments und des Rates vom 20. Juni 1998, in: ABlEG 1998, L 204/1.

marktrichtlinie gelöst werden sollten. Bei der Behandlung der zentralen Aspekte Unbundling, Kostentransparenz, Veröffentlichungspflichten für Unternehmensdaten sowie den Take-or-Pay-Verträgen als allgemeinen Prinzipien der Marktöffnung stießen die Positionen der Delegationen weiterhin aufeinander. Mitte Oktober legte die Kommission einen Kompromissvorschlag vor, der eine erste Richtschnur lieferte und nach verschiedenen Überarbeitungsstufen in die Erdgasbinnenmarktrichtlinie mündete.[112] Aus Sicht des neuen Ruhrgas-Chefs Friedrich Späth berücksichtigte das Konzept die Interessen der deutschen Gaswirtschaft weiterhin nur unzureichend, da es sich zu stark an dem Vorbild Elektrizität orientierte, die Belange der Staatsgesellschaften berücksichtigte und daher die Frage der Reziprozität ungelöst ließ.[113]

Am Ende stand nun eine Regelung, die die Grundintention der EU-Politik beibehielt, dabei jedoch zahlreiche Punkte abgeschwächt hatte und den Mitgliedstaaten ein breites Spektrum an Umsetzungsspielräumen eröffnete. Der Bau und Betrieb von Erdgasanlagen aller Art stand von nun an allen Interessenten offen, musste im Rahmen eines objektiven, nichtdiskriminierenden Verfahrens nach öffentlich zugänglichen Kriterien erfolgen und war im Fall einer Verweigerung gegenüber der Kommission zu begründen. Das Unbundling betraf nicht die zwischenzeitlich diskutierten gesellschaftsrechtlichen Maßnahmen (Legal/Organisatorisches Unbundling), sondern beschränkte sich auf die vertikale Trennung der unternehmensinternen Buchführung für Fernleitung, Verteilung, Speicherung und sonstige Tätigkeiten. Den Regelungskern der Gasrichtlinie markierten die Netzzugangsbestimmungen.[114] Ansonsten konnten sich die Staaten zwischen dem System des verhandelten Third Party Access (NTPA) als selbstregulative Variante der Unternehmen auf Grundlage fester Geschäftsbedingungen und dem staatlich geregelten Third Party Access mit entsprechenden Vorgaben für Konditionen und Tarife entscheiden. Die Richtlinie sah beim Netzzugang eine stufenweise Marktöffnung mit einer Mindestanfangsquote von 20 Prozent des Gesamtverbrauchs eines nationalen Gasmarktes vor, die nach fünf Jahren auf 28 Prozent und nach zehn Jahren auf 33 Prozent stieg.[115] Schutzklauseln sollten innerhalb der ersten zehn Jahre Marktungleich-

112 Zum Diskussionsstand und der Position der einzelnen Staaten siehe Riemer, *Gasrichtlinienvorschlag*, 394–397; Gerrit Arnd Riemer/Martin Weyand, *Die politische Orientierung zum EU-Gasrichtlinienvorschlag*, in: ET 48 (1998), 46–49.

113 Lagebericht Späth AR Ruhrgas am 6. Dezember 1996, 60–62, in: AEGC 01002155494; Lagebericht Späth AR Ruhrgas am 30. April 1997, 54–56, in: AEGC 01002155497.

114 Nill-Theobald/Theobald, *Energiewirtschaftsrecht*, 45 ff.; Friedrich von Burchard/Heinz Riemer, *Die Europäische Gasrichtlinie – eine erste Zwischenbilanz*, in: ET 48 (1998), 782–785.

115 Ebd.; Torsten Stefaniak, *Der Wettbewerb in der Energiewirtschaft zwischen staatlicher Regulierung und selbstregulativer Verantwortung*, Baden-Baden 2008, 45 f.

gewichte infolge einer unterschiedlichen Öffnung der nationalen Gasmärkte ausgleichen.[116]

Bei der Ruhrgas wurde das sich abzeichnende Ergebnis der europäischen Grundsatzdiskussion bereits Anfang 1998 umfassend akzeptiert, denn nun war der neue Rechtsrahmen mit dem neuen Energiewirtschaftsgesetz, dem novellierten Kartellgesetz und der Gasrichtlinie vollständig, und die Einlegung von Rechtsmitteln schien kaum geeignet, die energiepolitischen Rahmenbedingungen wieder auf den ursprünglichen Stand zurückzudrehen. Unter Hinweis auf den hohen Imageverlust im Falle einer von der Ruhrgas losgetretenen Prozesslawine verdeutlichte Späth dem Aufsichtsrat: „Wir sind zu dem Ergebnis gekommen, dass es keinen Sinn macht, in der Praxis grundsätzlichen Widerstand gegen die Durchleitung zu leisten. [...] Wir haben uns deshalb entschlossen, bei Durchleitungsanfragen ernsthafte Angebot zu machen und entsprechende Verhandlungen zu führen."[117] Auf der anderen Seite war Späth nur zu bewusst, dass der Anpassungsprozess auf den Gasmärkten aufgrund der wesentlich anderen Strukturen erheblich länger dauern würde als auf den Strommärkten und damit noch eine gewisse Schonfrist erhalten blieb. Die Bundesregierung hatte sich für den verhandelten Netzzugang entschieden, und nun galt es, den Aushandlungsprozess vor dem Hintergrund des sich vehement abzeichnenden Umbruchs der Branche zu gestalten. Dabei war der Ausgang der Entwicklung ebenso unklar wie das Spektrum und die Wirkung der einzusetzenden Maßnahmen.

Deutlich war von Beginn an, dass die liberalisierte Gaswirtschaft erstens nicht nur vor einer umfassenden internen Konzentrationsbewegung stand, sondern im Hinblick auf sich bereits abzeichnende Kompensationsstrategien der liberalisierten und finanzstarken Elektrizitätswirtschaft auch vertikale Konzentrationsbestrebungen mit dem Ziel starker Querverbundunternehmen (Multi-Utility-Portfolio) zu erwarten waren. Und dies galt sowohl für die stark fragmentierte Ebene der Stadtwerke und Regionalversorger mit ihren rund 700 Unternehmen als auch für große Player auf der Ferngasstufe wie die Ruhrgas, die möglicherweise auch ins Blickfeld der Exporteure und Staatsgesellschaften gerieten.[118] Mit nicht unbegründeter Sorge betrachteten die deutschen Unter-

116 Ebd.; Sonja Ziesak, *Regulierung oder Selbstregulierung – ein Vergleich der deutschen und US-amerikanischen Rechtsgrundlagen für die Stromdurchleitung* (Bochumer Beiträge zum Berg- und Energierecht, Bd. 37), Stuttgart 2003, 151–160.

117 Lagebericht Späth AR Ruhrgas am 29. April 1998, 36 f., in: AEGC 01002155503.

118 Axel D. Neu, *Perspektiven des Erdgasmarktes nach der Liberalisierung*, in: ET 50 (2000), 100–105, hier 103 f.; Martin Czakainski, *Erdgasmärkte im Erwartungsdruck der Liberalisierung*, in: ET 50 (2000), 718–720; Markus Binder u. a., *Strukturveränderungen im liberalisierten Gasmarkt*, in: ET 50 (2000), 830–835, hier 831 f.

nehmen die unterschiedliche Marktöffnung in Europa, denn während in Deutschland – wie in Österreich, Großbritannien und Italien – eine vollständige Öffnung ohne Zulassungsschwelle existierte, hatten sich andere Länder für erheblich geringere Quoten und Frankreich sogar nur für den Mindestwert von 20 Prozent entschieden.[119] Zweitens zeichnete es sich ab, dass der Gas-zu-Gas-Wettbewerb die verschachtelten Lieferketten, bei denen das Gas in Deutschland teilweise mehrfach den Eigentümer wechselte, aufbrechen lassen würde und dies völlig neue Vertriebskonzepte erforderte.[120]

Der Wechsel zur rot-grünen Regierung unter Bundeskanzler Gerhard Schröder im Oktober 1998 änderte den ordnungspolitischen Rahmen der Gaswirtschaft zunächst nur unwesentlich, denn das angekündigte Ziel eines energiepolitischen Systemwechsels betraf vordergründig die Elektrizitätswirtschaft.[121] Im Frühjahr 1999 begannen die Diskussionen zu einer weiteren Neufassung des Energiewirtschaftsgesetzes, da die Novelle von 1998 die Belange des Erdgases und die Forderungen der europäischen Binnenmarktrichtlinie nur unzureichend berücksichtigte.

Etwa zeitgleich nahm der Bundesverband der deutschen Gas- und Wasserwirtschaft mit dem Bundesverband der Deutschen Industrie, dem Verband kommunaler Unternehmen und dem Verband der Industriellen Energie- und Kraftwirtschaft Gespräche zur Verbändevereinbarung (VV) Gas auf, die nach dem Vorbild der bereits vorliegenden VV Strom die Netzzugangsregelungen im Rahmen eines freien Aushandlungsprozesses ausgestalten sollte. Ruhrgas-Chef Späth erwartete angesichts dieser diffizilen Interessenlage schwierige Verhandlungen; und tatsächlich konnte die Verbändevereinbarung Gas erst Anfang Juli 2000 unterzeichnet werden.[122] Damit verzögerte sich auch die weitere Umsetzung der Gasrichtlinie in deutsches Recht.

---

119 Christine Heuraux, *Die deutsche Energiewirtschaft. Chronik einer angekündigten Liberalisierung*, Essen 2004, 111.

120 Binder, *Strukturveränderungen*, 832.

121 Dies galt sowohl für die Ankündigung des Kernenergieausstiegs als auch für das Erneuerbare-Energien-Gesetz und das Kraft-Wärme-Kopplungsgesetz. Allein das Ökosteuergesetz verhieß der Prämisse, durch eine Verteuerung der Energiepreise Anreize zur Ausschöpfung vorhandener Einsparpotenziale zu setzen, auf Dauer eine gewisse Wirkung auf die Branche, doch berücksichtigte der Gesetzgeber bei der Festlegung der Steuersätze die vergleichsweise Umweltverträglichkeit des Erdgases und sorgte damit für einen weiteren Vorteil gegenüber anderen Energien. Nill-Theobald/Theobald, *Energiewirtschaftsrecht*, 334 ff., 355 ff., 367 f.; Dieter Schmitt, *Hält die Energiesteuer, was sie verspricht?*, in: ET 49 (1999), 580–585, hier 580 f. Zur Haltung der Ruhrgas siehe: *„Erdgas darf nicht teurer werden." Friedrich Späth warnt vor einer falsch konzipierten Ökosteuer*, in: SZ (17.10.1998).

122 Lagebericht Späth AR Ruhrgas am 3. Mai 1999, 33, in: AEGC 01002155512; dsgl. am 3. Dezember 1999, 28 f., in: AEGC 01002155517.

Insgesamt gelang es der Gaswirtschaft jedoch, ihre Vorschläge durchzusetzen. Das ohne Regulator oder Kontrollinstanz auskommende Modell unterschied drei Netzkategorien: erstens die Transportstufe der überregionalen Ferngasversorgung, zweitens die Regionalstufe und drittens die Verteilstufe mit der lokalen Endversorgung. Die Eingruppierung erfolgte eigenständig durch die Netzbetreiber, die gleichzeitig auf mehreren Netzstufen tätig sein konnten.[123] So wurde auf der Transportstufe, zu der auch das gesamte Importsystem gehörte, ein entfernungsabhängiges Leistungsentgelt berechnet, das zudem vom Transportvolumen und Leitungsquerschnitt abhängig war. Außerdem musste der vorgesehene Leitungsweg („Kontraktpfad") angegeben werden. Auf lokaler Ebene existierte ein von der Lage der Ein- und Ausspeisepunkte sowie der Entfernung unabhängiger „Briefmarkentarif", der mit einer Netzbeteiligung gleichgesetzt wurde („Netzpartizipation"). Im regionalen Sektor bestand dagegen eine Mischung aus Kontraktpfad- und Netzpartizipationsmodell mit ebenfalls entfernungsunabhängigem Briefmarkentarif.

Letztlich war diese Verbändevereinbarung Gas nicht mehr als die Einigung auf den kleinsten gemeinsamen Nenner und wurde daher von Beginn an als unzureichende, prohibitive und diskriminierende Lösung von vielen Seiten heftig kritisiert. Als Hauptschwäche galt die Transaktionsabhängigkeit, die langwierige Aushandlungsprozesse erwarten ließ, Kurzfrist- und Massengeschäfte unterband und vor allem kleine und mittlere Unternehmen vor große Schwierigkeiten stellte. Dazu gab es weder Regelungen zum Speicherzugang, der weiterhin den Eigentümern vorbehalten blieb,[124] noch zum Netzengpassmanagement und zur Gasqualität. Das größte Defizit lag jedoch in der fehlenden Rechtskraft bzw. Rechtsverbindlichkeit der Verbändevereinbarungen. So waren die beteiligten Verbände von ihren Mitgliedern noch nicht einmal offiziell zu den Verhandlungen bevollmächtigt, sodass es weiterhin jedem Netzbetreiber freistand, die Bestimmungen anzuwenden. Das Ergebnis zeigte sich rasch, denn selbst Anfang 2001 hatten zahlreiche Unternehmen der Strom- und insbesondere der Gaswirtschaft ihre Netzkonditionen nicht veröffentlicht oder abweichend von den Vorgaben der Vereinbarungen gestaltet.[125] Eine leichte Entschärfung der Situation brachte die Anfang April 2001 in Kraft tretende erste Ergänzung der Verbändevereinbarung Gas, die nun eine verbesserte Trans-

---

123 Wolfgang Zander u. a., *VV Gas – nur ein kleiner Schritt in Richtung Marktöffnung*, in: ET 50 (2000), 712–717, hier 712 ff.; Heuraux, *Energiewirtschaft*, 123 f.

124 Dies war eine Hauptforderung der Ruhrgas als größtem Speicherbetreiber. Lagebericht Späth AR Ruhrgas am 19. Mai 2000, 24 f., in: AEGC 01002155421.

125 Zander u. a., *VV Gas*, 715 f.; Christof Bauer, *Verbändevereinbarungen oder verhandelter Netzzugang. Widerspruch oder Ergänzung?*, in: ET 51 (2001), 31–33.

parenz versprach sowie den kommerziellen Speicherzugang und das Engpassmanagement berücksichtigte. Erneut war die Einigung jedoch kaum mehr als ein Minimalkonsens, der nur unzureichend den Anforderungen der Binnenmarktrichtlinie entsprach und damit endgültig die Bundesregierung in Bedrängnis brachte.

Diese sah sich auf der einen Seite aufgrund der nicht fristgerechten Umsetzung der Brüsseler Vorgaben mit einer Klage vor dem europäischen Gerichtshof bzw. einem Vertragsverletzungsverfahren konfrontiert, während auf der anderen Seite die projektierte Gasnovelle zum Energiewirtschaftsgesetz in enger Abhängigkeit zu einer im europäischen Sinne funktionierenden Verbändevereinbarung stand. Gleichzeitig wuchs der Druck der EU-Kommission auf Deutschland, diese Variante der Netzzugangsregelung zu streichen, denn mittlerweile war Deutschland das einzige Land der EU, das einen solchen, marktwirtschaftlich orientierten Weg verfolgte.[126]

Parallel zur Ergänzung der Verbändevereinbarung Gas schlug die Kommission dem Rat umfangreiche Änderungen der europäischen Erdgasrichtlinie vor, die auch den Zwang zur Einrichtung von Regulierungsbehörden festschrieben. Dazu kam ein weiterreichendes Entflechtungsrecht, das neben das Bilanzierungs-Unbundling erstmals ein gesellschaftsrechtliches („Legal Unbundling") und ein Management-Unbundling stellte.[127] Obwohl der Vorstand der Ruhrgas und die deutsche Gaswirtschaft die Einschätzung teilten, dass die Kommission das Konzept dieser „Beschleunigungsrichtlinie" auch dann durchsetzen würde, wenn die Bundesregierung ihre singulären Wettbewerbsvorstellungen weiter verteidigte, verliefen die Verhandlungen zur Verbändevereinbarung Erdgas II mehr als zäh und scheiterten Anfang 2002. Erst als Bundeswirtschaftsminister Werner Müller unverhohlen mit der Einrichtung einer Regulierungsbehörde zum Jahresbeginn 2003 drohte, einigten sich die Verbände Ende April 2002 relativ kurzfristig auf eine neue Vereinbarung, die Anfang Oktober in Kraft trat und damit einen nahtlosen Übergang von ihrer auslaufenden Vorgängerin gewährleistete.[128] Die reine Existenz einer privatwirtschaftlichen Lösung schien Müller wie der Gaswirtschaft zu reichen, ob-

---

126 Ebd.

127 Lutz Birnbaum, *Zugang zu den Gasversorgungsnetzen – marktwirtschaftliche Lösung oder Regulierung?*, in: ET 51 (2001), 556–561, hier 556 f.; Rupert Scholz, *Freiheitlicher Binnenmarkt oder diktierte Marktstruktur? Zur neuen Gasrichtlinie der EG*, in: ET 51 (2001), 678–682.

128 *Verbändevereinbarung zum Netzzugang bei Erdgas vom 3. Mai 2002*, in: Bundesanzeiger 87b vom 14. Mai 2002; Peter Rosin/Björn Heinlein, *Von der VV Erdgas II zur III – oder zur Regulierungsbehörde? Bestandsaufnahme und Ausblick*, in: ET 53 (2003), 262–267, hier 262; Heuraux, *Energiewirtschaft*, 124 f.; Stefaniak, *Wettbewerb*, 46 f.; Lagebericht Späth AR Ruhrgas am 3. Mai 2001, 24, in: AEGC 01002155531.

wohl diese kaum Fortschritte brachte, weder die nichtindustrielle Verbraucherseite einschloss noch die Konformität zu den EU-Vorgaben erfüllte.[129] Immerhin sorgte die nun verstärkt aufflammende Debatte in Europa um die Reichweite der energiepolitischen Gemeinschaftskompetenz im Energiesektor für einen gewissen Hoffnungsschimmer.[130]

Die in ihrer Komplexität und europäischen Dimension kaum noch zu überschauende Entwicklung führte zu einer gewissen Orientierungslosigkeit des Vorstandes der Ruhrgas, der Ende 2001 – wie Burckhard Bergmann, seit Sommer des Jahres neuer Ruhrgas-Chef, sich eingestand – längst „mehr Fragen als Antworten" hatte. „Viele der Entscheidungen fällen wir nicht selbst, d. h. wir agieren weniger als dass wir reagieren müssen". Bergmanns Konsequenz daraus war „eine hohe Sensitivität für Veränderungen im Markt" sowie „Flexible Response" als Unternehmenskonzept.[131] Die zentrale Frage war für Bergmann nicht, ob, sondern in welchem Umfang Marktanteile verloren gehen würden. Nicht zu unterschätzen war außerdem der sich seit Ende der 1990er Jahre abzeichnende Wandel in der Gesellschafterstruktur der Ruhrgas, die damit als neben der Ruhrkohle AG eines der letzten Unternehmen der alten „Deutschland AG" bzw. der „Ruhr AG" auch intern vor einem deutlichen Umbruch stand. Für eine spürbare Unruhe sorgten schließlich die Übernahmegerüchte um die E.ON AG und das dann folgende rund zweijährige Übernahmeverfahren.[132]

Mit dreijähriger Verspätung und unter Druck des laufenden EU-Vertragsverletzungsverfahrens setzte die Bundesregierung die Binnenmarktrichtlinie Gas Ende Mai 2003 um. Bundeswirtschaftsminister Wolfgang Clement bestätigte darin weitgehend die Regelungen der Verbändevereinbarung, attestierte der Branche weiterhin „gute fachliche Praxis", versagte aber die Anerkennung unzureichender Reziprozität als Grund für die Ablehnung einer Durchleitung.[133] Die Maßnahme erwies sich jedoch umgehend als Makulatur; schon einen Mo-

129 Lagebericht Bergmann AR Ruhrgas am 26. November 2001, 19 ff., in: AEGC 01002155536; dsgl. am 25. April 2002, 20–22, in: AEGC 0102155541; dsgl. am 27. November 2002, 24 ff., in: AEGC 01002155547; *Protektionismus pur*, in: Der Spiegel 7 (2002), 94.

130 Scholz, *Freiheitlicher Binnenmarkt*, 680 ff.; Jürgen F. Baur/Andreas Lückenbach, *Rechtliche Grenzen europäischer Wirtschaftsregulierung – Beispiel Erdgasbinnenmarkt*, in: ET 52 (2002), 420–425; Jürgen F. Baur/Holger Blask, *Regelungszuständigkeiten der EG im Bereich Energie*, in: ET 52 (2002), 636–641.

131 Aktenvermerk Bergmann, 22. Oktober 2002, zum Aktionärsgespräch Ruhrgas am 4. November 2002, 3, in: AEGC 01002156493.

132 Ebd., 7.

133 *Erstes Gesetz zur Änderung des Gesetzes zur Neuregelung des Energiewirtschaftsrechts*, in: BGBl 2003, I, 686–689; Stefaniak, *Wettbewerb*, 47.

nat später brachte die EU-Kommission die neue Erdgasbinnenmarktrichtlinie auf den Weg.[134] Damit mussten die EU-Strom- und Gasmärkte bis zum 1. Juli 2004 für Nichthaushaltskunden und drei Jahre später für alle Kunden vollständig geöffnet werden. Die Beschleunigungsrichtlinie schuf neue Fakten in den Bereichen Entflechtung, Netzzugang und Regulierung und berücksichtigte darüber hinaus auch Gemeinwohlbelange wie Versorgungssicherheit, Umwelt- und Verbraucherschutz. Die Entflechtungsregelungen griffen nun erstmals tief in die Unternehmensstrukturen ein, indem sie für die Leitungsnetze das Legal Unbundling vorschrieben und die Unternehmen damit zwangen, diese Sparten in eigenständige Tochtergesellschaften abzuspalten. Dies traf insbesondere die großen integrierten Versorger, während kleinere Stadtwerke oder Gesellschaften mit weniger als 100.000 Kunden ausgenommen wurden.[135] Weiterhin wurde der Netzzugang auf Vertragsbasis abgeschafft und durch ein System auf Grundlage veröffentlichter Tarife ersetzt, über die eine obligatorische Regulierungsbehörde wachte.[136] Diese Aufgabe sollte in Deutschland ab 2005 die 1998 gegründete „Regulierungsbehörde für Telekommunikation und Post" übernehmen, die daraufhin in „Bundesnetzagentur"[137] umbenannt wurde.

Damit war der deutsche Sonderweg eines Wettbewerbs mittels des verhandelten Netzzugangs beendet.[138] Die Bundesregierung setzte die Beschleunigungsrichtlinie durch eine weitere Novelle zum Energiewirtschaftsgesetz sowie Entgelt- und Zugangsverordnungen im Juli 2005 um.[139] Ab Oktober 2006 ersetzte das „Entry-Exit-Modell" (Zweivertragsmodell) das Zweipunktmodell.[140] Dabei schließen die Gaslieferanten nicht mehr wie zuvor Transportverträge mit

134 *Richtlinie 2003/55/EG des europäischen Parlaments und des Rates vom 26. Juni 2003 über gemeinsame Vorschriften für den Erdgasbinnenmarkt und zur Aufhebung der Richtlinie 98/30/EG*, in: ABlEG 2003, L 176/56.

135 Jürgen F. Baur, *Die Beschleunigungsrichtlinien – Auswirkungen auf das deutsche Energierecht*, in: ET 53 (2003), 670–674, hier 671.

136 Ebd., 672 ff.; Andreas Hense, *Europaweite Tendenzen zur nationalen Gasmarktregulierung*, in: ET 55 (2005), 320–324.

137 Ab 2006 Bundesnetzagentur für Elektrizität, Gas, Telekommunikation, Post und Eisenbahnverkehr.

138 Olaf Däuper, *Mehr Wettbewerb im Gasnetz? Eine Bestandsaufnahme zur Ausgestaltung der Regulierung des Gasnetzzugangs*, in: ET 54 (2004), 204–208.

139 *Zweites Gesetz zur Neuregelung des Energiewirtschaftsrechts vom 7. Juli 2005*, in: BGBl 2005, I, 1970–2018; *Verordnung über die Entgelte zu Gasversorgungsnetzen vom 25. Juli 2005*, in: BGBl 2005, I, 2197–2209; *Verordnung über den Zugang zu Gasversorgungsnetzen vom 25. Juli 2005*, in: BGBl 2005, I, 2210–2224.

140 Monopolkommission (Hg.), *Energie 2011: Wettbewerbsentwicklung mit Licht und Schatten*, Baden-Baden 2011, 102 f.; Monopolkommission (Hg.), *Strom und Gas 2009: Energiemärkte im Spannungsfeld von Politik und Wettbewerb*, Baden-Baden 2009, 138 f.; Sorge, *Gaswirtschaft*, 32 f.

einzelnen Netzeigentümern unter Festlegung der Transportstrecke, sondern nur noch innerhalb festgelegter Marktgebiete einen Einspeise-(Entry-) sowie einen Ausspeise-(Exit-)Vertrag, für die jeweils unabhängig von der Transportstrecke Gebühren anfallen. Damit ist Gas an jedem beliebigen Entnahmepunkt eines Marktgebietes zu einem einheitlichen Preis und vor allem ohne physische Gleichheit der eingespeisten und ausgespeisten Mengen verfügbar. Bis 2011 wurde so die Anzahl der Marktgebiete von ursprünglich 41 auf zwei reduziert: „Gaspool" in Nord-, West- und Ostdeutschland sowie „NetConnect Germany" in West- und Süddeutschland.

Das Bundeskartellamt unterstützte diese Aktivitäten und setzte gegen den Widerstand von Bundeswirtschaftsminister Wolfgang Clement zur Beseitigung eines weiteren Grundpfeilers der deutschen Gaswirtschaft an: den langfristigen Lieferverträgen zwischen den Ferngasgesellschaften und den Kommunalversorgern. Im Mittelpunkt stand dabei die E.ON Ruhrgas, sodass nicht wenige Beobachter darin eine Revanche von Kartellamtschef Ulf Böge für die 2002 erteilte Ministererlaubnis zur Fusion beider Unternehmen sahen.[141] Das Kartellamt wandte sich gegen die sogenannte Gesamtbedarfsdeckungsverträge, aus denen es eine nach EU-Recht unzulässige, weil wettbewerbsunterbindende Marktabschottung schloss, die weder durch das Bedürfnis nach Planungssicherheit noch durch die Weitergabe der Risiken langfristiger Take-or-Pay-Verträge auf der Einkaufsseite zu rechtfertigen sei.[142] Die gerichtlichen Beschwerden der E.ON Ruhrgas gegen eine entsprechende Unterlassungsverfügung des Bundeskartellamts blieben erfolglos, sodass 2007 Verträge mit einem Deckungsvolumen von mehr als 80 Prozent und über zweijähriger Laufzeit sowie von mehr als 50 Prozent und über vierjähriger Laufzeit unzulässig wurden. Hatte bereits das neue Netzzugangsmodell bei der E.ON Ruhrgas die Umstellung aller Verträge binnen Jahresfrist erfordert, wurde nun erneut eine Revision fällig, während zahlreiche Kommunalversorger die Gelegenheit zu Kündigung und Neuabschluss nutzten.[143] Das Verbot lief im September 2010 aus und wurde auch nicht erneuert, da eine Marktevaluation eine erhebliche und nach Auffassung des Bundeskartellamts zwischenzeitlich ausreichende Verbesserung der Wettbewerbsbedingungen auf dem Gasmarkt ergeben hatte.[144]

---

141 *Gasliberalisierung entzweit Clement und Böge*, in: Handelsblatt (9.2.2005).

142 Sorge, *Gaswirtschaft*, 37 f.

143 Lagebericht Bergmann AR E.ON Ruhrgas am 9. März 2007, 3 f., in: AEGC 01002156212.

144 *Ruhrgas bleibt im Streit mit Kartellamt hart*, in: Handelsblatt (10.1.2006); Sorge, *Gaswirtschaft*, 38 ff.; *E.ON Ruhrgas verliert Kartellstreit*, in: Handelsblatt (21.6.2006); Bundeskartellamt (Hg.), *Bericht über die Evaluierung der Beschlüsse zu langfristigen Gaslieferverträgen vom 15. Juni 2010*, Bonn 2010, 3 ff., 39 ff.

Abb. 43: Bernhard Reutersberg (Vorstandsvorsitzender der E.ON Ruhrgas 2008–2010).

Unterdessen hatte der Europäische Rat im September 2007 das dritte Richtlinienpaket der europäischen Kommission verabschiedet. Es zielte auf eine Stärkung der nationalen Regulierungsbehörden, die grenzüberschreitende Kooperation von Behörden und Netzbetreibern sowie eine weitere technische Normierung als Grundlage des grenzüberschreitenden Handels. Dazu sollte es Investitionssignale für den Ausbau der Infrastruktur setzen, insgesamt für mehr Transparenz und Verbraucherschutz sorgen, die Energieeffizienz in der EU fördern und die Entwicklung wirksamer Krisenreaktionsmechanismen auslösen. Das dritte Energiebinnenmarktpaket führte in den folgenden Jahren zur Ausarbeitung weiterer bzw. zur Novellierung bestehender Richtlinien und Verordnungen und in Deutschland zu einer bislang letzten Neufassung des Energiewirtschaftsgesetzes Mitte 2011.[145] Den zentralen Aspekt aus Sicht der Unter-

145 Dirk-Christof Stüdemann, *Europäische Politik aus einem Guss? Energiepolitik zwischen europäischen Visionen und nationalen Realitäten am Beispiel von Deutschland und Frankreich*, Frankfurt a. M. 2014, 112 ff., 229 f.; *Richtlinie 2009/73/EG des Europäischen Parlaments und des Rates vom 13. Juli 2009*, in: ABlEU 2009, L 211/94–136; *Verordnung 713/2009 vom 13. Juli 2009*, in: ABlEU 2009, L 211/1–14; *Verordnung 715/2009*, in: ABlEU 2009, L 211/36–55; *Gesetz zur Neuregelung energiewirtschaftlicher Vorschriften vom 26. Juli 2011*, in: BGBl 2011, I, 1554–1594.

nehmen bildete jedoch die öffentlichkeitswirksame Diskussion der zunächst von der Kommission vorgeschlagenen eigentumsrechtlichen Entflechtung, des „Ownership Unbundling". Diese Maßnahme zielte auf die vollständige eigentumsrechtliche Abspaltung des Netzes von allen anderen Aktivitäten der vor- und nachgelagerten gaswirtschaftlichen Wertschöpfungsstufen.[146] Die Bundesregierung leistete jedoch heftigen Widerstand gegen eine derart radikale Vorgehensweise, die in Deutschland praktisch die Aufspaltung der vertikal integrierten Unternehmen durch den Zwangsverkauf der Netzsparten zur Folge gehabt hätte.

Die Lösung bot das Modell des unabhängigen Übertragungsnetzbetreibers (Independent Transmission Operator, ITO).[147] Dieses bedingt eine vollständige Abspaltung der Netzsparte vom Versorgungsunternehmen mit seinen Handelsaktivitäten und räumt ihr organisatorische Eigenständigkeit in den Bereichen Anlageneigentum, Management und Personal, Datenverarbeitung, Investitionen und Finanzen sowie Marketing ein. Bernhard Reutersberg, seit März 2008 Nachfolger von Burckhard Bergmann als Vorstandsvorsitzender der E.ON Ruhrgas, sah diese Entwicklung kritisch, hatte er sich doch eine für die Unternehmen deutlich „attraktivere" Regelung erhofft.[148] Die E.ON Ruhrgas hatte bereits 2004 ihre Transportsparte in eine eigene Tochtergesellschaft ausgegliedert, die ab 2006 als E.ON Gastransport firmierte, 2008 das Netzeigentum übernahm, ab 2010 als entflochtenes Unternehmen Open Grid Europe (OGE) hieß, und schließlich 2012 an ein Konsortium aus Investmentfonds verkauft wurde.[149] Auch zahlreiche andere Gasversorger entschlossen sich zu einem Verkauf, sodass der ITO kaum mehr als eine Übergangsphase zum Ownership Unbundling darstellte.

Die europäischen Binnenmarktrichtlinien und ihre Umsetzung in nationales Recht sorgten in Deutschland innerhalb von rund zehn Jahren für einen elementaren Umbruch der Gaswirtschaft. Aus Perspektive der führenden europäischen Gasanbieter war die Entwicklung nicht weniger als die Zerstörung eines funktionierenden Modells. Vor allem auf der Großhandelsebene bildeten sich zulasten der etablierten Erdgasversorger unter Verschiebung von Marktan-

---

146 Christian Growitsch/Marcus Stronzik, *Ownership Unbundling in der Gaswirtschaft*, in: ET 58 (11/2008), 38–41.

147 Matthias Schmidt-Preuß, *OU – ISO – ITO. Die Unbundling-Optionen des 3. EU-Liberalisierungspaketes*, in: ET 59 (9/2009), 82–89; Monopolkommission (Hg.), *Energie 2011*, 30; Stüdemann, *Europäische Politik*, 115.

148 Lagebericht Reutersberg AR E.ON Ruhrgas am 17. Dezember 2008, 1, in: AEGC 01002156216.

149 Open Grid Europe (Hg.), *Open Grid Europe. The Gas Wheel* [Unternehmensbroschüre], Essen 2013, 10 f.

teilen und durch die Trennung von Netz und Vertrieb vollständig neue Strukturen. An die Stelle der klassischen Bezugs- und Versorgungsverträge trat ein geradezu undurchschaubares Vertragssystem.[150] Tatsächlich verlor auch die E.ON Ruhrgas weiterhin Marktanteile, jedoch letztlich nicht mehr in dem Umfang der 1990er Jahre, als noch kein regulierter Wettbewerb herrschte. Profiteure waren vielfach reine Handelsgesellschaften, die freie Mengen an Börsen und Spotmärkten erwarben und über gebuchte Leitungskapazitäten vertrieben, sich allerdings kaum an den Risiken der langfristigen, immer noch die Versorgungssicherheit garantierenden Importverträgen beteiligten.[151] Das Endverbrauchergeschäft erreichte der Wettbewerb dagegen aufgrund der Passivität und Wechselunwilligkeit der Kunden kaum: so fehlten grundsätzlich auch die Anreize zu einem Anbieterwechsel.[152]

Misst man die Liberalisierung der europäischen Gaswirtschaft an dem Versprechen einer Preisreduzierung und Abschöpfung von angeblichen „Monopolgewinnen" als wohl wichtigstem Argument ihrer Befürworter, kann sie – und dies ist im Vorgriff auf das abschließende Kapitel schon jetzt festzuhalten – mindestens für das erste Jahrzehnt des neuen Jahrtausends und wohl auch darüber hinaus nur als vollständig gescheitert bezeichnet werden. Zwischen 2000 und 2011 stiegen die Gaspreise um durchschnittlich rund 75 Prozent. Interessanterweise sind die Bereiche mit der vermeintlich größten Wettbewerbsintensität, das Industriegeschäft und das Kraftwerksgeschäft, mit einer Verdoppelung der Preise die größten Verlierer der Entwicklung, während Handel und Gewerbe sowie private Haushalte rund zwei Drittel mehr zahlten.[153] Die Novellierung des Erneuerbare Energien-Gesetzes und des begleitenden Wärmegesetzes 2009 sowie die Maßnahmen zur Energiewende nach dem Atomunfall in Fukushima 2011 sorgten für eine weitere grundsätzliche Belastung des Verbrauchs fossiler Energien. Mildernd wirkte auch nicht der zunehmende Börsenhandel, sodass die Bundesregierung 2012 zur Kontrolle der Preisbildung die Einrichtung einer Markttransparenzstelle für den Großhandel von

150 Caspar Baumgart (Hg.), *Vertragshandbuch Gaswirtschaft. Praxisgerechte Gestaltung und rechtssichere Anwendung*, Frankfurt a. M. 2010. Das Buch verfügt über rund 1.250 Seiten.

151 Stüdemann, *Europäische Politik*, 245 ff.

152 Franziska Credo u. a., *Marktbarrieren und Erfolgsfaktoren im Gas-zu-Gas-Wettbewerb*, in: ET 60 (6/2010), 46–49; Justus Haucap, *Energiemarkt-Liberalisierung: Was bleibt zu tun?*, in: ET 60 (7/2010), 18–21.

153 Alle Angaben nach Hans-Wilhelm Schiffer, *Deutscher Energiemarkt 2005*, in: ET 56 (3/2006), 44–54, hier 52 f.; ders., *Deutscher Energiemarkt 2011*, in: ET 62 (3/2012), 60–73, hier 70 f.; Monopolkommission (Hg.), *Energie 2011*, 239 ff., 283 ff. Die Preise setzten sich rund zur Hälfte aus Energiebeschaffung und Vertrieb, zu einem Viertel aus Steuern, zu einem Fünftel aus dem Nettonetzentgelt und zu 4 % aus Konzessionsabgaben zusammen.

Strom und Gas beschloss.[154] Als paradoxes Ergebnis der vielfach als konzeptlos kritisierten Politik zeigte sich auch durch den zunächst wirkungslosen Emissionshandel eine Benachteiligung des Gases gegenüber der Kohle bei der Elektrizitätserzeugung.[155]

Der Umbau der Ruhrgas zum vertikal integrierten Versorgungsunternehmen

Perspektivfeld Unternehmensbeteiligung

1990 besaß die Ruhrgas rund 25 Tochtergesellschaften und wesentliche Unternehmensbeteiligungen, darunter sechs im gastechnischen Sektor, neun im Bereich der Netzinfrastruktur und sieben überregionalen Ferngasgesellschaften sowie an der Thüga AG[156] mit Beteiligungen an annähernd 30 Regionalverteilern.[157] Während die Techniksparte in ihren Grundzügen bereits seit den 1920er Jahren bestand, war das Beteiligungsportfolio in den anderen Bereichen das Ergebnis der umfangreichen Aktivitäten des Ruhrgas-Vorstandes in den 1960er und 1970er Jahren beim Aufbau des Versorgungssystems. Eine direkte Beteiligung an den maßgeblichen Ferngas-Regionalgesellschaften bot nicht nur Kontrollmöglichkeiten, sondern gewährte auch einen sicheren Absatz. Auf diese Art und Weise beeinflusste die Ruhrgas im deutschen Markt den gesamten Südwesten, Süden und Osten und stieß nur im Westen und im Norden auf Konkurrenz, die jedoch durch Lieferverträge abgeschwächt wurde.

---

154 *Gesetz zur Einrichtung einer Markttransparenzstelle für den Großhandel von Strom und Gas vom 5. Dezember 2012*, in: BGBl 2012, I, 2403–2414.

155 Illing, *Energiepolitik*, 228 ff.; Jörg Siefke-Bremkens, *Neue Chancen für effiziente Gaskraftwerke*, in: ET 61 (5/2011), 30 f.; *Gaskraftwerke werden zu Ladenhütern*, in: Handelsblatt (20. 2. 2014); *Gaskraftwerke. Verschmähter Weltmeister*, in: Die Zeit (14. 4. 2014).

156 Bis 1986 Thüringer Gas AG.

157 GB Ruhrgas, 1990, 45 ff.

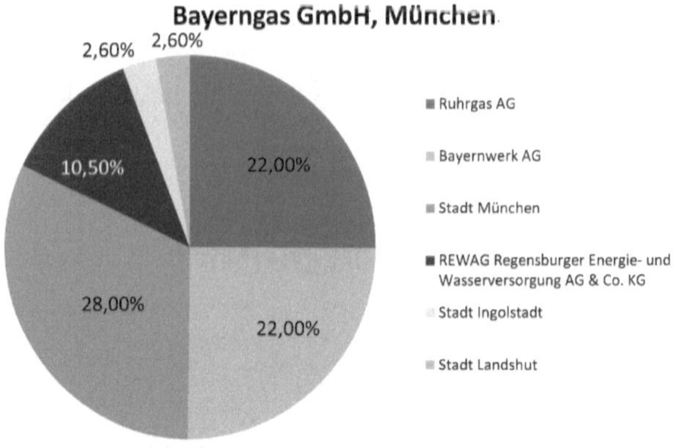

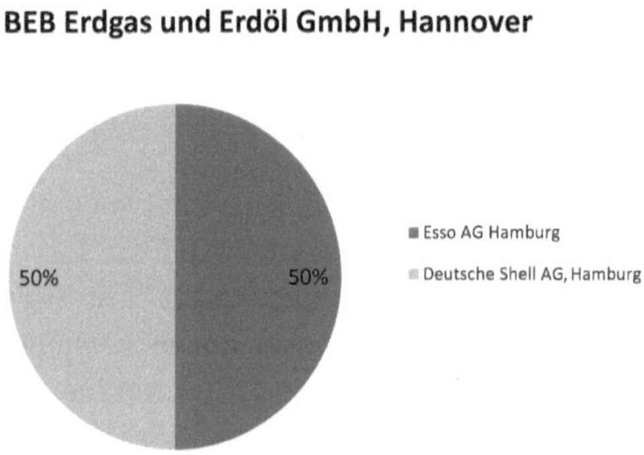

Grafik 9: Eigentumsverhältnisse in der Erdgaswirtschaft der Bundesrepublik Deutschland, Stand 1997 (Anteile in %, Werte teilweise gerundet).[158]

158 Zusammengestellt nach Hans-Wilhelm Schiffer, *Energiemarkt Bundesrepublik Deutschland*, Köln ^{6}1997, 125 ff. An der grundsätzlichen Marktsituation hatte sich 1997 gegenüber 1990 kaum etwas geändert.

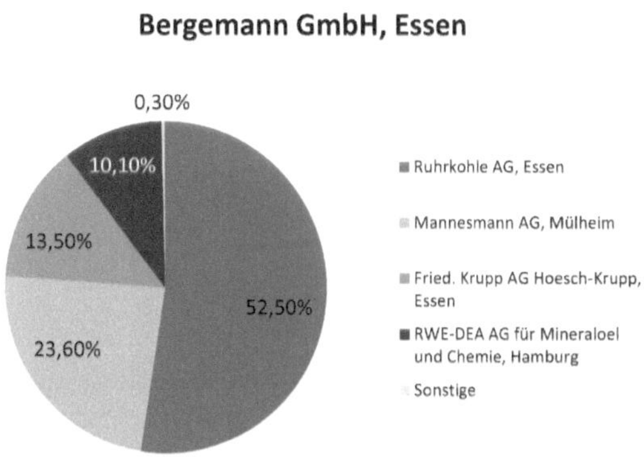

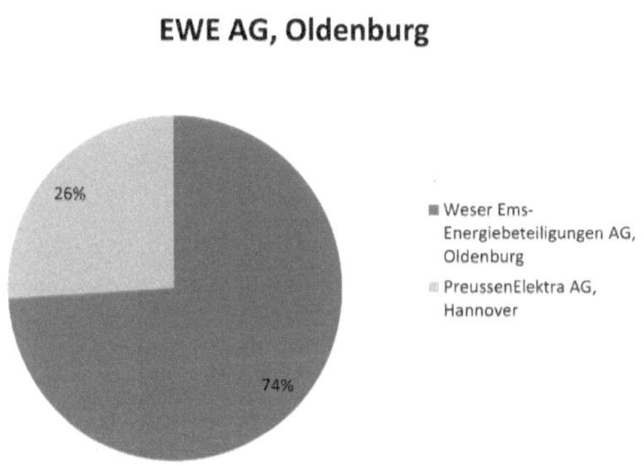

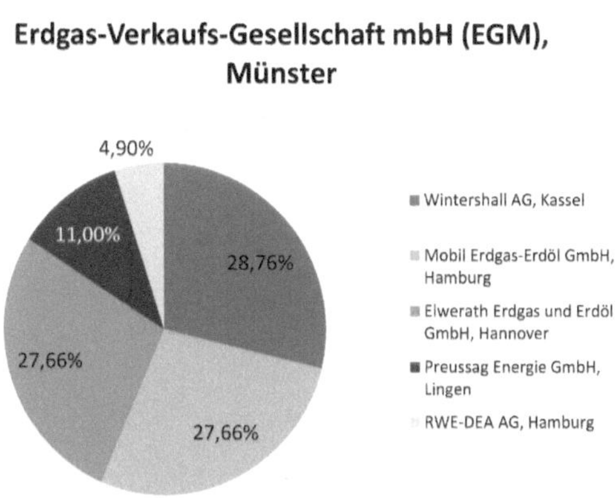

Grafik 9: (fortgesetzt)

Erdgasversorgungsgesellschaft Thüringen-Sachsen mbH, Erfurt

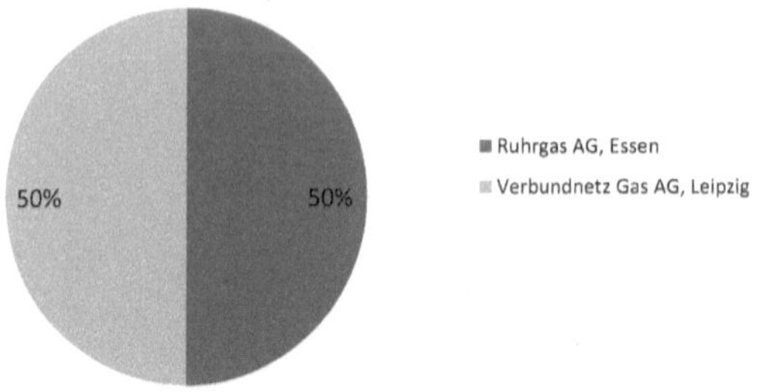

Ferngas Nordbayern GmbH (FGN), Bamberg

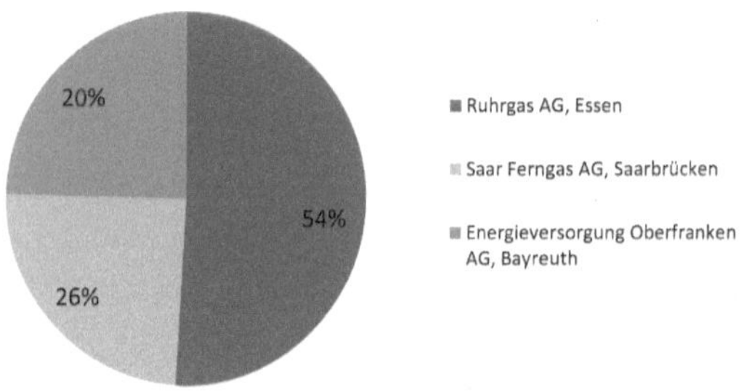

Ferngas Salzgitter GmbH (FSG), Salzgitter

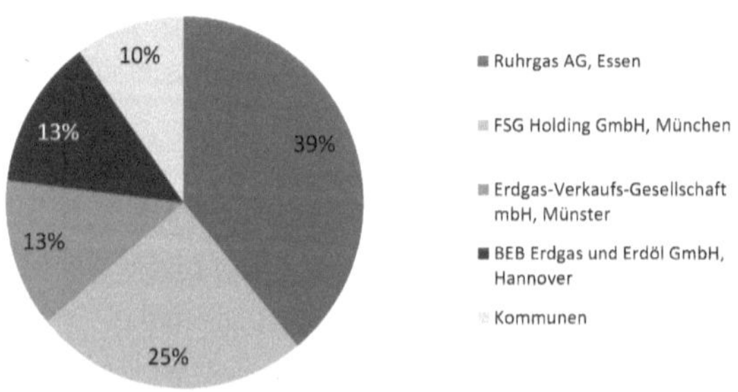

Grafik 9: (fortgesetzt)

Gas-Union GmbH (GU), Frankfurt

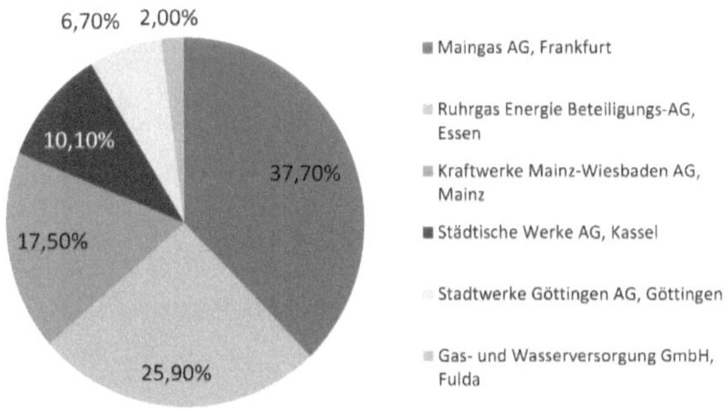

Gasversorgung Süddeutschland GmbH (GVS), Stuttgart

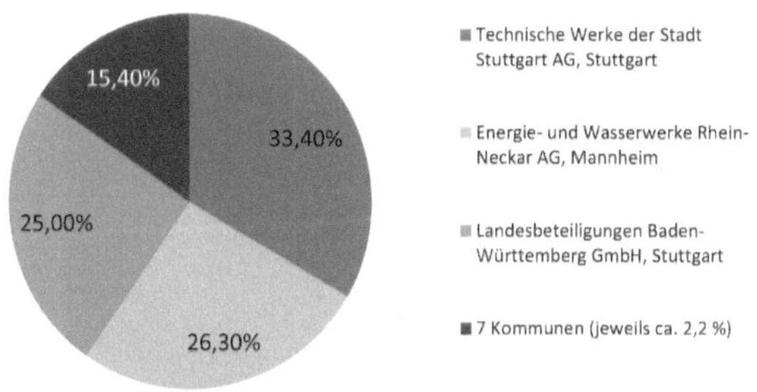

Gelsenberg AG, Essen

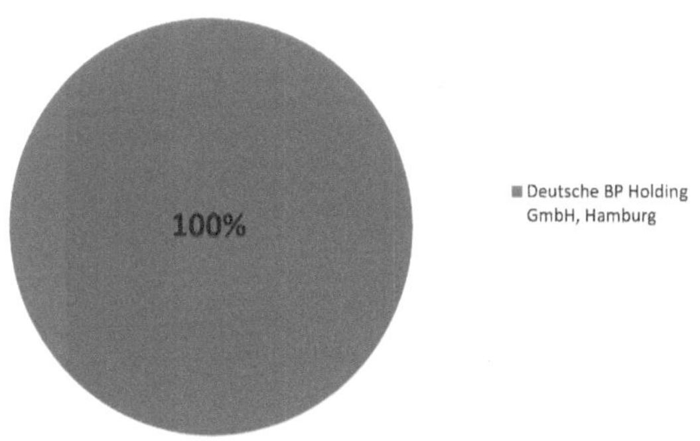

Grafik 9: (fortgesetzt)

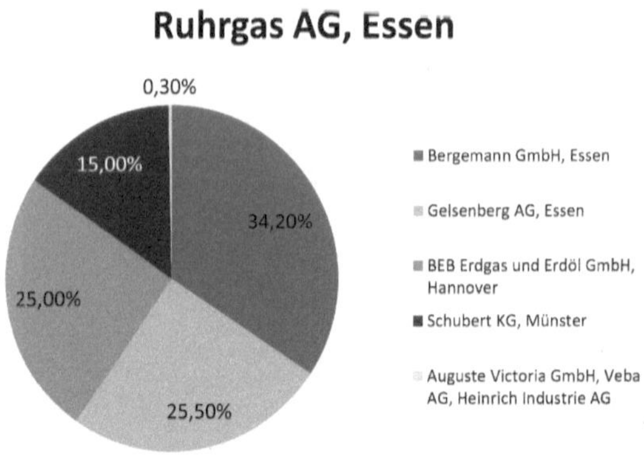

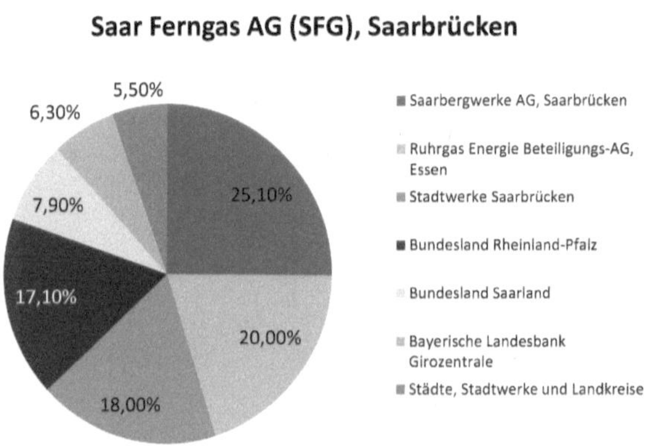

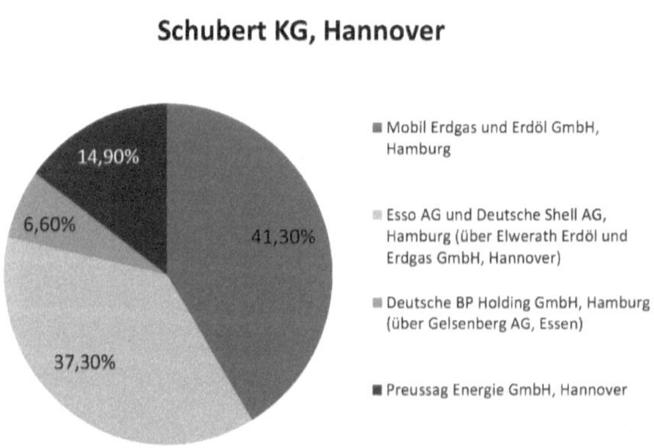

Grafik 9: (fortgesetzt)

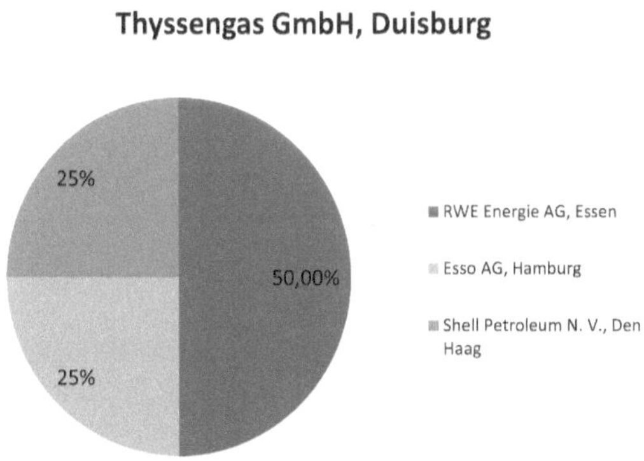

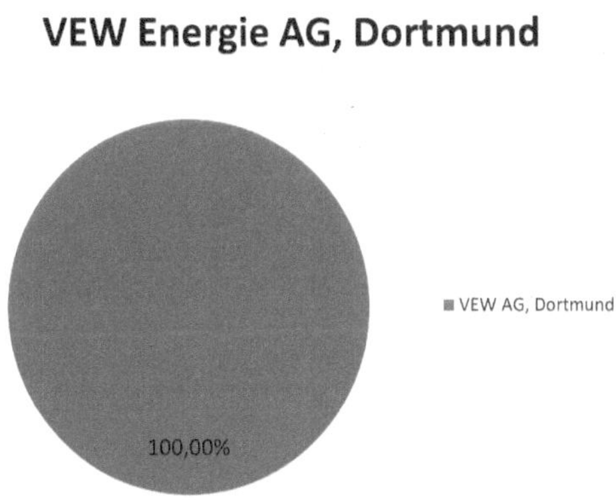

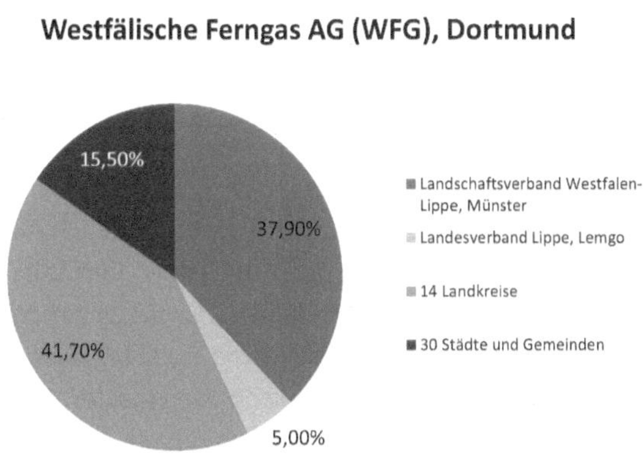

Grafik 9: (fortgesetzt)

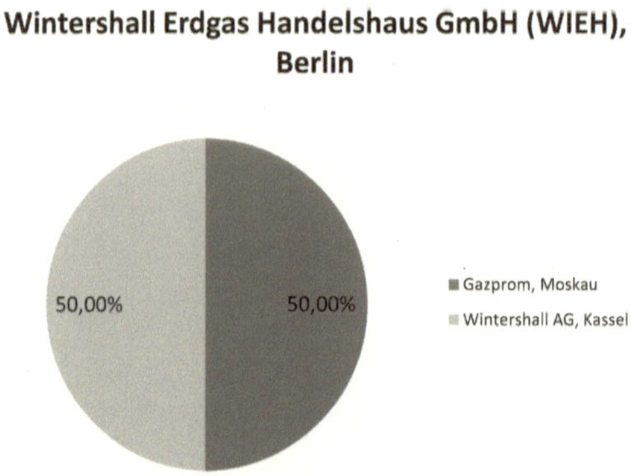

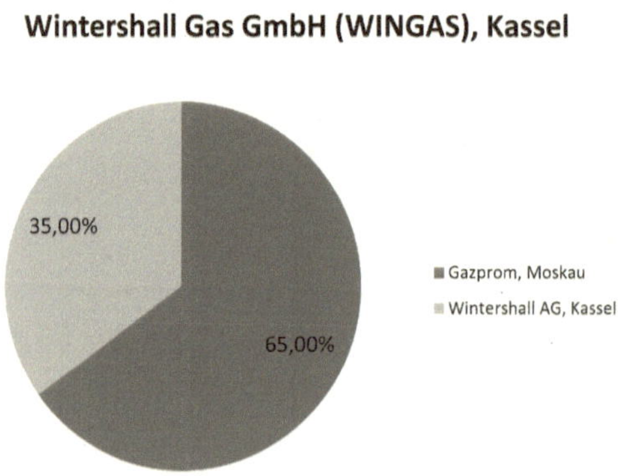

Grafik 9: (fortgesetzt)

Trotz dieses breiten Engagements der Ruhrgas war ein Einstieg in das Endkundengeschäft nie ernsthaft diskutiert worden. Das Unternehmen hatte unzählige kommunale Lieferverträge abgeschlossen und die enge „Vertriebspartnerschaft“ zu den Stadtwerken weiter intensiviert, als das Privatkundengeschäft und der Wärmemarkt immer mehr in den Vordergrund rückten. Anfragen von Kommunen, die an die Ruhrgas mit dem Wunsch herantraten, die geschäftlichen Beziehungen durch eine Kapitalbindung zu ergänzen, wurden grundsätzlich abgelehnt. Angesichts des Querverbundcharakters der Stadtwerke zeigten auch andere Ferngasversorger wenig Ambitionen in dieser Richtung, sodass sich bis 1990 die nach dem Zweiten Weltkrieg etablierte Struktur der öffentlichen Gaswirtschaft mit über 500 Orts- und Regionalbetrieben erhielt, von denen sich rund 80 Prozent ausschließlich in staatlichem bzw. kommunalem Besitz befanden.[159] Im Verlauf der Neugründungswelle von Stadtwerken in den neuen Bundesländern kamen hier bis 1996 mit einer erheblich stärkeren privatwirtschaftlichen Orientierung weitere 150 Versorger hinzu.[160]

Dennoch sahen sich Liesen und Späth bereits 1991 dazu veranlasst, ihre bis dahin restriktive Politik hinsichtlich eines Endkunden-Engagements zu überdenken. Neben diversen Regionalgesellschaften drängten insbesondere die potenten ausländischen Großgasversorger – wie die British Gas und die Gazprom – auf den Markt und unterbreiteten westdeutschen Kommunen Angebote an ihren Stadtwerken. Diese waren in der Regel allerdings Kunde der Ruhrgas, die nun im Gegenzug eine institutionelle Bindung zum Endkunden anstrebte. Dabei ging es in der Regel nicht um den Erwerb einer Mehrheitsbeteiligung, sondern um Minderheitsbeteiligungen zwischen zehn und 24 Prozent.[161] Parallel zu der im Herbst 1991 abgeschlossenen Beteiligung an den Dresdner Stadtwerken[162] prüfte der Ruhrgas-Vorstand sorgfältig die sich bietenden Möglichkeiten. Für das Downstream-Engagement wurden insgesamt 1,2 Mrd. D-Mark veranschlagt.[163] In der ersten Hälfte der 1990er Jahre beteiligte sich die Ruhrgas in Westdeutschland jedoch nur an ihrem ersten städtischen Kunden, der Stadtwerke Hannover AG, und an der seit 1985 belieferten GASAG Berliner Gaswerke AG. Außerdem übte die Ruhrgas mehrfach ihr Bezugsrecht bei Kapitalerhöhungen der Thüga AG aus, an der sie seit 1980 mit zunächst 6,4 Prozent und dann mit 10,02 Prozent beteiligt war, um ihr Schachtelprivileg zu wahren.[164]

Die Beteiligung an der Berliner GASAG bildet zugleich die Grundargumentation für die in der zweiten Hälfte der 1990er Jahre forcierten Beteiligungsaktivitäten der Ruhrgas, denn die 1993/94 verstärkt in Gang gekommene Konzentration auf der Verteilungsstufe im Elektrizitätssektor betraf durch den

---

159 Bramkamp u. a., *Gaswirtschaft 1990*, in: GWF 132 (1991), 378–431, hier 398, 431.

160 Günter Waschke u. a., *Die Entwicklung der Gaswirtschaft in der Bundesrepublik Deutschland im Jahre 1996*, in: GWF 138 (1997), 453–505, hier 504; Hans-Wilhelm Schiffer, *Energiemarkt Bundesrepublik Deutschland*, Köln ^{2}1991, 98, 112; ders., *Energiemarkt Deutschland* ^{6}1997, 136, 161.

161 Lagebericht Liesen AR Ruhrgas am 4. Dezember 1991, 13, in: AEGC 01002155466.

162 Vorlage AR Ruhrgas, schriftliches Beschlussverfahren, 18. Januar 1991, in: AEGC 01002340128.

163 Vortrag Sollböhmer AR Ruhrgas am 1. Dezember 1994, 3, in: AEGC 01002155480.

164 Vorlage TOP 6 AR Ruhrgas am 3. Dezember 1992, in: AEGC 01002155469; Vorlage TOP 8 AR Ruhrgas am 3. Mai 1994, in: AEGC 01002155477; Vorlage TOP 6 AR Ruhrgas am 3. Dezember 1998, in: AEGC 01002155509; Vorlage TOP 6 AR Ruhrgas am 3. Mai 2001, in: AEGC 01002155533.

Querverbundcharakter der beteiligten Unternehmen immer auch die gaswirtschaftliche Ebene. Die Ruhrgas besaß jedoch keinerlei Ambitionen innerhalb der sonstigen Geschäftsbereiche der Verbundunternehmen, während das „Interesse der Stromunternehmen an der Gaswirtschaft von höchster Intensität" war, und dies bei Unternehmen jeglicher Größenordnung sowie mit nahezu unbegrenzten finanziellen Mitteln, wie Späth eindringlich warnte.[165] Der Vorstand der Ruhrgas war folglich gewissermaßen gezwungen, auf das an Fahrt aufnehmende Bieterkarussell aufzuspringen, um das Ausmaß der Entwicklung abzuschwächen, und beteiligte sich zunächst mit zehn Prozent an der RW Holding AG, der Aktionärsholdung der RWE AG.[166] Mit den Stadtwerken in Bremen (1995),[167] Chemnitz (1996) und (1999),[168] Karlsruhe (1997),[169] Essen (1998),[170] Neuss (1998),[171] Darmstadt (2000),[172] Hildesheim (2000),[173] Duisburg

---

165 Vortrag Späth AR Ruhrgas am 14. März 1994, 4 ff., in: AEGC 01002155475. Zu den Zielen des RWE siehe: Vorlage TOP 2 AR RWE Energie AG am 3. März 1994: GASAG, in: AEGC 01002155475.

166 Das Engagement wurde als Geldanlage betrachtet, bot aber auch einen Aufsichtsratssitz in der Holding und versprach direkte Kontakte zu kommunalen RWE-Aktionären. Vorlage TOP 4 AR Ruhrgas am 13. Dezember 1995, in: AEGC 01002155486; Vortrag Janssen zu TOP 4, in: AEGC 01002155486.

167 Vorlage TOP 5 AR Ruhrgas am 2. Mai 1995, in: AEGC 01002155482; Vortrag Späth AR Ruhrgas am 2. Mai 1995, 1 ff., in: AEGC 01002155482. Privatisierung von 49,9 % der Anteile; Ruhrgas-Anteil 12,5 %/171 Mio. D-Mark; Erwerb außerdem durch die Veba Energiebeteiligungs-GmbH (24,9 %) und die belgische Powerfin S.A. (12,5 %), nachdem die Ruhrgas ursprünglich ebenfalls 24,9 % hatte übernehmen sollen.

168 Lagebericht Liesen AR Ruhrgas am 29. April 1996, 13 f., in: AEGC 01002155489; Vorlage AR Ruhrgas, 4. Juli 1994, schriftliches Beschlussverfahren, in: AEGC 01002340131. Privatisierung von 10 % der Anteile; Ruhrgas-Anteil 10,0 %/40 Mio. D-Mark. Vorlage TOP 6d AR Ruhrgas am 3. Mai 1999, in: AEGC 01002155511. Privatisierung von weiteren 39 % der Anteile; Ruhrgas-Anteil 5 %/26,5 Mio. D-Mark; Erwerb außerdem durch Energieversorgung Südsachsen AG (19 %) und Thüga AG (15 %); Ruhrgas-Gesamtanteil nun 15 %.

169 Vorlage AR Ruhrgas, 18. Juni 1997, schriftliche Beschlussverfahren, in: AEGC 01002340099. Privatisierung von 30,0 % der Anteile; Ruhrgas-Anteil 10 %/120 Mio. D-Mark; Erwerb außerdem durch die Badenwerk AG (20 %).

170 Vorlage TOP 5 AR Ruhrgas am 3. Dezember 1998, in: AEGC 01002155509. Privatisierung von 49,0 % der Anteile; Ruhrgas-Anteil 20 %/78,0 bis 90 Mio. D-Mark (der exakte Endpreis konnte nicht ermittelt werden); Erwerb außerdem durch die RWE Energie AG (29 %).

171 Lagebericht Späth AR Ruhrgas am 3. Dezember 1998, 19, in: AEGC 01002155508. Ruhrgas-Anteil 15 %.

172 Vorlage TOP 6a AR Ruhrgas am 19. Mai 2000, in: AEGC 01002155522. Ruhrgas-Anteil HEAG 25 % + eine Aktie/143 Mio. D-Mark; Ruhrgas-Anteil SGW 15 %/51 Mio. D-Mark. Über die HEAG erstmals Beteiligung an einem reinen Stromversorger.

173 AR Ruhrgas am 19. Mai 2000, 13–15, in: AEGC 01002155520. Keine Vorlage vorhanden.

(2000),[174] Mannheim (2000)[175] und Remscheid (2000)[176] folgten bis 2002 zehn weitere Beteiligungen. Dazu kam 1997 im Ferngassektor die Ausweitung der Beteiligung an der Bayerngas, dem zweitgrößten Kunden der Ruhrgas, von zehn Prozent auf 22 Prozent für 60 Mio. D-Mark, als der Freistaat Bayern und die Bayerische Landesbank ihre Engagements aufgaben.[177] Außerdem partizipierte die Ruhrgas bei der Neuordnung der nordbayerischen Gaswirtschaft, als sie im selben Jahr im Rahmen eines komplexen Geschäfts über die Ferngas Nordbayern und die Thüga eine indirekte Beteiligung an der Frankengas GmbH, Nürnberg, erwarb.[178] Der Endkundenstrategie von Liesen und Späth entsprach auch die Ende 1998 gegründete „ruhrgas direkt GmbH", die die Direktvermarktung in Gebieten vorantreiben sollte, in denen das Unternehmen nicht als Lieferant auf der Verteilerstufe präsent war.[179] Ein erwähnenswerter Gas-zu-Gas-Wettbewerb der Ruhrgas im Rahmen eines Direktvertriebs ist jedoch nicht nachweisbar.

Noch vor der Etablierung des Downstream-Sektors schuf die Ruhrgas einen organisatorischen Rahmen zur Verwaltung der Beteiligungen. Bereits 1993 wurde über eine Holding nachgedacht, um die Aktivitäten im Bereich von Energieversorgungsunternehmen mit gaswirtschaftlichen Distributionsaufgaben im In- und Ausland zu bündeln. Das neue Geschäft stellte einen „eigenständigen Erfahrungs- und Know-how-Bereich" dar, der sich in gaswirtschaftlicher, kaufmännischer und technischer Hinsicht von den Anforderungen des Ferngasgeschäftes unterschied und folglich ein eigenes Management erforderte.[180] Die gesellschaftsrechtliche Abtrennung des Beteiligungssektors war aber auch eine Reaktion auf die kritische öffentliche Haltung gegenüber der zunehmenden Vertikalintegration der Versorgungswirtschaft.[181] Im Frühjahr 1994 wurde die Ruhrgas Energie Beteiligungs-AG (RGE) gegründet, in die nach und nach alle

---

174 Vorlage zu TOP 5c AR Ruhrgas am 8. Dezember 2000: Erwerb einer Beteiligung an der Stadtwerke Duisburg AG, in: AEGC 01002155527. Privatisierung von 40,0 % der Anteile; Ruhrgas-Anteil 20,0 %/85 Mio. D-Mark; Erwerb außerdem durch die RWE Plus AG (20 %).

175 Vorlage TOP 5b AR Ruhrgas am 8. Dezember 2000, in: AEGC 01002155527. Privatisierung von 40,0 % der Anteile; Ruhrgas-Anteil 12,0 %/125 Mio. D-Mark. Die MVV Energie AG war ab 1999 das erste in Deutschland im Rahmen einer Teilprivatisierung börseneingeführte kommunale Versorgungsunternehmen mit einem Streubesitz von rund 25 %, von dem nun 12 % an die Ruhrgas gingen.

176 Vorlage TOP 5d AR Ruhrgas am 8. Dezember 2000, in: AEGC 01002155527. Privatisierung von 20,0 % der Anteile; Ruhrgas-Anteil 20,0 %/31 Mio. D-Mark.

177 Vorlage TOP 7 AR Ruhrgas am 30. April 1997, in: AEGC 01002155497.

178 Vorlage TOP 5c AR Ruhrgas am 4. Dezember 1997, in: AEGC 01002155501.

179 Vorlage TOP 5 AR Ruhrgas am 3. Mai 1999, in: AEGC 01002155512.

180 Lagebericht Liesen AR Ruhrgas am 6. Dezember 1993, 16a, in: AEGC 01002155474.

181 Vortrag Späth AR Ruhrgas am 3. Mai 1994, 3, in: AEGC 01002155477.

erworbenen Unternehmen eingebracht wurden.[182] Ein Ergebnisabführungsvertrag wurde nicht abgeschlossen, um das intendierte Bild des Unternehmens in der Öffentlichkeit nicht zu beeinträchtigen. Eine Anpassung der Ruhrgas-Satzung stellte sicher, dass das Zustimmungs- und Informationsrecht des Aufsichtsrats sowie die Berichtspflichten des Vorstandes in der bewährten Form weiterbestanden. Die Kapitalisierung im Umfang von zunächst 295 Mio. D-Mark wurde mit den Beteiligungen eingebracht.[183] Nach diesem Vorbild entstand in Rechtsform einer GmbH noch 1994 eine zweite Holding zur Aufnahme der Industriebeteiligungen, die Ruhrgas Industriebeteiligungsgesellschaft mbH (RGI, ab 1999 Ruhrgas Industries GmbH) mit einem Grundkapital von 100 Mio. D-Mark.[184] Damit hatten Liesen und Späth den wohl bedeutendsten Schritt zur Reorganisation der Ruhrgas in ihrer bisherigen Geschichte abgeschlossen. Nach der Abtrennung der beiden Sparten Energie und Industrie verblieben bei der Muttergesellschaft noch die sogenannten Projektgesellschaften u. a. im Leitungssektor.

Nach dem Fall des Eisernen Vorhangs und den erfolgreichen Aktivitäten in der DDR bzw. den neuen Bundesländern richtete sich der Blick des Vorstands bald auf die alten und neuen osteuropäischen Staaten.[185] Es ging um nicht weniger als die Positionierung der Ruhrgas als integrierten europäischen Erdgasversorger im Rahmen einer umfassenden Internationalisierungsstrategie. Ähnlich dachten die Chefetagen der großen europäischen Konkurrenten. Im Mittelpunkt des Interesses stand zunächst Ungarn, wo sich bereits 1991 Privatisierungstendenzen deutlich abzeichneten. Besonders vielversprechend erschienen dabei Ersatzszenarien nach eigenem Vorbild. Da etwa die baltischen Staaten einen großen Teil ihrer Energieversorgung aus der stark umweltbelastenden Ölschieferverwertung deckten, während alle anderen vorwiegend auf Steinkohle setzten und zudem das Mineralöl insgesamt einen hohen Stellenwert besaß, zeichnete sich ein herausragendes Potenzial für die Gasverwendung ab. Weitere Argumente für ein Engagement bildeten die räumliche Nähe zu den russischen Ressourcen und auf längere Sicht die Perspektive, einen bedeutenden Beitrag zur Verbesserung der Umweltproblematik zu leisten, der

182 Vorlage TOP 5 AR Ruhrgas am 3. Mai 1994, in: AEGC 01002155477.

183 Ebd., 2 ff. Aktenvermerk Janssen, 3. März 1994, insbesondere 2 ff. und Anlagen, u. a. mit Aufstellung der einzubringenden Unternehmen, in: AEGC 01002155477; Aktenvermerk Bentzien, 17. März 1994, in: AEGC 01002155477; Satzung der Ruhrgas, Fassung vom 10. Juli 1995, in: AEGC 01002155488.

184 Vorlage TOP 5 AR Ruhrgas am 1. Dezember 1994, in: AEGC 01002155477.

185 Martin Weisheimer, *Zur Energie-Situation in Osteuropa*, in: ET 41 (1991), 638–644; Wilhelm Riesner, *Entwicklungstendenzen der Energiewirtschaft in Mittel- und Osteuropa*, in: ET 48 (1998), 531–535.

dem Erdgas bereits in Westeuropa elementare Wachstumsschübe vermittelt hatte. Letztlich folgte das große Interesse zahlreicher Gasunternehmen an einem Einstieg in Ungarn aber dem Gedanken, dass das Land als Sprungbrett nach Osteuropa galt.[186] In einem Konsortium mit der Statoil und ihrem Kunden Westfälische Ferngas AG bewarb sich die Ruhrgas daher in Konkurrenz zur British Gas, zur Gaz de France und zur italienischen SNAM um Anteile an der DDGÁZ, einem von mehreren zur Teilprivatisierung anstehenden ungarischen Versorgern.[187] Außerdem wurden mit der slowakischen und der tschechischen Gaswirtschaft Grundsatzvereinbarungen über den Aufbau marktwirtschaftlicher Strukturen und die Diversifikation der Bezugsquellen abgeschlossen. Weiterhin zeigte die Ruhrgas Interesse an einer Beteiligung an der Transgas, der zentralen tschechischen Transitgesellschaft.[188] Angesichts der äußerst schleppenden Privatisierungsfortschritte in Ungarn zerschlugen sich jedoch recht bald alle Hoffnungen auf eine rasche Umsetzung der Projekte. 1994 bekräftigte der Vorstand nochmals seine Bereitschaft zu einer Beteiligung, doch blieb es zunächst bei weiteren Kooperationsvereinbarungen.[189]

1995 zahlte sich die Geduld aus: Ende des Jahres erwarb die Ruhrgas, nun im Konsortium mit der VEW Energie AG paritätisch 50 Prozent plus eine Aktie an der DDGÁZ, die rund 175.000 Kunden im Südwesten Ungarns versorgte, sowie 26 Prozent an der Budapester Gaswerke AG (FÖGÁZ), dem absatzstärksten ungarischen Endverteiler. Auf den ebenfalls möglichen Einstieg in die Ferngasstufe verzichtete die Ruhrgas aufgrund des über 50prozentigen Anteils des Mineralölgeschäfts des Monopolisten MOL AG zunächst.[190] Allerdings vereinbarten beide Unternehmen die Lieferung von fünf Mrd. Kubikmetern pro Jahr nach Ungarn im Rahmen des ersten Liefervertrages zwischen west- und

186 Lagebericht Liesen AR Ruhrgas am 4. Dezember 1991, 12, in: AEGC 01002155466; dsgl. am 19. Mai 1992, 7–7a, in: AEGC 01002155467.

187 Vorlage AR Ruhrgas, 1. Juli 1992, schriftliches Beschlussverfahren, in: AEGC 01002340135. DDGÁZ = Déldunántúli Gázszolgáltató Rt./Südtransdanubische Gasversorgungsgesellschaft.

188 Lagebericht Liesen AR Ruhrgas am 19. Mai 1992, 7a, in: AEGC 01002155467.

189 Lagebericht Liesen AR Ruhrgas am 3. Mai 1994, 12 f., in: AEGC 01002155476.

190 Vorlage TOP 10 AR Ruhrgas am 1. Dezember 1994, in: AEGC 01002155480. Den Erwerb einer weiteren Beteiligung lehnte der Aufsichtsrat ab. Aktenvermerke Schöle, 20. und 23. Dezember 1994, in: AEGC 01002340108; AR Ruhrgas am 1. Dezember 1994, 15–17, in: AEGC 01002155480; Vorlage AR Ruhrgas, 12. Oktober 1995, schriftliches Beschlussverfahren, in: AEGC 01002340135; dsgl., 23. Oktober 1995, in: AEGC 01002340107. Budapest: Ruhrgas-Anteil 13 % plus eine Aktie/ca. 50 Mio. D-Mark. DDGÁZ: Ruhrgas-Anteil 25 %/37,5 Mio. D-Mark. In den folgenden Jahren erweiterte die Ruhrgas ihre Beteiligung an der DDGÁZ auf rund 42 % und an der FÖGÁZ auf 16,5 %, die von der RGE Hungaria Beteiligungs GmbH gehalten wurden. Zur MOL siehe: *Der Gasmarkt Ungarn. Marktöffnung mit Augenmaß*, in: BWK 32 (6/2000), 26 ff.

osteuropäischen Unternehmen überhaupt.[191] Erst unter der E.ON Ruhrgas sollte die Beteiligung 2004 abgeschlossen werden.[192]

In Tschechien, dem zweiten großen und schließlich aufgrund seiner Lage zu Deutschland zentralen osteuropäischen Standbein der Ruhrgas, verzögerte sich der Einstieg noch stärker, obwohl die Privatisierung der Regionalverteiler ebenfalls 1994 in Gang kam.[193] Besondere Aktivitäten zeigte die Ruhrgas in Tschechien jedoch zunächst nicht, sodass „westliche und zentraleuropäische strategische Investoren" nennenswerte Aktienpakete erwarben und den Markt vorerst leerkauften.[194] Als Ziel formulierte Liesens Nachfolger Späth dann 1996 Beteiligungen in der Hauptstadt sowie an allen sieben regionalen Gasverteilern, wobei der Fokus auf der Prager Gas AG, der Mittelböhmischen Gas AG und der Südmährischen Gas AG mit einem Mindestengagement von jeweils zehn Prozent lag.[195] Bis 2000 sollte die Umsetzung dieser Strategie in mehreren Stufen gelingen. Zu diesem Zeitpunkt verfügte die Ruhrgas AG über folgende Beteiligungen in Tschechien: 16,5 Prozent an der Ostböhmischen Gas AG[196], 14,2 Prozent an der Mittelböhmischen Gas AG[197], zwölf Prozent an der Prager Gas AG[198], 8,6 Prozent an der Nordmährischen Gas AG[199] und 4,3 Prozent an der Südmährischen Gas AG[200]. Weiterhin war die Ruhrgas mittelbar über die Europgas a.s.[201] zu durchgerechnet 25 Prozent an der SPP Bohemia a.s., Prag, beteiligt, deren Geschäftsaktivitäten sich auf verschiedene energiewirtschaftliche Bereiche erstreckten.[202] In den folgenden zwei Jahren baute die Ruhrgas ihr tschechisches Portfolio weiter aus, konnte aber ihr Hauptziel, eine Drittel-Beteiligung an der Transgas, nicht realisieren. Der tschechische Staat veräußerte 97 Prozent der Transgas und die Mehrheit an den meisten Regionalgesell-

---

191 AR Ruhrgas am 6. September 1995, 6 f., in: AEGC 01002155484.

192 Vorlage TOP 4d AR Ruhrgas am 26. November 2001, in: AEGC 01002155536; AR Ruhrgas am 25. April 2002, 7, in: AEGC 01002155540.

193 Wenzel Barton/Jiri Perlik, *Die Gasindustrie in der Tschechischen Republik und ihre Perspektiven*, in: GWF 134 (1993), 617–620.

194 AR Ruhrgas am 30. April 1997, 14, in: AEGC 01002155497.

195 Vorlage AR Ruhrgas, 5. September 1996, schriftliches Beschlussverfahren, in: AEGC 01002340089; Vorlage TOP 9 AR Ruhrgas am 30. April 1997, in: AEGC 01002155497.

196 Východočeská plynárenská a.s. (VCP), Königgrätz.

197 Středočeská plynárenská a.s. (STP), Prag.

198 Pražská plynárenská a.s. (PP) über Pražská plynárenská Holding a.s. (24 %).

199 Severomoravská plynárenská a.s. (SMP), Ostrava.

200 Jihomoravská plynárenská a.s. (JMP), Brünn.

201 Ruhrgas-Anteil 50 %.

202 Das Unternehmen hielt ebenfalls Anteile an Regionalversorgern sowie an Explorations- und Speichergesellschaften.

schaften an die RWE Gas AG als Meistbietendem.[203] Auch in Slowenien, der Slowakei und Rumänien engagierte sich die Ruhrgas.[204]

Der zweite Schwerpunkt der internationalen Beteiligungsaktivitäten der Ruhrgas lag im Ostseeraum, dem der Vorstand eine herausragende Perspektive nicht nur in den osteuropäischen Anrainerstaaten, sondern auch in Schweden und Finnland bescheinigte, die im Vergleich zu anderen westeuropäischen Staaten einen großen Nachholbedarf bei der Erdgasverwendung besaßen. Im Vordergrund stand zunächst das Baltikum, wo sich ein ähnlicher Interessentenwettlauf wie in Ungarn und Tschechien abzeichnete; Estland war dabei der wirtschaftlich dynamischste Staat. 1995 erwarb die Ruhrgas als einziger westlicher Investor 15 Prozent der Anteile an der A. S. Eesti Gaas, der einzigen Ferngasgesellschaft des Landes. Das Unternehmen war nach der Unabhängigkeit Estlands 1992 aus dem Gazprom-Konzern herausgelöst worden, wobei Gazprom mit einer Beteiligung von 30 Prozent neben dem Staat mit rund 40 Prozent weiterhin über eine maßgebliche Position verfügte. Da der russische Konzern zudem als alleiniger Erdgaslieferant fungierte, verband der Ruhrgas-Vorstand mit seinem Engagement auch eine Verbesserung der Beziehungen zwischen beiden Unternehmen.[205] 1996 und 1998 wurde die Beteiligung auf 22 Prozent bzw. 34 Prozent aufgestockt.[206] Eine ähnliche Konstellation galt für Lettland, wo die Ruhrgas 1997 knapp zehn Prozent und bis 2000 nochmals 16 Prozent an der Latvijas Gaze übernahm.[207] 2002 komplettierte eine einprozentige Beteiligung an der litauischen Lietuvos Dujos das baltische Ruhrgas-Portfolio.[208]

---

203 Tischvorlage AR Ruhrgas am 8. Dezember 2000, in: AEGC 01002155528: Vorlage TOP 4b AR Ruhrgas am 26. November 2001, in: AEGC 01002155536; AR Ruhrgas am 25. April 2002, 7, in: AEGC 01002155540; Vorlage AR Ruhrgas, 7. Februar 2002, schriftliches Beschlussverfahren, in: AEGC 01002340112.

204 Vorlage TOP 5d AR Ruhrgas am 4. Dezember 1997, in: AEGC 01002155501. Die Geoplin war das einzige slowenische Unternehmen auf der Ferngasstufe und zugleich Hauptimporteur. Vorlage AR Ruhrgas, 7. Februar 2002, schriftliches Beschlussverfahren, in: AEGC 01002340111; AR Ruhrgas am 25. April 2002, 7, in: AEGC 01002155540; Vorlage AR Ruhrgas, 1. August 2001, schriftliches Beschlussverfahren, in: AEGC 01002340113. Das Unternehmen war ein Lokalversorger, das Projekt jedoch die erste strategische Partnerschaft der rumänischen Gaswirtschaft mit einem westlichen Unternehmen. Darko Mikec u. a., *Energiewirtschaft in Slowenien*, in: ET 44 (1994), 48–55.

205 Vorlage TOP 6 AR Ruhrgas am 2. Mai 1995, in: AEGC 01002155482; AR Ruhrgas am 2. Mai 1995, 17 f., in: AEGC 01002155581.

206 Vorlage TOP 5 AR Ruhrgas am 6. Dezember 1996, in: AEGC 01002155496; Vorlage TOP 9b AR Ruhrgas am 3. Dezember 1998, in: AEGC 01002155510.

207 Vorlage TOP 10 AR Ruhrgas am 20. April 1997, in: AEGC 01002155497; Vorlage TOP 9a AR Ruhrgas am 3. Dezember 1998, in: AEGC 01002155510.

208 Vorlage TOP 10 AR Ruhrgas am 25. April 2002, in: AEGC 01002155542.

Noch 1996 erweiterte Späth die Ruhrgas-Aktivitäten nach Skandinavien, wo der staatliche schwedische Stromkonzern Vattenfall AB einer Investorengruppe 49 Prozent seiner Tochter Vattenfall Naturgas AB anbot. Die Ruhrgas übernahm hier wie die norwegische Statoil 14,5 Prozent, während sich die dänische DONG und die finnische Neste Oy die restlichen 20 Prozent teilten.[209] Das Unternehmen war Eigentümer und Betreiber des schwedischen Hochdruckleitungssystems entlang der dicht besiedelten Südwestküste, zu dem auch die Offshore-Verbindungen nach Dänemark gehörten. 1999 folgte eine Beteiligung in Höhe von 20 Prozent an der finnischen Gasum Oy. Als größte finnische Gasgesellschaft war die Gasum Oy nicht nur alleiniger Importeur vom Alleinlieferanten Gazprom, der bereits zuvor über ein Viertel des Aktienkapitals verfügte, sondern betrieb auch das Hochdrucknetz und besaß dazu Beteiligungen an Weiterverteilern.[210] Den Abschluss in Skandinavien bildete 2001 die Übernahme von jeweils rund 15 Prozent an den norwegischen Endverteilern GASNOR ASA und Naturgass Vest AS von der Norsk Hydro. Trotz der hohen Produktion war die Erdgasnutzung durch Endverbraucher in Norwegen äußerst gering, sodass eine Beteiligung an den beiden einzigen Unternehmen ein bedeutendes Potenzial versprach. Dazu kamen wie bei der Gazprom Überlegungen einer Verbesserung und Ausdehnung der Beziehungen zur norwegischen Gaswirtschaft auf neue Felder.[211]

In Polen beschränkten sich die Ruhrgas-Zukäufe auf eine 50prozentige Beteiligung an der neu gegründeten Energieinvestmentgesellschaft IRB Spolka z.o.o., Warschau und 25 Prozent an dem Stettiner Fernwärmeversorger Szczecinska Energetyka Cieplna S.A.[212]

Der gaswirtschaftlich mit Abstand bedeutsamste und selbst in internationaler Perspektive einzigartige Schritt war schließlich 1998 die Beteiligung der Ruhrgas am weltweit sowohl bei der Förderung als auch bei den Reserven führenden Gaskonzern, der russischen Gazprom. Anfang der 1990er war es, wie geschildert, zu einem gewissen Bruch der langjährigen Beziehungen zwischen der Ruhrgas und ihrem Hauptlieferanten gekommen, als die Gazprom über eine Kooperation mit Wintershall eine Konkurrenzposition beim Vertrieb russischen Erdgases in Deutschland aufgebaut hatte. Unter dem Eindruck der letztlich insgesamt bescheidenen Erfolge der Wintershall und der seit Mitte des

209 Vorlage TOP 6 AR Ruhrgas am 6. Dezember 1996, in: AEGC 01002155496.

210 Vorlage TOP 6a AR Ruhrgas am 3. Mai 1999, in: AEGC 01002155512.

211 Vorlage AR Ruhrgas, 22. Mai 2001, schriftliches Beschlussverfahren GASNOR, in: AEGC 01002340115.

212 Vorlage AR Ruhrgas, 22. Mai 2001, schriftliches Beschlussverfahren „Szczecinska", in: AEGC 01002340110.

Jahrzehnts zunehmenden Bedeutung norwegischen Erdgases näherte sich die Gazprom wieder verstärkt der Ruhrgas an. Hauptgrund so Späth, war die desolate finanzielle Situation des Landes.[213] So folgten im Mai 1998 Vereinbarungen, in deren Mittelpunkt die Verlängerung der Altlieferverträge über ein Volumen von jährlich 13 Mrd. Kubikmetern bis 2020 stand. Kurz darauf erhielt die Ruhrgas das Angebot, sich im Rahmen einer Auktion um den Kauf von im Staatsbesitz befindlichen Aktien der Gazprom zu bewerben.[214] Der russische Staat war diesem Zeitpunkt mit 40 Prozent größter Aktionär des Unternehmens, dessen Anteile zu 98 Prozent in russischer Hand waren, während nur zwei Prozent von internationalen Investoren gehalten wurden. Da der Kauf von Aktien durch Ausländer auf dem russischen Inlandsmarkt nur mit Genehmigung der russischen Regierung zulässig war, existierte ein gespaltener Aktienmarkt. Außerhalb Russlands konnten nur American Depositary Receipts erworben werden, Hinterlegungszertifikate, die jeweils zehn bei der Bank of New York deponierte Gazprom-Aktien repräsentierten. Damit bildete die angebotene Auktion die einzige Möglichkeit, sich an der Gazprom zu beteiligen. In der zweiten Jahreshälfte 1998 wurde mit verschiedenen staatlichen Stellen ein Gesamtpaket vereinbart, dessen Bedeutung weit über den reinen Aktienerwerb hinausging.[215]

Die Ruhrgas bewarb sich zunächst im Rahmen einer ausgeschriebenen Option um den Kauf von rund 600 Mio. Aktien aus Beständen des Staates, was einer Beteiligungsquote von 2,5 Prozent am Grundkapital entsprach. Bei einer Mindestforderung von rund 650 Mio. US-Dollar bot die Ruhrgas 700 Mio. US-Dollar, wobei die russische Regierung schon zuvor ihr großes Interesse an einem Engagement ihres größten Kunden bekundet hatte. Zweitens übernahm die Ruhrgas ein Prozent Aktien direkt von der Gazprom und gründete mit dieser gemeinsam außerdem die ZAO Gerosgaz (Ruhrgas-Anteil 49 Prozent), um weitere Aktien auf dem russischen Inlandsmarkt erwerben zu können und gegebenenfalls gemeinsame Projekte durchzuführen. Das Unternehmen übernahm bis zum Frühjahr 1999 ebenfalls ein halbes Prozent der Gazprom-Aktien, sodass sich die direkte und indirekte Beteiligung der Ruhrgas zu diesem Zeitpunkt auf insgesamt vier Prozent belief.[216] Drittens wurde vereinbart, dass die Gazprom/Gazexport den Gasbedarf der Ruhrgas auf Anforderung im Umfang

213 Interview Späth am 1. Juli 2016.

214 Vorlage TOP 4 AR Ruhrgas am 3. Dezember 1998: Gazprom-Projekt, 1 f., in: AEGC 01002155509.

215 Ebd., 5.

216 Ebd., 2; Vorlage TOP 5a AR Ruhrgas am 8. Dezember 2000: Gazprom, 1 f., in: AEGC 01002155527.

von bis zu 40 Prozent langfristig bis zum Jahr 2030 deckte, während die Ruhrgas ihrerseits zusagte, ihren Gasbedarf im selben Zeitraum zu mindestens 30 Prozent bei den Partnerunternehmen zu beziehen.[217] Durch diese weltweit mit Abstand größte Liefervereinbarung verbesserte die Ruhrgas ihre Versorgungsbasis in einem Umfang, der im internationalen Maßstab einzigartig war und festigte zudem ihre Geschäftsbeziehungen zur Gazprom. Auf der anderen Seite stand angesichts der noch nicht stabilisierten wirtschaftlichen und politischen Rahmenbedingungen in Russland ein gewisses Risiko des Totalverlustes des Investments im Umfang von rund 1,55 Mrd. D-Mark.[218] Durch den Eintritt von Burckhard Bergmann in den Gazprom-Direktorenrat im Mai 2000 begann zugleich eine neue Ära in der russischen Wirtschaft, war der in Nachfolge von Späth ab Sommer 2001 neue Vorstandsvorsitzende der Ruhrgas doch der erste westliche Ausländer, der seit 1945 mit einer solchen Aufgabe betraut wurde.

Ende 2000 erhöhte die Ruhrgas ihren Aktienanteil durch weitere Ankäufe auf 5,04 Prozent.[219] Einem Gesamtaufwand von 1,78 Mrd. D-Mark stand nun ein Kurswert von 1,92 Mrd. D-Mark gegenüber, was eine nicht unerhebliche Bedeutung besaß, denn der Ruhrgas-Vorstand versprach sich neben den strategischen Vorteilen von dem defizitären Großkonzern weniger Dividendenzahlungen, als vielmehr eine nachhaltige Wertsteigerung des Gesamtunternehmens. Diese Hoffnung sollte sich später mehr als übererfüllen.[220]

Ein anderes Bild zeigt sich dagegen in Westeuropa, wo die Ruhrgas neben ihrem Eintritt in das Baukonsortium für den Leitungsanschluss Großbritanniens an den Kontinent, den Interconnector, und ihrer Upstream-Beteiligung an den Elgin/Franklin-Feldern nur in vergleichsweise beschränktem Maße in Luxemburg und der Schweiz tätig wurde.[221] Die Prüfung von Projekten in Italien und Griechenland blieb 2002 dagegen ebenso ergebnislos wie zuvor das Vorhaben, über die Distrigaz in den belgischen Markt einzusteigen.[222] Die Zahl der Beteiligungen an in- und ausländischen Energieversorgungsunternehmen stieg so bis Ende 1999 auf 26 Gesellschaften, die einen Überschuss von knapp

217 Vorlage TOP 4 AR Ruhrgas am 3. Dezember 1998: Gazprom-Projekt, 2 ff., in: AEGC 01002155509.

218 Ebd., 10 f. Zu den Chancen und Risiken siehe auch: AR Ruhrgas am 3. Dezember 1998, 11–13, in: AEGC 01002155508; Vortrag Bergmann AR Ruhrgas am 3. Dezember 1998, in: AEGC 01002155508.

219 Vorlage TOP 5a AR Ruhrgas am 8. Dezember 2000: Gazprom, 1 f., in: AEGC 01002155527.

220 Vorlage TOP 4a AR Ruhrgas am 26. November 2001: Gazprom, 7, in: AEGC 01002155527.

221 Vorlage TOP 5e AR Ruhrgas am 4. Dezember 1997, in: AEGC 01002155502. Vorlage TOP 6 AR Ruhrgas am 6. Dezember 1993, in: AEGC 01002155473.

222 Lagebericht Bergmann AR Ruhrgas am 27. November 2002, 21 f., in: AEGC 01002155547; Vorlage AR Ruhrgas, 22. Mai 2001, schriftliches Beschlussverfahren, in: AEGC 01002340113.

100 Mio. D-Mark erwirtschafteten. Weiterführende Ambitionen im Upstream-Geschäft wurden jedoch zurückgestellt.

Der Ruhrgas-Industriesektor

Seit den ausgehenden 1920er Jahren verfügte die Ruhrgas über Tochtergesellschaften und industrielle Beteiligungen im Bereich der Gastechnik. Dieser Industriesektor bündelte die gasaffinen Kompetenzen des Unternehmens und wurde nach und nach erweitert, ohne jemals wesentlichen Einfluss auf das Geschäftsergebnis der Ruhrgas zu erlangen. Aber auch wenn regelmäßig mehr als 90 Prozent der Gewinne durch das Gasgeschäft erwirtschaftet wurden, besaßen die Industriebeteiligungen eine kaum zu unterschätzende Bedeutung für die Unternehmensentwicklung, boten ihre Produkte und Dienstleistungen den Kunden doch die Grundlage für eine sichere, effiziente und bequeme Gasverwendung. Der Leitungsbau und -betrieb erfolgte dagegen über eigene Projektgesellschaften außerhalb der Industriegruppe. Parallel zur Bildung der Ruhrgas Energie Beteiligungs-AG (RGE) gründete die Ruhrgas im Rahmen der Neuorganisation ihres Beteiligungssektors als zweite große Holding 1994 die Ruhrgas Industrie-Beteiligungs-GmbH, ab 1999 Ruhrgas Industries GmbH (RGI). Die Zusammenfassung des Industriegeschäfts mit annähernd 100 direkten und indirekten Beteiligungen in einer eigenen Tochtergesellschaft folgte der Erkenntnis, dass Produktionsbetriebe in technischer und wirtschaftlicher Hinsicht anders zu führen waren als die Gashandelssparte. Außerdem bildete sie die Vorbereitung für weitere Akquisitionsaktivitäten auf dem Weg zur Bildung eines stärker diversifizierten und vertikal integrierten Gaskonzerns.[223]

Die Ruhrgas Industries umfasste zunächst fünf Geschäftsfelder, die nach den führenden Unternehmen benannt waren: die Elster/Amco-Gruppe mit der Gasmess- und Gasregelungstechnik, die LOI/Ipsen-Gruppe mit dem Industrieofenbau, die PLE-Gruppe mit dem Pipeline Engineering, die diga-Gruppe mit der Gebäude- und Rohrtechnik, sowie die EES GmbH mit den Energiesystemen und Blockheizkraftwerken.[224] Zwischen 1995 und 2001 steigerte die Ruhrgas

223 Vorlage TOP 5 AR Ruhrgas am 1. Dezember 1994, in: AEGC 01002155477.

224 Von dieser trennte die Ruhrgas sich Ende 1997, während die in den 1960er Jahren zur Umstellung von Kokerei- auf Erdgas aufgebaute und in der „diga – die Gasheizung GmbH“ zusammengefasste und nach dem Abschluss der Arbeiten in den neuen Bundesländern defizitäre Gebäudetechnik bis 2000 wie die Abteilung Rohrtechnik abgegeben wurde, sodass noch drei Kernfelder verblieben. Lagebericht Späth AR Ruhrgas am 3. Dezember 1998, 25, in: AEGC 01002155508; dsgl. am 8. Dezember 2000, 16, in: AEGC 01002155526.

Industries ihren Umsatz durch Firmenzukäufe und die Ausweitung der Produktion von gut 800 Mio. Euro auf knapp eine Mrd. Euro.[225]

Mit einem Umsatzanteil von rund zwei Dritteln und noch über diesen Werten liegenden Ergebnissen bildete die erst ab Mitte des vorangegangenen Jahrzehnts aufgebaute Sparte Mess- und Regeltechnik das Paradestück der Ruhrgas Industries. Den Anfang machte 1985/86 der Erwerb der Elster AG, Mainz. Die Ruhrgas übernahm auch den zweiten großen Gerätehersteller G. Kromschröder AG, Osnabrück, und avancierte so in der Bundesrepublik zum führenden Produzenten von Mess- und Regelungsgeräten für gasförmige und flüssige Medien, insbesondere von Gas- und Schraubenradzählern, Quantometern und Mengenumwertern.[226] Selbst in westeuropäischer Perspektive erreichte das Unternehmen eine mittlere Position. Zwei Jahre später bot sich die Gelegenheit, mit der American Meter Company (AMCO) den US-amerikanischen Marktführer zu übernehmen und damit den weltgrößten geschlossenen Zählermarkt mit rund 50 Mio. Haushalten zu betreten.[227] Die Ruhrgas stieg damit umgehend zum Weltmarktführer dieser für die Optimierung der Erdgasverwendung und Verbrauchssenkung so wichtigen Technologie auf. Diese Position stützte sie 2000 mit der Übernahme der belgischen Instromet-Gruppe und dem damit verbundenen Einstieg in die Großgasmessung.[228] Die Arrondierung bildete 2002 der Ankauf des komplementären Elektrizitäts- und Wasserzählergeschäfts der ABB Messtechnik mit 37 Unternehmenseinheiten in 28 Ländern und einer starken Stellung in Südamerika.[229]

Das zweite große Standbein der Ruhrgas Industries lag im Industrieofenbau, der bereits Anfang der 1930er Jahre von der Ruhrgas aufgenommen worden war und in dieser Zeit eine intensive Forschungs- und Entwicklungstätig-

225 Die Umsatzrendite stieg von 5,0 % auf 7,7 % und die Eigenkapitalrendite durch die Umstrukturierungsmaßnahmen von 16 % auf 32 % an. Lagebericht Bergmann AR Ruhrgas am 27. November 2002, 22, in: AEGC 01002155547; Übersicht zur Entwicklung, in: Vortrag von RGI-Geschäftsführer Gerhard Eschenröder AR Ruhrgas am 24. Juni 2002 zum Übernahmeprojekt ABB, 1 ff. und Chart 1, in: AEGC 0100215546.

226 Vorlage AR Ruhrgas, 4. Februar 1995, schriftliches Beschlussverfahren. Siehe auch: Vorlage TOP 4 AR Ruhrgas am 1. Dezember 1988, in: AEGC 01002155452.

227 Vorlage AR Ruhrgas, 29. Juni 1988, schriftliches Beschlussverfahren, in: AEGC 01002340127.

228 Lagebericht Späth AR Ruhrgas am 3. Mai 1999, 31, in: AEGC 01002155512; dsgl. am 3. Dezember 1999, 26, in: AEGC 01002155517; dsgl. am 19. Mai 2000, 23, in: AEGC 01002155521; dsgl. am 8. Dezember 2000, 15, in: AEGC 01002155526; dsgl. am 3. Mai 2001, 22, in: AEGC 01002155533. Vorlagen zu den Aktivitäten sind in den Akten nicht enthalten.

229 Vorlage TOP 1 außerordentliche AR Ruhrgas am 24. Juni 2002, in: AEGC 0100215546; Vortrag von RGI-Geschäftsführer Gerhard Eschenröder AR Ruhrgas am 24. Juni 2002 zum Übernahmeprojekt ABB, in: AEGC 0100215546; AR Ruhrgas am 24. Juni 2002, 2–7, in: AEGC 0100215546.

keit entwickelte. Die 1939 erstmals und bis nach der Jahrtausendwende in unregelmäßigen Abständen publizierten Forschungsberichte spiegelten dabei nicht nur den erfolgreichen Beitrag des Unternehmens zur Verbesserung der Anwendungstechnik, sondern belegen auch, welche maßgeblichen Impulse für die Entstehung des modernen Ofenbaus von hier ausgingen.[230] Zu den im Verlauf der 1930er Jahre erworbenen Anteilen an den Gesellschaften Ofag Ofenbau Gesellschaft mbH und Matthias Ludwig Industrieofenbau GmbH stießen in den 1950er und 1960er Jahren weitere, die schon in dieser Zeit in Zusammenfassung ihrer ursprünglichen Namen in die Ludwig-Ofag-Indugas Industrieofenanlagen GmbH eingebracht wurden. Die 1970 in LOI Essen Industrieofenanlagen GmbH umfirmierte Gesellschaft gründete schon früh zahlreiche Auslandstöchter, über die sie sich auf dem Weltmarkt etablierte.[231] 1992 ergänzte die Ruhrgas den Bereich durch die Übernahme der englischen „Ipsen-Gruppe“,[232] des führenden Herstellers von Ofenanlagen zur Härtung von Bauteilen der metallverarbeitenden Industrie durch Wärmebehandlung im Vakuum. Aus Sicht des Vorstandes bot sich die Möglichkeit zur Weiterentwicklung der LOI zur weltweit führenden Ofenbauunternehmung und Stabilisierung des Geschäfts in einer äußerst zyklischen Branche.[233] Im Jahr 2000 folgte abschließend die Übernahme der niederländischen Hauzer Techno Coating Europe B.V., die das Produktangebot im Bereich der Wärmebehandlungsanlagen um Anlagen zur Oberflächenbeschichtung ergänzte.[234]

Das dritte Kerngeschäft der Ruhrgas Industries umfasste das Pipeline Engineering. Schon in den ausgehenden 1920er Jahren besaß die Ruhrgas eine eigene Abteilung für den Leitungsbau, deren Leistungen auch auf dem Markt angeboten wurden. In den 1950er Jahren übernahm das Unternehmen vermehrt

---

230 Die Ruhrgas war schon bei ihrer Gründung ein Kind der technischen Entwicklung gewesen. Ihr Mitbegründer Alfred Pott gehörte vor 1926 zu den herausragenden Vertretern der Kokereitechnik und förderte auch als Vorstandsvorsitzender weiter deren Belange. Die Grundlage bildete die 1928 von der Ruhrgas gegründete Indugas Gesellschaft für industrielle Gasverwendung.

231 1981 wurde die Ruhrgas Alleingesellschafterin der LOI durch den Ankauf der Anteile der Mitgesellschafter im Umfang von knapp 40 % und stärkte den Bereich zehn Jahre später durch eine bedeutende Kapitalerhöhung von zehn auf 30 Mio. D-Mark. Vorlage TOP 6 AR Ruhrgas am 25. November 1980, in: AEGC 0100215422; Vortrag Liesen zur Neuordnung AR Ruhrgas am 25. November 1980, in: AEGC 0100215422; Vorlage AR Ruhrgas am 9. Dezember 1981, in: AEGC 0100215424; Vorlage TOP 5 AR Ruhrgas am 4. Dezember 1991, in: AEGC 0100215465.

232 Unternehmensgruppe „Thermal Equipment Business“ der TI Group Plc, England.

233 Vorlage AR Ruhrgas, [o. D.], schriftliches Beschlussverfahren, in: AEGC 01002340135; Ergebnisniederschrift der Finanzkommissionssitzung der Ruhrgas am 28. Juli 1992, in: AEGC 01002340135.

234 Lagebericht Späth AR Ruhrgas am 8. Dezember 2000, 16, in: AEGC 01002155526.

Planungs- und Ausführungsarbeiten auch im benachbarten Ausland und für die Mineralölwirtschaft, worauf 1960 die Pipeline Engineering Gesellschaft für Planung, Bau und Betriebsüberwachung von Fernleitungen mbH (PLE) gegründet wurde. Letztlich war die Pipeline Engineering jedoch vorrangig für die Ruhrgas tätig und konnte auf dem Drittmarkt keine dauerhaft abgesicherte, profitable Marktposition erreichen. Infolge der Konzentration der Ruhrgas auf Finanzbeteiligungen seit Mitte der 1990er Jahre und die damit reduzierten Sachinvestitionen war das Auftragsvolumen rückläufig. Der Ruhrgas-Vorstand entschied sich daher 2001 zu einer Neustrukturierung und Verschlankung des Bereichs unter Integration in die Muttergesellschaft, sodass in der Ruhrgas Industries noch zwei Kompetenzfelder verblieben.[235] Der Industriesektor der Ruhrgas umfasste zu dieser Zeit mehr als 100 Gesellschaften und war bei der Mess- und Regeltechnik in allen fünf Kontinenten aktiv, darunter neben Europa vor allem in Nord- und Südamerika.[236]

Marktliberalisierung und Erosion des klassischen Geschäftsmodells

Zukunftsstrategien

Mit Ausnahme des schwierigen Neuordnungsprozesses und der Diskussionen um die Gewinnverwendung der frühen 1970er Jahre vermitteln die Aufsichtsratsakten der Ruhrgas für lange Zeit durchgängig den Eindruck eines weitgehend einvernehmlichen Miteinanders von Vorstand und Aufsichtsrat sowie der Anteilseigner untereinander. Entscheidungen wurden in der Regel einstimmig getroffen, Enthaltungen oder gar Gegenstimmen bildeten die Ausnahme. Obwohl die Akten die Entwicklungsprozesse nur unzureichend spiegeln, reichten potenzielle Differenzen nicht für kontroverse Abstimmungsergebnisse. Diese weitgehende Harmonie war auch ein Ergebnis der herausragenden Geschäftsentwicklung, die eine ebensolche Kapitalverzinsung garantierte. Vor dem Hintergrund der desaströsen Lage der Mineralölindustrie änderte sich Mitte der 1980er Jahre das Stimmungsbild, als die Hamburger Aktionäre (Mobil Oil AG, Esso AG, Deutsche BP AG, Deutsche Shell AG) begannen, Liesens Rücklagenpolitik zu kritisieren und eine stärkere Beteiligung an den Gewinnen forderten. So beanspruchte Mobil-Oil-Chef Herbert Detharding mit Unterstützung des BP-Vorstandsvorsitzenden Hellmuth Buddenberg 1986 eine „Ausschüttung aller

235 Vorlage TOP 5 AR Ruhrgas am 3. Mai 2001, in: AEGC 0100215533.
236 Aufstellungen der Beteiligungen, in: GB Ruhrgas, 2003, 81 f.

erwirtschafteten Mittel, eventuell zuzüglich eines Teils der Reserven" durch eine „dramatische und drastische Erhöhung der Dividende".[237] Damit verband sich die später wiederholte Feststellung, dass eine Risikoabdeckung nach bewährtem Muster durch hohe Rückstellungen innerhalb der Ruhrgas nicht erforderlich sei, da die Aktionäre eine ausreichende Sicherheit böten und auch für Investitionen garantierten. Trotz Warnungen Liesens und einzelner Aktionärsvertreter wie Detlev Karsten Rohwedder von Hoesch vor dem verheerenden Bild in der Öffentlichkeit überzeugten sie die Mehrheit.[238] Einen dauerhaften Wandel der angestammten Verhältnisse erzeugte dieses außergewöhnliche Ereignis jedoch nicht, und bis in die erste Hälfte der 1990er Jahre hinein herrschte eine weitgehende Übereinstimmung über die unternehmenspolitischen Konzepte des Vorstandes.

Mit dem Einstieg der Ruhrgas in das Downstream-Geschäft durch Beteiligungen an Stadtwerken änderte sich die Situation. Der Ruhrgas-Vorstand beschritt mit diesen Aktivitäten völlig neue Wege, die der Aufsichtsrat nun nicht mehr bereit war, einfach abzusegnen. Im Mai 1993 und März 1994 lehnten drei Aufsichtsratsmitglieder, wahrscheinlich aus dem Kreis der Hamburger Mineralölgesellschaften, das erste große westdeutsche Engagement der Ruhrgas in diesem Sektor, den Erwerb der Beteiligung an der Stadtwerke Hannover AG, ab und entfachten zudem eine Kontroverse über die künftige gaswirtschaftliche Zielrichtung sowie die zu erwartende Rendite. Buddenberg sprach „die Erwartung aus, dass der Vorstand sich dauerhaft um eine Verbesserung der Ergebniswerte bemüht".[239] Schon 1994 sollte sich zeigen, dass der Einstieg in das Endkundengeschäft als strategischer Ansatz grundsätzlich akzeptiert wurde und allein finanzielle Aspekte den Widerstand begründeten. Folglich bildete die vermeintlich unzureichende Rentabilität der Investitionen im März 1994 außerdem das Hauptargument für die Ablehnung der Übernahme der Berliner GASAG-Anteile.[240] Hier zeigte sich erstmals offen die Wirkung des im Kontext der BP-Beteiligung an der Ruhrgas 1978/79 von Liesen geschaffenen Systems, denn die Mineralölgesellschaften waren trotz ihrer Anteilsmehrheit aufgrund der besonderen gesellschafts- und stimmrechtlichen Bindungen nicht in der Lage, ihre Position gegen den Stamm der in der Bergemann GmbH vereinigten Altaktionäre durchzusetzen.[241]

---

237 Aktenvermerk Liesen, 29. Juli 1986, 3 f., in: AEGC 01002155448.

238 Ebd., 9 f.

239 AR Ruhrgas am 5. Mai 1993, 10, in: AEGC 01002155471 [hier auch Zitat Buddenberg]; AR Ruhrgas am 14. März 1994, 5, in: AEGC 01002155475. Weitere Aussagen, etwa zur Personifizierung der Gegenstimmen, vermitteln die Protokolle nicht.

240 AR Ruhrgas am 14. März 1994, 3, in: AEGC 01002155475.

241 Schon die Verbindung von Deutscher BP Holding AG, Deutscher Shell AG und Esso AG erreichte auch ohne die Mobil Oil AG eine durchgerechnete Quote von mehr als 50 %.

Abb. 44: Klaus Liesen (Vorstandsvorsitzender Ruhrgas 1976–1996).

Dieses Bild einer wachsenden Unzufriedenheit setzte sich auch in den folgenden Jahren fort, wobei die Hamburger Unternehmen keinen einheitlichen Block bildeten, sondern wechselnde Positionen vertraten. Insgesamt lässt sich für die zweite Hälfte der 1990er Jahre eine zunehmende Differenz zur Mineralölindustrie feststellen.[242] Während die eine Gruppe die Diversifizierungsstrategie des Vorstandes stützte, ohne dabei die Ertragssituation der Ruhrgas aus den Augen zu verlieren, hielt die andere das Unternehmen für überkapitalisiert, vertrat die Auffassung, dass „eine Gesellschaft ohne Fremdkapital im allgemeinen nicht wirtschaftlich arbeite", forderte ein größtmögliches Ausschüttungsvolumen und sah ein solches durch Finanzinvestitionen bedroht.[243] Das Ergebnis war eine Unternehmenspolitik im Spagat zwischen beiden Positionen, wobei Friedrich Späth, seit Juni 1996 Vorsitzender des Ruhrgas-Vorstandes, zunehmend unter Druck geriet, die gewachsenen Unternehmensstrukturen und ihre Zukunfts- bzw. Anpassungsfähigkeit im Hinblick auf die sich wandelnden Märkte zu verteidigen.

Mitte 1998 deutete sich dann erstmals ein Wandlungsprozess an, als die vier Mineralölgesellschaften im Rahmen eines Aktionärsgespräches einen Vorschlag zur Hebung der aus ihrer Sicht überschüssigen Liquidität der Ruhrgas machten. Nach ihrer Meinung sollte nicht nur die Dividende erhöht, sondern auch die gesamten freien Rücklagen im Umfang von 1,6 Mrd. D-Mark aufgelöst und die Eigenkapitalquote der AG von 40 Prozent bzw. 47 Prozent unter Berücksichtigung der versteuerten Rückstellungen auf einen Wert von 20 Prozent bis 25 Prozent zurückgeführt werden. Die vollständige Umsetzung des Vorschlags hätte in den Jahren 1999 und 2000 zu einer Gesamtausschüttung von 3,6 Mrd. D-Mark geführt.[244] Schließlich wurde das Konzept mit Abstrichen realisiert, sodass sich die Ausschüttungen erhöhten und sich die Eigenkapitalquote der AG 2002 auf 33,5 Prozent belief.[245]

---

242 Siehe das Abstimmungsverhalten zu folgenden Projekten: AS Eesti Gaas: AR Ruhrgas am 2. Mai 1995, 18, in: AEGC 01002155481; dsgl. am 6. Dezember 1996, 13 f., in: AEGC 01002155493. Gazprom: AR Ruhrgas am 3. Dezember 1998, 12 f., in: AEGC 01002155508. Tschechische Transgas: AR Ruhrgas am 16. November 2001, 19, in: AEGC 01002155535. SPP Bohemia: AR Ruhrgas am 25. April 2002, 23, in: AEGC 01002155540. ABB: AR Ruhrgas am 24. Juni 2002, 6, in: AEGC 01002155546. Stadtwerke Essen: AR Ruhrgas am 3. Dezember 1998, 13 ff., in: AEGC 01002155508. Stadtwerke Hildesheim und Darmstadt: AR Ruhrgas am 19. Mai 2000, 14, in: AEGC 01002155520.

243 Symptomatisch für diese Position: Niederschrift von Hoffmann (Ruhrgas), 18. März 1996 zum Top-Treffen mit BP am 8. März 1996 in London, 12 f., in: AEGC 01002156487.

244 Diskussionspapier der vier Konzerne: „Ruhrgas Dividende 1998/99", in: AEGC 01002156483; Aktenvermerk Späth, 30. Juni 1998, zum Aktionärsgespräch Ruhrgas am 29. Juni 1998, 1 ff., in: AEGC 01002156483.

245 Errechnet nach den Bilanzangaben in GB Ruhrgas 2002, 48 ff.

Im Zuge dieser Diskussion kam es zur ersten umfassenden, in den Akten nachweisbaren Erörterung der Unternehmenskonzeption, die offen die restriktive Haltung der Hamburger Aktionäre gegenüber den Planungsprojekten des Vorstandes thematisierte, und sich mit Grundsatzfragen der zukünftigen Entwicklung befasste. Späth verteidigte die Entwicklung der Ruhrgas in Richtung eines integrierten Downstream-Unternehmens, erwähnte offensiv die Option von Upstream-Beteiligungen[246] und bot die Vorlage eines Konzeptpapiers an, das dezidiert die Möglichkeiten darstellte, die sich aus der Europäisierung der Gaswirtschaft ergäben.[247] Den Aktionären reichte dies jedoch nicht, und nun war es kein Vertreter der Mineralölindustrie, sondern Gerhard Cromme (ThyssenKrupp AG), der vorschlug, „eine Diskussion über die Aktionärsstruktur zu führen" und zugleich auf das Potenzial Südamerikas hinwies. Dies wurde einvernehmlich auch mit der Perspektive eines Börsengangs begrüßt, wobei selbst der RAG-Vorstandsvorsitzende Gerhard Neipp, der anscheinend bislang alle Ansätze zu Änderungen abgelehnt hatte, sein Einverständnis erklärte, da es mittlerweile auch aus Sicht des maßgeblichen Bergemann-Aktionärs „notwendig sei, sich konstruktiv mit dieser Frage zu befassen".[248]

Ende Oktober 1998 präsentierte Späth den Aktionären das angekündigte Strategiepapier „Ruhrgas 2020", das im Kern das Konzept eines integrierten europäischen Erdgasunternehmens beinhaltete.[249] Dazu gehörten erstens im Inland ein Engagement im durch die bevorstehende Liberalisierung der Märkte absehbaren verstärkten Durchleitungsgeschäft, eine Ausdehnung der Beteiligungsaktivitäten, um im von der Elektrizitätswirtschaft auf der Verteilerstufe vorangetriebenen Konzentrationsprozess eine entsprechende Gegenposition aufzubauen, sowie der weitere Einstieg in die Direktvermarktung;[250] zweitens eine ebensolche vertikale Downstream-Ausdehnung im Ausland und geographische Erweiterung der bisherigen Perspektive;[251] drittens vor dem Hintergrund der sich auflösenden Arbeitsteilung zwischen Produzenten und Importeuren im Gegenzug Upstream-Projekte zur Sicherung der eigenen Gas-

246 Eine Diskussion über einen Einstieg in das Upstream-Geschäft erfolgte laut den Aufsichtsratsunterlagen in den 1990er Jahren nicht. Die Beteiligung an den Franklin/Elgin-Feldern in der englischen Nordsee galt als Mengensicherungsstrategie.

247 Aktenvermerk Späth, 30. Juni 1998, zum Aktionärsgespräch Ruhrgas am 29. Juni 1998, 4, in: AEGC 01002156483.

248 Ebd., 4 f.

249 Strategie-Papier Ruhrgas 2020 (ein integriertes europäisches Erdgasunternehmen) und Ruhrgas-Investitionen bis 2003, in: AEGC 01002156478.

250 Ebd., 3 und 6 f.

251 Ebd., 3 f. und 7.

versorgung;[252] sowie viertens ein Ausbau des von der Ruhrgas Industries betriebenen Industriegeschäfts mit den Hauptsparten Zähler und Regler, Industrieofenbau und Engineering.[253] Den Gesamtaufwand für die Umsetzung des Vorhabens veranschlagte Späth zusätzlich zu den Investitionen für das laufende Geschäft innerhalb der folgenden fünf Jahre auf zwischen 4,8 und sieben Mrd. D-Mark. Um die maximale Summe zu finanzieren, hätte Fremdkapital in Höhe von rund 2,6 Mrd. D-Mark aufgenommen werden müssen, wodurch die Eigenkapitalquote der Ruhrgas, wie gefordert, auf 20 Prozent reduziert worden wäre.[254]

Späths Ausführungen stießen bei den Hamburger Aktionären auf eine verheerende Resonanz. Besonders schlecht kam das Upstream-Konzept weg.[255] Die Ruhrkohle und Mannesmann sahen die Situation dagegen entspannter, forderten aber eine Fokussierung auf Einzelbereiche.[256] Späth und sein Stellvertreter Burckhard Bergmann verteidigten den Vorschlag des Vorstandes mit dem Hinweis auf die vergleichbare Situation der Ruhrgas in den 1960er Jahren und die letztlich bei weitem noch nicht absehbaren Konsequenzen des verstärkten Wettbewerbs im Gasmarkt.[257] Einvernehmen herrschte unter den Aktionären dagegen bei der positiven Bewertung eines Börsenganges, ohne dass diese Thematik in ihren Auswirkungen auf die Aktionärsstruktur näher besprochen wurde. Vor der Behandlung im größeren Aktionärskreis sollten hierzu Gespräche innerhalb der Bergemann GmbH geführt werden.[258] Ein für Anfang 1999 geplanter Termin für das Börsengespräch fand allerdings gar nicht erst statt.[259]

Mitte Februar 1999 konkretisierte der Ruhrgas-Vorstand seine Vorstellungen in einem weiteren Aktionärsgespräch.[260] Bei der Diskussion zur Marktliberalisierung wurde deutlich, dass gerade die Vertreter der Mineralölkonzerne – aber auch die ThyssenKrupp AG – die Wettbewerbstendenzen und ihre Aus-

---

252 Ebd., 4 und 7 f.

253 Ebd., 4 und 8 f.

254 Ebd., 5. Davon 1,5 bis 2 Mrd. D-Mark für Beteiligungen in Deutschland, 1,0 bis 1,5 Mrd. D-Mark für Beteiligungen im Ausland, 0,5 bis 1,0 Mrd. D-Mark für den Aufbau von Direktversorgern, 1,0 bis 1,5 Mrd. D-Mark für Upstream-Projekte und 0,8 bis 1,0 Mrd. D-Mark für die RGI. Zum Konzept siehe auch Vortrag Späth beim Aktionärsgespräch Ruhrgas am 29. Oktober 1998, in: AEGC 01002156478.

255 Aktionärsgespräch Ruhrgas am 29. Oktober 1998, 2 f., in: AEGC 01002156478.

256 Ebd., 2.

257 Ebd., 4 ff.

258 Ebd., 8 f.

259 Aktionärsgespräch Ruhrgas am 19. Februar 1999, 1, in: AEGC 01002156471.

260 Vorträge Späth, Bergmann, Pfingsten beim Aktionärsgespräch Ruhrgas am 19. Februar 1999, in: AEGC 01002156484.

Abb. 45: Friedrich Späth (Vorstandsvorsitzender 1996–2001).

wirkungen auf das Ruhrgas-Geschäft aufgrund der unzureichenden Reziprozität auf den europäischen Märkten als potenziell erheblich gravierender als der Vorstand bewerteten. Ob dies schon als Anzeichen für einen geordneten Rückzug bzw. die Aufgabe ihres Engagements zugunsten eines möglichst hohen Ertrags zu werten ist, sei dahingestellt, doch lässt sich die Diskussion in dieser Hinsicht interpretieren.[261] Gleichzeitig blieben die Positionen innerhalb und zwischen den Aktionärsgruppen uneinheitlich.[262]

Bis zum nächsten Aktionärsgespräch im Herbst 1999 entspannte sich die Situation. Späth konzentrierte die Ausführungen seines Vortrages vordergründig auf die Entwicklung der deutschen und europäischen Gaswirtschaft sowie die Veränderungen der Unternehmensstrukturen in der Energiewirtschaft, wo sich durch die Gründung der E.ON AG und die Fusion von RWE und VEW nun endgültig unverkennbar eine starke Tendenz zur Blockbildung und Konzentration auf das Kerngeschäft abzeichnete.[263] Vor diesem Hintergrund entwickelte Späth dann nochmals die Grundkomponenten der bisherigen Strategie, die nun unter dem Namen „Ruhrgas 2010“ firmierte.[264] Da die Marktentwicklung die dem Vorstandskonzept zugrunde liegenden Überlegungen noch erheblich schneller als erwartet bestätigt habe, forderte er nun eine Ausdehnung des Investitionsrahmens auf bis zu 8,8 Mrd. D-Mark. Obwohl der Vorstand bis zu diesem Zeitpunkt gerade 2,23 Mrd. D-Mark eines Volumens von 6,8 Mrd. D-Mark ausgegeben hatte, und davon rund zwei Drittel auf den Ankauf der Gazprom Aktien entfielen, sollten nun für den Beteiligungserwerb im Inland und Ausland nochmals jeweils 500 Mio. D-Mark und für Projekte eine Mrd. D-Mark zusätzlich bereitgestellt werden.[265]

Bei der Frage einer Veränderung des Aktionärskreises versuchte Späth den Status quo beizubehalten, zumal alle bisherigen Konzepte auf dieser Basis beruhten und das bewährte System aus seiner Sicht eine hohe Funktionalität bewiesen hatte. Tatsächlich bot gerade dies dem Vorstand die größte Freiheit, denn das einzigartige Beziehungsgeflecht der Aktionäre untereinander kreierte eine gewisse Ausgewogenheit, verhinderte eine einseitige Gruppenbildung und erzeugte eine größtmögliche Unabhängigkeit des Vorstandes. Eine engere Verbindung mit einem Produzenten wurde aufgrund der potenziell negativen

261 Aktionärsgespräch Ruhrgas am 19. Februar 1999, 3 f., in: AEGC 01002156471.

262 Ebd., 6 f.

263 Vortrag Späth beim Aktionärsgespräch Ruhrgas am 27. Oktober 1999, 2 ff., in: AEGC 01002156475; Ines Zenke u. a., *Konzentration in der Energiewirtschaft. Politische und rechtliche Fusionskontrolle*, München 2005, 32 ff.

264 Ruhrgas 2010, in: AEGC 01002156475.

265 Ebd., 4 ff.

Abb. 46: Burckhard Bergmann (Vorstandsvorsitzender Ruhrgas 2001–2008).

Auswirkungen auf alle anderen Lieferanten ebenso skeptisch gesehen, wie mit umgekehrten Vorzeichen auf der Vermarktungsseite. Gleichzeitig wurde auch klar, was der Vorstand im Oktober 1999 von einer Übernahme durch die in Gründung befindliche E.ON hielt: „Schlösse Ruhrgas sich zum Beispiel der RWE-Gruppe an, wäre dies für Veba/VIAG nicht akzeptabel, wie auch umgekehrt."[266] Fusionen mit mittelgroßen Unternehmen in beiden Richtungen und selbst im internationalen Maßstab waren von diesem Veto nicht betroffen. Zu einem möglichen Börsengang äußerte sich Späth in seinem Konzept nicht.[267]

Die sich anschließende Diskussion gliederte sich in die drei Themenkomplexe Marktentwicklung, Aktionärskreis und Upstream-Aktivitäten.[268] Bei der Marktentwicklung stand vor allem die Sorge im Vordergrund, dass die Produzenten entgegen den Erwartungen des Ruhrgas-Vorstandes doch einen Wettbewerb initiieren könnten und die großen „deutschen Player die Neutralität" der Ruhrgas nicht respektierten. Dies hielt Späth angesichts der starken Position der Ruhrgas im Leitungsnetz jedoch für unwahrscheinlich, denn dann bestand immer noch die Möglichkeit einer flächendeckenden Direktvermarktung mit Konkurrenzmengen. Dies galt gleichermaßen für den Fall einer Erosion der bewährten Vertriebspartnerschaften im Endkundengeschäft mit der weiteren Perspektive verstärkter Auslandsaktivitäten durch den Aufbau eines entsprechenden Exportgeschäftes. Und gerade darauf zielte das Konzept des Vorstandes, der zufrieden feststellte, dass „die Aktionärsvertreter nicht der vorgeschlagenen Finanzplanung für die nächsten fünf Jahre und insbesondere nicht den Finanzinvestitionen widersprachen" und auch der grundsätzliche Widerstand gegen Upstream-Aktivitäten aufgegeben wurde.[269] Das wichtigste Kriterium bildete für die Aktionäre der dabei zu erzielende „Wertzuwachs" und erst in zweiter Linie die Methode zu dessen Erzielung, sodass sowohl ein „Merger" als auch ein Börsengang akzeptiert wurden. Als Präferenz scheint sich jedoch zunächst diese zweite Variante herausgebildet zu haben, denn Uwe Franke (BP) übernahm die Vorbereitung und Koordination eines entsprechenden Projektes.[270] Ende September 2000 präsentierte Franke dem Aufsichtsrat ein Konzept, das die vier grundsätzliche Möglichkeiten einer Restrukturierung der Ruhrgas unter erstens Beibehaltung des bestehenden Anteilseignerkreises, zweitens eines Teilverkaufs an strategische Investoren, drittens eines Levera-

266 Ebd., 9.

267 Ebd.

268 Internes Protokoll von Fritz Gautier über das Aktionärsgespräch Ruhrgas am 27. Oktober 1999, in: AEGC 01002156475.

269 Ebd., 2 ff.

270 Ebd., 4.

Abb. 47: Die Partner Ruhrgas und Gazprom treffen sich. (v. l. n. r.): Wolfgang Clement (Ministerpräsident Nordrhein-Westfalen), Irene Commeßmann (Dolmetscherin), Burckhard Bergmann (Vorstandsvorsitzender Ruhrgas), Wladimir Putin (Präsident Russische Föderation), Alexei Miller (Vorstandsvorsitzender Gazprom).

ged Buyout und viertens eines Initial Public Offering (Börsengang) mit ihren Vor- und Nachteilen gegenüberstellte. Franke schrieb einem Börsengang das höchste Wertzuwachspotenzial zu, während er zugleich die Umsetzung dieses Zieles mit der Argumentation vorantrieb, dass unter den Aktionären weiterhin eine große Uneinigkeit über die strategische Ausrichtung der Ruhrgas bestehe und das Unternehmen im Hinblick auf die Marktsituation nicht optimal aufgestellt sei. Der Börsengang sollte nach seinen Vorstellungen ab dem vierten Quartal 2000 vorbereitet werden, im ersten Quartal 2002 abgeschlossen sein und einer Gesamtbewertung der Ruhrgas von bis zu 17 Mrd. D-Mark entsprechen.[271]

Verhalten war allerdings die Reaktion der anderen Unternehmensvertreter und hier insbesondere der Altanteilseigner, die von den bestehenden Regelun-

271 Vortrag Franke beim Gespräch in Sachen IPO am 29. September 2000, Charts 1–10, in: AEGC 01002156487. Internes Gesprächsprotokoll Janssen, 29. September 2000, in: AEGC 01002156487.

gen profitierten und vielleicht auch schon eine Präferenz für einen Verkauf ihrer Aktion an die E.ON entwickelt hatten. Mannesmann (durchgerechnet 8,1 Prozent Ruhrgas-Anteile) war zwar nach der Übernahme durch die britische Telefongesellschaft Vodafone ebenfalls daran interessiert, einen maximalen Wert für seine Ruhrgas-Anteile zu erzielen, wollte aber eine Option für strategische Investoren offenhalten.[272] Ähnliche Motive lagen auch bei der Anfang 1999 durch die Fusion der beiden namensgebenden Stahlkonzerne entstandenen ThyssenKrupp AG vor, die sich in einem umfassenden und teuren Umstrukturierungsprozess befand.[273] Eine Ausnahme bildete allein die RAG als mit 52,5 Prozent maßgeblichem Bergemann-Aktionär, die einen Börsengang strikt ablehnte.[274] Dies war kaum verwunderlich, denn E.ON war wiederum mit 37,1 Prozent größter Aktionär der RAG, konnte auf die Unterstützung des RWE als mit knapp 22 Prozent zweitgrößtem Anteilseigner setzen und verfügte damit über eine Mehrheit innerhalb der Bergemann GmbH mit der entsprechenden Sperrminorität. Shell bekundete dagegen das unbedingte Interesse, Anteilseigner der Ruhrgas zu bleiben und Überlegungen zur Abgabe von Aktien erst dann anzustellen, wenn ein „Überpreis" geboten würde.[275] Esso wiederum sah eine Einigung über die Forderungen der BP als Vorbedingung für alle weiterführenden Planungen.[276] Eine Unterstützung für den Börsengang sah anders aus.

Die Haltung der Esso-Vertreter vertrat auch Späth und unterstrich die grundsätzliche Bereitschaft des Vorstandes zur Unterstützung des Börsenganges. Die Stellung des Vorstandes zu einer wie auch immer gearteten Partnerschaft mit E.ON ließ er jedoch unkommentiert. Angesichts der vielen offenen Fragen und der unterschiedlichen Meinungen wurde eine Entscheidung vertagt. Bis zum folgenden Aktionärsgespräch am 13. November 2000 änderte sich jedoch nichts, da die RAG nun unter Verweis auf ihre besondere Situation als hochsubventioniertes Unternehmen es grundsätzlich ablehnte, die vorhandenen Strukturen zu ändern. Und auch der E.ON-Vorstand hatte signalisiert, „man brauche Zeit zum Nachdenken".[277] Damit endet die in den Akten nach-

272 Internes Gesprächsprotokoll Janssen, 29. September 2000, 1 f., in: AEGC 01002156487.
273 Ebd., 2 f.
274 Ebd., 2.
275 Internes Gesprächsprotokoll Janssen, 29. September 2000, 3 f., in: AEGC 01002156487.
276 Ebd., 3 f.
277 Internes Protokoll von Fritz Gautier über das Aktionärsgespräch Ruhrgas am 13. November 2000, 4 f., in: AEGC 01002156490. Späth thematisierte den Börsengang in seinem Vortrag nicht. Vortrag von Friedrich Späth beim Aktionärsgespräch Ruhrgas am 13. November 2000, in: AEGC 01002156490. Das nochmals aktualisierte Strategiekonzept vermerkt nur den Sachverhalt der noch offenen Diskussion. „Strategiekonzept Ruhrgas" vom November 2000, 7, in: AEGC 01002156490.

vollziehbare Diskussion der Thematik. So blieb nach mehrjähriger Debatte auch Ende 2000 die Frage nach der Zukunft der Ruhrgas noch unbeantwortet. Es lief das Europäisierungskonzept des Vorstandes, während die Attraktivität eines Börsenganges nachgelassen hatte und sich eine starke Partnerschaft mit einem strategischen Investor andeutete. Dass dieser die E.ON war, wurde zwar nicht offen angesprochen, dürfte allen Beteiligten jedoch klar gewesen sein.

Die umstrittene Fusion mit der E.ON AG 2001 bis 2003

Die Übernahme der Ruhrgas[278] stellte E.ON-Chef Ulrich Hartmann vor eine besondere Aufgabe, denn der Ankauf einer Aktienmehrheit reichte nicht dazu aus, die Unternehmenspolitik zu kontrollieren. Dies lag an der verschachtelten Eigentümerstruktur, die die Aktionäre in Holdinggesellschaften band, die Ruhrgas vor solchen Transaktionen schützte und nur dann aufgebrochen werden konnte, wenn er sich mit allen größeren Anteilseignern einigte.[279] Den ersten Ansatz fand Hartmann über die RAG und RWE. E.ON verfügte über eine Beteiligung von rund 39 Prozent an der RAG, während RWE 30 Prozent und ThyssenKrupp ungefähr 21 Prozent der Aktien des Bergbaukonzerns hielten.[280] Mitte Juni 2000 schloss Hartmann mit RWE eine Rahmenvereinbarung, die

278 Zur Übernahme der Ruhrgas durch die E.ON AG liegen in den vorhandenen Akten keine Informationen vor, da die Thematik entweder nicht auf der Agenda des Aufsichtsrates stand oder das Ergebnis der Besprechungen keine Aufnahme in die Protokolle fand. Auch die Redemanuskripte der Vorstandsmitglieder enthalten keine Hinweise. Daher erfolgt die Darstellung der Fusion ausschließlich auf Grundlage öffentlich zugänglicher Materialien wie Presseartikel sowie der Stellungnahmen der Monopolkommission und des Bundeskartellamtes. Wie oben beschrieben, lassen sich zwar zahlreiche Hintergründe und Linien der Entwicklung vermuten, jedoch nicht abschließend belegen, sodass die folgenden Ausführungen ausschließlich die hier genannten Daten und Fakten referieren. Insbesondere bleiben die Entscheidungsverläufe bei den beteiligten Unternehmen ungeklärt.

279 Maßgebliche Aktionäre der Ruhrgas waren die Bergemann GmbH mit 34,2 % und die vollständig der Deutsche BP gehörende Gelsenberg AG mit 25,5 %. Die Bergemann GmbH vereinigte die Altaktionäre RAG (52,5 %/durchgerechnet 18,0 %), Mannesmann (23,6 %/8,1 %), ThyssenKrupp (13,5 %/4,6 %), RWE-DEA (10,1 %/3,5 %) und sonstige Unternehmen, darunter E.ON und die Deutsche BP direkt (0,3 %/0,1 %). Bergemann und Gelsenberg waren durch eine Stimmenpoolung zu einem gemeinsamen Abstimmungsverhalten gezwungen, sodass keine Seite die andere majorisieren konnte. Unterbunden wurde auf diesem Weg zudem eine Kooperation der Mineralölgesellschaften, die weiterhin mit 15 % über die Schubert KG (ExxonMobil 41,3 %, Exxonmobil/Shell 37,3 %, Preussag 14,9 %, BP 6,6 %) und mit 25 % über die Brigitta GmbH (ExxonMobil 50 %, Shell 50 %) an der Ruhrgas beteiligt waren.

280 Bei allen Angaben unmittelbare und mittelbare Beteiligungen zusammengerechnet. Die restlichen 10 % lagen bei der Verwaltungsgesellschaft RAG-Beteiligungen.

E.ON ab 2001 die Stimmenmehrheit innerhalb der Bergemann GmbH einräumte, indem RWE bei Abstimmungen im RAG-Aufsichtsrat zum Thema Ruhrgas grundsätzlich dem Votum der E.ON folgte und dieser außerdem ein Vorkaufsrecht auf deren Bergemann-Anteile einräumte. Nach Meinung der Presse war dieses Zugeständnis nicht weniger als das Ergebnis einer Erpressung, da Hartmann andernfalls den Zusammenschluss von RWE und VEW blockiert hätte.[281] Das Ergebnis war neben der Kontrolle der Bergemann GmbH der direkte Zugriff auf weitere 3,5 Prozent der Ruhrgas-Aktien zu einem regelrechten Schnäppchenpreis von 225 Mio. Euro, was einer Gesamtbewertung des Gasversorgers von gerade 6,6 Mrd. Euro entsprach.

Im nächsten Schritt benötigte Hartmann nun eine Einigung mit BP, um durch die Übernahme der Anteile nicht nur in die Nähe einer Aktienmehrheit bei der Ruhrgas zu gelangen, sondern auch um die lästige, weil unkalkulierbare Stimmenpoolung zu entkräften und deren Vorkaufsrecht auf die Anteile der anderen Gesellschafter zu beseitigen. Mitte Juli 2001 konnte Hartmann den Abschluss eines laut Presseberichten rund 6,5 Mrd. Euro schweren, aber letztlich wohl günstigeren Tauschgeschäftes mit dem britischen Mineralölkonzern bekannt geben: Während E.ON zum 1. Januar 2002 mit 51 Prozent der Aktien die operative Kontrolle über die Gelsenberg übernahm, erhielt BP im Gegenzug eine äquivalente Position bei der Veba Oel AG. Ab April 2002 wurden die Optionen auf die jeweils restlichen 49 Prozent ausgeübt. Damit bezahlte E.ON für die Ruhrgas mit der Abgabe der Aral AG & Co. KG, dem mit 2.500 Tankstellen bundesdeutschen Marktführer im Kraftstoffvertrieb, der in der Petrochemie und der Mineralölverarbeitung tätigen Veba Oil Refining & Petrochemicals GmbH sowie der Veba Oil & Gas GmbH mit ihren Explorationsaktivitäten.[282] Parallel dazu liefen die Gespräche mit ThyssenKrupp und Vodafone über die weiteren Bergemann-Anteile.

So meldete E.ON Mitte August 2001 beim Bundeskartellamt die Übernahme des ersten Gelsenberg-Pakets an und legte damit den Grundstein für das sich schließlich über 15 Monate hinziehenden Fusionsverfahren. Anfang November folgte dann die Anmeldung des Ankaufs der Bergemann-Anteile aller oben genannten Unternehmen im Umfang von zusammen rund 99,5 Prozent, sodass als weiterer Gesellschafter nur noch die an dieser ebenfalls beteiligte Gelsen-

---

281 *Attacke an der Ruhr*, in: Capital 24 (2000). Die Möglichkeit dazu verdankte er dem Veba-Fusionspartner VIAG, die über ihre Tochter Contigas 30 % der Anteile an der Energie-Verwaltungs-Gesellschaft München besaß, welche wiederum mit fast 25 % an der VEW beteiligt war. Zusammen mit der VEW-Direktbeteiligung der VIAG von 11,4 % ergab dies eine Sperrminorität.
282 Achim Weiand, *Die BP übernimmt Veba Oel und Aral. Post Merger Integration und Unternehmenskultur*, Gütersloh 2007, 22 ff.; *Das Ruhr-Duell*, in: Welt am Sonntag (22. 7. 2001).

berg mit rund 0,15 Prozent verblieben wäre.[283] Nach der Umsetzung dieses Vorhabens hätte E.ON mit knapp 60 Prozent die Mehrheit an der Ruhrgas besessen. Recht bald wurde jedoch deutlich, dass das Bundeskartellamt nicht geneigt war, die Anträge ohne weiteres durchzuwinken. Die immense Bedeutung des Verfahrens zeigte sich allein durch die hohe Anzahl schließlich beim Bundeskartellamt und dem Bundeswirtschaftsministerium beigeladener Unternehmen, darunter zahlreiche Gesellschaften aus dem Ausland.[284] Ende November teilte das Bundeskartellamt der E.ON im Gelsenberg-Verfahren durch ein Abmahnschreiben seine Absicht mit, das Zusammenschlussvorhaben zu untersagen und räumte ihr die Gelegenheit zur Stellungnahme ein.

Das Unternehmen wandte sich zunächst gegen die Auffassung des Kartellamtes, dass die Übernahme auch im Verhältnis der E.ON zur Ruhrgas einen Zusammenschlusstatbestand ausgelöst habe, um sich dann eingehend mit Wettbewerbsaspekten zu befassen. Hier vertrat E.ON die Meinung, dass die Ruhrgas angesichts des vorhandenen Durchleitungswettbewerbs längst keine marktbeherrschende Stellung mehr besitze. Auch nach einer Fusion sei die E.ON nicht in der Lage, die Ruhrgas-Position bei der Erstbelieferung von Ferngasversorgern abzusichern, weil E.ON weder bei Konzerngesellschaften noch bei Beteiligungsgesellschaften über rechtliche Möglichkeiten verfüge, deren Gasbezug auf die Ruhrgas auszurichten. Als unproblematisch wurden auch die Auswirkungen auf die Endverteilerstufe bewertet, wo die Ruhrgas den Stadtwerken in ihren traditionellen Absatzgebieten noch niemals Wettbewerb gemacht habe und folglich auch nach dem Zusammenschluss der horizontale Wettbewerb zwischen E.ON-Konzernunternehmen und Ruhrgas nicht behindert werde. Im Großkundengeschäft sei ebenfalls keine marktbeherrschende Stellung zu befürchten, da deren bivalente oder multivalente Anlagentechnik jederzeit einen Energieträgerwechsel erlaube. Dazu kamen diverse Aussagen zur Rolle des Erdgases bei der Elektrizitätserzeugung in einem duopolistischen, von E.ON und RWE dominierten Markt.[285] Wörtlich weitgehend identische Ausführungen folgten auf die Ankündigung zur Ablehnung der Bergemann-Fusion

---

283 Bundeskartellamtsbeschluss Gelsenberg vom 17. Januar 2002 zum Antrag vom 15. August 2001, in: www.bundeskartellamt.de; Bundeskartellamtsbeschluss Bergemann vom 26. Februar 2002 zum Antrag vom 9. November 2001, in: www.bundeskartellamt.de [letzter Zugriff Dezember 2015]; Zenke, *Energiewirtschaft*, 253 ff.

284 Die Ruhrgas wurde dagegen wieder ausgeladen, da das Bundeskartellamt bald seine Meinung änderte und das Unternehmen als direkten Verfahrensbeteiligten einstufte. Bundeskartellamtsbeschluss Gelsenberg, 5 f.; Bundeskartellamtsbeschluss Bergemann, 6 f.; Zenke, *Energiewirtschaft*, 258 ff.

285 Ausführungen der E.ON AG vom 7. Dezember 2001 laut Bundeskartellamtsbeschluss Gelsenberg, 6 f.

Ende Januar 2002.[286] Auch der Vorstand der Ruhrgas wandte sich in zwei Schreiben gegen die Annahme einer marktbeherrschenden Position.[287] Um das drohende Verbot des Fusionsvorhabens abzuwenden, zeigte sich die E.ON bereit, die Freigabe mit Auflagen zu verbinden und machte diverse Vorschläge. Dazu gehörten Maßnahmen zur Förderung des Durchleitungswettbewerbs in den Netzgebieten der norddeutschen E.ON-Konzernunternehmen Schleswag, Heingas und Hansegas[288] sowie der Avacon AG. Ergänzend erklärte sich E.ON bereit, die Veräußerung ihrer 22-Prozent-Beteiligung an der Bayerngas, der 12,95-Prozent-Beteiligung an der Berliner GASAG und der 5,26-Prozent-Beteiligung an der ostdeutschen Verbundnetz Gas zu akzeptieren.

Das Bundeskartellamt sah die Sache jedoch gänzlich anders, bestätigte den Zusammenschlusstatbestand und damit seine Zuständigkeit und untersagte Mitte Januar 2002 die Gelsenberg-Übernahme und Ende Februar 2002 auch die Bergemann-Übernahme, da beide „die Verstärkung marktbeherrschender Stellungen sowohl beim Absatz von Gas als auch beim Absatz von Strom erwarten" ließen.[289] Die Begründung stellte dabei in weiten Teilen ein direktes Spiegelbild der E.ON-Ausführungen dar. Im Gassektor befürchtete die Behörde eine wettbewerbsreduzierende Wirkung mehr oder weniger auf allen Vertriebsstufen durch eine gegenseitige Stärkung des Partners in bislang schwächer abgedeckten Marktbereichen. Auf der Ferngasstufe festigte nach ihrer Auffassung der Ruhrgas-Absatz an Konzern- und Beteiligungsgesellschaften der E.ON ihre marktbeherrschende Position bei der Belieferung von Ferngasgesellschaften und sonstigen Gasweiterverteilern. Im Industriegeschäft als auch im Geschäft mit lokalen Weiterverteilern wurde dieser Effekt durch den Ausfall des potenziellen Wettbewerbers Ruhrgas angenommen, die wiederum Zugriff auf bis zu 200 Stadtwerke und diverse Regionalversorger aus dem E.ON-Portfolio erhielt. Als Beispiel dienten dem Bundeskartellamt dann erneut der norddeutsche Markt sowie die an 130 Strom-, Gas- und Wasservertreibern beteiligte Thüga AG, an der die E.ON direkt und indirekt 61 Prozent hielt.[290]

Das Fazit lautete: „Die obigen Ausführungen zeigen, dass die Verbindung von E.ON mit Ruhrgas insgesamt zu einem für den Wettbewerb gefährlichen

286 Dsgl. laut Bundeskartellamtsbeschluss Bergemann, 7 f.

287 Dsgl. laut Bundeskartellamtsbeschluss Gelsenberg, 8 f.; Ausführungen der E.ON AG vom 7. Februar 2002 laut Bundeskartellamtsbeschluss Bergemann, 9 f.

288 2003 Zusammenfassung zur E.ON Hanse AG.

289 Bundeskartellamtsbeschluss Gelsenberg, 17; Bundeskartellamtsbeschluss Bergemann, 20; Zenke, *Energiewirtschaft*, 261 ff.

290 Bundeskartellamtsbeschluss Gelsenberg, 18 ff.; Bundeskartellamtsbeschluss Bergemann, 22 ff.

Ausmaß an vertikaler Integration auf dem Gas-Weiterverteilermarkt führt. Sie erfasst – mit unterschiedlicher Intensität – 47 Prozent aller in Deutschland an Weiterverteiler gelieferten Gasmengen. In einer Phase beginnender Liberalisierung auf den Gasmärkten werden damit die Chancen für wirksamen Wettbewerb durch andere Ferngasunternehmen von vornherein deutlich verschlechtert. Die bereits marktbeherrschende Stellung der Ruhrgas wird dadurch zementiert."[291] Während der Beschluss zum Gelsenberg-Verfahren keine dezidierten Ausführungen zur Situation in Ostdeutschland und der Verbundnetz Gas enthielt, widmete sich der Bergemann-Beschluss als einzigem größeren Unterschied beider Begründungen explizit dieser Thematik. Das Bundeskartellamt wertete das VNG-Versorgungsgebiet als eigenständigen räumlich relevanten Markt, in dem die Fusion wettbewerbsvermindernde Auswirkungen durch die Verlagerung des „Beschaffungsverhaltens" der E.ON auf die Verbundnetz Gas hervorrufe.[292] Auf den Vorschlag der E.ON, ihre VNG-Anteile abzugeben, gingen die Wettbewerbshüter nicht ein, sondern sahen in Verbindung mit dem Ruhrgas-Anteil von knapp 37 Prozent ein „gestiegenes Kapitalinteresse" der E.ON.

Dazu kamen Vorbehalte im Elektrizitätssektor. Hier ließ das Zusammenschlussvorhaben aus Sicht des Bundeskartellamts durch die Rolle der Ruhrgas als bedeutender Primärenergielieferant die Verstärkung der gemeinsamen marktbeherrschenden Stellung der E.ON Energie AG und der RWE Plus AG sowohl bei der Belieferung von industriellen und gewerblichen Stromgroßkunden als auch für die Belieferung von weiterverteilenden Stromregionalversorgungsunternehmen und Stadtwerken erwarten.[293] Das Zusammenschlussvorhaben verstärke die Stellung dieses Duopols, da bereits das RWE über die Tochtergesellschaften RWE Gas und Thyssengas[294] über ein starkes Gewicht auf dem inländischen Gasmarkt verfüge und die E.ON mit dem vorgesehenen Zusammenschluss nun ebenfalls einen wettbewerblich erheblichen Einfluss auf den mit Abstand bedeutendsten inländischen Erdgasimporteur und -lieferanten erhalte. Da als von Strominteressen unabhängiger überregionaler Gasanbieter nur die Wingas übrig bleibe, gewinne das marktbeherrschende Duopol folglich durch die Ruhrgas „zusätzliche wettbewerbliche Verhaltensspielräume" nicht nur gegenüber allen anderen etablierten Stromerzeugern,

291 Ebd., 27 bzw. 30.

292 Bundeskartellamtsbeschluss Bergemann, 37 ff.

293 Bundeskartellamtsbeschluss Gelsenberg, 18, 33; Bundeskartellamtsbeschluss Bergemann, 21, 40.

294 RWE-Anteil nach Erwerb von zunächst 50 % in 1997 zu diesem Zeitpunkt 75 % (Rest Shell Petroleum N.V.); 2003 vollständige Übernahme.

sondern „vor allem gegenüber den unabhängigen Stromerzeugern, die unter Nutzung der Primärenergie Erdgas insbesondere letztverbrauchende Stromgroßkunden und Stromweiterverteiler als Kunden aus derartigen Kraftwerken beliefern und umwerben können".[295] Damit hob das Bundeskartellamt auf die mit der Liberalisierung der Energiemärkte bis weit in das neue Jahrtausend hinein verbundenen Hoffnungen ab, durch den verstärkten Aufbau von Gas- und Dampf-Kraftwerken bedeutende Synergien auch beim Umweltschutz zu erzielen – ein Vorhaben, das schließlich durch die „Energiewende"-Politik der Großen Koalition ab 2011 zunichte gemacht wurde.

Angesichts der in regelmäßigen Zwischenfazits festgestellten gravierenden Verstärkung marktbeherrschender Stellungen[296] bewertete das Bundeskartellamt abschließend die von E.ON eingeräumten Zugeständnisse als unzureichend für den Ausgleich der erwarteten Wettbewerbsbeschränkungen auf den Strom- und Gasmärkten. Tatsächlich folgte das Angebot des Konzerns dem Minimalprinzip. Die Verbesserungen im Durchleitungswettbewerb waren nicht nur regional auf Norddeutschland beschränkt, sondern betrafen, wie das Kartellamt explizit bemerkte, zudem vor allem Zugeständnisse, die die E.ON bereits zuvor teilweise in anderen, mit den betroffenen Unternehmen verbundenen Verfahren gemacht hatte.[297] Außerdem entsprachen sie den Grundsatzforderungen der deutschen und europäischen Liberalisierungsstrategien, waren ebenfalls schon in Teilen in der Verbändevereinbarung Gas verankert und damit kaum mehr als die Vorwegnahme einer schon laufenden Entwicklung. Die vernichtende Kritik des Amtes unterstrich die Feststellung: „Eine Bewertung im einzelnen kann unterbleiben, da Durchleitungsauflagen ohne Einbeziehung des größten inländischen Gasunternehmens Ruhrgas von vornherein nicht ausreichend gewichtig sind, um die durch das Zusammenschlussvorhaben auftretenden schwerwiegenden Verschlechterungen der Wettbewerbsbedingungen auf Gasmärkten zu kompensieren."[298]

In der öffentlichen Diskussion spielten solche Argumente jedoch keinerlei Rolle, denn noch vor der offiziellen Bekanntgabe der Beschlüsse des Bundes-

295 Bundeskartellamtsbeschluss Gelsenberg, 45 f.; Bundeskartellamtsbeschluss Bergemann, 52 f.

296 Bundeskartellamtsbeschluss Gelsenberg, 25, 31 ff., 45 ff.

297 U. a. Veröffentlichung von Netznutzungsmodalitäten, Netzkarten, der Kalkulationsmethode der Durchleitungsentgelte und freier Kapazitäten; Zusage diskriminierungsfreien Netzzugangs; Herstellung physischer Verbindungen zum Leitungsnetz der E.ON-Regionalversorger; Tausch von Gas unterschiedlicher Beschaffenheit; Gewährung diskriminierungsfreien Zugangs zu den freien Kapazitäten der Regionalspeicher; Vereinfachung des Vertragshandlings beim Abschluss von Durchleitungsverträgen.

298 Bundeskartellamtsbeschluss Gelsenberg, 50; Bundeskartellamtsbeschluss Bergemann, 59.

kartellamtes entwickelte sich das Übernahmeverfahren zu einem handfesten politischen Eklat. Schon als sich im Spätherbst 2001 die Tendenz der Wettbewerbshüter zur Ablehnung des Fusionsvorhabens andeutete, wertete die Presse diese Entscheidung als unumgänglich. Kaum ein Zusammenschlussvorhaben schien eindeutiger dem Geist des Gesetzes gegen Wettbewerbsbeschränkungen zu widersprechen als das des größten deutschen Elektrizitätskonzerns und des größten deutschen Gasversorgers. Umso größer war daher die Überraschung, als im Januar 2002 Gerüchte durchdrangen, dass Bundeskanzler Gerhard Schröder bereits im Herbst zuvor Hartmann und BP-Chef John Browne die Zusage zu einer politischen Lösung gegeben habe, mithin das Kartellamts-Votum von Vornherein obsolet war.[299] Dies hieß nicht weniger, als dass zum dritten Mal nach 1974 und 1978 die Veba in den Genuss einer Ministererlaubnis kommen würde, nur dass in diesem Falle der zuständige Wirtschaftsminister Werner Müller hieß, der zwischen 1980 und 1997 in leitender Funktion beim Veba-Konzern, zuletzt als Vorstandsmitglied der Veba Kraftwerke Ruhr AG, tätig gewesen war.[300] Schröder blieb dabei seiner energiepolitischen Linie treu, die die Bildung international wettbewerbsfähiger Großkonzerne förderte, dabei aber auch ungeniert Brüsseler Vorgaben aushöhlte und Positionen der eigenen Partei und des grünen Koalitionspartners überging. Tatsächlich befand sich der „Genosse der Bosse“ mit diesem Vorrang der Ordnungspolitik weltweit in guter Gesellschaft, denn zahlreiche Regierungschefs legten sich unter dem Zeichen der voranschreitenden Globalisierung für ihre nationalen Champions ins Zeug und hatten im Energiesektor auch noch das Argument der Versorgungssicherheit auf ihrer Seite. Nun aber schien der Bogen überspannt, und ein Sturm der Entrüstung entlud sich über der Bundesregierung. Selbst die wirtschaftsnahe Fachpresse äußerte sich vergleichsweise skeptisch, wobei sich die Verweise auf unerfüllte Versprechungen früherer Fusionen im Einklang mit gesamtwirtschaftlichen Bedenken und Kritik am politischen Stil die Waage hielten.[301]

Umgehend eskalierte die Angelegenheit zum offenen Streit, in dem die konträren Positionen aufeinanderprallten und die Gelegenheit zur Abrechnung mit alten und neuen Feindschaften und nicht zuletzt zur Durchsetzung eigener

---

299 *Schröder will Kartellamt übergehen. Eon erhält bei Ruhrgas freie Hand*, in: Handelsblatt (18.1.2002); *Eons Gasfusion löst politischen Streit aus*, in: FTD (18.1.2002).

300 Ebd.; *Müllers pikante Rolle*, in: Der Spiegel 5 (2002), 94 ff.

301 *Ein Schlag gegen das Kartellamt*, in: Handelsblatt (18.1.2002); *Schutzpatron der Monopole*, in: Der Spiegel 7 (2002), 86 ff.; *Die großen Ölfirmen beleben den Wettbewerb*, in: Handelsblatt (8.2.2002); *Kein Grund für eine Ministererlaubnis*, in: Die Welt (9.2.2002); *Dem Ruhrgas-Deal bläst scharfer Gegenwind ins Gesicht*, in: Börsen-Zeitung (9.2.2002).

Interessen genutzt wurde. Gegen die Befürworter des E.ON-Ruhrgas-Geschäfts positionierten sich Vertreter aus Politik, Wirtschaft und Gesellschaft. Bundesfinanzminister Hans Eichel, der gerade eine Unternehmenssteuerreform zugunsten deutscher Großkonzerne gegen den Widerstand der Länder durchgezogen hatte, äußerte starke Bedenken. Dazu kam heftige innerparteiliche Kritik an Müller. Selbst zahlreiche hohe Beamte im Bundeswirtschaftsministerium vertraten die Kartellamtsposition und warnten vor einer Genehmigung der Fusion. Wenig überraschend war auch die Haltung von Bundeskartellamts-Leiter Ulf Böge, der die Übergehung seines Hauses als persönlichen Affront auffasste. Regelrecht verheerend war das Echo aus der Energiewirtschaft. RWE-Chef Dietmar Kuhnt und Reinier Zwitserloot, sein Pendant bei der Wintershall, positionierten sich gegen eine Ministererlaubnis, die ihnen neben einer gestärkten Konkurrenz einen Verlust an Handlungsspielräumen beschert hätte. Wenn eine Genehmigung, so ihr Credo, dann unter härtesten Auflagen, was hinsichtlich der Arbeitsplatzsicherung auch Verdi-Chef Frank Bsirske forderte. Kuhnt dürfte dabei nicht zuletzt von persönlichen Motiven geleitet worden sein, und solche trieben möglicherweise auch den einen oder anderen Branchenvertreter, denn Hartmanns Erfolgskonzept fußte laut Meinungsbild der Presse auf Härte, Streitbarkeit und fehlender Kompromissbereitschaft.[302] Gerüchte, dass der Ruhrgas-Vorstand Hartmann von einem Antrag auf Ministererlaubnis abzuhalten versucht habe, da die Gazprom einen Einstieg der E.ON nicht tolerierte, gaben dem Stimmengewirr eine weitere Note.[303]

Am 19. Februar 2002 beantragte E.ON die Erteilung einer Ministererlaubnis für das Gelsenberg-Zusammenschlussvorhaben.[304] Zur Begründung argumentierte das Unternehmen neben der aus seiner Sicht falschen Beurteilung der Wettbewerbsbeschränkungen durch das Bundeskartellamt vor allem mit Aspekten des Gemeinwohls. Im Vordergrund standen die „Sicherung der deutschen Energieversorgung“, die „Wettbewerbsfähigkeit der Ruhrgas AG im internationalen Gasmarkt“, der „Umweltschutz“ und die „Sicherung von Arbeitsplätzen“. Nur die Fusion mit der E.ON garantiere die Entwicklung der Ruhrgas

302 *Riesen unter Strom*, in: SZ (1.2.2002); *Offener Streit zwischen RWE und Eon*, in: Die Welt (9.2.2002); *Eon droht bei Ruhrgas-Übernahme an Finanzminister zu scheitern*, in: Berliner Zeitung (7.2.2002); *Ende im Tumult*, in: Wirtschaftswoche 7 (2002), [Kopie, ohne Seitenangabe], in: AEGC 01002155370; *Wintershall ist voll dabei – auch ohne große Akquisitionen*, in: Börsen-Zeitung (2.2.2002); *Widerstand gegen Fusion Eon/Ruhrgas*, in: Berliner Zeitung (11.2.2002); *Die Front-Männer an der Ruhr*, in: Handelsblatt (18.2.2002); *Müllers Beamte warnen vor Ruhrgas-Übernahme durch E.ON*, in: Der Platow Brief (8.2.2002).

303 *Stoppt Ruhrgas Hartmanns Antrag auf eine Ministergenehmigung?*, in: Der Platow Brief (11.2.2002).

304 Die Anträge waren nicht verfügbar.

zu einem integrierten Gasunternehmen mit Aktivitäten auf allen Wertschöpfungsstufen, das den Anforderungen der sich wandelnden Märkte gewachsen sei.[305] Dieselben Aspekte hatte der Ruhrgas-Vorstand zuvor im Aufsichtsrat für den Erhalt der Eigenständigkeit angeführt. Hartmann stellte den mit einer Ablehnung verbundenen Niedergangsszenarien dann auch medienwirksam die rosigen Zukunftsperspektiven einer „E.ON-Ruhrgas" gegenüber, die nicht nur „Milliarden in Gasquellen und Pipelines" investieren werde, sondern durch die Finanzkraft des Konzerns auch den Gazprom-Anteil auf bis zu zehn Prozent aufstocken und bei der norwegischen Statoil einsteigen könne. Dazu versprach er vollmundig, als Gegenleistung ab sofort privaten Gaskunden die Belieferung durch andere Anbieter zu ermöglichen, obwohl sowohl das neue Energiewirtschaftsrecht als auch das Kartellrecht allen Unternehmen längst den diskriminierungsfreien Netzzugang sicherte.

Die Presse kritisierte dann auch, dass sich E.ON in Floskeln und Widersprüchen verheddere und dem Antrag ein schlüssiges energiewirtschaftliches Konzept fehle.[306] Gleichzeitig positionierten sich die Widersacher und gaben einen ersten Vorgeschmack auf den Ablauf des kommenden Verfahrens. Teilweise schon vor dem ersten E.ON-Antrag stellten sie Anträge auf eine Beiladung, die sich zunächst mit Informationsrechten, prinzipiell aber auch mit Beschwerderechten begründen ließ. Mit schließlich 45 Unternehmen wurde nicht nur eine absolute Rekordanzahl Beigeladener in einem deutschen Ministererlaubnisverfahren erreicht, sondern auch eine ungemeine Internationalität, da sich zahlreiche Mineralölgesellschaften und Gasversorger aus dem Ausland beteiligten.[307] Außerdem bereitete der Berliner Energiebroker Ampere AG eine Klage für den Fall vor, dass eine Ministererlaubnis ohne ausreichende wettbewerbssichernde Auflagen erteilt würde. Weitere Unternehmen erwogen den Anschluss an ein solches Verfahren.[308]

Dazu rückte eine mögliche Befangenheit von Bundeswirtschaftsminister Müller ins Zentrum der Debatte. Müller bewertete die Vorwürfe zwar selbst als haltlos, akzeptierte dann aber recht schnell noch im Februar 2002 die Delegation der Entscheidung, um eine weitere Belastung des umstrittenen Verfahrens und wohl auch des Wahlkampfes zur im Herbst anstehenden Bundestagswahl

---

305 Zenke, *Energiewirtschaft*, 270 f.

306 *Eon-Chef verspricht Milliarden für Ruhrgas*, in: FTD (20. 2. 2002); *Mit E.ON wird Ruhrgas zu einem internationalen Gaskonzern*, in: FAZ (18. 2. 2002); *Eon bietet Marktöffnung für Ministererlaubnis*, in: FTD (26. 2. 2002).

307 Zenke, *Energiewirtschaft*, 272 f.

308 *Berliner Energiehändler will Gasfusion verhindern*, in: Handelsblatt (20. 2. 2002); *Eon stellt Antrag auf Ministererlaubnis*, in: FTD (19. 2. 2002).

zu vermeiden. „Ich bin nicht befangen – aber ich möchte die unerfreuliche Diskussion darüber beenden." Noch während in der Öffentlichkeit die Möglichkeit diskutiert wurde, die Entscheidung Finanzminister Eichel oder direkt Kanzler Schröder zu überlassen und damit der Politisierung des Verfahrens Rechnung zu tragen, brachte Müller seinen Staatssekretär Alfred Tacke ins Spiel, um die Zuständigkeit seines Ministeriums zu unterstreichen. Damit setzte er nochmals ein Zeichen in Richtung Ministererlaubnis, denn Tacke war ein enger Vertrauter von Schröder und hatte bereits die Fusion von Veba und Viag zur E.ON wohlwollend begleitet. Auf der anderen Seite erzeugte es bei den Kommentatoren der Presse eine Mischung aus Ungläubigkeit und Unverständnis, denn Tacke war als Beamter weisungsgebunden, sodass es sich letztlich doch um eine echte Ministererlaubnis handelte, die nur als Mogelpackung verkauft wurde.[309] Überraschenderweise schaltete sich nun EU-Wettbewerbskommissar Mario Monti in die Angelegenheit ein und lehnte die Ministererlaubnis als verheerendes Signal für die europäische Wettbewerbspolitik und die Glaubwürdigkeit der Kartellbehörden ab.[310]

Spätestens mit dem zweiten Antrag auf eine Ministererlaubnis, den E.ON am 5. März 2002 nach der Zurückweisung der Bergemann-Fusion stellte, verhärtete sich die Situation noch einmal, denn zahlreiche Beobachter werteten deren Folgen zurecht als weitaus gravierender als die Gelsenberg-Fusion.[311] Für weitere Verwirrung sorgte eine typische Vorgehensweise der beteiligten Konzerne, die vordergründig der Förderung der Sachlichkeit diente, tatsächlich aber das Gegenteil erreichte. Ab März 2002 erweiterten namhafte Gutachter das öffentliche Meinungsspektrum um die Erkenntnisse ihrer Arbeit, stützten mit ihren Ergebnissen wenig überraschend die Position ihrer Auftraggeber und präsentierten folglich diametral auseinanderliegende Sichtweisen.[312] E.ON stützte sich mit Carl Christian von Weizsäcker und Hans-Werner Sinn auf die

---

309 *Müller kneift bei Eon-Verfahren*, in: FTD (25.2.2002); *Veba-Vergangenheit als kritischer Geist*, in: FAZ (21.2.2002); *Alles Müller!*, in: FAZ (25.2.2002); *Müllers Dilemma*, in: Handelsblatt (25.2.2002).

310 *Monti lehnt deutsche Ministererlaubnis ab*, in: Handelsblatt (25.2.2002); *Monti warnt vor Eon/Ruhrgas*, in: SZ (25.2.2002).

311 *Kartellamt bremst Eon noch einmal*, in: Handelsblatt (1.3.2002); *Kartellamt baut zweite Hürde für Eon auf*, in: FTD (1.3.2002); Kartellamt stoppt Eon erneut, in: SZ (1.3.2002).

312 Umfassend zum Folgenden: *Müller hat kaum Spielraum*, in: FTD (25.2.2002); *Eon setzt auf Weizsäcker-Studie*, in: SZ (16.3.2002); *Eon erhält Unterstützung für Ruhrgas-Übernahme*, in: Handelsblatt (18.3.2002); *Der Fall Eon/Ruhrgas ist ein Zankobjekt der Experten*, in: FAZ (15.5.2002); *Darf Eon Ruhrgas schlucken?*, in: FAS (26.5.2002); *Gutachter gegen Fusion Ruhrgas-Eon*, in: FAZ (3.5.2002); Hans-Werner Sinn, *Fusion E.ON-Ruhrgas. Die volkswirtschaftlichen Aspekte. Wissenschaftliches Gutachten im Auftrag der E.ON AG*, München 2002.

wohl renommiertesten Ratgeber. Von Weizsäcker war nicht nur langjähriger Leiter des Energiewirtschaftlichen Instituts der Universität Köln, der bundesweit führenden Institution auf diesem Gebiet, sondern zwischen 1986 und 1998 auch Mitglied und ab 1989 zehn Jahre lang Leiter der Monopolkommission gewesen; Sinn war Chef des Münchner Ifo-Instituts. Sinn und noch stärker von Weizsäcker unterstrichen vor allem den Gemeinwohlaspekt einer Ruhrgas-Übernahme durch E.ON entsprechend derer vorgetragenen Argumentation und sahen eine Förderung des Wettbewerbs durch die Trennung der Ruhrgas von ihren Mineralölaktionären, die dadurch die Möglichkeit erhielten, ein eigenständiges Konkurrenzgeschäft auf dem deutschen Markt zu etablieren.[313] Dazu komme ein ohnehin verstärkter Wettbewerb durch die Liberalisierungspolitik und die Entstehung eines freien Gashandels, sodass die bislang auf den nationalen Markt beschränkte Perspektive des Bundeskartellamts jedenfalls auf Europa ausgedehnt werden müsse.

Für die Deutsche BP untersuchte der Göttinger Wirtschaftsjurist Ulrich Immenga, von Weizsäckers Vorgänger als Leiter der Monopolkommission (1986 bis 1989), insbesondere die vom Kartellamt angenommenen Wettbewerbsbeschränkungen. Er unterstützte die Aussagen der E.ON-Gutachter zur Marktentwicklung und attestierte dem Duopol E.ON-RWE keine marktbeherrschende Stellung im Elektrizitätssektor, wo zudem die Entwicklung der Erdgasverstromung völlig offen sei. Das RWE bot mit dem Tübinger Wirtschaftsrechtler Wernhard Möschel ebenfalls einen ehemaligen Leiter der Monopolkommission (1998 bis 2000) auf und bediente sich zudem der Expertise von Johann Eekhoff, Professor für Wirtschaftspolitik in Köln und zuvor Staatssekretär im Bundeswirtschaftsministerium. Beide hielten die Wettbewerbsnachteile für erheblich schwerwiegender als die Gemeinwohlvorteile oder sonstige gesamtwirtschaftliche Effekte und die vorgebrachten Argumente für größtenteils nicht geeignet, die Fusion zu legitimieren.

Am 20. Mai 2002 legte dann die Monopolkommission ihre gutachterliche Stellungnahme zu den beiden Fusionsvorhaben der E.ON vor. Das Ergebnis bestätigte umfassend die Position des Bundeskartellamtes und bedeutete einen weiteren Rückschlag für E.ON, da die strikte und nahezu alle Punkte betreffende Ablehnung die Hürden für eine Ministererlaubnis dramatisch erhöhten.[314]

---

313 Unterstützend wirkte in diesem Kontext die Ankündigung der Ölmultis Shell und ExxonMobil, die BEB Erdgas und Erdöl GmbH zu zerschlagen, die Ruhrgas-Anteile abzugeben und sich eigenständig auf dem Markt zu engagieren. *Eon hat Chance auf vollständige Ruhrgas-Übernahme*, in: Handelsblatt (8. 3. 2002).

314 *Rückschlag für Gaspläne von E.ON. Illusion Gasmarkt*, in: FTD (22. 5. 2002); *Eons Ruhrgas-Pläne in Gefahr, Monopolkommission stützt Position des Kartellamts*, in: Handelsblatt (22. 5. 2002); *Die Ministererlaubnis muss weg*, in: FAZ (23. 5. 2002).

Immerhin gab es für eine Erteilung gegen das Votum der Monopolkommission in der deutschen Wirtschaftsgeschichte nur ein Vorbild, und dies war der Veba/BP-Deal 1978, als die Gelsenberg an das Mineralölunternehmen verkauft worden war.[315] Wenig zuträglich für das öffentliche Stimmungsbild waren in dieser Phase die regelmäßigen Nachrichten über eine Gewinnexplosion der Stromerzeuger bei gleichzeitigen Preiserhöhungen, während Hartmann sein „Lebenswerk" zugleich als Vorteil für den Kunden mit gegensätzlichen Behauptungen verkaufte.[316] Die Monopolkommission befasste sich bei der Abwägung der Gemeinwohlvorteile ausschließlich mit dem Gewicht der Wettbewerbsbeschränkungen und stellte dazu fest, dass sie bei ihrer Bewertung an die „tatsächlichen und rechtlichen Feststellungen der Untersagungsverfügung" gebunden war und die konträren Positionen der Antragsteller und ihrer Gutachter nur entsprechend ihrer Relevanz für die Beurteilung berücksichtigt würden.[317]

Zu den Wettbewerbsbeschränkungen auf den Strom- und Gasmärkten stellte die Monopolkommission fest, dass durch die Fusion E.ON/Ruhrgas ein vertikal integrierter Strom- und Gaskonzern über sämtliche Wertschöpfungsstufen in beiden Energiesparten entstehe, der zudem durch diverse Substitutionsverhältnisse zwischen Strom und Gas eine bedeutende horizontale Dimension aufweise. Diese Struktur begründe einen äußerst weiten Verhaltensspielraum des Unternehmens und unterlaufe zudem die Liberalisierungsabsichten des Gesetzgebers, „sodass das Gewicht der Wettbewerbsbeschränkungen als besonders schwerwiegend beurteilt werden muss".[318] Dagegen liege im „Fortbestand der Unabhängigkeit von Ruhrgas [...] durchaus ein Potential für eine künftige Intensivierung des Wettbewerbs auf den Endabnehmermärkten", das nun beseitigt werde.[319] Bei der Würdigung der Gemeinwohlvorteile akzeptierte die Monopolkommission zunächst das Argument der Auflösung einer Gesellschafterblockade bei der Ruhrgas nicht, da hier betriebswirtschaftliche Aspekte im

---

315 Aufstellung der bislang 21 Verfahren unter: http://www.bmwi.de/BMWi/Redaktion/PDF/Wettbewerbspolitik/antraege-auf-ministererlaubnis,property=pdf,bereich=bmwi,sprache=de,rwb=true.pdf [letzter Zugriff: Dezember 2015].

316 *Der Eon-Konzernüberschuss wird 2002 deutlich steigen. Eon ist mit einer Nettofinanzposition von 600 Mill. Euro fast schuldenfrei*, in: Börsen-Zeitung (22.3.2002); *Preisanstieg treibt Gewinne der Stromerzeuger*, in: FTD (17.5.2002); *Eon: Ruhrgas-Deal nutzt Kunden*, in: Rheinische Post (18.4.2002).

317 Monopolkommission (Hg.), *Zusammenschlussvorhaben der E.ON AG mit der Gelsenberg AG und der E.ON AG mit der Bergemann GmbH (Sondergutachten, Bd. 34)*, Baden-Baden 2002, 46; Zenke, *Energiewirtschaft*, 275 ff.

318 Monopolkommission (Hg.), *Zusammenschlussvorhaben (Sondergutachten, Bd. 34)*, 47 ff. (Erörterung), 67 (Fazit/Zitat).

319 Ebd., 53.

Vordergrund stünden.[320] Ähnliches galt für den großen Komplex der vertikalen Integration. Betroffen waren u. a. folgende Aspekte: „Senkung der Endverbraucherpreise“ (Ablehnung),[321] „Schutz vor opportunistischem Verhalten (Holdup-Problem)“ (Akzeptanz, aber Unwirksamkeit),[322] „Problematik der Take-or-pay-Verträge“ (Ablehnung),[323] „Versorgungssicherheit“ (Ablehnung),[324] „internationale Wettbewerbsfähigkeit“ (Ablehnung mit Hinweis auf die bereits ausreichend starke Position),[325] „Beschäftigungseffekte“ (Ablehnung, da reine Absichtserklärung und folglich anzuzweifeln)[326] sowie „Umweltschutz“ (Ablehnung, da reine Absichtserklärung und nicht nachprüfbar)[327].

Die von E.ON angebotenen Auflagen bewertete die Monopolkommission wie zuvor das Kartellamt als völlig unzureichend, da sie nicht über geltendes Recht hinausgingen. Im Anschluss daran diskutierte das Gutachten dann, „inwiefern Auflagen überhaupt geeignet sein könnten, die festgestellten gravierenden wettbewerblichen Beeinträchtigungen abzumildern“. Die Vorschläge bedeuteten nicht nur einen erheblichen Vorgriff auf die Liberalisierungsschritte der folgenden Jahre, sondern relativierten in ihrer Härte deutlich die Effekte, die sich die Antragsteller von der Fusion versprachen. Die Monopolkommission ging davon aus, dass ein integriertes Unternehmen in der vorgesehenen Form mit Transportmonopol und der Möglichkeit zur Bestimmung der Transportkonditionen grundsätzlich starken Anreizen unterliege, den Netzzugang von Wettbewerbern zu behindern. Zur Sicherstellung eines diskriminierungsfreien Netzzugangs seien daher umfassende Unbundling-Auflagen sowohl der Funktionsbereiche als auch hinsichtlich einer Separierung der Strom und Gasaktivitäten notwendig. „Das Unternehmen E.ON/Ruhrgas müsste verpflichtet werden, alle seine Netzaktivitäten auf allen vertikalen Stufen in ein Unternehmen auszugliedern, das in Rechtsform, Organisation und Entscheidungsgewalt völlig unabhängig von den übrigen Tätigkeitsbereichen ist, die nicht mit dem Betrieb der Netze zusammenhängen; demgemäß wäre auch die kapitalmäßige Trennung der Bereiche durch Veräußerung des Netzes zu fordern.“[328] Zu diesem Legal Unbundling kamen mit expliziter Erwähnung der Thüga Veräuße-

320 Ebd., 68 ff.

321 Ebd., 74 ff.

322 Investitionshemmnis, da Ausnutzung von Vorabinvestitionen des Lieferanten durch nachträgliche Verhaltensänderung und Preisdruck des Kunden. Ebd., 77 ff.

323 Ebd., 80 ff.

324 Ebd., 84 f., 98 ff.

325 Ebd., 85 ff., 103 ff.

326 Ebd., 111 f.

327 Ebd., 113 ff.

328 Ebd., 117.

rungsauflagen für Beteiligungen an Regionalversorgern und Stadtwerken, deren Umfang durch die wenig präzise Formulierung nicht eindeutig war, jedoch sogar als vollständige Aufgabe dieses Marktsegments gewertet werden konnte.[329] Die Freigabe von Importkapazitäten durch die Ruhrgas im Rahmen einer Gasproduktion rundete die Vorschläge ab.

Bei der Bewertung des rechtlichen Rahmens stimmte die Monopolkommission zwar dem Bundeskartellamt zu, die Fusion ausschließlich nach deutschem Recht zu beurteilen, stellte aber zugleich fest, dass eine Ministererlaubnis den Regelungen des EG-Vertrages unterliege und folglich erst dann erteilt werden dürfe, wenn alle beteiligten Unternehmen bei der europäischen Kommission eine Einzelfreistellung erwirkten.[330] Die EU-Kommission sah jedoch keine Zuständigkeit und teilte dies sofort öffentlich mit.[331] Abschließend folgte die „uneingeschränkte Empfehlung", die beiden von E.ON beantragten Genehmigungen selbst unter Auflagen nicht zu erteilen. „Gegen eine solche Erlaubnis sprechen die besonders schwerwiegenden Wettbewerbsbeeinträchtigungen, die vor allem aus den durch die vertikale Integration bewirkten Marktschließungseffekten und der Verknüpfung marktbeherrschender Stellungen im Gas- und Strommarkt resultieren. Diese gravierenden Wettbewerbsbeschränkungen gefährden überdies mögliche Liberalisierungserfolge und laufen der vom Gesetzgeber mit der Novellierung des Energierechts angestrebten Zielsetzung eines funktionsfähigen Wettbewerbs im Wege der Durchleitung geradewegs zuwider."[332]

Umgehend formierten sich die Fusionskritiker. Während die Gruppe der Energiehändler trotz der gegenteiligen Aussagen der EU-Kommission eine Chance sah, das Vorhaben durch juristische Schritte auf europäischer Ebene zu Fall zu bringen, spekulierte die deutsche Energiewirtschaft nicht nur auf harte Auflagen, sondern forderte sie auch offen unter Anmeldung weitreichender Ansprüche ein. Im Zentrum des Interesses stand ein vollständiger Verkauf der Thüga, den etwa die Energie Baden-Württemberg AG (EnBW) als nach E.ON und RWE drittgrößter Stromkonzern und die Berliner Bewag befürworteten, aber auch eine Aufgabe der Beteiligung an der Verbundnetz Gas, auf die vor allem die Wingas setzte. Das Szenario einer Thüga-Übernahme ließ sogar auf

329 Ebd., 117 f. „Nach Auffassung der Monopolkommission erscheint es daher notwendig, den Unternehmen aufzugeben, ihre Beteiligungen an regionalen Versorgungsunternehmen und Stadtwerken zu veräußern."

330 Ebd., 120 ff.

331 *Brüssel will Eon/Ruhrgas nicht selber prüfen*, in: FTD (23.5.2002); *Brüssel hält Fusion von Eon und Ruhrgas für vertretbar*, in: Handelsblatt (23.5.2002).

332 Monopolkommission (Hg.), *Zusammenschlussvorhaben (Sondergutachten, Bd. 34)*, 130 f.

kommunaler Ebene längst verdrängte Hoffnungen wiederaufleben, die Entwicklung der Energiewirtschaft zurückzudrehen und die Stadtwerke als „Neue Kraft" zu etablieren. So kündigte der Verband kommunaler Unternehmen das Interesse einer Gruppe kommunaler Versorger unter Führung der Stadtwerke München an einem solchen Schritt an.[333] Zu einem vorerst letzten Schlagabtausch kam es Ende Mai 2002 bei der Anhörung aller Verfahrensbeteiligten in Berlin, bei der die hinlänglich bekannten Argumente nochmals vorgetragen werden durften. Allerdings unterlief dem Bundeswirtschaftsministerium hierbei ein Fehler, denn Tacke blieb der Veranstaltung fern – und dies erwies sich im späteren Beschwerdeverfahren als Verfahrensverstoß, der zum vorläufigen Stopp der Ministererlaubnis führen sollte.[334]

Parallel dazu trieben E.ON und die Ruhrgas-Aktionäre ihre Vorbereitungen weiter. Nachdem sich ExxonMobil und Shell bereits eindeutig geäußert hatten, teilte BP medienwirksam mit, sich ungeachtet des Verfahrensausgangs jedenfalls von ihrer Ruhrgas-Beteiligung trennen zu wollen.[335] Viel bedeutsamer war allerdings der Abschluss der schwierigen Einigung mit der RAG, die u. a. angesichts einer möglichen Verrechnung mit den milliardenschweren Subventionen des Kohlekonzerns nicht mir Bargeld abgefunden werden konnte. Die Lösung bot nach der Diskussion mehrerer Varianten ein Tausch des Ruhrgas-Anteils der RAG in Höhe von 18,3 Prozent gegen die von E.ON gehaltene Mehrheit an der Degussa AG. Allerdings entsprach der RAG-Besitz bei einer Ruhrgas-Gesamtbewertung von rund zehn Mrd. Euro noch nicht einmal zwei Mrd. Euro, während der Chemiekonzern auf einen Gesamtwert von 7,5 bis acht Mrd. Euro taxiert wurde. Zur Umgehung dieser Problematik räumte E.ON der RAG einen zinsgünstigen Finanzierungskredit im Umfang von zwei Mrd. Euro ein.[336] Die Transaktion bildete den Grundstein für die spätere Umstrukturierung des Bergbauunternehmens zu einem diversifizierten Montan-, Energie- und Chemiekonzern.

Am 5. Juli 2002 erteilte Tacke die Ministererlaubnis für die Zusammenschlussvorhaben E.ON/Gelsenberg und E.ON/Bergemann.[337] Die Begründung

---

333 *Wettbewerber prüfen rechtliche Schritte gegen Eon-Ruhrgas*, in: Die Welt (23. 5. 2002); *Konkurrenten fordern harte Auflagen für Ruhrgas-Übernahme durch Eon*, in: Handelsblatt (31. 5. 2002); *Thüga wird stark umworben*, in: SZ (30. 4. 2002); *Stadtwerke wollen Gegengewicht zu Eon bilden*, in: Die Welt (13. 6. 2002).

334 *Nach dem Austausch der Argumente wird über Auflagen spekuliert*, in: FR (31. 5. 2002); Zenke, *Energiewirtschaft*, 286.

335 *BP will sich von Ruhrgas auf jeden Fall trennen*, in: Handelsblatt (28. 5. 2002).

336 *RAG und Eon beschließen Tauschgeschäft*, in: Handelsblatt (21. 5. 2002); *Für Eon wird die Übernahme der Ruhrgas-Mehrheit teuer*, in: Handelsblatt (29. 4. 2002).

337 Verfügung des Bundeswirtschaftsministers (5. 7. 2002), in: AEGC 01002155370.

war ein Musterstück politischer Rhetorik, denn einerseits bestätigte er grundsätzlich die vom Bundeskartellamt festgestellten wettbewerbsbeschränkenden Wirkungen der Zusammenschlüsse, um sie im folgenden Schritt umfassend zu relativieren. Zwar sei das quantitative Gewicht der Wettbewerbsbeschränkungen sowohl hinsichtlich der betroffenen Gas- als auch der Strommärkte erheblich, wofür allein die hohen Inlandsumsätze der beteiligten Unternehmen und die hohen Marktvolumina der betroffenen Märkte sprächen. „Entscheidend für die Bewertung ist jedoch das qualitative Gewicht der Wettbewerbsbeschränkungen", so Tackes Argumentation.[338] Um diese abzuschwächen und dabei gleichzeitig einen konfrontativen Diskurs mit den Ausführungen des Bundeskartellamts und der Monopolkommission zu vermeiden, rückte er aktuelle, dort noch nicht berücksichtigte Entwicklungen in den Vordergrund. Dazu gehörten erstens die Ankündigung der Deutschen BP, als eigenständiger Wettbewerber auf dem Markt aufzutreten, die Beteiligung der EnBW und der italienischen ENI an der Gasversorgung Süddeutschland sowie die am 3. Juli abschließend bekannt gegebene Veräußerung der Brigitta-Beteiligung an der Ruhrgas an E.ON. Zweitens bezog sich Tacke auf die nach langen Debatten Anfang Mai 2002 endlich unterzeichnete Verbändevereinbarung Erdgas II, die einen weiteren Schritt zur Schaffung eines funktionierenden Durchleitungswettbewerbs darstelle und zusammen mit der kommenden europäischen Gasrichtlinie auf mittlere Sicht zur strukturellen Verbesserung der Wettbewerbsbedingungen führe.[339]

Durch die stetige Gegenüberstellung dieser positiven Effekte mit abschwächenden Faktoren und den Verweis auf die Prozesshaftigkeit der Entwicklung suggerierte die Begründung für den Gassektor ein Entscheidungsdilemma, das nach schwieriger Abwägung nur knapp zugunsten der Antragsteller ausgegangen war. Weniger Zurückhaltung zeigte Tacke dagegen bei der Bewertung des marktbeherrschenden Duopols auf dem Strommarkt, dem entgegen der Auffassung der Monopolkommission keine besonders schwerwiegenden Wettbewerbsbeschränkungen zuzuschreiben seien.[340] Die Begründung hinsichtlich der Gemeinwohlvorteile folgte dann grundsätzlich der Argumentation der E.ON. Der Zusammenschluss fördere die internationale Wettbewerbsfähigkeit durch die Aufhebung der Gesellschafterblockade und die damit verbundene Beseitigung des unzureichenden Finanzierungsspielraums der Ruhrgas durch die schriftliche Erklärung der E.ON, mittelfristig sechs bis acht Mrd. Euro für deren Entwicklung aufzuwenden. Dies gelte sowohl für die internationalen Ab-

338 Ebd., 62.
339 Ebd., 63 f.
340 Ebd., 65 f.

satzmärkte als auch die Beschaffungsmärkte.[341] Ebenfalls entgegen der Auffassung der Monopolkommission kam Tacke zu dem Schluss, dass der Zusammenschluss die Versorgungssicherheit verbessere, da sie für einen verbesserten Ausbau der Transportinfrastrukturen und die Stabilisierung der russischen Lieferfähigkeit sorge, insgesamt Preisrisiken reduziere und der deutschen Gaswirtschaft den direkten Zugang zum Upstream-Geschäft eröffne. Explizit erwähnt wurde in diesem Kontext die Aufstockung der Ruhrgas-Beteiligung an der Gazprom.[342] Die Gemeinwohlgründe Arbeitsplatzsicherung und Klimaschutz wurden dagegen nicht anerkannt.[343]

Zusammenfassend stellte Tacke fest, dass den vom Bundeskartellamt festgestellten Wettbewerbsbeschränkungen gesamtwirtschaftliche Vorteile gegenüberstünden, deren Gewicht die von E.ON angebotenen Auflagen soweit reduziere bzw. erhöhe, dass sich beide aufwögen. Folglich genehmigte er den Antrag mit einer Reihe von Wettbewerbs- und Veräußerungsauflagen.[344] Abschließend behielt sich das Bundeswirtschaftsministerium zur Absicherung der gesamtwirtschaftlichen Vorteile für den Fall einer mehrheitlichen Übernahme der E.ON durch ein anderes Unternehmen („Change of Control") das Recht vor, einen Verkauf aller von ihr gehaltenen Ruhrgas-Anteile an einen Dritten durchzusetzen. Außerdem war ein sonstiger eigenständiger Verkauf der Ruhrgas durch E.ON zustimmungspflichtig.[345]

Während E.ON die Auflagen als „sehr weit reichend und schmerzhaft" bezeichnete, herrschte in der Öffentlichkeit eher die übereinstimmende Meinung,

341 Ebd., 67 ff.

342 Ebd., 76 ff.

343 Ebd., 82 ff.

344 Erstens vollständiger Ausstieg der E.ON (5,3 %) und der Ruhrgas (36,8 %) aus der Verbundnetz Gas, wobei 10 % der Aktien vorrangig ostdeutschen Kommunen angeboten und 26,8 % an einen unabhängigen, strategischen und leistungsfähigen Erwerber aus der Energiewirtschaft unter Zustimmungsvorbehalt des Ministeriums verkauft werden mussten; zweitens Veräußerung der Beteiligungen der E.ON Energie an der EWE AG, Oldenburg (27,4 %), der Gelsenwasser AG (80,5 %), der swb AG, Bremen (22 %), und der Bayerngas GmbH (22 %); drittens ein Legal Unbundling bei der Ruhrgas mit der Trennung von Netz und Vertrieb durch die Gründung einer rechtlich selbstständigen Transportgesellschaft zum diskriminierungsfreien Transport von Erdgas für Dritte zu fairen Konditionen; viertens die Durchführung eines Verkaufsprogramms („Gas Release-Programm") im Umfang von 75 Mrd. kWh während der folgenden drei Jahre im Rahmen eines Auktionsverfahrens für Wettbewerber; und fünftens die Verpflichtung der Ruhrgas zu einer Anpassung der Lieferverträge mit Gasversorgungsunternehmen mit dem Ziel einer Mengenreduktion auf 80 % des temperaturbereinigten Gesamtbedarfs. Darüber hinaus enthielt die Verfügung Tackes weitere Zusagen, die jedoch keinen rechtsverbindlichen Status erreichten und in Teilen ebenfalls dem Angebot der E.ON entsprachen. Ebd., 8 ff., 85 ff.; Zenke, *Energiewirtschaft*, 294 f.

345 Verfügung des Bundeswirtschaftsministers (5. 7. 2002), 7 f., in: AEGC 01002155370.

dass die Fusion mit äußerst niedrigen Hürden genehmigt worden war, zumal die Thüga mit dem Stadtwerkesektor kaum berücksichtigt wurde. Auch wenn der erzwungene Verkauf der Gelsenwasser die Aufgabe der Wassersparte bedeutete, blieb doch die Zentralstrategie eines integrierten Strom- und Gaskonzerns weitgehend unberührt. Dies führte zu heftiger Kritik aus Süddeutschland, insbesondere von der EnBW, aber auch aus Sachsen, wo die Auffassung herrschte, dass die Verbundnetz Gas als Verhandlungsmasse einer Ruhrgebietslösung geopfert worden sei.[346]

Die Debatte endete jedoch, bevor sie richtig begonnen hatte, denn schon Mitte Juli 2002 sorgte das Oberlandesgericht (OLG) Düsseldorf für einen Paukenschlag, der alle anderen Themen überlagerte. Kurz nach der Freigabeentscheidung hatten der Energiehändler Ampere AG und die im Besitz von deutschen und niederländischen Stadtwerken befindliche Trianel European Energy Trading GmbH nicht nur Beschwerde beim OLG eingereicht, sondern auch erstmals in der Geschichte der Ministererlaubnis die Anordnung der aufschiebenden Wirkung ihrer Beschwerde im einstweiligen Rechtsschutzverfahren beantragt – und dies wegen der Dringlichkeit der Sache ohne vorherige Anhörung des Bundeswirtschaftsministers und anderer Verfahrensbeteiligter. Die beiden Antragsteller sahen Verstöße gegen nationale und europäische Rechtsvorschriften und hier vor allem mit der Person Tackes verbundene Zuständigkeits- und Verfahrensfehler sowie eklatante Widersprüche in der Argumentation und Sachverhaltsbewertung der Ministererlaubnis in Verbindung mit einem fehlerhaften Hinwegsetzen über die vom Bundeskartellamt festgestellten Wettbewerbsbeschränkungen. Dazu kamen nach ihrer Meinung eine fehlerhafte Auffassung des Begriffs der Versorgungssicherheit, ein unzureichender Nachweis der Gemeinwohlvorteile und der Wettbewerbsverbesserung durch die Auflagen, und dies unter Zugrundelegung falscher Tatsachen und Prognosen, sowie insgesamt eine grundsätzliche Europarechtswidrigkeit.[347]

Das OLG Düsseldorf folgte bereits am 11. Juli 2002, noch nicht einmal eine Woche nach Vorstellung der Ministererlaubnis, den Anträgen und ordnete mit sofortiger Wirkung die vorläufige Aussetzung aller Vollzugsschritte der Fusion an. Die Richter begründeten dies mit ernsthaften rechtlichen Zweifeln an der Rechtmäßigkeit der Ministererlaubnis, die sich bereits aus gravierenden Ver-

346 *Eon darf Ruhrgas übernehmen*, *Politik im Wettbewerb* und *Tacke durchschlägt den Knoten*, in: FAZ (5.7.2002); *Eon darf Ruhrgas übernehmen* sowie *Schlag gegen den Wettbewerb*, in: FTD (5.7.2002); *Berlin verordnet Eon eine ‚Poison-Pill'*, in: Börsen-Zeitung (6.7.2002); *Absehbare Auflagen für Fusion Eon/Ruhrgas entfachen Ost-West-Streit*, in: FTD (2.7.2002); *E.ON muss sich vermutlich von ostdeutscher VNG trennen*, in: Handelsblatt (2.7.2002).

347 Zenke, *Energiewirtschaft*, 295 ff.

fahrensfehlern ergäben. Bemängelt wurde erstens Tackes Fehlen bei der mündlichen Verhandlung, sodass seine Entscheidung rechtswidrig nicht unter deren Berücksichtigung gefallen sei; zweitens die Nichtanhörung der Verfahrensbeteiligten zu entscheidungserheblichen Aussagen und Zugeständnissen der E.ON; während drittens erhebliche rechtliche Zweifel an der Zuständigkeit des Bundeswirtschaftsministers aufgrund der Überschreitung der Schwellenwerte der EG-Fusionskontrollverordnung bestanden.[348] Pikanterweise war der Ablauf des Verfahrens identisch zu den bisherigen Ministererlaubnisverfahren gewesen, doch wies das Gericht den vom Ministerium vorgebrachten Vorbehalt der „gängigen Praxis“ lapidar mit der Feststellung zurück, dass diese dann auch rechtswidrig gewesen sei.

Das Problem der Zuständigkeit ergab sich aus einem möglicherweise schweren Fehler der E.ON, die nur wenige Tage vor der Ministererlaubnis die Übernahme des britischen Energieversorgers Powergen abgeschlossen hatte und damit ihren Inlandsumsatz potenziell unter die Marke von zwei Dritteln des Gesamtumsatzes drückte, wodurch automatisch eine EU-Zuständigkeit ausgelöst wurde. Die zentrale Frage war nun, ob diese Regelung auch für laufende Verfahren galt. Auch wenn E.ON-Sprecher abwiegelten, dass mit Klagen gerechnet worden sei, und die EU-Kommission sich nochmals für unzuständig erklärte,[349] bildete der Richterspruch nach Meinung zahlreicher Rechtsexperten ein enormes Hindernis – wenn vielleicht auch nicht für die Fusion an sich, so jedenfalls aber für deren zeitnahe Umsetzung. Allen war klar, dass ein Gericht eine einstweilige Verfügung mit derartigen Auswirkungen nicht ohne schwerwiegenden Grund erließ und eine Prüfung des komplexen Sachverhaltes, eventuell verbunden mit weiteren Klagen der zahlreichen Verfahrensbeteiligten, eine dauerhafte Blockade herbeiführen konnte, die geeignet war, das gesamte Fusionskonzept scheitern zu lassen.[350] Und das Gericht bestätigte seine Auffassung nochmals Anfang August 2002 nach einer mündlichen Verhandlung unter Beteiligung der nun vier antragstellenden Unternehmen, relativierte aber seine Position zur Zuständigkeit des Bundeswirtschaftsministeriums leicht. Es hatte nun nach „ernsthaften Zweifeln“ nur noch „Zweifel“, behielt sich eine weitere Prüfung vor, sorgte damit aber zugleich für einen Hoffnungsschimmer, denn die weitere Zuständigkeit des Bundeswirtschaftsministeriums

---

348 Ebd., 305 f.

349 *EU erklärt sich für Eon-Ruhrgas nicht zuständig*, in: Die Welt (16. 7. 2002).

350 *Eon droht Blockade der Ruhrgas-Übernahme*, in: Handelsblatt (16. 7. 2002); *Gericht blockiert die Übernahme von Ruhrgas durch Eon*, in: FAZ (15. 7. 2002); *Ruhrgas-Übernahme vorerst blockiert*, in: Börsen-Zeitung (16. 7. 2002); *Ruhrgas-Übernahme steht vor neuer Hürde*, in: FTD (16. 7. 2002).

bedeutete nicht weniger, als dass sich die Verfahrensfehler möglicherweise durch eine Nachholung der monierten Bereiche heilen ließen. Ansonsten hätte ein vollständig neues Verfahren vor der EU-Kommission mit völlig unklarem Ausgang begonnen werden müssen.[351]

E.ON legte daraufhin Beschwerde gegen den Beschluss des Bundeskartellsamts vom Januar ein, um sich alle juristischen Möglichkeiten offenzuhalten, und erweiterte Anfang August ihren Thüga-Anteil durch weitere Ankäufe von der Bayerischen Landesbank auf 86 Prozent. Mitte des Monats gab Tacke dann die Einleitung eines Heilungsverfahrens bekannt und lud zu einer erneuten mündlichen Verhandlung unter seinem Vorsitz, handelte damit aber gegen den Rat von Experten aus dem eigenen Ministerium, die aus Gründen der Rechtssicherheit die Ansetzung eines völlig neuen Verfahrens bevorzugten. Das Ergebnis ähnelte dem der ersten Verhandlung. Während die Fusionsgegner ihre Haltung bestätigten, legte Tacke Entwürfe einer neuen Ministererlaubnis mit leicht veränderten Auflagenvorschlägen vor.[352] Auch die erneut angerufene Monopolkommission bekräftigte ihre Position in einer zweiten Stellungnahme, bewertete die Auflagen als nicht ausreichend und kritisierte vor allem heftig die Relativierung des Gewichts der Wettbewerbsbeschränkungen durch Tacke als rechtlich unzulässig und inhaltlich äußerst problematisch.[353]

Trotz aller Einwände erteilte Tacke am 18. September 2002 erneut eine Ministererlaubnis, die identisch war mit dem Mitte August vorgelegten Änderungsvorschlag, in der Begründung auf die Kritikpunkte von Antragstellern und des Oberlandesgerichts einging und nur die Auflagen etwas verschärfte. Die Entflechtungsauflage für E.ON wurde nun auch auf die Ruhrgas ausgedehnt, die ebenfalls ihre Anteile an der Bayerngas (22 Prozent) und an den Bremer Stadtwerken (elf Prozent) abgeben musste. Dazu kamen eine weitere Einengung des Erwerberkreises auf strategische Investoren und eine Auflagenerweiterung durch eigenständige Sonderkündigungsrechte der beiden zu entflechten Unternehmen für Lieferverträge mit der Ruhrgas (innerhalb von drei Jahren) und der E.ON (sofort). Außerdem wurde das Gas Release-Programm, das bislang nur vier Prozent des Jahresumsatzes der Ruhrgas ausgemacht hatte, von 75 Mrd. kWh in drei Jahren auf 200 Mrd. kWh in sechs Jahren ausge-

---

351 *Eon kämpft um Fusion mit Ruhrgas*, in: FTD (5. 8. 2002); *Die Gegner unterschätzt*, in: Handelsblatt (8. 8. 2002); Zenke, *Energiewirtschaft*, 306 ff.

352 *Tacke rollt den Fall Eon-Ruhrgas neu auf*, in: Handelsblatt (16. 8. 2002); *Neue Anhörung schafft noch keine Rechtsklarheit*, in: Handelsblatt (19. 8. 2002).

353 Monopolkommission (Hg.), *Zusammenschlussvorhaben der E.ON AG mit der Gelsenberg AG und der E.ON AG mit der Bergemann GmbH (Sondergutachten, Bd. 35)*, Baden-Baden 2002, 5 f., 19 ff.; *Monopolkommission weiter gegen Ministererlaubnis*, in: Börsen-Zeitung (10. 9. 2002).

dehnt.[354] Damit überraschte Tacke E.ON-Chef Hartmann und Ruhrgas-Chef Bergmann, die nach eigener Aussage von einer Reduzierung der Auflagen ausgegangen waren. Danach ging die Hängepartie weiter, denn es war weiterhin unklar, wie das OLG die Heilungsversuche bewerten würde.

Das Bundeswirtschaftsministerium und E.ON beantragten nun die Aufhebung der Beschlüsse des OLG, durch die der Vollzug der Fusion ausgesetzt worden war, während die Fusionsgegner die Verfahrensfehler nicht behoben sahen und mit erneuten Beschwerden für einen solchen Fall drohten. Die Ampere AG prüfte unterdessen eine Schadensersatzklage gegen die Bundesrepublik Deutschland, wie sich allgemein langsam der Klägerkreis auf mittlerweile neun Unternehmen erweitert hatte. Vor diesem Hintergrund scheinen auch bei der E.ON die Nerven zunehmend blankgelegen zu haben, denn das Unternehmen verhandelte bereits jetzt mit seinen Kontrahenten und bot Preisnachlässe und weitere Zugeständnisse für eine außergerichtliche Einigung.[355] Das OLG ließ sich jedoch Zeit mit einer Entscheidung und wies die Aufhebungsanträge Mitte Dezember 2002 mittels eines Ablehnungsbescheids zurück. Und es bestätigte eindrucksvoll die Warnungen aus den unteren Ebenen des Bundeswirtschaftsministeriums, denn die Begründung des OLG setzte am Heilungsversuch Tackes an, der in einigen Bereichen überhaupt nicht anwendbar und in anderen erneut rechtswidrig umgesetzt worden sei. Weiterhin bemängelten die Richter einzelne Auflagen, die sie als unzulässige Verhaltenskontrolle der beteiligten Unternehmen auffassten. Der Aktienkurs der E.ON ging daraufhin zeitweise um über fünf Prozent, der der Degussa um acht Prozent zurück.[356]

Anfang 2003 näherte sich die Situation dann einer abschließenden Entscheidung, denn einerseits hatte das OLG für den 31. Januar die Verkündung seiner Entscheidung angesetzt und gleichzeitig lief an diesem Tag die Frist zur Umsetzung des Ruhrgas-Degussa-Tauschgeschäftes mit der RAG ab. Um dieses nicht zu gefährden, musste die E.ON unbedingt eine Lösung in ihrem Sinne erreichen, und angesichts der unklaren Position der Richter wuchs der Druck, eine außergerichtliche Einigung zu erzielen. Dies galt insbesondere nach der mündlichen Verhandlung der Beschwerden über die Hauptsache am 29. Janu-

---

354 *Tacke verschärft Auflagen für Eon*, in: Handelsblatt (20.9.2002); *Regierung korrigiert Erlaubnis für Eon*, in: FTD (19.9.2002); *Neue Auflagen für Eon/Ruhrgas-Fusion*, in: Die Welt (20.9.2002).

355 *Die Hängepartie geht weiter*, in: Handelsblatt (20.9.2002); *Ruhrgas wird für E.ON teuer*, in: Handelsblatt (11.9.2002); *Die neue Ruhrgas-Anhörung ist mehr als eine Formalie*, in: FAZ (4.9.2002).

356 Zenke, *Energiewirtschaft*, 315 ff.; *Milliarden liegen auf Eis* sowie *Richter bleiben hart: Eon darf Ruhrgas nicht übernehmen*, in: Handelsblatt (18.12.2002).

ar, als die Richter andeuteten, den Fusionsstopp vorerst nicht aufheben zu wollen. Am 31. Januar, pünktlich vor 13 Uhr, zogen jedoch alle neun Beschwerdeführer ihre Beschwerden zurück und verzichteten damit auf die Aufrechterhaltung des Fusionsstopps, sodass die Ministererlaubnis in Form der Änderungsverfügung Tackes vom 18. September 2002 bestandskräftig wurde.[357] Welche Angebote und Zugeständnisse der E.ON diesen Sinneswandel veranlassten, blieb in der Öffentlichkeit weitgehend unbekannt, doch war von „unverschämt hohen“ Forderungen die Rede. Ebenso unklar waren damit die abschließenden Kosten der Ruhrgas-Übernahme, die auf rund 10,5 bis elf Mrd. Euro beziffert wurden, wobei sich die strategische Prämie auf ein knappes Zehntel dieser Summe belaufen haben dürfte. Obwohl der Kaufpreis in Börsenkreisen als ambitioniert bezeichnet wurde, stieg der E.ON-Aktienkurs um rund fünf Prozent.[358]

---

357 Zenke, *Energiewirtschaft*, 319 ff.

358 *Ares blockiert Einigung mit Eon*, in: Handelsblatt (30. 1. 2003); *Ein teuer erkämpfter Triumph* und *Eon rettet Ruhrgas-Fusion mit teuren Zugeständnissen*, in: Handelsblatt (3. 2. 2002).

Abb. 48: Hauptverwaltung der E.ON-Ruhrgas, 2006.

Die Ruhrgas im E.ON-Konzern 2003 bis 2013

Die E.ON AG war nach ihrer Gründung im Juni 2000 – dem Beteiligungsportfolio ihrer Gründungsgesellschaften Veba und Viag entsprechend – ein Mischkonzern mit zahlreichen Sparten aus unterschiedlichen Branchen. Neben einer starken Position im Elektrizitätssektor über die PreussenElektra und das Bayernwerk bestanden Aktivitäten im Chemie-, Aluminium-, Verpackungs-, Logistik- und Telekommunikationsgeschäft. Vergleichsweise schwächer war dagegen die Stellung auf dem Gasmarkt, wo E.ON mit einer Mehrheitsbeteiligung an der Thüga AG und der Contigas Energie-AG zwar über ein breites Engagement im Endkundenvertrieb über Stadtwerke verfügte, mit den Minderheitsbeteiligungen an der Bayerngas und der Ferngas Nordbayern jedoch kaum im Ferngasgeschäft aktiv waren.[1] Das ursprüngliche strategische Ziel lag in der Bildung eines Konzerns mit den beiden Kernbereichen Energie und Spezialchemie. Als ergänzende Bereiche galten zunächst jedoch auch die Telekommunikation sowie der Immobiliensektor, von dem man sich bedeutende Rückkopplungen auf das Kerngeschäft versprach.[2] Bereits 2001 hatte sich das Konzept allerdings gewandelt. Die neue Strategie „Fokussierung und Wachstum" sah nun die „Neupositionierung der E.ON als weltweit führender Energiedienstleister" durch die kurz- bis mittelfristige Abgabe aller übrigen Aktivitäten und Reinvestition der Mittel in den Versorgungssektor mit den beiden Standbeinen Strom und Gas vor.[3] Damit avancierten die anderen Konzernbereiche zur Verhandlungsmasse bzw. zu Verkaufsobjekten, während der Elektrizitätssektor und die Ruhrgas in den Mittelpunkt des Akquisitionsinteresses rückten. Im Jahr 2002 investierte E.ON nach sieben Mrd. Euro im Vorjahr fast 25 Mrd. Euro und 2003 nochmals annähernd zehn Mrd. Euro.[4] Zur Finanzierung trennte sich E.ON allein bis Ende 2002 von insgesamt 13 Beteiligungen außerhalb des Energiegeschäfts und erlöste dabei rund 33 Mrd. Euro.[5]

Die Übernahme der Ruhrgas markierte dann einen gewissen vorläufigen Abschluss dieser Entwicklung und zugleich den Start der neuen E.ON. Diesen symbolisierte Ende April 2003 ein umfassender Führungswechsel, denn auf die Unternehmens-Doppelspitze aus der Fusionsphase mit Ulrich Hartmann (ehe-

---

1 Zur Struktur vgl. Karlheinz Bozem, *Die Liberalisierung der Energiewirtschaft. Unternehmensstrategien im Umbruch*, Herrsching 2007, 74 ff.

2 GB E.ON, 2000, 46 f.

3 GB E.ON, 2001, 39 ff.

4 GB E.ON, 2002, Innentitel und 43 ff.; GB E.ON, 2003, Innentitel.

5 Bozem, *Liberalisierung*, 82 f.

https://doi.org/10.1515/9783110542592-007

mals Veba) und Wilhelm Simson (ehemals Viag) folgte der ehemalige Stinnes-Chef Wulf Bernotat als alleiniger Vorstandsvorsitzender. Konzernarchitekt Hartmann übernahm nun die Funktion des Aufsichtsratsvorsitzenden von Klaus Liesen, der dem Gremium seit der Unternehmensgründung vorangestanden hatte. Schon mit der Ruhrgas-Akquisition Anfang März war Burckhard Bergmann in den Konzernvorstand aufgerückt. Dazu kam ab Jahresbeginn Johannes Teyssen, der im Mai 2010 Bernotat an der Spitze des Unternehmens ablösen sollte.[6] Aus dem Aufsichtsrat der Ruhrgas schieden mit Ausnahme von Gerhard Cromme alle Vertreter der Alt-Aktionäre aus. Sie wurden durch E.ON-Vertreter, darunter Bernotat, ersetzt, der nach einem dreimonatigen Interregnum Hartmanns in Nachfolge von Liesen Ende Mai dort den Vorsitz übernahm. Im Mai 2003 begann auch die Umsetzung des „E.ON on-top"-Projektes, das nach der Expansionsphase ein Effizienzsteigerungsprogramm mit ambitionierten Zielen formulierte.[7] Damit verband sich die Anpassung der immer noch den Anforderungen eines Mischkonzerns entsprechenden Konzern- und Führungsstruktur an die des neuen E.ON-Portfolios Strom und Gas. Anfang 2004 erhielt der E.ON-Konzern eine neue, nach Zielmärkten ausgerichtete Organisation, die zunächst noch zwischen den Bereichen Energie und sonstigen Aktivitäten mit dem Chemiekonzern Degussa und dem Immobiliengeschäft der Viterra unterschied.[8]

Das Kerngeschäft Energie umfasste das „Corporate Center" mit der E.ON AG selbst sowie den von dieser direkt gehaltenen Beteiligungen. Der Konzentration auf fünf Zielmärkte mit jeweils führender Position der E.ON entsprachen fünf „Market Units", deren Schwerpunkt in Europa lag. Die Market Unit „Central Europe" unter Führung der E.ON Energie AG war dabei zuständig für das integrierte Stromgeschäft sowie das gesamte Downstream-Gasgeschäft in Zentraleuropa mit Ausnahme Deutschlands; die Market Unit „Pan-European Gas" übernahm das Upstream- und Midstream-Gasgeschäft und hielt Energiebeteiligungen im europäischen Ausland (Ruhrgas International AG) sowie die zahlreichen Minderheitsbeteiligungen an Gasunternehmen im deutschen Downstream-Sektor (Thüga). Daneben existierten die Market Unit „UK" mit dem Energiegeschäft in Großbritannien, die Market Unit „Nordic" mit dem gesamten nordeuropäischen Energiegeschäft sowie die in Kentucky/USA aktive Market Unit „US-Midwest".

---

6 GB E.ON, 2003, 9, 13.

7 Ebd., 20 ff.; Lagebericht Ruhrgas Rumpfgeschäftsjahr 1. Januar 2003 bis 30. Juni 2003, 5 f., in: AEGC 01002155552.

8 GB E.ON, 2004, 158.

Als Führungsgesellschaft der vertikal integrierten Wertschöpfungskette im europäischen Gasgeschäft fungierte die Ruhrgas. Innerhalb der Market Unit „Pan European Gas“ erfolgte eine Segmentierung des Ruhrgas-Konzerns nach Vorbild der E.ON-Struktur in drei Untergruppen mit mehreren „Business Units“ (BU).[9] Den vorläufigen Abschluss der Ruhrgas-Eingliederung deutete zum 1. Juli 2004 die Einführung des Dual Branding „E.ON Ruhrgas“ an, dem auch eine entsprechende Namensänderung des Unternehmens und 2006 eine optische Anpassung an das Corporate Branding des E.ON-Konzerns folgte.[10]

Anfang 2008 erhielt der E.ON-Konzern erneut eine neue Struktur. Das bestehende System der Market Units wurde funktionaler und auf regionaler Ebene durch den Bereich „Neue Märkte“ erweitert. Die Market Unit „Climate & Renewables“ fasste nun alle Aktivitäten im Bereich der Erneuerbaren Energien zusammen, während die Market Unit „Energy Trading“ sämtliche europäischen Handelsaktivitäten für Strom, Gas, Kohle, Mineralöl und CO_2-Zertifikate unter einem Dach vereinigte. Die Market Units „Russia“, „Italia“ und „Spain“ übernahmen das vollständige Geschäft in den jeweiligen Ländern.[11] Teile dieser Neukonzeption waren eine Reaktion auf den sich mit der fortschreitenden Liberalisierung wandelnden europäischen Energiemarkt. Andere folgten dagegen der im Frühjahr 2007 gescheiterten Übernahme des spanischen Energie-Konzerns Endesa, die E.ON zum weltgrößten Energiekonzern mit einem starken Standbein in Lateinamerika hätte aufsteigen lassen sollen, letztlich aber nur zu einer verstärkten Position in Italien, Frankreich und Spanien führte.[12]

Für die E.ON Ruhrgas ergaben sich weitreichende Änderungen, denn die Market Unit Pan-European Gas bündelte zwar alle Gasspeicheraktivitäten des E.ON-Konzerns (E.ON Gas Storage GmbH), doch gingen das zuvor über die Thüga betreute italienische Gasgeschäft an die Market Unit Italia, während die Aktivitäten in Frankreich an die zur E.ON Energy gehörende Business Unit France fielen. Von vielleicht noch erheblicherer Bedeutung war der Übergang der im Februar 2007 durch die E.ON Ruhrgas gegründeten E.ON Bioerdgas GmbH und der Handelsaktivitäten der 2003 entstandenen E.ON Ruhrgas Tra-

---

9 Darunter erstens die Gruppe „Up/Midstream“ mit der „BU E&P“ für das Upstream-Geschäft und der „BU Gas“ für das Midstream-Geschäft, zweitens die Gruppe „Downstream-Participations“ als Trägerin der „BU RGE“ (Ruhrgas Energie Beteiligungs-AG) und drittens die Gruppe „Others/ Consolidations“ mit der „BU RI“ (Ruhrgas Industries GmbH). Vortrag Janssen AR Ruhrgas am 5. Dezember 2003, Chart Nr. 2 in: AEGC 01002155552.

10 Satzung E.ON Ruhrgas, Juli 2004, in: AEGC 01002155561.

11 GB E.ON, 2007, 66.

12 Bozem, *Liberalisierung*, 89 f.; *Weißer Ritter aus Düsseldorf*, in: Der Spiegel 9 (2006), 104–106; *Spanische Lösung*, in: Handelsblatt (3.4.2007).

ding GmbH an die entsprechenden Market Units. Die Ruhrgas Transport war bereits 2006 in E.ON Gastransport umbenannt worden.[13] Die im Frühjahr 2009 erlassenen Vorgaben des dritten EU-Richtlinienpakets für den Gasbinnenmarkt zum organisatorischen Unbundling von Handel und Transport führten 2010 zur Abtrennung der Transportsparte in die Open Grid Europe GmbH.[14] Im Mai 2012 wurde das Netz dann für 3,2 Mrd. Euro an ein internationales Konsortium von Finanzinvestoren veräußert.

2011 geriet E.ON vor dem Hintergrund der durch die Wirtschafts- und Finanzkrise reduzierten Energienachfrage, des zunehmend hohen Wettbewerbsdrucks im Gashandel und der vorzeitigen Abschaltung einiger Kernkraftwerke im Rahmen der „Energiewende“ erstmals in die Verlustzone. Schon Anfang des Jahres hatte eine weitere Neugliederung des Konzerns in die vier globalen Einheiten „Erzeugung“, „Handel“, „Erneuerbare Energien“ und „Gas“ und die Schaffung von zwölf regionalen Einheiten stattgefunden, über die das Verteilungs- und Vertriebsgeschäft in Europa operativ gesteuert wurde. Die Einheit „Gas“ war zuständig für die Gasbeschaffung einschließlich der eigenen Gasförderung sowie für die Projekt- und Produktentwicklung in den Bereichen Speicherung, Transport, LNG und technische Anlagenbetreuung.[15] Schon 2012 folgte eine weitere Umstrukturierung mit einer deutlichen Beschneidung des Gas-Sektors, da nun die beiden Globalen Einheiten „Gas“ und „Handel“ das neue Segment „Optimierung & Handel“ als Bindeglied zwischen dem E.ON-Konzern und den weltweiten Energiehandelsmärkten sowie mit Zuständigkeit für alle Handelsaktivitäten bildeten.[16] Dabei verlor die Einheit „Gas“ nun auch das Explorations- und Produktionsgeschäft an das neue Segment „Exploration & Produktion“, das in den vier Zielregionen britische und norwegische Nordsee, Russland und Nordafrika aktiv war. Außerdem wurden einige zuvor der Globalen Einheit „Gas“ zugeordnete Gasvertriebsgesellschaften in der regionalen Einheit „Deutschland“ ausgewiesen. 2013 wurde das Segment „Optimierung und Handel“ schließlich in „Globaler Handel“ umbenannt und die E.ON Energy Trading mit der E.ON Ruhrgas zur E.ON Global Commodities SE verschmolzen. Nach 87 Jahren gab E.ON damit den etablierten Namen des Traditionsunternehmens „Ruhrgas“ auf, um durch die Änderung „unsere Fortschritte bei der Restrukturierung in diesem Bereich“ widerzuspiegeln.[17]

---

13 GB E.ON, 2007, 66, 93; GB E.ON, 2008, Teil 2, 4, 139.

14 Open Grid Europe (Hg.), *The Gas Wheel*, Essen 2010.

15 GB E.ON, 2011, 151.

16 GB E.ON, 2012, 185.

17 GB E.ON, 2013, 16 ff., 187.

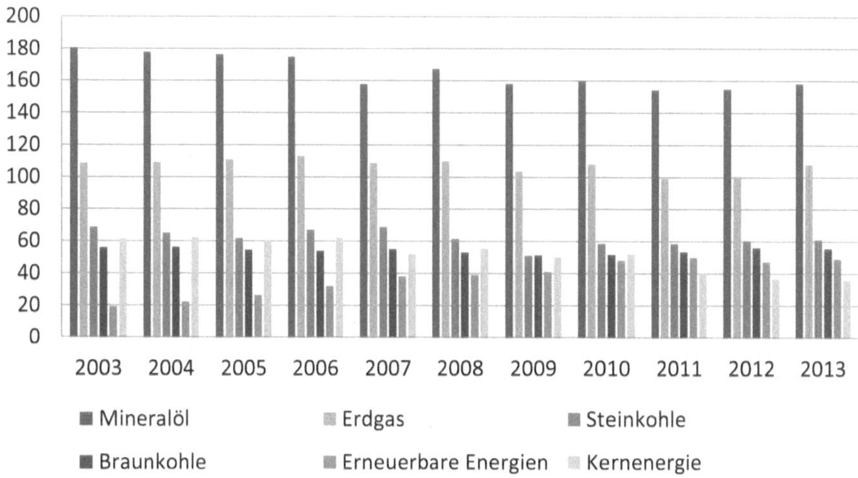

Grafik 10: Primärenergieverbrauch in der Bundesrepublik Deutschland 2003 bis 2013.[18]

Im Betrachtungszeitraum dieses Kapitels blieb der deutsche Gasabsatz relativ stabil. Auch der Primärenergieverbrauch hielt zunächst über mehrere Jahre das hohe Niveau der 1990er Jahre von annähernd 500 Mio. Tonnen Steinkohleeinheiten, um sich erst ab 2009 um rund fünf Prozent dauerhaft abzuschwächen. Während das Mineralöl und insbesondere die Kernenergie signifikant an Bedeutung einbüßten und die erneuerbaren Energien um 150 Prozent zulegten, konnte das Erdgas seinen Anteil am Primärenergieverbrauch behaupten. Mit einer annähernden Halbierung auf 116 Mrd. Kilowattstunden fiel die Inlandsförderung bis 2013 auf den Stand des Jahres 1970. Der Importanteil überschritt nach 75 Prozent im Jahr 1990 und 80 Prozent in 2000 nun erstmals die Marke von 90 Prozent. Auf der anderen Seite erreichten die deutschen Erdgasexporte nun durchgängig Werte zwischen 15 und 20 Prozent, während der Auslandsanteil der E.ON Ruhrgas noch darüber lag und zusammen mit dem konzerninternen Absatz an andere, u. a. im Ausland aktive E.ON Market Units bald die Marke von 50 Prozent überschritt. Das Unternehmen konnte

18 Zusammenstellung und eigene Berechnung nach: Arbeitsgemeinschaft Energiebilanzen e. V. (Hg.), *Auswertungstabellen zur Energiebilanz für die Bundesrepublik Deutschland 1990–2012*, Berlin 2013, hier Tabellen 1 und 3; Schiffer, *Energiemarkt Deutschland Jahrbuch 2015*, 32. Werte gerundet. Werte in Mio. t SKE (1 kg SKE entspricht 7.000 kcal bzw. 8,141 kWh). Angaben in Primärenergiebilanzen aus Gründen der Vergleichbarkeit in SKE. 1 t SKE entspricht 833 m^3 L-Gas bzw. 715 m^3 H-Gas.

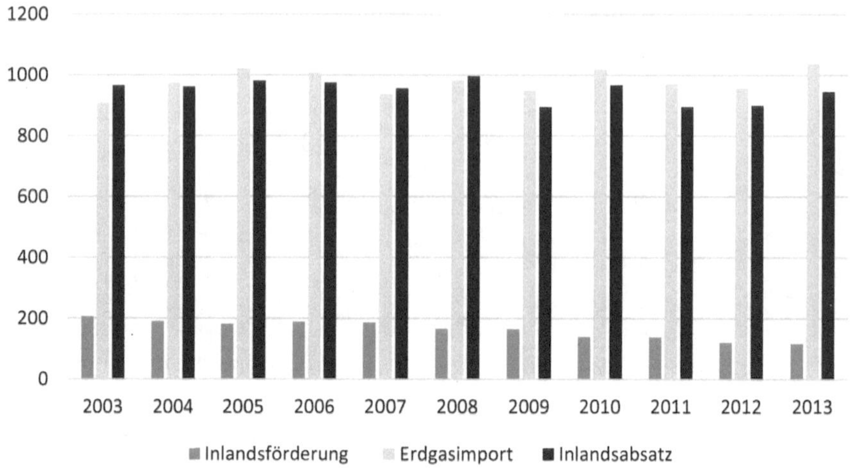

Grafik 11: Erdgasaufkommen in der Bundesrepublik Deutschland 2003 bis 2013.[19]

sein Absatzvolumen angesichts der fortschreitenden Marktliberalisierung nur noch auf diesem Weg halten. Der Marktanteil der E.ON Ruhrgas in Deutschland, der im Verlauf des 1990er Jahre von 75 Prozent auf 55 Prozent gefallen war, stabilisierte sich nach dem Übergang auf die E.ON in diesem Bereich, um nach und nach unter die Marke von 50 Prozent zu sinken. Folglich war die E.ON Ruhrgas insgesamt erheblich stärker von der allgemeinen, politisch gestalteten Marktentwicklung betroffen als die Gesamtbranche. Nachdem die Bezugsquellen der E.ON Ruhrgas und des Gesamtmarktes durch die besondere Rolle des Ferngasversorgers als Importeur lange Zeit weitgehend identisch waren, zeigte sich nun auch hier eine größere Diskrepanz. So war der Gasbezug der E.ON Ruhrgas erheblich diversifizierter, was sich insbesondere an den höheren Anteilen von Inlandsgas und den erheblich niedrigeren Werten für russisches Gas zeigte. Der im Vergleich zur E.ON Ruhrgas überproportional ansteigende Gasabsatz des E.ON-Konzerns war das Ergebnis der eigenständigen und stetig ansteigenden Geschäftsaktivitäten von anderen Market Units im Gassektor, während die Market Unit „Pan-European Gas" weitgehend auf den Inlandsmarkt beschränkt wurde.

19 Zusammenstellung und eigene Berechnung nach Schiffer, *Energiemarkt Deutschland Jahrbuch 2014*, 179. Alle Werte gerundet in Mrd. kWh.

Tab. 8: Erdgasabsatz der E.ON AG und der E.ON Ruhrgas AG 2003 bis 2013.[20]

Jahr	Gasabsatz des E.ON-Konzerns[21]	Gasabsatz der E.ON Ruhrgas AG	Veränderung in Prozent	Anteil der E.ON Ruhrgas AG am Gasabsatz der E.ON AG in Prozent[22]	Marktanteil der E.ON Ruhrgas AG am Gasgesamtaufkommen in der BRD in Prozent
2003	868	617	3,3	71,1	55,3
2004	855	641	3,7	75,0	55,0
2005	924	690	7,1	74,7	57,5
2006	949/1.187	710	2,8	74,8/59,8	59,4
2007	1.213/1.092	713	0,1	58,8/65,3	63,5
2008	1.224/1.209	687	–3,6	56,1/56,8	59,8
2009	1.217/1.206	711	3,6	58,4/59,0	63,8
2010	1.342/1.342	779	8,7	58,0/58,0	67,3
2011	1.718/1.107	731	–6,2	42,5/66,0	66,0
2012	1.162/1.162	–	–	–	–
2013	1.092/1.219	–	–	–	–

20 Zusammenstellung und eigene Berechnung nach Geschäftsberichten bzw. Jahresberichten der Ruhrgas AG/E.ON Ruhrgas AG 2003–2007 sowie den Unternehmensberichten und Geschäftsberichten der E.ON AG 2003–2014. Werte gerundet, in Mrd. kWh, fehlende Angaben nicht zu ermitteln. Unschärfen und Sprünge in der Statistik resultieren unter anderem aus den Konzernumstrukturierungen, in deren Verlauf sich Zuordnungen und Erfassungsgrundsätze änderten, sodass die Vergleichbarkeit von Werten gerade in den späteren Jahren kaum noch gegeben ist. Durch die Überführung des Gasgeschäftes in die Globale Einheit Gas in 2011 sowie „Optimierung und Handel" in 2012 und die statistische Berücksichtigung von Handelsmengen sind für 2011 bis 2013 keine aussagekräftigen Werte mehr verfügbar. So wurden für die Einheit höhere Werte als für den gesamten E.ON-Konzern ausgewiesen. Siehe zur Problematik auch die folgende Fußnote.

21 Erster Wert angegeben nach Geschäftsbericht der E.ON AG für das betreffende Jahr, zweiter Wert laut Geschäftsbericht des jeweils folgenden Jahres. Die Gründe für diese Unterschiede sind nicht nachvollziehbar. Die starke Diskrepanz des Jahres 2011 wird mit einer Anfang 2012 geänderten IT-basierten Erfassung für Handelsmengen und einer entsprechenden Anpassung des Vorjahreswertes begründet.

22 Zu den Doppelwerten der Jahre 2006–2011 siehe die Ausführungen in der vorherigen Fußnote.

Die E.ON Ruhrgas und die Market Unit Pan-European Gas

Die Entwicklung der Ruhrgas wurde nach Abschluss der Übernahme durch E.ON im März 2003 bis weit in das Jahr 2004 hinein maßgeblich durch zwei Aspekte bestimmt: Einerseits mussten die Auflagen aus der Ministererlaubnis innerhalb eines gewissen Zeitrahmens umgesetzt und andererseits die Ruhrgas mit ihren Aktivitäten in den E.ON-Konzern integriert werden. Diese Einbindung wurde zu einer grundlegenden Neuordnung der Konzernorganisation genutzt. Bereits 2002 hatte die Ruhrgas Energie Beteiligungs-AG ihre Beteiligungen neu geordnet und die Anteile an deutschen Weiterverteilungsunternehmen in einer neuen Tochtergesellschaft, der RGE Holding GmbH, zusammengefasst. Nun wurden Ende 2003 die Zuständigkeiten der RGE auf die ausländischen Beteiligungen und die regionalen Ferngasgesellschaften in Deutschland beschränkt, während alle Stadtwerkebeteiligungen auf die Thüga übergingen.[23] Im gleichen Zuge sollte die Ruhrgas die Thüga in drei Schritten übernehmen, an der sie seit den 1980er Jahren einen stabilen Anteil von zehn Prozent gehalten hatte. Die E.ON besaß über verschiedene Konzerngesellschaften nach systematischen Ankäufen im Dezember 2003 insgesamt rund 96 Prozent der Thüga-Aktien und drängte die verbliebenen Minderheitsaktionäre im Rahmen eines Squeeze-out in den folgenden Monaten aus dem Unternehmen. Vor allem aus steuerrechtlichen Aspekten erwarb die Ruhrgas zunächst 67,7 Prozent der Anteile zum Preis von insgesamt 2,52 Mrd. Euro, was einer Thüga-Gesamtbewertung von 3,76 Mrd. Euro entsprach.[24] Mit dieser Transaktion erhielt die Ruhrgas maßgeblichen Einfluss auf Beteiligungen an mehr als 120 Energieversorgungunternehmen in zwölf Bundesländern mit regionalen Schwerpunkten in Baden-Württemberg, Bayern, Rheinland-Pfalz, Hessen, Niedersachsen, Sachsen und Thüringen.[25] Außerdem wurde sie über die Thüga Italia in der Gasversorgung Italiens aktiv. 2004 wurde noch eine kleine Beteiligung der E.ON übertragen, sodass der Ruhrgas-Anteil an der Thüga auf 81,1 Prozent anwuchs.[26] Die vollständige Übernahme erfolgte schließlich erst Ende 2006, als auch die die

---

23 AR Ruhrgas am 5. Dezember 2003, 6, in: AEGC 01002155553; Lagebericht Bergmann AR Ruhrgas am 5. Dezember 2003, 15, in: AEGC 01002155552.

24 Vorlage AR Ruhrgas, 11. Dezember 2003, schriftliches Beschlussverfahren, in: AEGC 01002340105; Vorlage AR Ruhrgas, 18. November 2004, schriftliches Beschlussverfahren, in: AEGC 01002340103.

25 Vorlage AR Ruhrgas, 11. Dezember 2003, schriftliches Beschlussverfahren, 3 f., in: AEGC 01002340105; GB Thüga, 2005, 45 ff.

26 GB E.ON, 2004 bis 2008.

Abb. 49: Gazprom-Direktoren zu Besuch in der Essener Ruhrgas-Hauptverwaltung, 2003.

restlichen Anteile haltende Contigas AG von der E.ON Energie an die E.ON Ruhrgas für 1,3 Mrd. Euro verkauft wurde.[27]

Darüber hinaus kam es durch die Umsetzung des „on-top-Programms" im Gassektor zu zahlreichen weiteren Verschiebungen von jedoch erheblich geringerer Relevanz. Zur Ruhrgas und ihren Tochtergesellschaften wechselten von E.ON die im Gashandel tätige niederländische D-Gas, sämtliche baltischen Beteiligungen der E.ON Energie, darunter in Erweiterung des bereits bestehenden Ruhrgas-Portfolios an der Latvijas Gaze und der Lietuvos Dujos. Auf der anderen Seite gab die Ruhrgas ihre erst Ende der 1990er Jahre erworbenen Beteiligungen in Tschechien und Ungarn an die jeweils zuständigen E.ON Energie-

27 Vorlage TOP 4b AR Ruhrgas am 15. Dezember 2006, in: AEGC 01002155568. Das Unternehmen verfügte zudem über 425 Mio. Euro an liquiden Mitteln sowie eine kleine Avacon-Beteiligung, sodass sich der reale Kaufpreis auf rund 850 Mio. Euro belief. Vortrag Janssen TOP 4b AR Ruhrgas am 15. Dezember 2006, in: AEGC 01002155568. Allerdings musste die Ruhrgas ihre maßgebliche Beteiligung an der Ferngas Salzgitter mit durchgerechnet 50,3 % an die E.ON Energie abgeben, die auf diesem Weg ihre Beteiligung an der Avacon auf rund zwei Drittel ausdehnte. Vorlage TOP 6c AR Ruhrgas am 31. März 2004, in: AEGC 01002155556.

Gesellschaften ab.[28] Im Leitungssektor übernahm die Ruhrgas Anfang 2003 noch vor Abschluss der Fusion von den Mitgesellschaftern Esso und Shell deren sämtliche Geschäftsanteile an den Gasleitungsgesellschaften METG und SETG und wurde damit zur Alleingesellschafterin.[29]

Weitere Veränderungen betrafen die Lieferbeziehungen: So ging Anfang 2004 das Ruhrgas-Industriekundengeschäft in Großbritannien an die E.ON UK, während Ruhrgas-Gesellschaften gleichzeitig Lieferverträge mit E.ON UK und der E.ON Nordic/Sydkraft abschlossen. Unter anderem wurde die schwedische Sydkraft ab Oktober 2005 ebenso durch die E.ON Ruhrgas beliefert wie seit 2004 bereits die Thüga Italia-Gruppe.[30] Dass diese Entwicklung nicht immer ohne Friktionen verlief, zeigte das Beispiel der 2003 gegründeten Ruhrgas Trading GmbH, die in den entwickelten Spot- und Terminmärkten für Erdgas, insbesondere in England und Belgien, aktiv war. Während recht schnell eine Verständigung mit der britischen E.ON Tochter Powergen erfolgte, kam es zur Konfrontation mit der E.ON Sales & Trading, die 2003 am Aufbau eines eigenständigen Gastradings arbeitete. Bergmann stellte dazu fest, dass während des gesamten Jahres „kein gemeinsames Verständnis über die Koordination der Handelsaktivitäten erzielt werden" konnte.[31]

Die Mittelfristplanung der E.ON Ruhrgas für die Jahre 2004 bis 2006 zeigte sich im Investitionssektor äußerst zurückhaltend. Das Konzept berücksichtigte keine strategischen Investitionen, sondern sah für diesen Bereich eine jährliche Pauschale von nur 200 Mio. Euro vor.[32] Das fest vorgesehene Investitionsvolumen für den Gesamtzeitraum erreichte 1,25 Mrd. Euro, während Finanzchef Friedrich Janssen im selben Zeitraum einen Cashflow von rund 2,7 Mrd. Euro erwartete und die Ruhrgas damit einen erheblichen Finanzierungsbeitrag zum E.ON-Konzern beisteuern sollte.[33] Bei den Sachinvestitionen entfiel auf das Geschäftsfeld Gas ein Anteil von rund zwei Dritteln, darunter vor allem drei Leitungsprojekte.[34] Im Jahr 2003 investierte die Ruhrgas rund 450 Mio. Euro, da-

28 AR Ruhrgas am 5. Dezember 2003, 6, in: AEGC 01002155553; dsgl. am 31. März 2004, 7, in: AEGC 01002155556.

29 Vorlage AR Ruhrgas, 8. Januar 2003, schriftliches Beschlussverfahren, in: AEGC 01002340109; Vorlage AR Ruhrgas, 23. Oktober 2002, schriftliches Beschlussverfahren, in: AEGC 01002340109. Dazu erhielt die Ruhrgas AG einen 60prozentigen Miteigentumsanteil an der rund 50 km langen Austrian-Bavarian-Gasline von E.ON Energie. GB E.ON, 2003, 95.

30 GB E.ON, 2004, 66.

31 AR Ruhrgas am 5. Dezember 2003, 4, in: AEGC 01002155553.

32 Vortrag Janssen AR Ruhrgas am 5. Dezember 2003, Chart Nr. 4 in: AEGC 01002155552.

33 Ebd., Chart Nr. 9; AR Ruhrgas am 5. Dezember 2003, 15, in: AEGC 01002155553.

34 Vortrag Janssen AR Ruhrgas am 27. November 2002, Chart Nr. 7, in: AEGC 01002155552; Vorlage AR Ruhrgas, 28. Januar 2004, schriftliches Beschlussverfahren, in: AEGC 01002340105; Vorlage AR E.ON Ruhrgas, 8. Oktober 2004, schriftliches Beschlussverfahren, in: AEGC 01002340103.

runter 170 Mio. Euro für die Aufstockung der Ruhrgas-Beteiligung an der Gazprom von 5,04 Prozent auf 6,43 Prozent und 70 Mio. Euro für den Leitungserwerb von den ehemaligen Gesellschaftern.[35] Insgesamt investierte die E.ON Ruhrgas zwischen 2003 und 2006 schließlich 2,5 Mrd. Euro, erwirtschaftete jedoch auch ein besseres operatives Ergebnis als zunächst veranschlagt. Der Hauptteil der Investitionen betraf die vollständige Übernahme des Gashandels- und Speichergeschäfts des ungarischen Mineralöl- und Gasunternehmens MOL zwischen Herbst 2004 und Anfang 2006 für insgesamt rund 1,1 Mrd. Euro. Die Unternehmen wurden als E.ON Földgaz Trade und E.ON Földgaz Storage von der E.ON Ruhrgas weitergeführt.[36] Dazu kam der Erwerb einer 51prozentigen Beteiligung am rumänischen Gasverteiler Distrigaz Nord im Herbst 2004 für rund 300 Mio. Euro. Nachdem die Ruhrgas in Rumänien aufgrund der beschränkten Marktöffnung bis dahin nicht zum Zuge gekommen war, gelang damit der Einstieg in den absatzstärksten osteuropäischen Gasmarkt, der zudem von einer starken Eigenförderung geprägt war.[37] Ebenso wie die Distrigaz bildete der Ankauf von 40 Prozent an der slowakischen Speicher-, Explorations- und Produktionsgesellschaft Nafta a.s. für fünf Mio. Euro einen weiteren Teil der Wachstumsstrategie der E.ON Ruhrgas in Osteuropa.[38] Den Abschluss bildeten Aktivitäten im Upstream-Sektor.

Einen herben, und vielleicht auch unerwarteten Einschnitt bildete schließlich die Aufgabe der Industriesparte 2005. Noch im Frühjahr 2003 hatte die Ruhrgas Industries GmbH weitere Anteile an der G. Kromschröder AG erworben, um mittelfristig zur Alleineigentümerin aufsteigen und das Unternehmen von der Börse nehmen zu können.[39] Wie auch in den Vorjahren erzielte die RGI bei einem Rekordumsatz von 1,15 Mrd. Euro nur rund neun Prozent des

35 AR Ruhrgas am 31. März 2004, 7, in: AEGC 01002155556; Vortrag Janssen AR Ruhrgas am 31. März 2004, Chart Nr. 15, in: AEGC 01002155555. Noch im November 2002 hatte der Finanzplan der alten Ruhrgas für die Jahre 2002 bis 2007 ein Volumen von 5,5 Mrd. Euro vorgesehen, der von 2001 bis 2006 sogar eines von 6,2 Mrd. Euro, darunter 460 Mio. Euro für Gazprom-Anteile sowie Pauschalen von 200 Mio. Euro für ein Engagement in Italien und 250 Mio. Euro für Aktivitäten im Bereich Exploration und Produktion. Vortrag Janssen AR Ruhrgas am 27. November 2002, 1 f. und Chart Nr. 11, in: AEGC 01002155552.

36 MOL Földgázellátó Zrt., Budapest, und MOL Földgáztároló Zrt., Budapest. Vorlage AR E.ON Ruhrgas, 16. August 2004, schriftliches Beschlussverfahren, in: AEGC 01002340103; Vorlage AR E.ON Ruhrgas, [o. D.], schriftliches Beschlussverfahren, in: AEGC 01002340103; Vorlage AR E.ON Ruhrgas, 21. Oktober 2004, schriftliches Beschlussverfahren, in: AEGC 01002340103.

37 Vorlage AR E.ON Ruhrgas, 2. Juli 2004, schriftliches Beschlussverfahren, in: AEGC 01002340105.

38 Vorlage TOP 6a AR Ruhrgas am 31. März 2004, in: AEGC 0102155556.

39 Vorlage AR Ruhrgas, 30. April 2003, schriftliches Beschlussverfahren, in: AEGC 01002340106.

Konzernumsatzes und trug mit 66 Mio. Euro nur etwa fünf Prozent zum Ruhrgas-Gesamtgewinn bei.[40] Nachdem die Entwicklung der RGI bereits im Verlauf der 1990er Jahre immer wieder in der Kritik der Aktionäre gestanden hatte, der Vorstand aber zugleich konsequent seine Vorstellungen eines integrierten Gaskonzerns durchzusetzen vermochte und noch 2002 mit der ABB eine Großakquisition abschloss, reichte dieses Ergebnis den Anforderungen der E.ON nicht mehr. Im Frühjahr 2004 fiel daher bei der Muttergesellschaft der Ruhrgas vor dem Hintergrund der „stringenten E.ON-Strategie einer Konzentration auf Strom und Gas" und der günstigen Marktsituation die Entscheidung, den Verkaufsprozess für die Ruhrgas Industries einzuleiten.[41]

Damit sorgte der E.ON-Vorstand – soweit feststellbar – erstmals in der Geschichte der Ruhrgas für einen elementaren Bruch im Aufsichtsrat, denn die überraschte Arbeitnehmerseite teilte mit, den Verkauf nicht zu unterstützen.[42] Im Juli 2005 wurde die Ruhrgas Industries mit dem Sparten Mess- und Regeltechnik sowie Industrieofenbau an die Privat Equity-Gesellschaft „CVC Capital Partners" veräußert, die sich gegen drei weitere Finanzinvestoren durchgesetzt hatte. Das Engineering war zuvor an eine E.ON-Schwestergesellschaft gegangen. Der Kaufpreis von 1,144 Mrd. Euro lag um rund ein Drittel über dem Kalkulationswert, die E.ON Ruhrgas erzielte nach Abzug aller Kosten einen Buchgewinn von rund 600 Mio. Euro.[43] Die entscheidende Aufsichtsratssitzung vom Juli 2005 offenbarte die mittlerweile tiefe Kluft innerhalb des Aufsichtsrats bzw. zwischen E.ON und der Arbeitnehmerseite. Nach Vorstellung des Projekts verließen sechs der acht Arbeitnehmervertreter die Sitzung noch vor der Abstimmung, die daraufhin mit acht Ja-Stimmen bei zwei Enthaltungen zugunsten der Vorlage ausging.

Mit dieser Entwicklung wurden bereits im Jahresverlauf 2003 drei Dinge deutlich: Erstens war die Ruhrgas entgegen der Annahmen zahlreicher Beobachter des Fusionsprozesses von Beginn an nicht für das vollständige Gasgeschäft des E.ON-Konzerns zuständig, sondern verharrte in der Grundstruktur einer Market Unit, die dezidierte Entwicklungspotenziale zunächst vor allem im Upstream-Bereich besaß, denn die Perspektiven im deutschen Markt zeigten

40 Konzernabschluss Ruhrgas zum 31. Dezember 2003 nach US-GAAP, 8, in: AEGC 01002155555.

41 Lagebericht Bergmann AR Ruhrgas am 31. März 2004, 19, in: AEGC 01002155555; AR Ruhrgas am 31. März 2004, 8, in: AEGC 01002155556.

42 AR Ruhrgas am 31. März 2004, 10 f., in: AEGC 01002155556. Die Verkaufsentscheidung war bereits im Ruhrgas-Vorstand am 22. März und im E.ON-Vorstand am 24. März gefallen. Gesprächsleitfaden, 9. September 2004, in: AEGC 01002155557.

43 Vorlage außerordentliche AR E.ON Ruhrgas am 5. Juli 2005, in: AEGC 01002155562.

eher in Richtung Bestandserhaltung. Daneben verfügte die wohl stärkste Konzerngesellschaft E.ON Energie über einen bedeutenden Einfluss im gesamten ausländischen Gasgeschäft, dessen Abgrenzung zur Beteiligungsverwaltung der Ruhrgas wenig trennscharf erschien. Und tatsächlich sollte der E.ON-Konzern bald einen rasch wachsenden Anteil seines Absatzes außerhalb der Market Unit „Pan-European Gas" vertreiben. Zweitens kündigte sich das Ende der über ein Jahrzehnt systematisch betriebenen Strategie eines vertikal vollständig integrierten Gaskonzerns an, der über eine starke Techniksparte bedeutende Synergien für das Gasgeschäft vermittelte. Der abrupte Wechsel war erstaunlich, denn noch im Vorjahr hatten kurz vor der Ministererlaubnis umfangreiche Investitionen für eine weitere Stärkung des Bereichs gesorgt. Drittens scheint die E.ON angesichts ihrer sehr „konservativen" Planung nicht geneigt gewesen zu sein, die im Ministererlaubnisverfahren mittelfristig, also innerhalb der kommenden bis zu fünf Jahre zugesagten Investitionen von sechs bis acht Mrd. Euro zu tätigen.

Auch wenn bei der E.ON Ruhrgas diese Summe dann bis 2008/09 aufgewendet wurde, bleibt festzustellen, dass ein Großteil der Mittel durch die Ruhrgas selbst erwirtschaftet und aus dem operativen Cash Flow bereitgestellt worden war und das vollmundige Fusionsversprechen bzw. die Fusionsbegründung der E.ON, der zukünftigen Tochter durch die Finanzkraft des Konzerns die auf den liberalisierten Märkten notwendigen, aber eigenständig nicht umzusetzenden Projekte zu ermöglichen, nicht eingehalten wurde. Auf die strikte Trennung von E.ON-Investitionen und Ruhrgas-Investitionen verwies bereits der 2003 erschienene Geschäftsbericht der Ruhrgas 2002, der Investitionen bis 2005 im Umfang von 2,7 Mrd. Euro ankündigte und explizit vermerkte, dass die zusätzlichen bis zu acht Mrd. Euro der E.ON „insbesondere in den Bereichen Gasförderung und Infrastruktur" in der Planung noch nicht enthalten seien.[44] Später sollten Mittelzuweisungen aus dem Cash Flow der E.ON Ruhrgas regelmäßig als Konzernleistung ausgegeben werden, da dieser die Voraussetzung für die Investitionsfähigkeit des Unternehmens darstellte.

Bei der Erfüllung der Auflagen aus der Ministererlaubnis zeigte sich folgendes Bild. Die E.ON war durch die Ruhrgas-Ministererlaubnis unter anderem verpflichtet worden, sich von fünf Beteiligungen zu trennen. Betroffen waren die EWE AG (27,4 Prozent), die Verbundnetz Gas AG (42,1 Prozent), die Bayerngas GmbH (44 Prozent), die swb AG (Stadtwerke Bremen, 32,4 Prozent) und die Gelsenwasser AG (80,5 Prozent). Bei drei der Unternehmen – Bayerngas

44 GB Ruhrgas, 2002, 43 ff.; *Ruhrgas wird Investitionsoffensive starten*, in: Handelsblatt (3.2.2003).

(22 Prozent), VNG (37 Prozent) und swb (10,3 Prozent) – war auch die Ruhrgas direkt als Anteilseigner betroffen. Die Bayerngas gehörte zu den größten Kunden der Ruhrgas, von der sie fast 90 Prozent ihres Bedarfs im Umfang von 60 Mrd. Kilowattstunden bezog, was etwa zehn Prozent des Ruhrgas-Absatzvolumens entsprach. Da die Ministererlaubnis der Bayerngas ein Sonderkündigungsrecht für ein Drittel dieser Mengen eingeräumt hatte, bot sich für den Regionalversorger die Gelegenheit, bei den Verhandlungen zur zukünftigen Gestaltung der Lieferbeziehungen bereits jetzt die eigentlich erst 2008 anstehende Verlängerung der Verträge für die Gesamtmenge vorzuziehen.[45] Und diese nutzte er auch aus, vereinbarte mit der E.ON Ruhrgas 2005 einen neuen Gesamtvertrag, jedoch nur über einen Zeitraum von vier Jahren, was der Vorstand dennoch als Erfolg feierte.[46] Neben den beiden privaten Aktionären Ruhrgas und E.ON waren bei der Bayerngas sechs kommunale Gesellschafter engagiert, die nun von ihrem vertraglichen Vorkaufsrecht Gebrauch machten. Die Ruhrgas veräußerte ihren Anteil im Herbst 2002 für rund 63 Mio. Euro und erzielte damit einen Buchgewinn von rund 15 Mio. Euro. Die E.ON erhielt denselben Preis und machte einen Veräußerungsgewinn von sieben Mio. Euro.[47]

Eine besondere Rolle bei der Umsetzung der Auflagen spielte die EWE AG, da sie an allen weiteren gaswirtschaftlichen Transaktionen beteiligt war.[48] Zunächst erwarb die EWE im November 2003 das gesamte Aktienpaket der swb von der E.ON für einen Preis von 305 Mio. Euro, die damit einen Veräußerungsgewinn von 85 Mio. Euro erzielte. Hintergrund der Transaktionen war die Entscheidung, im Rahmen der internen Aufgabenverteilung E.ON den Verkauf aller swb-Aktien zu überlassen, während die Ruhrgas das umfangreichere Geschäft mit der VNG übernahm. Zufälligerweise entsprach die Bewertung der swb-Aktien der Ruhrgas exakt der des VNG-Anteils der E.ON Energie von 5,26 Prozent, sodass der Preis von 95 Mio. Euro kaum mehr als eine Verrechnungseinheit darstellte.[49] Im Januar 2004 verkaufte die E.ON Energie dann ihre EWE-Beteiligung an deren zwei Hauptaktionäre,[50] während die EWE im Gegen-

45 AR Ruhrgas am 18. März 2005, 3 f., in: AEGC 01002155561.

46 AR Ruhrgas am 20. Dezember 2005, 4, in: AEGC 01002155564; Lagebericht Bergmann AR Ruhrgas am 20. Dezember 2005, 8, in: AEGC 01002155563.

47 Vorlage AR Ruhrgas, 18. August 2003, schriftliches Beschlussverfahren, in: AEGC 01002340106; GB E.ON, 2003, 135; Schiffer, *Deutscher Energiemarkt 2002*, 149 und *2005*, 154.

48 Die EWE ist ein regionaler norddeutscher Strom- und Gasversorger mit Sitz in Oldenburg. Als Aktionäre fungierten 2003 zahlreiche Städte und Landkreise über die Weser-Ems-Energiebeteiligungen GmbH und die Energieverband Elbe-Weser Beteiligungs Holding GmbH.

49 Vorlage AR Ruhrgas, 19. August 2003, schriftliches Beschlussverfahren, in: AEGC 01002340106; GB E.ON, 2003, 135.

50 GB E.ON, 2004, 16. Der Verkaufspreis lag bei 212 Mio. Euro.

zug das Rennen im Bieterwettbewerb um die Verbundnetz Gas machte. Die Verkaufsauflage sah vor, zehn Prozent der VNG-Aktien vorrangig ostdeutschen Kommunen anzubieten und für den Rest einen vom Bundeswirtschaftsministerium akzeptierten strategischen Investor zu suchen.

Die Ruhrgas erhielt insgesamt vier Gebote. Die norwegische Statkraft schloss eine Barzahlung aus, bot der E.ON einen Aktientausch zu einem überhöhten Wertansatz, forderte eine Mehrheitsposition und stieß beim Bundeswirtschaftsministerium auf Zweifel. Gaz de France bot sowohl einen Barpreis in Verbindung mit „Gas-Assets" in Frankreich als auch eine komplette Barabfindung, doch lagen die Vorstellungen unüberbrückbar weit auseinander. Das Mischangebot des Konsortiums aus Gazprom und Wintershall wurde ebenfalls als unzureichend bewertet. Der Ruhrgas-Vorstand entschied sich schließlich für die EWE, die als einziger Bieter ein verbindliches, „akzeptabel konditioniertes" und zudem das wirtschaftlich attraktivste Angebot vorgelegt habe, das mit 840 Mio. Euro einer Unternehmensbewertung von zwei Mrd. Euro entsprach.[51] Die Ruhrgas erzielte einen Veräußerungsgewinn von 520 Mio. Euro, der im Rahmen der Ergebnisabführungsverträge an E.ON weitergeleitet wurde.[52] Das Bundeswirtschaftsministerium sah in der EWE den strategischen Investor, der laut Vorgabe der Ministererlaubnis auch über die finanziellen Ressourcen und Erfahrungen verfügte, um die VNG als attraktiven Wettbewerber der Ruhrgas auf der Ferngasstufe zu etablieren. Damit erhielt der neben der Bayerngas einzige kommunale Ferngasversorger Deutschlands immerhin die offizielle Gleichstellung mit den deutschen Elektrizitäts- und den internationalen Mineralölkonzernen.[53] Mit dem Verkauf der VNG war ein weitgehender Rückzug der Ruhrgas aus den neuen Bundesländern verbunden.

Die E.ON erfüllte ihre Verkaufsauflagen vor Ablauf der Frist im Februar 2004 durch die Abgabe der 80prozentigen Gelsenwasser-Beteiligung an ein Gemeinschaftsunternehmen der Stadtwerke Bochum und Dortmund.[54] Zu Jahresbeginn wurde außerdem das gesamte Transportgeschäft in die eigenständige Gesellschaft Ruhrgas Transport AG & Co. KG ausgegliedert. Die Ruhrgas Transport war zwar nicht Eigentümerin des Netzes, sondern pachtete es als Netzbetreiber, besaß aber für den Ausbau der Infrastruktur weitreichende Befug-

---

51 AR Ruhrgas am 5. Dezember 2003, 20 f., in: AEGC 01002155553; Vorlage AR Ruhrgas, 12. August 2003, schriftliches Beschlussverfahren, 5 f.; in: AEGC 01002340106.

52 Vorlage TOP 8 AR Ruhrgas am 5. Dezember 2003, 6, in: AEGC 01002155552.

53 *Weiche Landung*, in: Handelsblatt (9.12.2003); Peter Lintzel/Marianne Diem, *Entwicklung der deutschen Energiemärkte*, in: Ines Zenke/Ralf Schäfer (Hrsg.), Energiehandel in Europa. Öl, Gas, Strom, Derivate, Zertifikate, München [3]2012, 313–328, hier 324 f.

54 GB E.ON, 2003, 33.

nisse und arbeitete eigenständig bei der Gestaltung der Netzzugangsentgelte und Verträge.[55] Im Verlauf des Jahres 2004 zog dann noch die EnBW Kaufoptionen, die ihr die E.ON AG im Rahmen der Fusion eingeräumt hatte, und erwarb die von der Ruhrgas zwischen 2000 und 2003 sukzessive erworbene Beteiligung an der MVV Energie AG, Mannheim, von rund 15 Prozent für 120 Mio. Euro.[56] 2007 folgten Verkäufe weiterer Beteiligungen der Thüga zum Preis von rund 200 Mio. Euro.[57]

Weitaus zäher verlief der Beginn des Gas Release-Programms, das die Ruhrgas als Auflage der Ministererlaubnis verpflichtete, bis 2009 in sechs Teilschritten eine Gesamtmenge von 200 Mrd. Kilowattstunden Erdgas im Rahmen eines Auktionsverfahrens zu festgelegten Bedingungen zum Verkauf anzubieten. Ende Juli 2003 fand die erste Auktion nur ein beschränktes Interesse, sodass nur 15 von 33 Losen zu dem vom Ministerium vorgegebenen Mindestpreis – 95 Prozent des durchschnittlichen Importpreises – verkauft werden konnten. Als Ursache für die mangelnde Nachfrage wurden unter anderem intransparente Preisbildungsmechanismen ausgemacht. Bei der zweiten Auktion im Mai 2004 wurden schließlich 35 Mrd. Kilowattstunden an sieben Bieter versteigert, nachdem die Auktionsmodalitäten und Preisformeln geändert worden waren.[58] Die Menge entsprach rund fünf Prozent des Ruhrgas-Jahresabsatzes. In den folgenden Jahren avancierten die regelmäßigen Auktionen das Gas Release-Programms zu einem am Markt etablierten Verfahren des Gasbezugs, sodass jährliche Gesamtmengen von bis zu 40 Mrd. Kilowattstunden problemlos abgesetzt und der Verkauf zwischenzeitlich auch profitabel gestaltet werden konnte.[59]

Einen erheblichen negativen Margeneffekt, wenn auch zunächst keinen spürbaren Mengeneffekt, erzeugten die Sonderkündigungsrechte und Vertragsanpassungen bei Kunden, die mehr als 50 Prozent ihres Bedarfs bei der Ruhrgas deckten. Ihnen räumte die Ministererlaubnis die Möglichkeit ein, ihre Bezüge auf 80 Prozent der vertraglich vereinbarten Mengen zu reduzieren und den Rest auf anderen Wegen zu beziehen. Obwohl die konkurrierende Wingas

55 Ebd., 70; AR Ruhrgas am 5. Dezember 2003, 5, in: AEGC 01002155553.

56 Vorlage TOP 6 AR Ruhrgas am 21. Dezember 2004, in: AEGC 01002155558.

57 Erdgas Südwest GmbH (28 %), Energie Sachsen Ost GmbH (14,5 %), Gasversorgung Sachsen Ost Wärmeservice GmbH & Co. KG. (76,5 %) und Stadtwerke Dresden GmbH (DREWAG) (10 %). Der Verkauf führte zu einem Buchgewinn von rund 50 Mio. Euro. Vorlage AR Ruhrgas, 25. Januar 2007, schriftliches Beschlussverfahren, in: AEGC 01002156211.

58 Lagebericht Ruhrgas 2. Rumpfgeschäftsjahr vom 1. Juli 2003 bis 31. Dezember 2003, 5 f., in: AEGC 01002155555; *Gasauktion von Ruhrgas läuft stockend an*, in: FTD (31. 7. 2003); Lintzel/Diem, *Entwicklung*, 325.

59 Lagebericht E.ON Ruhrgas, 2006, 18, in: AEGC 01002156212.

flächendeckend Angebote an die Ruhrgas-Kunden abgegeben hatte, entschied sich der größte Teil der Kunden für einen weiteren Bezug bei der Ruhrgas, die dieses Verhalten wie bereits in den 1990er Jahren mit „preislichen Zugeständnissen“ förderte. Ruhrgas-Chef Bergmann kündigte im Aufsichtsrat an, auch weiterhin „die Kunden mit wettbewerbsfähigen Angeboten zu halten“ und zeigte sich zudem überzeugt, dass die Ruhrgas-Angebote für die freigegebenen Mengen und deren Preisgestaltung kartellrechtlich zulässig seien und die laufenden Prüfungen daher keinerlei Anlass für Behördeneingriffe gäben.[60] So verlor die Ruhrgas bis März 2004 gerade 1,3 Prozent ihres angestammten Liefervolumens (wobei die Höhe der Rabatte unklar bleibt), gewann aber im selben Zeitraum 2,7 Prozent neu hinzu, davon die Hälfte im Ausland.[61] In den folgenden Monaten sollte sich die Situation noch nicht grundlegend ändern, obwohl nun u. a. die Gaz de France und BP verstärkt in den Wettbewerb eintraten und zugleich massive Preissteigerungen auf breiter Ebene die Geschäfte erschwerten. Dennoch gelang es, den aus der Freimengenregelung der Ministererlaubnis resultierenden Absatzverlust bis in das Jahr 2006 hinein bei weniger als einem Prozent zu halten.[62]

Prämisse Wettbewerb: Das liberalisierte Gasgeschäft

Die Wertschöpfungskette der internationalen Gaswirtschaft umfasste seit den 1960er Jahren grundsätzlich vier Stufen: Erstens die Gewinnung, Aufbereitung und Fortleitung des Gases in den Födernationen bis zu den Übergabepunkten der nationalen Netze; zweitens den Import und Ferntransport des Erdgases einschließlich der Zwischenspeicherung, der regionalen Weiterverteilung und des teilweisen Direktvertriebs, etwa an Großverbraucher aus der Industrie; drittens die regionale Ebene mit ähnlichen Funktionen und viertens die Direktversorgung des Endkunden durch lokale Anbieter wie Stadtwerke. Die Liberalisierung der europäischen Gasmärkte erschütterte die Grundlagen dieser Wertschöpfungskette nachhaltig. Innerhalb weniger Jahre wurden dem traditionellen System nach und nach maßgebliche Stützen entzogen, wobei der freie oder börsennotierte Gashandel als fünfte Stufe hinzukam. Ein Ungleichgewicht erzeugte auch die durch Übergangs- und Ausnahmeregelungen hervor-

60 AR Ruhrgas am 31. März 2004, 3 f., in: AEGC 01002155556; Lagebericht Bergmann AR Ruhrgas am 31. März 2004, 5 f., in: AEGC 01002155555.

61 AR Ruhrgas am 5. Dezember 2003, 3, in: AEGC 01002155553.

62 AR E.ON Ruhrgas am 18. März 2005, 3, in: AEGC 01002155561; Lagebericht Bergmann AR E.ON Ruhrgas AG am 20. Dezember 2005, 8 f., in: AEGC 01002155563.

gerufene ungleiche Liberalisierungsgeschwindigkeit innerhalb der EU, da zahlreiche Staaten eine möglichst schleppende Marktöffnungsstrategie verfolgten. Die deutsche Bundesregierung machte rechtlich den Weg für einen sofortigen und weitgehend vollständigen Wettbewerb frei. Dieser war zwar nach der ersten Energierechtsnovelle 1998 bereits nominell möglich, blieb aber durch die Sonderregelungen der beiden Verbändevereinbarungen Gas zunächst kaum mehr als eine theoretische Option. Die Vereinbarungen erwiesen sich jedoch nicht als effektives Werkzeug zur Marktliberalisierung und wurden im Rahmen weiterer EU-Beschleunigungsrichtlinien durch entsprechende Maßnahmen der Bundesregierung ersetzt. Dazu gehörten zunächst das Unbundling von Handel und Transport und der diskriminierungsfreie Zugang zu Speicher- und Transportkapazitäten sowie eine weitere Novelle des Energiewirtschaftsgesetzes.

Die Ruhrgas trennte in Umsetzung der Auflagen der Ministererlaubnis bereits zum Jahresbeginn 2004 ihr Netz durch die Ausgliederung der eigenständigen Ruhrgas Transport vom Vertrieb.[63] Die von der BEB und der E.ON Ruhrgas, aber auch vom Bundesverband der deutschen Gas- und Wasserwirtschaft, Wingas und RWE bis Anfang 2005 vorgelegten Netzzugangskonzepte entsprachen jedoch den politischen Vorgaben nur unzureichend. Angesichts der auch 2005 noch geringen Anzahl neuer Wettbewerber, einer mangelnden Preistransparenz und unflexibler Zugangsregeln blieb das Volumen des freien Handels weit hinter den Vorstellungen der Liberalisierungsbefürworter zurück.[64] Der Umfang dieser auch als „Over-the-Counter"-Handel (OTC), außerbörslicher Handel oder Direkthandel bezeichneten, zwischen Marktteilnehmern aufgrund privatwirtschaftlicher Verträge abgeschlossen Geschäfte ist für diese frühe Phase unklar.[65] Auch für die E.ON Ruhrgas liegen keine Werte zu Mengen und Preisen vor. 2004 wurden etwa 160 Transportverträge abgeschlossen und damit zwar weniger als im Vorjahr, aber mit einem um ein Drittel höheren Gesamtvolumen. Mit Umsätzen von 31 und 35 Mio. DM war dieses jedoch insgesamt relativ gering.[66] Auch 2005 erreichte der Fremdanteil noch nicht einmal fünf Prozent des Gesamtumsatzes der Transportsparte.[67]

Zentraler Bestandteil der Energierechtsnovelle 2005 war dann auch der Übergang vom verhandelten zum regulierten Netzzugang durch entsprechende

---

63 Lagebericht Bergmann AR Ruhrgas am 5. Dezember 2003, 12 f., in: AEGC 01002155552.

64 Lintzel/Diem, *Entwicklung*, 325; Nadja Daniela Klag, *Die Liberalisierung des Gasmarktes in Deutschland*, Marburg 2003.

65 Schiffer, *Energiemarkt Bundesrepublik Deutschland*, 92005, 171 ff.

66 Lagebericht Bergmann AR Ruhrgas am 31. März 2004, 11 f., in: AEGC 01002155555; dsgl. am 21. Dezember 2004, 15 f., in: AEGC 01002155558.

67 Lagebericht Bergmann AR Ruhrgas am 20. Dezember 2005, 19, in: AEGC 01002155563.

Verordnungen und unter Aufsicht der Bundesnetzagentur bzw. von Landesregulierungsbehörden. Ab November 2006 stellte damit nicht mehr der Netzbetreiber den Kunden eigenständig kalkulierte Netzentgelte in Rechnung, sondern hatte sich Tarife unter Nachweis seiner Kostenkalkulation vorab genehmigen zu lassen.[68] Bei der Genehmigung der kostenorientierten Netzentgelte durch die Bundesnetzagentur zeichneten sich auf der Verteilungsebene rasch Kürzungen von durchschnittlich zehn bis 14 Prozent ab. Die Ferngasleitungen der E.ON Gastransport waren davon anfangs nicht betroffen, da die Netzentgelte im Ferngassektor erst ab Anfang 2010 umgestellt wurden. Vor dem Hintergrund dieser Perspektive und in Erwartung weiterer rigider Zwangssenkungen warf Bergmann bereits Ende 2006 die Frage auf, ob in absehbarer Zeit „mit den Leitungsassets noch die Kapitalkosten zu verdienen" seien.[69] Für die erste Regulierungsperiode 2009 bis 2013 wurde eine Eigenkapitalverzinsung von 9,29 Prozent für Neuanlagen und 7,56 Prozent für Altanlagen festgelegt.[70]

Außerdem fiel unter Regie der Bundesnetzagentur Ende 2006 das transaktionsabhängige Netzmodell zugunsten eines neuen Entry-/Exit-Systems, das sowohl die in den Konzepten der Unternehmen enthaltenen Vorschläge aufgriff als auch Forderungen der Nutzerseite berücksichtigte und in der Gasnetzzugangsverordnung verankert wurde. Im Sommer 2006 unterzeichneten zunächst 19 Netzbetreiber eine Kooperationsvereinbarung für den Netzzugang, die ein Zweivertragsmodell einführte, das für jede gaswirtschaftliche Transaktion einen Einspeise- und einen Ausspeisevertrag erforderte. Infolge dieses Beschlusses mussten in der gesamten Gasbranche nicht nur alle bestehenden Transportverträge, sondern mit hohem Aufwand auch alle Lieferverträge bis zum Oktober 2007 auf die Zweivertragsvariante umgestellt werden.[71] Damit fielen die langjährigen Prämissen des deutschen Gashandels, darunter kapazitätsrestriktive feste Transportwege und die physische Gleichheit der eingespeisten und ausgespeisten Mengen. Allerdings bildete sich in Deutschland noch kein

68 Diese kostenorientierte Entgeltregulierung stellte gewissermaßen die Vorstufe der ab Anfang 2009 verbindlichen Anreizregulierung dar, die die Netzbetreiber zu weiteren Kostensenkungen animieren sollte. Schiffer, *Energiemarkt Bundesrepublik Deutschland*, [10]2008, 204 ff.; GB E.ON AG, 2009, 6.

69 Außerordentliche AR E.ON Ruhrgas am 15. Dezember 2006, 3 f., in: AEGC 01002155569; Lagebericht Bergmann AR E.ON Ruhrgas am 19. Dezember 2007, 19 f., in: AEGC 01002156215; Lagebericht E.ON Ruhrgas, 2006, 2, in: AEGC 01002156213.

70 GB E.ON, 2008, 8 f.

71 Schiffer, *Energiemarkt Bundesrepublik Deutschland*, [10]2008, 204; Außerordentliche AR E.ON Ruhrgas am 15. Dezember 2006, 3, in: AEGC 01002155569; Lagebericht Bergmann AR E.ON Ruhrgas am 15. Dezember 2006, 17, in: AEGC 01002155568.

einheitlicher Markt mit einem umfassenden Gas-zu-Gas-Wettbewerb, sondern es entstanden aufgrund der unterschiedlichen Qualitäten von H-Gas und L-Gas, insgesamt immer noch unzureichender freier Transportkapazitäten und der kaum erreichbaren Transparenz auf einer derart großen Fläche zunächst 19 kleinere Marktgebiete einzelner Netzbetreiber, in denen das Zweivertragsmodell jeweils angewendet wurde. So war ein bundesweiter Gasvertrieb für jeden Interessenten zwar theoretisch grundsätzlich verfügbar, doch mussten dazu umständlich separate Kapazitäten gebucht werden, für die unter Umständen unterschiedliche Preise galten.[72]

In der Realität zeigte sich außerdem, dass die von den Ferngasgesellschaften bereitgestellten sicheren Kapazitäten regelmäßig ausgebucht waren und Gashändler dann auf unterbrechbare Kapazitäten angewiesen waren. Bei diesen galt aber ein Vorrang der Netzbetreiber für den Fall von Transportengpässen, sodass Händler mitunter gezwungen wurden, ihre für den Transit vorgesehenen Mengen in einem Marktgebiet wieder zu verkaufen, um sie dann im Zielgebiet erneut zu beschaffen. Die Bundesnetzagentur drängte schließlich zur Verbesserung der Situation rasch auf eine Reduzierung der Marktgebiete.[73] Die E.ON Gastransport verringerte 2008 die Anzahl ihrer Marktgebiete von ursprünglich vier auf zwei und gründete die NetConnect Germany GmbH & Co. KG (NCG),[74] der bald weitere Gesellschafter mit ihren Marktgebieten beitraten. Nach der systematischen Verringerung der Marktgebiete zwischen 2008 und 2010 existieren ab Oktober 2011 nur noch die beiden Erdgasgroßhandelsmärkte der Marktgebietsverantwortlichen[75] GASPOOL Balancing Services GmbH in Norddeutschland und NetConnect in Süddeutschland, an denen sich seither der gemeinsame Handel mit Erdgas unterschiedlicher Qualität, L-Gas und H-Gas, vollzieht.

Nach der Novellierung des Energiewirtschaftsrechts 1998 nutzten zunächst die Marktteilnehmer im Elektrizitätssektor die Möglichkeit zur eigenständigen Regelung des Netzzugangs und machten im Rahmen der Verbändevereinbarungen Strom handelbar und damit börsen- bzw. markttauglich. Die Einrichtung von Energiebörsen galt von Beginn an als eine der zentralen Grundvoraussetzungen des liberalisierten Marktes, sollten sie doch Energie mit „normalen“ Waren gleichstellen und quasi als Marktplätze fungieren. Als Vorbild diente der bereits 1996 gegründete britische National Balancing Point. Im

72 GB E.ON, 2007, 30; Lintzel/Diem, *Entwicklung*, 325 ff.

73 Ebd.

74 Anteilseigner E.ON Transport 75 %, Bayernets GmbH 25 %.

75 Marktgebietsverantwortliche sind Gemeinschaftsunternehmen mehrerer unabhängiger Netzbetreiber.

Gegensatz zum freien Handel im OTC-Markt[76] garantierten Börsen zudem die Professionalität der Teilnehmer, für alle Teilnehmer identische Handelsprozesse, eine nachvollziehbare und transparente Preisbildung, eine standardisierte Bekanntgabe der Marktpreise und daraus folgend eine effiziente Ressourcenallokation. Anders als beim OTC-Handel verliefen die Börsen-Transaktionen in der Regel anonym und abgesichert durch eine Clearing-Stelle.[77] Im Jahr 2000 nahmen die LPX Leipzig Power Exchange, die European Energy Exchange (EEX), Frankfurt a. M., und die Amsterdam Power Exchange (APX) an ihrem deutschen Handelspunkt (Hub) kurz nacheinander den Stromgroßhandel in Deutschland mit verschiedenen Produkten auf.

2002 entstand durch Fusion der beiden deutschen Unternehmen die EEX mit Sitz in Leipzig und weiteren Tätigkeitsschwerpunkten in Frankreich, Österreich und der Schweiz als heute führende Energiebörse in Kontinentaleuropa. Erst im Juli 2007, kurz vor Beginn des Gaswirtschaftsjahres, bot die EEX erstmals offiziell den börslichen Handel von Erdgas an und eröffnete parallel dazu den Spot- und Terminhandel in den Marktgebieten der BEB und der E.ON Gastransport. Kurzfristgeschäfte konnten bis dahin in Deutschland nur bilateral oder außerbörslich über Broker an den freien OTC-Märkten abgeschlossen werden. Die E.ON Ruhrgas Energy Trading handelte über die virtuellen Handelspunkte der E.ON Gastransport jedoch bereits seit Oktober 2006 sowohl im örtlichen Gashandel der EEX als auch im OTC-Sektor und setzte dabei in den ersten zwölf Monaten 13,6 Mrd. Kilowattstunden um.[78]

Die Voraussetzungen für den Börsenstart boten letztlich erst die zweite Novelle des Energiewirtschaftsgesetzes 2005, die Netzzugangsverordnung sowie abschließend die obligatorische Einführung des Zweivertragsmodells, das die Marktgebiete zu „virtuellen Handelspunkten" erhob. Diese erfassen die Marktgebiete sowohl horizontal über ihre gesamte Fläche als auch vertikal vom Importeur bis zum Endkunden und gewährleisten eine vollständig freie Zuordnung von Ein- und Ausspeisekapazitäten.[79] Daneben existieren als Vorläufer die „physischen" Handelspunkte, die in voller Ausbaustufe einen Logistik-Hub für die direkten physischen Leistungen wie Speicherung und Transport sowie

76 Außerbörslicher Handel, Direkthandel.

77 Oliver Maibaum, *Die Erfahrungen des deutschen Marktes*, in: Zenke/ Schäfer (Hrsg.), Energiehandel in Europa, 330–352, hier 330 ff.

78 Lagebericht Bergmann AR E.ON Ruhrgas am 19. Dezember 2007, 12, in: AEGC 01002156215.

79 Die virtuellen Handelspunkte der Börse ermöglichen es damit den Transportkunden, jederzeit auch ohne Kapazitätsbuchung zu handeln, nicht benötigte Mengen zu verkaufen oder über Swap-Geschäfte mit Mengen an anderen Handelspunkten zu tauschen. Olaf Däuper/Sirko Beidatsch, *Der Markt für Gas (empirische Darstellung)*, in: Zenke/Schäfer (Hg.), Energiehandel in Europa, 41–77, hier 51; Maibaum, *Erfahrungen*, 342 ff.

einen Handels-Hub für das ganze Spektrum der damit zusammenhängenden Dienstleistungen umfassen.[80] Die Ruhrgas war ab 2003 zusammen mit Statoil, BEB und Wingas an der HubCo – North West European Hub Service Company GmbH – beteiligt, die am Handelspunkt Bunde/Emden einen integrierten Hub-Service anbot und 2004 mit dem von Gasunie betriebenen niederländischen Gegenstück zur Eurohub GmbH fusionierte.[81]

Der Börsenhandel sollte für die Gaswirtschaft jedoch zunächst eine erheblich geringere Bedeutung als für die Stromwirtschaft erreichen und damit nicht die erhofften Effekte erzielen. So entfielen 2013 gerade drei Prozent des gesamten Handelsvolumens auf die EEX, während die restlichen 97 Prozent im OTC-Sektor abgewickelt wurden. Allerdings stieg die Anzahl der Gashändler zwischen 2010 und 2014 von 40 auf 70 an.[82] Während der Terminmarkt zwischen der Eröffnung im Juli 2007 und dem Juli 2011 einen insgesamt geringen und dazu äußerst volatilen Verlauf mit einigen starken Monatsspitzen zeigte, verharrte der Spotmarkt bis zum Herbst 2009 quasi in der Bedeutungslosigkeit, um sich danach auf niedrigem Niveau einzupendeln. Die Attraktivität der EEX für den Gashandel steigerte bis 2013 auch nicht die Implementierung neuer Handelsinstrumente und die Flexibilisierung der Bezugsvarianten.[83] Seit Anfang 2011 existiert ein eigener European Gas Index (EGIX) als erster Gaspreisindex.

Nachdem die Gaspreise im Endkundengeschäft lange Zeit das Ergebnis privatwirtschaftlicher Kalkulation in Verbindung mit den Mechanismen der Ölpreisbindung gewesen waren, entstand durch die Handelsaktivitäten eine zunehmende Transparenz. Gas wurde zu einem standardisierten Handelspro-

---

80 Physische Hubs offerieren den Gashandel ortsgebunden auf der Ferngasebene und damit unabhängig von den Aktivitäten in angrenzenden Marktgebieten, folglich aber auch mit einer vergleichsweise geringeren Zahl an Marktteilnehmern. Sie entstanden bevorzugt an Ländergrenzen wie in Zeebrügge oder Bacton als Endpunkte des Interconnectors oder in Baumgarten im Bereich von Leitungskreuzungen oder Speicherkapazitäten an Märkten mit leichtem Zugang, ausreichender Nachfrage und entsprechenden verfügbaren Mengen. Däuper/Beidatsch, *Markt*, 50 f.

81 Lagebericht Bergmann AR Ruhrgas am 31. März 2004, 12, in: AEGC 0102155555; Meller u. a. (Hrsg.), *Jahrbuch 112 (2004)*, 679.

82 Schiffer, *Energiemarkt Bundesrepublik Deutschland*, [11]2010, 180; Schiffer, *Energiemarkt Deutschland Jahrbuch 2014*, 178.

83 Monopolkommission (Hg.), *Energie 2011*, 82 ff.; Monopolkommission (Hg.), *Energie 2013: Wettbewerb in Zeiten der Energiewende (Sondergutachten 65 der Monopolkommission gemäß § 62 Abs. 1 EnWG)*, Baden-Baden 2014, 40 ff.; Maibaum, *Erfahrungen*, 345 f. Dabei umfasst der Spotmarkt Geschäfte zur sofortigen oder zeitnahen Erfüllung in diversen Abstufungen meist bis zum folgenden Tag und der Terminhandel Geschäfte bis hin zu Jahresverträgen. Däuper/Beidatsch, *Markt*, 51 ff.

dukt, sodass sich die Angebote auf den neuen Gasmärkten nun an klassischen Preisbildungsmechanismen orientierten, gleichzeitig aber nur noch überschaubare Lieferzeiträume berücksichtigt wurden. Dies führte insgesamt zu einer Preissenkung bei allen lieferseitig beteiligten Marktakteuren.[84] Allerdings wurde recht bald deutlich, dass die reinen Energiekosten einen zunehmend schrumpfenden Anteil an der Gesamtrechnung ausmachten, da u. a. die wachsende Belastung mit Abgaben, Steuern und Netzentgelten nicht der Konkurrenz unterliegt, sondern das Ergebnis der deutschen und europäischen Energiepolitik darstellt. 2014 entfielen nur rund 53 Prozent des Gaspreises für Haushaltskunden ohne Sondertarif auf Erzeugung und Vertrieb, aber fast 28 Prozent auf Steuern und Abgaben sowie 19 Prozent auf Netzentgelte einschließlich Mess- und Abrechnungskosten.[85] Die Senkung der Endverbraucherpreise als wichtigstes Ziel der Neuregulierungsmaßnahmen in der Gesamtperspektive wurde damit glatt verfehlt. So lagen die Gaspreise für Endverbraucher in Deutschland im Verlauf der 1990er Jahre stabil zwischen 2,6 und 2,9 Eurocent pro Kilowattstunde, um 2004 die Marke von vier Eurocent und 2005 die von fünf Eurocent zu überschreiten und sich dann mit einer leichten Reduktion 2010 dauerhaft im Bereich zwischen 6,5 und sieben Eurocent einzupendeln. Das Bundeskartellamt räumte dann auch 2014 kleinlaut ein, dass „bei Betrachtung der mehrjährigen Zeitreihen [...] eine Preissteigerungstendenz erkennbar" sei.[86] Im EU-Vergleich erreichten die deutschen Haushaltskundengaspreise zwischen 2008 und 2013 ebenso Durchschnittswerte wie bei der Abgabenbelastung. Der deutsche Industriesektor zahlte dagegen unter Nichtberücksichtigung der den Durchschnitt um 80 Prozent übersteigenden sehr teuren Staaten Schweden und Dänemark Preise im Bereich der sonstigen Höchstwerte und zugleich die höchsten in Westeuropa.[87] Von Seiten der Ruhrgas war bereits in den 1990er Jahren regelmäßig vor solchen Folgen gewarnt worden.[88]

Insgesamt ist der direkte Einfluss der Marktliberalisierung auf die Preisentwicklung quantitativ weder im Positiven noch im Negativen eindeutig zu spezifizieren. Die heftigen, größtenteils aus der Ölpreisbindung resultierenden

---

84 *Ruhrgas spürt Druck auf die Marge*, in: Handelsblatt (12. 5. 2004). Diese sank nach einer leichten Erholung um die Jahrtausendwende bei der E.ON Ruhrgas AG 2004 wieder auf die schwachen Werte der ausgehenden 1990er Jahre.

85 Bundesnetzagentur/Bundeskartellamt (Hg.), *Monitoringbericht 2014*, Bonn 2015, 198 f., 270; Maibaum, *Erfahrungen*, 327 ff.

86 Bundesnetzagentur/Bundeskartellamt (Hg.), *Monitoringbericht 2014*, 274; Bundesamt für Wirtschaft und Außenkontrolle (Hg.), *Jahresstatistiken der deutschen Gaswirtschaft. Erlöse, Investitionen, Speicherkapazitäten*, Eschborn, o. J., 1.

87 Bundesnetzagentur/Bundeskartellamt (Hg.), *Monitoringbericht 2014*, 277 ff.

88 Interview Späth am 1. Juli 2016; Interview Mans am 2. September 2016.

Preissprünge der Jahre 2004 bis 2006 wurden als Preistreiberei der großen Energieversorger heftig kritisiert. Angesichts wachsender Zweifel an der Angemessenheit der Gaspreise und vor allem an der Ölpreisbindung gerieten die Unternehmen unter massiven Rechtfertigungsdruck gegenüber Verbrauchern, Politik, Presse, Behörden und Gerichten. Umfangreiche Untersuchungen, Durchsuchungen von Firmenstandorten und Verfahren – etwa des Bundeskartellamtes – folgten dem Ziel, das mit der Wettbewerbsförderung verbundene Preissenkungsversprechen durchzusetzen.[89] Auffällig ist jedoch, dass sich die Endverbraucherpreise ab 2008 kaum noch bewegten, sondern auf hohem Niveau stagnierten; und dies nach einem Zeitpunkt, an dem die eigentliche Gasmarktliberalisierung erst begann und sich die marktwirtschaftlichen Konstanten der europäischen Gaswirtschaft grundlegend und unumkehrbar veränderten.

Dabei gerieten die Großhandelspreise in dieser Zeit massiv unter Druck, während es gleichzeitig zu einer Abkopplung der Gaspreise von den Ölpreisen kam. Der Gaspreissenkung von 70 Prozent am National Balancing Point zwischen 2008 und 2010 stand beispielsweise eine Ölpreissenkung von nur 40 Prozent gegenüber. Die Marge der E.ON Ruhrgas gegenüber den Spotmarktpreisen an wichtigen Hubs reduzierte sich in dieser Zeit in Richtung 0,05 Eurocent pro Kilowattstunde oder im Vergleich zu 2003 auf nur noch ein Drittel des Ausgangswertes. Ende 2011 lag der Preis am Title Transfer Facility dann um fast einen Eurocent pro Kubikmeter unter dem durchschnittlichen Einkaufspreis des Unternehmens, sodass die E.ON Ruhrgas erstmals in ihrer Geschichte eine negative Rohmarge aus dem Gasgeschäft im Umfang von einer Mrd. Euro auswies.[90] Ausschlaggebend für diese Entwicklung waren erstens die substanzielle Zunahme der Erzeugung nicht konventionellen Erdgases in Nordamerika, etwa durch Hydraulic Fracturing, wodurch insbesondere die USA erheblich unabhängiger von Erdgasimporten wurden; zweitens die sich im Verlauf der Finanzkrise stark abschwächende globale Gasnachfrage und drittens der Kapazitätszuwachs der LNG-Produktion im Mittleren Osten, von dem besonders Japan profitierte. Interpretiert man solche Großhandelspreise als Resultat von Knappheitsverhältnissen, befand sich die weltweite Gaswirtschaft damit deutlich in

89 Lagebericht Bergmann AR Ruhrgas am 21. Dezember 2004, 7 f., in: AEGC 01002155558; dsgl. am 20. Dezember 2005, 9 ff., in: AEGC 01002155563; *Vier gegen alle*, in: Der Spiegel 24 (2006), 80–82; *Die Preise werden sinken*, in: Der Spiegel 6 (2006), 76 f.; *Missbrauchte Macht*, in: Der Spiegel 26 (2007), 78–80.

90 AR E.ON Ruhrgas am 4. März 2010, 2, in: AEGC Ordner [o. S., o. T.]; dsgl. am 5. Juli 2010, 3, in: AEGC Ordner [o. S., o. T.]; dsgl. am 15. Dezember 2011, 2, in: AEGC Ordner [o. S., o. T.]; dsgl. am 7. März 2012, 4, in: AEGC Ordner [o. S., o. T.].

einer preiswirksamen Überproduktionskrise, nur dass die deutschen Endverbraucher wenig davon spürten.[91] In den folgenden Jahren stabilisierte sich die Situation dann wieder. So waren die Diskrepanzen in der weiteren Entwicklung nicht mehr derart offensichtlich, aber selbst das Bundeskartellamt ging 2014 davon aus, dass „die Bedeutung der Ölpreisbindung für die Preisbildung [...] weiter abgenommen hat".[92] Tatsächlich erreichten die durchschnittlichen deutschen Gasimportpreise zwischen 2010 und 2013 wie die Ölpreise einen relativ parallelen Anstieg von etwa 30 Prozent.[93]

Zusammenfassend ist festzustellen, dass den stark schwankenden Rahmenbedingungen ein relativ stabiler Endkundenpreis gegenüberstand und mit der Liberalisierung im Gassektor folglich eine erstaunliche Entkoppelung der Preisbildung vom wirtschaftlichen Umfeld verbunden war. Der veränderten Situation sind sowohl verstärkende als auch abschwächende Wirkungen zuzuschreiben, wobei offen bleibt, welche Aktivitäten welcher Marktteilnehmer hier in welcher Richtung den Ausschlag gaben. Ebenso bleibt offen, welchen Einfluss die europäische und deutsche Wettbewerbspolitik hatte und wie die sonstigen weltweiten Entwicklungen einwirkten. Immerhin erzeugten die globale Wirtschafts- und Finanzkrise, die Krise des Euroraums, ein vor allem durch das LNG beflügelter und zwischen 2002 und 2010 um 40 Prozent angewachsener Erdgasweltmarkt sowie die Folgen der Nuklearkatastrophe von Fukushima für ausreichend anderweitige Einflussfaktoren. Außerdem erfolgt die eigentliche Wertschöpfung der Gaswirtschaft anders als in der Elektrizitätswirtschaft nicht durch die Eigenerzeugung in vielfach abgeschriebenen Anlagen, sondern durch die Förderung – und diese liegt eben aus deutscher Perspektive angesichts einer Importquote von über 90 Prozent im Ausland. Da bei stetig steigender Tendenz seit den 1990er Jahren mehr als die Hälfte der europäischen Erdgasversorgung außerhalb der EU generiert wurde und sich unverändert weite Teile des gaswirtschaftlichen Lieferoligopols außerhalb der Reichweite der EU-Gesetzgebung befinden, scheinen die verkündeten Wirkungen der Liberalisierungspolitik hier auch in Zukunft nicht erreichbar.[94] Auch wenn die Konkurrenz auf der Transport- und Vertriebsebene sowie im Endkundenge-

91 Holger Lichtschläger/Ingo Ellersdorfer, *Die Zukunft der Gaspreisbildung*, in: E.ON Ruhrgas AG (Hg.), Branchenreport Erdgas 2010, Essen 2010, 30–39, hier 30 f.; AR E.ON Ruhrgas am 4. März 2010, 2, in: AEGC Ordner, [o. S., o. T.]. Zur Entwicklung der Gas- und Ölpreise siehe *BP statistical review, june 2015*, 27.

92 Bundesnetzagentur/Bundeskartellamt (Hg.), *Monitoringbericht 2014*, 198.

93 *BP statistical review, june 2015*, 27; Statistisches Bundesamt (Hg.), *Daten zur Energiepreisentwicklung*, Wiesbaden 2015, Abschnitte 5.1 und 5.3.

94 Lintzel/Diem, *Entwicklung*, 328 f.

schäft durch eine zunehmende Anzahl an Marktteilnehmern stark anstieg, konnte die an der Elektrizitätswirtschaft orientierte Marktliberalisierung bei der Gaswirtschaft in Deutschland die dort erzeugten positiven Effekte auf die Endverbraucherpreise bis 2014 nicht realisieren. Dabei ist zu konstatieren, dass die Liberalisierung sich im Hinblick auf den volatilen Ölpreis möglicherweise dämpfend auf die Preisentwicklung beim Gas auswirkte, zugleich aber die Preisstabilität die Annahme zulässt, dass das Gesamtsystem sich auf einem gewissen Niveau einpendelte, das den Vorstellungen der Mehrheit der Marktakteure entsprach.

Während die Erdgasbeschaffung in Nordamerika bereits 2010 überwiegend auf spotmarktindexierten Handelsgeschäften basierte und in Ostasien angesichts der vollständigen Importabhängigkeit ein festes System langfristiger Lieferverträge mit starker Ölpreisbindung fortgeführt wurde, hatte sich in Europa ein Mischsystem beider Formen etabliert. Trotz zunehmender Handelsmengen bildeten aber die volumenstarken langfristigen Lieferverträge mit Russland, Norwegen, den Niederlanden und auch Algerien weiterhin das Rückgrat der europäischen Gasversorgung.[95] Zugleich stand dieses System allerdings bereits seit 2004 von mehreren Seiten unter Druck. So erwiesen sich in diesem Jahr die turnusmäßigen Preiswiederverhandlungsgespräche der E.ON Ruhrgas mit den norwegischen Lieferanten Statoil, Norsk Hydro, ConocoPhillips, Total und Norske Shell als deutlich schwieriger als in der Vergangenheit. Während der E.ON Ruhrgas-Vorstand unter Hinweis auf den zunehmenden Wettbewerb und die Erhöhung der Erdgassteuer eine Preisreduzierung forderte, gingen die Lieferanten mit der Vorstellung einer Preiserhöhung in die Gespräche und verwiesen dabei auf die gute Ertragslage des Versorgers im E.ON-Konzern. Obwohl sich nach langwierigen Verhandlungen im Verlauf des Jahres 2005 Statoil, Total und auch BP von Preissenkungen überzeugen ließen, dauerten die Gespräche mit den weiteren Unternehmen noch an, während im Falle von Norsk Hydro ein Schiedsgerichtsverfahren eingeleitet werden musste.[96] Die zähen Fortschritte und das insgesamt dürftige Ergebnis waren ein aussagekräftiger Beleg für den gravierenden Wandel der etablierten Vertriebspartnerschaft auf der Bezugsebene, denn der Vorstand der E.ON Ruhrgas sah sich erstmals in der Geschichte des Unternehmens dazu gezwungen, die in Erdgaseinkaufsverträgen vorgesehenen Preisanpassungsansprüche im Wege eines solchen Ver-

95 Lichtschläger/Ellersdorfer, *Gaspreisbildung*, 37.

96 Lagebericht Bergmann AR E.ON Ruhrgas am 21. Dezember 2004, 5, in: AEGC 01002155558; dsgl. am 18. März 2005, 10, in: AEGC 01002155560; dsgl. am 20. Dezember 2005, 7, in: AEGC 01002155563.

fahrens durchzusetzen.[97] Gleichzeitig bot die Situation einen ersten Vorgeschmack auf die herannahende Ertragskrise im Gasgeschäft, die ab 2010 maßgeblich das Ende der E.ON Ruhrgas einleiten sollte.

Auch 2006 blieben die Verhandlungen äußerst zäh, wobei die E.ON Ruhrgas u.a. der Dansk Olie & Naturgas und den deutschen Produzenten leichte Preissenkungen einräumen musste. Außerdem sollten nun auch die Beziehungen mit GasTerra B.V., der früheren niederländischen Gasunie, auf gerichtlichem Wege geklärt werden.[98] So ergab sich 2007 die Situation, dass die E.ON Ruhrgas das 40jährige Lieferjubiläum mit den Niederlanden und die 30jährige Zusammenarbeit mit den norwegischen Produzenten feierte und gleichzeitig mit deren maßgeblichen Vertretern vor Gericht stand.[99] Erst 2008 konnte eine gütliche Einigung durch eine kommerzielle Vereinbarung erreicht werden.[100] Einen weiteren Streitpunkt boten die Versuche der E.ON Ruhrgas, eine Ertragsverbesserung durch die Reduzierung der Einkaufsmengen aus Langfristverträgen, also eine Unterschreitung der Minimum-pay-Vereinbarungen bei gleichzeitiger Beschaffung der erforderlichen Menge auf dem Spotmarkt zu erzielen.[101] Erst als sich die Diskrepanz zwischen den Einkaufspreisen der Langfristverträge und der Spot-, Termin- und OTC-Geschäfte weiter in erheblichem Umfang vergrößerte, änderte sich die Lage.

Der Vorstand der E.ON Ruhrgas legte angesichts der zunehmend dramatischen Entwicklung 2010 unter dem Titel „Phoenix New Deal“ ein umfassendes Projekt zur Änderung der Wiederverhandlungsklauseln in den Verträgen mit einem Schwerpunkt auf dem Preisaspekt auf.[102] Nach und nach kamen zwar alle Lieferanten ihrem Großkunden entgegen, der etwa 2011 rund 400 Mio. Euro Einnahmen oberhalb des ursprünglichen Planungsansatzes verbuchen konnte, doch blieben die Zugeständnisse insgesamt weit hinter den Vorstellungen zurück, sodass die Preisschere zwar abgeschwächt wurde, aber bestehen blieb. Als besonders schwierig erwiesen sich die Gespräche mit der Gazprom, die erst 2012 nach langfristigen Streitigkeiten und einem von der E.ON Ruhrgas

---

97 Lagebericht E.ON Ruhrgas, 2005, 29, in: AEGC 01002155565.

98 Lagebericht Bergmann AR E.ON Ruhrgas am 15. Dezember 2006, 10, in: AEGC 01002155568.

99 Lagebericht Bergmann AR E.ON Ruhrgas am 19. Dezember 2007, 9 f., in: AEGC 01002156215.

100 Lagebericht Reutersberg AR E.ON Ruhrgas am 17. Dezember 2008, 3, in: AEGC 01002156215. Zum Inhalt liegen keine Informationen vor.

101 Vorstand E.ON Ruhrgas am 6. April 2009, TOP 4, in: AEGC Ordner [o. S.] „Vorstand Bericht 2009–2011“.

102 Außerordentliche AR E.ON Ruhrgas am 11. August 2010, in: AEGC Ordner [o. S., o. T.]; AR E.ON Ruhrgas am 16. Dezember 2010, 3, in: AEGC Ordner [o. S., o. T.]; Vorstandssitzung E.ON Ruhrgas am 14. März 2011, TOP 1, in: AEGC Ordner „Vorstand Bericht 2009–2011“; Außerordentliche AR E.ON Ruhrgas am 11. August 2011, 12, in: AEGC Ordner [o. S., o. T.].

angestrengten Schiedsverfahren nachgab und rückwirkend ab 2010 einen Preisnachlass einräumte. Nur langsam voran kamen auch die Verhandlungen mit Shell und der Statoil, die sich allerdings schon 2009 mit einer Mengenrückgabe aus den Troll-Verträgen einverstanden erklärt hatte.[103] Die innerhalb von drei Jahren bis Anfang 2013 insgesamt erzielten Preissenkungen im Umfang von sieben Mrd. Euro waren schließlich ein herausragender Beleg für das potenzielle Gesamtvolumen der Preisschere.[104] Die Uneinigkeit von Produzenten und Lieferanten bei der Behandlung der Verträge spiegelte auch die Unsicherheit über die Zukunft des Gasmarktes wieder. Während die Gazprom weiterhin von den Mechanismen der Ölpreisbindung überzeugt war und eine Übernahme von Wingas und WIEH anstrebte,[105] erwartete die Statoil für ihre Langfristverträge weiterhin einen Aufschlag auf den Marktpreis. GasTerra hatte sich dagegen von eigenständigen Aktivitäten im deutschen Markt verabschiedet, während Shell das Interesse an Langfristverträgen aufgab und von der E.ON Ruhrgas für die Vertragsauflösung sogar Entschädigungsleistungen verlangte.[106]

Auch auf der Vertriebsebene entwickelte sich für den deutschen Hauptimporteuer E.ON Ruhrgas schon früh eine unangenehme Situation, denn hier befand sich die traditionelle Vertriebspartnerschaft mit Weiterverteilern und Stadtwerken zunehmend auf dem Prüfstand. Nachdem schon seit 2003 die im Rahmen der Ministererlaubnis freigesetzten Mengen nur durch Preiszugeständnisse gehalten wurden, verschärfte sich ab 2005 der Wettbewerb sowohl um Industriekunden als auch um Stadtwerke und Ferngasgesellschaften. Diese nutzten die Situation zu harten Preisverhandlungen und erhöhten damit ebenso den Druck auf ihren Stammversorger wie Wettbewerber, die wie Gaz de France und Wingas mit neuen Angeboten am Markt auftraten und erstmals flexible Jahresverträge zu Festpreisen anboten.[107] Schwerpunkte der Aktivitäten lagen in Baden-Württemberg, Bayern und Nordrhein-Westfalen und damit in den E.ON Ruhrgas-Stammgebieten. Solche Konstruktionen brachen mit den

103 Vorstand E.ON Ruhrgas am 21. Dezember 2009, TOP 5, in: AEGC Ordner „Vorstand Bericht 2009–2011".

104 AR E.ON Ruhrgas am 15. Dezember 2011, 3, in: AEGC Ordner, [o. S., o. T.]; AR E.ON Ruhrgas am 7. März 2013, 2, in: AEGC Ordner, [o. S., o. T.]; Vorstand E.ON Ruhrgas am 18. Juli 2011, TOP 10, in: AEGC Ordner „Vorstand Bericht 2009–2011"; *Eon überrascht mit Gewinnsprung*, in: Handelsblatt (8. 8. 2012); *Gazprom-Deal lässt Eons Kasse klingeln*, in: Handelsblatt (13. 8. 2012); *Eon-Gaskunden gehen leer aus*, in: Handelsblatt (13. 8. 2012).

105 Tatsächlich realisiert Anfang September 2015.

106 AR E.ON Ruhrgas am 7. März 2013, 2 f., in: AEGC Ordner, [o. S., o. T.].

107 Lagebericht Bergmann AR E.ON Ruhrgas am 20. Dezember 2005, 8, in: AEGC 01002155563.

klassischen Geschäftsprinzipien, denn sie bildeten eben nicht mehr das Spiegelbild zu den langfristigen, ölpreisgebundenen Bezugsverträgen, sondern einen expliziten Gegensatz und entsprachen zudem einer sich auch politisch bereits deutlich abzeichnenden Entwicklung, die die gaswirtschaftlichen Grundfesten nachhaltig und mit beispielloser Härte ändern sollte.

Schon 2004 hatte das Bundeskartellamt ein Verfahren gegen die E.ON Ruhrgas und weitere Import- und Ferngasgesellschaften zur Wirksamkeit langfristiger Gasliefervertrage zwischen etablierten Lieferanten und Weiterverteilern angestrengt.[108] Die Behörde vertrat dabei die Auffassung, dass die üblichen Kontrakte mit Laufzeiten von bis zu 20 Jahren und ihren meist vollständigen Bedarfsdeckungsquoten zu einer mit dem Kartellrecht nicht vereinbaren Marktabschottung führten. Die E.ON Ruhrgas meinte dagegen, dass allein durch die Mengenfreigaben der Ministererlaubnis und die in den folgenden Jahren auslaufenden Verträge mit weiterverteilenden Kunden ein ausreichend hohes Maß an Markteintrittschancen für Wettbewerber bestand.[109] Dies sah das Bundeskartellamt jedoch anders und akzeptierte nun auch nicht mehr die klassische Versorgungssicherheitslogik der untrennbaren Kombination langfristiger Abnahmeverpflichtungen in Ein- und Verkauf. Die Anfang 2005 vorgestellten kartellrechtlichen Beurteilungsgrundsätze begrenzten schließlich Verträge mit einer Deckung von mehr als 80 Prozent auf eine Laufzeit von zwei Jahren und die von mehr als 50 Prozent auf maximal vier Jahre. Während der E.ON Ruhrgas-Vorstand weiter einen „schwerwiegenden Eingriff in die Vertragsfreiheit" und die Parallelität der Maßnahme zur Regulierung des Netzzugangs monierte, unterstützte die Wingas den Behördenvorstoß mit dem Hinweis, auf langfristige Verkaufsverträge verzichten zu können.[110] Dies war wenig verwunderlich, denn tatsächlich bildeten die bestehenden Lieferverträge eine unüberwindbare Hürde für alle Wettbewerber bei der Eroberung neuer Marktanteile. Und ebenso wenig verwunderlich war der heftige Widerstand des Marktführers zur Verteidigung seiner Position.

Dass sich die Maßnahme dezidiert gegen die Marktmacht der E.ON Ruhrgas richtete, zeigte die vom Vorstand von Anfang an erbittert bekämpfte Regelung eines Wettbewerbsbeteiligungsverbots für alle Lieferanten, die einen Kunden bereits mit einer Teilmenge belieferten. Damit wäre zunächst der etablierte Hauptlieferant vom Wettbewerb um die Restmenge ausgeschlossen worden, selbst wenn er das günstigste Angebot abgegeben hätte – und dies war nun

108 Lagebericht Bergmann AR E.ON Ruhrgas am 21. Dezember 2004, 8 f., in: AEGC 01002155558.

109 Ebd.

110 Lagebericht Bergmann AR E.ON Ruhrgas am 18. März 2005, 7 ff., in: AEGC 01002155560.

einmal in den meisten Fällen der Marktführer. Der Vorstand bewertete das Konzept des Bundeskartellamtes daher zwangsläufig als einseitig wettbewerbsbehindernde Maßnahme und forderte einen Bestandsschutz für langfristige Altverträge.[111] Da das Bundeskartellamt seine Vorgehensweise jedoch bestätigte, entschloss sich die E.ON Ruhrgas, durch eine freiwillige Selbstverpflichtung die bevorstehenden Regulierungsschritte zu entschärfen. So wurde den weiterverteilenden Kunden ab Anfang 2006 eine flexible Gestaltung aller langfristigen Lieferverträge angeboten.[112]

Der Vorstoß blieb jedoch wirkungslos, denn das Kartellamt forderte nun eine vollständige Beendigung aller Verträge bis zum Oktober 2006. Ungeachtet des Selbstverpflichtungsangebots hielt das Kartellamt daran fest, eine Grundsatzentscheidung gegen das Unternehmen herbeizuführen und untersagte im Januar 2006 die Praktizierung bestimmter Mengen- und Laufzeitkombinationen von Langfristverträgen mit regionalen und lokalen Weiterverteilern. Die E.ON Ruhrgas legte daraufhin beim Oberlandesgericht Düsseldorf Beschwerde gegen die Verfügung ein und stellte zugleich einen Eilantrag, um deren sofortige Vollziehung zu verhindern. Das Gericht folgte jedoch auf ganzer Linie dem Bundeskartellamt und lehnte den Eilantrag ab, sodass in Deutschland sämtliche Altverträge bis Ende September 2006 aufgehoben und mit allen Kunden ab Oktober 2006 Neuverträge mit einer Laufzeit von ein oder zwei Jahren abgeschlossen werden mussten.[113] Im Herbst 2007 scheiterte dann die Beschwerde der E.ON Ruhrgas beim Oberlandesgericht, die sich mittlerweile allerdings nicht mehr auf die Hauptsache, sondern nur auf den Aspekt des Wettbewerbsbeteiligungsverbotes bezog.[114] Damit hatte der Vorstand auf die gerichtliche Überprüfung der Kartellamtsuntersagung von Langfristverträgen mit Weiterverteilern verzichtet – und gerade in diesem Bereich lag der wohl härteste Systembruch. Der von der E.ON Ruhrgas angerufene Bundesgerichtshof bestätigte dann Anfang 2009 das Urteil mit der Begründung, dass andernfalls die Möglichkeit entstehe, Verträge so miteinander zu kombinieren, dass das Fristen- und Quotengerüst unterlaufen werde.

Vor diesem Hintergrund blieb auch 2006 die Wettbewerbssituation aus Perspektive der E.ON Ruhrgas unverändert angespannt, zumal der Marktanteil in

---

111 Lagebericht Bergmann AR E.ON Ruhrgas am 20. Dezember 2005, 12 ff., in: AEGC 01002155563; Lagebericht E.ON Ruhrgas, 2005, 5, in: AEGC 01002155565.

112 Ebd.

113 Lagebericht E.ON Ruhrgas, 2006, 12, in: AEGC 01002156213; *Ruhrgas bleibt im Streit mit Kartellamt hart*, in: Handelsblatt (10. 1. 2006); *Eon Ruhrgas verliert Kartellstreit*, in: Handelsblatt (21. 6. 2006).

114 Lagebericht Bergmann AR E.ON Ruhrgas am 19. Dezember 2007, 3, in: AEGC 01002156215; *Ruhrgas gibt im Streit über Gasverträge nach*, in: Handelsblatt (31. 7. 2006).

Richtung 50 Prozent rutschte und die Absatzverluste nur noch durch Gewinne im Ausland kompensiert werden konnten.[115] 2007 erreichte der Gas-zu-Gas-Wettbewerb dann einen neuen Höhepunkt durch umfangreiche Aktivitäten auch neuer Marktteilnehmer, die etwa im Stadtwerkesegment erheblich unter dem Kommunalgaspreisniveau der E.ON Ruhrgas anboten, die Grenzen ihrer bisherigen Stammmärkte überschritten und den Industriekundensektor neu entdeckten. Dazu kam Konkurrenz aus dem eigenen Haus, denn die im Februar 2007 neu gegründete Direktvertriebstochter der E.ON Energie „E WIE EINFACH“ startete als erster bundesweit im Strom- und Gasabsatz tätiger Anbieter erfolgreich in den Markt und gewann innerhalb weniger Monate 350.000 Kunden, darunter zwei Drittel Strom- und ein Drittel Gaskunden. Bergmann stellte dazu ernüchtert fest, dass das E.ON-Engagement „das langjährige Verhältnis zu unseren Vertriebspartnern zum Teil erheblich“ belastete.[116] So blieb der Gasabsatz zwar innerhalb des Konzerns, doch trat dieser nun ebenfalls als direkter Wettbewerber im Endkundengeschäft auf, was die Position der E.ON Ruhrgas bei der Verhandlung von Lieferverträgen nicht unbedingt verbesserte. Das Ergebnis dieser Entwicklung zeigte sich am weiter sinkenden Marktanteil, denn während das Unternehmen zwar kaum Kunden verlor, sanken auch unter Berücksichtigung der neuen Vertragsrechtslage die jeweiligen Liefermengen.[117]

In den folgenden Jahren verstetigte sich das Bild. An die Stelle der klar strukturierten, von ritualisierten Beziehungen und Methoden bestimmten Branche war eine kaum überschaubare Vielfalt der Möglichkeiten getreten.[118] Diese wurden handelsseitig vor allem von neuen Marktteilnehmern sowie von den Kunden genutzt, denen die umfassende Deregulierung im Verlauf der Liberalisierung entsprechende Rechte eingeräumt hatte. Die Entwicklung ging damit zulasten der etablierten Fern- und Regionalgasgesellschaften und hier insbesondere der E.ON Ruhrgas als Hauptimporteuer. Maßgebliche Impulse setzten nun auch Lieferanten, die in das Endkundengeschäft eindrangen. Neben einem absackenden Preisniveau musste die E.ON Ruhrgas nun auch den Verlust langjähriger Kunden verkraften, die wie die Stadtwerke Osnabrück und Erlangen 2008 einen vollständigen Anbieterwechsel vollzogen.[119] Allein in den ersten vier Monaten des Jahres 2009 summierten sich die Absatzverluste ge-

115 Lagebericht Bergmann AR E.ON Ruhrgas am 15. Dezember 2006, 12, in: AEGC 01002155568.

116 Lagebericht Bergmann AR E.ON Ruhrgas am 19. Dezember 2007, 14 f., in: AEGC 01002156215.

117 *Wingas ärgert Ruhrgas*, in: Handelsblatt (24. 6. 2008).

118 Siehe umfassend Baumgart, *Vertragshandbuch Gaswirtschaft*.

119 Vorstand E.ON Ruhrgas am 14. Januar 2008, in: AEGC A43.

Abb. 50: Pipeline in der Russischen Föderation, 2015.

genüber der ursprünglichen Planung auf rund 40 Mrd. Kilowattstunden, in der ersten Jahreshälfte dann auf rund 20 Prozent und über den Jahresverlauf auf neun Prozent gegenüber dem Vorjahreszeitraum.[120]

Das Unternehmen musste sich angesichts der Situation einem Wandlungsprozess durch neue Produkte, Dienstleistungen und Vorgehensweisen unterziehen, in dem die bewährten geschäftsbestimmenden Konzepte von Marktmacht und gesellschaftsrechtlicher Verflechtung bald weniger galten als spontane Anpassungsfähigkeit, Flexibilität und das Gespür für neue Marktlagen.[121] Nach einem fast 20jährigen Widerstand gegen diesen Wandlungsprozess hatte sich der Vorstand der E.ON Ruhrgas spätestens Anfang 2007 mit der „neuen Welt" der Gasmärkte, wie Bergmann die veränderte Situation bezeich-

120 Außerordentliche AR E.ON Ruhrgas am 11. Mai 2009, 4, in: AEGC Ordner [o. S., o. T.]; dsgl. am 12. August 2009, 5, in: AEGC Ordner [o. S., o. T.]; AR E.ON Ruhrgas am 16. Dezember 2009, 2, in: AEGC Ordner [o. S., o. T.].

121 Siehe z. B. E.ON Ruhrgas AG (Hg.), *Die neuen Produktlinien*, Essen 2008. In dieser Publikation warb das Unternehmen für seine Produkte mit dem Slogan: „Flexibilität, Vielfalt und gleichzeitig Klarheit – wer bietet das schon bei der Gasbeschaffung?".

nete, weitgehend arrangiert und blickte nach vorne.[122] Statt den vergangenen Zeiten nachzutrauern, sollte das Unternehmen im Rahmen einer Wettbewerbsinitiative der E.ON nun offensiv als „Market Maker"[123] positioniert werden.[124] Auf der anderen Seite stand die E.ON Ruhrgas jedoch weiterhin sowohl im Blickfeld der EU-Kommission als auch des Bundeskartellamtes u. a. wegen des Verdachts der Kapazitätshortung, des Missbrauchs langfristiger Kapazitätsverträge und mangelnder Netzinvestitionen. Die Verfahren wurden schließlich nach einer Reduzierung der Vertragsvolumina eingestellt.[125] Dass über die Auslegung gesetzlicher Vorgaben auch weiterhin unterschiedliche Auffassungen herrschten und die Unternehmen bei deren Umsetzung stets auf dem schmalen Grat des aus ihrer Perspektive gerade noch Möglichen wandelten, bewiesen die auch in den folgenden Jahren fortgeführten Untersuchungen und eingeleiteten Verfahren im Energiesektor. Diese dienten nicht unbedingt der Sanktionierung, sondern vielfach eher der Disziplinierung zu marktkonformem Verhalten im Sinne der Behörden.

Gegenstrategien

E.ON hatte als Begründung der Übernahme der Ruhrgas insbesondere die Sicherung der Wettbewerbsfähigkeit in den gewandelten liberalisierten Märkten betont und als Hauptmaßnahme die Stärkung bislang unzureichend entwickelter und die Implementierung neuer Geschäftsfelder angekündigt. Die wohl wichtigste Neuerung bildete der Einstieg in den Upstream-Sektor. Nachdem die Ruhrgas bis in die 1990er Jahre nahezu ausschließlich im Bereich des klassi-

122 Lagebericht Bergmann AR E.ON Ruhrgas AG am 19. Dezember 2007, 13, in: AEGC 01002156215.

123 Marktteilnehmer, der sich verpflichtet, gleichzeitig verbindliche Kauf- und Verkaufspreise (Quotierungen) zu veröffentlichen.

124 Zu den beabsichtigten und schließlich auch weitestgehend umgesetzten Maßnahmen gehörten neben verpflichtenden Maßnahmen wie der raschen Umsetzung des Zweivertragsmodells die Reduzierung der Anzahl der eigenen Marktgebiete, die Versteigerung von Speicherkapazitäten an neue Marktteilnehmer, die Implementierung virtueller Handelspunkte, die Kooperation mit der EEX, der Ausbau grenzüberschreitender Kapazitäten sowie Infrastrukturinvestitionen in Leitungen, Speicher und Förderprojekte. Lagebericht Bergmann AR Ruhrgas am 9. März 2007, 3 f. sowie Chart Nr. 5, in: AEGC 01002156212.

125 Außerordentliche AR E.ON Ruhrgas AG am 11. Mai 2009, 5, in: AEGC Ordner [o. S., o. T.]; Vorstand E.ON Ruhrgas am 15. Juni 2009, TOP 7, in: AEGC Ordner „Vorstand Berichte 2009–2011"; dsgl. am 22. Juni 2009, TOP 2, in: AEGC Ordner „Vorstand Berichte 2009–2011"; AR E.ON Ruhrgas am 16. Dezember 2009, 2, in: AEGC Ordner [o. S., o. T.].

schen Ferngasgeschäftes tätig gewesen und vom Vorstand erst dann eine verstärkte Expansion in das Regional- und Endverteilergeschäft vorangetrieben worden war, verband sich mit dieser neuen Entwicklung eine maßgebliche Erweiterung der Wertschöpfungskette. Bereits 1997 hatte die aus diesem Anlass neu gegründete englische Tochtergesellschaft Ruhrgas UK Exploration and Production erste kleinere Beteiligungen an Gasfeldern in der britischen Nordsee erworben.[126] 2003 rückte der Bereich Exploration und Produktion dann ins Zentrum des Unternehmensinteresses, galt doch die Eigenförderung nicht nur als Gegenstrategie zu den großen Fördernationen, sondern auch als wichtige Diversifizierungs- und Flexibilisierungsmaßnahme. Für die „Upstream Strategie Gas" wurde die Vorgabe formuliert, bis 2010 ca. 15 bis 20 Prozent des Gasportfolios der Ruhrgas aus eigener Produktion zu decken. 15 Prozent entsprachen einer Fördermenge von rund zehn Mrd. Kubikmetern pro Jahr, wovon 60 Prozent aus Russland und 40 Prozent aus der norwegischen und britischen Nordsee stammen sollten. Bei allen Akquisitionsprojekten für den eigenen Förderbetrieb war vorgesehen, als aktiver Partner in Konsortien oder Joint Ventures aufzutreten, ohne jedoch die technische Betriebsführung zu übernehmen.[127] Konkretere Planungen begannen 2004 und konzentrierten sich zunächst vordergründig auf Russland, zielten aber bereits auch auf die Nordsee.[128] Die Umsetzung sollte sich als äußerst schwierig erweisen.

Der bevorzugte Blick nach Russland resultierte aus einer übergeordneten Strategie des E.ON-Konzerns, der sich von einer engen Kooperation mit der Gazprom erhebliche Vorteile und Synergien versprach. Dazu gehörten neben der langfristigen Sicherung der deutschen Erdgasversorgung gemeinsame Leitungsprojekte, Mengen für eine weitere Auslandsexpansion sowie in einem weiteren Schritt Chancen auf eine Erschließung des russischen Strommarktes. Gleichzeitig erblickte Bundeskanzler Schröder in einer strategischen Partnerschaft den Kern des „blendenden deutsch-russischen Verhältnisses". Tatsächlich erreichte das schließlich Anfang Juli 2004 vereinbarte Vorhaben eine beispiellose Dimension, denn erstmals gestattete Russland einem ausländischen Unternehmen eine derart umfassende Beteiligung.[129] Das von der E.ON und

---

126 AR Ruhrgas am 25. April 2002, 22, in: AEGC 0102155540; dsgl. am 27. November 2002, 22, in: AEGC 01002155547; Vorlage AR Ruhrgas, 30. Januar 2002, schriftliches Beschlussverfahren, in: AEGC 01002340112; Vorlage AR Ruhrgas, 13. August 2002, schriftliches Beschlussverfahren, in: AEGC 01002340110.

127 Redeentwurf Bernotat zur außerordentlichen AR E.ON am 27. November 2004, in: AEGC 01002155559; Lagebericht Bergmann AR Ruhrgas am 21. Dezember 2004, 14, in: AEGC 01002155558.

128 AR Ruhrgas am 5. Dezember 2003, 5, in: AEGC 01002155553.

129 *Die Stunde der Strategen*, in: Der Spiegel 29 (2004), 66–69.

Tab. 9: Upstream-Produktion der E.ON Ruhrgas AG 2003 bis 2013.[130]

	Liquids/Öl in Mio. Barrel	Gas in Mio. m^3	Yushno Russkoje[131]	Gas gesamt in Mio. m^3
2003	2,3	ca. 235	–	ca. 235
2004	2,5	ca. 250	–	ca. 250
2005	–	ca. 300	–	ca. 300
2006	–	ca. 300	–	ca. 300
2007	5,0	771	–	771
2008	5,9	1.360	–	1.360
2009	5,5	1.420	–	1.420
2010	5,2	1.513	6.000	7.513
2011	3,6	1.175	6.400	7.575
2012	1,5	615	6.300	6.915
2013	7,5	1.465	6.262	7.727

Gazprom unterzeichneten Memorandum of Understanding umfasste eine umfangreiche Zusammenarbeit in den Bereichen Gasproduktion und Gastransport sowie Downstream-Aktivitäten bei Strom und Gas. Die E.ON Ruhrgas sollte durch eine Beteiligung am westsibirischen Gasfeld Yushno Russkoje[132] ihre Eigenförderung in Russland auf das intendierte Niveau bringen und damit ihre vertikale Integration weiter vorantreiben.[133] Zentraler Bestandteil des Projekts war außerdem der gemeinsame Bau der „Nordeuropäischen Gaspipeline" im Ostseeraum, um für das beabsichtigte Plateau von 25 Mrd. Kubikmetern pro Jahr zusätzliche Importkapazitäten in der Zeit nach 2012 zu schaffen und vor allem die Ukraine zu umgehen. E.ON-Chef Bernotat feierte das Geschäft dann auch als „echten Brummer".[134]

Die russische Kooperationsbereitschaft war wenig verwunderlich, denn auch in seinen wirtschaftlichen und technischen Hintergründen erinnerte das Projekt an die großen Kompensationsgeschäfte der 1970er Jahre. Nun allerdings war die russische Förder- und Transportinfrastruktur veraltet. Trotz hoher Gewinne fehlte Gazprom die Liquidität für dringend notwendige Investitionsmaßahmen. Außerdem – und dies sollte sich bald mit zunehmender Deut-

---

130 Zusammenstellung und eigene Berechnung nach GB E.ON, 2008–2013, sowie Lageberichten und Aufsichtsratsniederschriften E.ON Ruhrgas, 2003–2007, passim. Fehlende Angaben waren nicht zu ermitteln.

131 Erwerb von Anteilen des Yushno Russkoje-Feldes Ende 2009.

132 Das Feld verfügte über sichere Reserven von rund 700 Mrd. m^3, gehörte damit zu den größten Erdgasvorkommen in Russland und war zudem relativ leicht zugänglich.

133 Lagebericht Bergmann AR Ruhrgas am 21. Dezember 2004, 14 f., in: AEGC 01002155558.

134 *Die Stunde der Strategen*, in: Der Spiegel 29 (2004), 68.

lichkeit zeigen – erwartete Gazprom im Gegenzug zu den Zugeständnissen gegenüber E.ON einen direkten Zugang zu den deutschen und europäischen Energiemärkten. Es ging für die Russen um nicht weniger als um die Emanzipation von der Rolle des Lieferanten bis zur Landesgrenze durch eine direkte Beteiligung an Unternehmen und damit an den Profiten aus dem Gasvertrieb im Downstream-Sektor der ausländischen Zielmärkte. Gazprom war das erste Unternehmen, das den 2003 verkündeten neuen energiewirtschaftlichen Kurs der russischen Regierung umsetzte und die propagierte Etablierung einer umfangreichen, von Beteiligungen abgesicherten Präsenz auf den Exportmärkten vorantrieb.[135]

Noch im Herbst 2003 hatte Bernotat anlässlich der Feiern zum 30jährigen Jubiläum der russischen Erdgaslieferungen nach Deutschland ganz anders geklungen und eine solche Perspektive nicht nur als weitgehend offen bezeichnet, sondern auch durchaus skeptisch bewertet. Dabei verwies er auf die im Konzern noch offene Entscheidung, sich in den USA oder in Russland verstärkt zu engagieren, und erwähnte explizit als entscheidenden Faktor die Entwicklung der politischen, wirtschaftlichen und rechtlichen Rahmenbedingungen in Russland.[136] Gazprom warb seit Sommer 2003 innig um einen Einstieg der Ruhrgas in gemeinsame Gasförderprojekte für den russischen Inlandsmarkt, insbesondere nachdem Ruhrgas bereits im Frühjahr Verhandlungen mit dem größten russischen Mineralölkonzern Lukoil über die Entwicklung von Gasfeldern auf der Jamal-Halbinsel geführt hatte.[137] Während Gazprom demonstrativ im Juli 2003 mit der Wintershall das erste deutsch-russische Gemeinschaftsunternehmen zur Gasförderung gründete, vertröstete Ruhrgas-Chef Bergmann seinen größten Lieferanten auf 2004. Diese Beispiele verdeutlichen den Wandlungsprozess auf den internationalen Gasmärkten. Symbolische Freundschaftsbekundungen wie die zum Jubiläum finanzierte Rekonstruktion des Bernsteinzimmers besaßen im täglichen Geschäft kaum noch Bedeutung.[138]

Nach der Unterzeichnung der Absichtserklärung hatten unter dem Projektnamen „Boris" 2003 die Verhandlungen zu den Modalitäten einer Beteiligung am Gasfeld Yushno Russkoje begonnen. Nach einer weitgehenden Einigung im Dezember 2004 folgten Erörterungen zu den Themen Ostseeleitung, Transportinfrastruktur in Deutschland und Erweiterung des Gasbezugs aus Russland.[139]

---

135 Vavilow/Trofimov, *Phantom Energy Empire*, 83 f.

136 *Eon und Ruhrgas vertrösten ihren Partner Gazprom*, in: Handelsblatt (13.10.2003).

137 *Ruhrgas plant eigene Förderung*, in: Handelsblatt (31.3.2003); *Gazprom will Ruhrgas stärker einbinden*, in: Handelsblatt (5.6.2003).

138 *Blick für das Langfristige. 30 Jahre Partnerschaft mit der russischen Gaswirtschaft*. Sonderheft der gasette 5 (2003).

139 Lagebericht Bergmann AR Ruhrgas am 18. März 2005, 16, in: AEGC 01002155560. Weitere Informationen zu den Verhandlungen liegen nicht vor.

Abb. 51: 35jähriges Gaslieferjubiläum, 2008. Bernhard Reutersberg (Vorstandsvorsitzender Ruhrgas), Alexei Miller (Vorstandsvorsitzender Gazprom), Alexander Medwedjew (Vorstandsmitglied Gazprom / Bruder des Präsidenten der Russischen Förderation Dimitri Medwedjew), Jürgen Lenz (Technikvorstand Ruhrgas).

Möglicherweise angesichts schleppender Fortschritte, vielleicht aber auch aufgrund der Weigerung der E.ON, Gazproms Forderung nach einer Beteiligung an der E.ON Ruhrgas nachzukommen, vereinbarten Konzernchef Alexei Miller und Jürgen Hambrecht, Vorstandvorsitzender der Wintershall-Mutter BASF, im April ein zum E.ON-Papier quasi identisches Memorandum of Understanding, mit dem der bedeutendste deutsche Ruhrgas-Konkurrent den Zuschlag von fast 50 Prozent an dem umworbenen Gasfeld erhalten sollte. Dazu kamen Kooperationsprojekte bei der Felderschließung, beim Ostsee-Leitungsbau und beim Vertrieb über das Joint Venture Wingas, dessen Anteil die Gazprom auf 50 Prozent weniger eine Aktie aufstocken sollte.[140] Mit der Regelung, sich sowohl beim Gasfeld als auch bei der Pipeline den Einstieg weiterer strategischer Partner vorzubehalten, sicherte sich Gazprom nicht nur weiterhin eine große Freiheit, sondern auch die Möglichkeit, E.ON und BASF gegeneinander auszuspie-

140 *Achterbahn der Gefühle*, in: Der Spiegel 16 (2005), 100; *Leere Versprechen*, in: Handelsblatt (27.4.2005). Die Forderung der Gazprom nach einer Ruhrgas-Beteiligung ist in den Akten nicht abgebildet.

len. Auch Bergmanns mittlerweile mehrfach durch Wiederwahl bestätigte Mitgliedschaft als einziger Nicht-Russe im Direktorenrat der Gazprom spielte in diesem Kontext keine Rolle. Kaum einzuschätzen ist die Position von Schröder, denn der Bundeskanzler beehrte innerhalb eines halben Jahres auch die zweite Unterzeichnung einer Absichtserklärung durch seine Anwesenheit und scheint damit die Entwicklung befürwortet zu haben.

Im September 2005 unterzeichneten dann Gazprom, BASF und E.ON eine Grundsatzvereinbarung über die Realisierung der „Nordeuropäischen Gaspipeline“, nachdem Schröder und der russische Präsident Putin ebenfalls eine Absichtserklärung ratifiziert hatten. Bereits Anfang Dezember gründeten Gazprom (51 Prozent), E.ON Ruhrgas (24,5 Prozent) und Wintershall (24,5 Prozent) die Projektgesellschaf NEGP Company nach schweizerischem Recht, die den Bau und Betrieb der Pipeline durchführen sollte und ab Oktober 2006 den Namen Nord Stream AG trug. Der Abschluss von Detailverträgen begann ebenfalls 2006, um die Inbetriebnahme der beiden Leitungsstränge mit einer Gesamtkapazität von 55 Mrd. Kubikmetern pro Jahr in 2010 und 2012 zu sichern. Von dem Gesamtinvestitionsvolumen von 8,8 Mrd. Euro entfielen schließlich jedoch nur 15,5 Prozent auf die E.ON Ruhrgas, denn schon bei Gründung der Leitungsgesellschaft war die Reduzierung des Anteils der beiden kleineren Aktionäre um jeweils 4,5 Prozent zugunsten der Gasunie vorbehalten worden.[141] Später folgte noch eine entsprechende Beteiligung durch die französische GdF Suez.[142] Die Termine wurden schließlich weitgehend eingehalten, sodass ab 2011 das erste Erdgas vom russischen Wyborg über rund 1.200 Kilometer durch die Ostsee nach Greifswald lief.[143] Die Beteiligung an der Nord Stream war für die E.ON Ruhrgas nicht nur von zentraler Bedeutung, sondern das in seiner Wirkung wohl bedeutsamste Geschäft des 21. Jahrhunderts. Sie bot die Grundlage für die Fortführung der Zusammenarbeit mit Gazprom und war nach dem Memorandum vom Juli 2004 quasi Vorbedingung für die Umsetzung weiterer Projekte. Dies galt sowohl für das Upstream-Engagement beim Yushno Russkoje-Feld als auch für zwei Junktims, die im Laufe der Verhandlungen vereinbart werden konnten.

Erstens einigten sich die Partner auf eine Verlängerung der vier Altmengenverträge der Sojusgazexport im Umfang von jährlich rund 20 Mrd. Kubikmetern bis 2035. Mit der Fortsetzung der traditionellen Mengensicherungsstrategie durch langfristige Bezugsverträge bestätigte die E.ON Ruhrgas zweitens

---

141 Vorlage TOP 4a AR Ruhrgas am 15. Dezember 2006, in: AEGC 01002155568.

142 2008 entstanden durch die Fusion von Gaz de France mit dem Mischkonzern Suez.

143 Zum Unternehmen siehe: Nord Stream AG (Hg.), *Sichere Energie für Europa. Das Nord Stream-Pipelineprojekt 2005–2012*, [o. O.] 2013.

die Zukunft des seit 1973 etablierten Einfuhrorts Waidhaus und der mit diesem verbundenen zentralen Rolle des Unternehmens bei den russischen Erdgasimporten nach Deutschland.[144] Durch den Bau der Nord Stream erhielt Deutschland in Greifswald einen dritten großen Lieferpunkt, der im Hinblick auf die Kapazität der Leitung und die latent akuten Auseinandersetzungen zwischen Russland und der Ukraine um Gaslieferungen geeignet schien, die vorhandene Importstruktur einschneidend zu verändern. Von Greifswald ausgehend, war in Deutschland nun der Bau von zwei Transportleitungen vorgesehen, an der sich die E.ON Ruhrgas unbedingt beteiligen musste, um einen gewissen Einfluss zu erhalten. Die 2011 in Betrieb gesetzte Ostsee-Pipeline-Anbindungsleitung (OPAL) durchquert Ostdeutschland, schließt im Süden Sachsens an die aus Tschechien kommende Transgas-Pipeline an und ermöglicht somit den Transit durch Tschechien nach Waidhaus sowie die Verbindung zur STEGAL und zur MIDAL. Mit der Kapazität von 32 Mrd. Kubikmetern pro Jahr eignet sich die OPAL hervorragend zur Mengenverlagerung von der klassischen Südroute über die Ukraine, die Slowakei und Tschechien, die sowohl die Bezüge der E.ON Ruhrgas als auch anderer westeuropäischer Kunden betraf.

Der Durchsetzung einer dauerhaften Umgehungsstrategie entspricht auch die seit 2012 arbeitende Norddeutsche Erdgasleitung (NEL) (heute: Nordeuropäische Erdgasleitung), die mit einer Kapazität von jährlich 20 Mrd. Kubikmetern 440 Kilometer quer durch Mecklenburg-Vorpommern und Niedersachen bis zum Endpunkt Rehden an der MIDAL überbrückt. Hauptgesellschafter der OPAL war neben der E.ON Ruhrgas über die E.ON Ruhrgas Nord Stream Anbindungsleitungsgesellschaft mbH (20 Prozent) die Wingas (80 Prozent). Bei der NEL waren es zunächst die Wingas (75 Prozent), die in Rehden auch den mit einem Arbeitsgasvolumen von 4,4 Mrd. Kubikmeter größten europäischen Erdgasspeicher betrieb, und die E.ON Ruhrgas (25 Prozent), die ihre Beteiligung aber bis zur Inbetriebnahme auf 51 Prozent bzw. zehn Prozent reduzierten, und so den Einstieg der Gasunie (20 Prozent) und der Fluxys SA[145] (19 Prozent) ermöglichten.[146] Der Einstieg niederländischer und belgischer Unternehmen verdeutlichte nochmals die eigentliche Intention der NEL zum Transit von Neumengen in das westeuropäische Ausland. Diese verdrängten damit zwar nicht direkt Mengen der E.ON Ruhrgas, waren aber unabhängig vom Zielmarkt po-

144 Vorlage TOP 4a AR Ruhrgas am 15. Dezember 2006 und Vortrag von Ruhrgas-Technikvorstand Jürgen Lenz zum TOP 4a AR Ruhrgas am 15. Dezember 2006, 3 ff., in: AEGC 01002155568.
145 Aus der Distrigaz 2001 abgespaltener Fernleitungsbetreiber.
146 Vorlage TOP 4a AR Ruhrgas am 15. Dezember 2006 und Vortrag Lenz TOP 4a AR Ruhrgas am 15. Dezember 2006, 3 ff., in: AEGC 01002155568. Zum Wechsel der Gesellschafter siehe: Meller u. a. (Hrsg.), *Jahrbuch 118 (2011)*, Abschnitt 2.

tenziell geeignet, durch Rückflüsse nach Deutschland den Gas-zu-Gas-Wettbewerb zu verstärken.

Die Nord Stream rückte ab dem Spätherbst 2005 recht schnell in den Mittelpunkt des öffentlichen Interesses, da sich das Verhältnis zwischen Russland und der Ukraine vor dem Hintergrund der Streitigkeiten um die Bezahlung von Gaslieferungen eintrübte, bis Gazprom Ende des Jahres den Bezug sperrte. Dieses Verhalten offenbarte den westeuropäischen Importnationen nicht nur erneut die Abhängigkeit von den russischen Lieferungen, sondern nach Ende des Kalten Krieges erstmals in dieser Dimension auch die Möglichkeit eines Gasboykotts als Bedrohung. Die von der russischen Erdgasversorgung besonders abhängigen EU-Staaten Nordosteuropas betrachteten das Leitungskonzept daher mit zunehmender Skepsis, lief es doch vollständig an ihren Interessen, sprich ihrem Staatsgebiet, vorbei und provozierte so auch hier ähnliche Sorgen.[147] Innerhalb der EU verstärkten sich Überlegungen, eine eigenständige Energieaußenpolitik mit der Prämisse einer stärkeren Diversifizierung von Bezugsquellen, Lieferanten und Transportwegen zu entwerfen. Im Frühjahr 2006 kam es zu einer vorübergehenden neuen Eiszeit in den Beziehungen zu Russland, denn Gazprom-Chef Miller beklagte mit Hinweis auf die scharfe Kritik der EU am Verhalten der Gazprom im Gasstreit mit der Ukraine die Politisierung von Angelegenheiten „privatwirtschaftlicher Natur". Er verwies unverhohlen auf die Möglichkeit der Gazprom, im Zweifel andere Märkte wie Nordamerika und China bevorzugt zu erschließen. Dabei warf er westeuropäischen Staaten und insbesondere Deutschland vor, die Beteiligung der Gazprom im Rahmen von Privatisierungsverfahren zu behindern.[148]

Dass Gazprom zu dieser Zeit massiv den direkten Einstieg in das Endkundengeschäft vorbereitete, zeigte der 2006 angebahnte und im folgenden Jahr schließlich abgeschlossene Sponsoring-Vertrag mit dem Fußballbundesligisten Schalke 04, der als Vorbereitung die Marke „Gazprom" etablieren sollte.[149] Den Bedenken gerade der baltischen Staaten gegen die Pipeline und ihrer Kritik an der nicht abgestimmten Tatsachenpolitik der Bundesregierung, die das Projekt durchwinkte, begegnete auch Bergmann im Aufsichtsrat mit der Semantik einer „privatwirtschaftlichen" und damit grundsätzlich außerhalb der politischen Sphäre stehenden Maßnahme, während Bernotat in der Öffentlichkeit den Aspekt der Versorgungssicherheit hervorhob und den Verunsicherungs-

147 *Hinter unserem Rücken*, in: Der Spiegel 41 (2006), 130–132; *Das ist ein Weckruf*, in: Der Spiegel 2 (2006), 34–38.

148 *Bundesregierung kritisiert Gazprom*, in: Die Welt (22. 4. 2006); *Russland sucht neue Absatzmärkte für Gas außerhalb Europas*, in: Die Welt (22. 4. 2006).

149 Vavilow/Trofimov, *Phantom Energy Empire*, 85 ff.; *Gazprom macht Schalke 04 völlig sprachlos*, in: Handelsblatt (9. 9. 2014).

effekt der Gazprom-Aktivitäten nicht als politisches Druckmittel, sondern als unbeabsichtigte Begleiterscheinung wertete.[150] Schröder wechselte nur wenige Tage nach Ende seiner Kanzlerschaft und Aufgabe seines Bundestagsmandats für Gazprom in den achtköpfigen Verwaltungsrat der Pipelinegesellschaft, in dem die E.ON Ruhrgas wie die BASF über zwei Sitze verfügte und u. a. durch Bergmann vertreten war.

Im Kontext der Nord Stream-Verhandlungen kam es im Juli 2006 zu einer aus Sicht der E.ON Ruhrgas „grundsätzliche Einigung" mit der Gazprom über einen Tausch von Minderheitsbeteiligungen an den ungarischen Assets des E.ON-Konzerns gegen eine 25prozentige Beteiligung am Gasfeld Yushno Russkoje. Der Vorstand erwartete hier „sehr komplexe Verhandlungen" mindestens bis zum Sommer 2007, da im Rahmen von Detailgesprächen nicht nur Bewertungsfragen zu klären waren, sondern auch die EU-Kommission ein Mitspracherecht besaß.[151] Diese Einschätzung erwies sich jedoch als zu optimistisch, da zwar relativ schnell Einvernehmen über den Übergang von vier E.ON-Kraftwerken und einer Gasspeichergesellschaft bestand, jedoch die angebotenen Downstream-Beteiligungen auf Wunsch der Gazprom nochmals getrennt bewertet und mit einer einjährigen Option ausgestattet werden sollten. Um welche Beteiligungen es sich handelte, ist unklar, doch bestanden erhebliche Meinungsverschiedenheiten zu ihrer Attraktivität.[152] Erst im Laufe des Jahres 2008 kam erneut Bewegung in die Sache, als die E.ON Ruhrgas eine erhebliche Ausdehnung der Gazprom-Forderungen akzeptierte und sich bereit erklärte, 2,93 Prozent ihrer Gazprom-Aktien abzugeben, wodurch sich ihr Anteil auf 3,5 Prozent reduzierte.[153]

Besonders interessant erscheint hier der Zeitpunkt der Zusage, denn der Aktienkurs der Gazprom verlor im Laufe des Jahres 2008 dramatisch an Wert, nachdem er zuvor ebenso rasant angestiegen war.[154] Diskussionen über zwi-

---

150 Lagebericht Bergmann AR Ruhrgas am 20. Dezember 2005, 28, in: AEGC 01002155563; *Die Pipeline ist ein Stück Sicherheit*, in: Der Spiegel 2 (2006), 36 f.

151 Lagebericht Bergmann AR E.ON Ruhrgas am 15. Dezember 2006, 21 f., in: AEGC 01002155568.

152 Lagebericht Bergmann AR E.ON Ruhrgas am 19. Dezember 2007, 25, in: AEGC 01002156215; AR E.ON Ruhrgas AG am 19. Dezember 2007, 11, in: AEGC 01002156215.

153 Lagebericht Reutersberg AR E.ON Ruhrgas am 17. Dezember 2008, 13, in: AEGC 01002156216.

154 Hatte die Ruhrgas für das Paket insgesamt rund 1,2 Mrd. Euro gezahlt, verdreifachte sich der Wert bis Ende 2004 auf 3,5 Mrd. Euro, um sich bis Ende 2006 nochmals auf 13,5 Mrd. Euro zu vervierfachen. Bis Ende 2007 stieg er durch die allgemeine Aufwärtsbewegung der Aktienmärkte, vor allem in Russland, den deutlichen Anstieg des Ölpreises und die umfangreiche Reservierung von Gasfeldern für die Gazprom durch den russischen Staat auf einen Höchststand von 15,2 Mrd. Euro. Die Gazprom zählte mit einer Marktkapitalisierung von ca. 230 Mrd. Euro bzw. 350 Mrd. US-Dollar zu den weltweit größten börsennotierten Unternehmen.

schenzeitliche Verkaufsabsichten lassen sich jedoch nicht nachweisen. Ende 2008 wurden die Aktien nach der Verschärfung der Finanzmarktkrise noch mit 4,7 Mrd. Euro gehandelt, sodass der Gegenwert des Tauschgeschäfts sich auf 2,15 Mrd. Euro belief. Im Mai 2009 übernahm die E.ON Ruhrgas schließlich wie beabsichtigt, allerdings mit annähernd fünfjähriger Verzögerung, 25 Prozent des Feldes für einen Gesamtpreis von ca. 2,6 Mrd. Euro. Bernotat und Teyssen begrüßten den Asset-Tausch, „da eine Beteiligung an einem produzierendem Gasfeld vorteilhafter anzusehen ist als eine strategisch nachrangig zu bewertende Beteiligung an Gazprom", die zudem weniger Erträge liefere.[155] Tatsächlich erzielte die E.ON Ruhrgas einen Buchgewinn von 1,8 Mrd. Euro und zahlte für sichere Erdgasmengen im Umfang von 175 Mrd. Kubikmetern – dies entsprach etwa dem 2,5fachen Jahresabsatz – den Spottpreis von 800 Mio. Euro.[156] Damit war der russische Teil der Upstream-Strategie erfüllt, die auch 2009 immer noch eine Zielförderung von zehn Mrd. Kubikmetern pro Jahr anvisierte.[157]

In der Nordsee blieb der E.ON Ruhrgas dagegen schon früh nur eine Politik der kleinen Schritte, nachdem hier 2004 das erste und schließlich auch einzige Großprojekt gescheitert war. Ende November unterlag die E.ON Ruhrgas im Bieterwettbewerb um einen rund zehnprozentigen Anteil der BP Norge am nordnorwegischen Gasfeld Ormen Lange dem staatlichen dänischen Energieversorger DONG, dessen Preis „ein durch die Projektdaten nicht zu rechtfertigenden strategischen Aufschlag enthielt und unser Kaufangebot deutlich überstieg", wie Bergmann bedauerte.[158] Dieses hatte einschließlich einer Beteiligung in ebenfalls zehnprozentiger Höhe an der 1.200 Kilometer langen „Langeled"-Pipeline ins englische Easington sowie weiterer Bau- und Entwicklungsinvestitionen bei einem Gesamtvolumen von 1,55 Mrd. US-Dollar gelegen.[159]

Lagebericht Bergmann AR Ruhrgas am 19. Dezember 2007, 26, in: AEGC 01002156215. Vertreter der ehemaligen Aktionäre beklagten laut dem Spiegel voller Neid, dass E.ON die „Ruhrgas als Draufgabe für lau bekommen habe". *Ruhrgas war für E.ON ein Geschenk*, in: Der Spiegel 36 (2006), 56.

155 Außerordentliche AR E.ON Ruhrgas am 11. Mai 2009, 2 f., in: AEGC Ordner [o. S., o. T.].

156 GB E.ON, 2010, 83.

157 GB E.ON, 2009, 11.

158 Lagebericht Bergmann AR E.ON Ruhrgas am 21. Dezember 2004, 13, in: AEGC 01002155558.

159 Bei einer angenommenen anteiligen Mindestmenge von 42 Mrd. m^3 an dem mit sicheren Reserven von 310 bis 550 Mrd. m^3 größten Erdgasfund vor der nordnorwegischen Küste seit dem Trollfeld und berechtigten Chancen auf höhere Reserven sowie weitere Funde im eigenen Feldabschnitt hätte sich für die E.ON Ruhrgas unter Berücksichtigung der spezifischen norwegischen Steuerbestimmungen eine Rendite von 7,5 % errechnet. Ab Herbst 2007 milderten schließlich die Lieferungen des Ormen Lange-Konsortiums, dem neben der DONG noch die für Norwegen üblichen Unternehmen Norsk Hydro, Statoil, Shell und ExxonMobil angehörten, den Gasmangel auf dem englischen Markt mit Plateaumengen von bis zu 23 Mrd. m^3.

Für die E.ON Ruhrgas hätte die Beteiligung einen ersten großen Schritt bedeutet, da ihr Förderanteil von gut zwei Mrd. Kubikmetern pro Jahr die eigene Fördermenge ab 2008 auf über ein Viertel der Gesamtzielmenge und die Hälfte der Nordseezielmenge gebracht hätte.[160] Außerdem entsprach das Projekt den verstärkten Aktivitäten des E.ON-Konzerns in Großbritannien mittels des Energieversorgers Powergen. Letztlich sollten gerade die Ormen Lange-Mengen bei der vollständigen Umsetzung des Upstream-Konzeptes fehlen, denn ihr Ausfall konnte durch die zahlreichen kleineren Akquisitionen nicht kompensiert werden. Insgesamt brachten die Nordseeaktivitäten der E.ON Ruhrgas nur Jahresvolumina von durchschnittlich 1,3 Mrd. Kubikmetern oder einem Drittel des intendierten Umfangs.

Für den Bereich der Exploration und Produktion hatte die Ruhrgas bereits 2003 die Ruhrgas E&P GmbH gegründet, die in der Nordsee durch die ebenfalls neue Ruhrgas Norge AS und die Ruhrgas UK unterstützt wurde.[161] Das erste Upstream-Geschäft unter dem Dach der E.ON betraf mit der im Juni des Jahres von ConocoPhilips für 20 Mio. US-Dollar erworbenen Beteiligung von 15 Prozent am Njord-Feld ein Gas- und Ölvorkommen in der norwegischen Nordsee mit Reserven von insgesamt ca. zehn Mrd. Kubikmetern Erdgas und stellte damit ebenso wenig einen wirklichen Fortschritt im Sinne der Zielprojektion dar, wie die weitere Aufstockung des Anteils 2005 um nochmals 15 Prozent für nun 90 Mio. US-Dollar.[162] Es folgten 2005 Beteiligungen an den Feldern Victoria (30 Prozent) und Fram (25 Prozent) von ExxonMobil mit geschätzten Gesamtreserven von 22 bis 118 Mrd. Kubikmetern für 80 Mio. Euro bzw. 2,2 Mrd. Kubikmetern und einem weiteren Ölanteil für 360 Mio. Euro.[163] Dazu kam die Übernahme der „Caledonia Oil & Gas Ltd." für 580 Mio. Euro, die quasi als Ersatz für Ormen Lange bis 2009 ihre Gasproduktion auf bis zu zwei Mrd. Kubikmeter pro Jahr steigern sollte, dieses Ziel jedoch nicht einmal annähernd erreichte.[164] 2007 stabilisierte die E.ON Ruhrgas E&P zudem ihre Beteiligung

---

160 Vorlage TOP 1 außerordentliche AR E.ON Ruhrgas am 27. November 2004, in: AEGC 01002155559; Beschlussvorlage AR E.ON, [o. D.]: Ormen Lange, in: AEGC 01002155559; dsgl. Vorstand E.ON am 17. November 2004, in: AEGC 01002155559.

161 Zur Entwicklung und Tätigkeit siehe E.ON Ruhrgas E&P GmbH (Hg.), *Exploration & Produktion. Neue Quellen erschließen*, Essen 2009.

162 Lagebericht Bergmann AR Ruhrgas am 5. Dezember 2003, 10 f., in: AEGC 01002155552; *Ruhrgas steigt in Gasfeld in Norwegen ein*, in: Handelsblatt (4. 6. 2003); Vorlage AR E.ON Ruhrgas, 2. Juni 2005, schriftliches Beschlussverfahren, in: AEGC 01002340104.

163 Vorlage AR E.ON Ruhrgas, 17. August 2005, schriftliches Beschlussverfahren: Victoria, in: AEGC 01002340104; Vorlage AR E.ON Ruhrgas, 17. August 2005, schriftliches Beschlussverfahren: Fram, in: AEGC 01002340104.

164 Lagebericht Bergmann AR E.ON Ruhrgas am 20. Dezember 2005, 21, in: AEGC 01002155563.

an der österreichischen Rohöl-Aufsuchungs-AG bei 30 Prozent.[165] Auch in der Nordsee erfolgten weitere Akquisitionen mit diversen Lizenzen im Gebiet „Skarv" durch die E.ON Ruhrgas Norge.[166] Damit waren die Investitionen der E.ON Ruhrgas im Upstream-Sektor weitgehend beendet.[167] Repräsentanzen u. a. in Dubai 2007 und Algerien 2008 ergänzten die Aktivitäten des Bereichs und standen auch im Kontext eines sich in dieser Zeit wieder verstärkenden Blicks auf Afrika und den Nahen Osten.

Hintergrund war das Thema LNG, das nach langjähriger Pause erneut an Bedeutung gewann. Nach der Jahrtausendwende hatte sich die Situation durch die weltweite Fördersteigerung, die Liberalisierung der Märkte, das zunehmende freie Handelsvolumen und die technische Entwicklung soweit geändert, dass dem LNG bald zunehmende Marktchancen und weitere Steigerungspotenziale zugesprochen wurden. Im Rahmen der zentralen Gasbeschaffungsstrategie des E.ON-Konzerns besaß der Flüssiggasbezug zunächst jedoch eindeutig eine untergeordnete Position, um dann ab 2007/08 mit einer Zielmenge von jährlich ebenfalls zehn Mrd. Kubikmetern an Bedeutung zu gewinnen.[168] Ab 2005 standen zunächst Überlegungen zur Versorgung Schwedens, Italiens und insbesondere Großbritanniens im Mittelpunkt des Interesses, da sich hier der größte Bedarf abzeichnete und gleichzeitig das neue Terminal Isle of Grain (Grafschaft Kent) mit einer Anfangskapazität von anfangs 4,5 Mrd. Kubikmetern pro Jahr in Betrieb ging.[169] Auf der Lieferseite richtete sich der Blick auf die drei großen afrikanischen Förderationen Algerien, Ägypten und Nigeria, aber auch auf Katar, den Iran und Libyen sowie Äquatorial Guinea.[170] Dabei ging es sowohl um die Möglichkeit, LNG inklusive oder exklusive Schiffstransport einzukaufen, als auch um Kooperationen bei integrierten LNG-Projekten einschließlich einer Upstream-Beteiligung. Ab 2006 wurden die Planungen und Vorgespräche auf allen Ebenen intensiviert, sodass 2007 erste konkrete Ergebnisse vorlagen, die jedoch bereits andeuteten, dass der Schwerpunkt der

---

165 Vorlage AR E.ON Ruhrgas, 20. Juni 2007, schriftliches Beschlussverfahren, in: AEGC 01002156211. Investition bis zu 84 Mio. Euro.

166 Vorlage AR E.ON Ruhrgas, 16. Juli 2007, schriftliches Beschlussverfahren, in: AEGC 01002156213.

167 Zur Lage der Felder siehe E.ON Ruhrgas AG (Hg.), „*Wir können Erdgas*", [Broschüre] Aufl. Oktober 2009, 7.

168 Ebd., 9.

169 Zur kritischen Versorgungslage Großbritanniens siehe: Lagebericht Bergmann AR E.ON Ruhrgas am 20. Dezember 2005, 17–19, in: AEGC 01002155563.

170 Lagebericht Bergmann AR E.ON Ruhrgas am 18. März 2005, 12, in: AEGC 01002155560; AR E.ON Ruhrgas am 18. März 2005, 6 f., in: AEGC 01002155561; dsgl. am 20. Dezember 2005, 13 f., in: AEGC 01002155564.

LNG-Aktivitäten der E.ON Ruhrgas anfangs weniger im Bereich von Verflüssigungsprojekten in den Produktionsländern Nord- und Westafrikas, sondern eher bei den zahlreichen Terminalprojekten in ganz Europa liegen würde.

Das Engagement der E.ON Ruhrgas zielte somit zwar auf die Diversifizierung des Bezugsportfolios, setzte dabei aber erstmals nicht mehr auf die bei allen anderen bisherigen Beschaffungsprojekten übliche Doppelstrategie der Mengen- und Transportsicherung. Nicht mehr der Liefer- bzw. Bezugsvertrag bildete den Ausgangspunkt bzw. die unabdingbare Voraussetzung eines Geschäftes, sondern die Fähigkeit, kontrahierte Mengen am Anlandeterminal zu verarbeiten und auf den entsprechenden Märkten verfügbar zu machen. Sobald dieser Aspekt gewährleistet war, konnten wahlweise freie Mengen auf dem Weltmarkt kontrahiert oder langfristig feste Mengen nach klassischem Muster unter Beteiligung an der außereuropäischen Transportinfrastruktur bezogen werden. Das Ergebnis dieses fakultativen und in seiner Gesamttendenz weitgehend ergebnisoffenen Verhaltens zeigte sich schließlich schon nach kurzer Zeit, denn das sich vor dem Hintergrund der Finanzkrise zusehends eintrübende LNG-Geschäft machte zahlreiche Vorhaben obsolet.

Dazu gehörten etwa die europaweiten Terminalprojekte, die die E.ON Ruhrgas seit 2006 vorangetrieben hatte, um sie 2008 aufzugeben.[171] In Wilhelmshaven verfügte die Deutsche Flüssigerdgas Terminal Gesellschaft, an der die E.ON Ruhrgas mit 78 Prozent beteiligt war, über ein Grundstück und entsprechende Betriebsgenehmigungen für ein LNG-Terminal. Da der einzige Tiefwasserhafen Deutschlands auch für Tankschiffe der neuesten Generation mit Kapazitäten von 200.000 Tonnen erreichbar war, drängte sich hier die Überprüfung eines Bauprojekts förmlich auf. Im August 2007 begann die Ausschreibung einer schlüsselfertigen Anlage, während zugleich Marktteilnehmer aufgefordert wurden, ihr Interesse an der Buchung von Terminalkapazitäten anzumelden. Diese sogenannte „Open Season“ war eine Auflage der Bundesnetzagentur, um den diskriminierungsfreien Zugang Dritter zu Kapazitäten des Terminals zu gewährleisten.[172] 2008 sollte die abschließende Investitionsentscheidung fallen, um das Terminal im Gaswirtschaftsjahr 2011/12 in Betrieb nehmen zu können. In Frankreich unterzeichnete die E.ON Ruhrgas 2007 eine Grundsatzvereinbarung zur Vorbereitung des Baus eines Terminals in Le Havre

---

171 Lagebericht Reutersberg AR E.ON Ruhrgas am 17. Dezember 2008, 4, in: AEGC 01002156216.

172 Lagebericht Bergmann AR E.ON Ruhrgas am 14. März 2006, 10, in: AEGC 01002155565; Niederschrift AR E.ON Ruhrgas am 14. März 2006, 5, in: AEGC 01002155566; Lagebericht E.ON Ruhrgas, 2006, 8, in: AEGC 01002156213; Lagebericht Bergmann AR E.ON Ruhrgas am 19. Dezember 2007, 11 f., in: AEGC 010021556215.

mit einer Kapazität von neun Mrd. Kubikmetern pro Jahr und einem Eigenanteil von einem Drittel und beteiligte sich mit 24,5 Prozent an der Projektgesellschaft Gaz de Normandie SAS. Von der Anlage, die 2011 in Betrieb gehen sollte, versprach sich das Unternehmen einen verbesserten Zugang zum französischen Markt. Den Abschluss bildete das Engagement in einem Konsortium zur Errichtung eines Anlandeterminals auf der kroatischen Insel Krk mit einer Kapazität von jährlich zunächst zehn und schließlich 15 Mrd. Kubikmetern durch die Projektgesellschaft Adria LNG d.o.o. in Zagreb bis 2012.[173]

Damit wäre die E.ON Ruhrgas mit eigenen Terminalbeteiligungen in allen zentralen Regionen Europas vertreten gewesen. Stattdessen buchte die E.ON Ruhrgas jedoch ab 2007 bevorzugt feste Kapazitäten in bestehenden oder im Bau befindlichen Wiederverdampfungsterminals, darunter in Spanien (Huelva und Barcelona), Italien (Livorno), den Niederlanden (Rotterdam) und im Terminal Isle of Grain, das sich in der dritten Ausbaustufe auf 20 Mrd. Kubikmeter pro Jahr befand. Die Aktivitäten verlagerten sich damit stark auf den Kurzfristhandel am Spotmarkt.[174] Letztlich erwiesen sich dann alle Prognosen als Makulatur, denn die LNG-Importe Europas sanken von rund 76 Mrd. Kubikmetern in 2010 auf 49 Mrd. Kubikmeter in 2014.[175] Bei der E.ON Ruhrgas wurden bereits Anfang 2009 die drei letzten konkret verfolgten LNG-Projekte in Äquatorial Guinea, Iran und Nigeria weitgehend eingefroren, da sich die Realisierungschancen im Hinblick „auf die politischen Restriktionen und die erforderlichen Investitionen" elementar verschlechtert hatten.[176] Ab 2011 verhinderten schließlich in Algerien und Ägypten die Umbrüche im Rahmen des arabischen Frühlings die Wiederaufnahme von Projekten.[177] Welchen Rang LNG-Bezüge im Bezugsportfolio der E.ON Ruhrgas schließlich einnahmen, bleibt offen, zumal auch keine größeren Vertragsabschlüsse nachweisbar sind – in Europa waren es 2014 noch zwölf Prozent des Marktes.

Die Chancen von Biogas bewertete der E.ON Ruhrgas-Vorstand anfangs äußerst verhalten, da mangels Wirtschaftlichkeit auf absehbare Zeit ein hohes Maß an Subventionen nötig war, die Einspeisung ins Leitungsnetz einen besonderen technischen Aufwand erforderte und die verfügbaren Mengen allen-

173 Lagebericht Bergmann AR E.ON Ruhrgas am 19. Dezember 2007, 11f., in: AEGC 010021556215; Lagebericht E.ON Ruhrgas, 2007, 10f., in: AEGC 01002156214; GB E.ON, 2007, 93.

174 Lagebericht Reutersberg AR E.ON Ruhrgas am 17. Dezember 2008, 4, in: AEGC 01002156216; GB E.ON, 2008, 49 und 2009, 56.

175 Berechnet nach *BP statistical review, june 2010*, 28, und *june 2014*, 28.

176 Vorstand E.ON Ruhrgas am 16. Februar 2009, TOP 2, in: AEGC Ordner [o. S.], „Vorstand Bericht 2009–2011".

177 AR E.ON Ruhrgas am 3. März 2011, 2, in: AEGC Ordner [o. S., o. T.].

falls einen geringen Ergänzungsbeitrag zum Gesamtbedarf darstellten. Eine eingehendere Diskussion des Themas im Aufsichtsrat lässt sich erstmals im Jahr 2006 feststellen, allerdings auch hier nicht vom Vorstand motiviert, sondern von Seiten der Kapitalvertreter angeregt. Zuvor hatten sich im Auftrag der Gaswirtschaft diverse Forschungsinstitute mit der Ausarbeitung von Gutachten befasst.[178] Ende Januar 2007 gründete die E.ON Ruhrgas dann die E.ON Bioerdgas GmbH, in der die Biogasaktivitäten der Market Unit gebündelt wurden, die vor allem die Nutzung von aufbereitetem Biogas im Erdgasfernleitungsnetz umfassten. Zur Einspeisung muss das Biogas durch eine entsprechende Aufbereitung auf die Erdgasqualitäten konditioniert werden. Dadurch ergeben sich dann für Erdgas und Biogas identische Einsatzbereiche, etwa bei der Wärmeerzeugung, der Stromproduktion oder als alternativer Kraftstoff für Kraftfahrzeuge. Anfang 2008 nahm die E.ON Bioerdgas eine erste Erzeugungsanlage in Schwandorf in Betrieb, deren Dimension die Grenzen des technisch Möglichen erreichte. Sie sollte 90 Mio. Kilowattstunden Bioerdgas aus Mais, Getreide und anderen nachwachsenden Rohstoffen erzeugen und in das bayerische Erdgasnetz einspeisen. Geplant waren weitere vergleichbare Anlagen in Bayern, im Saarland, in Niedersachsen und Nordrhein-Westfalen. Dazu sollte ein Pilotversuch zur Fermentation von speziell gezüchteten Zuckerrüben im Erfolgsfall eine großtechnische Bioerdgaserzeugung in der Nähe von Hannover nach sich ziehen. Alle Maßnahmen waren auch ein Ergebnis der zunehmenden Förderung regenerativer Energien auf nationaler und europäischer Ebene, die die energetische Nutzung von Biomasse umfasste.[179] Bereits zum Jahresbeginn 2008 wurde die E.ON Bioerdgas auf die neu gegründete E.ON Climate & Renewables GmbH übertragen, sodass die E.ON Ruhrgas zwar weiterhin die Einbindung des Biogases in das Gesamtversorgungssystem des Unternehmens in Deutschland verantwortete, aber nicht mehr dessen Erzeugung. 2011 ging das Unternehmen dann zurück an die neue Globale Einheit Gas, nachdem sich zur Umsetzung der geplanten Maßnahmen nur der Bau einer weiteren Anlage in Kirchlengern, die Gründung einzelner Tochtergesellschaften sowie diverse Aktivitäten in Schweden nachweisen lassen.[180]

Hinsichtlich des Gesamtabsatzes unbedeutend blieben auch die Aktivitäten im Bereich der Erdgasmobilität. Hier hatte die Ruhrgas im April 2002 zu-

178 Lagebericht Bergmann AR E.ON Ruhrgas am 31. März 2004, 13, in: AEGC 01002155555; AR E.ON Ruhrgas am 14. März 2006, 9, in: AEGC 01002155566.

179 Lagebericht Bergmann AR E.ON Ruhrgas am 9. März 2007, 15 f., in: AEGC 01002156212; Lagebericht E.ON Ruhrgas, 2006, 22, in: AEGC 01002156213; Lagebericht Bergmann AR E.ON Ruhrgas am 19. Dezember 2007, 18 f., in: AEGC 01002156215.

180 GB E.ON, 2009, 19, 65 und 79; GB E.ON, 2010 – ohne Erwähnung von Aktivitäten im Biogassektor; GB E.ON, 2011, 36, 48, 159; GB E.ON, 2012, 29.

sammen mit verschiedenen Ferngasgesellschaften und der Aral AG die „erdgas mobil“ gegründet. Die Tankstelleninfrastruktur sollte ausgebaut werden, um die Voraussetzung für den verstärkten Einsatz von Erdgas als Kraftstoff zu schaffen. Obwohl die Mineralölwirtschaft die Anzahl der Tankstellen von 250 in 2001 auf 900 in 2010 steigerte und die Kraftstoffkosten signifikant unter den Vergleichswerten von Benzin und Diesel lagen, blieben Erdgasfahrzeuge eine Randerscheinung. Ihre Anzahl stieg im genannten Zeitraum von 12.000 auf 90.000 bei einer Gesamtanzahl an Kraftfahrzeugen von rund 45 Mio. Einheiten in Deutschland und lag selbst 2015 noch unter der Grenze von 100.000.[181] Mit dem Thema Fracking befasste sich der Vorstand der E.ON Ruhrgas nur am Rande, da eine Produktion nicht konventionellen Gases in Europa vor 2020 ökonomisch nicht wettbewerbsfähig erschien.[182]

Die Auflösung der E.ON Ruhrgas 2009 bis 2013

Ab 2009 zeichnete sich bei der E.ON Ruhrgas eine Ertragskrise ab, die im folgenden Jahr dramatische Formen annahm und 2011 erstmals in der Nachkriegsgeschichte des Unternehmens zu einer negativen Rohmarge aus dem Gasgeschäft führte. Nach einem mit 300 Mio. Euro bereits äußerst schwachen Jahr 2010 belief sich der Verlust auf rund eine Mrd. Euro, während 2009 noch 1,3 Mrd. Euro verdient worden waren.[183] Ausschlaggebend für diese Entwicklung waren nicht etwa Absatzverluste infolge der Wirtschafts- und Finanzkrise, denn das reduzierte Inlandsgeschäft wurde durch Zuwächse im Ausland kompensiert, sondern die Entkoppelung der Gaspreise auf den zunehmend marktbeeinflussenden Spotmärkten von denen der ölindizierten Langfristverträge. Der angesichts eines insgesamt niedrigeren Verbrauchsniveaus und einer gleichzeitigen hohen Mengenverfügbarkeit deutliche Preisverfall traf die E.ON Ruhrgas als Hauptimporteur großer, auf dieser Grundlage gebundener Volumina besonders heftig. Einerseits fehlte durch das Verbot langfristiger Lieferver-

---

181 Lagebericht Bergmann AR Ruhrgas am 26. November 2001, 12, in: AEGC 01002155536; dsgl. am 25. Mai 2002, 14, in: AEGC 01002155541; AR Ruhrgas am 5. Dezember 2003, 5, in: AEGC 01002155553; Lagebericht Bergmann AR Ruhrgas am 5. Dezember 2003, 13 f., in: AEGC 01002155552; E.ON Ruhrgas AG (Hg.), *Erdgasmobilität – heute schon die Zukunft im Tank*, [Broschüre] Ausgabe 2011.

182 Vorstand E.ON Ruhrgas am 21. Dezember 2009, TOP 3, in: AEGC Ordner [o. S.], „Vorstand Bericht 2009–2011“.

183 Niederschrift der Aufsichtsratssitzung der E.ON Ruhrgas AG am 3. März 2011, 3, in: AEGC Ordner [o. S., o. T.]; Niederschrift der Aufsichtsratssitzung der E.ON Ruhrgas AG am 7. März 2012, 4, in: AEGC Ordner [o. S., o. T.].

träge 2006 die bereits bei der Unternehmensgründung 80 Jahre zuvor etablierte absichernde Gegenposition der Bezugskontrakte auf der Vertriebsebene, andererseits erwiesen sich die vertraglich vereinbarten Regeln zur Preisrevision bzw. zu Preiswiederverhandlungen mit den Lieferanten als ungeeignet zur akuten Linderung der Situation. Hier sollten sich für die E.ON Ruhrgas bis 2012 erst nach und nach Ergebnisse einstellen, die zwar gewisse Fortschritte darstellten, aber bei Weitem nicht den Vorstellungen des Vorstandes entsprachen.

Gleichzeitig befand sich die E.ON in der schwersten Situation ihrer noch jungen Geschichte und wies 2011 nach einem heftigen Gewinneinbruch erstmals einen Konzernfehlbetrag von 1,8 Mrd. Euro aus.[184] Allein der Atomausstieg belastete das Geschäft des ersten Halbjahres mit fast zwei Mrd. Euro, dazu kamen schwierige Marktentwicklungen quer durch das operative Geschäft; und dies neben dem Gashandel insbesondere auch im Stromhandel. Dem klassisch strukturierten und auch immer noch orientierten Energiekonzern machten drei Problemkreise zu schaffen, die – und dies zeichnete sich spätestens jetzt ab – keine kurzfristig überwindbaren Hürden darstellten, sondern gerade in ihrer Kombination den endgültigen und dauerhaften Umbruch der Energiewirtschaft spiegelten.

In diesem Kontext ist erstens die fortschreitende Marktliberalisierung durch die Regulierungsmaßnahmen des dritten Binnenmarktpakets zu nennen, das mit dem ab August 2010 obligatorischen unabhängigen Übertragungsnetzbetreiber (Independent Transmission Operator, ITO) die vollständige rechtliche Abspaltung der Netzsparte vom Versorgungsunternehmen und seinen Handelsaktivitäten im Rahmen eines Ownership Unbundling einleitete. Zweitens beschleunigte die nach der Katastrophe im japanischen Kernkraftwerk Fukushima erfolgte 180-Grad-Wende in der deutschen Energiepolitik den Übergang von einer überwiegend zentralen Stromproduktion mit hohen Markteintrittsbarrieren für neue Wettbewerber hin zu einer zunehmend dezentralen mit kleinteiligen Konzepten und freiem Zugang. Dazu kam die weltweite Wirtschaftskrise, die sich durch die starke E.ON-Position in Südeuropa nochmals verstärkt auf den Konzern auswirkte. Im Herbst 2011 lag der Börsenwert des Unternehmens unterhalb des Buchwertes des Eigenkapitals, nachdem sich die Marktkapitalisierung vom Höchststand bei 92 Mrd. Euro in 2007 auf 32 Mrd. Euro gedrittelt hatte.[185]

Im August 2011 kam es im Aufsichtsrat der E.ON Ruhrgas zu einer offenen Konfrontation zwischen Konzernführung und Arbeitnehmervertretung. E.ON-Vorstand Jørgen Kildahl erläuterte dem Gremien die Situation und kündigte

184 GB E.ON AG, 2011, Innentitel.

185 GB E.ON, 2008, 29 und 2012, Innentitel; Außerordentliche AR E.ON Ruhrgas am 11. August 2011, 2 ff., in: AEGC Ordner [o. S., o. T.].

als grundlegende Gegenmaßnahme eine umfassende Kosteneinsparungs- und Effizienzsteigerungsstrategie an. Dazu betonte er die Notwendigkeit, das Unternehmen konsequent auf klare Wachstumsfelder neu auszurichten, an deren Anfang grundsätzliche Entscheidungen zu strukturellen Maßnahmen notwendig seien. Dies gelte auch für das im Konzern weiterhin „wichtige Kerngeschäftsfeld" Gas.[186] Hier sei allerdings eine „organisatorische Neuaufstellung erforderlich, da das Gasgeschäft „auch unabhängig von der aktuellen Situation auf dem Gasmarkt und ihren Konsequenzen für das Ergebnis des Konzerns [...] im Konzern nicht mehr aus der Sicht eines voll integrierten Modells betrachtet werden" könne.[187] Ohne sich konkreter zu den Plänen und Zukunftskonzepten zu äußern, wies Kildahl auf Vorüberlegungen hin, alle „Energiehandels- und Gasbeschaffungsaktivitäten einschließlich der langfristigen Lieferverträge unter einem gemeinsamen Dach zusammenzuführen".[188]

Da dieses Dach angesichts der starken Stromsparte der E.ON nicht die E.ON Ruhrgas sein würde, war dies nicht weniger als die offene Ankündigung der Zerschlagung des Unternehmens. Für Ruhrgas wären nach diesem einschneidenden Kompetenzverlust lediglich die Verwaltung der Auslandsbeteiligungen und das Upstream-Geschäft verblieben – zwei Bereiche, für die kaum Organisationen wie die Market Unit Pan European Gas und die E.ON Ruhrgas aufrechterhalten werden mussten. Dieser Meinung waren auch die Arbeitnehmervertreter. Die stellvertretende Aufsichtsratsvorsitzende und langjährige Ruhrgas-Mitarbeiterin Gabriele Gratz konstatierte, dass sich die Aussagen auf den E.ON-Konzern als Ganzes bezögen und sich „Pauschalurteile" über eine bislang unzureichende Kosteneffizienz der E.ON Ruhrgas verböten. Vielmehr könne der Konzern „im Hinblick auf Motivation und Kostenbewusstsein viel von E.ON Ruhrgas mit seiner mittelständischen Historie" lernen.[189] Weiterhin hielt sie fest, dass „sie einem Ende des Unternehmens E.ON Ruhrgas nicht tatenlos zusehen" wolle und kündigte offenen Widerstand an. Es gebe keine Kostengründe für eine Auflösung der Gesellschaft und andere Gründe seien nicht genannt worden.[190] Auch weitere Arbeitnehmervertreter kritisieren die Aussagen Kildahls, insbesondere die desaströse interne Kommunikation und die fehlende „Vertrauenskultur" die „viel Porzellan zerschlagen" habe.[191] So hatten viele Mitarbeiter anscheinend erst nach einer gezielten Indiskretion von den Kon-

186 Außerordentliche AR E.ON Ruhrgas am 11. August 2011, 6 f., in: AEGC Ordner [o. S., o. T.].
187 Ebd., 7.
188 Ebd., 8.
189 Ebd., 10.
190 Ebd., 11, 15.
191 Ebd., 13.

zernumbauplänen und möglichen Standortschließungen aus der Presse erfahren.[192] Selbst Klaus Liesen, der in der Funktion des Ehrenvorsitzenden die Aufsichtsratssitzungen seit 2003 in der Regel ohne in den Protokollen verzeichnete Äußerungen begleitete, sah „Bedarf für drastische Maßnahmen", teilt aber Zweifel, ob eine solche „Zentralisierung" richtig sei.[193]

Dass das Vertrauen im Sommer 2011 aufgebraucht war, lag an der Entwicklung der vorangegangenen zwei Jahre, die angesichts von Kildahls Wortwahl bzw. der bewussten Formulierung der Aufsichtsratsniederschrift auch als eine gezielte Vorbereitungsphase zur Auflösung der eigenständigen Gassparte interpretiert werden können. Falls diese Einschätzung zutrifft, hätte sich E.ON bereits nach sechs Jahren von dem Geschäftsmodell eines integrierten Gasgeschäftes über die gesamte Wertschöpfungskette verabschiedet und damit die Begründung zur Übernahme der Ruhrgas schon konterkariert. Dies ist durchaus denkbar, allerdings ist zugleich wenig glaubhaft, dass das veränderte wirtschaftliche Umfeld keine Rolle spielte.[194] Anfang 2009 hatte die E.ON das konzernweite Effizienz- und Erlössteigerungsprojekt „perform to win" mit einer Zielvorgabe von 1,5 Mrd. Euro aufgelegt, wovon 100 Mio. Euro auf die Market Unit Pan-European Gas entfielen.[195] Diese sollten durch eine „Asset-Optimierung", die Vermarktung ungenutzter Speicher- und Transportkapazitäten, eine integrierte Vertriebssteuerung von Strom und Gas und die Verbesserung des technischen Betriebs erzielt werden. Dazu kam die Ankündigung von Investitionskürzungen und nach der Erfüllung der Auflagen aus der Ministererlaubnis erstmals eine „Desinvestition" durch den Verkauf von Beteiligungen im Wert von 270 Mio. Euro.[196]

Im August 2009 folgte dann die Ankündigung des Verkaufs einer um die Beteiligungen an der GASAG, der HEAG sowie den Stadtwerken Duisburg und Karlsruhe verkleinerten Thüga und damit der Aufgabe eines Großteils des deut-

---

192 *E.ON – Scharfer Schnitt*, in: Der Spiegel 31 (2011), 56; *Eon überprüft Struktur und Tochterfirmen*, in: Handelsblatt (1.8.2011).

193 Außerordentliche AR E.ON Ruhrgas am 11. August 2011, 12, in: AEGC Ordner [o. S., o. T.].

194 Die Geschäftsberichte der E.ON AG verwenden tatsächlich ab 2010 im Kontext der Unternehmensstrategie den Verweis auf die volle Wertschöpfungskette nicht mehr. GB E.ON, 2007, 26 f.; 2008, 9; 2009, 41, und 2010, passim, ohne Nachweis. 2011 werden als Tätigkeitsgebiet der globalen Einheit Gas allerdings wieder „alle Stufen der Wertschöpfungskette" angegeben. GB E.ON, 2011, 7.

195 GB E.ON 2009, 2, 29 und 42; AR E.ON Ruhrgas am 5. März 2009, 2–4, in: AEGC Ordner [o. S., o. T.].

196 AR E.ON Ruhrgas am 5. März 2009, 2–4, in: AEGC Ordner [o. S., o. T.]. Betroffen waren explizit die österreichische RAG und die finnische Gasum Oy, während die Aufgabe weiterer Engagements im Baltikum und in Skandinavien perspektivisch nicht ausgeschlossen wurde.

schen Endkundengeschäfts im Stadtwerkesektor.[197] Die E.ON Ruhrgas hatte das Unternehmen erst 2004/06 für rund 3,5 Mrd. Euro von der Muttergesellschaft übernommen und erhielt nun 2,9 Mrd. Euro von dem kommunalen Käuferkonsortium „Integra/KOM9".[198] Als Begründung für die Entscheidung wurden die eingeschränkten Entwicklungsmöglichkeiten der Thüga genannt, da unter Regie der E.ON Ruhrgas wettbewerbsrechtlich weder die Akquisition von zusätzlichen Beteiligungen noch die Aufstockung bestehender Beteiligungen möglich sei. Mit der Abgabe dokumentiere der E.ON-Konzern, so auch die offizielle Mitteilung, seine Bereitschaft zur weiteren Öffnung der Strukturen im deutschen Energiemarkt.[199]

Dahinter steckte jedoch vor allem die Zusage des Bundeskartellamts, nach Verkauf der Thüga die neuen Regelungen des Gesetzes gegen Wettbewerbsbeschränkungen, die die Ausnutzung einer marktbeherrschenden Position durch unangemessene Entgelte verbot, auf den E.ON-Konzern grundsätzlich nicht mehr anzuwenden.[200] Die durch den Verkauf erhaltenen Mittel sollten sowohl zur Verringerung der Konzernverschuldung als auch zur Investition in Märkte bzw. Geschäftsfelder mit größerem Wachstums- und Ertragspotenzial dienen. Damit wurden sie weitgehend dem Geschäftsfeld Gas entzogen, wie auch die hohe Gewinnabführung des Jahres 2009 im Umfang von drei Mrd. Euro an die E.ON belegt. Zudem war das Geschäft in diesem Jahr von einem Bußgeld in Höhe von 553 Mio. Euro aus dem MEGAL-Verfahren belastet, das die EU-Kommission wegen eines Verstoßes gegen die Regeln des ersten Binnenmarktpaktes gegen die E.ON/E.ON Ruhrgas und die GdF Suez verhängt hatte. Dazu kamen Sonderbelastungen aus Steuernachzahlungen nach verschiedenen Betriebsprüfungen.[201]

Gratz hatte bereits zu diesem Zeitpunkt ihr Unverständnis über die Konzernstrategie geäußert und den Verkauf als „strategischen Fehler" kritisiert, zumal die Abgabe der VNG 2004 eine maßgebliche Vorbedingung zur vollstän-

---

197 Außerordentliche AR E.ON Ruhrgas am 12. August 2009, 2–4, in: AEGC Ordner [o. S., o. T.].
198 Konsorten Integra: enercity (Stadtwerke Hannover AG), Mainova AG, Frankfurt, (entstanden aus Stadtwerke Frankfurt und Maingas AG) und N-ERGIE AG, Nürnberg (entstanden aus Stadtwerke Nürnberg sowie weiteren kommunalen Versorgern). Konsorten Kom9: rund 40 Stadtwerke.
199 GB E.ON, 2009, 21; AR E.ON Ruhrgas am 12. August 2009, 3, in: AEGC Ordner [o. S., o. T.].
200 AR E.ON Ruhrgas am 12. August 2009, 4, in: AEGC Ordner [o. S., o. T.].
201 AR E.ON Ruhrgas AG am 12. August 2009, 6, in: AEGC Ordner [o. S., o. T.]; dsgl. am 16. Dezember 2009, 3, in: AEGC Ordner [o. S., o. T.]. Beim MEGAL-Verfahren ging es um 1975 getroffene Absprachen zwischen der Ruhrgas und der GdF über die Belieferung der jeweiligen Heimatmärkte. Diese seien, so die Feststellung der Kommission, nach 2000 weiter angewandt worden. *Strafe zur falschen Zeit*, in: Handelsblatt (27. 5. 2009).

Abb. 52: Klaus Schäfer (Vorstandsvorsitzender E.ON Ruhrgas 2010–2013).

digen Übernahme der Thüga gewesen war.[202] Auch den Mitarbeitern und selbst Führungskräften erschlossen sich Hintergründe und Ziele dieser „nachhaltigen Veränderungen" nicht, wie „kritische Ergebnisse" von Mitarbeiterbefragungen im Herbst 2009 ergaben. „Im privaten Bereich begegnen die Mitarbeiter zunehmend Vorbehalten gegen E.ON."[203]

Auf die Abtrennung des Downstream-Bereichs folgte Ende 2009 im Rahmen der „Mittelfristplanung 2010 bis 2012" eine Investitionsankündigung in Höhe von 7,4 Mrd. Euro, wobei der Erwerb der Beteiligung an dem Gasfeld Yushno Russkoje als zentraler Faktor der Upstream-Strategie mit 2,1 Mrd. Euro aus 2009 bereits berücksichtigt war, obwohl das Geschäft im Tausch gegen noch zur Ruhrgas-Zeiten erworbene Gazprom-Aktien erfolgte.[204] Schon 2010 zeichnete sich dann ab, dass das insbesondere für Aktivitäten in den Bereichen Speicher sowie Exploration und Produktion vorgesehene Restvolumen von 5,3 Mrd. Euro nicht einmal annähernd erreicht werden würde.[205] Dabei hätten

202 AR E.ON Ruhrgas am 12. August 2009, 4 f., in: AEGC Ordner [o. S., o. T.]. Die Abstimmung im Aufsichtsrat endete mit einer Gegenstimme und einer Enthaltung.
203 AR E.ON Ruhrgas am 16. Dezember 2009, 3 f., in: AEGC Ordner [o. S., o. T.].
204 Ebd., 3.
205 AR E.ON Ruhrgas am 16. Dezember 2010, 6, in: AEGC Ordner [o. S., o. T.].

prinzipiell ausreichend Mittel zur Verfügung gestanden, wie die Rekordgewinnabführung des Jahres 2010 mit fast vier Mrd. Euro annehmen lässt. Angesichts des sich durch die zunehmende Entkoppelung von Gas- und Ölpreisen weiter eintrübenden Gasgeschäfts war dieser Gewinn allerdings erneut das Resultat eines werthaltigen Desinvestitionsvorhabens. Im Frühjahr 2010 fiel die Entscheidung, die noch verbliebene 3,5prozentige Beteiligung an der Gazprom bis zum Jahresende zu verkaufen. Der Marktwert betrug zu diesem Zeitpunkt 4,9 Mrd. US-Dollar oder 3,7 Mrd. Euro und lag damit bei erheblich weniger als der Hälfte des Höchststandes von 2007.[206] Als Grund für den Verkauf erläuterte Ruhrgas-Chef Bernhard Reutersberg dem Aufsichtsrat, dass die strategischen Kernziele des Unternehmens in Russland erreicht seien, das von Bergmann besetzte Direktorenratsmandat dauerhaft mit dieser Restbeteiligung nicht gesichert sei, die Dividendenrendite unter zwei Prozent liege und die Aktie mit einem Kurswert relativ nah an den Zielvorgaben der Analysten kaum Entwicklungsperspektiven besitze. Nicht zuletzt verbesserten die Einnahmen die Chance zur Aufrechterhaltung des Finanzmarktratings der E.ON auf dem Topniveau von A/A2.[207]

Potenzielle Risiken des Verkaufs wie ein negativer Einfluss auf die laufenden Vertragsverhandlungen mit der Gazprom wurden relativiert, da diese von Beginn an verhältnismäßig schwierig gewesen seien und folglich der Anteil in dieser Hinsicht keine bedeutende Rolle spiele.[208] Dabei erschließt sich aus den vorliegenden Unterlagen nicht, warum dem Aktienpaket für den Abschluss des Beteiligungsgeschäftes um Yushno Russkoje eine zentrale strategische Bedeutung beigemessen wurde. Auch dieses war mit einem fünfjährigen Verhandlungszeitraum äußerst schwierig und langwierig, sodass mit derselben Begründung auch hier dem Beteiligungsverhältnis der E.ON Ruhrgas jegliche Bedeutung abgesprochen werden kann; zumal die Gazprom dann 2008 von der ursprünglichen Vereinbarung eines Austausches ungarischer Unternehmensbeteiligungen zugunsten von Gazprom-Aktien abwich und möglicherweise angesichts des Rekordkurses massiv erhöhte Forderungen durchsetzte. So erscheint es auch vor dem Hintergrund des laufenden Nordstream-Projektes und der im Oktober 2007 abgeschlossenen Großakquisition im russischen Elektrizitätssektor diskutabel, ob das Yushno Russkoje-Geschäft tatsächlich gescheitert wäre, wenn die E.ON Ruhrgas ihre Gazprom-Beteiligung bereits in dieser Zeit zu Höchstwerten abgestoßen hätte. Hinsichtlich der nach wie vor politischen

---

206 Außerordentliche AR E.ON Ruhrgas am 26. April 2010, 2 ff., Charts 2 bis 8, in: AEGC Ordner [o. S., o. T.].

207 Ebd., 3 und Chart 4.

208 Ebd., 3 und Chart 6.

Dimension des Geschäftes nahm das Unternehmen auch 2010 nicht direkt Kontakt zur Gazprom auf, sondern sondierte zunächst über Ex-Kanzler Schröder die Haltung des russischen Ministerpräsidenten Putin, der keinerlei Einwände äußerte. Die Transaktion spülte bei einem Verkaufspreis von rund 3,6 Mrd. Euro einen Buchgewinn von 2,9 Mrd. Euro in die Kassen der E.ON Ruhrgas, der die finanzielle Situation der Muttergesellschaft entspannte. Dieser Bedeutung entsprechend erfolgte die Steuerung des Veräußerungsprozesses auch nicht durch die E.ON Ruhrgas sondern durch den E.ON-Vorstand.[209] Und gerade an diesem Aspekt entzündete sich die Kritik der Arbeitnehmervertreter im Aufsichtsrat, die forderten, dass der Verkauf im Interesse der E.ON Ruhrgas entschieden werden müsse und nicht im Interesse der E.ON.[210]

Gratz thematisierte in diesem Kontext erstmals offen die Zukunft der E.ON Ruhrgas. Das Unternehmen sei noch niemals in einer derart schwierigen Lage gewesen, die das traditionelle Geschäftsmodell gefährde. Daher forderte sie, „nun Geld in die Hand zu nehmen", um nachhaltig zu investieren und die Zukunftsfähigkeit zu sichern, wie dies in der Vergangenheit mit langfristigen Zielen immer geschehen sei. Unter dieser Voraussetzung würden die Arbeitnehmervertreter einem Anteilsverkauf gerne zustimmen. Zurzeit stünden durch die Kürzungsvorgaben des Konzerns solche Mittel jedoch nicht mehr in ausreichendem Umfang zur Verfügung, sodass die Gefahr bestehe, dass in mittelbarer Frist das Ergebnis fehle und – dies war im Frühjahr 2010 von geradezu prophetischer Weitsicht – die E.ON dann ein „solch ertragsschwaches Geschäft" aufteile.[211] In der folgenden Kontroverse sahen weitere Arbeitnehmervertreter die endgültige Kollision dieser Verkaufsmaßnahmen sowie der laufenden Geschäftspolitik mit den E.ON-Zusagen im Rahmen der Ministererlaubnis.[212] Reuterberg wies dies mit Blick auf die weiterhin starke Investitionstätigkeit und Reduzierungen mit „Augenmaß" zurück, während der designierte E.ON-Vorstandschef Johannes Teyssen verdeutlichte, dass es im Konzern „keinen Zusammenhang zwischen Mittelzuflüssen und Verwendung" gebe. Die einseitige Sicht der Arbeitnehmervertreter kritisierte er heftig. „E.ON habe Ruhrgas erheblich aufgebaut und nicht beschränkt." Zudem ermögliche in der gegenwärtigen Situation allein der Konzern die Investitionen der E.ON Ruhrgas AG.[213] Die Diskussion begleiteten erneut Klagen über die unzureichende Würdigung der Leistung der Ruhrgas-Mitarbeiter und die Außendarstellung

209 Ebd., 4 und Chart 8.
210 Ebd., 5.
211 Ebd.
212 Ebd., 5 ff.
213 Ebd., 6 f.

der E.ON Ruhrgas als Sorgenkind des Unternehmens durch die Konzernspitze.[214] Die Entscheidung über den Gazprom-Verkauf erfolgte schließlich im Aufsichtsrat gegen das Votum der Arbeitnehmervertreter mit neun Ja- und sieben Nein-Stimmen.

In der zweiten Jahreshälfte 2010 entwickelte Teyssen eine Konzernstrategie, die angesichts der energiepolitischen Lage in Europa und des schwierigen deutschen Marktes eine weitere Internationalisierung vorsah und ab September zudem auf milliardenschwere Geschenke aus der Laufzeitverlängerung für Kernkraftwerke setzen konnte.[215] Ende des Jahres kündigte der neue E.ON Ruhrgas-Vorstandsvorsitzende Klaus Schäfer in Konsequenz der sich weiter verschlechternden Situation an, das Geschäftsmodell auch der Gassparte anzupassen. Ziel war ein international aufgestellter „asset-basierter Gasoptimierer mit einem ausgewogenen Risiko-Renditeprofil“ entlang der gesamten Wertschöpfungskette.[216] Anfang 2011 folgte dann die Neugliederung des Konzerns in mehrere regionale und vier globale Einheiten, darunter die Global Unit Gas. Wie kurz letztlich deren Wertschöpfungskette aus Perspektive der E.ON Ruhrgas war, zeigte sich sehr schnell, denn schon im Frühjahr 2011 zeichnete sich die Abtrennung der nächsten zentralen Sparte des Unternehmens ab. Erst Anfang September 2010 war die Open Grid Europe GmbH als unabhängige Netzbetreibergesellschaft gestartet. Bereits Anfang März 2011 wurde im Aufsichtsrat ihre Zukunft unter dem Aspekt diskutiert, dass ein „reguliertes Geschäft nicht mehr unbedingt Kerngeschäft des E.ON-Konzerns sei“.[217] Während die Arbeitnehmervertreter „höchste Priorität“ darin sahen, die Tochtergesellschaft weiterzuentwickeln, wurde von Seiten des Unternehmens nur ein Teilverkauf ausgeschlossen. Falls nicht bereits zu diesem Zeitpunkt, war die Veräußerung der Open Grid Europe spätestens kurz darauf besiegelt. Mit dem Mitte März von der Bundesregierung nach dem Reaktorunfall in Fukushima bekanntgegebenen Atommoratorium und dem Ende Juni beschlossenen Atomausstieg bis 2022 geriet die neue E.ON-Konzernstrategie unter die Räder. Die Folge war die oben skizzierte Kurskorrektur, die mit Standortschließungen, einem massiven Abbau von Arbeitsplätzen und nicht zuletzt der Zerschlagung der E.ON Ruhrgas im Rahmen des Projektes „E.ON 2.0“ einherging.[218]

214 Ebd., 7 f.

215 *Eon-Chef Teyssen bricht verkrustete Strukturen auf*, in: Handelsblatt (5.7.2010); *Die strahlenden Sieger der Atomlobby*, in: Handelsblatt (7.9.2010); *Deutschlands führendes Energieunternehmen sucht sein Heil im Ausland*, in: Handelsblatt (4.5.2011).

216 AR E.ON Ruhrgas am 16. Dezember 2010, 2, in: AEGC Ordner [o. S., o. T.].

217 AR E.ON Ruhrgas am 3. März 2011, 8, in: AEGC Ordner [o. S., o. T.].

218 *E.on will mehrere deutsche Standorte schließen*, in: Die Welt (10.8.2011); *Energieriese E.on erwägt Zerschlagung von Ruhrgas*, in: Die Welt (15.8.2011); *Kahlschlag in der Zentrale*, in: SZ (10.9.2011); AR E.ON Ruhrgas am 15. Dezember 2011, 3 f., in: AEGC Ordner [o. S., o. T.].

Im Frühjahr 2012 begannen dann zwei Restrukturierungsprogramme zur Integration der noch vorhandenen E.ON Ruhrgas-Aktivitäten in die E.ON. Das Projekt „Columbus“ sorgte für die Zusammenfassung des gesamten Konzernhandels in der neuen Einheit „Optimierung & Handel“, während das Projekt „Transformati.on [!] E.ON Ruhrgas“ die verbleibenden E.ON Ruhrgas-Aktivitäten restrukturierte, den Übergang der verbliebenen Geschäftsfelder der Ruhrgas auf andere Einheiten der E.ON steuerte sowie Aktivitäten außerhalb des Kerngeschäfts veräußerte.[219] Der Ausverkauf umfasste u. a. einige noch verbliebene Teile des Thüga-Komplexes, darunter die HEAG Südhessische Energie AG, deren 40prozentige Beteiligung für 280 Mio. Euro an die HEAG Holding AG ging.[220] Den 15prozentigen Anteil am Interconnector übernahm ein Joint Venture von Fluxys GSA (Belgien) und SNAM für knapp 130 Mio. Euro.[221] Es folgte im Mai 2012 die Open Grid Europe GmbH mit dem Argument, dass die finanzielle Attraktivität der Beteiligung aufgrund des regulatorisch begrenzten Ergebnispotenzials bei gleichzeitig dauerhaft hohen Investitionsverpflichtungen stark abgenommen habe und nur unzureichende Steuerungsmöglichkeiten bestünden.[222] Im Rahmen des Verkaufsprozesses wurden fünf Bieterkonsortien nach den Kriterien Finanzstärke, langfristige Geschäftsausrichtung und Erfahrung mit dem regulierten Geschäft in Deutschland ausgewählt. Den Zuschlag erhielt das Angebot eines Konsortiums aus Macquarie European Infrastructure Fund, British Columbia Investment Management Corporation, Infinity Investments und MEAG Munich ERGO Assetmanagement, das mit 3,215 Mrd. Euro den höchsten Kaufpreis geboten hatte.[223]

Die Arbeitnehmervertreter unterstützten das Verfahren zwar grundsätzlich, kritisierten aber die im Verhältnis zum hohen Kaufpreis unzureichende Mitarbeitersicherung, sodass bei der Abstimmung im Aufsichtsrat elf Ja- fünf Nein-Stimmen gegenüberstanden. Den Abschluss bildeten im Herbst 2012 mit der SPP das größte integrierte Gasversorgungsunternehmen der Slowakei für 1,25 Mrd. Euro und im Frühjahr 2013 die beiden aus der MOL hervorgegangenen ungarischen Gesellschaften E.ON Földgaz Trade und E.ON Földgas Storage.[224] Gerade das Ungarngeschäft war seit Jahren durch regulierungsbedingt unzureichende Erträge belastet. Mit Wirkung zum 2. Mai 2013 wurden die E.ON

219 AR E.ON Ruhrgas am 7. März 2012, 3, in: AEGC Ordner [o. S., o. T.].

220 Ebd., 11.

221 Außerordentliche AR E.ON Ruhrgas am 9. Mai 2012, 2 f., in: AEGC Ordner [o. S., o. T.].

222 Außerordentliche AR E.ON Ruhrgas am 16. Mai 2012, 2, in: AEGC Ordner [o. S., o. T.].

223 Ebd., 3 f.

224 Außerordentliche AR E.ON Ruhrgas am 29. Oktober 2012, in: AEGC Ordner [o. S., o. T.]; dsgl. am 29. Januar 2013, in: AEGC Ordner [o. S., o. T.].

Energy Trading und die E.ON Ruhrgas zur E.ON Global Commodities SE unter Leitung von Klaus Schäfer verschmolzen.

Angesichts der systematischen Zerlegung der E.ON Ruhrgas zwischen 2009 und 2013 kann die Frage nach den Ursachen der Entwicklung relativ eindeutig beantwortet werden: Das Unternehmen war – in dieser Reihenfolge – ein Opfer der Marktliberalisierung, der Energiewende, der Finanzkrise und der E.ON-Unternehmensstrategie. Mit Übernahme der Ruhrgas durch E.ON hatten sich zahlreiche Hoffnungen und Ziele verbunden. E.ON wollte eine integrierte Gassparte mit einer starken Position in allen fünf Sektoren der Wertschöpfungskette aufbauen. War die Ruhrgas bis dahin ein Großhandelsunternehmen mit starker Transportsparte gewesen, setzte sich der bereits in den 1990er Jahren durch den Vorstand vorangetriebene, jedoch von den Aktionären immer wieder ausgebremste Umbau des Unternehmens nun fort. Unter Regie der E.ON wurden vor allem der Einstieg in die Produktion gefördert, aber auch die Bereiche Handel, Verteilung und Vertrieb gestärkt. Auch der 2006 beschlossene und 2008 vollzogene Umzug in eine neue Hauptverwaltung in Essen am Brüsseler Platz als Ersatz für das mittlerweile renovierungsbedürftige, 30 Jahre alte Gebäude am klassischen Standort Huttropstraße war eine Demonstration der zunächst positiven Zukunftsperspektiven.[225] Allerdings erlahmte bald der Enthusiasmus, zumal bereits das Investitionsverhalten in den ersten Jahren relativ zurückhaltend erscheint und auch danach grundsätzlich nicht den jeweiligen Mittelfristplanungen entsprach. Zwischen 2003 und 2011 investierte die E.ON Ruhrgas rund zehn Mrd. Euro, sodass die E.ON unter Berücksichtigung der hohen eigengewinnfinanzierten Anteile ihrer Tochter hinter den ursprünglichen Ankündigungen, die Ruhrgas maßgeblich finanziell zu stärken, zurückblieb. Gemessen am Investitionsvolumen des Konzerns und am Beitrag der E.ON Ruhrgas zum Gesamtergebnis erscheinen die Investitionen unterdurchschnittlich. Welchen Anteil der rasante Umbruch der Märkte oder unzureichende Investitionsmöglichkeiten an diesen Entscheidungen jedoch tatsächlich besaßen, muss offen bleiben.

Offenkundig ist jedoch, dass die E.ON Ruhrgas, durch die politische und wirtschaftliche Entwicklung getrieben, im E.ON-Konzern zunehmend in die Rolle eines Auslaufmodells geriet, das als Verfügungsmasse der wirtschaftlichen Konsolidierung der Muttergesellschaft diente. Die E.ON schützte ihr eigentliches Kerngeschäft, und dies war die Elektrizitätsversorgung. Der Konzern wurde von Beginn an systematisch entlang dieser Sparte aufgebaut und umstrukturiert, sodass sich die Ausrichtung des Gasgeschäftes an Belangen orien-

225 AR E.ON Ruhrgas am 14. März 2006, 8, in: AEGC 01002155566.

tierte, die nicht grundsätzlich dessen Anforderungen entsprachen. Dass keine Konzentration des gesamten E.ON-Gasgeschäfts in der E.ON Ruhrgas bzw. der Market Unit Pan European Gas vorgesehen war, zeigte sich ebenfalls schon 2003. Ob bei der Gesamtentwicklung die Tatsache eine Rolle spielte, dass der Konzernvorstand sich nahezu ausschließlich aus Exponenten der Elektrizitätswirtschaft rekrutierte und mit Bergmann nur ein „Gasmann" die Belange des in seinen Strukturen völlig unterschiedlichen Gasgeschäfts vertrat, sei dahingestellt. In diesem Kontext ist allerdings auch die Frage aufzuwerfen, inwieweit eine eigenständige Ruhrgas ohne Konzernbindung mit ihrer einseitig starken Position im Import- und Großhandelsgeschäft die Situation besser hätte bewältigen können. Angesichts des hypothetischen und prinzipiell kontrafaktischen Charakters dieser Thematik soll sich die Erörterung auf einen Aspekt und die gebotene Knappheit beschränken. Die Ruhrgas hätte in diesem Fall jedenfalls die Fähigkeit besessen haben müssen, die identische Problematik der Langfristverträge auf andere Art und Weise zu kompensieren, und hier ist vor dem Hintergrund der Aktivitäten des Unternehmens als Konzerntochter allenfalls eine erheblich stärkere Positionierung im freien Gashandel denkbar. Dass eine solche wettbewerbsrechtlich möglich gewesen wäre, ist allerdings zu bezweifeln. Ungeachtet des damit verbundenen fatalistischen Untertons darf daher spekuliert werden, ob auch eine „freie" Ruhrgas AG ab 2010 nicht vor vergleichbaren, vielleicht existenziellen Schwierigkeiten oder gar vor dem Aus gestanden hätte. Die Zwangsläufigkeit einer vollständigen Aufspaltung unter Löschung des Traditionsnamens wäre damit jedoch nicht gegeben gewesen.

Bei der E.ON scheint die Entwicklung ab 2009 vorgeprägt, ab einem mit den zugänglichen Quellen nicht eindeutig feststellbaren Zeitpunkt im Winter 2010/11 eindeutig entschieden und trotz der Erfolge der erneuten Vertragsverhandlungen unumkehrbar gewesen zu sein. Dafür sprechen auch die Begründungen für die Beteiligungsverkäufe, die zugleich das schleichende Ende des Geschäftsmodells eines integrierten Gaskonzerns belegen. So mag die Aufgabe des Downstream- und Transportgeschäftes durch den Verkauf der Thüga und der Open Grid Europe ihrer zum jeweiligen Zeitpunkt unzureichenden strategischen Bedeutung und mangelnden Entwicklungsfähigkeit in einem regulierten Markt entsprochen haben. Allerdings sind ähnlich wie bei der Abgabe der Gazprom-Beteiligung auch hier finanzielle Aspekte keinesfalls von der Hand zu weisen. Mit der Veräußerung der Thüga verbanden sich zudem elementare wettbewerbsrechtliche Wirkungen für das Gesamtunternehmen, sodass hier durchaus eine nachvollziehbare, wenn auch teilweise in Reaktion auf direkten äußeren Druck erzeugte Portfoliooptimierung des E.ON-Konzerns gesehen werden kann. Außerdem betraf diese Maßnahme mit dem Stadtwerkesektor auch die Elektrizitätssparte. 2009 verpflichtete sich das Unternehmen im Gegenzug zur Einstellung eines Kartellverfahrens der EU-Kommission zur Abgabe diverser Stromerzeugungskapazitäten sowie des mit dem Ferngasnetz vergleichbaren Höchstspannungsnetzes an den staatlichen niederländischen Übertragungsnetzbetreiber TenneT [!].[226] Dazu kam der Verkauf des britischen Stromnetzes 2010. In dieser Hinsicht könnte die Entscheidung gegen die Open Grid Europe durchaus als eine überfällige Anpassung der Strukturen aufgefasst werden, doch finden sich in den Akten dafür weder Hinweise noch lässt der Kontext der Entscheidung eine solche These zu. Auch die Aufgabe eines regulierten Geschäftes erscheint als Begründung nicht unbedingt stichhaltig, denn umfassende staatliche Regulierungsmaßnahmen und Interventionen sind eben das herausragende Kennzeichen moderner Energiemärkte. Und immerhin erwirtschaftete E.ON im regulierten Sektor 2013 mehr als ein Drittel ihres Umsatzes.[227]

Während die Frage unbeantwortet bleiben muss, ob die Übernahme der Ruhrgas durch die E.ON das Ende des Gasversorgers einleitete, beschleunigte oder aber verzögerte, mithin für die jeweilige Seite positiv oder negativ zu bewerten ist, zeichnet eine nüchterne Gegenüberstellung nackter Bilanzwerte aus Perspektive der E.ON ein eindeutiges Bild. Für das Unternehmen war das Geschäft in der Gesamtschau lukrativ. Die E.ON Ruhrgas trug regelmäßig und maßgeblich zum Konzernergebnis bei, sei es durch die Ergebnisse des Gasgeschäfts oder durch die Auflösung von Beteiligungen. Allerdings lässt sich der tatsächliche Wert dieses Beitrags aufgrund unvollständiger Daten und fehlender Vergleichswerte sowie des unklaren Anteils der beiden Haupteinnahmequellen nicht abschließend bemessen. Somit unterbleibt eine weiterführende Interpretation, doch ist in der Gesamtbetrachtung festzustellen, dass die Übernahme der Ruhrgas für die E.ON bei einem Kaufpreis von rund zehn Mrd. Euro ohne Berücksichtigung der verbliebenen Werte allein durch Abführungen an den Konzern im Umfang von über 20 Mrd. Euro eine mehr als akzeptable Kapitalverzinsung darstellte. Dies gilt insbesondere vor dem Hintergrund einer nahezu vollständigen Finanzierung von Sachinvestitionen der Ruhrgas aus dem operativen Cashflow.

Es scheint folglich verfehlt, die Fusion, wie das Handelsblatt 2013 resümierte, als strategisch „milliardenschweren Fehlgriff" zu bezeichnen und dies vor allem mit der seit dem Höhepunkt 2007 im Gasgeschäft nachlassenden Gewinnsituation zu begründen. Denn sie war eher das Gegenteil, auch wenn sich die Hoffnungen auf eine andere Zukunft nicht realisierten. Regelrecht unsinnig erscheint dabei die als Begründung auf das negative Marktumfeld verweisende

226 GB E.ON, 2009, 19.
227 GB E.ON, 2013, 36.

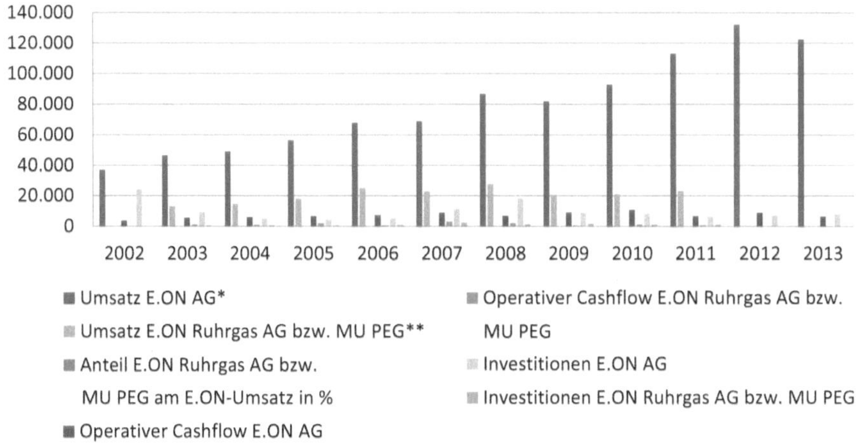

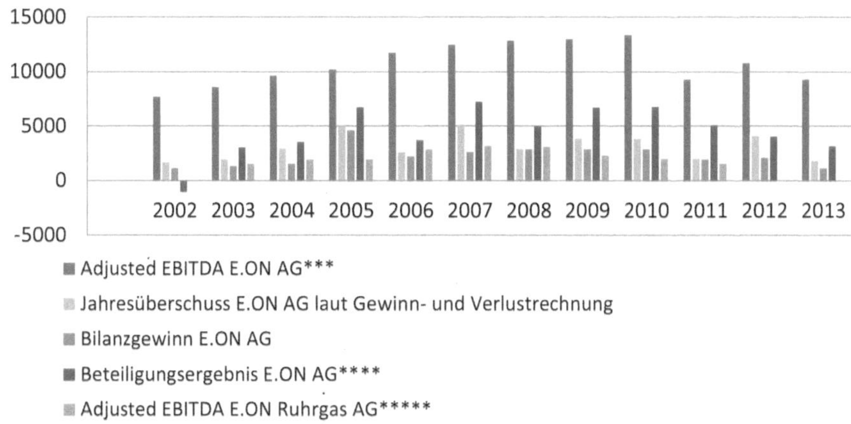

Grafik 12: Geschäftsergebnis der E.ON AG und der E.ON Ruhrgas AG 2002 bis 2013.[228]
* Schwankungen vor allem durch das wechselhafte Energiepreisniveau.
** Angaben für 2003: Februar bis Dezember.
*** Earnings before Interest, Taxes, Depreciation and Amortization = Gewinn vor Zinsen, Steuern, Abschreibungen und Amortisierung = operativer Gewinn. Adjusted EBITDA = operativer Gewinn, korrigiert um außerordentliche Kosten und Erträge.
**** Gewinnabführung von Unternehmensbeteiligungen an die E.ON AG. Stärkere Schwankungen aufgrund von einmaligen Sondereffekten durch Beteiligungsverkauf.
***** Ab 2011 der Global Unit Gas.

228 Zusammenstellung und eigene Berechnung nach den Jahresberichten und Geschäftsberichten der Ruhrgas bzw. E.ON Ruhrgas, 2003 und 2005–2007 (2004 sowie nach 2007 ist kein eigener Bericht erschienen), der E.ON 2003–2013 sowie der Niederschriften der Aufsichtsratssitzungen der E.ON Ruhrgas, 2010 bis 2013. Werte gerundet, in Mio. Euro. Fehlende Werte nicht ausgewiesen bzw. für das Jahr 2002 noch nicht relevant.

Feststellung, dass die Fusionsgegner nun endlich „ultimativ recht" erhalten hätten.[229] Der Widerstand gegen die Übernahme resultierte 2002 aus der Sorge vor einem durch die Marktmacht des E.ON-Konzerns deutlich reduzierten Wettbewerb. Tatsächlich veränderten sich die Rahmenbedingungen auf dem Gasmarkt schließlich politisch intendiert in die andere Richtung, doch impliziert eine solche Feststellung nicht weniger als ein selbsterfüllende Prophezeiung und die Richtigkeit der eben nicht überprüfbaren Hypothese, dass eine Ruhrgas alter Struktur oder als teilweise börsennotierter Versorger die Situation besser gemeistert hätte. In dieselbe Kategorie – und daher im Folgenden auch nicht weiter diskutiert, sondern dem Urteil des Lesers überlassen – fällt der mitschwingende, hintergründige Vorwurf eines Managementversagens. So kann der von Funktionsbeschneidungen und Beteiligungsverkäufen begleitete zunehmende Bedeutungsverlust der E.ON Ruhrgas und der von ihr geführten Sparte Pan-European Gas sowohl als systematische Destruktionsstrategie, als Anhäufung unglücklicher Entscheidungen, als Ergebnis einer konsistenten, weitsichtigen und konzernweiten Vorgehensweise oder als Ergebnis einer wie auch immer gearteten Kombination dieser Aspekte aufgefasst werden.[230] Oder war der Niedergang der E.ON Ruhrgas ausschließlich das beabsichtigte und zwangsläufige Ergebnis der deutschen und europäischen Energiepolitik, das durch die Finanzmarktkrise noch beschleunigt wurde? Vielleicht gelang gar dem Bundeskartellamt eine späte Genugtuung für die Ministererlaubnis. Die Realität dürfte auch hier innerhalb eines breiten Spektrums solcher Positionen liegen. Als Ursache ist dabei eindeutig der politische Wunsch zum Wandel zu identifizieren, während der Auslöser offen bleibt.

229 *E.ON-Ruhrgas – ein schwerer Fehlgriff*, in: Handelsblatt (29.1.2013).

230 Dass auf Unternehmensseite letztere Sichtweise vorherrscht, ist dabei nicht überraschend. Interview mit dem letzten Ruhrgas-Chef Klaus Schäfer vom 30. Januar 2013, in: E.ON Ruhrgas-Intranet, Ausdruck Büro Liesen.

Zusammenfassung

Als Alfred Pott und Albert Vögler im Sommer 1926 die Gründung der AGKV initiierten, nutzten sie die Gunst der Stunde. Wie die gesamte deutsche Wirtschaft befanden sich die Stahlindustrie und der Bergbau des Ruhrgebiets in einem einschneidenden Umstrukturierungsprozess zur Wiederherstellung der Wettbewerbsfähigkeit nach einer weltkriegsbedingt mehr als zehnjährigen Sonderkonjunktur. Rationalisierung, Mechanisierung und Modernisierung wurden zum Dogma unternehmerischen Handelns. Äußeres Zeichen der Entwicklung war der Trend zur Unternehmenskonzentration, als deren bedeutendstes Beispiel die Anfang des Jahres entstandene Vereinigte Stahlwerke AG mit ihrem Vorstandsvorsitzenden Vögler gilt. Das Unternehmen bündelte rund ein Drittel der deutschen Stahlerzeugung und 15 Prozent der Steinkohlenförderung mit einem entsprechenden Weiterverarbeitungssektor. Produktionstechnische Synergien erzeugte neben neuen Anlagen eine umfangreiche Verbundwirtschaft, die insbesondere den Energiesektor betraf. Und hier sollte die AGKV ansetzen.

Der Ruhrbergbau stand 1926 vor einem Sortenproblem, d. h. er verfügte über nicht absetzbare Kohlensorten im Umfang einer Monatsförderung. Für diese mussten nun, so die Vorstellung von Pott und Vögler, neue Verwendungsmöglichkeiten bzw. Verwertungskonzepte gefunden werden, die im Idealfall der gesamten Branche zugutekamen. Die Lösung sah Pott im breiten Feld der zu dieser Zeit aufstrebenden Kohleveredelung bzw. Kohlechemie, und diese Vorstellung spiegelte sich folglich auch im Namen des Gemeinschaftsunternehmens, dessen Gründung er Ende Juli des Jahres den Bergbauunternehmen vorschlug. Als Gründungsintention propagierte er das revolutionierende Ziel einer reichsweiten, zentralisierten Gasversorgung auf Grundlage des in den Bergbaurevieren erzeugten Kokereigases. Das Tätigkeitsspektrum sollte neben der Gasfernversorgung zudem die Synthese von Stickstoffverbindungen und Kraftstoffen (Kohleverflüssigung bzw. Kohlehydrierung) sowie die Nebenfelder Fernheizung und Kohlverschwelung umfassen. Im Zentrum des Interesses stand jedoch zunächst die Gasversorgung, da der sich bereits abzeichnende Bau moderner Kokereien große Überschussgasmengen versprach und der Bergbau in diesem Feld bereits über langjährige Erfahrungen verfügte. Dazu kam als Hauptimpuls die Lösung des Sortenproblems, indem das bei der Vergasung schlecht absetzbarer, minderwertiger Feinkohle anfallende Schwachgas im Rahmen einer Verbundwirtschaft das hochwertige Kokereigas ersetzte und für den Vertrieb freimachte. Ferngasleitungen sollten insbesondere in bestrittene Gebiete[1] vorstoßen, dort ausländische Kohlen und das Gaswerksgas verdrän-

1 Gebiete außerhalb des Ruhrgebiets mit Konkurrenz auf dem Kohlenmarkt.

https://doi.org/10.1515/9783110542592-008

gen und auf diese Art und Weise auch den Absatz von Ruhrkohle verbessern. Gleichzeitig sollte der Kokereikoks im privaten Wärmemarkt die Stellung des Gaskokses einnehmen, während die Produktionssteigerung zugleich die verfügbare Gasmenge erhöhte. Das Gas galt vor diesem Hintergrund letztlich als Kuppelprodukt der Kokserzeugung mit der zentralen Aufgabe, deren Rentabilität zu verbessern. Damit richtete sich das Engagement des Ruhrbergbaus in doppelter Hinsicht gegen die etablierte kommunale Gaswirtschaft, zielte es doch von Anfang an auf die sukzessive Eroberung und Monopolisierung eines möglichst großen Versorgungsgebietes. Der Grundgedanke eines gemeinsamen Ferngasvertriebs des Ruhrbergbaus war dabei nicht neu, sondern bereits vor dem Ersten Weltkrieg durch die Großindustriellen Hugo Stinnes und August Thyssen propagiert worden, jedoch aufgrund der Uneinigkeit der Branche gescheitert. Beide gingen daher eigene Wege und begannen mit dem Aufbau von größeren Versorgungsnetzen, wobei Stinnes das von ihm dominierte RWE nutzte. Mehrere Zechengesellschaften folgten diesem Beispiel und nahmen die Versorgung der lokalen Märkte im Großraum des Ruhrgebietes auf, ohne jedoch eine größere Bedeutung zu erreichen.

Unterschiedliche Interessen bestanden beim Ruhrbergbau jedoch nicht nur im Bereich der Gasversorgung, sondern auch bei der Kohlechemie. Potts und Vöglers Leistung bestand von diesem Hintergrund darin – und dessen waren sie sich von Beginn an bewusst – die Unternehmen zur Aufgabe eigener Projekte und Zentralisierung der Aufgabenfelder in einem Gemeinschaftsunternehmen mit Konkurrenzverbot zu motivieren. Für solche Kooperationen gab es zwar u. a. mit dem Rheinisch-Westfälischen Kohlen-Syndikat ebenfalls Vorbilder, doch schwebte ihnen ein erheblich weitreichenderer Zusammenschluss vor. So sollte erstmals in der Geschichte der Montanindustrie des Ruhrgebiets ein vollständiger Organisationsgrad erreicht und das neue Unternehmen nicht nur als reine Vertriebsgesellschaft, sondern zugleich als eigenständiges Handelsunternehmen mit eigener Produktionssparte aufgestellt werden. Dies gelang jedoch nicht vollständig. Als im Herbst 1926 die AGKV zunächst als Studiengesellschaft und kurz darauf als handlungsfähiges Unternehmen gegründet wurde, hatten zwar fast alle Zechengesellschaften die Vorgaben im Bereich der Ferngasversorgung akzeptiert. Bei der Kohlechemie, Potts eigentlichem Hauptinteresse, war es dagegen nicht gelungen, die unterschiedlichen Positionen zu vereinheitlichen. Folglich fehlte sie auch im Gesellschaftsvertrag. Während einige Bergbaugesellschaften ihre Eigenständigkeit pflegten, versuchten andere 1927 erfolglos zu einer Einigung mit dem größten deutschen Chemiekonzern, der IG Farben, zu kommen. Aus diesen Aktivitäten entstand die Ruhrchemie AG. Die Ruhrgas konzentrierte sich ausschließlich auf den Gasvertrieb und avancierte mit dessen Beginn 1928 umgehend zum größten deutschen Gasversorger und erreichte 1936, zehn Jahre nach ihrer Gründung, mit einem Absatz von über drei Mrd. Kubikmetern einen Marktanteil von rund 50 Prozent.

Mit der Ruhrgas begann das Zeitalter der Ferngasversorgung in Deutschland. Exakt 100 Jahre nach ihrer Entstehung wandelte sich damit das Bild der Branche erstmals nachhaltig. Allerdings entsprach die Entwicklung des Unternehmens seit Ende der 1920er Jahre nicht dem von der nackten Leistungsbilanz signalisierten Bild eines weitgehend problemlosen Durchmarsches auf dem Gasmarkt. Das Netz erreichte bei weitem nicht den ursprünglich intendierten reichsweiten Umfang, sondern beschränkte sich auf das weitere Ruhrgebiet mit einer Stichleitung nach Hannover und einem südlichen Ring, der neben dem Siegerland auch das Rheinland mit Düsseldorf und Köln anschloss. Eine weitere Ausdehnung wurde vor allem durch die Weltwirtschaftskrise verhindert. Dazu kam heftiger Widerstand der kommunalen Gaswirtschaft, die schon 1926 die Ankündigung, den Markt perspektivisch mit Mengen von bis zu zehn Mrd. Kubikmetern und Preisen von bis zu 80 Prozent unter dem bisherigen Durchschnitt regelrecht zu überrollen, zu Gegenmaßnahmen motiviert hatte. Die Frage nach der Vormachtstellung in der Gasversorgung, ihrer Bedeutung für die kommunalen Finanzen und damit eng verbunden der Kontrolle der öffentlichen Daseinsvorsorge führte zu heftigen ideologischen Auseinandersetzungen. Die Branche konterte mit dem Konzept der Gruppengasversorgung, das eine Belieferung größerer Gebiete durch zentrale Großgaswerke unter Stilllegung unrentabler Kleinanlagen vorsah. Partikularinteressen und ideologische Streitigkeiten verhinderten dabei eine Einigkeit gegenüber der Ruhrgas. Die Großstädte als potenzieller Standort von Großgaswerken sahen sich einer weiteren Konkurrenz durch Länder und Provinzen ausgesetzt, die in dem Entwicklungsprozess ebenfalls die Chance erblickten, die kommunale Vormachtstellung zu erschüttern. Besonders umkämpft war der Frankfurter Raum, wo die Stadtspitze sich gegen die Ambitionen der Ruhrgas als auch der umliegenden Gebietskörperschaften und deren Regionalversorgungskonzepte zur Wehr setzte. Die rheinischen Großstädte ließen sich dagegen ihre Anschlussbereitschaft von der Ruhrgas durch kostspielige Zugeständnisse und niedrige Gaspreise abkaufen. Seit Ende der 1920er Jahre existierte in Deutschland ein gemischtes Gaswirtschaftssystem mit drei Versorgungskonzepten: erstens der zunehmend bedeutungslose lokale Kleinvertrieb der Kommunen, zweitens mehrere Gruppengasregionen und drittens der Kokereigasfernvertrieb. Schließlich setzte die Ruhrgas auch nicht ihren Gründungsimpuls um und verarbeitete in besonderen Anlagen aufwändig schlecht absetzbare Kohlensorten, sondern beschränkte sich auf den Vertrieb des Kuppelproduktes Kokereigas.

Während des Nationalsozialismus profitierte die Ruhrgas wie die gesamte deutsche Energiewirtschaft von der Ideologie der Großraumverbundwirtschaft.

Das Energiewirtschaftsgesetz von 1935 förderte zentralisierte Erzeugungs- und Vertriebsstrukturen in Kombination mit ausgedehnten Netzen und entsprach damit vollständig der unternehmerischen Zielsetzung der Ruhrgas. So gelang es dem Unternehmen 1936 mit maßgeblicher Unterstützung des Reichswirtschaftsministeriums und anderer hochrangiger NS-Institutionen, den Widerstand in Hessen zu brechen und das Leitungsnetz bis in den Frankfurter Raum auszudehnen. Die Auseinandersetzungen mit der regionalen Parteiführung waren ein typisches Beispiel für den ideologisierten Streit um Machtsphären innerhalb des NS-Wirtschaftssystems. Insgesamt blieb die räumliche Erweiterung des Ruhrgas-Netzes auf dieses Großprojekt beschränkt, während sonstige Baumaßnahmen sich auf die Arrondierung der vorhandenen Strukturen konzentrierten. Der Anschluss der Saarkokereien und die Integration regionaler Großgaswerke in das Versorgungssystem kennzeichneten den unverminderten relativen Bedeutungsverlust der von Kommunen und Ländern getragenen Gruppengasversorgung. Die Konzentration der Ferngasversorgung auf den Industriesektor wurde dabei zu einem gewichtigen Argument, machten doch seine wärmetechnischen Spezifika das Gas bald zu einer unverzichtbaren Komponente bei der Vergütung hochwertiger Stahlprodukte und damit zu einem bedeutsamen Rohstoff im Rahmen der nationalsozialistischen Rüstung.

Dem ab 1937 rasant wachsenden Bedarf konnte die Gaserzeugung jedoch nicht annähernd entsprechen. Nachdem die Ruhrgas zuvor elementare Probleme mit der Unterbringung der Produktion am Markt gehabt hatte, kam es nun abrupt zu einer erheblichen Gasmangelsituation und damit zum Ende des „offenen Hahnes". Obwohl die Ruhrgas ihren Absatz bis 1943 systematisch steigerte und auch 1944 noch auf hohem Niveau halten konnte, bestimmten von nun an Kontingentierungen das Geschäft des Unternehmens, dessen späteres Vorstandsmitglied Walther Wunsch mit Kriegsbeginn zum Zentrallastverteiler in Westdeutschland ernannt wurde. Diese Position entsprach der Bedeutung der Ruhrgas für die Gaswirtschaft im Deutschen Reich und der engen Einbindung ihrer Vorstandsmitglieder und leitenden Angestellten in das nationalsozialistische Energiewirtschaftssystem, die sich während des Zweiten Weltkrieges vor allem durch die Mitgliedschaft in zahlreichen Planungs- und Lenkungsgremien des staatlichen Behördenapparats ausdrückte. Dazu gehörte auch der für den Ruhrbergbau äußerst frühe Einsatz von Zwangsarbeitern im Bereich des Baus und der Instandhaltung von Leitungen.

Nach Kriegsende waren das Leitungsnetz und sonstige Betriebsanlagen recht schnell wiederhergestellt, und auch die Kokereien im Ruhrgebiet lieferten schon früh Mengen, die eine baldige Normalisierung des Betriebs erlaubten. Schon 1948 erreichte die Ruhrgas das Absatzvolumen von 1938 und übertraf 1951 den Höchststand von 1943. Die Ruhrgas verfügte über eine besondere

Stellung unter den Gemeinschaftsunternehmen des Ruhrbergbaus, da sie weder zu den nun verbotenen Syndikaten noch zu den produzierenden und weiterverarbeitenden Unternehmen oder den Kohlenwertstoffverbänden gezählt wurde. Als Handelsgesellschaft für das bei der Verkokung anfallende Überschussgas war sie in geringerem Maße von den zahlreichen alliierten Anordnungen betroffen, zumal die gesellschaftsrechtliche Ebene unangetastet blieb. Dies galt im weitesten Sinne auch für das komplexe und in vielen Bereichen an das Regelwerk des verbotenen Kohlen-Syndikats erinnernde Vertragssystem. Die Entflechtungs- und Neuordnungsmaßnahmen in der Montanindustrie betrafen die Ruhrgas daher trotz zwischenzeitlicher Unsicherheiten nur indirekt über die Veränderungen bei ihren Anteilseignern. Insgesamt blieben die Beziehungen zu den Aktionären jedoch weitgehend stabil, denn die Rechtsnachfolger der Montankonzerne achteten auch weiterhin auf die Fortführung des seit den 1920er Jahren stabilen Interessengeflechts bei der Ruhrgas. Nach den Vereinigten Stahlwerken existierte mit der Gelsenkirchener Bergwerks-AG weiterhin ein Großaktionär mit einer Schachtelbeteiligung, während die neuen Montankonzerne und Zechengesellschaften die Aktien der in ihnen aufgegangenen Unternehmen bündelten. Trotz dieser besonderen Stabilität ergab sich aber auch für die Ruhrgas als Unternehmen des Bergbaus eine massive Diskrepanz zwischen potenziellen Möglichkeiten und der wirtschaftlichen Realität, denn als mit Abstand wichtigster Energieträger unterlagen die Kohle und ihre Nebenprodukte bis 1956 diversen staatlichen Reglementierungen. Insbesondere die Deckelung der Kohlenpreise beeinflusste trotz der Maßnahmen des Investitionshilfegesetzes die Investitionstätigkeit der Branche und damit Kapazitäten und Absatz. Die Abhängigkeit der Gasdarbietung von der Kokserzeugung sorgte dazu weiterhin für einen Fortbestand der Gasmangelsituation.

In der Gesamtbetrachtung brachten die 1950er Jahre für die Ruhrgas dennoch zahlreiche grundlegende Änderungen bzw. Neuerungen, einen ersten Diversifizierungsschub und einen umfassenden Wandel der Geschäftsgrundlagen. Dazu gehörten u. a. die ersten Gasimporte aus Holland und Belgien und mit der weiteren Ausweitung des Vertriebsvolumens der Zwang zum Lastspitzenausgleich, für den die Ruhrgas mit der Untertagespeicherung die angestammten Wege der Gasspeichertechnik verließ. Mit dem Ziel, der Gaswirtschaft neue Technologien zu erschließen, forcierte das Unternehmen seine Forschungstätigkeit und gelangte etwa im Bereich der Vorentgasung von Kraftwerkskohle als auch bei der Entwicklung des Verbundsystems Synthesegas-Kohlegas-Erdgas zu kommerziell nutzbaren Ergebnissen. Der bedeutendste Schritt auf dem Weg zur Flexibilisierung, Mengensicherung und Spitzendeckung und damit zur Emanzipation von den Aktionären war der Einstieg der Ruhrgas in die Eigenerzeugung von Gas aus Kohle. Die Gründung der Steinkohlengas AG in Dorsten im Oktober 1953 markierte diesen Meilenstein, denn die neue Gesellschaft wurde auf einem Arbeitsfeld tätig, das schon bei der Ruhrgas-Gründung in den Statuten enthalten gewesen war und seinerzeit u. a. aus denselben Gründen nicht umgesetzt wurde, aus denen es nun in der Kritik stand. Die Ruhrgas stieg mit Inbetriebnahme der Dorstener Anlagen in den Kreis der Produzenten auf und befand sich von nun an im direkten Konkurrenzverhältnis zu den eigenen Aktionären. Deren heftig umstrittene Zustimmung zu diesem weltweit in seiner Dimension einzigartigen Projekt war nicht nur ein erster bedeutender Sprung über den eigenen Schatten, sondern markierte wie die Raffineriekapazitäten der GBAG und der Hibernia die ersten Auflösungserscheinungen der längst nicht mehr starren Haltung des Bergbaus gegenüber tiefgreifenden Veränderungen.

Die zweite, ähnlich kontrovers diskutierte, aber schließlich im Sinne der Ruhrgas gelöste Aufgabe betraf die rund fünf Jahre dauernde Neuordnung des Vertragssystems. Vor allem für die Bereitstellungsverträge musste eine völlig neue Konzeption gefunden werden. Während der alte Standardvertrag lediglich eine Verpflichtung der Aktionäre zur Andienung von Überschussgas vorsah, sollte nun ein umfassendes Vertragswerk geschaffen werden, das dem Wandel der Ruhrgas vom Energieverteiler zum Energieversorger Rechnung trug. Im Mittelpunkt des Interesses standen dabei die Flexibilisierung der Lieferbeziehungen und eine stärkere Orientierung an den Interessen des Gasversorgers. Hatten die Verträge der 1920er Jahre vor allem Erzeugerbelange berücksichtigt, wurden nun Absatzaspekte stärker berücksichtigt. Parallel zum Innenverhältnis stand der Vorstand der Ruhrgas in dieser Umbruchsphase vor der Schwierigkeit, gleichzeitig auch noch die angestammten Beziehungen zu den kommunalen Abnehmern auf eine neue Grundlage stellen zu müssen, da zahlreiche der 30jährigen Lieferverträge ab 1958 ausliefen. Auch die Kommunen forderten eine Anpassung von Vertragsinhalten in ähnlichem Sinne und verfügten bei der Verhandlung der Preiskonditionen bald über gewichtige Argumente, deutete sich doch ein erneuter Wandel der Gaswirtschaft an.

Bedeutende Faktoren bildeten zunächst die Niedergangsszenarien der Kohlenkrise wie auch das durch die Expansion der Mineralölverarbeitung nach verbreiteter Annahme potenziell auf den Markt drängende Raffineriegas. Dazu kamen Ende der 1950er Jahre große Erdgasfunde, erst in Algerien und kurz darauf in den Niederlanden. Bei der Ruhrgas wuchs bald die Sorge vor einer unkontrollierbaren Situation, war der Ferngasversorger doch sowohl auf der Bezugs- als auch auf der Absatzebene betroffen. So konnten zwar mehrere Einkaufsverträge über deutsches Erdgas abgeschlossen werden, doch wurde Anfang der 1960er Jahre bald deutlich, dass die vom niederländischen Staat und den Mineralölkonzernen Esso und Shell beabsichtigten Exporte aus dem Nachbarland potenziell über ein eigenständiges Transportsystem nach Deutschland gelangen könnten. Darüber hinaus war auch die deutsche Erdgasförderung bereits weitgehend im Besitz von Mineralölunternehmen bzw. fand sich auf dem Weg dorthin. Zugleich wurden auf kommunaler Ebene mit großer Euphorie Szenarien der Befreiung vom Lieferdiktat der Ruhrgas und der Stilllegung der wenig rentablen Eigenerzeugung durch den Abschluss eigener Erdgasbezugsverträge diskutiert. Auch wenn sich die Hoffnungen schließlich im ersten Fall zerschlugen, leitete die Entwicklung einen Konzentrationsprozess im Stadtgassektor ein. In Süddeutschland entstanden neue Regionalversorger auf Landesebene wie die Gasversorgung Süddeutschland GmbH (Baden-Württemberg) und die Gas-Union GmbH (Hessen). Bereits in den 1950er Jahren hatten sich die deutschen Erdgasproduzenten zur Erdgas-Verkaufs-Gesellschaft mbH in Münster (EVG) zusammengeschlossen. Allein damit war überaus deutlich, dass die Branche vor einem zweiten tiefgreifenden, in seinen Auswirkungen unkalkulierbaren Strukturwandel stand. Einigkeit herrschte in der Annahme, dass die Umstellung auf eine andere Rohstoffbasis bzw. einen anderen Energieträger die Dezentralität der deutschen Gaswirtschaft beseitigen und der absehbare Konzentrationsprozess das Ende der traditionellen Ortsgasversorgung bedeuten würde. Aber auch die etablierten Ferngasversorger sollten nicht automatisch von dem Niedergang der Konkurrenz profitieren, da bestenfalls mit einer Stagnation der Steinkohlengaserzeugung zu rechnen war. Der Markteintritt von Erdgas und Raffineriegas bedeutete aber nicht nur neue Marktteilnehmer, sondern verhieß allein dadurch einen heftigen Wettbewerb, dass beide sich in der Hand multinationaler Ölkonzerne befanden. Der zu erwartende Preis- und Mengendruck wurde beim Raffineriegas noch durch dessen Status als Kuppelprodukt befördert, und was dies bedeuten konnte, hatte die Ruhrgas unter umgekehrten Vorzeichen gut drei Jahrzehnte zuvor an der Ortsgaswirtschaft vorgemacht.

Spätestens 1963 sah sich die Ruhrgas mit einem ähnlichen Szenario konfrontiert und lief Gefahr, in dieser sich nun deutlich abzeichnenden dritten Epoche der deutschen Gaswirtschaft zur Abwicklungsgesellschaft eines sterbenden Industriezweiges abzusteigen. Es begann unter bald maßgeblicher wirtschaftspolitischer Einflussnahme des Staates ein zäher Aushandlungsprozess zwischen den Interessengruppen, an dessen Ende 1965 ein Konzept zur Einbindung des Erdgases in den deutschen Energiemarkt stand. Den Dreh- und Angelpunkt bildete die Ruhrgas, die einerseits die kohlepolitisch bedeutsame harmonische Eingliederung des Erdgases sichern sollte und andererseits den im Mineralölsektor nicht vorhandenen starken deutschen Player auf dem Erdgasmarkt darstellte. Diverse zuvor diskutierte Varianten ohne oder nur mit eingeschränkter Beteiligung der Ruhrgas waren von nur episodischem Charakter.

Die rund zweijährigen Diskussionen um die Zukunft der Gaswirtschaft hatten jedoch gezeigt, dass selbst für den Ruhrbergbau angesichts zahlreicher erwogener Kooperationsvarianten ein Gemeinschaftsunternehmen Ruhrgas keine Selbstverständlichkeit mehr darstellte und sein Fortbestand maßgeblich das Ergebnis politischer Grundsatzentscheidungen war.

Es folgte eine komplexe gesellschaftsrechtliche Neuordnung des Ferngasversorgers, deren Grundidee im Wesentlichen in einer paritätischen Beteiligung der Erdgasgruppen bestand. Zur Umsetzung dieses Zieles wurde eine schrittweise Kapitalerhöhung der Ruhrgas bis 1970 und die Abgabe von Anteilen der Altaktionäre an die neuen sowie die Poolung von Aktien der Interessengruppen in Trägergesellschaften vorgesehen. Auf diesem Weg sollte das einmal festgelegte Kräfteverhältnis zwischen Bergbauaktionären und Mineralölaktionären zementiert und ein einheitliches Meinungsbild im Aufsichtsrat der Ruhrgas sichergestellt werden. Die Aktien des Ruhrbergbaus übernahm die Bergemann KG, während die niederländischen Exportinteressen von Esso und Shell sich in der Gewerkschaft Brigitta bündelten und die deutschen Produzenten, an denen Esso und Shell ebenfalls Anteile besaßen, sich in der Schubert KG zusammenfanden. Innerhalb und zwischen den Kommanditgesellschaften sorgten Sicherungsmechanismen für eine hohe Stabilität, machten das Gesamtsystem aber auch unflexibel. So verfügte der Bergbau ungeachtet seines tatsächlichen Aktienanteils, also auch bei weiteren Veränderungen der Anteilseignerstruktur zugunsten der Erdgasseite, grundsätzlich über eine Stimmenparität im Aufsichtsrat und war damit vor allen Majorisierungsversuchen geschützt. Anbietungspflichten bzw. Vorkaufsrechte der Aktionäre untereinander im Falle eines Verkaufsinteresses garantierten geschlossene Anteilseignerkreise. Eine besondere Rolle spielten die Regelungen zur Schachtelbeteiligung der GBAG an der Ruhrgas. Nicht unerhebliche Schwierigkeiten bildete auch die Einbindung der Ruhrkohle AG ab 1969.

Nach Abschluss der Neuordnung zum Jahresbeginn 1971 lagen 25 Prozent des Ruhrgas-Grundkapitals bei der Gewerkschaft Brigitta, 15 Prozent bei der Schubert KG, 56,06 Prozent einschließlich der Schachtelbeteiligung der GBAG bei der Bergemann KG und 3,94 Prozent bei weiteren, nicht an der Bergemann KG beteiligten Altaktionären. Die GBAG blieb zwar rechtlich im Besitz ihrer Schachtelbeteiligung an der Ruhrgas, übertrug sie jedoch unwiderruflich zur Legitimation auf die Bergemann KG. Damit waren vier Gruppen mit potenziell unterschiedlichen Interessen an der Ruhrgas beteiligt. Dass die Mineralölseite schließlich nur 40 Prozent der Ruhrgas-Anteile erhielt, lag an der Zurückhaltung der Schubert-Aktionäre. 1978/79 übernahm die Deutsche BP die Gelsenberg-Schachtel und sorgte damit für eine Zweidrittelmehrheit der Branche bei weiterbestehender Stimmenparität der Altaktionäre.

Im Verlauf der 1970er Jahre endete nicht nur die Ära des Kokereigases, dessen Nutzung von nun an auf industrielle Zwecke beschränkt blieb, sondern es begann der rasante Aufstieg des Erdgases zu einem bedeutenden Faktor der bundesdeutschen Energieversorgung. Gleichzeitig avancierte die Ruhrgas zum einflussreichsten europäischen Erdgasversorger und etablierte die Grundlagen der bis heute gültigen Bezugsstrukturen. Angesichts mitunter zweistelliger jährlicher Zuwachsraten entbrannte ein zunehmender Substitutionswettbewerb von Mineralöl, Elektrizität und Erdgas, das nicht nur den Anteil der Kohle im Wärmemarkt übernahm, sondern systematisch seine Position auch auf Kosten der beiden anderen Konkurrenzenergien ausbaute. Die Ruhrgas profitierte erheblich von dem positiven Image des sauberen und sicheren Energieträgers, beförderte dieses noch durch ein umfangreiches Marketing, stand jedoch auch vor dem großen Problem der Mengenprognose und Mengensicherung. Die Internationalisierung des Geschäfts machte die Ruhrgas zugleich zu einem bedeutenden wirtschafts- wie außenpolitischen Faktor.

Die Grundlage dieser Expansion bildeten neben deutschem und niederländischem Erdgas vor allem die Lieferungen aus der Sowjetunion, die 1973 aufgenommen wurden. Nachdem zunächst Österreich und Italien Lieferverträge mit der staatlichen Liefergesellschaft Sojuznefteexport abgeschlossen hatten, rückten Erdgasimporte aus der Sowjetunion 1969 zunehmend auch in den Blick der bundesdeutschen Politik und Öffentlichkeit. Die sowjetische Führung versprach sich von engeren wirtschaftlichen Beziehungen nach Vorbild der Röhrengeschäfte der frühen 1960er Jahre Hilfe beim Aufbau ihrer energiewirtschaftlichen Infrastruktur, während in Westdeutschland neben der Förderung der Industrie vor allem außenpolitische Aspekte in den Vordergrund rückten. So stellte das im Winter 1969/70 unter maßgeblicher Beteiligung der Ruhrgas abgeschlossene erste Erdgasröhrengeschäft mit der Sowjetunion einen wichtigen Faktor zur Entspannungspolitik der neuen Bundesregierung unter Willy Brandt dar, der letztlich auch die deutsch-deutsche Frage beeinflusste. Innerhalb von rund zehn Jahren folgten drei weitere Lieferverträge, die die Absatzexpansion in der Bundesrepublik erst ermöglichten, von Beginn an aber auch in regelmäßigen Abständen Kontroversen über die Versorgungssicherheit auslösten. Auch die weitere Entwicklung des Erdgasbezugs besaß eine unverändert internationale und mitunter auch politische Komponente.

Da bereits Anfang der 1970er Jahre klar war, dass die kontrahierten Mengen zur Bedarfsdeckung nicht ausreichten, richtete der Ruhrgas-Vorstand seinen Blick noch vor der Ölkrise in Richtung Naher Osten, wo der Iran als weltweit viertgrößter Mineralölproduzent enorme Gasmengen ungenutzt abfackelte. Auch wenn die Umsetzung eines Importprojektes an vielfältigen Schwierigkeiten und schließlich an der iranischen Revolution 1979 scheiterte, bildete es einen Markstein in der Geschichte der Ruhrgas. So markiert es nicht nur die erstmalige Trilateralität von Geschäften zwischen der Bundesrepublik der Sowjetunion und dem Iran, sondern war auch ein Zeichen für die Angst Westeuropas um die Energieversorgungssicherheit sowie die daraus resultierende fehlende Scheu vor neuen Wegen und Risiken. Dies gilt in abgeschwächter Form auch für die Kooperation mit Algerien, wo die Ruhrgas 1977 erstmals den Transport von LNG (Liquefied Natural Gas, Flüssigerdgas) nach Deutschland vereinbarte, letztlich aber niemals umsetzte. Bis in die 1990er Jahre hinein scheiterten weitere Anläufe und sonstige afrikanische LNG-Projekte, sodass Deutschland bis heute über keine eigenständige LNG-Importinfrastruktur verfügt. Die Gründe für diese Entwicklung waren vielfältig, lagen jedoch vor allem an unwirtschaftlichen Konditionen und politischen Unwägbarkeiten. Erheblich erfolgreicher waren im Verlauf der 1970er Jahre die Arrondierung der Importe aus den Niederlanden sowie die Beteiligung an den Erfolgen der forcierten Explorationsaktivitäten in der Nordsee. Regelmäßige Neufunde ließen den norwegischen und britischen Teil des Festlandsockels rasch zur Perspektivzone der europäischen Gaswirtschaft aufsteigen. Der Einstieg der Ruhrgas in das Nordseegasgeschäft begann mit den ersten Offshore-Lieferungen aus den Niederlanden 1975 und aus Norwegen 1977 und sorgte für ein weiteres Standbein im Ruhrgasbezugsportfolio. Bis in die 1990er Jahre folgten zahlreiche Neu- und Verlängerungsverträge, u. a. auch über Erdgas aus Großbritannien und Dänemark.

Vor diesem Hintergrund entstand in den 1970er Jahren die typische vierstufige Wertschöpfungskette der internationalen Gaswirtschaft. Sie umfasste erstens die Gewinnung, Aufbereitung und Fortleitung des Gases in den Fördernationen bis zu den Übergabepunkten der nationalen Netze; zweitens den Import und Ferntransport des Erdgases einschließlich der Zwischenspeicherung, der regionalen Weiterverteilung und des teilweisen Direktvertriebs; drittens die regionale Ebene mit ähnlichen Funktionen und viertens die Direktversorgung des Endkunden durch lokale Anbieter wie Stadtwerke. Während diese Stufen in der Bundesrepublik rechtlich und organisatorisch stärker voneinander getrennt waren, verfügte die staatswirtschaftlich orientierte Gasversorgung Westeuropas über eine teilweise starke institutionelle Verschränkung. In Deutschland galt dies insbesondere für die Upstream- und die Ferngasebene, in der die Ruhrgas mehrere Beteiligungen besaß, aber nur im geringen Maße für die beiden nachgeordneten Stufen. Insgesamt existierte hier ein fragmentiertes Versorgungssystem, das 1989 auf den ersten Marktstufen bei teilweiser Aktivitätenüberschneidung von einem Oligopol aus zwölf Produzenten, 18 Ferngasgesellschaften und elf Importeuren sowie auf der Endverteilerstufe von rund 500 Ortsgasgesellschaften geprägt wurde. Das System war durch langfristige

Lieferbeziehungen, Kapitalverflechtungen sowie selbstregulative Marktzutrittsschranken in Form von Demarkationsabkommen und Konzessionsverträgen charakterisiert. An der Spitze stand die Ruhrgas, die beim Import und Ferngasvertrieb einen Marktanteil von fast 75 Prozent erreichte.

Die Basis bildete ein festes vertragliches Regelsystem zur Mengensicherung und Preisbildung auf den Beschaffungsmärkten. Langfristige, international über Bezugskonsortien abgeschlossene Lieferverträge mit den Produzenten boten die Grundlage für umfangreiche Infrastrukturinvestitionen in allen Bereichen. In der Regel stand sich dabei pro beteiligter Import- und Exportnation jeweils nur ein Unternehmen auf jeder Seite gegenüber. Bei Laufzeiten von bis zu 30 Jahren enthielten die Bezugsverträge im Hinblick auf Konjunkturschwankungen, Marktveränderungen und allgemeine energiewirtschaftliche Entwicklungen verschiedene Mechanismen zur Risikoreduzierung und Nachjustierung der Preise. Das Mengenrisiko war über Take-or-Pay-Regeln stark in Richtung des Importeurs verlagert, der es wiederum durch langfristige Lieferverträge auf seine Kunden abwälzte. Letztlich war dies nicht mehr als die Internationalisierung einer seit dem Kokereigaszeitalter längst gängigen Praxis unter der nun hinzugekommenen Prämisse der Versorgungssicherheit, denn die Ruhrgas hatte bereits in den 1920er Jahren mit den kommunalen Kunden Vertragslaufzeiten von bis zu 30 Jahren vereinbart, um die eigene Netzentwicklung finanzieren zu können. Die Preisbildung im Erdgasgeschäft erfolgte schon früh nach dem Prinzip der Anlegbarkeit, das dem Gas die Wettbewerbsfähigkeit zu anderen Energieträgern sichern und während der Expansionsphase der 1970er und 1980er Jahre auch vor einer Übernachfrage schützen sollte. In Deutschland war dies in erster Linie das leichte Heizöl als wichtigste Substitutionsenergie im zentralen Absatzbereich, dem Wärmemarkt, mit der Folge der von Beginn an umstrittenen Ölpreisbindung des Gaspreises.

Mit dem weitgehend abgeschlossenen Ausbau der Versorgungsnetze in den Ballungsräumen und angesichts krisenbedingt rückläufiger Wohnungsneubauten zeigten sich in den 1980er Jahren erstmals die Grenzen der Expansion der Gaswirtschaft. Das unverminderte Interesse der Verbraucher im privaten Wärmemarkt sorgte jedoch weiterhin für äußerst gute Geschäftsergebnisse. Die mit großen Hoffnungen verbundene Renaissance der Kohle im Gassektor nach der zweiten Ölkrise blieb dagegen nicht mehr als eine kurze Episode. Die Erzeugung synthetischen Erdgases erwies sich als unwirtschaftlich, sodass Pläne zum Bau der „Industrieanlage Ruhr“ als großtechnischer, möglicherweise unter Verwendung nuklearer Prozesswärme arbeitender Kohlevergasungsanlage in der Schublade blieben. In der Gesamtbetrachtung stabilisierte die Ruhrgas ihre Geschäftsbasis mit wachsenden Umsätzen und Erträgen vor dem Hintergrund eines zunächst stagnierenden, dann rückläufigen Gesamtprimärenergieverbrauchs, eines sparsameren Gasverbrauchs der Haushalte, einer Verstärkung des Wettbewerbs zwischen Gasversorgern und Anbietern anderer Energieträger sowie einer zunehmenden Konkurrenz durch die Kernenergie. Damit stieg die Ruhrgas, getragen durch gute Margen und stark steigende Mengen, zu einem der profitabelsten deutschen Großunternehmen auf.

Im Verlauf der 1990er Jahre gerieten die etablierten Marktstrukturen und damit das Geschäftskonzept der Ruhrgas unter Druck. Ausschlaggebend für den dritten Umbruch der deutschen Gaswirtschaft nach der Einführung der Ferngasversorgung in den 1920er Jahren und dem Markteintritt des Erdgases in den 1960er Jahren waren zwei Entwicklungen: Der Zusammenbruch des Ostblocks mit der Öffnung der Grenzen sowie die von der EG eingeleitete Liberalisierung der europäischen Märkte. Auch wenn sich die Auswirkungen dieser Reformpolitik erst im Verlauf des neuen Jahrtausends voll entfalten sollten, bot bereits die Neuordnung der Gaswirtschaft in der DDR bzw. den neuen Bundesländern einen Vorgeschmack auf die Zukunft. Während sich die anfänglichen Sorgen um die sowjetischen Erdgasexporte bald relativierten, da die Lieferungen auch unter veränderten politischen Vorzeichen problemlos weiterliefen, weckte die Gaswirtschaft der DDR bereits kurz nach dem Mauerfall Ende 1989 Begehrlichkeiten bei zahlreichen westeuropäischen Gasversorgern. Der Ruhrgas gelang in Kooperation mit ihrem Aktionär Brigitta noch vor dem eigentlichen Beginn der Privatisierung der ostdeutschen Wirtschaft durch die Treuhandanstalt die Sicherung eines bedeutenden Anteils an der VEB Verbundnetz Gas. Damit erlangte sie eine maßgebliche Position bei dem bald in eine Aktiengesellschaft umgewandelten größten Gasversorgungsunternehmen der DDR, das zudem das Ferngasnetz kontrollierte. Die Konkurrenz und die ebenfalls an einer hohen Beteiligung interessierten ostdeutschen Kommunen mussten sich schließlich jeweils mit vergleichsweise geringen Anteilen begnügen. Mit der BASF-Tochter Wintershall trat jedoch erstmals ein bedeutender Konkurrent auf, der nicht nur durch eine Kooperation mit dem russischen Lieferanten Gazprom die Dominanz der Ruhrgas im Importsektor brach, sondern auch durch einen eigenständigen Leitungsbau in Westdeutschland für eine neue Lage sorgte.

Die Liberalisierung der europäischen Gasmärkte erschütterte die Grundlagen der vierstufigen gaswirtschaftlichen Wertschöpfungskette nachhaltig. Innerhalb weniger Jahre wurden dem traditionellen System nach und nach maßgebliche Stützen entzogen, wobei der freie oder börsennotierte Gashandel als fünfte Stufe hinzukam. Ein Ungleichgewicht erzeugte dabei die durch Übergangs- und Ausnahmeregelungen hervorgerufene ungleiche Liberalisierungsgeschwindigkeit innerhalb der EU, da zahlreiche Staaten eine möglichst schleppende Marktöffnungsstrategie verfolgten, während die Bundesregierung einen sofortigen und weitgehend vollständigen Wettbewerb befürwortete. Einschneidende und daher von Beginn an kontrovers diskutierte Kriterien der Marktöffnung waren das Common Carriage-Prinzip (gemeinsamer Transport) und der Third Party Access (Netzzugang von Dritten). Mitte 1998 wurde nach fast zehnjähriger Diskussion die EU-Gasrichtlinie mit dem Ziel verabschiedet, einen europäischen Binnenmarkt für Gas zu schaffen. Die nationale Umsetzung erfolgte in Deutschland durch die Novellierung des Energiewirtschaftsgesetzes und des Gesetzes gegen Wettbewerbsbeschränkungen bis Herbst 2000. Die deutsche Gaswirtschaft versuchte während einer Übergangsphase den politischen Forderungen durch privatwirtschaftliche Lösungen in Form so genannter Verbändevereinbarungen zwischen Erdgasversorgern und Verbrauchern zu genügen, doch misslang dies. Bis 2010 sorgten zwei weitere EU-Binnenmarktrichtlinien sowie zahlreiche Verordnungen und deren Umsetzung in deutsches Recht für den dritten großen Strukturbruch in der Geschichte der Gaswirtschaft. Hatten die Deregulierungsmaßnahmen nicht den gewünschten Effekt erbracht, kam es nun zu einer umfassenden Reregulierung, an deren Ende schließlich die gesellschaftsrechtliche Trennung von Netz und Vertrieb, umfassende Zugangsregelungen zu Transportkapazitäten und Mengen sowie ein Verbot langfristiger Lieferverträge stand, um nur die wichtigsten Aspekte zu nennen.

Angesichts der nach dem Einmaleffekt der Integration der ostdeutschen Gaswirtschaft im Verlauf der 1990er Jahre auf hohem Niveau stagnierenden Inlandsabsätze und der sich bald deutlich abzeichnenden Marktveränderungen begann bei der Ruhrgas eine sukzessive Weiterentwicklung der Unternehmenspolitik. Als Antwort auf den entstehenden brancheninternen Wettbewerb erhöhte das Unternehmen seine Marketingaktivitäten, um mehr eigenes Profil zu gewinnen und die Kundenbindung auf Grundlage der bewährten Vertriebsstrukturen zu verbessern. Zweitens sollte die Kooperation mit Unternehmen im Endverbrauchergeschäft ausgebaut werden und drittens galt es, die sich im Zuge der zunehmenden Internationalisierung bietenden Möglichkeiten zu nutzen und auch den Schritt ins Ausland zu wagen – in beiden Bereichen mittels Unternehmensbeteiligungen, durch den Aufbau von Lieferbeziehungen und die Kooperation mit anderen Energieversorgern. Damit begann die Ruhrgas, sich von einer Import- und Transportgesellschaft mit ergänzenden technologischen Bereichen hin zu einem differenzierten Gaskonzern zu entwickeln und neue Geschäftsfelder im „Downstreambereich" zu erschließen, also in die verbrauchernahe Ebene der Regional- und Lokalverteilung einzusteigen. Nachdem bereits seit den 1960er Jahren Beteiligungen im Regional- und Ferngassektor erworben worden waren, wurde dieses Engagement nun auch in den Stadtwerkebereich ausgedehnt. Dazu kamen diverse Beteiligungen an ausländischen Gesellschaften vor allem in den osteuropäischen Perspektivmärkten, die in der Ruhrgas Energie Beteiligungs-AG gebündelt wurden. Den Aufbau einer Holdingstruktur markierte weiterhin die Ruhrgas Industriebeteiligungsgesellschaft mbH (ab 1999 Ruhrgas Industries GmbH), die viertens die seit Mitte des Jahrzehnts stark ausgeweiteten Aktivitäten im Anlagenbau und in der Mess- und Regelungstechnik betreute. Umfangreiche Maßnahmen im Leitungs- und Speichersektor ergänzten die durch zahlreiche Vertragsverlängerungen und -ausweitungen sowie den Anschluss Großbritanniens an das kontinentaleuropäische Netz bestimmte Fortführung der Mengensicherungspolitik.

Die Umsetzung dieser vom Vorstand propagierten und vorangetriebenen Geschäftspolitik war jedoch nicht das Ergebnis einer im Unternehmen unumstrittenen Zukunftsstrategie, sondern provozierte im Gegenteil eine zunehmende Uneinigkeit unter den Aktionären. Nachdem vor allem die Mineralölgesellschaften seit Mitte der 1990er Jahre die Akquisitionsprojekte vermehrt abgelehnt und eine veränderte Ausschüttungspolitik der Ruhrgas gefordert hatten, unterstützten schließlich auch einige der verbliebenen Altaktionäre diese Haltung. Ausschlaggebend war hier der bedeutende und vorerst abschließende Umstrukturierungsprozess der alten Deutschland-AG im Ruhrgebiet unter Beteiligung von Thyssen, Krupp, RWE, Mannesmann, der Veba und der Ruhrkohle. Nach der Unternehmenspolitik rückte nun die Organisationsstruktur der Ruhrgas mit dem Ergebnis ins Zentrum der Kritik, dass der Fortbestand der mittlerweile über rund drei Jahrzehnte erfolgreichen Partnerschaft massiv infrage gestellt wurde. Die Frage nach ihrer Weiterführung, einem Börsengang oder sonstigen Zukunftslösungen erübrigte sich jedoch mit der Übernahme durch die E.ON AG, die Anfang 2003 nach einem zähen, prozessbegleiteten und mehr als zweijährigen Verfahren im Rahmen einer Ministererlaubnis abgeschlossen wurde.

Mit der Integration der Ruhrgas in die E.ON verband sich, so das Hauptargument aller Befürworter, die Möglichkeit zur Umsetzung von Projekten, die bislang am Widerstand der Aktionäre und an mangelnden Finanzierungsmöglichkeiten gescheitert waren, aber als Grundlage für die erfolgreiche Geschäftstätigkeit auf liberalisierten Märkten angesehen wurden. Die Zielsetzung richtete sich insbesondere auf die Bezugsflexibilisierung durch den Aufbau eines starken Upstream-Geschäftes und von LNG-Importstrukturen sowie die Erweiterung des osteuropäischen Beteiligungsgeschäftes. Und tatsächlich lagen die Schwerpunkte der Unternehmenstätigkeit in diesen Bereichen. So wurde mit der Gazprom eine weitere Vertiefung der Kooperation im Bereich strategischer Projekte vereinbart, die u. a. gemeinsame Vorhaben bei der Gasförderung in Russland, beim Gastransport nach Europa und beim Ausbau der Infrastruktur zur Vermarktung von Erdgas und Strom in Europa vorsah. Ergebnisse waren

u. a. die Beteiligung an der „Nord Stream"-Pipeline durch die Ostsee und an dem großen Gasvorkommen Yushno Russkoje sowie die Verlängerung bestehender langfristiger und der Abschluss neuer Lieferverträge. Weitere Beispiele waren die umfangreichen Akquisitionsaktivitäten in der Slowakei, in Rumänien und Ungarn, während beim LNG keine Ergebnisse erzielt wurden.

In der Gesamtbetrachtung konnte die Übernahme der Ruhrgas durch E.ON nicht die mit ihr verbundenen Hoffnungen und Ziele erreichen. Dafür ausschlaggebend waren diverse unternehmenspolitische Entscheidungen, die gesamtwirtschaftliche Entwicklung sowie politische Vorgaben von weitreichender Relevanz. So konzentrierte sich die E.ON auf die Elektrizitätsversorgung als eigentliches Kerngeschäft, baute den Konzern systematisch entlang dieser Sparte auf und berücksichtigte gaswirtschaftliche Belange erst in zweiter Linie. Damit blieb das Investitionsverhalten in den ersten Jahren hinter den Ankündigungen der Fusionsphase zurück und entsprach auch danach grundsätzlich nicht mehr den jeweiligen Mittelfristplanungen. Außerdem wurde das E.ON-Gasgeschäft nicht in der E.ON Ruhrgas bzw. der von ihr geführten Market Unit Pan European Gas gebündelt, sondern von Beginn an und im Rahmen von Konzernumstrukturierungen in zunehmendem Maße auch durch andere Konzerngesellschaften wahrgenommen. Diese vergleichsweise Marginalisierung bot jedoch weder den Auslöser noch den ursächlichen Hintergrund für die systematische Zerschlagung der E.ON Ruhrgas zwischen 2009 und 2013. Hierfür sind relativ eindeutig vor allem externe Faktoren auszumachen: Das Unternehmen war ein Opfer der Marktliberalisierung, die u. a. durch die unterschiedliche Bewertung von Einkaufs- und Absatzverträgen eine gravierende wirtschaftliche Schieflage erzeugte. Dazu kam die Energiewende, in deren Folge die E.ON Ruhrgas innerhalb des Konzerns zunehmend in die Rolle eines Auslaufmodells geriet, das als Verfügungsmasse der wirtschaftlichen Konsolidierung der Muttergesellschaft und ihres Kerngeschäftes diente. Innerhalb von rund vier Jahren wurden sämtliche Beteiligungen, einschließlich des Aktienpakets an der Gazprom veräußert, das Transportgeschäft aufgegeben, das Gasgeschäft von einer anderen Konzernabteilung übernommen und die Ruhrgas als eigenständiges Unternehmen aufgelöst. Offen bleibt dabei die Frage, inwieweit eine Ruhrgas ohne Konzernbindung die Situation besser hätte bewältigen können und ob die Übernahme der Ruhrgas durch die E.ON das Ende des Gasversorgers einleitete, beschleunigte oder aber verzögerte.

Quellenverzeichnis

Archiv E.ON Global Commodities (AEGC)

Bestand „Ruhrgas“

Bergbau-Archiv beim Deutschen Bergbau-Museum (BBA)

Bestand 8: Bergbau-AG Concordia
Bestand 11: Rheinpreußen AG für Bergbau und Chemie
Bestand 12: Deutsche Kohlenbergbau-Leitung, Essen
Bestand 16: Verein für die bergbaulichen Interessen
Bestand 20: Fried. Krupp Bergwerke AG
Bestand 32: Bergwerkgesellschaft Hibernia
Bestand 33: RWKS
Bestand 35: Zeche Emscher-Lippe
Bestand 55: GBAG
Bestand 72: Zeche Waltrop
Bestand 76: Nachlass Ernst Hellmut Vits
Bestand 138: Unternehmensverband Ruhrbergbau
Bestand 157: Zeche Westfalen

Bundesarchiv

NSDAP-Zentralkartei/Gaukartei
Kartei des NSDBT
Bestand R 4604: Generalinspektor für Wasser und Energie
Bestand Z 4: Länderrat des Vereinigten Wirtschaftsgebiets
Bestand Z 13: Direktorialkanzlei des Verwaltungsrats des Vereinigten Wirtschaftsgebiets

Historisches Konzernarchiv RWE (HKR)

Bestand A: RWE AG, Rechtsabteilung
Bestand C 1: RWE AG, Direktionsabteilung
Bestand G 2: Thyssengas GmbH
Bestand G 4: Harpener BAG
Bestand R 4: RWE, Betriebsverwaltung Reisholz
Altbestand

Landesarchiv NRW, Abteilung Rheinland (LAV NRW R)

Bestand NW 1005-G 24: Entnazifizierung
Bestand NW 1098: Entnazifizierung
Bestand NW O: Ordensakten
Bestand RW 58 Gestapo Düsseldorf

https://doi.org/10.1515/9783110542592-009

Ruhrgas AG Rechtsabteilung (RR)

ThyssenKrupp Konzernarchiv (TKA)

Bestand A: August Thyssen-Hütte/ThyssenKrupp AG
Bestand Hoe: Hoesch AG

Literaturverzeichnis

Die zahlreichen, mitunter nur einmal erwähnten Kurzbeiträge in insbesondere älteren gaswirtschaftlichen und energiewirtschaftlichen Fachperiodika wurden nicht in das Literaturverzeichnis aufgenommen, sondern sind ausschließlich im Text zitiert.

Abelshauser, Werner: Probleme des Wiederaufbaus der westdeutschen Wirtschaft 1945–1953, in: Winkler, Heinrich August (Hg.): Politische Weichenstellungen im Nachkriegsdeutschland 1945 bis 1953 (Geschichte und Gesellschaft, Sonderheft 5), Göttingen 1979, 208–253

Abelshauser, Werner: Der Ruhrkohlenbergbau seit 1945, München 1984

Acker, Wilhelm: Die Thyssen'schen Gas- und Wasserwerke GmbH. Ein Unternehmen der Energie- und Wasserwirtschaft, o. O. o. J. [Duisburg 1960] (unveröffentlichtes fragmentarisches Manuskript in: HKR)

Adrian, Rudolf: Zechengas- und Gruppengasversorgung. Eine Darstellung und volkswirtschaftliche Untersuchung der zentralisierten und dezentralisierten Gasfernversorgung Deutschlands, Diss. Würzburg 1932

Aktiengesellschaft für Kohleverwertung (Hg.): Deutsche Großgasversorgung. Denkschrift der Aktiengesellschaft für Kohleverwertung, Essen 1927

Altemark, Detlef (Hg.): Erdgas in der Industrie, Essen 1994

Altmann, Walter: Das System der öffentlichen Gasversorgung der DDR, in: GWF 131 (1990), 542–547

Altmann, Walter/Hauenherm, Werner: Die öffentliche Gasversorgung in der ehemaligen DDR, in: GWW 44 (1990), 409–413

Ambrosius, Gerold: Der Staat als Unternehmer, Göttingen 1984

Ambrosius, Gerold: Staat und Wirtschaft im 20. Jahrhundert (Enzyklopädie deutscher Geschichte, Bd. 7), München 1990

Appel, Rudolf H.: 150 Jahre Frankfurter Gasversorgung, in: Main-Gaswerke AG (Hg.): Urstoff – Urkraft – Gas, Frankfurt a. M. 1978, 47–110

Arbeitsgemeinschaft Deutscher Wirtschaftswissenschaftlicher Forschungsinstitute (Hg.): Untersuchung über die Entwicklung der gegenwärtigen Struktur von Angebot und Nachfrage in der Energiewirtschaft der Bundesrepublik unter besonderer Berücksichtigung des Steinkohlenbergbaus, Berlin 1962

Arbeitsgemeinschaft Energiebilanzen e. V. (Hg.): Auswertungstabellen zur Energiebilanz der Bundesrepublik Deutschland 1990 bis 2012, Berlin 2013

Asriel, Camillo J.: Das RWE. Rheinisch-Westfälisches Elektrizitätswerk AG. Ein Beitrag zur Erforschung der modernen Elektrizitätswirtschaft (Zürcher volkswirtschaftliche Forschungen, Bd. 16), Zürich 1930

Ausschuß zur Untersuchung der Erzeugungs- und Absatzbedingungen der deutschen Wirtschaft (Hg.): Die deutsche Kohlenwirtschaft. Verhandlungen und Berichte des Unterausschusses für Gewerbe, Industrie, Handel und Handwerk (III. Unterausschuß), Berlin 1929

Bansen, Heinrich: Die Gaswirtschaft auf deutschen Hüttenwerken, in: Verein deutscher Eisenhüttenleute (Hg.): Archiv für das Eisenhüttenwesen 2 (1928/29), 309–320

Barkai, Avraham: Das Wirtschaftssystem des Nationalsozialismus, Frankfurt a. M. 1988

Baumann, Hans: Männer und Mächte an Rhein und Ruhr, München 1973

https://doi.org/10.1515/9783110542592-010

Baumgart, Caspar (Hg.): Vertragshandbuch Gaswirtschaft. Praxisgerechte Gestaltung und rechtssichere Anwendung, Frankfurt a. M. 2010

BEB Erdgas und Erdöl GmbH (Hg.): Die Gewerkschaft Elwerath. Chronik eines Erdölunternehmens, 1866–1969, Hannover 1987

Beckervordersandforth, Christian P.: Erdgas und Umwelt – aus Sicht der Technik, in: GWF 127 (1986), 515–528

Beitel, Werner/Nötzold, Jürgen: Deutsch-sowjetische Wirtschaftsbeziehungen in der Zeit der Weimarer Republik. Eine Bilanz im Hinblick auf gegenwärtige Probleme, Baden-Baden 1979

Bellers, Michael: Afghanistan-Konflikt, in: Wichard Woyke, Handwörterbuch Internationale Politik, Bonn [4]1990, 56–60

Bergmann, Burckhard: Die Architektur der europäischen Erdgasversorgung – Quantensprung für Nordseegas, in: GWF 131 (1990), 527–535

Bezirksgruppe Steinkohlenbergbau Ruhr (Hg.): Ferngasversorgung im Kriege. Vortragsveranstaltung der Bezirksgruppe am 15. November 1943, o. O. o. J.

Bieger, Franz: Zwei Jahre Betriebserfahrungen im Ferngaswerk Dorsten der Steinkohlengas AG, in: Ruhrgas (Hg.): Gesammelte Berichte aus Betrieb und Forschung der Ruhrgas Aktiengesellschaft, Berichtsheft 7, Essen 1958, 21–26

Bieger, Franz: Die Druckvergasung von Steinkohle, in: Ruhrgas (Hg.): Gesammelte Berichte aus Betrieb und Forschung der Ruhrgas Aktiengesellschaft, Berichtsheft 8, Essen 1959, 13–19

Bieger, Franz: Die Konvertierung der bei der Steinkohlengas AG in Dorsten hergestellten Druckgase, in: Ruhrgas (Hg.): Gesammelte Berichte aus Betrieb und Forschung der Ruhrgas Aktiengesellschaft, Berichtsheft 12, Essen 1963, 19–23

Bieger, Franz/Gscheidmeyer, Ludwig: Benzol-Raffinationsanlage der Steinkohlengas AG in Dorsten, in: Ruhrgas (Hg.): Gesammelte Berichte aus Betrieb und Forschung der Ruhrgas Aktiengesellschaft, Berichtsheft 11, Essen 1962, 21–29

Binder, Markus u. a.: Strukturveränderungen im liberalisierten Gasmarkt, in: ET 50 (2000), 830–835

Birkenfeld, Wolfgang: Der synthetische Treibstoff 1933–1945 (Studien und Dokumente zur Geschichte des Zweiten Weltkrieges, Bd. 8), Göttingen 1964

Birnbaum, Lutz: Zugang zu den Gasversorgungsnetzen – marktwirtschaftliche Lösung oder Regulierung?, in: ET 51 (2001), 556–561

Bleidick, Dietmar: Schlaglichter. Die ersten 75 Jahre, hg. von der Ruhrgas AG, Essen 2001

Bleidick, Dietmar: Kunst für alle oder für wenige? Zur Geschichte des Verhältnisses von öffentlicher und privater Kunstförderung, in: Canaris, Ute/Rüsen, Jörn (Hrsg.): Kultur in Nordrhein-Westfalen. Zwischen Kirchturm, Förderturm und Fernsehturm, Stuttgart 2001, 205–213

Bleidick, Dietmar: „Schelberger, Herbert“, in: NDB 22 (2005), 641–642

Bleidick, Dietmar: Bergtechnik im 20. Jahrhundert: Mechanisierung in Abbau und Förderung, in: Tenfelde, Klaus u. a. (Hrsg.): Geschichte des deutschen Bergbaus, Bd. 4: Rohstoffgewinnung im Strukturwandel. Der deutsche Bergbau im 20. Jahrhundert (hg. von Dieter Ziegler), Münster 2013, 355–411

Blochmann, G. F. Rudolf: Aus der Frühgeschichte der Gastechnik. Grundsätzlich verschiedene Formen der ersten Entwicklung der Gasbeleuchtung in England und in Deutschland, München 1942

Böhret, Carl: Aktionen gegen die „kalte Sozialisierung“, 1926–1930. Ein Beitrag zum Wirken ökonomischer Einflußverbände in der Weimarer Republik, Berlin 1966

Bökenkamp, Gérard: Das Ende des Wirtschaftswunders. Geschichte der Sozial-, Wirtschafts- und Finanzpolitik in der Bundesrepublik 1969–1998, Stuttgart 2010
Börner, Achim-Rüdiger: Der Energiemarkt und die geschlossenen Versorgungsgebiete der Strom- und Gaswirtschaft im Übergang zum Wettbewerb (Zeitschrift für öffentliche und gemeinwirtschaftliche Unternehmen, Beiheft 20), Baden-Baden 1996
Boigk, Heinz: Die westdeutsche Erdöl- und Erdgasexploration im Jahre 1961, in: EKEP 15 (1962), 245–254
Bolz, Christian: Zur Kritik der Deutschen Gasfernversorgung, in: WG 18 (1927/28), Sp. 713–730, 801–810.
Borodziej, Wlodzimierz: Geschichte Polens im 20. Jahrhundert, München 2010
Boudet, René: Die Aussichten des Weltmarktes für Flüssigerdgas, in: GWW 25 (1972), 225–230
Bramkamp, Franz Bernhard u. a.: Die energie- und gaswirtschaftliche Entwicklung im Jahre 1989, in: GWF 131 (1990), 371–419; 1990, in: GWF 132 (1991), 378–431; 1992, in: GWF 134 (1993), 414–467; 1993, in: GWF 135 (1994), 437–489; 1994, in: GWF 136 (1995), 369–427; 1995, in: GWF 137 (1996), 439–495
Brandi, Helga: Kein anstrengendes Bildungsangebot, sondern ein Ort des vergnüglichen Lernens. Von den Nöten und Hoffnungen des Essener Museumsleiters Hubertus Gaßner, in: Regionalverband Ruhr (Hg.): Standorte. Jahrbuch Ruhrgebiet 2003/2004, Essen 2004, 449–457
Braun, Hans-Joachim: Gas oder Elektrizität? Zur Konkurrenz zweier Beleuchtungssysteme 1880–1914, in: Technikgeschichte 47 (1980), 1–19
Brecht, Christoph: Reichgas als Mittel zur Einbeziehung des Kokereigases in eine Erdgaswirtschaft, in: Ruhrgas AG (Hg.): Gesammelte Berichte aus Betrieb und Forschung der Ruhrgas AG, Berichtsheft 13 (1964), 7–12
Brecht, Christoph: Technische Probleme der zukünftigen Gasversorgung, in: GWF 113 (1972), 489–498
Brecht, Christoph: Gasspeicherung in Poren- und Kavernenspeichern. Erfahrungen und Probleme, in: Ruhrgas AG (Hg.): Gesammelte Berichte aus Betrieb und Forschung der Ruhrgas AG, Berichtsheft 24 (1976), 37–42
Brecht, Christoph: Gas auch für künftige Generationen, in: GWI 31 (1982), 7–12
Brecht, Christoph/Hoffmann, Günther: Vergasung von Kohle – Eine tabellarische Übersicht der in- und ausländischen Entwicklungen sowie der großtechnisch eingesetzten Verfahren, in: Ruhrgas AG (Hg.): Gesammelte Berichte aus Betrieb und Forschung der Ruhrgas AG, Berichtsheft 31 (1983), 7–24
Brecht, Christoph/von Gratkowski, Hans-Wolf: Erdgas – Rohstoff oder Brennstoff? – Einige Probleme der zukünftigen Erdgasnutzung in Europa, in: GWI 16 (1967), 289–298
Broich, Franz: Die Petrochemie des Rhein-Ruhr-Gebiets. Sonderdruck aus dem Jahrbuch für Bergbau, Energie, Mineralöl und Chemie 1968, Essen 1968
BP statistical review of world energy, div. Jahrgänge
Bruendel, Steffen: Preface. Historical Research and the Impact of Transnational Academic Cooperation – Norway and Germany, in: Bauerkämper, Arnd u. a. (Hrsg.): From Patriotic Memory to a Universalistic Narrative? Shifts in Norwegian Memory Culture after 1945 in Comparative Perspective, Essen 2014, 9–17
Bruhn, Peter: Beutekunst. Bibliographie des internationalen Schrifttums über das Schicksal des im Zweiten Weltkrieg von der Roten Armee in Deutschland erbeuteten Kulturgutes (Museums-, Archiv- und Bibliotheksbestände), 2 Bde., München ^{4}2003
Bruhn, Peter: Bibliografie Bernsteinzimmer, Berlin ^{2}2004

Brunckhorst, Hans-Dieter: Kommunalisierung im 19. Jahrhundert, dargestellt am Beispiel der Gaswirtschaft in Deutschland, München 1978

Buchheim, Christoph: Unternehmen in Deutschland und NS-Regime 1933–1945. Versuch einer Synthese, in: HZ 282 (2006), 351–390

Buchheim, Christoph/Scherner, Jonas: Corporate Freedom of Action in Nazi Germany. A Response to Peter Hayes, in: Bulletin of the German Historical Institute 45 (2009), 43–50

Buderath, Josef: Strom im Markt. Die Geschichte des Rheinisch-Westfälischen Elektrizitätswerks AG Essen 1898–1978, Essen 1978

Büdenbender, Ulrich: Rechtsfragen der Energieversorgung in Krisenzeiten. Zur Verordnung über die Sicherstellung der Elektrizitätsversorgung (Elektrizitätslastverteilungs-Verordnung) und der Gasversorgung (Gaslastverteilungs-Verordnung), in: ET 27 (1977), 51–55, 146–151, 216–219

Bulian, Walter: Chemie und Physik der Erdgase, in: Laurien, Helmut (Hg.): Taschenbuch Erdgas, München ^{2}1970, 69–104

Bundesamt für Wirtschaft und Außenkontrolle (Hg.): Jahresstatistiken der deutschen Gaswirtschaft. Erlöse, Investitionen, Speicherkapazitäten, Eschborn, o. J.

Bundeskartellamt (Hg.): Bericht über die Evaluierung der Beschlüsse zu langfristigen Gaslieferverträgen vom 15. Juni 2010, Bonn 2010

Bundesministerium des Innern (Hg.): Umweltprogramm der Bundesregierung, Bonn ^{1}1971, Bonn ^{3}1973

Bundesverband der deutschen Gas- und Wasserwirtschaft (Hg.), Gasstatistik Bundesrepublik Deutschland, Berichtsjahr 1990, Bonn 1991

Bundesverband der deutschen Gas- und Wasserwirtschaft (Hg.), Jahresberichte, div. Jahrgänge

Burgbacher, Fritz: Gaswirtschaftliche Tagesfragen im Blickpunkt der allgemeinen Wirtschaftspolitik, in: ET 2 (1952/53), 202–208

Burgbacher, Fritz: Bericht über die Notwendigkeit und die Möglichkeiten einer Politik der Gemeinschaft zur Förderung der Gaserzeugung aus Kohle, in: BGW (Hg.): Energiewirtschaftliche Bedeutung der Kohlevergasung (BGW-Schriftenreihe, Bd. 5), Frankfurt a. M. 1975, 7–40

BWM (Hg.): Das Energieprogramm der Bundesregierung vom 26. September 1973, Bonn 1973; Erste Fortschreibung des Energieprogramms der Bundesregierung, Bonn 1974; Zweite Fortschreibung des Energieprogramms der Bundesregierung vom 14. Dezember 1977, Bonn 1978; Dritte Fortschreibung des Energieprogramms der Bundesregierung vom 4. November 1981, Bonn 1982

C. Deilmann AG (Hg.): Hundert Jahre Deilmann, Bad Bentheim 1988

Chlebowski: Die Verwaltungsformen der städtischen Gas-, Wasser- und Elektrizitätswerke und Straßenbahnen, in: WG 14 (1923/24), Sp. 553–567

Christiansen, Jörg: Durchleitungspflicht für Erdgas in der EG. Harmonisierung mit marktkonformen Mitteln?, in: ET 40 (1990), 176–181

Classen, Harold: Die Entwicklungsstufen der öffentlichen Gaswirtschaft im Raum Essen, Diss. Köln 1957, Essen 1958

Commerzbank AG (Hg.): Erdöl und Erdgas aus der Nordsee, Frankfurt a. M. 1977

Credo, Franziska u. a.: Marktbarrieren und Erfolgsfaktoren im Gas-zu-Gas-Wettbewerb, in: ET 60 (6/2010), 46–49

Czakainski, Martin: Erdgasmärkte im Erwartungsdruck der Liberalisierung, in: ET 50 (2000), 718–720

Czerniejewicz, Wilfried: Die Entwicklung der französischen Gaswirtschaft – Aufkommen, Transport und Verbrauch, in: GWI 17 (1968), 427–431

Czerniejewicz, Wilfried: Europäische Projekte der Gaswirtschaft, in: GWF 115 (1974), 195–200

Czimatis, Albrecht: Energiewirtschaft als Grundlage der Kriegswirtschaft, Hamburg 1936

Dach, Günther: Perspektiven der deutschen und westeuropäischen Erdgasentwicklung in Abhängigkeit von der Entwicklung des Welterdgasmarktes, in: Glückauf 116 (1980), 606–620

Davis, J. D.: Blue Gold. The Political Economy of Natural Gas (World Industry Studies, Bd. 3), London 1984

Daweke, Klaus/Schneider, Michael: Die Mission des Mäzen. Zur öffentlichen und privaten Förderung der Künste, Opladen 1986

Deckers, Peter-Josef: Aktuelle Finanzierungsfragen in der öffentlichen Gaswirtschaft, in: Energiewirtschaftliches Institut der Universität Köln (Hg.): Investitions- und Finanzierungsprobleme in der Energiewirtschaft, München 1968, 81–94

Deilmann, Carl: Erdöl und Erdgas in der Bundesrepublik. Sonderdruck aus dem Jahrbuch des deutschen Bergbaus 1964, Essen 1964

Dellweg, Otto: Die deutsche Gasversorgung unter besonderer Berücksichtigung der zentral organisierten Ferngasversorgung auf der Kohlenbasis, Diss Köln 1933, Wuppertal-Elberfeld 1934

Delvendahl, Karl-Albrecht/Beysel, Rolf: Technische Entwicklung beim Bau von Ferngasleitungen, in: Ruhrgas AG (Hg.): Gesammelte Berichte aus Betrieb und Forschung der Ruhrgas AG, Berichtsheft 24 (1976), 59–64

Deutinger, Stephan: Eine „Lebensfrage für die bayerische Industrie". Energiepolitik und regionale Energieversorgung 1945–1980, in: Schlemmer, Thomas/Woller, Hans (Hrsg.): Bayern im Bund, Bd. 1: Die Erschließung des Landes 1949–1973 (Quellen und Darstellungen zur Zeitgeschichte, Bd. 52), München 2001, 33–118

Deutsche Bank (Hg.): Iran, Frankfurt a. M. 1975

Deutscher Verein von Gas- und Wasserfachmännern e. V. (Hg.): Gasfernversorgung von den Kohlengewinnungsstätten aus. Denkschrift des Deutschen Vereins von Gas- und Wasserfachmännern e. V., Berlin 1927

Diekmann, Erich/Hollinderbäumer, Joachim: Einige Aspekte zur Speicherung von Gas, in: EEZ 92 (1976), 367–375

Döhrmann, Willi: Die Entwicklung der deutschen Steinkohlenpreise nach dem Zweiten Weltkrieg, in: Glückauf 89 (1953), 597–602

Döring, Hasso: Über die Aufgaben des Ingenieurdienstes bei der Umstellung auf Erdgas, in: Ruhrgas AG (Hg.): Gesammelte Berichte aus Betrieb und Forschung der Ruhrgas AG, H. 16 (1968), 1–6

Döring, Hasso u. a.: Gasförmige und flüssige Brennstoffe aus Kohle. Gas-, Teer- und Ölgewinnung von Kraftwerkskohle – Lurgi-Ruhrgas-Verfahren, in: EKEP 28 (1975), S. 225–232

Döring, Peter: Bewegte Jahre: Die VEW von 1925 bis 1948, in: VEW AG (Hg.): Mehr als Energie. Die Unternehmensgeschichte der VEW 1925–2000, Essen 2000, 80–197

Dolinski, Urs: Fragen der Gaspreisbildung als Folge der Interdependenzen zwischen internationalem Erdgasbeschaffungsmarkt und Erdgasabsatzmarkt in der Bundesrepublik Deutschland, in: BWK 29 (1977), 435–439

Donges, Alexander: Die Vereinigte Stahlwerke AG im Nationalsozialismus. Konzernpolitik zwischen Marktwirtschaft und Staatswirtschaft (Familie – Unternehmen – Öffentlichkeit: Thyssen im 20. Jahrhundert, Bd. 1), Paderborn 2014

Düwel, Georg: Erdgas für Norddeutschland, in: GWF 113 (1972), 8–15
Durth, Werner/Ruhrgas AG (Hrsg.): Architektur in Deutschland ’97. Deutscher Architekturpreis 1997, Stuttgart 1998
Eckert, Lutz: Gewährleistung, Haftung und Versicherungsschutz bei der Umstellung der Abnehmergeräte auf Erdgas, in: GWF 109 (1968), 953–958
Eckert, Lutz: Gas im Wärmemarkt, in: Ruhrgas AG (Hg.): Gesammelte Berichte aus Betrieb und Forschung der Ruhrgas AG, Berichtsheft 29 (1981), 31–39
Eggers, Hans: Die Neuordnung der deutschen Energiewirtschaft, in: Mönckmaier, Otto (Hg.): Jahrbuch der nationalsozialistischen Wirtschaft, München 1937, 354–371
Ehrhardt, Hendrik/Kroll, Thomas (Hrsg.): Energie in der modernen Gesellschaft. Zeithistorische Perspektiven, Göttingen 2012
Elm, Monika: Ruhrchemie. Werk und Belegschaft in Wort und Bild 1927–2010, Essen 2013
Elsas, Fritz: Kommunalwirtschaft und Gas, in: Vollbrecht, Willi/Sternberg-Raasch, Richard (Hrsg.): Das Gas in der deutschen Wirtschaft, Berlin 1929, 295–302
Elvers, H.: Das Gas als Wärmequelle in Gewerbe und Industrie, in: Vollbrecht, Willi/ Sternberg-Raasch, Richard (Hrsg.): Das Gas in der deutschen Wirtschaft, Berlin 1929, 220–228
EnergieComment (Hg.): Kurzstudie Gaspreise 2015 & 2016 (www.energiecomment.de)
Energiewirtschaftliches Institut der Universität Köln (Hg.): Energiewirtschaft und Umwelt. Vorträge und Diskussionsberichte der 16. Arbeitstagung am 23. und 24. September 1972 in der Universität Köln (Tagungsberichte des Energiewirtschaftlichen Instituts, H. 16) München 1972
Enseling, Gerhard: Troll – der norwegische Gasriese, in: GWF 134 (1993), 473–478
E.ON Stipendienfonds (Hg.): 30 Jahre. Wegmarken des Stipendienfonds, Essen 2014
Ernst, Helmut: Wie Wintershall zu BASF kam, Kassel 2001
Farfsing, Paul: Die Verminderung des deutschen Kohlenverbrauchs durch den technischen Fortschritt, Diss. München 1929, München 1929
Farrenkopf, Michael (Hg.): Koks. Geschichte eines Wertstoffes (Veröffentlichungen aus dem Deutschen Bergbau-Museum, Nr. 117), 2 Bde., Bochum 2003
Farrenkopf, Michael: Wiederaufstieg und Niedergang des Bergbaus in der Bundesrepublik, in: Tenfelde, Klaus u. a. (Hrsg.): Geschichte des deutschen Bergbaus, Bd. 4: Rohstoffgewinnung im Strukturwandel. Der deutsche Bergbau im 20. Jahrhundert (hg. von Dieter Ziegler), Münster 2013, 183–302
Fear, Jeffrey: Cartels, in: Jones, Geoffrey/Zeitlin, Jonathan (Hrsg.): The Oxford Handbook of Business History, Oxford 2007, 268–292
Feldman, Gerald D.: Hugo Stinnes. Biographie eines Industriellen 1870–1924, München 1998
Feller, Albert: Erdöl und Erdgas in der sowjetischen Machtpolitik. Ein Diskussionsbeitrag über die Bedeutung und Folgen westlicher Lieferungen für das östliche Pipelinesystem, Bonn 1965
Fiedler, Wilfried: Die Verhandlungen zwischen Deutschland und Russland über die Rückführung der während und nach dem 2. Weltkrieg verlagerten Kulturgüter, in: Jahrbuch des Öffentlichen Rechts der Gegenwart N. F. 56 (2008), 217–227
Financial Times (Hg.): Walter Skinner’s Oil and Gas International Year Book, London div. Jg.
Fischer, Alois K.: Die sowjetische Erdgasindustrie (1960–1985), in: GWF 123 (1982), 425–431
Fischer, Dietrich: Das Trollfeld. Erdgasförderung und die vertraglichen Aspekte, in: Energie 39 (12/1987), 46–53
Fischerhof, Hans: Gedanken zum Energiepreisrecht, in: Energiewirtschaftliches Institut der Universität Köln (Hg.): Preis- und Tariffragen der Energieversorgung, München 1950, 201–211

Förster, Fren: Geschichte der Deutschen BP 1904–1979, Hamburg 1979
Fohrbeck, Karla, Renaissance der Mäzene? Interessenvielfalt in der privaten Kulturfinanzierung, Köln 1989
Franke, Friedrich H./Beckervordersandforth, Christian P.: Neue Ansätze zur Untertagevergasung von Kohle, in: Glückauf 114 (1978), 246–251
Franz, Thorsten: Gewinnerzielung durch kommunale Daseinsvorsorge, (Jus Publicum, Bd. 123), Tübingen 2005
Frei, Norbert: Die Wirtschaft des „Dritten Reiches". Überlegungen zu einem Perspektivwechsel, in: ders./Schanetzky, Tim (Hrsg.), Unternehmen im Nationalsozialismus. Zur Historisierung einer Forschungskonjunktur, Weimar 2010, 9–25
Freßen, Franz: Die Entwicklung der Kokereigasversorgung im rheinisch-westfälischen Industriegebiet, Diss. Münster 1922
Friedrich, A.: Staat und Energiewirtschaft. Der Weg zum Energiewirtschaftsgesetz, Berlin 1936
Fuchs, Günther Christian: Untersuchungen über die jetzige und zukünftige Stellung des Erdgasmarktes in der Energiewirtschaft der Bundesrepublik Deutschland, Diss. Aachen 1965
Fuchs, Konrad: Wirtschaftsgeschichte Oberschlesiens 1871–1945, Dortmund 1981
Funk, Cara u. a.: Wettbewerbsfragen in der deutschen Gaswirtschaft, München 1995
Gasch, Albert: Der kommunale Gasverbund – Entstehung, Aufgaben, Ziele, in: ÖW 14 (1965), 97–100
Gassert, Philipp: Kurt Georg Kiesinger 1904–1988. Kanzler zwischen den Zeiten, München 2006
Gasversorgung Ostsachsen AG, Dresden [verantw. für die Red.]: Gasversorgung Ostsachsen AG, Dresden (Industrie und Handel, Bd. 35), Berlin 1927
Gebhardt, Andrea: Struktur und Wandel der Ostpolitik Willy Brandts, München 2007
Gebhardt, Gerhard: Ruhrbergbau. Geschichte, Aufbau und Verflechtung seiner Gesellschaften und Organisationen, Essen 1957
Gelsenkirchener Bergwerks-AG (Hg.): 10 Jahre Steinkohlenbergbau der Vereinigte Stahlwerke AG 1926–1936, o. O. o. J. [Essen 1936]
Gönningen, H.: Flüssiggase zum Antrieb von Kraftfahrzeugen, in: JBG 15 (1934), 33–42
Götschmann, Dirk: Wirtschaftsgeschichte Bayerns, Regensburg 2010
Gratkowski, Hans-Wolf von: Stand und technische Möglichkeit der Kohlevergasung, in: Ruhrgas AG (Hg.): Gesammelte Berichte aus Betrieb und Forschung der Ruhrgas AG, Berichtsheft 23 (1975), 53–59
Greineder, Friedrich: Die Wirtschaft der deutschen Gaswerke, München 1914
Gumz, Wilhelm/Regul, Rudolf: Die Kohle. Entstehung, Eigenschaften, Gewinnung und Verwendung, Essen 1954
Gundermann, Hans-Peter: Die Neuordnung der Energiewirtschaft in den fünf östlichen Bundesländern und ihre Probleme, in: Harms, Wolfgang (Hg.): Neuordnung der Energiewirtschaft in den ostdeutschen Ländern. Vorträge und Diskussionen des Energierechts-Gesprächs am 21. März 1991 (Berliner Beiträge zum Wirtschaftsrecht, Bd. 7), Köln 1991, 3–26
Gustafson, Thane: Soviet Negotiating Strategy. The East-West Gas Pipeline Deal 1980–1984, Santa Monica 1985
Habrich-Böcker, Christiane u. a.: Fracking – Die neue Produktionsgeografie. Wiesbaden 2014
Haider, Georg: Die Ergebnisse der Energie-Enquete aus der Sicht der öffentlichen Gaswirtschaft, in: Energiewirtschaftliches Institut der Universität Köln (Hg.): Die Energie-Enquete. Ergebnisse und wirtschaftspolitische Konsequenzen, München 1962, 81–92

Harms, Klaus: Nordsee 75, in: OEL 13 (1975), 302–310; Nordsee 76, in: OEL 14 (1976), 270–279; Nordsee 77, in: OEL 15 (1977), 272–281; Nordsee 78, in: OEL 16 (1978), 266–278; Nordsee 79, in: OEL 17 (1979), 238–250; Nordsee 80, in: OEL 17 (1979), 226–234, 256–266; Nordsee 82, in: OEL 20 (1982), 256–269, 284–296

Harms, Klaus Peter: Das Buch vom Erdöl, hg. von der Deutsche BP AG, Hamburg [4]1978; Hamburg [5]1989

Harms, Wolfgang: Zwischen Privatisierung, Wettbewerb und Kommunalisierung. Zur Umgestaltung des Energiesektors in den neuen Bundesländern (Berliner Beiträge zum Wirtschaftsrecht, Bd. 8), Köln 1992

Harmsen, G. W.: Reparationen – Sozialprodukt – Lebensstandard, Heft 1, Bremen 1948

Haucap, Justus: Energiemarkt-Liberalisierung: Was bleibt zu tun?, in: ET 60 (7/2010), 18–21

Hauenherm, Werner: Erdgasversorgung in den neuen Bundesländern, in: GWF 132 (1991), 451–455

Hayes, Mark H.: The Transmed and Maghreb Projects: Gas to Europe from North Africa, in: Victor, David G. u. a. (Hrsg.): Natural Gas and Geopolitics, New York 2006, 49–90

Hayes, Peter: Corporate Freedom of Action in Nazi Germany, in: Bulletin of the German Historical Institute 45 (2009), 29–42 sowie Rejoinder, in: ebd., 52–55

Hellige, Hans Dieter: Entstehungsbedingungen und energietechnische Langzeitwirkungen des Energiewirtschaftsgesetzes von 1935, in: TG 53 (1986), 123–155

Hempel, Gustav: Die deutsche Montanindustrie, Essen 1969

Hense, Andreas: Europaweite Tendenzen zur nationalen Gasmarktregulierung, in: ET 55 (2005), 320–324

Herbert, Ulrich: Fremdarbeiter. Politik und Praxis des „Ausländer-Einsatzes" in der Kriegswirtschaft des Dritten Reiches, Bonn 1999

Herbst, Günther: Die Gasodorierung, in: Ruhrgas AG (Hg.): Gesammelte Berichte aus Betrieb und Forschung der Ruhrgas AG, H. 17 (1969), 69–72

Herchenröder, K. H. u. a.: Die Nachfolger der Ruhrkonzerne. Die Neuordnung der Montanindustrie, Düsseldorf 1953

Herning, Fritz: Zur Fortleitung heterogener Gemische in Rohrleitungen, in: Ruhrgas (Hg.): Gesammelte Berichte aus Betrieb und Forschung der Ruhrgas, Berichtsheft 9 (1960), 13–16

Herrhausen, Alfred: Betriebswirtschaftliche Überlegungen, die bei der Umstellung auf Erdgas zu berücksichtigen sind, in: GWF 107 (1966), 641–646

Heseler, Kurt: Erdgaspreise auf expandierenden Wettbewerbsmärkten, in: Energiewirtschaftliches Institut der Universität Köln (Hg.): Preisbildung in der Energiewirtschaft. Vorträge und Diskussionsberichte der 19. Arbeitstagung am 13. und 14. Oktober 1976 in der Universität Köln (Tagungsberichte des Energiewirtschaftlichen Instituts, Heft 19) München 1977, 158–184

Heuraux, Christine: Die deutsche Energiewirtschaft. Chronik einer angekündigten Liberalisierung, Essen 2004

Heymann, Matthias: Ingenieure, Märkte und Visionen. Die wechselvolle Geschichte der Erdgasverflüssigung, München 2006

Hielle, Ingrid: Die OPEC: Ursprung und Geschichte eines Gegenkartells, in: Buddenberg, Hellmuth (Hg.): Umbrüche – Neue Strukturen in Wirtschaft und Gesellschaft, Herford 1987, 172–245

Hill, N. K.: The History of the Imperial Continental Gas Association 1824–1900. A Study of British Economic Enterprise on the Continent of Europe in the Nineteenth Century, London 1950

Hobein, Beate: Energiepolitischer Zündstoff im Bergischen Land: Barmens Übergang zur Kokereigasversorgung (1910), in: Becker, Holger F. u. a. (Hrsg.): Neues Bergisches Jahrbuch. Beiträge und Materialien zur Lokal- und Regionalgeschichte des Bergischen Landes, Wuppertal 1985, 61–80

Högselius, Per: Red Gas. Russia and the Origins of European Energy Dependence, New York 2013

Höhmann, Hans-Hermann: Sowjetunion, in: ders. (Hg.): Die Wirtschaft Osteuropas zu Beginn der 70er Jahre, Stuttgart 1972, 9–51

Höhmann, Hans-Hermann/Seidenstecher, Gertraud: Sowjetunion, in: Höhmann, Hans-Hermann (Hg.): Die Wirtschaft Osteuropas und der VR China 1970–1980, Stuttgart 1978, 9–59

Holst, Klaus-Ewald: Ostdeutsche Gaswirtschaft in Europa integriert, in: ET 47 (1997), 436–440

Holst, Klaus-Ewald/Altmann, Walter: Stand und Ausbau der Gasversorgung Ostdeutschlands, in: 3R international 30 (1991), 328–334

Horn, Manfred: Die Energiepolitik der Bundesregierung von 1958 bis 1972. Zur Bedeutung der Penetration ausländischer Ölkonzerne in die Energiewirtschaft der BRD für die Abhängigkeit interner Strukturen und Entwicklungen (Volkswirtschaftliche Schriften, H. 256), Berlin 1977

Horstmann, Theo: Die Vorläufergesellschaften der VEW, in: VEW AG (Hrsg.): Mehr als Energie. Die Unternehmensgeschichte der VEW 1925–2000, Essen 2000, 12–69

Hudde, Hans: Die Geschichte der Aral Aktiengesellschaft, in: Aral AG (Hg.): Erlebte Geschichte – Hundert Jahre Aral, Bochum 1998, 14–27

Hüffer, Uwe u. a.: Die Transitrichtlinien für Gas und Elektrizität – eine Studie zu den rechtlichen Schranken bei der Verwirklichung des Binnenmarktes für Energie, Stuttgart 1991

Hühner, Michael: Kommunalfinanzen, Kommunalunternehmen und Kommunalpolitik im deutschen Kaiserreich (Münsteraner Beiträge zur Cliometrie und quantitativen Wirtschaftsgeschichte, Bd. 6), Münster 1998

Huske, Joachim: Die Steinkohlenzechen im Ruhrrevier. Daten und Fakten von den Anfängen bis 2005 (Veröffentlichungen aus dem Deutschen Bergbau-Museum, Nr. 144), Bochum [3]2005

Illing, Falk: Energiepolitik in Deutschland. Die energiepolitischen Maßnahmen der Bundesregierung 1949–2013, Baden-Baden 2012

Industrie- und Handelskammer zu Dortmund (Hg.): Ferngasversorgung und gewerbliche Verbraucher, Dortmund 1928

International Tracing Service Recording Branch (Hg.): Catalogue of Camps and Prisons in Germany and German-Occupied Territories, Arolsen 1949

Jehnigen, Johannes: Ferngas im Westen Deutschlands, seine Bedeutung für Industrie und Gewerbe, Düsseldorf 1934

Jensen, Snorre W.: Präsentation des Troll-Projekts, in: GWW 47 (1993), 211–216

Jericho, Kurt: 50 Jahre Steinkohlenförderung. Steinkohlenbergwerk Westfalen AG, o. O., o. J.

Joas, Hans/Kohli, Martin (Hrsg.): Der Zusammenbruch der DDR, Frankfurt a. M. 1993

Jungell, Hans A.: Fragen der Transportsicherheit von verflüssigtem Erdgas, in: EKEP 15 (1962), 921–922.

Just, Hans: Die Untergrundspeicherung von Gas in USA und die Möglichkeiten ihrer Anwendung in Europa, in: GWF 94 (1953), 2–7

Just, Hans: Ferngaserzeugung durch Vergasung von Steinkohlen nach dem Lurgi-Druckverfahren, in: EK 7 (1954), 14–20

Karlsch, Rainer: Vom Licht zur Wärme. Geschichte der ostdeutschen Gaswirtschaft 1855–2008, Berlin 2008

Karlsch, Rainer/Stokes, Raymond G.: „Faktor Öl". Die Mineralölwirtschaft in Deutschland 1859–1974, München 2003

Kehrer, Wilhelm: Entstehung des Erdgases und der Erdgas-Lagerstätten, in: Laurien, Helmut (Hg.): Taschenbuch Erdgas, München [2]1970, 1–68

Kemmer, Heinz-Günter: Oelspuren. 50 Jahre Veba-Oel, Düsseldorf 1985

Kern, G.: Gasfernversorgung, in: Schilling, E./Bunte, H. (Hrsg.): Handbuch der Gastechnik, Bd. VI: Verteilung, Messung und Einrichtung des Gases, München 1917, 100–167

Keyser, Theobald: Die Bildung von „Einheitsgesellschaften" im Ruhrbergbau nach dem Gesetz Nr. 27, in: Sauce, Wilhelm de la u. a. (Hrsg.): Jahrbuch des deutschen Bergbaus 44 (1952), 1–13

Khan, Aman R.: Die sowjetische Erdgaswirtschaft in den 70er Jahren, in: GWF 114 (1973), 577–584

Kistler, Helmut: Die Bundesrepublik Deutschland. Vorgeschichte und Geschichte 1945–1983, Bonn 1985

Klag, Nadja Daniela: Die Liberalisierung des Gasmarktes in Deutschland, Marburg 2003

Klass, Gert von: 100 Jahre Deutsche Continental-Gas-Gesellschaft, Düsseldorf 1955

Kleinschmidt, Christian: Rationalisierung als Unternehmensstrategie. Die Eisen- und Stahlindustrie des Ruhrgebiets zwischen Jahrhundertwende und Weltwirtschaftskrise (Bochumer Schriften zur Unternehmens- und Industriegeschichte, Bd. 2), Essen 1993

Klepel, Gottfried: Die Gas- und Kokserzeugung aus Steinkohlen in Deutschland. Ein Rückblick auf 150 Jahre technische Entwicklung (Freiberger Forschungshefte, Kultur und Technik, D 26), Berlin 1958

Köhler, Rolf: Pipelineverlegung im Wattenmeer, in: TM 68 (1975), 374–380

Körting, Johannes: Geschichte der deutschen Gaswirtschaft, Essen 1963

Kohl, Ulrike: Die Präsidenten der Kaiser-Wilhelm-Gesellschaft im Nationalsozialismus. Max Planck, Carl Bosch und Albert Vögler zwischen Wissenschaft und Macht (Pallas Athene Beiträge zur Universitäts- und Wissenschaftsgeschichte, Bd. 5), Stuttgart 2002

Kommission der Europäischen Gemeinschaften (Hg.): Mittelfristige Vorausschau und Orientierung für die Gasversorgung der Gemeinschaft, Brüssel 1972

Kommission der Europäischen Gemeinschaften (Hg.): Die Energiepolitik der Gemeinschaft. Rechtsvorschriften, Brüssel 1976 sowie erste Ergänzung, Brüssel 1979

Kommission der Europäischen Gemeinschaften – Generaldirektion Energie (Hg.): Energie in Europa. Der Binnenmarkt für Energie, Luxemburg 1988

Kost, Heinrich: Die Tätigkeit der deutschen Kohlenbergbauleitung, in: Glückauf 90 (1954), 89–106

Krabbe, Wolfgang R.: Munizipalsozialismus und Interventionsstaat. Die Ausbreitung der städtischen Leistungsverwaltung im Kaiserreich, in: Geschichte in Wissenschaft und Unterricht 30 (1979), 265–290

Krämer, Hans-Henning: 75 Jahre Saar Ferngas AG. Zur Geschichte der saarländischen Gasversorgung (Veröffentlichungen der Kommission für Saarländische Landesgeschichte und Volksforschung, Bd. 38), Saarbrücken 2004

Kränzlein, Paul: Chemie im Revier, Düsseldorf 1980

Kratzmüller, Emil: Die Mineralölwirtschaft in der Bundesrepublik Deutschland. Strukturveränderungen in zwei Jahrzehnten. Sonderdruck aus dem Jahrbuch des deutschen Bergbaus 1971, Essen 1971

Krecke, Carl: Die Energiewirtschaft im nationalsozialistischen Staat, Berlin 1937

Kreile, Michael: Osthandel und Ostpolitik, Baden-Baden 1978

Kremmer, Harald u. a.: Erdgaseinsatz in der öffentlichen Gasversorgung, in: Laurien, Helmut (Hg.): Taschenbuch Erdgas, München ²1970, 756–809

Kuckuk, F.: Leitungsmaterial, in: Schilling, E./Bunte, H. (Hrsg.): Handbuch der Gastechnik, Bd. VI: Verteilung, Messung und Einrichtung des Gases, München 1917, 1–37

Kuhnke, Hans-Helmut: Die Ruhrkohle AG im Rahmen der Neuordnung des Steinkohlenbergbaus, in: Reintges, Heinz u. a. (Hrsg.): Jahrbuch für Bergbau, Energie, Mineralöl und Chemie 62 (1969), 13–55

Kulle, Einhard: Energieversorgung Westeuropas aus norwegischen Öl- und Gasvorkommen. Entwicklungen und Aussichten, in: ZfE 12 (1988), 181–189

Langer, Stefan: „Durchleitung von Energie gemäß § 103 Abs. 5 GWB. Zum Beschluss des Bundesgerichtshofs im Falle „VNG/WIEH", in: ET 45 (1995), 394–400

Laurien, Helmut (Hg.): Taschenbuch Erdgas, München ²1970

Laurien, Helmut/Segelken, Lüder: Die Entwicklung der Gaswirtschaft im Bundesgebiet 1953, in: GWF 95 (1954), 741–755

Laurien, Helmut/Segelken, Lüder: Die Entwicklung der Gaswirtschaft im Bundesgebiet 1954, in: GWF 96 (1955), 693–714

Laurien, Helmut/Segelken, Lüder: Die Entwicklung der Gaswirtschaft in der Bundesrepublik Deutschland (BRD) 1960, in: GWF 102 (1961), 1225–1239

Laurien, Helmut/Wedekind, Gerhard: Das Erdgas, die drittgrößte Energieversorgungsquelle der Erde. Ein Bericht über Entwicklung und Stand der Erdgaswirtschaft in den erdgasfördernden Staaten, in: EKEP 14 (1961), 141–148, 221–228, 308–313

Lent, Heinrich: Die Ferngasversorgung der Hüttenwerke der Vereinigten Stahlwerke, A.-G., in: Stahl und Eisen 50 (1930), 349–360, 505–516

Lent, Heinrich: Auswirkungen der neuzeitlichen Gasverwertung auf den Kokerei- und Zechenbetrieb, in: Glückauf 66 (1930), 1709–1720

Lichtschläger, Holger/Ellersdorfer, Ingo: Die Zukunft der Gaspreisbildung, in: E.ON Ruhrgas AG (Hg.): Branchenreport Erdgas 2010, Essen 2010

Liefmann, Robert: Kartelle, in: Handwörterbuch der Staatswissenschaften, Bd. 5, Jena ⁴1926, 611–630

Liesen, Klaus: Langfristige Planung und Versorgungssicherheit in der deutschen Erdgaswirtschaft, in: Glückauf 107 (1971), 73–76

Liesen, Klaus: Zukunft der Gaswirtschaft in der Bundesrepublik Deutschland, in: GWI 23 (1974), 423–430 (auch in: OEL 12 (1974), 180–187 sowie in: Glückauf 110 (1974), 661–669)

Liesen, Klaus: Fragen der Erdgaswirtschaft der Bundesrepublik Deutschland aus nationaler und internationaler Sicht, in: BWK 28 (1976), 368–371

Liesen, Klaus: Erdgas in Westeuropa, in: OEL 16 (1976), 189–192

Liesen, Klaus: Der Beitrag des Erdgases in der Energieversorgung, in: Friedrich-Ebert-Stiftung (Hg.): Zukunftsorientierte Energie- und Rohstoffpolitik, Bonn-Bad Godesberg 1976, 85–96

Liesen, Klaus: Der Beitrag des Erdgases in der Energieversorgung der Bundesrepublik Deutschland, in: Glückauf 112 (1976), 136–142

Liesen, Klaus: Der Beitrag des Erdgases zur Energieversorgung und zum Umweltschutz, in: Ruhrgas AG (Hg.): Gesammelte Berichte aus Betrieb und Forschung der Ruhrgas AG, Berichtsheft 32, Essen 1984, 7–11

Liesen, Klaus: Strategien der Gaswirtschaft, in: ET 40 (1990), 542–547

Link, Werner: Außen- und Deutschlandpolitik in der Ära Schmidt, in: Jäger, Wolfgang/Link, Werner: Republik im Wandel 1974–1982 (Geschichte der Bundesrepublik Deutschland, Bd. 5/II, hg. von Bracher, Karl Dietrich u. a.), Stuttgart 1987, 275–432

Linkohr, Rolf: Die Liberalisierung des EG-Binnenmarktes für Energie. Zwischen Markt und öffentlichem Dienst, in: ET 43 (1993), 444–451
Lintzel, Peter/Diem, Marianne: Entwicklung der deutschen Energiemärkte, in: Zenke, Ines/ Schäfer, Ralf (Hrsg.): Energiehandel in Europa. Öl, Gas, Strom, Derivate, Zertifikate, München [3]2012, 313–328
Lipken, Walter: Vereinigte Elektrizitätswerke AG, Dortmund 1930
Lohmann, Claus: Kohlevergasung – Erfahrungen mit der Versuchsanlage Dorsten (LURGI-RUHR 100), in: Ruhrgas AG (Hg.): Gesammelte Berichte aus Betrieb und Forschung der Ruhrgas AG, Berichtsheft 30 (1982), 31–40
Lohmann, Claus/Röbke, Gerhard: Das Kohlenvergasungsprojekt Dorsten, Lurgi – Ruhr 100 – Bisherige Betriebserfahrungen, in: Ruhrgas (Hg.): Gesammelte Berichte aus Betrieb und Forschung der Ruhrgas, Berichtsheft 28 (1980), 35–39
Lorentz, Bernhard/Erker, Paul: Chemie und Politik. Die Geschichte der Chemischen Werke Hüls 1938–1979. Eine Studie zum Problem der Corporate Governance, München 2003
Ludwig, Karl-Heinz: Technik und Ingenieure im Dritten Reich, Königstein 1979
Lüthgen, Helmut: Das Rheinisch-Westfälische Kohlensyndikat in der Vorkriegs-, Kriegs- und Nachkriegszeit und seine Hauptprobleme, Diss. Würzburg 1926, Leipzig 1926
Luntowski, Gustav: Hitler und die Herren an der Ruhr. Wirtschaftsmacht und Staatsmacht im Dritten Reich, Frankfurt a. M. 2000
Maaß, August: Die Neuordnung der deutschen Energiewirtschaft (Ihre besondere Auswirkung auf die Gemeinden), Diss. Marburg 1941
Maichel, Gerd: Probleme beim Umbau der Gaswirtschaft – aus Sicht der Wintershall AG, in: Harms, Wolfgang (Hg.): Neuordnung der Energiewirtschaft in den ostdeutschen Ländern. Vorträge und Diskussionen des Energierechts-Gesprächs am 21. März 1991 (Berliner Beiträge zum Wirtschaftsrecht, Bd. 7), Köln 1991, 85–102
Main-Gaswerke AG (Hg.): Die Geschichte der Frankfurter Gaskokerei 1828–1953, Frankfurt a. M. 1953
Main-Gaswerke AG (Hg.): Urstoff – Urkraft – Gas, Frankfurt a. M. 1978
Matzerath, Horst: Nationalsozialismus und kommunale Selbstverwaltung (Schriftenreihe des Vereins für Kommunalwissenschaften e. V. Berlin, Bd. 29), Stuttgart 1970
Mayer, Ferdinand: Weltatlas Erdöl und Erdgas, Braunschweig [2]1976; Braunschweig [3]1982
Mayer-Gürr, Alfred: Erinnerungen an die Gewerkschaft Brigitta, Marburg 1994
Meissner, Boris (Hg.): Die deutsche Ostpolitik 1961–1970, Köln 1970
Melchinger, Eugen: Die Gaspreisstatistik nach dem Stand vom 1. Januar 1936, in: GWF 80 (1937), 132–139
Melchinger, Eugen: Die Entwicklung der westdeutschen Gaswirtschaft seit 1948, in: ET 3 (1953/54), 103–110
Meller, Eberhard u. a. (Hrsg.): Jahrbuch der europäischen Energie- und Rohstoffwirtschaft 112 (2004), Essen 2005; 116 (2009), Essen 2009; 118 (2011), Essen 2011
Meyer, August: Das Syndikat. Reichswerke „Hermann Göring“, Braunschweig 1986
Meyer-Renschhausen, Martin: Energiepolitik in der BRD von 1950 bis heute, Köln 1977
Meyer-Renschhausen, Martin: Das Energieprogramm der Bundesregierung. Ursachen und Probleme staatlicher Planung im Energiesektor der BRD, Frankfurt a. M. 1981
Michaelis, Hans: Energiemarkt und Energiepolitik in einer Europäischen Union (Planungsstudien, Bd. 12), Frankfurt a. M. 1976
Michaelis, Hans: Die deutsche Gaswirtschaft im ersten Zweijahres-Gutachten der Monopolkommission, in: ET 27 (1977), 139–145
Michaelis, Hans/Salander, Carsten (Hrsg.): Handbuch Kernenergie, Frankfurt a. M. [4]1995

Milert, Werner: Die verschenkte Kontrolle. Bestimmungsgründe und Grundzüge der britischen Kohlenpolitik im Ruhrbergbau 1945–1948, in: Petzina, Dietmar/Euchner, Walter (Hrsg.): Wirtschaftspolitik im britischen Besatzungsgebiet 1945–1949 (Düsseldorfer Schriften zur neueren Landesgeschichte und zur Geschichte Nordrhein-Westfalens, Bd. 12), Düsseldorf 1984, 105–120

Mönig, Walter u. a.: Konzentration und Wettbewerb in der Energiewirtschaft (Aktuelle Fragen der Energiewirtschaft, Bd. 10), München 1977

Mohrmann: Der Stand der Gasfernversorgung unter besonderer Berücksichtigung der Provinz Hannover, in: GWF 72 (1929), 4–11

Mollin, Thomas: Montankonzerne und „Drittes Reich". Der Gegensatz zwischen Monopolindustrie und Befehlswirtschaft in der deutschen Rüstung und Expansion 1936–1944 (Kritische Studien zur Geschichtswissenschaft, Bd. 78), Göttingen 1988

Mommsen, Hans: Nationalsozialismus als vorgetäuschte Modernisierung, in: Pehle, Walter H. (Hg.): Der historische Ort des Nationalsozialismus. Annäherungen, Frankfurt a. M. 1990, 31–46

Monopolkommission (Hg.): Wettbewerbliche und strukturelle Aspekte einer Zusammenfassung von Unternehmen im Energiebereich (VEBA, Gelsenberg), Baden-Baden 1975

Monopolkommission (Hg.): Hauptgutachten 1973/75: Mehr Wettbewerb ist möglich, Baden-Baden 1976

Monopolkommission (Hg.): Zusammenschlußvorhaben der Deutschen BP AG und der Veba AG (Sondergutachten, Bd. 8), Baden-Baden 1979

Monopolkommission (Hg.): Zusammenschlussvorhaben der E.ON AG mit der Gelsenberg AG und der E.ON AG mit der Bergemann GmbH (Sondergutachten, Bd. 34), Baden-Baden 2002

Monopolkommission (Hg.): Zusammenschlussvorhaben der E.ON AG mit der Gelsenberg AG und der E.ON AG mit der Bergemann GmbH (Sondergutachten, Bd. 35), Baden-Baden 2002

Monopolkommission (Hg.): Strom und Gas 2009: Energiemärkte im Spannungsfeld von Politik und Wettbewerb (Sondergutachten, Bd. 57), Baden-Baden 2009

Monopolkommission (Hg.): Energie 2011: Wettbewerbsentwicklung mit Licht und Schatten (Sondergutachten, Bd. 59), Baden-Baden 2011

Monopolkommission (Hg.): Energie 2013: Wettbewerb in Zeiten der Energiewende (Sondergutachten 65 der Monopolkommission gemäß § 62 Abs. 1 EnWG), Baden-Baden 2014

Morgenthaler, Karl: Aktuelle Fragen der deutschen Gaswirtschaft, in: Energiewirtschaftliches Institut der Universität Köln (Hg.): Preis- und Tariffragen der Energieversorgung. Vorträge und Diskussionsberichte der 2. Arbeitstagung am 23. und 24. April 1949 in der Universität Köln (Tagungsberichte des Energiewirtschaftlichen Instituts, Heft 2), München 1950, 213–226

Müller: Die Großgasversorgung Sachsens, in: GWF 69 (1926), 989–994, 1015–1021

Müller, Fritz: Kokerei und Schwelung, in: Herbig, Ernst/Jüngst, Ernst (Hrsg.): Bergwirtschaftliches Handbuch, Berlin 1931, 399–421

Müller, Rolf-Dieter: Hans Kehrl. Ein Parteibuch-Industrieller im „Dritten Reich"?, in: Jahrbuch für Wirtschaftsgeschichte 1999/2, Berlin 1999, 195–213

Müller-Marsall, Margarethe (Red.): Archiv der Gegenwart. Deutschland 1949–1999, Bd. 6: April 1970–November 1973 und Band 8: Juni 1979 – Dezember 1985, St. Augustin 2000

Müssig, Emil: Eisen- und Kohlenkonjunkturen seit 1870, Augsburg 1925

Mundhenke, Herbert/Walter, Theo: 125 Jahre hannoversche Gasversorgung, Hannover 1953

Mundt, Julia-Katharina: Kulturkooperationen im Ruhrgebiet: Ziele – Projekte – Erträge. Dissertation über die Formen der Zusammenarbeit von öffentlicher Hand und Wirtschaft bei kulturellen Projekten im Ruhrgebiet, Diss. Münster 2007, Norderstedt 2008

Museum Folkwang (Hg.): Erwerbungen der Alfred und Cläre Pott-Stiftung für das Museum Folkwang 1967–2012, Göttingen 2012
NAM (Hg.): Energie aus der Tiefe, o. O. 1966
NAM (Hg.): Veertig jaar NAM. De geschiedenis van de Nederlandse Aardolie Maatschappij, Assen 1998
Natzel, Benno: Die Neuordnung des deutschen Steinkohlenbergbaus. Ein Beitrag zur Geschichte des Ruhrbergbaus, in: Glückauf 93 (1957), 789–797
Nedelmann, Heinz: Kohlechemie. Eine gemeinfassliche Darstellung der kohlechemischen Industrie, Essen 1956
Neu, Axel D.: Perspektiven des Erdgasmarktes nach der Liberalisierung, in: ET 50 (2000), 100–105
Neubauer, Johannes: Die Strukturveränderungen der deutschen Kraftwirtschaft seit dem Ende des vorigen Jahrhunderts, Diss. Halle-Wittenberg 1934, Halle 1934.
Nicklisch, Hellmut/Schwantag, Karl: Kosten und Erträge in der Gaswirtschaft 1950/51, hg. durch den VGW, Frankfurt a. M. 1953
Niemann, Hans-Werner: Die Gasversorgung des Raumes Hannover, in: Landeshauptstadt Hannover (Hg.): Hannoversche Geschichtsblätter 30, 1976, 1–159
Nill-Theobald, Christine/Theobald, Christian: Grundzüge des Energiewirtschaftsrechts. Die Liberalisierung der Strom- und Gaswirtschaft, München 2001
Nimsch, Günther: Der gegenwärtige Stand des Wettbewerbes zwischen Elektrizität und Gas mit besonderer Berücksichtigung der Verwendung im Haushalt, Diss. Berlin 1935, Würzburg 1935
Nötzold, Jürgen: Der Beitrag der Wirtschaftsbeziehungen zur Stabilisierung der Entspannungspolitik, in: Ehmke, Horst u. a. (Hrsg.): Zwanzig Jahre Ostpolitik. Bilanz und Perspektiven, Bonn 1986, 267–276
Nonn, Christoph: Die Ruhrbergbaukrise. Entindustrialisierung und Politik 1958–1969 (Kritische Studien zur Geschichtswissenschaft, Bd. 149), Göttingen 2001
Nord Stream AG (Hg.): Sichere Energie für Europa. Das Nord Stream-Pipelineprojekt 2005–2012, o. O. 2013
Nübling, Richard: Die Gruppengasversorgung, in: Vollbrecht, Willi/Sternberg-Raasch, Richard (Hrsg.): Das Gas in der deutschen Wirtschaft, Berlin 1929, 256–264
Nübling, Richard: Neuzeitliche Fragen der Energiewirtschaft, in: GWF 77 (1934), 161–166
Open Grid Europe (Hg.): Open Grid Europe. The Gas Wheel [Unternehmensbroschüre], Essen 2010 und 2013
Panjuschkin, Waleri/Sygar, Michail: Gazprom. Das Geschäft mit der Macht, München 2008
Pawlowski-Grütz, Thomas: Aus den Gründertagen von Thyssengas, in: Thyssengas intern. Informationen für die Mitarbeiter der Thyssengas GmbH, [o. P.], Duisburg 1991
Petzina, Dieter: Autarkiepolitik im Dritten Reich. Der nationalsozialistische Vierjahresplan (Schriftenreihe der Vierteljahrshefte für Zeitgeschichte, Bd. 16), Stuttgart 1968
Petzina, Dietmar: Die deutsche Wirtschaft in der Zwischenkriegszeit (Wissenschaftliche Paperbacks Sozial- und Wirtschaftsgeschichte, Bd. 11), Wiesbaden 1977
Petzold, Max: Die Gasfernleitung und ihre wirtschaftliche Bedeutung, Darmstadt 1912
Plenz, Friedrich: Die Verfahren der Kohleveredelung in ihrer Bedeutung für die Gasversorgung, in: GWF 90 (1949), 441–447
Plesser, Norbert/Pohl, Rudolf: Die Entwicklung der Gaswirtschaft in der Bundesrepublik Deutschland im Jahre 1964, in: GWF 106 (1965), 1021–1139
Plesser, Norbert/Göpner, Gerhard: Die Entwicklung der Gaswirtschaft in der Bundesrepublik Deutschland im Jahre 1975, in: GWF 117 (1976), 322–346

Pluge, Wolf: Der EG-Richtlinienvorschlag für Erdgas aus der Sicht der deutschen Gaswirtschaft, in: ET 42 (1992), 674–677

Plumpe, Gottfried: Die I. G. Farbenindustrie AG – Wirtschaft, Technik und Politik 1904–1945, Berlin 1990

Plumpe, Werner: Betriebliche Mitbestimmung in der Weimarer Republik. Fallstudien zum Ruhrbergbau und zur chemischen Industrie, München 1999

Plumpe, Werner: Unternehmen im Nationalsozialismus. Eine Zwischenbilanz, in: Abelshauser, Werner u. a. (Hrsg.): Wirtschaftsordnung, Staat und Unternehmen. Neue Forschungen zur Wirtschaftsgeschichte des Nationalsozialismus. Festschrift für Dietmar Petzina zum 65. Geburtstag, Essen 2003, 243–266

Pohl, Hans: Vom Stadtwerk zum Elektrizitätsgroßunternehmen. Gründung, Aufbau und Ausbau der „Rheinisch-Westfälischen Elektrizitätswerk AG" (RWE) 1898–1918 (Zeitschrift für Unternehmensgeschichte, Beiheft 73), Stuttgart 1992

Pohl, Manfred: Geschäft und Politik. Deutsch-russische/sowjetische Wirtschaftsbeziehungen 1850–1988, Mainz 1988

Pohle, Jürgen u. a.: Gaswärmepumpen – Entwicklungen und Erfahrungen, in: Ruhrgas AG (Hg.): Gesammelte Berichte aus Betrieb und Forschung der Ruhrgas AG, Berichtsheft 26 (1978), 37–44

Pott, Alfred: Die Aufgaben der Aktiengesellschaft für Kohleverwertung, Sonderdruck aus der Zeitschrift Brennstoffchemie 8 (1927) vom 15. Februar 1927

Pott, Alfred: Die Aufgaben der Aktiengesellschaft für Kohleverwertung in Essen, in: Glückauf 63 (1927), Nr. 8, 267–272

Pott, Alfred: Die bisherige Entwicklung der Gasversorgung im Ruhrgebiet, in: TM 28 (1935), 267–272

Przigoda, Stefan: Unternehmensverbände im Ruhrbergbau. Zur Geschichte von Bergbau-Verein und Zechenverband 1858–1933 (Veröffentlichungen aus dem Deutschen Bergbau-Museum Bochum, Nr. 102 = Schriften des Bergbau-Archivs, Nr. 11, zugleich Veröffentlichungen des Instituts für soziale Bewegungen, Schriftenreihe A: Darstellungen, Bd. 21), Bochum 2002

Püstow, Moritz: Die Liberalisierung der deutschen und französischen Gaswirtschaft. Die Umsetzung der Richtlinie 98/30/EG (Europäische Hochschulschriften, Reihe II: Rechtswissenschaft, Bd. 3836), Frankfurt a. M. 2004

Radzio, Heiner: Unternehmen mit Energie. Aus der Geschichte der Veba, aktualisierte Neuauflage, Düsseldorf 1990

Rasch, Manfred: Technische und chemische Probleme aus den ersten Dezennien des Bergin-Verfahrens zur Hydrierung von Kohlen, Teeren und Mineralölen, in: Technikgeschichte 53 (1986), 81–122

Rasch, Manfred: Nebenproduktanlagen der Kokereien und Kohlechemie im rheinisch-westfälischen Industriegebiet bis zum Ende des Zweiten Weltkriegs, in: Buschmann, Walter (Hg.): Koks, Gas, Kohlechemie. Geschichte und gegenständliche Überlieferung der Kohleveredelung, Essen 1993, 31–52

Rasch, Manfred: Alfred Pott (1882–1951), in: Weber, Wolfhard (Hg.): Ingenieure im Ruhrgebiet (Rheinisch-Westfälische Wirtschaftsbiografien, Bd. 17), Münster 1999, 275–317

Rasch, Manfred: Walter Rohland zwischen Kaiserreich und Bundesrepublik. Eine biografische Skizze, in: ders. (Hg.): Findbuch zum Nachlass Walter Rohland (1898 bis 1981) und zum Bestand Ruhr Consulting GmbH (Veröffentlichungen aus dem Archiv der ThyssenKrupp AG, Bd. 5), Duisburg 2001, 3–62

Rasch, Manfred: Albert Vögler und sein Verhältnis zur Politik, in: Mitteilungsblatt des Instituts für soziale Bewegungen. Forschungen und Forschungsberichte 27 (2003), 127–156

Rasch, Manfred: Kohlechemie im Ruhrgebiet. Wirtschaft, Technik und Patente. Zur Vor- und Gründungsgeschichte der Ruhrchemie AG 1926–1928, in: ders./Bleidick, Dietmar (Hrsg.): Technikgeschichte im Ruhrgebiet – Technikgeschichte für das Ruhrgebiet, Essen 2004, 785–815

Rasch, Manfred: Albert Vögler. Manager mit technischem Sachverstand und volkswirtschaftlichem Verständnis. Versuch einer biografischen Skizze, in: Westfälische Lebensbilder, Bd. 17, Münster 2005, 22–59

Rasch, Manfred (Hg.): August Thyssen und Heinrich Thyssen-Bornemisza. Briefe einer Industriellenfamilie 1919–1926, Essen 2010

Rasch, Manfred: Geschichte der Ruhrchemie [unveröffentlichtes Typoskript], o. D.

Rebentisch, Dieter: Ludwig Landmann. Frankfurter Oberbürgermeister der Weimarer Republik (Frankfurter historische Abhandlungen, Bd. 10), Wiesbaden 1975

Rebentisch, Dieter: Städte und Monopol. Privatwirtschaftliches Ferngas oder kommunale Verbundwirtschaft in der Weimarer Republik, in: Zeitschrift für Stadtgeschichte, Stadtsoziologie und Denkmalpflege 3 (1976), 38–80

Reckendrees, Alfred: Das „Stahltrust"-Projekt. Die Gründung der Vereinigte Stahlwerke AG und ihre Unternehmensentwicklung 1926–1933/34 (Schriftenreihe zur Zeitschrift für Unternehmensgeschichte, Bd. 5), München 2000

Regul, Rudolf: Die Problematik des Kohlenpreises und seine funktionellen Zusammenhänge mit den Energiepreisen, in: Energiewirtschaftliches Institut der Universität Köln (Hg.): Preis- und Tariffragen der Energieversorgung. Vorträge und Diskussionsberichte der 2. Arbeitstagung am 23. und 24. April 1949 in der Universität Köln (Tagungsberichte des Energiewirtschaftlichen Instituts, Heft 2) München 1950, 231–247

Regul, Rudolf: Der Bergbau in der Bundesrepublik Deutschland, in: Sauce, Wilhelm de la u. a. (Hrsg.): Jahrbuch des deutschen Bergbaus 42 (1950), 11*–78*

Regul, Rudolf: die Europäische Gemeinschaft für Kohle und Stahl, in: Sauce, Wilhelm de la u. a. (Hrsg.): Jahrbuch des deutschen Bergbaus 45 (1953), *17–*41

Reh, Willi: Absatzwandlungen in der deutschen Gasversorgung, Diss. Berlin 1939

Reinhard, K. D.: Die deutsche Gasversorgung, ihre Fortschritte und Kritik, in: WG 19 (1928/29), Sp. 10–30

Reintges, Heinz u. a. (Hrsg.): Jahrbuch für Bergbau, Energie, Mineralöl und Chemie, Essen, div. Jahrgänge

Remy, Maurice Philip: Mythos Bernsteinzimmer, München 2003

Ress, Franz Michael: Geschichte der Kokereitechnik, Essen 1957

Riemer, Gerrit Arnd: Erdgas: Eine europäische Energie. Der Gasrichtlinienvorschlag der Europäischen Kommission in der Diskussion, in: GWF 138 (1997), 392–398

Riemer, Gerrit Arnd/Weyand, Martin: Die politische Orientierung zum EU-Gasrichtlinienvorschlag, in: ET 48 (1998), 46–49

Riesner, Wilhelm: Entwicklungstendenzen der Energiewirtschaft in Mittel- und Osteuropa, in: ET 48 (1998), 531–535

Ringel, Hermann: Die Demontageliste für das Land Nordrhein-Westfalen und ihre wirtschaftlichen und sozialen Auswirkungen. Denkschrift der Vereinigung der Industrie- und Handelskammern des Landes Nordrhein-Westfalen, Düsseldorf 1947

Ritschl, Albrecht: Die NS-Wirtschaftsideologie – Modernisierungsprogramm oder reaktionäre Utopie?, in: Prinz, Michael/Zitelmann, Rainer (Hrsg.): Nationalsozialismus und Modernisierung, Darmstadt 1991, 48–70

Ritter, Wolfgang: Der Iran unter der Diktatur des Schah-Regimes, Frankfurt a. M. 1979

Ritzkopf, Heinrich: Die neuere Entwicklung in den Rechtsformen der kommunalen Unternehmungen unter besonderer Berücksichtigung der Gas-, Wasser-, Elektrizitätswerke und Straßenbahnen, Leipzig 1926

Roelevink, Eva-Maria: Organisierte Intransparenz. Das Kohlensyndikat und der niederländische Markt, 1915–1932 (Schriftenreihe zur Zeitschrift für Unternehmensgeschichte, Bd. 26), München 2015

Roos, Johanna. Sibirien zwischen Ökonomie und Politik. Zur Erschließung der Energieträger Erdöl und Erdgas, Köln 1984

Rosin, Peter/Heinlein, Björn: Von der VV Erdgas II zur III – oder zur Regulierungsbehörde? Bestandsaufnahme und Ausblick, in: ET 53 (2003), 262–267

Roth, Jürgen: Gazprom – Das unheimliche Imperium. Wie wir Verbraucher betrogen und Staaten erpresst werden, Frankfurt a. M. 2012

Rudolph, Karsten: Wirtschaftsdiplomatie im Kalten Krieg. Die Ostpolitik der westdeutschen Großindustrie 1945–1991, Frankfurt a. M. 2004

Ruhrchemie AG (Hg.): Ruhrchemie 1927–1977, Düsseldorf 1978.

Ruhrgas AG (Hg.): Bericht über das Geschäftsjahr, Jg. 1928–2002

Ruhrgas AG (Hg.): 25 Jahre Ruhrgas AG Essen 1926–1951, Essen 1951

Ruhrgas AG (Hg.): Der Import von Erdgas aus der UdSSR. Dokumentation anläßlich des Beginns der sowjetischen Erdgaslieferungen in die Bundesrepublik Deutschland, Waidhaus, am 1. Oktober 1973, Essen 1973

Ruhrgas AG (Hg.): Vergasung und Hydrierung von Kohle. Eine tabellarische Übersicht der in- und ausländischen Entwicklungen sowie der großtechnisch eingesetzten Verfahren, Essen 1980

Ruhrgas AG (Hg.): Grundzüge der Erdgaswirtschaft, Essen November 1997

Ruhrgas AG/Joedicke, Jürgen (Hrsg.): Architektur in Deutschland ’81. Deutscher Architekturpreis 1981, Stuttgart 1982

Rummert, Joachim: Besitz- und Beteiligungsverhältnisse in der Mineralölwirtschaft der Bundesrepublik, in: Glückauf 100 (1964), 1520–1527

Runte, Theodor: Die Gasversorgung der Provinz Westfalen unter besonderer Berücksichtigung der zentralorganisierten Zechengasfernversorgung, eine wirtschaftsgeschichtliche und organisatorische Studie, Diss. Frankfurt a. M. 1931, Essen 1931

RWE AG (Hg.): Das RWE nach seinen Geschäftsberichten 1898–1948, Essen 1948

Saarferngas AG (Hg.): 25 Jahre Saarferngas AG, Saarbrücken 1954

Salinger, Erich: Bedeutung und langfristige Entwicklung des Welt-LNG-Handels und die damit verbundenen Transportprobleme, in: GWF 121 (1980), 213–220

Samland, Detlev: Gemeinschaftliche Energiepolitik aus der Sicht des Europäischen Parlaments, in: Ipsen, Knut (Hg.): Energiepolitik der Europäischen Gemeinschaften und ihr gemeinschaftlicher Rahmen (Bochumer Beiträge zum Berg- und Energierecht, Bd. 16), Stuttgart 1992, 25–44

Sandner, Norbert: Die Bedeutung des Erdgases für die Energiewirtschaft der Bundesrepublik Deutschland, in: Glückauf 105 (1969), 1184–1199

Schelberger, Herbert: Wettbewerb und Wettbewerbsrecht in der Energiewirtschaft, in: GWF 96 (1955), 409–419

Schelberger, Herbert: Die öffentliche Gaswirtschaft heute und morgen, in: Raack, Wolfgang u. a. (Hrsg.): Jahrbuch des deutschen Bergbaus 56 (1963), 11–51

Schelberger, Herbert: Die öffentliche Gaswirtschaft steht vor einer neuen Epoche, in: Industriekurier, Sonderbeilage Energie vom Oktober 1965

Schelberger, Herbert: Angebot und Nachfrage nach Erdgas in der Bundesrepublik Deutschland, in: Ruhrgas AG (Hg.): Gesammelte Berichte aus Betrieb und Forschung der Ruhrgas AG, Berichtsheft 20, Essen 1972, 7–12

Schemmann, Carl: Aufbau und heutige Gestalt der Ruhrgas AG, in: GWF 88 (1947), 101–105

Scherner, Jonas: Anreiz statt Zwang. Wirtschaftsordnung und Kriegswirtschaft im „Dritten Reich", in: Frei, Norbert/Schanetzky, Tim (Hrsg.): Unternehmen im Nationalsozialismus. Zur Historisierung einer Forschungskonjunktur, Weimar 2010, 140–155

Schiffauer, Kurt: Die Nord-Süd-Erdgas-Pipelines in Westdeutschland, in: Ruhrgas AG (Hg.): Gesammelte Berichte aus Betrieb und Forschung der Ruhrgas Aktiengesellschaft, H. 17 (1969), 21–29

Schiffauer, Kurt: Pipeline-Verlegung in Offshore-Gebieten, in: Ruhrgas (Hg.): Gesammelte Berichte aus Betrieb und Forschung der Ruhrgas, Berichtsheft 24 (1976), 43–49

Schiffer, Hans–Wilhelm: Öl und Gas in der britischen Nordsee, in: Glückauf 122 (1986), 174–185

Schiffer, Hans-Wilhelm: Energiemarkt Bundesrepublik Deutschland, Köln [2]1991; Köln [6]1997; 9., völlig neu bearb. Aufl. Köln 2005; 10. völlig neu bearb. Aufl. Köln 2008; Köln [11]2010

Schiffer, Hans-Wilhelm: Deutscher Energiemarkt 2000, in: ET 51 (2001), 106–120; 2001, in: ET 52 (2002), 160–174; 2002, in: ET 53 (2003), 168–183; 2003, in: ET 54 (2004), 172–183; 2004, in: ET 55 (2005), 176–187; 2005, in: ET 56 (3/2006), 44–54; 2006, in: ET 57 (3/2007), 32–42; 2007, in: ET 58 (3/2008), 36–47; 2008, in: ET 59 (3/2009), 52–66; 2009, in: ET 60 (3/2010), 76–88; 2010, in: ET 61 (3/2011), 50–62; 2011, in: ET 62 (3/2012), 60–73

Schiffer, Hans-Wilhelm: Energiemarkt Deutschland Jahrbuch 2014, Daten und Fakten zu konventionellen und erneuerbaren Energien, Köln 2014; Jahrbuch 2015, Köln 2015

Schilling, Nikolaus Heinrich: Statistische Mittheilungen über die Gasanstalten Deutschlands, Österreich-Ungarns und der Schweiz, München [5]1896

Schindewolf, Eberhart: Untertagespeicherung – Bindeglied zwischen Erdgasbezug und Erdgasmarkt, in: GWF 121 (1980), 455–462

Schmelcher, Ernst: Das Rheinisch-Westfälische Elektrizitätswerk Aktiengesellschaft, Essen. Ein Beitrag zur Geschichte der Entwicklung der modernen Unternehmungsformen auf dem Gebiete der Elektrizitätswirtschaft und ihrer besonderen Bedeutung für die Frage der Sozialisierung der Elektrizität, Diss. Freiburg i. Br. 1920

Schmidt, Karl-Hans: Gas, Strom und Wasser für Elberfeld-Barmen (Beiträge zur Geschichte und Heimatkunde des Wuppertals, Bd. 20), Wuppertal 1972

Schmitt, Andreas: Osthandel auf neuen Wegen, Hamburg 1968

Schmitt, Dieter: Hält die Energiesteuer, was sie verspricht?, in: ET 49 (1999), 580–585

Schmitt, Dieter/Schulz, Walter: Renaissance der Kohle?, in: Schmitt, Dieter (Hrsg.): Der Energiemarkt im Wandel. Zehn Jahre nach der Ölkrise (Aktuelle Fragen der Energiewirtschaft, Bd. 26), München 1984, 156–203

Schnabel-Kühn, Albert Erich: Die Steinkohlengasindustrie in Deutschland in ihrer Bedeutung für die Volkswirtschaft und das moderne Städteleben, München 1910

Schneider, Hans Karl: Das Prinzip der Preisbildung in der Ferngasversorgung, in: Energiewirtschaftliches Institut der Universität Köln (Hg.): Preis- und Tariffragen der Energieversorgung. Vorträge und Diskussionsberichte der 2. Arbeitstagung am 23. und 24. April 1949 in der Universität Köln (Tagungsberichte des Energiewirtschaftlichen Instituts, Heft 2) München 1950, 71–101

Schneider, Hans Karl/Schulz, Walter: Die Gaspreisbildung nach dem Anlegbarkeitsprinzip (Aktuelle Fragen der Energiewirtschaft, Bd. 11), München 1977

Scholz, Rupert: Freiheitlicher Binnenmarkt oder diktierte Marktstruktur? Zur neuen Gasrichtlinie der EG, in: ET 51 (2001), 678–682

Scholz, Rupert/Langer, Stefan: Europäischer Binnenmarkt und Energiepolitik (Schriften zum europäischen Recht, Bd. 13), Berlin 1992
Schwantag, Karl: Probleme der aktuellen Energiepreispolitik in der Bundesrepublik Deutschland, in: Energiewirtschaftliches Institut der Universität Köln (Hg.): Entwicklungsprobleme in der Energiewirtschaft. Vorträge und Diskussionsberichte der 5. Arbeitstagung am 18. und 19. April 1952 in der Universität Köln (Tagungsberichte des Energiewirtschaftlichen Instituts, Heft 5) München 1952, 123–137
Schwarz, Hans-Peter (Hg.): Akten zur Auswärtigen Politik der Bunderepublik Deutschland, München 2000 ff.
Schwarz, Manfred: Zwischen Wiederaufbau und Wiedervereinigung: Die VEW von 1948–1989, in: VEW AG (Hg.): Mehr als Energie. Die Unternehmensgeschichte der VEW 1925–2000, Essen 2000, 198–278
Schweizerische Bankgesellschaft (Hg.): Erdöl und Erdgas aus der Nordsee, Zürich 1973
Segelken, Lüder: Ferngasversorgungs-Wirtschaft als Eckpfeiler im Neubau der deutschen Energiewirtschaft, in: Gas 7 (1935), 1–8
Segelken, Lüder: Die Kokereigasfrage im Gebiet des nordwesteuropäischen Kohlengürtels, in: Gas 8 (1936), 124–130, 155–160
Segelken, Lüder: Großraumwirtschaft in der deutschen Gasversorgung, München 1937
Segelken, Lüder: Grundelemente und technische Erfordernisse für den Aufbau einer deutschen Großraumgaswirtschaft, in: Gas 10 (1938), 14–21
Seidel, Hans-Christoph: „Ein buntes Völkergemisch hat eine Wanderung durch unsere Gruben gemacht". Ausländereinsatz und Zwangsarbeit im Ruhrbergbau 1940–1945, in: ders./ Tenfelde, Klaus (Hrsg.): Zwangsarbeit im Bergwerk. Der Arbeitseinsatz im Kohlenbergbau des Deutschen Reiches und der besetzten Gebiete im Ersten und Zweiten Weltkrieg (Veröffentlichungen des Instituts für soziale Bewegungen, Schriftenreihe C), Bd. 1, Essen 2005, 75–160
Seippel, Hermann: Gasfernversorgung und Kommunalwirtschaft (Vereinsschrift des Vereins für Kommunalwirtschaft und Kommunalpolitik e. V., Nr. 35), Berlin 1929, 3–24,
Semjonow, Juri: Erdöl aus dem Osten. Die Geschichte der Erdöl- und Erdgasindustrie in der Sowjetunion, Düsseldorf 1973
Semjonowa Natalja/Minin, Alexander: Das Bernsteinzimmer. Ein Weltwunder kehrt zurück, Köln 2003
Siefke-Bremkens, Jörg: Neue Chancen für effiziente Gaskraftwerke, in: ET 61 (5/2011), 30–31
Siegmund, Horst: Die Ferngasgesellschaften der Bundesrepublik Deutschland. Eine statistische Analyse, in: ET 15 (1965), 19–25
Siegmund, Horst: Die deutsche Gaswirtschaft im energiewirtschaftlichen Strukturwandel des Jahres 1974, in: GWF 116 (1975), 274–279
Sinn, Hans-Werner: Fusion E.ON-Ruhrgas. Die volkswirtschaftlichen Aspekte. Wissenschaftliches Gutachten im Auftrag der E.ON AG, München 2002
Sorge, Sarah: Take-or-Pay-Klauseln in der Gaswirtschaft. Eine ökonomisch-juristische Analyse (Schriftenreihe Institut für Energie- und Wettbewerbsrecht in der kommunalen Wirtschaft e. V. an der Humboldt-Universität zu Berlin, Bd. 49), Baden-Baden 2012
Spennrath, Friedrich: Vorschläge für die zukünftige Gasversorgung der Stadt Köln, hg. von der Stadtverwaltung Köln, Köln 1929
Spiegelburg, Friedrich: Energiemarkt im Wandel. 10 Jahre Kohlenkrise, Baden-Baden 1970
Stahltreuhändervereinigung (Hg.): Die Neuordnung der Eisen- und Stahlindustrie im Gebiet der Bundesrepublik Deutschland, München 1954

Stampfuß, Rudolf: 50 Jahre Thyssen'sche Energiewirtschaft, Duisburg 1953 [unveröffentlichtes Manuskript, in HKR]
Stannek, Wolfgang: Die Anwendung des § 315 BGB auf Gaslieferverträge (Schriftenreihe zum Energierecht, Bd. 5), Paderborn 2008
Starke, Richard F.: Gaswirtschaft. Ein Beitrag zur Prüfung der Wirtschaftlichkeit der Nebenproduktgewinnung, des Gasbetriebes für Stahlwerke und Kraftwerke und der Gasfernversorgung, Berlin 1921
Starke, Richard F.: Großgasversorgung. Technik und Wirtschaft der Fernleitung der Gase unter hohem Druck als Grundlage für eine Großgasverwertung der Kohlenenergie in Deutschland mit zentraler Gaserzeugung in den Steinkohlen- und Braunkohlen-Revieren, Leipzig 1924
Starke, Richard F.: Gutachten über die Gasfernversorgung Niederschlesiens, erstattet im Auftrage der Provinz Niederschlesien, o. O, o. J. [Essen 1928]
Statistik der Kohlenwirtschaft e. V. (Hg.): Zahlen zur Kohlenwirtschaft, Essen, div. Jg.
Statistisches Reichsamt (Bearb.): Die kommunalen Betriebe im Rechnungsjahr 1927/28 (Ergebnisse der Reichsfinanzstatistik), Berlin 1930
Steder, Adolf (Bearb.): Die Gasversorgung Hessens, hg. von der Landesplanungsgruppe, Abteilung Arbeitsplanung, Darmstadt, 5. Februar 1936
Stefaniak, Torsten: Der Wettbewerb in der Energiewirtschaft zwischen staatlicher Regulierung und selbstregulativer Verantwortung (Veröffentlichungen des Instituts für Energierecht an der Universität zu Köln, Bd. 134), Baden-Baden 2008
Stein, Emil: Die technische Entwicklung im Steinkohlenbergbau, in: Glückauf 90 (1954), 1386–1396
Steinmann, Klaus: Die westeuropäische Erdgasversorgung und das Pipelinesystem, in: EE 101 (1985), 264–269
Stelbrink, Wolfgang: Provinz oder Gau? Die beiden westfälischen NS-Gaue auf dem beschwerlichen Weg zu regionalen Funktionsinstanzen des NS-Staates, in: John, Jürgen/ Möller, Horst (Hrsg.): Die NS-Gaue. Regionale Mittelinstanzen im zentralistischen „Führerstaat" (Schriftenreihe der Vierteljahrshefte für Zeitgeschichte), München 2007, 294–317
Stent, Angela: Soviet Energy and Western Europe, Washington 1982
Stent, Angela: Wandel durch Handel? Die politisch-wirtschaftlichen Beziehungen zwischen der Bundesrepublik Deutschland und der Sowjetunion (Bibliothek Wissenschaft und Politik, Bd. 27), Köln 1983
Stent, Angela: Rivalen des Jahrhunderts. Deutschland und Rußland im neuen Europa, Berlin 2000
Stern, Jonathan P.: Soviet Natural Gas Development to 1990. The Implications for the CMEA and the West, Lexington 1980
Stern, Jonathan P.: The Future of Russian Gas and Gazprom, Oxford 2005
Sternburg, Wilhelm von: Das RWE im Kaiserreich 1898–1918, in: Schweer, Dieter/Thieme, Wolf (Hrsg.): „Der gläserne Riese". RWE – ein Konzern wird transparent, Essen 1998, 17–60
Stier, Bernhard: Staat und Strom. Die politische Steuerung des Elektrizitätssystems in Deutschland 1890–1950 (Technik + Arbeit. Schriften des Landesmuseums für Technik und Arbeit in Mannheim, Bd. 10), Ubstadt-Weiher 1999
Stier, Bernhard: Nationalsozialistische Sonderinstanzen für Energiewirtschaft. Der Generalinspektor für Wasser und Energie 1941–1945, in: Hachtmann, Rüdiger/Süß, Winfried (Hrsg.): Hitlers Kommissare. Sondergewalten in der nationalsozialistischen

Diktatur (Beiträge zur Geschichte des Nationalsozialismus, Bd. 22), Göttingen 2006, 138–158
Stier, Bernhard/Laufer, Johannes: Von der Preussag zur TUI. Wege und Wandlungen eines Unternehmens 1923–2003, Essen 2005
Stipendienfonds E.ON Ruhrgas (Hg.): Bericht. Die ersten 25 Jahre, Essen 2009
Stüdemann, Dirk-Christof: Europäische Politik aus einem Guss? Energiepolitik zwischen europäischen Visionen und nationalen Realitäten am Beispiel von Deutschland und Frankreich (Schriften zur politischen Ökonomik. Evolutorische und ökologische Aspekte, Bd. 13), Frankfurt a. M. 2014
Suding, Paul H.: Erdgas und Fernwärme – Wettbewerber mit ungleichen Voraussetzungen und Substitutionserfolgen im Wärmemarkt, in: Schmitt, Dieter (Hg.): Der Energiemarkt im Wandel. Zehn Jahre nach der Ölkrise (Aktuelle Fragen der Energiewirtschaft, Bd. 26), München 1984, 86–129
Synkule, Heinz: Über die rechtliche Natur der Gasfernleitung, Diss. Leipzig 1932
Teschemacher, Hermann (Hg.): Handbuch des Aufbaus der gewerblichen Wirtschaft, Jahrgang 1935/1936, Bd. 1: Reichsgruppe Industrie, Reichsgruppe Energiewirtschaft, Reichsgruppe Banken, Reichsgruppe Versicherungen, Leipzig 1936
The British Petroleum Company (Hg.): Statistical Review of the World Oil Industry/of World Energy [ab 1981], London, div. Jg.
The United States Strategic Bombing Survey Overall Economic Effects Division (Hg.): The Effects of Strategic Bombing on the German War Economy, o. O. 31. Oktober 1945
Theimer, Walter: Öl und Gas aus Kohle. Technologie und Politik am Ende des 20. Jahrhunderts, München 1980
Theißen, Hans: Über den Einfluss der Ferngasversorgung auf den Arbeiter- und Nachbarschutz, Diss. Aachen 1932
Thoenes, Walter: Die Zwangssyndikate im Kohlenbergbau und ihre Vorgeschichte, Jena 1921
Thomas, Hans-Georg: Ruhrbergbau und Chemie: Die Entwicklung der Gasverarbeitungsgesellschaft mbH Herne-Sodingen 1925–1931 [unveröffentlichte Magisterarbeit Bochum 1994]
Thurow, Erich: Die Stellung der Gaswirtschaft in der Energiewirtschaft Deutschlands, Diss. Breslau 1934
Thümen, Karl-Heinrich von: Die deutsche Mineralölwirtschaft. Eine zusammenfassende Darstellung der wirtschaftlichen, rechtlichen und organisatorischen Verhältnisse, Hamburg 1956
Thyssensche Gas- und Wasserwerke GmbH, Duisburg/Stadtwerke Wuppertal (Hg.): Eine Großstadt wird mit Ferngas versorgt. Thyssengas in Wuppertal 1910–1960. Denkschrift zum 50-jährigen Bestehen des Gaslieferungsvertrages, Wuppertal 1960
Tillmetz, Franz: Neue Wege, in: 100 Jahre Frankfurter Gas. Sonderdruck der Industrie-Bibliothek im Verlag M. Schröder, o. O. o. J. [1928], unpaginiert
Tooze, Adam: Ökonomie der Zerstörung. Die Geschichte der Wirtschaft im Nationalsozialismus, München 2007
Traenckner, Kurt: Wirtschaftliche und technische Voraussetzungen einer zusätzlichen Gaserzeugung, in: Arbeitsgemeinschaft der Verbände der Deutschen Gas- und Wasserwerke (Hg.): Gaswirtschaft auf neuen Wegen. Vorträge und Erörterungen anlässlich der Jahrestagung 1950 in Bad Ems, Frankfurt a. M. 1950/51, 51–70
Traenckner, Kurt: Gas aus nicht verkokungswürdigen Kohlen, in: GWF 93 (1952), 537–547
Traenckner, Kurt: Entwicklungstendenzen der Gaserzeugung (Arbeitsgemeinschaft für Forschung des Landes Nordrhein-Westfalen, H. 19) Köln 1953

Treue, Wilhelm/Uebbing, Helmut: Die Feuer verlöschen nie. August Thyssen-Hütte 1926–1966, Düsseldorf 1969
Troß, Arnold: Der Aufbau der Eisen- und eisenverarbeitenden Industrie-Konzerne Deutschlands. Ursachen, Formen und Wirkungen des Zusammenschlusses unter besonderer Berücksichtigung der Maschinen-Industrie, Berlin 1923
Tudyka, Kurt: Das Röhrenembargo, in: Czempiel, Ernst-Otto (Hg.): Die anachronistische Souveränität. Zum Verhältnis von Innen- und Außenpolitik (Politische Vierteljahresschrift 10 (1969), Sonderheft 1), Köln 1969, 205–223
Ufermann, Paul: Der deutsche Stahltrust, Berlin 1927
van der Linden, A.: Das Erdgas in der niederländischen Gaswirtschaft, in: Gaswärme 12 (1963), 227–233
Vavilow, Andrey (Hg.): Gazprom. An Energy Giant and its Challenges in Europe, London 2015
Vavilow, Andrey/Trofimov, Georgy: A Phantom Energy Empire: The Failure of Gazprom's Downstream Integration, in: Vavilow, Andrey (Hg.): Gazprom. An Energy Giant and its Challenges in Europe, London 2015, 72–104
Verein deutscher Eisenhüttenleute (Hg.): Gemeinfaßliche Darstellung des Eisenhüttenwesens, Düsseldorf [14]1937
Verein für die bergbaulichen Interessen (Hg.): Die Bergwerke und Salinen im niederrheinisch-westfälischen Bergbaubezirk 1926, Essen 1927; 1931, Essen 1932
Verein für die bergbaulichen Interessen (Hg.): Jahrbuch für den Ruhrkohlenbezirk 34 (1933), Essen 1933
Vereinigte Elektrizitätswerke Westfalen AG (Hg.): Vereinigte Elektrizitätswerke Westfalen Aktiengesellschaft. Dortmund – Bochum – Münster – Arnsberg, Dortmund 1930
Vereinigte Stahlwerke AG (Hg.): Die Entwicklung der Kokerei- und Gaswirtschaft der Vereinigte Stahlwerke A.-G. 1926–1928, o. O. 1928
Verlag Hoppenstedt & Co. (Hg.): Wer leitet? Die Männer der Wirtschaft der einschlägigen Verwaltung einschließlich Adreßbuch der Direktoren und Aufsichtsräte, Jg. 1941/42, Berlin 1942
Verwaltung für Wirtschaft des Vereinigten Wirtschaftsgebietes (Hg.): Gutachten über die Kosten- und Ertragslage des westdeutschen Steinkohlenbergbaus, Essen 1949
VGW (Hg.): Jahresberichte, div. Jg.
VGW/DVGW (Hrsg.): Gasstatistik, Frankfurt a. M., div. Jg.
VGW (Hg.): VGW 1948–1973, Frankfurt a. M. 1973
Vollbrecht, Willi/Sternberg-Raasch, Richard (Hrsg.): Das Gas in der deutschen Wirtschaft, Berlin 1929
Waschke, Günter u. a.: Die Entwicklung der Gaswirtschaft in der Bundesrepublik Deutschland im Jahre 1996, in: GWF 138 (1997), 453–505
Wedekind, Erich: Die Rationalisierung im Ruhrbergbau und ihre ökonomischen und sozialen Auswirkungen, Diss. Köln 1930, Düren 1930
Wegener, Heinrich: Die Industrie der Kohleverwertung des Ruhrgebiets, Diss. Köln 1934, Köln 1934
Wehler, Hans-Ulrich: Deutsche Gesellschaftsgeschichte, Bd. 4: Vom Beginn des Ersten Weltkriegs bis zur Gründung der beiden deutschen Staaten 1914–1949, München 2003
Wehrmann, Wolfgang: Die Entwicklung der deutschen Gasversorgung von ihren Anfängen bis zum Ende des 19. Jahrhunderts, Diss. Köln 1958
Weiand, Achim: Die BP übernimmt Veba Oel und Aral. Post Merger Integration und Unternehmenskultur, Gütersloh 2007

Weiberg, Gustav: Wirtschaftsformen kommunaler gewerblicher Unternehmungen unter besonderer Berücksichtigung von Gründungen und Umbildungen in neuerer Zeit, in: WG 13 (1922/23), Sp. 484–520

Weis, Wilhelm: Die Verwertung der Gasnebenprodukte in den städtischen Gasanstalten, in: Fuchs, Carl Johannes (Hg.): Gemeindebetriebe. Neuere Versuche und Erfahrungen über die Ausdehnung der kommunalen Tätigkeit in Deutschland und im Ausland (Schriften des Vereins für Socialpolitik, Bd. 128), Leipzig 1908, 305–343

Weisheimer, Martin: Zur Energie-Situation in Osteuropa, in: ET 41 (1991), 638–644

Weizsäcker, Carl Christian von u. a. (Hrsg.): Erdgas im europäischen Binnenmarkt (Schriften des Energiewirtschaftlichen Instituts, Bd. 38), München 1990

Wessel, Horst A.: Kontinuität im Wandel. Hundert Jahre Mannesmann 1890–1990, Gütersloh 1990

Westfälische Ferngas Aktiengesellschaft (Hg.): 25 Jahre Westfälische Ferngas Aktiengesellschaft Dortmund, Dortmund 1953

Westfälischer Provinziallandtag (Hg.): Verhandlungen des im Jahre 1928 abgehaltenen 73. Westfälischen Provinziallandtages, Münster 1928

Wiedemann, Horst: Die Erdgasumstellung von Industriebetrieben, in: Ruhrgas (Hg.): Gesammelte Berichte aus Betrieb und Forschung der Ruhrgas, H. 17 (1969), 81–84

Wilke, Heinz Bodo: Die Verträge über die Abgrenzung des Festlandsockels der Nordsee; ihre Bedeutung für den Abbau grenzüberschreitender Lagerstätten, Diss. Göttingen 1980 (Marine Rohstoffe und Meerestechnik, Bd. 4), Essen 1980

Winkler, Ludwig: Wohin geht der Weg der deutschen Gaswirtschaft? Eine Untersuchung über Verlauf und Ursachen der Entwicklung des Gasabsatzes der letzten 10 Jahre in den deutschen Großstädten, Berlin 1936

Winter, Gerd: Deutsche und europäische Energiepolitik: Wachstum ohne Grenzen?, in: ET 42 (1992), 456–461

Witthöft, Hans-Jürgen: Energie aus der Nordsee, Herford 1979

Witzeck, R.: Steinkohlengas aus Kokereien, in: Schilling, E./Bunte, H. (Hrsg.): Handbuch der Gastechnik, Bd. IX: Steinkohlengas aus Kokereien; die Vergasung in Generatoren; die kohlenstoffreichen Leucht- und Heizgase, München 1917, 1–90

Wörmann, Claudia: Osthandel als Problem der Atlantischen Allianz. Erfahrungen aus dem Erdgas-Röhren-Geschäft mit der UdSSR (Arbeitspapiere zur internationalen Politik, Bd. 38), Bonn 1986

Wolff von Amerongen, Otto: Der Weg nach Osten. Vierzig Jahre Brückenbau für die deutsche Wirtschaft, München 1992

Wunsch, Walther: Die Gaswirtschaft Westdeutschlands im Kriege, in: Bezirksgruppe Steinkohlenbergbau Ruhr (Hg.): Ferngasversorgung im Kriege. Vortragsveranstaltung der Bezirksgruppe am 15. November 1943, o. O. o. J., 5–12.

Wunsch, Walther: Die Kohlenwasserstoffe in der Gaswirtschaft – gestern, heute, morgen, in: Gaswärme 10 (1961), 1–7

Wunsch, Walther: Kokereigas und Erdgas in der öffentlichen Gasversorgung, in: Gaswärme 13 (1964), 257–265

Wunsch, Walther/Tuppeck, Fritz: Untersuchungen über die Zusammenhänge zwischen Witterung und Gasverbrauch, in: GWF 97 (1956), 978–981

Wustrow, Werner/Kratz, Helmut: Ölvergasung mit Hilfe fester Wärmeträger, in: Ruhrgas (Hg.): Gesammelte Berichte aus Betrieb und Forschung der Ruhrgas Aktiengesellschaft, Berichtsheft 4, o. O. o. J. [Essen 1954], 17–20

Wysocki, Gerd: Arbeit für den Krieg. Herrschaftsmechanismen in der Rüstungsindustrie des „Dritten Reiches“; Arbeitseinsatz, Sozialpolitik und staatspolizeiliche Repression bei den Reichswerken „Hermann Göring“ im Salzgitter-Gebiet 1937/38 bis 1945, Braunschweig 1992

Zängl, Wolfgang: Deutschlands Strom. Die Politik der Elektrifizierung von 1866 bis heute, Frankfurt a. M. 1989

Zander, Wolfgang u. a.: VV Gas – nur ein kleiner Schritt in Richtung Marktöffnung, in: ET 50 (2000), 712–717

Zenke, Ines u. a.: Konzentration in der Energiewirtschaft. Politische und rechtliche Fusionskontrolle, München 2005

Ziegler, Dieter: Kriegswirtschaft, Kriegsfolgenbewältigung, Kriegsvorbereitung. Der deutsche Bergbau im dauernden Ausnahmezustand (1914–1945), in: Tenfelde, Klaus u. a. (Hrsg.): Geschichte des deutschen Bergbaus, Bd. 4: Rohstoffgewinnung im Strukturwandel. Der deutsche Bergbau im 20. Jahrhundert (hg. von Dieter Ziegler), Münster 2013, 15–182

Ziervogel, Friedrich Wilhelm: Aufgaben und Aussichten der Kohle in der Gaswirtschaft, in: Glückauf 89 (1953), 915–923

Ziesak, Sonja: Regulierung oder Selbstregulierung – ein Vergleich der deutschen und US-amerikanischen Rechtsgrundlagen für die Stromdurchleitung (Bochumer Beiträge zum Berg- und Energierecht, Bd. 37), Stuttgart 2003

Abbildungsnachweis

Alfred und Cläre Pott-Stiftung 97
E.ON Stipendienfonds 385, 386, 399
Familie Liesen 270, 283, 317, 359, 384, 391, 408
Gasette. Das Magazin der Ruhrgas AG 12 (3/2001), 90 (3/2001), 416 (3-4/1996), 432 (2/1996)
Historisches Archiv BP/Aral, Bochum 161, 165, 201, 330
Irene Commeßmann Cover, 305, 333, 335, 478
Montanhistorisches Dokumentationszentrum (montan.dok) beim Deutschen Bergbau-Museum Bochum/Bergbau-Archiv (BBA) 2, 39, 59, 60, 107, 150, 151, 171, 181, 209, 470, 474, 476
Olga Semidelikhina 539
Steffen Bruendel 389, 394, 395, 397
Uniper SE 206, 402, 444, 502, 511, 534, 555
Verbundnetz Gas AG 406, 407
Zeitschrift „Gas“ 109 (2/1936), 111 (5/1936)

Trotz intensiver Recherche war es nicht in allen Fällen möglich, die Rechteinhaber der Abbildungen ausfindig zu machen. Berechtigte Ansprüche werden selbstverständlich im Rahmen der üblichen Vereinbarungen abgegolten.

https://doi.org/10.1515/9783110542592-011

Abkürzungsverzeichnis

Wortabkürzungen

AG	Aktiengesellschaft
atm	Physikalische Atmosphäre (1013,25 mbar = 1013,25 hPa = 1 atm)
AR	Aufsichtsrat/Aufsichtsratssitzung
BAG	Bergbau AG
Bd.	Band
div.	diverse
DK	Dänemark
Dok.	Dokument
EG	Europäische Gemeinschaft
EnWG	Energiewirtschaftsgesetz
EWG	Europäische Wirtschaftsgemeinschaft
GB	Geschäftsbericht/e
GbR	Gesellschaft bürgerlichen Rechts
GmbH	Gesellschaft mit beschränkter Haftung
GV	Generalversammlung
H.	Heft
H-Gas	hochkalorisches Gas
h/a	Stunden pro Jahr
HTR	Hochtemperaturreaktor
Jg.	Jahrgang
k. A.	keine Angabe
kcal	Kilokalorien
kcal/m^3	Kilokalorien pro Kubikmeter
KG	Kommanditgesellschaft
kWh	Kilowattstunde
L-Gas	niedrigkalorisches Gas
LNG	Liquefied Natural Gas
M	Mark
m^3	Kubikmeter
m^3/a	Kubikmeter pro Jahr
Mcal	Megakalorie
Mcal/m^3	Megakalorien pro Kubikmeter
Mio.	Million/en
Mrd.	Milliarde/n
MJ/kg	Megajoule pro Kilogramm
N	Norwegen
N. F.	Neue Folge
NL	Niederlande
NM-Gase	Naturgase und mineralöbasierte Gase
o. D.	ohne Datum
o. O.	ohne Ort
o. P.	ohne Paginierung
o. S.	ohne Signatur

https://doi.org/10.1515/9783110542592-012

Pf	Pfennig
Pf/m³	Pfennig pro Kubikmeter
Pf/Mcal	Pfennig pro Megakalorie
RM	Reichsmark
SNG	Synthetic Natural Gas
Sp.	Spalte
t	Tonnen
t/a	Tonnen pro Jahr
TOP	Tagesordnungspunkt
TPA	Third Party Access
VV	Verbändevereinbarung
WE	Wärmeeinheit = Kilokalorie
z. T.	zum Teil

Zeitschriften und Periodika

AAP	Akten zur Auswärtigen Politik der Bundesrepublik Deutschland
ABlEG	Amtsblatt der Europäischen Gemeinschaft
AWD	Archiv für Wärmewirtschaft und Dampfkesselwesen
BGBl	Bundesgesetzblatt
BWK	Brennstoff, Wärme, Kraft
DVNW	Die deutsche Volkswirtschaft – Nationalsozialistischer Wirtschaftsdienst
DRPS	Deutscher Reichsanzeiger und Preußischer Staatsanzeiger
DT	Deutsche Technik
EEK	Erdöl, Erdgas, Kohle
EEZ	Erdoel-Erdgas-Zeitschrift
EK	Erdöl und Kohle
EKE	Erdöl und Kohle – Erdgas
EKEP	Erdöl und Kohle – Erdgas – Petrochemie
ET	Energiewirtschaftliche Tagesfragen
FAS	Frankfurter Allgemeine Sonntagszeitung
FAZ	Frankfurter Allgemeine Zeitung
FR	Frankfurter Rundschau
FTD	Financial Times Deutschland
Gaswärme	Gaswärme/Internationale Zeitschrift für Gaswärme
GWA	Gas – Wasser – Abwasser; Organ des Schweizerischen Vereins des Gas- und Wasserfaches
GWF	Das Gas und Wasserfach; Journal für Gasbeleuchtung und Wasserversorgung
GWI	gas wärme international
GWW	Gas, Wasser, Wärme; Zeitschrift der Österreichischen Vereinigung für das Gas- und Wasserfach
HZ	Historische Zeitschrift
JBG	Jahrbuch der Brennkrafttechnischen Gesellschaft
JGBW	Journal für Gasbeleuchtung und verwandte Beleuchtungsarten sowie für Wasserversorgung
MVGN	Mitteilungen des Vereins für Geschichte der Stadt Nürnberg
NZZ	Neue Zürcher Zeitung

OEL	OEL – Zeitschrift für die Mineralölwirtschaft
ÖW	Die öffentliche Wirtschaft
RGBl	Reichsgesetzblatt
SE	Stahl und Eisen
SZ	Süddeutsche Zeitung
TG	Technikgeschichte
TM	Technische Mitteilungen. Gemeinschaftsorgan der Technik
WG	Wasser und Gas
WiGBl	Gesetzblatt der Verwaltung des Vereinigten Wirtschaftsgebietes
ZaC	Zeitschrift für angewandte Chemie
ZfE	Zeitschrift für Energiewirtschaft
ZKW	Zeitschrift für Kommunalwirtschaft
ZÖW	Zeitschrift für öffentliche Wirtschaft
ZVDI	Zeitschrift des Vereins deutscher Ingenieure

Unternehmen und Institutionen

AA	Auswärtiges Amt der Bundesrepublik Deutschland
AGKV	Aktiengesellschaft für Kohleverwertung
AEGC	Archiv E.ON Global Commodities
ATH	August Thyssen-Hütte
Bayerngas	Bayerische Ferngas GmbH
BBA	Montanhistorisches Dokumentationszentrum (montan.dok) beim Deutschen Bergbau-Museum Bochum/Bergbau-Archiv (BBA)
BEB	BEB Gewerkschaften Brigitta und Elwerath Betriebsführungsgesellschaft mbH
BGW	Bundesverband der deutschen Gas- und Wasserwirtschaft
BMFT	Bundesministerium für Forschung und Technologie
BP	BP Benzin und Petroleum AG / Deutsche BP AG
Comes	Société Commerciale du Méthane Saharien
CWH	Chemische Werke Hüls AG
DEA	Deutsche Erdöl AG
DETG	Deutsche Erdgas Transport Gesellschaft mbH
DCGG	Deutsche Continental-Gas-Gesellschaft
DFTG	Deutsche Flüssigerdgas Terminal GmbH
DGGT	Deutsche Gesellschaft für Gastransport mbH
DONG	Dansk Olie & Naturgas A/S
DVGW	Deutscher Verein von Gas- und Wasserfachmännern/leuten e. V.
El Paso	El Paso Natural Gas Corp.
ENI	Ente Nazionale Indrocarburi S.p.A.
EVG	Erdgas-Verkaufs-Gesellschaft mbH
EWE	Energieversorgung Weser-Ems AG
FGN	Ferngas Nordbayern GmbH
GASAG	Berliner Gaswerke AG
Gasunie	N. V. Nederlandse Gasunie
GBAG	Gelsenkirchener Bergwerks-AG
GdF	Gaz de France S.A.
GHH	Gutehoffnungshütte Oberhausen AG

GIWE	Generalinspektor für Wasser und Energie
GU	Gas-Union GmbH
GVS	Gasversorgung Süddeutschland GmbH
Hekoga	Hessische Kommunale Gasgesellschaft
HOAG	Hüttenwerk Oberhausen AG
HKR	Historisches Konzernarchiv RWE
ICGA	Imperial Continental Gas Association
IGAT	Iranian Gas Trunkline
IG Farben	IG Farbenindustrie AG
MEGAL	Mitteleuropäische Gasleitungsgesellschaft mbH / Mitteleuropäische Gasleitung
METG	Mittelrheinische Erdgastransport GmbH
MIDAL	Mitte-Deutschland-Anbindungs-Leitung
NAM	N. V. Nederlandse Aardolie Maatschappij
NETG	Nordrheinische Erdgastransport GmbH
NIGC	National Iranian Gas Comp.
NIOC	National Iranian Oil Comp.
NSDAP	Nationalsozialistische Deutsche Arbeiterpartei
ÖMV	Österreichische Mineralölverwaltung AG
OPAL	Ostsee-Pipeline-Anbindungsleitung
OPEC	Organization of the Petroleum Exporting Countries
RGE	Reichsgruppe Energiewirtschaft (Nationalsozialismus)
RGE	Ruhrgas Energie Beteiligungs-AG
RGI	Ruhrgas Industriebeteiligungsgesellschaft mbH/Ruhrgas Industries GmbH
RGW	Rat für gegenseitige Wirtschaftshilfe
Reichswerke	Reichswerke AG für Erzbergbau und Eisenhütten „Hermann Göring"
RR	Ruhrgas AG Rechtsabteilung
RWKS	Rheinisch-Westfälisches Kohlen-Syndikat
RWE	Rheinisch-Westfälisches Elektrizitätswerk AG
Saarferngas	Ferngasgesellschaft Saar mbH/Saar-Ferngas AG
Sagape	Société d'Achat de Gaz Algérien pour L'Europe SA
SNAM	Società Nazionale Metanodotti S.p.A.
Sonatrach	Société Nationale pur la Recherche, la Production, le Transport, la Transformation et la Commercialisation des Hydrocarbures
Statoil	Den norske stats oljeselskap as
TENP	Trans Europa Naturgas Pipeline GmbH/Trans-Europa-Naturgas-Pipeline
Thyssengas	Thyssen'sche Gas- und Wasserwerke GmbH
TKA	ThyssenKrupp Konzernarchiv
UVR	Unternehmensverband Ruhrbergbau
VEB	Volkseigener Betrieb
VEBA	Vereinigte Elektrizitäts- und Bergwerks AG
VEW	Vereinigte Elektrizitätswerke Westfalen AG
VGW	Vereinigte Gaswerke Westfalen GmbH
VNG	VEB Verbundnetz Gas/Verbundnetz Gas AG
VÖEST	Vereinigte Österreichische Stahlwerke AG
VSt	Vereinigte Stahlwerke AG

Index

https://doi.org/10.1515/9783110542592-013

www.ingramcontent.com/pod-product-compliance
Lightning Source LLC
LaVergne TN
LVHW102229300926
849160LV00006B/73
9783110540079